AutoCAD 2014 室内装饰装潢全程范例培训手册

张传记 陈松焕 编著

清华大学出版社
北京

内容简介

本书主要面向相关领域的初级读者，以AutoCAD 2014中文版为平台，以理论结合实践的写作手法，全面系统地介绍了AutoCAD 2014在室内装饰装潢领域内的制图方法和具体应用技能。

全书共由18章组成，分别介绍了AutoCAD室内设计基础、室内绘图环境的设置、室内设计图元的绘制与修改、复合图元的快速创建与编辑、室内设计资源的管理与共享、室内设计图纸中的文字与尺寸标注、室内构件模型的创建与编辑、室内装饰装潢样板文件的制作、多居室装修布置图设计、多居室装修吊顶设计、居室空间装修立面设计、多功能厅装饰装潢设计、KTV包厢装饰装潢设计、某写字楼办公空间装饰装潢设计、室内设计图纸的输出与数据交换。

全书采用“全程范例”的编写形式，兼具技术手册和应用技巧参考手册的特点，技术实用、逻辑清晰，是一本简明易学的参考书，不仅可以作为室内设计初中级读者的学习用书，也可以作为大、中专院校相关专业及室内设计培训班的教材。

图书在版编目（CIP）数据

AutoCAD 2014室内装饰装潢全程范例培训手册/张传记，陈松焕编著. —北京：清华大学出版社，2014

ISBN 978-7-302-36302-6

Ⅰ. ①A… Ⅱ. ①张… ②陈… Ⅲ. ①室内装饰设计－计算机辅助设计－AutoCAD软件 Ⅳ. ①TU238-39

中国版本图书馆CIP数据核字（2014）第078471号

责任编辑：夏非彼
封面设计：王　翔
责任校对：闫秀华
责任印制：刘海龙

出版发行：清华大学出版社
网　　址：http://www.tup.com.cn，http://www.wqbook.com
地　　址：北京清华大学学研大厦A座　　**邮　　编**：100084
社 总 机：010-62770175　　**邮　　购**：010-62786544
投稿与读者服务：010-62776969，c-service@tup.tsinghua.edu.cn
质 量 反 馈：010-62772015，zhiliang@tup.tsinghua.edu.cn
印 刷 者：清华大学印刷厂
装 订 者：三河市新茂装订有限公司
经　　销：全国新华书店
开　　本：203mm×260mm　　**印　张**：41　　**字　　数**：1050千字
（附光盘1张）
版　　次：2014年7月第1版　　**印　　次**：2014年7月第1次印刷
印　　数：1～3000册
定　　价：89.00元

产品编号：056877-01

前　言

本书主要针对室内装饰装潢设计领域，以 AutoCAD 2014 中文版为平台，系统地介绍了使用 AutoCAD 进行室内装潢设计的基本方法和相关操作技能，通过众多工程范例，详细讲述了室内装潢设计案例图纸的表达、绘制、输出等全套技能，引导读者如何将所学知识应用到实际的行业中，真正将书中的知识学会、学活、学精。

本书包括 3 部分（共 18 章）内容。第 1 部分为基础入门篇，通过 5 章内容讲述了 AutoCAD 室内装潢设计的基础知识；第 2 部分为技能提高篇，通过 5 章内容讲述了室内装潢设计的高效制图技能，使读者能快速、高效地绘制和注释复杂图形；第 3 部分为工程范例篇，以理论结合实践的写作手法，通过 8 章内容系统讲述了 AutoCAD 在室内装饰装潢设计领域内的具体应用技术，将软件与专业有效地结合在一起。全书采用“全程范例”的编写形式，与相关制图工具和制图技巧结合紧密、与设计理念和创作构思相辅相成，专业性、层次性、技巧性等特点的组合搭配，使该书的实用价值达到一个更高的层次。相信读者通过本书的学习，可以轻松掌握 AutoCAD 室内装潢设计的相关技能，并将其应用到工作中，快速成为行业设计高手。

1. 本书内容

本书 18 章内容如下。

第 1 章：讲述了室内设计的基础知识，使读者对 AutoCAD 室内制图有一个快速地了解和认识。

第 2 章：讲述了室内绘图环境的设置技能，具体有绘图单位、绘图区域、图形选择、对象的捕捉与追踪以及视图的实时缩放与恢复等。

第 3 章：讲述了各类常用室内设计图元的具体绘制技能，为后叙章节更加方便、灵活地组合复杂图形打下基础。

第 4 章：讲述了各类常用室内设计图元修改和细化技能，以方便编辑和完善设计图纸。

第 5 章：讲述了室内复合图元的快速创建功能和图形夹点编辑技能，以方便创建复杂图形结构。

第 6 章：讲述了室内设计资源的组合管理和共享技能，以方便快速、高效地绘制室内设计图样。

第 7 章：讲述了室内设计图纸中各类文字与明细表格的创建、编辑以及图形信息的查询技能。

第 8 章：讲述了室内设计图纸中各类常用尺寸的具体标注技能和尺寸元素的编辑协调技能。

第 9 章：讲述了室内构件模型的具体创建技能，具体有实体模型、曲面和网格等。

第 10 章：讲述了室内构件模型的编辑操作和面与边的细化编辑等技能。

第 11 章：讲述了室内装饰装潢绘图样板文件的具体制作技能。

第 12 章：在概述相关设计理念的前提下，讲述了多居室装修布置图的设计过程和相关技能。

第 13 章：在概述相关设计理念的前提下，讲述了多居室吊顶图的设计过程和相关技能。

第 14 章：在概述相关设计理念的前提下，讲述了居室空间立面图的设计过程和相关技能。

第 15 章：在概述相关设计理念的前提下，讲述了某学院多功能厅装饰装潢的设计过程和相关技能。

第 16 章：在概述相关设计理念的前提下，讲述了 KTV 包厢装饰装潢的设计过程和相关技能。

第 17 章：在概述相关设计理念的前提下，讲述了某写字楼办公空间装饰装潢的设计过程和相关技能。

第 18 章：讲述了室内设计图纸的后期输出和数据交换技能。

附录 1：快捷键。此附录中列举了 AutoCAD 的一些常用命令快捷键，灵活运用这些快捷键，可以快速启动命令，提高绘图效率。

附录 2：系统变量。此附录中列举了 AutoCAD 的一些常见变量，掌握这些变量的功能与设置，可以有效地改善绘图的环境，方便绘图。

附录 3：思考题答案。此附录中给出所有章节中的思考题答案。

2. 写作特色

本书在章节编排方面充分考虑到培训教学的特点和初学者的接受能力，通过众多例题、综合范例、思考与总结、上机操作题等写作模式，由易到难、由散到整，循序渐进地引导读者学习和掌握使用 AutoCAD 进行室内装饰装潢设计的操作技能。

- **知识点的讲解：**全书始终以通俗易懂、灵活实用的典型范例，手把手引导读者轻松掌握软件工具的使用方法和操作技巧，以提高读者的操作能力、接受能力和学习兴趣。
- **综合范例：**在讲解完同一类型的知识点后，再通过精心设计的综合范例，细致讲述软件工具在实际工作中的综合应用与典型搭配技巧，对知识进行综合练习和巩固。
- **知识点思考：**针对每章的知识讲解，都设计了两到三道思考题，对重点知识，易出错、易混淆的知识进行加深理解和掌握。
- **知识点总结：**通过知识点总结栏目对本章所讲知识进行系统归纳和回顾。
- **上机操作题：**此栏目给读者提供了自由发挥的空间，不仅对已学类型案例起到巩固和练习的作用，而且还对其他类型案例进行引申和学习，让读者多方位实践和练习，以对所学知识做到举一反三，达到活学活用的目的。
- **实践应用：**此栏目主要引导读者如何将所学知识应用到实际的行业当中去，尝试和学习相关的行业实践技能，真正将书中的知识学会、学活、学精，做到融会贯通。
- **技巧提示：**全书共为读者设计了近 200 个软件操作技巧性的提示，恰到好处地对读者进行点拨。

3. 随书光盘

本书附带一张 DVD 多媒体动态演示光盘，犹如老师亲自授课，使读者没有后顾之忧。另外，本书所有综合范例的最终效果及在制作范例时所用到的图块、素材文件等，都收录在随书光盘中，光盘内容主要有以下几部分。

- **效果文件：**书中所有综合范例的最终效果文件按章收录在随书光盘中的“效果文件”文件夹下，读者可随时查阅。
- **图块文件：**书中所使用的图块收录在随书光盘中的“图块文件”文件夹下。
- **样板文件：**书中所使用样板文件收录在光盘中的“样板文件”文件夹下，读者在使用此样板时，最好是将其复制到“AutoCAD 2014/Template”目录下。

- **素材文件：** 书中所使用到的素材文件收录在光盘中的“素材文件”文件夹下，以供读者随时调用。
- **视频文件：** 书中所有工程案例的多媒体教学文件，按章收录在随书光盘中的“视频文件”文件夹下，避免了读者的学习之忧。

本书是由张传记、陈松焕执笔完成，在本书的编写过程中，张伟、徐丽、吴海霞、黄晓光、赵建军、高勇、丁仁武、朱晓平、孙冬蕾、沈虹廷、宿晓辉、唐美灵、白春英、杜婕、郭晨、郭敏、徐娟、杨立颂等人也参与了本书部分内容的编写，在此表示感谢。由于时间仓促，加之水平有限，书中难免存在错误和不妥之处，敬请广大读者批评指正。

在线服务邮箱：qdchuanji@126.com
在线服务 QQ：812641116
QQ 群：54475109

编 者
2014 年 5 月

目　录

第1部分　基础入门篇

第 3 部分 工程范例篇

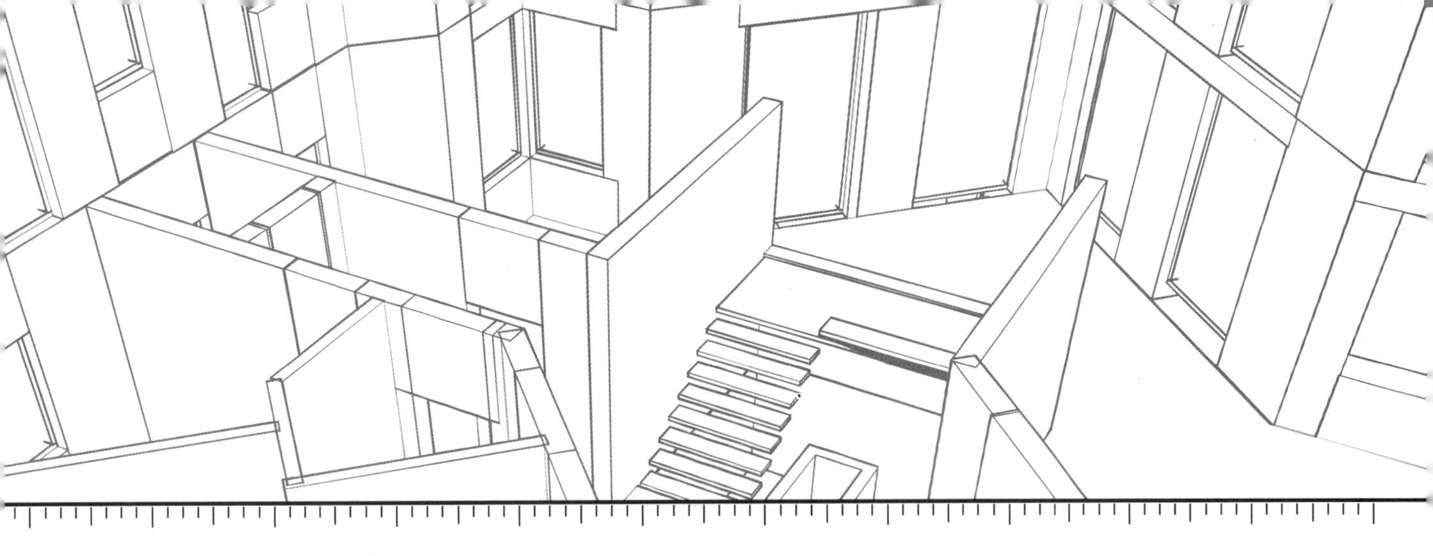

第 1 部分 基础入门篇

- 第 1 章：AutoCAD 室内设计基础知识
- 第 2 章：室内绘图环境的基本设置
- 第 3 章：室内设计图元的绘制功能
- 第 4 章：室内设计图元的修改功能
- 第 5 章：室内复合图元的创建与编辑

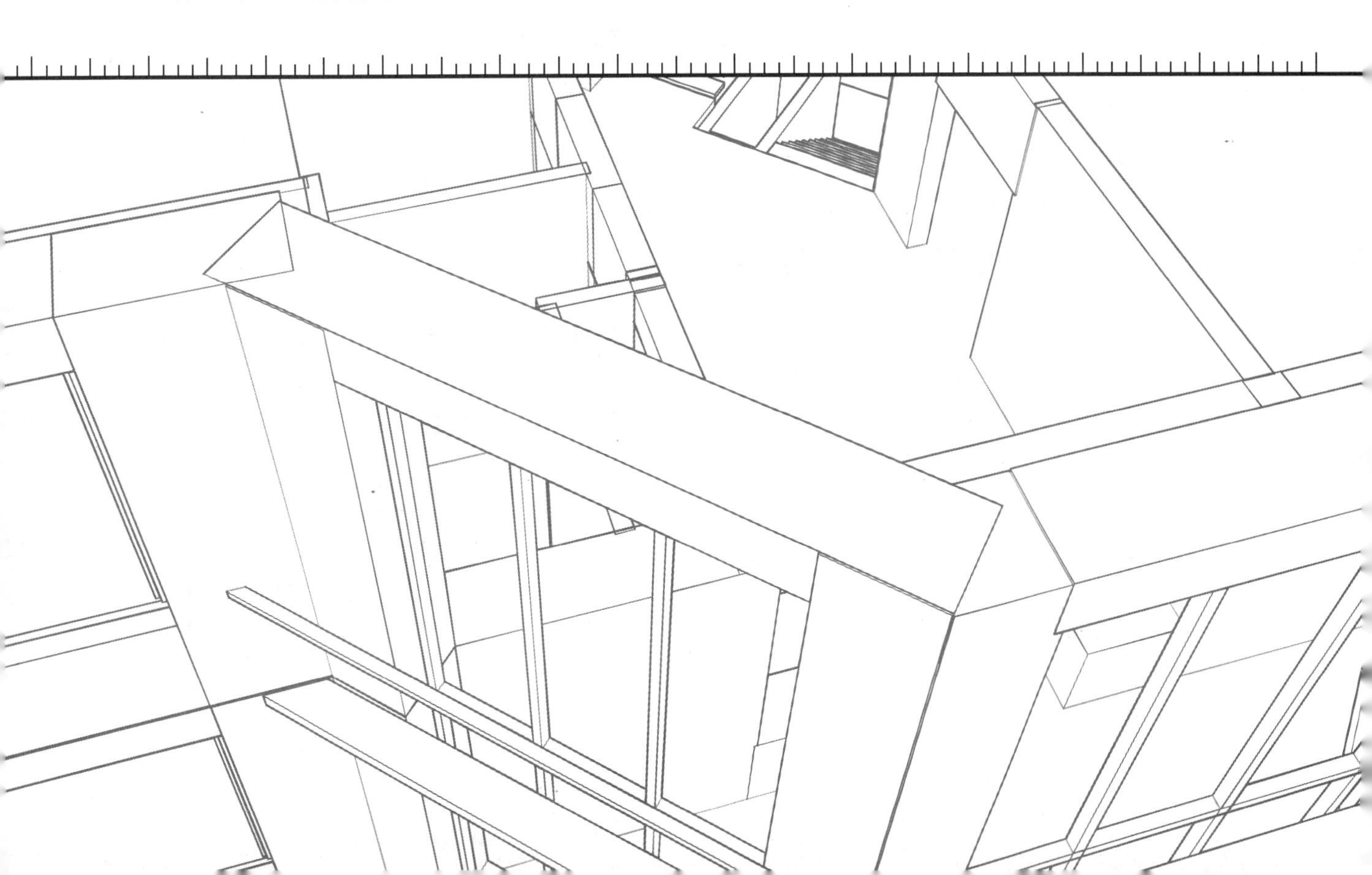

第 1 章　AutoCAD 室内设计基础知识

AutoCAD 是一款集二维绘图、三维建模、数据管理以及数据共享等多种功能于一体的高精度计算机辅助设计软件，此软件可使广大室内图形设计人员轻松、高效地进行图形的设计与绘制工作。本章在概述室内设计相关理论知识的前提下，主要了解和掌握 AutoCAD 的工作界面、文件操作及相关的软件初级操作，使没有基础的读者对 AutoCAD 室内制图有一个快速的了解和认识。

本章学习内容如下：

- 室内设计理论概述
- 室内设计内容与风格
- 认识 AutoCAD 2014 绘图界面
- 掌握 AutoCAD 2014 室内设计的初级技能
- 室内设计图纸的制图规范
- AutoCAD 室内设计常用尺寸
- 综合范例——绘制立面窗图例
- 思考与总结
- 上机操作题

1.1　室内设计理论概述

室内设计是指包含人们一切生活空间的内部设计。它是根据建筑物的使用性质、环境及使用需求，运用一定的物质技术手断和建筑美学原理，对建筑内部空间进行的规划、组织和空间再造。本节主要简单概述室内设计的范围、设计步骤和设计原则等内容。

1.1.1　室内设计的范围

室内设计的范围，并不仅仅局限于人们居住空间环境的设计，还包括一些限定性空间以及非限定空间环境的设计，具体如下：

- 人居环境空间设计。具体包括公寓住宅、别墅住宅、集合式住宅等。
- 限定性空间的设计。具体包括学校、幼儿园、办公楼、教堂等。
- 非限定性公共空间室内设计。具体包括旅馆、酒店、娱乐厅、图书馆、火车站、综合商业设施等。

各类建筑中不同类型的建筑之间，还有一些使用功能相同的室内空间，例如：门厅、过厅、电梯厅、中庭、洗手间、浴厕，以及一般功能的门卫室、办公室、会议室、接待室等。当然在具体工程项目的设计任务中，这些室内空间的规模、标准和相应的使用要求还会有不少差异，需要具体分析。

1.1.2 室内设计的步骤

室内设计一般可以分为准备阶段、分析阶段、施工图设计阶段和设计实施阶段四个步骤，具体内容如下。

● 准备阶段

设计准备阶段主要是接受委托任务书，明确设计期限并制定设计计划进度安排，明确设计任务和要求，熟悉设计有关的规范和定额标准，收集分析必要的资料和信息，包括对现场的调查踏勘以及对同类型实例的参观等。在签订合同或制定投标文件时，还包括设计进度安排和设计费率标准。

● 分析阶段

此阶段是在准备阶段的基础上，进一步收集、分析、运用与设计任务有关的资料与信息，构思立意，进行初步方案设计，以及方案的分析与比较，确定初步设计方案，提供设计文件。室内初步方案的文件通常包括：

- 平面图，常用比例 1:50，1:100;
- 室内立面展开图，常用比例 1:20，1:50;
- 平顶图或仰视图，常用比例 1:50，1:100;
- 室内透视图;
- 室内装饰材料实样版面;
- 设计意图说明和造价概算。

初步设计方案需经审定后，方可进行施工图设计。

● 施工图设计阶段

设计应以满足使用功能为根本，造型应以完善视觉追求为目的，按照“功能决定形式”的先后顺序进行设计，当设计方案成熟以后按比例绘出正式图纸，绘制施工所必要的有关平面布置、室内立面等图纸，还需包括构造节点详图、细部大样图以及设备管线图，编制施工说明和造价预算。

● 设计实施阶段

根据设计阶段所完成的图纸，确定具体施工方案，室内工程在施工前，设计人员应向施工单位进行设计意图说明及图纸的技术交底；工程施工期间需按图纸要求核对施工实况，有时还需根据现场实况提出对图纸的局部修改或补充；施工结束时，会同质检部门和建设单位进行工程验收。

1.1.3 室内设计的原则

室内设计在建筑设计时只提供了最基本的空间条件，如面积大小、平面关系、设备管、厨房浴厕的位置，这并不能制约室内空间的整体再创造，更深、更广的功能空间内涵还需设计师去分析、探讨。要创造理想的生活环境，首先应树立“以人为本”的思想，从环境与人的行为关系研究这一最根本的课题入手，全方位地深入了解和分析人的居住和行为需求。住宅室内环境所涉及的功能构想有基本功能布局与平立面空间设计方面的内容，具体应该遵循以下原则：

● 基本功能布局

基本功能包括睡眠、休息、饮食、家庭团聚、会客、视听、娱乐、学习、工作等。这些功能因素又形成环境的静与闹、群体与私密、外向与内敛等不同特点的分区。

● 群体生活区（闹）及功能主要体现为:

起居室：谈聚、音乐、电视、娱乐、会客等。
餐室：用餐、交流等。
休闲室：游戏、健身、琴棋、电视等。

- 私密生活区（静）及功能主要有：
  卧室（分主卧室、次卧室、客房）：睡眠、梳妆、阅读、视听等。
  儿女室：睡眠、书写、嗜好等。
  书房（工作间）：阅读、书写等。
- 家务活动区及其功能主要有：
  厨房：配膳清洗、储藏物品、烹调等。
  储藏间：储藏物品、洗衣等。

- 面积标准

因人口数量、年龄结构、性格类型、活动需要、社交方式、经济条件等因素的变化，在现实生活中，很难建立理想的面积标准，只能采用最低标准作依据。以下面积标准分别是国家住宅设计标准（GB50096-1999，简称 G）和上海住宅设计标准（DGJ08-20-2001，简称 S）中的住宅最低面积标准。

- 户型总面积—G：一类 34m^2（2 居室），二类 45 m^2（3 居室），一类 56 m^2（3 居室），一类 68 m^2（4 居室）；S：小套 2 居室，中套 3 居室，大套 4-5 居室，无总面积标准。
  起居室—G：12 m^2；S：小套 12 m^2，大套 14 m^2。
  餐室—无最低标准。
  主卧室（双人卧室）—G：10 m^2；S：12 m^2。
  单人卧室—G：6 m^2；S：6 m^2。
  浴室—G：3 m^2；S：4 m^2。
  厨房—G：一二类 4 m^2，三四类 5 m^2；S：小套 4.5 m^2；中套 5 m^2，大套 5.5 m^2。
  储藏室—S：大套 1.5 m^2。
- 确定居室面积前考虑与空间面积有密切关系的因素
  （1）家庭人口愈多，单位人口所需空间相对愈小。
  （2）兴趣广泛，性格活跃，好客的家庭，单位人口需给予较大空间。
  （3）偏爱较大群体空间或私人空间的家庭，可减少房间数量。
  （4）偏爱较多独立空间的家庭，每个房间相对狭小一点也无妨。

- 平面空间设计

住宅平面空间设计，是直接建立室内生活价值的基础工作，包括区域划分和交通流线两个内容。区域划分是以家庭活动需要为划分依据，将家庭活动需要与功能使用特征有机结合，以取得合理的空间划分与组织；而交通流线能使家庭活动得以自由流畅的进行。另外还需注意：

- 合理的交通路线以介于各个活动区域之间为宜，若任意穿过独立活动区域将严重影响其空间效用和活动效果。
- 尽量使室内每一生活空间能与户外阳台、家庭直接联系。
- 群体活动或公共活动空间宜与其他生活区域保持密切关系。
- 室内房门宜紧靠墙角开设，使家具陈设获得有利空间，各房门之间的距离不宜太长，尽量缩短交通路线。

- 立面空间设计

室内空间泛指高度与长度，高度与长度所共同构成的垂直空间，包括以墙为主的实立面和介于天花板与地板之间的虚立面。它是多方位、多层次、有时还是互相交错融合的实与虚的立体。

立体空间塑造有两个方面的内容：一是储藏、展示的空间布局；二是通过风、调温、采光、设施的处理。可以采用隔、围、架、透、封、上升、下降、凸出、凹进等手法以及可活动的家具、陈设等，辅以色、材质、光照等虚拟手法的综合组织与处理，以达到空间的高效利用，增进室内的自然与人为生活要素的功效。例如：有时建筑本身的墙、柱、设备管井等占据空间，设计上应将其利用或隐去，或单独处理，或成双成对，或形成序列，运用色、光、材等造型手法使其有机而自然地成为空间塑造的组成部分。在实施时应注意以下几点：

- 墙面实体垂直空间要保留必要部分作通风、调温和采光，其他部分则按需要作储藏展示空间。
- 墙面有立柱时可用壁橱架予以隐蔽。
- 立面空间要以平面空间活动需要为先决条件。
- 在平面空间设计的同时，对活动形态、家具配置详作安排。
- 在立面设计中调整平面空间布局。

1.2　室内设计内容与风格

现代家庭室内设计必须满足人在视觉、听觉、体感、触觉、嗅觉等多方面的要求，营造出人们生理和心理双向需要的室内环境。所以在室内设计中须考虑与室内设计有关的基本要素来进行室内设计与装饰，这些基本因素主要表现在空间、界面、色彩、线条、质感、采光与照明、家具与陈设、绿化等方面。

1.2.1　空间与界面

室内建筑主要包括室内空间的组织和建筑界面的处理，它是确定室内环境基本形体和线型的设计，设计时以物质功能和精神功能为依据，考虑相关的客观环境因素和主观的身心感受。室内空间组织，包括平面布置，首先需要对原有建筑设计的意图充分理解，对建筑物的总体布局、功能分析、人流动向以及结构体系等有深入的了解，在室内设计时对室内空间和平面布置予以完善、调整或再创造。

室内界面处理，是指对室内空间的各个围合，包括地面、墙面、隔断、平顶等各界的使用功能和特点的分析，界面的形状、图形线脚、肌理构成的设计，以及界面和结构的连接构造，界面和风、水、电等管线设施的协调配合等方面的设计。界面设计应从物质和人的精神审美方面来综合考虑。

1.2.2　室内内含物

室内内含物主要包括家具、装饰品和各类日用生活用品等，通过这些内含物，使室内空间得到合理的分配和运用，给人们带来舒适和方便，同时又得到美的熏陶和享受。

- 在室内设计中，家具有着举足轻重的作用，根据人体工程学的原理生产的家具，能科学地满足人类生活各种行为的需要。陈设系统指除固定于室内墙、地、顶及建筑构体、设备外一切适用的或供观赏的陈设物品。家具是室内陈设的主要部分，还包括室内织物、电器、日用品和工艺品等。

- 室内织物包括窗帘、床单、台布、沙发面料、靠垫以及地毯、挂毯等。在选用纺织品时，其色彩、质感、图案等除考虑室内整体的效果外，还可以作为点缀。室内如果缺少纺织品，就会缺少温暖的感觉。
- 家用电器主要包括电视机、音响、电冰箱、录像机、洗衣机等在内的各种家用电器用品。
- 日用品的品种多而杂，陈设中主要有陶瓷器皿、玻璃器皿、文具等。
- 工艺品包括书画、雕塑、盆景、插花、剪纸、刺绣、漆器等都能美化空间，供人欣赏。
- 作为陈设艺术，有着广泛的社会基础，人们按自己的知识、经历、爱好、身份以及经济条件等安排生活，选择各类陈设品。

1.2.3　采光与照明

在室内空间中光也是很重要的，室内空间通过光来表现，光能改变空间的个性。室内空间的光源有自然光和人工光两大类，室内照明是指室内环境的自然光和人工照明，光照除了能满足正常的工作生活环境的采光、照明要求外，光照和光影效果还能有效地起到烘托室内环境气氛的作用。没有光也就没有空间、没有色彩、没有造型了，光可以使室内的环境得以显现和突出。

- 自然光可以向人们提供室内环境中时空变化的信息气氛，可以消除人们在六面体内的窒息感，它随着季节、昼夜的不断变化，使室内生机勃勃；人工照明可以恒定地描述室内环境和随心所欲地变换光色明暗，光影给室内带来了生命，加强了空间的容量和感觉，同时，光影的质和量也对空间环境和人的心理产生影响。
- 人工照明在室内设计中主要有“光源组织空间、塑造光影效果、利用光突出重点、光源演绎色彩”等作用，其照明方式主要有“整体（普通）照明、局部（重点）照明、装饰照明、综合（混合）照明”；其安装方式可分为台灯、落地灯、吊灯、吸顶灯、壁灯、嵌入式灯具、投射灯等。

1.2.4　线条与质感

线条是统一室内各部分或房间相互联系起来的一种媒介。垂直线条常给人以高耸、挺拔的感觉，水平线条常使人感到活泼、流畅。在现代家庭室内空间中，用通长的水平窗台，窗帘和横向百页以及低矮的家具，来形成宁静的休息环境。

材料质地的不同，常给人不同的感觉，质感粗糙往往使人感觉稳重、沉着或粗犷；质感细滑则感觉轻巧、精致。材料的质感还会给人以高贵或简陋的感觉。成功地运用材质的变化，往往能加强室内设计的艺术表现力。

1.2.5　织物与色彩

当代织物已渗透到室内设计的各个方面，其种类主要有“地毯、窗帘、家具的蒙面织物、陈设覆盖织物、靠垫、壁挂”等。由于织物在室内的覆盖面积较大，所以对室内的气氛、格调、意境等起很大的作用，主要体现在“实用性、分隔性、装饰性”三方面。

色彩是室内设计中最为生动、最为活跃的因素，室内色彩往往给人们留下室内环境的第一印象。色彩最具表现力，通过人们的视觉感受产生的生理、心理和类似物理的效应，形成丰富的联想、深刻的寓意和象征。色彩对人们的视知觉生理特性的作用是第一位的。不同的色彩色相会使人心理产生不同的联想。不同的色彩在人的心理上会产生不同的物理效应，如冷热、远近、轻重、大小等。感情刺激：如兴奋、消沉、热情、抑郁、镇静等。象征意义：如庄严、轻快、刚柔、富丽、简朴等。

室内色彩除对视觉环境产生影响外，还直接影响人们的情绪和心理。室内色彩不仅仅局限于地面、墙面与天棚，而且还包括房间里的一切装修、家具、设备、陈设等。所以，室内设计中心须在色彩上进行全面认真的推敲，科学地运用色彩，使室内空间里的墙纸、窗帘、地毯、沙发罩、家具、陈设、装修等色彩的相互协调，才能取得令人满意的室内效果，不仅有利于工作、有助于生活健康，同时又能取得美的效果。

1.2.6　室内环境绿化

室内设计中绿化已成为改善室内环境的重要手段，在室内设计中具有不能代替的特殊作用。室内绿化可调节温、湿度，净化室内环境，组织空间构成，使室内空间更有活力，以自然美增强内部环境表现力。更为主要的是，室内绿化使室内环境生机勃勃，带来自然气息，令人赏心悦目，起到柔化室内人工环境，在高节奏的现代生活中具有协调人们心理使之平衡的作用。

在运用室内绿化时，首先应考虑室内空间主题气氛等的要求，通过室内绿化的布置，充分发挥其强烈的艺术感染力，加强和深化室内空间所要表达的主要思想；其次还要充分考虑使用者的生活习惯和审美情趣。

1.2.7　室内设计风格

室内设计的风格主要可分为传统风格、乡土风格、现代风格、后现代风格、自然风格以及混合型风格等。

- 传统风格。中国传统崇尚庄重和优雅，传统风格的室内设计是在室内布置、线形、色调以及家具、陈设的造型等方面，吸取中国传统木构架构筑室内藻井天棚、屏风、隔扇等装饰。多采用对称的空间构图方式，笔彩庄重而简练，空间气氛宁静雅致而简朴。
- 乡土风格。主要表现为尊重民间的传统习惯、风土人情，保持民间特色。在室内环境中力求表现悠闲、舒畅的田园生活情趣，创造自然、质朴、高雅的空间气氛。
- 现代风格。广义的现代风格可泛指造型简洁新颖，具有当今时代感的建筑形象和室内环境。另外，装饰色彩和造型追随流行时尚。
- 后现代风格。后现代风格强调建筑及室内装潢应具有历史的延续性，但又不拘泥于传统的逻辑思维方式，采用非传统的混合、叠加、错位、裂变等手法和象征、隐喻等手段，以期创造一种溶感性与理性、集传统与现代、揉大众与行家于一体的即“亦此亦彼”的建筑形象与室内环境。
- 自然风格。此风格倡导“返璞归真、回归自然”，美学上推崇自然、结合自然，因此室内多用木料、织物、石材等天然材料，显示材料质朴的纹理。
- 混合型风格。混合型风格指的是在空间结构上既讲求现代实用，又吸取传统的特征，在装饰与陈设中融中西为一体。混合型风格虽然在设计中不拘一格，运用多种体例，但设计中仍然是匠心独具，深入推敲形体、色彩、材质等方面的总体构图和视觉效果。

1.3　认识 AutoCAD 2014 的绘图界面

本节主要概述 AutoCAD 2014 室内设计的软件操作基础和必备技能，具体有软件的启动退出、绘图空间及用户工作界面等基础知识。

1.3.1　启动 AutoCAD 2014 的方式

当成功安装 AutoCAD 2014 绘图软件之后，通过以下几种方式可以启动 AutoCAD 2014 软件：

- 双击桌面上的软件图标；
- 单击桌面任务栏“开始”/“程序”/“Autodesk”/“AutoCAD 2014”中的 AutoCAD 2014 - 简体中文 (Simplified Chinese) 选项；
- 双击“*.dwg”格式的文件。

启动 AutoCAD 2014 绘图软件之后，即可进入如图 1-1 所示的经典工作界面，同时自动打开一个名为“ AutoCAD 2014 Drawing1.dwg”的默认绘图文件。

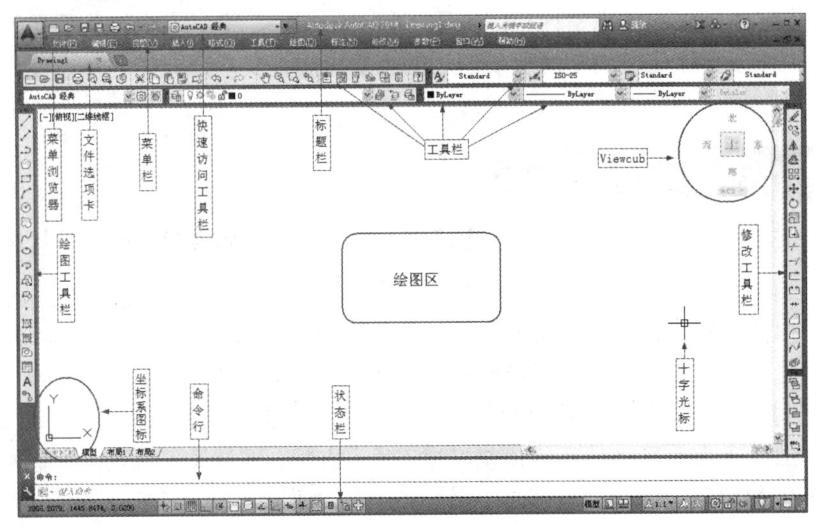

图 1-1　“AutoCAD 经典”工作空间

1.3.2　了解 AutoCAD 绘图空间

AutoCAD 2014 绘图软件为用户提供了多种工作空间，如图 1-1 所示的软件界面为“AutoCAD 经典”工作空间，如果用户为 AutoCAD 软件的初始用户，那么启动 AutoCAD 2014 软件后，则会进入如图 1-2 所示的“草图与注释”工作空间，这两种工作空间比较适合于二维制图，至于使用何种工作空间，可以根据自己的作图习惯而定。

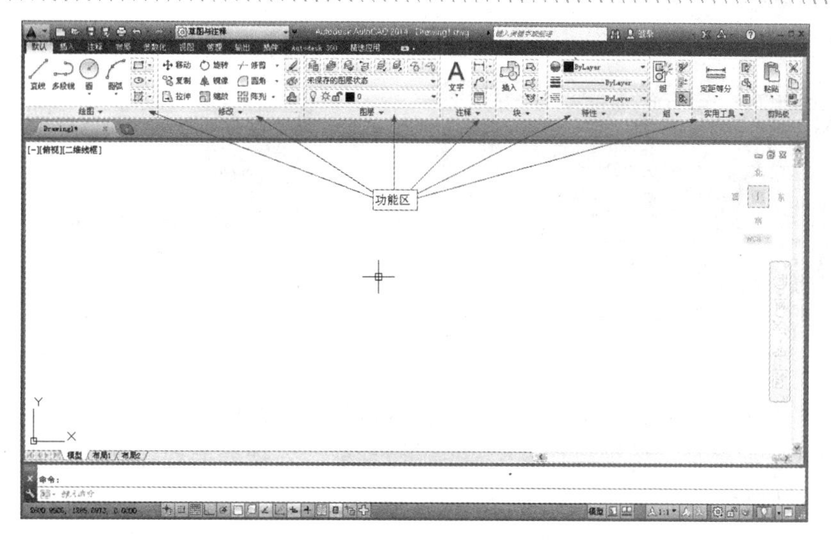

图 1-2　“草图与注释”工作空间

除了“AutoCAD 经典”和“草图与注释”两种工作空间外，AutoCAD 2014 软件还为用户提供了“三维基础”和“三维建模”两种工作空间，“三维基础”工作空间在三维基础制图方面比较方便。在如图 1-3 所示的“三维建模”工作空间内可以非常方便地访问新的三维功能，而且新窗口中的绘图区可以显示出渐变背景色、地平面或工作平面（UCS 的 XY 平面）以及新的矩形栅格，这将增强三维效果和三维模型的构造。

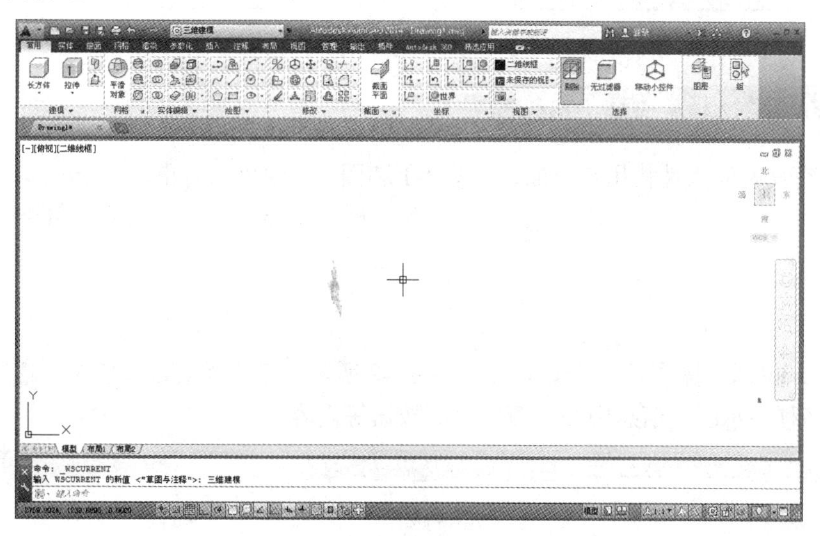

图 1-3　“三维建模”工作空间

无论选用何种工作空间，在启动 AutoCAD 之后，系统都会自动打开一个名为“Drawing1.dwg”的默认绘图文件窗口，用户可以在日后对其进行更改，也可以自定义并保存自己的自定义工作空间。另外，用户可以根据自己的作图习惯和需要，在 AutoCAD 的多种工作空间内进行切换，具体切换方式如下：

- 菜单栏：单击菜单“工具”/“工作空间”下一级菜单选项，如图 1-4 所示。
- 工具栏：展开“工作空间”工具栏上的“工作空间控制”下拉表列，选用工作空间，如图 1-5

所示。

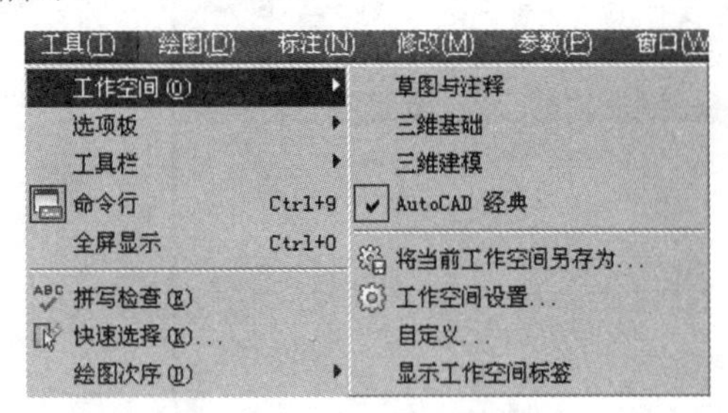

图 1-4　“工具”菜单

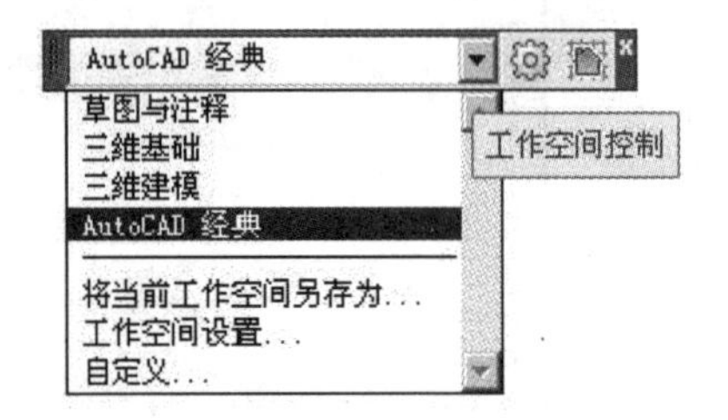

图 1-5　“工作空间控制”下拉列表

- 状态栏：单击状态栏上的按钮，从弹出的按钮菜单中选择所需工作空间，如图 1-6 所示。
- 标题栏：单击标题栏上的 AutoCAD 经典 按钮，在展开的按钮菜单中选择相应的工作空间，如图 1-7 所示。

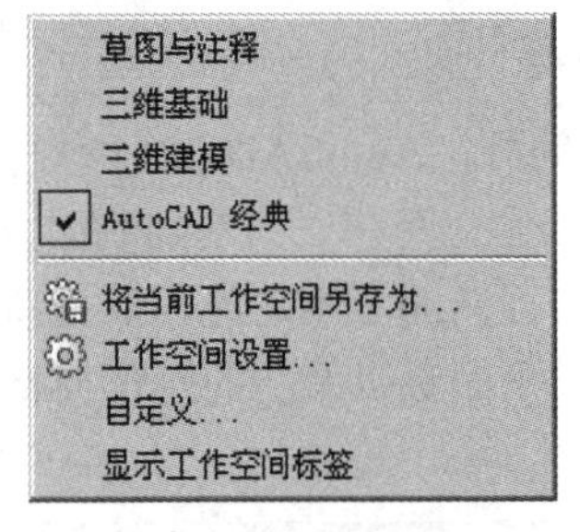

图 1-6　按钮菜单

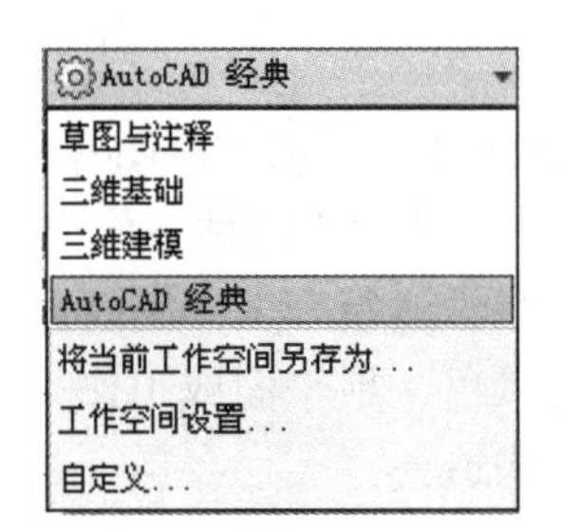

图 1-7　“工作空间”按钮菜单

1.3.3　认识 AutoCAD 用户界面

AutoCAD 具有良好的人性化用户界面，从图 1-1 和图 1-2 中可以看出， AutoCAD 2014 界面主要包括标题栏、菜单栏、工具栏、绘图区、命令行、状态栏、功能区等，下面将简单讲述各部分的功能及其相关的操作。

1. 标题栏

标题栏位于 AutoCAD 操作界面的最顶部，如图 1-8 所示。标题栏主要包括应用程序菜单、快速访问工具栏、程序名称显示区、信息中心、窗口控制按钮等内容。

图 1-8　标题栏

单击 AutoCAD 用户界面左上角的按钮，可打开如图 1-9 所示的应用程序菜单，通过此菜单可以访问常用工具、搜索命令和浏览最近使用的文档等。

“快速访问工具栏”不但可以快速访问某些命令，而且还可以添加、删除常用命令按钮到工具栏上、控制菜单栏的显示以及各工具栏的开关状态等。

在“快速访问工具栏”上单击鼠标右键（或单击右端下三角按钮），从弹出的右键菜单中可以实现上述操作。

“程序名称显示区”主要用于显示当前正在运行的程序名和当前被激活的图形文件名称；“信息中心”可以快速获取所需信息、搜索所需资源等。

“窗口控制按钮”位于标题栏最右端，主要有“最小化”、“ 恢复/ 最大化”、“ 关闭”，分别用于控制 AutoCAD 窗口的大小和关闭。

2. 菜单栏

如图 1-10 所示的菜单栏，位于标题栏的下侧，AutoCAD 的常用制图工具和管理编辑等工具都分门别类排列在这些主菜单中，用户可以非常方便地启动各主菜单中的相关菜单项，进行必要的图形绘图工作。具体操作就是在主菜单项上单击，展开此主菜单，然后将光标移至需要启动的命令选项上，单击即可。

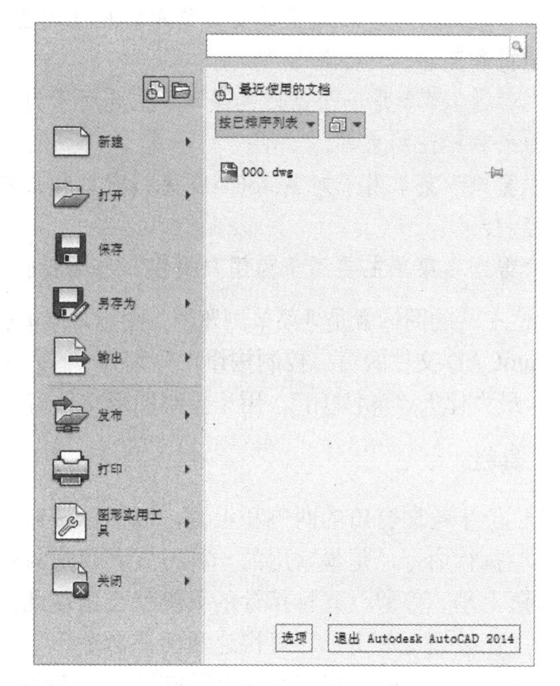

图 1-9　应用程序菜单

图 1-10　菜单栏

因此默认设置下，“菜单栏”是隐藏的，当变量 MENUBAR 的值为 1 时，显示菜单栏；为 0 时，隐藏菜单栏。

AutoCAD 共为用户提供了“文件”、“编辑”、“视图”、“插入”、“格式”、“工具”、“绘图”、“标注”、“修改”、“参数”、“窗口”、“帮助”十二个主菜单。各菜单的主要功能如下：

- “文件”菜单主要用于对图形文件进行设置、保存、清理、打印以及发布等；
- “编辑”菜单主要用于对图形进行一些常规的编辑，包括复制、粘贴、链接等命令；
- “视图”菜单主要用于调整和管理视图，以方便视图内图形的显示、便于查看和修改图形；
- “插入”菜单用于向当前文件中引用外部资源，如块、参照、图像、布局以及超链接等；
- “格式”菜单用于设置与绘图环境有关的参数和样式等，如绘图单位、颜色、线型及文字、尺寸样式等；
- “工具”菜单为用户设置了一些辅助工具和常规的资源组织管理工具；
- “绘图”菜单是一个二维和三维图元的绘制菜单，几乎所有的绘图和建模工具都组织在此菜单内；
- “标注”菜单是一个专用于为图形标注尺寸的菜单，它包含了所有与尺寸标注相关的工具；

- “修改”菜单是一个很重要的菜单，用于对图形进行修整、编辑和完善；
- “参数”菜单是一个新增的菜单，主要用于为图形添加几何约束和标注约束等；
- “窗口”菜单用于对 AutoCAD 文档窗口和工具栏状态进行控制；
- “帮助”菜单主要用于为用户提供一些帮助性的信息。

菜单栏左端的图标就是“菜单浏览器”图标，菜单栏最右边图标按钮是 AutoCAD 文件的窗口控制按钮，分别为“_ 最小化”、“还原/ 最大化”、“×关闭”，用于控制图形文件窗口的显示。

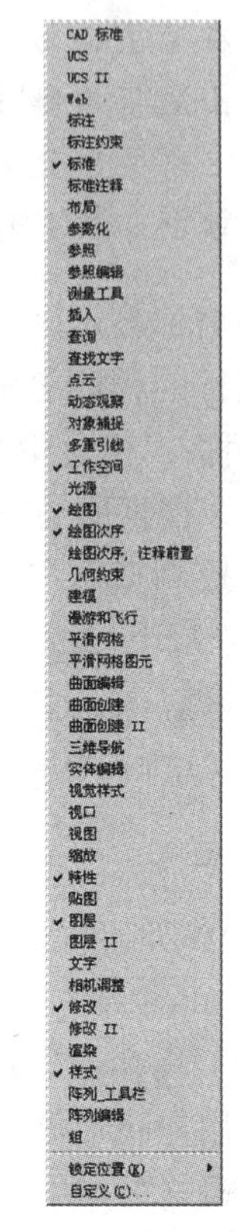

图 1-11　工具栏菜单

3. 工具栏

工具栏位于绘图窗口的两侧和上侧，以图标按钮的形式出现。使用工具栏执行命令，是最常用的一种方式。用户只需要将光标移至工具按钮上稍一停留，光标指针的下侧就会出现此图标所代表的命令名称，在按钮上单击，即可快速激活该命令。

默认设置下 AutoCAD 2014 共为用户提供了 52 种工具栏，如图 1-11 所示。在任一工具栏上单击鼠标右键，即可打开此菜单，然后在所需打开的选项上单击，即可打开相应的工具栏。

在工具栏右键菜单中选择“锁定位置”/“固定的工具栏/面板”选项，可以将绘图区四侧的工具栏固定，如图 1-12 所示，工具栏一旦被固定后，是不可以被拖动的。

另外，用户也可以单击状态栏上的按钮，从弹出的按钮菜单中进行控制工具栏和窗口的固定状态，如图 1-13 所示。

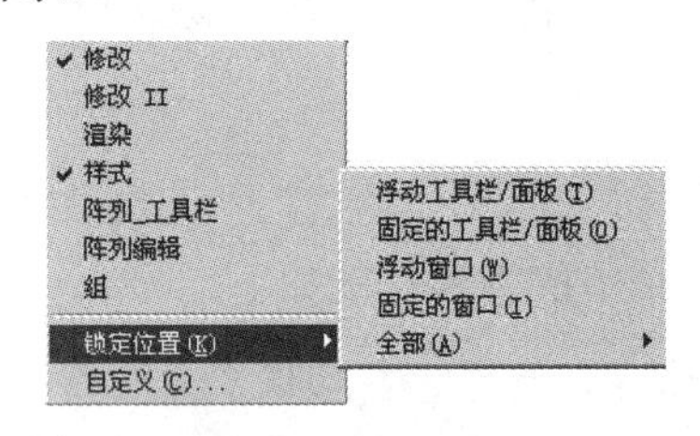

图 1-12　固定工具栏

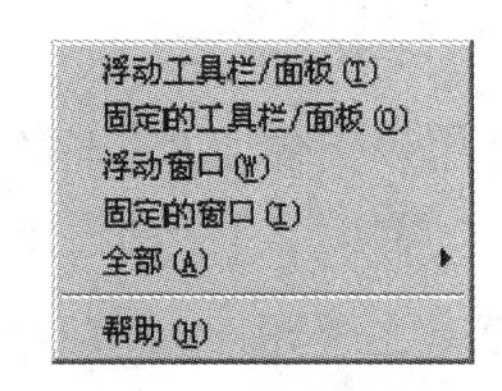

图 1-13　按钮菜单

带有勾号的表示当前已经打开的工具栏，不带有勾号的表示当前没有打开的工具栏。为了增大绘图空间，通常只将几种常用的工具栏放在用户界面上，将其他工具栏隐藏，需要时再调出。

4. 绘图区

绘图区位于界面的正中央，被工具栏和命令行所包围的整个区域，此区域是用户的工作区域，图形的设计与修改工作就是在此区域内进行操作的。

默认状态下绘图区是一个无限大的电子屏幕，无论尺寸多大或多小的图形，都可以在绘图区中绘制和灵活显示。当移动鼠标时，绘图区会出现一个随光标移动的十字符号，此符号为“十字光标”，它由“拾点光标”和“选择光标”叠加而成，其中“拾点光标”是点的坐标拾取器，当执行绘图命令时，显示为拾点光标；“选择光标”是对象拾取器，当选择对象时，显示为选择光标；当没有任何命令执行的前提下，显示为十字光标，如图 1-14 所示。

图 1-14　光标的三种状态

在绘图区左下部有 3 个标签，即模型、布局 1 和布局 2，分别代表了两种绘图空间，即模型空间和布局空间。模型标签代表了当前绘图区窗口是处于模型空间，通常在模型空间进行绘图。布局 1 和布局 2 是默认设置下的布局空间，主要用于图形的打印输出。用户可以通过单击标签，在这两种操作空间中进行切换。

5. 命令行

命令行是用户与 AutoCAD 软件进行数据交流的平台，主要功能就是用于提示和显示用户当前的操作步骤，如图 1-15 所示。

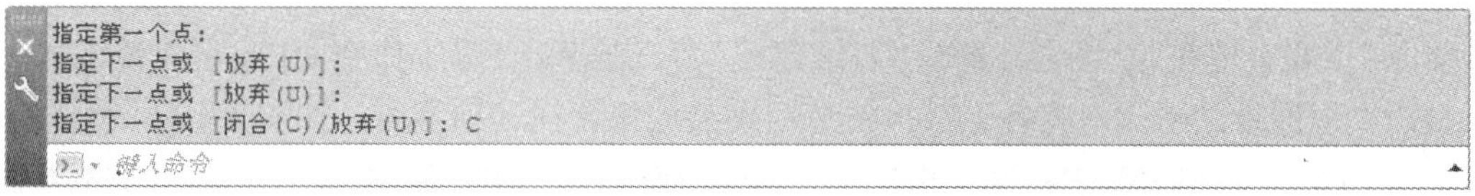

指定第一个点：
指定下一点或 [放弃(U)]：
指定下一点或 [放弃(U)]：
指定下一点或 [闭合(C)/放弃(U)]：C
键入命令

图 1-15　命令行

“命令行”位于绘图区的下侧，它主要包括“命令输入窗口”和“命令历史窗口”两部分，上面为“命令历史窗口”，用于记录执行过的操作信息；下面则是“命令输入窗口”，用于提示用户输入命令或命令选项。

通过按 F2 功能键，系统则会以“文本窗口”的形式显示更多的历史信息，如图 1-16 所示，再次按 F2 功能键，即可关闭文本窗口。

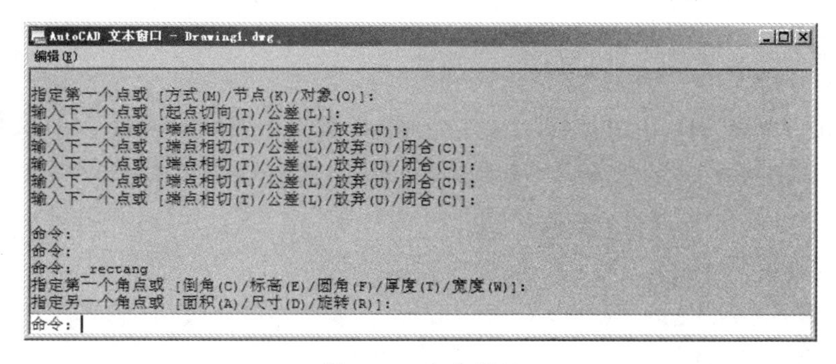

图 1-16　文本窗口

6. 状态栏

状态栏位于 AutoCAD 操作界面的最底部，如图 1-17 所示，它由坐标读数器、辅助功能区、状态栏快捷菜单三部分组成。

图 1-17　状态栏

- 状态栏左端为坐标读数器，用于显示十字光标所处位置的坐标值；
- 辅助功能区左端的按钮主要用于控制点的精确定位和追踪；中间的按钮主要用于快速查看布局、查看图形、定位视点、注释比例等；右端的按钮主要用于对工具栏、口等固定，工作空间切换以及绘图区的全屏显示等，都是一些辅助绘图的功能。
- 单击状态栏右侧的小三角，可打开如图 1-18 所示的快捷菜单，菜单中的各选项与状态栏上的各按钮功能一致，用户也可以通过各菜单项以及菜单中的各功能键进行控制各辅助按钮的开关状态。

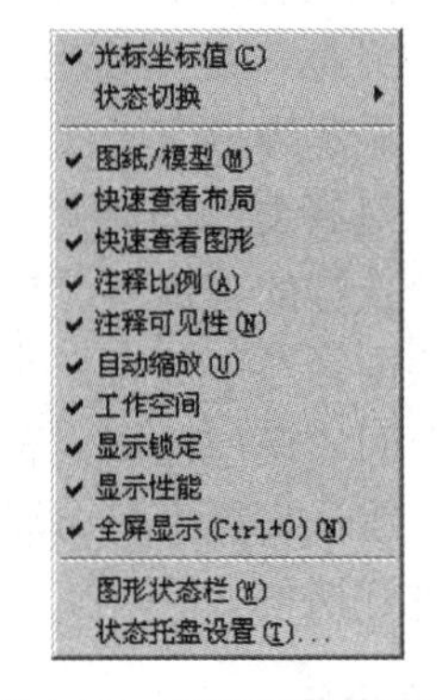

图 1-18　状态栏快捷菜单

7. 功能区

“功能区”主要出现在“草图与注释”、“三维建模”、“三维基础”等工作空间内，它代替了 AutoCAD 众多的工具栏，以面板的形式，将各工具按钮分门别类地集合在选项卡内，如图 1-19 所示。

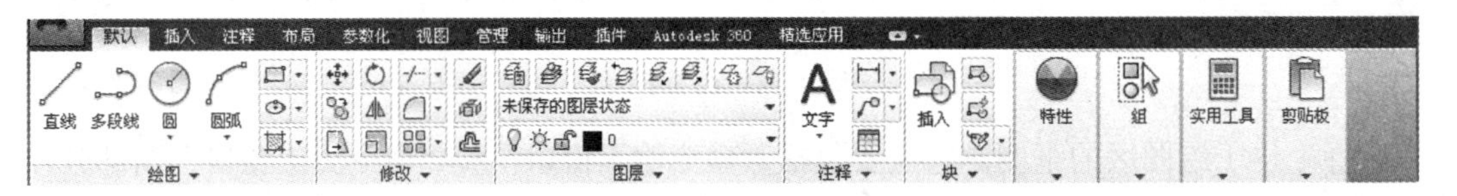

图 1-19　功能区

用户在调用工具时，只需在功能区中展开相应选项卡，然后在所需面板上单击相应按钮即可。由于在使用功能区时，无需再显示 AutoCAD 的工具栏，因此，使得应用程序窗口变得单一、简洁有序。通过这单一简洁的界面，功能区还可以将可用的工作区域最大化。

1.3.4　退出 AutoCAD 2014 的方式

当用户需要退出 AutoCAD 2014 绘图软件时，首先需要退出当前的 AutoCAD 文件，如果当前的绘图文件已经存盘，那么用户可以使用以下几种方式退出 AutoCAD 绘图软件：

- 单击 AutoCAD 2014 标题栏控制按钮 ×；
- 按 Alt+F4 组合键；
- 单击菜单“文件”/“退出”命令；
- 在命令行中输入“Quit”或“Exit”后，按 Enter 键。
- 展开“应用程序菜单”，单击 退出 Autodesk AutoCAD 2014 按钮。

如果用户在退出 AutoCAD 绘图软件之前，没有将当前的 AutoCAD 绘图文件存盘，那么系统将会弹出如图 1-20 所示的提示对话框，单击 是(Y) 按钮，将弹出“图形另存为”对话框，用于对图形进行命名保存；

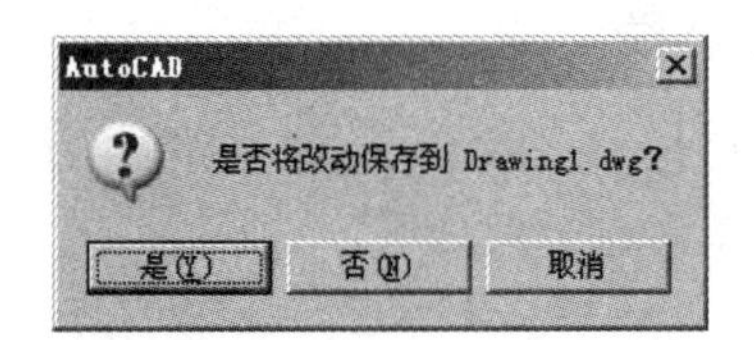

图 1-20　AutoCAD 提示框

单击 否(N) 按钮，系统将放弃存盘并退出 AutoCAD 2014；单击 取消 按钮，系统将取消执行的退出命令。

1.4　掌握 AutoCAD 2014 室内设计的初级技能

本节主要概述 AutoCAD 2014 初级的软件操作必备技能，具体有文件基本操作、命令的调用方式、键盘操作以及坐标点的精确输入等。

1.4.1　设计文件的设置与管理技能

在绘图之前，首先需要设置相关的绘图文件，为此，了解和掌握与文件相关的技能是绘制图形的前提条件。

1. 新建文件

当启动 AutoCAD 2014 后，系统会自动打开一个名为“Drawing1.dwg”的绘图文件，如果需要重新创建绘图文件，可以使用“新建”命令。执行此命令主要有以下几种方式：

- 菜单栏：单击菜单“文件”/“新建”命令。
- 工具栏：单击“标准”工具栏或“快速访问工具栏”上的□按钮。
- 命令行：在命令行输入“New”后按 Enter 键。
- 组合键：按 Ctrl+N 组合键。

执行“新建”命令后，打开如图 1-21 所示的“选择样板”对话框，此对话框含有多种基本样板文件，其中“acadISO-Named Plot Styles”和“acadiso”都是公制单位的样板文件，两者的区别就在于前者使用的打印样式为“命名打印样式”，后者为“颜色相关打印样式”，读者可以根据需求进行取舍。

选择“acadISO-Named Plot Styles”或“acadiso”样板文件后单击 打开(O) 按钮，即可创建一张新的空白文件，进入 AutoCAD 默认设置的二维操作界面。

图 1-21　“选择样板”对话框

另外，AutoCAD 为用户提供了“无样板”方式创建绘图文件的功能，在“选择样板”对话框中单击 打开(O) ▼按钮右侧的下三角按钮，打开如图 1-22 所示的按钮菜单，在按钮菜单上选择“无样板打开－公制”选项，即可快速新建一个公制单位的绘图文件。

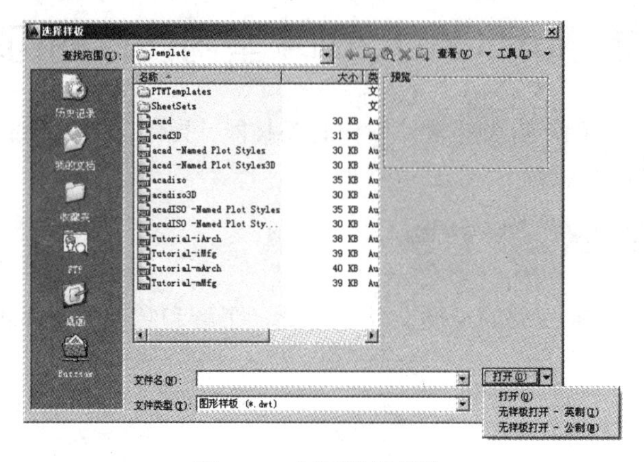

图 1-22　打开按钮菜单

2. 保存文件

“保存”命令用于将绘制的图形以文件的形式进行存盘，存盘的目的就是为了方便以后查看、使用或修改编辑等。执行“保存”命令主要有以下几种方式：

- 菜单栏：单击菜单“文件”/“保存”命令。
- 工具栏：单击“标准”工具栏或“快速访问工具栏”上的按钮。
- 命令行：在命令行输入“Save”后按 Enter 键。
- 组合键：按 Ctrl+S 组合键。

执行“保存”命令后，可打开如图 1-23 所示的“图形另存为”对话框，在此对话框内，可以进行如下操作：

- 设置存盘路径。在“保存于”下拉列表内设置存盘路径。
- 设置文件名。在“文件名”文本框内输入文件的名称，如“我的文档”。
- 设置文件格式。单击对话框底部的“文件类型”下拉列表，在展开的下拉列表框内设置文件的格式类型，如图 1-24 所示。

图 1-23　“图形另存为”对话框

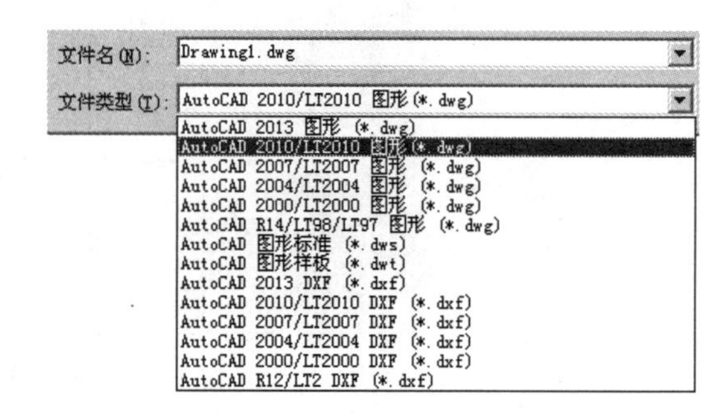

图 1-24　设置文件格式

默认的存储类型为“AutoCAD 2013 图形（*.dwg）”，使用此种格式将文件被存盘后，只能被 AutoCAD 2013 及其以后的版本所打开，如果用户需要在 AutoCAD 早期版本中打开此文件，必须使用为低版本的文件格式进行存盘。

另外，当用户在已存盘的图形的基础上进行了其他的修改工作，又不想将原来的图形覆盖，可以使用“另存为”命令，将修改后的图形以不同的路径或不同的文件名进行存盘。执行“另存为”命令主要有以下几种方式：

- 菜单栏：单击菜单“文件”/“另存为”命令。
- 工具栏：单击“快速访问工具栏”上的按钮。
- 命令行：在命令行输入“Save as”后按 Enter 键。
- 组合键：按 Crtl+Shift+S 组合键。

3. 打开文件

当用户需要查看、使用或编辑已经存盘的图形时，可以使用“打开”命令，将此图形打开。执行“打开”命令主要有以下几种方式：

- 菜单栏：单击菜单“文件”/“打开”命令。
- 工具栏：单击“标准”工具栏或“快速访问工具栏”上的按钮。
- 命令行：在命令行输入“Open”后按 Enter 键。
- 组合键：按 Ctrl+O 组合键。

执行“打开”命令后，系统将打开“选择文件”对话框，在此对话框中选择需要打开的图形文件，如图 1-25 所示。单击 打开(O) 按钮，即可将此文件打开。

4. 清理文件

有时为了给图形文件进行“减肥”，以减小文件的存储空间，可以使用“清理”命令，将文件内部的一些无用的垃圾资源（如图层、样式、图块等）进行清理掉。执行“清理”命令主要有以下几种方式：

- 菜单栏：单击菜单“文件”/“图形实用程序”/“清理”命令。
- 命令行：在命令行输入“Purge”后按 Enter 键。
- 快捷键：在命令行输入“PU”后按 Enter 键。

执行“清理”命令，系统可打开如图 1-26 所示的“清理”对话框，在此对话框中，带有“+”号的选项，表示该选项内含有未使用的垃圾项目，单击该选项将其展开，即可选择需要清理的项目，如果用户需要清理文件中的所有未使用的垃圾项目，可以单击对话框底部的 全部清理(A) 按钮。

图 1-25 “选择文件”对话框

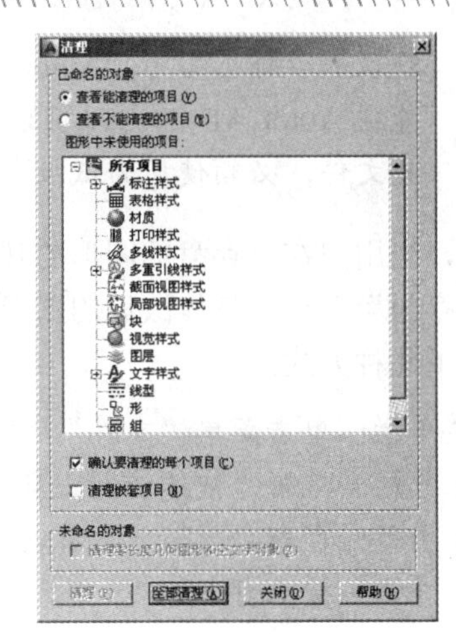

图 1-26 “清理”对话框

1.4.2 掌握 AutoCAD 2014 命令调用方式

在 AutoCAD 2014 制图软件中，同一种命令的启动，有着多种不同的操作方式，巧妙选择命令的启动方式，可以快速启动需要执行的命令，以提高绘图速度，节省绘图时间。

在 AutoCAD 2014 绘图软件中，命令的执行方式一般存在有以下几种。

（1）执行菜单栏中的命令

在默认状态下，AutoCAD 2014 的制图命令被分为十二种形式的菜单，当鼠标指针指向某个菜单时，该菜单项则会自动凸起，单击即可展开此菜单，然后用户只需在展开的下拉菜单中，单击相关的命令即可激活该命令。

为了更方便执行命令或命令选项，AutoCAD 又为用户提供了一种右键快捷菜单，用户只需要单击快捷菜单中的命令或命令选项即可快速激活相应的功能。

（2）单击工具栏或功能区按钮

单击工具栏或功能区按钮执行命令，是使用频率非常高的一种操作方式。此种操作方式以形象直观的命令按钮形式，代替了那些复杂繁琐的英文命令，使读者不必记住那些复杂的英文命令，只需单击相应按钮就可快速启动命令。

（3）使用命令表达式

在命令行中直接输入命令的英文表达式，然后按 Enter 键即可启动命令。此种方式是一种最原始的方式，也是一种很重要的方式。

由于许多命令都不是一步操作就能完成的，存在有下一级命令和选项等，所以在命令行输入命令并执行时，AutoCAD 就会显示出命令执行过程中的步骤提示，用户可以根据命令行的选项提示来输入命令的所需参数。

（4）使用快捷键或功能键

此种方式是最简单最快捷的命令启动方式。所谓“快捷键”，在此指的就是各 AutoCAD 英文命令的简写。不过此种方式需要配合 Enter 键。比如“直线”命令的英文简写为“L”，在启动此命令时只需按下键盘上的 L 字母键后再按下 Enter 键，就能激活画线命令。

另外，表 1-1 给出了 AutoCAD 2014 自身设定的一些功能键和最基本的 Windows 系统的快捷键，在执行这些命令时只需要按下相应的功能键即可。

表 1-1　AutoCAD 2014 的功能键

功能键	功能	功能键	功能
F1	AutoCAD 帮助	Ctrl+N	新建文件
F2	文本窗口打开	Ctrl+O	打开文件
F3	对象捕捉开关	Ctrl+S	保存文件
F4	三维对象捕捉开关	Ctrl+P	打印文件
F5	等轴测平面转换	Ctrl+Z	撤消上一步操作
F6	动态 UCS	Ctrl+Y	重复撤消的操作
F7	栅格开关	Ctrl+X	剪切
F8	正交开关	Ctrl+C	复制
F9	捕捉开关	Ctrl+V	粘贴
F10	极轴开关	Ctrl+K	超级链接
F11	对象跟踪开关	Ctrl+0	全屏
F12	动态输入	Ctrl+1	特性管理器
Delete	删除	Ctrl+2	设计中心
Ctrl+A	全选	Ctrl+3	特性
Ctrl+4	图纸集管理器	Ctrl+5	信息选项板
Ctrl+6	数据库连接	Ctrl+7	标记集管理器
Ctrl+8	快速计算器	Ctrl+9	命令行
Ctrl+W	选择循环	Ctrl+Shift+P	快捷特性
Ctrl+Shift+I	推断约束	Ctrl+Shift+C	带基点复制
Ctrl+Shift+V	粘贴为块	Ctrl+Shift+S	另存为

1.4.3　了解相关的键盘操作键

为了提高绘图效率，AutoCAD 2014 绘图软件为个别键盘操作键赋予了某种重要功能，当在命令行输入命令或命令选项时，必须按键盘上的 Enter 键才能被计算机接收，从而进行下一步的操作；结束命令时也需要按 Enter 键，它起到一种回车确定功能或回车响应的功能。

另外，当执行完某个命令时按 Enter 键，则可以重复执行该命令；如果用户需要中止正在执行的命令时，可以按 Esc 键，即可中止命令；如果用户需要删除图形时，可以在选择图形后按 Delete 键，系统会自动删除图形，此功能等同于“删除”命令。

单击“修改”工具栏或面板上的按钮，或使用快捷键“E”，都可激活“删除”命令，然后选择需要删除的对象后按 Enter 键，即可将图形删除。

1.4.4　掌握坐标点的输入功能

AutoCAD 设计软件支持点的精确输入和点的捕捉追踪功能，用户可以使用此功能，进行精确的定位点。在具体的绘图过程中，坐标点的精确输入主要包括“绝对直角坐标”、“绝对极坐标”、“相对直角坐标”和“相对极坐标”四种，具体内容如下。

1. 绝对直角坐标

绝对直角坐标是以坐标系原点（0,0）作为参考点，进行定位其他点。其表达式为（x,y,z），用户可以直接输入该点的 x、y、z 绝对坐标值来表示点。在如图 1-27 所示的 A 点，其绝对直角坐标为（4,7），其中 4 表示从 A 点向 X 轴引垂线，垂足与坐标系原点的距离为 4 个单位；7 表示从 A 点向 Y 轴引垂线，垂足与原点的距离为 7 个单位。

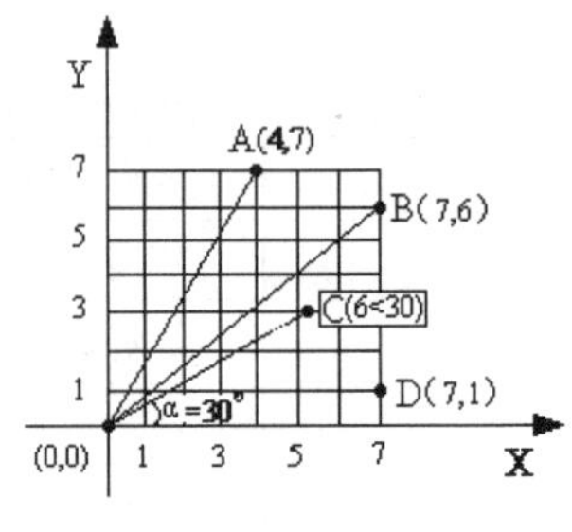

图 1-27　坐标系示例

在默认设置下，当前视图为正交视图，用户在输入坐标点时，只需输入点的 X 坐标和 Y 坐标值即可。在输入点的坐标值时，其数字和逗号应在英文 En 方式下进行，坐标中 X 和 Y 之间必须以逗号分割，且标点必须为英文标点。

2. 绝对极坐标

绝对极坐标也是以坐标系原点作为参考点，通过某点相对于原点的极长和角度来定义点的。其表达式为（L<α），L 表示某点和原点之间的极长，即长度；α 表示某点连接原点的边线与 X 轴的夹角。

如图 1-27 中的 C（6<30）点就是用绝对极坐标表示的，6 表示 C 点和原点连线的长度，30°表示 C 点和原点连线与 X 轴的正向夹角。

在默认设置下，AutoCAD 是以逆时针来测量角度的。水平向右为 0°方向，90°垂直向上，180°水平向左，270°垂直向下。

3. 相对直角坐标

相对直角坐标是某一点相对于对照点 X 轴、Y 轴和 Z 轴三个方向上的坐标变化。其表达式为（@x,y,z）。在实际绘图当中常把上一点看作参照点，后续绘图操作是相对于前一点而进行的。

如上图 1-27 所示的坐标系中，如果以 B 点作为参照点，使用相对直角坐标表示 A 点，那么表达式则为（@7−4,6−7）=（@3,−1）。

AutoCAD 为用户提供了一种变换相对坐标系的方法，只要在输入的坐标值前加“@”符号，就表示该坐标值是相对于前一点的相对坐标。

4. 相对极坐标点

相对极坐标是通过相对于参照点的极长距离和偏移角度来表示的，其表达式为（@L<α），L 表示极长，α 表示角度。

在图 1-27 所示的坐标系中，如果以 D 点作为参照点，使用相对极坐标表示 B 点，那么表达式则为（@5<90），其中 5 表示 D 点和 B 点的极长距离为 5 个图形单位，偏移角度为 90°。

5. 动态输入

在输入相对坐标点时，可配合状态栏上的“动态输入”功能，当激活该功能后，输入的坐标点被看作是相对坐标点，用户只需输入点的坐标值即可，不需要输入符号“@”，因系统会自动在坐标值前添加此符号。单击状态栏上的按钮，或按下键盘上的 F12 功能键，都可激活“动态输入”功能。

1.4.5　几个简单的制图工具

本节将学习几个简单的软件初级制图工具，具体有直线、删除、撤回与恢复、实时平移和缩放等。

1. 直线

“直线”命令是一个非常常用的画线工具，使用此命令可以绘制闭合或不闭合的线图形，不过所绘制的各条直线段系统将其分别看作是一个个独立的对象。

执行“直线”命令有以下几种方式：

- 菜单栏：单击菜单“绘图”/“直线”命令。
- 工具栏：单击“绘图”工具栏上的按钮。
- 命令行：在命令行输入“Line”后按 Enter 键。
- 快捷键：在命令行输入“L”后按 Enter 键。
- 功能区：单击“默认”选项卡/“绘图”面板上的按钮。

执行“直线”命令后，命令行操作提示如下：

```
命令: _line
指定第一点:                              //定位第一点
指定下一点或 [放弃(U)]:                  //定位第二点
指定下一点或 [放弃(U)]:                  //定位第三点
指定下一点或 [闭合(C)/放弃(U)]:          //定位第四点，或闭合或按 Enter 键结束命令
```

下面通过绘制长度为 150、宽度为 100 的矩形，学习“直线”命令的使用方法和过程。

【例题】　绘制矩形。

步骤 01　单击“绘图”工具栏上的按钮，执行“直线”命令。

步骤 02　执行“直线”命令后，根据 AutoCAD 命令行的提示，使用坐标输入功能精确画图。命令行操作如下：

```
命令: _line
指定第一点:                              //在绘图区单击，拾取一点作为起点
指定下一点或 [放弃(U)]:                  // @150,0 Enter，定位第二点
指定下一点或 [放弃(U)]:                  //@0,100 Enter，定位第三点
指定下一点或 [闭合(C)/放弃(U)]:          //@-150,0 Enter，定位第四点
指定下一点或 [闭合(C)/放弃(U)]:          //c Enter，闭合图形，结果如图 1-28 所示
```

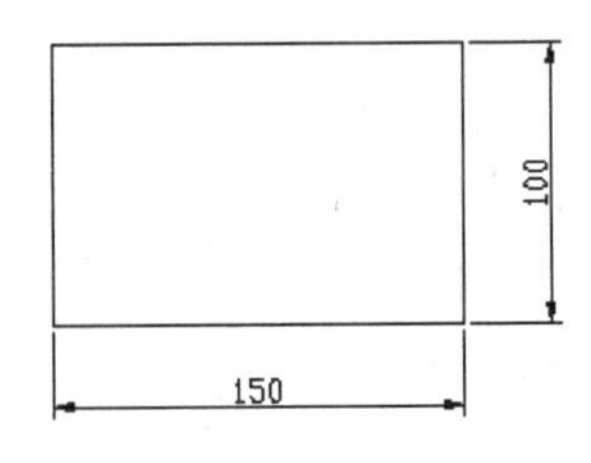

图 1-28　绘制结果

使用命令中的“放弃”选项，可以在不中断命令的前提下取消上一步的错误操作；而使用“闭合”选项可以绘制首尾相连的闭合图形，并结束命令。

2. 删除

“删除”命令主要用于删除多余的图形。当激活该命令后，选择需要删除的图形，单击鼠标右键或按 Enter 键，即可将图形删除。此工具起到的作用，相当于手工绘图时的橡皮擦，用于擦除无用的图形。

执行“删除”命令主要有以下几种方式：

- 菜单栏：单击菜单“修改”/“删除”命令。
- 工具栏：单击“修改”工具栏上的按钮。
- 命令行：在命令行输入“Erase”后按 Enter 键。
- 命令行：在命令行输入“E”后按 Enter 键。
- 功能区：单击“默认”选项卡/“修改”面板上的按钮。

3. 撤消与恢复

当用户需要撤消或恢复已执行过的操作步骤时，可以使用“放弃”和“重做”命令，其中“放弃”命令用于撤消所执行的操作，“重做”命令用于恢复所撤消的操作。AutoCAD 支持用户无限次放弃或重做操作，而且“重做”必须紧跟“放弃”命令。

单击“标准”工具栏中的按钮，或选择菜单栏中的“编辑”/“放弃”命令，或直接在命令行中输入“Undo”或“U”，即可执行放弃命令。同样，单击“标准”工具栏中的按钮，或选择菜单栏中的“编辑”/“重做”命令，或直接在命令行中输入“Redo”，可执行重做命令，恢复放弃的操作。

4. 视图的平移

使用 AutoCAD 绘图时，当前图形文件中的所有图形并不一定全部显示在屏幕内，因为屏幕的大小是有限的，必然有许多在屏幕外而确实存在的实体。如果要看到在屏幕外的图形，可执行“平移”命令，系统将按用户指定的方向和距离移动所显示的图形而不改变显示的比例，可以平移观察图形的不同部分。视图的平移菜单如图 1-29 所示。

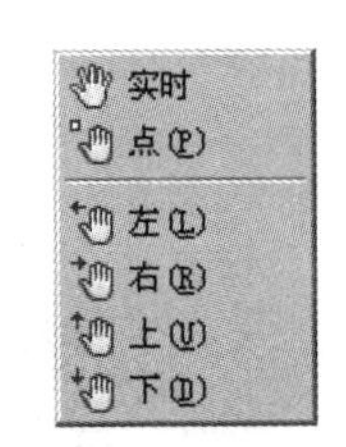

图 1-29　平移菜单

各菜单项功能如下：

- “实时”用于将视图随着光标的移动而平移。
- “点”平移是根据指定的基点和目标点平移视图。定点平移时，需要指定两点，第一点作为基点，第二点作为位移的目标点，平移视图内的图形。

- “左”、“右”、“上”和“下”命令分别用于在 X 轴和 Y 轴方向上移动视图。

激活“平移”命令后光标变为“”形状，此时可以按住鼠标左键向需要的方向平移视图，在任何时候都可以按 Enter 键或 Esc 键来停止平移。

5. 实时缩放

单击“标准”工具栏上的按钮，或单击菜单“视图”/“缩放”/“实时”命令，都可激活“实时缩放”功能，此时屏幕上将出现一个放大镜形状的光标，便进入了实时缩放状态，按住鼠标左键向下拖动鼠标，则视图缩小显示；按住鼠标左键向上拖动鼠标，则视图放大显示。

1.5　室内设计图纸的制图规范

室内装修施工图与建筑施工图一样，一般都是按照正投影原理以及视图、剖视和断面等的基本图示方法绘制的，其制图规范也应遵循建筑制图和家具制图中的图标规定，具体内容如下。

1.5.1　常用图纸幅面

AutoCAD 工程图要求图纸的大小必须按照规定图纸幅面和图框尺寸裁剪，常用到的图纸幅面如表 1-2 所示。

表 1-2　图纸幅面和图框尺寸（mm）

尺寸代号	A0	A1	A2	A3	A4
L×B	1188×841	841×594	594×420	420×297	297×210
c	10			5	
a	25				
e	20			10	

表 1-2 中的 L 表示图纸的长边尺寸，B 为图纸的短边尺寸，图纸的长边尺寸 L 等于短边尺寸 B 的 $\sqrt{2}$ 倍。当图纸是带有装订边时，a 为图纸的装订边，尺寸为 25mm；c 为非装订边，A0~A2 号图纸的非装订边边宽为 10mm，A3、A4 号图纸的非装订边边宽为 5mm；当图纸为无装订边图纸时，e 为图纸的非装订边，A0~A2 号图纸边宽尺寸为 20mm，A3、A4 号图纸边宽为 10mm，各种图纸图框尺寸如图 1-30 所示。

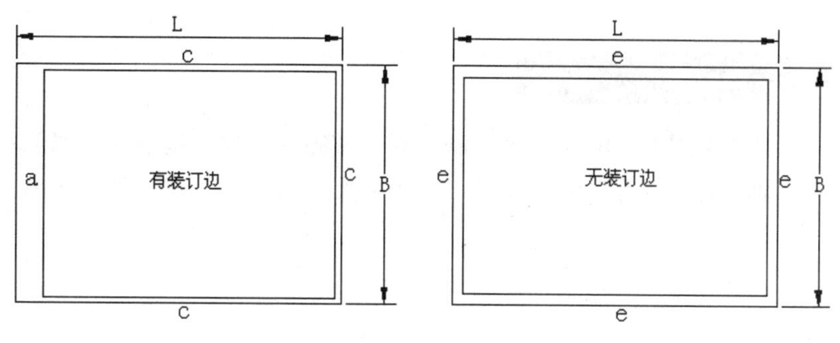

图 1-30　图纸图框尺寸

图纸的长边可以加长，短边不可以加长，但长边加长时需符合标准：对于 A0、A2 和 A4 幅面可按 A0 长边的 1/8 的倍数加长，对于 A1 和 A3 幅面可按 A0 短边的 1/4 的整数倍进行加长。

1.5.2　标题栏与会签栏

在一张标准的工程图纸上，总有一个特定的位置用来记录该图纸的有关信息资料，这个特定的位置就是标题栏。标题栏的尺寸是有规定的，但是各行各业却可以有自己的规定和特色。一般来说，常见的 CAD 工程图纸标题栏有四种格式，如图 1-31 所示。

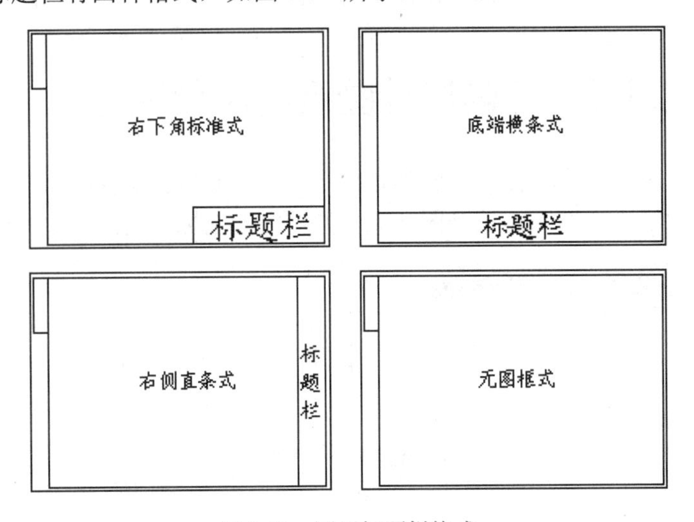

图 1-31　图纸标题栏格式

一般从零号图纸到四号图纸的标题栏尺寸均为 40mm×180mm，也可以是 30mm×180mm 或 40mm×180mm。另外，需要会签栏的图纸要在图纸规定的位置绘制出会签栏，作为图纸会审后签名使用，会签栏的尺寸一般为 20mm×75mm，如图 1-32 所示。

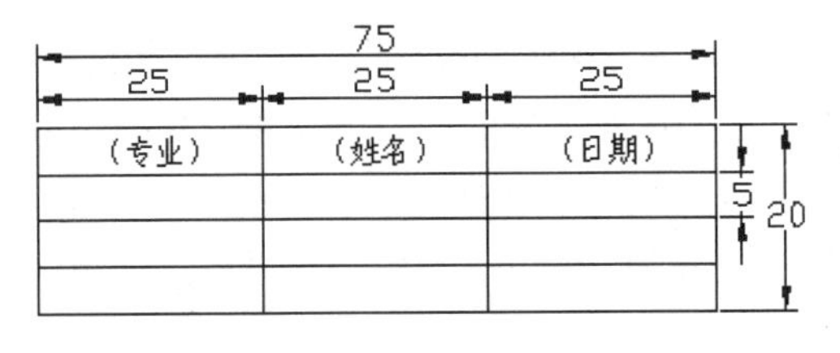

图 1-32　会签栏

1.5.3　比例

建筑物形体庞大，必须采用不同的比例来绘制。对于整幢建筑物、构筑物的局部和细部结构都分别予以缩小绘出，特殊细小的线脚等有时不缩小，甚至需要放大绘出。建筑施工图中，各种图样常用的比例见表 1-3 所示。

表 1-3　施工图比例

图名	常用比例	备注
总平面图	1:500、1:1000、1:2000	
平面图 立面图 剖视图	1:50、1:100、 1:200	
次要平面图	1:300、1:400	次要平面图指屋面平面图、建筑的地面平面图等
详图	1:1、1:2、1:5、1:10、1:20、1:25、1:50	1:25 仅适用于结构构件详图

1.5.4　图线

在施工图中为了表明不同的内容并使层次分明，须采用不同线型和线宽的图线绘制。每个图样，应根据复杂程度与比例大小，首先要确定基本线宽 b，然后再根据制图需要，确定各种线型的线宽。图线的线型和线宽按表 1-4 的说明来选用。

表 1-4　图线的线型、线宽及用途

名称	线宽	用途
粗实线	b	平面图、剖视图中被剖切的主要建筑构造（包括构配件）的轮廓线；建筑立面图的外轮廓线；建筑构造详图中被剖切的主要部分的轮廓线；建筑构配件详图中的构配件的外轮廓线
中实线	0.5b	平面图、剖视图中被剖切的次要建筑构造（包括构配件）的轮廓线；建筑平面图、立面图、剖视图中建筑构配件的轮廓线；建筑构造详图及建筑构配件详图中的一般轮廓线
细实线	0.35b	小于 0.5b 的图形线、尺寸线、尺寸界线、图例线、索引符号、标高符号等
中虚线	0.5b	建筑构造及建筑构配件不可见的轮廓线；平面图中的起重机轮廓线；拟扩建的建筑物轮廓线
细实线	0.35b	图例线、小于 0.5b 的不可见轮廓线
粗点画线	b	起重机轨道线
细点画线	0.35b	中心线、对称线、定位轴线
折断线	0.35b	不需绘制全的断开界线
波浪线	0.35b	不需绘制全的断开界线、构造层次的断开界线

1.5.5　字体与尺寸

图纸上所标注的文字、字符和数字等，应做到排列整齐、清楚正确，尺寸大小要协调一致。当汉字、字符和数字并列书写时，汉字的字高要略高于字符和数字；汉字应采用国家标准规定的矢量汉字，汉字的高度应不小于 2.5mm，字母与数字的高度应不小于 1.8mm；图纸及说明中汉字的字体应采用长仿宋体，图名、大标题、标题栏等可选用长仿宋体、宋体、楷体或黑体等；汉字的最小行距应不小于

2mm，字符与数字的最小行距应不小于 1mm，当汉字与字符数字混合时，最小行距应根据汉字的规定使用。

图纸上的尺寸应包括尺寸界线、尺寸线、尺寸起止符号和尺寸数字等。尺寸界线是表示所度量图形尺寸的范围边限，应用细实线标注；尺寸线是表示图形尺寸度量方向的直线，它与被标注的对象之间的距离不宜小于 10mm，且互相平行的尺寸线之间的距离要保持一致，一般为 7mm~10mm；尺寸数字一律使用阿拉伯数字，在打印出图后的图纸上，字高一般为 2.5mm~3.5mm，同一张图纸上的尺寸数字大小应一致，并且图样上的尺寸单位，除建筑标高和总平面图等建筑图纸以 m 为单位之外，均应以 mm 为单位。

1.6　AutoCAD 室内设计常用尺寸

以下列举了室内设计中一些常用的基本尺寸，单位为毫米（mm）。

1.6.1　餐厅用具尺寸

- 餐桌高：750mm~790mm。
- 餐椅高：450mm~500mm。
- 圆桌直径：二人 500mm、三人 800mm、四人 900mm、五人 1100mm、六人 1100mm~1250mm、八人 1300mm、十人 1500mm、十二人 1800mm。
- 方餐桌尺寸：二人 700mm × 850mm、四人 1350mm × 850mm、八人 2250mm × 850mm。
- 餐桌转盘直径：700mm~800mm。
- 餐桌间距：应大于 500mm（其中座椅占 500mm）。
- 主通道宽：1200mm~1300mm。
- 内部工作道宽：600mm~900mm。
- 酒吧台高：900mm~1050mm、宽 500mm。
- 酒吧凳高：600mm~750mm。

1.6.2　商场营业厅尺寸

- 单边双人走道宽：1600mm。
- 双边双人走道宽：2000mm。
- 双边三人走道宽：2300mm。
- 双边四人走道宽：3000mm。
- 营业员柜台走道宽：800mm。
- 营业员货柜台：厚 600mm、高 800mm~1000mm。
- 单背立货架：厚 300mm~500mm、高 1800mm~2300mm。
- 双背立货架：厚 600mm~800mm、高 1800mm~2300mm
- 小商品橱窗：厚 500mm~800mm、高 400mm~1200mm。
- 陈列地台高：400mm~800mm。
- 敞开式货架：400mm~600mm。

- 放射式售货架：直径 2000mm。
- 收款台：长 1600mm、宽 600mm。

1.6.3 饭店客房设计尺寸

- 标准面积：大型客房为 25m^2、中型客房为 16m^2~18m^2、小型客房为 16m^2。
- 床高：400mm~450mm。
- 床头高：850mm~950mm。
- 床头柜：高 500mm~700mm、宽 500mm~800mm。
- 写字台：长 1100mm~1500mm、宽 450mm~600mm、高 700mm~750mm。
- 行李台：长 910mm~1070mm 宽 500mm 高 400mm。
- 衣柜：宽 800mm~1200mm、高 1600mm~2000mm、深 500mm。
- 沙发：宽 600mm~800mm、高 350mm~400mm、背高 1000mm。
- 衣架高：1700mm~1900mm。

1.6.4 墙面及卫生间尺寸

- 踢脚板高：80mm~200mm。
- 墙裙高：800mm~1500mm。
- 挂镜线高：1600mm~1800mm（画中心距地面高度）。
- 卫生间面积：3m^2~5m^2。
- 浴缸长度一般有三种 1220mm、1520mm、1680mm，宽 720mm、高 450mm。
- 坐便：750mm × 350mm。
- 冲洗器：690mm × 350mm。
- 洗手盆：550mm × 410mm。
- 淋浴器高：2100mm。
- 化妆台：长 1350mm、宽 450 mm。

1.6.5 交通空间常用尺寸

- 楼梯间休息平台净空：等于或大于 2100mm。
- 楼梯跑道净空：等于或大于 2300mm。
- 客房走廊高：等于或大于 2400mm。
- 两侧设座的综合式走廊宽度：等于或大于 2500mm。
- 楼梯扶手高：850mm~1100mm。
- 门的常用尺寸：宽 850mm~1000mm。
- 窗的常用尺寸：宽 400mm~1800mm（不包括组合式窗子）。
- 窗台高：800mm~1200mm。
- 环式会议室服务通道宽：600mm~800mm。

1.6.6 室内家具及灯具尺寸

- 办公桌：长 1200mm~1600mm、宽 500mm~650mm 、高 700mm~800mm。
- 办公椅：高 400mm ~450mm、长 × 宽为 450mm × 450mm。
- 沙发：宽 600mm~800mm、高 350mm~400mm、背面 1000mm。
- 茶几：前置型 900mm × 400mm × 400mm、中心型 900mm × 900mm × 400mm、左右型 600mm × 400mm × 400mm。
- 书柜：高 1800mm、宽 1200mm~1500mm、深 450mm~500mm。
- 书架：高 1800mm 、宽 1000mm~1300mm、深 350mm~450mm。
- 衣橱：深度 600mm~650mm；推拉门 700mm，衣橱门宽度 400mm~650mm。
- 推拉门：宽 750mm~1500mm、高度 1900mm~2400mm。
- 矮柜：深度 350mm~450mm、柜门宽 300mm~600mm。
- 电视柜：深 450mm~600mm、高度 600mm~700mm。
- 单人床：宽度有 900mm、1050mm、1200mm 三种，长度有 1800mm、1860mm、2000mm、2100mm。
- 双人床：宽度有 1350mm、1500mm、1800mm 三种，长度有 1800mm、1860mm、2000mm、2100mm。
- 圆床：直径 1860mm、2125mm、2424mm（常用）。
- 室内门：宽 800~950mm，高度有 1900mm、2000mm、2100mm、2200mm、2400mm。
- 厕所、厨房门：宽 800mm、900mm，高度有 1900mm、2000mm、2100mm 三种。
- 窗帘盒：高 120~180mm，深度为单层布 120mm、双层布 160mm~180mm（实际尺寸）。
- 单人沙发：长度 800mm~950mm、深度 850mm~900mm、坐垫高 350mm~420mm、背高 700mm~900mm。
- 双人沙发：长 1260mm~1500mm、深度 800mm~900mm。
- 三人沙发：长 1750mm~1960mm、深度 800mm~900mm。
- 四人沙发：长 2320mm~2520mm、深度 800mm~900mm。
- 小型茶几（长方形）：长度 600mm~750mm，宽度 450mm~600mm，高度 380mm~500mm（380mm 最佳）。
- 中型茶几（长方形）：长度 1200mm~1350mm，宽度 380mm~500mm 或者 600mm~750mm。
- 中型茶几（正方形）：长度 750mm~900mm，高度 430mm~500mm。
- 大型茶几（长方形）：长度 1500mm~1800mm，宽度 600mm~800mm，高度 330mm~420mm（330mm 最佳）。
- 大型茶几（圆形）：直径 750mm、900mm、1050mm、1200mm，高度 330mm~420mm。
- 大型茶几（正方形）：宽度 900mm、1050mm、1200mm、1350mm、1500mm，高度 330mm~420mm。
- 书桌（固定式）：深度 450mm~700mm（600mm 最佳）、高度 750mm。
- 书桌（活动式）：深度 650mm~800mm、高度 750mm~780mm。
- 书桌下缘离地至少 580mm；长度最少 900mm（1500mm~1800mm 最佳）。
- 餐桌：高度 750mm~780mm（一般）、西式高度 680mm~720mm、一般方桌宽度 1200mm、900mm、750mm。

- 长方桌宽度 800mm、900mm、1050mm、1200mm; 长度 1500mm、1650mm、1800mm、2100mm、2400mm。
- 圆桌：直径 900mm、1200mm、1350mm、1500mm、1800mm。
- 书架：深度 250mm~400mm（每一格）、长度 600mm~1200mm、下大上小型下方深度 350mm~450mm、高度 800mm~900mm。
- 活动未及顶高柜：深度 450mm，高度 1800mm~2000mm。
- 大吊灯最小高度：2400mm。
- 壁灯高：1500mm~1800mm。
- 反光灯槽最小直径：等于或大于灯管直径两倍。
- 壁式床头灯高：1200mm~1400mm。
- 照明开关高：1000mm。

1.7 综合范例——绘制立面窗图例

下面通过绘制如图 1-33 所示的立面窗图例，体验一下文件的新建、图形的绘制、坐标点的输入以及文件的存储等图形设计的整个操作流程，同时掌握和应用一些基本工具的使用方法和一些最基本的软件操作技能。

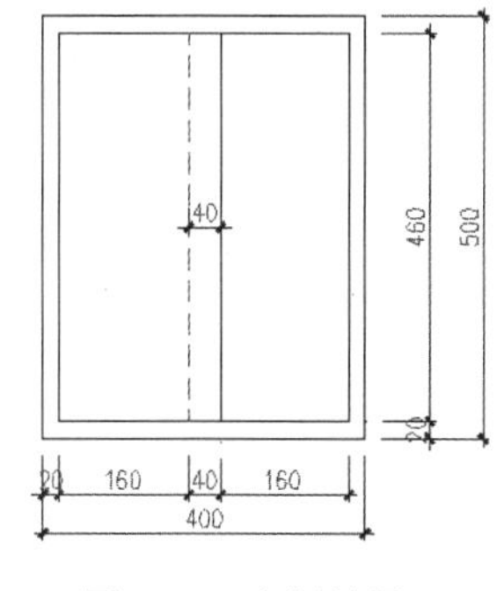

图 1-33 实例效果

操作步骤：

步骤 01 单击“快速访问工具栏”上的按钮，在打开的“选择样板”对话框中选择“acadISO-Named Plot Styles”作为基础样板，创建空白文件。

步骤 02 单击“标准”工具栏上的按钮，激活“实时平移”工具，将坐标系图标进行平移。

步骤 03 单击“绘图”工具栏或面板上的按钮，配合坐标功能绘制外框。命令行操作如下：

```
命令: _line
指定第一点:                          // 0,0 Enter
指定下一点或 [放弃(U)]:              //400,0 Enter
指定下一点或 [放弃(U)]:              //@500<90 Enter
指定下一点或 [闭合(C)/放弃(U)]:      //@400<180 Enter
指定下一点或 [闭合(C)/放弃(U)]:      //C Enter，结果如图 1-34 所示
```

当结束某个命令后，按 Enter 键，可以重复执行该命令。另外用户也可以在绘图区单击，从弹出的右键快捷菜单中选择刚执行过的命令。

步骤 04 由于图形显示的太小，需要将其放大显示。单击“标准”工具栏上的按钮，激活“实时缩放”工具，此时当前光标指针变为一个放大镜状，如图 1-35 所示。

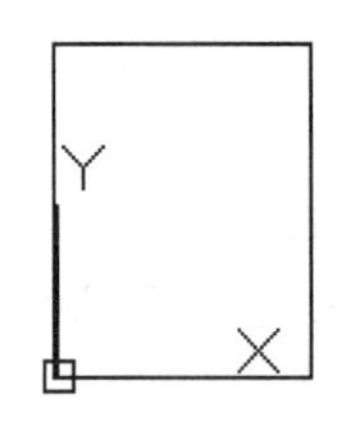

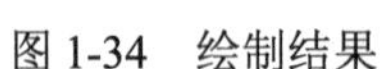

图 1-34　绘制结果

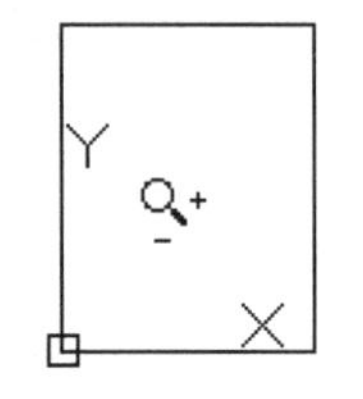

图 1-35　实时缩放

步骤 05　按住鼠标左键不放，慢慢向右上方拖曳光标，此时图形被放大显示。

如果拖曳一次光标，图形还是不够清楚时，可以连续拖曳光标，进行连续缩放。

步骤 06　当图形被放大显示之后，图形的位置可能会出现偏置现象，为了美观，可以使用“实时平移”工具将其移至绘图区中央。

步骤 07　单击“绘图”工具栏或面板上的按钮，配合坐标输入功能绘制内框。命令行操作如下：

```
命令: _line
指定第一点:                              //20,20 Enter
指定下一点或 [放弃(U)]:                  //@360,0 Enter
指定下一点或 [放弃(U)]:                  //@0,460 Enter
指定下一点或 [闭合(C)/放弃(U)]:          //@360<180
指定下一点或 [闭合(C)/放弃(U)]:          //c Enter，闭合图形，绘制结果如图 1-36 所示
```

步骤 08　单击菜单“工具”/“新建 UCS”/“原点”命令，更改坐标系的原点。命令行操作如下：

```
命令: _ucs
当前 UCS 名称: *世界*
指定 UCS 的原点或 [面(F)/命名(NA)/对象(OB)/上一个(P)/视图(V)/世界(W)/X/Y/Z/Z 轴(ZA)]
<世界>: _o
指定新原点 <0,0,0>:                      //20,20 Enter，结束命令，移动结果如图 1-37 所示
```

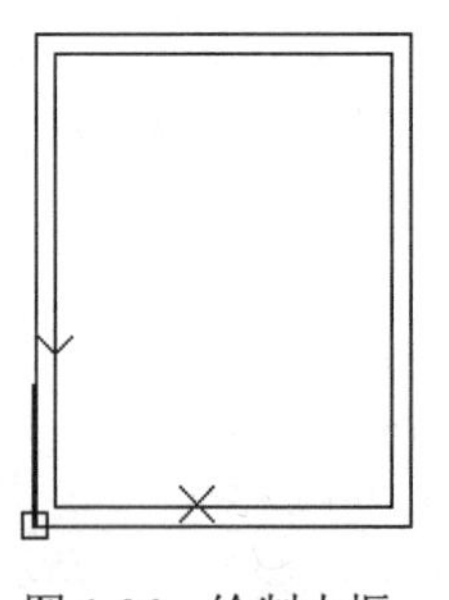

图 1-36　绘制内框

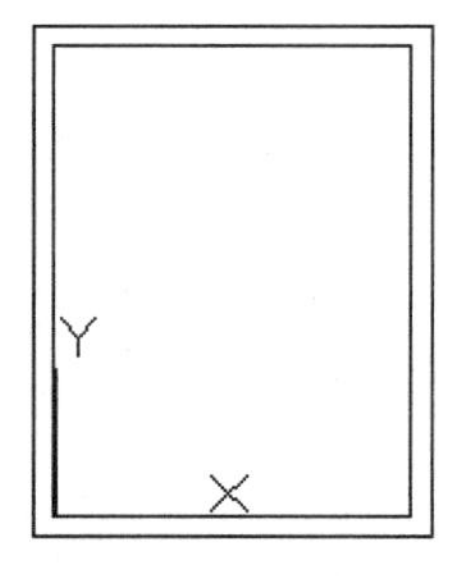

图 1-37　移动坐标系

步骤 09　在命令行输入“Line”后按 Enter 键，重复执行“直线”命令，使用坐标输入功能绘制内部的垂直轮廓线。命令行操作如下：

```
命令: _line                              // Enter
指定第一个点:                            //160,0 Enter
指定下一点或 [放弃(U)]:                  //@460<90 Enter
指定下一点或 [放弃(U)]:                  // Enter
命令:LINE
```

```
指定第一个点:                          //200,0 Enter
指定下一点或 [放弃(U)]:                //@0,460 Enter
指定下一点或 [放弃(U)]:                // Enter，结果如图 1-38 所示
```

技巧提示 如果输入点的坐标时不慎出错，可以使用“放弃”功能，放弃上一步操作，而不必重新执行命令。另外“闭合”选项用于绘制首尾相连的闭合图形。

步骤 10 单击菜单“视图”/“显示”/“UCS 图标”/“开”命令，关闭坐标系，结果如图 1-39 所示。

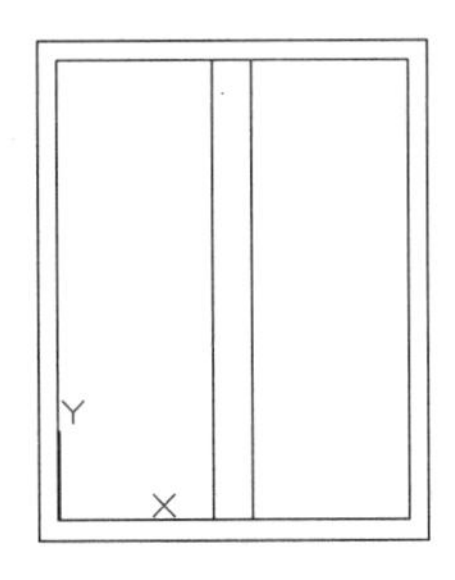

图 1-38　绘制结果

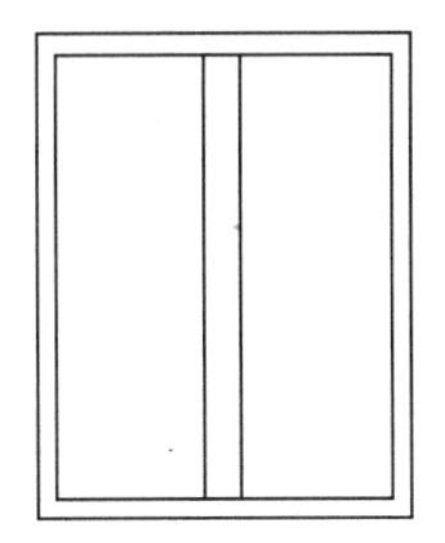

图 1-39　关闭坐标系

步骤 11 单击“格式”菜单中的“线型”命令，在打开的“线型管理器”对话框中单击按钮，打开“加载或重载线型”对话框。

步骤 12 在“加载或重载线型”对话框中选择如图 1-40 所示的线型进行加载，加载后的结果如图 1-41 所示。

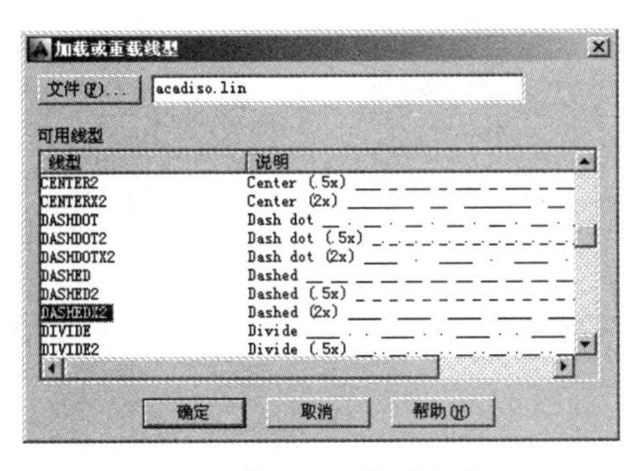

图 1-40　选择线型

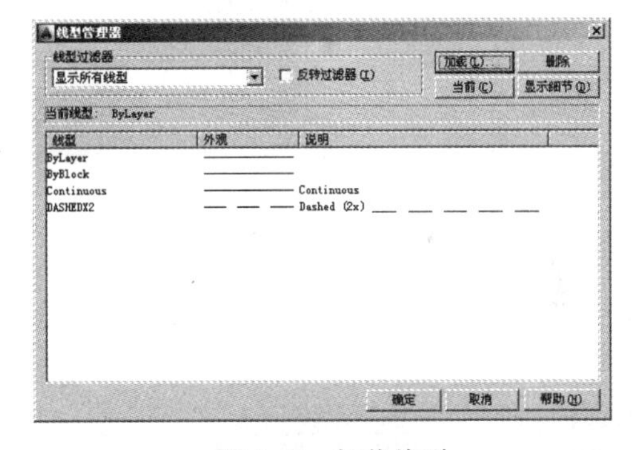

图 1-41　加载线型

步骤 13 单击状态栏上的“快捷特性”按钮，然后单击窗口内部左侧的垂直轮廓线，打开如图 1-42 所示的“快捷特性”窗口。

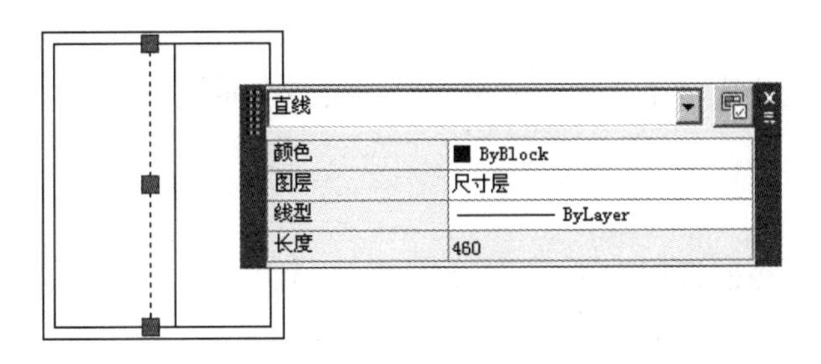

图 1-42　“快捷特性”窗口

步骤 14 在“快捷特性”窗口中展开“线型”下拉列表，然后选择如图 1-43 所示的线型。

步骤 15　关闭“快捷特性”窗口，并按 Esc 键取消图线的夹点显示，最终结果如图 1-44 所示。

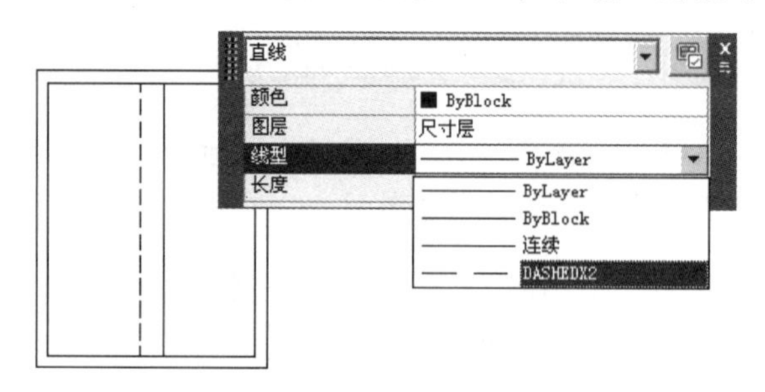

图 1-43　选择线型

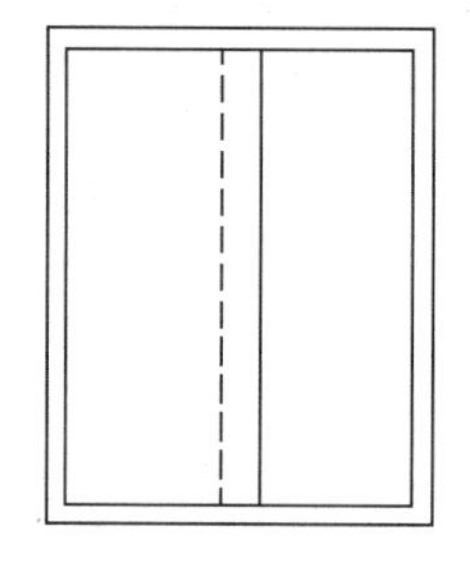

图 1-44　最终结果

步骤 16　单击“快速访问工具栏”上的按钮，在打开的“图形另存为”对话框中，设置存盘路径及文件名，如图 1-45 所示，将图形命名存储。

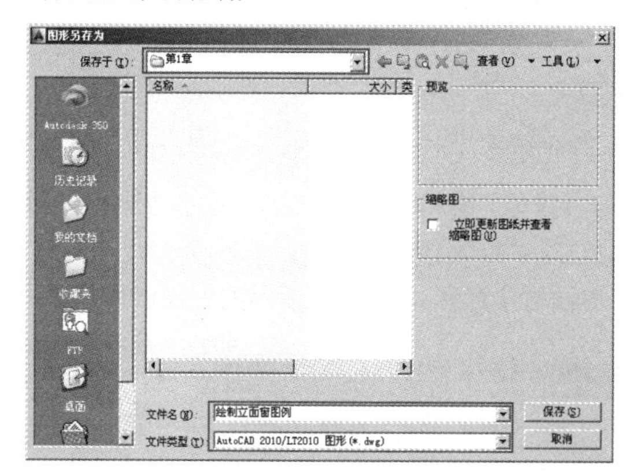

图 1-45　将文件命名存盘

1.8　思考与总结

1.8.1　知识点思考

（1）思考题一

AutoCAD 2014 共为用户提供了几种工作空间？如何在这些工作空间中进行切换？

（2）思考题二

AutoCAD 2014 共为用户提供了几种绘图空间？各绘图空间有何实质性的区别，如何在这些绘图空间中进行切换？

（3）思考题三

每一种软件都有多种命令的调用方法， AutoCAD 2014 共为用户提供了几种命令的调用方法？

1.8.2　知识点总结

本章主要讲述了 AutoCAD 2014 中文版的用户界面、文件的设置管理、命令调用特点、坐标点的精确输入等基础知识，为后叙章节的学习打下基础。通过本章的学习，具体应掌握以下知识：

- 了解和掌握 AutoCAD 2014 的工作空间、用户界面的组成及各组成元素的功能和基本的操作等；
- 了解和掌握 AutoCAD 命令的启动方式，即菜单栏方式、工具栏或功能区方式、命令行方式、快捷键或组合键；
- 了解和掌握绝对和相对等四种坐标点的精确输入功能。
- 了解和掌握画线、删除图形、撤消恢复等工具的使用以及一些常用的键盘操作键所代表的功能；
- 了解和掌握视图的实时平移和实时缩放等调控功能；
- 最后掌握 AutoCAD 文件的创建与管理操作，包括新建文件、保存文件、打开文件等。

1.9　上机操作题

1.9.1　操作题一

绘制如图 1-46 所示的图框，并将此图形命名存盘为“操作题一.dwg”。

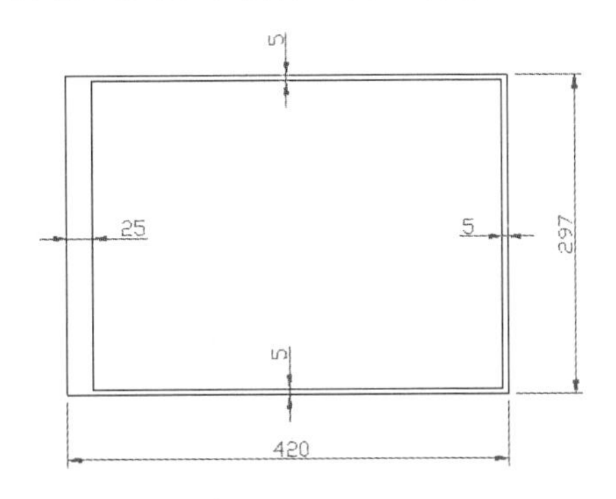

图 1-46　操作题一

1.9.2　操作题二

绘制如图 1-47 所示的图形，并将此图形命名存盘为“操作题二.dwg”。

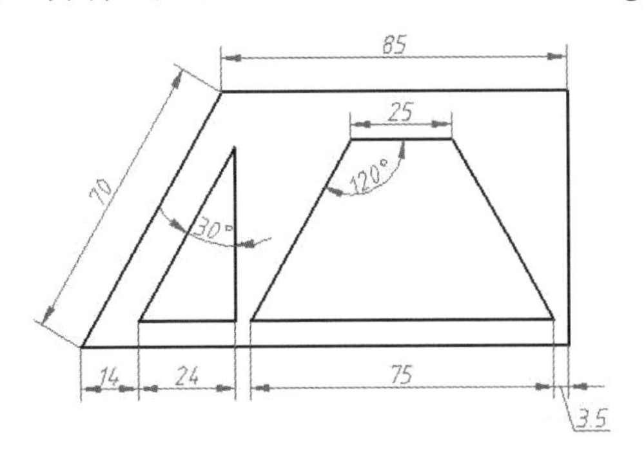

图 1-47　操作题二

第 2 章　室内绘图环境的基本设置

通过本章的学习，应了解和掌握绘图环境的设置、对象的选择技能、视图的缩放技能、图形点的捕捉技能以及目标点的追踪技能等。通过点的捕捉与追踪功能，用户可以快速地定位图形中的点，是精确画图的关键；通过视图的缩放控制功能，用户可以非常方便地放大或缩小视图，以利于观察和编辑视窗内的图形。

本章学习内容如下：

- 设置绘图环境
- 设置捕捉与栅格模式
- 设置各种对象捕捉模式
- 应用各种追踪模式
- 应用对象的选择技能
- 掌握视图的基本控制
- 综合范例——绘制橱柜立面图例
- 思考与总结
- 上机操作题

2.1　设置绘图环境

本节主要学习 AutoCAD 绘图环境的设置技能，具体有设置绘图单位、绘图区域、绘图背景色以及十字光标大小等。

2.1.1　设置绘图单位

“图形单位”命令主要用于设置长度单位、角度单位、角度方向以及各自的精度等参数。执行“图形单位”命令主要有以下几种方式：

- 菜单栏：单击菜单“格式”/“单位”命令。
- 命令行：在命令行输入“Units”后按 Enter 键。
- 快捷键：在命令行输入“UN”后按 Enter 键。

【例题 1】 设置绘图单位及精度。

步骤 01　首先创建公制单位的空白文件。

步骤 02　单击菜单“格式”/“单位”命令，打开如图 2-1 所示的“图形单位”对话框。

步骤 03　在“长度”选项组中单击“类型”下拉列表框，进行设置长度的类型，默认为“小数”。

AutoCAD 提供了“建筑”、“小数”、“工程”、“分数”和“科学”五种长度类型。单击该选框中的▾按钮可以从中选择需要的长度类型。

步骤 04　展开“精度”下拉列表框，设置单位的精度，默认为“0.000”，用户可以根据需要设置单位的精度。

步骤 05　在“角度”选项组中单击“类型”下拉列表，设置角度的类型，默认为“十进制度数”；展开“精度”下拉列表框，设置角度的精度，默认为“0”，用户可以根据需要进行设置。

步骤 06　“插入时的缩放单位”选项组用于设置插入图形的缩放单位，默认为“毫米”。

步骤 07　设置角度的基准方向。单击对话框底部的 方向(D)... 按钮，打开如图 2-2 所示的“方向控制”对话框，用来设置角度测量的起始位置。

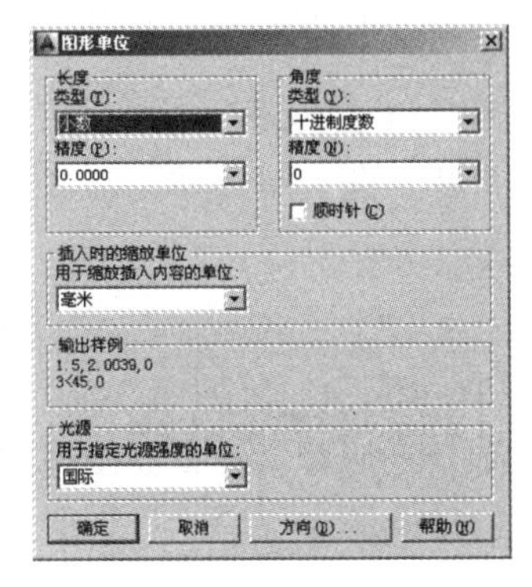

图 2-1　“图形单位”对话框

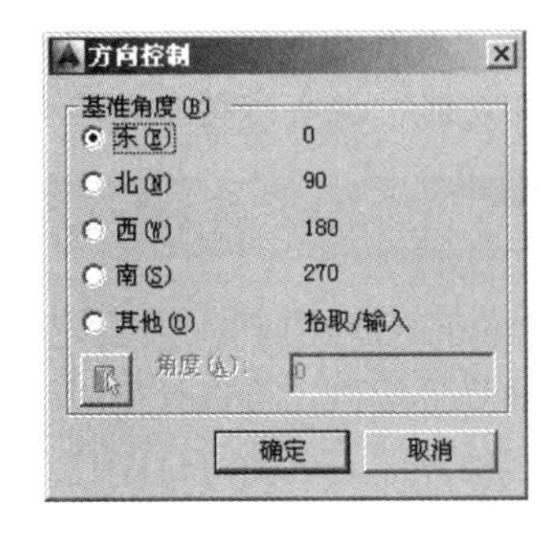

图 2-2　“方向控制”对话框

“顺时针”选项是用于设置角度的方向的，如果勾选该复选框，那么在绘图过程中就以顺时针为正角度方向，否则以逆时针为正角度方向。

2.1.2　设置绘图区域

所谓“图形界限”，指的就是绘图的区域，它相当于手工绘图时，事先准备的图纸。设置“图形界限”最实用的一个目的，就是为了满足不同范围的图形在有限绘图区窗口中的恰当显示，以方便于视窗的调整及用户的观察编辑等。

执行“图形界限”命令主要有以下几种方式：

- 菜单栏：单击菜单“格式”/“图形界限”命令。
- 命令行：在命令行输入“Limits”后按下 Enter 键。

【例题 2】 设置与显示图形界限。

步骤 01　首先创建空白文件。

步骤 02　执行“图形界限”命令，在命令行“指定左下角点或 [开（ON）/关（OFF）]：”提示下按 Enter 键，以默认原点作为图形界限的左下角点。

步骤 03　在命令行“指定右上角点：”提示下，输入“200,150”，并按 Enter 键。

步骤 04　单击菜单“视图”/“缩放”/“全部”命令，将图形界限最大化显示。

技巧提示

默认设置下图形的界限为 3 号横向图纸的尺寸，即长边为 420、短边为 297 个单位。

步骤05 设置图形界限后可以开启“栅格”功能，通过栅格点可以将图形界限直观地显示出来，如图 2-3 所示，也可以使用栅格线显示图形界限，如图 2-4 所示。

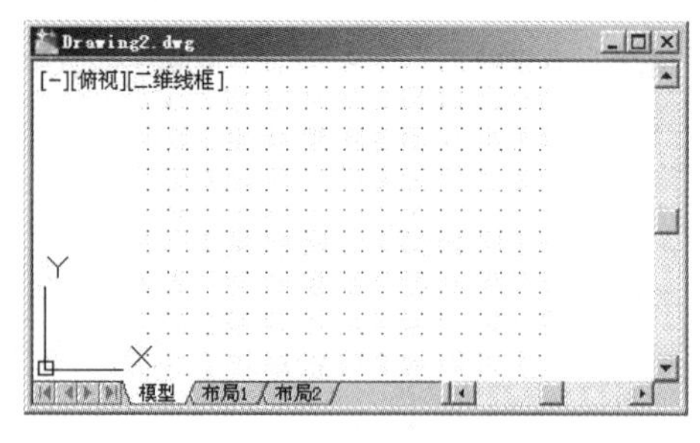

图 2-3　图形界限的栅格点显示

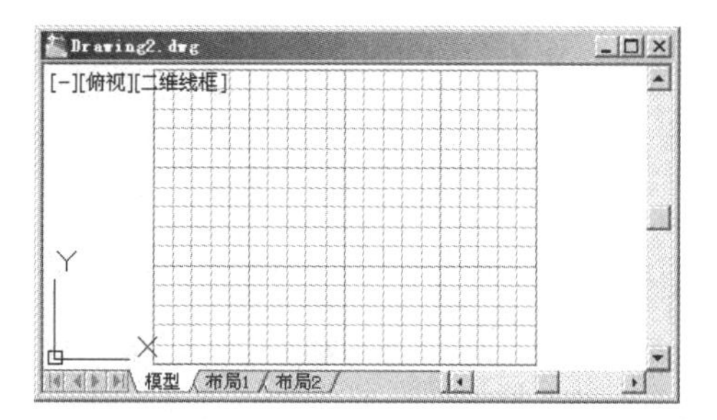

图 2-4　图形界限的栅格线显示

当设置了图形界限后，如果禁止绘制的图形超出所设置的图形界限，可以使用图形界限的检测功能，将坐标值限制在作图区域内，这样就不会使绘制的图形超出边界。

2.1.3　更改绘图区的背景色

默认设置下 AutoCAD 2014 的绘图背景色为（RGB：33、40、48），如图 2-5（左）所示，用户如果需要更改绘图的背景颜色，可以使用“选项”命令，此命令不但可以设置绘图区的背景色，还可以设置界面内其他多种界面元素的特性，比如光标的大小、选择框的大小等。执行“选项”命令主要有以下几种方式：

- 菜单栏：单击菜单“工具”/“选项”命令。
- 右键菜单：单击鼠标右键菜单上的“选项”命令。
- 命令行：在命令行输入“Opion”后按 Enter 键。
- 快捷键：在命令行输入“OP”后按 Enter 键。

下面通过将绘图背景色修改为“白色”，如图 2-5（右）所示，学习绘图背景色的设置操作。

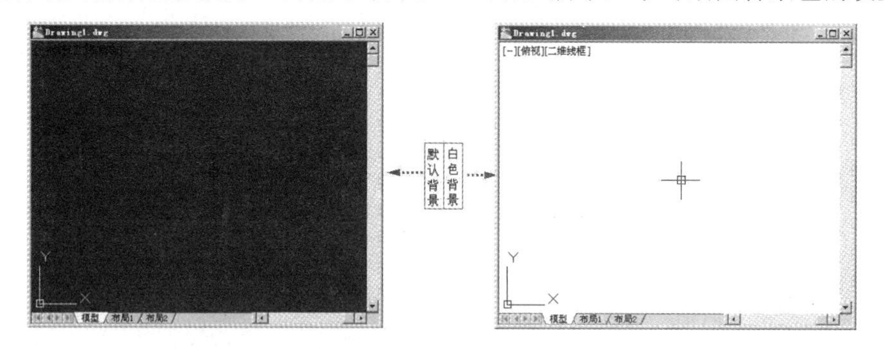

图 2-5　不同的绘图背景色

【例题 3】　更改绘图区背景色。

步骤01 首先新建绘图文件。

步骤02 单击菜单“工具”/“选项”命令，或使用快捷键“OP”激活“选项”命令，打开如图 2-6 所示的“选项”对话框。

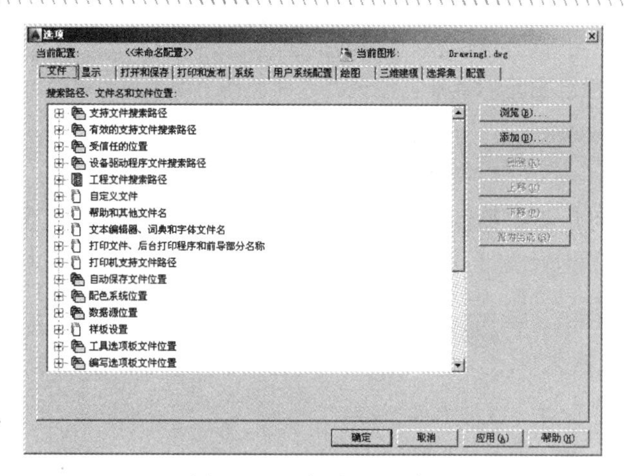

图 2-6　“选项”对话框

在绘图区单击鼠标右键，从打开的右键菜单中也可以执行“选项”命令，如图 2-7 所示。

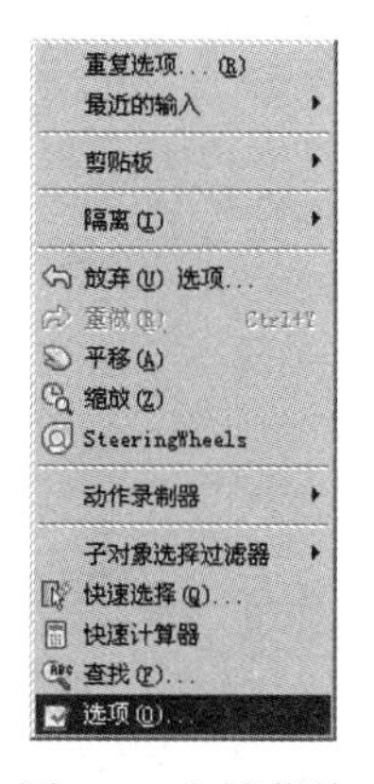

图 2-7　右键菜单

步骤 03　展开“显示”选项卡，然后在如图 2-8 所示的“窗口元素”选项组中单击 颜色(C)... 按钮，打开“图形窗口颜色”对话框。

步骤 04　在“图形窗口颜色”对话框中展开“颜色”下拉列表框，将窗口颜色设置为白色，如图 2-9 所示。

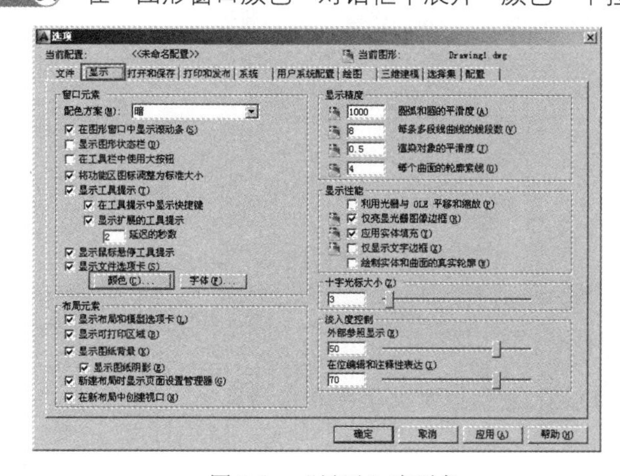

图 2-8　“显示”选项卡

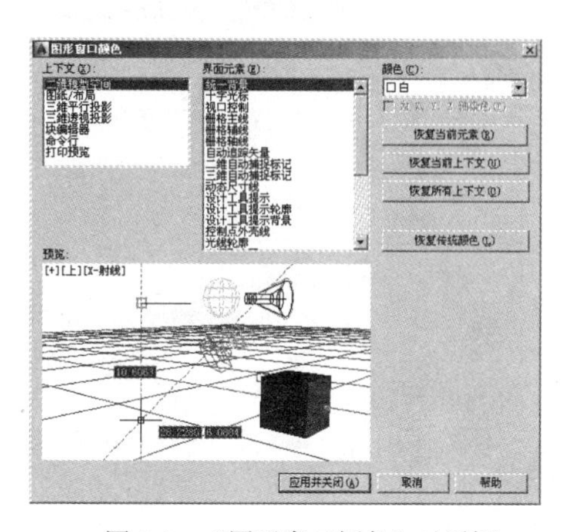

图 2-9　“图形窗口颜色”对话框

步骤 05　单击应用并关闭(A)按钮返回“选项”对话框。

步骤 06　单击确定按钮后绘图区的背景色显示为“白色”。

2.1.4　设置光标的尺寸大小

使用“选项”命令不但可以设置绘图区背景色，还可以设置绘图区十字光标的大小。默认设置下，绘图区光标相对于绘图区的百分比为 5，下面通过将十字光标的百分比设置为 100，学习十字光标大小的设置技能。

【例题 4】　设置十字光标大小。

步骤 01　执行“选项”命令，打开“选项”对话框。

步骤 02　在“选项”对话框中展开“显示”选项卡。

步骤 03　在“十字光标大小”选项组内设置十字光标的值为 100，如图 2-10 所示。

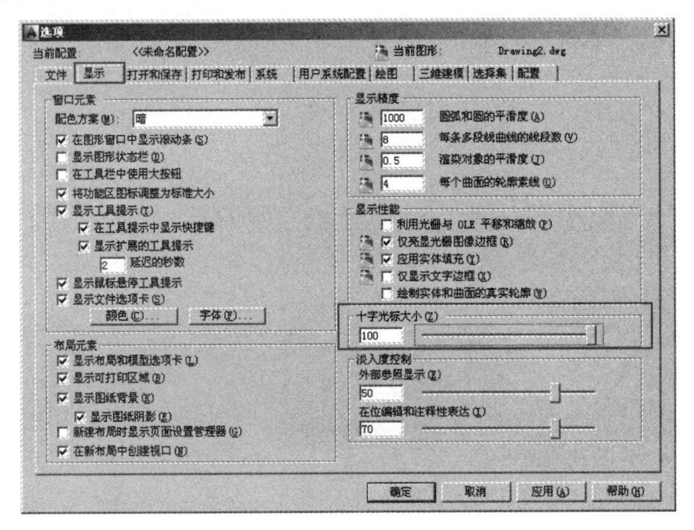

图 2-10　设置光标大小

步骤 04　单击确定按钮，结果绘图区的十字光标的尺寸被更改，如图 2-11 所示。

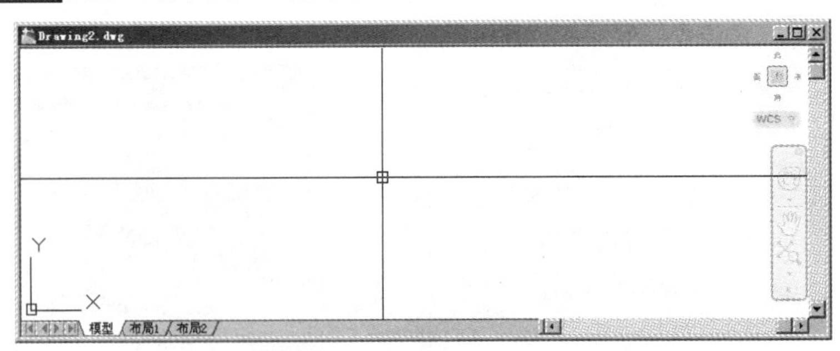

图 2-11　设置光标大小后的效果

另外，用户也可以使用系统变量 CURSORSIZE 快速更改十字光标的大小。

2.2　设置捕捉与栅格模式

除了坐标点的输入功能外，AutoCAD 还为用户提供了点的捕捉和追踪功能，具体有“捕捉”、“对象捕捉”和“精确追踪”三类，这些功能都是辅助绘图工具，其工具按钮都位于状态栏上，如图 2-12 所示，使用这些功能可以快速、准确、高精度绘制图形，大大提高绘图的精确度。本节将学习“捕捉”和“栅格”两种功能。

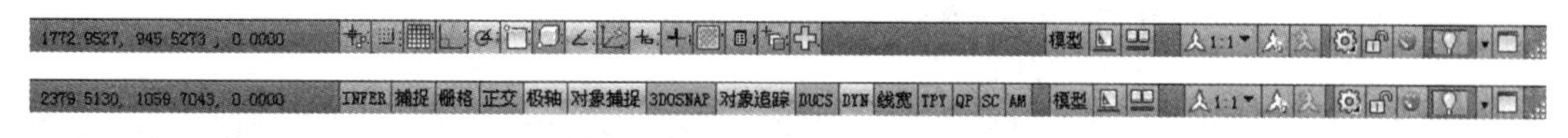

图 2-12　捕捉追踪的两种显示状态

2.2.1　设置捕捉

所谓“捕捉”，指的就是强制性地控制十字光标，使其根据定义的 X、Y 轴方向的固定距离（即步长）进行跳动，从而精确定位点。例如，将 X 轴的步长设置为 20，将 Y 轴方向上的步长设置为 30，那么光标每水平跳动一次，则走过 20 个单位的距离，每垂直跳动一次，则走过 30 个单位的距离，如果连续跳动，则走过的距离则是步长的整数倍。

执行“捕捉”功能主要有以下几种方式：

- 状态栏：单击状态栏上 按钮或捕捉按钮（或在此按钮上单击鼠标右键，选择右键菜单上的“启用”选项。
- 功能键：按 F9 功能键。
- 菜单栏：单击菜单“工具”/“草图设置”命令，在打开的对话框展开“捕捉和栅格”选项卡，然后勾选“启用捕捉”复选框。

下面通过将 X 轴方向上的步长设置为 15、Y 轴方向上的步长设置为 20，学习“步长捕捉”功能的参数设置和启用操作。

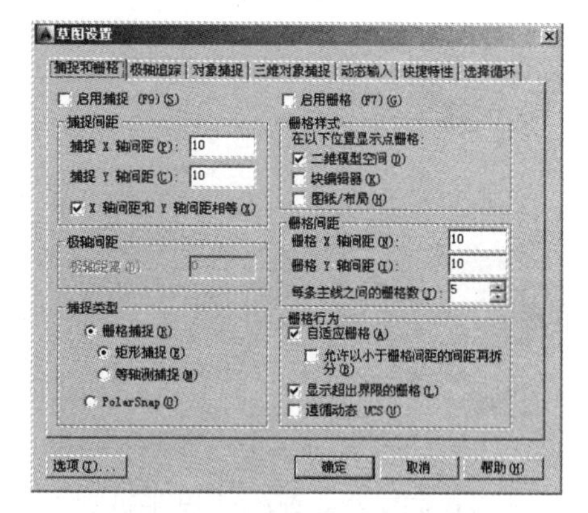

图 2-13　“草图设置”对话框

【例题 5】　设置步长捕捉。

步骤 01　在状态栏捕捉按钮上单击鼠标右键，选择“设置”选项，打开如图 2-13 所示的“草图设置”对话框。

步骤 02　在对话框中勾选“启用捕捉”复选框，即可打开捕捉功能。

步骤 03　在“捕捉 X 轴间距”文本框内输入数值 15，将 X 轴方向上的捕捉间距设置为 15。

步骤 04　取消勾选“X 轴间距和 Y 轴间距相等”复选框，然后在“捕捉 Y 轴间距”文本框内输入数值 20，将 Y 轴方向上的捕捉间距设置为 20。

步骤 05　最后单击 确定 按钮，完成捕捉参数的设置。

📖 选项解析

- “极轴间距”选项组用于设置极轴追踪的距离，此选项需要在选中“PolarSnap”单选按钮的前提下使用。
- “捕捉类型”选项组用于设置捕捉的类型，其中“栅格捕捉”单选按钮用于将光标沿垂直栅格或水平栅格点进行捕捉点；“PolarSnap”单选按钮用于将光标沿当前极轴增量角方向进行追踪点，此选项需要配合“极轴追踪”功能使用。

2.2.2　设置栅格

所谓“栅格”，指的是由一些虚拟的栅格点或栅格线组成，以直观显示出当前文件内的图形界限区域。这些栅格点和栅格线仅起到一种参照显示功能，它不是图形的一部分，也不会被打印输出。

执行“栅格”功能主要有以下几种方式：

- 状态栏：单击状态栏上的▦按钮或栅格按钮（或在此按钮上单击鼠标右键，选择右键菜单上的“启用”选项。
- 功能键：按 F7 功能键。
- 组合键：按 Ctrl+G 组合键。
- 菜单栏：单击菜单“工具”/“草图设置”命令，在打开的“草图设置”对话框中展开“捕捉和栅格”选项卡，勾选“启用栅格”复选框。

📖 选项解析

- 在图 2-13 所示的对话框中，“栅格样式”选项组用于设置二维模型空间、块编辑器窗口以及布局空间的栅格显示样式，如果勾选此选项组中的三个复选框，那么系统将会以栅格点的形式显示图形界限，如图 2-14 所示；反之，系统将会以栅格线的形式显示图形界限区域，如图 2-15 所示。

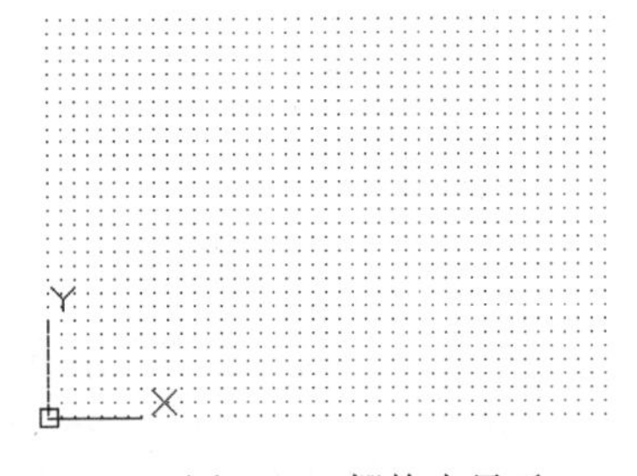

图 2-14　栅格点显示

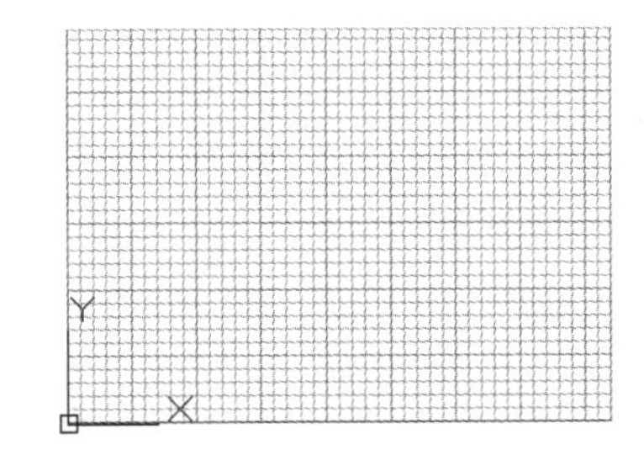

图 2-15　栅格线显示

- “栅格间距”选项组是用于设置 X 轴方向和 Y 轴方向的栅格间距的。两个栅格点之间或两条栅格线之间的默认间距为 10。
- 在“栅格行为”选项组中，“自适应栅格”复选框用于设置栅格点或栅格线的显示密度；“显示超出界限的栅格”复选框用于显示图形界限区域外的栅格点或栅格线；“遵循动态 UCS”复选框用于更改栅格平面，以跟随动态 UCS 的 X Y 平面。

如果激活了“栅格”功能后，绘图区没有显示出栅格点，这是因为当前图形界限太大，导致栅格点太密的缘故，需要修改栅格点之间的距离。

2.3　设置各种对象捕捉模式

除了上节讲述的辅助功能之外，AutoCAD 还为用户提供了更为强大、方便的“对象捕捉”功能，使用此种捕捉功能，用户可以非常方便精确地捕捉到图形上的各种特征点，比如直线的端点和中点、圆的圆心和象限点等。

执行“对象捕捉”功能主要有以下几种方式：

- 状态栏：单击状态栏上的□按钮或对象捕捉按钮（或在此按钮上单击鼠标右键，选择右键菜单上的“启用”选项。
- 功能键：按 F3 功能键。
- 菜单栏：单击菜单“工具”/“草图设置”命令，在打开的对话框中展开“对象捕捉”选项卡，勾选“启用对象捕捉”复选框。

2.3.1　设置对象捕捉

AutoCAD 共为用户提供了 13 种对象捕捉功能，如图 2-16 所示。使用这些捕捉功能可以非常方便精确地将光标定位到图形的特征点上，在所需捕捉模式上单击，即可开启该种捕捉模式。

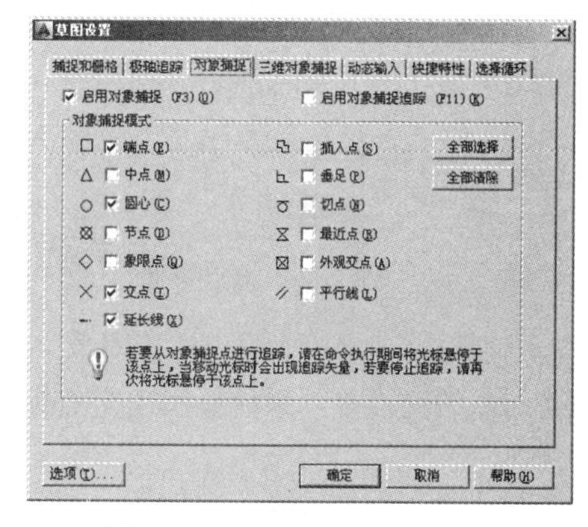

图 2-16　“草图设置”对话框

在“草图设置”对话框内一旦设置了某种捕捉模式后，系统将一直保持着这种捕捉模式，直到用户取消为止，因此，此对话框中的捕捉常被称为“自动捕捉”。在设置对象捕捉功能时，不要全部开启各捕捉功能，这样会起到相反的作用。

2.3.2　设置临时捕捉

为了方便绘图，AutoCAD 为这 13 种对象捕捉提供了“临时捕捉”功能，所谓“临时捕捉”，指的就是激活一次功能后，系统仅能捕捉一次；如果需要反复捕捉点，则需要多次激活该功能。这些临时捕捉功能位于如图 2-17 所示“对象捕捉”工具栏和图 2-18 所示的临时捕捉菜单上，按住 Shift 或 Ctrl 键，然后单击鼠标右键，即可打开此临时捕捉菜单。

图 2-17 “对象捕捉”工具栏

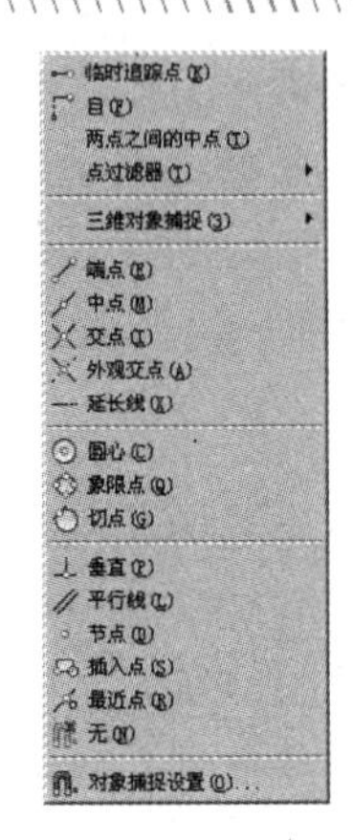

图 2-18 临时捕捉菜单

13 种捕捉功能的含义与功能如下：

（1）端点捕捉。此种捕捉功能用于捕捉图形的端点。比如线段的端点，矩形、多边形的角点等。激活此功能后，在命令行“指定点”提示下将光标放在对象上，系统将在距离光标最近位置处显示出端点标记符号，如图 2-19 所示。此时单击即可捕捉到该端点。

（2）中点捕捉。此功能用于捕捉线、弧等对象的中点。激活此功能后，在命令行“指定点”的提示下将光标放在对象上，系统在中点处显示出中点标记符号，如图 2-20 所示，此时单击即可捕捉到该中点。

图 2-19 端点捕捉 图 2-20 中点捕捉

（3）交点捕捉。此功能用于捕捉对象之间的交点。激活此功能后，在命令行“指定点”的提示下将光标放在对象的交点处，系统显示出交点标记符号，如图 2-21 所示，此时单击即可捕捉到该交点。

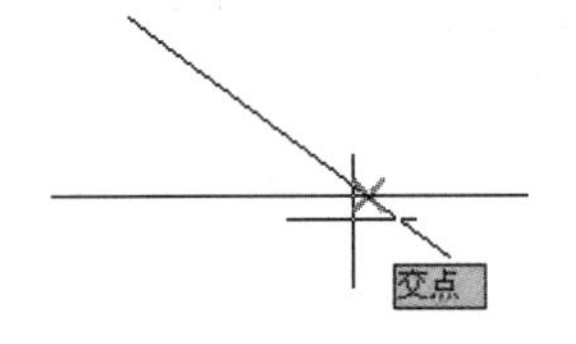

图 2-21 交点捕捉

如果捕捉对象延长线的交点，那么需要先将光标放在其中一个对象上单击，拾取该延伸对象，如图 2-22 所示，然后再将光标放在另一个对象上，系统将自动在延伸线交点处显示交点标记符号，如图 2-23 所示，此时单击即可精确捕捉对象延长线的交点。

图 2-22 拾取延伸对象 图 2-23 捕捉延长线交点

（4）外观交点捕捉。此功能主要用于捕捉三维空间内对象在当前坐标系平面内投影的交点。

（5）延长线捕捉。此功能用于捕捉对象延长线上的点。激活该功能后，在命令行“指定点”的提示下将光标放在对象的末端稍一停留，然后沿着延长线方向移动光标，系统会在延长线处引出一条追踪虚线，如图 2-24 所示，此时单击，或输入一距离值，即可在对象延长线上精确定位点。

（6）圆心捕捉。此功能用于捕捉圆、弧或圆环的圆心。激活该功能后，在命令行“指定点”提示下将光标放在圆或弧等的边缘上，也可直接放在圆心位置上，系统在圆心处显示出圆心标记符号，如图 2-25 所示，此时单击即可捕捉到圆心。

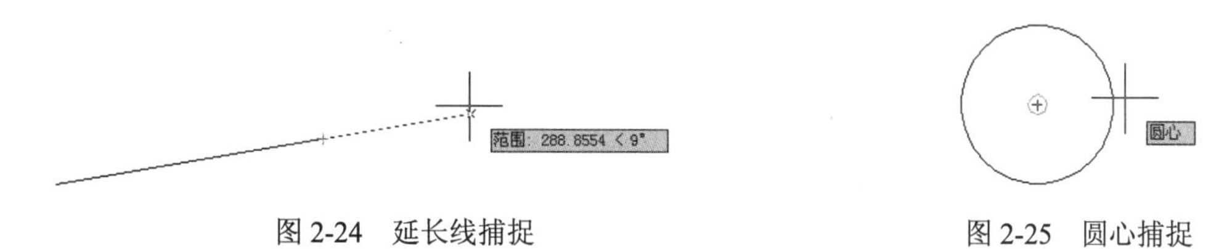

图 2-24　延长线捕捉　　　图 2-25　圆心捕捉

（7）象限点捕捉。此功能用于捕捉圆或弧的象限点。激活该功能后，在命令行“指定点”的提示下将光标放在圆的象限点位置上，系统会显示出象限点捕捉标记，如图 2-26 所示，此时单击即可捕捉到该象限点。

（8）切点捕捉。此功能用于捕捉圆或弧的切点，绘制切线。激活该功能后，在命令行“指定点”的提示下将光标放在圆或弧的边缘上，系统会在切点处显示出切点标记符号，如图 2-27 所示，此时单击即可捕捉到切点，绘制出对象的切线，如图 2-28 所示。

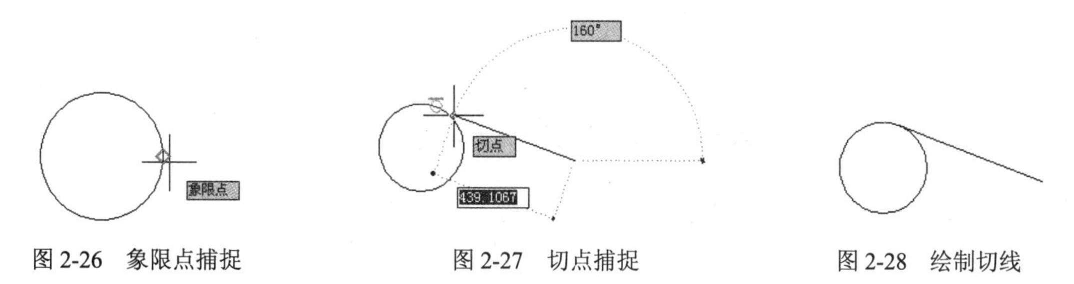

图 2-26　象限点捕捉　　　图 2-27　切点捕捉　　　图 2-28　绘制切线

（9）垂直捕捉。此功能常用于捕捉对象的垂足点，绘制对象的垂线。激活该功能后，在命令行“指定点”的提示下将光标放在对象的边缘上，系统会在垂足点处显示出垂足标记符号，如图 2-29 所示，此时单击即可捕捉到垂足点，绘制对象的垂线，如图 2-30 所示。

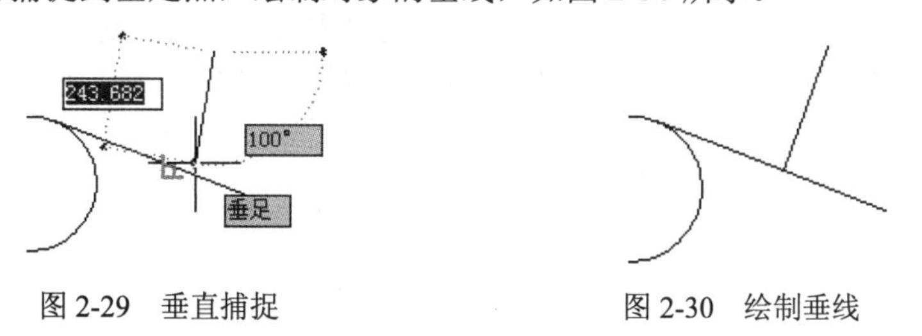

图 2-29　垂直捕捉　　　图 2-30　绘制垂线

（10）平行线捕捉。此功能常用于绘制线段的平行线。激活该功能后，在命令行“指定点”的提示下把光标放在已知线段上，此时会出现一平行的标记符号，如图 2-31 所示，移动光标，系统会在平行位置处出现一条向两方无限延伸的追踪虚线，如图 2-32 所示，单击即可绘制出与拾取对象相互平行的线，如图 2-33 所示。

图 2-31　平行标记　　　　图 2-32　引出平行追踪线

（11）节点捕捉。此功能用于捕捉使用“点”命令绘制的点对象。使用时需将拾取框放在节点上，系统会显示出节点的标记符号，如图 2-34 所示，单击即可拾取该点。

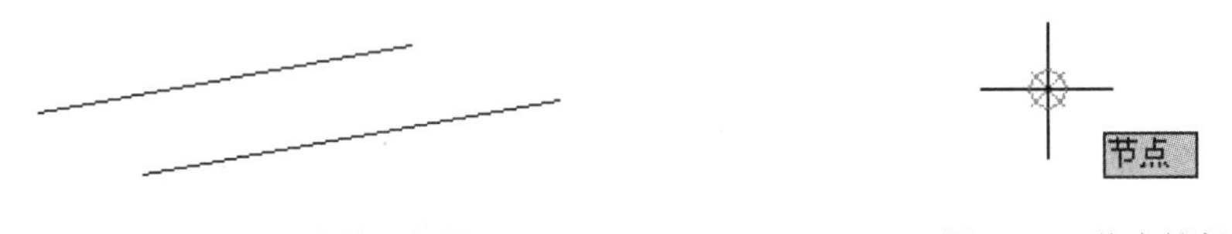

图 2-33　绘制平行线　　　　图 2-34　节点捕捉

（12）插入点捕捉。此种捕捉方式用来捕捉块、文字、属性或属性定义等的插入点，如图 2-35 所示。

（13）最近点捕捉。此种捕捉方式用来捕捉光标距离对象最近的点，如图 2-36 所示。

图 2-35　插入点捕捉　　　　图 2-36　最近点捕捉

2.4　应用各种追踪模式

使用“对象捕捉”功能只能捕捉对象上的特征点，如果需要捕捉特征点之外的目标点，则可以使用 AutoCAD 的追踪功能。常用的追踪功能有“正交追踪”、“极轴追踪”、“对象追踪”、“捕捉自”和“临时追踪点”等。

2.4.1　正交追踪

“正交追踪”功能是用于将光标强行控制在水平或垂直方向上，以绘制水平和垂直的线段。此种追踪功能可以控制四个角度方向，向右引导光标，系统则定位 0° 方向；向上引导光标，系统则定位 90° 方向；向左引导光标，系统则定位 180° 方向；向下引导光标，系统则定位 270° 方向。

执行“正交追踪”功能主要有以下几种方式：

- 状态栏：单击状态栏上的按钮或正交按钮，或在此按钮上单击鼠标右键，选择右键菜单中的“启用”选项。
- 功能键：按 F8 功能键。
- 命令行：在命令行输入“Ortho”后按 Enter 键。

【例题 6】 绘制如图 2-37 所示的台阶截面。

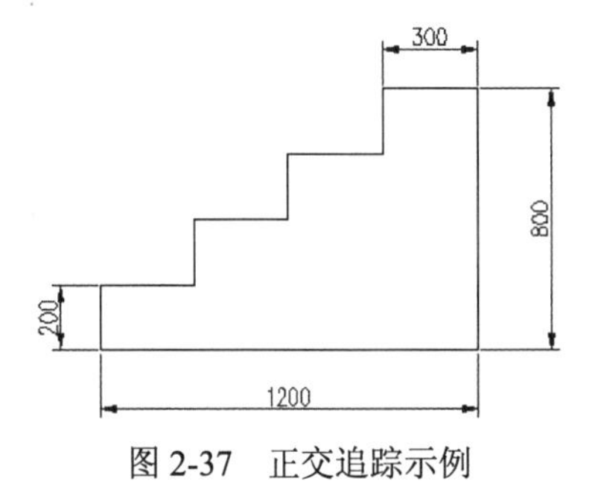

图 2-37　正交追踪示例

步骤 01 新建文件并单击状态栏上的按钮，打开“正交追踪”功能。

步骤 02 单击菜单“绘图”/“直线”命令，根据 AutoCAD 命令行的操作提示，精确画图。

```
命令: _line
指定第一点:                          //在绘图区拾取一点作为起点
指定下一点或 [放弃(U)]:              //向上引导光标，引出如图 2-38 所示的方向矢量，输入 200 并按 Enter 键
指定下一点或 [放弃(U)]:              //向右引导光标，引出如图 2-39 所示的方向矢量，输入 300 并按 Enter 键
指定下一点或 [闭合(C)/放弃(U)]:      //向上引导光标，输入 200 并按 Enter 键
指定下一点或 [闭合(C)/放弃(U)]:      //向右引导光标，输入 300 并按 Enter 键
指定下一点或 [闭合(C)/放弃(U)]:      //向上引导光标，输入 200 并按 Enter 键
指定下一点或 [闭合(C)/放弃(U)]:      //向右引导光标，输入 300 并按 Enter 键
指定下一点或 [闭合(C)/放弃(U)]:      //向上引导光标，输入 200 并按 Enter 键
指定下一点或 [闭合(C)/放弃(U)]:      //向右引导光标，输入 300 并按 Enter 键
指定下一点或 [闭合(C)/放弃(U)]:      //向下引导光标，输入 800 并按 Enter 键
指定下一点或 [闭合(C)/放弃(U)]:      //c Enter，闭合图形，并结束命令
```

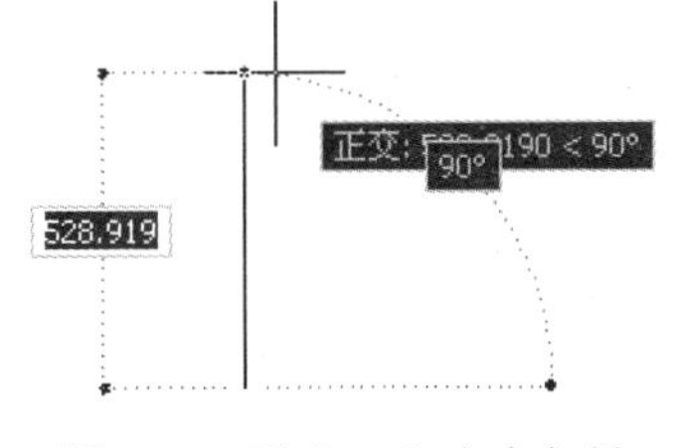

图 2-38　引出 90° 方向矢量

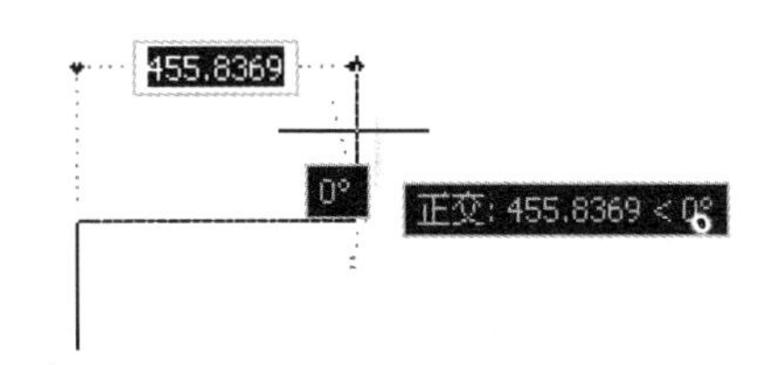

图 2-39　引出 0° 方向矢量

2.4.2　极轴追踪

所谓“极轴追踪”，指的就是根据当前设置的追踪角度，引出相应的极轴追踪虚线，进行追踪定位目标点，如图 2-40 所示。

执行“极轴追踪”功能主要有以下几种方式：

- 状态栏：单击状态栏上的按钮或极轴按钮，或在此按钮上单击鼠标右键，选择右键菜单上的“启用”选项。
- 功能键：按 F10 功能键。
- 菜单栏：单击菜单“工具”/“草图设置”命令，在打开的对话框中展开“极轴追踪”选项卡，勾选“启用极轴追踪”复选框，如图 2-41 所示。

“正交模式”与“极轴追踪”功能不能同时打开，因为前者是使光标限制在水平或垂直轴上，而后者则可以追踪任意方向矢量。

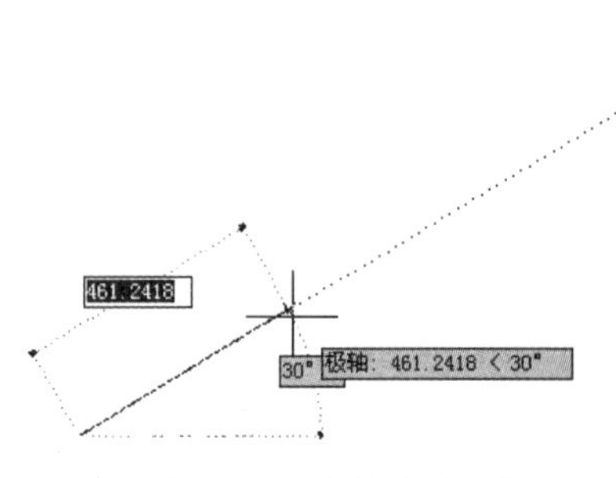

图 2-40　极轴追踪示例

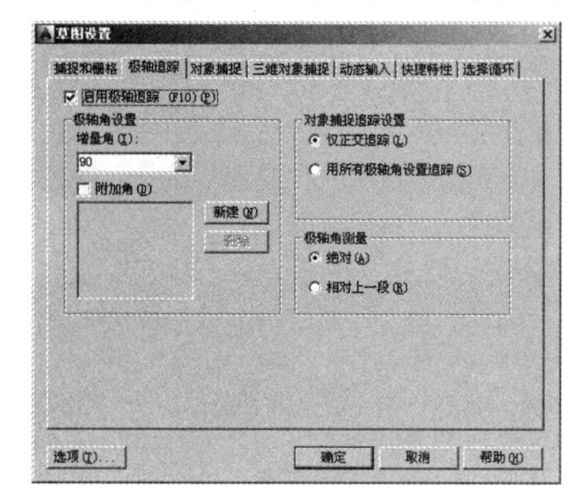

图 2-41　启用极轴追踪

【例题 7】下面通过绘制如图 2-42 所示的图形，学习使用“极轴追踪”功能。

步骤 01　首先新建空白绘图文件。

步骤 02　在状态栏 对象追踪 按钮上单击鼠标右键，选择“设置”选项，打开“草图设置”对话框。

步骤 03　在“草图设置”对话框中展开“极轴追踪”选项卡，然后勾选“启用极轴追踪”复选框，激活此追踪功能。

步骤 04　在“极轴角设置”选项组中单击“增量角”列表框，在展开的下拉列表中选择 45°，如图 2-43 所示。

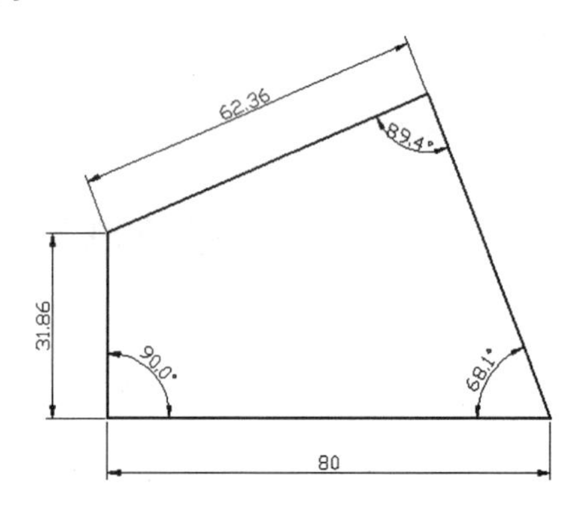

图 2-42　绘制效果

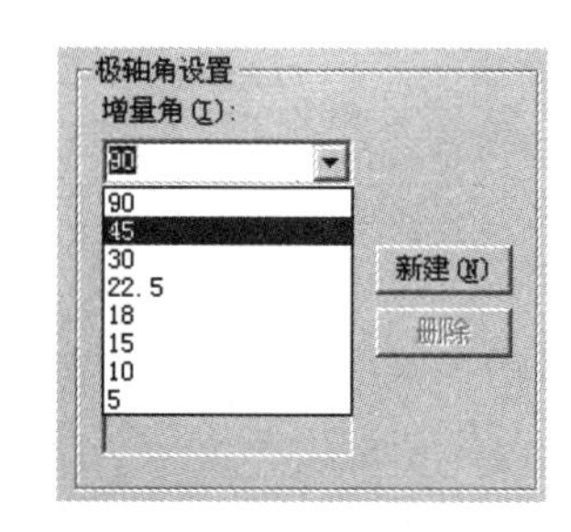

图 2-43　选择增量角

系统提供了多种增量角，如 90°、45°、30°、22.5°、18°、15°、10°、5° 等，用户可以从中选择一个角度值作为增量角。

步骤 05　单击 确定 按钮，关闭“草图设置”对话框。

步骤 06　单击菜单“绘图”/“直线”命令，根据 AutoCAD 命令行提示进行绘图。命令行操作如下：

```
命令: _line
指定第一点:                    //在绘图区拾取一点作为起点
指定下一点或 [放弃(U)]:        //向左引出如图 2-44 所示的极轴矢量，输入 80 Enter
指定下一点或 [放弃(U)]:        //向上引出如图 2-45 所示的极轴矢量，输入 31.86 Enter
```

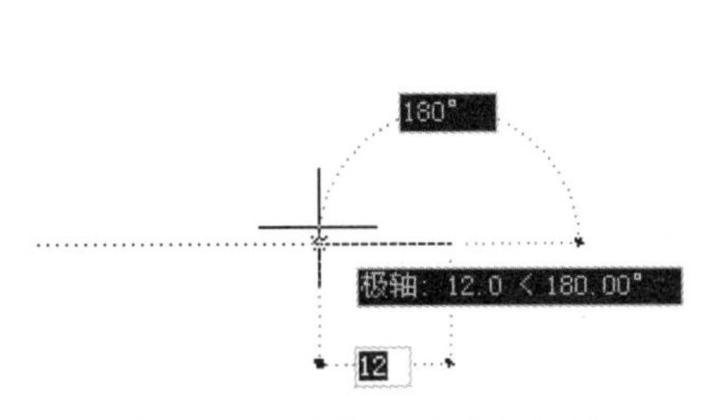

图 2-44　引出 180° 极轴矢量

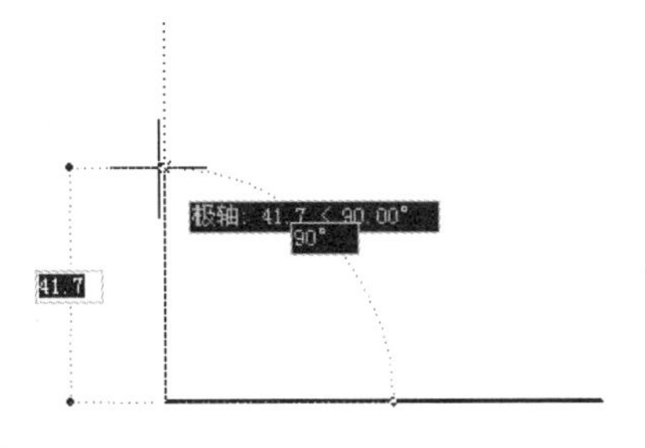

图 2-45　引出 90° 极轴矢量

```
指定下一点或 [闭合(C)/放弃(U)]: //向右上方引出如图 2-46 所示的极轴矢量,然后输入 62.36 Enter
指定下一点或 [闭合(C)/放弃(U)]://c Enter，闭合图形，绘制结果如图 2-47 所示
```

步骤 07　将图形存盘。

AutoCAD 不但可以在增量角方向上出现极轴追踪虚线，还可以在增量角的倍数方向上出现极轴追踪虚线。

如果要选择预设值以外的角度增量值，需先勾选“附加角”复选框，然后单击 新建(N) 按钮，创建一个附加角，如图 2-48 所示，系统就会以所设置的附加角进行追踪。另外，如果要删除一个角度值，在选取该角度值后单击 删除 按钮即可。另外，只能删除用户自定义的附加角。

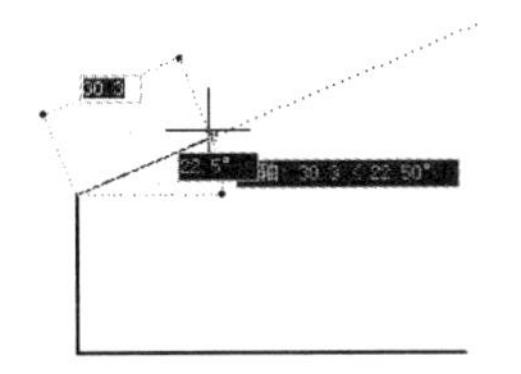

图 2-46　引出 22.5° 极轴矢量

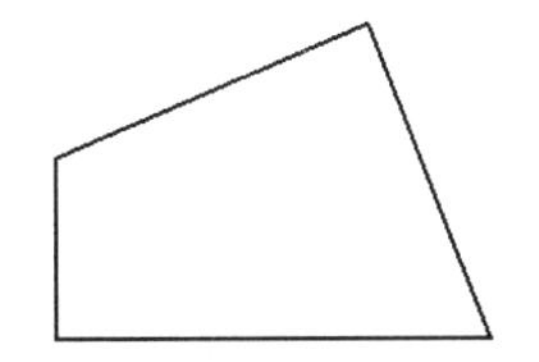

图 2-47　绘制结果

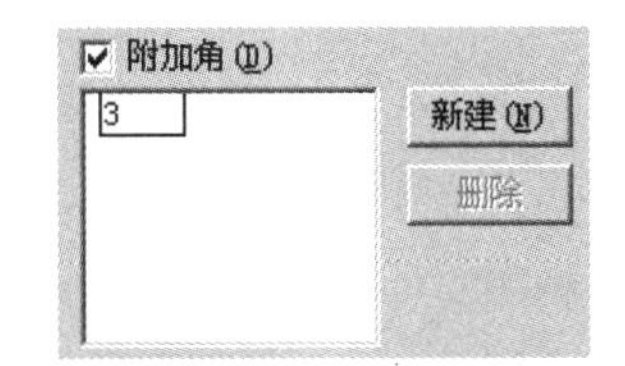

图 2-48　创建 3° 的附加角

2.4.3　对象追踪

所谓“对象追踪”，指的是以对象上的某些特征点作为追踪点，引出向两端无限延伸的对象追踪虚线，如图 2-49 所示，在此追踪虚线上拾取点或输入距离值，即可精确定位到目标点。

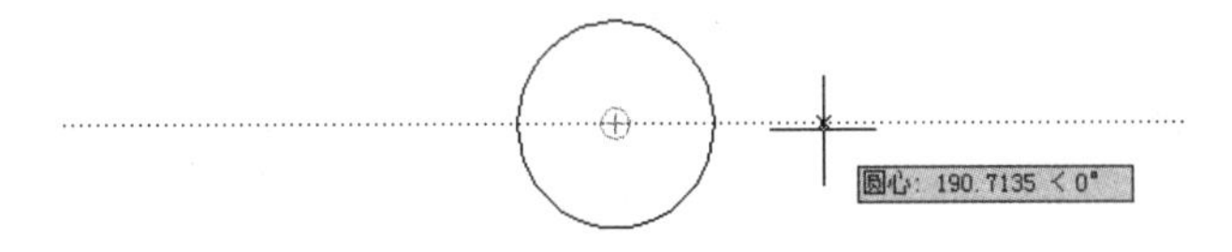

图 2-49　对象追踪虚线

执行“对象追踪”功能主要有以下几种方式：

- 状态栏：单击状态栏上的 ∠ 按钮或 对象追踪 按钮，或在此按钮上单击鼠标右键，选择右键菜单上的“启用”选项。
- 功能键：按 F11 功能键。
- 菜单栏：单击菜单“工具”/“草图设置”命令，在打开的对话框中展开“对象捕捉”选项卡，勾选“启用对象捕捉追踪”选项，如图 2-50 所示。

“对象追踪”功能只有在“对象捕捉”和“对象追踪”同时打开的情况下才可使用，而且只能追踪对象捕捉类型里设置的自动对象捕捉点。

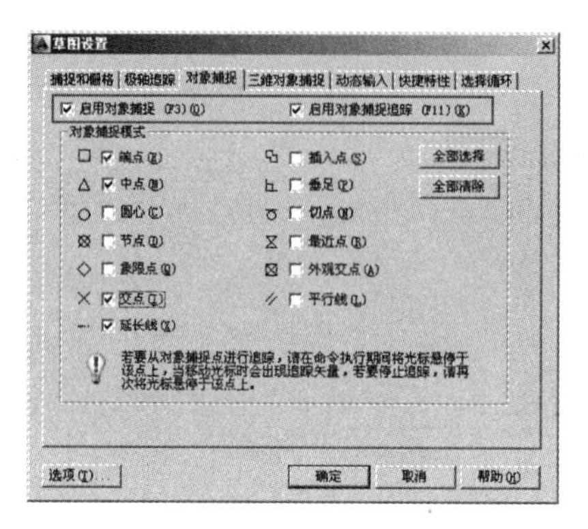

图 2-50　“草图设置”对话框

【例题 8】　下面通过绘制如图 2-51 所示的图形，学习使用“极轴追踪”功能。

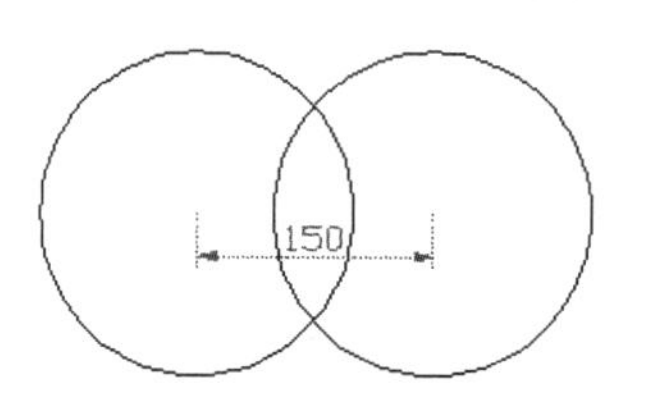

图 2-51　绘制效果

步骤 01　新建文件，然后在状态栏对象追踪按钮上单击鼠标右键，选择“设置”选项，打开“草图设置”对话框。

步骤 02　在对话框中分别勾选“启用对象捕捉”和“启用对象捕捉追踪”复选框。

步骤 03　在“对象捕捉模式”选项组中勾选所需要的对象捕捉模式，如圆心捕捉。

步骤 04　单击 确定 按钮完成参数的设置。

步骤 05　单击菜单“绘图”/“圆”/“圆心,半径”命令，配合圆心捕捉和捕捉追踪功能，绘制相交圆。命令行操作如下：

```
命令: _circle
指定圆的圆心或 [三点(3P)/两点(2P)/切点、切点、半径(T)]:
                                    //在绘图区拾取一点作为圆心
指定圆的半径或 [直径(D)] <100.0000>:          //100 Enter，绘制半径为 100 的圆
命令:_circle                         //Enter，重复画圆命令
指定圆的圆心或 [三点(3P)/两点(2P)/切点、切点、半径(T)]:
//将光标放在圆心处，系统自动拾取圆心作为对象追踪点，然后水平向右引出如图 2-52 所示的对象追踪虚线，输入 150 Enter
指定圆的半径或 [直径(D)] <100.0000>:          //Enter，绘制结果如图 2-53 所示
```

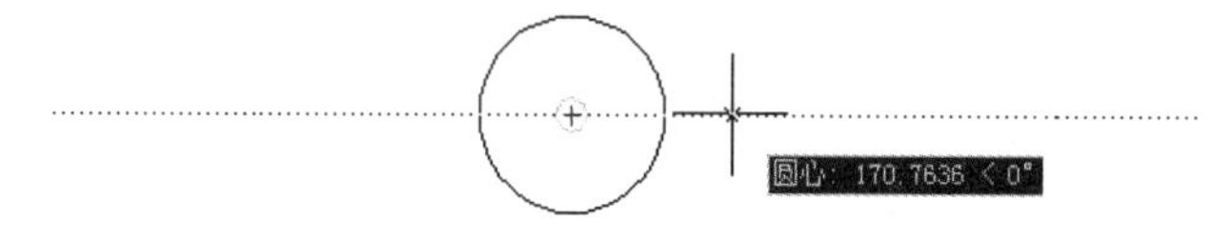

图 2-52　圆心追踪

在默认设置下，系统仅以水平或垂直的方向进行追踪点，如果用户需要按照某一角度进行追踪点，可以在“极轴追踪”选项卡中设置追踪的样式，如图 2-54 所示。

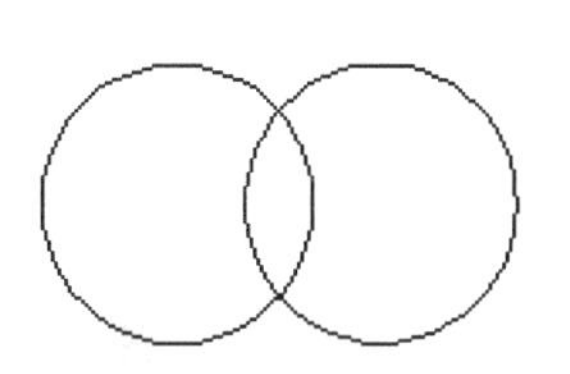

图 2-53 绘制效果

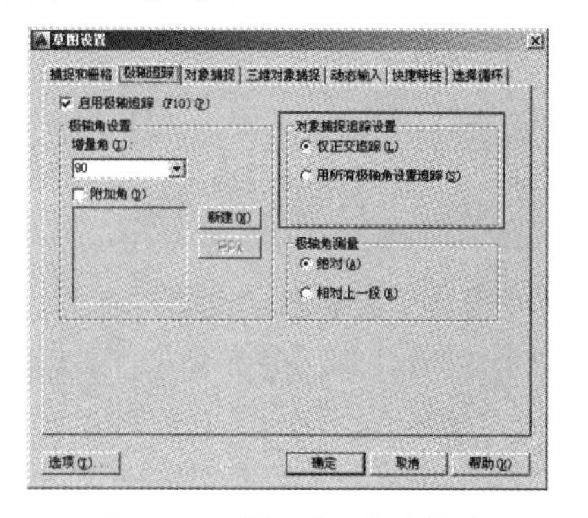

图 2-54 设置对象追踪样式

“仅正交模式”单选按钮与当前极轴角无关，它仅水平或垂直地追踪对象；而“用所有极轴角设置追踪”单选按钮是根据当前所设置的极轴角及极轴角的倍数出现对象追踪虚线。

2.4.4 捕捉自与临时追踪点

本小节主要学习“捕捉自”和“临时追踪点”两种功能。

1. 捕捉自

“捕捉自”功能是借助捕捉和相对坐标定义窗口中相对于某一捕捉点的另外一点。使用“捕捉自”功能时需要先捕捉对象特征点作为目标点的偏移基点，然后再输入目标点的坐标值。执行“捕捉自”功能主要有以下几种方式：

- 工具栏：单击“对象捕捉”工具栏上的按钮。
- 命令行：在命令行输入“_from”后按下 Enter 键。
- 菜单：按住 Ctrl 或 Shift 键单击鼠标右键，选择菜单中的“自”选项。

“捕捉自”功能通常配合“对象捕捉”和“相对坐标点的输入”功能进行使用。

2. 临时追踪点

“临时追踪点”与“对象追踪”功能类似，不同的是前者需要事先精确定位出临时追踪点，然后才能通过此追踪点，引出向两端无限延伸的临时追踪虚线，以进行追踪定位目标点。执行“临时追踪点”功能主要有以下几种方式：

- 工具栏：单击“对象捕捉”工具栏按钮。
- 命令行：在命令行输入“_tt”后按 Enter 键。
- 临时捕捉菜单：按 Ctrl 或 Shift 键单击鼠标右键，选择菜单中的“临时追踪点”选项。

2.5　应用对象的选择技能

“对象的选择”是 AutoCAD 的重要基本操作技能之一，它常用于对图形进行修改编辑之前。常用的选择方式有点选、窗口和窗交三种。

2.5.1　点选

“点选”是一种最基本、最简单的对象选择方式，此种方式一次仅能选择一个对象。在命令行“选择对象:”的提示下，系统自动进入点选模式，此时光标指针切换为矩形选择框状，将选择框放在对象的边沿上单击，即可选择该图形，被选择的图形对象以虚线显示，如图 2-55 所示。

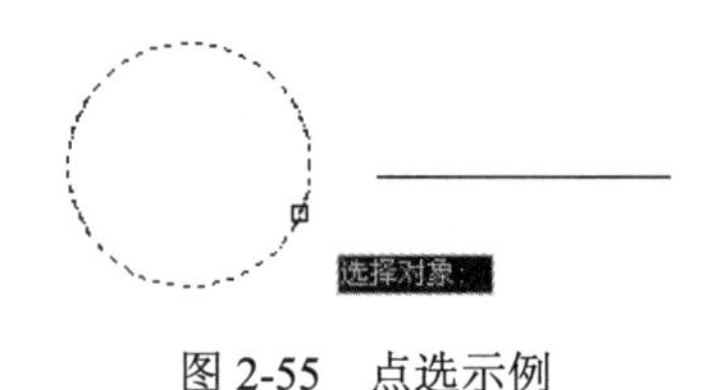

图 2-55　点选示例

2.5.2　窗口选择

“窗口选择”也是一种常用的对象选择方式，使用此方式一次也可以选择多个对象。在命令行“选择对象:”的提示下从左向右拉出一矩形选择框，此选择框即为窗口选择框，选择框以实线显示，内部以浅蓝色填充，如图 2-56 所示。当指定窗口选择框的对角点之后，所有完全位于框内的对象都能被选择，如图 2-57 所示。

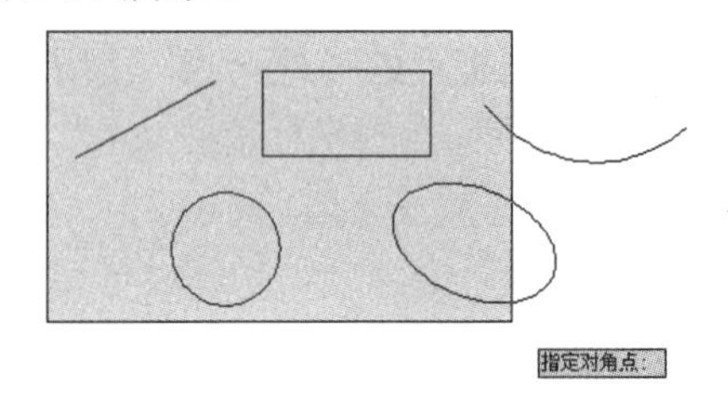

图 2-56　窗口选择框

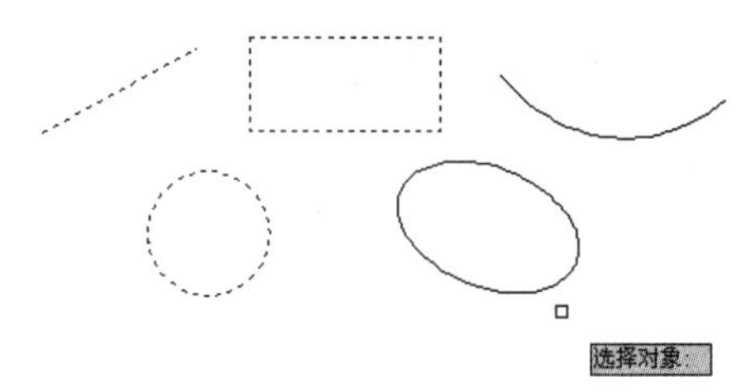

图 2-57　选择结果

2.5.3　窗交选择

“窗交选择”是使用频率非常高的选择方式，使用此方式一次也可以选择多个对象。在命令行“选择对象:”提示下从右向左拉出一矩形选择框，此选择框即为窗交选择框，选择框以虚线显示，内部以绿色填充，如图 2-58 所示。当指定选择框的对角点之后，所有与选择框相交和完全位于选择框内的对象才能被选择，如图 2-59 所示。

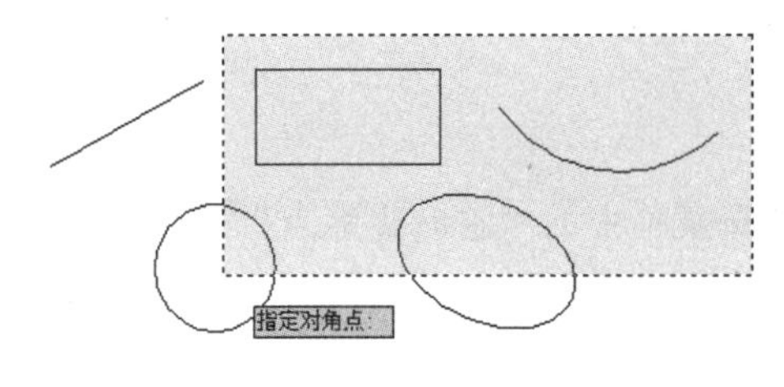

图 2-58　窗交选择框

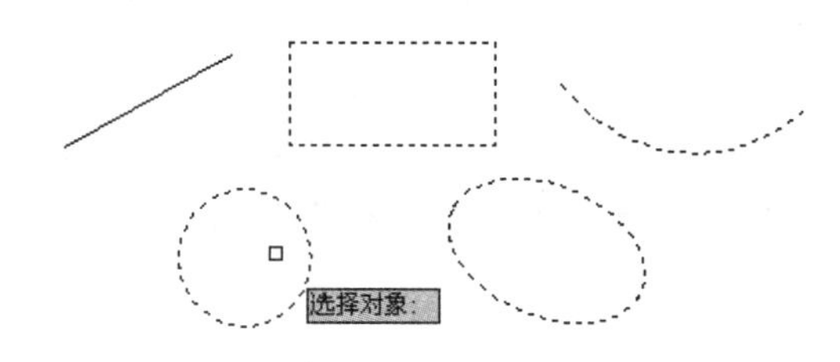

图 2-59　选择结果

2.6　掌握视图的基本控制

AutoCAD 为用户提供了多种视图的缩放调整工具，使用这些视图调整工具，用户可以随意调整图形在当前视窗的显示，以方便用户观察、编辑视窗内的图形细节或图形全貌。视图缩放菜单如图 2-60 所示，其工具栏如图 2-61 所示，导航栏及按钮菜单如图 2-62 所示。

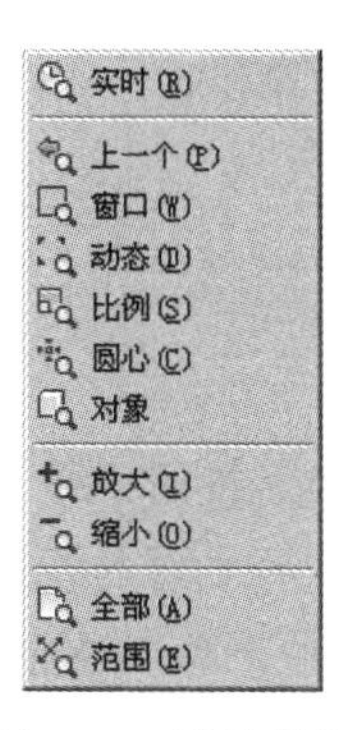

图 2-60　缩放菜单

图 2-61　“缩放”工具栏

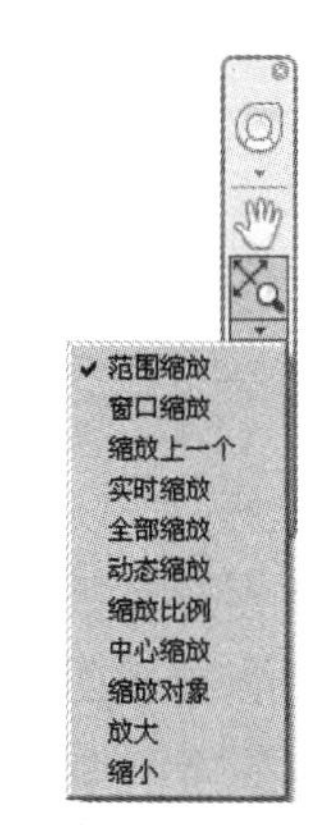

图 2-62　导航栏

执行视图缩放工具主有要以下几种方式：

- 菜单栏：单击菜单“修改”/“缩放”下一级菜单选项。
- 工具栏：单击“缩放”工具栏上各种缩放按钮。
- 导航栏：单击导航栏上的缩放按钮，在弹出的按钮菜单中选择相应功能。
- 命令行：在命令行输入“Zoom”后按 Enter 键。
- 快捷键：在命令行输入“Z”后按 Enter 键。
- 功能区：单击“视图”选项卡/“导航”面板上的各按钮。

2.6.1　缩放视图

1. “窗口缩放”

“窗口缩放”指的是在需要缩放显示的区域内拉出一个矩形框，将位于框内的图形放大显示在视窗内。

当选择框的宽高比与绘图区的宽高比不同时，AutoCAD 将使用选择框宽与高中相对当前视图放大倍数的较小者，以确保所选区域都能显示在视图中。

2. “动态缩放”

“动态缩放”指的就是动态地浏览和缩放视窗，此功能常用于观察和缩放比例比较大的图形。激活该功能后，屏幕将临时切换到虚拟显示屏状态，此时屏幕上显示 3 个视图框，如图 2-63 所示。

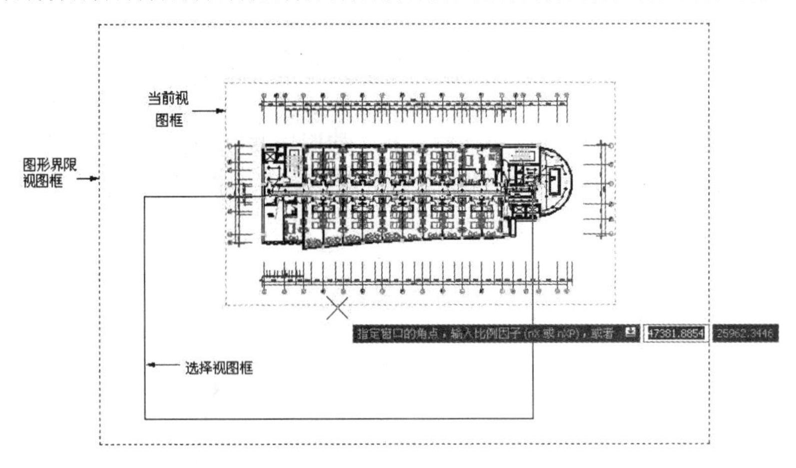

图 2-63　动态缩放工具的应用

- “图形界限视图框”是一个蓝色的虚线方框，该框显示图形界限和图形范围中较大的一个。
- “当前视图框”是一个绿色的线框，该框中的区域就是在使用这一选项之前的视图区域。
- 以实线显示的矩形框为“选择视图框”，该视图框有两种状态，一种是平移视图框，其大小不能改变，只可任意移动；一种是缩放视图框，它不能平移，但可调节大小。可用鼠标左键在两种视图框之间切换。

如果当前视图与图形界限或视图范围相同，蓝色虚线框便与绿色虚线框重合。平移视图框中有一个“×”号，它表示下一视图的中心点位置。

3. “比例缩放”

“比例缩放”指的是按照输入的比例参数调整视图，视图被调整后，中心点保持不变。在输入比例参数时，有以下三种情况：

- 第一种情况就是直接在命令行内输入数字，表示相对于图形界限的倍数；
- 另一种情况就是在输入的数字后加 X，表示相对于当前视图的缩放倍数；
- 第三种情况是在输入的数字后加字母 XP，表示系统将根据图纸空间单位确定缩放比例。

4. “中心缩放”

“中心缩放”指的是根据所确定的中心点调整视图。当激活该功能后，用户可直接用鼠标在屏幕上选择一个点作为新的视图中心点，确定中心点后，AutoCAD 要求用户输入放大系数或新视图的高度，具体有两种情况：

- 第一，直接在命令行输入一个数值，系统将以此数值作为新视图的高度，进行调整视图。
- 第二，如果在输入的数值后加一个 X，则系统将其看作视图的缩放倍数。

5. “全部缩放”

“全部缩放”指的是按照图形界限或图形范围的尺寸，在绘图区域内显示图形。如果图形完全处在图形界限之内，那么全部缩放视图后，则会最大化显示文件内的整个图形界限区域；如果绘制的图形超出了图形界限区域，那么执行“全部缩放”功能后，系统将最大化显示图形界限和图形范围，如

图 2-64 所示。

6. “范围缩放”

所谓“范围缩放”，指的是将所有图形全部显示在屏幕上，并最大限度地充满整个屏幕。此种选择方式与图形界限无关，如图 2-65 所示。

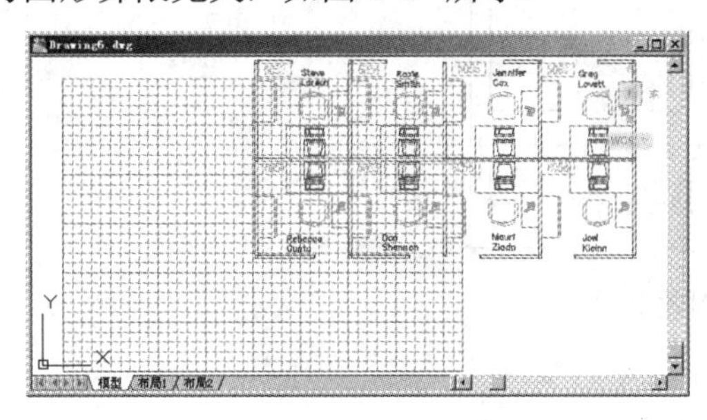

图 2-64　全部缩放

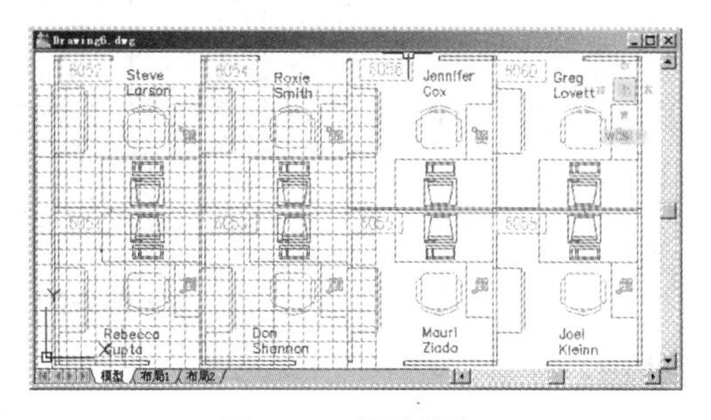

图 2-65　范围缩放

7. “缩放对象”

“缩放对象”指的是最大限度地显示当前视图内选择的图形，使用此功能可以缩放单个对象，也可以缩放多个对象。

8. “放大”和“缩小”

前一功能用于将视窗放大一倍显示，后者用于将视窗缩小一倍显示。连续单击按钮，可以成倍地放大或缩小视窗。

2.6.2　恢复视图

当用户在对视窗进行调整之后，以前视窗的显示状态会被 AutoCAD 自动保存起来，使用软件中的“缩放上一个”功能可以恢复上一个视窗的显示状态，如果用户连续单击该工具按钮，系统将连续地恢复视窗，直至退回到前 10 个视图。

2.7　综合范例——绘制橱柜立面图例

本实例通过绘制如图 2-66 所示的橱柜立面图例，主要对特征点的精确捕捉、目标点的精确追踪以及绘图环境的设置等本章重点知识进行综合练习和巩固应用。

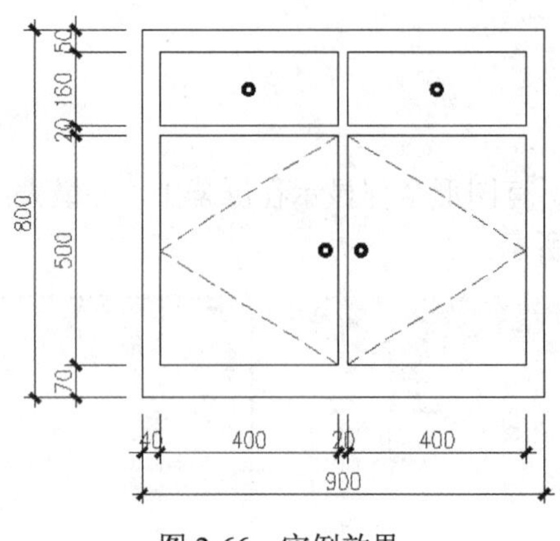

图 2-66　实例效果

操作步骤：

步骤 01　单击菜单“文件”/“新建”命令，创建公制单位的空白文件。

步骤 02　单击菜单“格式”/“图形界限”命令，设置图形的作图区域为“1500×1200”。命令行操作如下：

```
命令：_limits
重新设置模型空间界限：
指定左下角点或 [开(ON)/关(OFF)] <0.0000,0.0000>:        // Enter
指定右上角点 <420.0000,297.0000>:                        //1500, 1200 Enter
```

步骤 03　单击菜单“视图”/“缩放”/“全部”命令，将图形界限全部显示。

步骤 04　按下 F8 功能键，打开状态栏上的“正交模式”功能。

步骤 05　单击“绘图”菜单中的“直线”命令，配合“正交模式”功能绘制柜子的外框结构。命令行操作如下：

```
命令：_line
指定第一个点：                        //在绘图区拾取一点
指定下一点或 [放弃(U)]:               //引出 0° 的正交矢量，输入 900 Enter
指定下一点或 [放弃(U)]:               //引出如图 2-67 所示的正交矢量，输入 800 Enter
指定下一点或 [闭合(C)/放弃(U)]:       //引出 180° 的正交矢量，输入 900 Enter
指定下一点或 [闭合(C)/放弃(U)]:       //c Enter，闭合图形，绘制结果如图 2-68 所示
```

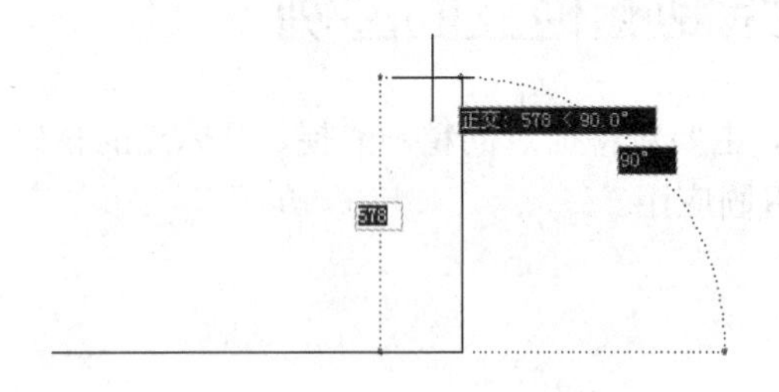

图 2-67　引出 90°正交矢量

图 2-68　绘制结果

步骤 06　单击菜单“工具”/“草图设置”命令，在打开的对话框中启用并设置捕捉追踪模式，如图 2-69 所示。

步骤 07　展开“极轴追踪”选项卡，然后勾选“启用极轴追踪”复选框并设置极轴角，如图 2-70 所示。

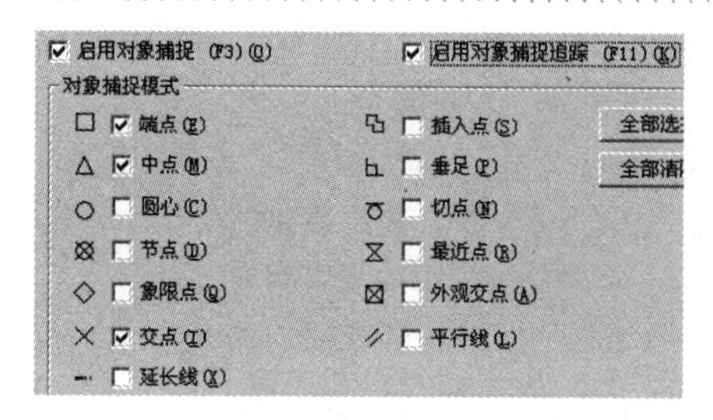

图 2-69　设置捕捉追踪模式

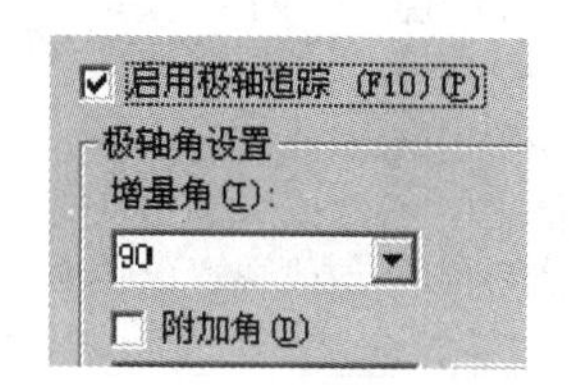

图 2-70　设置极轴追踪模式

步骤 08 单击菜单“绘图”/“直线”命令，配合“极轴追踪”功能绘制橱柜的内框轮廓线。命令行操作如下：

```
命令: _line
指定第一个点:                //激活“捕捉自”功能
 _from 基点:                 //捕捉如图 2-71 所示的端点
<偏移>:                      //@40,70 Enter
指定下一点或 [放弃(U)]:      //水平向右引出如图 2-72 所示的极轴追踪虚线，然后输入 400 Enter，定位第二点
指定下一点或 [放弃(U)]:      //垂直向上引出如图 2-73 所示的极轴追踪虚线，然后输入 500 Enter，定位第三点
指定下一点或 [闭合(C)/放弃(U)]:      //水平向左引出如图 2-74 所示的极轴追踪虚线，然后输入 400 Enter，定位第四点
指定下一点或 [闭合(C)/放弃(U)]:      //c Enter，闭合图形，结果如图 2-75 所示
```

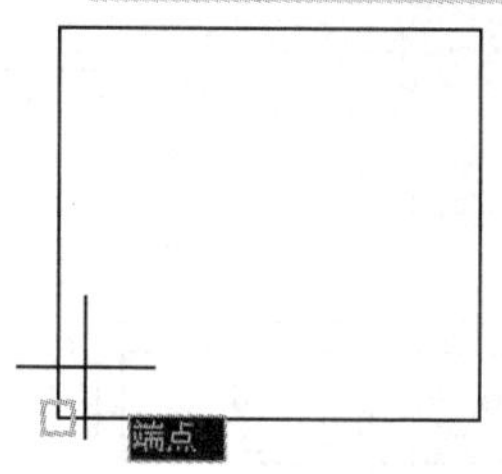

图 2-71　捕捉端点

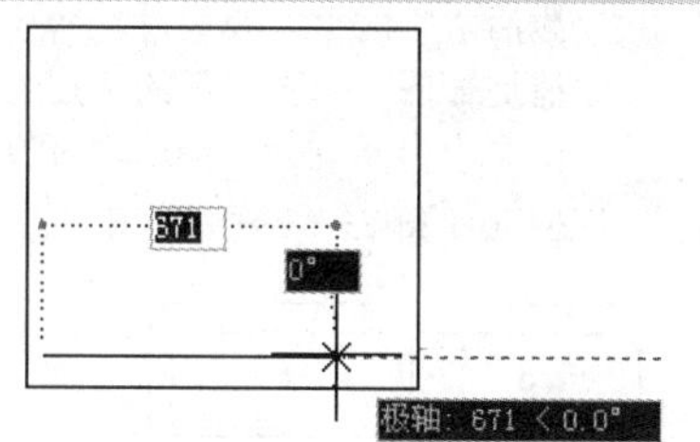

图 2-72　引出 0° 极轴矢量

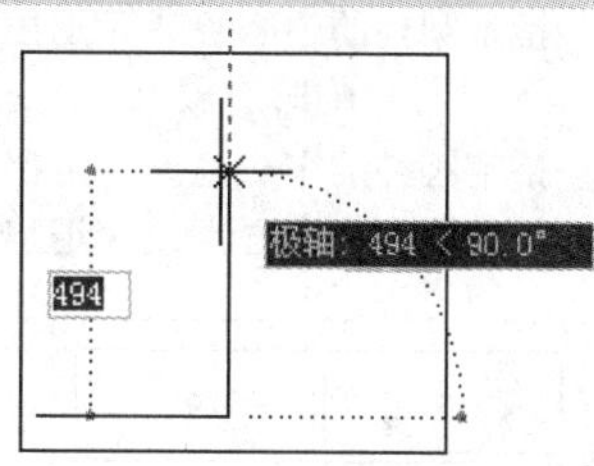

图 2-73　并引出 90° 极轴矢量

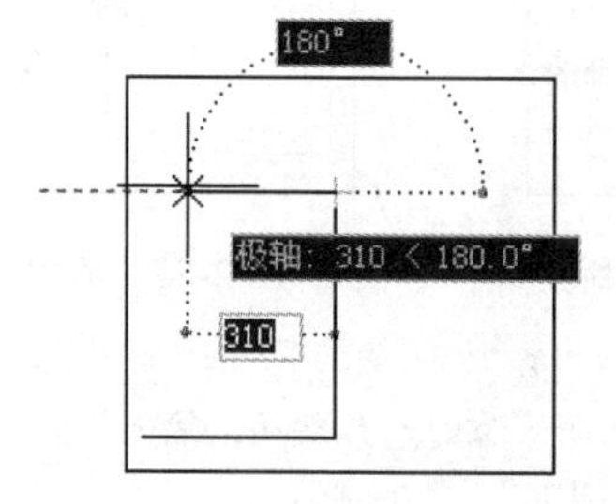

图 2-74　引出 180° 极轴矢量

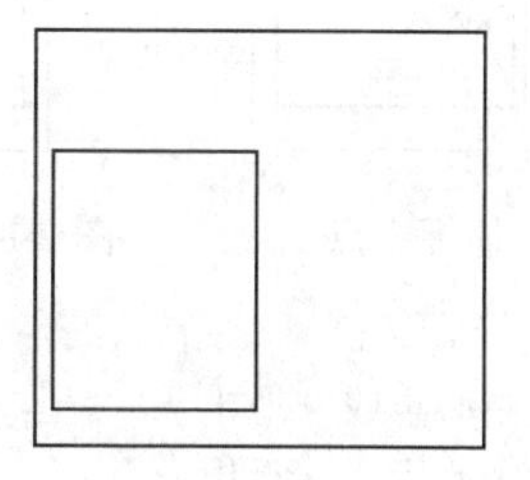

图 2-75　绘制结果

步骤 09 接下来重复执行“直线”命令，配合端“正交模式”或“极轴追踪”功能绘制其他内框，结果如图 2-76 所示。

步骤 10 单击“绘图”菜单中的“圆环”命令，配合“对象捕捉追踪”和中点捕捉功能绘制拉手结构。命令行操作如下：

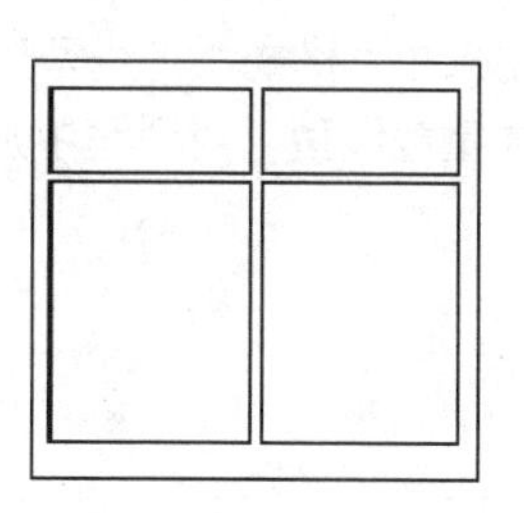

图 2-76　绘制其他内框

```
命令: _donut
指定圆环的内径 <1>:                //15 Enter
指定圆环的外径 <10>:               //30 Enter
指定圆环的中心点或 <退出>:         //捕捉如图 2-77 所示的中点追踪虚线的交点
指定圆环的中心点或 <退出>:         //捕捉如图 2-78 所示的中点追踪虚线的交点
指定圆环的中心点或 <退出>:         // Enter
```

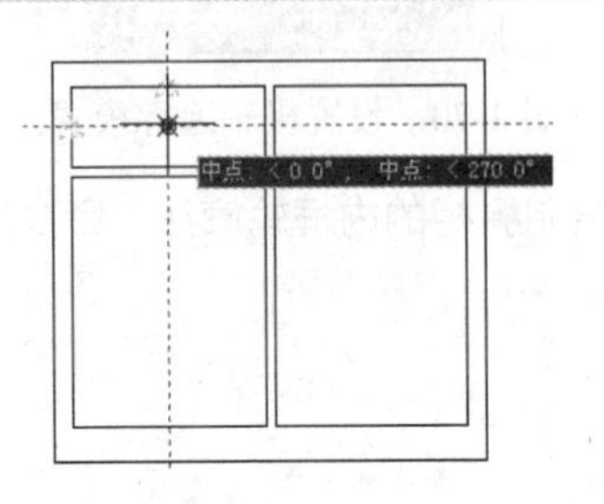

图 2-77　定位中心点

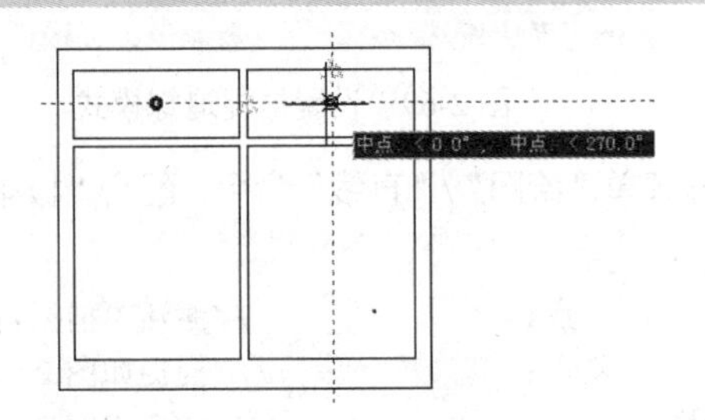

图 2-78　定位中心点

步骤 11　重复执行“圆环”命令，配合“临时追踪点”和中点捕捉功能继续绘制下侧的拉手结构。命令行操作如下：

```
命令: _donut
指定圆环的内径 <15>:               //Enter
指定圆环的外径 <30>:               //Enter
指定圆环的中心点或 <退出>:         //激活“临时追踪点”功能
_tt 指定临时对象追踪点:            //捕捉如图 2-79 所示的中点
指定圆环的中心点或 <退出>:         //向左引出图 2-80 所示临时追踪虚线，输入 30 Enter
指定圆环的中心点或 <退出>:         //捕捉如图 2-81 所示的中点
```

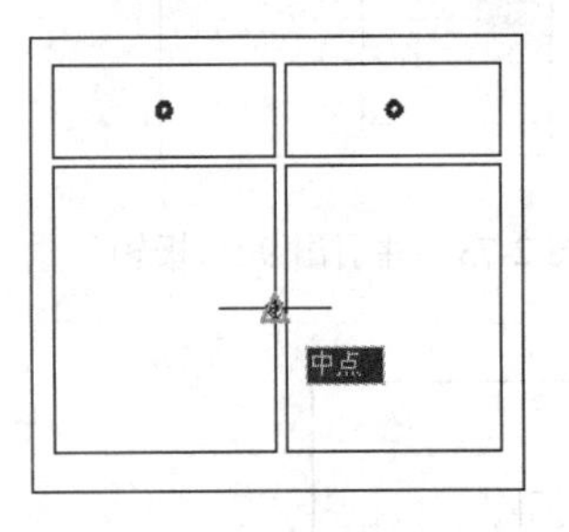

图 2-79　捕捉中点

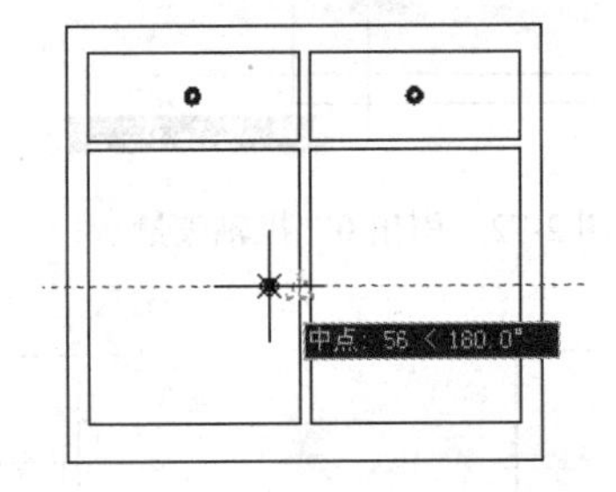

图 2-80　向左引出临时追踪虚线

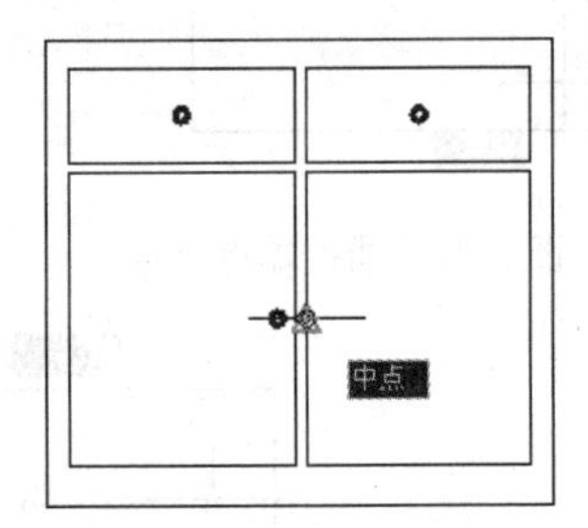

图 2-81　捕捉中点

```
_tt 指定临时对象追踪点:            //激活“临时追踪点”功能
指定圆环的中心点或 <退出>:         //向右引出图 2-82 所示临时追踪虚线，输入 30 Enter
指定圆环的中心点或 <退出>:         // Enter，绘制结果如图 2-83 所示
```

步骤 12　单击“格式”菜单中的“颜色”命令，将当前颜色设置为 142 号色。

步骤 13　单击菜单“格式“/“线型”命令，打开“线型管理器”对话框，单击 加载(L)... 按钮，从弹出的“加载或重载线型”对话框中加载一种名为“DASHED2”的线型，如图 2-84 所示。

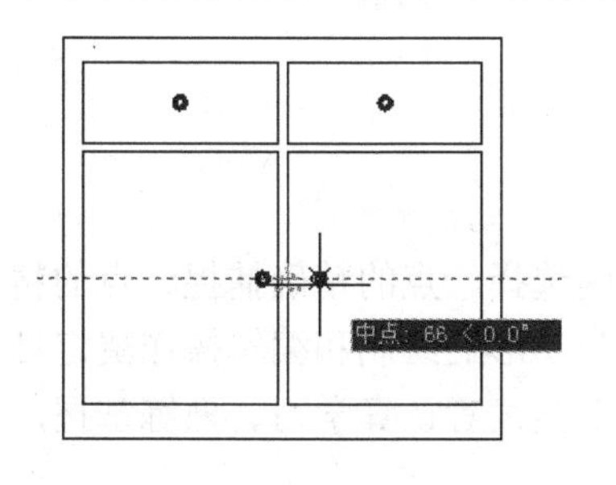

图 2-82　向右引出临时追踪虚线

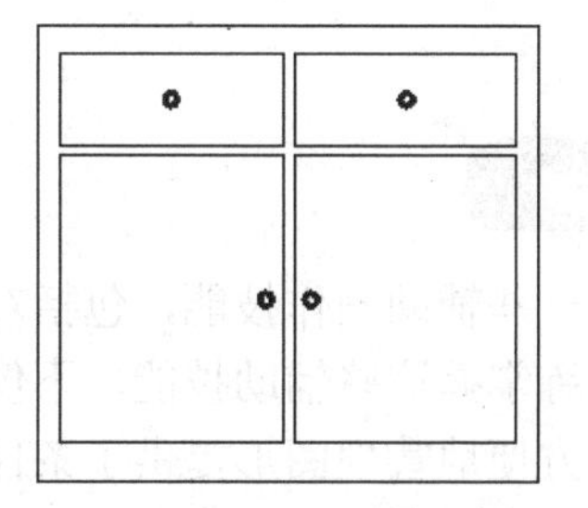

图 2-83　绘制结果

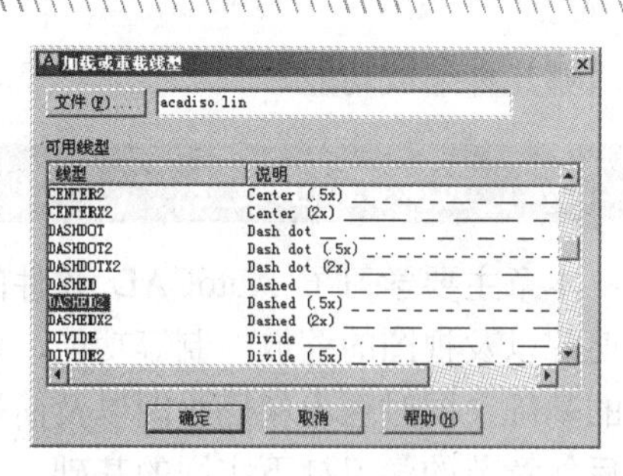

图 2-84　加载线型

步骤 14　选择“DASHED2”线型后单击 确定 按钮，加载此线型，并设置线型比例参数如图 2-85 所示。

步骤 15　将刚加载的“DASHED2”线型设置为当前线型，然后使用快捷键 PL 激活“多段线”命令，配合端点捕捉和中点捕捉功能绘制如图 2-86 所示的两条柜门开启方向线。

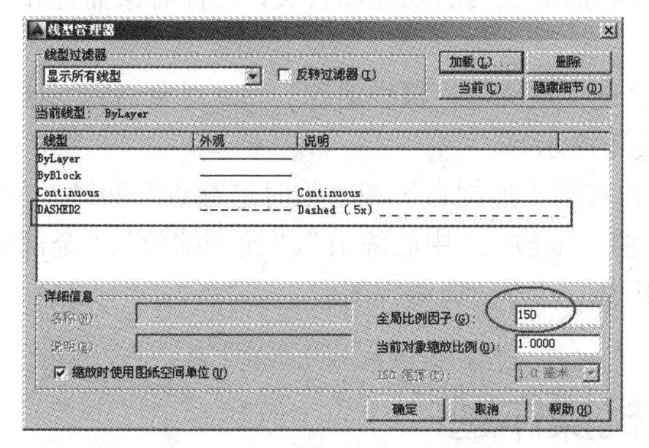

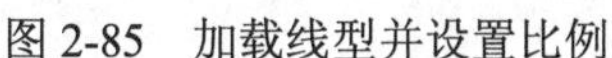
图 2-85　加载线型并设置比例

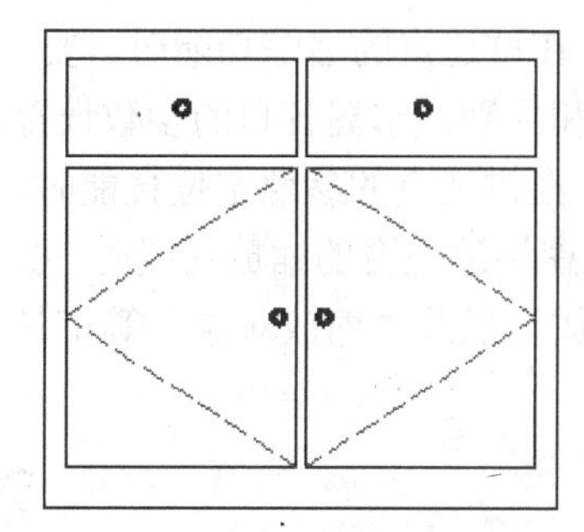

图 2-86　绘制方向线

步骤 16　最后执行“保存”命令，将图形命名存储为“绘制橱柜立面图例.dwg”。

2.8　思考与总结

2.8.1　知识点思考

1. 思考题一

在编辑图形时，往往需要事先选择这些图形，如果是对单个图形进行编辑，直接单击该图形即可，如果是对多个图形进行编辑时，那么再依次单击就会比较浪费时间，想一想如何才能快速选择多个图形对象呢？

2. 思考题二

之所以说 AutoCAD 是一款高精度的绘图软件，那么其精确度具体体现在哪些功能上？请简单总结一下。

3. 思考题三

AutoCAD 为用户提供了多种视图的缩放控制功能，如果想将视图的高度调整为 500 个单位，可以使用哪几种缩放功能？

2.8.2　知识点总结

本章主要学习了 AutoCAD 软件的一些辅助操作技能，包括对象的选择、点的精确捕捉、点的精确追踪以及视图的缩放控制等功能，熟练掌握这些辅助技能，不仅能为图形的绘制和编辑操作奠定良好的基础，同时也为精确绘图以及简捷方便地管理图形提供了条件，希望读者认真学习、熟练掌握，为后叙章节的学习打下牢固的基础。

通过本章的学习，具体应掌握以下知识：

（1）在讲述选择技能时，需要了解和掌握对象的三种常用选择技能，具体有点选、窗口选择和窗交选择。

（2）在讲述点的精确捕捉功能时，要了解栅格和捕捉工具的功能和含义，掌握对象捕捉和临时捕捉的区别和各自的参数设置及应用。

（3）在讲述点的追踪功能时，要了解和掌握“正交追踪”、“极轴追踪”和“对象追踪”这三种功能的作用和区别，掌握各自的参数设置和具体的技巧提示等。

（4）在讲述点的参照定位技能时，需要了解和掌握“捕捉自”和“临时追踪点”两种功能。

（5）在讲述视窗的缩放功能时，要重点掌握“窗口缩放”、“中心缩放”、“比例缩放”、“全部缩放”、“范围缩放”以及“缩放对象”等工具的作用与用法，以方便调整视图。

2.9　上机操作题

2.9.1　操作题一

综合所学知识，绘制如图 2-87 所示的立面窗图例（局部尺寸自定）。

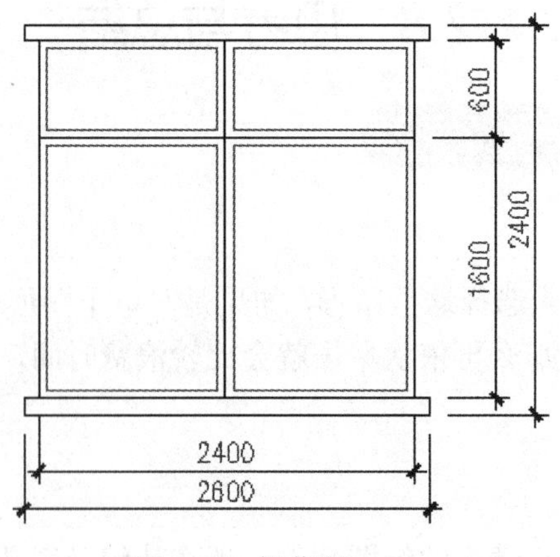

图 2-87　操作题一

2.9.2　操作题二

综合所学知识，绘制如图 2-88 所示的立面柜图例。

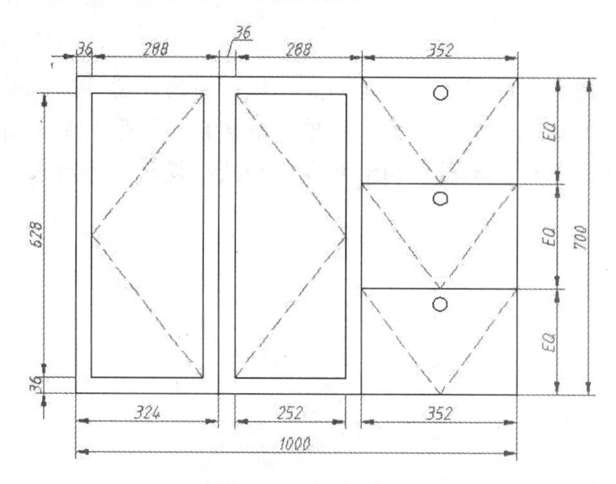

图 2-88　操作题二

第 3 章　室内设计图元的绘制功能

本章主要学习各类常用图元的绘制功能，比如点、线、曲线、圆、弧、矩形、正多边形、边界和面域等，这些图元都是构图的最基本图形元素，任何一个复杂的图形，都是由各种基本图元组合而成的，因此就必须要学习和掌握各种基本图元的绘制方法和技巧提示，为后来更加方便灵活的组合复杂图形打好基础。

本章内容如下：

- 绘制点图元
- 绘制线图元
- 绘制圆与弧
- 绘制闭合折线
- 绘制填充图案
- 综合范例一——绘制客房简易吊顶图
- 综合范例二——绘制形象墙立面图
- 思考与总结
- 上机操作题

3.1　绘制点与等分点

本节主要学习点的绘制和等分技能，具体有“单点”、“点样式”、“多点”、“定数等分”和“定距等分”五个命令。

3.1.1　绘制单点

“单点”命令用于绘制单个的点对象，执行一次命令，仅可以绘制一个点，如图 3-1 所示。执行“单点”命令主要有以下几种方式：

- 菜单栏：单击菜单“绘图”/“点”/“单点”命令。
- 命令行：在命令行输入“Point”后按 Enter 键。
- 快捷键：在命令行输入“PO”后按 Enter 键。

当执行“单点”命令并绘制完单个点后，系统自动结束此命令，所绘制的点以一个小点的方式进行显示，如图 3-1 所示。

默认设置下绘制的点是以一个小点显示，如果在某轮廓线上绘制了点，那么将会看不到所绘制的点，为此，AutoCAD 为用户提供了多种点的样式，用户可以根据需要进行设置当前点的显示样式。

图 3-1　单点

【例题 1】 设置点的样式与尺寸。

步骤 01 单击菜单“格式”/“点样式”命令，或在命令行输入“Ddptype”后按 Enter 键，打开如图 3-2 所示的对话框。

步骤 02 AutoCAD 共为用户提供了二十种点样式，在所需样式上单击，即可将此样式设置为当前样式。在此设置“⊠”为当前点样式。

步骤 03 在“点大小”文本框内输入点的尺寸。其中，“相对于屏幕设置大小”选项表示按照屏幕尺寸的百分比进行显示点；“按绝对单位设置大小”选项表示按照点的实际尺寸来显示点。

步骤 04 单击 确定 按钮，结果绘图区的点被更新，如图 3-3 所示。

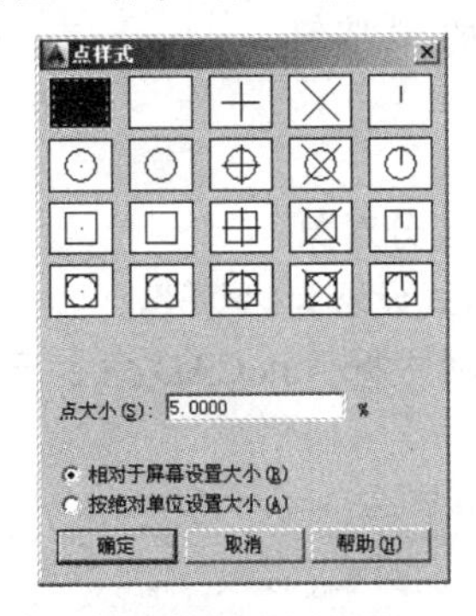

图 3-2　“点样式”对话框

图 3-3　更改点样式

3.1.2　绘制多点

“多点”命令可以连续地绘制多个点对象，直到按下 Esc 键结束命令为止，如图 3-4 所示。执行“多点”命令主要有以下几种方式：

- 菜单栏：单击菜单“绘图”/“点”/“多点”命令。
- 工具栏：单击“绘图”工具栏上的 · 按钮。
- 功能区：单击“默认”选项卡/“绘图”面板上的 · 按钮。

执行“多点”命令后 AutoCAD 系统提示如下：

```
命令：Point
当前点模式： PDMODE=0 PDSIZE=0.0000 （Current point modes: PDMODE=0 PDSIZE=0.0000）
指定点：          //在绘图区给定点的位置
…
指定点：          //继续绘制点或按 Esc 键结束命令，绘制结果如图 3-4 所示
```

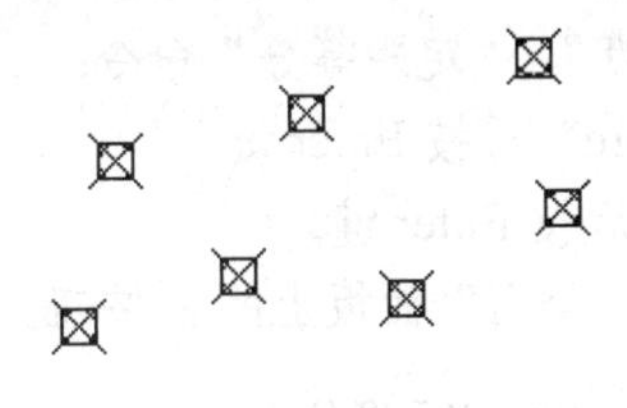

图 3-4　绘制多点

3.1.3 定数等分

"定数等分"命令用于按照指定的等分数目进行等分对象，对象被等分的结果仅仅是在等分点处放置了点的标记符号（或内部块），而源对象并没有被等分为多个对象。

执行"定数等分"命令主要有以下几种方式：

- 菜单栏：单击菜单"绘图"/"点"/"定数等分"命令。
- 命令行：在命令行中输入"Divide"后按Enter键。
- 快捷键：在命令行中输入"DVI"后按Enter键。
- 功能区：单击"默认"选项卡/"绘图"面板上的按钮。

【例题2】 将某直线等分五份。

步骤01 新建文件并绘制一条长度为200的水平线段作为等分对象。

步骤02 单击菜单"格式"/"点样式"命令，将当前点样式设置为"⊠"。

步骤03 单击菜单"绘图"/"点"/"定数等分"命令，然后根据AutoCAD命令行提示进行定数等分线段，命令行操作如下：

```
命令: _divide
选择要定数等分的对象:              //选择刚绘制的水平线段
输入线段数目或 [块(B)]:            //5 Enter，设置等分数目，并结束命令
```

步骤04 等分结果如图3-5所示。

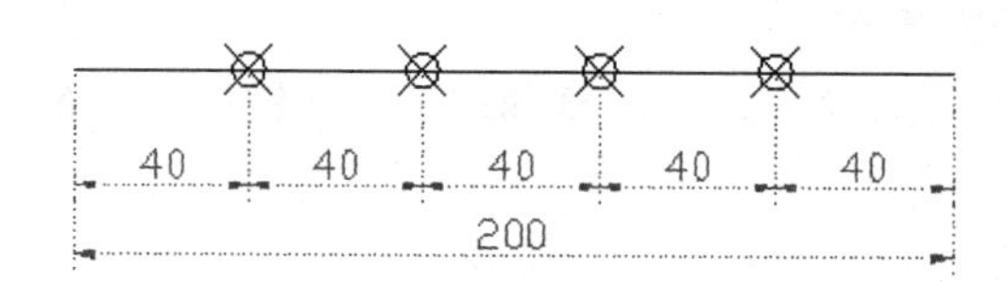

图3-5 等分结果

"块(B)"选项用于在对象等分点处放置内部图块，以代替点标记，在执行此选项时，必须确保当前文件中存在所需使用的内部图块。

3.1.4 定距等分

"定距等分"命令用于按照指定的等分距离进行等分对象，与定数等分一样，等分的结果仅仅是在等分点处放置了点的标记符号，而源对象并没有被等分为多个对象。

执行"定距等分"命令主要有以下几种方式：

- 菜单栏：单击菜单"绘图"/"点"/"定距等分"命令。
- 命令行：在命令行输入"Measure"后按Enter键。
- 快捷键：在命令行输入"ME"后按Enter键。
- 功能区：单击"默认"选项卡/"绘图"面板上的按钮。

【例题3】 将某直线按照45cm的间距进行等分。

步骤01 新建文件并使用"直线"命令绘制长度为200的水平线段。

步骤02 单击菜单“格式”/“点样式”命令，设置点的样式为“⊠”。

步骤03 单击菜单“绘图”/“点”/“定距等分”命令，对线段进行定距等分。命令行操作如下：

```
命令: _measure
选择要定距等分的对象:              //选择刚绘制的线段
指定线段长度或 [块(B)]:            //45 Enter，设置等分距离
```

步骤04 定距等分的结果如图 3-6 所示。

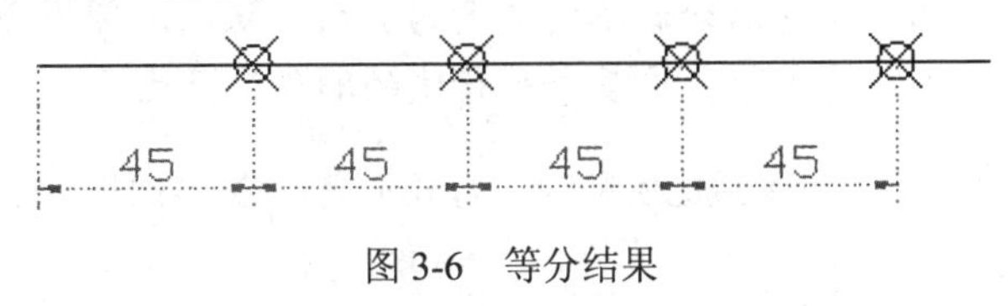

图 3-6　等分结果

3.2　绘制线与曲线

本节将学习“多线”、“多段线”、“构造线”、“修订云线”、“样条曲线”、“圆弧”和“椭圆弧”七个命令。

3.2.1　绘制多线

所谓“多线”，指的是由两条或两条以上的平行元素构成的复合线对象，无论多线图元中包含多少条平行线元素，系统都将其看作是一个对象，如图 3-7 所示。

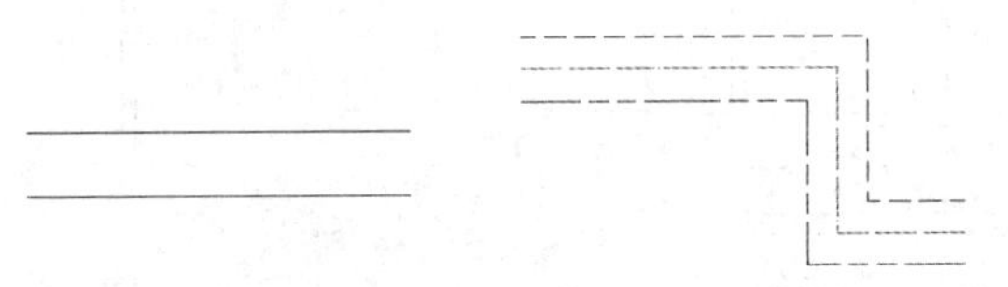

图 3-7　多线示例

执行“多线”命令主要有以下几种方式：

- 菜单栏：单击菜单“绘图”/“多线”命令。
- 命令行：在命令行输入“Mline”后按 Enter 键。
- 快捷键：在命令行输入“ML”后按 Enter 键。

【例题 4】 下面通过绘制如图 3-8 所示的多线，学习使用“多线”命令。

步骤01 新建空白文件。

步骤02 单击菜单“绘图”/“多线”命令，配合点的坐标输入功能绘制多线。命令行操作如下：

```
命令: _mline
当前设置: 对正 = 上，比例 = 20.00，样式 = STANDARD
指定起点或 [对正(J)/比例(S)/样式(ST)]:          //s Enter
输入多线比例 <20.00>:                           //15 Enter，设置多线比例
当前设置: 对正 = 上，比例 = 15.00，样式 = STANDARD
指定起点或 [对正(J)/比例(S)/样式(ST)]:          //J Enter
输入对正类型 [上(T)/无(Z)/下(B)] <上>:          //b Enter，设置对正方式
```

```
当前设置：对正 = 下，比例 = 12.00，样式 = STANDARD
指定起点或 [对正(J)/比例(S)/样式(ST)]:        //在适当位置拾取一点作为起点
指定下一点:                                  //@250,0 Enter
指定下一点或 [放弃(U)]:                       //@0,450 Enter
指定下一点或 [闭合(C)/放弃(U)]:               //@-250,0 Enter
指定下一点或 [闭合(C)/放弃(U)]:               //c Enter，闭合图形
```

巧妙使用"比例"选项，可以绘制不同宽度的多线。默认比例为 20 个绘图单位。另外，如果用户输入的比例值为负值，这多条平行线的顺序会产生反转。

步骤 03　重复执行"多线"命令，保持多线比例和对正方式不变，绘制右侧结构，命令行操作如下：

```
命令:MLINE
当前设置：对正 = 下，比例 = 15.00，样式 = STANDARD
指定起点或 [对正(J)/比例(S)/样式(ST)]:        //捕捉如图 3-9 所示的端点作为起点
指定下一点:                                  //@250,0 Enter
指定下一点或 [放弃(U)]:                       //@0,450 Enter
指定下一点或 [闭合(C)/放弃(U)]:               //@250<180 Enter
指定下一点或 [闭合(C)/放弃(U)]:               //c Enter，闭合图形
```

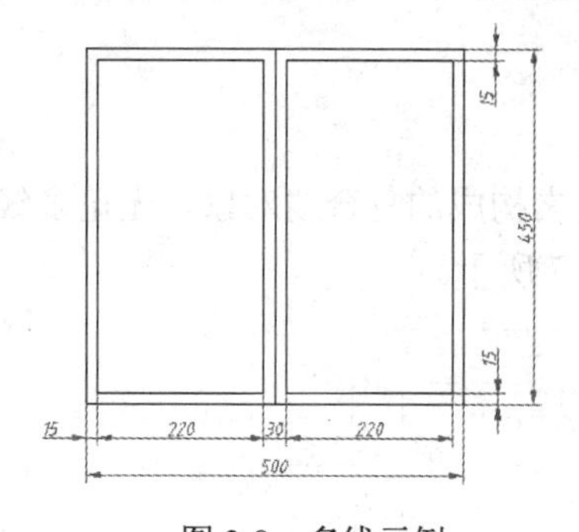

图 3-8　多线示例

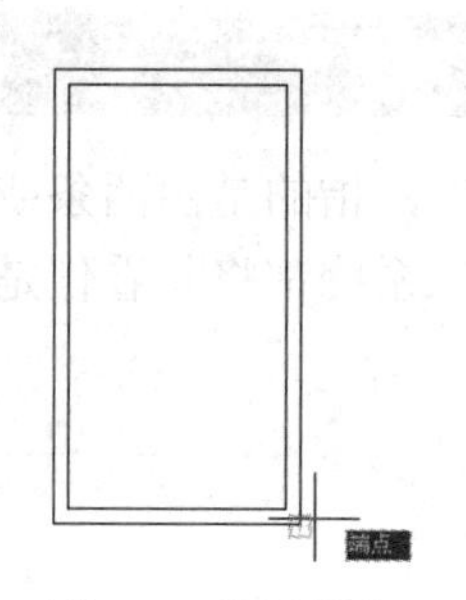

图 3-9　捕捉端点

巧用"样式"选项，可以随意更改当前的多线样式；"闭合"选项用于绘制闭合的多线。

步骤 04　调整视图，观看绘制结果。

1. 多线对正方式

"对正"选项用于设置多线的对正方式，AutoCAD 共为用户提供了三种对正方式，即上对正"上（T）"、下对正"下（B）"和中心对正"无（Z）"，如图 3-10 所示。

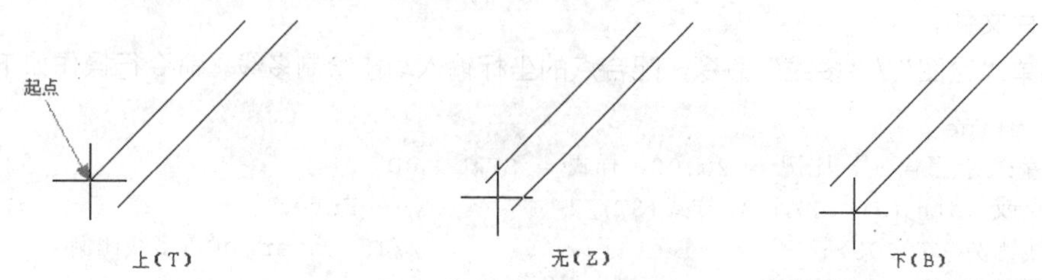

图 3-10　三种对正方式

如果当前多线的对正方式不符合用户要求的话，可在命令行中输入“J”，执行该选项，系统出现如下提示：

“输入对正类型［上（T）/无（Z）/下（B）］<上>：”提示用户输入多线的对正方式

2. 设置多线样式

使用系统默认的多线样式，只能绘制由两条平行元素构成的多线，如果用户需要绘制其他样式的多线时，需要使用“多线样式”命令进行设置。下面通过实例，学习多线样式的设置过程。

【例题 5】 设置如图 3-11 所示的多线样式。

图 3-11　设置多线样式

步骤 01　单击菜单“格式”/“多线样式”命令，或在命令行输入 Mlstyle 并按 Enter 键，打开“多线样式”对话框。

步骤 02　单击“多线样式”对话框中的 新建(N)... 按钮，在弹出的“创建新的多线样式”对话框中输入新样式的名称，如图 3-12 所示。

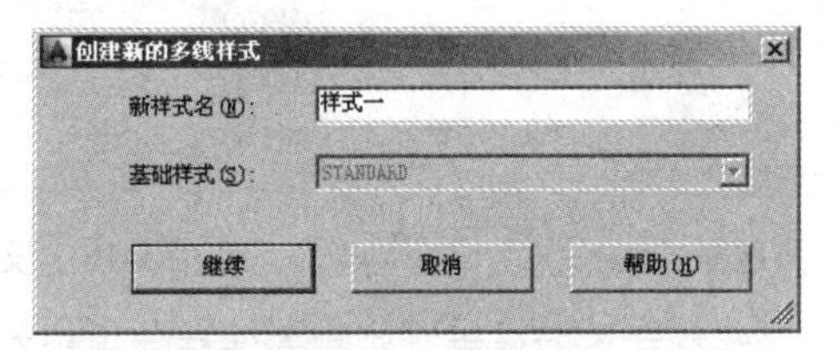

图 3-12　“创建新的多线样式”对话框

步骤 03　在“创建新的多线样式”对话框中单击 继续 按钮，打开如图 3-13 所示的“新建多线样式：样式一”对话框。

步骤 04　在对话框中单击 添加(A) 按钮，添加 0 号元素，并设置颜色为红色，如图 3-14 所示。

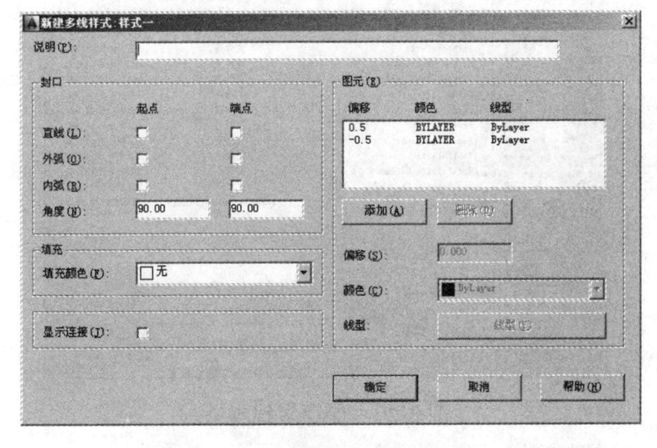

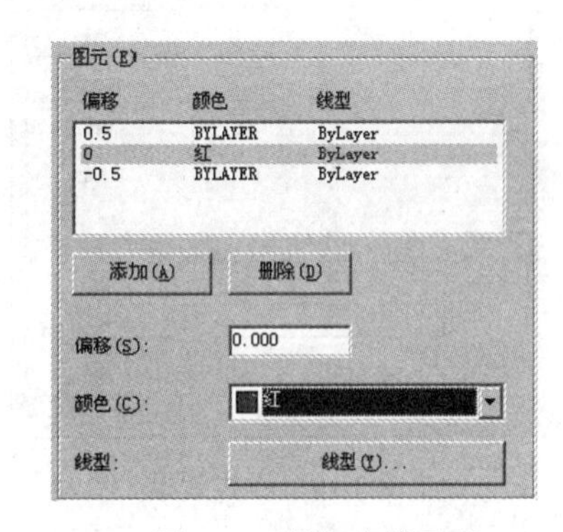

图 3-13　“创建新的多线样式”对话框　　图 3-14　添加多线元素

步骤 05　单击 线型(Y)... 按钮，在弹出的“选择线型”对话框中单击按钮 加载(L)... 按钮，打开“加载或重载线型”对话框，如图 3-15 所示。

步骤 06　单击 确定 按钮，结果线型被加载到“选择线型”对话框内，如图 3-16 所示。

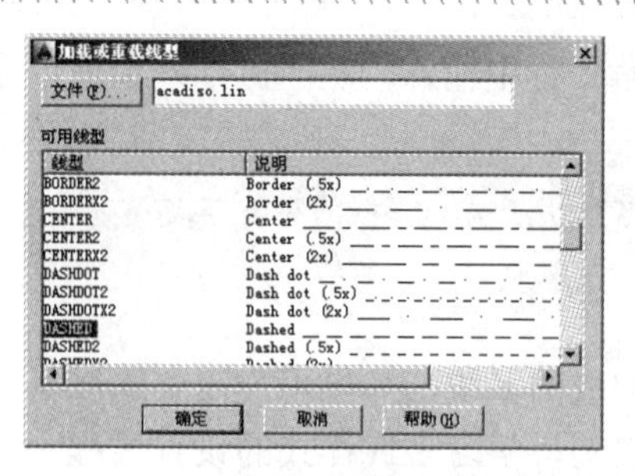

图 3-15　“加载或重载线型”对话框

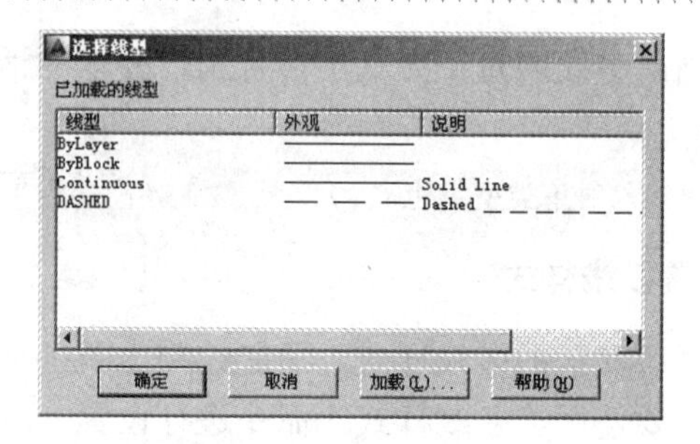

图 3-16　加载线型

步骤07　选择加载的线型，单击 确定 按钮，将此线型赋给刚添加的多线元素，结果如图 3-17 所示。

步骤08　在左侧“封口”选项组中，设置多线两端的封口形式，如图 3-18 所示。

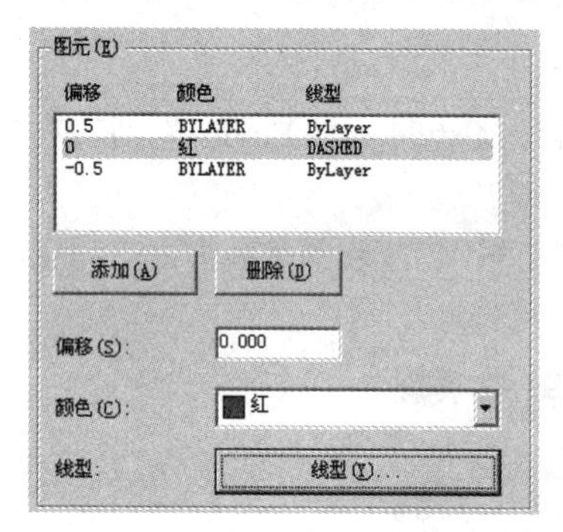

图 3-17　设置元素线型

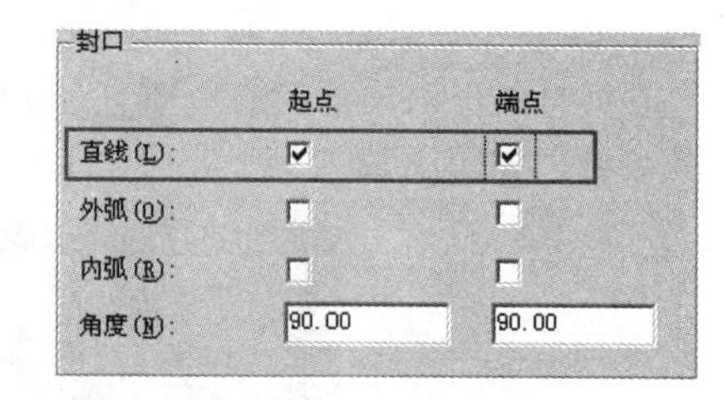

图 3-18　设置多线封口

步骤09　单击 确定 按钮返回“多线样式”对话框，结果新线样式出现在预览框中，如图 3-19 所示。

步骤10　单击 保存(A)... 按钮，在弹出的“保存多线样式”对话框中设置文件名如图 3-20 所示，将新式以“*mln”的格式进行保存，以方便在其他文件中进行重复使用。

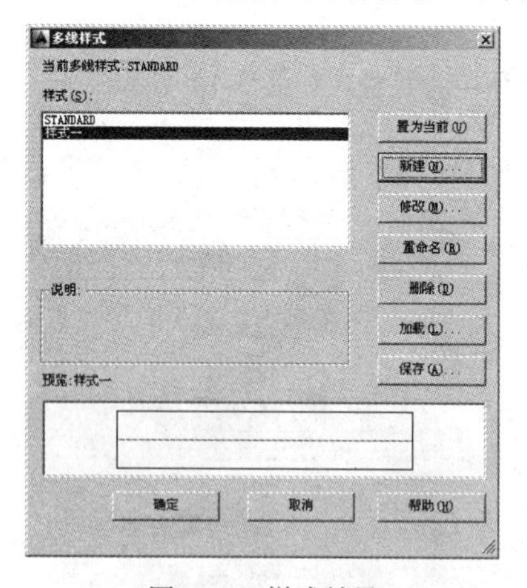

图 3-19　样式效果

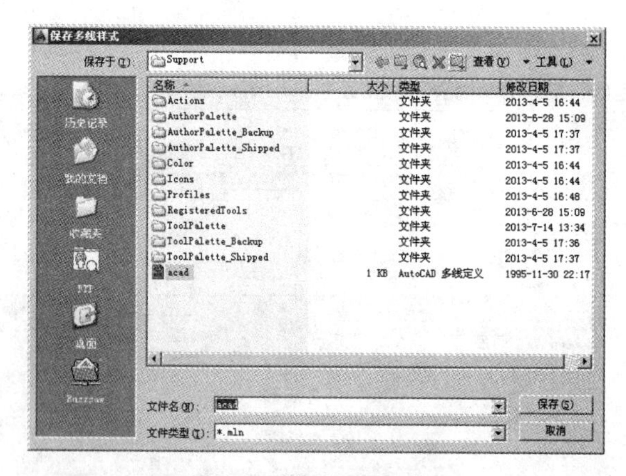

图 3-20　保存多线样式

步骤11　返回“多线样式”对话框单击 确定 按钮，结束命令。

技巧提示

如果为多线设置了填充色或线型等参数，那么在预览框内将显示不出这些特性，但是用户一旦使用此样式绘制出多线时，多线样式的所有特性都将显示。

步骤 12　使用"多线"命令，即可绘制上图 3-11 所示的多线样式。

3.2.2　绘制多段线

"多段线"是由一系列直线段或弧线段连接而成的一种特殊折线，如图 3-21 所示，此种折线可以具有宽度、可以闭合或不闭合。

图 3-21　多段线示例

执行"多段线"命令主要有以下几种方式：

- 菜单栏：单击菜单"绘图"/"多段线"命令。
- 工具栏：单击"绘图"工具栏上的按钮。
- 命令行：在命令行输入 Pline 后按 Enter 键。
- 快捷键：在命令行输入 PL 后按 Enter 键。
- 功能区：单击"默认"选项卡/"绘图"面板上的按钮。

无论绘制的多段线包含有多少条直线或圆弧，AutoCAD 都把它们作为一个单独的对象。

【例题 6】 绘制如图 3-22 所示的浴盆图例。

步骤 01　新建文件并按下 F12 功能键，关闭"动态输入"功能。

步骤 02　单击"绘图"工具栏上的按钮，执行"多段线"命令，配合绝对坐标的输入功能绘制多段线。命令行操作如下：

```
命令: _pline
指定起点:                                                    //在绘图区拾取一点作为起点
当前线宽为 0.0000
指定下一个点或 [圆弧(A)/半宽(H)/长度(L)/放弃(U)/宽度(W)]:    //@1300,0 Enter
指定下一点或 [圆弧(A)/闭合(C)/半宽(H)/长度(L)/放弃(U)/宽度(W)]: //a Enter
指定圆弧的端点或[角度(A)/圆心(CE)/闭合(CL)/方向(D)/半宽(H)/直线(L)/半径(R)/第二个点
(S)/放弃(U)/宽度(W)]:                                         //@800<90 Enter
指定圆弧的端点或[角度(A)/圆心(CE)/闭合(CL)/方向(D)/半宽(H)/直线(L)/半径(R)/第二个点
(S)/放弃(U)/宽度(W)]:                                         //l Enter
指定下一点或 [圆弧(A)/闭合(C)/半宽(H)/长度(L)/放弃(U)/宽度(W)]: //@1300<180 Enter
指定下一点或 [圆弧(A)/闭合(C)/半宽(H)/长度(L)/放弃(U)/宽度(W)]: //a Enter
指定圆弧的端点或[角度(A)/圆心(CE)/闭合(CL)/方向(D)/半宽(H)/直线(L)/半径(R)/第二个点
(S)/放弃(U)/宽度(W)]:                                         //@-100,-100 Enter
指定圆弧的端点或[角度(A)/圆心(CE)/闭合(CL)/方向(D)/半宽(H)/直线(L)/半径(R)/第二个点
(S)/放弃(U)/宽度(W)]:                                         //l Enter
指定下一点或 [圆弧(A)/闭合(C)/半宽(H)/长度(L)/放弃(U)/宽度(W)]: /@0,-600 Enter
指定下一点或 [圆弧(A)/闭合(C)/半宽(H)/长度(L)/放弃(U)/宽度(W)]: //a Enter
```

```
指定圆弧的端点或[角度(A)/圆心(CE)/闭合(CL)/方向(D)/半宽(H)/直线(L)/半径(R)/第二个点(S)/放弃(U)/宽度(W)]:                                    //cl Enter，结束命令
```

步骤 03 结果如图 3-22 所示。

在绘制具有宽度的多段线时，变量 Fillmode 控制着多段线是否被填充，变量值为 1 时，宽度多段线将被填充，如图 3-23 所示；为 0 时，将不会被填充，如图 3-24 所示。

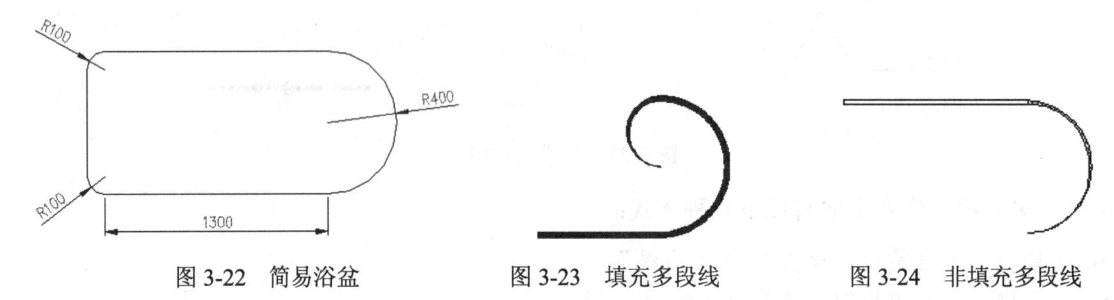

图 3-22　简易浴盆　　图 3-23　填充多段线　　图 3-24　非填充多段线

使用命令中的“圆弧”选项，可以绘制由弧线组合而成的多段线。激活此选项后系统自动切换到画弧状态，并且命令行出现如下提示：

```
“指定圆弧的端点或 [角度（A）/圆心（CE）/闭合（CL）/方向（D）/半宽（H）/直线（L）/半径（R）/第二个点（S）/放弃（U）/ 宽度（W）]”
```

命令行中的主要选项功能如下：

- “角度”选项用于指定要绘制的圆弧的圆心角。
- “圆心”选项用于指定圆弧的圆心。
- “闭合”选项用于用弧线封闭多段线。
- “方向”选项用于取消直线与圆弧的相切关系，改变圆弧的起始方向。
- “半宽”选项用于指定圆弧的半宽值。激活此选项功能后，AutoCAD 将提示用户输入多段线的起点半宽值和终点半宽值。
- “直线”选项用于切换直线模式。
- “半径”选项用于指定圆弧的半径。
- “第二个点”选项用于选择三点画弧方式中的第二个点。
- “宽度”选项用于设置弧线的宽度值。

选项解析

- “闭合”选项。激活此选项后，AutoCAD 将使用直线段封闭多段线，并结束多段线命令。

当用户需要绘制一条闭合的多段线时，最后一定要使用此选项功能，才能保证绘制的多段线是完全封闭的。

- “长度”选项。此选项用于定义下一段多段线的长度，AutoCAD 按照上一线段的方向绘制这一段多段线。若上一段是圆弧，AutoCAD 绘制的直线段与圆弧相切。
- “半宽”/“宽度”选项。“半宽”选项用于设置多段线的半宽，“宽度”选项用于设置多段线的起始宽度值，起始点的宽度值可以相同也可以不同。

3.2.3　绘制构造线

“构造线”命令用于绘制向两端无限延伸的直线，如图 3-25 所示，此种图线常被用作图形的辅助线，不能作为图形轮廓线的一部分，但是可以通过修改工具将其编辑为图形轮廓线。

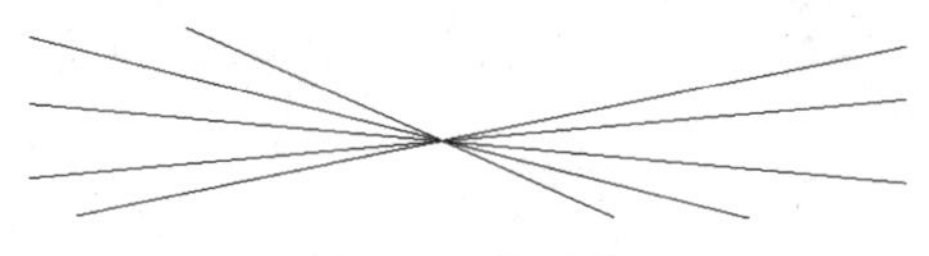

图 3-25　构造线

执行“构造线”命令主要有以下几种方式：

- 菜单栏：单击菜单“绘图”/“构造线”命令。
- 工具栏：单击“绘图”工具栏上的按钮。
- 命令行：在命令行输入 Xline 后按 Enter 键。
- 快捷键：在命令行输入 XL 后按 Enter 键。
- 功能区：单击“默认”选项卡/“绘图”面板上的按钮。

使用“构造线”命令可以绘制向两端延伸的作图辅助线，此辅助线可以是水平的、垂直的，还可以是倾斜的。下面通过具体的实例，学习各种辅助线的绘制方法。

【例题 7】　绘制构造线。

步骤 01　首先新建空白文件。

步骤 02　单击“绘图”工具栏上的按钮，执行“构造线”命令，绘制水平构造线。命令行操作如下：

```
命令:_xline
指定点或 [水平(H)/垂直(V)/角度(A)/二等分(B)/偏移(O)]:    //HEnter，执行“水平”选项
指定通过点:                                              //在绘图区拾取一点
指定通过点: :                                            //继续在绘图区拾取点，
指定通过点:                                              //Enter，绘制结果如图 3-26 所示
```

图 3-26　绘制水平构造线

步骤 03　重复执行“构造线”命令，使用命令中的“垂直”选项绘制垂直的构造线。命令行操作如下：

```
命令:_xline
指定点或 [水平(H)/垂直(V)/角度(A)/二等分(B)/偏移(O)]:
// V Enter，执行“垂直”选项
指定通过点:                       //在绘图区拾取点
指定通过点:                       //继续在绘图区拾取点
指定通过点:                       //Enter，结束命令，绘制结果如图 3-27 所示
```

步骤 04　重复“构造线”命令后，绘制倾斜构造线。命令行操作如下：

```
命令:_xline
指定点或 [水平(H)/垂直(V)/角度(A)/二等分(B)/偏移(O)]:
// A Enter，执行“角度”选项
```

```
输入构造线的角度 (0) 或 [参照(R)]:        //30 Enter，设置倾斜角度
指定通过点:                              //拾取通过点
指定通过点:                              // Enter，结束命令绘制结果如图 3-28 所示
```

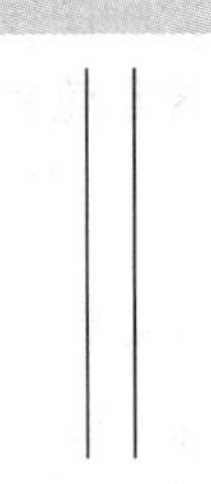

图 3-27　绘制垂直辅助线

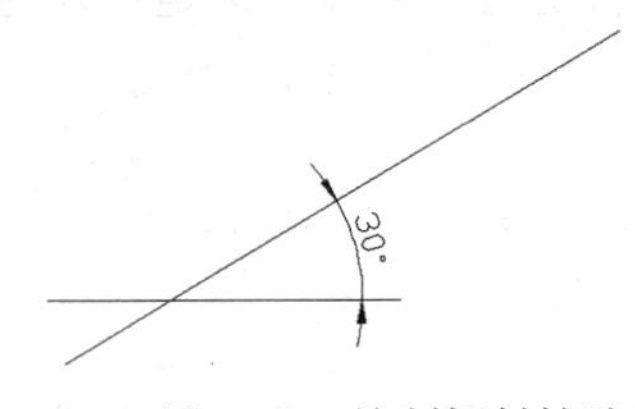

图 3-28　绘制倾斜辅助线

使用“构造线”命令中的“二等分”选项功能，可以绘制任意角度的角平分线，如图 3-29 所示。

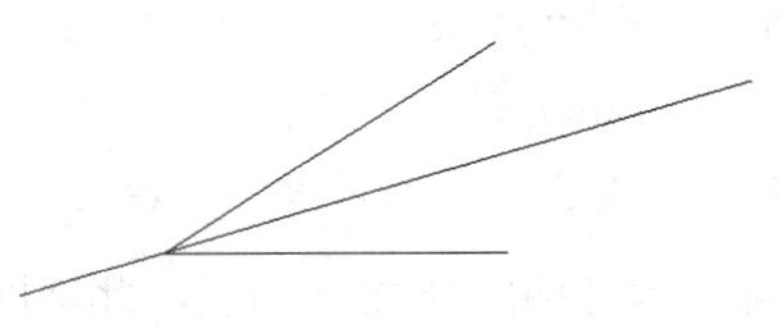

图 3-29　绘制等分线

3.2.4　绘制修订云线

“修订云线”命令用于绘制由连续圆弧构成的图线，所绘制的图线被看作是一条多段线，此种图线可以是闭合的，也可以是断开的，如图 3-30 所示。

图 3-30　修订云线

执行“修订云线”命令主要有以下几种方式：

- 菜单栏：单击菜单“绘图”/“修订云线”命令。
- 工具栏：单击“绘图”工具栏上的按钮。
- 命令行：在命令行输入 Revcloud 后按 Enter 键。
- 功能区：单击“默认”选项卡/“绘图”面板上的按钮。

【例题 8】　绘制修订云线。

步骤 01　新建绘图文件。

步骤 02　单击“绘图”工具栏或面板上的按钮，执行“修订云线”命令。

步骤 03　根据 AutoCAD 命令行的提示设置弧长和绘制云线，命令行操作如下：

```
命令: _revcloud
最小弧长: 15    最大弧长: 15    样式: 普通
指定起点或 [弧长(A)/对象(O)/样式(S)] <对象>:    //a Enter，执行“弧长”选项
指定最小弧长 <15>:                              //20 Enter，设置最小弧长
```

```
指定最大弧长 <30>:                              //40 Enter，设置最大弧长
```

在设置弧长时需要注意，最大弧长不能超过最小弧长的三倍。

```
指定起点或 [弧长(A)/对象(O)/样式(S)] <对象>:      //在绘图区拾取一点
沿云线路径引导十字光标...                        //按住鼠标左键不放，沿着所需路径引导光标，
即可绘制闭合的云线，如图 3-31 所示
修订云线完成
```

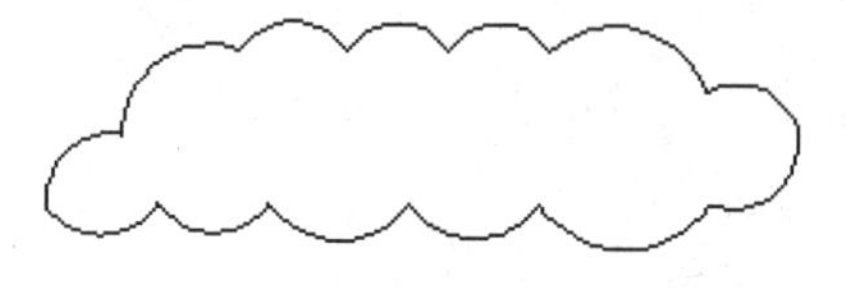

图 3-31　绘制云线

在绘制闭合云线时，需要移动光标，将端点放在起点处，系统会自动闭合云线。

“样式”选项用于设置修订云线的样式。AutoCAD 共为用户提供了“普通”和“手绘”两种样式，默认情况下为“普通”样式。如图 3-32 所示的云线就是在“手绘”样式下绘制的。

使用“修订云线”命令还可以将直线、圆弧、矩形、圆以及正多边形等，转化为云线图形，如图 3-33 所示。如果在最后一步操作中设置了云线的反转方向，则会生成如图 3-34 所示的云线。

图 3-32　手绘样式

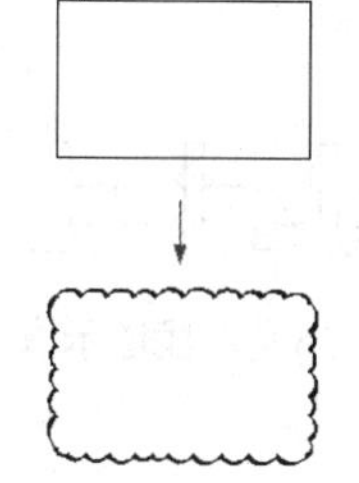

图 3-33　将对象转化为云线

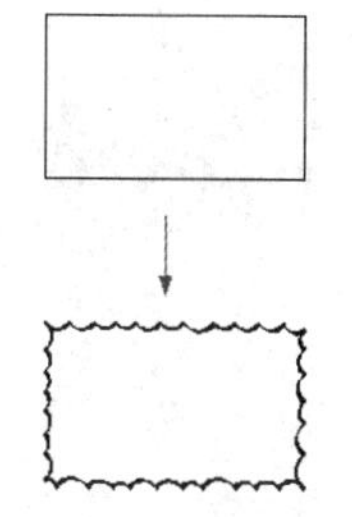

图 3-34　反转后的效果

3.2.5　绘制样条曲线

所谓“样条曲线”，指的是由某些数据点（控制点）拟合生成的光滑曲线，如图 3-35 所示，所绘制的曲线可以是二维曲线，也可是三维曲线。

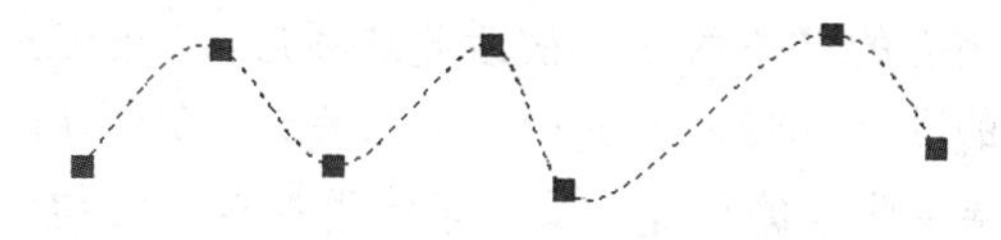

图 3-35　样条曲线

执行“样条曲线”命令主要有以下几种方式：

- 菜单栏：单击菜单“绘图”/“样条曲线”命令。

- 工具栏：单击“绘图”工具栏上的按钮。
- 命令行：在命令行输入 Spline 后按 Enter 键。
- 快捷键：在命令行输入 SPL 后按 Enter 键。
- 功能区：单击“默认”选项卡/“绘图”面板上的按钮。

在实际工作中，光滑曲线也是较为常见的一种几何图元，如图 3-36 所示的木栈道河底断面示意线，就是使用“样条曲线”命令绘制的，其命令行操作如下：

```
命令: _spline
当前设置: 方式=拟合    节点=弦
指定第一个点或 [方式(M)/节点(K)/对象(O)]:                      //0,0 Enter
输入下一个点或 [起点切向(T)/公差(L)]:                          //1726,-88 Enter
输入下一个点或 [端点相切(T)/公差(L)/放弃(U)]:                  //2955,-294 Enter
输入下一个点或 [端点相切(T)/公差(L)/放弃(U)/闭合(C)]:          //4247,-775 Enter
输入下一个点或 [端点相切(T)/公差(L)/放弃(U)/闭合(C)]:          //5054,-957 Enter
输入下一个点或 [端点相切(T)/公差(L)/放弃(U)/闭合(C)]:          //6142,-1028 Enter
输入下一个点或 [端点相切(T)/公差(L)/放弃(U)/闭合(C)]:          //7625,-1105 Enter
输入下一个点或 [端点相切(T)/公差(L)/放弃(U)/闭合(C)]:          //10028,-1124 Enter
输入下一个点或 [端点相切(T)/公差(L)/放弃(U)/闭合(C)]:          //12190,-888 Enter
输入下一个点或 [端点相切(T)/公差(L)/放弃(U)/闭合(C)]:          //13754,-617 Enter
输入下一个点或 [端点相切(T)/公差(L)/放弃(U)/闭合(C)]:          //15067,-340 Enter
输入下一个点或 [端点相切(T)/公差(L)/放弃(U)/闭合(C)]:          //16361,-203 Enter
输入下一个点或 [端点相切(T)/公差(L)/放弃(U)/闭合(C)]:          //18474,-98 Enter
输入下一个点或 [端点相切(T)/公差(L)/放弃(U)/闭合(C)]:          //Enter，如图 3-37 所示
```

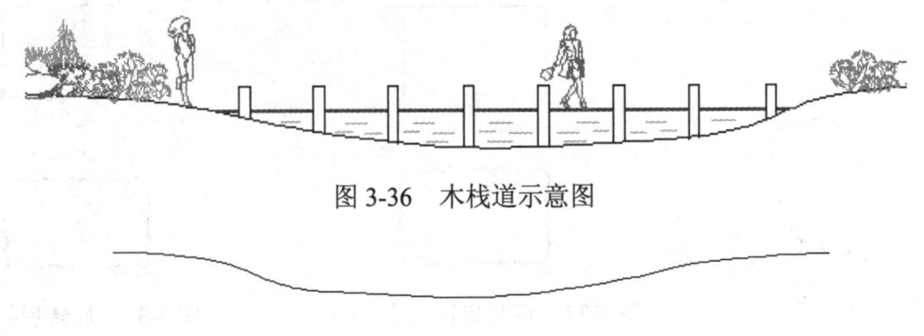

图 3-36　木栈道示意图

图 3-37　绘制结果

选项解析

- “对象”选项用于把样条曲线拟合的多段线转变为样条曲线。激活此选项后，如果用户选择的是没有经过“编辑多段线”命令拟合的多段线，系统无法转换选定的对象。
- “闭合”选项用于绘制闭合的样条曲线。激活此选项后，AutoCAD 将使样条曲线的起点和终点重合，并且共享相同的顶点和切向，此时系统只提示一次让用户给定切向点。
- “方式”选项用于设置样条曲线的创建方式，即使用拟合点或控制点，两种方式下样条曲线的夹点效果如图 3-38 所示。

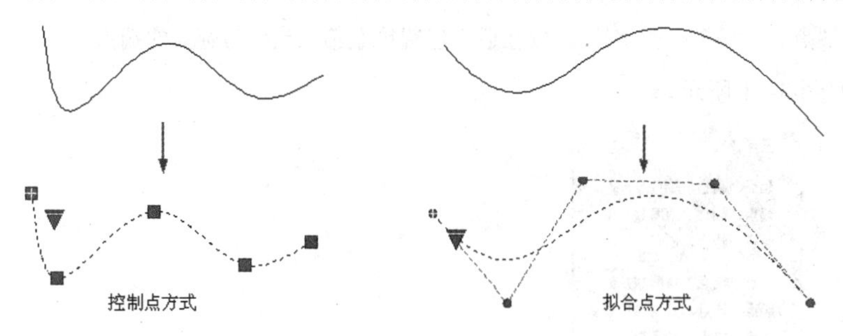

图 3-38　两种方式示例

- “公差”选项主要用来控制样条曲线对数据点的接近程度。公差的大小直接影响到当前图形，公差越小，样条曲线越接近数据点。

如果公差为 0，则样条曲线通过拟合点；输入大于 0 的公差将使样条曲线在指定的公差范围内通过拟合点，如图 3-39 所示。

公差为 0　　　　公差为 15

图 3-39　公差

3.2.6 绘制圆弧

AutoCAD 为用户提供了十一种画弧方式，如图 3-40 所示。执行“圆弧”命令主要有以下几种方式：

- 菜单栏：单击菜单“绘图”/“圆弧”级联菜单中的各选项命令。
- 工具栏：单击“绘图”工具栏上的按钮。
- 命令行：在命令行输入 Arc 后按 Enter 键。
- 快捷键：在命令行输入 A 后按 Enter 键。
- 功能区：单击“默认”选项卡/“绘图”面板上的按钮。

1. “三点”方式画弧

所谓“三点画弧”，指的是直接拾取三个点即可定位出圆弧，所拾取的第一点和第三个点被作为弧的起点和端点。此种方式是系统默认的一种画弧方式。

【例题 9】 三点画弧。

步骤 01　新建空白文件。

步骤 02　单击“绘图”工具栏上的按钮，执行“圆弧”命令，使用系统默认方式进行画弧。命令行操作如下：

```
命令: _arc
指定圆弧的起点或 [圆心(C)]:      //拾取一点作为圆弧的起点
指定圆弧的第二个点或 [圆心(C)/端点(E)]:
                                 //在适当位置拾取圆弧上的第二点
```

```
指定圆弧的端点：                    //在适当位置拾取第三点作为圆弧的端点
```

步骤 03　绘制结果如图 3-41 所示。

图 3-40　画弧菜单

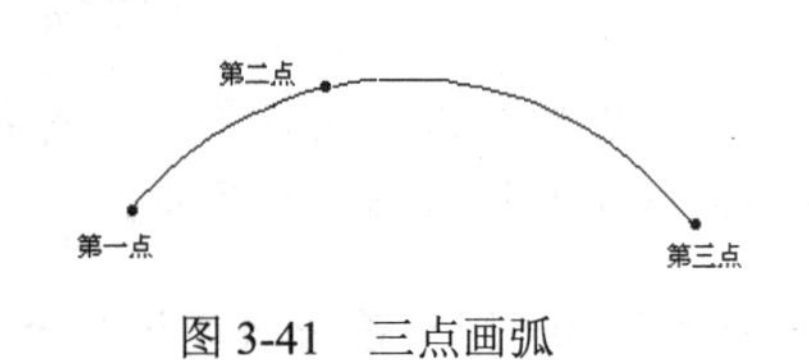

图 3-41　三点画弧

2. “起点圆心”方式画弧

此种画弧方式又分为“起点、圆心、端点”、“起点、圆心、角度”和“起点、圆心、长度”三种方式。当用户确定出圆弧的起点和圆心，只需要再给出圆弧的端点，或角度、弧长等参数，即可精确画弧。

【例题 10】　“起点圆心”方式画弧。

步骤 01　新建空白文件。

步骤 02　单击“绘图”工具栏上的按钮，执行“圆弧”命令，使用“起点、圆心、端点”画弧方式进行画弧。命令行操作如下：

```
命令：_arc
指定圆弧的起点或 [圆心(C)]:                //在绘图区拾取一点作为圆弧的起点
指定圆弧的第二个点或 [圆心(C)/端点(E)]:    //c Enter，执行“圆心”选项
指定圆弧的圆心:                            //在适当位置拾取一点作为圆弧的圆心
指定圆弧的端点或 [角度(A)/弦长(L)]:        //拾取一点作为圆弧的端点
```

步骤 03　绘制结果如图 3-42 所示。

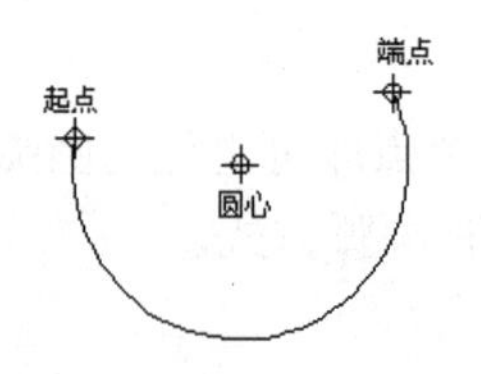

图 3-42　起点圆心画弧

当用户指定了圆弧的起点和圆心后，可直接输入圆弧的包含角或圆弧的弦长，也可精确绘制圆弧，如图 3-43 所示。

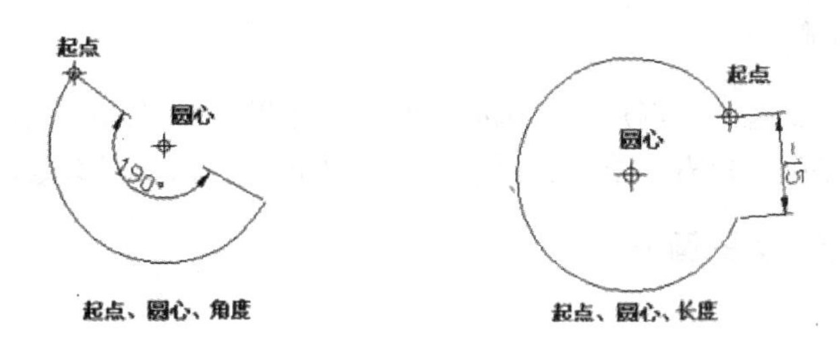

图 3-43 另外两种画弧方式

3. “起点端点”方式画弧

此种画弧方式又可分为“起点、端点、角度”、“起点、端点、方向”和“起点、端点、半径”三种方式。当用户定位出弧的起点和端点后，只需再确定弧的角度、半径或方向，即可精确画弧。

【例题 11】 “起点端点”方式画弧。

步骤01 新建空白文件。

步骤02 单击“绘图”工具栏上的按钮，执行“圆弧”命令，使用“起点、端点”画弧方式进行画弧。命令行操作如下：

```
命令: _arc
指定圆弧的起点或 [圆心(C)]:                          //定位弧的起点
指定圆弧的第二个点或 [圆心(C)/端点(E)]: _e
指定圆弧的端点:                                      //定位弧的端点
指定圆弧的圆心或 [角度(A)/方向(D)/半径(R)]: _a 指定包含角:
                                                     //输入 190 Enter，定位弧的角度
```

步骤03 绘制结果如图 3-44 所示。

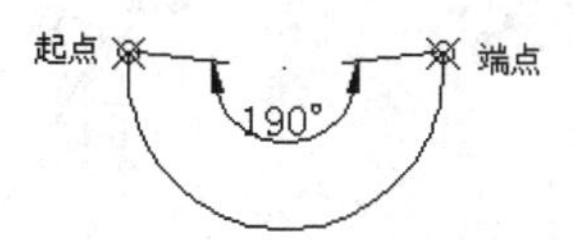

图 3-44 绘制结果

如果用户输入的角度为正值，系统将按逆时针方向绘制圆弧；反之将按顺时针方向绘制圆弧。另外，当用户指定了圆弧的起点和端点后，可直接输入圆弧的半径或起点切向，也可精确绘制圆弧，如图 3-45 所示。

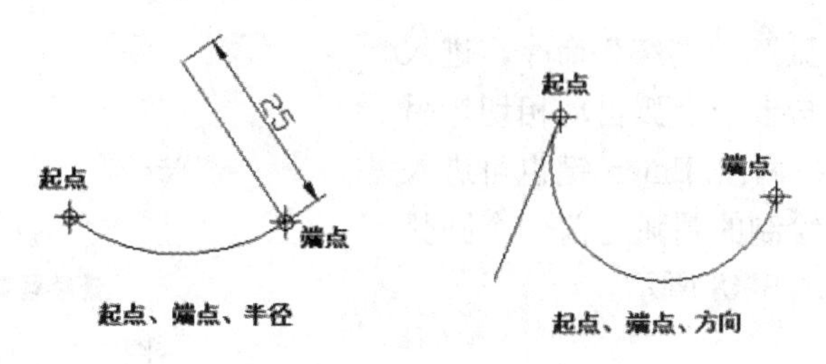

图 3-45 另外两种画弧方式

4. “圆心起点”方式画弧

此种画弧方式分为“圆心、起点、端点”、“圆心、起点、角度”和“圆心、起点、长度”三种。当用户确定了圆弧的圆心和起点后，只需再给出圆弧的端点，或角度、弧长等参数，即可精确绘制圆弧。

【例题 12】 “圆心起点”方式画弧。

步骤01 新建空白文件。

步骤02 单击“绘图”工具栏上的按钮，执行“圆弧”命令，使用“圆心、起点”方式进行画弧。命令行操作如下：

```
命令: _arc
指定圆弧的起点或 [圆心(C)]: _c 指定圆弧的圆心:          //拾取一点作为弧的圆心
指定圆弧的起点:                                        //拾取一点作为弧的起点
指定圆弧的端点或 [角度(A)/弦长(L)]:                     //拾取一点作为弧的端点
```

步骤03 绘制结果如图 3-46 所示。

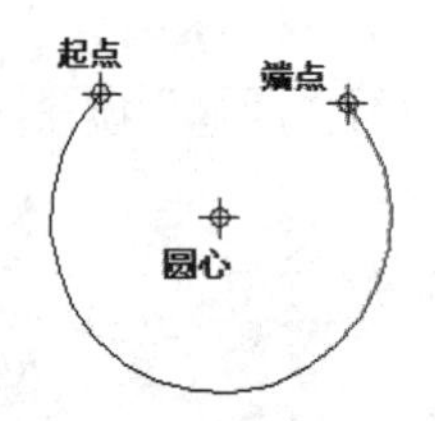

图 3-46　绘制结果

当用户给定了圆弧的圆心和起点后，可以输入圆弧的圆心角或弦长，也可精确绘制圆弧，如图 3-47 所示。

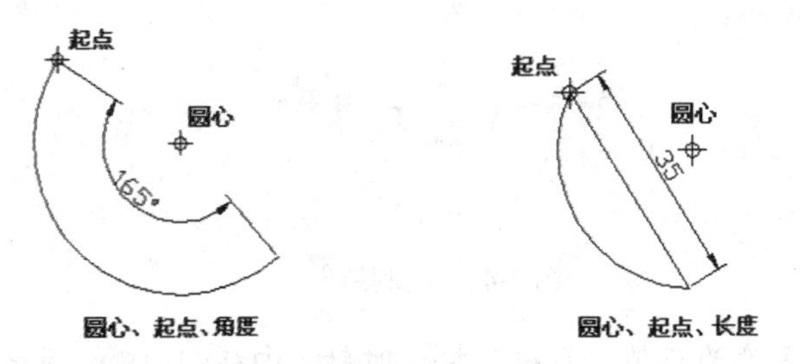

图 3-47　圆心、起点方式画弧

5. “连续”圆弧

单击菜单“绘图”/“圆弧”/“继续”命令，进入连续画弧状态，绘制的圆弧与上一个弧自动相切。另外在结束画弧命令后，连续按两次 Enter 键也可进入“相切圆弧”绘制模式，所绘制的圆弧与前一个圆弧的终点连接并与之相切，如图 3-48 所示。

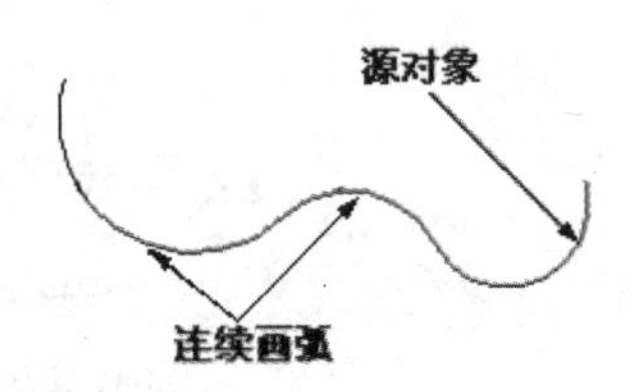

图 3-48　连续画弧方式

另外，当用户结束“直线”命令结束后，使用“继续”画弧命令所绘制的圆弧将与直线相切，如图 3-49 所示。

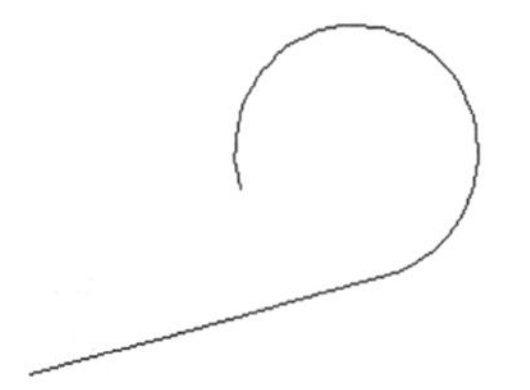

图 3-49　绘制相切弧

3.2.7　绘制椭圆弧

椭圆弧也是一种基本的构图元素，它除了包含中心点、长轴和短轴等几何特征外，还具有角度特征。执行“椭圆弧”命令主要有以下几种方式：

- 菜单栏：单击菜单“绘图”/“椭圆弧”命令。
- 工具栏：单击“绘图”工具栏上的按钮。
- 功能区：单击“默认”选项卡/“绘图”面板上的按钮。

【例题 13】　绘制如图 3-50 所示的椭圆弧。

步骤 01　新建空白文件。

步骤 02　单击“绘图”工具栏上的按钮，执行“椭圆”命令，绘制椭圆弧。命令行操作如下：

```
命令: _ellipse
指定椭圆的轴端点或 [圆弧(A)/中心点(C)]:        //A Enter
指定椭圆弧的轴端点或 [中心点(C)]:              //拾取一点，定位弧端点
指定轴的另一个端点:                            //@120,0 Enter，定位长轴
指定另一条半轴长度或 [旋转(R)]:                //30 Enter，定位短轴
指定起始角度或 [参数(P)]:                      //90 Enter，定位起始角度
指定终止角度或 [参数(P)/包含角度(I)]:          //180 Enter，结果如图 3-50 所示
```

椭圆弧的角度就是终止角和起始角度的差值。另外，用户也可以使用“包含角”选项功能，直接输入椭圆弧的角度。

步骤 03　绘制结果如图 3-50 所示。

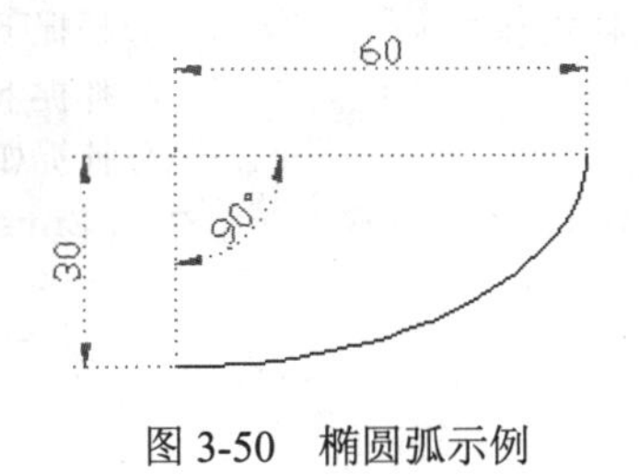

图 3-50　椭圆弧示例

3.3　综合范例——绘制客房简易吊顶图

本例通过绘制某客房的简易吊顶平面图，主要对点、等分点以及线图元等重点知识进行综合练习和巩固应用。本例最终绘制效果如图 3-51 所示。

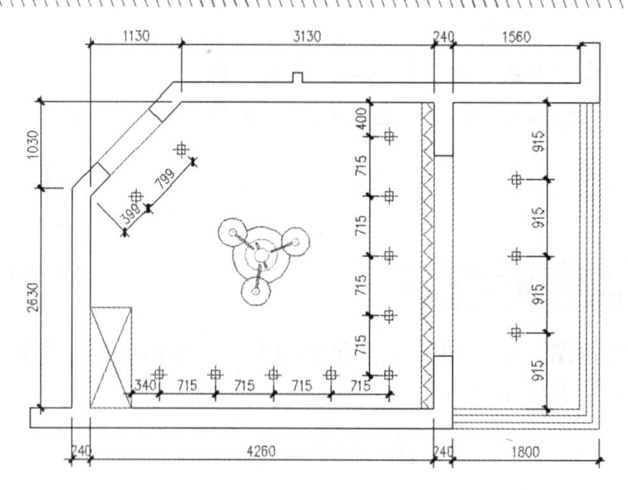

图 3-51　实例效果

操作步骤：

步骤 01　单击“快速访问”工具栏上的按钮，打开随书光盘“\素材文件\3-1.dwg”，如图 3-52 所示。

步骤 02　按下 F3 功能键，打开“对象捕捉”功能，并设置捕捉模式为端点、中点和交点捕捉。

步骤 03　单击菜单“绘图”/“多线”命令，配合“端点捕捉”功能绘制宽度为 240 的主墙线。命令行操作如下：

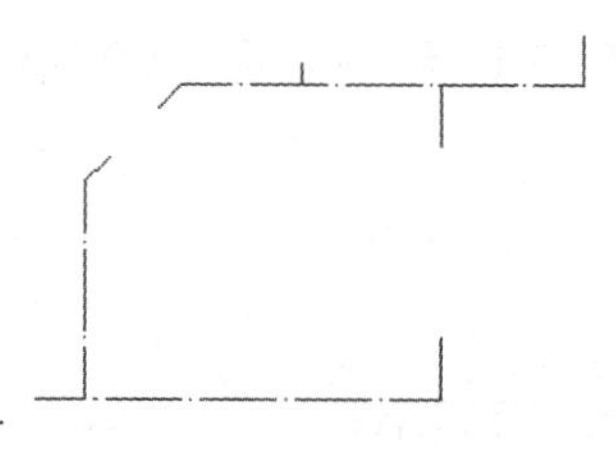

图 3-52　打开结果

```
命令： _mline
当前设置：对正 = 上，比例 = 20.00，样式 = 墙线样式
指定起点或 [对正(J)/比例(S)/样式(ST)]:            //j Enter
输入对正类型 [上(T)/无(Z)/下(B)] <上>:            //z Enter
当前设置：对正 = 无，比例 = 20.00，样式 = 墙线样式
指定起点或 [对正(J)/比例(S)/样式(ST)]:            //s Enter
输入多线比例 <20.00>:                              //240 Enter
当前设置：对正 = 无，比例 = 240.00，样式 = 墙线样式
指定起点或 [对正(J)/比例(S)/样式(ST)]:            //捕捉下侧水平轴线的左端点
指定下一点:                                        //捕捉下侧水平轴线的右端点
指定下一点或 [放弃(U)]:                            //捕捉如图 3-53 所示的端点
指定下一点或 [闭合(C)/放弃(U)]:                    // Enter，绘制结果如图 3-54 所示
```

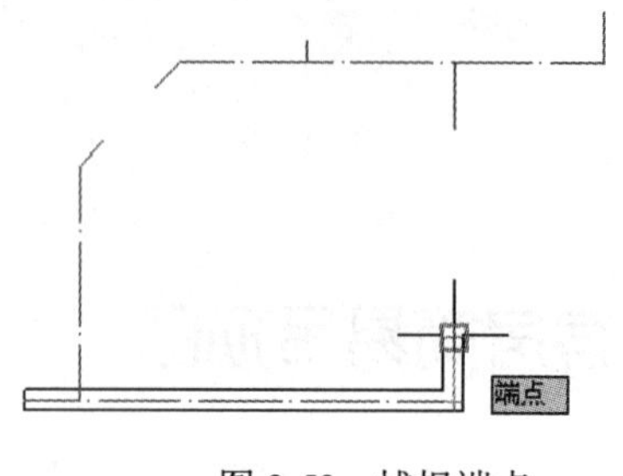

图 3-53　捕捉端点

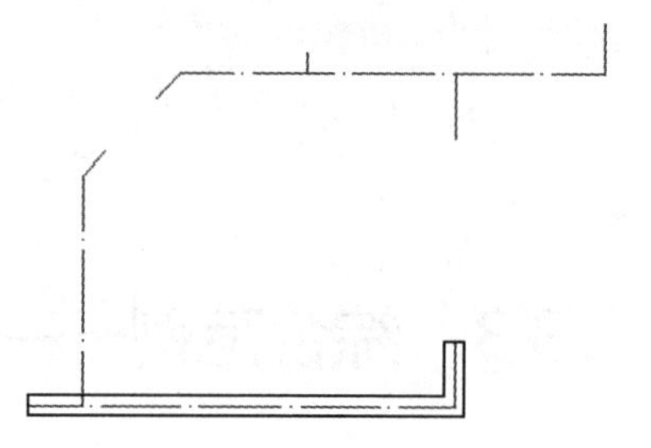

图 3-54　绘制结果

步骤 04　重复执行“多线”命令，按照当前的参数设置，配合“端点捕捉”功能绘制其他位置的主墙线，绘制结果如图 3-55 所示。

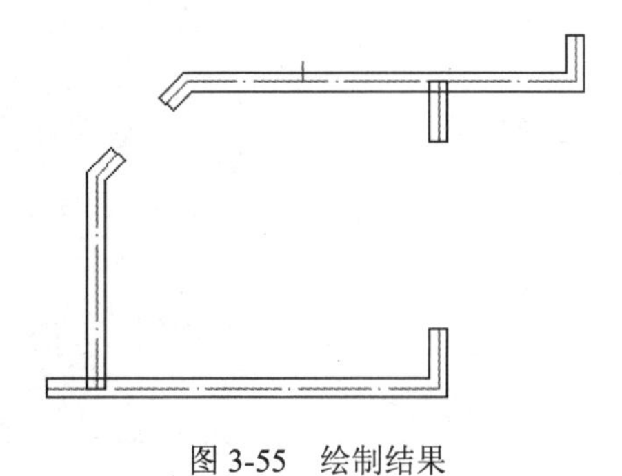

图 3-55　绘制结果

步骤 05　重复执行“多线”命令，配合“端点捕捉”功能绘制宽度为 120 的次墙线。命令行操作如下：

```
命令： _mline
当前设置：对正 = 无，比例 = 240.00，样式 = 墙线样式
指定起点或 [对正(J)/比例(S)/样式(ST)]:        //s Enter
输入多线比例 <240.00>:                        //120 Enter
当前设置：对正 = 无，比例 = 120.00，样式 = 墙线样式
指定起点或 [对正(J)/比例(S)/样式(ST)]:        //捕捉如图 3-56 所示的端点
指定下一点:                                   //捕捉如图 3-57 所示的端点
指定下一点或 [放弃(U)]:                       // Enter，结束命令，绘制结果如图 3-58 所示
```

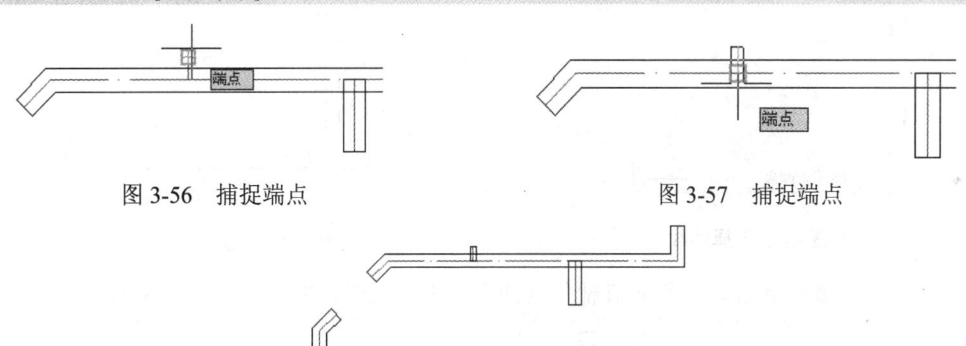

图 3-56　捕捉端点　　　　图 3-57　捕捉端点

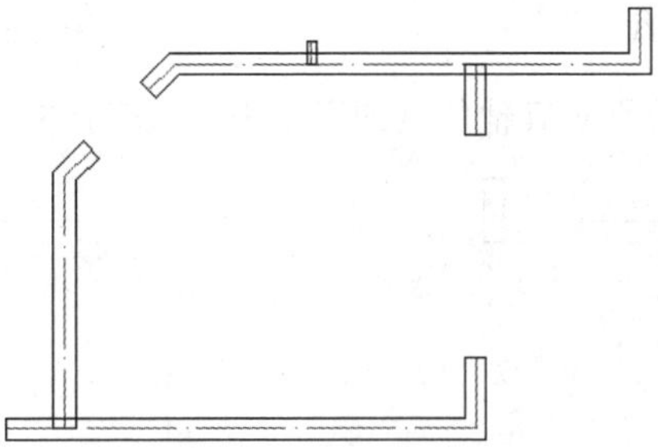

图 3-58　绘制结果

步骤 06　展开“图层控制”下拉列表，关闭“轴线层”，此时图形的显示结果如图 3-59 所示。

步骤 07　在绘制的多线上双击，在打开的“多线编辑工具”对话框中选择如图 3-60 所示的工具。

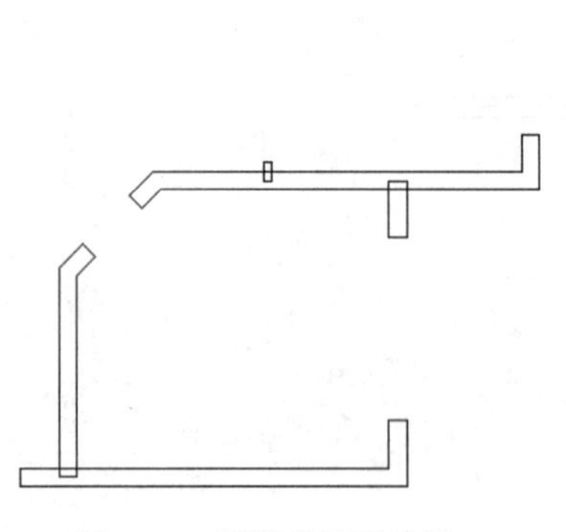

图 3-59　图形的显示结果

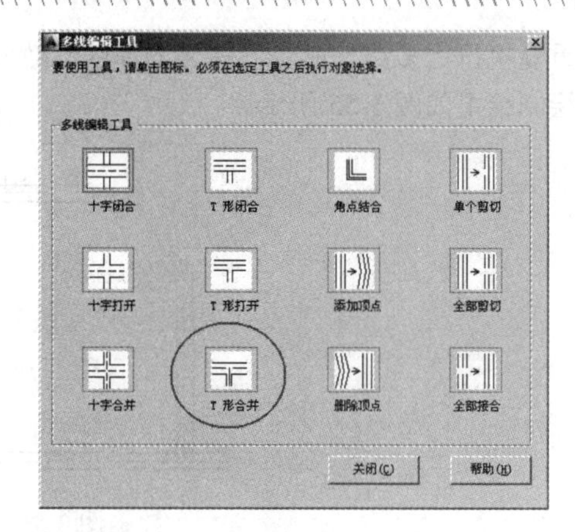

图 3-60　“多线编辑工具”对话框

步骤 08　接下来返回绘图区，根据命令行的操作提示对墙线进行编辑。命令行操作如下：

```
命令: _mledit
选择第一条多线:                        //选择如图 3-61 所示的墙线
选择第二条多线:                        //选择如图 3-62 所示的墙线
选择第一条多线 或 [放弃(U)]:           // Enter，结束命令，编辑结果如图 3-63 所示
```

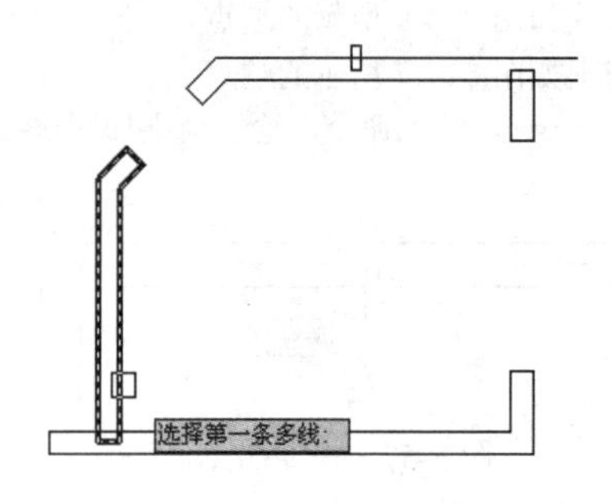

图 3-61　选择墙线

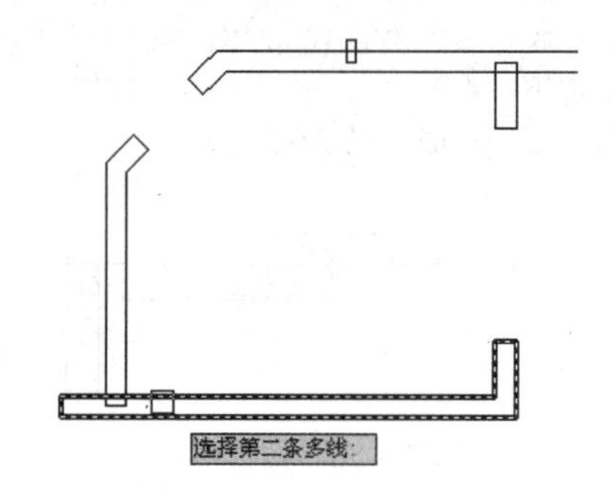

图 3-62　选择水平墙线

步骤 09　重复执行上一操作步骤，分别对其他位置的墙线进行编辑合并，结果如科 3-64 所示。

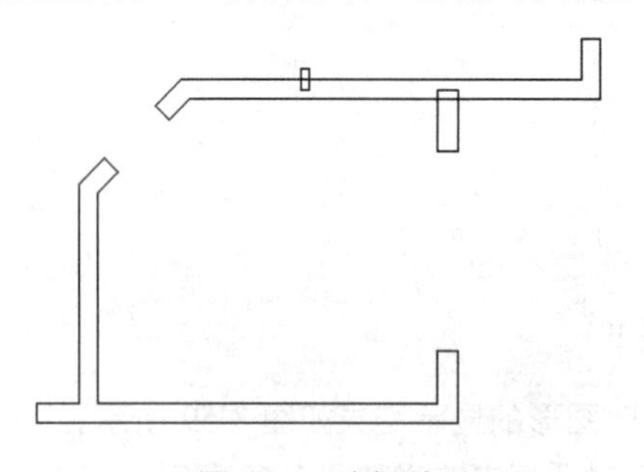

图 3-63　编辑结果

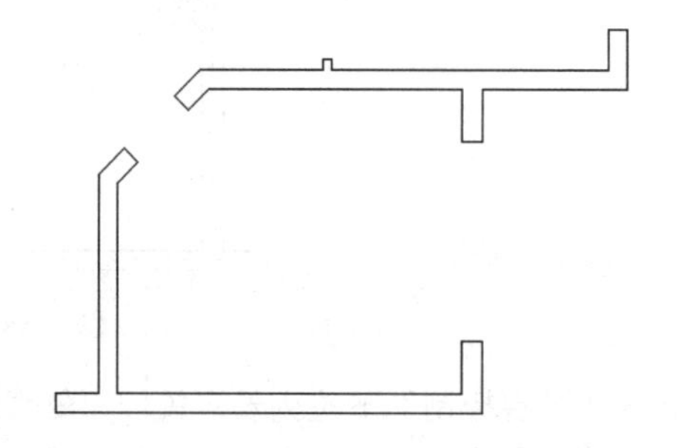

图 3-64　编辑其他墙线

步骤 10　单击菜单“格式”/“多线样式”命令，新建一种名为“窗线样式”的新样式，参数设置如图 3-65 所示，并将其设置为当前样式，结果如图 3-66 所示。

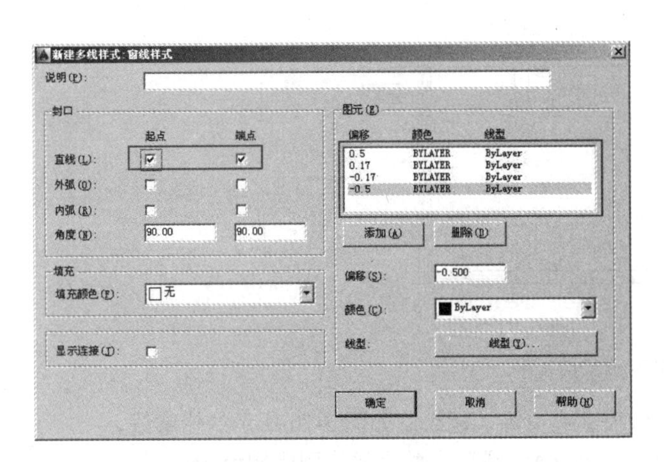

图 3-65　设置参数

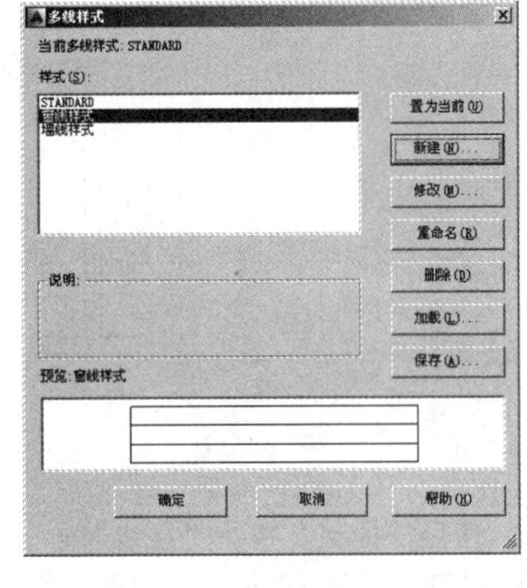

图 3-66　将新样式设置为当前样式

步骤 11 单击菜单“绘图”/“多线”命令，配合“极轴追踪”和“对象捕捉追踪”等功能绘制阳台位置的窗线。命令行操作如下：

```
命令: _mline
当前设置: 对正 = 无，比例 = 120.00，样式 = 窗线样式
指定起点或 [对正(J)/比例(S)/样式(ST)]:        //s Enter
输入多线比例 <120.00>:                       //240 Enter
当前设置: 对正 = 无，比例 = 240.00，样式 = 窗线样式
指定起点或 [对正(J)/比例(S)/样式(ST)]:        //j Enter
输入对正类型 [上(T)/无(Z)/下(B)] <无>:       //B Enter
当前设置: 对正 = 下，比例 = 240.00，样式 = 窗线样式
指定起点或 [对正(J)/比例(S)/样式(ST)]:        //捕捉如图 3-67 所示的端点
指定下一点:                                  //捕捉水平极轴矢量和垂直对象追踪矢量的交点，如
图 3-68 所示
指定下一点或 [放弃(U)]:                      //捕捉如图 3-69 所示的端点
指定下一点或 [闭合(C)/放弃(U)]:              // Enter，结束命令
```

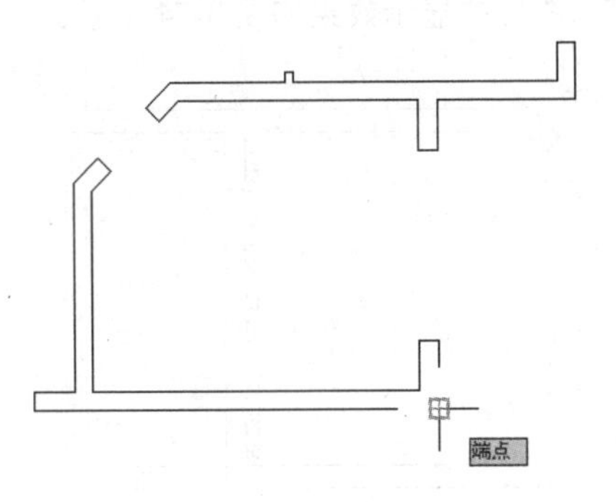

图 3-67　捕捉端点

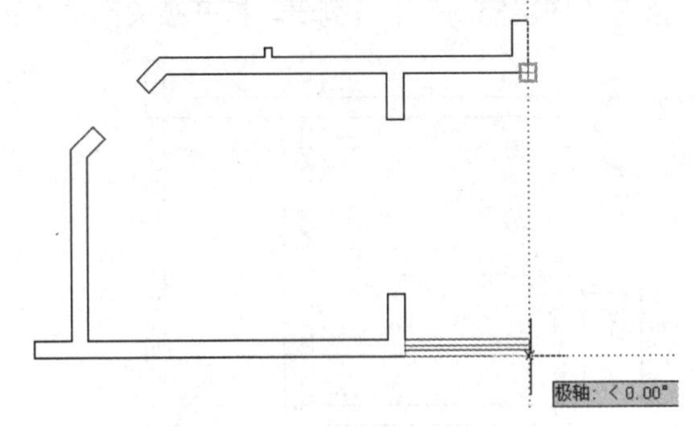

图 3-68　捕捉追踪矢量的交点

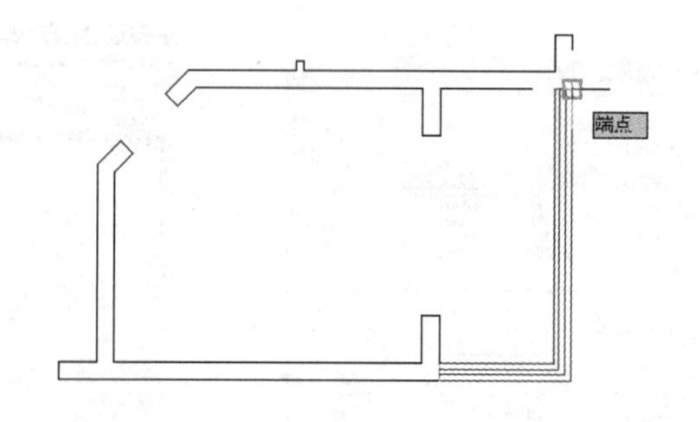

图 3-69　捕捉端点

步骤 12　使用快捷键 L 执行“直线”命令，配合捕捉或追踪功能绘制如图 3-70 所示的轮廓线。

步骤 13　使用快捷键 LT 执行“线型”命令，加载 ZIGZAG 线型，并设置线型比例为 250。

步骤 14　在无命令执行的前提下夹点显示如图 3-71 所示的窗帘轮廓线，然后分别展开“颜色控制”和“线型控制”下拉列表，修改其图线颜色为“洋红”，修改图线的线型为刚加载的线型，修改后的效果如图 3-72 所示。

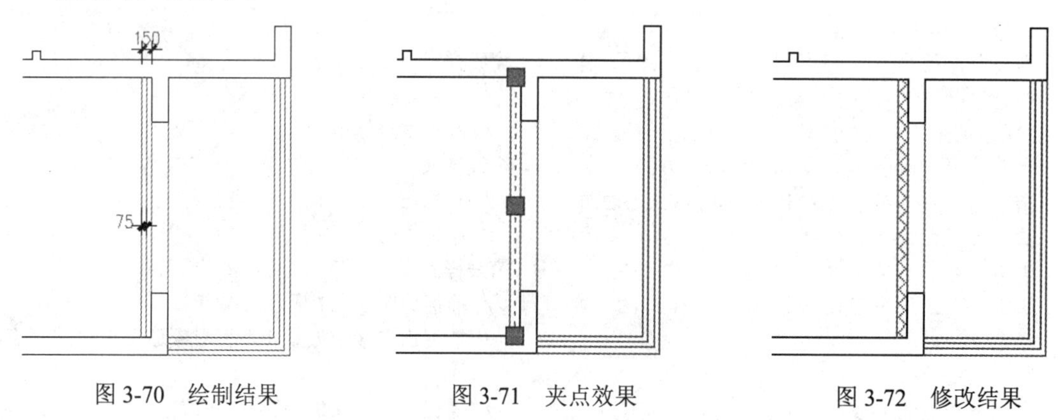

图 3-70　绘制结果　　图 3-71　夹点效果　　图 3-72　修改结果

步骤 15　使用快捷键 PL 执行“多段线”命令，配合捕捉与追踪功能绘制如图 3-73 所示的柜子示意图。

步骤 16　展开“图层控制”下拉列表，打开被关闭的“图块层”，图形的显示效果如图 3-74 所示。

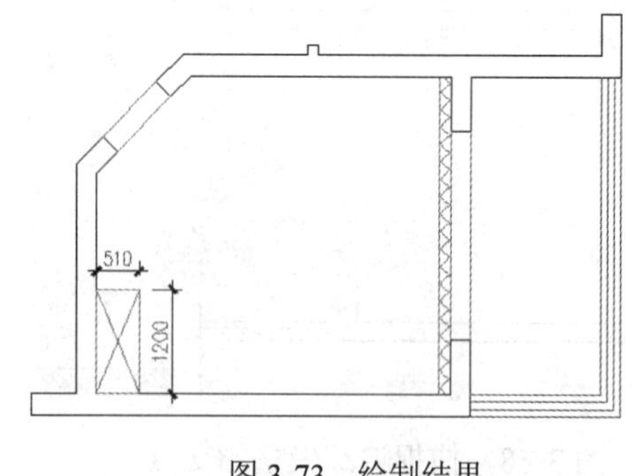

图 3-73　绘制结果

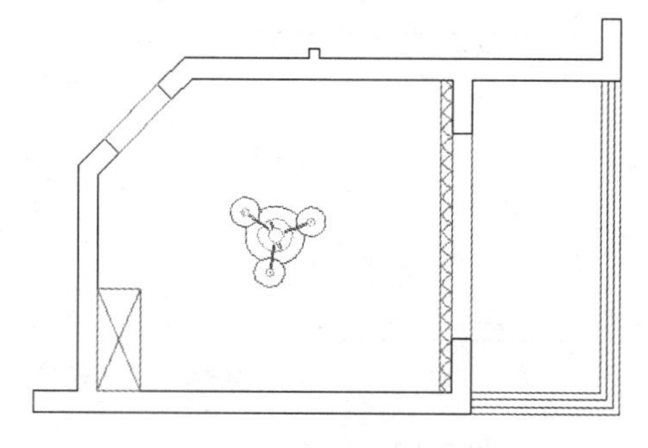

图 3-74　操作结果

步骤 17　执行“点样式”命令，在打开的“点样式”对话框中，设置当前点的样式和点的大小，如图 3-75 所示。

步骤 18　展开“颜色控制”下拉列表，设置当前颜色为“洋红”。

步骤 19　使用快捷键“L”执行“直线”命令，绘制如图 3-76 所示的四条直线，作为辅助线。

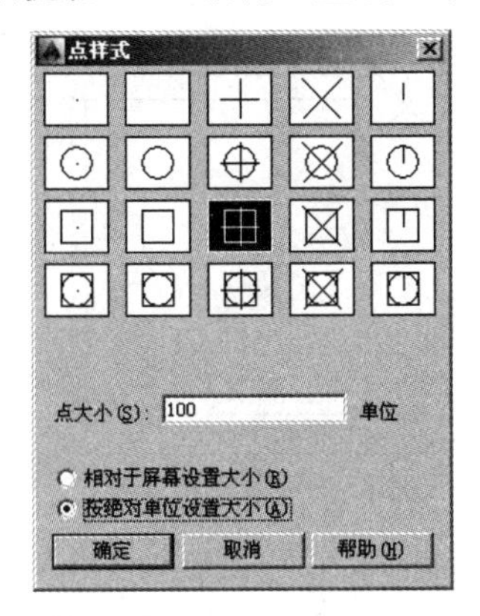

图 3-75　设置点样式及点大小

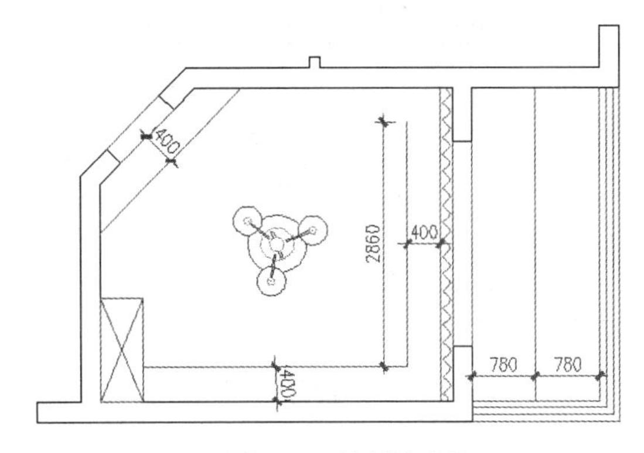

图 3-76　绘制辅助线

步骤 20　单击菜单“绘图”/“点”/“定数等分”命令，为灯具定位线进行等分，在等分点处放置点标记，代表筒灯，命令行操作如下：

```
命令: _divide
选择要定数等分的对象:            //选择左上侧的倾斜辅助线
输入线段数目或 [块(B)]:          //3 Enter，设置等分数目
命令: DIVIDE                     //重复执行命令
选择要定数等分的对象:            //选择右侧的垂直辅助线
输入线段数目或 [块(B)]:          //4 Enter，设置等分数目，等分结果如图 3-77 所示
```

步骤 21　单击菜单“绘图”/“点”/“定距等分”命令，为垂直定位线和水平定位线进行等分，命令行操作如下：

```
命令: _measure
选择要定距等分的对象:            //在如图 3-78 所示的位置单击
指定线段长度或 [块(B)]:          //715 Enter
```

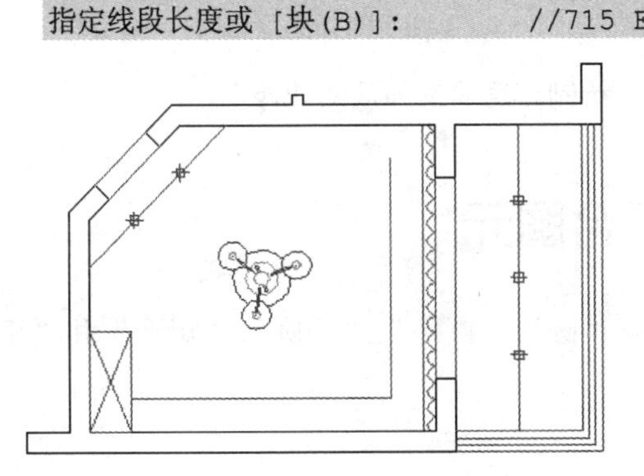

图 3-77　定数等分结果

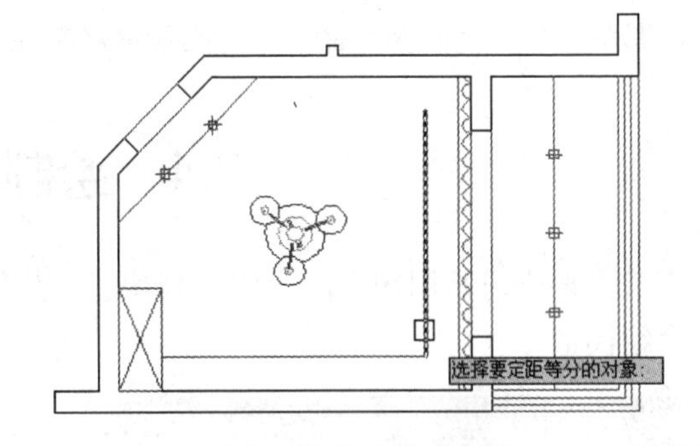

图 3-78　指定单击位置

使用点标记作为吊顶的辅助灯具，是一种非常常用的操作技巧。这种操作技巧通过需要配合点的等分工具以及点的绘制工具等。

```
命令: MEASURE                    // Enter
选择要定距等分的对象:            //在如图 3-79 所示的位置单击
```

指定线段长度或 [块(B)]:　　　　//715 Enter，等分结果如图 3-80 所示

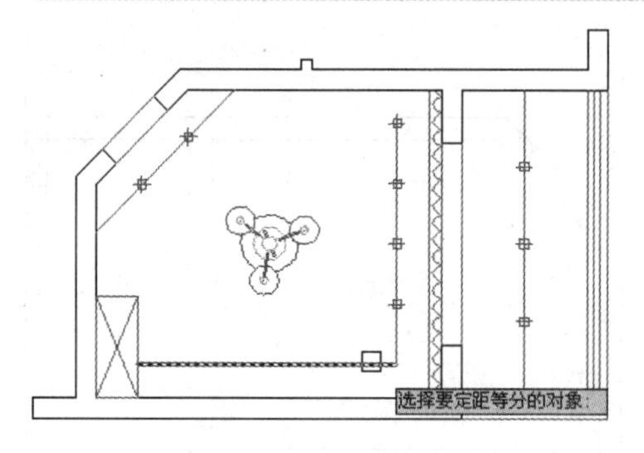

图 3-79　指定单击位置

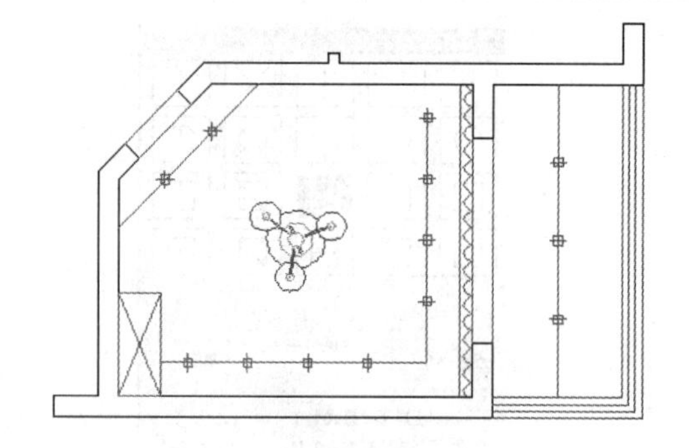

图 3-80　等分结果

在进行定距等分选取对象时，鼠标靠近哪一端单击，那么系统就从哪一端开始等距离等分。所以鼠标单击对象的位置，决定了等分点的放置次序。

步骤 22　单击菜单“绘图”/“点”/“单点”命令，在两条辅助线的交点处绘制点，结果如图 3-81 所示。

步骤 23　使用快捷键 E 执行“删除”命令，删除四条定位辅助线，结果如图 3-82 所示。

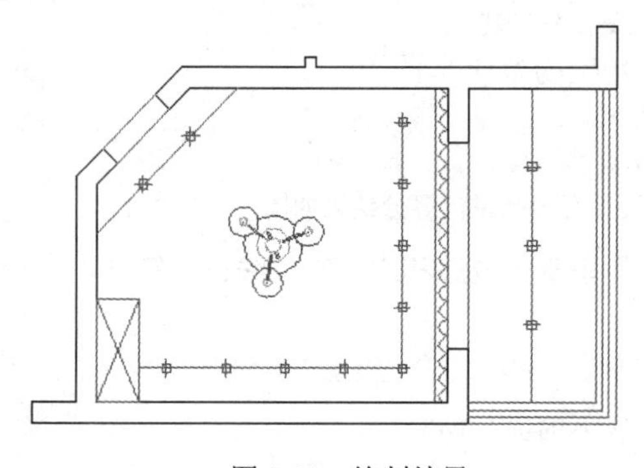

图 3-81　绘制结果

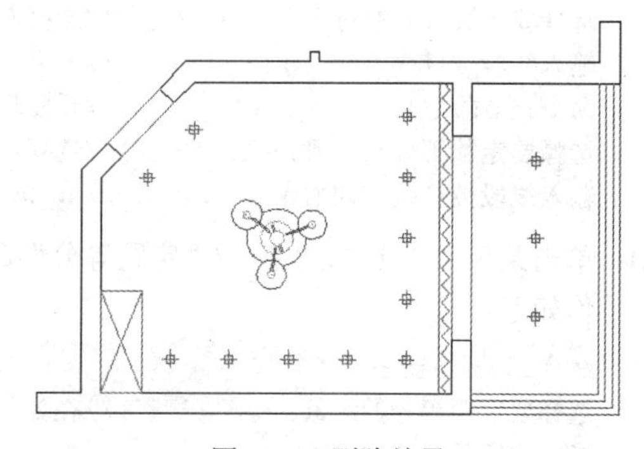

图 3-82　删除结果

步骤 24　最后执行“另存为”命令，将图形命名存储为“绘制客房简易吊顶图.dwg”。

3.4　绘制闭合图元

本小节主要学习常用闭合图元的绘制功能，具体有“圆”、“圆环”、“椭圆”、“矩形”和“正多边形”五个绘图命令。

3.4.1　绘制圆

AutoCAD 共为用户提供了六种画圆方式，如图 3-83 所示。执行“圆”命令主要有以下几种方式：

- 菜单栏：单击菜单“绘图”/“圆”级联菜单中的各种命令。
- 工具栏：单击“绘图”工具栏上的⊙按钮。
- 命令行：在命令行输入“Circle”后按 Enter 键。
- 快捷键：在命令行输入“C”后按 Enter 键。

- 功能区：单击“默认”选项卡/“绘图”面板上的按钮。

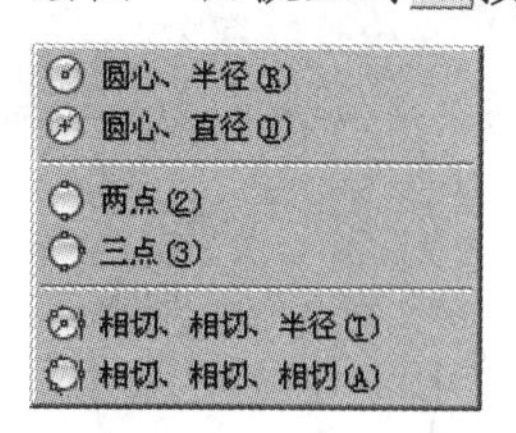

图 3-83　六种画圆方式

1. 半径或直径画圆

“半径画圆”和“直径画圆”是两种基本的画圆方式，默认方式为“半径画圆”。当定位出圆心之后，只需输入圆的半径或直径，即可精确画圆。

【例题 14】 半径画圆。

步骤 01　新建空白文件。

步骤 02　单击“绘图”工具栏上的按钮，执行“圆”命令，绘制半径为 100 的圆。命令行操作如下：

```
命令：_circle
指定圆的圆心或 [三点(3P)/两点(2P)/切点、切点、半径(T)]:
                                //在绘图区拾取一点作为圆的圆心
指定圆的半径或 [直径(D)]:       //100 Enter，输入半径
```

激活“直径”选项，即可进行直径方式画圆。

步骤 03　绘制结果如图 3-84 所示。

2. 两点或三点画圆

“两点画圆”和“三点画圆”指的是定位出两点或三点，即可精确画圆。所给定的两点被看作圆直径的两个端点，所给定的三点都位于圆周上.

【例题 15】 两点画圆与三点画圆。

步骤 01　新建空白文件。

步骤 02　单击菜单“绘图”/“圆”/“两点”命令，根据 AutoCAD 命令行的提示进行两点画圆。命令行操作如下：

```
命令：_circle
指定圆的圆心或 [三点(3P)/两点(2P)/切点、切点、半径(T) ]: //2p
指定圆直径的第一个端点:          //取一点 A 作为直径的第一个端点
指定圆直径的第二个端点:          //拾取另一点 B 作为直径的第二个端点，绘制结果如图 3-85 所示
```

步骤 03　重复“圆”命令，然后根据 AutoCAD 命令行的提示进行三点画圆。命令行操作如下：

```
命令：_circle
指定圆的圆心或 [三点(3P)/两点(2P)/切点、切点、半径(T)]:
//3P Enter，执行“三点”选项
```

```
指定圆上的第一个点:                //拾取点 1
指定圆上的第二个点:                //拾取点 2
指定圆上的第三个点:                //拾取点 3，绘制结果如图 3-86 所示
```

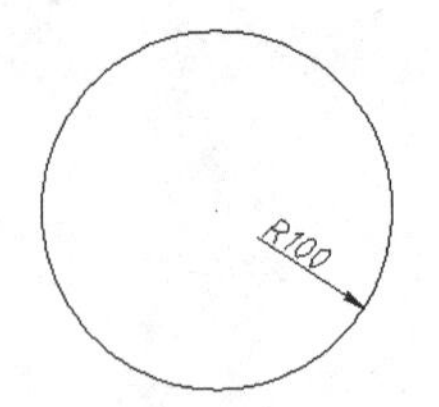

图 3-84　“半径画圆”示例

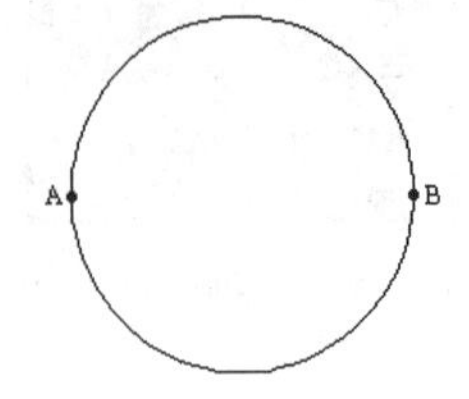

图 3-85　定点画圆

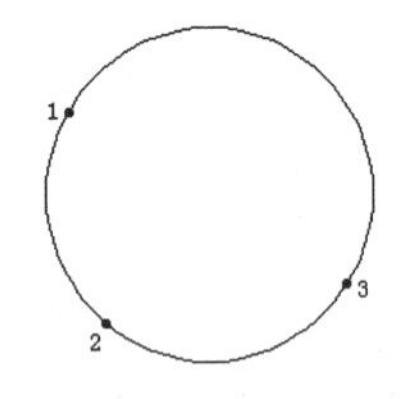

图 3-86　三点画圆

3. 画相切圆

AutoCAD 为用户提供了两种画相切圆的方式，即“相切、相切、半径”和“相切、相切、相切”。前一种相切方式是分别拾取两个相切对象后，再输入相切圆的半径，后一种相切方式是直接拾取三个相切对象，系统自动定位相切圆的位置和大小。

【例题 16】 绘制相切圆。

步骤 01　新建文件并绘制如图 3-87 所示的圆和直线。

步骤 02　单击“绘图”工具栏上的⊙按钮，根据命令行提示绘制与直线和已知圆都相切的圆。操作如下：

```
命令: _circle
指定圆的圆心或 [三点(3P)/两点(2P)/切点、切点、半径(T)]:
// T Enter，执行“切点、切点、半径”选项_
指定对象与圆的第一个切点:            //在直线下端单击，拾取第一个相切对象
指定对象与圆的第二个切点:            //在圆下侧边缘上单击，拾取第二个相切对象
指定圆的半径 <56.0000>:             //100 Enter，给定相切圆半径，结果如图 3-88 所示
```

步骤 03　单击菜单“绘图”/“圆”/“相切、相切、相切”命令，绘制与三个已知对象都相切的圆。命令行操作如下：

```
命令: _circle
指定圆的圆心或 [三点(3P)/两点(2P)/相切、相切、半径(T)]: //3p
指定圆上的第一个点: _tan 到          //拾取直线作为第一相切对象
指定圆上的第二个点: _tan 到          //拾取小圆作为第二相切对象
指定圆上的第三个点: _tan 到          //拾取大圆作为第三相切对象，结果如图 3-89 所示
```

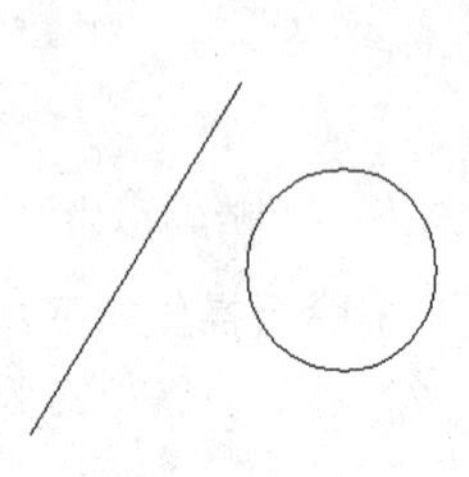
图 3-87　绘制结果

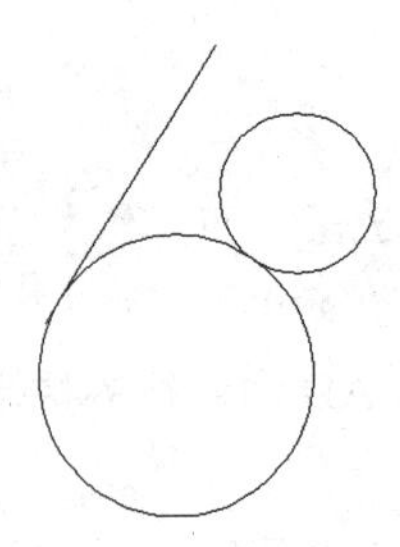
图 3-88　相切、相切、半径

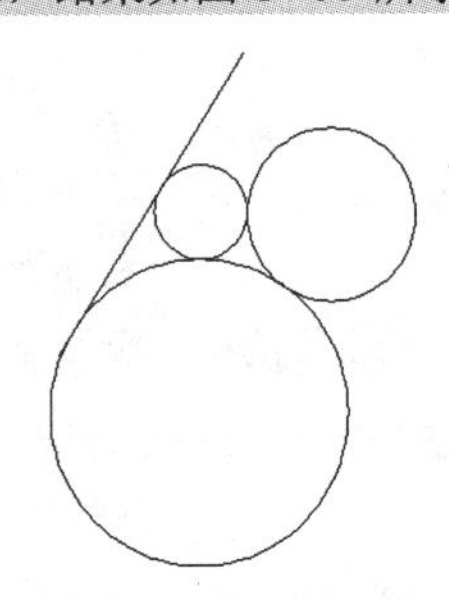
图 3-89　绘制结果

在拾取相切对象时，系统会自动在距离光标最近的对象上显示出一个相切符号，此时单击即可拾取该对象作为相切对象。另外光标拾取的位置不同，所绘制的相切圆位置也不同。

3.4.2 绘制圆环

“圆环”命令用于绘制填充圆环或实体填充圆，如图 3-90 所示。执行“圆环”命令主要有以下几种方式：

- 菜单栏：单击菜单“绘图”/“圆环”命令。
- 命令行：在命令行输入 Donut 后按 Enter 键。
- 快捷键：在命令行输入 DO 后按 Enter 键。
- 功能区：单击“默认”选项卡/“绘图”面板上的◎按钮。

【例题 17】 绘制圆环。

步骤 01　新建空白文件。

步骤 02　单击菜单“绘图”/“圆环”命令，绘制两个圆环。命令行操作如下：

```
命令： _donut
指定圆环的内径 <0.5000>:            //10 Enter
指定圆环的外径 <1.0000>:            //20 Enter
指定圆环的中心点或 <退出>:          //在绘图区拾取一点
指定圆环的中心点或 <退出>:          //在绘图区拾取一点
指定圆环的中心点或 <退出>:              // Enter，绘制结果如图 3-90 所示
```

图 3-90　绘制圆环

步骤 03　在系统默认设置下，所绘制的圆环是一个填充的圆环，用户也可以通过系统变量“Fill”设置圆环的填充模式，命令行操作如下：

```
命令：Fill                                //Enter
输入模式 [开(ON)/关(OFF)] <开>:           //Off Enter，即可关闭填充模式
```

步骤 04　在关闭填充模式后，执行“视图”菜单中的“重生成”命令，对刚绘制的填充圆环进行重新生成，结果如图 3-91 所示。

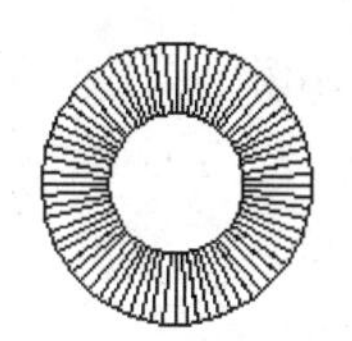
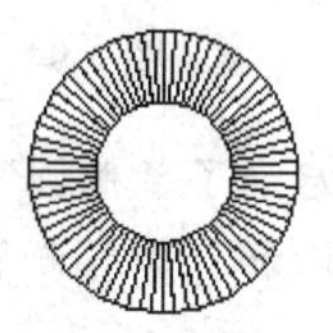

图 3-91　非填充圆环

3.4.3　绘制椭圆

“椭圆”是由两条不等的椭圆轴所控制的闭合曲线，包含中心点、长轴和短轴等几何特征，如图 3-92 所示。执行“椭圆”命令主要有以下几种方式：

- 菜单栏：单击菜单“绘图”/“椭圆”子菜单命令，如图 3-93 所示。
- 工具栏：单击“绘图”工具栏上的按钮。
- 命令行：在命令行输入 Ellipse 后按 Enter 键。
- 快捷键：在命令行输入 EL 后按 Enter 键。
- 功能区：单击“默认”选项卡/“绘图”面板上的按钮。

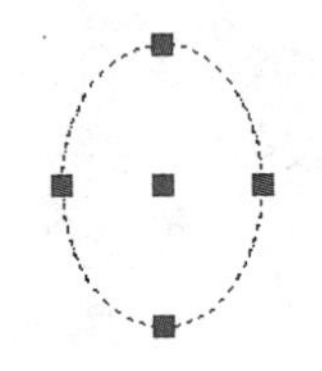

图 3-92　椭圆示例

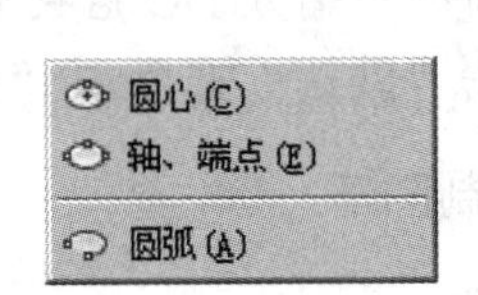

图 3-93　椭圆子菜单

1. “轴端点”方式画椭圆

所谓“轴端点”方式是用于指定一条轴的两个端点和另一半轴的长度，即可精确画椭圆。此方式是系统默认的绘制方式。

【例题 18】 绘制如图 3-94 所示的椭圆。

步骤01　新建空白文件。

步骤02　单击“绘图”工具栏上的按钮，执行“椭圆”命令，绘制水平长轴为 150、短轴为 60 的椭圆。命令行操作如下：

```
命令: _ellipse
指定椭圆轴的端点或 [圆弧(A)/中心点(C)]:          //拾取一点，定位椭圆轴的一个端点
指定轴的另一个端点:                              //@150,0 Enter
指定另一条半轴长度或 [旋转(R)]:                  //30 Enter
```

步骤03　绘制结果如图 3-94 所示。

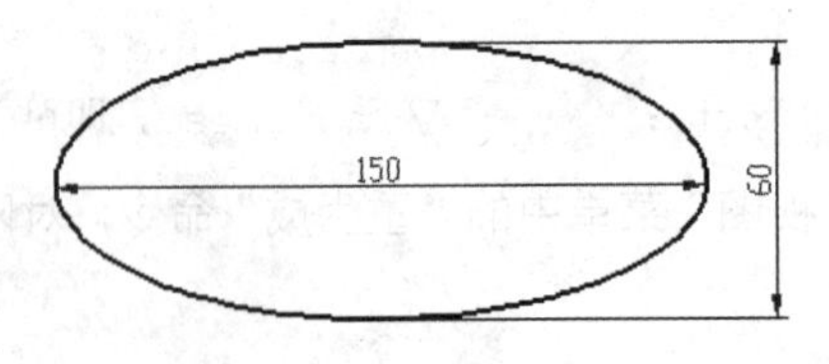

图 3-94　“轴端点”示例

如果在轴测图模式下启动了“椭圆”命令，那么在此操作步骤中将增加“等轴测圆”选项，用于绘制轴测圆，如图 3-95 所示。

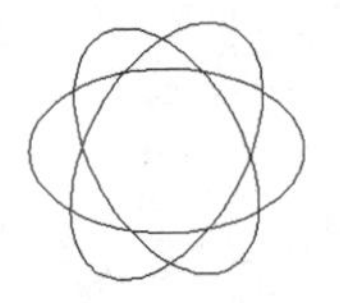

图 3-95　等轴测圆示例

2. “中心点”方式画椭圆

“中心点”方式画椭圆需要首先确定出椭圆的中心点，然后再确定椭圆轴的一个端点和椭圆另一半轴的长度。此种方式也是一种较为常用的画椭圆方式。

【例题 19】 绘制如图 3-96 所示的椭圆。

步骤 01 继续上例操作。单击菜单“绘图”/“椭圆”/“中心点”命令，使用“中心点”方式绘制椭圆。命令行操作如下：

```
命令: _ellipse
指定椭圆的轴端点或 [圆弧(A)/中心点(C)]: _c
指定椭圆的中心点:                           //捕捉刚绘制的椭圆的中心点
指定轴的端点:                               //@0,30 Enter
指定另一条半轴长度或 [旋转(R)]:              //20 Enter
```

步骤 02 绘制结果如图 3-96 所示。

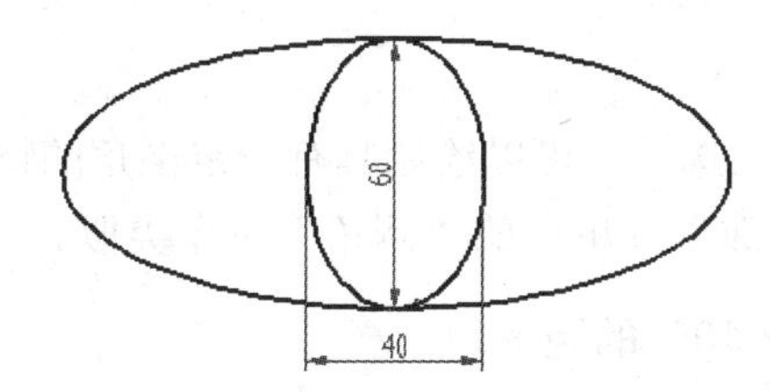

图 3-96　“中心点”方式画椭圆

“旋转”选项是以椭圆的短轴和长轴的比值，把一个圆绕定义的第一轴旋转成椭圆。

3.4.4　绘制矩形

“矩形”是由四条直线元素组合而成的闭合对象，AutoCAD 将其看作是一条闭合的多段线。执行“矩形”命令主要有以下几种方式：

- 菜单栏：单击菜单“绘图”/“矩形”命令。
- 工具栏：单击“绘图”工具栏上的□按钮。
- 命令行：在命令行输入 Rectang 后按 Enter 键。
- 快捷键：在命令行输入 REC 后按 Enter 键。
- 功能区：单击“默认”选项卡/“绘图”面板上的□按钮。

1. 绘制标准矩形

默认设置下，绘制矩形的方式为“对角点”方式，使用此种方式，只需要指定矩形的两个对角点，即可精确绘制矩形。

【例题 20】 绘制长度为 120、宽度为 60 的标准矩形。

步骤 01 新建空白文件。

步骤 02 单击“绘图”工具栏或面板上的□按钮，执行“矩形”命令，使用默认对角点方式绘制矩形，命令行操作如下：

```
命令: _rectang
指定第一个角点或 [倒角(C)/标高(E)/圆角(F)/厚度(T)/宽度(W)]:
//在适当位置拾取一点作为矩形角点
指定另一个角点或 [面积(A)/尺寸(D)/旋转(R)]: //@120,60 Enter ，指定对角点
```

步骤 03　绘制结果如图 3-97 所示。

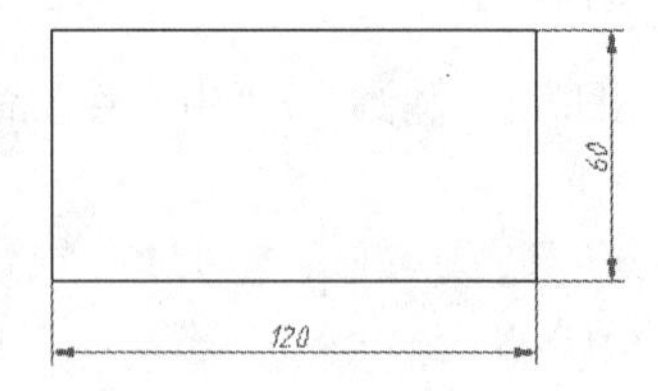

图 3-97　绘制结果

由于矩形被看作是一条多段线，当编辑某一条边时，需事先使用“分解”命令将其分解。

2. 绘制倒角矩形

使用“矩形”命令中的“倒角”选项，可以绘制具有一定倒角的特征矩形，如图 3-98 所示。此选项是一个比较常用的功能，与“修改”菜单中的“倒角”命令类似。

【例题 21】 绘制倒角为“5×10”的矩形。

步骤 01　新建空白文件。

步骤 02　单击“绘图”工具栏上的□按钮，执行“矩形”命令，绘制倒角矩形，命令行操作如下：

```
命令: _rectang
指定第一个角点或 [倒角(C)/标高(E)/圆角(F)/厚度(T)/宽度(W)]:
//c Enter，执行“倒角”选项
指定矩形的第一个倒角距离 <0.0000>:              //5 Enter，设置第一倒角距离
指定矩形的第二个倒角距离 <5.0000>:              //10 Enter，设置第二倒角距离
指定第一个角点或 [倒角(C)/标高(E)/圆角(F)/厚度(T)/宽度(W)]: //在适当位置拾取一点
指定另一个角点或 [面积(A)/尺寸(D)/旋转(R)]:       //d Enter，执行“尺寸”选项
指定矩形的长度 <120.0000>:                     //120 Enter
指定矩形的宽度 <60.0000>:                      //60 Enter
指定另一个角点或 [面积(A)/尺寸(D)/旋转(R)]:       //在第一角点的右个侧拾取一点
```

步骤 03　结果如图 3-98 所示。

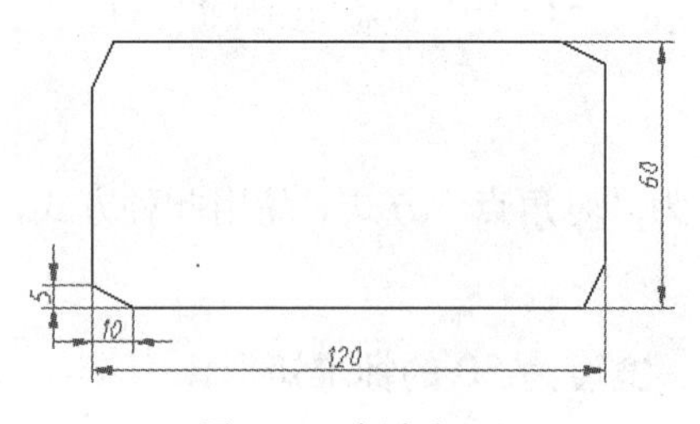

图 3-98　倒角矩形

最后一步操作仅仅是用来确定矩形的位置，具体就是确定另一个顶点相对于第一顶点的位置。如果在第一顶点的左侧拾取点，结果为另一个对象点位于第一个顶点的左侧，反之位于右侧。

3. 绘制圆角矩形

使用“矩形”命令中的“圆角”选项，可以绘制具有一定圆角特征的矩形，如图3-99所示。此选项也是一个比较常用的功能，与“修改”菜单中的“圆角”命令类似。

【例题22】 绘制圆角半径为15的圆角矩形。

步骤01 新建空白文件。

步骤02 单击“绘图”工具栏上的□按钮，执行“矩形”命令，绘制圆角矩形，命令行操作如下：

```
命令: _rectang
指定第一个角点或 [倒角(C)/标高(E)/圆角(F)/厚度(T)/宽度(W)]:
//f Enter，执行“圆角”选项
指定矩形的圆角半径 <0.0000>:                              //15 Enter，设置圆角半径
指定第一个角点或 [倒角(C)/标高(E)/圆角(F)/厚度(T)/宽度(W)]: //拾取一点作为起点
指定另一个角点或 [面积(A)/尺寸(D)/旋转(R)]:                //a Enter，执行“面积”选项
输入以当前单位计算的矩形面积 <100.0000>:                   //7200 Enter，指定矩形面积
计算矩形标注时依据 [长度(L)/宽度(W)] <长度>:               //L Enter，执行“长度”选项
输入矩形长度 <120.0000>:                                   // Enter
```

步骤03 绘制结果如图3-99所示。

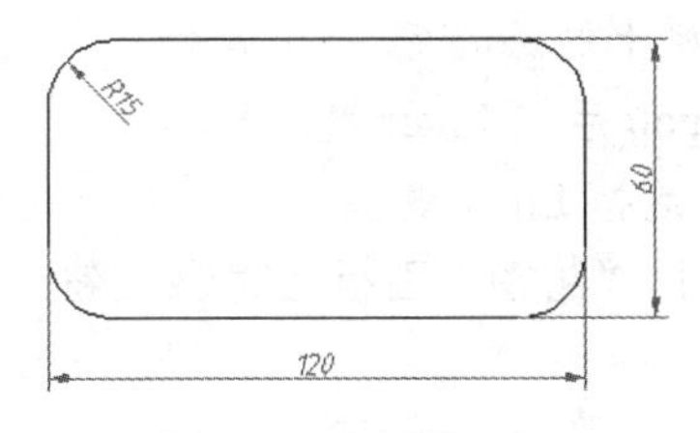

图3-99　圆角矩形

当设置了矩形的倒角参数或圆角半径后，其参数会一直保持，直到用户更改为至。

4. 其他选项

- “标高”选项用于设置矩形在三维空间内的基面高度，即距离当前坐标系的XOY坐标平面的高度。
- “厚度”和“宽度”选项用于设置矩形各边的厚度和宽度，以绘制具有一定厚度和宽度的矩形，如图3-100和图3-101所示。矩形的厚度指的是Z轴方向的高度。矩形的厚度和宽度也可以由“特性”命令进行修改和设置。

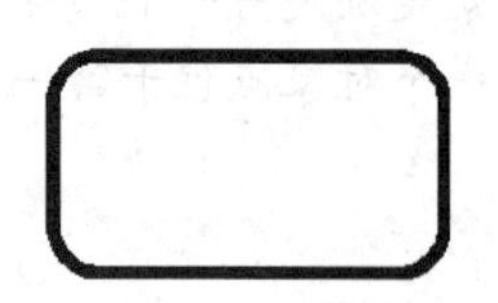

图 3-100 宽度矩形

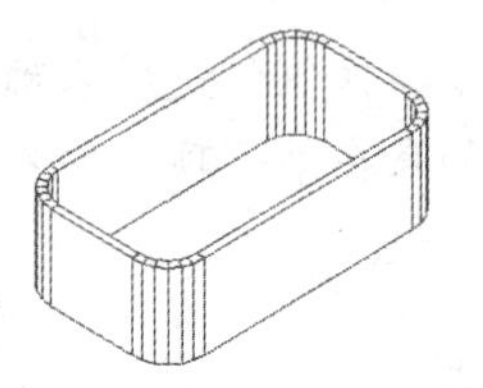

图 3-101 厚度矩形

如果用户绘制一定厚度和标高的矩形时，要把当前视图转变为等轴测视图，才能显示出矩形的厚度和标高，否则在俯视图中看不出什么变化来。

3.4.5 绘制正多边形

“正多边形”指的是由相等的边角组成的闭合图形，如图 3-102 所示。正多边形也是一个复合对象，不管内部包含有多少直线元素，系统都将其看作是一个单一对象。

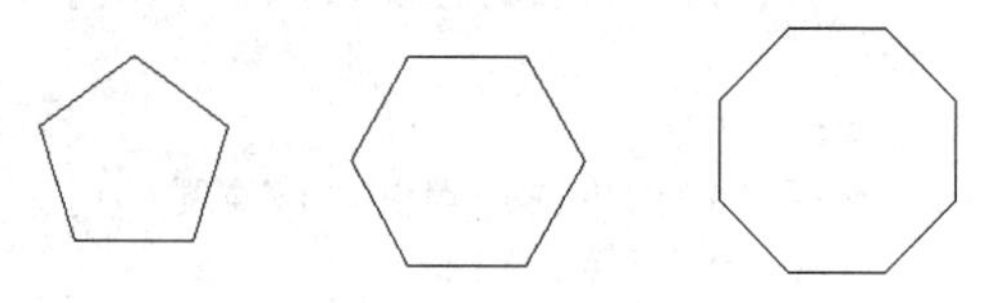

图 3-102 正多边形

执行“正多边形”命令主要有以下几种方式：

- 菜单栏：单击菜单“绘图”/“正多边形”命令。
- 工具栏：单击“绘图”工具栏上的按钮。
- 命令行：在命令行输入 Polygon 后按 Enter 键。
- 快捷键：在命令行输入 POL 后按 Enter 键。
- 功能区：单击“默认”选项卡/“绘图”面板上的按钮。

1. “内接于圆”方式画多边形

此种方式为系统默认方式，在指定了正多边形的边数和中心点后，直接输入正多边形外接圆的半径，即可精确绘制正多边形。

【例题 23】 绘制外接圆半径为 150 的正五边形。

步骤 01 新建空白文件。

步骤 02 单击“绘图”工具栏上的按钮，执行“正多边形”命令，绘制外接圆半径为 150 的正五边形。命令行操作如下：

```
命令: _polygon
输入边的数目 <5>:                                  //5 Enter，设置正多边形的边数
指定正多边形的中心点或 [边(E)]:                    //在绘图区拾取一点作为中心点
输入选项 [内接于圆(I)/外切于圆(C)] <I>:            //I Enter，执行“内接于圆”选项
指定圆的半径:                                      //150 Enter，输入外接圆半径
```

步骤 03 结果如图 3-103 所示。

2. “外切于圆”方式画多边形

当确定了正多边形的边数和中心点之后，输入正多边形内切圆的半径，就可精确绘制出正多边形。

【例题 24】 绘制内切圆半径为 100 的正五边形。

步骤01 新建空白文件。

步骤02 单击“绘图”工具栏上的⬠按钮，执行“正多边形”命令，绘制内切圆半径为 100 的正五边形。命令行操作如下：

```
命令: _polygon
输入边的数目 <5>:                              //5 Enter，设置正多边形的边数
指定正多边形的中心点或 [边(E)]:                 //在绘图区拾取一点定位中心点
输入选项 [内接于圆(I)/外切于圆(C)] <C>:          //c Enter，执行“外切于圆”选项
指定圆的半径:                                   //100 Enter，输入内切圆的半径
```

步骤03 绘制结果如图 3-104 所示。

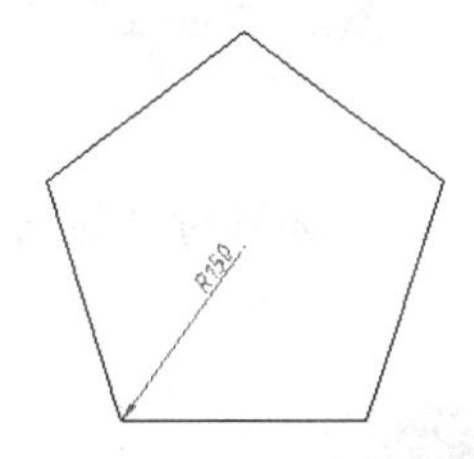

图 3-103　“内接于圆”方式示例

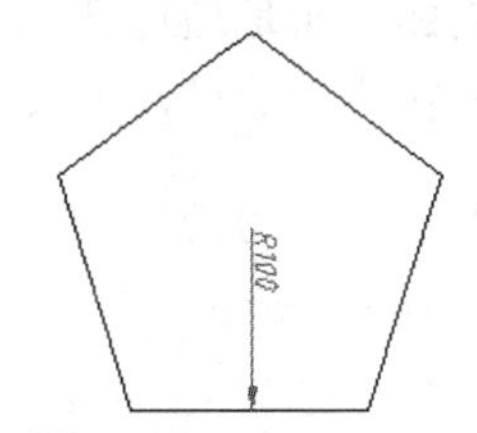

图 3-104　“外切于圆”方式示例

3. “边”方式画多边形

此种方式是通过输入多边形一条边的边长，来精确绘制正多边形的。在具体定位边长时，需要分别定位出边的两个端点。

【例题 25】 绘制边长为 150 的正六边形。

步骤01 新建空白文件。

步骤02 单击“绘图”工具栏上的⬠按钮，执行“正多边形”命令，绘制边长为 150 的正六边形。命令行操作如下：

```
命令: _polygon
输入边的数目 <4>:                              //6 Enter，设置正多边形的边数
指定正多边形的中心点或 [边(E)]:                 //e Enter，执行“边”选项
指定边的第一个端点:                             //拾取一点作为边的一个端点
指定边的第二个端点:                             //@150,0 Enter ，定位第二个端点
```

步骤03 绘制结果如图 3-105 所示。

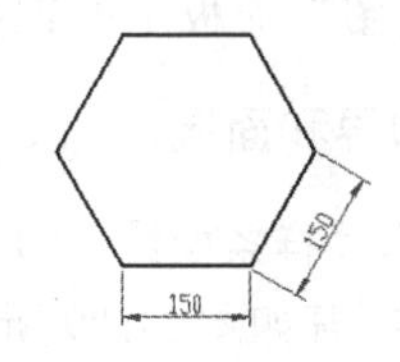

图 3-105　“边”方式示例

3.5　绘制面域与边界

3.5.1　绘制面域

“面域”是一个没有厚度的二维实心区域，具备实体模型的一切特性，它不但含有边的信息，还有边界内的信息，可以利用这些信息计算工程属性，如面积、重心和惯性矩等。执行“面域”命令主要有以下几种方式：

- 菜单栏：单击菜单“绘图”/“面域”命令。
- 工具栏：单击“绘图”工具栏上的按钮。
- 命令行：在命令行输入 Region 后按 Enter 键。
- 快捷键：在命令行输入 REN 后按 Enter 键。
- 功能区：单击“默认”选项卡/“绘图”面板上的按钮。

面域不能直接被创建，而是通过其他闭合图形进行转化。在激活“面域”命令后，只需选择封闭的图形对象，即可将其转化为面域，如圆、矩形、正多边形等。

当闭合对象被转化为面域后，看上去并没有什么变化，如果对其进行着色后就可以区分开，如图 3-106 所示。

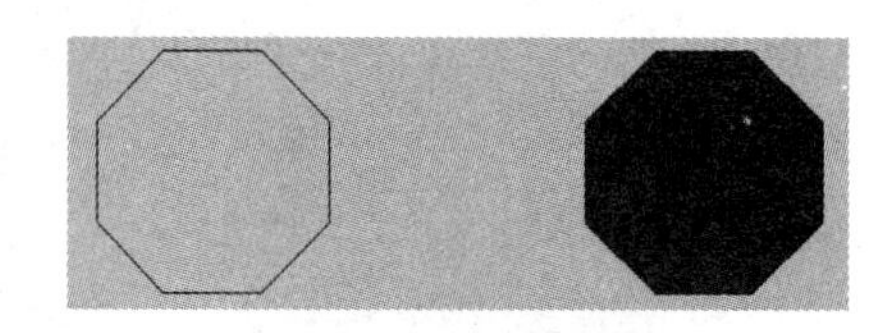

图 3-106　线框与面域

封闭对象在没有转化为面域之前，仅是一种线框模型，没有什么属性信息，当这些封闭图形被创建为面域之后，它就转变为一种实体对象，包含实体的一切属性。

3.5.2　绘制边界

“边界”指的就是一条闭合的多段线，使用“边界”命令不但可以从多个相交对象中提取一条或多条闭合多段线，而且还可以提取一个或多个面域。

执行“边界”命令主要有以下几种方式：

- 菜单栏：单击菜单“绘图”/“边界”命令。
- 命令行：在命令行输入 Boundary 后按 Enter 键。
- 快捷键：在命令行输入 BO 后按 Enter 键。
- 功能区：单击“默认”选项卡/“绘图”面板上的按钮。

【例题 26】　绘制如图 3-107 所示的边界和面域。

步骤 01　新建文件并综合使用“矩形”、“圆”、“样条曲线”和“直线”命令，绘制如图 3-108 所示的图形。

步骤 02　单击菜单“绘图”/“边界”命令，打开如图 3-109 所示的“边界创建”对话框。

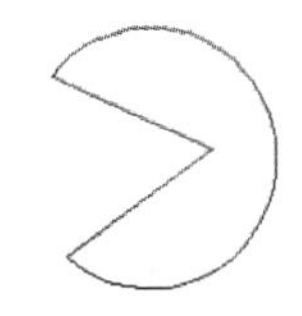

图 3-107　绘制面域和边界

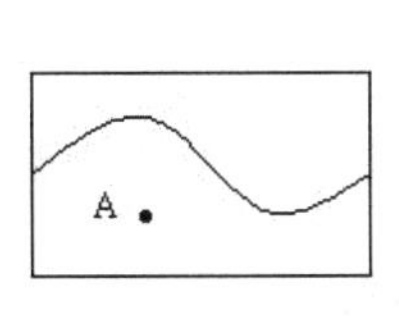

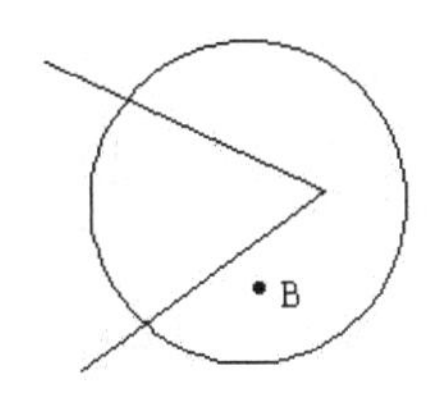

图 3-108　绘制结果

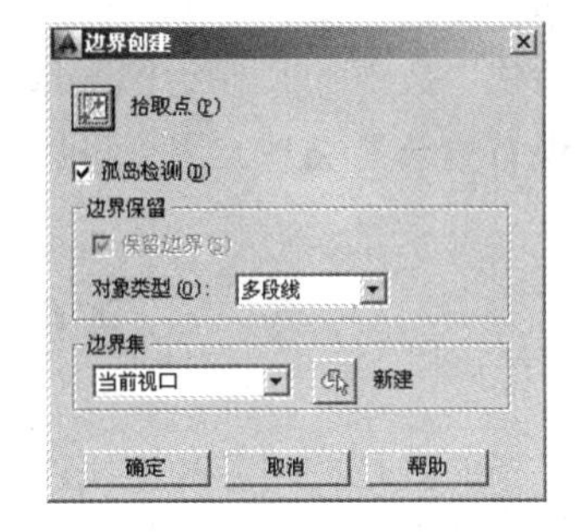

图 3-109　“边界创建”对话框

步骤 03 单击“拾取点”按钮，返回绘图区在命令行“拾取内部点：”提示下，在圆内部区域单击拾取一点，系统自动分析出一个虚线边界，如图 3-110 所示。

步骤 04 继续在“选择内部点：”的提示下按 Enter 键，结果所创建的边界与原图线重合，如图 3-111 所示。

步骤 05 重复执行“边界”命令，在打开的“边界创建”对话框内设置参数，如图 3-112 所示。

“对象类型”列表框用于确定导出的是封闭边界还是面域，默认为多段线。如果需要导出面域，即可将面域设置为当前。

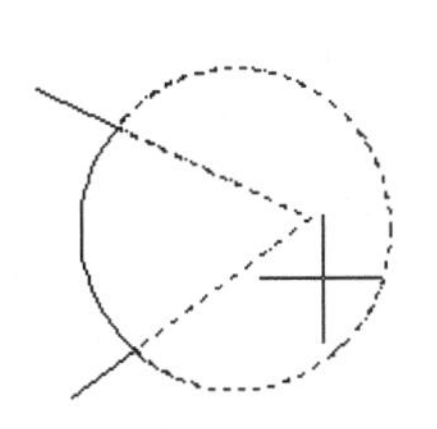

图 3-110　拾取一点

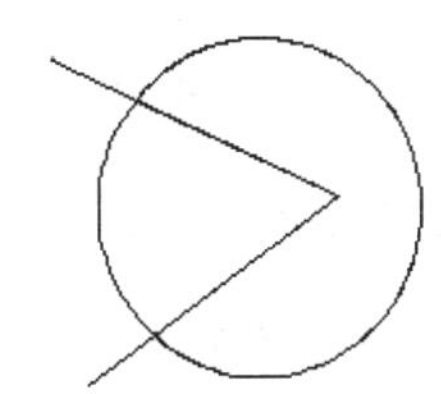

图 3-111　创建边界

图 3-112　“边界创建”对话框

步骤 06 单击“拾取点”按钮，返回绘图区，在如图 3-108 所示的 A 点区域拾取一点，结果系统将以虚线显示的边界创建为面域，如图 3-113 所示。

步骤 07 继续在“选择内部点：”的提示下按 Enter 键结束命令，结果所创建的面域与原图线重合。

步骤 08 单击菜单“修改”/“移动”命令，将所创建的面域和多段线边界从原图形上移出，结果如图 3-114 所示。

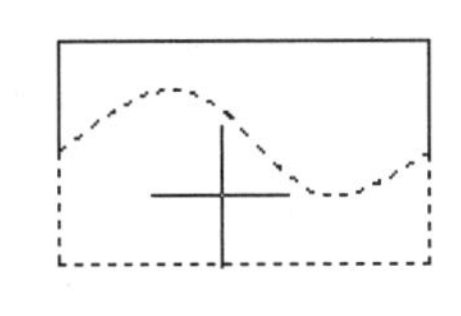

图 3-113 创建面域

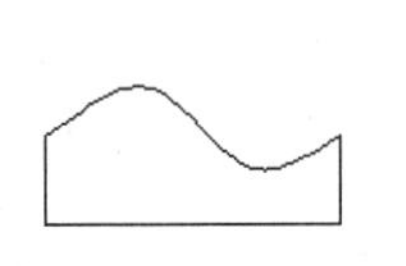

图 3-114　移出边界和面域

步骤 09　单击菜单“视图”/“视觉样式”/“概念”命令，对刚创建的面域进行着色，结果如上图 3-107 所示。

“边界集”选项组用于定义从指定点定义边界时 AutoCAD 导出来的对象集合，共有“当前视口”和“现有集合”两种类型，其中前者用于从当前视口中可见的所有对象中定义边界集，后者是从选择的所有对象中定义边界集。

单击“新建”按钮，在绘图区选择对象后，系统返回“边界创建”对话框，在“边界集”选项组中显示“现有集合”类型，用户可以从选择的现有对象集合中定义边界集。

3.6　图案填充与编辑

“图案”指的就是使用各种图线进行不同的排列组合而构成的图形元素，此类图形元素作为一个独立的整体，被填充到各种封闭的图形区域内，以表达各自的图形信息，如图 3-115 所示。

执行“图案填充”命令主要有以下几种方式：

- 菜单栏：单击菜单“绘图”/“图案填充”命令。
- 工具栏：单击“绘图”工具栏上的按钮。
- 命令行：在命令行输入 Bhatch 后按 Enter 键。
- 快捷键：在命令行输入 H 或 BH 后按 Enter 键。
- 功能区：单击“默认”选项卡/“绘图”面板上的按钮。

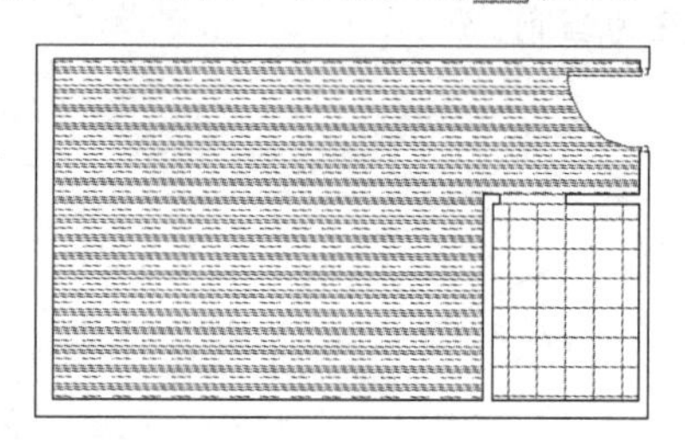

图 3-115　图案示例

3.6.1　绘制预定义图案

AutoCAD 为用户提供了“预定义图案”和“用户定义图案”两种现有图案，下面学习预定义图案的填充过程。

【例题 27】　预定义图填充实例。

步骤 01　打开随书光盘“\素材文件\图案填充示例.dwg”文件，如图 3-116 所示。

步骤 02　单击“绘图”工具栏上的按钮，打开“图案填充和渐变色”对话框。

步骤 03　在“图案填充和渐变色”对话框中单击“样列”文本框中的图案，或单击“图案”列表右端的按钮，打开“填充图案选项板”对话框，然

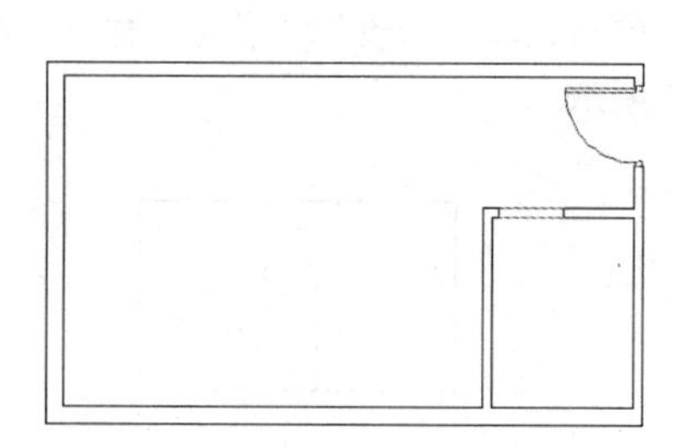

图 3-116　打开结果

后选择如图 3-117 所示的填充图案。

步骤 04　单击 确定 按钮，返回“图案填充和渐变色”对话框，设置填充角度和填充比例，如图 3-118 所示。

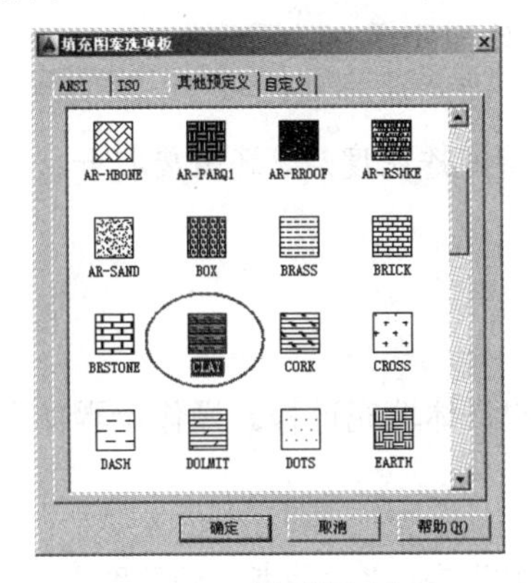

图 3-117　选择填充图案

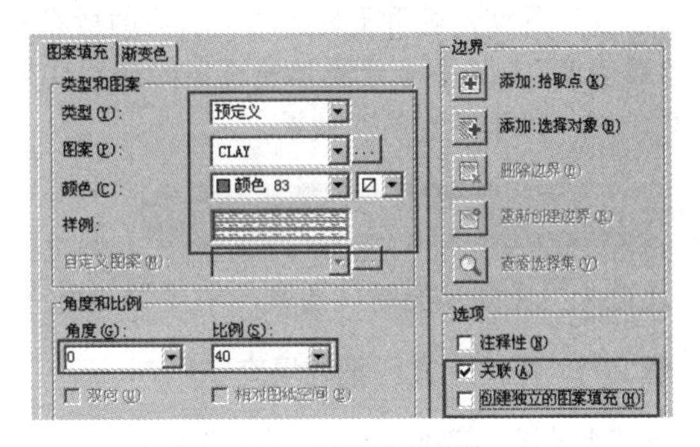

图 3-118　设置填充参数

“角度”下拉列表用于设置图案的倾斜角度；“比例”下拉列表用于设置图案的填充比例。

步骤 05　在“边界”选项组中单击“添加:拾取点”按钮，返回绘图区拾取如图 3-119 所示的区域作为填充边界。

步骤 06　按 Enter 键返回“图案填充和渐变色”对话框，单击 确定 按钮结束命令，填充结果如图 3-120 所示。

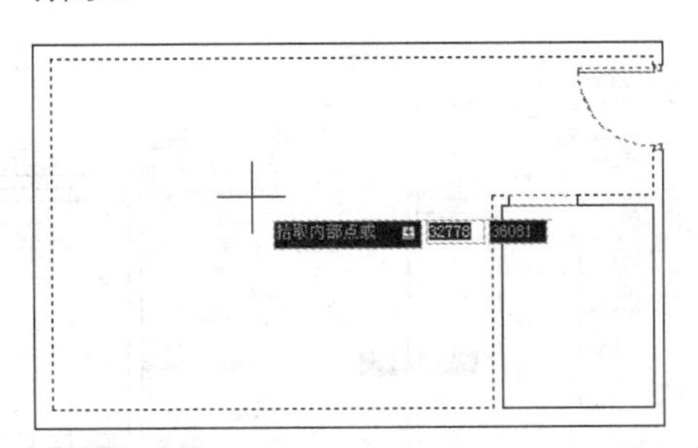

图 3-119　拾取填充区域

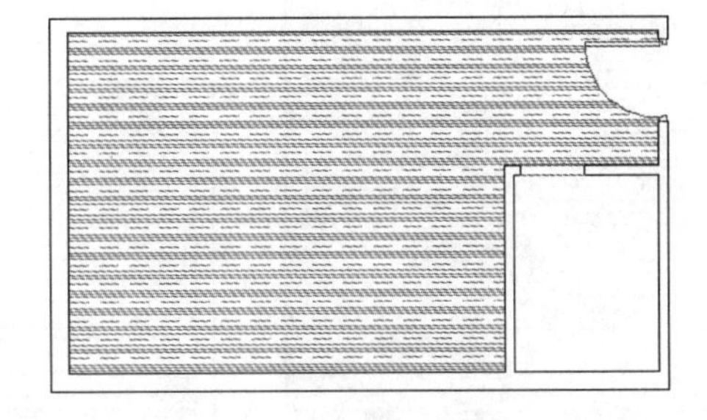

图 3-120　填充结果

如果填充效果不理想，或者不符合需要，要按 Esc 键返回“图案填充和渐变色”对话框重新调整参数。

选项解析

- “添加:拾取点”按钮用于在填充区域内部拾取任意一点，AutoCAD 将自动搜索到包含该内点的区域边界，并以虚线显示边界。
- “添加:选择对象”按钮用于直接选择需要填充的单个闭合图形，作为填充边界。
- “删除边界”按钮用于删除位于选定填充区内但不填充的区域。
- “查看选择集”按钮用于查看所确定的边界。
- “继承特性”按钮用于在当前图形中选择一个已填充的图案，系统将继承该图案类型的一切属性并将其设置为当前图案。

- “关联”复选框与“创建独立的图案填充”复选框用于确定填充图形与边界的关系。分别用于创建关联和不关联的填充图案。
- “注释性”复选框用于为图案添加注释特性。
- “绘图次序”下拉列表用于设置填充图案和填充边界的绘图次序。
- “图层”下拉列表用于设置填充图案的所在层。
- “透明度”列表用于设置填充图案的透明度。当为图案指定透明度后，还需要打开状态栏上的▣按钮，以显示透明度效果。

3.6.2　绘制用户定义图案

下面通过为卫生间填充地砖图案，主要学习用户定义图案的具体填充过程。操作步骤如下。

【例题 28】 用户定义图案的填充实例。

步骤 01　继续上节操作。执行“图案填充”命令，打开“图案填充和渐变色”对话框，设置图案类型及填充参数，如图 3-121 所示。

步骤 02　单击“添加:拾取点”按钮▣，返回绘图区拾取如图 3-122 所示的区域进行填充，填充如图 3-123 所示的图案。

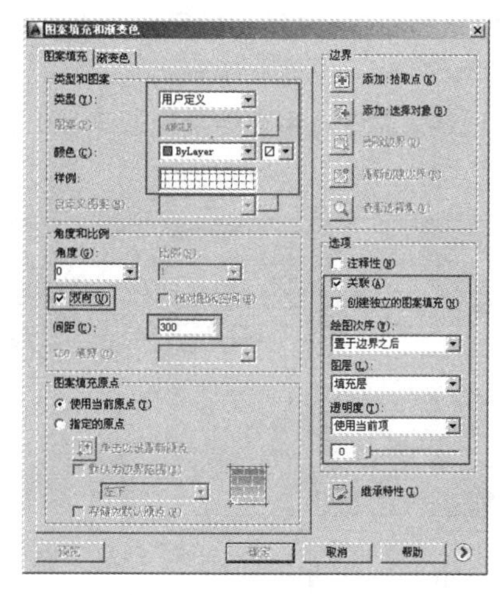

图 3-121　设置图案和填充参数

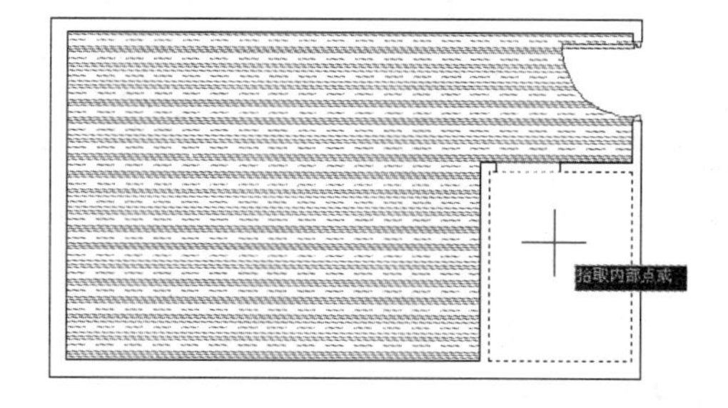

图 3-122　拾取填充区域

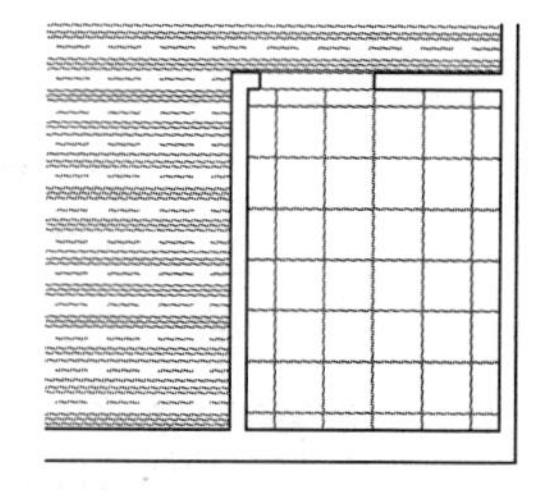

图 3-123　填充结果

用户可以连续地拾取多个要填充的目标区域，如果选择了不需要的区域，此时可单击鼠标右键，从弹出的快捷菜单中选择“放弃上次选择/拾取”或“全部清除”命令。

🕮 选项解析

“图案填充”选项卡用于设置填充图案的类型、样式、填充角度及填充比例等，各常用选项如下：

- “类型”下拉列表内包含预定义、用户定义、自定义三种图样类型，如图 3-124 所示。

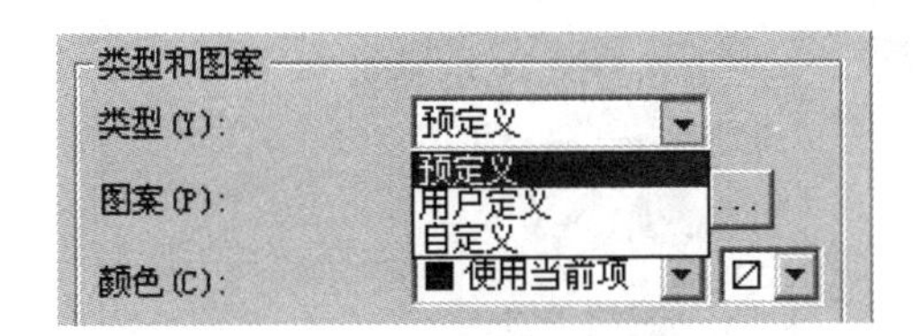

图 3-124　“类型”下拉列表

“预定义”图样只适用于封闭的填充边界；“用户定义”图样可以使用图形的当前线型创建填充图样；“自定义”图样就是使用自定义的 PAT 文件中的图样进行填充。

- “图案”列表框用于显示预定义类型的填充图案名称。
- “相对图纸空间”复选框仅用于布局选项卡，它是相对图纸空间单位进行图案的填充。运用此选项，可以根据适合于布局的比例显示填充图案。
- “间距”文本框可设置用户定义填充图案的直线间距，只有激活了“类型”列表框中的“用户定义”选项，此选项才可用。
- “双向”复选框仅适用于用户定义图案，勾选该复选框，将增加一组与原图线垂直的线。
- “ISO 笔宽”选项决定运用 ISO 剖面线图案的线与线之间的间隔，它只在选择 ISO 线型图案时才可用。

3.6.3　绘制渐变色

下面通过为台灯灯罩和灯座填充渐变色，主要学习渐变色图案的填充过程。具体操作步骤如下。

【例题 29】　渐变色填充实例。

步骤 01　打开随书光盘“\素材文件\床头柜与台灯.dwg”，如图 3-125 所示。

步骤 02　执行“图案填充”命令，打开“图案填充和渐变色”对话框。

步骤 03　展开“渐变色”选项卡，然后选中“双色”单选按钮，如图 3-126 所示。

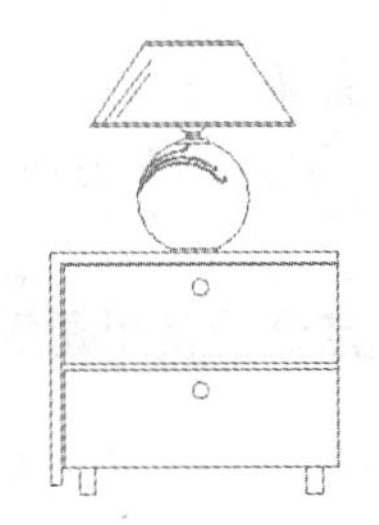

图 3-125　打开结果

图 3-126　“颜色”选项组

步骤 04　将颜色 1 的颜色设置为 211 号色；将颜色 2 的颜色设置为黄色，然后设置渐变方式等，如图 3-127 所示。

步骤 05　单击“添加:选择对象”按钮，返回绘图区指定填充边界，填充如图 3-128 所示的渐变色。

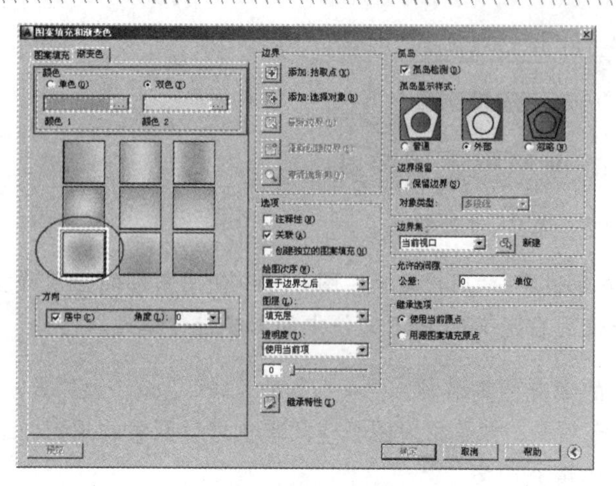

图 3-127　设置渐变色

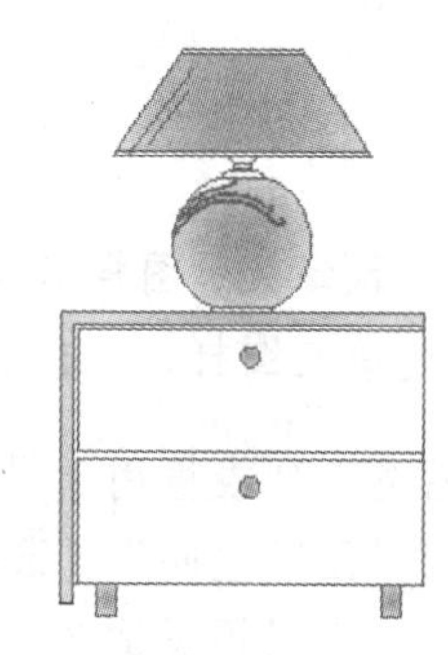

图 3-128　填充渐变色

🕮 选项解析

- “单色”单选按钮用于以一种渐变色进行填充；[颜色框] 显示框用于显示当前的填充颜色，单击其右侧 [...] 按钮，可弹出图 3-129 所示的“选择颜色”对话框，选择所需的颜色。如果选中了“单色”单选按钮，那么在对话框中则显示 [滑动条] “暗——明”滑动条，拖动滑动块可以调整填充颜色的明暗度，如果用户激活“双色”选项，此滑动条自动转换为颜色显示框。
- “双色”单选按钮用于以两种颜色的渐变色作为填充色。
- “角度”选项用于设置渐变填充的倾斜角度。
- “孤岛”选项组提供了普通、外部和忽略三种方式，如图 3-130 所示，其中“普通”方式是从最外层的外边界向内边界填充，第一层填充，第二层不填充，如此交替进行；“外部”方式只填充从最外边界向内第一边界之间的区域；“忽略”方式忽略最外层边界以内的其他任何边界，以最外层边界向内填充全部图形。
- “边界保留”选项组用于设置是否保留填充边界。默认为不保留填充边界。
- “允许的间隙”选项组用于设置填充边界的允许间隙值，处在间隙值范围内的非封闭区域也可填充图案。
- “继承选项”选项组用于设置图案填充的原点，即使用当前原点还是使用源图案填充的原点。

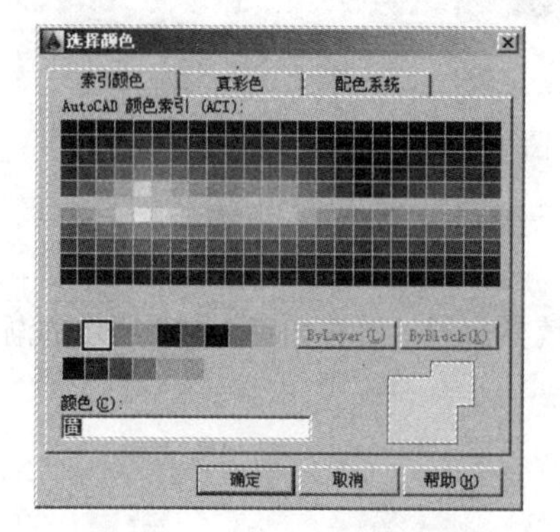

图 3-129　“选择颜色”对话框

图 3-130　孤岛填充样式

3.7　综合范例二——绘制形象墙立面图

本例通过绘制形象墙立面图，继续对本章所讲知识进行综合练习和巩固应用。形象墙立面图的最终绘制效果如图 3-131 所示。

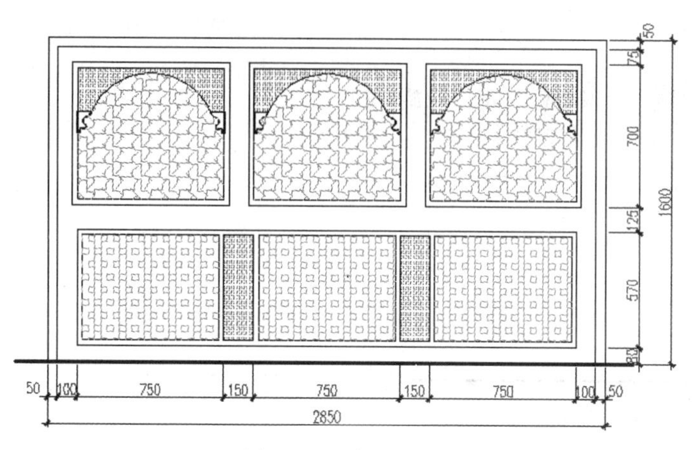

图 3-131　实例效果

操作步骤：

步骤 01　单击“快速访问”工具栏上的按钮，新建绘图文件。

步骤 02　单击菜单“视图”/“缩放”/“圆心”命令，将当前视图的高度调整为 3000 个单位，命令行操作如下：

```
命令: _zoom
指定窗口的角点，输入比例因子 (nX 或 nXP)，或者[全部(A)/中心(C)/动态(D)/范围(E)/上一个(P)/比例(S)/窗口(W)/对象(O)] <实时>: _c
指定中心点:                              //在绘图区拾取一点
输入比例或高度 <602.6>:                  //3000 Enter，输入新视图的高度
```

步骤 03　绘制长度为 3000 的水平直线，并展开“线宽控制”下拉列表，修改其线宽为 0.35mm。

步骤 04　使用快捷键 L 执行“直线”命令，配合最近点捕捉和点的坐标输入功能，绘制外侧轮廓线。命令行操作如下：

```
命令: l                                  // Enter
指定第一点:                              //按住 Shift 键单击鼠标右键，选择“最近点”选项
_nea 基点                                //在如图 3-132 所示的位置捕捉最近点
指定下一点或 [放弃(U)]:                  //@0,1600 Enter
指定下一点或 [放弃(U)]:                  //@2850<0 Enter
指定下一点或 [闭合(C)/放弃(U)]:          //@1600<270 Enter
指定下一点或 [闭合(C)/放弃(U)]:          // Enter，绘制结果如图 3-133 所示
```

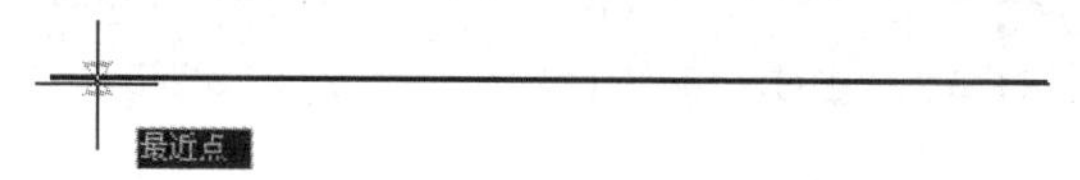

图 3-132　捕捉最近点

步骤 05 单击“绘图”工具栏或面板上的□按钮，执行“矩形”命令，配合“捕捉自”功能绘制下侧的矩形轮廓线，命令行操作如下：

```
命令: _rectang
指定第一个角点或 [倒角(C)/标高(E)/圆角(F)/厚度(T)/宽度(W)]:
                                    //按住 Shift 键单击鼠标右键，选择“自”选项
_from 基点:                          //捕捉图 3-133 所示的端点 W
<偏移>:                              //@150,80 Enter
指定另一个角点或 [面积(A)/尺寸(D)/旋转(R)]:
//@2550,570 Enter，绘制结果如图 3-134 所示
```

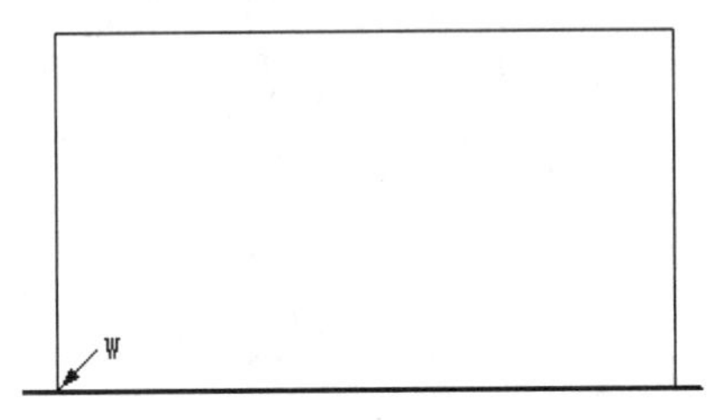

图 3-133 绘制结果

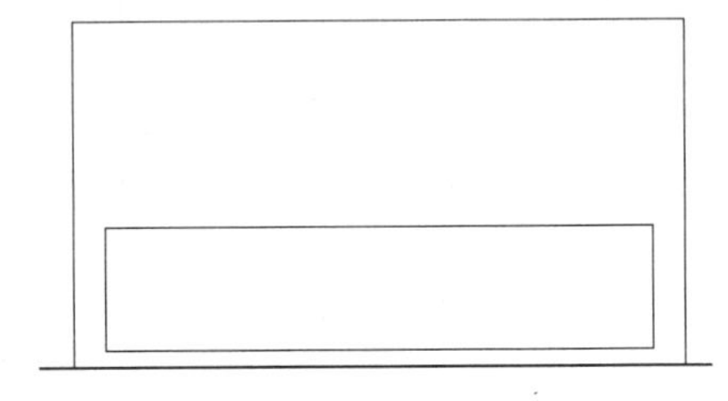
图 3-134 绘制矩形

步骤 06 单击菜单“格式”/“颜色”命令，在打开的“选择颜色”对话框中设置当前颜色为 142 号色。

步骤 07 单击“绘图”工具栏或面板上的□按钮，执行“矩形”命令，配合“捕捉自”功能和点的坐标输入功能，绘制内侧的矩形结构。命令行操作如下：

```
命令: _rectang
指定第一个角点或 [倒角(C)/标高(E)/圆角(F)/厚度(T)/宽度(W)]: //激活“捕捉自”功能
_from 基点:                                  //捕捉刚绘制的矩形的左下角点
<偏移>:                                      //@25,25 Enter
指定另一个角点或 [面积(A)/尺寸(D)/旋转(R)]:    //@700,520 Enter
命令: RECTANG                                // Enter，重复执行命令
指定第一个角点或 [倒角(C)/标高(E)/圆角(F)/厚度(T)/宽度(W)]: //激活“捕捉自”功能
_from 基点:                                  //捕捉刚绘制的矩形的右下角点
<偏移>:                                      //@25,0 Enter
指定另一个角点或 [面积(A)/尺寸(D)/旋转(R)]:    //@150,520 Enter
命令: RECTANG                                // Enter，重复执行命令
指定第一个角点或 [倒角(C)/标高(E)/圆角(F)/厚度(T)/宽度(W)]: //激活“捕捉自”功能

_from 基点:                                  //捕捉刚绘制的矩形的右下角点
<偏移>:                                      //@25,0 Enter
指定另一个角点或 [面积(A)/尺寸(D)/旋转(R)]:    //@700,520 Enter
命令: RECTANG                                // Enter，重复执行命令
指定第一个角点或 [倒角(C)/标高(E)/圆角(F)/厚度(T)/宽度(W)]: //激活“捕捉自”功能
_from 基点:                                  //捕捉刚绘制的矩形的左下角点
<偏移>:                                      //@25,0 Enter
指定另一个角点或 [面积(A)/尺寸(D)/旋转(R)]:    //@150,520 Enter
```

```
命令: RECTANG                                  // Enter，重复执行命令
指定第一个角点或 [倒角(C)/标高(E)/圆角(F)/厚度(T)/宽度(W)]:  //激活“捕捉自”功能
_from 基点:                                       //捕捉刚绘制的矩形的左下角点
<偏移>:                                           //@25,0 Enter
指定另一个角点或 [面积(A)/尺寸(D)/旋转(R)]:
//@700,520 Enter，绘制结果如图 3-135 所示
```

步骤08 重复执行“矩形”命令，配合“捕捉自”功能绘制上侧的矩形轮廓线。命令行操作如下：

```
命令: RECTANG                                     // Enter，重复执行命令
指定第一个角点或 [倒角(C)/标高(E)/圆角(F)/厚度(T)/宽度(W)]:
                                                   //激活“捕捉自”功能
_from 基点:                                         //捕捉图 3-135 所示的端点 A
<偏移>:                                             //@150,-150 Enter
指定另一个角点或 [面积(A)/尺寸(D)/旋转(R)]:          //@750,-650 Enter
命令: RECTANG                                     // Enter，重复执行命令
指定第一个角点或 [倒角(C)/标高(E)/圆角(F)/厚度(T)/宽度(W)]:
                                                   //激活“捕捉自”功能
_from 基点:                                         //捕捉刚绘制的矩形的右下角点
<偏移>:                                             //@150,0 Enter
指定另一个角点或 [面积(A)/尺寸(D)/旋转(R)]:          //@750,650 Enter
命令: RECTANG                                     // Enter，重复执行命令
指定第一个角点或 [倒角(C)/标高(E)/圆角(F)/厚度(T)/宽度(W)]:
                                                   //激活“捕捉自”功能
_from 基点:                                         //捕捉刚绘制的矩形的右下角点
<偏移>:                                             //@150,0 Enter
指定另一个角点或 [面积(A)/尺寸(D)/旋转(R)]:
//@750,650 Enter，绘制结果如图 3-136 所示
```

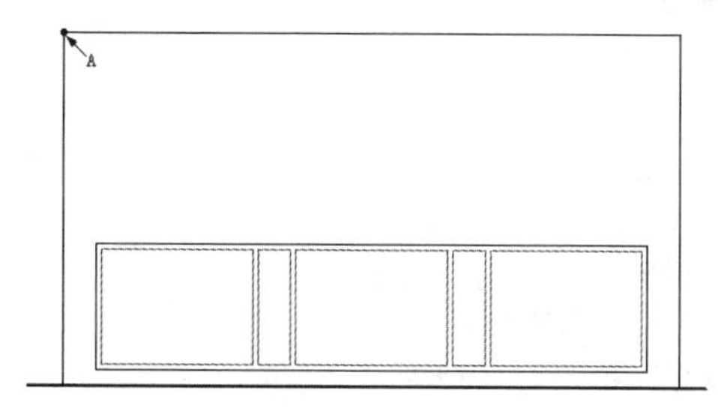

图 3-135　绘制结果

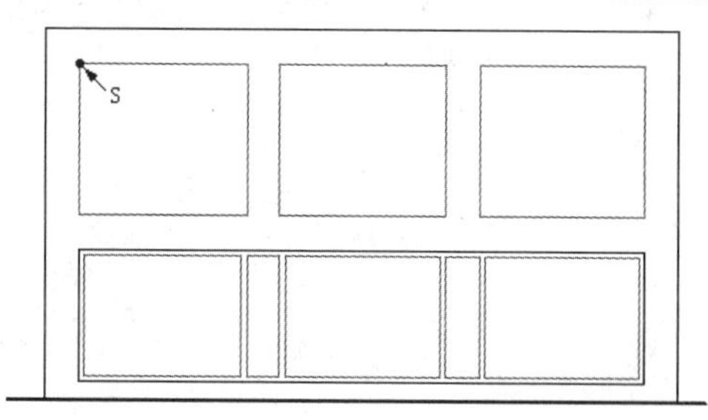

图 3-136　绘制结果

步骤09 选择刚绘制的三个矩形，修改其颜色为“随层”，然后单击菜单“绘图”/“多段线”命令，绘制闭合的装饰图案。命令行操作如下：

```
命令: _pline
指定起点:                                                  //激活捕捉自功能
_from 基点:                                                //捕捉图 3-136 所示的端点 S
<偏移>:                                                    //@70,-215 Enter
当前线宽为 0.0
指定下一个点或 [圆弧(A)/半宽(H)/长度(L)/放弃(U)/宽度(W)]:    //@-70,0 Enter
```

```
指定下一点或 [圆弧(A)/闭合(C)/半宽(H)/长度(L)/放弃(U)/宽度(W)]: //@0,-100 Enter
指定下一点或 [圆弧(A)/闭合(C)/半宽(H)/长度(L)/放弃(U)/宽度(W)]: //@15,0 Enter
指定下一点或 [圆弧(A)/闭合(C)/半宽(H)/长度(L)/放弃(U)/宽度(W)]: //a Enter
指定圆弧的端点或[角度(A)/圆心(CE)/闭合(CL)/方向(D)/半宽(H)/直线(L)/半径(R)/第二个点
(S)/放弃(U)/宽度(W)]:                          //a Enter
指定包含角:                                    //-180 Enter
指定圆弧的端点或 [圆心(CE)/半径(R)]:            //@11,17 Enter
指定圆弧的端点或[角度(A)/圆心(CE)/闭合(CL)/方向(D)/半宽(H)/直线(L)/半径(R)/第二个点
(S)/放弃(U)/宽度(W)]:                          //@12,20 Enter
指定圆弧的端点或[角度(A)/圆心(CE)/闭合(CL)/方向(D)/半宽(H)/直线 (L)/半径(R)/第二个点
(S)/放弃(U)/宽度(W)]:                          //@7,38 Enter
指定圆弧的端点或[角度(A)/圆心(CE)/闭合(CL)/方向(D)/半宽(H)/直线(L)/半径(R)/第二个点
(S)/放弃(U)/宽度(W)]:                          //CL Enter，闭合图形，绘制结果如图 3-137 所示
```

步骤 10　单击菜单“修改”/“偏移”命令，将刚绘制的闭合多段线向内偏移 3 个单位，创建出内部的轮廓线，结果如图 3-138 所示。

步骤 11　综合“多段线”和“偏移”等命令，绘制其他位置的装饰图案，结果如图 3-139 所示。

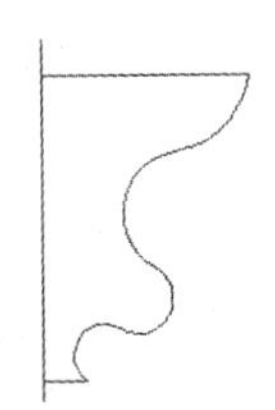

图 3-137　绘制结果

图 3-138　偏移结果

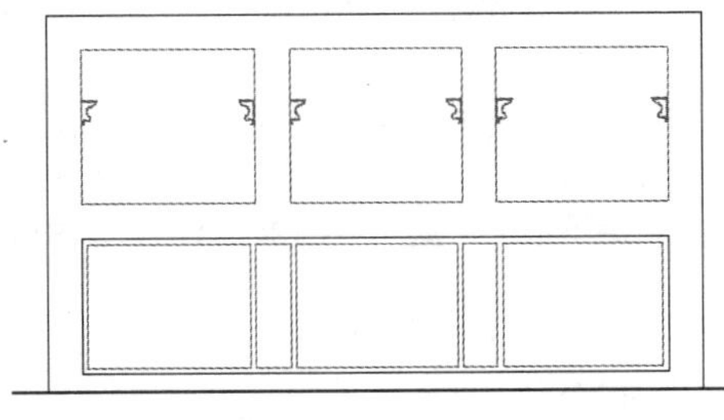

图 3-139　绘制结果

步骤 12　单击菜单“绘图”/“圆弧”/“三点”命令，配合对象捕捉和捕捉自等功能，绘制内部的弧形轮廓线。命令行操作如下：

```
命令: _arc
指定圆弧的起点或 [圆心(C)]:                    //捕捉如图 3-140 所示的端点 1
指定圆弧的第二个点或 [圆心(C)/端点(E)]:         //激活“捕捉自”功能
_from 基点:                                    //捕捉中点 2
<偏移>:                                        //@0,-25 Enter
指定圆弧的端点:                                //捕捉端点 3，结果如图 3-140 所示
```

步骤 13　重复执行“圆弧”命令，绘制其他弧形轮廓线，结果如图 3-141 所示。

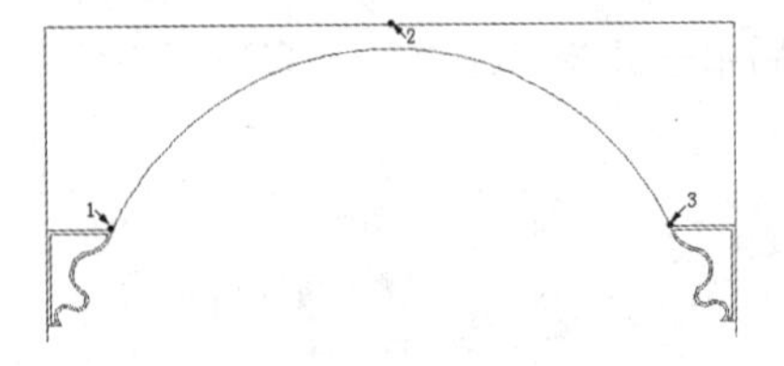

图 3-140　绘制弧形轮廓线

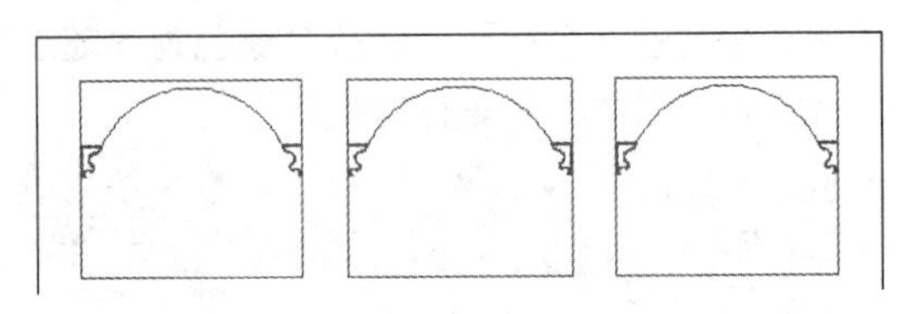

图 3-141　绘制其他弧形轮廓线

步骤 14　使用快捷键 O 执行“偏移”命令，将圆弧外侧的矩形边界分别向外侧偏移，偏移距离为 25，结果如图 3-142 所示。

步骤 15　使用快捷键 REC 执行“矩形”命令，配合“捕捉自”功能绘制如图 3-143 所示的矩形内框。

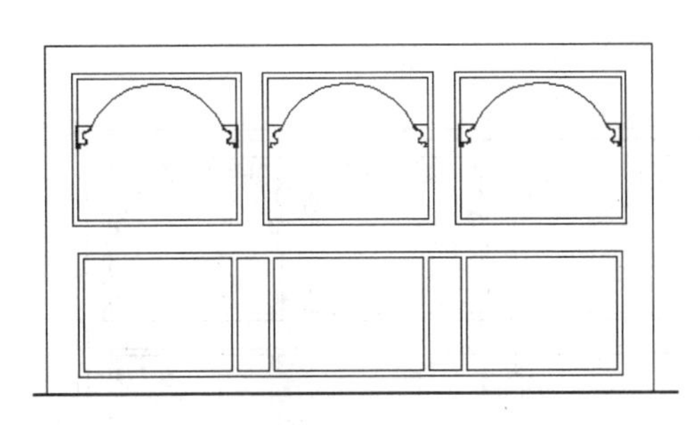

图 3-142　偏移结果

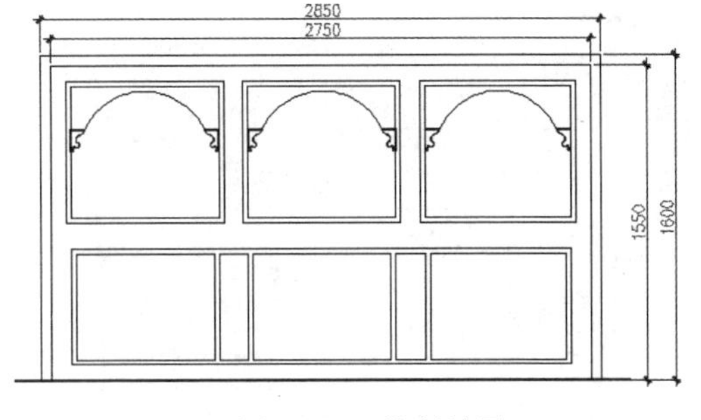

图 3-143　绘制结果

步骤 16　单击菜单“绘图”/“图案填充”命令，在打开的“图案填充和渐变色”对话框中设置填充图案和填充参数如图 3-144 所示，为图形填充如图 3-145 所示的图案。

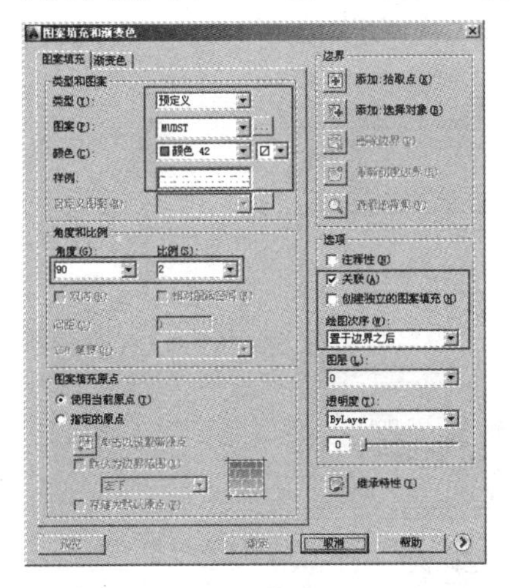

图 3-144　设置填充图案及参数

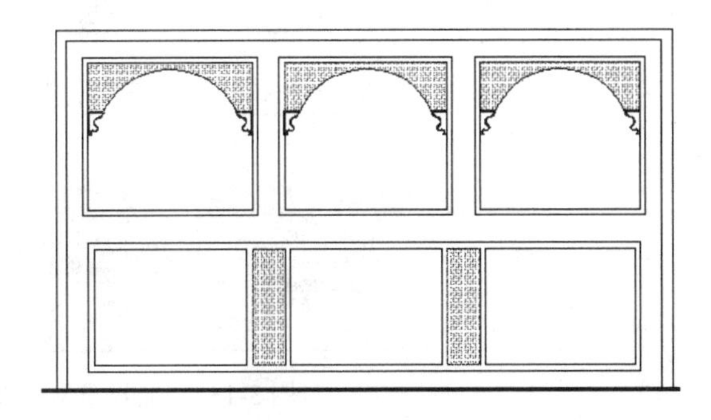

图 3-145　填充结果

步骤 17　重复执行“图案填充”命令，设置填充图案和填充参数如图 3-146 所示，为图形填充如图 3-147 所示的图案。

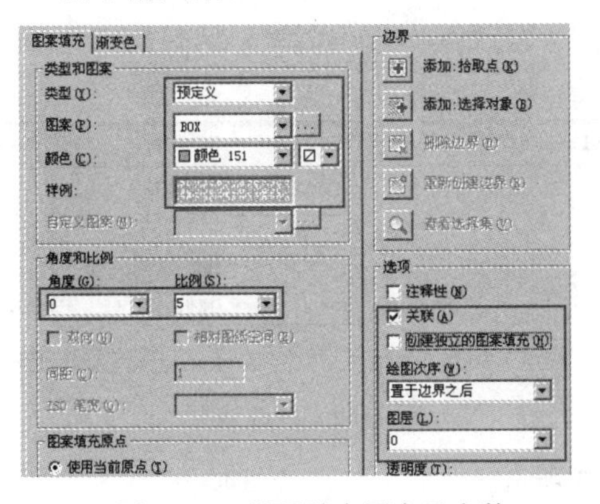

图 3-146　设置填充图案及参数

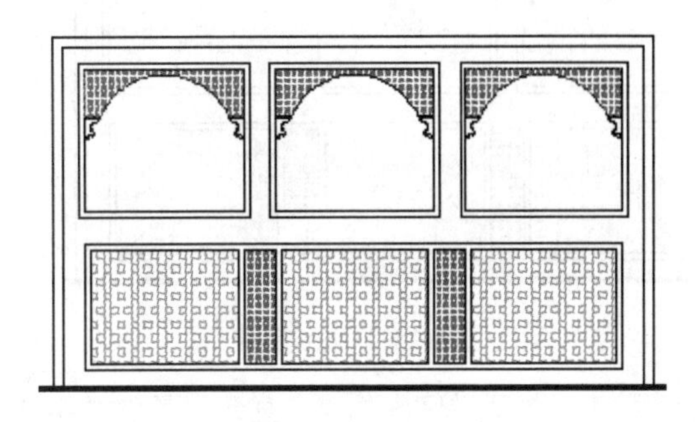

图 3-147　填充结果

步骤 18　重复执行“图案填充”命令，设置填充图案和填充参数如图 3-148 所示，为图形填充如图 3-149

所示的图案。

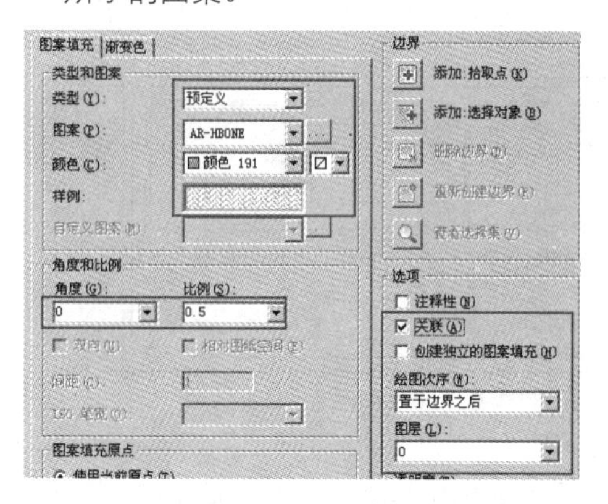

图 3-148　设置填充图案及参数

图 3-149　填充结果

步骤 19　使用快捷键 LT 执行“线型”命令，加载线型并设置线型比例如图 3-150 所示。

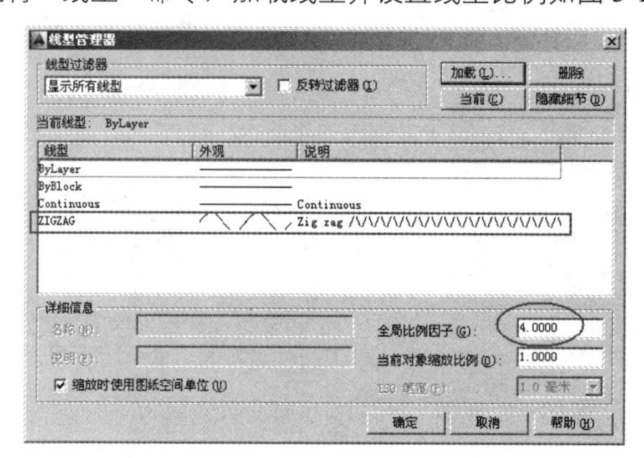

图 3-150　加载线型并设置线型比例

步骤 20　在无命令执行的前提下，夹点显示如图 3-151 所示的填充图案，然后展开“线型控制”下拉列表，修改其线型如图 3-152 所示。

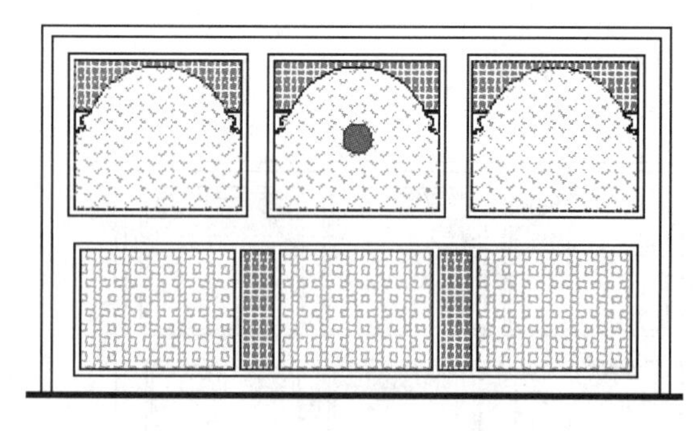

图 3-151　夹点效果

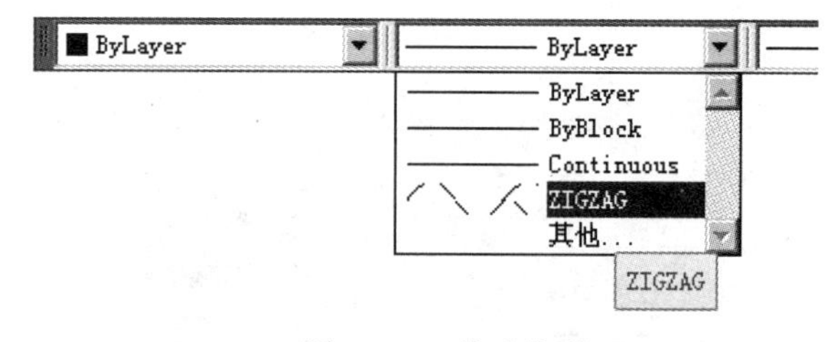

图 3-152　线改线型

步骤 21　按 Esc 键取消图案的夹点显示，最终结果如图 3-153 所示。

图 3-153　最终结果

步骤 22　最后执行“另存为”命令，将图形命名存储为“绘制形象墙立面图.dwg”。

3.8　思考与总结

3.8.1　知识点思考

1. 思考题一

在系统默认设置下，使用相关的等分点命令等分对象时，结果只能是在等分点处放置一些点的标记符号，试问能否在对象等分点处放置一些规则的图形呢？思考一下如何解决这一问题。

2. 思考题二

在学习了相关的画线命令后，想一想如何绘制具有不同颜色、不同线型的平行线组？如何快速绘制一些连续的相切弧？如何对角进行单次等分和多次等分？

3. 思考题三

在使用“图案填充”命令填充图案时，常常会遇到很久找不到范围的情况，尤其在是 dwg 文件本身比较大的时候，想一想应该如何解决这一问题，使得图案在不受外在因素干扰的前提下快速地填充。

3.8.2　知识点总结

本章通过众多详细例题和综合范例，详细讲述了 AutoCAD 常用绘图工具的使用方法和操作技巧，通过本章的学习，应熟练掌握以下知识：

（1）在讲述点命令时，需要掌握点样式、点大小的设置方法，掌握单点与多点的绘制过程，了解和掌握定数等分和定距等分工具的操作方法和技巧。

（2）在讲述线命令时，要重点掌握“多线”和“多段线”两个命令，了解和掌握多线样式、多线比例及对正方式的设置；在绘制多段线时，要掌握直线序列和弧线序列以及具有一定宽度多段线的绘制方法和绘制技巧；另外，还需要掌握样条曲线的拟合、切向以及云线弧长的设置等。

（3）在讲述圆与弧命令时，具体需要掌握六种画圆方式和十一种画弧方式；在绘制椭圆和椭圆弧时，需要掌握轴端点式和中心点式两种方法。

（4）在讲述折线命令时，具体需要掌握三种绘制矩形的方式以及五种特征矩形的画法；掌握内接于圆、外切于圆和边三种正多边形的绘制方法和绘制技巧。

（5）最后需要掌握边界和面域的创建技巧、各种图案的填充方法、填充边界的拾取方式等。

3.9　上机操作题

3.9.1　操作题一

综合相关知识，绘制如 3-154 所示的双开门构件（局部尺寸自定）。

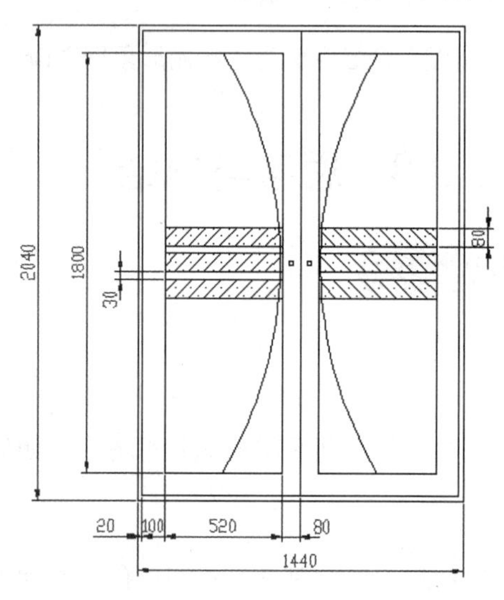

图 3-154　操作题一

3.9.2　操作题二

综合相关知识，绘制如图 3-155 所示的客房吊顶图（局部尺寸自定）。

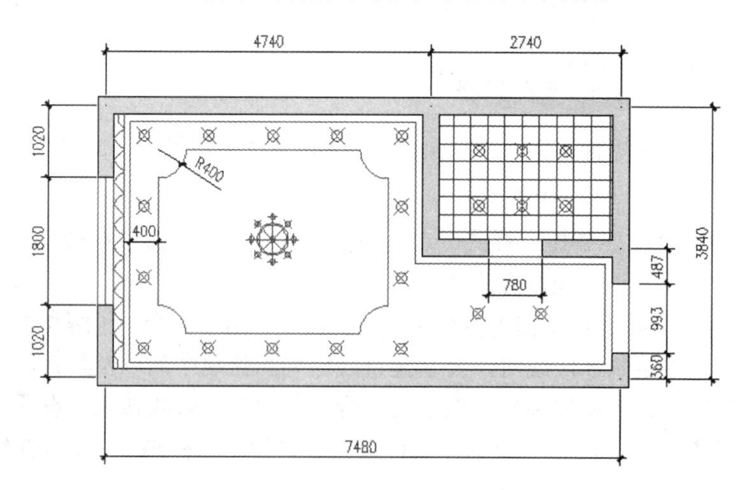

图 3-155　操作题二

第 4 章　室内设计图元的修改功能

任何一种复杂的图形都不可能仅通过一些基本图元组合而成，而是在这些基本图元的基础上，使用多种修改工具对其进行编辑细化，使其能真正表达出图形的结构及设计意图。本章将集中讲解 AutoCAD 室内设计图元的常用修改功能。

本章内容如下：

- 对象的修剪与延伸
- 对象的拉伸与拉长
- 对象的打断与合并
- 更改对象的位置及形状
- 综合范例——绘制客厅沙发与茶几
- 思考与总结
- 上机操作题

4.1　对象的修剪与延伸

“修剪”和“延伸”是两个非常常用的图形修改工具，分别用于将指定的对象修剪和延长。

4.1.1　修剪对象

“修剪”命令用于修剪掉对象上指定的部分，以将对象编辑为符合设计要求的图样，如图 4-1 所示。

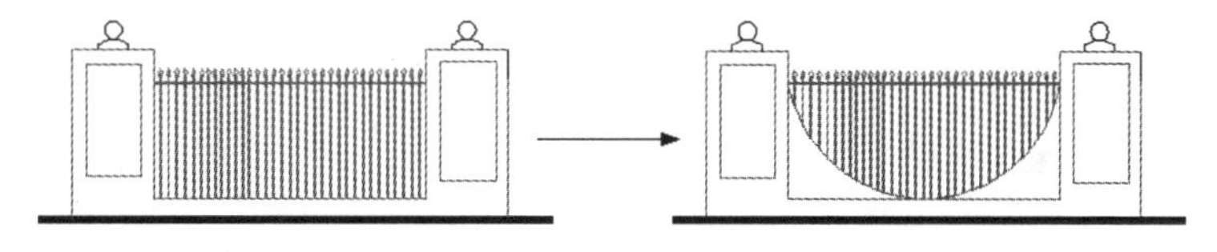

图 4-1　修剪示例

在修剪对象时，边界的选择是关键，而边界必须要与修剪对象，或其延长线相交，才能成功修剪对象。

执行“修剪”命令主要有以下几种方式。

- 菜单栏：单击菜单“修改”/“修剪”命令。
- 工具栏：单击“修改”工具栏上的 按钮。
- 命令行：在命令行输入 Trim 后按 Enter 键。
- 快捷键：在命令行输入 TR 后按 Enter 键。
- 功能区：单击“默认”选项卡/“修改”面板上的 按钮。

1. 常规模式下的修剪

所谓“常规模式下的修剪”，指的就是修剪边界与修改对象有一个实际的交点，如图 4-2 所示。下面通过具体的实例学习此种技能。

图 4-2　常规模式下的修剪

【例题 1】 常规模式下修剪对象。

步骤 01 打开随书光盘中的“\素材文件\4-1.dwg”，如图 4-1（左）所示。

步骤 02 单击菜单“绘图”/“圆弧”/“三点”命令，配合对象捕捉功能，绘制圆弧轮廓线。命令行操作如下：

```
命令: _arc
指定圆弧的起点或 [圆心(C)]:                        //捕捉如图 4-3 所示的端点
指定圆弧的第二个点或 [圆心(C)/端点(E)]:            //捕捉如图 4-4 所示的中点
指定圆弧的端点:                                    //捕捉如图 4-5 所示的端点,绘制结果如图 4-6 所示
```

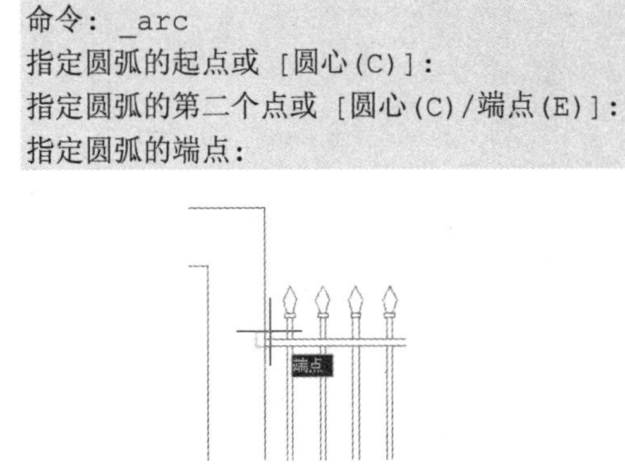

图 4-3　定位起点

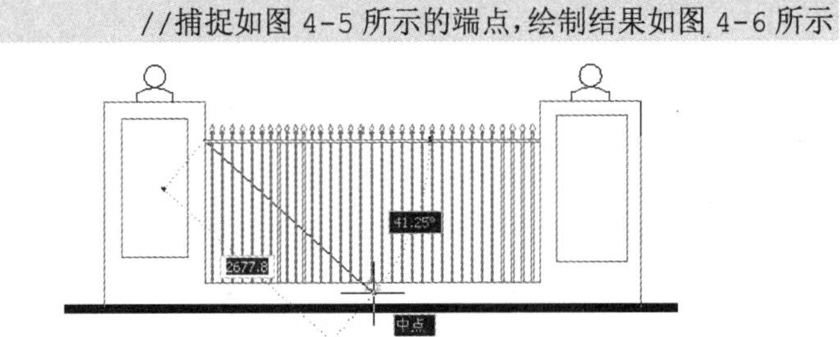

图 4-4　定位中点

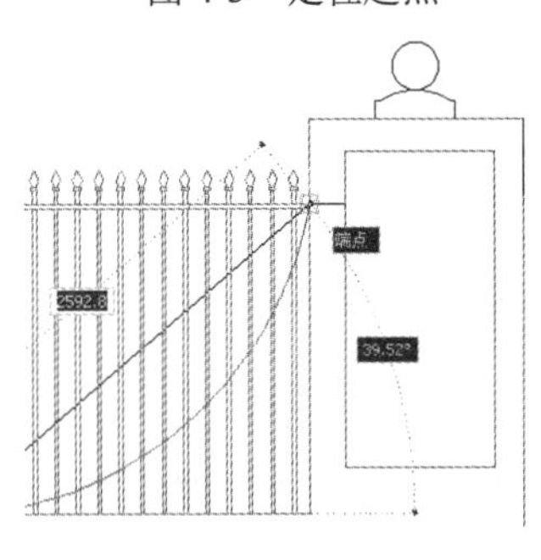

图 4-5　定位端点

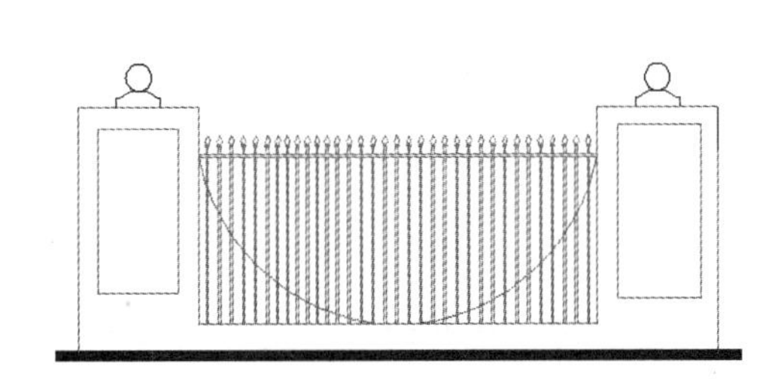

图 4-6　绘制结果

步骤 03 单击“修改”工具栏上的 按钮，执行“修剪”命令，对垂直的图线进行修剪。命令行操作过程如下：

```
命令: _trim
当前设置:投影=UCS, 边=无
选择剪切边...
选择对象或 <全部选择>:                          //选择刚绘制的圆弧作为修剪边界
选择对象:                                       //Enter, 结束对象的选择
```

```
选择要修剪的对象，或按住 Shift 键选择要延伸的对象，或[栏选(F)/窗交(C)/投影(P)/边(E)/删除(R)/放弃(U)]:    //在图 4-7 所示的图线位置单击，结果处于边界下的图线被修剪掉，如图 4-8 所示
………
选择要修剪的对象，或按住 Shift 键选择要延伸的对象，或[栏选(F)/窗交(C)/投影(P)/边(E)/删除(R)/放弃(U)]:    //分别在其他图线的下端单击左键
选择要修剪的对象，或按住 Shift 键选择要延伸的对象，或[栏选(F)/窗交(C)/投影(P)/边(E)/删除(R)/放弃(U)]:    //Enter，结果所有位于边界下侧的图线都被修剪，如图 4-9 所示
```

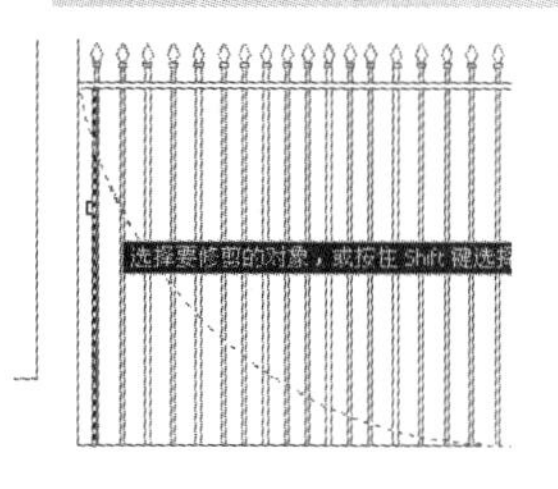

图 4-7　选择修剪图线

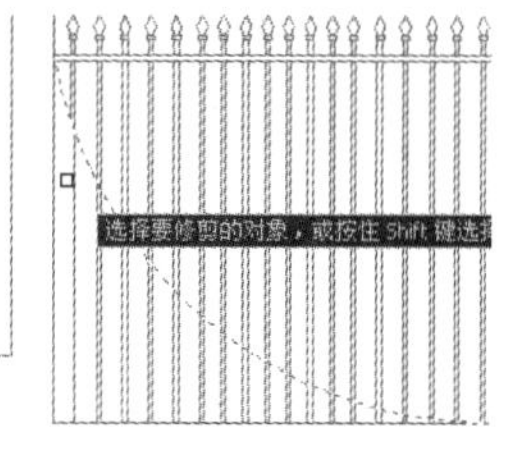

图 4-8　修剪结果

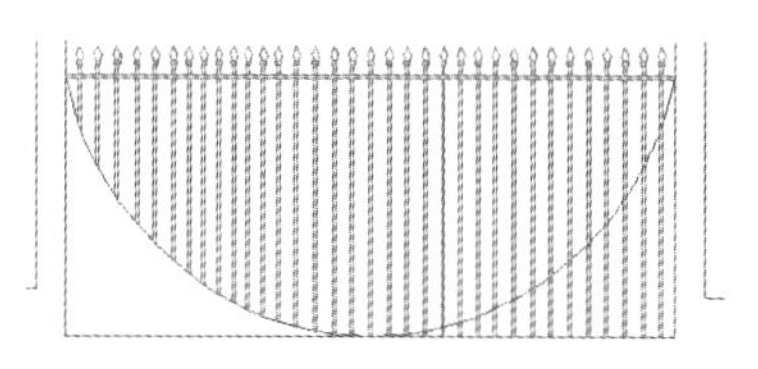

图 4-9　修剪结果

步骤 04　关闭“对象捕捉”功能，然后单击菜单“修改”/“修剪”命令，继续以圆弧作为修剪边界，对右侧的垂直图线进行修剪。命令行操作过程如下：

```
命令: TRIM                          // Enter，重复执行命令
当前设置:投影=UCS，边=无
选择剪切边...
选择对象或 <全部选择>:               //单击下侧的圆弧轮廓线，作为边界
选择对象:                           // Enter，结束对象的选择
选择要修剪的对象，或按住 Shift 键选择要延伸的对象，或[栏选(F)/窗交 (C)/投影(P)/边(E)/删除(R)/放弃(U)]:                    //F Enter，执行“栏选”功能
```

使用“栏选”和“窗交”两个选项一次可选择多个用于修剪的图线，是一种非常常用的操作技巧。

```
指定第一个栏选点:                    //在需要修剪掉的区域拾取第一点 A
指定下一个栏选点或 [放弃(U)]:        //在需要修剪掉的区域拾取第二点 B，绘制出如图 4-10 所示的栅栏线
指定下一个栏选点或 [放弃(U)]:        //Enter，结果所有与栅栏线相交的图线都被修剪掉，如图 4-11 所示
选择要修剪的对象，或按住 Shift 键选择要延伸的对象，或[栏选(F)/窗交(C)/投影(P)/边(E)/删除(R)/放弃(U)]:                    //配合窗口选项功能，分别单击其他位置需要修剪的图线
选择要修剪的对象，或按住 Shift 键选择要延伸的对象，或[栏选(F)/窗交(C)/投影(P)/边(E)/删除(R)/放弃(U)]:                    // Enter，结束命令，最终的修剪效果如图 4-1（右）所示
```

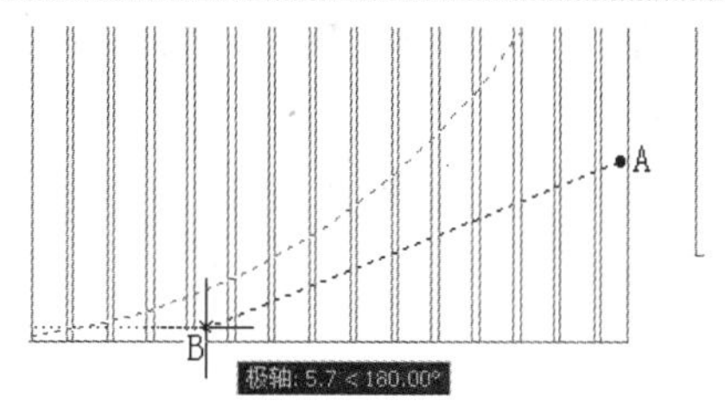

图 4-10　绘制栅栏线

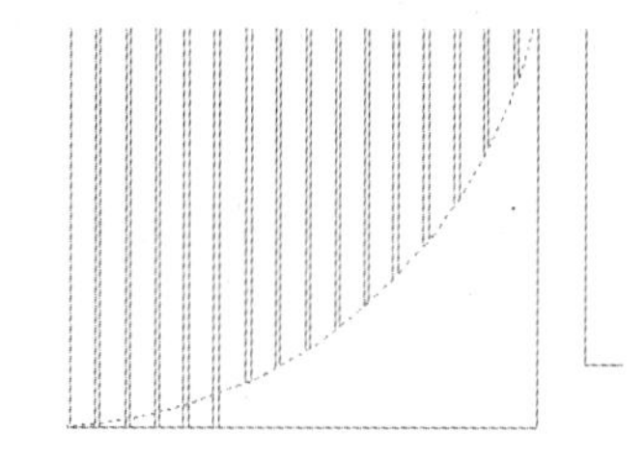

图 4-11　修剪结果

2. 隐含交点模式下的修剪

所谓“隐含交点”，指的是边界与对象没有实际的交点，而是边界被延长后，与对象存在一个隐含交点，如图 4-12 所示。

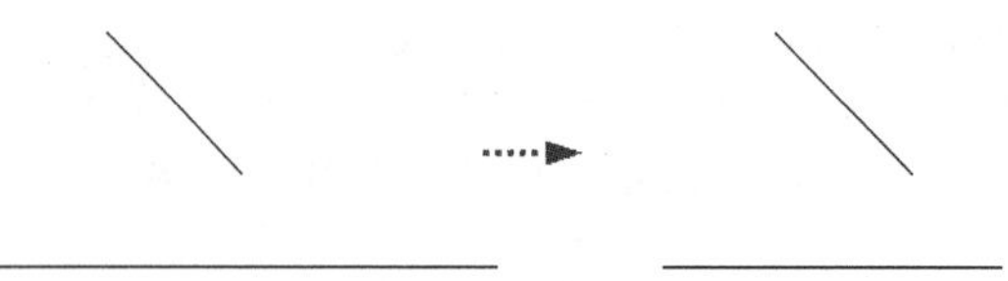

图 4-12　修剪结果

【例题 2】 隐含交点模式下修剪对象。

步骤 01　首先绘制如图 4-12（左）所示的两条图线。

步骤 02　单击“修改”工具栏或面板上的 按钮，执行“修剪”命令，对水平图线进行修剪，命令行操作如下：

```
命令: _trim
当前设置:投影=UCS，边=无
选择剪切边...
选择对象或 <全部选择>:                    // Enter，选择倾斜图线
选择对象:
选择要修剪的对象，或按住 Shift 键选择要延伸的对象，或[栏选(F)/窗交(C)/投影(P)/边(E)/删除(R)/放弃(U)]:                    //E Enter，执行“边”选项功能
输入隐含边延伸模式 [延伸(E)/不延伸(N)] <不延伸>://E Enter，设置延伸模式
```

在“隐含交点”模式下修剪图线时，需要事先更改修剪模式为“修剪模式”。

```
选择要修剪的对象，或按住 Shift 键选择要延伸的对象，或[栏选(F)/窗交(C)/投影(P)/边(E)/删除(R)/放弃(U)]:                    //在水平图线的右端单击
选择要修剪的对象，或按住 Shift 键选择要延伸的对象，或[栏选(F)/窗交(C)/投影(P)/边(E)/删除(R)/放弃(U)]:                    // Enter，结束命令
```

步骤 03　修剪结果如图 4-12（右）所示。

“边”选项用于确定修剪边的隐含延伸模式。“延伸”选项表示剪切边界可以无限延长，边界与被剪实体不必相交；“不延伸”选项是指剪切边界只有与被剪实体相交时才有效。

“投影”选项用于设置三维空间剪切实体的不同投影方法，选择该选项后，AutoCAD 出现“输入投影选项[无（N）/UCS（U）/视图（V）]<无>：”的操作提示，其中：

- “无”选项表示不考虑投影方式，按实际三维空间的相互关系修剪；
- “UCS”选项是指在当前 UCS 的 XOY 平面上修剪；
- “视图”选项表示在当前视图平面上修剪。

当系统提示“选择剪切边”时，直接按 Enter 键即可选择待修剪的对象，系统在修剪对象时将使用最靠近的候选对象作为剪切边。

4.1.2　延伸对象

“延伸”命令用于将图形对象延长到指定的边界上，如图 4-13 所示。用于延伸的对象有直线、圆弧、椭圆弧、非闭合的二维多段线和三维多段线以及射线等。

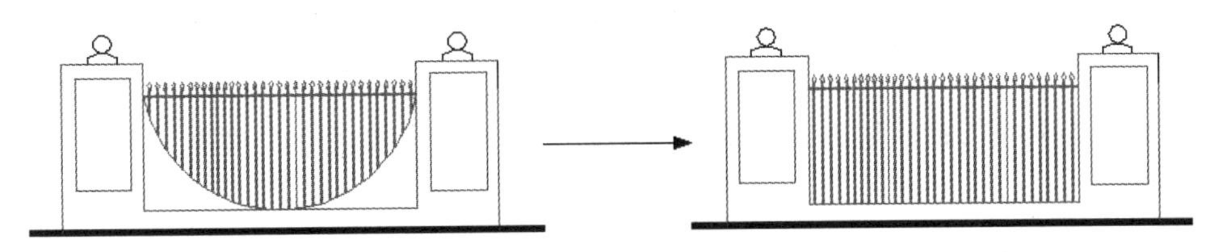

图 4-13　延伸示例

在指定边界时，有两种情况：一种是对象被延长后与边界有一个实际的交点；另一种就是与边界的延长线相交于一点。

执行“延伸”命令主要有以下几种方式：

- 菜单栏：单击菜单“修改”/“延伸”命令。
- 工具栏：单击“修改”工具栏上的按钮。
- 命令行：在命令行输入 Extend 后按 Enter 键。
- 快捷键：在命令行输入 EX 后按 Enter 键。
- 功能区：单击“默认”选项卡/“修改”面板上的按钮。

1. 常规模式下的延伸

所谓“常规模式下的延伸”，指的就是图形被延伸后，与事先指定的延伸边界相交于一点，如图 4-14 所示。

图 4-14　延伸结果

【例题 3】 常规模式下延伸对象。

步骤 01　新建空白文件。

步骤 02　使用“直线”命令绘制如图 4-14（左）所示的两条图线。

步骤 03　单击“修改”工具栏或面板上的按钮，执行“延伸”命令，以水平直线作为边界，对垂直直线进行延伸。命令行操作如下：

```
命令: _extend
当前设置:投影=UCS，边=无
选择边界的边...
选择对象或 <全部选择>:                    //选择水平直线作为边界
```

```
选择对象:                              // Enter，结束边界的选择
选择要延伸的对象，或按住 Shift 键选择要修剪的对象，或[栏选(F)/窗交(C)/投影(P)/边(E)/放弃
(U)]:                                  //在垂直直线的下端单击
选择要延伸的对象，或按住 Shift 键选择要修剪的对象，或[栏选(F)/窗交(C)/投影(P)/边(E)/放弃
(U)]:                                  // Enter，结束命令
```

步骤 04　结果垂直直线的下端被延伸，与边界相交于一点，如图 4-14（右）所示。

技巧提示　在选择延伸对象时，要在靠近延伸边界的一端选择需要延伸的对象，否则对象将不被延伸。

2. 隐含交点下的延伸

所谓“隐含交点”，指的是边界与对象延长线没有实际的交点，而是边界被延长后，与对象延长线存在一个隐含交点，如图 4-15 所示。

延伸后

图 4-15　隐含交点下的延伸

对隐含交点下的图线进行延伸时，需要更改默认的延伸模式，即将默认模式更改为“延伸模式”。

【例题 4】　隐含交点模式下延伸对象。

步骤 01　新建空白文件。

步骤 02　使用“直线”命令绘制如图 4-15（左）所示的两条图线。

步骤 03　执行“修剪”命令，将垂直图线的下端延长，使之与水平图线的延长线相交。命令行操作如下：

```
命令: _extend
当前设置:投影=UCS，边=无
选择边界的边...
选择对象:                              //选择水平的图线作为延伸边界
选择对象:                              // Enter，结束边界的选择
选择要延伸的对象，或按住 Shift 键选择要修剪的对象，或[栏选(F)/窗交(C)/投影(P)/边(E)/放弃
(U)]:                                  //e Enter，执行“边”选项
输入隐含边延伸模式 [延伸(E)/不延伸(N)] <不延伸>: //E Enter，设置延伸模式
选择要延伸的对象，或按住 Shift 键选择要修剪的对象，或[栏选(F)/窗交(C)/投影(P)/边(E)/放弃
(U)]:                                  //在垂直图线的下端单击
选择要延伸的对象，或按住 Shift 键选择要修剪的对象，或[栏选(F)/窗交(C)/投影(P)/边(E)/放弃
(U)]:                                  // Enter，结束命令
```

步骤 04　结果垂直图线被延伸，如图 4-15（右）所示。

"边"选项用于确定延伸边的方式。"延伸"选项将使用隐含的延伸边界来延伸对象；"不延伸"选项用于确定边界不延伸，而只有边界与延伸对象真正相交后才可延伸对象。

4.2　对象的拉伸与拉长

本节主要学习"拉伸"和"拉长"两个命令，"拉伸"命令可以对闭合或非闭合图形进行编辑，而"拉长"命令仅可对非闭合图形进行编辑。

4.2.1　拉伸对象

"拉伸"命令主要用于将图形对象进行不等比缩放，进而改变对象的尺寸或形状，如图 4-16 所示。

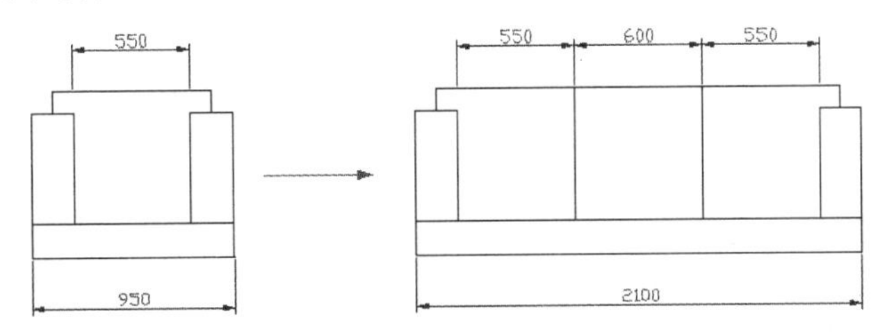

图 4-16　拉伸示例

通常用于拉伸的基本几何图形主要有直线、圆弧、椭圆弧、多段线、样条曲线等。

执行"拉伸"命令主要有以下几种方式：

- 菜单栏：单击菜单"修改"/"拉伸"命令。
- 工具栏：单击"修改"工具栏上的按钮。
- 命令行：在命令行输入 Stretch 后按下 Enter 键。
- 快捷键：在命令行输入 S 后按 Enter 键。
- 功能区：单击"默认"选项卡/"修改"面板上的按钮。

【例题 5】　将单人沙发编辑成双人沙发。

步骤 01　打开随书光盘"\素材文件\4-2.dwg"，如图 4-16（左）所示。

步骤 02　单击"修改"工具栏或面板上的按钮，对单人沙发平面图进行拉伸。命令行操作如下：

```
命令：_stretch
以交叉窗口或交叉多边形选择要拉伸的对象...
选择对象：　　//从图 4-17 所示第一点向左下拉出矩形选择框，然后在第二点位置单击，选择拉伸对象
```

技巧提示

在窗交选择时，需要拉长的图形必须与选择框相交，需要平移的图线只需处在选择框内即可。

```
选择对象：                              // Enter，结束选择
指定基点或 [位移(D)] <位移>：   //在任意位置单击，拾取一点作为拉伸基点，此时系统进入拉伸状态，如图 4-18 所示
指定第二个点或 [阵列(A)] <使用第一个点作为位移>：
```

//向右拉出水平的极轴虚线，输入 1150 并按 Enter 键，结果如图 4-19 所示

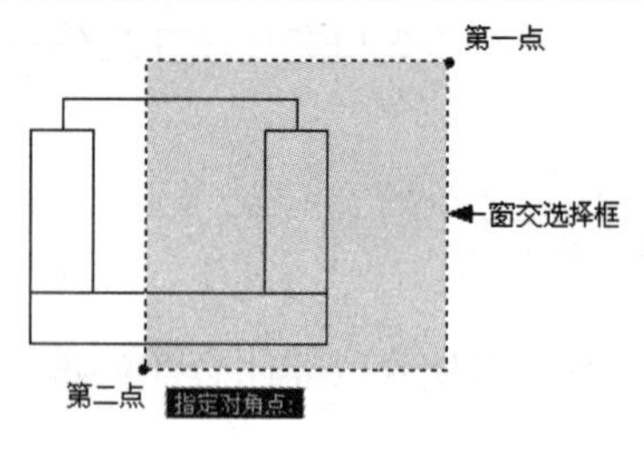

图 4-17　窗交选择

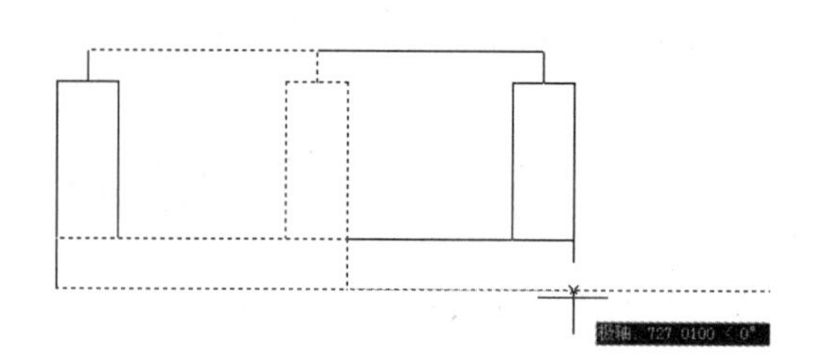

图 4-18　拉伸状态

步骤 03　使用快捷键 L 执行“直线”命令绘制内部的垂直轮廓线，结果如图 4-20 所示。

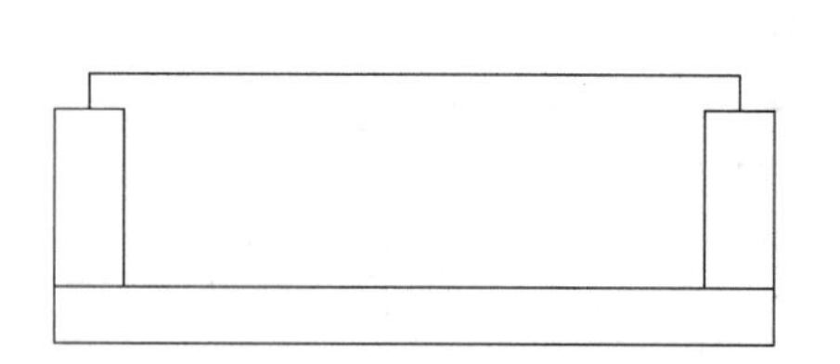

图 4-19　拉伸结果

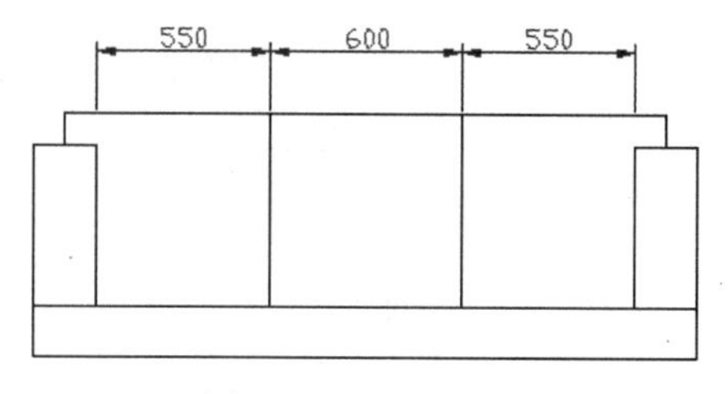

图 4-20　绘制结果

技巧提示　如果图形对象完全处于选择框内时，结果只能是图形对象相对于原位置上的平移。

4.2.2　拉长对象

“拉长”命令主要用于将图线拉长或缩短，在拉长的过程中，不仅可以改变线对象的长度，还可以更改弧对象的角度，如图 4-21 所示。

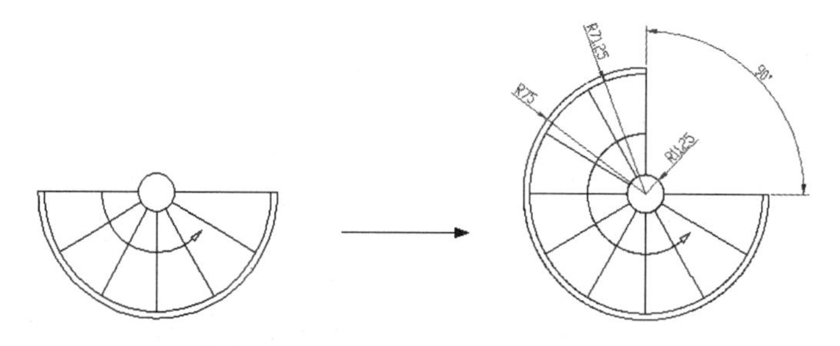

图 4-21　拉长示例

技巧提示　使用“拉长”命令可以改变圆弧和椭圆弧的角度，也可以改变圆弧、椭圆弧、直线和非闭合的多段线以及样条曲线的长度，但闭合的图形对象不能被拉长或缩短。

执行“拉长”命令主要有以下几种方式：

- 菜单栏：单击菜单“修改”/“拉长”命令。
- 命令行：在命令行输入 Lengthen 后按 Enter 键。
- 快捷键：在命令行输入 LEN 后按 Enter 键。
- 功能区：单击“默认”选项卡/“修改”面板上的按钮。

【例题 6】 拉长对象。

步骤 01　打开随书光盘“\素材文件\4-3.dwg”，如图 4-21（左）所示。

步骤 02　按下键盘上的 F3 功能键，开启状态栏上的“对象捕捉”功能。

步骤 03　单击菜单“修改”/“拉长”命令，或在命令行输入 Lengthen，执行“拉长”命令，对外侧的同心圆弧进行拉长。命令行操作如下：

```
命令: _lengthen
选择对象或 [增量(DE)/百分数(P)/全部(T)/动态(DY)]:    //de Enter，激活“增量”选项
输入长度增量或 [角度(A)] <0.0000>:       //A Enter，激活“角度”选项
输入角度增量 <0.00>:                    //90 Enter，设置角度增量
选择要修改的对象或 [放弃(U)]:            //在如图 4-22 所示的位置单击圆弧，结果该圆弧被拉长，
如图 4-23 所示
选择要修改的对象或 [放弃(U)]:            //在如图 4-24 所示的位置单击圆弧
选择要修改的对象或 [放弃(U)]:            // Enter，拉长结果如图 4-25 所示
```

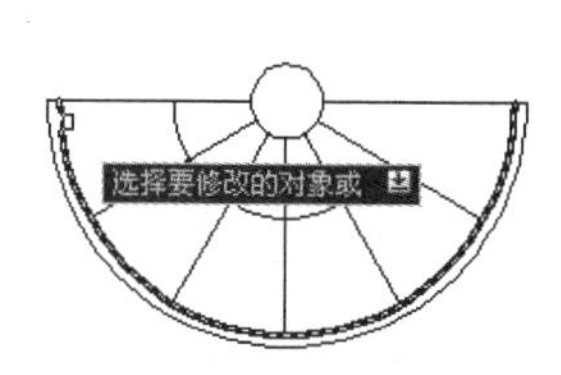

图 4-22　选择对象

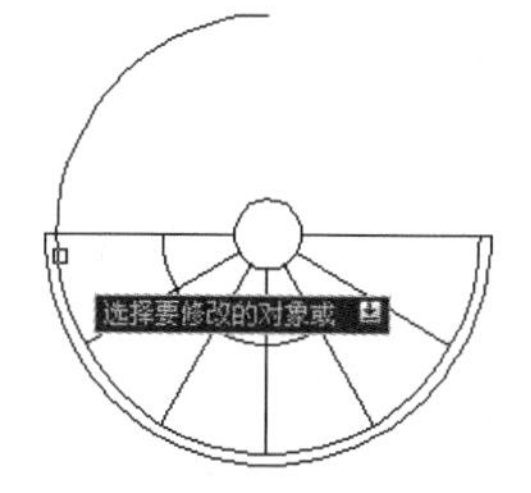

图 4-23　拉长结果

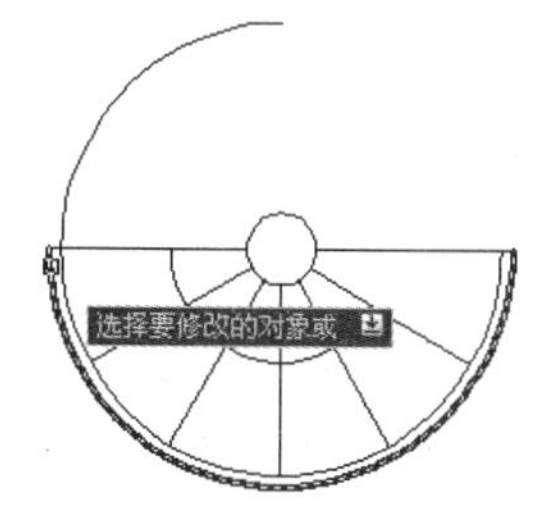

图 4-24　选择对象

使用“增量”选项可以将线、弧等对象按照指定的长度或角度进行拉长或缩短。

步骤 04　单击鼠标右键，从弹出的右键菜单中选择“重复拉长”选项，以重复执行“拉长”命令，命令行操作如下：

```
命令:LENGTHEN                                   //Enter，重复执行命令
选择对象或 [增量(DE)/百分数(P)/全部(T)/动态(DY)]:  // t Enter
指定总长度或 [角度(A)] <1.0)>:                   //146 Enter，输入总长度
选择要修改的对象或 [放弃(U)]:                     //在如图 4-26 所示的位置单击圆弧
选择要修改的对象或 [放弃(U)]:                     //Enter，拉长结果如图 4-27 所示
```

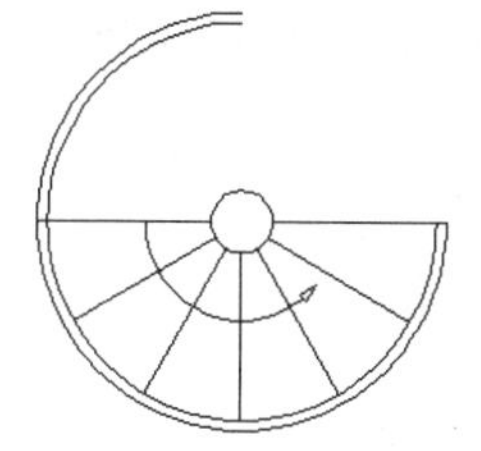
图 4-25　拉长结果

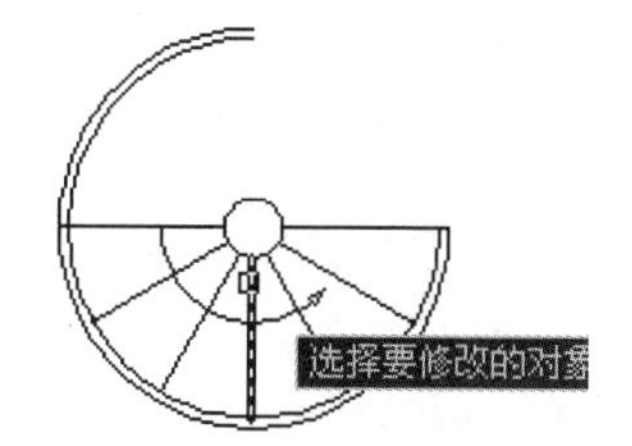
图 4-26 点选对象

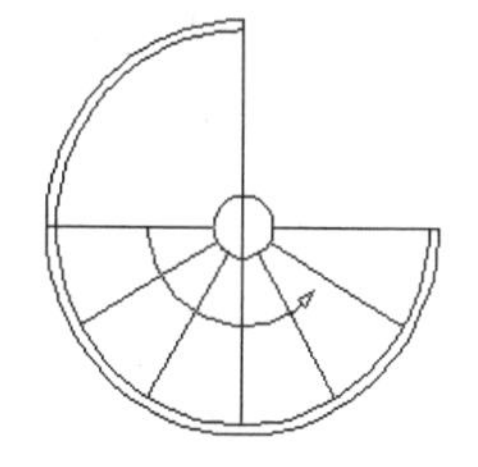
图 4-27　拉长结果

“全部”选项用于指定对象拉长后的总长度（或总角度）。如果源对象的总长度（或总角度）小于所设置的总长度（或部角度），那么源对象将被拉长；反之被缩短。

步骤 05 接下来重复执行“拉长”命令，继续对其他图线进行拉长。命令行操作如下：

```
命令: LENGTHEN                                          //Enter，重复执行命令
选择对象或 [增量(DE)/百分数(P)/全部(T)/动态(DY)]:      //t Enter，激活“全部”选项
指定总长度或 [角度(A)] <146.0)>:                       //142.5 Enter，输入总长度
选择要修改的对象或 [放弃(U)]:                          //在如图 4-28 所示的位置单击图线，结果
该图线被拉长，如图 4-29 所示
选择要修改的对象或 [放弃(U)]:                          //在如图 4-30 所示的位置单击图线
选择要修改的对象或 [放弃(U)]:                          // Enter，拉长结果如图 4-31 所示
```

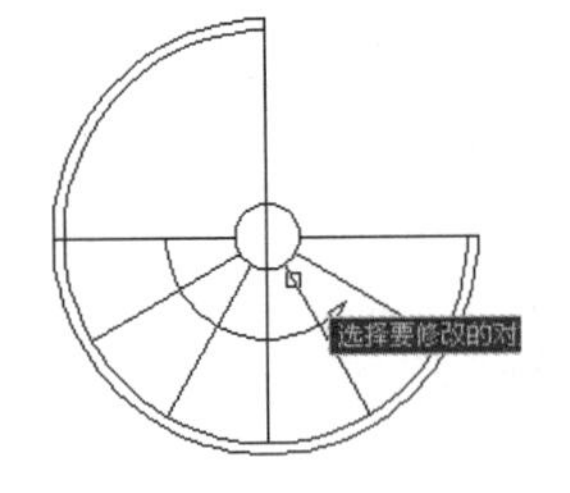

图 4-28 单击对象

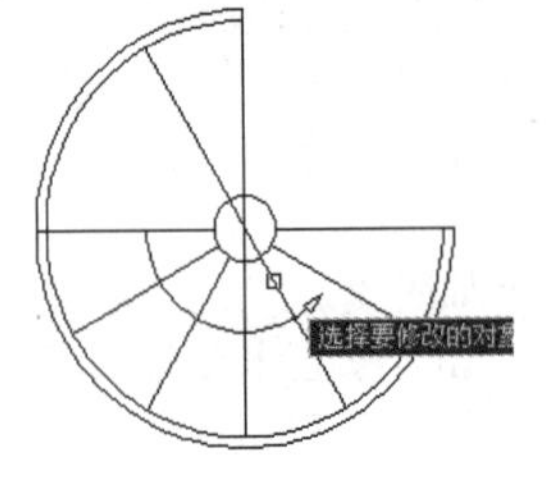
图 4-29 拉长结果

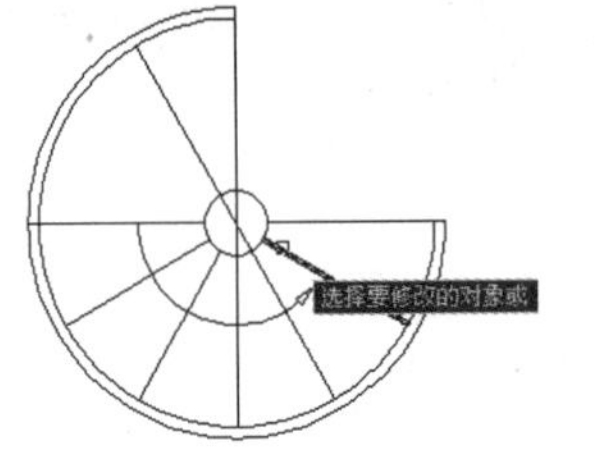

图 4-30 单击对象

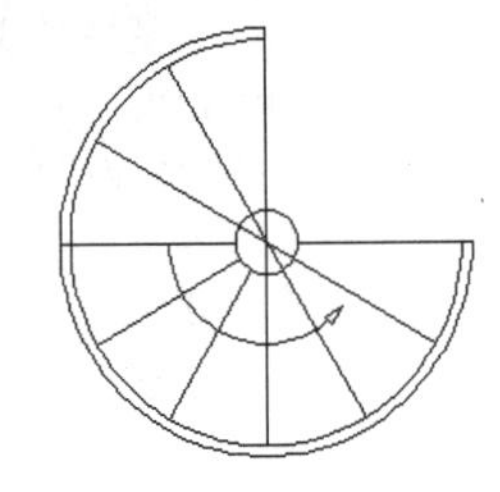
图 4-31 拉长结果

步骤 06 单击菜单“修改”/“拉长”命令，使用“动态”选项功能对弧形方向线进行动态拉长。命令行操作如下：

```
命令: _lengthen
选择对象或 [增量(DE)/百分数(P)/全部(T)/动态(DY)]:   //dy Enter，激活“动态”选项
选择要修改的对象或 [放弃(U)]:                       //在如图 4-32 所示位置上单击
指定新端点: //在图 4-33 所示位置单击，结果图线拉长到该位置，如图 4-34 所示
选择要修改的对象或 [放弃(U)]:                       // Enter，结束命令
```

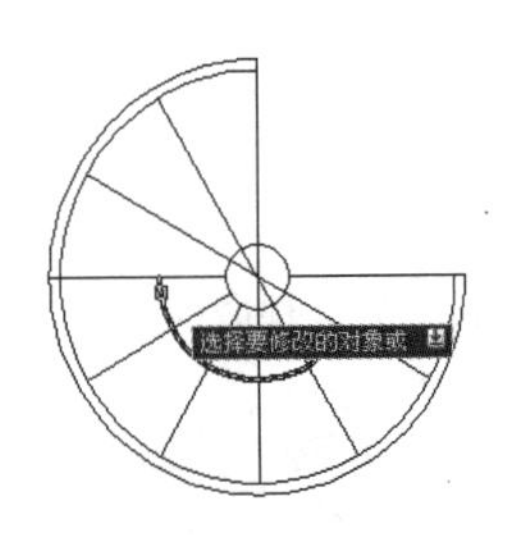

图 4-32 单击拉长对象

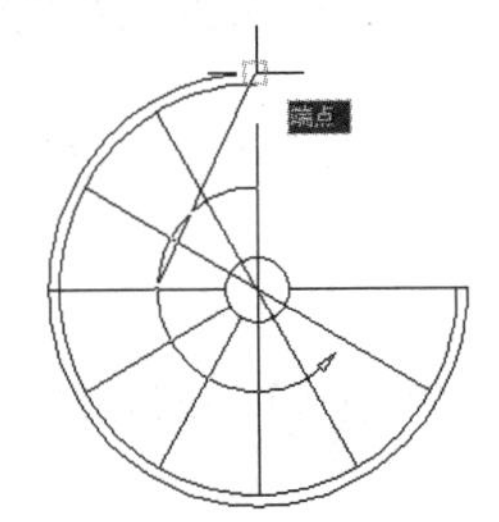

图 4-33 指定目标位置

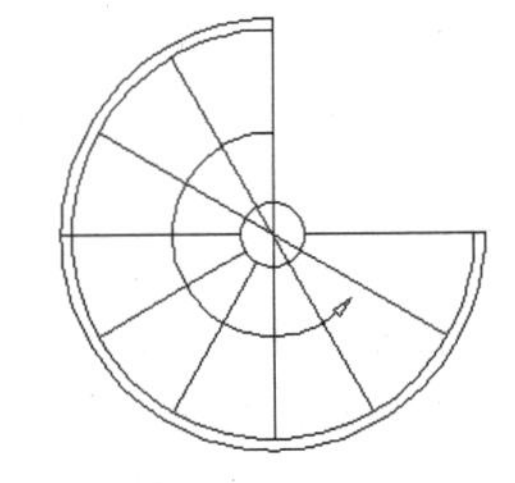
图 4-34 拉长结果

“动态”选项用于在不明确拉长或缩短的具体参数情况下，动态的、根据实际情况拉长或缩短对象。

步骤 07 单击菜单“修改”/“修剪”命令，将多余的图线修剪掉，命令行操作过程如下。

```
命令: _trim
当前设置:投影=UCS，边=无   选择剪切边...
选择对象或 <全部选择>:                //选择如图 4-35 所示的圆弧
选择对象:                             //选择如图 4-36 所示的圆
选择对象:                             // Enter，结束选择
选择要修剪的对象，或按住 Shift 键选择要延伸的对象，或[栏选(F)/窗交(C)/投影(P)/边(E)/删除
(R)/放弃(U)]:                         //在如图 4-37 所示的位置单击图线
```

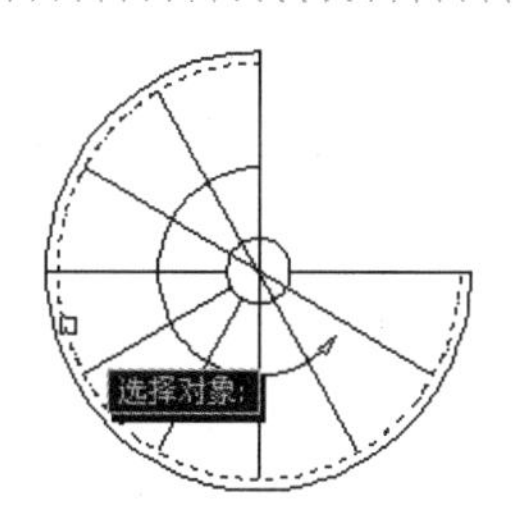

图 4-35 选择圆弧

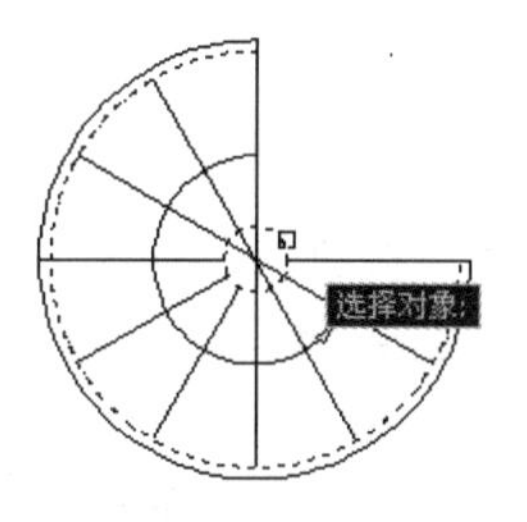

图 4-36 选择圆

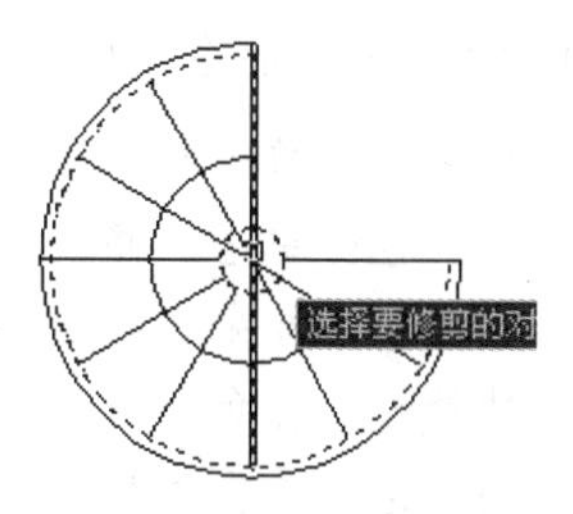

图 4-37 单击图线

```
选择要修剪的对象，或按住 Shift 键选择要延伸的对象，或[栏选(F)/窗交(C)/投影(P)/边(E)/删除
(R)/放弃(U)]:                       //在如图 4-38 所示的位置单击图线
选择要修剪的对象，或按住 Shift 键选择要延伸的对象，或[栏选(F)/窗交(C)/投影(P)/边(E)/删除
(R)/放弃(U)]:                       //在如图 4-39 所示的位置单击图线
选择要修剪的对象，或按住 Shift 键选择要延伸的对象，或[栏选(F)/窗交(C)/投影(P)/边(E)/删除
(R)/放弃(U)]:                       //在如图 4-40 所示的位置单击图线
选择要修剪的对象，或按住 Shift 键选择要延伸的对象，或[栏选(F)/窗交(C)/投影(P)/边(E)/删除
(R)/放弃(U)]:                       //Enter，结果如上图 4-21（右）所示
```

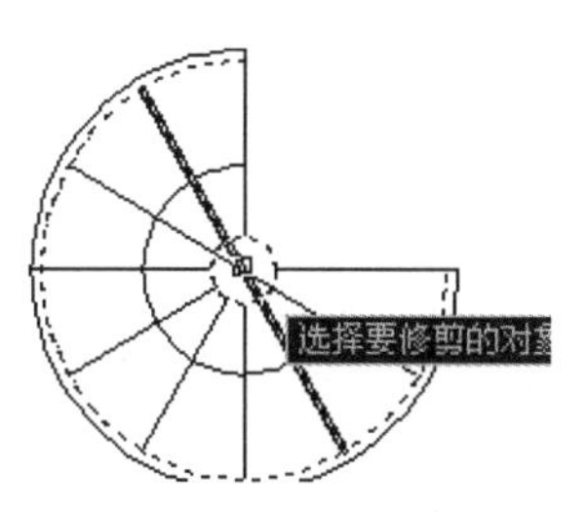

图 4-38 单击修剪图线

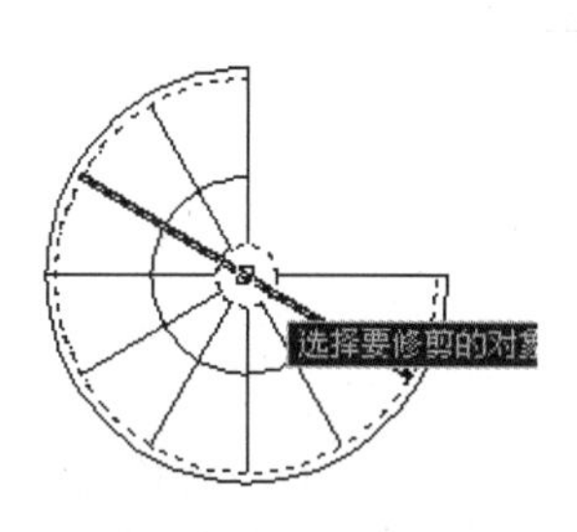

图 4-39 单击修剪图线

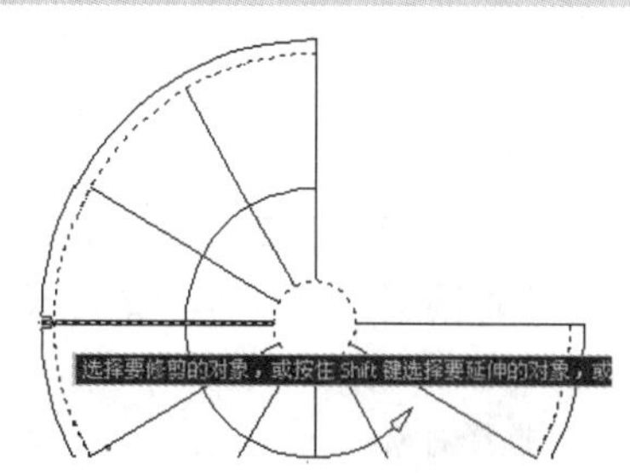

图 4-40 指定修剪位置

4.3 对象的打断与合并

本节主要学习“打断”与“合并”两个命令，以方便打断和合并对象。

4.3.1 打断对象

“打断”命令用于将选定的图形对象打断为相连的两部分，或打断并删除图形对象上的一部分，如图 4-41 所示。

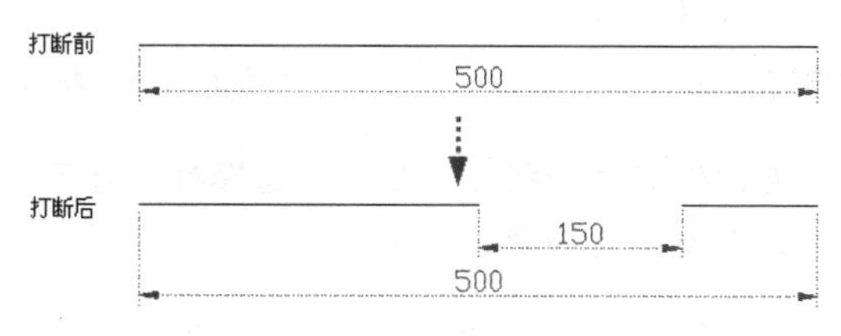

图 4-41 打断示例

打断对象与修剪对象都可以删除图形上的一部分，但是两者有着本质的区别，修剪对象必须有修剪边界的限制，而打断对象可以删除对象上任意两点之间的部分。

执行“打断”命令主要有以下几种方式。

- 菜单栏：单击菜单“修改”/“打断”命令。
- 工具栏：单击“修改”工具栏上的按钮。
- 命令行：在命令行输入 Break 后按 Enter 键。
- 快捷键：在命令行输入 BR 后按 Enter 键。
- 功能区：单击“默认”选项卡/“修改”面板上的按钮。

【例题 7】 打断直线与圆。

步骤 01 打开随书光盘中的“\素材文件\4-4.dwg”文件，如图 4-42 所示。

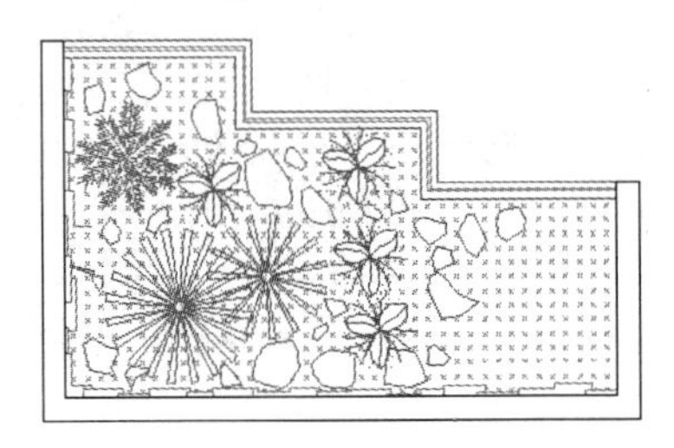

图 4-42　打开结果

步骤 02 单击“修改”工具栏上的按钮，执行“打断”命令，配合点的捕捉和输入功能将右侧的垂直轮廓线删除 750 个单位的距离，以创建门洞。命令行操作如下：

```
命令：_break
选择对象：                              //选择刚绘制的线段
指定第二个打断点 或 [第一点(F)]：       //f Enter，执行“第一点”选项
指定第一个打断点：                      //激活“捕捉自”功能
_from 基点：                            //捕捉如图 4-43 所示的端点
<偏移>：                                //@0,250 Enter，定位第一断点
指定第二个打断点：                      //@0,750 Enter，定位第二断点，打断结果如图 4-44 所示
```

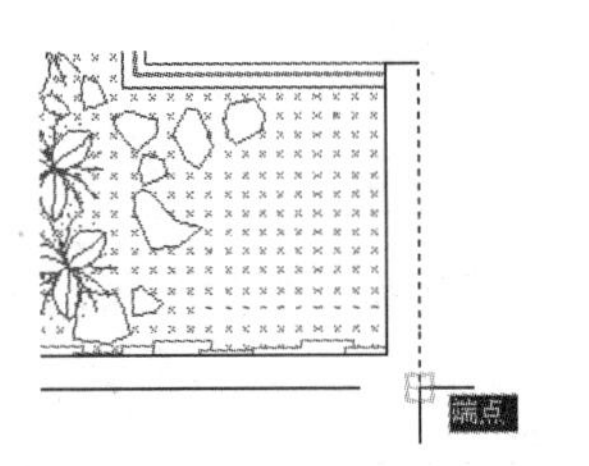

图 4-43　捕捉端点

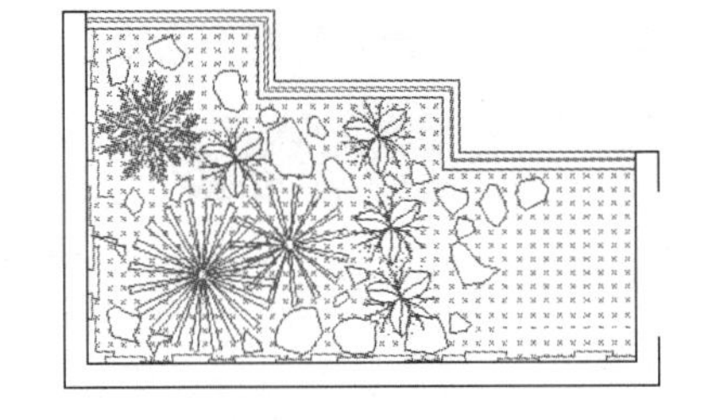

图 4-44　打断结果

“第一点”选项用于重新确定第一断点。由于在选择对象时不可能拾取到准确的第一点，所以需要激活该选项，以重新定位第一断点。

步骤 03 重复执行“打断”命令，配合捕捉和追踪功能对内侧的轮廓线进行打断。命令行操作如下：

```
命令：_break
选择对象：                              //选择刚绘制的线段
指定第二个打断点 或 [第一点(F)]：       //f Enter，执行“第一点”选项
```

```
指定第一个打断点：      //水平向左引出端点追踪虚线，然后捕捉如图 4-45 所示的端点，作为第一断点
指定第二个打断点：      //@0,750 Enter，定位第二断点，结果如图 4-46 所示
```

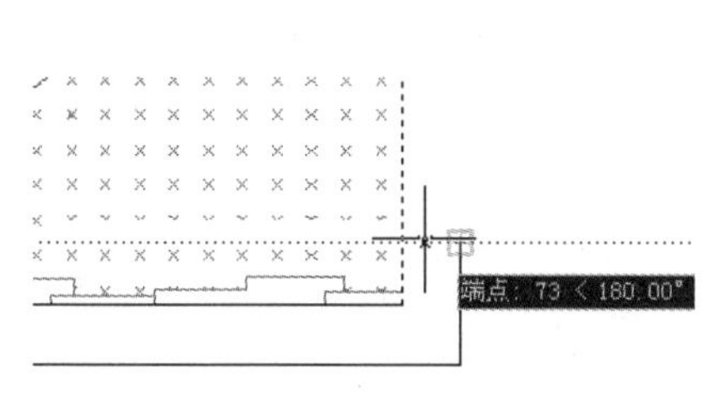

图 4-45　定位第一断点

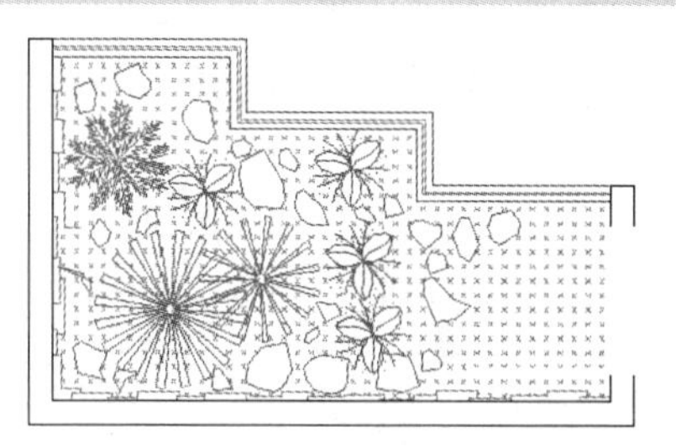

图 4-46　打断结果

步骤 04　最后使用快捷键 L 执行“直线”命令，配合端点捕捉功能绘制门洞两侧的墙线，结果如图 4-47 所示。

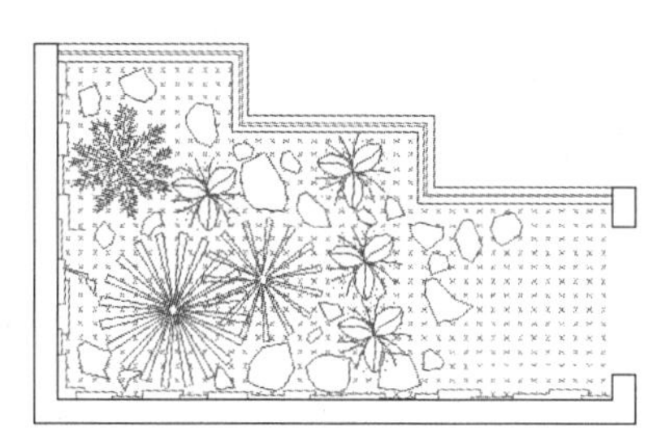

图 4-47　绘制结果

要将一个对象拆分为二而不删除其中的任何部分，可以在指定第二断点时输入相对坐标符号@，也可以直接单击“修改”工具栏上的按钮。

4.3.2　合并对象

“合并”命令用于将同角度的两条或多条线段合并为一条线段，还可以将圆弧或椭圆弧合并为一个整圆和椭圆，如图 4-48 所示。

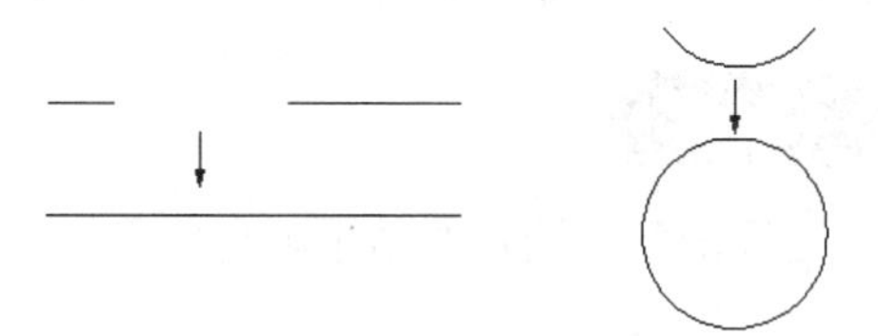

图 4-48　合并对象

执行“合并”命令主要有以下几种方式：

- 菜单栏：单击菜单“修改”/“合并”命令。
- 工具栏：单击“修改”工具栏上的按钮。
- 命令行：在命令行输入 Join 后按 Enter 键。
- 快捷键：在命令行输入 J 后按 Enter 键。
- 功能区：单击“默认”选项卡/“修改”面板上的按钮。

【例题 8】 合并直线与圆弧。

步骤 01 使用画线命令绘制如图 4-48（左）所示的两条线段、圆弧和椭圆弧。

步骤 02 单击“修改”工具栏或面板上的按钮，执行“合并”命令，将两条线段合并为一条线段。命令行操作如下：

```
命令: _join
选择源对象或要一次合并的多个对象:      //选择左侧的线段作为源对象
选择要合并的对象:                      //选择右侧线段
选择要合并的对象:                      // Enter，合并结果如图 4-49（右）所示
2 条直线已合并为 1 条直线
```

步骤 03 重复执行“合并”命令，将圆弧合并为一个整圆，命令行操作如下：

```
命令:JOIN
选择源对象或要一次合并的多个对象:      //选择如图 4-50 所示的圆弧
选择要合并的对象:                      // Enter
选择圆弧，以合并到源或进行 [闭合(L)]:
//L Enter，执行“闭合”选项，合并结果如图 4-50（下）所示
已将圆弧转换为圆
```

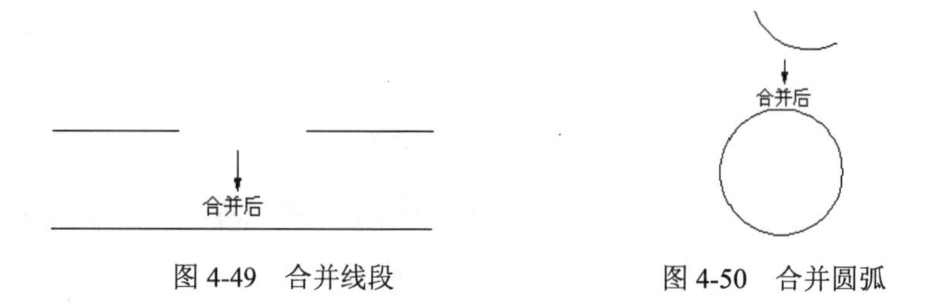

图 4-49　合并线段　　图 4-50　合并圆弧

4.4　对象的边角细化

本节主要学习“倒角”和“圆角”两个命令，以方便对图形的边角进行编辑和细化。

4.4.1　倒角对象

“倒角”命令主要用于为对象进行倒角，倒角的结果则是使用一条线段连接两个非平行的图线，如图 4-51 所示。

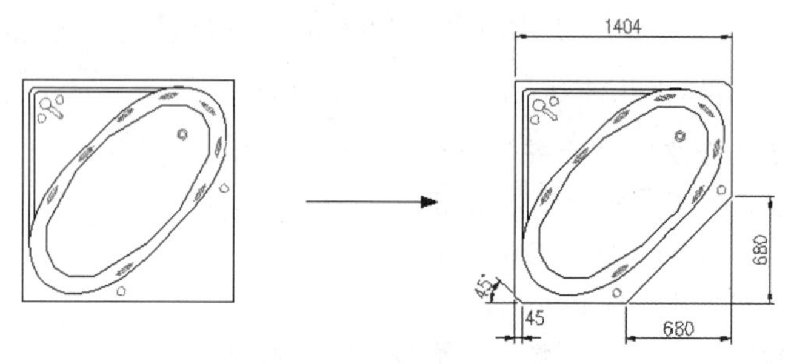

图 4-51　倒角示例

用于倒角的图线一般有直线、多段线、矩形、多边形等，不能倒角的图线有圆、圆弧、椭圆和椭圆弧等。

执行“倒角”命令主要有以下几种方式：

- 菜单栏：单击菜单“修改”/“倒角”命令。
- 工具栏：单击“修改”工具栏上的按钮。
- 命令行：在命令行输入 Chamfer 后按 Enter 键。
- 快捷键：在命令行输入 CHA 后按 Enter 键。
- 功能区：单击“默认”选项卡/“修改”面板上的按钮。

1. 距离倒角

“距离倒角”指的就是直接输入两条图线上的第一倒角距离和第二倒角距离，进行倒角图线，如图 4-52 所示。

图 4-52　距离倒角

【例题 9】 为图形进行距离倒角。

步骤 01 新建空白文件。

步骤 02 使用“直线”命令绘制如图 4-52（左）所示的两条图线。

步骤 03 单击“修改”工具栏或面板上的按钮，执行“倒角”命令，对两条图线进行距离倒角。命令行操作如下：

```
命令：_chamfer
(“修剪”模式) 当前倒角距离 1 = 0.0000，距离 2 = 0.0000
选择第一条直线或 [放弃(U)/多段线(P)/距离(D)/角度(A)/修剪(T)/方式(E)/多个(M)]:
// d Enter，执行“距离”选项
指定第一个倒角距离 <0.0000>:                    //150 Enter，设置第一倒角长度
指定第二个倒角距离 <25.0000>:                   //100 Enter，设置第二倒角长度
选择第一条直线或 [放弃(U)/多段线(P)/距离(D)/角度(A)/修剪(T)/方式(E)/多个(M)]:
//选择水平线段
选择第二条直线，或按住 Shift 键选择直线以应用角点或 [距离(D)/角度(A)/方法(M)]:
//选择倾斜线段并结束命令
```

步骤 04 距离倒角的结果如图 4-52（右）所示。

用于倒角的两个倒角距离值不能为负值，如果将两个倒角距离设置为零，那么倒角的结果就是两条图线被修剪或延长，直至相交于一点。

2. 角度倒角

“角度倒角”指的是通过设置一条图线的倒角长度和倒角角度为图线倒角，如图 4-53 所示。使用

此种方式为图线倒角时，需要设置对象的长度尺寸和角度尺寸。

图 4-53 角度倒角

【例题 10】 为图形进行角度倒角。

步骤 01 新建空白文件。

步骤 02 使用快捷键 L 执行“直线”命令，配合极轴追踪功能绘制如图 4-53（左）所示的两条图线。

步骤 03 单击“修改”工具栏或面板上的按钮，执行“倒角”命令，对两条图形进行角度倒角。命令行操作如下：

```
命令: _chamfer
("修剪"模式) 当前倒角距离 1 = 25.0000，距离 2 = 15.0000
选择第一条直线或 [放弃(U)/多段线(P)/距离(D)/角度(A)/修剪(T)/方式(E)/多个(M)]:
//a Enter，执行"角度"选项
指定第一条直线的倒角长度 <0.0000>:        //100 Enter，设置倒角长度
指定第一条直线的倒角角度 <0>:             //30 Enter，设置倒角距离
选择第一条直线或 [放弃(U)/多段线(P)/距离(D)/角度(A)/修剪(T)/方式(E)/多个(M)]:
                                          //选择水平的线段
选择第二条直线，或按住 Shift 键选择直线以应用角点或 [距离(D)/角度(A)/方法(M)]:
//选择倾斜线段并结束命令
```

步骤 04 角度倒角的结果如图 4-53（右）所示。

“方式”选项用于确定倒角的方式，要求选择“距离倒角”或“角度倒角”。另外，系统变量 Chammode 控制着倒角的方式：当 Chammode=0，系统支持距离倒角；当 Chammode=1，系统支持角度倒角模式。

3. 多段线倒角

“多段线”选项是用于为整条多段线的所有相邻元素边进行同时倒角操作，如图 4-54 所示。在为多段线进行倒角操作时，可以使用相同的倒角距离值，也可以使用不同的倒角距离值。

图 4-54 多段线倒角

【例题 11】 为多段线进行倒角。

步骤 01 新建空白文件。

步骤 02 使用“多段线”命令绘制如图 4-54（左）所示的多段线。

步骤 03 单击“修改”工具栏或面板上的按钮，执行“倒角”命令，对多段线进行倒角。命令行操作如下：

```
命令: _chamfer
("修剪"模式) 当前倒角距离 1 = 0.0000，距离 2 = 0.0000
选择第一条直线或 [放弃(U)/多段线(P)/距离(D)/角度(A)/修剪(T)/方式(E)/多个(M)]:
// d Enter，执行"距离"选项
指定第一个倒角距离 <0.0000>:            //50 Enter，设置第一倒角长度
指定第二个倒角距离 <50.0000>:                  //30 Enter，设置第二倒角长度
选择第一条直线或 [放弃(U)/多段线(P)/距离(D)/角度(A)/修剪(T)/方式(E)/多个(M)]:
//p Enter，执行"多段线"选项
选择二维多段线或 [距离(D)/角度(A)/方法(M)]:       //选择刚绘制的多段线
6 条直线已被倒角
```

步骤 04　多段线倒角的结果如图 4-54（右）所示。

如果被倒角的两个对象同时处于一个图层上，那么倒角线将位于该图层。否则，倒角线将位于当前图层上。此规则同样适用于倒角的颜色、线型和线宽等。

4. 设置倒角模式

“修剪”选项用于设置倒角的修剪状态。系统提供了两种倒角边的修剪模式，即“修剪”和“不修剪”。

当将倒角模式设置为“修剪”时，被倒角的两条直线被修剪到倒角的端点，系统默认的模式为“修剪模式”；当倒角模式设置为“不修剪”时，那么用于倒角的图线将不被修剪，如图 4-55 所示。

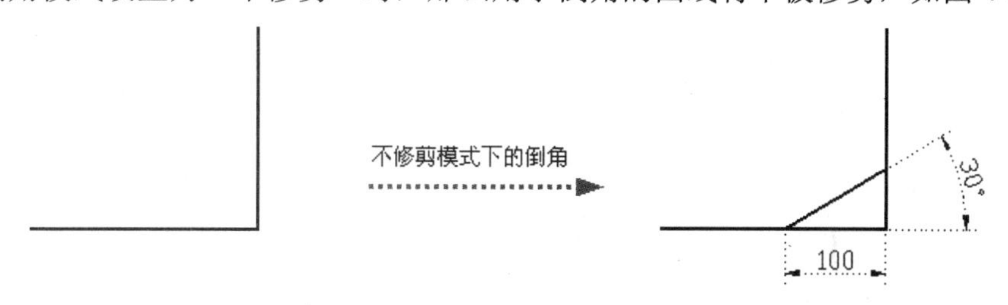

图 4-55　不修剪模式下的倒角

系统变量 Trimmode 用于控制倒角的修剪状态：当“Trimmode=0”时，系统保持对象不被修剪；当“Trimmode=1”时，系统支持倒角的修剪模式。

4.4.2　圆角对象

“圆角”命令是使用一段给定半径的圆弧光滑连接两条图线，如图 4-56 所示。一般情况下，用于圆角的图线有直线、多段线、样条曲线、构造线、射线、圆弧和椭圆弧等。

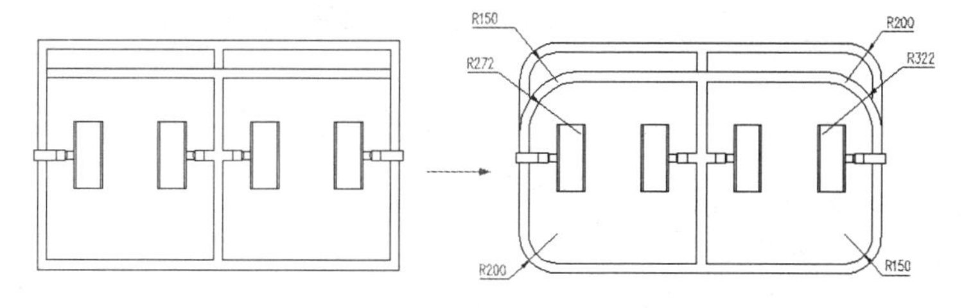

图 4-56　圆角示例

执行“圆角”命令主要有以下几种方式：

- 菜单栏：单击菜单“修改”/“圆角”命令。
- 命令行：在命令行输入 Fillet 后按 Enter 键。
- 快捷键：在命令行输入 F 后按 Enter 键。
- 功能区：单击“默认”选项卡/“修改”面板上的按钮。

【例题 12】 将图 4-56（左）所示的图形编辑成图 4-56（右）所示的结构。

步骤 01 打开随书光盘中的“\素材文件\4-5.dwg”，如图 4-56（左）所示。

步骤 02 单击“修改”工具栏中的按钮，执行“圆角”命令，对圆弧和直线进行圆角。命令行操作如下：

```
命令：_fillet
当前设置：模式 = 修剪，半径 = 0
选择第一个对象或 [放弃(U)/多段线(P)/半径(R)/修剪(T)/多个(M)]:
                              //r Enter，激活“半径”选项
指定圆角半径 <0>:             //200 Enter，设置圆角半径
选择第一个对象或 [放弃(U)/多段线(P)/半径(R)/修剪(T)/多个(M)]:
                              //在如图 4-57 所示的位置单击
选择第二个对象，或按住 Shift 键选择对象以应用角点或 [半径(R)]:
                              //在如图 4-58 所示的位置单击，圆角结果如图 4-59 所示
```

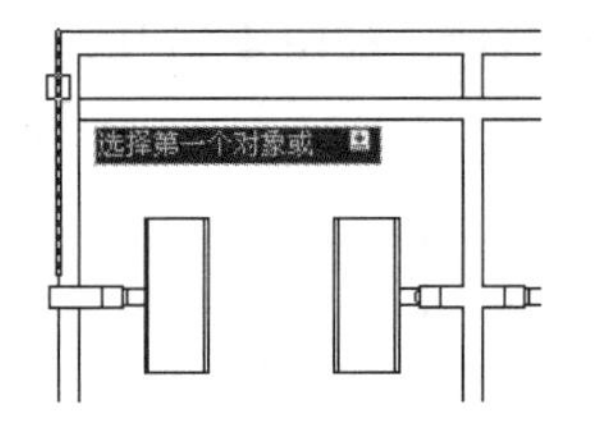

图 4-57　选择第一个圆角对象

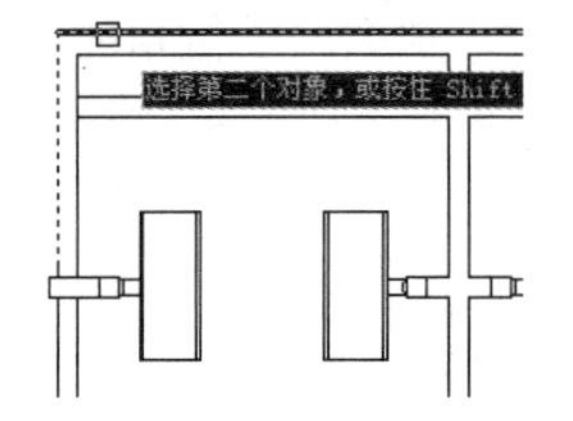

图 4-58　选择第二个圆角对象

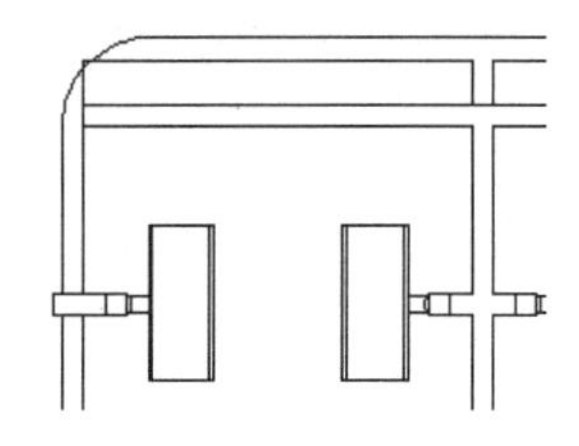
图 4-59　圆角结果

步骤 03 重复执行“圆角”命令，圆角半径不变，分别对其他位置的外轮廓线进行圆角，结果如图 4-60 所示。

步骤 04 重复执行“圆角”命令，设置圆角半径为 272，对内部图线进行圆角。命令行操作如下：

```
命令：_fillet
当前设置：模式 = 修剪，半径 = 200
选择第一个对象或 [放弃(U)/多段线(P)/半径(R)/修剪(T)/多个(M)]:
//r Enter，激活“半径”选项
指定圆角半径 <200>:           //200 Enter，设置圆角半径
选择第一个对象或 [放弃(U)/多段线(P)/半径(R)/修剪(T)/多个(M)]:
                              //M Enter，激活“多个”选项
```

使用命令中的“多个”选项可以在执行一次命令的前提下，为多个对象进行圆角。

```
选择第一个对象或 [放弃(U)/多段线(P)/半径(R)/修剪(T)/多个(M)]:
 //单击如图 4-61 所示的轮廓线 1
选择第二个对象，或按住 Shift 键选择对象以应用角点或 [半径(R)]://单击轮廓线 2
```

```
选择第一个对象或 [放弃(U)/多段线(P)/半径(R)/修剪(T)/多个(M)]:  //单击轮廓线 3
选择第二个对象，或按住 Shift 键选择对象以应用角点或 [半径(R)]:
//单击轮廓线 4，圆角结果如图 4-62 所示
```

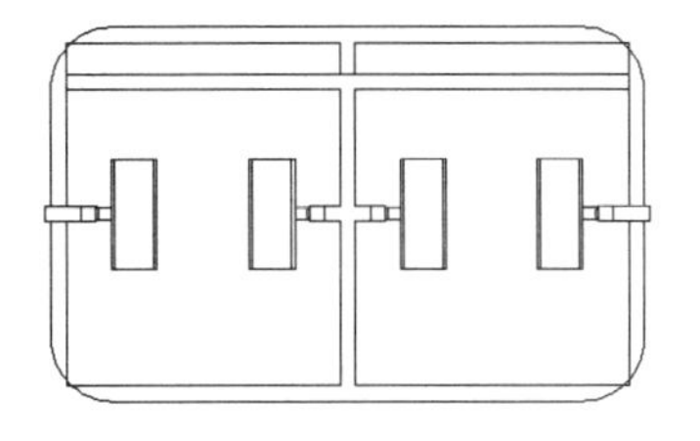
图 4-60　圆角外轮廓线

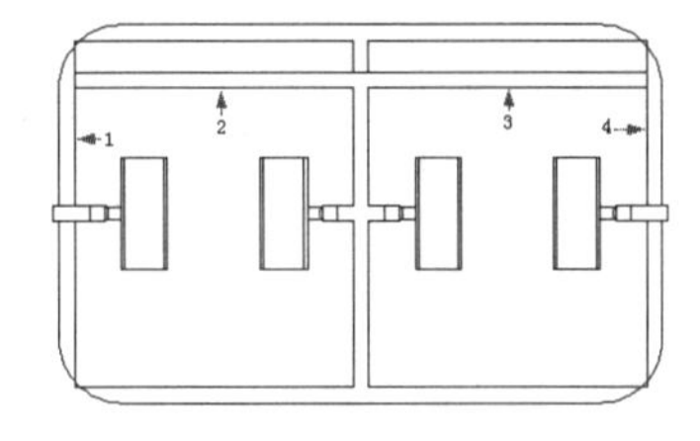

图 4-61　定位圆角对象

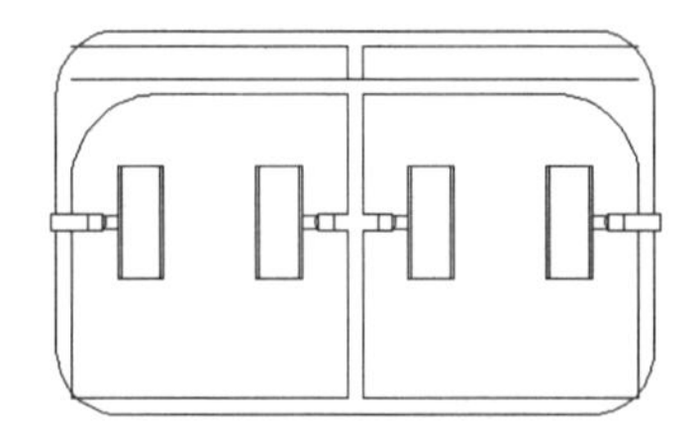
图 4-62　圆角结果

步骤 05　重复执行“圆角”命令，设置圆角半径为 150，分别对图 4-63 所示的轮廓线 1~8 进行圆角，结果如图 4-64 所示。

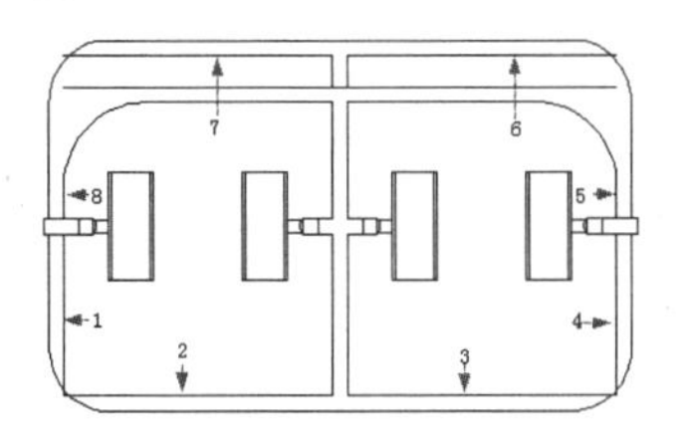

图 4-63　指定圆角对象

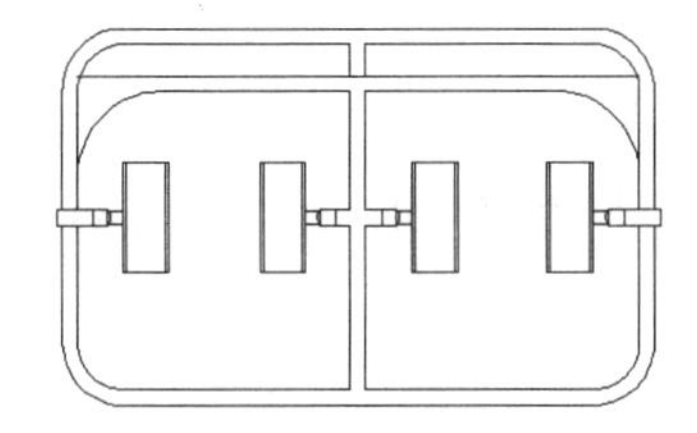
图 4-64　圆角结果

步骤 06　重复执行“圆角”命令，在“不修剪”模式下继续对内部轮廓线进行圆角。命令行操作如下：

```
命令: _fillet
当前设置: 模式 = 修剪，半径 = 150
选择第一个对象或 [放弃(U)/多段线(P)/半径(R)/修剪(T)/多个(M)]:    //t Enter
输入修剪模式选项 [修剪(T)/不修剪(N)] <修剪>:                    //N Enter
选择第一个对象或 [放弃(U)/多段线(P)/半径(R)/修剪(T)/多个(M)]:    //m Enter
选择第一个对象或 [放弃(U)/多段线(P)/半径(R)/修剪(T)/多个(M)]:    //r Enter
指定圆角半径 <150>:     //322 Enter
选择第一个对象或 [放弃(U)/多段线(P)/半径(R)/修剪(T)/多个(M)]:
//单击如图 4-65 所示的轮廓线 1
选择第二个对象，或按住 Shift 键选择对象以应用角点或 [半径(R)]:     //单击轮廓线 2
选择第一个对象或 [放弃(U)/多段线(P)/半径(R)/修剪(T)/多个(M)]:    //单击轮廓线 3
选择第二个对象，或按住 Shift 键选择对象以应用角点或 [半径(R)]:     //单击轮廓线 4
选择第一个对象或 [放弃(U)/多段线(P)/半径(R)/修剪(T)/多个(M)]:
// Enter，圆角结果如图 4-66 所示
```

图 4-65　指定圆角对象

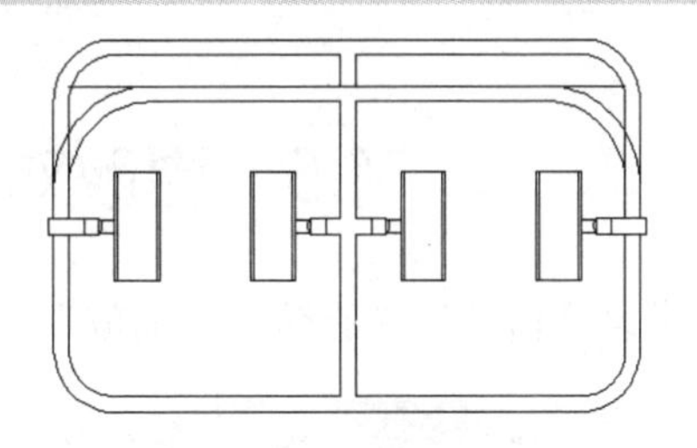
图 4-66　圆角结果

步骤 07　使用快捷键 TR 执行“修剪”命令，对内部轮廓线进行修剪，结果如图 4-67 所示。

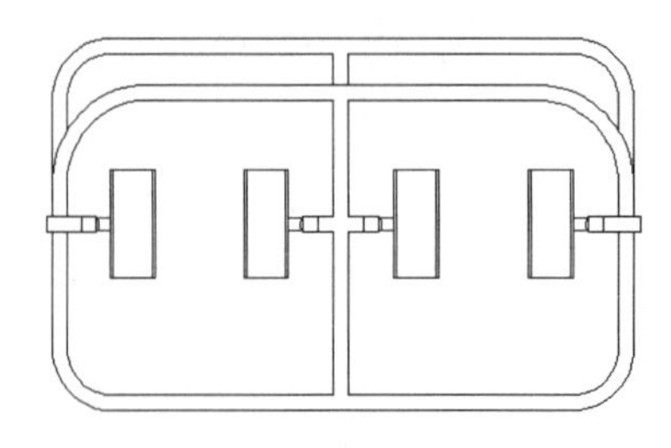

图 4-67　修剪结果

当对平行线进行圆角操作时，与当前的圆角半径无关，圆角的结果就是使用一条半圆弧光滑连接平行线，半圆弧的直径为平行线之间的间距。

1. 设置圆角模式

与“倒角”命令一样，“圆角”命令也存在两种圆角模式，即“修剪”和“不修剪”，以上各例都是在“修剪”模式下进行圆角的，而“非修剪”模式下的圆角效果如图 4-68 所示。

图 4-68　非修剪模式下的圆角

用户也可通过系统变量 Trimmode 设置圆角的修剪模式，当系统变量的值设为 0 时，保持对象不被修剪；当设置为 1 时表示圆角后进行修剪对象。

2. 平行线圆角

如果用于圆角的图线是相互平行的，那么在执行“圆角”命令后，AutoCAD 将不考虑当前的圆角半径，而是自动使用一条半圆弧连接两条平行图线，半圆弧的直径为两条平行线之间的距离，如图 4-69 所示。

图 4-69　平行线圆角

4.5　更改对象的位置及形状

本节主要学习“移动”、“旋转”、“缩放”、“分解”四个命令，以方便调整图形的位置及大小。

4.5.1　移动图形

“移动”命令用于将图形从一个位置移动到另一个位置，移动的结果仅是图形位置上的改变，图形的形状及大小不会发生变化。

执行“移动”命令主要有以下几种方式：

- 菜单栏：单击菜单“修改”/“移动”命令。
- 工具栏：单击“修改”工具栏上的按钮。
- 命令行：在命令行输入 Move 后按 Enter 键。
- 快捷键：在命令行输入 M 后按 Enter 键。
- 功能区：单击“默认”选项卡/“修改”面板上的按钮。

【例题 13】 将矩形从直线的一端移动到另一端。

步骤01 新建文件，并将捕捉模式设置为端点捕捉和中点捕捉。

步骤02 综合使用“直线”和“矩形”命令，配合中点捕捉和坐标输入功能绘制如图 4-70 所示的矩形和直线。

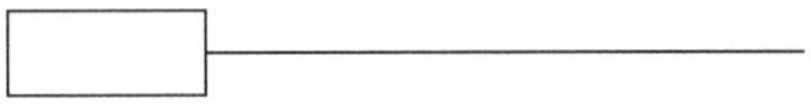

图 4-70　绘制结果

步骤03 单击“修改”工具栏或面板上的按钮，执行“移动”命令，对矩形进行位移。命令行操作如下：

```
命令：_move
选择对象：                                        //选择矩形
选择对象：                                        // Enter，结束对象的选择
指定基点或 [位移(D)] <位移>:                      //捕捉如图 4-71 所示的中点
指定第二个点或 <使用第一个点作为位移>:            //捕捉直线的右端点
```

步骤04 移动结果如图 4-72 所示。

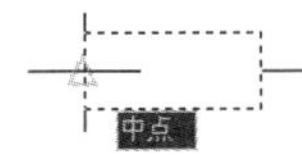

图 4-71　定位基点

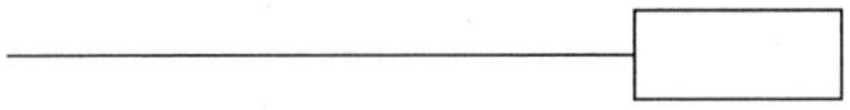

图 4-72　移动结果

4.5.2　旋转图形

“旋转”命令用于将图形围绕指定的基点进行角度旋转。执行“旋转”命令主要有以下几种方式：

- 菜单栏：单击菜单“修改”/“旋转”命令。
- 工具栏：单击“修改”工具栏上的按钮。
- 命令行：在命令行输入 Rotate 后按 Enter 键。
- 快捷键：在命令行输入 RO 后按 Enter 键。
- 功能区：单击“默认”选项卡/“修改”面板上的按钮。

【例题 14】旋转图形。

步骤01 打开随书光盘“\素材文件\4-6.dwg”，如图 4-73 所示。

步骤02 打开状态栏上的“对象捕捉”功能，并将捕捉模式设置为中点捕捉。

步骤03 单击“修改”工具栏或面板上的按钮，执行“旋转”命令，对单人沙发图例进行旋转复制。命

令行操作如下：

```
命令: _rotate
UCS 当前的正角方向:  ANGDIR=逆时针   ANGBASE=0
选择对象:                                          //选择单人沙发图形
选择对象:                                          // Enter，结束对象的选择
指定基点:                                          //捕捉如图 4-74 所示的墙线中点
指定旋转角度，或 [复制(C)/参照(R)] <0>:            //25 Enter，旋转结果如图 4-75 所示
```

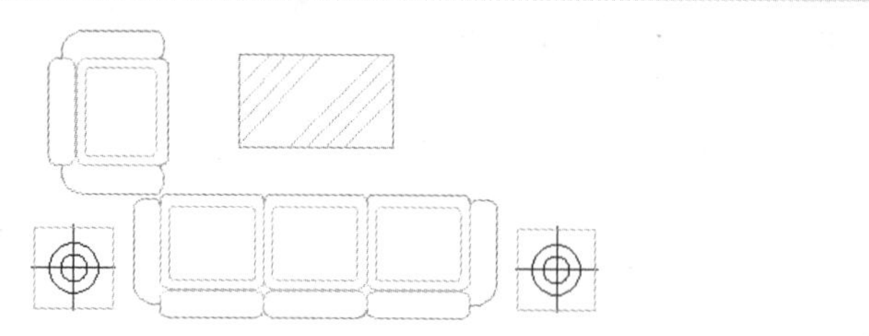

图 4-73　打开结果

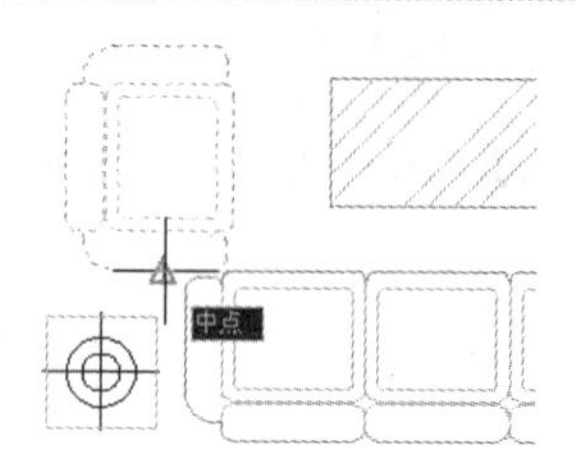

图 4-74　捕捉中基点

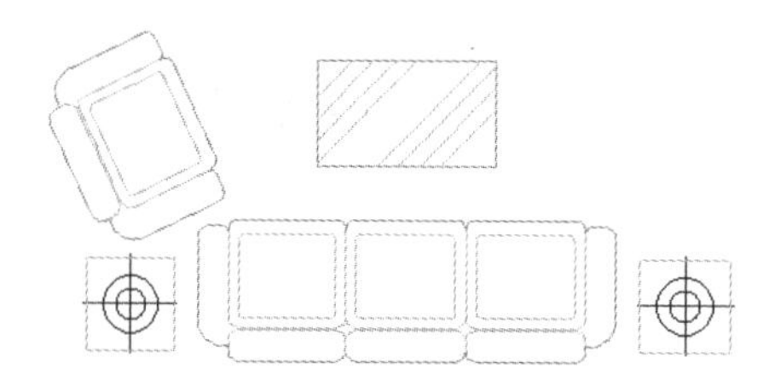

图 4-75　旋转结果

在旋转对象时，输入的角度为正值，系统将按逆时针方向旋转；反之将按顺时针方向旋转。

步骤 04　重复执行“旋转”命令，继续对旋转出的沙发进行旋转复制。命令行操作如下：

```
命令: _rotate
UCS 当前的正角方向:  ANGDIR=逆时针   ANGBASE=0
选择对象:                                          //选择如图 4-76 所示的沙发图形
选择对象:                                          //Enter，结束对象的选择
指定基点:                                          //捕捉如图 4-77 所示的中点
指定旋转角度，或 [复制(C)/参照(R)] <25>:           //c Enter，激活“复制”选项功能
旋转一组选定对象。
指定旋转角度，或 [复制(C)/参照(R)] <25>:           //130 Enter，操作结果如图 4-78 所示
```

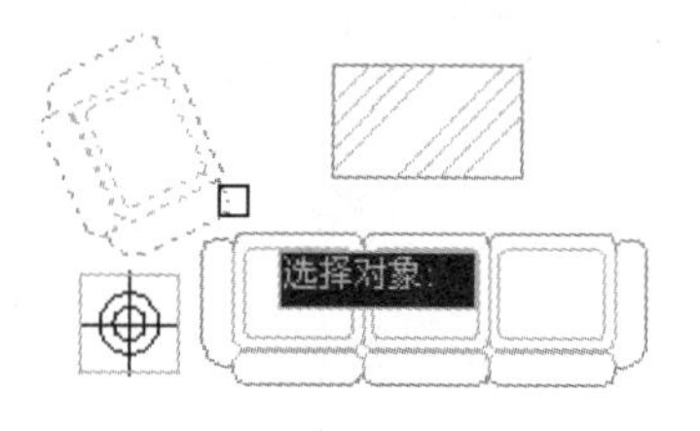

图 4-76　选择结果

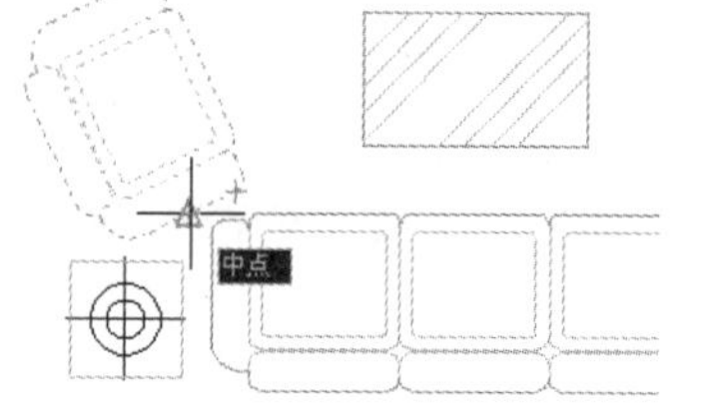

图 4-77　捕捉中心

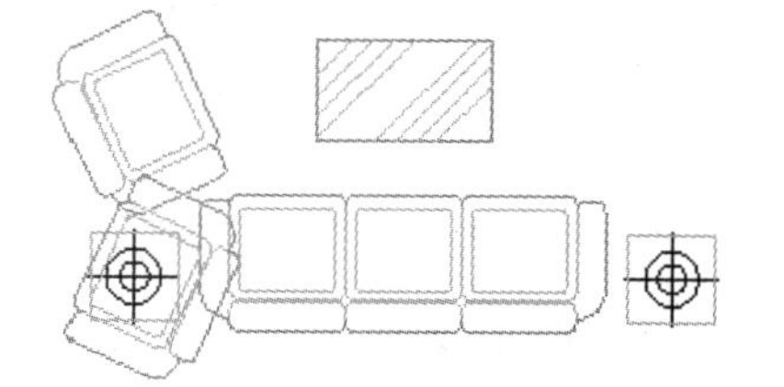

图 4-78　旋转结果

使用“复制”选项可以在旋转对象的同时将源图形复制，而源图形保持不变。

步骤05 单击菜单“修改”/“移动”命令，将旋转复制出的图形进行移动，命令行操作如下：

```
命令: _move
选择对象:                                  //选择如图 4-79 所示的沙发
选择对象:                                  //Enter，结束对象的选择
指定基点或 [位移(D)] <位移>:                //捕捉沙发下侧扶手外轮廓中点
指定第二个点或 <使用第一个点作为位移>:        //在如图 4-80 所示的位置拾取点
```

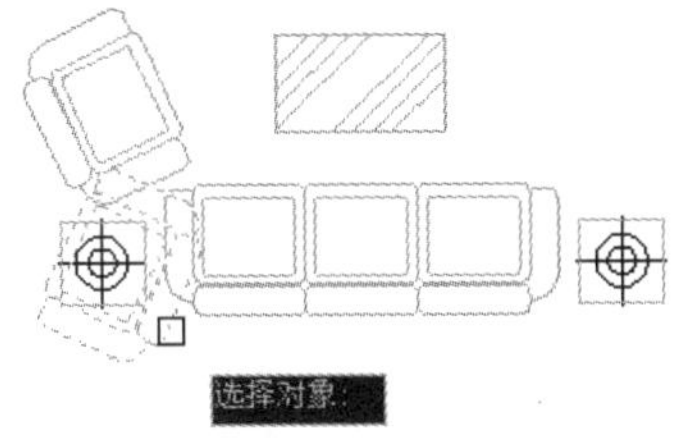

图 4-79　选择平面图

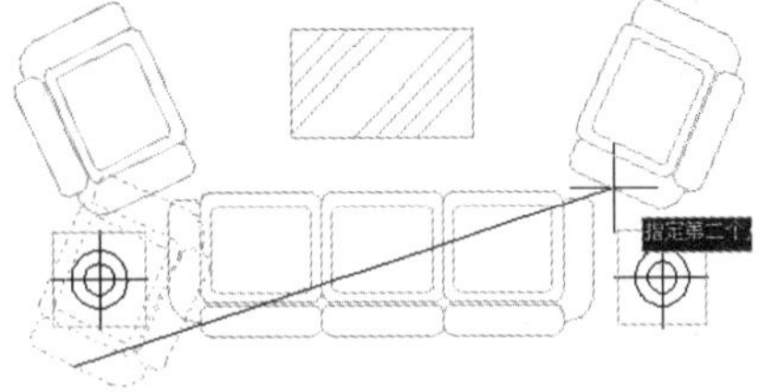
图 4-80　位移结果

“参照”选项用于将对象进行参照旋转，即指定一个参照角度和新角度，两个角度的差值就是对象的实际旋转角度。

4.5.3　缩放图形

“缩放”命令用于将选定的图形对象进行等比例放大或缩小，使用此命令可以创建形状相同、大小不同的图形结构。

执行“缩放”命令主要有以下几种方式：

- 菜单栏：单击菜单“修改”/“缩放”命令。
- 工具栏：单击“修改”工具栏上的按钮。
- 命令行：在命令行输入 Scale 后按 Enter 键。
- 快捷键：在命令行输入 SC 后按 Enter 键。
- 功能区：单击“默认”选项卡/“修改”面板上的按钮。

【例题 15】　缩放图形。

步骤01 打开随书光盘“\素材文件\4-7.dwg”，如图 4-81 所示。

步骤02 打开状态栏上的“对象捕捉”功能，并将捕捉模式设置为圆心捕捉。

步骤03 单击“修改”工具栏或面板上的按钮，执行“缩放”命令，对吊顶灯具进行缩放。命令行操作如下：

```
命令: _scale
选择对象:                                  //窗口选择如图 4-82 所示的灯具
选择对象:                                  //Enter，结束对象的选择
指定基点:                                  //捕捉如图 4-83 所示的圆心
指定比例因子或 [复制(C)/参照(R)] <0 >:       //25/18 Enter，缩放结果如图 4-84 所示
```

图 4-81　打开结果

图 4-82　窗口选择灯具

图 4-83　捕捉圆心

步骤 04　重复执行“缩放”命令，对缩放后的灯具再次进行缩放并复制。命令行操作如下：

```
命令： _scale
选择对象：                                       //选择如图 4-85 所示的灯具
选择对象：                                       //Enter，结束对象的选择
指定基点：                                       //捕捉同心圆的圆心
指定比例因子或 [复制(C)/参照(R)] <0 >:            //C Enter，激活“复制”选项
缩放一组选定对象。
指定比例因子或 [复制(C)/参照(R)] <0 >:            //14/25 Enter，缩放结果如图 4-86 所示
```

图 4-84　缩放结果

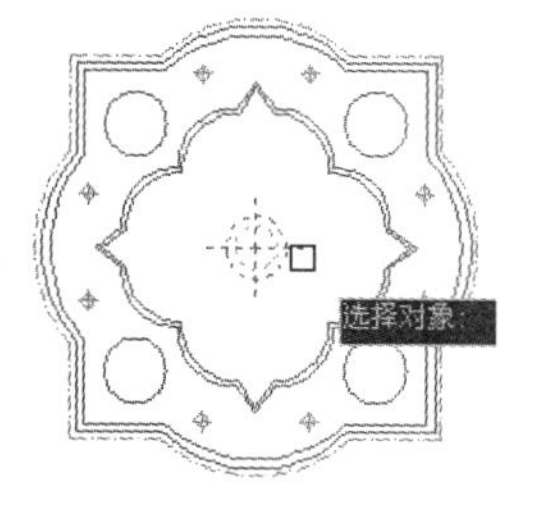

图 4-85　选择对象

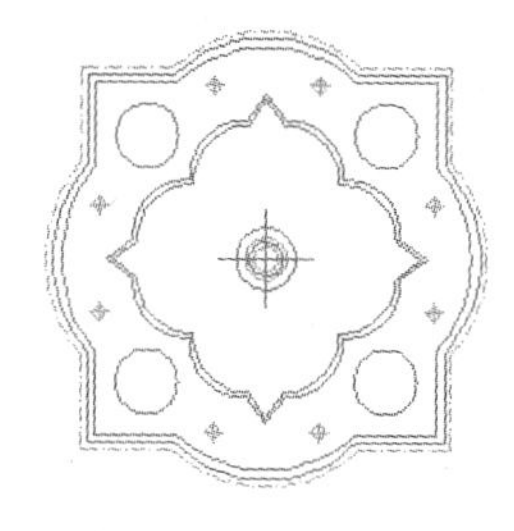
图 4-86　缩放结果

使用“缩放”命令中的“复制”选项，可以在缩放图形对象的同时，将源图形进行复制。

步骤 05　执行“移动”命令，配合圆心捕捉功能将缩放复制出的灯具进行位移，命令行操作如下：

```
命令： _move
选择对象：                                       //选择如图 4-87 所示的灯具
选择对象：                                       //Enter，结束对象的选择
指定基点或 [位移(D)] <位移>:                      //捕捉如图 4-88 所示的圆心
指定第二个点或 <使用第一个点作为位移>:
//捕捉如图 4-89 所示的圆心，位移结果如图 4-90 所示
```

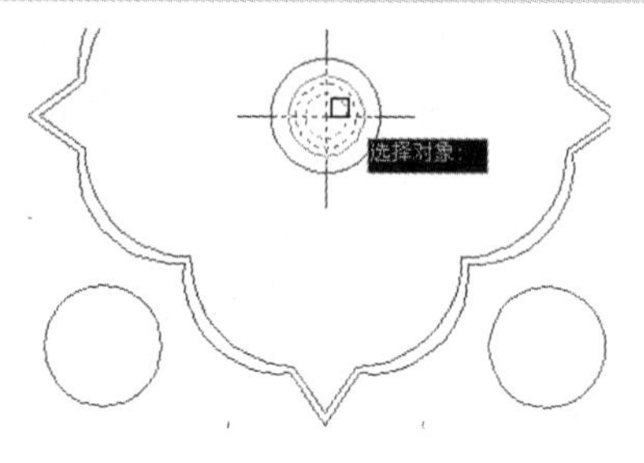

图 4-87　选择对象

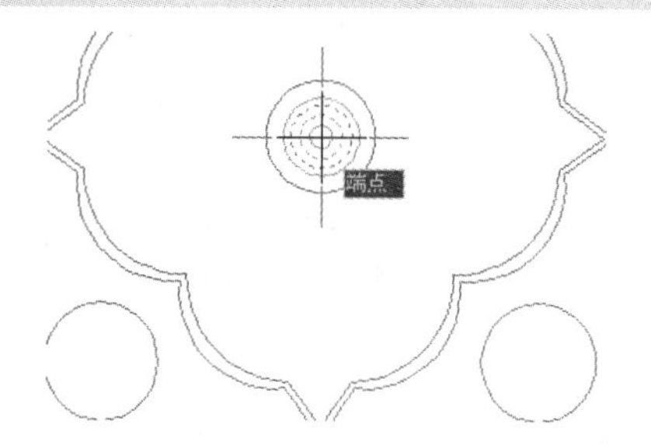

图 4-88　捕捉圆心

步骤 06　参照 4、5 操作步骤，综合使用“缩放”与“移动”命令，对中心位置的灯具进行缩放复制和位移，最终结果如图 4-91 所示。

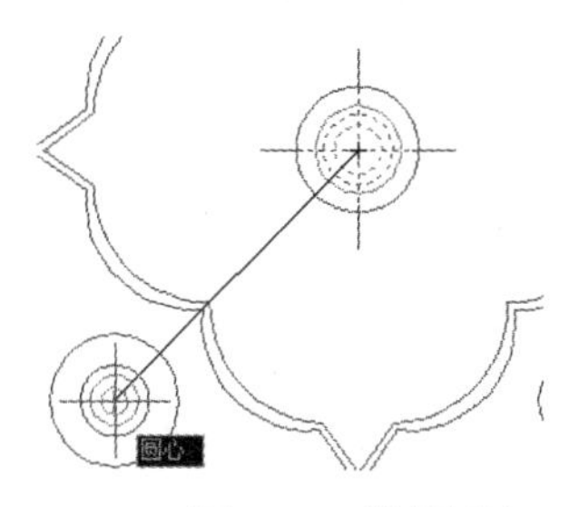

图 4-89　捕捉圆心

图 4-90　位移结果

图 4-91　最终结果

4.5.4　分解对象

“分解”命令用于将组合对象分解成各自独立的对象，以方便对分解后的各对象进行编辑。执行“分解”命令主要有以下几种方式：

- 菜单栏：单击菜单“修改”/“分解”命令。
- 工具栏：单击“修改”工具栏上的按钮。
- 命令行：在命令行输入 Explode 后按 Enter 键。
- 快捷键：在命令行输入 X 后按 Enter 键。
- 功能区：单击“默认”选项卡/“修改”面板上的按钮。

用于分解的组合对象有矩形、正多边形、多段线、边界以及一些图块等。比如正五边形是由五条直线元素组成的单个对象，如果用户需要对其中的一条边进行编辑，则首先将矩形分解并还原为五条线对象，如图 4-92 所示。

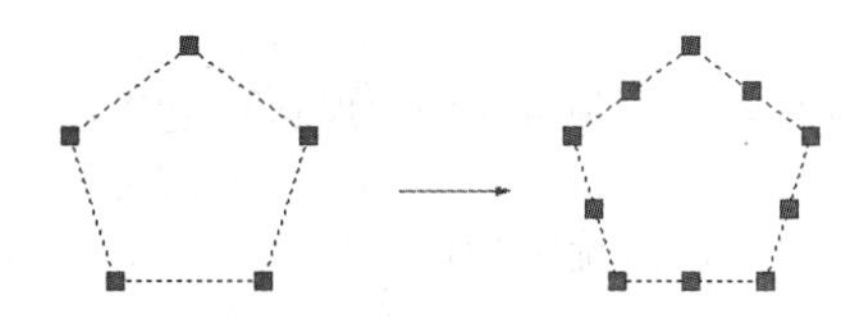

图 4-92　分解示例

如果是对具有一定宽度的多段线分解，AutoCAD 将忽略其宽度并沿多段线的中心放置分解多段线。

4.6　综合范例——绘制客厅沙发与茶几

本例通过绘制客厅沙发组与茶几的平面图，主要对本章重点知识进行练习和巩固应用。客厅沙发组与茶几平面图的最终绘制效果如图 4-93 所示。

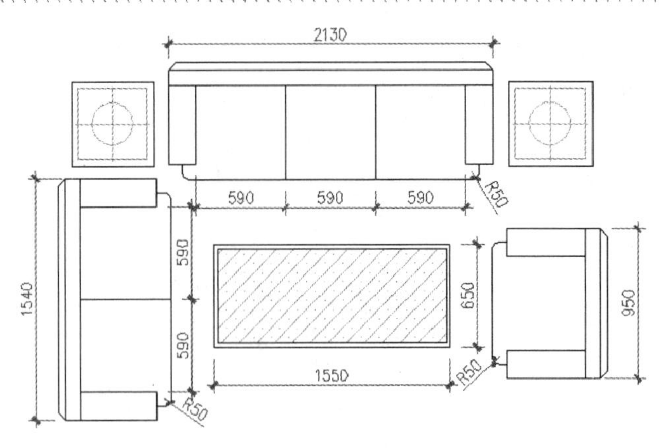

图 4-93　实例效果

操作步骤：

步骤 01　单击“快速访问”工具栏上的按钮，新建绘图文件。

步骤 02　单击菜单“视图”/“缩放”/“圆心”命令，将当前视图的高度调整为 2200 个单位。命令行操作如下：

```
命令： _zoom
指定窗口的角点，输入比例因子 (nX 或 nXP)，或者[全部(A)/中心(C)/动态(D)/范围(E)/上一个(P)/
比例(S)/窗口(W)/对象(O)] <实时>： _c
指定中心点：                                   //在绘图区拾取一点
输入比例或高度 <40.7215>：                     //2200 Enter
```

步骤 03　使用快捷键 REC 执行“矩形”命令，绘制长度为 950、宽度为 150 的矩形，作为沙发靠背轮廓线。

步骤 04　重复执行“矩形”命令，配合“捕捉自”功能绘制扶手轮廓线。命令行操作如下：

```
命令： _rectang
指定第一个角点或 [倒角(C)/标高(E)/圆角(F)/厚度(T)/宽度(W)]：
                                              //捕捉如图 4-94 所示的端点
指定另一个角点或 [面积(A)/尺寸(D)/旋转(R)]：   //@180,-500 Enter
命令:RECTANG                                  //Enter
指定第一个角点或 [倒角(C)/标高(E)/圆角(F)/厚度(T)/宽度(W)]：
                                              //捕捉如图 4-95 所示的端点
指定另一个角点或 [面积(A)/尺寸(D)/旋转(R)]：
//@-180,-500 Enter，结果如图 4-96 所示
```

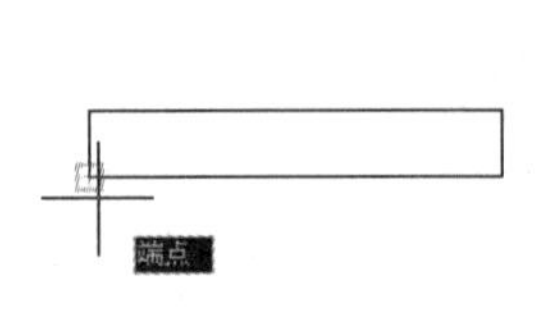

图 4-94　捕捉端点

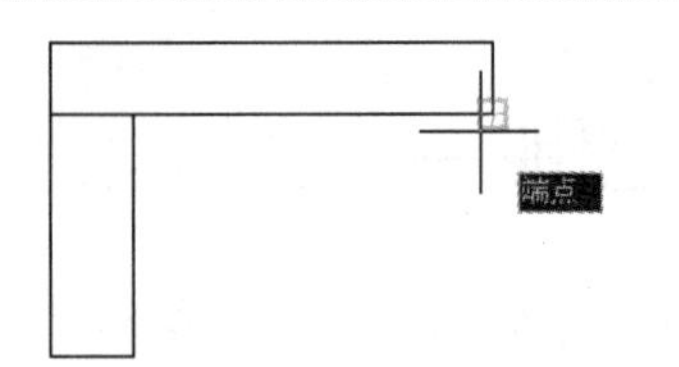

图 4-95　捕捉端点

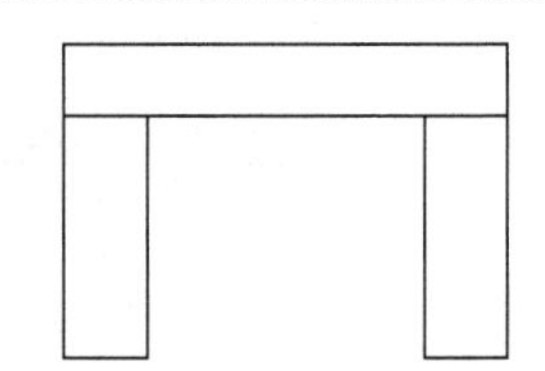

图 4-96　绘制结果

步骤 05　将三个矩形分解，然后单击菜单“修改”/“偏移”命令，将最上侧的水平轮廓线向下偏移 750 个单位，将两侧的垂直轮廓线向内偏移 90 个单位，结果如图 4-97 所示。

步骤 06　单击菜单“修改”/“延伸”命令，将其他两条垂直边延伸到最下侧的水平轮廓线，结果如图 4-98

所示。

步骤 07　单击菜单“修改”/“修剪”命令，对下侧的水平边进行修剪，结果如图 4-99 所示。

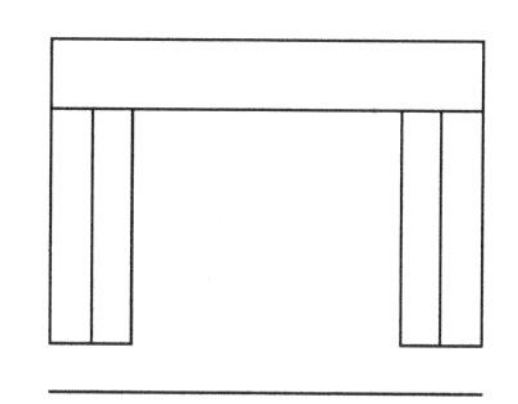

图 4-97　偏移结果

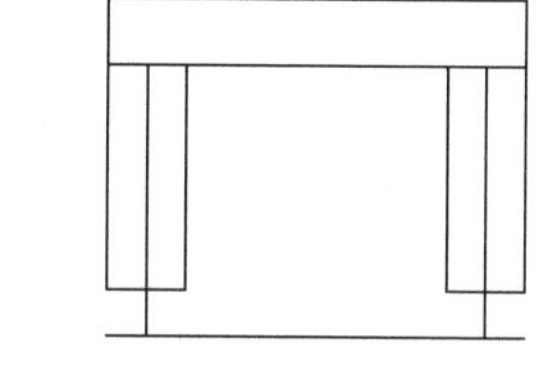

图 4-98　延伸结果

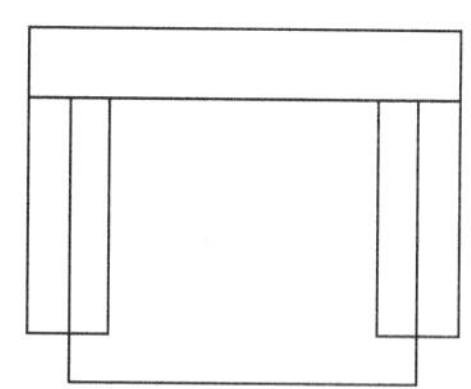
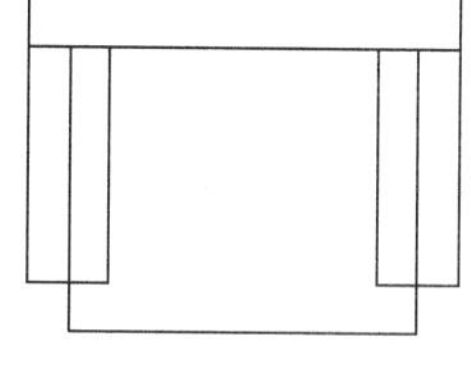

图 4-99　修剪结果

步骤 08　单击菜单“修改”/“拉长”命令，对内部的两条垂直轮廓边进行编辑。命令行操作如下：

```
命令: _lengthen
选择对象或 [增量(DE)/百分数(P)/全部(T)/动态(DY)]:     //de Enter
输入长度增量或 [角度(A)] <10.0000>:                  //-500 Enter
选择要修改的对象或 [放弃(U)]:                        //在如图 4-100 所示的位置单击
选择要修改的对象或 [放弃(U)]:                        //在如图 4-101 所示的位置单击
选择要修改的对象或 [放弃(U)]:                        // Enter，操作结果如图 4-102 所示
```

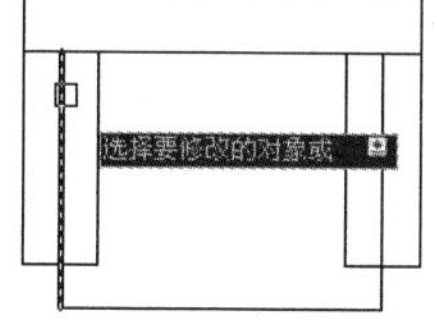
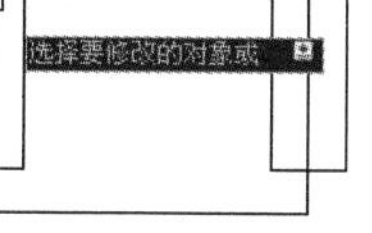

图 4-100　指定单击位置

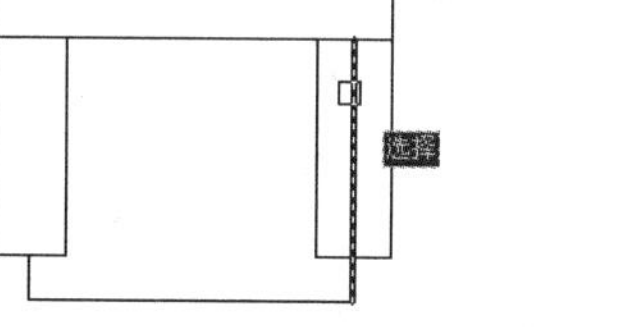

图 4-101　指定单击位置

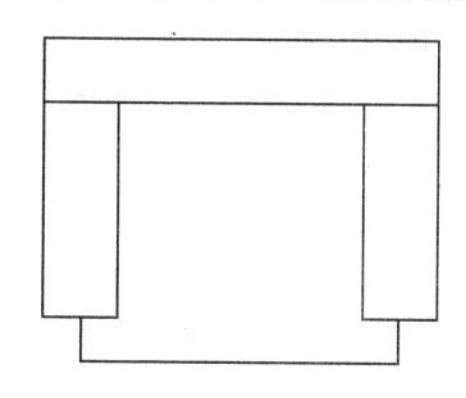

图 4-102　操作结果

步骤 09　单击菜单“修改”/“倒角”命令，对靠背轮廓边进行倒角编辑。命令行操作如下：

```
命令: _chamfer
(“修剪”模式) 当前倒角距离 1 = 0.0000，距离 2 = 0.0000
选择第一条直线或 [放弃(U)/多段线(P)/距离(D)/角度(A)/修剪(T)/方式(E)/多个(M)]:
//a Enter，激活“角度”选项
指定第一条直线的倒角长度 <0.0000>:                    //50 Enter
指定第一条直线的倒角角度 <45>:                        //45 Enter
选择第一条直线或 [放弃(U)/多段线(P)/距离(D)/角度(A)/修剪(T)/方式(E)/多个(M)]:
//m Enter，执行“多个”选项
选择第一条直线或 [放弃(U)/多段线(P)/距离(D)/角度(A)/修剪(T)/方式(E)/多个(M)]:
                                                      //在图 4-103 所示轮廓边 1 的上端单击
选择第二条直线，或按住 Shift 键选择直线以应用角点或 [距离(D)/角度(A)/方法(M)]:
//在轮廓边 2 的左端单击
选择第一条直线或 [放弃(U)/多段线(P)/距离(D)/角度(A)/修剪(T)/方式(E)/多个(M)]:
                                                      //在轮廓边 2 的右端单击
选择第二条直线，或按住 Shift 键选择直线以应用角点或 [距离(D)/角度(A)/方法(M)]:
//在轮廓边 3 的上端单击
选择第一条直线或 [放弃(U)/多段线(P)/距离(D)/角度(A)/修剪(T)/方式(E)/多个(M)]:
                                                      // Enter，倒角结果如图 4-104 所示
```

步骤 10　使用快捷键 L 执行“直线”命令，配合端点捕捉功能，绘制如图 4-105 所示的水平轮廓边。

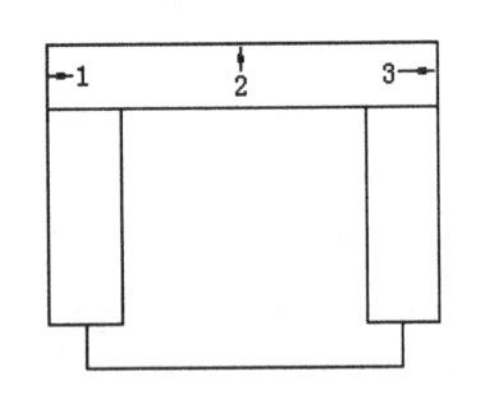

图 4-103　定位倒角边

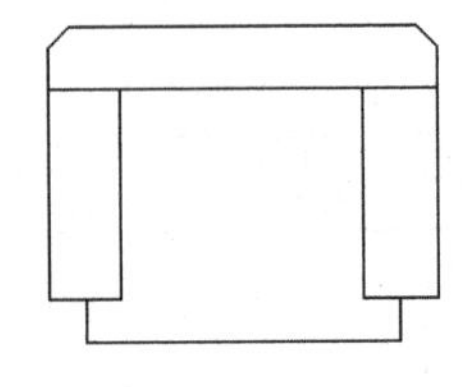

图 4-104　倒角结果

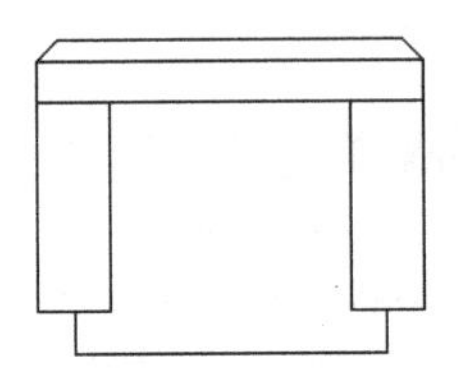

图 4-105　绘制结果

步骤 11　单击“修改”工具栏或面板上的按钮，执行“圆角”命令，对下侧的轮廓边进行圆角，圆角半径为 50，圆角结果如图 4-106 所示。

步骤 12　单击“修改”菜单中的“复制”命令，将绘制的单人沙发复制两份。

步骤 13　单击“修改”工具栏或面板上的按钮，执行“拉伸”命令，配合“极轴追踪”功能，将复制出的沙发拉伸为双人沙发。命令行操作如下：

```
命令: _stretch
以交叉窗口或交叉多边形选择要拉伸的对象...
选择对象:                                //拉出如图 4-107 所示的窗交选择框
选择对象:                                // Enter
指定基点或 [位移(D)] <位移>:              //在绘图区拾取一点
指定第二个点或 <使用第一个点作为位移>:
 //水平向右引出如图 4-108 所示的极轴矢量，输入 590 Enter，拉伸结果如图 4-109 所示
```

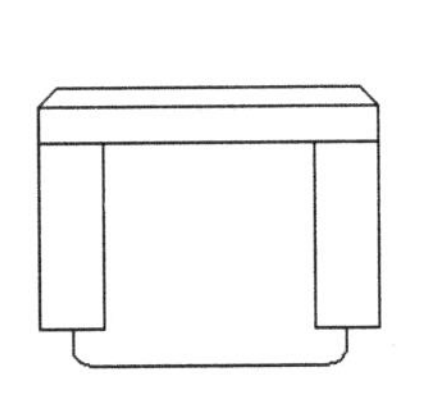

图 4-106　圆角结果

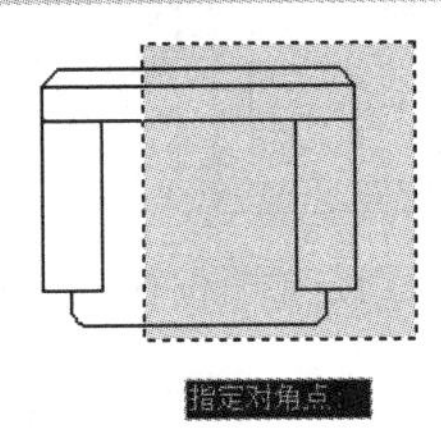

图 4-107　窗交选择

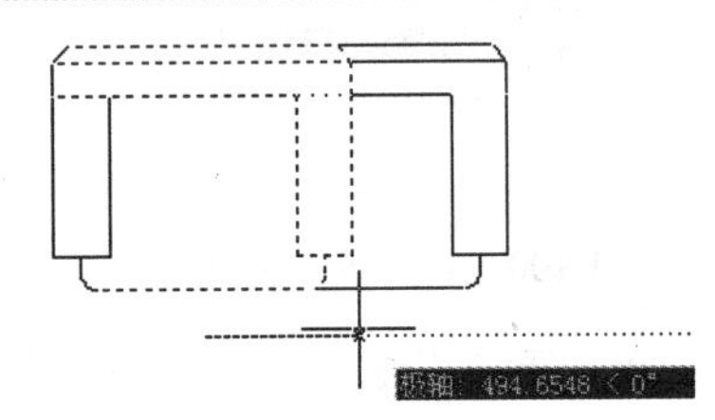

图 4-108　引出极轴矢量

步骤 14　使用快捷键 L 执行“直线”命令，配合中点捕捉功能绘制如图 4-110 所示的分界线。

步骤 15　重复执行“拉伸”命令，配合“极轴追踪”功能，将另一个沙发拉伸为三人沙发。命令行操作如下：

```
命令: _stretch
以交叉窗口或交叉多边形选择要拉伸的对象...
选择对象:                                //拉出如图 4-107 所示的窗交选择框
选择对象:                                // Enter
指定基点或 [位移(D)] <位移>:              //在绘图区拾取一点
指定第二个点或 <使用第一个点作为位移>:
//引出 0 度的极轴矢量，输入 1180 Enter，拉伸结果如图 4-111 所示
```

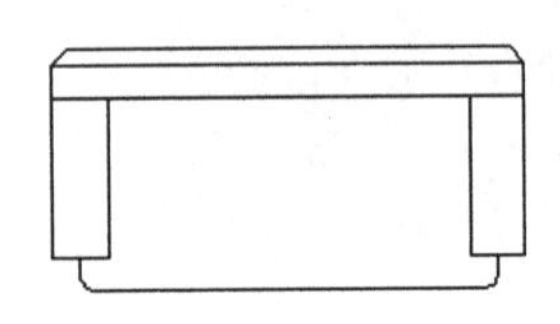

图 4-109　拉伸结果

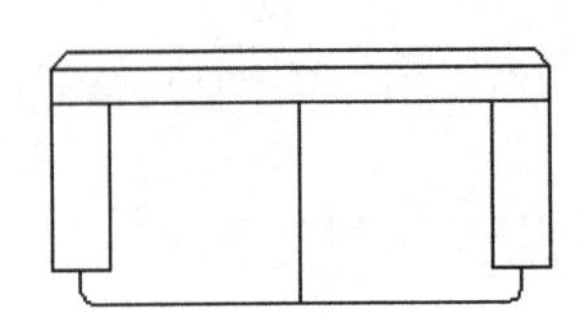

图 4-110　绘制结果

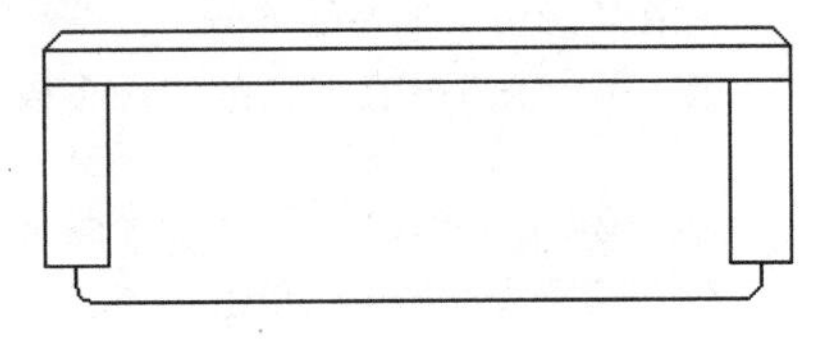

图 4-111　拉伸结果

步骤 16　使用快捷键 L 执行“直线”命令，配合“对象捕捉”功能绘制如图 4-112 所示的两条分界线。

步骤 17　单击“修改”工具栏或面板上的按钮，执行“旋转”命令，将双人沙发旋转 90°，结果如图 4-113

所示。

步骤 18　重复执行“旋转”命令，将单人沙发旋转-90°，结果如图 4-114 所示。

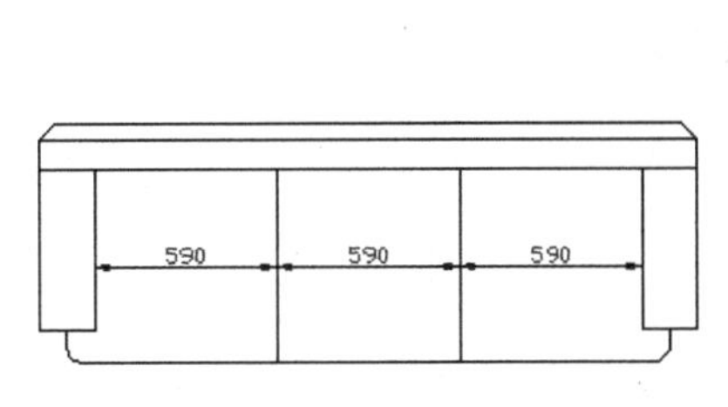

图 4-112　绘制结果

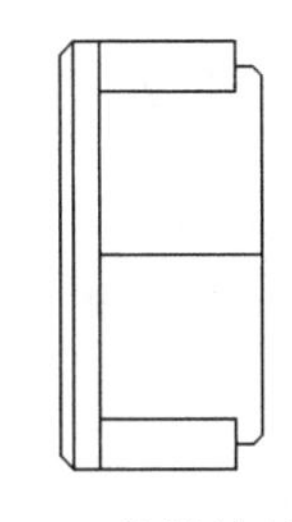
图 4-113　旋转结果

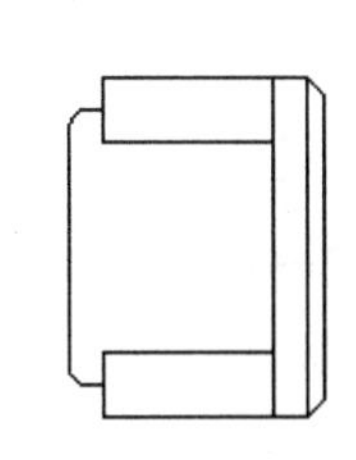
图 4-114　旋转单人沙发

步骤 19　使用快捷键 M 执行“移动”命令，将单人沙发、双人沙发和三人沙发进行位移，组合成沙发组，结果如图 4-115 所示。

步骤 20　绘制长度为 1500、宽度为 600 的矩形作为茶几，并将矩形向外侧偏移 25 个单位，结果如图 4-116 所示。

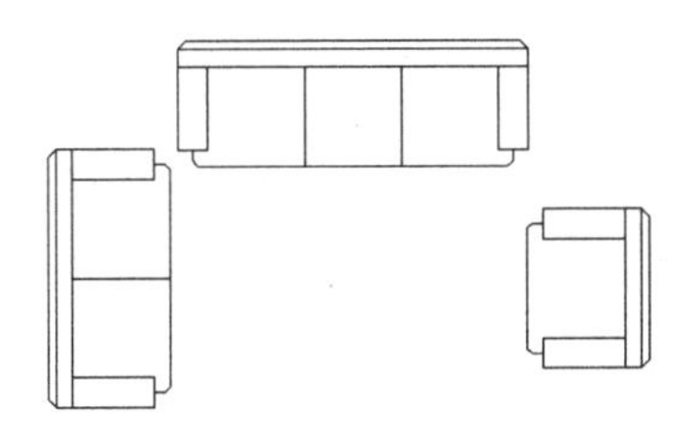
图 4-115　组合结果

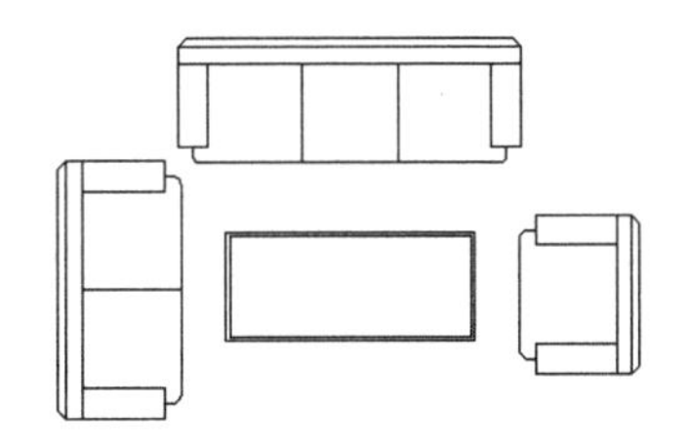
图 4-116　绘制结果

步骤 21　使用快捷键 H 执行“图案填充”命令，设置填充图案和填充参数如图 4-117 所示，为茶几填充如图 4-118 所示的图案。

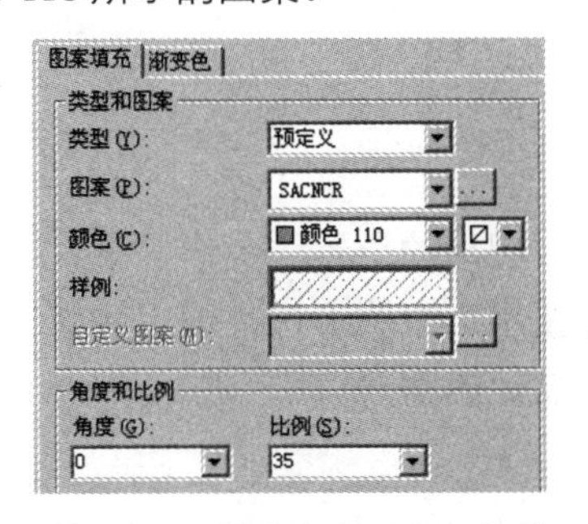

图 4-117　设置填充图案及参数

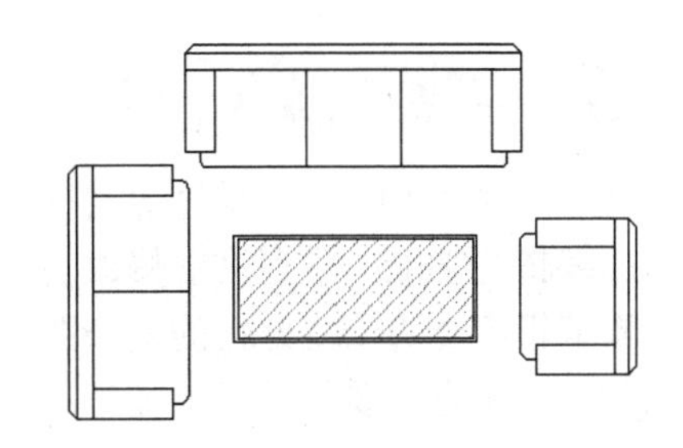
图 4-118　填充结果

步骤 22　使用快捷键 I 执行“插入块”命令，以默认参数插入光盘中的“\图块文件\block1.dwg”，结果如图 4-119 所示。

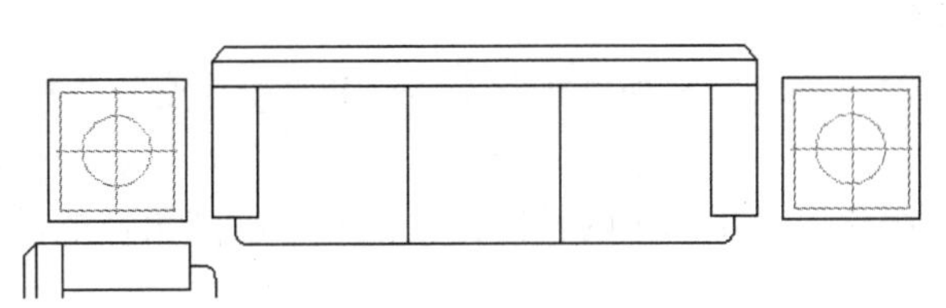
图 4-119　插入结果

步骤 23　最后执行“保存”命令，将图形命名存储为“绘制客厅沙发与茶几.dwg”。

4.7　思考与总结

4.7.1　知识点思考

1. 思考题一

“修剪对象”与“打断对象”都可以删除图线上的一部分轮廓线；“延伸对象”和“拉长对象”都可以将图线变长，想一想两组工具在操作手法上有何区别？是否可以混用？

2. 思考题二

在默认设置下对图线进行打断时，第一断点往往不容易精确定位，想一想如何才能精确控制第一个打断点？对象被打断之后如何对其进行合并？

3. 思考题三

“倒角对象”和“圆角对象”是两个比较常用的边角修饰工具，但是对象在被倒角或圆角后，源对象都不同程度地被修剪掉一部分或被延长了一部分，如何在源对象不发生变化的前提下进行倒角和圆角操作？

4. 思考题四

默认设置下对图形进行旋转或缩放时，往往需要指定精确的参数作为旋转角度或缩放比例，如何在参数不明确的情况下进行精确旋转或缩放图形？另外，如何在保持源图形不变的前提下，对图形进行旋转或缩放操作？

4.7.2　知识点总结

本章主要讲解了 AutoCAD 的二维修改功能，具体有修改图形的位置、大小、形状、边角细化以及一些特殊对象的编辑等功能，掌握这些修改功能，可以方便用户对图形进行编辑和修饰完善，将有限的基本几何元素编辑组合为千变万化的复杂图形，以满足设计的需要。

通过本章的学习，重点需要掌握以下知识：

（1）在修改图形的位置及大小时，重点要掌握角度旋转、参照旋转、旋转复制、等比缩放、缩放复制、参照缩放以及图形对齐点的定位技能。

（2）在修改图形的形状及尺寸时，需要掌握拉伸对象的选择方式、四种对象的拉长技能、两个打断点的定位技能以及图形的合并技能。

（3）在修剪与延伸图形时，重点要掌握“实际交点”和“隐含交点”模式下的修剪技巧和延伸技巧。

（4）在对图形进行边角细化时，要掌握两种倒角技能和一种圆角技能，除此之外，还需要掌握多段线以及多个对象的同时倒角和圆角技能。

4.8　上机操作题

4.8.1　操作题一

综合运用所学知识，绘制如图 4-120 所示的立面沙发图例（局部尺寸自定）。

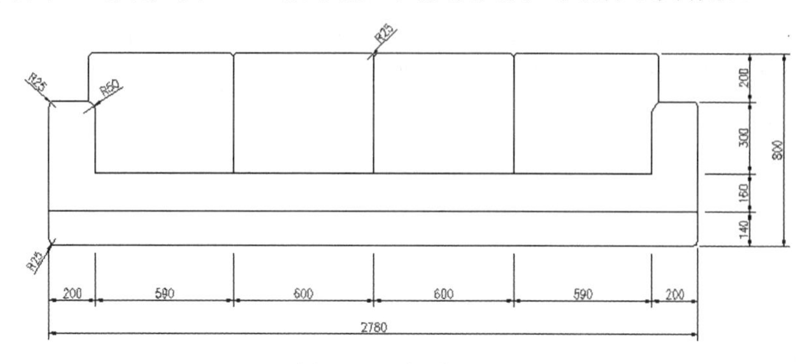

图 4-120　操作题一

4.8.2　操作题二

综合运用所学知识，绘制如图 4-121 所示的地面拼花图例（局部尺寸自定）。

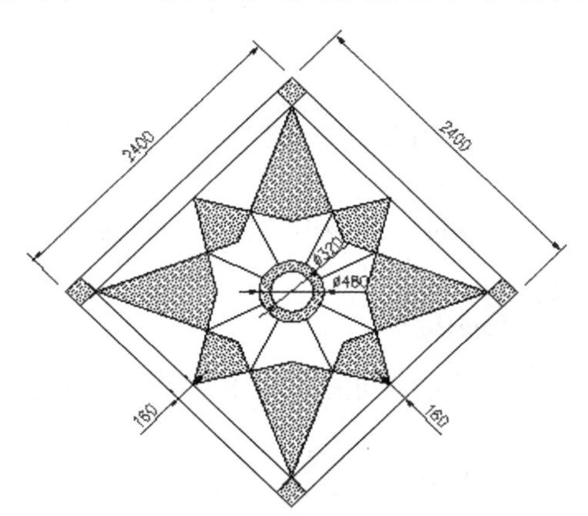

图 4-121　操作题二

第 5 章　室内复合图元的创建与编辑

使用前一章讲述的基本绘图工具仅可以绘制一些简单的图形结构，而对于结构复杂的图形，绘制起来具有一定的难度。本章将学习一些快速创建复杂图形结构的工具，如复制、阵列、镜像、夹点编辑等，使用这些复合工具和夹点工具，用户可以非常快速、方便地创建与组合复杂结构的图形，以及对特殊图形结构进行快速编辑。

本章内容如下：

- 创建多重图形结构
- 创建规则图形结构
- 综合范例一——绘制大型会议桌椅平面图例
- 特殊对象的编辑
- 对象的夹点编辑
- 综合范例二——绘制大厅地面拼花平面图例
- 思考与总结
- 上机操作题

5.1　创建多重图形结构

本节主要学习多重图形结构的创建功能，具体有“复制”、“镜像”和“偏移”三个命令。

5.1.1　复制对象

“复制”命令用于创建结构相同、尺寸相同的多重图形结构，执行一次命令可以多次复制选定的对象。

执行“复制”命令主要有以下几种方式：

- 菜单栏：单击菜单“修改”/“复制”命令。
- 工具栏：单击“修改”工具栏上的按钮。
- 命令行：在命令行输入 Copy 后按 Enter 键。
- 快捷键：在命令行输入 Co 或 Cp 后按 Enter 键。
- 功能区：单击“默认”选项卡/“修改”面板上的按钮。

【例题 1】 创建多重图形结构。

步骤 01　打开随书光盘中的“\素材文件\5-1.dwg”，如图 5-1 所示。

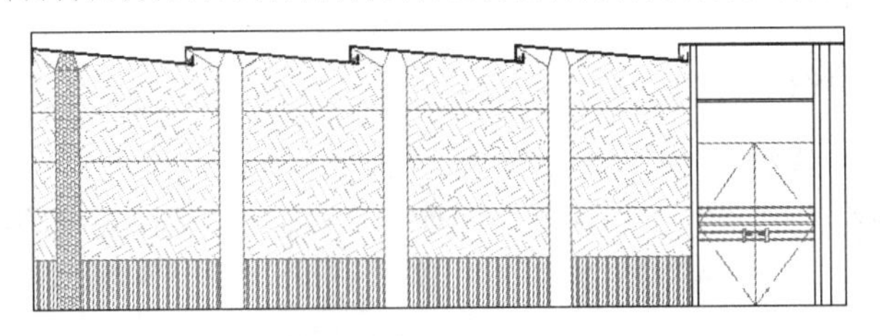

图 5-1　打开结果

步骤 02　单击“修改”工具栏上的按钮，执行“复制”命令，配合点的输入功能对图形进行多重复制。命令行操作如下：

```
命令: _copy
选择对象:                                          //拉出如图 5-2 所示的窗口选择框
选择对象:                                          // Enter，结束选择
当前设置:  复制模式 = 多个
指定基点或 [位移(D)/模式(O)] <位移>:                  //捕捉任一点
指定第二个点或 [阵列(A)]<使用第一个点作为位移>:         //@2080,0 Enter
指定第二个点或 [阵列(A)/退出(E)/放弃(U)] <退出>:        //@4160,0 Enter
指定第二个点或 [阵列(A)/退出(E)/放弃(U)] <退出>:        //@6240,0 Enter
指定第二个点或 [阵列(A)/退出(E)/放弃(U)] <退出>:        // Enter，结束命令
```

步骤 03　复制结果如图 5-3 所示。

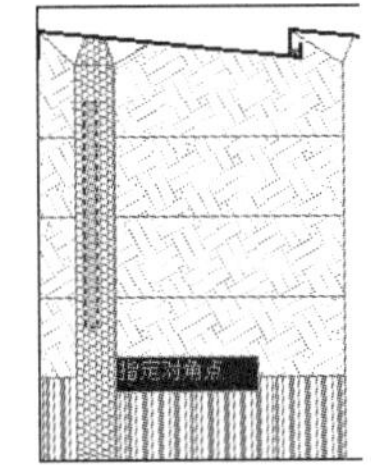

图 5-2　窗口选择

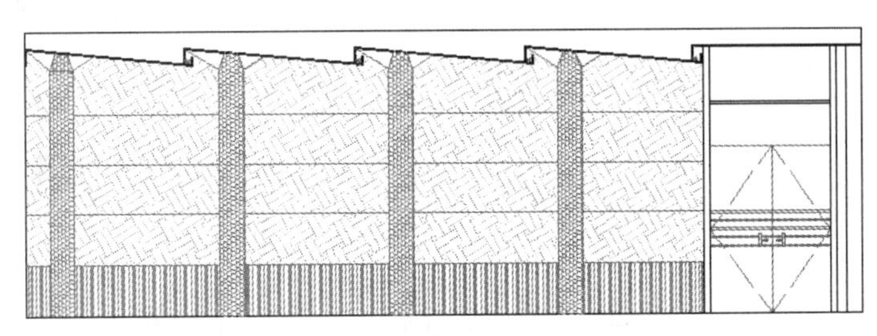

图 5-3　复制结果

“复制”命令只能在当前图形文件中使用，如果用户要在多个文件之间复制对象，需使用“编辑”菜单中的“复制”命令。

5.1.2　镜像复制

“镜像”命令用于将选定对象沿着指定的两点进行对称复制，而源对象可以保留，也可以删除。此命令通常用于创建结构对称的图形结构。

执行“镜像”命令主要有以下几种方式：

- 菜单栏：单击菜单“修改”/“镜像”命令。
- 工具栏：单击“修改”工具栏上的按钮。
- 命令行：在命令行输入 Mirror 后按 Enter 键。
- 快捷键：在命令行输入 MI 后按 Enter 键。
- 功能区：单击“默认”选项卡/“修改”面板上的按钮。

【例题 2】 创建对称图形结构。

步骤 01 打开随书光盘中的"\素材文件\5-2.dwg"，如图 5- 4 所示。

步骤 02 单击"修改"工具栏上的按钮，执行"镜像"命令，对平面图进行镜像。命令行操作如下：

```
命令： _mirror
选择对象：                                  //框选图 5-4 所示的平面图
选择对象：                                  // Enter，结束选择
指定镜像线的第一点：                          //捕捉如图 5-5 所示的端点
指定镜像线的第二点：                          //@0,1 Enter
要删除源对象吗？[是(Y)/否(N)] <N>：            // Enter，镜像结果如图 5-6 所示
```

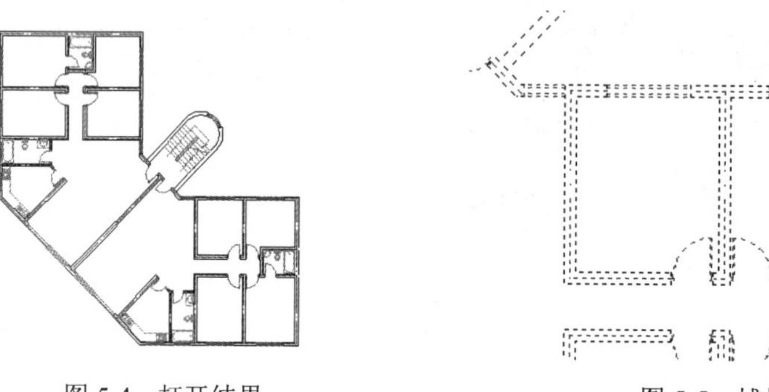

图 5-4　打开结果　　　图 5-5　捕捉端点

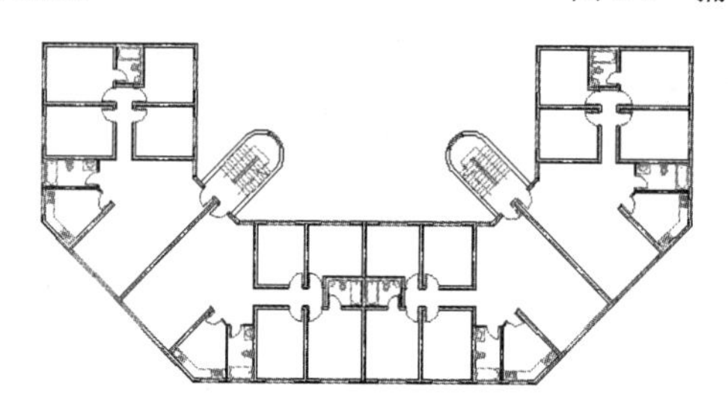

图 5-6　镜像结果

步骤 03 重复执行"镜像"命令，以最上侧的水平轴线作为对称轴，对如图 5-6 所示的平面图进行镜像，镜像结果如图 5-7 所示。

步骤 04 展开"图层控制"下拉列表，关闭"轴线层"，结果如图 5-8 所示。

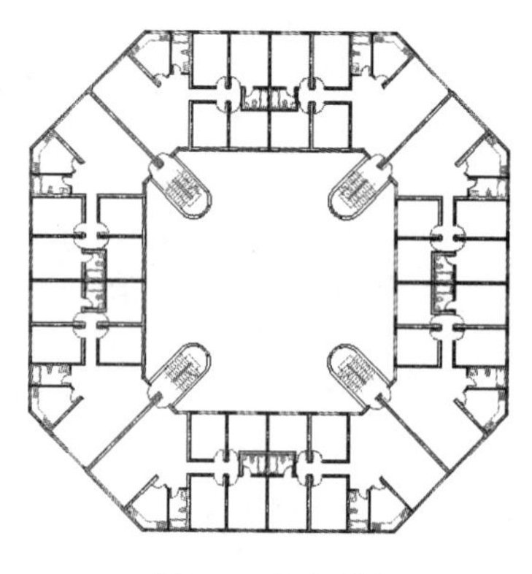

图 5-7　镜像结果

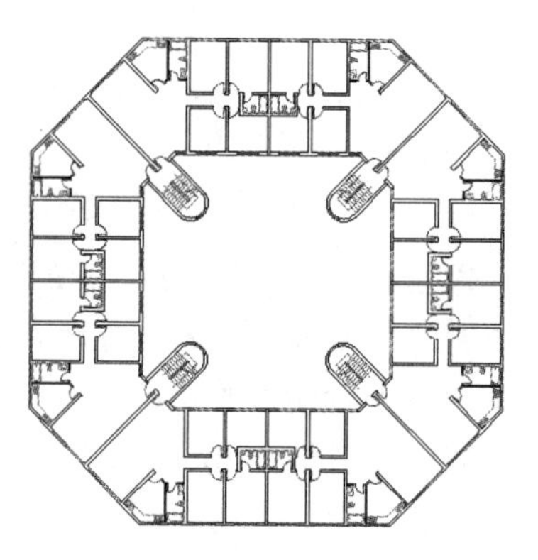

图 5-8　关闭轴线后的效果

如果在对文字进行镜像操作时，其镜像后的文字可读性取决于系统变量“MIRRTEXT”的值，当此值为 1 时，镜像文字不具有可读性；当变量值为 0 时，镜像后的文字具有可读性，如图 5-9 所示。

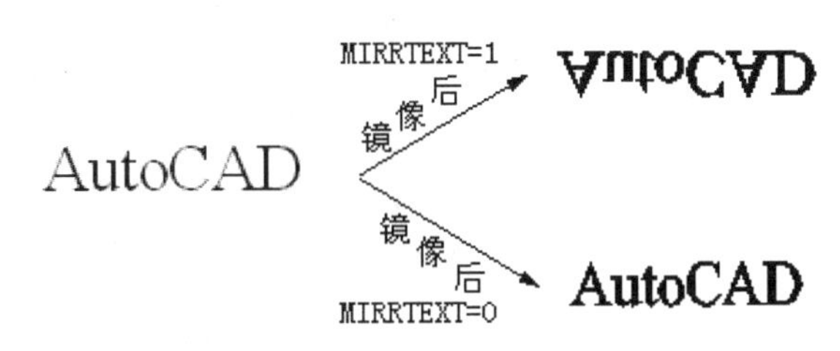

图 5-9　文字镜像示例

5.1.3　偏移对象

“偏移”命令用于将目标对象以一定的距离或指定的点进行偏移复制。此命令通常用于创建结构相同、尺寸不同的图形结构，如图 5-10 所示。

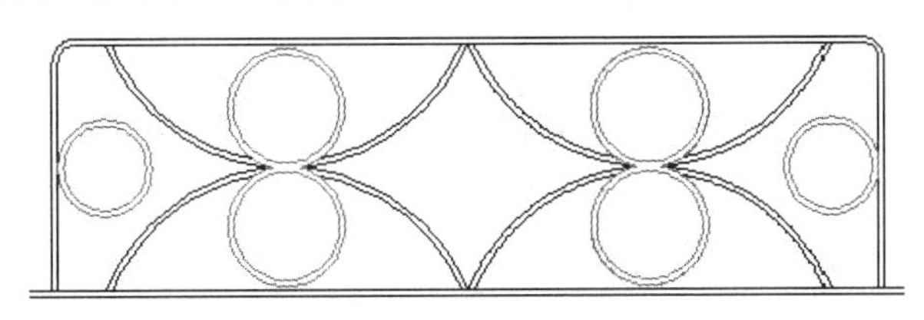

图 5-10　偏移示例

执行“偏移”命令主要有以下几种方式：

- 菜单栏：单击菜单“修改”/“偏移”命令。
- 工具栏：单击“修改”工具栏上的按钮。
- 命令行：在命令行中输入 Offset 后按 Enter 键。
- 快捷键：在命令行中输入 O 后按 Enter 键。
- 功能区：单击“默认”选项卡/“修改”面板上的按钮。

【例题 3】 创建如图 5-10 所示的图形结构。

步骤 01　打开随书光盘中的“\素材文件\5-3.dwg”，如图 5-11 所示。

步骤 02　单击“修改”工具栏上的按钮，执行“偏移”命令，对各图形进行距离偏移。命令行操作如下：

```
命令：_offset
当前设置：删除源=否　图层=源　OFFSETGAPTYPE=0
指定偏移距离或 [通过(T)/删除(E)/图层(L)] <10.0000>:            //20 Enter，设置偏移距离
选择要偏移的对象，或 [退出(E)/放弃(U)] <退出>:                   //单击右侧的小圆
指定要偏移的那一侧上的点，或 [退出(E)/多个(M)/放弃(U)] <退出>://在圆的内侧拾取点
```

在执行“偏移”命令时，只能以点选的方式选择对象，且每次只能偏移一个对象。

```
选择要偏移的对象，或 [退出(E)/放弃(U)] <退出>:                   //单击上侧的圆弧
指定要偏移的那一侧上的点，或 [退出(E)/多个(M)/放弃(U)] <退出>://在圆弧内侧拾取点
```

```
选择要偏移的对象，或 [退出(E)/放弃(U)] <退出>:                    //单击下侧的圆弧
指定要偏移的那一侧上的点，或 [退出(E)/多个(M)/放弃(U)] <退出>:     //在圆弧内侧拾取点
选择要偏移的对象，或 [退出(E)/放弃(U)] <退出>:                    //单击上侧的大圆
指定要偏移的那一侧上的点，或 [退出(E)/多个(M)/放弃(U)] <退出>:     //在圆的外侧拾取点
选择要偏移的对象，或 [退出(E)/放弃(U)] <退出>:                    //单击下侧的大圆
指定要偏移的那一侧上的点，或 [退出(E)/多个(M)/放弃(U)] <退出>:     //在圆的外侧拾取点
选择要偏移的对象，或 [退出(E)/放弃(U)] <退出>:                    //单击下侧的水平直线
指定要偏移的那一侧上的点，或 [退出(E)/多个(M)/放弃(U)] <退出>:     //在直线下侧拾取点
选择要偏移的对象，或 [退出(E)/放弃(U)] <退出>:                    //单击外侧的轮廓线
指定要偏移的那一侧上的点，或 [退出(E)/多个(M)/放弃(U)] <退出>:     //在轮廓线外侧拾取点
选择要偏移的对象，或 [退出(E)/放弃(U)] <退出>:               // Enter，偏移结果如图 5-12 所示
```

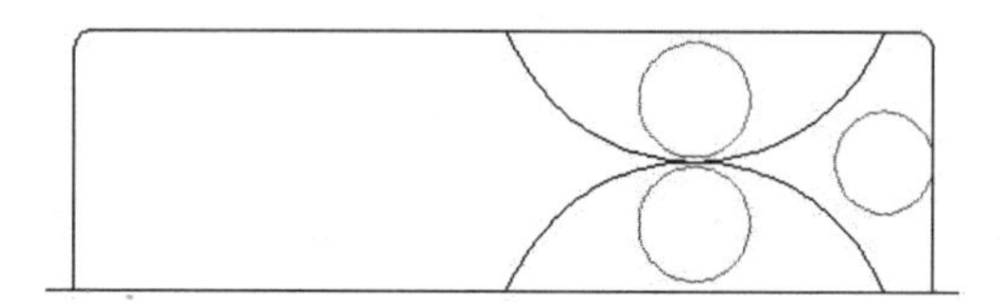

图 5-11　打开结果

图 5-12　偏移结果

不同结构的对象，其偏移结果也不同。比如圆、椭圆等对象偏移后，对象的尺寸发生了变化，而直线偏移后，尺寸则保持不变。

步骤 03　使用快捷键 TR 激活“修剪”命令，对图线进行修整完善，结果如图 5-13 所示。

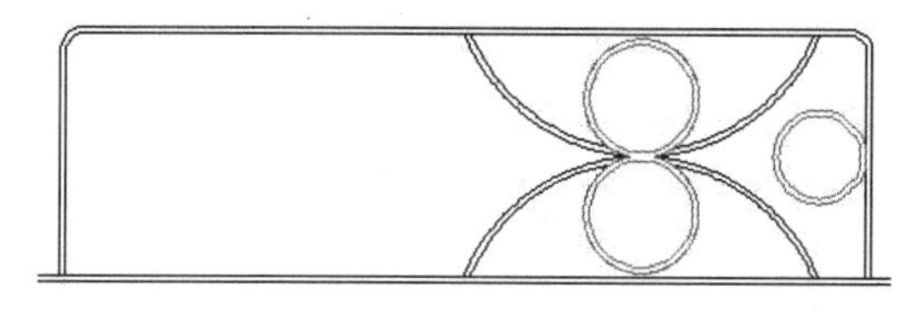

图 5-13　修剪结果

步骤 04　单击“修改”工具栏上的按钮，重复执行“镜像”命令，继续对内部的图形进行镜像。命令行操作如下：

```
命令: _mirror
选择对象:                         //拉出如图 5-14 所示的窗交选择框
选择对象:                         // Enter，结束对象的选择
指定镜像线的第一点:               //捕捉如图 5-15 所示的中点
指定镜像线的第二点:               //向下引出如图 5-16 所示的极轴矢量，然后在矢量上拾取一点
要删除源对象吗？[是(Y)/否(N)] <N>:// Enter，镜像结果如图 5-10 所示
```

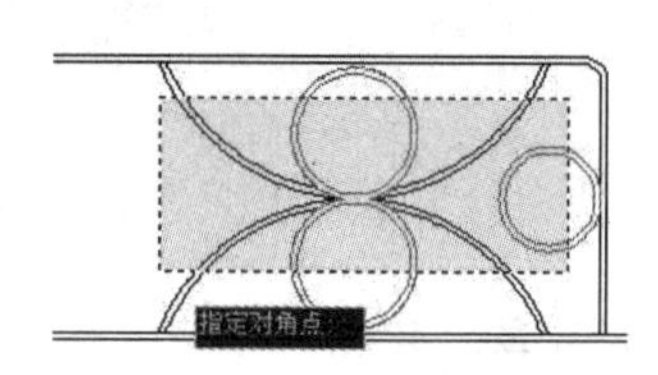

图 5-14　窗交选择

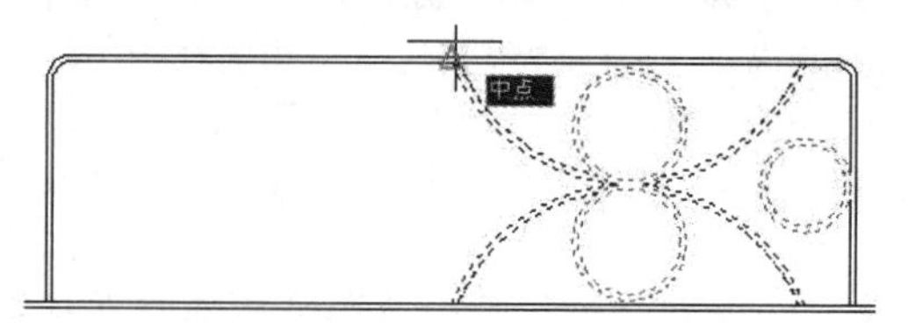

图 5-15　捕捉中点

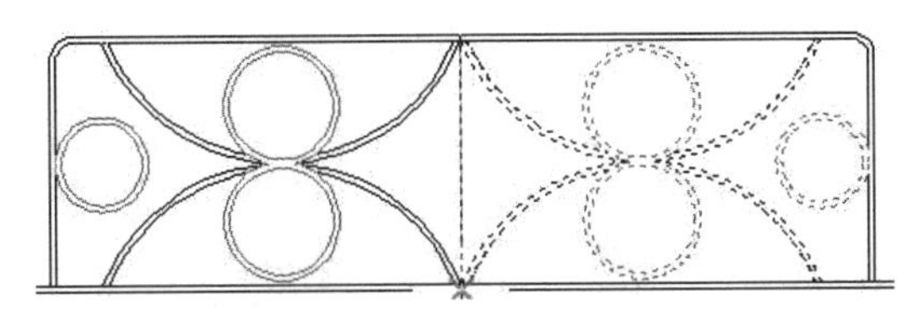

图 5-16　引出极轴矢量

选项解析

- “通过”选项用于按照指定的通过点，进行偏移对象，所偏移出的对象将通过事先指定的目标点。
- “图层”选项用于设置偏移对象的所在层。激活该选项后，命令行出现“输入偏移对象的图层选项 [当前(C)/源(S)] <源>: ”的提示，如果让偏移出的对象处在当前图层上，可以选择“当前”选项；如果让偏移出的对象与源对象处在同一图层上，可以选择“源”选项。
- “删除”选项用于将偏移的源对象自动删除。

5.2　创建规则图形结构

本节学习规则图形结构的创建功能，具体有“矩形阵列”、“环形阵列”和“路径阵列”三个命令。

5.2.1　矩形阵列

“矩形阵列”命令用于将图形按照指定的行数和列数，以“矩形”的排列方式进行大规模复制，以创建规则的复合图形结构，在实际绘图过程中，经常使用该命令创建均布结构的复合图形，如图 5-17 所示。

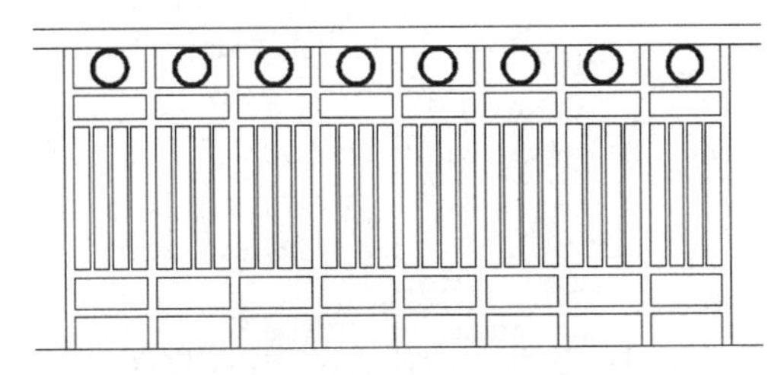

图 5-17　矩形阵列示例

执行“矩形阵列”命令主要有以下几种方式：

- 菜单栏：单击菜单“修改”/“阵列”/“矩形阵列”命令。
- 工具栏：单击“修改”工具栏上的按钮。
- 命令行：在命令行输入 Arrayrect 后按 Enter 键。
- 快捷键：在命令行输入 AR 后按 Enter 键。
- 功能区：单击“默认”选项卡/“修改”面板上的按钮。

【例题 4】 创建如图 5-17 所示的均布结构。

步骤 01 打开随书光盘中的“\素材文件\5-4.dwg”，如图 5-18 所示。

步骤 02 单击“默认”选项卡/“修改”面板上的按钮，执行“矩形阵列”命令，配合窗口选择功能对图形进行阵列。命令行操作如下：

```
命令: _arrayrect
选择对象:                                    //选择如图 5-19 所示的对象
选择对象:                                    // Enter
类型 = 矩形  关联 = 是
选择夹点以编辑阵列或 [关联(AS)/基点(B)/计数(COU)/间距(S)/列数(COL)/行数(R)/层数(L)/退
出(X)] <退出>:                               //COU Enter
输入列数数或 [表达式(E)] <4>:                 //4 Enter
输入行数数或 [表达式(E)] <3>:                 //1 Enter
选择夹点以编辑阵列或 [关联(AS)/基点(B)/计数(COU)/间距(S)/列数(COL)/行数(R)/层数(L)/退
出(X)] <退出>:                               //S Enter
指定列之间的距离或 [单位单元(U)] <7610>:       //50 Enter
指定行之间的距离 <4369>:                      //1 Enter
选择夹点以编辑阵列或 [关联(AS)/基点(B)/计数(COU)/间距(S)/列数(COL)/行数(R)/层数(L)/退
出(X)] <退出>:                               // Enter，阵列结果如图 5-20 所示
```

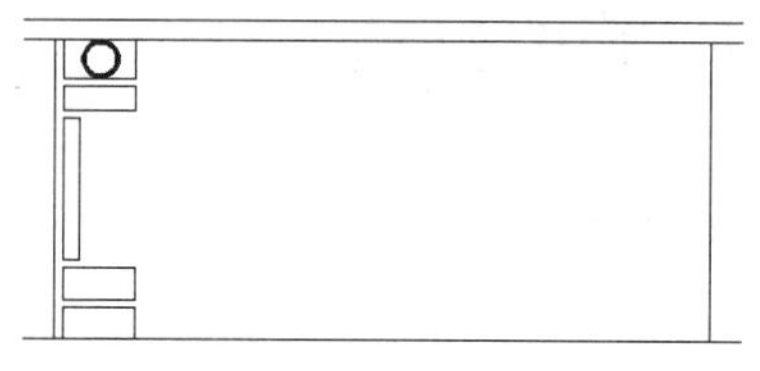

图 5-18　打开结果

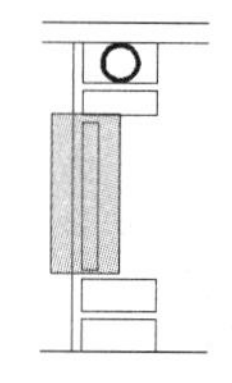

图 5-19　选择对象

步骤 03 重复执行“矩形阵列”命令，配合窗交选择功能继续对图形进行阵列。命令行操作如下：

```
命令: _arrayrect
选择对象:                                    //选择如图 5-21 所示的对象
选择对象:                                    // Enter
类型 = 矩形  关联 = 是
选择夹点以编辑阵列或 [关联(AS)/基点(B)/计数(COU)/间距(S)/列数(COL)/行数(R)/层数(L)/退
出(X)] <退出>:                               //COU Enter
输入列数数或 [表达式(E)] <4>:                 //8 Enter
输入行数数或 [表达式(E)] <3>:                 //1 Enter
选择夹点以编辑阵列或 [关联(AS)/基点(B)/计数(COU)/间距(S)/列数(COL)/行数(R)/层数(L)/退
出(X)] <退出>:                               //S Enter
指定列之间的距离或 [单位单元(U)] <7610>:       //215 Enter
指定行之间的距离 <4369>:                      //1 Enter
选择夹点以编辑阵列或 [关联(AS)/基点(B)/计数(COU)/间距(S)/列数(COL)/行数(R)/层数(L)/退
出(X)] <退出>:                               // Enter，阵列结果如上图 5-17 所示
```

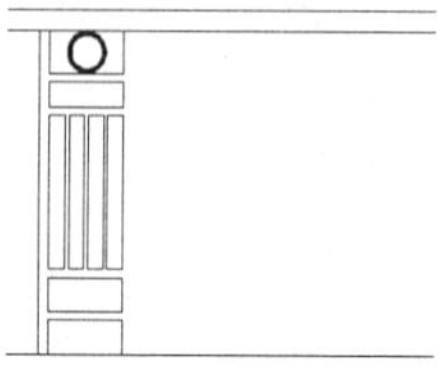

图 5-20　阵列结果

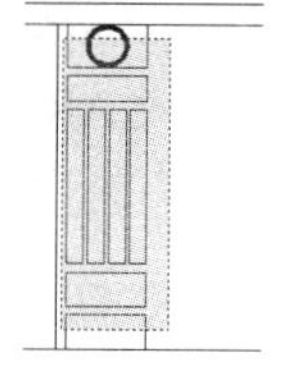

图 5-21　阵列结果

默认设置下，阵列出的对象是一个集合，单击该集合中的任一个图形，都可以选择集合中的所有对象，此种特性被称为关联阵列特性。

选项解析

- “关联”选项用于设置阵列后图形的关联性，如果为阵列图形设定了关联特性，那么阵列的图形和源图形一起，被作为一个独立的图形结构，跟图块的性质类似。用户可以使用“分解”命令取消这种关联特性。
- “基点”选项用于设置阵列的基点。
- “计数”选项用于设置阵列的行数、列数。
- “间距”选项用于设置对象的行偏移或列偏移距离。

5.2.2　环形阵列

“环形阵列”命令用于将选择的图形对象按照阵列中心点和设定的数目，呈“圆形”阵列复制，以快速创建聚心结构图形，如图 5-22 所示。

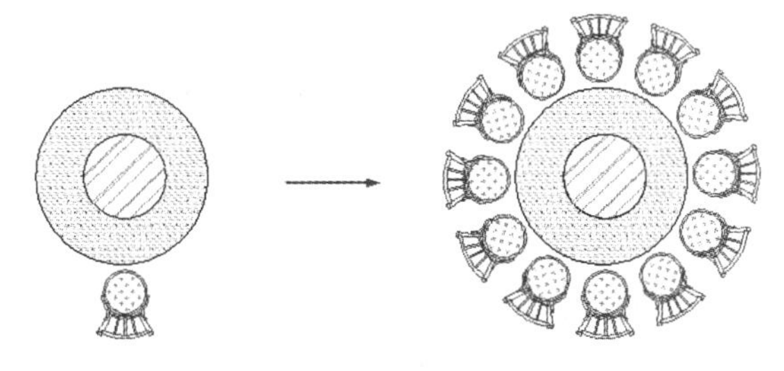

图 5-22　环形阵列示例

执行“环形阵列”命令主要有以下几种方式：

- 菜单栏：单击菜单“修改”/“阵列”/“环形阵列”命令。
- 工具栏：单击“修改”工具栏上的按钮。
- 命令行：在命令行输入 Arraypolar 后按 Enter 键。
- 快捷键：在命令行输入 AR 后按 Enter 键。
- 功能区：单击“默认”选项卡/“修改”面板上的按钮。

【例题 5】　创建图 5-22 所示的聚心结构。

步骤 01　打开随书光盘“\素材文件\5-5.dwg”，如图 5-22（左）所示。

步骤 02　单击“修改”工具栏或面板上的按钮，窗口选择如图 5-23 所示的对象进行阵列。命令行操作如下：

```
命令: _arraypolar
选择对象:                                    //拉出如图 5-23 所示的窗口选择框
选择对象:                                    // Enter
类型 = 极轴  关联 = 是
指定阵列的中心点或 [基点(B)/旋转轴(A)]:        //捕捉同心圆的圆心
选择夹点以编辑阵列或 [关联(AS)/基点(B)/项目(I)/项目间角度(A)/填充角度(F)/行(ROW)/层(L)/旋转项目(ROT)/退出(X)] <退出>:            //I Enter
```

```
输入阵列中的项目数或 [表达式(E)] <6>:          //12 Enter
选择夹点以编辑阵列或 [关联(AS)/基点(B)/项目(I)/项目间角度(A)/填充角度(F)/行(ROW)/层(L)/旋转项目(ROT)/退出(X)] <退出>:          //F Enter
指定填充角度(+=逆时针、-=顺时针)或 [表达式(EX)] <360>:  // Enter
选择夹点以编辑阵列或 [关联(AS)/基点(B)/项目(I)/项目间角度(A)/填充角度(F)/行(ROW)/层(L)/旋转项目(ROT)/退出(X)] <退出>:          // Enter，结束命令
```

步骤 03　环形阵列结果如图 5-24 所示。

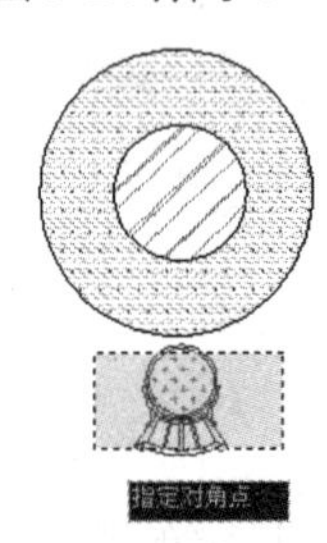

图 5-23　窗口选择

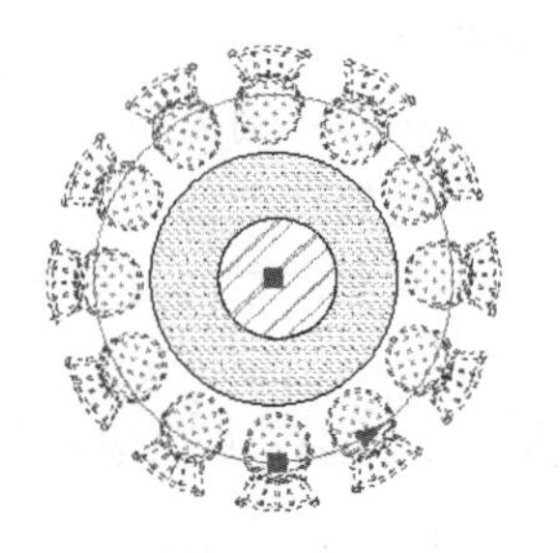

图 5-24　阵列结果

默认设置下环形阵列出的图形具有关联性，是一个独立的图形结构，跟图块的性质类似，其夹点效果如图 5-24 所示，用户可以使用“分解”命令取消这种关联特性。

选项解析

- “基点”选项用于设置阵列对象的基点。
- “项目”选项用于设置环形阵列的数目。
- “填充角度”选项用于输入环形阵列的角度，正值为逆时针阵列，负值为顺时针阵列。
- “项目间角度”选项用于设置每相邻阵列单元间的角度。
- “旋转项目”选项用于设置阵列对象的旋转角度。

5.2.3　路径阵列

“路径阵列”命令用于将对象沿指定的路径或路径的某部分进行等距阵列。路径可以是直线、多段线、三维多段线、样条曲线、螺旋线、圆、椭圆和圆弧等。

执行“路径阵列”命令主要有以下几种方式：

- 菜单栏：单击菜单“修改”/“阵列”/“路径阵列”命令。
- 工具栏：单击“修改”工具栏上的按钮。
- 命令行：在命令行输入 Arraypath 后按 Enter 键。
- 快捷键：在命令行输入 AR 后按 Enter 键。
- 功能区：单击“默认”选项卡/“修改”面板上的按钮。

【例题 6】 路径阵列实例。

步骤 01　打开随书光盘中的“\素材文件\5-6.dwg”，如图 5-25 所示。

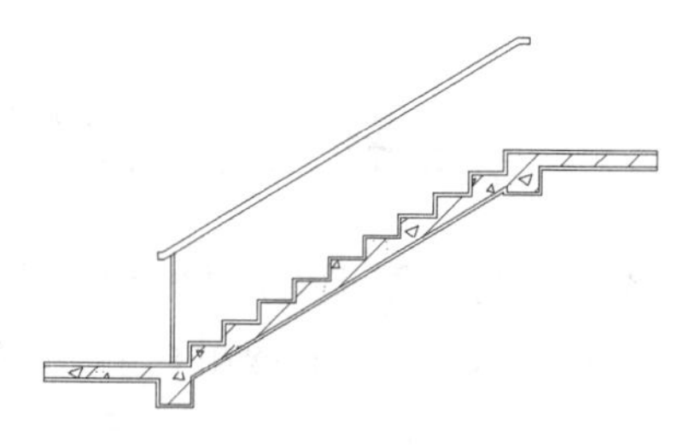

图 5-25　打开结果

步骤 02 单击“修改”工具栏或面板上的按钮，执行“路径阵列”命令，窗交选择楼梯栏杆进行阵列。命令行操作如下：

```
命令: _arraypath
选择对象:                                              //窗交选择如图 5-26 所示的栏杆
选择对象:                                              // Enter
类型 = 路径  关联 = 是
选择路径曲线:                                          //选择如图 5-27 所示的轮廓线
选择夹点以编辑阵列或 [关联(AS)/方法(M)/基点(B)/切向(T)/项目(I)/行(R)/层(L)/对齐项目
(A)/Z 方向(Z)/退出(X)] <退出>:                          //M Enter
输入路径方法 [定数等分(D)/定距等分(M)] <定距等分>:      //M Enter
选择夹点以编辑阵列或 [关联(AS)/方法(M)/基点(B)/切向(T)/项目(I)/行(R)/层(L)/对齐项目
(A)/Z 方向(Z)/退出(X)] <退出>:                          //I Enter
指定沿路径的项目之间的距离或 [表达式(E)] <75>:          //652 Enter
最大项目数 = 11
指定项目数或 [填写完整路径(F)/表达式(E)] <11>:          //11 Enter
选择夹点以编辑阵列或 [关联(AS)/方法(M)/基点(B)/切向(T)/项目(I)/行(R)/层(L)/对齐项目
(A)/Z 方向(Z)/退出(X)] <退出>:                          //A Enter
是否将阵列项目与路径对齐? [是(Y)/否(N)] <否>:           //N Enter
选择夹点以编辑阵列或 [关联(AS)/方法(M)/基点(B)/切向(T)/项目(I)/行(R)/层(L)/对齐项目
(A)/Z 方向(Z)/退出(X)] <退出>:                          //AS Enter
创建关联阵列 [是(Y)/否(N)] <是>:                        //N Enter
选择夹点以编辑阵列或 [关联(AS)/方法(M)/基点(B)/切向(T)/项目(I)/行(R)/层(L)/对齐项目
(A)/Z 方向(Z)/退出(X)] <退出>:                          // Enter，结束命令
```

步骤 03 路径阵列的结果如图 5-28 所示。

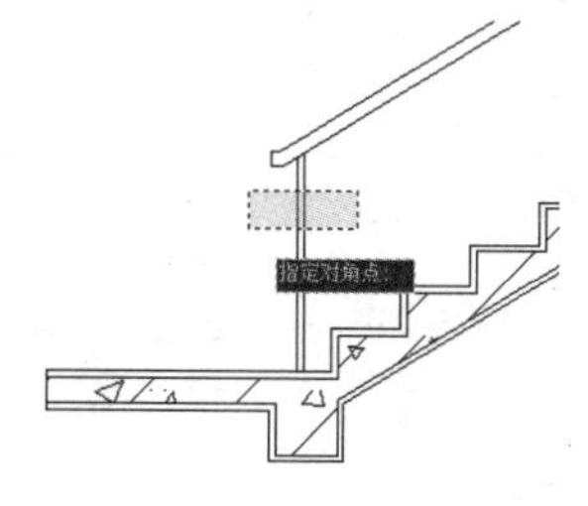

图 5-26　窗交选择

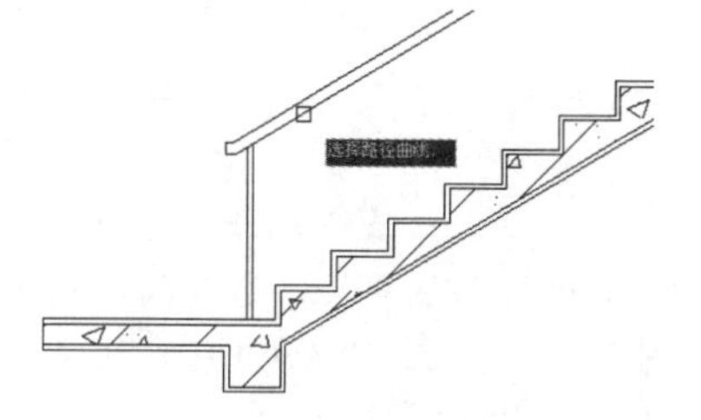

图 5-27　选择路径曲线

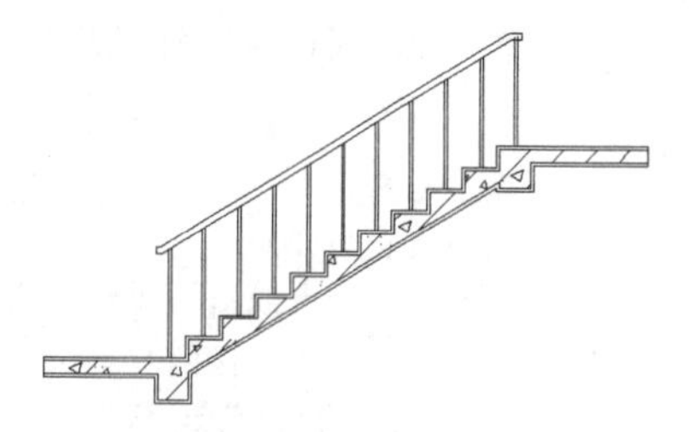

图 5-28　阵列结果

5.3　综合范例一——绘制大型会议桌椅平面图例

本例通过绘制大型会议桌椅平面图例，在综合巩固所学知识的前提下，主要对偏移、镜像、矩形阵列、环形阵列、路径阵列等重点知识进行综合练习和应用。本例最终绘制效果如图 5-29 所示。

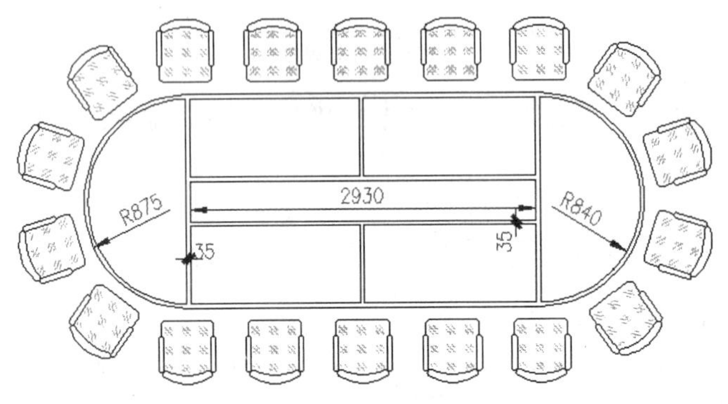

图 5-29　实例效果

操作步骤：

步骤 01　单击“快速访问”工具栏上的按钮，快速创建空白文件。

步骤 02　激活状态栏上的“对象捕捉”功能，并设置捕捉模式为端点捕捉和中点捕捉。

步骤 03　单击菜单“格式”/“图形界限”命令，重新设置图形界限。命令行操作如下：

```
命令: _limits
重新设置模型空间界限:
指定左下角点或 [开(ON)/关(OFF)] <0.0,0.0>:        // Enter
指定右上角点 <420.0,297.0>:                        //6000,3000 Enter
```

步骤 04　使用快捷键 Z 执行视窗的缩放功能，将刚设置的图形界限最大化显示，命令行操作如下：

```
命令: z                                            // Enter
ZOOM 指定窗口的角点，输入比例因子 (nX 或 nXP)，或者[全部(A)/中心(C)/动态(D)/范围(E)/上一
个(P)/比例(S)/窗口(W)/对象(O)] <实时>:              //a Enter，激活“全部”选项
```

步骤 05　单击“绘图”工具栏或面板上的按钮，执行“多段线”命令，配合坐标输入功能绘制会议桌外轮廓线。命令行操作如下：

```
命令: _pline
指定起点:                                                       //在绘图区拾取一点
当前线宽为 0
指定下一个点或 [圆弧(A)/半宽(H)/长度(L)/放弃(U)/宽度(W)]:          //@3000,0 Enter
指定下一点或 [圆弧(A)/闭合(C)/半宽(H)/长度(L)/放弃(U)/宽度(W)]:    //a Enter
指定圆弧的端点或[角度(A)/圆心(CE)/闭合(CL)/方向(D)/半宽(H)/直线(L)/半径(R)/第二个点
(S)/放弃(U)/宽度(W)]:                                            //@0,1750 Enter
指定圆弧的端点或[角度(A)/圆心(CE)/闭合(CL)/方向(D)/半宽(H)/直线(L)/半径(R)/第二个点
(S)/放弃(U)/宽度(W)]:                                            //l Enter
指定下一点或 [圆弧(A)/闭合(C)/半宽(H)/长度(L)/放弃(U)/宽度(W)]:    //@-3000,0 Enter
指定下一点或 [圆弧(A)/闭合(C)/半宽(H)/长度(L)/放弃(U)/宽度(W)]:    //a Enter
```

```
指定圆弧的端点或[角度(A)/圆心(CE)/闭合(CL)/方向(D)/半宽(H)/直线(L)/半径(R)/第二个点(S)/放弃(U)/宽度(W)]:                    //CL Enter，绘制结果如图 5-30 所示
```

步骤 06 单击“修改”工具栏或面板上的按钮，执行“偏移”命令，对多段线进行偏移。命令行操作如下：

```
命令: _offset
当前设置: 删除源=否  图层=源  OFFSETGAPTYPE=0
指定偏移距离或 [通过(T)/删除(E)/图层(L)] <通过>:            //100 Enter
选择要偏移的对象，或 [退出(E)/放弃(U)] <退出>:              //选择刚绘制的闭合多段线
指定要偏移的那一侧上的点，或 [退出(E)/多个(M)/放弃(U)] <退出>:
                                                           //在所选多边线的外侧单击
选择要偏移的对象，或 [退出(E)/放弃(U)] <退出>:              // Enter，结束命令
命令:OFFSET                                                // Enter
当前设置: 删除源=否  图层=源  OFFSETGAPTYPE=0
指定偏移距离或 [通过(T)/删除(E)/图层(L)] <100.0000>:        //35 Enter
选择要偏移的对象，或 [退出(E)/放弃(U)] <退出>:              //选择刚绘制的多段线
指定要偏移的那一侧上的点，或 [退出(E)/多个(M)/放弃(U)] <退出>:
                                                           //在所选多段线的内侧单击
选择要偏移的对象，或 [退出(E)/放弃(U)] <退出>:              //Enter，偏移结果如图 5-31 所示
```

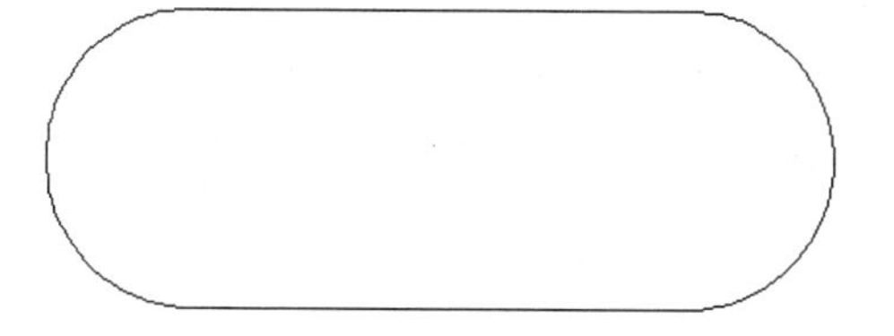

图 5-30　绘制结果

图 5-31　偏移结果

步骤 07 使用快捷键 L 执行“直线”命令，配合端点捕捉和中点捕捉功能绘制如图 5-32 所示的四条图线。

步骤 08 单击“修改”工具栏或面板上的按钮，执行“偏移”命令，将水平的直线对称偏移 165 和 200 个单位。

步骤 09 重复执行“偏移”命令，将中间的垂直轮廓线对称偏移 17.5 个单位，将左侧的垂直图线向右偏移 35 个单位，将右侧的垂直图线向左偏移 35 个单位，结果如图 5-33 所示。

步骤 10 使用快捷键 E 执行“删除”命令，删除中间的水平图线和垂直图线，结果如图 5-34 所示。

步骤 11 单击“修改”工具栏或面板上的按钮，执行“修剪”命令，对图形进行修剪编辑，结果如图 5-35 所示。

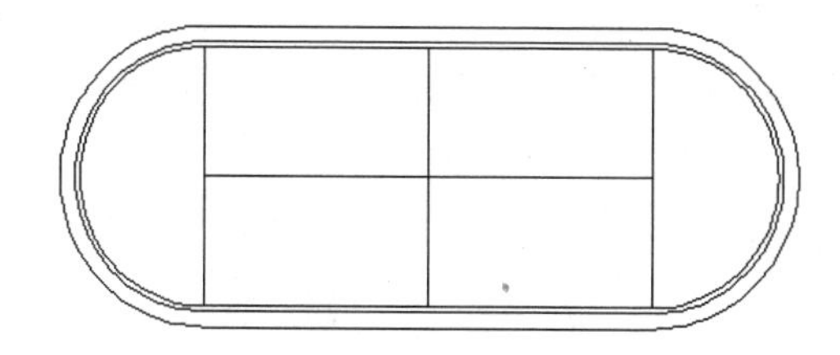

图 5-32　绘制结果

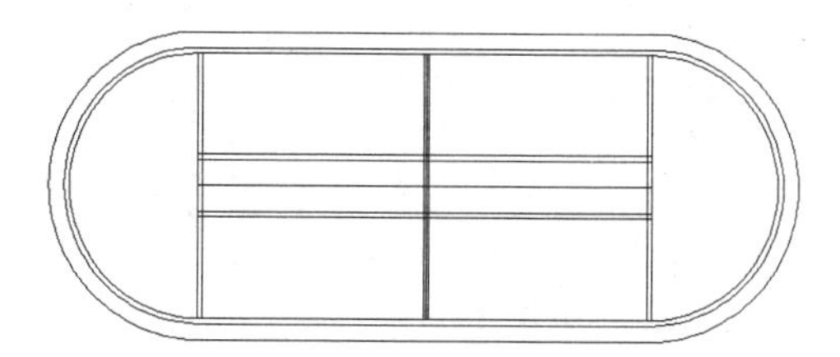

图 5-33　偏移结果

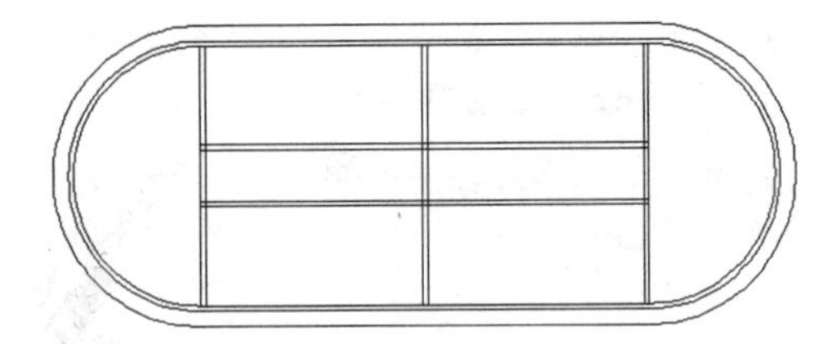

图 5-34　删除结果

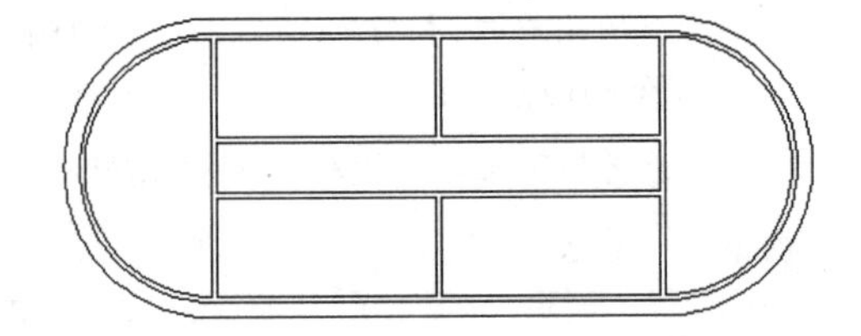

图 5-35　修剪结果

步骤 12　执行“打开”命令，打开随书光盘中的“\素材文件\会议椅 01.dwg”，然后将打开的会议椅图形进行剪切，并粘贴到当前文件内，如图 5-36 所示。

在此也可以使用多文档之间的数据共享功能，首先将两个文件进行垂直平铺，然后选择会议椅图形，按住鼠标右键不放直接将其拖曳到另一文件中，以块的方式共享。

步骤 13　使用快捷键 M 执行“移动”命令，配合中点捕捉和端点捕捉功能，选择会议椅图块进行位移，位移结果如图 5-37 所示。

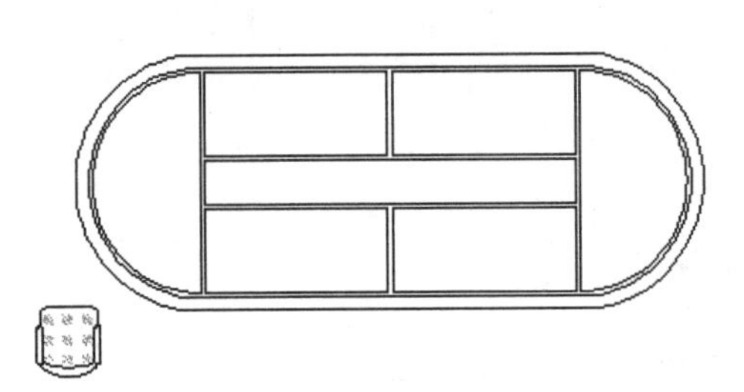

图 5-36　粘贴结果

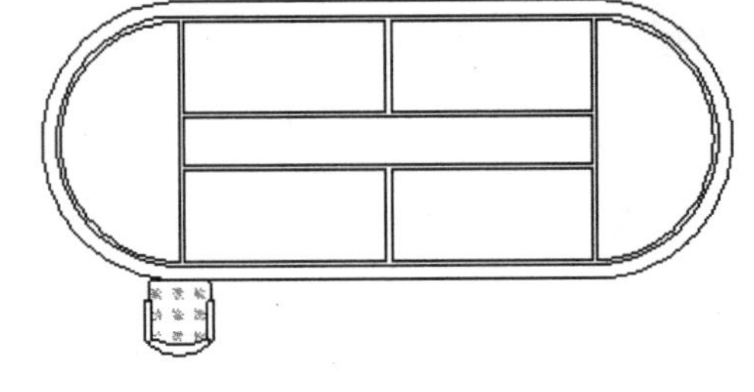

图 5-37　位移结果

步骤 14　单击“修改”工具栏或面板上的按钮，执行“矩形阵列”命令，对会议椅进行矩形阵列。命令行操作如下：

```
命令：_arrayrect
选择对象:                                           //选择会议椅
选择对象:                                           // Enter
类型 = 矩形  关联 = 是
选择夹点以编辑阵列或 [关联(AS)/基点(B)/计数(COU)/间距(S)/列数(COL)/行数(R)/层数(L)/退出(X)] <退出>:                                      //COU Enter
输入列数数或 [表达式(E)] <4>:                       //5 Enter
输入行数数或 [表达式(E)] <3>:                       //1 Enter
选择夹点以编辑阵列或 [关联(AS)/基点(B)/计数(COU)/间距(S)/列数(COL)/行数(R)/层数(L)/退出(X)] <退出>:                                      //S Enter
指定列之间的距离或 [单位单元(U)] <743>:             //750 Enter
指定行之间的距离 <779>:                             //1 Enter
选择夹点以编辑阵列或 [关联(AS)/基点(B)/计数(COU)/间距(S)/列数(COL)/行数(R)/层数(L)/退出(X)] <退出>:                                      //AS Enter
创建关联阵列 [是(Y)/否(N)] <是>:                    // N Enter
选择夹点以编辑阵列或 [关联(AS)/基点(B)/计数(COU)/间距(S)/列数(COL)/行数(R)/层数(L)/退出(X)] <退出>:                                      // Enter，阵列结果如图 5-38 所示
```

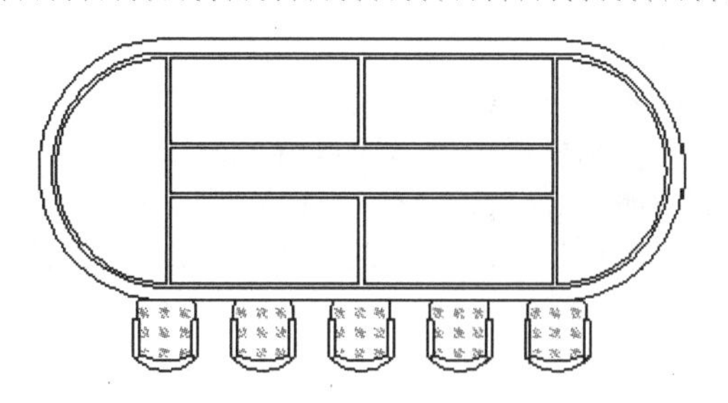

图 5-38　阵列结果

步骤 15 单击“修改”工具栏或面板上的按钮，执行“环形阵列”命令，继续对会议椅进行阵列。命令行操作如下：

```
命令: _arraypolar
选择对象:                                          //选择最左侧的会议椅
选择对象:                                          // Enter
类型 = 矩形  关联 = 是
指定阵列的中心点或 [基点(B)/旋转轴(A)]:            //捕捉如图 5-39 所示的中点
选择夹点以编辑阵列或 [关联(AS)/基点(B)/项目(I)/项目间角度(A)/填充角度(F)/行(ROW)/层
(L)/旋转项目(ROT)/退出(X)] <退出>:                 //I Enter
输入阵列中的项目数或 [表达式(E)] <6>:              //6 Enter
选择夹点以编辑阵列或 [关联(AS)/基点(B)/项目(I)/项目间角度(A)/填充角度(F)/行(ROW)/层
(L)/旋转项目(ROT)/退出(X)] <退出>:                 //F Enter
指定填充角度(+=逆时针、-=顺时针)或 [表达式(EX)] <360>:  //-180 Enter
选择夹点以编辑阵列或 [关联(AS)/基点(B)/项目(I)/项目间角度(A)/填充角度(F)/行(ROW)/层
(L)/旋转项目(ROT)/退出(X)] <退出>:                 // Enter, 环形阵列的结果如图 5-40 所示
```

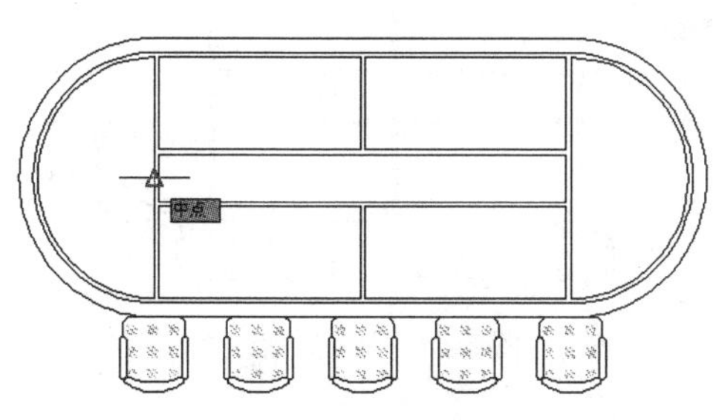

图 5-39　捕捉中点

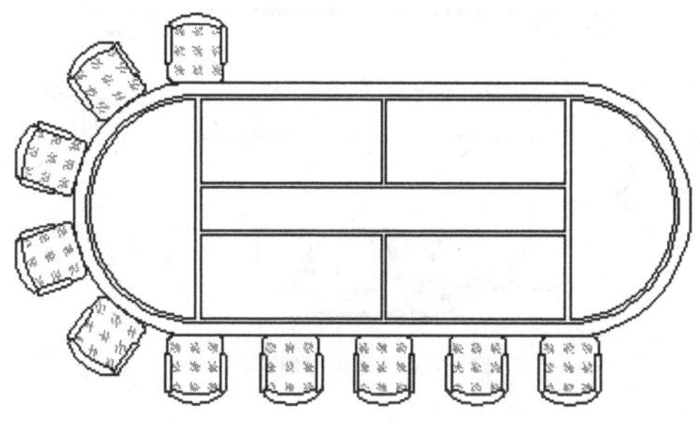

图 5-40　阵列结果

步骤 16 重复执行“环形阵列”命令，配合中点捕捉功能对最右侧的会议椅平面图进行阵列。命令行操作如下：

```
命令: _arraypolar
选择对象:                                          //选择最右侧的会议椅
选择对象:                                          // Enter
类型 = 极轴  关联 = 否
指定阵列的中心点或 [基点(B)/旋转轴(A)]:            //捕捉如图 5-41 所示的中点
选择夹点以编辑阵列或 [关联(AS)/基点(B)/项目(I)/项目间角度(A)/填充角度(F)/行(ROW)/层
(L)/旋转项目(ROT)/退出(X)] <退出>:                 // I Enter
输入阵列中的项目数或 [表达式(E)] <6>:              // Enter
```

```
选择夹点以编辑阵列或 [关联(AS)/基点(B)/项目(I)/项目间角度(A)/填充角度(F)/行(ROW)/层(L)/旋转项目(ROT)/退出(X)] <退出>:                //F Enter
指定填充角度(+=逆时针、-=顺时针)或 [表达式(EX)] <360>:          //180 Enter
选择夹点以编辑阵列或 [关联(AS)/基点(B)/项目(I)/项目间角度(A)/填充角度(F)/行(ROW)/层(L)/旋转项目(ROT)/退出(X)] <退出>:    // Enter，环形阵列的结果如图 5-42 所示
```

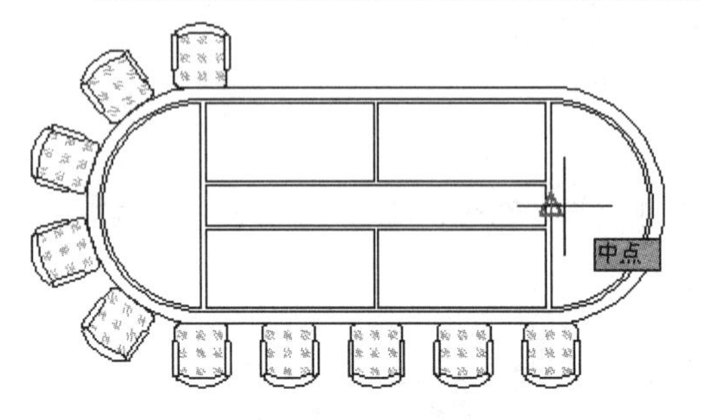

图 5-41　捕捉中点

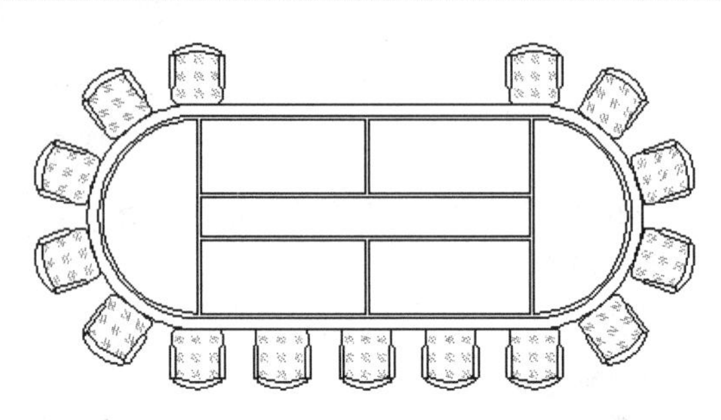

图 5-42　阵列结果

步骤 17　使用快捷键 MI 执行“镜像”命令，配合中点捕捉功能对会议椅进行镜像，命令行操作如下：

```
命令: mi                              // Enter
选择对象:                             //拉出如图 5-43 所示的窗口选择框
选择对象:                             // Enter
指定镜像线的第一点:                   //捕捉如图 5-44 所示的中点
指定镜像线的第二点:                   //@1,0 Enter
要删除源对象吗? [是(Y)/否(N)] <N>:    // Enter，镜像结果如图 5-45 所示
```

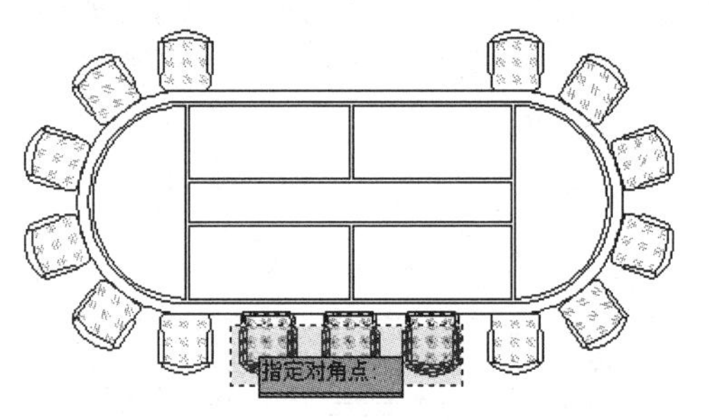

图 5-43　窗口选择

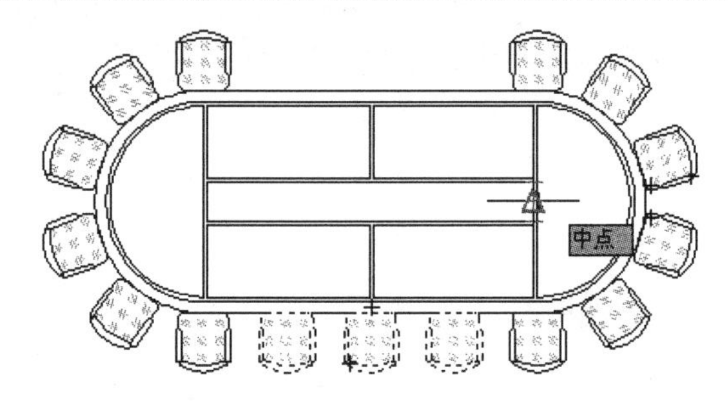

图 5-44　捕捉中点

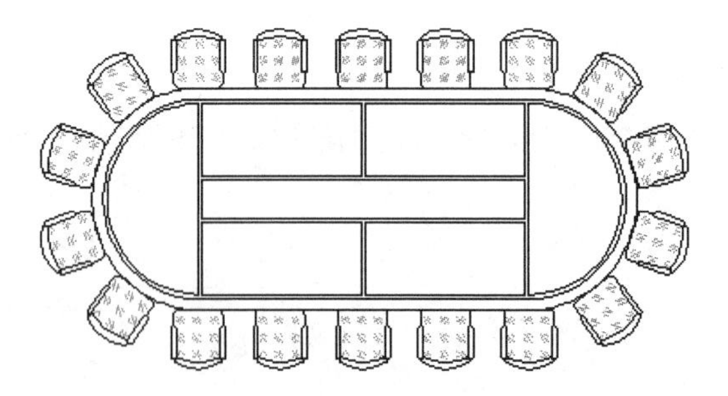

图 5-45　镜像结果

步骤 18　在无命令执行的前提下夹点显示如图 5-46 所示的闭合多段线边界，然后执行“删除”命令进行删除，删除结果如图 5-47 所示。

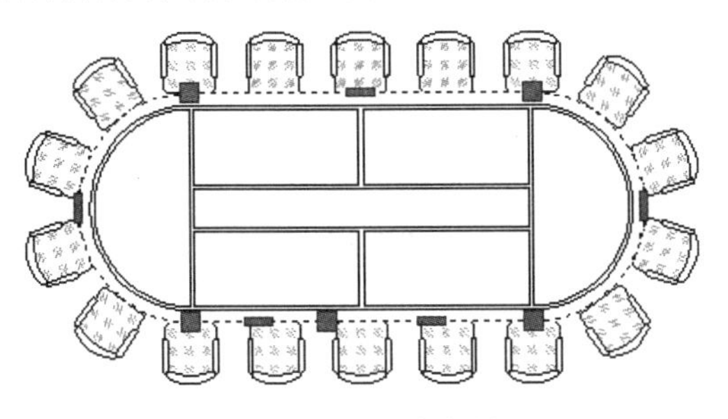

图 5-46　夹点效果

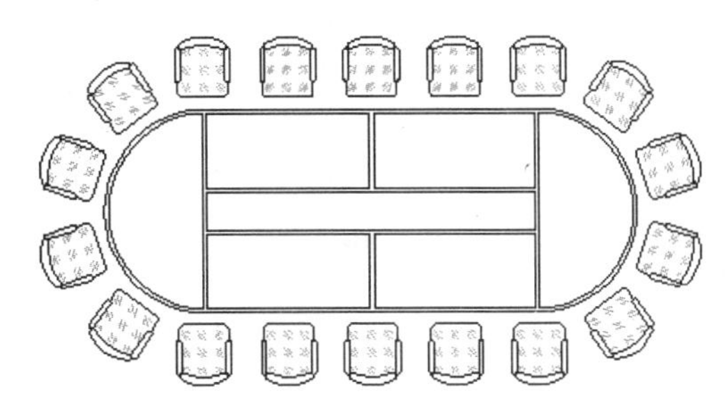

图 5-47　删除结果

步骤 19　最后执行“保存”命令，将图形命名存储为“绘制大型会议桌椅平面图例.dwg”。

5.4　特殊对象的编辑

本节主要学习特殊对象的编辑技能，具体有“多线编辑工具”、“光顺曲线”和“编辑多段线”三个命令。

5.4.1　多线编辑

“多线编辑工具”命令主要用于控制和编辑多线的交叉点、断开和增加顶点等。执行此命令主要有以下几种方式：

- 菜单栏：单击菜单“修改”/“对象”/“多线”命令。
- 命令行：在命令行输入 Mledit 按 Enter 键。

执行“多线编辑工具”命令后，可打开如图 5-48 所示的“多线编辑工具”对话框，从此对话框中可以看出，AutoCAD 共提供了十二种编辑工具。

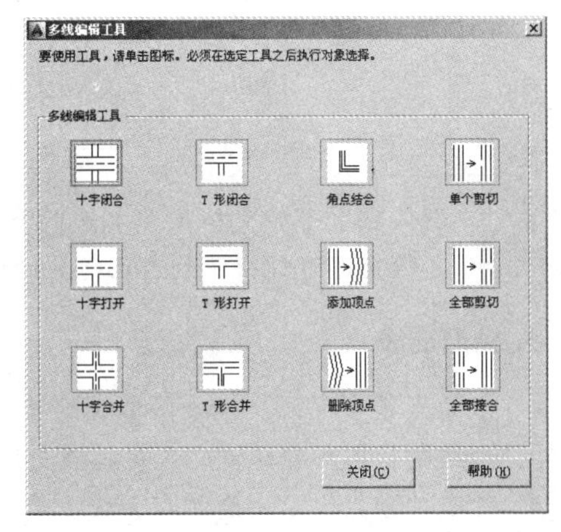

图 5-48　“多线编辑工具”对话框

1. 十字交线

- “十字闭合”：表示两条相交多线的十字封闭状态，AB 分别代表选择多线的次序，水平多线为 A，垂直多线为 B。
- “十字打开”：表示两条相交多线的十字开放状态，将两线的相交部分全部断开，第一条多线的轴线在相交部分也要断开。
- “十字合并”：表示两条相交多线的十字合并状态，将两线的相交部分全部断开，但两条多线的轴线在相交部分相交。

十字编辑的效果如图 5-49 所示。

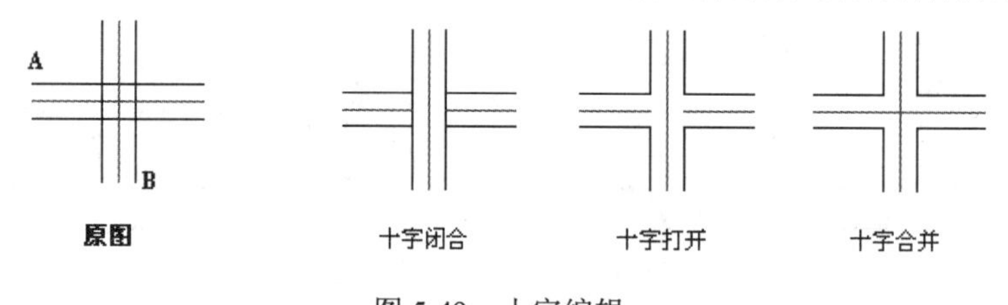

图 5-49　十字编辑

2. T 形交线

- “T 形闭合”：表示两条相交多线的 T 形封闭状态，将选择的第一条多线与第二条多线的相交部分修剪掉，而第二条多线保持原样连通。
- “T 形打开”：表示两条相交两多线的 T 形开放状态，将两线的相交部分全部断开，但第一条多线的轴线在相交部分也断开。
- “T 形合并”：表示两条相交多线的 T 形合并状态，将两线的相交部分全部断开，但第一条与第二条多线的轴线在相交部分相交。

T 形编辑的效果如图 5-50 所示。

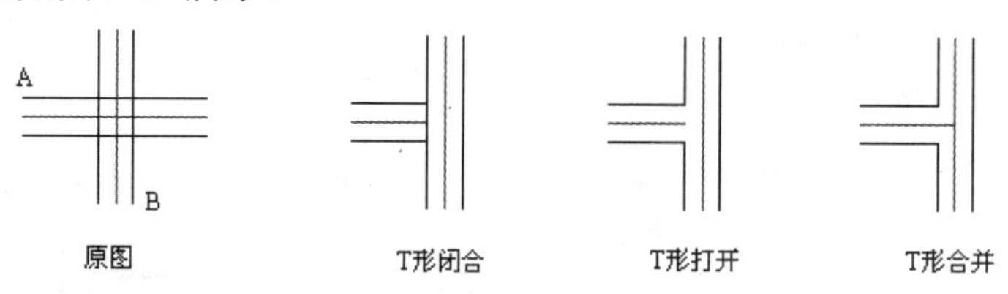

图 5-50　T 形编辑

在处理十字相交和 T 形相交的多线时，用户应当注意选择多线时的顺序，如果选择顺序不恰当，可能得不到自己想要的结果。

3. 角形交线

- “角点结合”：表示修剪或延长两条多线直到它们接触形成一相交角，将第一条和第二条多线的拾取部分保留，并将其相交部分全部断开剪去。
- “添加顶点”：表示在多线上产生一个顶点并显示出来，相当于打开显示连接开关，显示交点一样。
- “删除顶点”：表示删除多线转折处的交点，使其变为直线形多线。删除某顶点后，系统会将该顶点两边的另外两顶点连接成一条多线线段。

角形编辑的效果如图 5-51 所示。

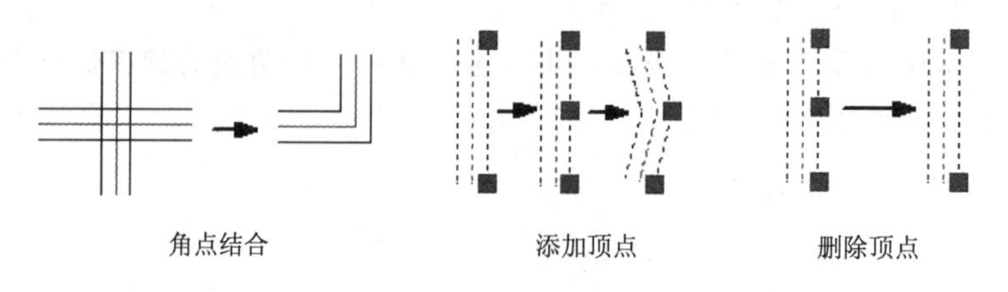

图 5-51　角形编辑

4. 切断交线

- “单个剪切”：表示在多线中的某条线上拾取两个点，从而断开此线。
- “全部剪切”：表示在多线上拾取两个点，从而将此多线全部切断一截。
- “全部接合”：表示连接多线中的所有可见间断，但不能用来连接两条单独的多线。

多线的剪切与接合效果如图 5-52 所示。

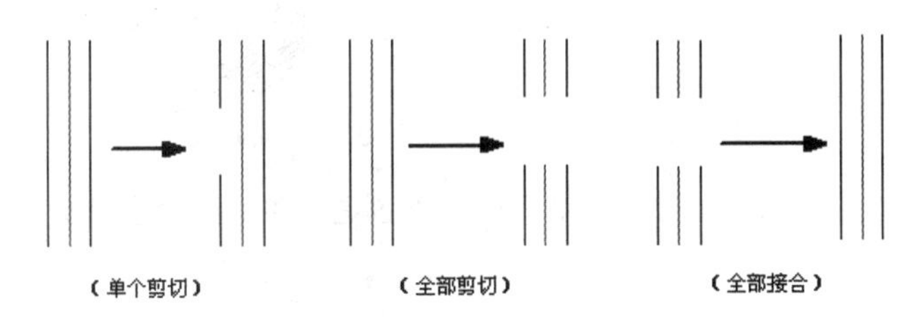

图 5-52　多线的剪切与接合

5.4.2 光顺曲线

“光顺曲线”命令用于在两条选定的直线或两条曲线之间创建样条曲线，以光滑连接两条选定的对象，如图 5-53 所示。

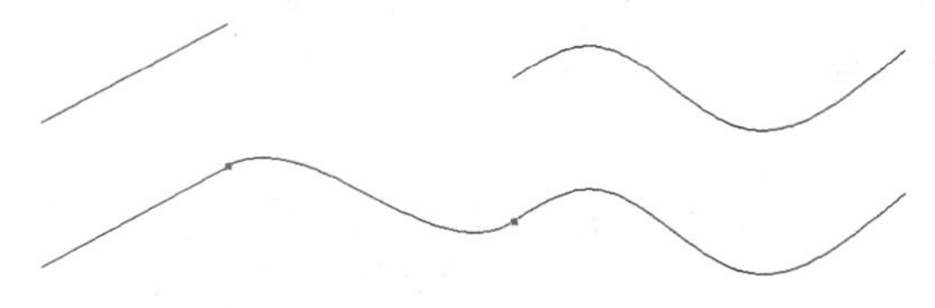

图 5-53　光顺曲线示例

执行“光顺曲线”命令主要有以下几种方式：

- 菜单栏：单击菜单“修改”/“光顺曲线”命令。
- 工具栏：单击“修改”工具栏或面板上的按钮。
- 命令行：在命令行输入 BLEND 后按 Enter 键。
- 快捷键：在命令行输入 BL 后按 Enter 键。
- 功能区：单击“默认”选项卡/“修改”面板上的按钮。

使用“光顺曲线”命令在两图线之间创建样条曲线时，具体有两个过渡类型，分别是“相切”和“平滑”。下面通过实例学习“光顺曲线”命令的使用方法和操作技巧。

【例题 7】 创建光顺曲线

步骤 01 首先绘制如图 5-53 上部分所示的直线和样条曲线。

步骤 02 单击“修改”工具栏或面板上的按钮，在直线和样条曲线之间，创建一条过渡样条曲线。命令行操作如下：

```
命令：_BLEND
连续性 = 相切
选择第一个对象或 [连续性(CON)]:        //在直线的右上端点单击
```

```
选择第二个点：                    //在样条曲线的左端单击，创建如图 5-53 下部分所示的光顺曲线
```

图 5-53 下部分所示的光顺曲线是在“相切”模式下创建的一条 3 阶样条曲线（其夹点效果如图 5-54 所示），在选定对象的端点处具有相切（G1）连续性。

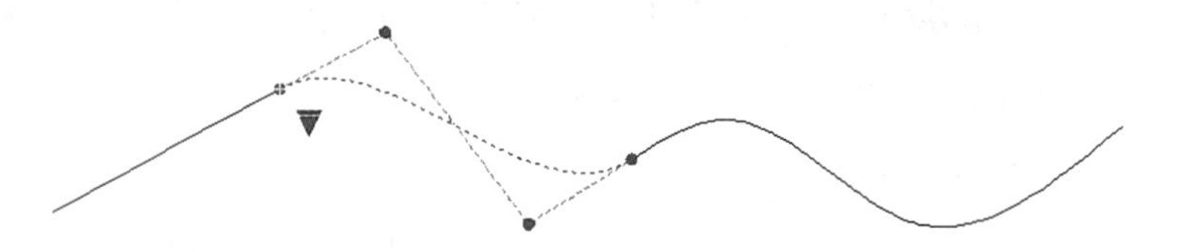

图 5-54 “相切”模式下的 3 阶光顺曲线

步骤 03 重复执行“光顺曲线”命令，在“平滑”模式下创建一条 5 阶样条曲线。命令行操作如下：

```
命令：_BLEND
连续性 = 相切
选择第一个对象或 [连续性(CON)]:              //CON Enter
输入连续性 [相切(T)/平滑(S)] <切线>:         //S Enter，激活“平滑”选项
选择第一个对象或 [连续性(CON)]:              //在直线的右上端点单击
选择第二个点:                                //在样条曲线的左端单击，创建如图 5-55 所示的光顺曲线
```

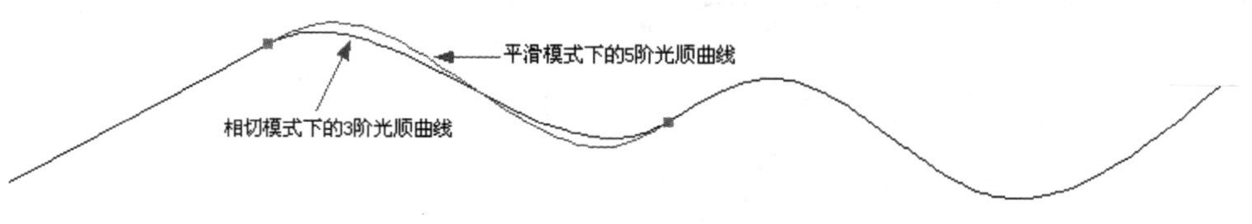

图 5-55 创建结果

图 5-55 所示的光顺曲线是在“平滑”模式下创建的一条 5 阶样条曲线（其夹点效果如图 5-56 所示），在选定对象的端点处具有曲率（G2）连续性。

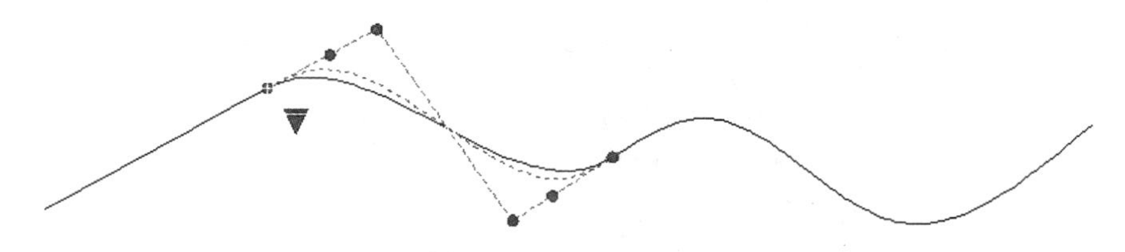

图 5-56 “平滑”模式下的 5 阶光顺曲线

如果使用“平滑”选项，请勿将显示从控制点切换为拟合点，此操作可将样条曲线更改为 3 阶，会改变样条曲线的形状。

5.4.3 编辑多段线

“编辑多段线”命令用于编辑多段线或具有多段线性质的图形，如矩形、正多边形、圆环、三维多段线、三维多边形网格等。

执行“多段线”命令主要有以下几种方式：

- 菜单栏：单击菜单“修改”/“对象”/“多段线”命令。
- 工具栏：单击“修改 II”工具栏上的按钮。

- 命令行：在命令行输入 Pedit 后按 Enter 键。
- 快捷键：在命令行输入 PE 后按 Enter 键。
- 功能区：单击“默认”选项卡/“修改”面板上的按钮。

使用“编辑多段线”命令可以闭合、打断、拉直、拟合多段线，还可以增加、移动、删除多段线顶点等。执行“编辑多段线”命令后 AutoCAD 提示如下：

```
命令：Pedit
选择多段线或 [多条（M）]：          //系统提示选择需要编辑的多段线。
//如果用户选择了直线或圆弧，而不是多段线，系统出现如下提示：
是否将其转换为多段线？<Y>：        //输入 Y，将选择的对象即直线或圆弧转换为多段线，再进行编辑。
//如果选择的对象是多段线，系统出现如下提示：
输入选项 [闭合(C)/合并(J)/宽度(W)/编辑顶点(E)/拟合(F)/样条曲线(S)/非曲线化(D)/线型生成(L)/反转(R)/放弃(U)]：
```

选项解析

- “闭合”选项用于打开或闭合多段线。如果用户选择的多段线是非闭合的，使用该选项可使之封闭；如果用户选中的多段线是闭合的，该选项替换成“打开”，使用该选项可打开闭合的多段线。
- “合并”选项用于将其他的多段线、直线或圆弧连接到正在编辑的多段线上，形成一条新的多段线。

如果需要向多段线上连接实体，与原多段线必须有一个共同的端点，即需要连接的对象必须首尾相连。

- “拟合”选项用于对多段线进行曲线拟合，将多段线变成通过每个顶点的光滑连续的圆弧曲线，曲线经过多段线的所有顶点并使用任何指定的切线方向，如图 5-57 所示。

图 5-57　对多段线进行曲线拟合

- “宽度”选项用于修改多段线的线宽，并将多段线的各段线宽统一变为新输入的线宽值。激活该选项后系统提示输入所有线段的新宽度。
- “编辑顶点”选项用于对多段线的顶点进行移动、插入新顶点、改变顶点的线宽及切线方向等。
- “非曲线化”选项用于还原已被编辑的多段线。取消拟合、样条曲线以及“多段线”命令中的“弧”选项所创建的圆弧段，将多段线中各段拉直，同时保留多段线顶点的所有切线信息。
- “线型生成”选项用于控制多段线为非实线状态时的显示方式，当该项为 ON 状态时，虚线或中心线等非实线线型的多段线在角点处封闭；该项为 OFF 状态时，角点处是否封闭，取决于线型比例的大小。
- “样条曲线”选项将用 B 样条曲线拟合多段线，生成由多段线顶点控制的样条曲线。

变量“Splinesegs”用于控制样条曲线的精度，值越大，曲线越光滑。变量“Splframe”用于决定是否显示原多段线，值设为 1 时，样条曲线与原多段线一同显示；值设为 0 时，不显示原多段线，如图 5-58 所示。

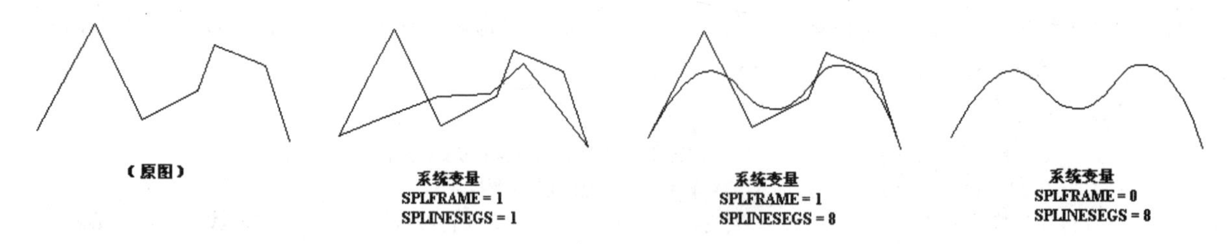

图 5-58 选项示例

5.5 对象的夹点编辑

AutoCAD 为用户提供了“夹点编辑”功能，使用此功能，可以非常方便地编辑图形。在学习此功能之前，首先了解两个概念，即“夹点”和“夹点编辑”。

在没有命令执行的前提下选择图形，那么这些图形上会显示出一些蓝色实心的小方框，如图 5-59 所示，而这些蓝色小方框即为图形的夹点，不同的图形结构，其夹点个数及位置也会不同。

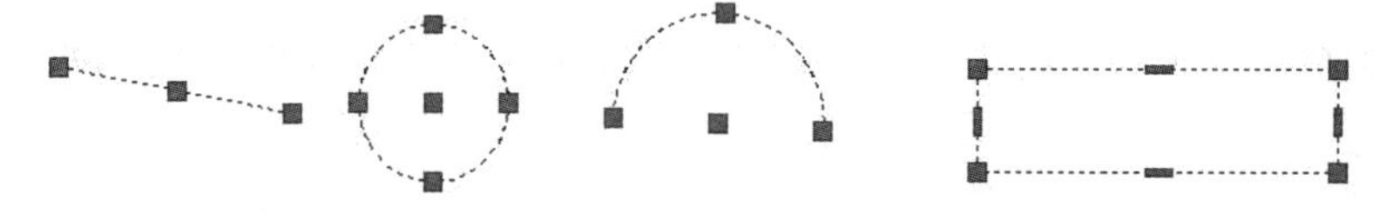

图 5-59 图形的夹点

“夹点编辑”功能就是将“移动”、“旋转”、“缩放”、“镜像”、“拉伸”五种命令组合在一起，通过编辑图形上的夹点，来达到快速编辑图形的目的，是一种常用的编辑功能。用户只需单击图形上的任何一个夹点，即可进入夹点编辑模式，此时所单击的夹点以“红色”亮显，称之为“热点”或“夹基点”。在进入夹点编辑模式后，用户可以通过如下两种方式启动夹点编辑功能。

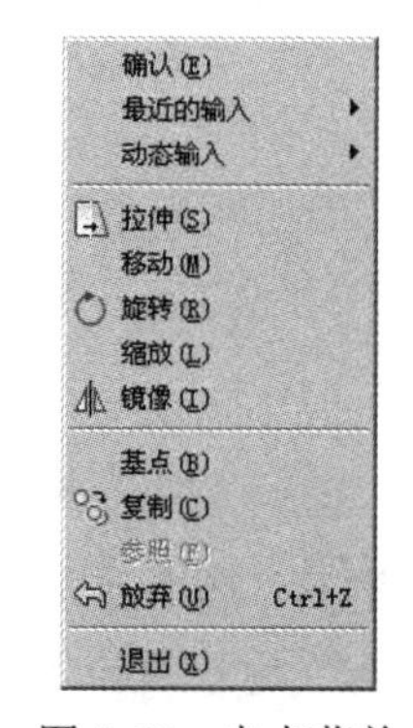

图 5-60 夹点菜单

5.5.1 通过菜单启动夹点命令

当用户进入夹点编辑模式后，单击鼠标右键，即可打开夹点编辑菜单，如图 5-60 所示。在此菜单中共为用户提供了“拉伸”、“移动”、“旋转”、“缩放”、“镜像”等命令，这些命令是平级的，其操作功能与“修改”工具栏或面板上的各工具相同，用户只需单击相应的菜单项，即可启动夹点编辑工具。

在夹点菜单的下侧，是夹点命令中的一些选项功能，有“基点”、“复制”、“参照”、“放弃”等，不过这些选项菜单在一级修改命令的前提下才能使用。

5.5.2　通过命令行启动夹点命令

当进入夹点编辑模式后，通过按 Enter 键，系统即会在“拉伸”、“移动”、“旋转”、“缩放”、“镜像”等命令中循环切换，用户可以根据命令行的步骤提示，选择相应的夹点命令及命令选项。

如果用户在按住 Shift 键的同时单击多个夹点，那么所单击的夹点都被看作是“夹基点”；如果用户需要从多个夹基点的选择集中删除特定对象，也要按住 Shift 键。

【例题 8】 使用夹点编辑功能绘制图形。

步骤 01 新建空白文件并绘制一条长度为 100 的直线段。

步骤 02 在无命令执行的前提下选择线段，使其夹点显示，如图 5-61 所示。

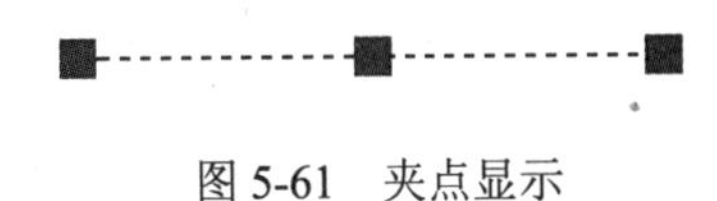

图 5-61　夹点显示

步骤 03 单击左侧的夹点，使其变为夹基点，进入夹点编辑模式。

步骤 04 单击鼠标右键，从弹出的夹点菜单中选择“旋转”命令，激活夹点旋转功能。

步骤 05 再次单击鼠标右键，从夹点菜单中选择“复制”选项，然后根据命令行的提示进行旋转和复制线段。命令行操作如下：

```
命令:
** 拉伸 **
指定拉伸点或 [基点(B)/复制(C)/放弃(U)/退出(X)]: _rotate
** 旋转 **
指定旋转角度或 [基点(B)/复制(C)/放弃(U)/参照(R)/退出(X)]: _copy
** 旋转 (多重) **
指定旋转角度或 [基点(B)/复制(C)/放弃(U)/参照(R)/退出(X)]:    //20 Enter
** 旋转 (多重) **
指定旋转角度或 [基点(B)/复制(C)/放弃(U)/参照(R)/退出(X)]:    //-20 Enter
** 旋转 (多重) **
指定旋转角度或 [基点(B)/复制(C)/放弃(U)/参照(R)/退出(X)]:
// Enter，退出夹点编辑模式，编辑结果如图 5-62 所示
```

步骤 06 按 Delete 键，删除夹点显示的水平线段，结果如图 5-63 所示。

步骤 07 在无命令执行的前提下选择夹点编辑出的两条线段，使其呈现夹点显示，如图 5-64 所示。

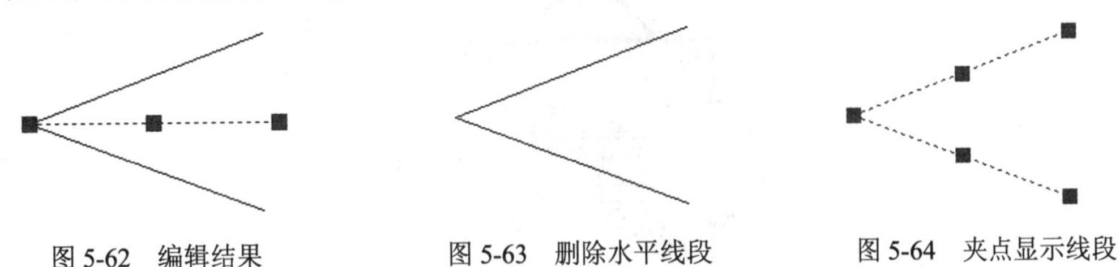

图 5-62　编辑结果　　图 5-63　删除水平线段　　图 5-64　夹点显示线段

步骤 08 按住 Shift 键，依次单击线段右侧的两个夹点，将其转变为夹基点，如图 5-65 所示。

步骤 09 单击其中的一个夹基点，进入夹点编辑模式，然后根据命令行的提示，对夹点图线进行镜像复制。命令行操作过程如下：

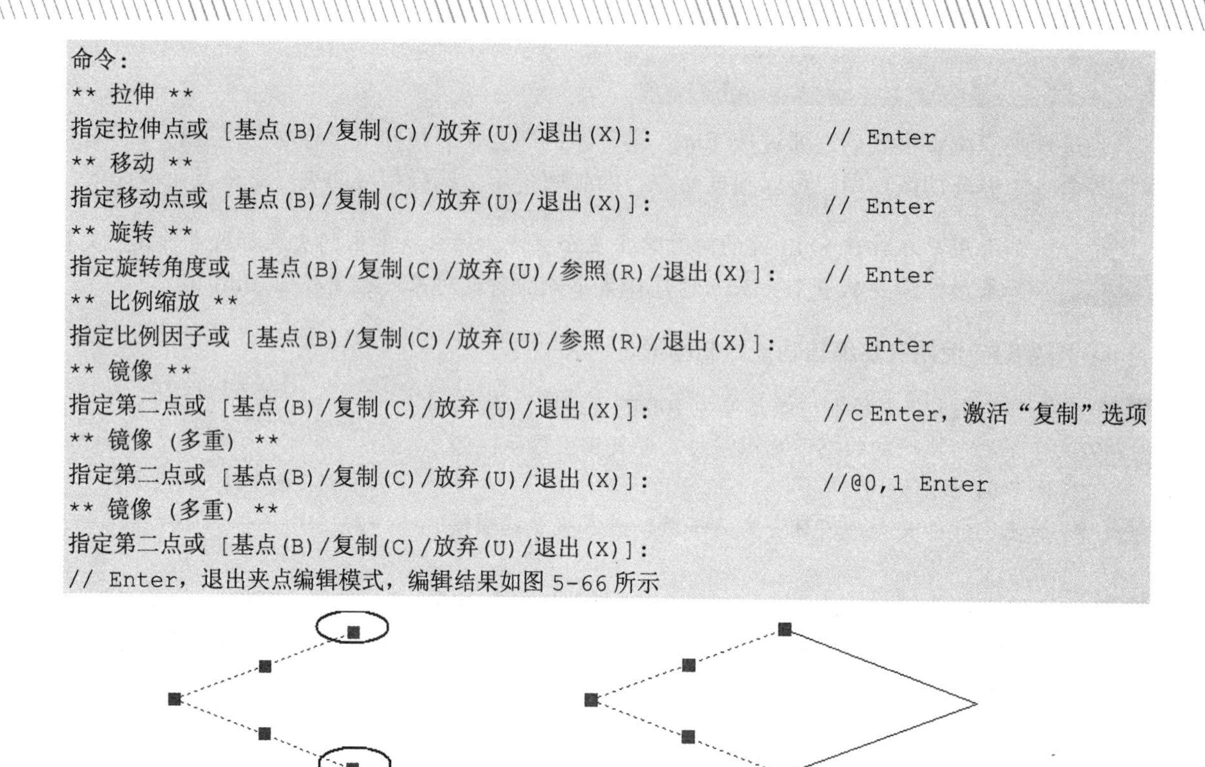

```
命令:
** 拉伸 **
指定拉伸点或 [基点(B)/复制(C)/放弃(U)/退出(X)]:                    // Enter
** 移动 **
指定移动点或 [基点(B)/复制(C)/放弃(U)/退出(X)]:                    // Enter
** 旋转 **
指定旋转角度或 [基点(B)/复制(C)/放弃(U)/参照(R)/退出(X)]:          // Enter
** 比例缩放 **
指定比例因子或 [基点(B)/复制(C)/放弃(U)/参照(R)/退出(X)]:          // Enter
** 镜像 **
指定第二点或 [基点(B)/复制(C)/放弃(U)/退出(X)]:                    //c Enter，激活"复制"选项
** 镜像 (多重) **
指定第二点或 [基点(B)/复制(C)/放弃(U)/退出(X)]:                    //@0,1 Enter
** 镜像 (多重) **
指定第二点或 [基点(B)/复制(C)/放弃(U)/退出(X)]:
// Enter，退出夹点编辑模式，编辑结果如图 5-66 所示
```

图 5-65　设置夹基点　　　　图 5-66　镜像结果

步骤 10　最后按 Esc 键取消对象的夹点显示。

5.6　综合范例二——绘制大厅地面拼花平面图例

本例通过绘制大厅地面拼花平面图例，在综合巩固所学知识的前提下，主要对夹点缩放、夹点复制、夹点旋转、夹点镜像等多种编辑功能进行综合练习和应用。本例最终绘制效果如图 5-67 所示。

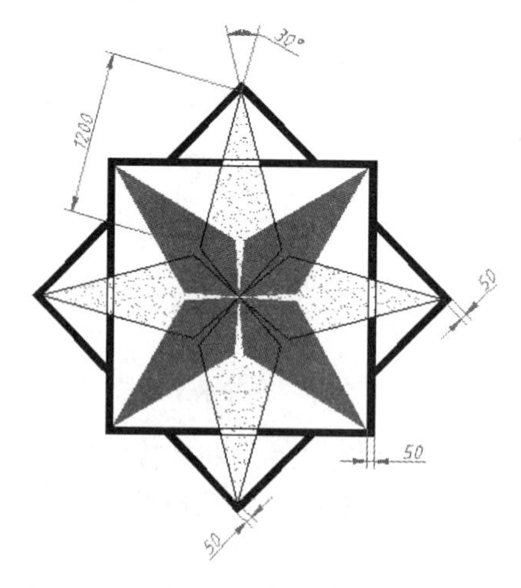

图 5-67　实例效果

操作步骤：

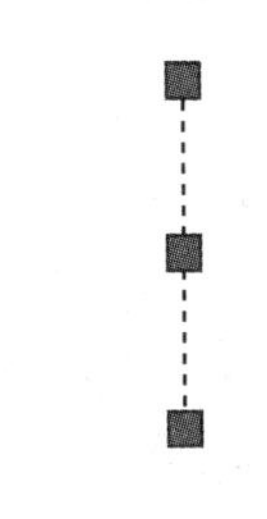
图 5-68　夹点显示

步骤 01 单击“快速访问”工具栏上的□按钮，快速创建空白文件。

步骤 02 激活状态栏上的“对象捕捉”功能，并设置捕捉模式为端点捕捉。

步骤 03 使用快捷键 Z 激活“视图缩放”命令，将当前视图高度调整为 4500 个绘图单位。

步骤 04 执行“直线”命令，绘制长度为 1200 的垂直线段，并将其夹点显示，如图 5-68 所示。

步骤 05 单击上侧的夹点，进入夹点编辑模式，然后单击鼠标右键，从夹点编辑菜单中选择“旋转”命令。

步骤 06 再次单击鼠标右键，从夹点菜单中选择“复制”选项，然后根据命令行的提示进行旋转和复制线段。命令行操作如下。

```
命令:
** 拉伸 **
指定拉伸点或 [基点(B)/复制(C)/放弃(U)/退出(X)]: _rotate
** 旋转 **
指定旋转角度或 [基点(B)/复制(C)/放弃(U)/参照(R)/退出(X)]: _copy
** 旋转 (多重) **
指定旋转角度或 [基点(B)/复制(C)/放弃(U)/参照(R)/退出(X)]:    //15 Enter
** 旋转 (多重) **
指定旋转角度或 [基点(B)/复制(C)/放弃(U)/参照(R)/退出(X)]:    //-15 Enter
** 旋转 (多重) **
指定旋转角度或 [基点(B)/复制(C)/放弃(U)/参照(R)/退出(X)]:
// Enter，退出夹点编辑模式，编辑结果如图 5-69 所示
```

步骤 07 按 Delete 键，删除夹点显示的水平线段，结果如图 5-70 所示。

步骤 08 选择夹点编辑出的两条线段，使其呈现夹点显示，如图 5-71 所示。

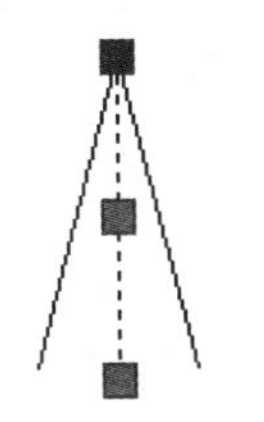
图 5-69　编辑结果

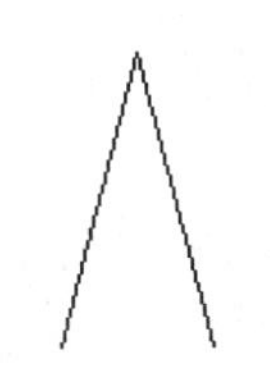
图 5-70　删除结果

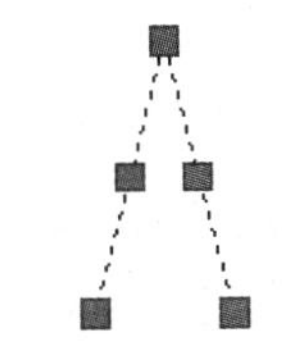
图 5-71　夹点显示

步骤 09 按住 Shift 键，依次单击下侧两个夹点，将其转变为夹基点，然后再单击其中的一个夹基点，进入夹点编辑模式，对夹点图线进行镜像复制。命令行操作如下。

```
命令:
** 拉伸 **
指定拉伸点或 [基点(B)/复制(C)/放弃(U)/退出(X)]: _mirror
** 镜像 **
指定第二点或 [基点(B)/复制(C)/放弃(U)/退出(X)]: _copy
** 镜像 (多重) **
指定第二点或 [基点(B)/复制(C)/放弃(U)/退出(X)]:            //@1,0 Enter
** 镜像 (多重) **
```

```
指定第二点或 [基点(B)/复制(C)/放弃(U)/退出(X)]:
// Enter，退出夹点编辑模式，编辑结果如图 5-72 所示
```

步骤 10　夹点显示下侧的两条图线，以最下侧的夹点作为基点，对图线进行夹点拉伸。命令行操作如下。

```
命令:
** 拉伸 **
指定拉伸点或 [基点(B)/复制(C)/放弃(U)/退出(X)]: //@0,800 Enter，拉伸结果如图 5-73 所示
```

图 5-72　镜像结果

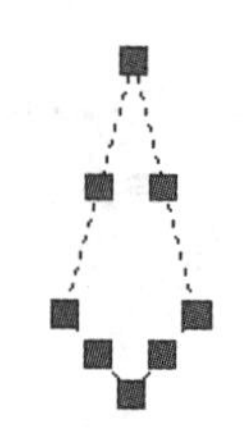

图 5-73　拉伸结果

步骤 11　以最下侧的夹点作为基点，对所有图线进行夹点旋转并复制。命令行操作如下。

```
命令:
** 拉伸 **
指定拉伸点或 [基点(B)/复制(C)/放弃(U)/退出(X)]: _rotate
** 旋转 **
指定旋转角度或 [基点(B)/复制(C)/放弃(U)/参照(R)/退出(X)]: _copy
** 旋转 (多重) **
指定旋转角度或 [基点(B)/复制(C)/放弃(U)/参照(R)/退出(X)]:    //90 Enter
** 旋转 (多重) **
指定旋转角度或 [基点(B)/复制(C)/放弃(U)/参照(R)/退出(X)]:    //180 Enter
** 旋转 (多重) **
指定旋转角度或 [基点(B)/复制(C)/放弃(U)/参照(R)/退出(X)]:    //270 Enter
** 旋转 (多重) **
指定旋转角度或 [基点(B)/复制(C)/放弃(U)/参照(R)/退出(X)]:
// Enter，编辑结果如图 5-74 所示
```

步骤 12　按 Esc 键取消对象的夹点显示，结果如图 5-75 所示。

步骤 13　夹点显示所有的图形对象，如图 5-76 所示。

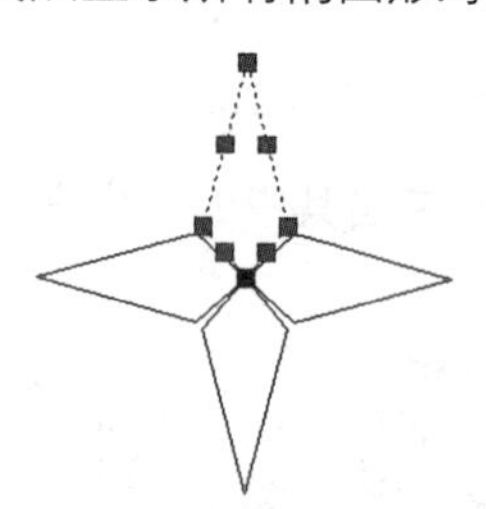

图 5-74　编辑结果

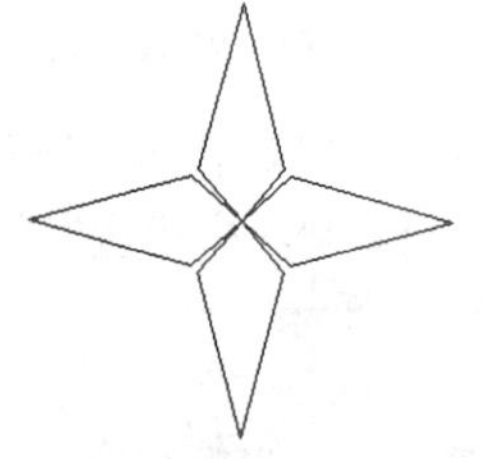

图 5-75　取消夹点

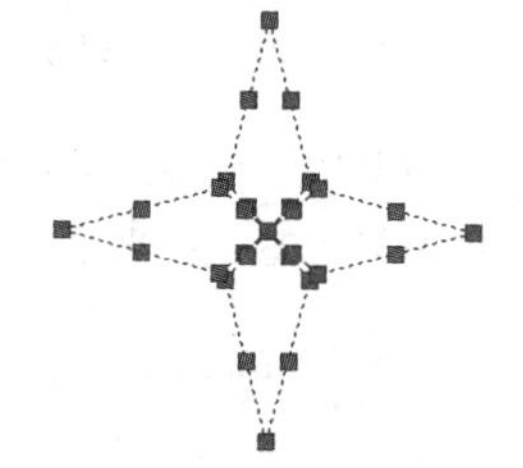

图 5-76　夹点效果

步骤 14　单击中心位置的夹点，单击鼠标右键，从夹点菜单中选择“缩放”命令，对夹点图形进行缩放并复制。命令行操作如下。

```
命令:
```

```
** 拉伸 **
指定拉伸点或 [基点(B)/复制(C)/放弃(U)/退出(X)]: _scale
** 比例缩放 **
指定比例因子或 [基点(B)/复制(C)/放弃(U)/参照(R)/退出(X)]: _copy
** 比例缩放 (多重) **
指定比例因子或 [基点(B)/复制(C)/放弃(U)/参照(R)/退出(X)]:    //0.9 Enter
** 比例缩放 (多重) **
指定比例因子或 [基点(B)/复制(C)/放弃(U)/参照(R)/退出(X)]:
 // Enter，编辑结果如图 5-77 所示，取消夹点后的效果如图 5-78 所示
```

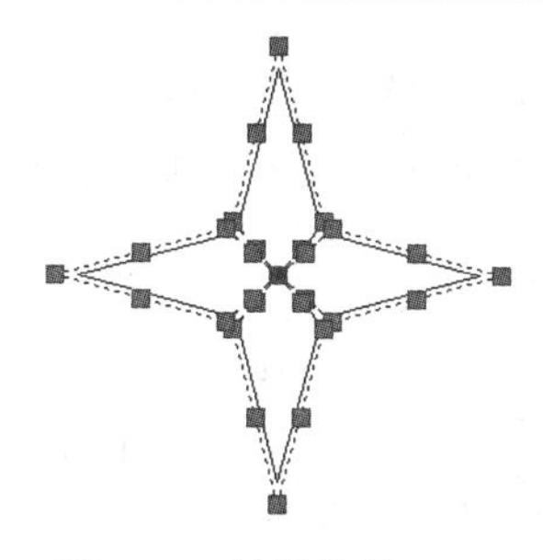

图 5-77　编辑结果

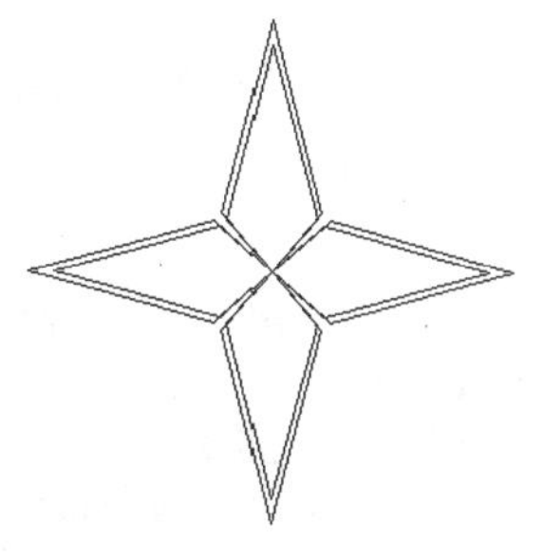

图 5-78　取消夹点

步骤 15　使用快捷键 REG 激活“面域”命令，选择夹点编辑出的 4 个封闭区域，如图 5-79 所示，将其转化为 4 个面域，并将 4 个面域的颜色设置为 92 号色。

步骤 16　单击菜单“视图”/“视觉样式”/“概念”命令，对面域进行着色，结果如图 5-80 所示。

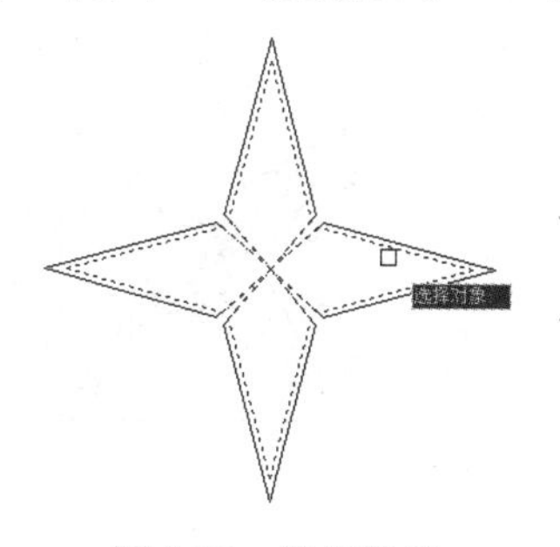

图 5-79　选择结果

图 5-80　着色效果

步骤 17　夹点显示如图 5-81 所示的 4 个面域，然后以中心位置的夹点作为基点，对其进行夹点旋转。命令行操作如下。

```
命令:** 拉伸 **
指定拉伸点或 [基点(B)/复制(C)/放弃(U)/退出(X)]: _rotate
** 旋转 **
指定旋转角度或 [基点(B)/复制(C)/放弃(U)/参照(R)/退出(X)]:
 //45 Enter，旋转结果如图 5-82 所示，取消夹点后的效果如图 5-83 所示
```

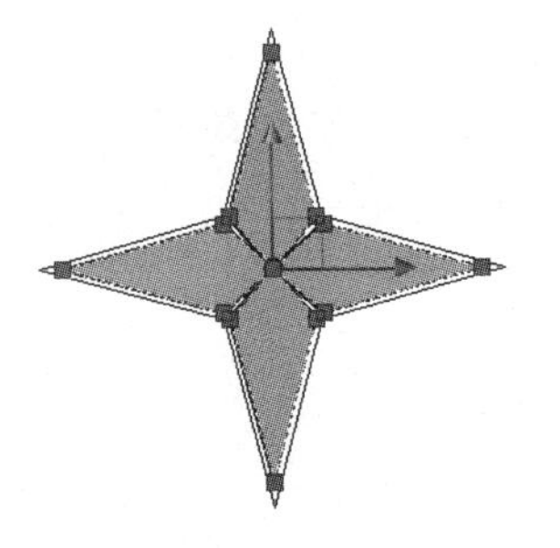

图 5-81　夹点显示面域

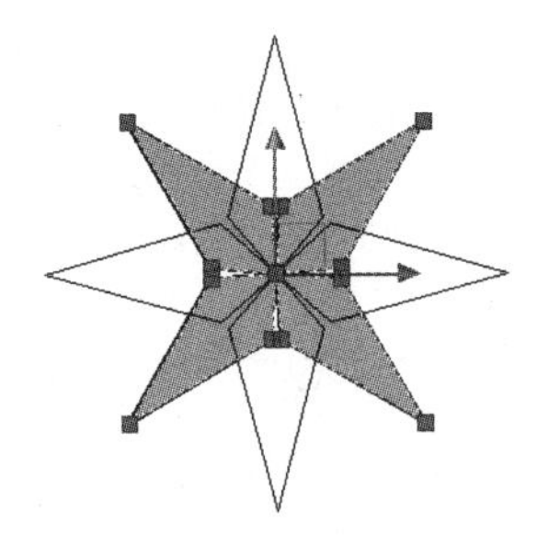

图 5-82　旋转结果

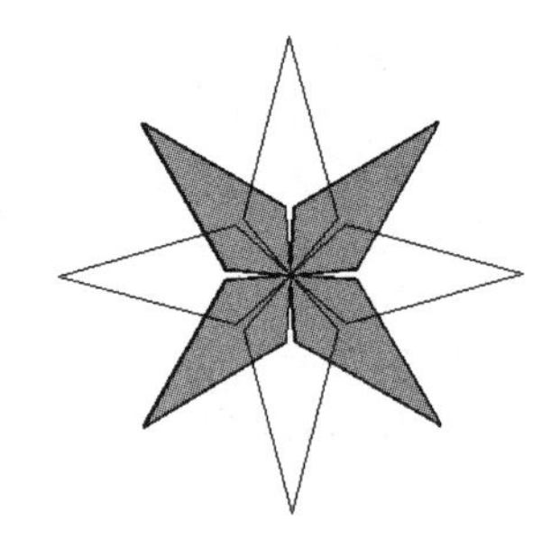

图 5-83　取消夹点后的效果

步骤 18　使用快捷键 PL 激活“多段线”命令，配合端点捕捉功能绘制如图 5-84 所示的两条闭合多段线。

步骤 19　单击“修改”菜单中的“偏移”命令，将两条多段线进行偏移复制。命令行操作如下。

```
命令: _offset
当前设置: 删除源=否　图层=源　OFFSETGAPTYPE=0
指定偏移距离或 [通过(T)/删除(E)/图层(L)] <0.0>:                //50 Enter
选择要偏移的对象，或 [退出(E)/放弃(U)] <退出>:                  //选择其中的一条多段线
指定要偏移的那一侧上的点，或 [退出(E)/多个(M)/放弃(U)] <退出>:
                                    //在所选多段线的外侧合取点
选择要偏移的对象，或 [退出(E)/放弃(U)] <退出>:                  //选择另一条多段线
指定要偏移的那一侧上的点，或 [退出(E)/多个(M)/放弃(U)] <退出>:
                                    //在所选多段线的外侧合取点
选择要偏移的对象，或 [退出(E)/放弃(U)] <退出>:                  //Enter，偏移结果如图 5-85 所示
```

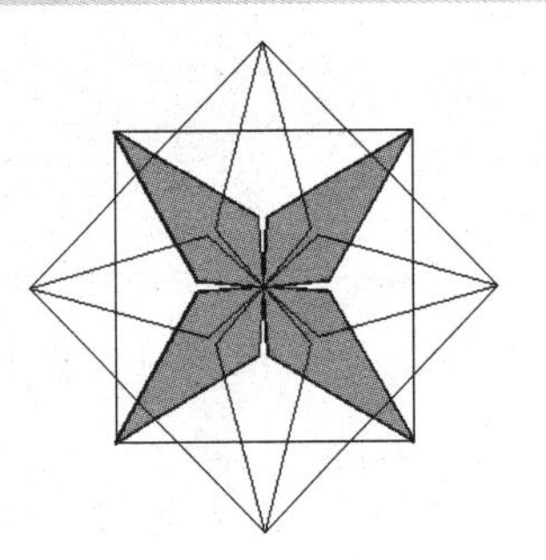

图 5-84　绘制结果

图 5-85　偏移结果

步骤 20　使用快捷键 TR 激活“修剪”命令，以如图 5-86 所示的多段线作为边界，对内部的两条多段线进行修剪，结果如图 5-87 所示。

步骤 21　重复执行“修剪”命令，继续对多段线进行修剪，结果如图 5-88 所示。

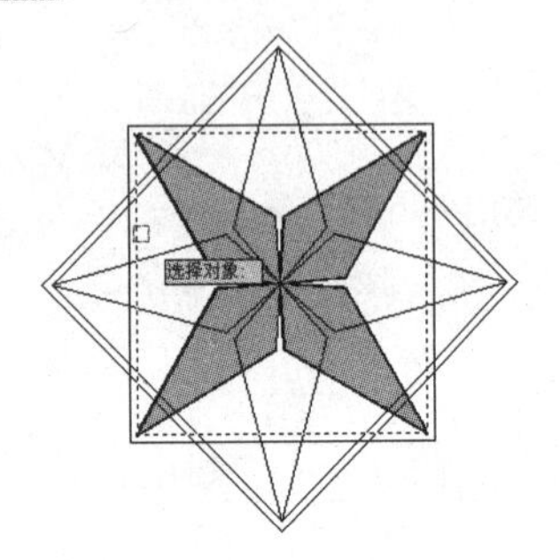

图 5-86　选择边界

图 5-87　修剪多段线

图 5-88　修剪结果

步骤 22　使用快捷键 H 激活“图案填充”命令，为图形填充如图 5-89 所示的实体图案。

步骤 23　将当前颜色设为 92 号色，然后执行“图案填充”命令，设置填充图案及参数如图 5-90 所示，继续为图形填充图案，填充结果如图 5-91 所示。

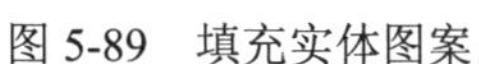
图 5-89　填充实体图案

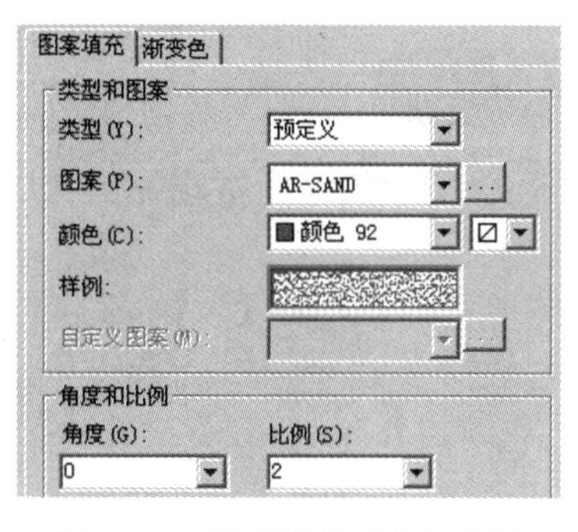

图 5-90　设置填充图案及参数

图 5-91　填充结果

步骤 24　最后执行“保存”命令，将图形命名存储为“绘制大厅地面拼花平面图例.dwg”。

5.7　思考与总结

5.7.1　知识点思考

1. 思考题一

AutoCAD 为用户提供了多种复合图元的创建功能，想一想，各种复合工具之间，有何区别？

2. 思考题二

什么是“夹点”和“夹点编辑”？如何执行“夹点编辑”功能？

5.7.2　知识点总结

本章主要学习了室内复合图元的快速创建以及特殊对象的编辑等知识，通过这些高效制图功能，用户可以非常方便地创建和编辑复杂结构的图形。通过本章的学习，具体应掌握以下知识：

（1）在复制图形时，需要了解和掌握基点的选择技巧以及目标点的多重定位技巧。

（2）在偏移图形时，需要掌握“距离偏移”和“定点偏移”两种技法，以快速创建多重的图形结构。

（3）在阵列图形时，需要了解和掌握矩形阵列、环形阵列和路径阵列三种阵列方式及各自的参数设置要求，以快速创建均布结构及聚心结构等的复杂图形结构。

（4）在镜像图形时，需要掌握镜像轴的定位技巧和镜像文字的可读性等知识，以快速创建对称结构的复杂图形。

（5）最后还需要掌握多线编辑、多段线编辑以及图形的夹点编辑等功能。

5.8　上机操作题

5.8.1　操作题一

综合运用所学知识，绘制如图 5-92 所示的地面拼花图例（局部尺寸自定）。

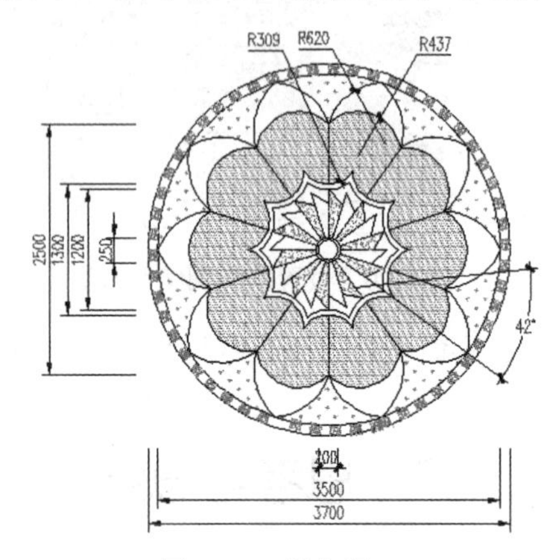

图 5-92　操作题一

5.8.2　操作题二

综合运用所学知识，绘制如图 5-93 所示的衣柜立面图例（局部尺寸自定）。

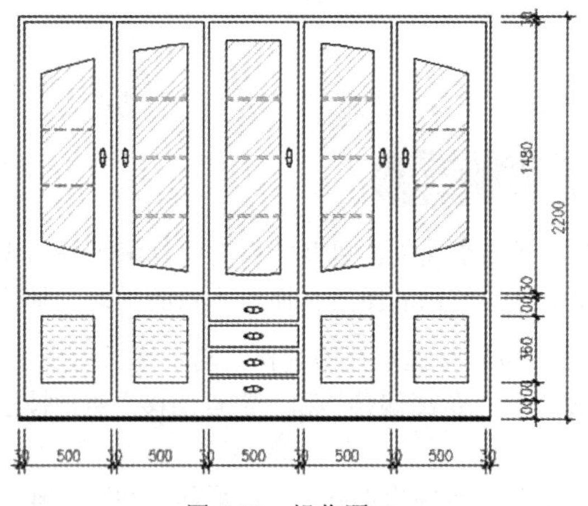

图 5-93　操作题二

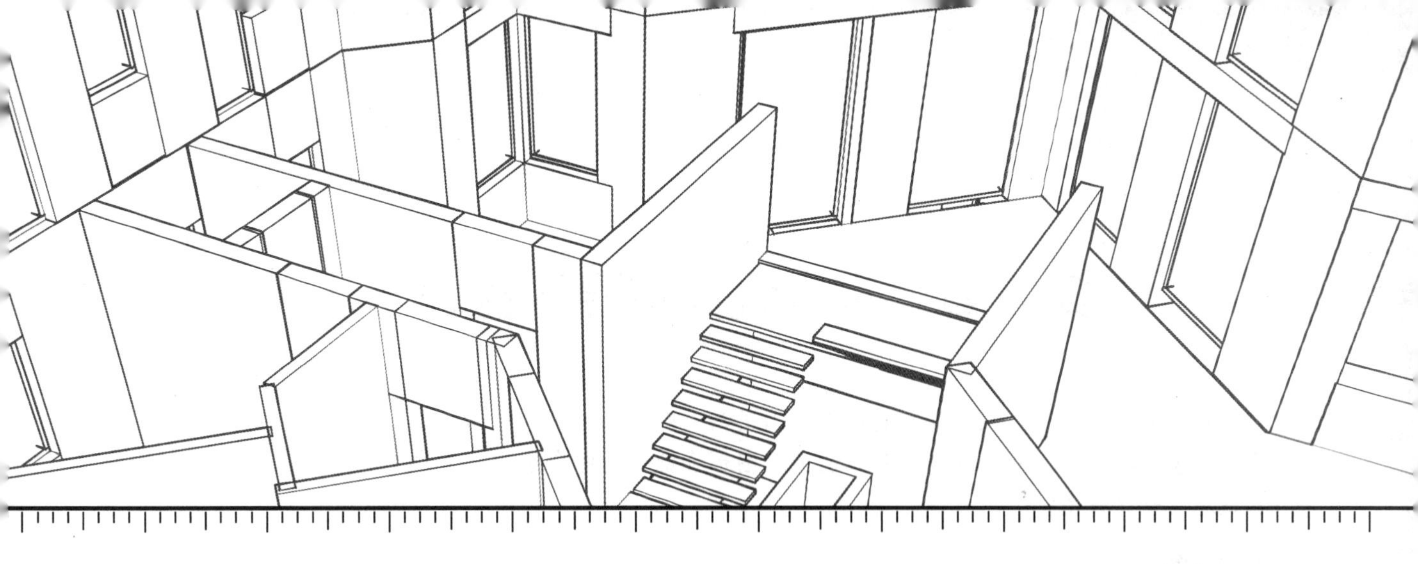

第 2 部分　技能提高篇

- 第 6 章：室内设计资源的管理与共享
- 第 7 章：室内设计图纸中的文字标注
- 第 8 章：室内设计图纸中的尺寸标注
- 第 9 章：室内构件模型的创建功能
- 第 10 章：室内构件模型的编辑功能

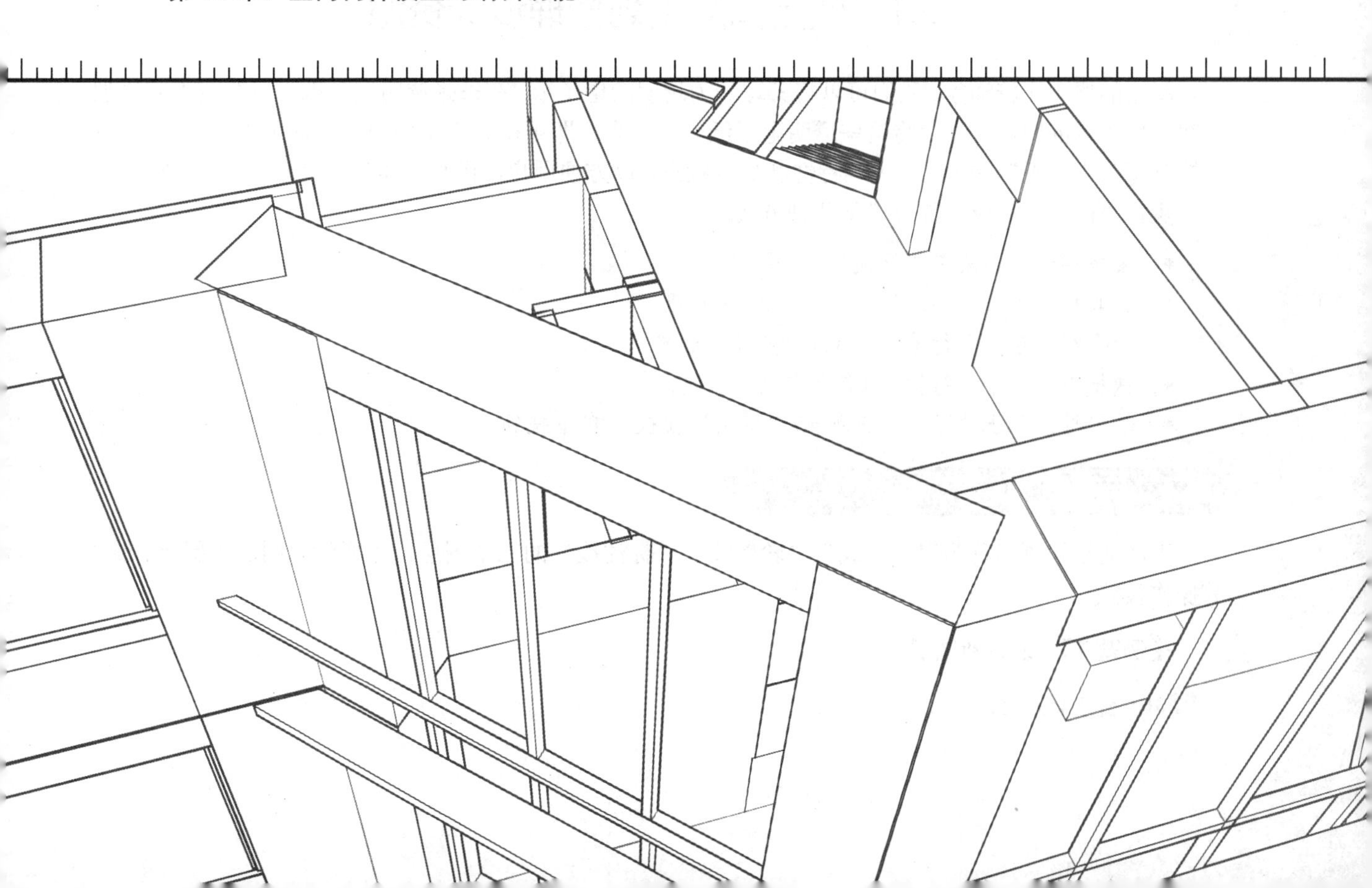

第 6 章　室内设计资源的管理与共享

本章将学习几个高级工具，具体有“图层”、“图块”、“设计中心”、“工具选项板”、“特性”等，灵活掌握这些工具，能使读者更加方便地对图形资源进行综合组织、管理、共享和完善等，以快速、高效地绘制设计图样。

本章内容如下：

- 使用图层规划管理设计资源
- 使用图块组织与共享资源
- 综合范例一——快速布置户型图单开门构件
- 使用设计中心查看与共享资源
- 使用选项板快速共享设计资源
- 使用特性修改和完善设计资源
- 综合范例二——户型图室内家具的快速布置
- 思考与总结
- 上机操作题

6.1　使用图层规划管理设计资源

图层的概念比较抽象，我们可以将其理解为透明的电子纸，在每张透明电子纸可以绘制不同线型、线宽、颜色等的图形，最后将这些透明电子纸叠加起来，即可得到完整的图样。使用“图层”命令可以控制每张电子纸的线型、颜色等特性和显示状态，以方便用户对图形资源进行管理、规划和控制等。

执行“图层”命令主要有以下几种方式：

- 菜单栏：单击菜单“格式”/“图层”命令。
- 工具栏：单击“图层”工具栏上的按钮。
- 命令行：在命令行输入 Layer 后按 Enter 键。
- 快捷键：在命令行输入 LA 后按 Enter 键。
- 功能区：单击“默认”选项卡/“图层”面板上的按钮。

6.1.1　图层的设置功能

下面通过设置名称为“中心线”、“轮廓线”、“标注线”的三个图层，主要学习图层的新建、命名等操作技能。

【例题 1】　设置新图层。

步骤 01　首先新建空白文件。

步骤 02　单击“图层”工具栏上的按钮，执行“图层”命令，打开如图 6-1 所示的“图层特性管理器”对话框。

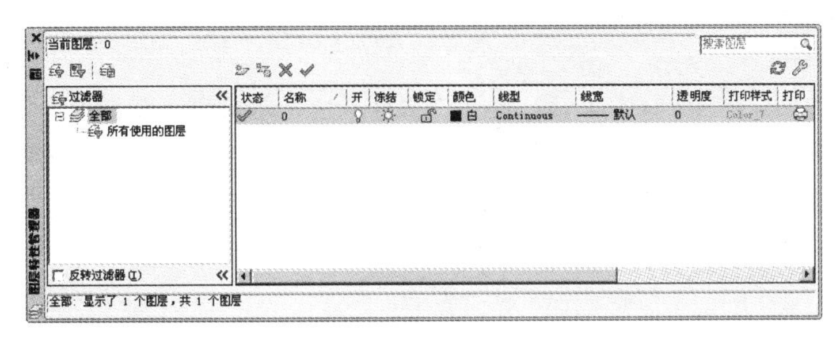

图 6-1　“图层特性管理器”对话框

步骤 03　单击“图层特性管理器”对话框中的按钮，新图层将以临时名称“图层 1”显示在列表中，如图 6-2 所示。

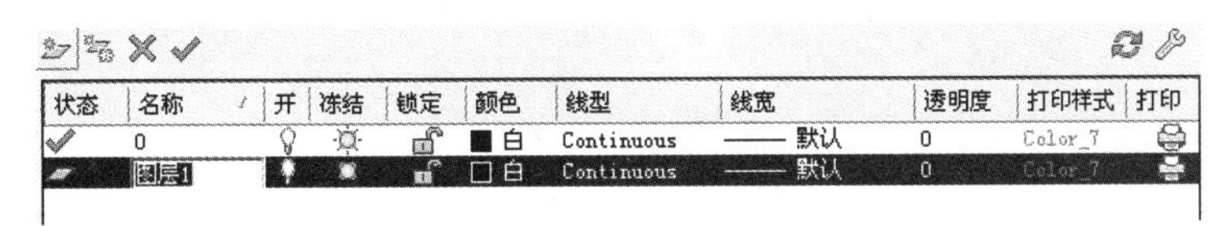

图 6-2　新建图层

步骤 04　用户在反白显示的“图层 1”区域输入新图层的名称，如图 6-3 所示，创建第一个新图层。

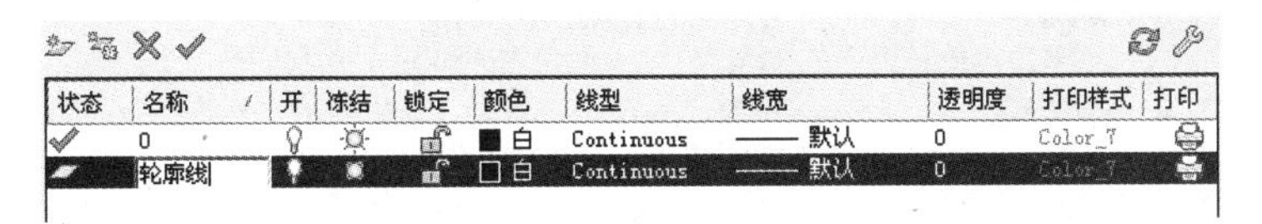

图 6-3　输入图层名

图层名最长可达 255 个字符，可以是数字、字母或其他字符；图层名中不允许含有大于号（>）、小于号（<）、斜杠（/）、反斜杠（\）以及标点等；另外，为图层命名时，必须确保图层名的唯一性。

步骤 05　按下组合键 Alt+N，或再次单击按钮，创建另外两个图层，结果如图 6-4 所示。

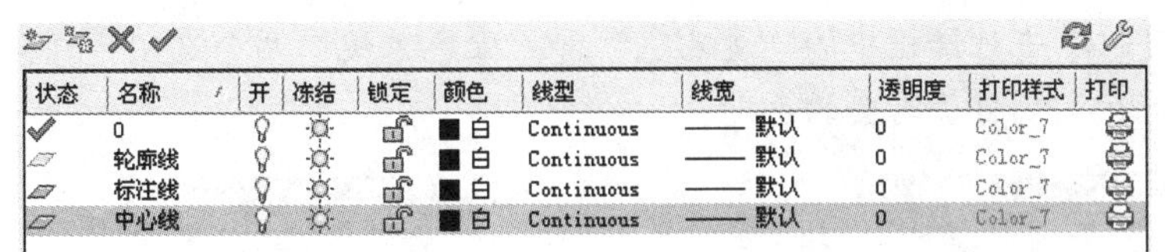

图 6-4　设置新图层

如果在创建新图层时选择了一个现有图层，或为新建图层指定了图层特性，那么以下创建的新图层将继承先前图层的一切特性（如颜色、线型等）。

1. 设置图层颜色

下面通过将“中心线”图层的颜色设置为红色、将“标注线”图层的颜色设置为 150 号色，学习图层颜色特性的设置技能。

【例题 2】 设置图层的颜色。

步骤 01　继续例题 1 操作。在“图层特性管理器”对话框中单击名为“中心线”的图层，使其处于激活状态，如图 6-5 所示。

步骤 02　在如图 6-5 所示的颜色区域上单击，打开“选择颜色”对话框，然后选择如图 6-6 所示的颜色。

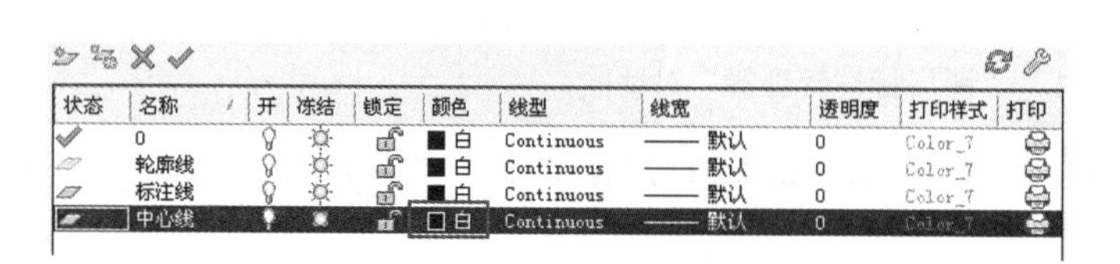

状态	名称	开	冻结	锁定	颜色	线型	线宽	透明度	打印样式	打印
	0				白	Continuous	—— 默认	0	Color_7	
	轮廓线				白	Continuous	—— 默认	0	Color_7	
	标注线				白	Continuous	—— 默认	0	Color_7	
	中心线				白	Continuous	—— 默认	0	Color_7	

图 6-5　修改图层颜色

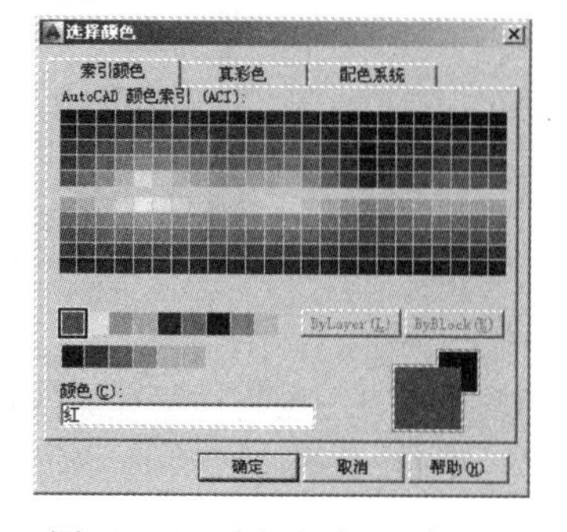

图 6-6　“选择颜色”对话框

步骤 03　在“图层特性管理器”对话框中单击 确定 按钮，即可将图层的颜色设置为红色，结果如图 6-7 所示。

状态	名称	开	冻结	锁定	颜色	线型	线宽	透明度	打印样式	打印
	0				白	Continuous	—— 默认	0	Color_7	
	轮廓线				白	Continuous	—— 默认	0	Color_7	
	标注线				白	Continuous	—— 默认	0	Color_7	
	中心线				红	Continuous	—— 默认	0	Color_1	

图 6-7　设置颜色后的图层

步骤 04　参照上述操作，将“标注线”图层的颜色设置为 150 号色，结果如图 6-8 所示。

状态	名称	开	冻结	锁定	颜色	线型	线宽	透明度	打印样式	打印
	0				白	Continuous	—— 默认	0	Color_7	
	轮廓线				白	Continuous	—— 默认	0	Color_7	
	标注线				150	Continuous	—— 默认	0	Color	
	中心线				红	Continuous	—— 默认	0	Color_1	

图 6-8　设置结果

用户也可以单击对话框中的“真彩色”和“配色系统”两个选项卡，如图 6-9 和图 6-10 所示，进行定义自己需要的色彩。

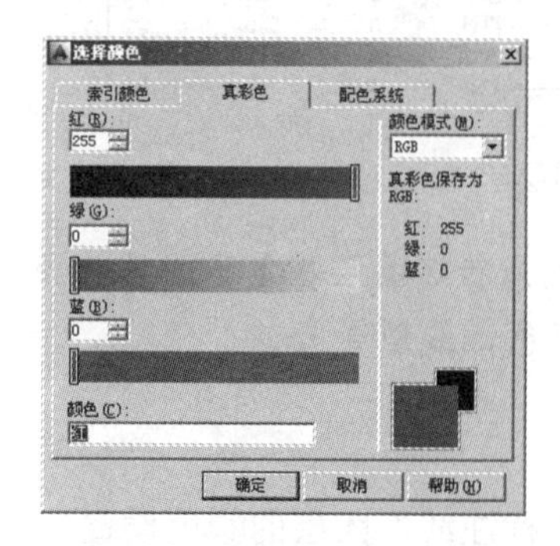

图 6-9　“真彩色”选项卡

图 6-10　“配色系统”选项卡

2. 设置图层线型

下面通过将“中心线”图层的线型设置为“CENTER”，主要学习线型的加载和图层线型的设置技能。

【例题 3】 加载和设置图层的线型。

步骤 01　继续例题 2 操作。在如图 6-11 所示的图层位置上单击，打开如图 6-12 所示的“选择线型”对话框。

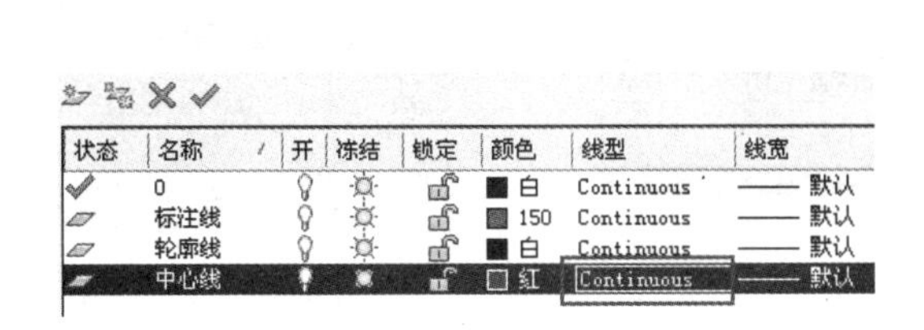

图 6-11　指定单击位置

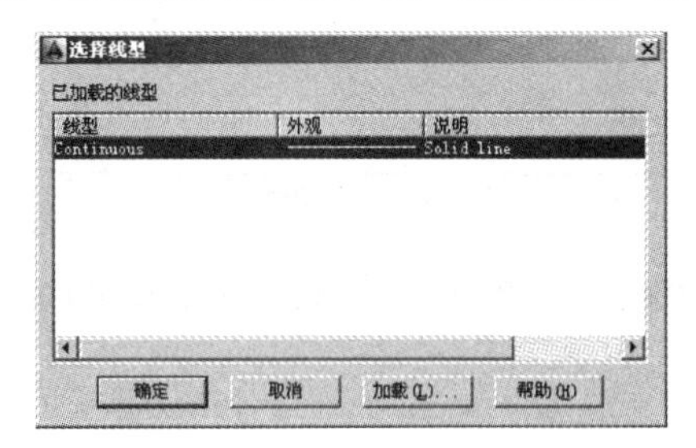

图 6-12　“选择线型”对话框

在默认设置时，系统将为用户提供一种“Continuous”线型，用户如果需要使用其他的线型，必须进行加载。

步骤 02　单击 加载(L)... 按钮，打开“加载或重载线型”对话框，选择如图 6-13 所示线型。

步骤 03　单击 确定 按钮，结果选择的线型被加载到“选择线型”对话框内，如图 6-14 所示。

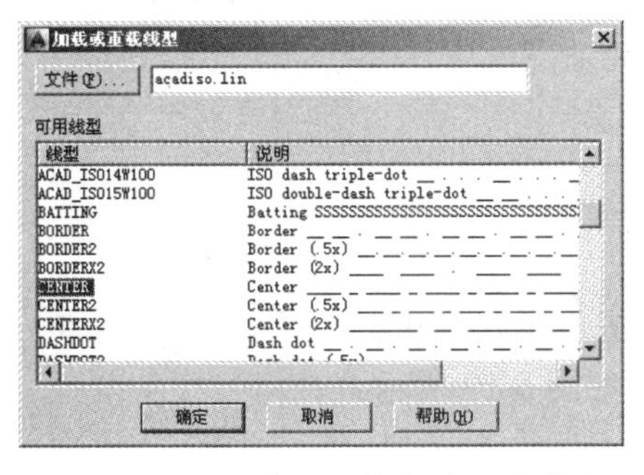

图 6-13　“加载或重载线型”对话框

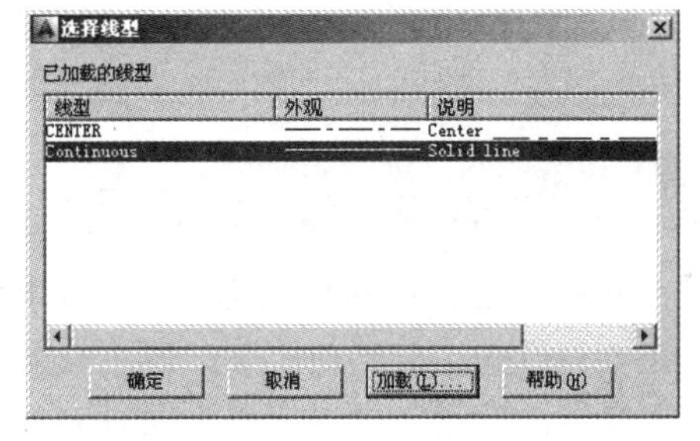

图 6-14　加载线型

步骤 04　选择刚加载的线型单击 确定 按钮，即将此线型附加给当前被选择的图层，结果如图 6-15 所示。

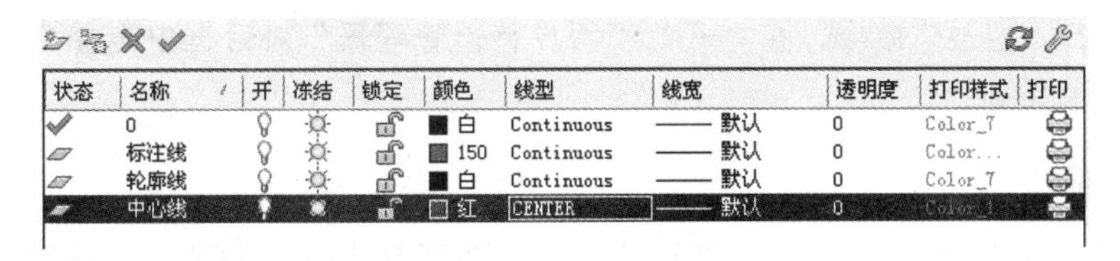

图 6-15　设置线型

3. 设置图层线宽

下面通过将“轮廓线”图层的线宽设置为“0.30mm”，学习图层线宽的设置技能。

【例题 4】 设置图层的线宽。

步骤 01　继续上例操作。在“图层特性管理器”对话框中选择“轮廓线”图层，然后在如图 6-16 所示的线宽位置上单击。

步骤 02　此时系统打开“线宽”对话框，选择“0.30mm”线宽，如图 6-17 所示。

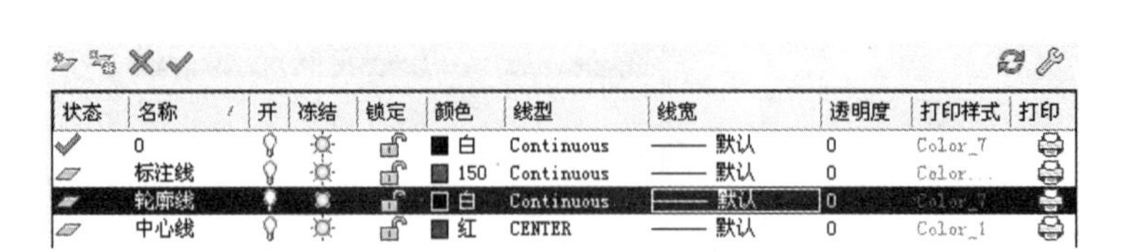

图 6-16　修改层的线宽

图 6-17　选择线宽

步骤 03　单击 确定 按钮返回“图层特性管理器”对话框，结果“轮廓线”图层的线宽被设置为“0.30 毫米”，如图 6-18 所示。

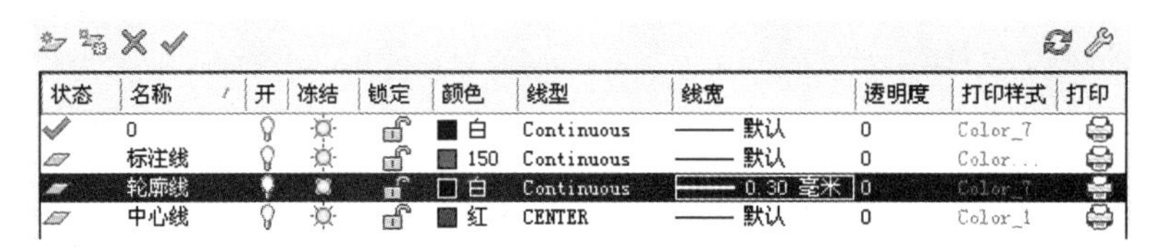

图 6-18　设置结果

步骤 04　单击 确定 按钮关闭“图层特性管理器”对话框。

6.1.2　图层的状态控制

为了方便对图形进行规划和状态控制，AutoCAD 提供了几种状态控制功能，主要有开关、冻结与解冻、锁定与解锁等，如图 6-19 所示。

图 6-19　状态控制图标

状态控制功能的启动，主要有以下两种方式：

- 下拉列表：展开“图层控制”列表，然后单击各图层左端的状态控制按钮；
- 对话框：执行“图层”命令，在打开的“图层特性管理器”对话框中选择要操作的图层，然后单击相应控制按钮。

1. 开关控制功能

/按钮用于控制图层的开关状态。默认状态下的图层都为打开的图层，按钮显示为。当按钮显示为时，位于图层上的对象都是可见的，并且可在该层上进行绘图和修改操作；在按钮上单击，即可关闭该图层，按钮显示为（按钮变暗）。

技巧提示　图层被关闭后，位于图层上的所有图形对象被隐藏，该层上的图形也不能被打印或由绘图仪输出，但重新生成图形时，图层上的实体仍将重新生成。

2. 冻结与解冻

按钮用于在所有视图窗口中冻结或解冻图层。默认状态下图层是被解冻的，按钮显示为；在该按钮上单击，按钮显示为，位于该层上的内容不能在屏幕上显示或由绘图仪输出，不能进行重生成、消隐、渲染和打印等操作。

关闭与冻结的图层都是不可见和不可以输出的。但被冻结图层不参加运算处理，可以加快视窗缩放和其他操作的处理速度。建议冻结长时间不用看到的图层。

3. 在视口中冻结

按钮用于冻结或解冻当前视口中的图形对象，不过它在模型空间内是不可用的，只能在图纸空间内使用此功能。

4. 锁定与解锁

按钮用于锁定图层或解锁图层。默认状态下图层是解锁的，按钮显示为，在此按钮上单击，图层被锁定，按钮显示为，用户只能观察该层上的图形，不能对其编辑和修改，但该层上的图形仍可以显示和输出。当前图层不能被冻结，但可以被关闭和锁定。

6.1.3　图层的状态管理

使用“图层状态管理器”命令可以保存图层的状态和特性，一旦保存图层的状态和特性，可以随时调用和恢复。执行“图层状态管理器”命令有以下几种方式：

- 菜单栏：单击菜单“格式”/“图层状态管理器”命令。
- 工具栏：单击“图层”工具栏上的按钮。
- 命令行：在命令行输入 Layerstate 后按 Enter 键。
- 对话框：在“图层特性管理器”对话框中单击“图层状态管理器”按钮。

执行“图层状态管理器”命令后，打开如图 6-20 所示的“图层状态管理器”对话框。

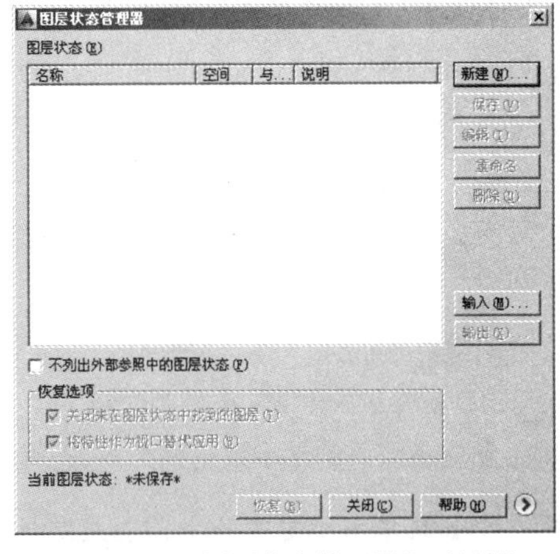

图 6-20　“图层状态管理器”对话框

选项解析

- “图层状态”文本框用于保存图形中命名图层的状态、空间（模型空间、布局或外部参照）等。
- “不列出外部参照中的图层状态”复选框用于控制是否显示外部参照中的图层状态。
- 新建(N)... 按钮用于定义要保存的新图层状态的名称和说明。
- 保存(V) 按钮用于保存选定的图层状态。
- 编辑(I)... 按钮用于修改选一的图层状态。
- 重命名 按钮用于为选定的图层状态更名。

- 删除(D) 按钮用于删除选定的图层状态。
- 输入(M)... 按钮用于将先前输出的图层状态.las 文件加载到当前图形文件中。
- 输出(X)... 按钮用于将选定的图层状态保存到图层状态.las 文件中。
- “恢复选框”选项组用于指定要恢复的图层状态和图层特性。
- 恢复(R) 按钮用于将图形中所有图层的状态和特性设置恢复为先前保存的设置，仅恢复使用复选框指定的图层状态和特性设置。

6.1.4　图层工具的应用

本节主要学习几个比较实用的图层工具，具体有“图层匹配”、“图层隔离”、“图层的漫游”和“更改为当前层”和“将对象复制到新图层”4 个命令。

1. 图层匹配

“图层匹配”命令用于将选定对象的图层更改为目标图层上。执行此命令主要有以下几种方式：

- 菜单栏：单击菜单“格式”/“图层工具”/“图层匹配”命令。
- 工具栏：单击“图层”工具栏上的按钮。
- 命令行：在命令行输入 Laymch 后按 Enter 键。
- 功能区：单击“默认”选项卡/“图层”面板上的按钮。

【例题 5】　更改对象的所在层。

步骤 01　继续例题 4 操作。在 0 图层上绘制半径为 100 的圆，如图 6-21 所示。

步骤 02　执行“图层匹配”命令，将矩形所在图层更改为“中心线”。命令行操作如下：

```
命令：_laymch
选择要更改的对象：                    //选择圆图形
选择对象：                            // Enter，结束选择
选择目标图层上的对象或 [名称(N)]：    //n Enter，打开如图 6-22 所示的“更改到图层”对话框，然后双击“中心线”
一个对象已更改到图层“中心线”上
```

步骤 03　图层更改后的显示效果如图 6-23 所示。

如果单击“更改为当前图层”按钮，可以将选定对象的图层更改为当前图层；如果单击“将对象复制到新图层”按钮，可以将选定的对象复制到其他图层。

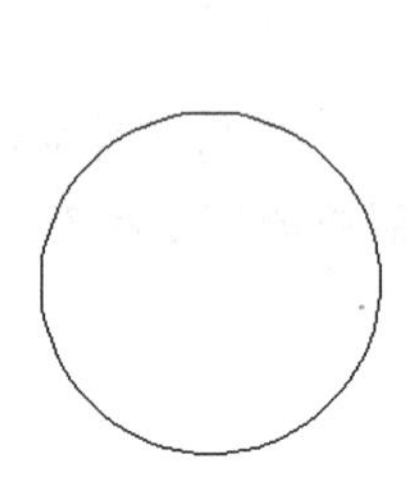

图 6-21　绘制圆

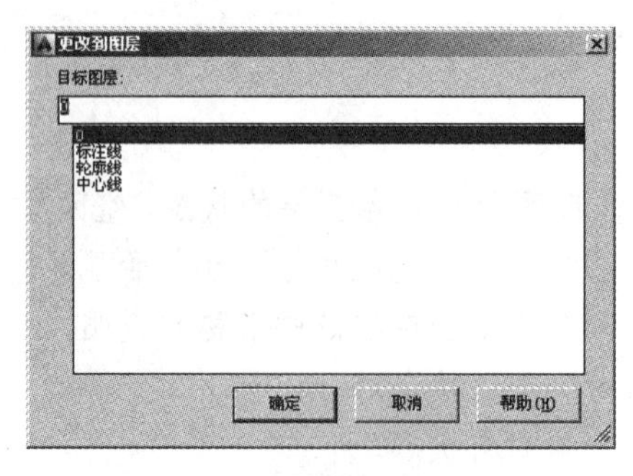

图 6-22　“更改到图层”对话框

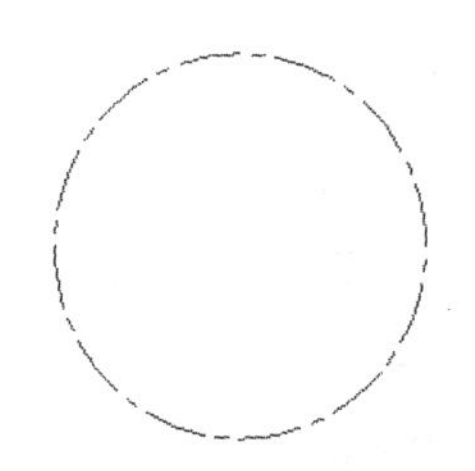

图 6-23　图层更改后的效果

2. 图层隔离

“图层隔离”命令主要用于将选定对象的图层之外的所有图层都锁定，如图 6-24 所示。

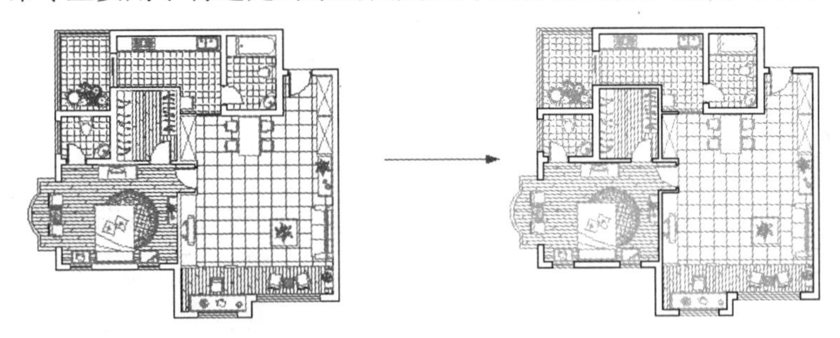

图 6-24　隔离墙线所在的图层

执行此命令主要有以下几种方式：

- 菜单栏：单击菜单“格式”/“图层工具”/“图层隔离”命令。
- 工具栏：单击“图层”工具栏上的按钮。
- 命令行：在命令行输入 Layiso 后按 Enter 键。
- 功能区：单击“默认”选项卡/“图层”面板上的按钮。

【例题 6】 图层的隔离。

步骤 01　打开随书光盘中的“\素材文件\6-1.dwg”，如图 6-24（左）所示。

步骤 02　单击菜单“格式”/“图层工具”/“图层隔离”命令，选择任一位置的墙线进行隔离。命令行操作如下：

```
命令: _layiso
当前设置: 锁定图层, Fade=50
选择要隔离的图层上的对象或 [设置(S)]:
//选择任一位置的墙线，将墙线所在的图层进行隔离
选择要隔离的图层上的对象或 [设置(S)]:    //Enter,
已隔离图层墙线层
```

步骤 03　结果除墙线层外的所有图层均被锁定，如图 6-24（右）所示。

在“图层”工具栏上单击“图层冻结”按钮，则可以快速冻结选定对象所在的图层；单击“图层关闭”按钮，则可以快速关闭选定对象所在的图层；单击“图层锁定”按钮，则可以快速锁定选定对象所在的图层。

3. 图层的漫游

“图层漫游”命令用于将选定对象的图层之外的所有图层都关闭。执行此命令主要有以下几种方式：

- 菜单栏：单击菜单“格式”/“图层工具”/“图层漫游”命令。
- 工具栏：单击“图层”工具栏上的按钮。
- 命令行：在命令行输入 Laywalk 后按 Enter 键。
- 功能区：单击“默认”选项卡/“图层”面板上的按钮。

【例题 7】 图层的漫游实例。

步骤 01　打开随书光盘中的“\素材文件\6-2.dwg”文件，如图 6-25 所示。

步骤 02　单击菜单“格式”/“图层工具”/“图层漫游”命令，打开如图 6-26 所示的“图层漫游”对话框。

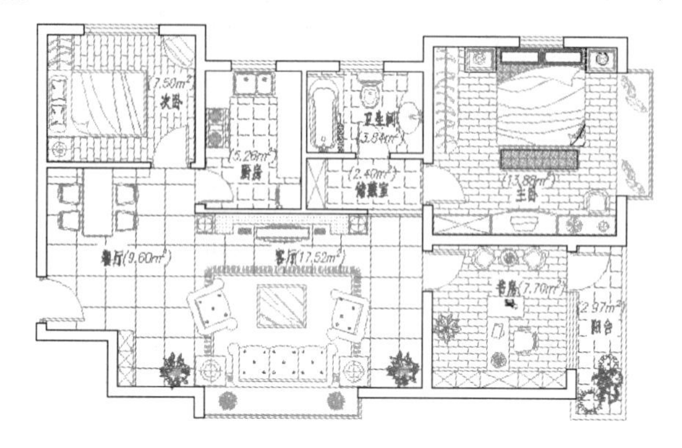

图 6-25　打开结果

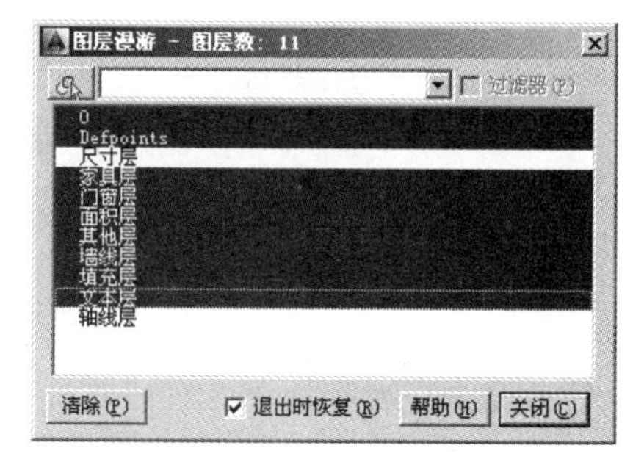

图 6-26　“图层漫游”对话框

“图层漫游”对话框列表中反白显示的图层，表示当前被打开的图层；反之，则表示当前被关闭的图层。

步骤 03　在“图层漫游”对话框中单击“墙线层”，结果除墙线层外的所有图层都被关闭，如图 6-27 所示。

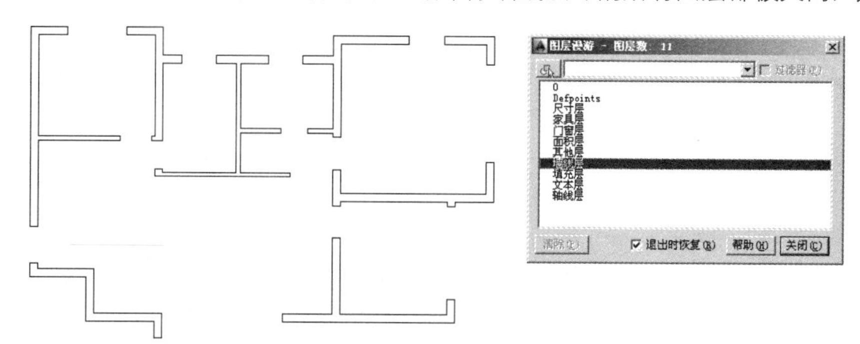

图 6-27　图层漫游的预览效果

在“图层漫游”对话框列表中的图层上双击后，结果此图层被视为“总图层”，左图层前端自动添加一个星号。

步骤 04　在墙线层、门窗层和填充层三个图层上分别双击，结果除这三个图层之外的所有图层都被关闭，如图 6-28 所示。

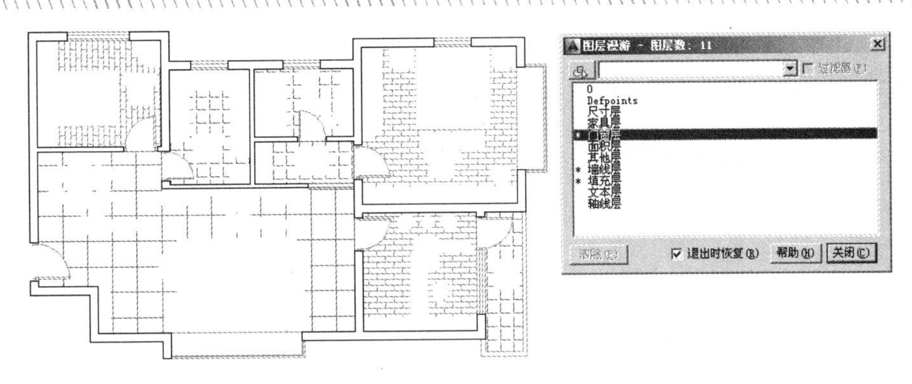

图 6-28　图层漫游的预览效果

步骤 05　在“家具层”上双击，结果除这四个图层之外的所有图层都被关闭，如图 6-29 所示。

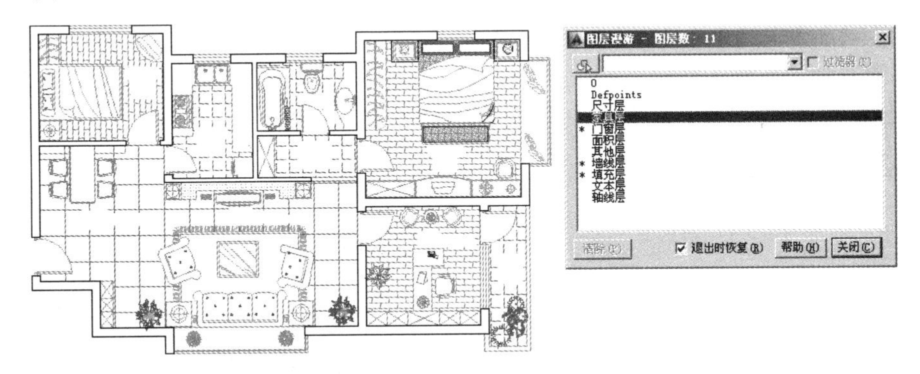

图 6-29　图层漫游的预览效果

在“图层漫游”对话框中的图层列表内单击鼠标右键，从右键菜单中可以进行更多的操作。

步骤 06　单击 关闭(C) 按钮，结果图形将恢复原来的显示状态；如果将“退出时恢复”复选框关闭，那么图形将显示漫游时的显示状态。

4. 更改为当前层

“更改为当前图层”命令用于将选定对象的图层特性更改为当前图层。使用此命令可以将在错误的图层上创建的对象更改到当前图层上，并继续当前图层的一切特性。

执行“更改为当前图层”命令主要有以下几种方式：

- 菜单栏：单击菜单“格式”/“图层工具”/“更改为当前图层”命令。
- 工具栏：单击“图层”工具栏上的按钮。
- 命令行：在命令行输入 Laycur 后按 Enter 键。
- 功能区：单击“默认”选项卡/“图层”面板上的按钮。

6.2　使用图块组织与共享资源

所谓“图块”，指的是将多个图形对象或文字信息等内容集合起来，形成一个单独的对象集合，如

图 6-30 所示，用户不仅可以方便选择，还可以对其进行多次引用。在文件中引用了块后，不仅可以很大程度地提高绘图速度、节省存储空间，还可以使绘制的图形更标准化和规范化。

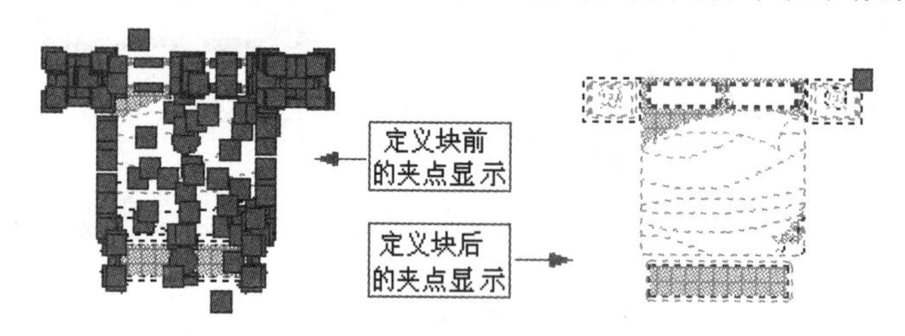

图 6-30　图块示例

6.2.1　图块的定义

“创建块”命令用于将单个或多个图形对象集合成为一个整体图形单元，保存于当前图形文件内，以供当前文件重复使用，使用此命令创建的图块被称之为“内部块”。

执行“创建块”命令主要有以下几种方法：

- 菜单栏：单击菜单“绘图”/“块”/“创建”命令。
- 工具栏：单击“绘图”工具栏按钮。
- 命令行：在命令行输入 Block 或 Bmake 后按 Enter 键。
- 快捷键：在命令行输入 B 后按 Enter 键。
- 功能区：单击“默认”选项卡/“块”面板上的按钮。

【例题 8】　将双人床平面图定义为内部图块。

步骤 01　打开随书光盘中的“\素材文件\6-3.dwg”文件，如图 6-31 所示。

步骤 02　单击“绘图”工具栏上的按钮，执行“创建块”命令，打开如图 6-32 所示的“块定义”对话框。

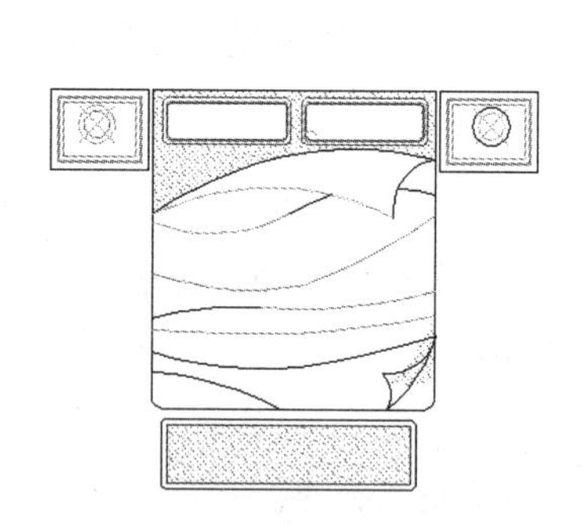

图 6-31　打开结果

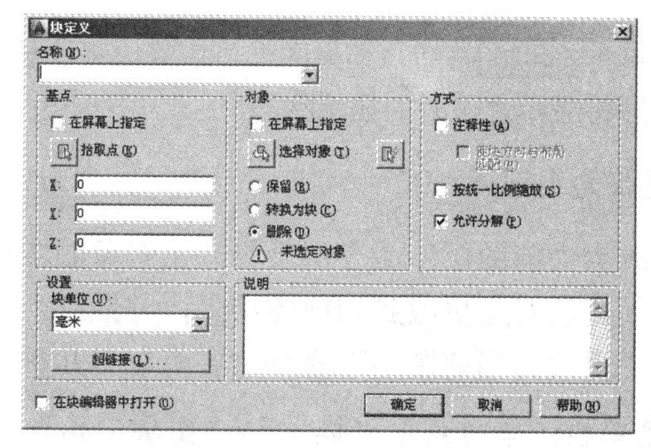

图 6-32　“块定义”对话框

步骤 03　在“名称”文本列表框内输入“双人床”作为块的名称，在“对象”选项中选中“保留”单选按钮，其他参数采用默认设置。

步骤 04　在“基点”选项组中，单击“拾取点”按钮，返回绘图区捕捉如图 6-33 所示的中心线交点，作为块的基点。

步骤 05　单击“选择对象”按钮，返回绘图区框选如图 6-34 所示的对象。

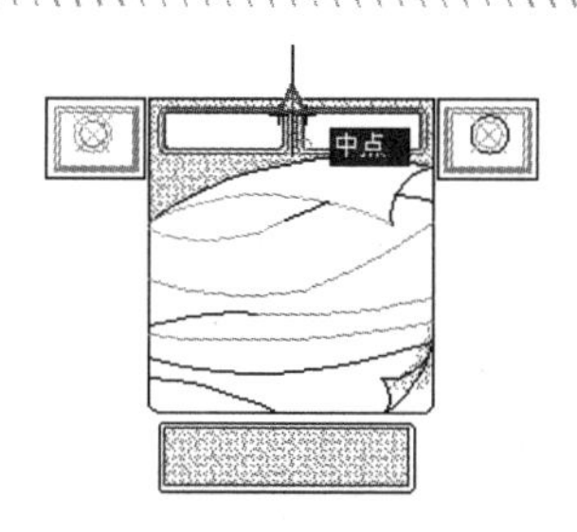

图 6-33　捕捉交点

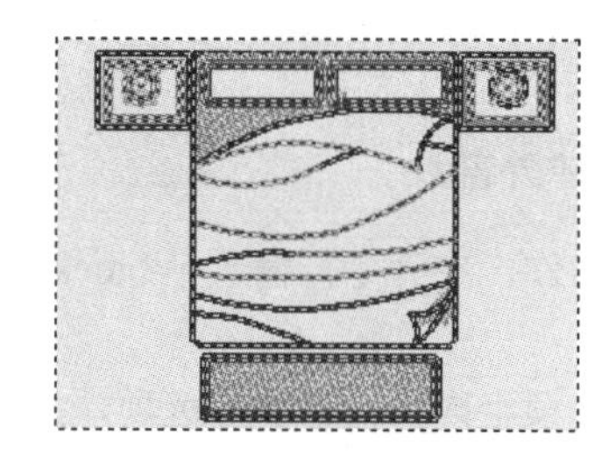

图 6-34　选择对象

步骤 06　按 Enter 键返回到“块定义”对话框，则在此对话框内出现图块的预览图标，如图 6-35 所示。

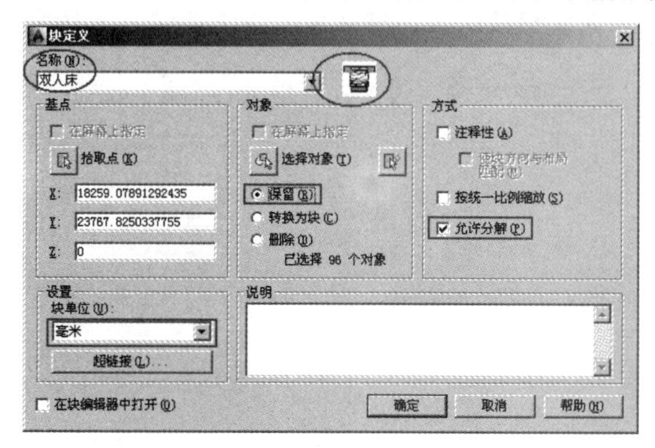

图 6-35　“块定义”对话框

在定位图块的基点时，一般是在图形上的特征点中进行捕捉。

步骤 07　单击 确定 按钮关闭“块定义”对话框，结果所创建的内部块存在于文件内部，此块将会与文件一起进行保存。

选项解析

- “名称”下拉列表框用于为新块赋名。图块名是一个不超过 255 个字符的字符串，可以包含字母、数字、“$”、“-”及“_”等符号。
- “基点”选项组主要用于确定图块的插入基点。

在定义基点时，用户可以直接在“X”、“Y”、“Z”文本框中键入基点坐标值，也可以在绘图区直接捕捉图形上的特征点。AutoCAD 默认基点为原点。

- 单击按钮，将弹出“快速选择”对话框，用户可以按照一定的条件定义一个选择集。
- “转换为块”选项用于将创建块的源图形转化为图块。
- “删除”选项用于将组成图块的图形对象从当前绘图区中删除。
- “在块编辑器中打开”复选框用于定义完块后自动进入块编辑器窗口，以便对图块进行编辑管理。

6.2.2　创建外部块

由于“内部块”仅供当前文件所引用，为了弥补内部块给绘图过程带来的不便，AutoCAD 为用户提供了“写块”命令，使用此命令创建的图块，不但可以被当前文件所使用，还可以供其他文件进行重复引用。

【例题 9】 创建外部块。

步骤01 继续上例操作。在命令行输入 Wblock 或 W 后按 Enter 键，执行“写块”命令，打开“写块”对话框。

步骤02 在“源”选项组内执行“块”选项，然后展开“块”下拉列表框，选择“双人床”内部块，如图 6-36 所示。

技巧提示 “块”单选按钮用于将当前文件中的内部图块转换为外部块，进行存盘。当激活该选项时，其右侧的下拉列表框被激活，可从中选择需要被写入块文件的内部图块。

步骤03 在“文件和或路径”文本列表框内，设置外部块的存盘路径、名称和单位，如图 6-37 所示。

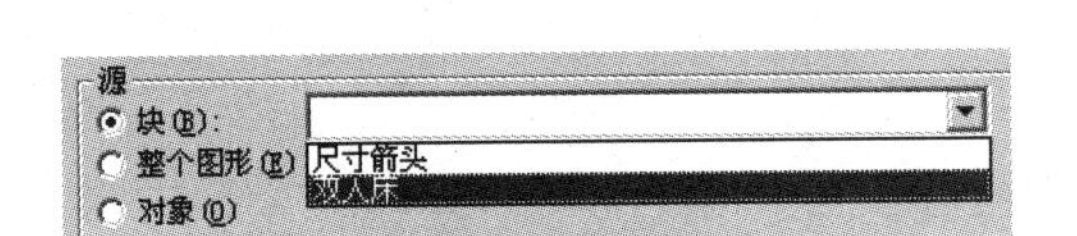

图 6-36　选择块

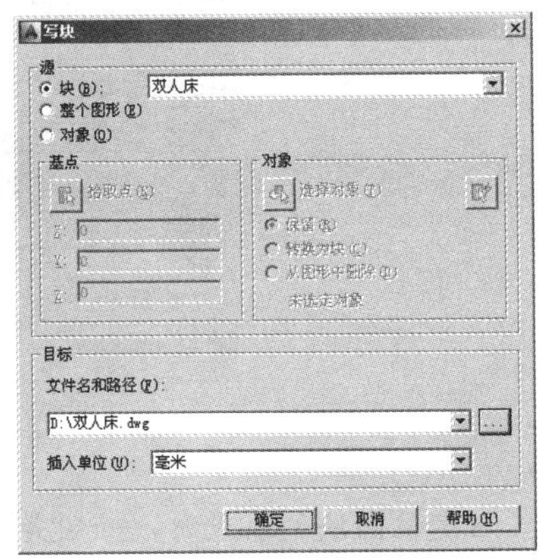

图 6-37　创建外部块

在默认状态下，系统将继续使用源内部块的名称作为外部图块的新名称进行存盘。

步骤04 单击 确定 按钮，结果“双人床”内部块被转化为外部图块，以独立文件形式存盘。

“整个图形”单选按钮用于将当前文件中的所有图形对象，创建为一个整体图块进行存盘；“对象”单选按钮是系统默认选项，用于有选择性地将当前文件中的部分图形或全部图形创建为一个独立的外部图块。具体操作与创建内部块相同。

6.2.3　定义动态块

“动态块”是建立在“块”基础之上的，是事先预设好数据、在使用时可以随设置的数值进行非常方便操作的块。动态块是在块编辑器中定义的，块编辑器是一个专门的编写区域，如图 6-38 所示，通过向图块中添加参数和动作等元素，可以使块升级为动态块。

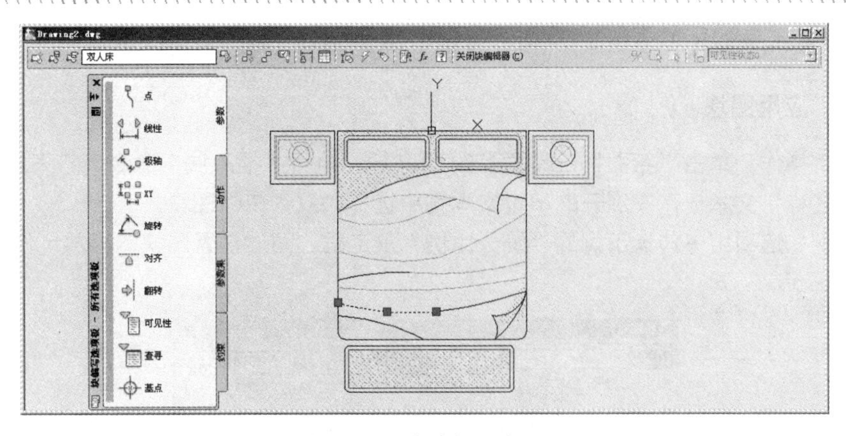

图 6-38　块编辑器窗口

参数和动作是实现动态块动态功能的两个内部因素，如果将参数比作“原材料”，那么动作则可以比为“加工工艺”，块编辑器则可以形象地比作“生产车间”，动态块则是“产品”。原材料在生产车间里按照某种加工工艺就可以形成产品，即“动态块”。为了制作高质量的动态块，以便达到用户的预期效果，可以按照如下步骤进行操作。

在创建动态块之前应当了解块的外观以及在图形中的使用方式。

（1）绘制几何图形。用户可以在绘图区域或块编辑器中绘制动态块中的几何图形，也可以在现有几何图形或图块的基础上进行操作。

（2）了解块元素间的关联性。在向块定义中添加参数和动作之前，应了解它们相互之间以及它们与块中的几何图形的关联性。

（3）添加参数。按照命令行的提示及用户要求，进行向动态块定义中添加适当的参数。另外，使用“块编写选项板”中的“参数集”选项卡可以同时添加参数和关联动作。有关使用参数集的详细信息，请参见使用参数集。

（4）添加动作。根据需要向动态块定义中添加适当的动作。按照命令行上的提示进行操作，确保将动作与正确的参数和几何图形相关联。

（5）在为动态块添加动作之后，还需指定动态块在图形中的操作方式，用户可以通过自定义夹点和自定义特性来操作动态块。

（6）当完成上述操作后，最后需要将动态块定义进行保存，并退出块编辑器。 然后将动态块插入到几何图形中，进行测试动态块。

6.2.4　图块的共享

“插入块”命令主要用于将内部块、外部块和已存盘的 DWG 文件，引用到当前图形中，以组合更为复杂的图形结构。

执行“插入块”命令主要有以下几种方式：

- 菜单栏：单击菜单“插入”/“块”命令。
- 工具栏：单击“绘图”工具栏上的按钮。
- 命令行：在命令行输入 Insert 后按 Enter 键。
- 快捷键：在命令行输入 I 后按 Enter 键。

- 功能区：单击“默认”选项卡/“块”面板上的按钮。

【例题 10】 应用图块。

步骤 01 继续上例操作。单击“绘图”工具栏上的按钮，执行“插入块”命令，打开“插入”对话框。

步骤 02 单击“名称”文本框，在展开的下拉文本框中选择“双人床”图块。

步骤 03 在“比例”选项组中勾选下侧的“统一比例”复选框，同时设置图块的缩放比例和旋转角度，如图 6-39 所示。

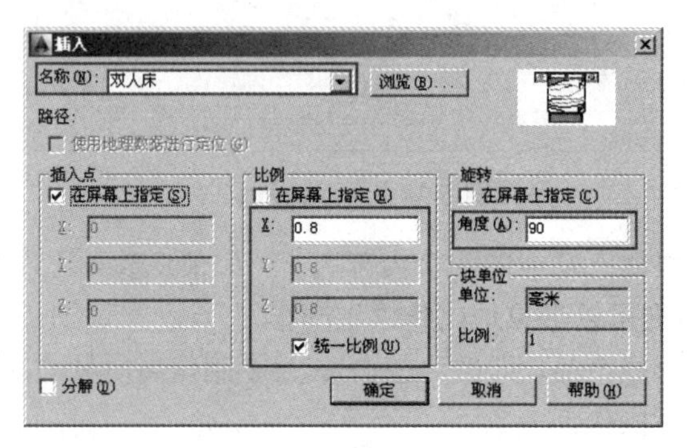

图 6-39 设置插入参数

如果勾选了“分解”复选框，那么插入的图块则不是一个独立的对象，而是被还原成一个个单独的图形对象。

步骤 04 其他参数采用默认设置，单击 确定 按钮返回绘图区，在命令行“指定插入点或 [基点(B)/比例(S)/X/Y/Z/旋转(R)]：”提示下，拾取一点作为块的插入点，结果如图 6-40 所示。

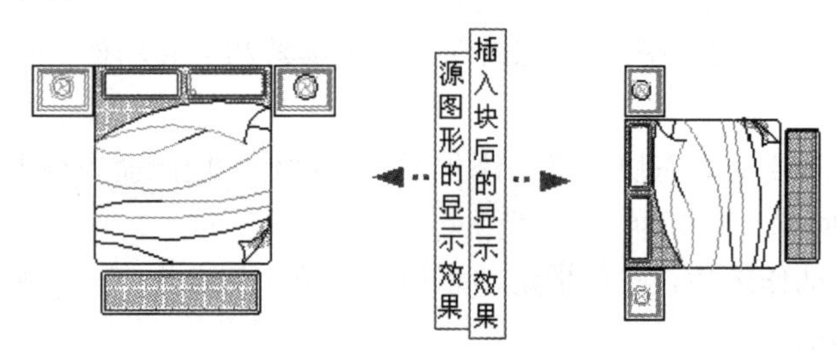

图 6-40 插入结果

选项解析

- “名称”下拉文本框用于设置需要插入的内部块。
- “插入点”选项组用于确定图块插入点的坐标。

用户可以勾选“在屏幕上指定”复选框，直接在屏幕绘图区拾取一点，也可以在“X”、“Y”、“Z”三个文本框中输入插入点的坐标值。

- “比例”选项组是用于确定图块的插入比例。
- “旋转”选项组用于确定图块插入时的旋转角度。用户可以勾选“在屏幕上指定”选项，直接在绘图区指定旋转的角度，也可以在“角度”文本框中输入图块的旋转角度。

6.2.5　图块的编辑

“块编辑器”命令用于为当前图形创建和更改块的定义。执行“块编辑器”命令主要有以下几种方式：

- 菜单栏：单击菜单“工具”/“块编辑器”命令。
- 命令行：在命令行输入 Bedit 后按 Enter 键。
- 快捷键：在命令行输入 BE 后按 Enter 键。
- 功能区：单击“默认”选项卡/“块”面板上的按钮。

【例题 11】　块的编辑与更新实例。

步骤 01　打开随书光盘中的“\素材文件\6-4.dwg”，如图 6-41 所示。

步骤 02　在会议椅图块上双击，或单击菜单“工具”/“块编辑器”命令，打开如图 6-42 所示的“编辑块定义”对话框。

图 6-41　打开结果

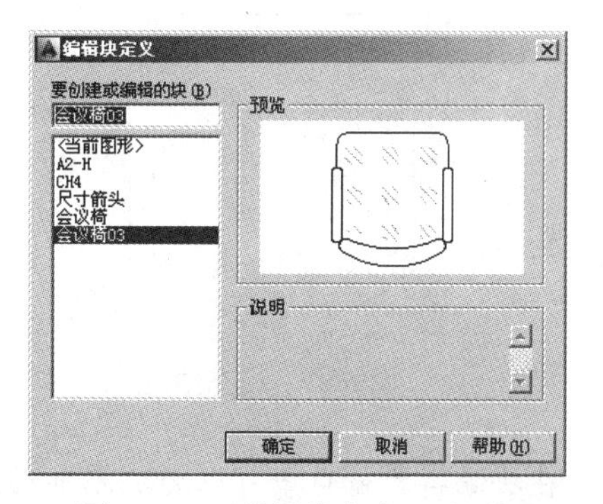

图 6-42　“编辑块定义”对话框

步骤 03　在“编辑块定义”对话框中双击“会议椅”图块，打开块编辑窗口，如图 6-43 所示。

步骤 04　单击菜单“绘图”/“图案填充”命令，设置填充图案及填充参数如图 6-44 所示，为椅子平面图填充如图 6-45 所示的图案。

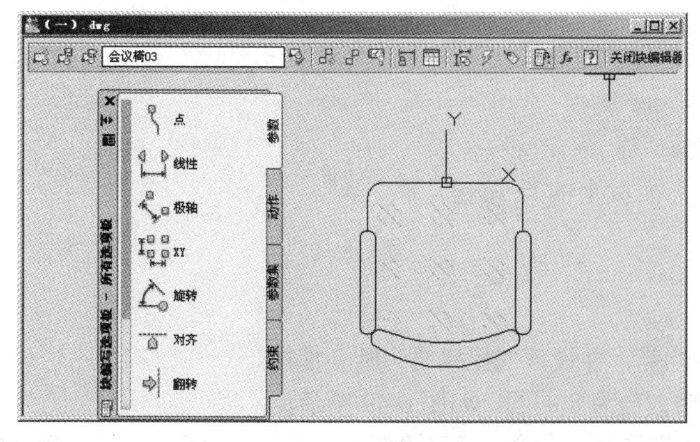

图 6-43　块编辑窗口

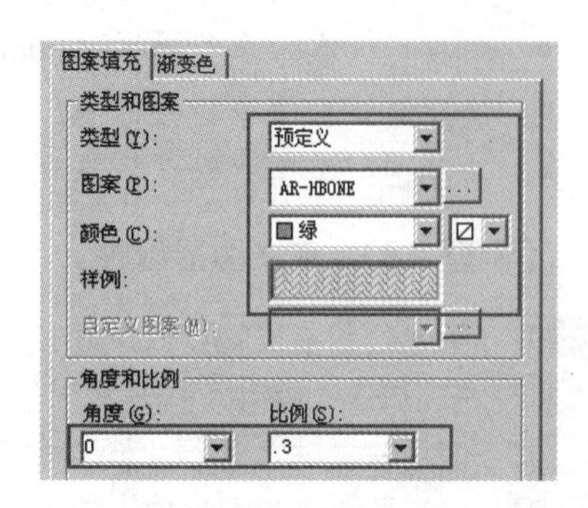

图 6-44　设置填充图案及填充参数

步骤 05　重复执行“图案填充”命令，设置填充图案与参数如图 6-46 所示，继续为椅子图形填充图案，填充结果如图 6-47 所示。

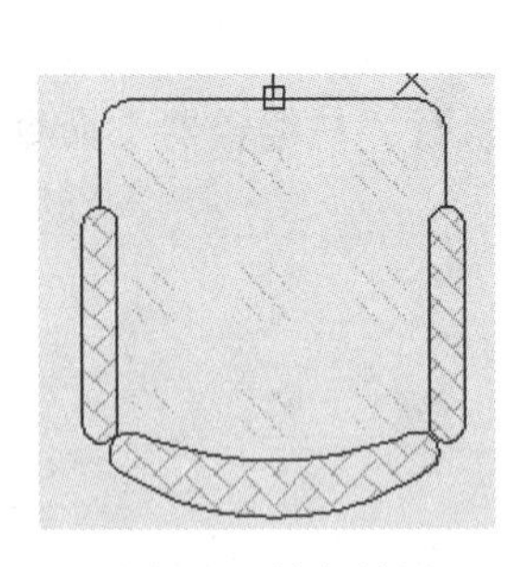

图 6-45 填充结果

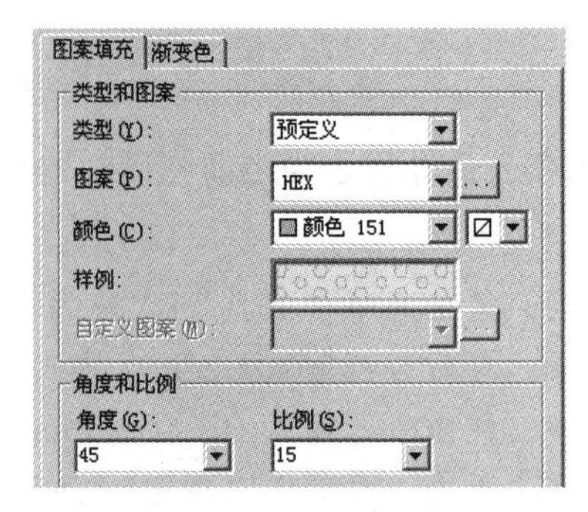

图 6-46　设置填充参数

步骤 06　单击上侧的“保存块定义”按钮，将上述操作进行保存。

步骤 07　单击关闭块编辑器(C)按钮，返回绘图区，结果所有会议椅图块被更新，如图 4-48 所示。

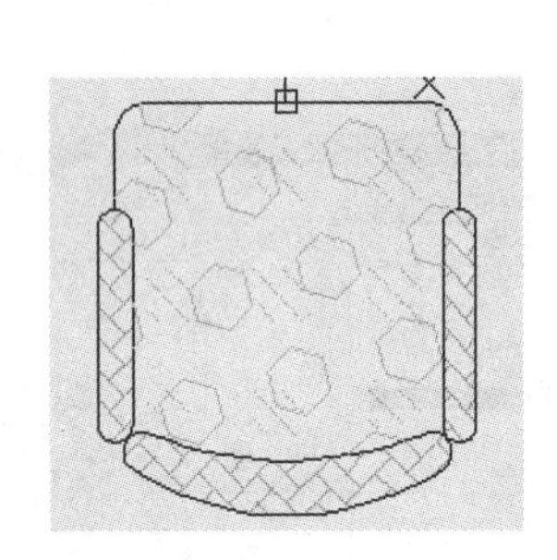

图 6-47　填充结果

图 6-48　更新结果

在块编辑器窗口中可以为块添加约束、参数及动作特征，还可以对块进行命名存储。

6.2.6　定义图块属性

“定义属性”命令用于为几何图形定制文字属性，以表达几何图形无法表达的一些内容。执行“定义属性”命令主要有以下几种方式：

- 菜单栏：单击“绘图”菜单中的“块”/“定义属性”命令。
- 命令行：在命令行输入 Attdef 后按 Enter 键。
- 快捷键：在命令行输入 ATT 后按 Enter 键。
- 功能区：单击“默认”选项卡/“块”面板上的按钮。

【例题 12】　定义图形属性。

步骤 01　新建公制单位的空白文件。

步骤 02　按下 F3 功能键，打开“对象捕捉”功能，并设置捕捉模式为圆心捕捉。

步骤 03　使用快捷键 C 执行“圆”命令，绘制直径为 8 的圆，如图 6-49 所示。

步骤 04　单击菜单“绘图”栏中的“块”/“定义属性”命令，打开“属性定义”对话框，然后设置属性的内容及参数，如图 6-50 所示。

步骤 05　单击确定按钮返回绘图区，在命令行“指定起点：”提示下，捕捉圆心作为属性插入点，结果如图 6-51 所示。

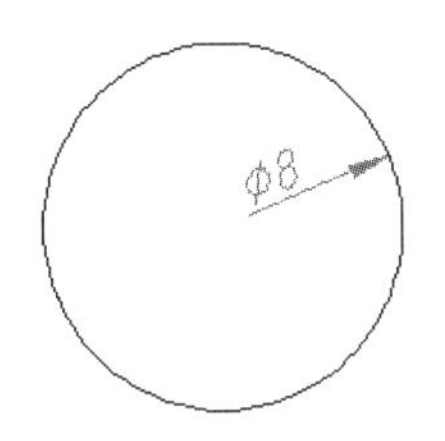

图 6-49　绘制圆

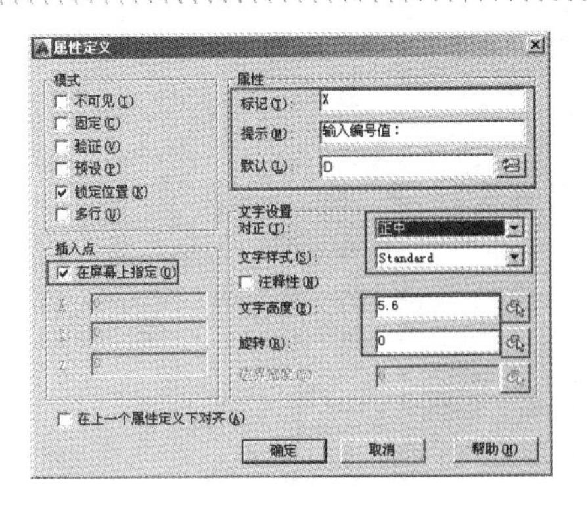

图 6-50　定义属性

图 6-51　定义属性

定义了文字属性之后，所定义的文字属性暂时以属性标记名显示。

选项解析

- “不可见”复选框用于设置插入属性块后是否显示属性值。另外，也可使用系统变量“Attdisp”直接在命令行设置或修改属性的显示状态。
- “固定”复选框用于设置属性是否为固定值。
- “验证”复选框用于设置在插入块时提示确认属性值是否正确。
- “预设”复选框用于将属性值定为默认值。
- “锁定位置”复选框用于将属性位置进行固定。
- “多行”复选框用于设置多行的属性文本。

当重复定义属性时，可勾选“在上一个属性定义下对齐”复选框，系统将自动沿用上次设置的各属性的文字样式、对正方式以及高度等参数的设置。

6.2.7　编辑图块属性

当为图形定义了属性之后，还需要将属性和几何图形一起创建为“属性块”，方可体现出“属性”的作用。当插入了带有属性的图块后，使用“编辑属性”命令即可以对属性进行修改。执行“编辑属性”命令主要有以下几种方式：

- 菜单栏：单击“修改”菜单栏中的“对象”/“属性”/“单个”命令。
- 工具栏：单击“修改”工具栏的按钮。
- 命令行：在命令行输入 Eattedit 后按 Enter 键。
- 功能区：单击“默认”选项卡/“块”面板上的按钮。

【例题 13】　定义和编辑属性块。

步骤 01　继续上例操作。使用快捷键 B 执行“创建块”命令，将圆及其属性一起创建为属性块，参数设置如图 6-52 所示。

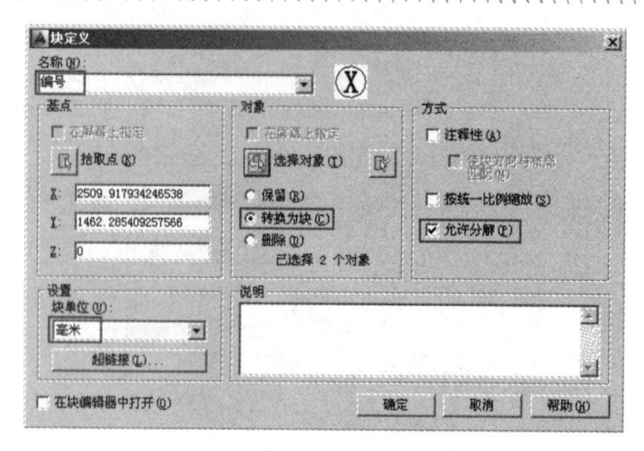

图 6-52　设置块参数

技巧提示 如果定制的属性块需要被引用到其他图形文件中，在此需要使用“写块”命令，将其创建为外部块。

步骤 02 单击 确定 按钮，打开“编辑属性”对话框，将属性值设为 B，如图 6-53 所示。

步骤 03 单击 确定 按钮，结果创建了一个属性值为 B 的块，如图 6-54 所示。

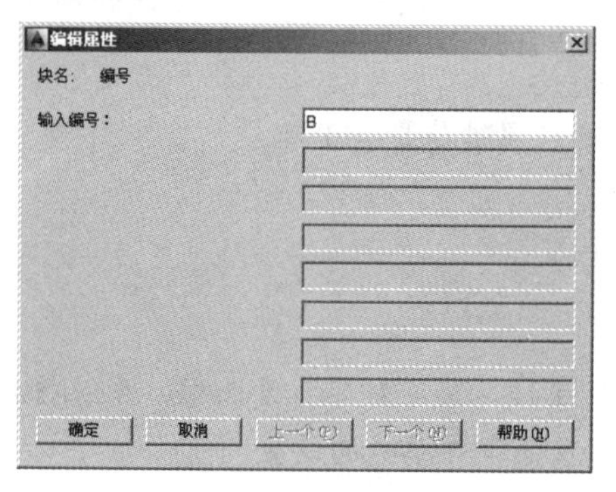

图 6-53　“编辑属性”对话框

图 6-54　定义属性块

步骤 04 单击菜单“修改”/“对象”/“属性”/“单个”命令，在“选择块:”提示下，选择属性块，打开“增强属性编辑器”对话框，修改属性值如图 6-55 所示，修改后的效果，如图 6-56 所示。

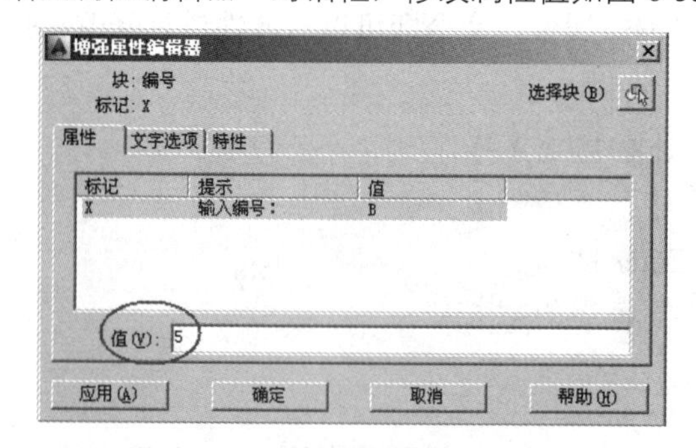

图 6-55　“增强属性编辑器”对话框

图 6-56　修改结果

步骤 05 展开“文字选项”选项卡，修改属性的宽度因子和倾斜角度，如图 6-57 所示，属性块的显示效果如图 6-58 所示。

步骤 06 最后单击 确定 按钮，关闭“增强属性编辑器”对话框。

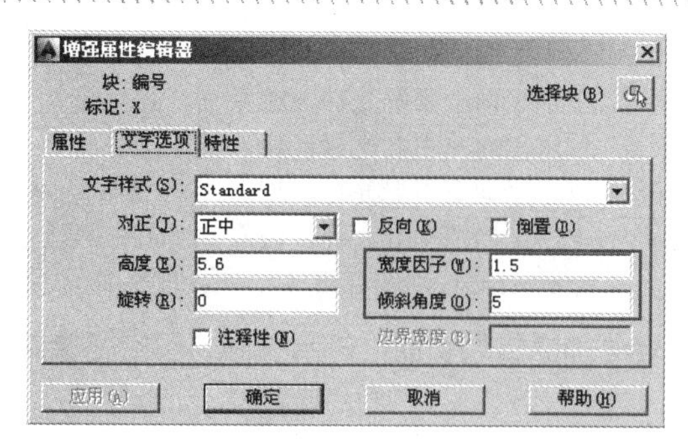

图 6-57 修改属性值

图 6-58　修改结果

📖 **选项解析**

- “属性”选项卡用于显示当前文件中所有属性块的属性标记、提示和默认值，还可以修改属性块的属性值。
- 单击右上角的“选择块”按钮，可以连续对当前图形中的其他属性块进行修改。
- 在“特性”选项卡中可以修改属性的图层、线型、颜色和线宽等特性。
- “文字选项”选项卡用于修改属性的文字特性，比如属性文字样式、对正方式、高度和宽度比例等。

6.3　综合范例——快速布置户型图单开门构件

本例通过为某户型平面图快速布置单开门构件，主要对图块的创建与应用功能进行综合练习和巩固应用。户型图单开门图例的最终布置效果，如图 6-59 所示。

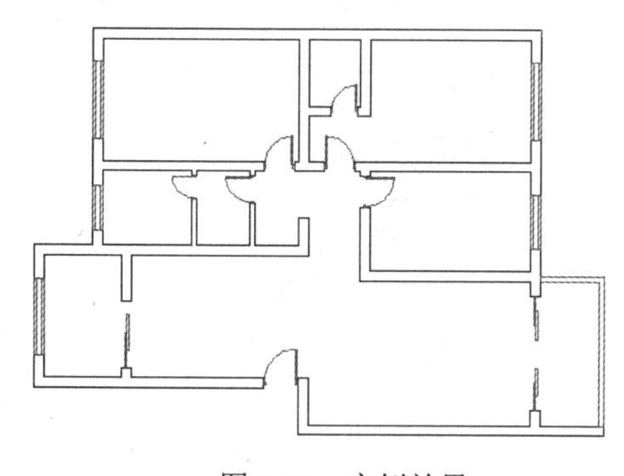

图 6-59　实例效果

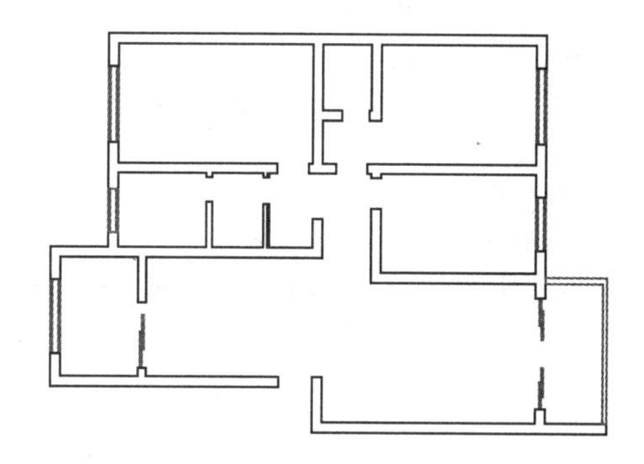

图 6-60　打开结果

操作步骤：

步骤 01 打开随书光盘中的“\素材文件\6-5.dwg”，如图 6-60 所示。

步骤 02 打开状态栏上的“对象捕捉”功能，并将捕捉模式设置为中点捕捉和端点捕捉。

步骤 03 展开“图层控制”下拉列表，将“0 图层”设置为当前图层。

步骤 04 使用快捷键 L 执行“直线”命令，配合“正交追踪”功能绘制单开门的门垛。命令行操作如下。

```
命令: _line
指定第一点:                          //在绘图窗口的左下区域拾取一点
```

```
指定下一点或 [放弃(U)]:                  //水平向右引导光标，输入 60 Enter
指定下一点或 [放弃(U)]:                  //水平向上引导光标，输入 80 Enter
指定下一点或 [闭合(C)/放弃(U)]:          //水平向左引导光标，输入 40 Enter
指定下一点或 [闭合(C)/放弃(U)]:          //水平向下引导光标，输入 40 Enter
指定下一点或 [闭合(C)/放弃(U)]:          //水平向左引导光标，输入 20 Enter
指定下一点或 [闭合(C)/放弃(U)]:          //c Enter，闭合图形，结果如图 6-61 所示
```

步骤 05 使用快捷键 MI 执行“镜像”命令，配合“捕捉自”功能，将刚绘制的门垛镜像复制，命令行操作如下：

```
命令: _mirror
选择对象:                                //选择刚绘制的门垛
选择对象:                                // Enter
指定镜像线的第一点:                      //激活“捕捉自”功能
_from 基点:                              //捕捉门垛的右下角点
<偏移>:                                  //@-450,0 Enter
指定镜像线的第二点:                      //@0,1 Enter
要删除源对象吗? [是(Y)/否(N)] <N>:       // Enter，镜像结果如图 6-62 所示
```

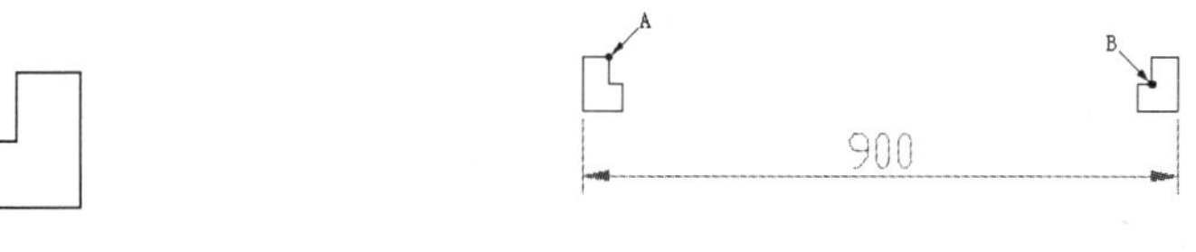

图 6-61　绘制门垛　　　图 6-62　镜像结果

步骤 06 使用快捷键 REC 执行“矩形”命令，以图 6-62 所示点 A、B 作为对角点，绘制如图 6-63 所示的矩形作为门的轮廓线。

步骤 07 使用快捷键 RO 执行“旋转”命令，对刚绘制的矩形进行旋转，命令行操作如下：

```
命令: _rotate
UCS 当前的正角方向: ANGDIR=逆时针  ANGBASE=0.00
选择对象:                                        //选择刚绘制的矩形
选择对象:                                        // Enter
指定基点:                                        //捕捉矩形的右上角点
指定旋转角度，或 [复制(C)/参照(R)] <0.00>:       //-90 Enter，旋转结果如图 6-64 所示
```

图 6-63　绘制结果　　　图 6-64　旋转结果

步骤 08 执行菜单栏中的“绘图”/“圆弧”/“起点、圆心、端点”命令，绘制圆弧作为门的开启方向，命令行操作如下：

```
命令: _arc
指定圆弧的起点或 [圆心(C)]:              //捕捉矩形右上角点
```

```
指定圆弧的第二个点或 [圆心(C)/端点(E)]: _c 指定圆弧的圆心:
//捕捉矩形右下角点
指定圆弧的端点或 [角度(A)/弦长(L)]:
//捕捉如图 6-65 所示的端点，绘制结果如图 6-66 所示
```

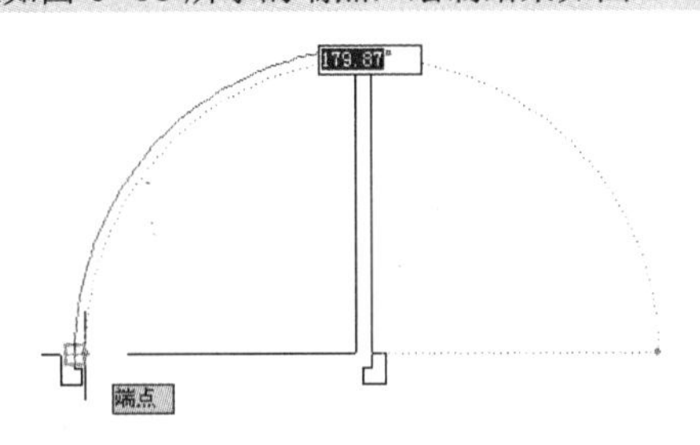

图 6-65　捕捉端点

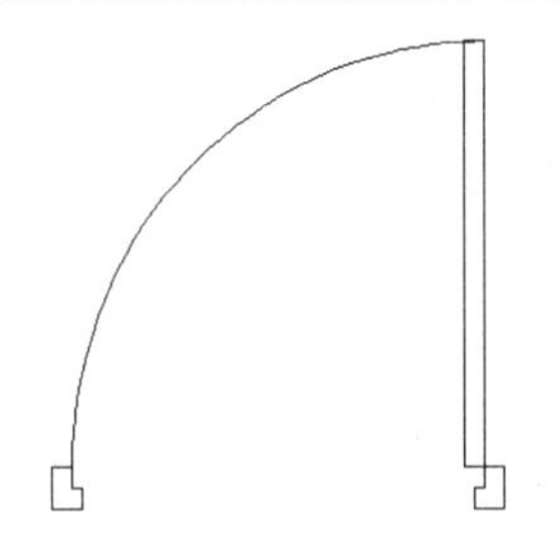

图 6-66　绘制结果

步骤 09　执行菜单栏中的“绘图”/“块”/“创建”命令，打开“块定义”对话框，在此对话框内设置块名及创建方式等参数，如图 6-67 所示。

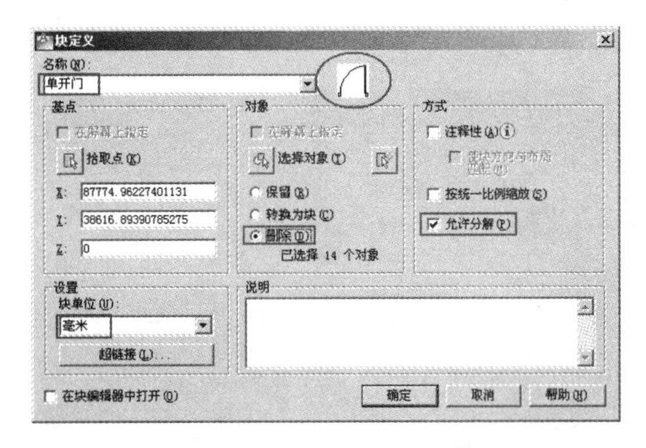

图 6-67　“块定义”对话框

步骤 10　单击“拾取点”按扭，返回绘图区拾取单开门右侧门垛的中心点作为基点。

步骤 11　按 Enter 键返回“块定义”对话框，单击“选择对象”按扭，框选刚绘制的单开门图形。

步骤 12　按 Enter 键返回“块定义”对话框，单击 确定 按钮结束命令。

如果要在其他文件中引用此单开门图块，可以使用“写块”命令，将其转化为外部块。

步骤 13　展开“图层控制”下拉列表，将“门窗层”设置为当前图层。

步骤 14　单击“绘图”工具栏上的按钮，在打开的“插入”对话框内选择“单开门”内部块，同时设置参数如图 6-68 所示。

步骤 15　单击 确定 按钮返回绘图区，在命令行“指定插入点或 [基点(B)/比例(S)/旋转(R)]:”提示下，捕捉如图 6-69 所示的交点作为插入点。

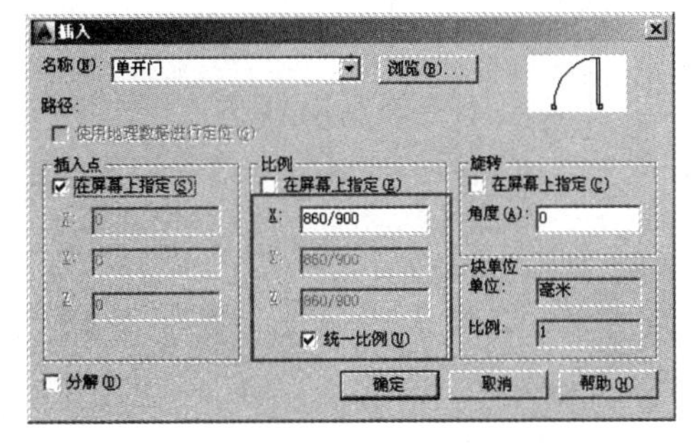

图 6-68　设置块参数

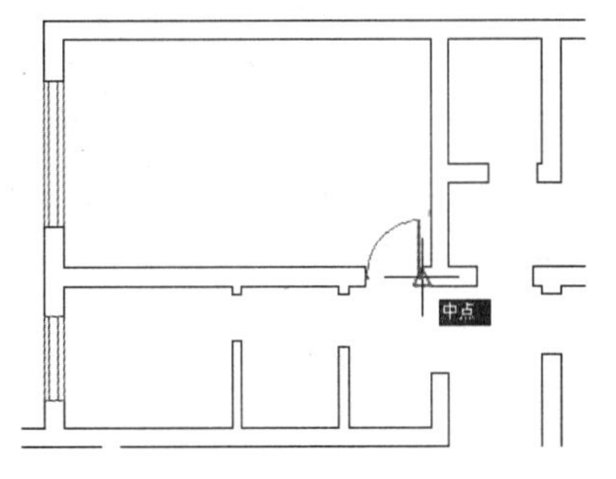

图 6-69　定位插入点

步骤 16 重复执行“插入块”命令，设置参数如图 6-70 所示，配合中点捕捉功能，以如图 6-71 所示的墙线中点作为插入点，插入单开门。

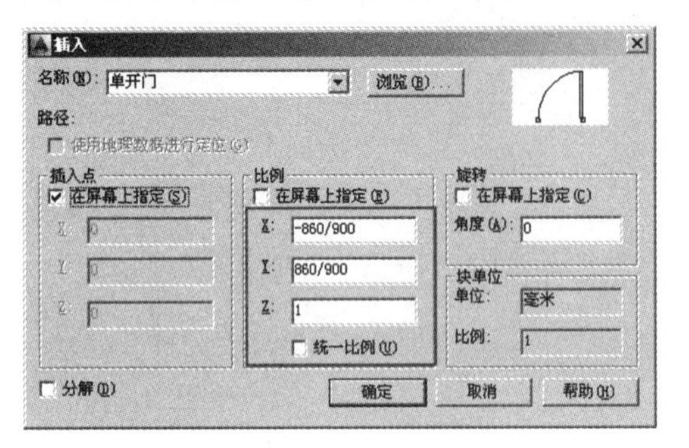

图 6-70　设置参数

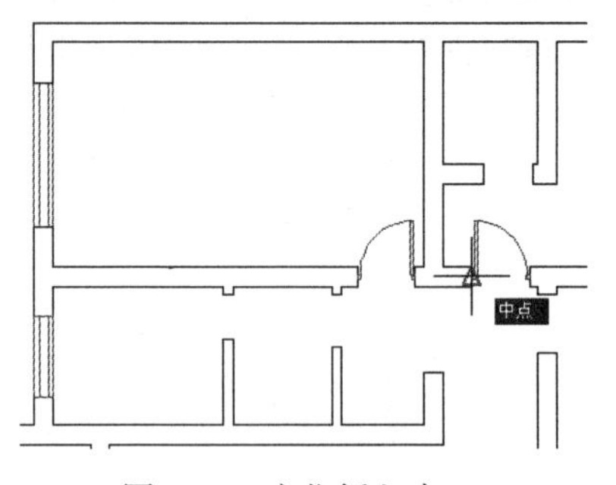

图 6-71　定位插入点

步骤 17 重复执行“插入块”命令，设置参数如图 6-72 所示，以如图 6-73 所示的墙线中点作为插入点，插入单开门。

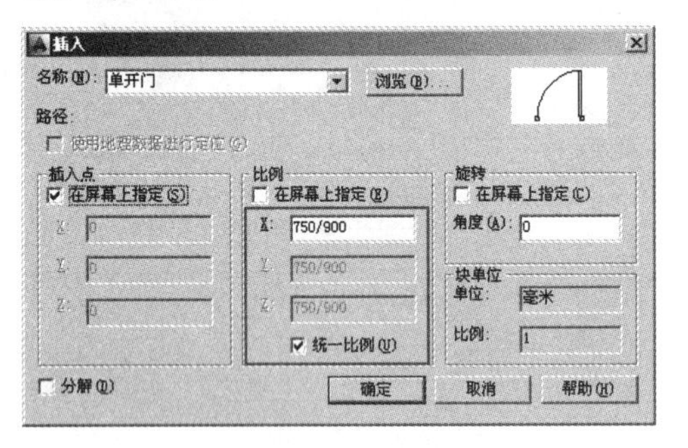

图 6-72　设置参数

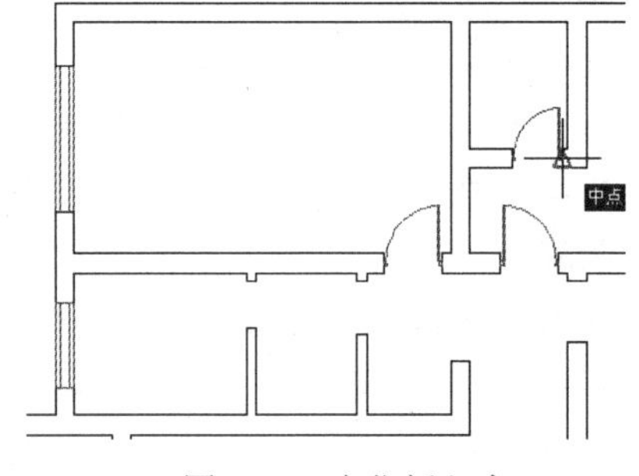

图 6-73　定位插入点

步骤 18 重复执行“插入块”命令，设置参数如图 6-74 所示，以如图 6-75 所示的墙线中点作为插入点，插入单开门。

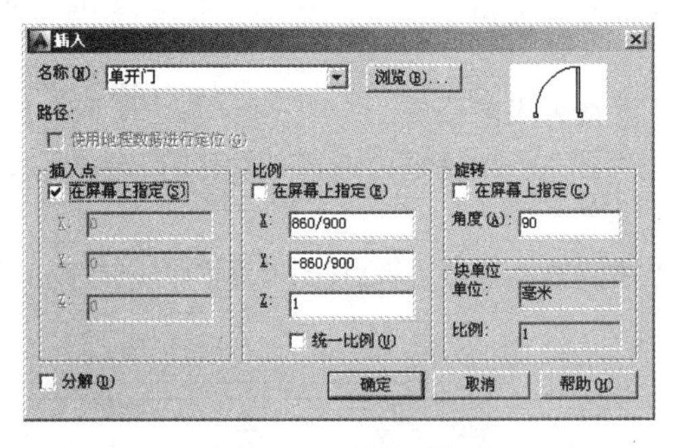

图 6-74　设置参数

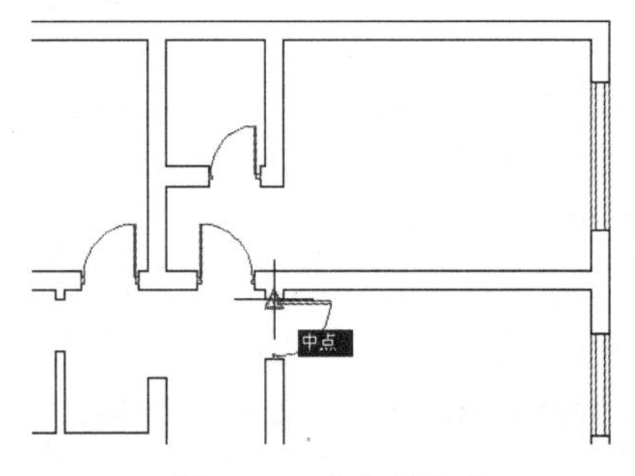

图 6-75　定位插入点

步骤 19 重复执行“插入块”命令，设置参数如图 6-76 所示，以如图 6-77 所示的墙线中点作为插入点，插入单开门。

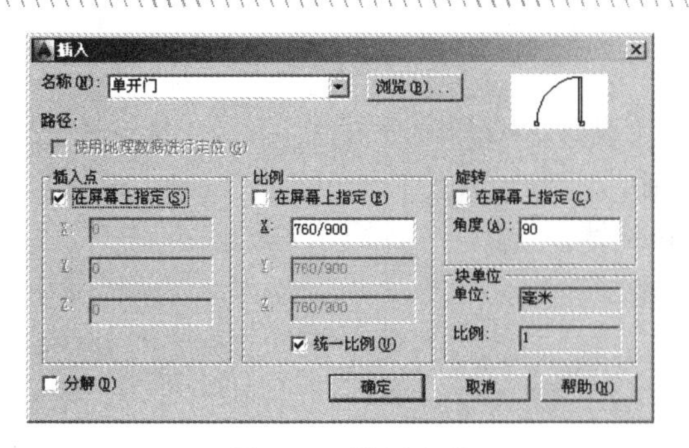

图 6-76　设置参数

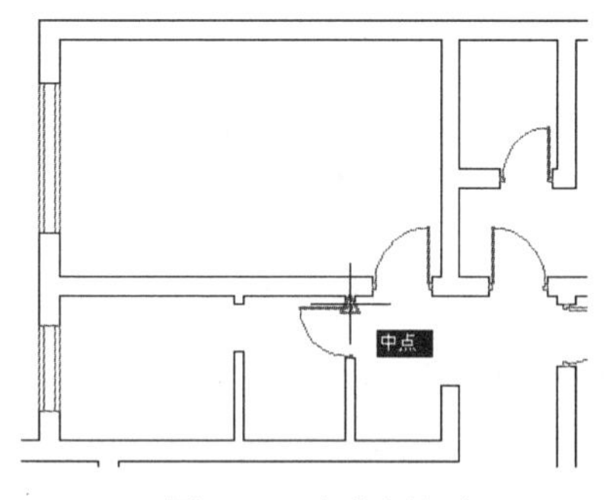

图 6-77　定位插入点

步骤 20　重复执行“插入块”命令，设置参数如图 6-78 所示，以如图 6-79 所示的墙线中点作为插入点，插入单开门。

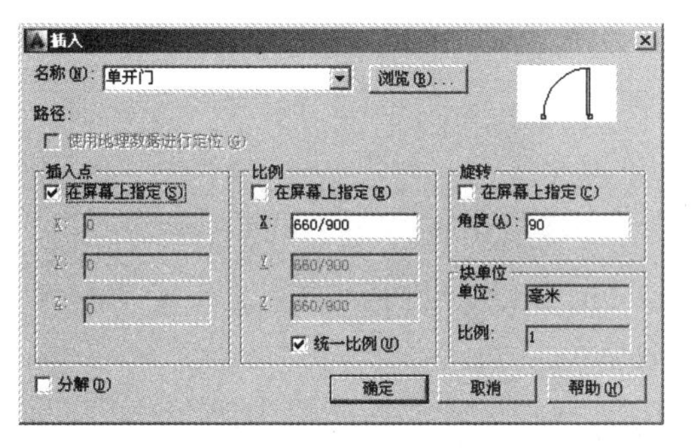

图 6-78　设置参数

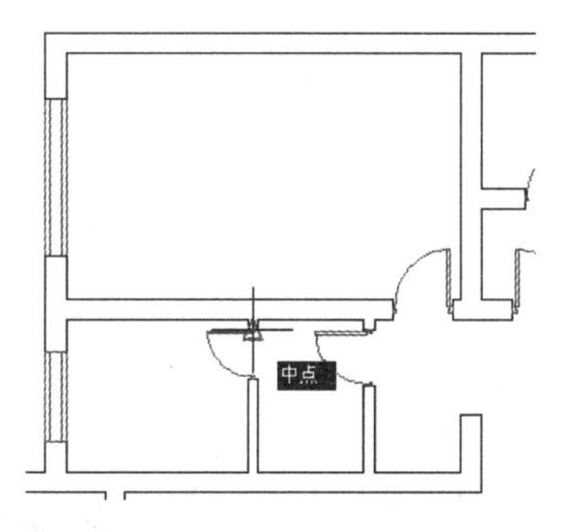

图 6-79　定位插入点

步骤 21　重复执行“插入块”命令，设置参数如图 6-80 所示，以如图 6-81 所示的追踪虚线与墙线的交点作为插入点，插入单开门。

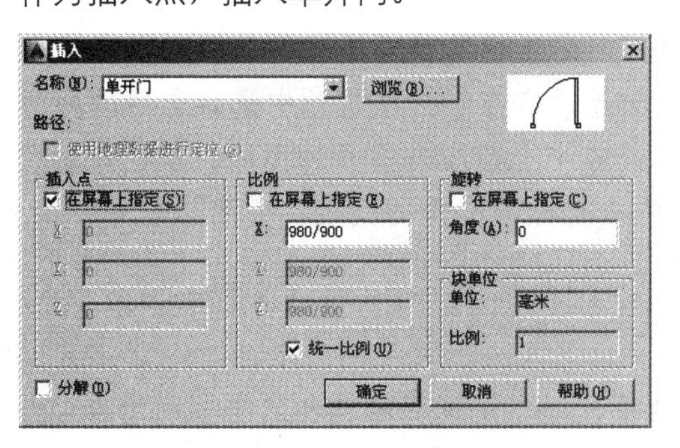

图 6-80　设置参数

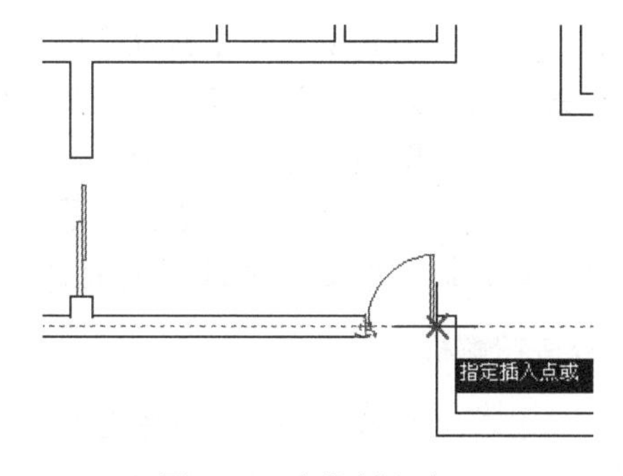

图 6-81　定位插入点

步骤 22　调整视图，使平面图完全显示，最终结果如上图 6-59 所示。

步骤 23　最后执行“另存为”命令，将图形命名存储为“快速布置户型图单开门构件.dwg”。

6.4　使用设计中心查看与共享资源

“设计中心”命令与 Windows 的资源管理器界面功能相似，其窗口如图 6-82 所示。此命令主要用于对 AutoCAD 的图形资源进行管理、查看与共享等，是一个直观、高效的制图工具。执行“设计中心”命令主要有以下几种方式：

- 菜单栏：单击菜单“工具”/“选项板”/“设计中心”命令。
- 工具栏：单击“标准”工具栏上的按钮。
- 命令行：在命令行输入 Adcenter 后按 Enter 键。
- 快捷键：在命令行输入 ADC 后按 Enter 键。
- 组合键：按 Ctrl+2 组合键。
- 功能区：单击“视图”选项卡/“选项板”上的按钮。

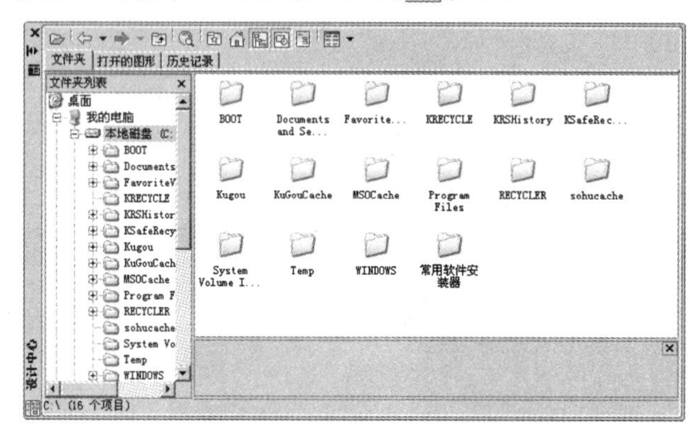

图 6-82　“设计中心”窗口

6.4.1　设计中心内容概述

如图 6-82 所示的窗口，共包括“文件夹”、“打开的图形”、“历史记录”三个选项卡，分别用于显示计算机和网络驱动器上的文件与文件夹的层次结构、打开图形的列表、自定义内容等，具体如下：

- “文件夹”选项卡：左侧为“树状管理视窗”，用于显示计算机或网络驱动器中文件和文件夹的层次关系；右侧窗口为“控制面板”，用于显示在左侧树状视窗中选定文件的内容。
- “打开的图形”选项卡用于显示 AutoCAD 任务中当前所有打开的图形，包括最小化的图形。
- “历史记录”选项卡用于显示最近在设计中心打开的文件的列表。它可以显示“浏览 Web”对话框最近连接过的 20 条地址的记录。

部分按钮解析

- 单击“加载”按钮，将弹出“加载”对话框，以方便浏览本地和网络驱动器或 Web 上的文件，然后选择内容加载到内容区域。
- 单击“上一级”按钮，将显示活动容器的上一级容器的内容。容器可以是文件夹也可以是一个图形文件。
- 单击“搜索”按钮，可弹出“搜索”对话框，在对话框中指定搜索条件，查找图形、块以及图形中的非图形对象，如线型、图层等，还可以将搜索到的对象添加到当前图形文件中，为当前图形文件所使用。
- 单击“收藏夹”按钮，将在设计中心右侧的控制面板中将显示“Autodesk Favorites”文件夹内容，在设计中心左侧的树状管理视窗中将在桌面视图中呈高亮显示该文件夹。
- 单击“主页”按钮，系统将设计中心返回到默认文件夹。安装时，默认文件夹被设置为

“...\Sample\DesignCenter”。

- 单击“树状图切换”按钮，设计中心左侧将显示或隐藏树状管理视窗。如果在绘图区域中需要更多空间，可以单击该按钮隐藏树状管理视窗。
- “预览”按钮用于显示和隐藏图像的预览框。当预览框被打开时，在上部的面板中选择一个项目，则在预览框内将显示出该项目的预览图像。如果选定项目没有保存的预览图像，则该预览框为空。
- “说明”按钮用于显示和隐藏选定项目的文字信息。

6.4.2 设计中心的资源查看功能

通过“设计中心”窗口，不但可以方便查看本机或网络机上的 AutoCAD 资源，还可以单独将选择的 CAD 文件进行打开。

【例题 14】 查看 AuotCAD 图形资源。

步骤 01　执行“设计中心”命令，打开“设计中心”窗口。

步骤 02　查看文件资源。在左侧的树状窗口中定位并展开需要查看的文件夹，那么在右侧窗口中，即可查看该文件夹中的所有图形资源，如图 6-83 所示。

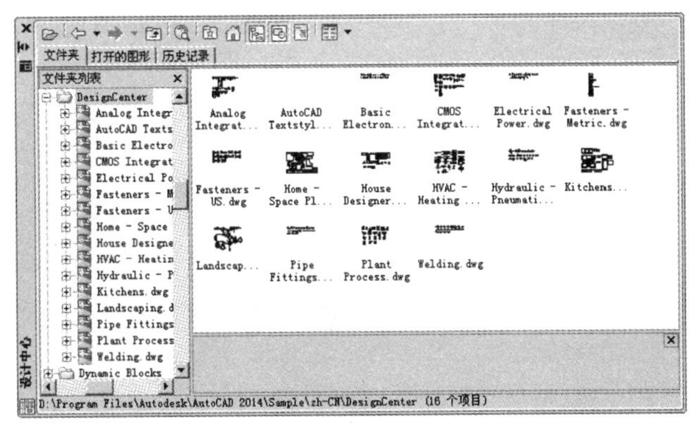

图 6-83　查看文件夹资源

步骤 03　查看文件内部资源。在左侧的树状窗口中定位需要查看的 CAD 文件，则可以在右侧窗口中显示出此文件内部的所有资源，如图 6-84 所示。

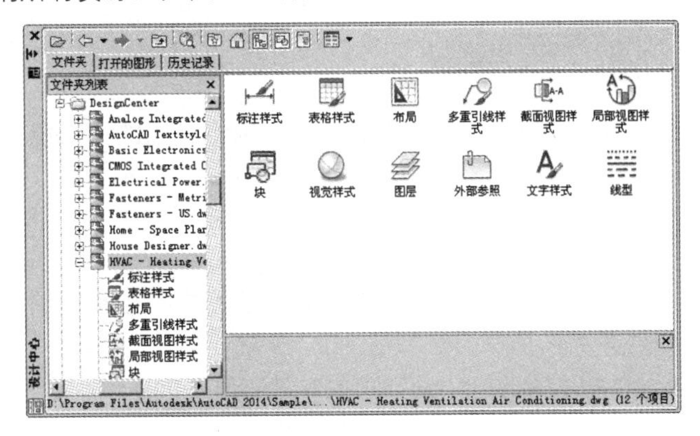

图 6-84　查看文件内部资源

步骤 04　如果用户需要进一步查看某一类内部资源，如文件内部的所有图块，可以在右侧窗口中双击块的图标，即可显示出所有的图块，如图 6-85 所示。

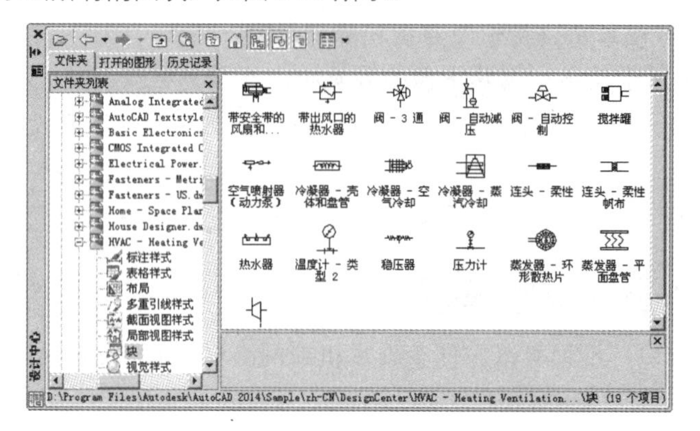

图 6-85　查看块资源

步骤 05　打开 CAD 文件。如果用户需要打开某 CAD 文件，可以在该文件图标上单击鼠标右键，然后选择右键菜单中的"在应用程序窗口中打开"选项，即可打开此文件，如图 6-86 所示。

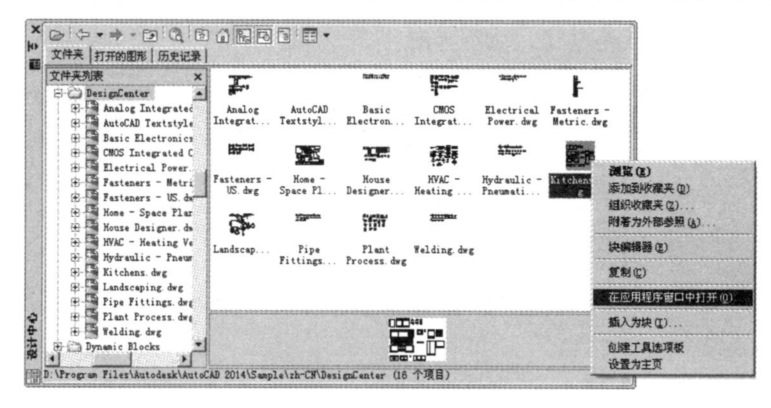

图 6-86　图标右键菜单

在窗口中按住 Ctrl 键定位文件，按住鼠标左键不动将其拖动到绘图区域，即可打开此图形文件；此外，将图形图标从设计中心直接拖曳到应用程序窗口，或绘图区域以外的任何位置，即可打开此图形文件。

6.4.3　设计中心的资源共享功能

用户不但可以随意查看本机上的所有设计资源，还可以将有用的图形资源以及图形的一些内部资源应用到自己的图纸中。

【例题 15】　共享 AuotCAD 的图形资源。

步骤 01　继续上例操作。共享文件资源。在左侧树状窗口中查找并定位所需文件的上一级文件夹，然后在右侧窗口中定位所需文件。

步骤 02　此时在此文件图标上单击鼠标右键，从弹出的右键菜单中选择"插入为块"选项，如图 6-87 所示。

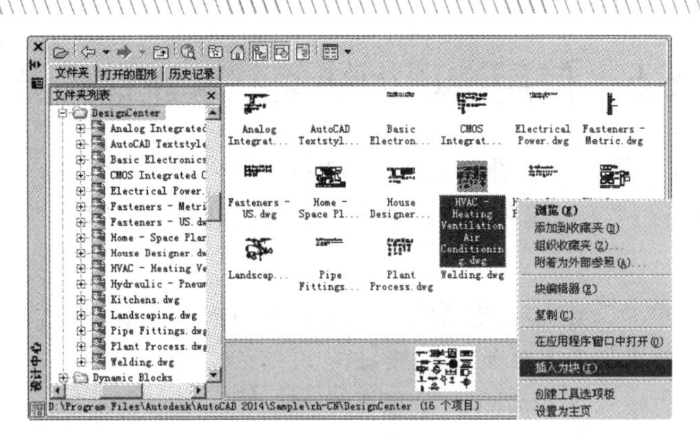

图 6-87　共享文件

步骤 03　此时系统弹出如图 6-88 所示的“插入”对话框，根据实际需要，在此对话框中设置所需参数，然后单击 确定 按钮，即可将选择的图形共享到当前文件中。

步骤 04　共享文件的内部资源。定位并打开文件中的内部资源，如图 6-89 所示。

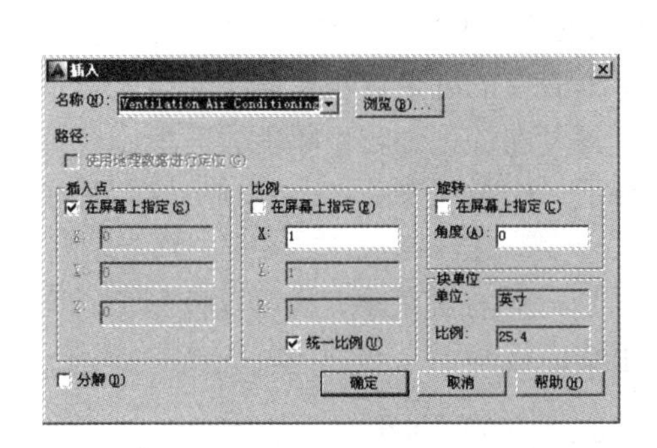

图 6-88　“插入”对话框

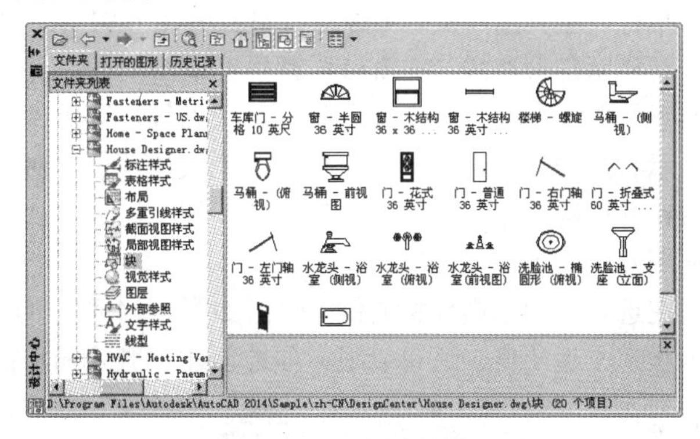

图 6-89　浏览图块资源

步骤 05　在设计中心右侧窗口中选择某一图块，单击鼠标右键，从弹出的右键菜单中的选择“插入块”选项，如图 6-90 所示，就可以将此图块插入到当前图形文件中。

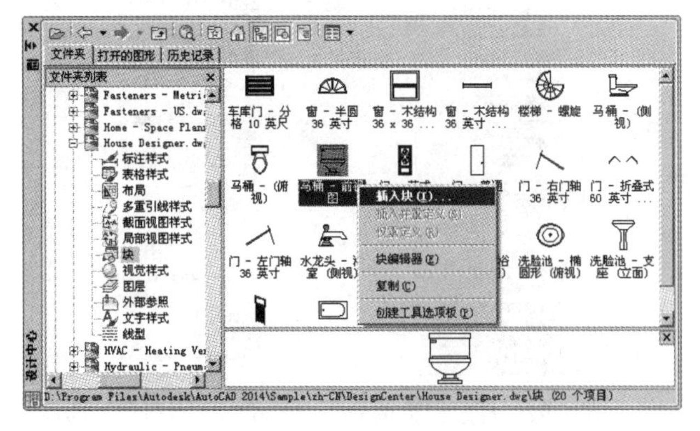

图 6-90　选择内部资源

技巧提示　用户也可以共享图形文件内部的文字样式、尺寸样式、图层以及线型等资源。

6.5　使用选项板快速共享设计资源

“工具选项板”用于组织、共享图形资源和高效执行命令等，其窗口包含一系列选项板，这些选项板以选项卡的形式分布在“工具选项板”窗口中，如图 6-91 所示。执行“工具选项板”命令主要有以下几种方式：

- 菜单栏：单击菜单“工具”/“选项板”/“工具选项板”命令。
- 工具栏：单击“标准”工具栏上的按钮。
- 命令行：在命令行输入 Toolpalettes 后按 Enter 键。
- 组合键：按 Ctrl+3 组合键。
- 功能区：单击“视图”选项卡/“选项板”面板上的按钮。

6.5.1　选项板内容概述

执行“工具选项板”命令后，可打开图 6-91 所示的“工具选项板”窗口，该窗口主要有各选项卡和标题栏两部分组成，在窗口标题栏上单击鼠标右键，可打开如图 6-92 所示的标题栏菜单，在此菜单中用于控制窗口及工具选项卡的显示状态等，菜单中被矩形框圈住的区域选项，是用于控制窗口选项卡显示状态的工具，有些用户执行“工具选项板”命令后，打开的选项卡窗口可能会有所不同，这是因为在此标题栏菜单上选择的选项卡不同，比如，如果选择了“引线”选项卡，选项卡窗口的显示状态如图 6-93 所示。

在选项卡中单击鼠标右键，弹出如图 6-94 所示的菜单，通过此右键菜单，也可以控制工具面板的显示状态、透明度，还可以很方便地创建、删除和重命名工具面板等。

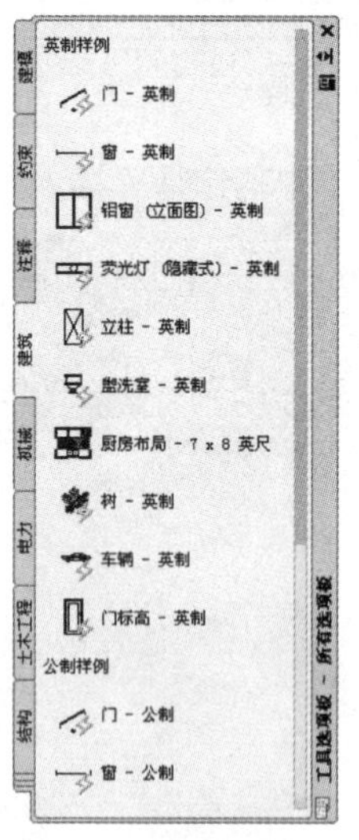

图 6-91　工具选项板窗口

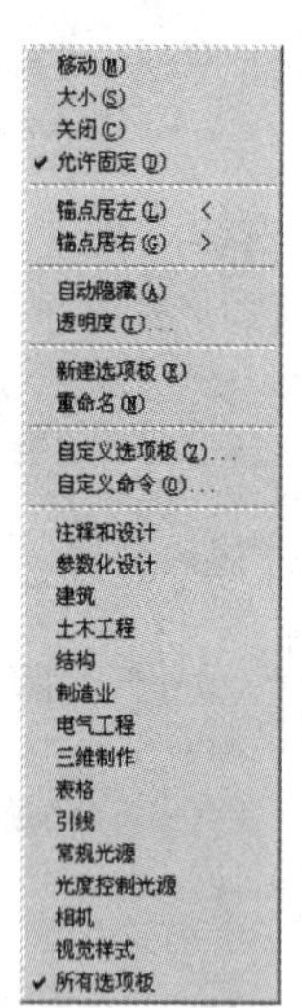

图 6-92　标题栏菜单

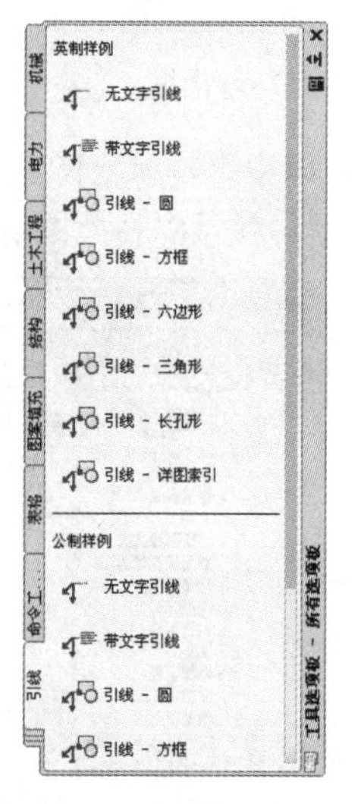

图 6-93　“引线”选项卡

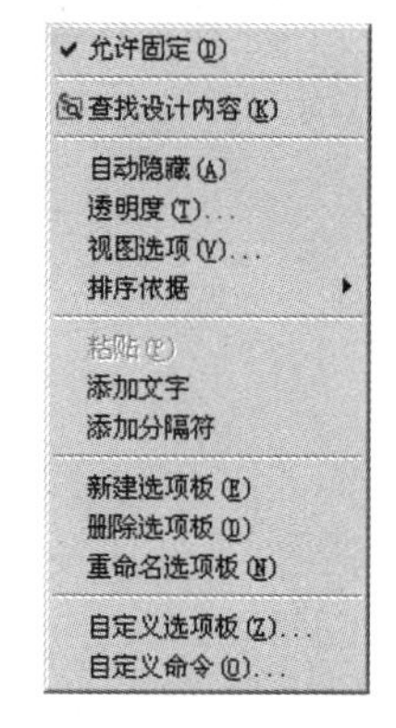

图 6-94　面板右键菜单

6.5.2　选项板定义与管理

用户可以根据需要自定义选项板中的内容以及创建新的工具选项板，下面将通过具体实例学习此功能。

【例题 16】 定制工具选项板。

步骤 01　首先打开“设计中心”窗口和“工具选项板”窗口。

步骤 02　定义选项板内容。在设计中心面板中定位需要添加到选项板中的图形、图块或图案填充等内容，然后按住鼠标左键不放，将选择的内容直接拖到工具选项板中，即可添加这些项目，如图 6-95 所示，添加结果如图 6-96 所示。

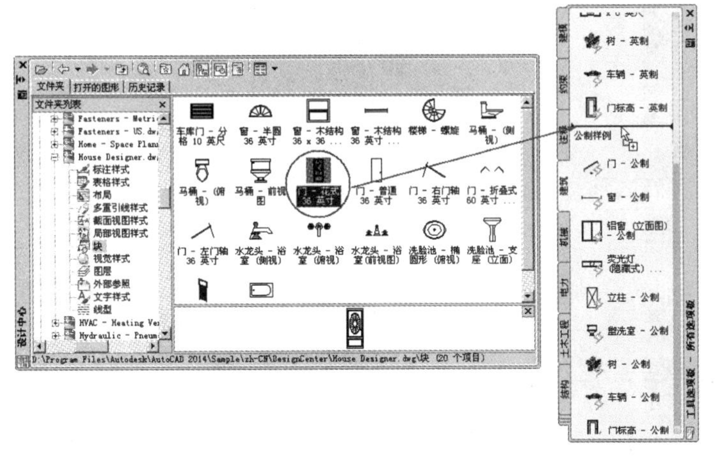

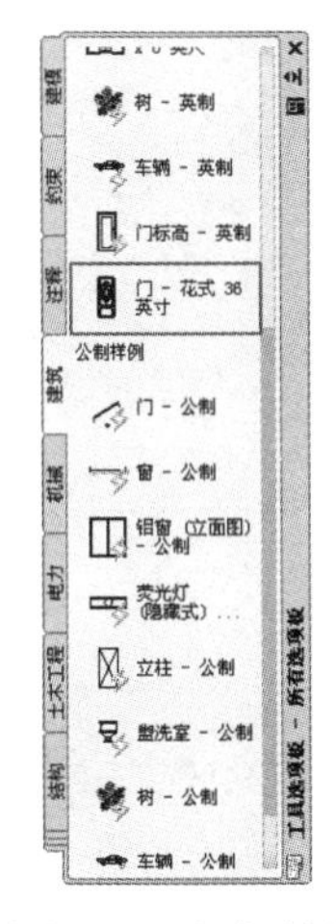

图 6-95　向工具选项板中添加内容　　图 6-96　添加结果

步骤 03　定义新的选项板。在“设计中心”左侧树状图中，选择需要创建为选项板的文件夹，然后单击鼠标右键，从弹出的菜单中选择“创建块的工具选项板”选项，如图 6-97 所示。

步骤 04　系统将此文件夹中的所有图形文件创建为新的工具选项板，选项板名称为文件的名称，如图 6-98 所示。

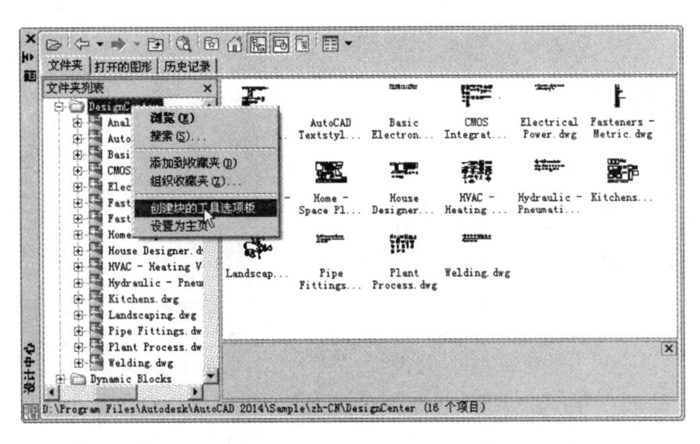

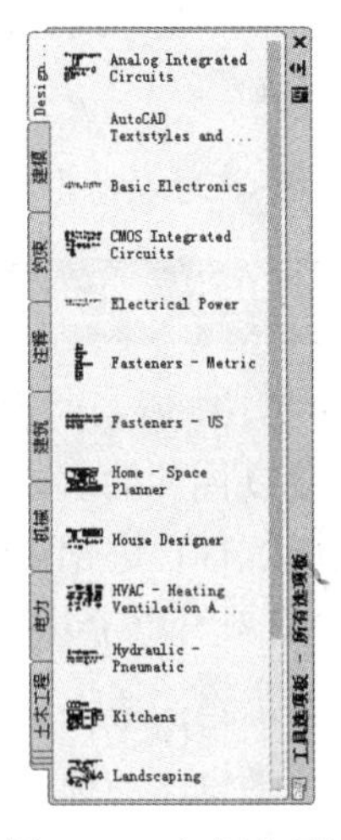

图 6-97　定位文件　　图 6-98　定义选项板

6.5.3　选项板的典型应用

下面通过向图形文件中插入图块及填充图案为例，学习“工具选项板”命令的使用方法和技巧。

【例题 17】 应用工具选项板。

步骤01 新建空白文件。

步骤02 打开“工具选项板”窗口，然后展开“建筑”选项卡，选择如图 6-99 所示图例。

步骤03 在选择的图例上单击，然后在命令行“指定插入点或 [基点(B)/比例(S)/X/Y/Z/旋转(R)]：”提示下，在绘图区拾取一点，将此图例插入到当前文件内，结果如图 6-100 所示。

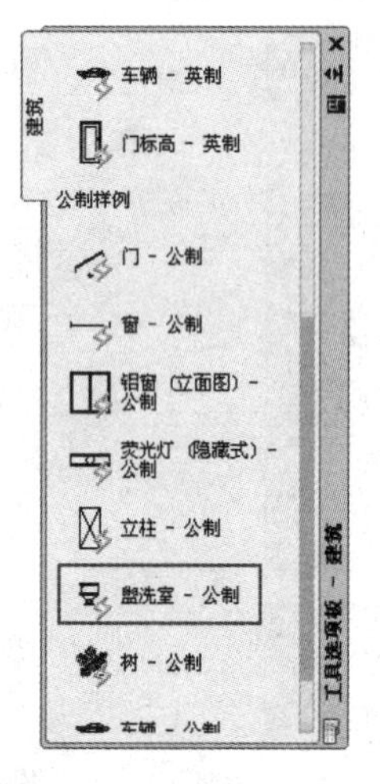

图 6-99 “建筑”选项卡

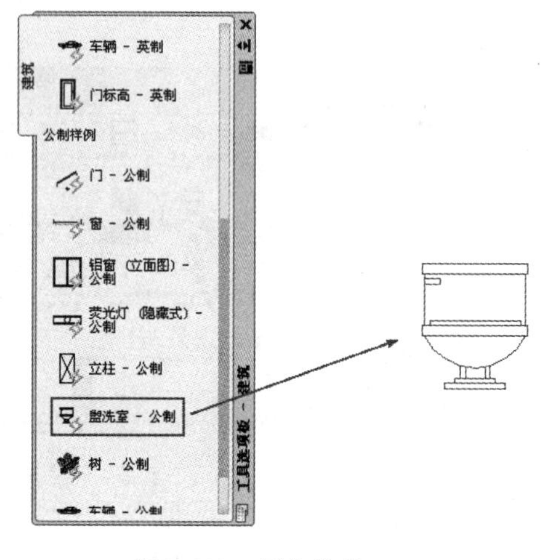

图 6-100 插入结果

另外，用户也可以将光标定位到所需图例上，然后按住鼠标左键不放，将其拖入到当前图形中。

6.6 使用特性修改和完善设计资源

本节将学习“特性”、“特性匹配”、“快捷特性”和“快速选择”等命令。

6.6.1 特性窗口

如图 6-101 所示的窗口为特性窗口，在此窗口中可以显示出每一种 CAD 图元的基本特性、几何特性以及其他特性等，用户可以通过此窗口，进行查看和修改图形对象的内部特性。执行“特性”命令主要有以下几种方式：

- 菜单栏：单击菜单“工具”/“选项板”/“特性”命令。
- 菜单栏：单击菜单“修改”/“特性”命令。
- 工具栏：单击“标准”工具栏上的按钮。
- 命令行：在命令行输入 Properties 后按 Enter 键。
- 快捷键：在命令行输入 PR 后按 Enter 键。
- 组合键：按 Ctrl+1 组合键。

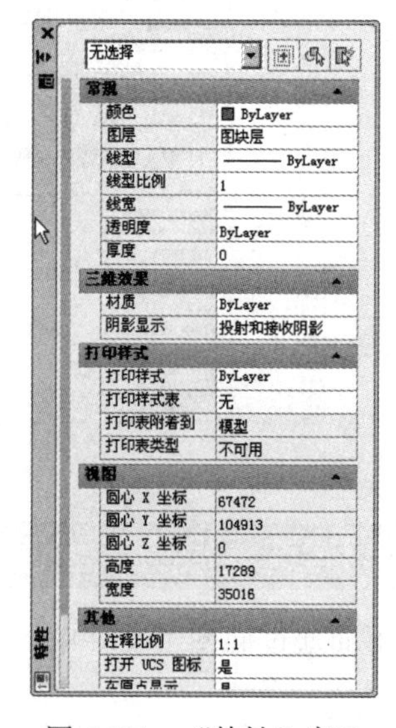

图 6-101 “特性”窗口

1. 标题栏

标题栏位于窗口的一侧，其中按钮用于控制特性窗口的显示与隐藏状态；单击标题栏底端的按钮，可弹出一个按钮菜单，用于改变特性窗口的尺寸大小、位置以及窗口的显示与否等。在标题栏上按住鼠标左键不放，可以将特性窗口拖至绘图区的任意位置；双击可以将此窗口固定在绘图区的一端。

2. 工具栏

无选择 为特性窗口工具栏，用于显示被选择的图形名称，以及用于构建新的选择集。无选择 下拉列表框用于显示当前绘图窗口中所有被选择的图形名称；此按钮用于切换系统变量 PICKADD 的参数值；“快速选择”按钮用于快速构造选择集；“选择对象”按钮用于在绘图区选择一个或多个对象，按 Enter 键，选择的图形对象名称及所包含的实体特性都显示在特性窗口内，以便对其进行编辑。

3. 特性窗口

系统默认的特性窗口共包括“常规”、“三维效果”、“打印样式”、“视图”和“其他”五个组合框，分别用于控制和修改所选对象的各种特性。下面通过修改矩形的厚度和宽度特性，学习“特性”命令的使用方法和技巧。

【例题 18】 对象特性的快速编辑。

步骤 01 新建空白文件。执行“矩形”命令，绘制长度为 200、宽度为 100 的矩形。

步骤 02 单击菜单“视图”/“三维视图”/“东南等轴测”命令，将视图切换为东南视图，如图 6-102 所示。

步骤 03 在无命令执行的前提下单击刚绘制的矩形，使其夹点显示，如图 6-103 所示。

步骤 04 单击“标准”工具栏上的按钮，打开“特性”窗口，然后在“厚度”选项上单击，此时该选项以输入框形式显示，然后输入厚度值为 100，如图 6-104 所示。

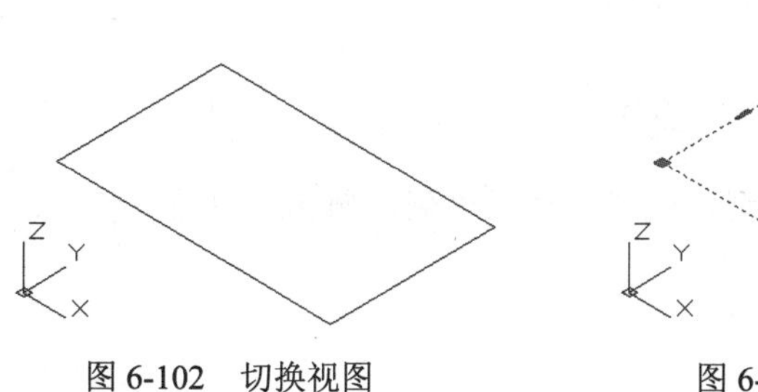

图 6-102　切换视图

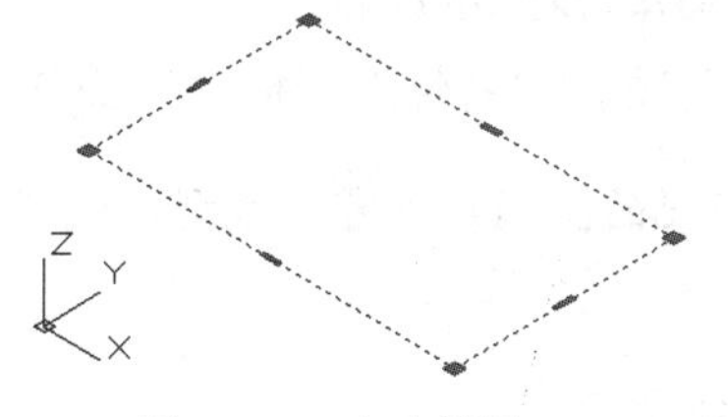

图 6-103　夹点效果

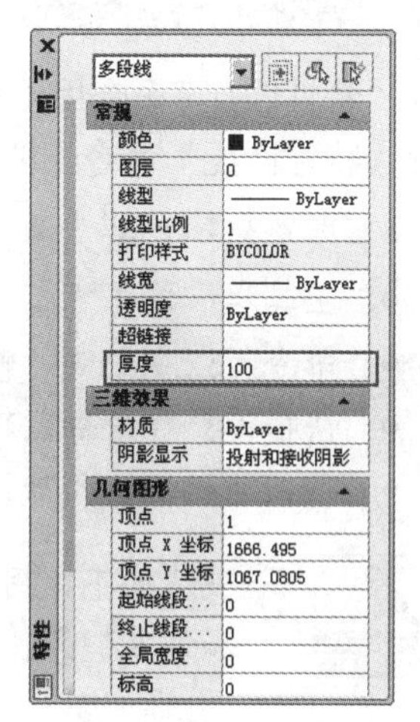

图 6-104　修改厚度特性

步骤 05 按 Enter 键，结果矩形的厚度被修改变为 100，如图 6-105 所示。

步骤 06 在“全局宽度”选项框内修改边的宽度参数，如图 6-106 所示。

步骤 07 关闭“特性”窗口，取消图形夹点，修改结果如图 6-107 所示。

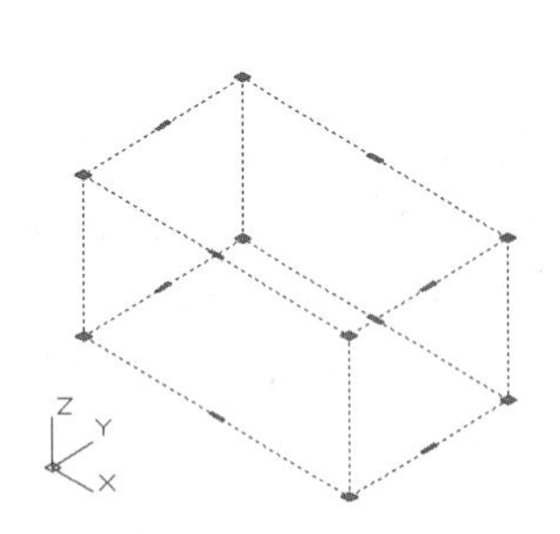

图 6-105　修改后的效果

图 6-106　修改宽度特性

步骤 08　单击菜单“视图”/“消隐”命令，结果如图 6-108 所示。

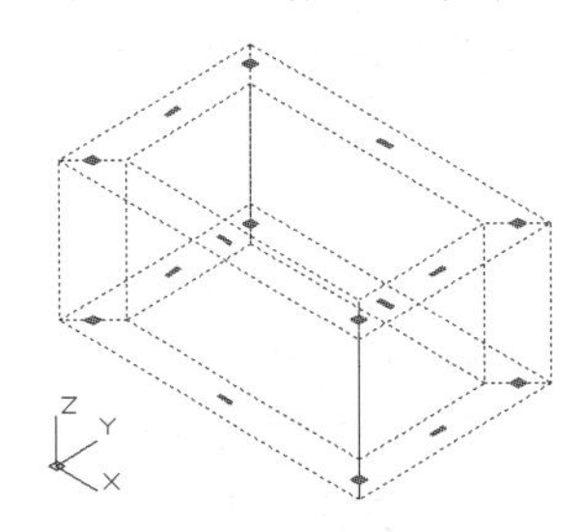

图 6-107　取消图形夹点

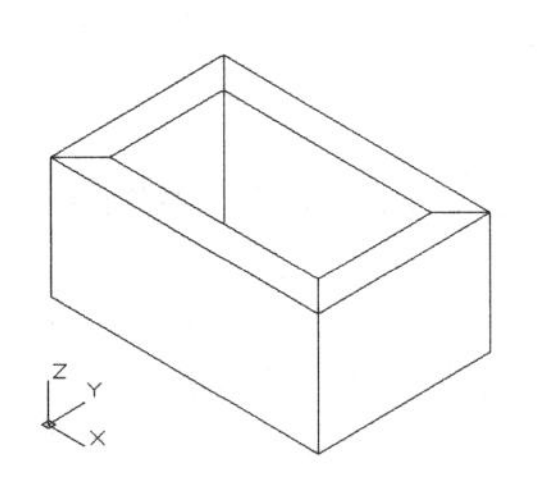

图 6-108　消隐效果

6.6.2　特性匹配

“特性匹配”命令用于将一个图形的特性复制给另外一个图形，使这些图形对象拥有相同的特性。执行“特性匹配”命令主要有以下几种方式：

- 菜单栏：单击菜单“修改”/“特性匹配”命令。
- 工具栏：单击“标准”工具栏上的按钮。
- 命令行：在命令行输入 Matchprop 或 Painter 后按 Enter 键。
- 快捷键：在命令行输入 MA 后按 Enter 键。
- 功能区：单击“默认”选项卡/“特性”面板上的按钮。

一般情况下，用于匹配的图形特性有“线型、线宽、线型比例、颜色、图层、标高、尺寸和文本”等。

【例题 19】　对象特性的快速匹配。

步骤 01　继续上例操作。单击菜单“绘图”/“正多边形”命令，绘制边长为 120 的正六边形，如图 6-109 所示。

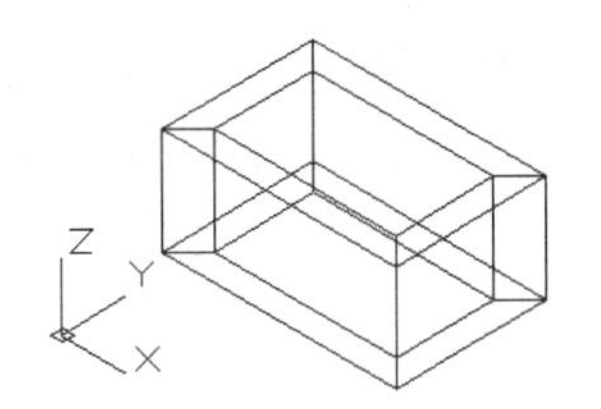

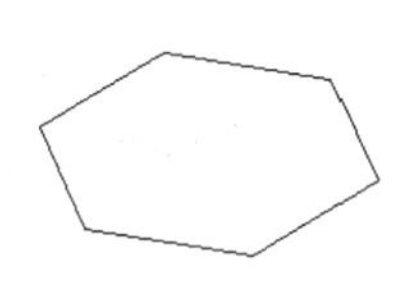

图 6-109 绘制结果

步骤 02 单击“标准”工具栏或“特性”面板上的按钮，进行匹配宽度和厚度特性。命令行操作如下：

```
命令：'_matchprop
选择源对象：                    //选择左侧的矩形
当前活动设置： 颜色 图层 线型 线型比例 线宽 透明度 厚度 打印样式 标注 文字 填充图案 多段线 视口 表格材质 阴影显示 多重引线
选择目标对象或 [设置(S)]： //选择右侧的矩形
选择目标对象或 [设置(S)]： //Enter，将矩形的宽度和厚度特性复制给正六边形，如图 6-110 所示
```

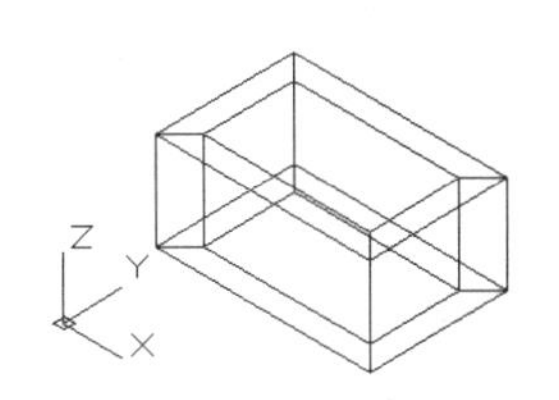

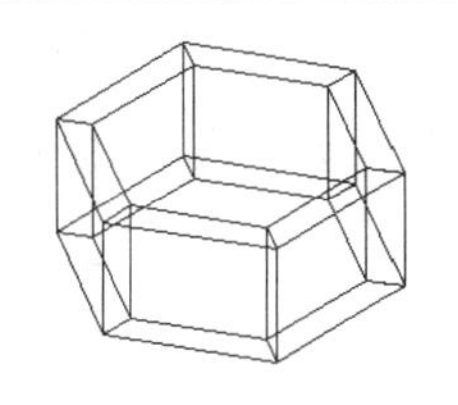

图 6-110 匹配结果

步骤 03 单击菜单“视图”/“消隐”命令，结果如图 6-111 所示。

“设置”选项主要用于设置需要匹配的对象特性。在命令行“选择目标对象或 [设置（S）]：”提示下，输入“S”并按 Enter 键，可打开如图 6-112 所示的“特性设置”对话框，用户可以根据自己的需要选择需要匹配的基本特性和特殊特性。

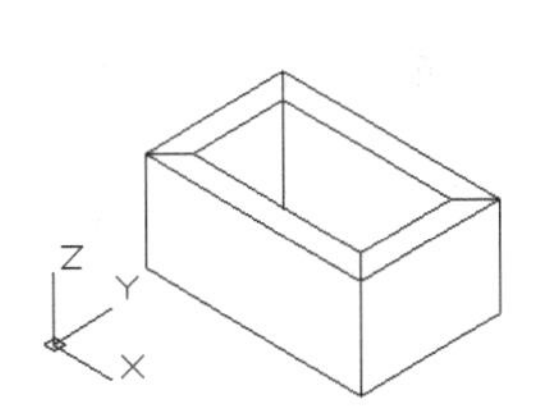

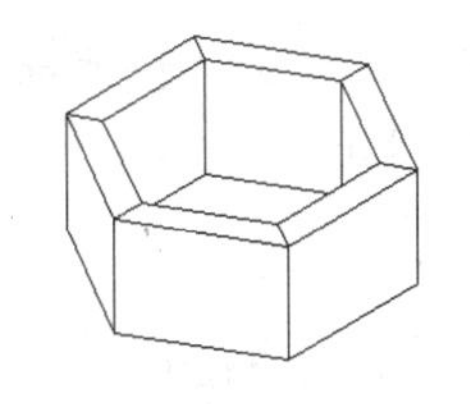

图 6-111 消隐效果

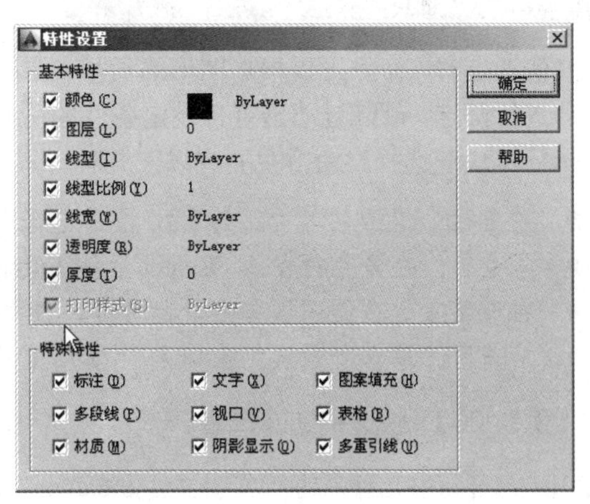

图 6-112 “特性设置”对话框

在默认设置下，AutoCAD 将匹配此对话框中的所有特性，如果用户需要有选择性的进行匹配某些特性，可以在此对话框内进行设置。

"颜色"和"图层"选项适用于除 OLE（对象链接嵌入）对象之外的所有对象；"线型"选项适用于除了属性、图案填充、多行文字、OLE 对象、点和视口之外的所有对象；"线型比例"选项适用于除了属性、图案填充、多行文字、OLE 对象、点和视口之外的所有对象。

6.6.3　快捷特性

使用"快捷特性"命令也可以非常方便查看和修改对象的内部特性。在此功能开启的前提下，用户只需选择一个对象，它的内部特性便会以面板的形式显示出来，供查看和编辑，如图 6-113 所示。执行"快捷特性"命令主要有以下几种方式：

- 状态栏：单击状态栏上的▣按钮。
- 组合键：按 Ctrl+Shift+P 组合键。

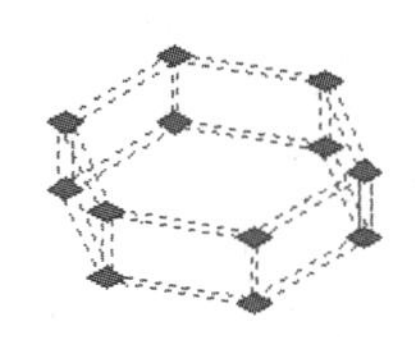

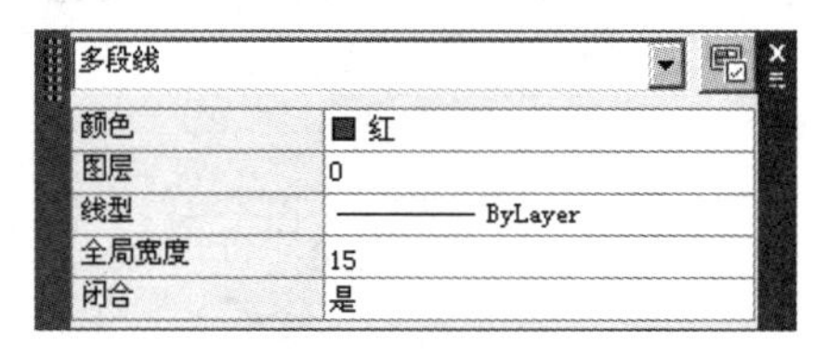

多段线	
颜色	■ 红
图层	0
线型	———— ByLayer
全局宽度	15
闭合	是

图 6-113　"快捷特性"面板

当激活了"快捷特性"功能后，一旦选择了图形对象之后，便会打开"快捷特性"面板。用户如果需要在"快捷特性"面板中查看和修改对象更多的特性，可以通过"CUI"命令，在"自定义用户界面"面板内重新定义。

6.6.4　快速选择

"快速选择"命令可以根据图形的类型、图层、颜色、线型、线宽等属性设定过滤条件，AutoCAD 将自动进行筛选，最终过滤出符合设定条件的所有图形对象，是一个快速构造选择集的高效制图工具。

执行"快速选择"命令主要有以下几种方式：

- 菜单栏：单击菜单"工具"/"快速选择"命令。
- 命令行：在命令行输入 Qselect 后按 Enter 键。
- 右键菜单：在绘图区单击鼠标右键，选择右键菜单中的"快速选择"选项。
- 功能区：单击"默认"选项卡/"实用工具"面板上的按钮。

【例题 20】　快速构造选择集。

步骤 01　打开随书光盘中的"\素材文件\6-6.dwg"文件，如图 6-114 所示。

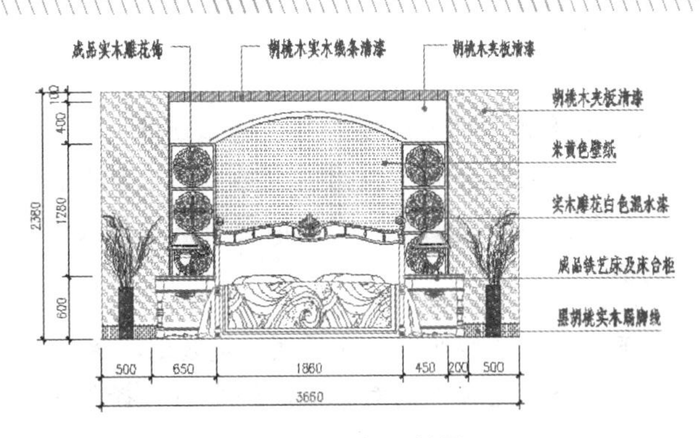

图 6-114　打开结果

步骤 02 单击“默认”选项卡/“实用工具”面板上的按钮，或单击菜单“工具”/“快速选择”命令，打开“快速选择”对话框。

步骤 03 “特性”文本框属于三级过滤功能，用于按照目标对象的内部特性设定过滤参数，在此选择“图层”。

步骤 04 单击“值”下拉列表，在展开的下拉列表中选择“文本层”，其他参数使用默认设置，如图 6-115 所示。

步骤 05 单击 确定 按钮，结果所有附合过滤条件的图形对象都被选择，如图 6-116 所示。

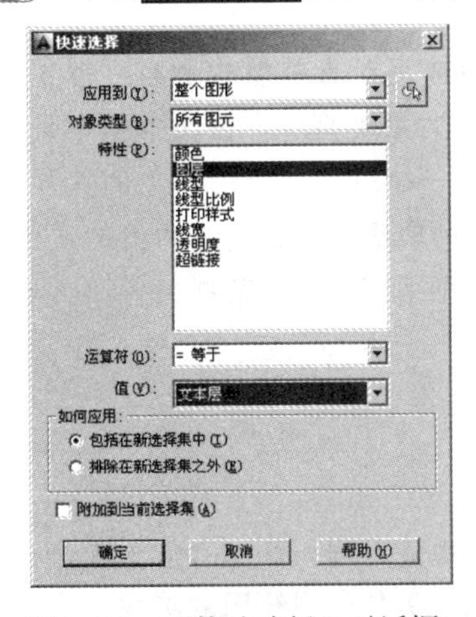

图 6-115　“快速选择”对话框

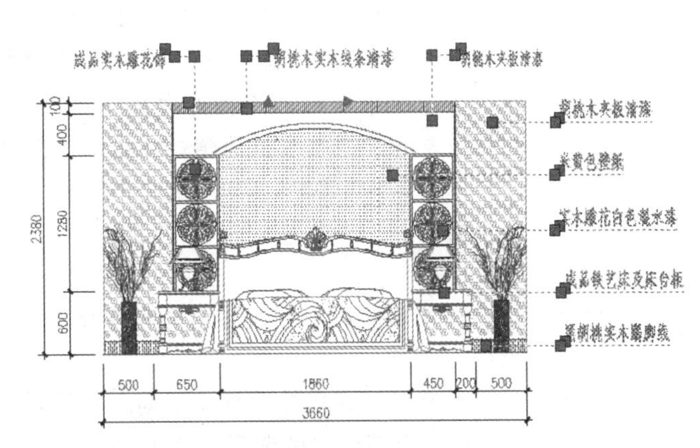

图 6-116　选择结果

步骤 06 单击菜单“修改”/“删除”命令，即可将选择的所有对象快速删除，删除后的结果如图 6-117 所示。

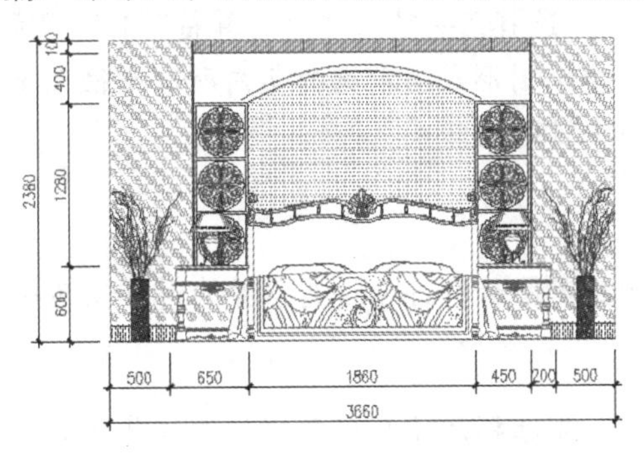

图 6-117　删除结果

1. 一级过滤功能

在“快速选择”对话框中，“应用到”列表框属于一级过滤功能，用于指定是否将过滤条件应用到整个图形或当前选择集，此时使用“选择对象”按钮完成对象选择后，按 Enter 键重新显示该对话框。AutoCAD 将“应用到”设置为“当前选择”。对当前已有的选择集进行过滤，只有当前选择集中符合过滤条件的对象才能被选择。

如果已选中对话框下方的“附加到当前选择集”复选框，那么 AutoCAD 将该过滤条件应用到整个图形，并将符合过滤条件的对象添加到当前选择集中。

2. 二级过滤功能

“对象类型”列表框属于快速选择的二级过滤功能，用于指定要包含在过滤条件中的对象类型。如果过滤条件正应用于整个图形，那么“对象类型”列表包含全部的对象类型，包括自定义；否则，该列表只包含选定对象的对象类型。

3. 三级过滤功能

“特性”文本框属于快速选择的三级过滤功能，三级过滤功能共包括“特性”、“运算符”和“值”三个选项，分别如下：

- “特性”选项用于指定过滤器的对象特性。在此文本框内包括选定对象类型的所有可搜索特性，选定的特性确定“运算符”和“值”中的可用选项。例如在“对象类型”下拉文本框中选择圆，“特性”窗口的列表框中就列出了圆的所有特性，从中选择一种用户需要的对象的共同特性。
- “运算符”下拉列表用于控制过滤器值的范围。根据选定的对象属性，其过滤的值的范围分别是“=等于”、“<>不等于”、“>大于”、“<小于”和“*通配符匹配”。对于某些特性“大于”和“小于”选项不可用。

“*通配符匹配”只能用于可编辑的文字字段。

- “值”列表框用于指定过滤器的特性值。如果选定对象的已知值可用，那么“值”成为一个列表，可以从中选择一个值；如果选定对象的已知值不存在或者没有达到绘图的要求，就可以在“值”文本框中输入一个值。

在“对象特性”列表框中选择“半径”、在“运算符”下拉列表框中选择“>大于”、在“值”文本框中输入“10”，整个图形或当前选择集内所有半径大于 10 的圆被选择。可以称“特性、运算符和值”为三级过滤。

4. “如何应用”选项组

- “如何应用”选项组用于指定是否将符合过滤条件的对象包括在新选择集内或是排除在新选择集之外。

“附加到当前选择集”复选框用于指定创建的选择集是替换当前选择集还是附加到当前选择集。

6.7 综合实例二——户型图室内家具的快速布置

本例通过为户型墙体平面图快速布置室内家具图例，主要对“图层”、“图块”、“设计中心”和“工具选项板”等命令进行综合练习和巩固应用。本例最终绘制效果如图 6-118 所示。

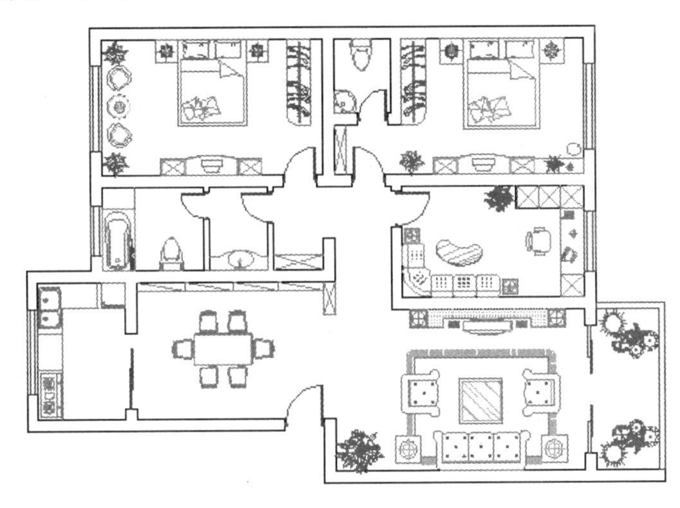

图 6-118 实例效果

操作步骤：

步骤 01 执行打开“打开”命令，打开随书光盘中的“\素材文件\6-7.dwg”文件。

步骤 02 单击菜单“格式”/“图层”命令，在打开的“图层特性管理器”对话框中新建名为“图块层”的新图层，图层颜色为 42 号色，并将此图层设为当前图层，如图 6-119 所示。

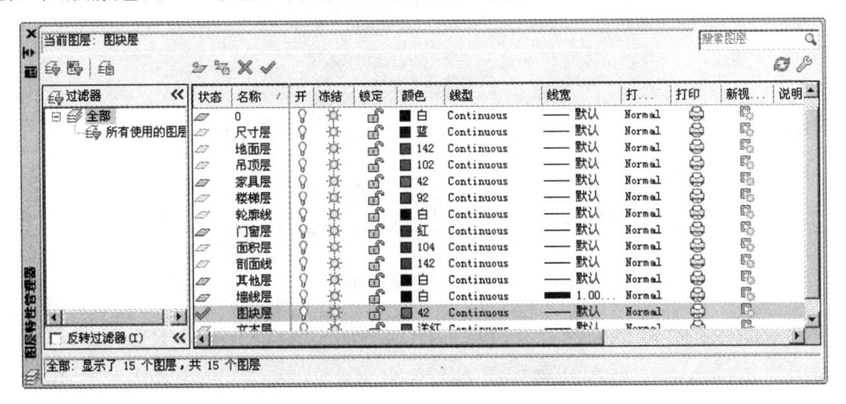

图 6-119 “图层特性管理器”对话框

步骤 03 单击“绘图”工具栏上的按钮，执行“插入块”命令，插入随书光盘中的“\图块文件\双人床与床头柜 01.dwg”文件，参数设置如图 6-120 所示。

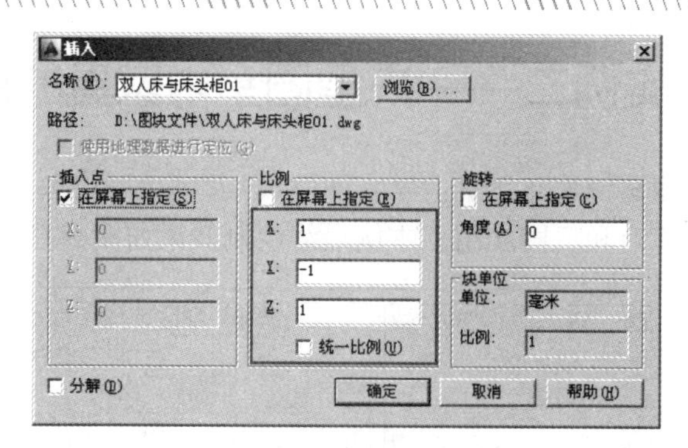

图 6-120　设置块参数

步骤 04 返回绘图区，在命令行“指定插入点或 [基点(B)/比例(S)/X/Y/Z/旋转(R)]:”提示下，水平向左引出如图 6-121 所示的端点追踪虚线，输入 2000 并按 Enter 键，定位插入点，插入结果如图 6-122 所示。

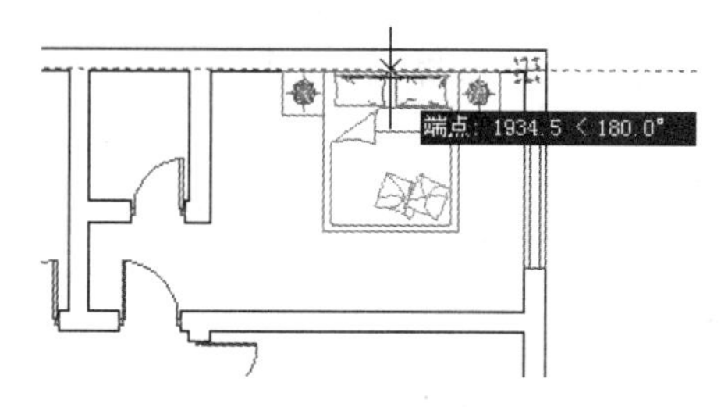

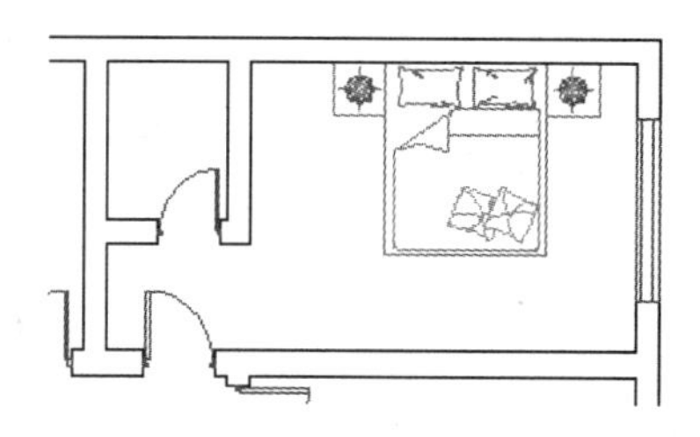

图 6-121　引出端点追踪虚线　　图 6-122　插入结果

步骤 05 重复执行“插入块”命令，插入随书光盘中的“\图块文件\衣柜.dwg”，参数设置如图 6-123 所示。

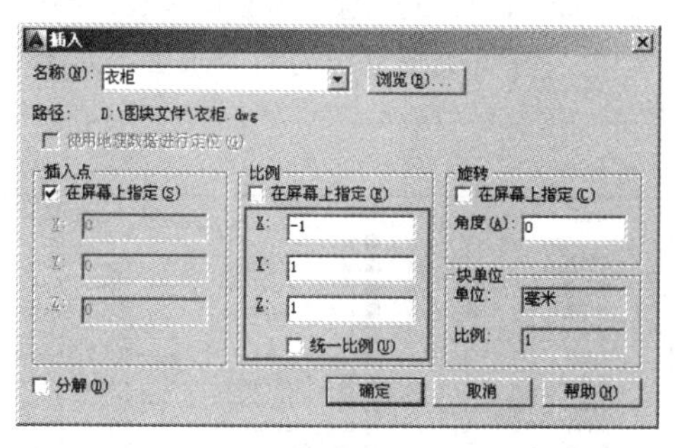

图 6-123　设置块参数

步骤 06 返回绘图区在命令行“指定插入点或 [基点(B)/比例(S)/X/Y/Z/旋转(R)]:”提示下，捕捉如图 6-124 所示的端点为位插入点，插入结果如图 6-125 所示。

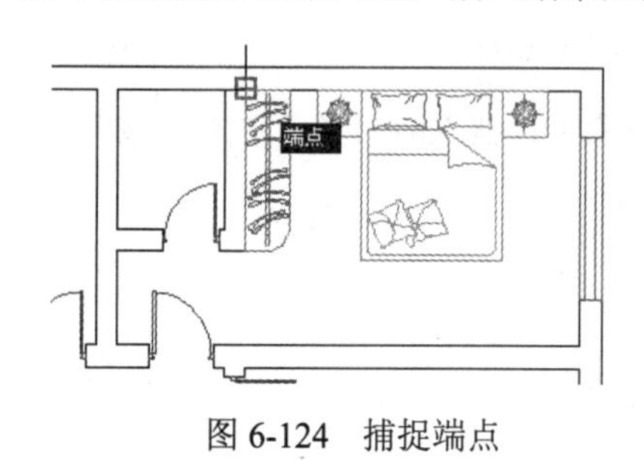

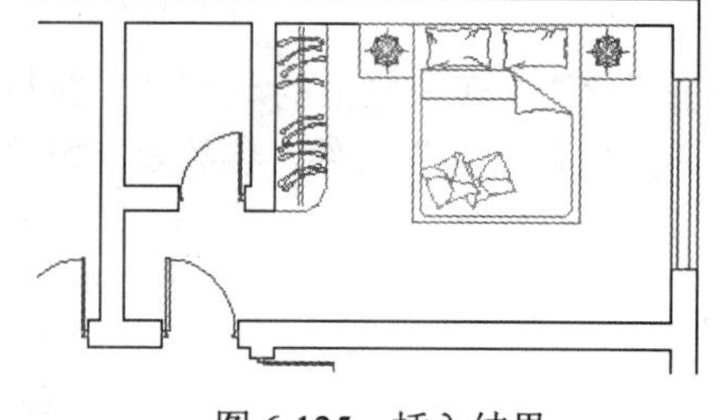

图 6-124　捕捉端点　　图 6-125　插入结果

步骤 07　单击“标准”工具栏上的▦按扭，执行“设计中心”命令，打开设计中心窗口，然后定位随书光盘中的“图块文件”文件夹，如图 6-126 所示。

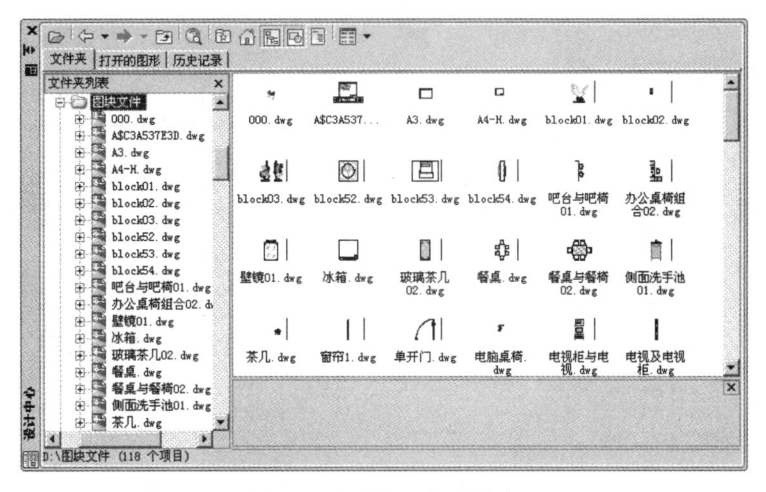

图 6-126　定位目标文件夹

步骤 08　在右侧的窗口中选择“办公桌椅组合 02.dwg”文件，然后单击鼠标右键，单击“插入为块”选项，如图 6-127 所示，将此图形以块的形式共享到平面图中。

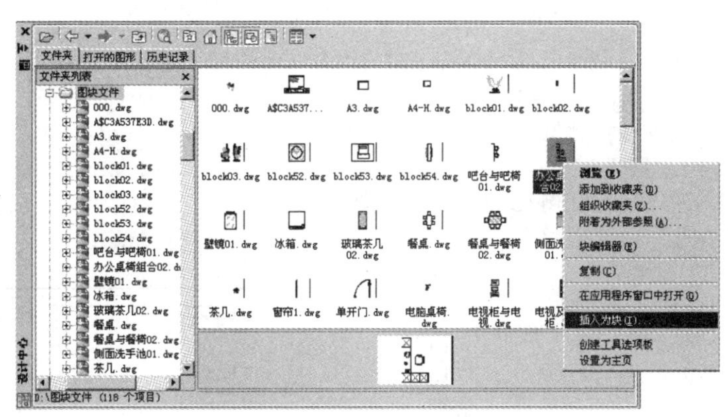

图 6-127　选择文件

步骤 09　此时打开“插入”对话框，然后设置块参数如图 6-128 所示，返回绘图区捕捉如图 6-129 所示的端点作为插入点。

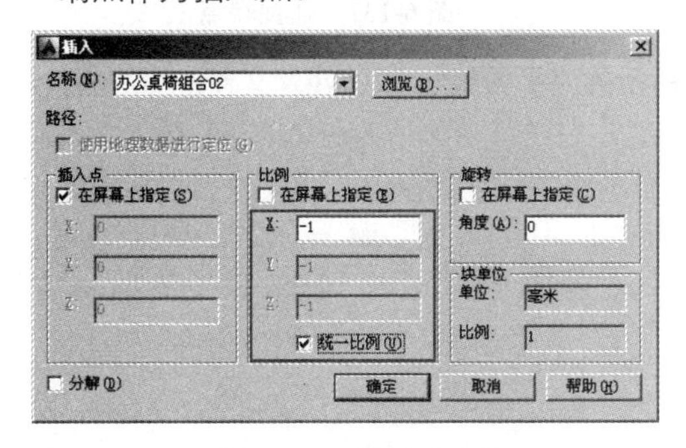

图 6-128　设置块参数

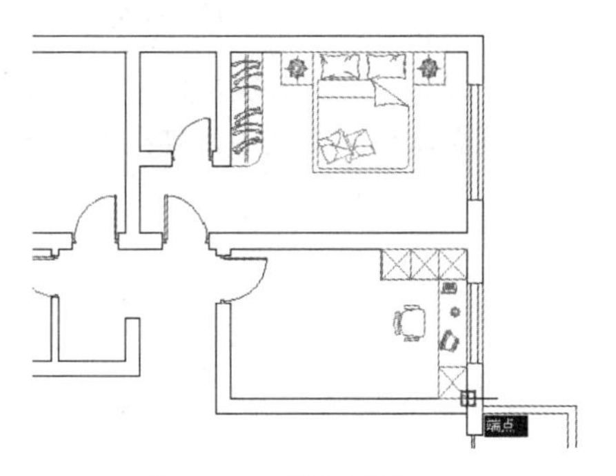

图 6-129　捕捉端点

步骤 10　在“设计中心”右侧的窗口中向下移动滑块，找到“拐角沙发组合.dwg”文件并选中，如图 6-130 所示。

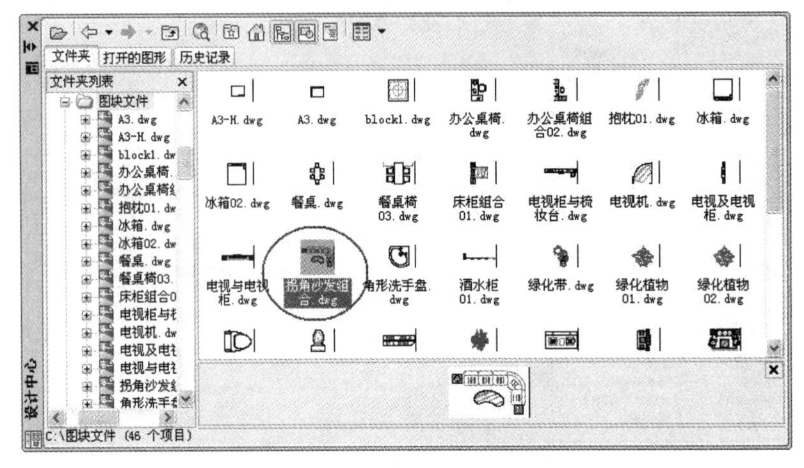

图 6-130　定位文件

步骤 11　按住鼠标左键不放，将其拖曳至平面图中，此时组合沙发图形暂时以虚拟的形式显示，如图 6-131 所示。

步骤 12　配合捕捉与追踪功能，在内墙线上的一点，将组合沙发插入到平面图中。命令行操作如下：

```
命令: _-INSERT 输入块名或 [?] <办公桌椅组合 02>: "D:\图块文件\拐角沙发组合.dwg"
单位: 毫米    转换:      1.0
指定插入点或 [基点(B)/比例(S)/X/Y/Z/旋转(R)]:        //s Enter
指定 XYZ 轴的比例因子 <1>:                           //-1 Enter
指定插入点或 [基点(B)/比例(S)/X/Y/Z/旋转(R)]:        //捕捉如图 6-132 所示的端点
指定旋转角度 <0.0>:                                  // Enter
```

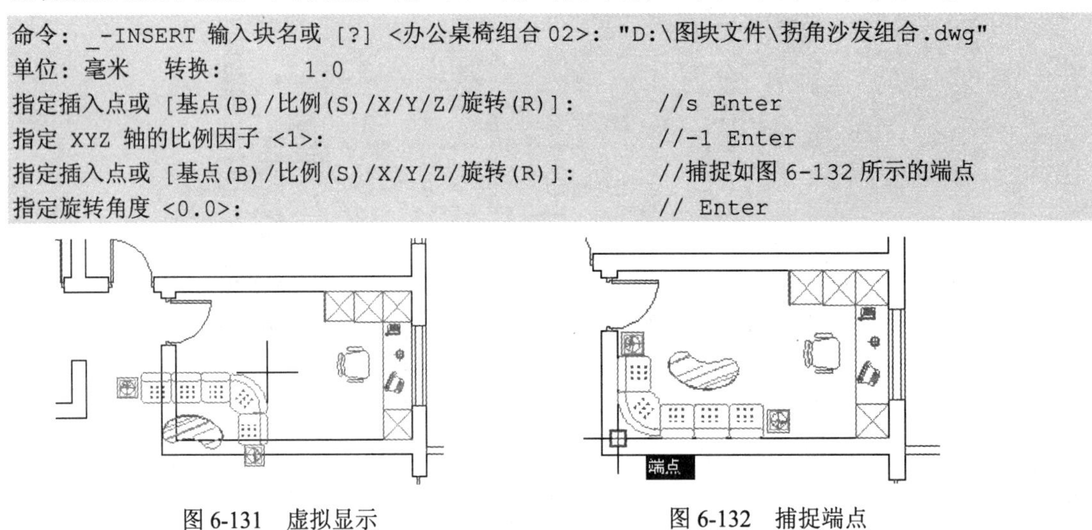

图 6-131　虚拟显示　　图 6-132　捕捉端点

步骤 13　在“设计中心”右侧窗口中定位如图 6-133 所示的“平面植物 02.dwg”文件，然后将其以图块的方式共享到平面图中，结果如图 6-134 所示。

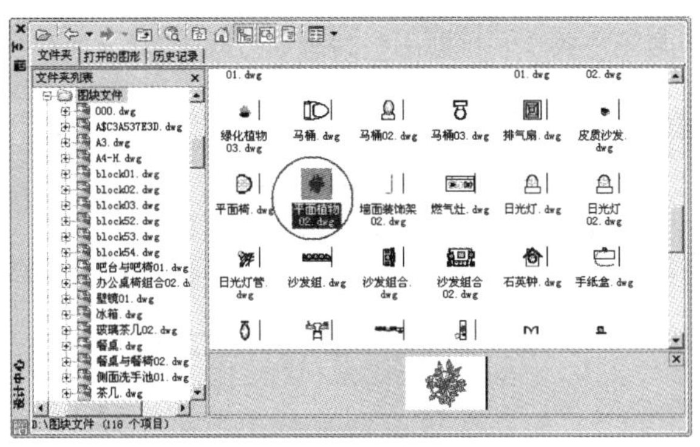

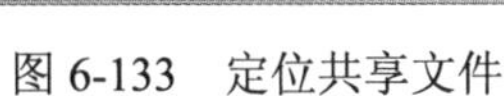

图 6-133　定位共享文件

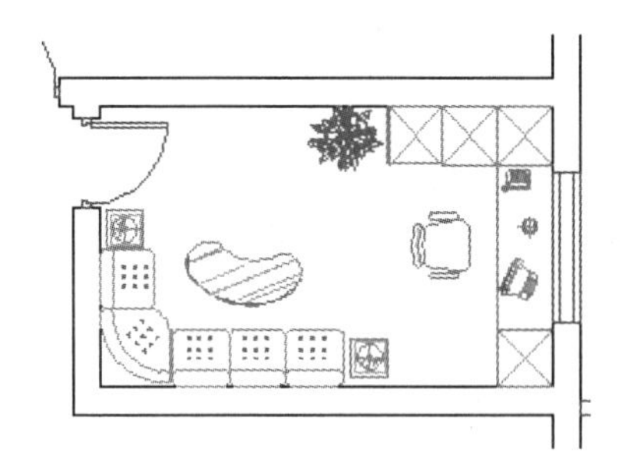

图 6-134　共享结果

步骤 14　在“设计中心”左侧的树状列表中定位光盘中的“图块文件”文件夹，然后在文件夹上单击鼠标右键，打开文件夹快捷菜单，单击“创建块的工具选项板”选项，如图 6-135 所示。

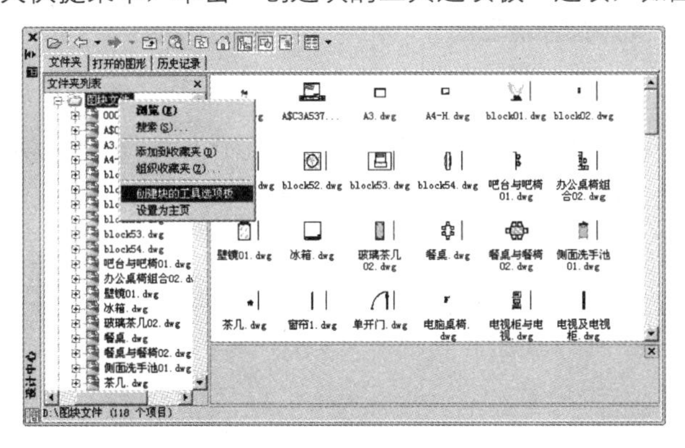

图 6-135　打开文件夹快捷菜单

步骤 15　此时系统自动将此文件夹创建为块的工具选项板，同时自动打开所创建的块的工具选项板，如图 6-136 所示。

步骤 16　在工具选项板中向下拖动滑块，然后定位并单击选项板上的“沙发组合”图块，如图 6-137 所示。

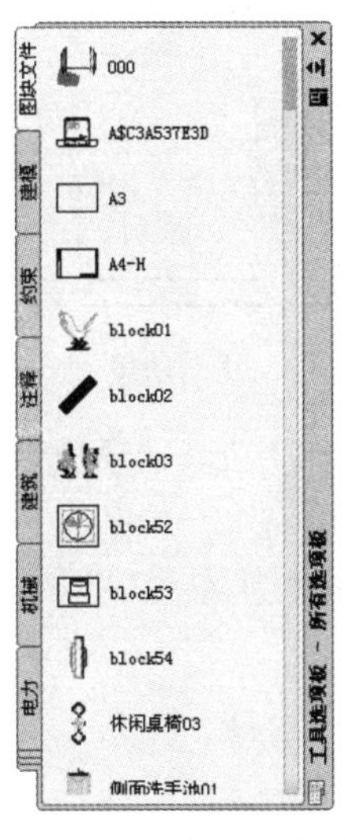

图 6-136　创建工具选项板

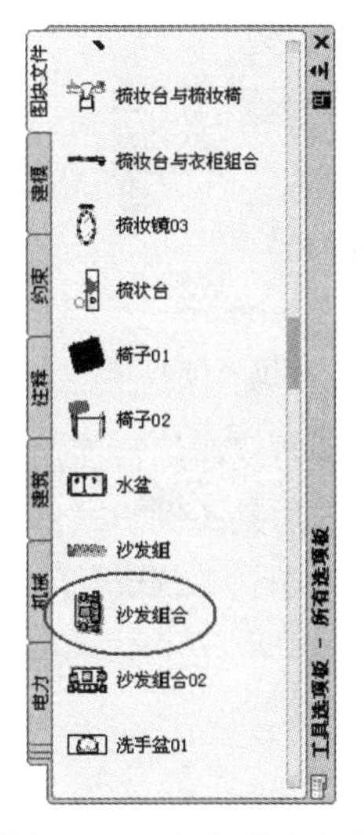

图 6-137　定位共享文件

步骤 17　返回绘图区根据命令行提示，将沙发组合图块共享到平面图中。命令行操作如下：

```
命令： 忽略块 尺寸箭头 的重复定义。
指定插入点或 [基点(B)/比例(S)/X/Y/Z/旋转(R)]:   //r Enter
指定旋转角度 <0.0>:                             //-90 Enter
指定插入点或 [基点(B)/比例(S)/X/Y/Z/旋转(R)]:
//水平向左引出如图 6-138 所示的端点追踪虚线，然后输入 2570 Enter，插入结果如图 6-139 所示
```

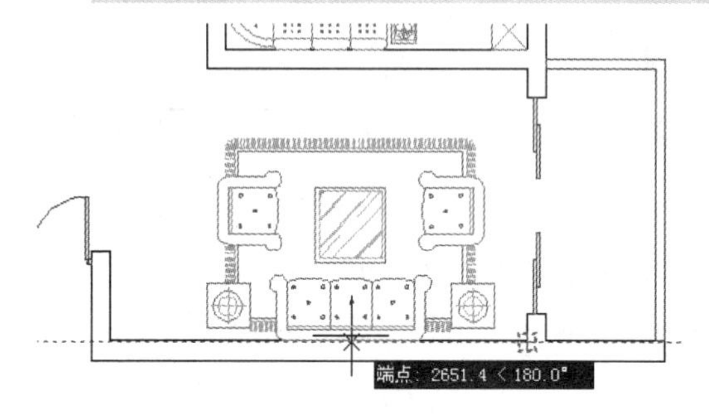

图 6-138　引出端点追踪虚线

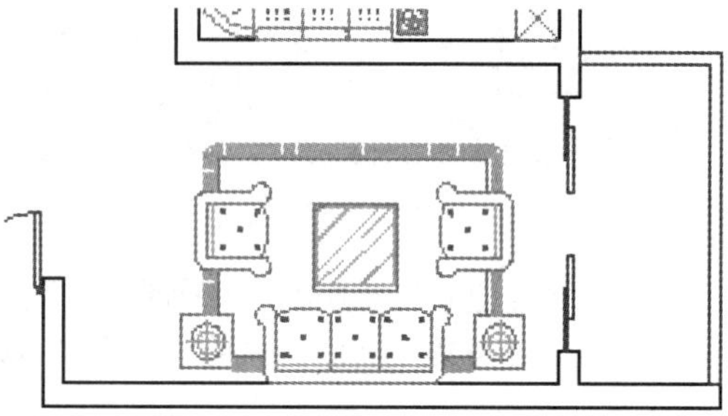

图 6-139　插入结果

步骤 18　在“工具选项板”窗口中定位如图 6-140 所示的“平面植物 02”图例，按住左键不放直接将此图块拖曳至平面图中，共享后的结果如图 6-141 所示。

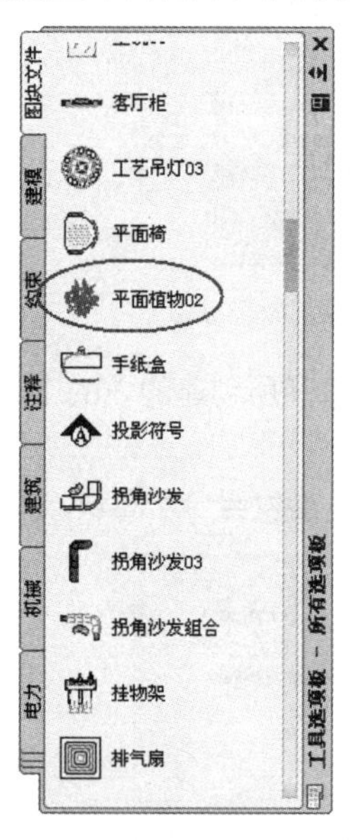

图 6-140　定位目标对象

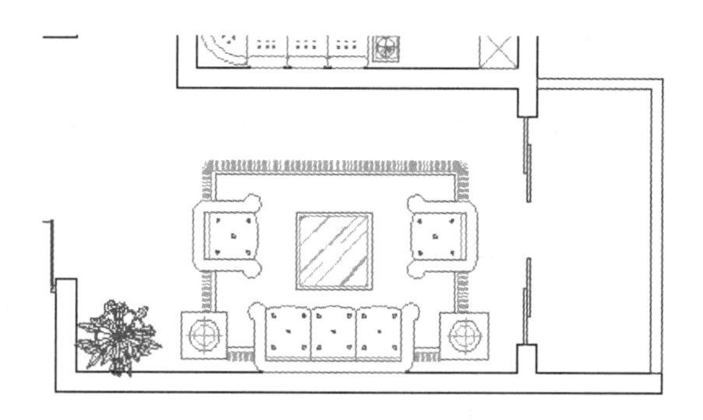

图 6-141　共享结果

步骤 19　参照上述各种方式，综合使用“插入块”、“设计中心”和“工具选项板”等命令，分别为平面图布置其他室内用具图例和绿化植物，结果如图 6-142 所示。

步骤 20　使用快捷键 L 执行“直线”命令，配合捕捉与追踪功能绘制如图 6-143 所示的厨房操作台轮廓线。

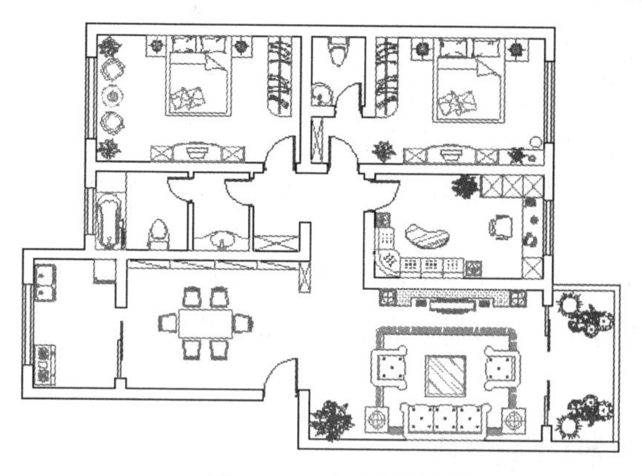

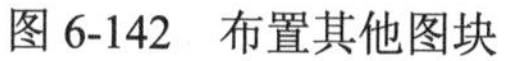
图 6-142　布置其他图块

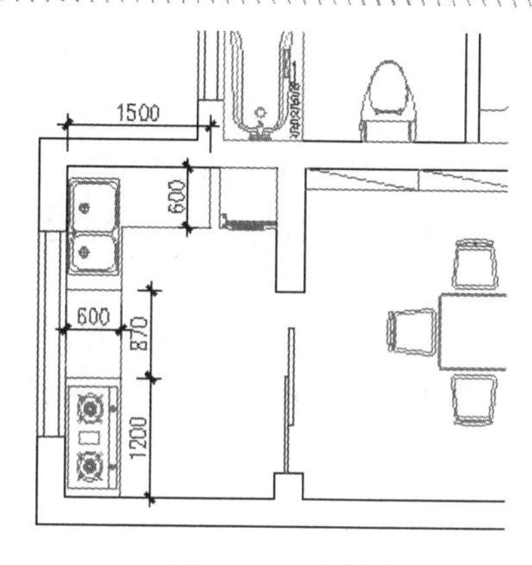

图 6-143　绘制结果

步骤 21　最后执行“另存为”命令，将图形命名存储为“为户型图快速布置室内家具.dwg”。

6.8　思考与总结

6.8.1　知识点思考

1. 思考题一

如何正确理解“图层”与“图块”两个概念？

2. 思考题二

如何快速实现图形资源的共享？

3. 思考题三

如何区别“内部块”、“外部块”和“属性块”三个概念？

6.8.2　知识点总结

本章主要学习了 AutoCAD 资源的组织、控制和管理等高效绘图工具，如图层、设计中心、工具选项板、特性等，方便读者对 AutoCAD 资源进行宏观的综合控制、管理和共享。通过本章的学习，重点需要掌握的知识如下：

（1）图层是组织、管理和控制复杂图形的便捷工具，读者不仅要理解图层的概念和功能，还需要掌握图层的新建、命名与编辑、图层颜色、图层线型、线宽等特性的设置方法；除此之外，还需要了解和掌握图层的几种状态控制功能。

（2）在创建图块时，要理解和掌握内部块、外部块的功能概念以及具体的定制过程。

（3）在插入图块时，要注意图块的缩放比例、旋转角度等参数的设置技巧，以创建不同角度和不同尺寸的图形。

（4）设计中心是组织、查看和共享资源的高效工具，读者不仅要了解工具窗口的组成和使用，还需要重点掌握图形资源的查看功能、图形资源的共享功能、图形资源的使用等，以快速方便地组合和引用复杂图形。

（5）快速选择是一种综合性的快速选择工具，使用此工具可以一次选择多个具有同一共性的图形对象，读者不但要了解工具窗口的组成，还需要重点掌握过滤参数的设置。

（6）工具选项板也是一种便捷的高效制图工具，读者不但要掌握该工具的具体使用方法，还需要掌握工具选项板的自定义功能。

（7）对象特性是一个高效工具，它用于组织、管理和修改图形对象内部的所有特性，以达到修改完善图形的目的，读者需要熟练掌握该工具的使用技能以及特性的快速编辑和匹配技能。

6.9　上机操作题

6.9.1　操作题一

综合所学知识，为户型平面图快速布置单开门图例，效果如图 6-144 所示。

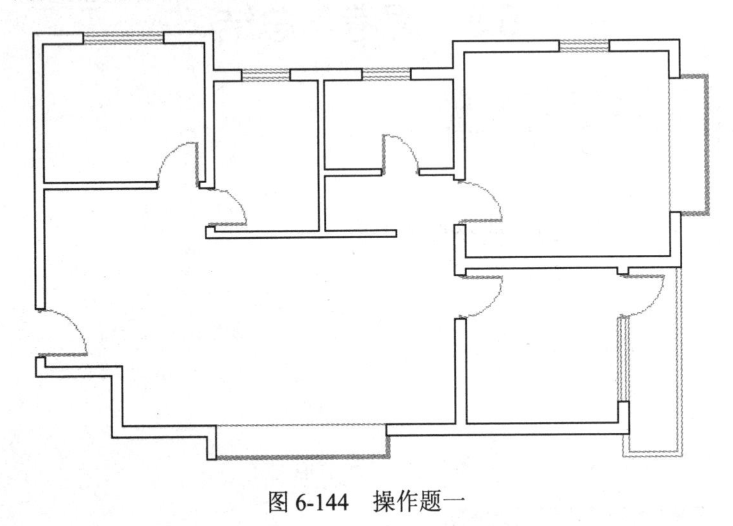

图 6-144　操作题一

本例所需素材文件位于随书光盘中的“素材文件”文件下，名称为“6-8.dwg”。

6.9.2　操作题二

综合所学知识，为户型平面图快速布置室内家具陈设及绿化图例，最终效果如图 6-145 所示。

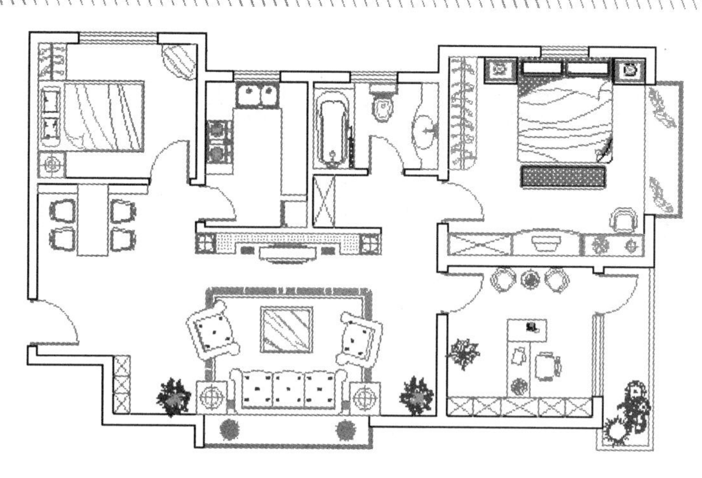

图 6-145　操作题二

本例所需素材文件位于随书光盘中的“素材文件”文件下，名称为“6-9.dwg”。另外，所需家具图块文件都位于随书光盘中的“图块文件”目录下，读者也可以自行创建。

第7章　室内设计图纸中的文字标注

前几章都是通过各种基本几何图元的相互组合，来表达作者的设计思想和设计意图，但是有些图形信息是不能仅仅通过图形就能完整表达出来的，而是要通过标注文字注释对设计做进一步说明，使图纸更直观，更容易交流。本章将讲述 AutoCAD 的文字与表格的创建功能。

本章内容如下：

- 设置文字样式
- 单行文字标注
- 多行文字标注
- 引线文字标注
- 编辑文字标注
- 信息查询
- 表格与表格样式
- 综合范例一——标注户型图房间功能与面积
- 综合范例二——为室内立面图标注装修材质
- 思考与总结
- 上机操作题

7.1　设置文字样式

“文字样式”命令主要用于控制文字外观效果，如字体、字号、倾斜角度、旋转角度以及其他的特殊效果等。执行“文字样式”命令主要有以下几种方式：

- 菜单栏：单击菜单“格式”/“文字样式”命令。
- 工具栏：单击“样式”或“文字”工具栏上的按钮。
- 命令行：在命令行输入 Style 后按 Enter 键。
- 快捷键：在命令行输入 ST 后按 Enter 键。
- 功能区：单击“注释”选项卡/“文字”面板上的按钮。

相同内容的文字，如果使用不同的文字样式，其外观效果也不相同，如图 7-1 所示，下面通过设置字体为“宋体”的文字样式，将学习文字样式的具体设置过程。

AutoCAD　AutoCAD　AutoCAD
培训手册　培训手册　培训手册

图 7-1　文字示例

【例题 1】 设置文字的样式。

步骤 01 设置新样式。单击“样式”或“文字”工具栏上的 A 按钮，执行“文字样式”命令，打开如图 7-2 所示的“文字样式”对话框。

步骤 02 单击 新建(N)... 按钮，在弹出的“新建文字样式”对话框中为新样式赋名，如图 7-3 所示。

步骤 03 设置字体。在“字体”选项组中展开“字体名”下拉列表框，选择所需的字体，如图 7-4 所示。

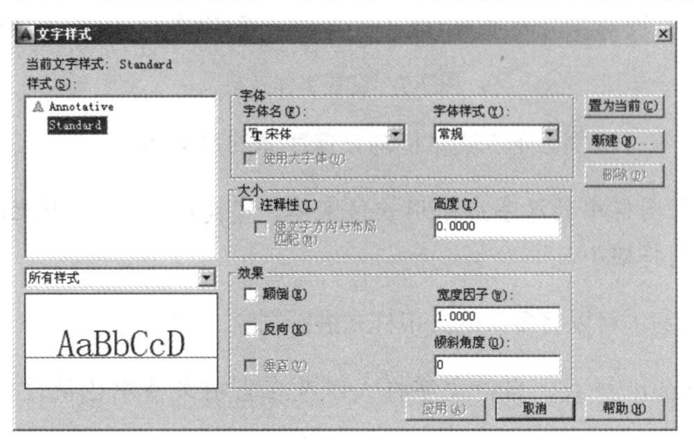

图 7-2　“文字样式”对话框

默认设置下，系统以“样式 1”作为新样式名。

图 7-3　“新建文字样式”对话框

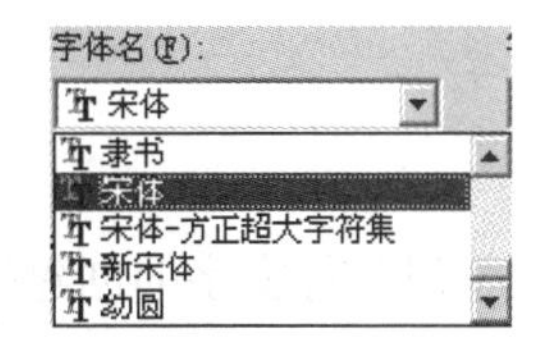

图 7-4　“字体名”下拉列表框

步骤 04 在“字体”选项组中取消勾选“使用大字体”复选框，结果所有 AutoCAD 编译型（.SHX）字体和已注册的 TrueType 字体都显示在此列表框内，用户可以选择某种字体作为当前样式的字体。

若选择 TrueType 字体，那么可在右侧“字体样式”列表框中设置当前字体样式，如图 7-5 所示；若选择了编译型（.SHX）字体后，且勾选了“使用大字体”复选框后，则右端的列表框变为如图 7-6 所示的状态，此时用于选择所需的大字体。

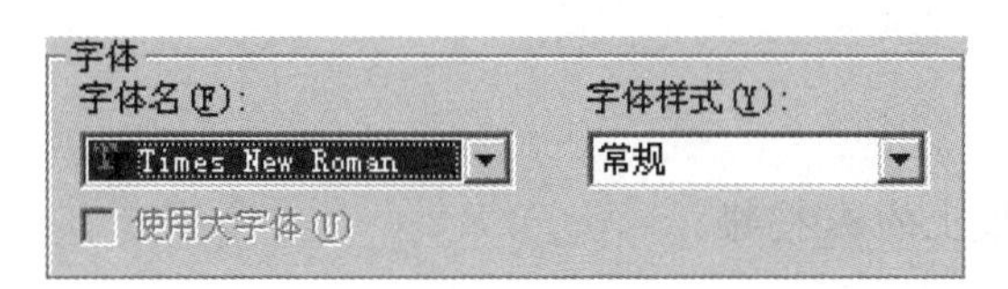

图 7-5　选择 TrueType 字体

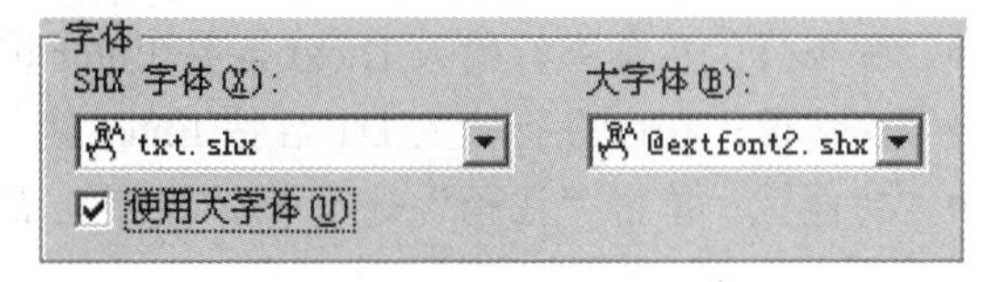

图 7-6　选择编译型（.SHX）字体

步骤 05 设置字体高度。在“高度”文本框中设置文字的高度。

如果设置了高度后，那么当创建文字时，命令行就不会再提示输入文字的高度。建议在此不设置字体的高度。

步骤06 设置文字的效果。在“颠倒”复选框中设置文字为倒置状态；在“反向”复选框中设置文字为反向状态；在“垂直”复选框中控制文字呈垂直排列状态；在“倾斜角度”文本框用于控制文字的倾斜角度，如图 7-7 所示。

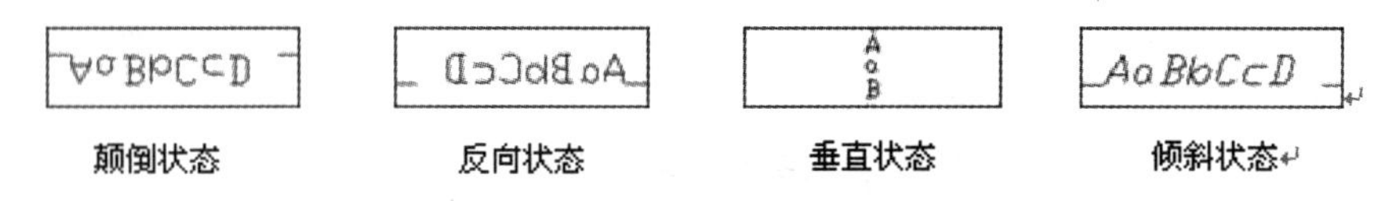

图 7-7　设置字体效果

步骤07 设置宽度比例。在“比例因子”文本框内设置字体的宽高比。

> **技巧提示** 国标规定工程图样中的汉字应采用长仿宋体，宽高比为 0.7，当此比值大于 1 时，文字宽度放大，否则将缩小。

步骤08 单击 删除(D) 按钮，可以将多余的文字样式进行删除。

> **技巧提示** 默认的 Standard 样式、当前文字样式以及在当前文件中已使过的文字样式，都不能被删除。

步骤09 单击 应用(A) 按钮，结果最后设置的文字样式被看作当前样式。

步骤10 最后关闭“文字样式”对话框，结束命令。

7.2　单行文字标注

本节主要学习单行文字的创建技能和单行文字的对正技能。

7.2.1　创建单行文字

“单行文字”命令主要通过命令行创建单行或多行的文字对象，所创建的每一行文字，都被看作是一个独立的对象，如图 7-8 所示。执行“单行文字”命令主要有以下几种方式：

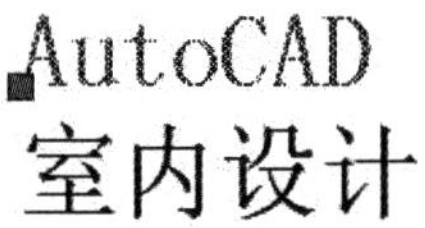

AutoCAD
室内设计

图 7-8　单行文字示例

- 菜单栏：单击菜单“绘图”/“文字”/“单行文字”命令。
- 工具栏：单击“文字”工具栏上的 AI 按钮。
- 命令行：在命令行输入 Dtext 后按 Enter 键。
- 快捷键：在命令行输入 DT 后按 Enter 键。
- 功能区：单击“注释”选项卡/“文字”面板上的 AI 按钮。

【例题 2】　创建图 7-8 所示的文字。

步骤01 打开随书光盘“\素材文件\7-1.dwg”文件，如图 7-9 所示。

步骤02 使用快捷键 L 执行“直线”命令，配合捕捉或追踪功能绘制如图 7-10 所示的指示线。

步骤03 单击菜单“绘图”/“圆环”命令，配合最近点捕捉功能绘制半径为 100 的实心圆环，如图 7-11 所示。

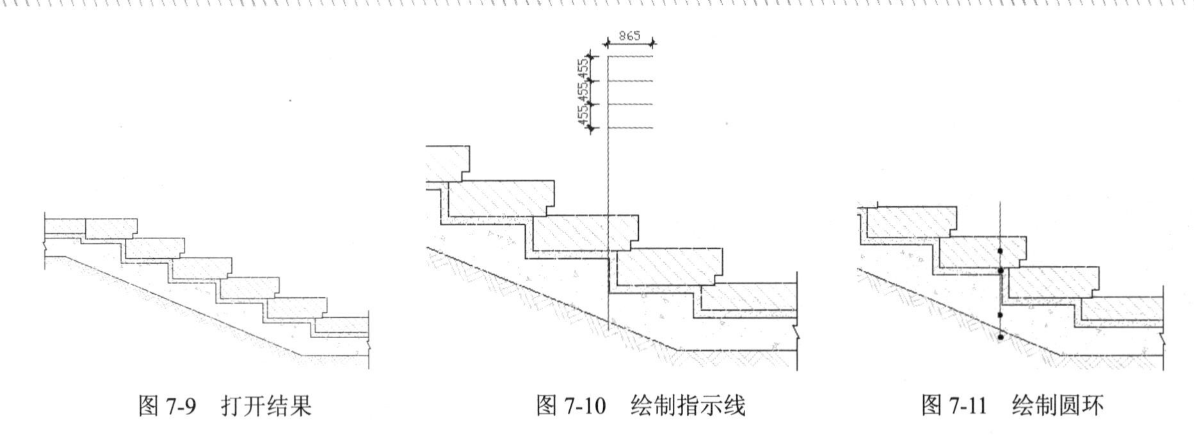

图 7-9　打开结果　　图 7-10　绘制指示线　　图 7-11　绘制圆环

步骤 04　单击“文字”工具栏或面板上的 AI 按钮，执行“单行文字”命令，根据 AutoCAD 命令行的操作提示标注文字注释。命令行操作如下。

```
命令: _dtext
当前文字样式:  仿宋体  当前文字高度:  0
指定文字的起点或 [对正(J)/样式(S)]:                //j Enter
输入选项 [左(L)/居中(C)/右(R)/对齐(A)/中间(M)/布满(F)/左上(TL)/中上(TC)/右上(TR)/左中(ML)/正中(MC)/右中(MR)/左下(BL)/中下(BC)/右下(BR)]:    //ML Enter
指定文字的左中点:                                  //捕捉最上端水平指示线的右端点，如图 7-12 所示
指定高度 <0>:                                      //285 Enter，结束对象的选择
指定文字的旋转角度 <0>:                            // Enter，采用当前参数设置
```

端点

图 7-12　捕捉端点

文字旋转角度是指一行文字相对于水平方向的角度，文字本身并没有倾斜，而文字倾斜角是指文字本身的倾斜角度。

步骤 05　此时系统在指定的起点处出现一单行文字输入框，如图 7-13 所示，然后在此文字输入框内输入文字内容，如图 7-14 所示。

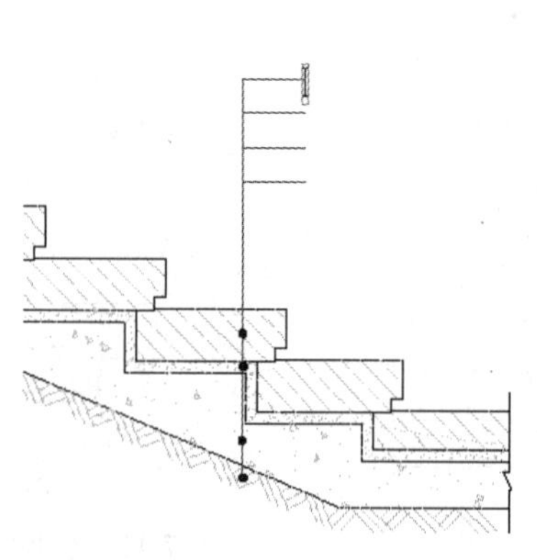

图 7-13　文字输入框

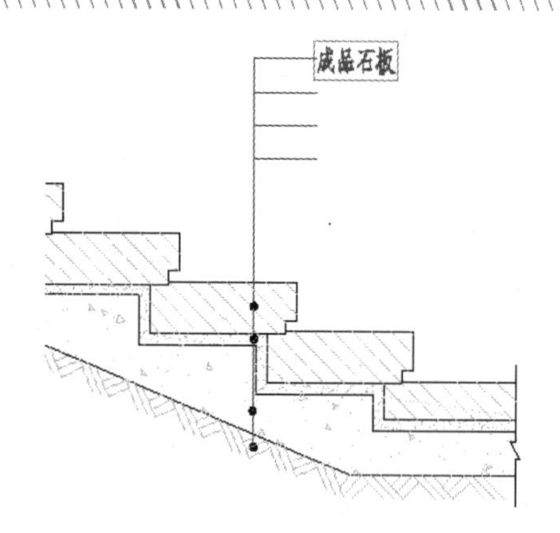

图 7-14　输入文字

步骤 06　通过按 Enter 键进行换行，然后输入第二行文字内容，如图 7-15 所示。

步骤 07　通过按键盘上的 Enter 键进行换行，然后分别输入第三行和第四行文字内容，如图 7-16 所示。

步骤 08　连续按两次 Enter 键，结束“单行文字”命令，结果如图 7-17 所示。

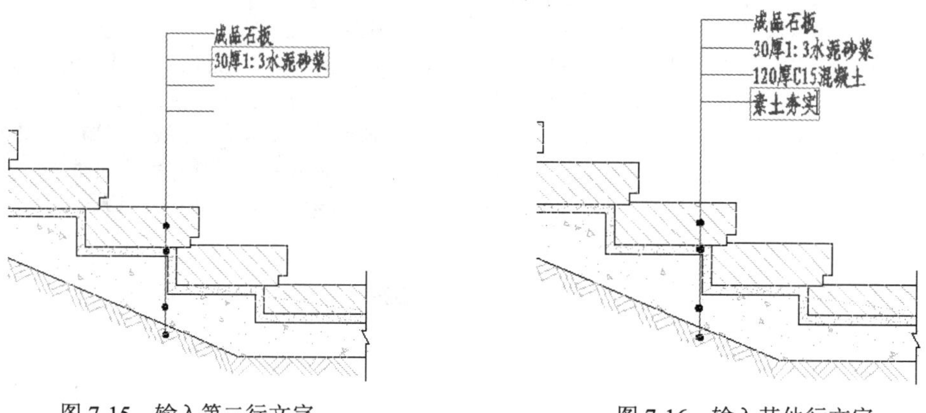

图 7-15　输入第二行文字　　　　图 7-16　输入其他行文字

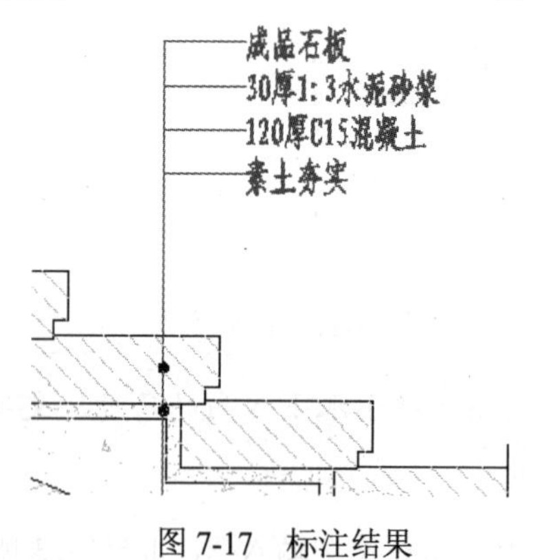

图 7-17　标注结果

如果在文字样式中定义了字体高度，那么在此就不会出现“指定高度<2.5>:”提示，AutoCAD 会按照定义的字高来创建文字。

7.2.2　文字对正方式

文字的对正方式是基于如图 7-18 所示的四条参考线而言的，这四条参考线分别为顶线、中线、基线、底线。“文字的对正”指的就是文字的哪一位置与插入点对齐，文字的各种对正方式可参见图 7-19 所示。

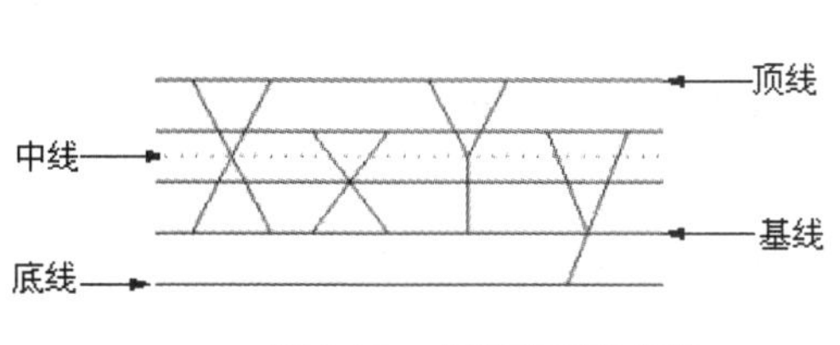

图 7-18　文字对正参考线

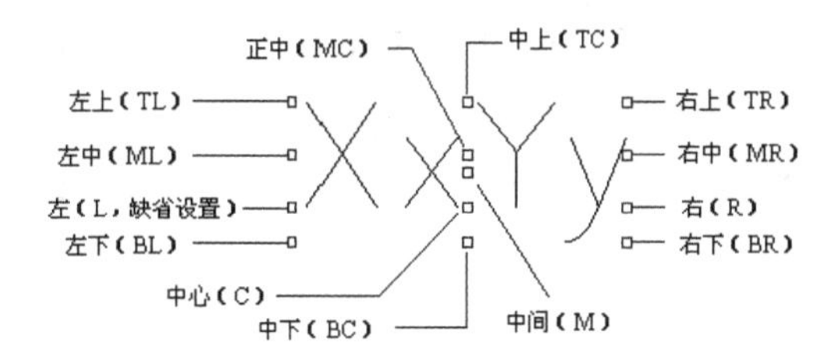

图 7-19　文字的对正方式

这里的中线是大写字符高度的水平中心线（即顶线至基线的中间），不是小写字符高度的水平中心线。执行“单行文字”命令后，在命令行“指定文字的起点或 [对正(J)/样式(S)]:”提示下激活“对正”选项，可打开如图 7-20 所示的选项菜单，同时命令行将显示如下操作提示：

> “输入选项 [左(L)/居中(C)/右(R)/对齐(A)/中间(M)/布满(F)/左上(TL)/中上(TC)/右上(TR)/左中(ML)/正中(MC)/右中(MR)/左下(BL)/中下(BC)/右下(BR)]:”

输入选项 [左(L
左(L)
居中(C)
右(R)
对齐(A)
中间(M)
布满(F)
左上(TL)
中上(TC)
右上(TR)
左中(ML)
正中(MC)
右中(MR)
左下(BL)
中下(BC)
右下(BR)

图 7-20　选项菜单

各种对正选项含义如下：

- “左”选项用于拾取一点作为文字串基线的左端点，以基线的左端点对齐文字。
- “居中”选项用于拾取文字的中心点，此中心点就是文字串基线的中点，即以基线的中点对齐文字。
- “右”选项用于拾取一点作为文字串基线的右端点，以基线的右端点对齐文字。
- “对齐”选项用于拾取文字基线的起点和终点，系统会根据起点和终点的距离自动调整字高。
- “中间”选项用于拾取文字的中间点，此中间点就是文字串基线的垂直中线和文字串高度的水平中线的交点。
- “布满”选项用于拾取文字基线的起点和终点，系统会以拾取的两点之间的距离自动调整宽度系数，但不改变字高。
- “左上”选项用于拾取文字串的左上点，此左上点就是文字串顶线的左端点，即以顶线的左端点对齐文字。
- “中上”选项用于拾取文字串的中上点，此中上点就是文字串顶线的中点，即以顶线的中点对齐文字。
- “右上”选项用于拾取文字串的右上点，此右上点就是文字串顶线的右端点，即以顶线的右端点对齐文字。
- “左中”选项用于拾取文字串的左中点，此左中点就是文字串中线的左端点，即以中线的左端点对齐文字。

- “正中”选项用于拾取文字串的中间点，此中间点就是文字串中线的中点，即以中线的中点对齐文字。
- “右中”选项用于拾取文字串的右中点，此右中点就是文字串中线的右端点，即以中线的右端点对齐文字。
- “左下”选项用于拾取文字串的左下点，此左下点就是文字串底线的左端点，即以底线的左端点对齐文字。
- “中下”选项用于拾取文字串的中下点，此中下点就是文字串底线的中点，即以底线的中点对齐文字。
- “右下”选项用于拾取文字串的右下点，此右下点就是文字串底线的右端点，即以底线的右端点对齐文字。

虽然“正中”和“中间”两种对正方式拾取的都是中间点，但这两个中间点的位置并不一定完全重合，只有输入的字符为大写或汉字时，此两点才重合。

7.3　多行文字标注

本节主要学习多行文字的创建技能。

7.3.1　创建多行文字

“多行文字”命令也是一种较为常用的文字创建工具，比较适合于创建较为复杂的文字，比如单行文字、多行文字以及段落性文字。

无论创建的文字包含多少行、多少段，AutoCAD 都将其作为一个独立的对象，当选择该对象后，对象的四角会显示出四个夹点。

执行“多行文字”命令主要有以下几种方式：

- 菜单栏：单击菜单“绘图”/“文字”/“多行文字”命令。
- 工具栏：单击“绘图”工具栏 A 按钮。
- 命令行：在命令行输入 Mtext 后按 Enter 键。
- 快捷键：在命令行输入 T 后按 Enter 键。
- 功能区：单击“注释”选项卡/“文字”面板上的 A 按钮。

【例题 3】 创建段落文字。

步骤 01　首先新建空白文件。

步骤 02　使用快捷键 ST 执行“文字样式”命令，在打开的“文字样式”对话框中设置文字样式，如图 7-21 所示。

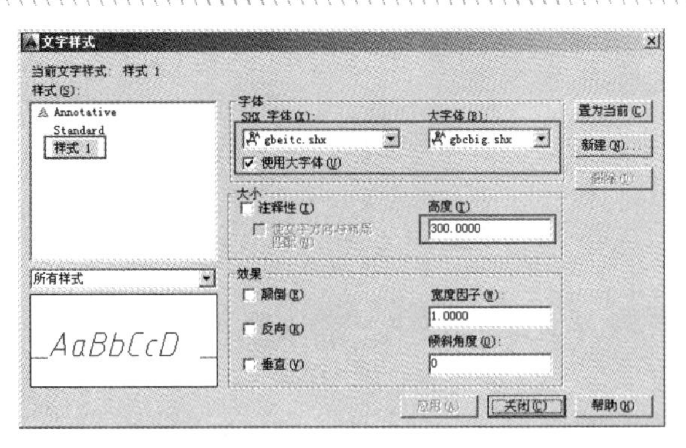

图 7-21　“文字样式”编辑器

步骤 03　单击“文字”工具栏上的 A 按钮，根据命令行的提示分别指定两个对角点，打开如图 7-22 所示的“文字格式”编辑器。

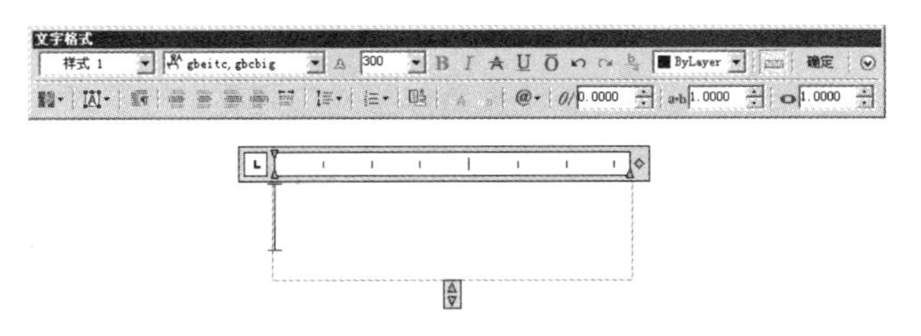

图 7-22　“文字样式”编辑器

步骤 04　在下侧文字输入框内单击，指定文字的输入位置，然后输入标题内容“说明”。

步骤 05　按 Enter 键进行换行，然后输入第一行文字，结果如图 7-23 所示。

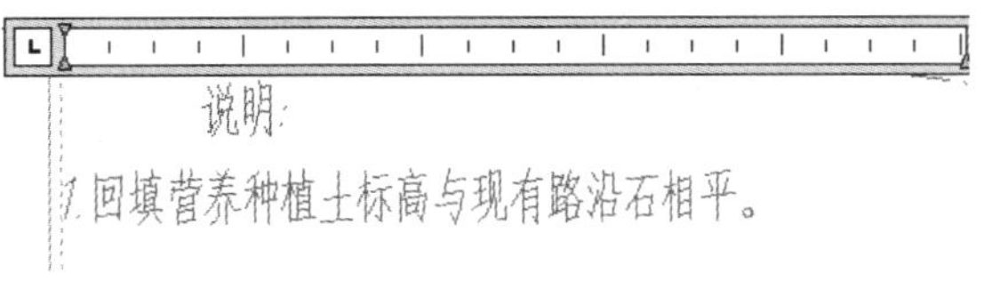

图 7-23　输入第一行文字

步骤 06　按 Enter 键，分别输入其他两行文字对象，如图 7-24 所示。

使用编辑器中的字符功能，可以非常方便地输入度数、直径符号、正负号、平方、立方等一些特殊符号。

步骤 07　单击 确定 按钮关闭“文字格式”编辑器，文字的创建结果如图 7-25 所示。文字格式编辑器。

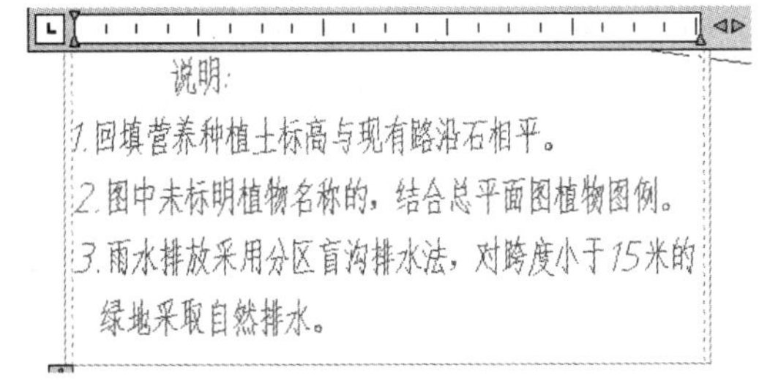

图 7-24　输入其他行文字

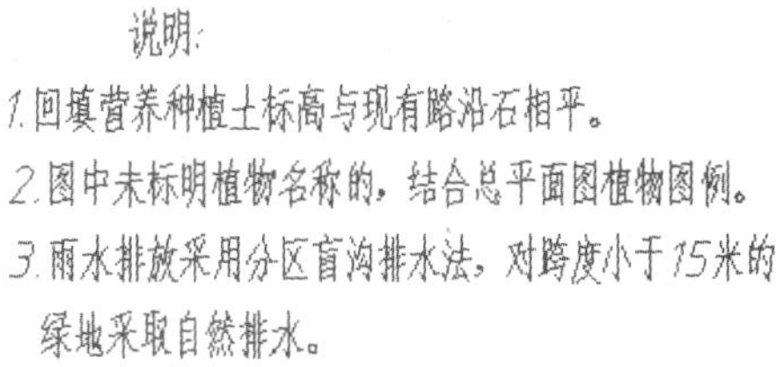

说明:
1.回填营养种植土标高与现有路沿石相平。
2.图中未标明植物名称的，结合总平面图植物图例。
3.雨水排放采用分区盲沟排水法，对跨度小于15米的
绿地采取自然排水。

图 7-25　创建多行文字

7.3.2 文字格式编辑器

“文字格式”编辑器是由工具栏、顶部带标尺的文本输入框两部分组成的，各组成部分主要功能如下：

1. 工具栏

工具栏主要用于控制多行文字对象的文字样式和选定文字的各种字符格式、对正方式、项目编号等，其中：

- “样式”列表框 Standard 用于设置当前的文字样式。
- “字体”列表框 宋体 用于设置或修改文字的字体。
- “文字高度”列表框 2.5 用于设置新字符高度或更改选定文字的高度。
- “颜色”列表框 ByLayer 用于为文字指定颜色或修改选定文字的颜色。
- **“粗体”**按钮用于为输入的文字对象或所选定文字对象设置粗体格式。“斜体”按钮用于为新输入文字对象或所选定文字对象设置斜体格式。此两个选项仅适用于使用 TrueType 字体的字符。
- “删除线”按钮用于在需要删除的文字上划线，表示需要删除的内容。
- “下划线”按钮用于文字或所选定的文字对象设置下划线格式。
- “上划线”按钮用于为文字或所选定的文字对象设置上划线格式。
- “标尺”按钮用于控制文字输入框顶端标心的开关状态。
- “栏数”按钮用于为段落文字进行分栏排版。
- “多行文字对正”按钮用于设置文字的对正方式，如图 7-26 所示。
- “段落”按钮用于设置段落文字的制表位、缩进量、对齐、间距等。
- “左对齐”按钮用于设置段落文字为左对齐方式。
- “居中”按钮用于设置段落文字为居中对齐方式。
- “右对齐”按钮用于设置段落文字为右对齐方式。
- “对正”按钮用于设置段落文字为对正方式。
- “分布”按钮用于设置段落文字为分布排列方式。
- “行距”按钮用于设置段落文字的行间距。
- “编号”按钮用于为段落文字进行编号。
- “插入字段”按钮用于为段落文字插入一些特殊字段。
- “全部大写”按钮用于修改英文字符为大写。
- “全部小写”按钮用于修改英文字符为小写。
- “符号”微调按钮用于添加一些特殊符号，如图 7-27 所示。
- “倾斜角度”微调按钮 0.0000 用于修改文字的倾斜角度。
- “追踪”微调按钮 1.0000 用于修改文字间的距离。
- “宽度因子”微调按钮 1.0000 用于修改文字的宽度比例。
- “堆叠”按钮用于为输入的文字或选定的文字设置堆叠格式。

图 7-26　多行文字对正方式

度数(D)	%%d
正/负(P)	%%p
直径(I)	%%c
几乎相等	\U+2248
角度	\U+2220
边界线	\U+E100
中心线	\U+2104
差值	\U+0394
电相角	\U+0278
流线	\U+E101
恒等于	\U+2261
初始长度	\U+E200
界碑线	\U+E102
不相等	\U+2260
欧姆	\U+2126
欧米加	\U+03A9
地界线	\U+214A
下标 2	\U+2082
平方	\U+00B2
立方	\U+00B3
不间断空格(S)	Ctrl+Shift+Space
其他(O)...	

图 7-27　符号按钮菜单

要使文字堆叠，文字中必须包含插入符（^）、正向斜杠（/）或磅符号（#），堆叠字符左侧的文字将堆叠在字符右侧的文字之上。默认情况下，包含插入符（^）的文字转换为左对正的公差值；包含正斜杠（/）的文字转换为置中对正的分数值，斜杠被转换为一条同较长的字符串长度相同的水平线；包含磅符号（#） 的文字转换为被斜线（高度与两个字符串高度相同）分开的分数。

2. 文字输入框

如图 7-28 所示的文本输入框，位于工具栏下侧，主要用于输入和编辑文字对象，它是由标尺和文本框两部分组成。

在文本输入框内单击鼠标右键，可弹出如图 7-29 所示的快捷菜单，其大多数选项功能与工具栏上的各按钮功能相对应，个别选项功能如下：

- “全部选择”选项用于选择多行文字编辑框中的所有文字。
- “改变大小写”选项用于改变选定文字对象的大小写。
- “查找和替换”选项用于搜索指定的文字串并使用新的文字将其替换。
- “自动大写”选项用于将新输入的文字或当前选择的文字转换成大写。
- “删除格式”选项用于删除选定文字的粗体、斜体或下划线等格式。
- “合并段落”用于将选定的段落合并为一段并用空格替换每段的回车。
- “符号”选项用于在光标所在的位置插入一些特殊符号或不间断空格。
- “输入文字”选项用于向多行文本编辑器中插入 TXT 格式的文本、样板等文件或插入 RTF 格式的文件。

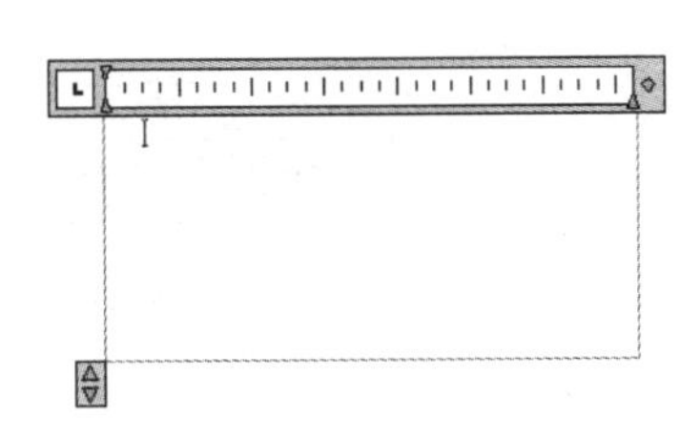

图 7-28　文字输入框

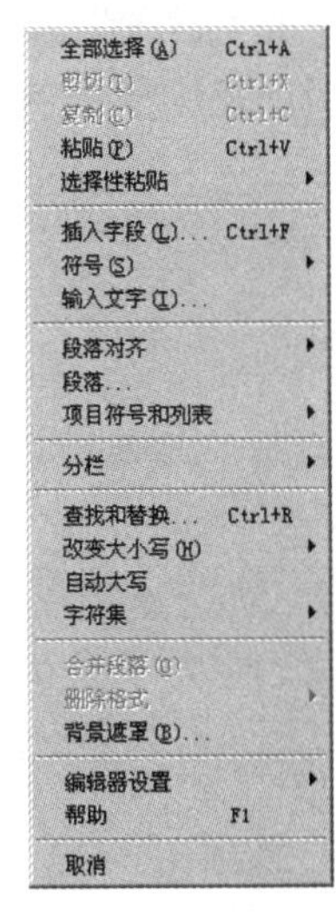

图 7-29　快捷菜单

7.4　引线文字标注

所谓“引线文字”，指的就是一端带有一条或多条指示线，另一端带有文字注释的多重引线对象，如图 7-30 所示。引线文字的标注工具主要有“快速引线”和“多重引线”两个命令。

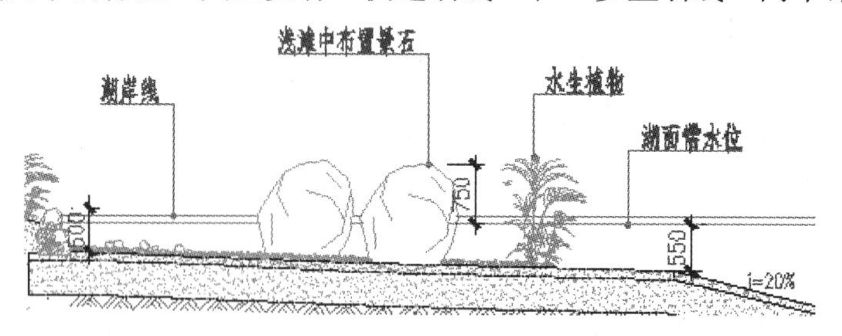

图 7-30　多重引线文字

7.4.1　快速引线

“快速引线”命令主要用于创建一端带有箭头、另一端带有文字注释的引线尺寸，其中，引线可以为直线段，也可以为平滑的样条曲线，如图 7-31 所示。

在命令行输入 Qleader 或 LE 后按 Enter 键，即可执行“快速引线”命令后，命令行将出现如下提示：

```
命令: _qleader
指定第一个引线点或 [设置(S)] <设置>:          //在适当位置定位第一个引线点
指定下一点:                                   //在适当位置定位第二个引线点
指定下一点:                                   //在适当位置定位第三个引线点
指定文字宽度 <0>:                             // Enter，采用当前参数设置
输入注释文字的第一行 <多行文字(M)>:            //1x45%%D Enter，输入引线文字
输入注释文字的下一行:                          // Enter，标注结果如图 7-31 (左) 所示
```

激活命令中的“设置”选项后，可打开如图 7-32 所示的“引线设置”对话框。以修改和设置引线点数、注释类型以及注释文字的附着位置等。

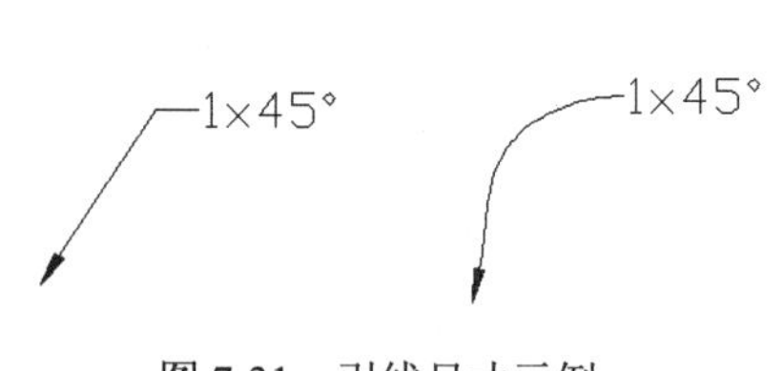

图 7-31　引线尺寸示例

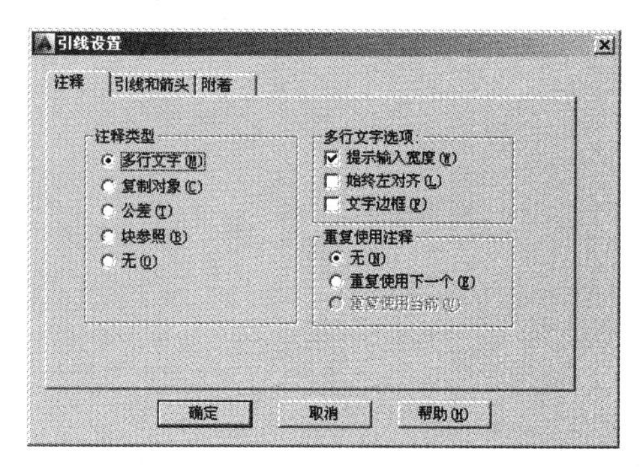

图 7-32　“引线设置”对话框

1.“注释”选项卡

“注释”选项卡主要用于设置引线文字的注释类型及其相关的一些选项功能，如图 7-32 所示。

- “注释类型”选项组
  - “多行文字”选项用于在引线末端创建多行文字注释。
  - “复制对象”选项用于复制已有的引线注释作为需要创建的引线注释。
  - “公差”选项用于在引线末端创建公差注释。

  - “块参照”选项用于以内部块作为注释对象。
  - “无”选项用于创建无注释的引线。
- “多行文字选项”选项组
  - “提示输入宽度”复选框用于提示用户，指定多行文字注释的宽度。
  - “始终左对齐”复选框用于自动设置多行文字使用左对齐方式。
  - “文字边框”复选框主要用于为引线注释添加边框。
- “重复使用注释”选项组
  - “无”选项表示不对当前所设置的引线注释进行重复使用。
  - “重复使用下一个”选项用于重复使用下一个引线注释。
  - “重复使用当前”选项用于重复使用当前的引线注释。

2. “引线和箭头”选项卡

“引线和箭头”选项卡主要用于设置引线的类型、点数、箭头以及引线段的角度约束等参数，如图 7-33 所示。各主要选项功能如下：

- “直线”选项用于在指定的引线点之间创建直线段。
- “样条曲线”选项用于在引线点之间创建样条曲线，即引线为样条曲线。
- “箭头”选项组用于设置引线箭头的形式。单击“实心闭合”列表框，在下拉式列表框中选择一种箭头形式，如图 7-34 所示。
- “无限制”复选框表示系统不限制引线点的数量，用户可以通过按 Enter 键，手动结束引线点的设置过程。
- “最大值”选项用于设置引线点数的最多数量。
- “角度约束”选项组用于设置第一条引线与第二条引线的角度约束。

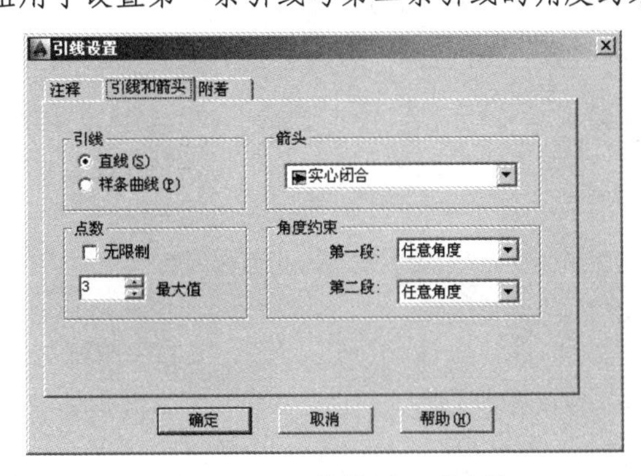

图 7-33　“引线设置”对话框

3. “附着”选项卡

“附着”选项卡主要用于设置引线和多行文字注释之间的附着位置，如图 7-35 所示。只有在“注释”选项卡内选中了“多行文字”单选按钮时，此选项卡才可用。

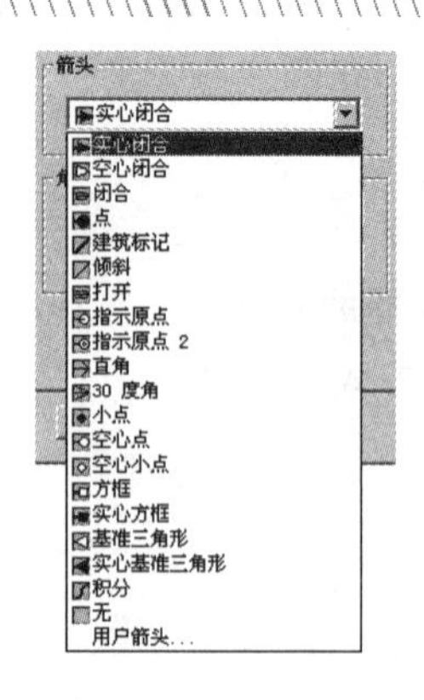

图 7-34　箭头下拉列表框

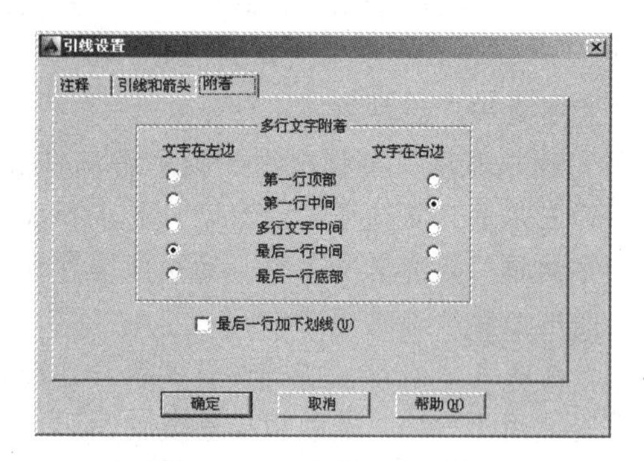

图 7-35　“附着”选项卡

各主要选项功能如下：

- “第一行顶部”单选按钮用于将引线放置在多行文字第一行的顶部。
- “第一行中间”单选按钮用于将引线放置在多行文字第一行的中间。
- “多行文字中间”单选按钮用于将引线放置在多行文字的中部。
- “最后一行中间”单选按钮用于将引线放置在多行文字最后一行的中间。
- “最后一行底部”单选按钮用于将引线放置在多行文字最后一行的底部。
- “最后一行加下划线”复选框用于为最后一行文字添加下划线。

【例题 4】 创建引线注释。

步骤 01　打开随书光盘中的“\素材文件\7-2.dwg”，如图 7-36 所示。

步骤 02　单击菜单“标注”/“标注样式”命令，打开“标注样式管理器”对话框，然后单击 替代(O)... 按钮，在弹出的“替代当前样式”对话框中展开“文字”选项卡，然后修改文字样式如图 7-37 所示。

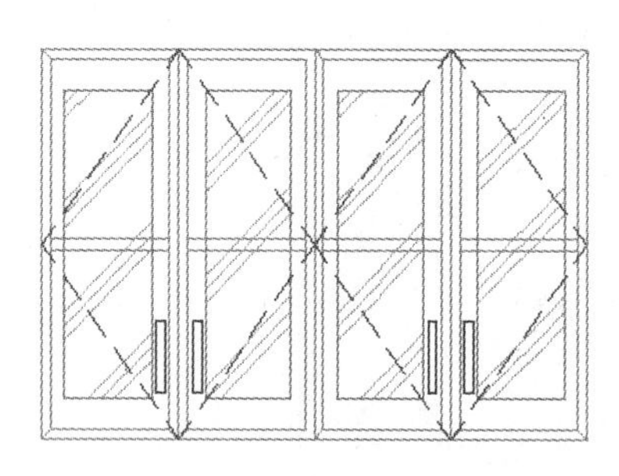

图 7-36　打开结果

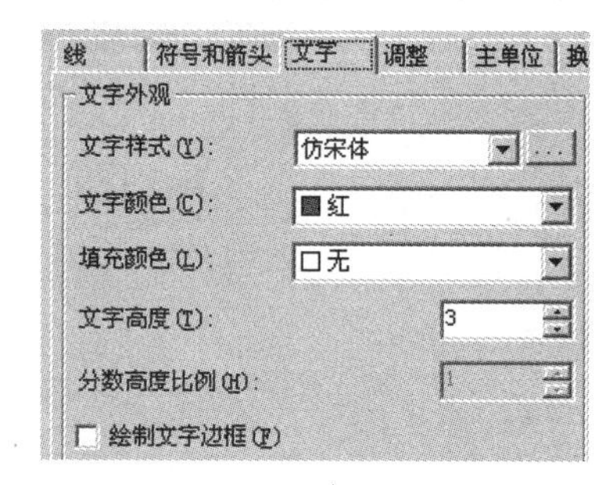

图 7-37　修改文本样式

步骤 03　在“替代当前样式：建筑标注”对话框内展开“调整”选项卡，修改尺寸的全局比例，如图 7-38 所示。

步骤 04　单击 确定 按钮，返回如图 7-39 所示的“标注样式管理器”对话框，然后单击 关闭 按钮。

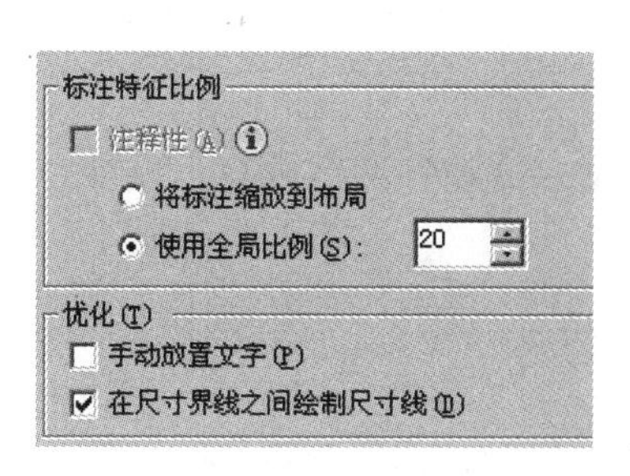

图 7-38　修改标注比例

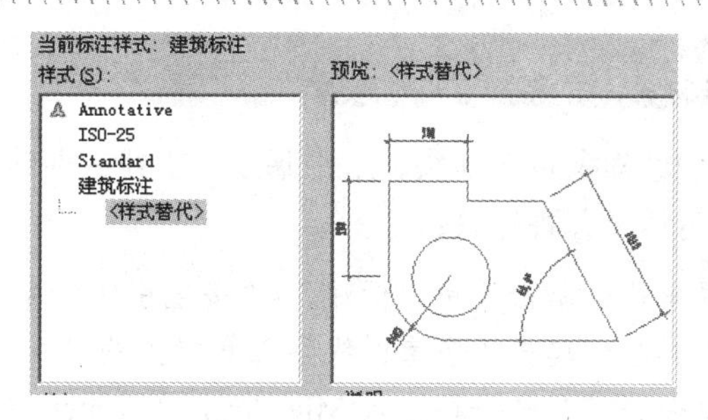

图 7-39　“标注样式管理器”对话框

步骤05 使用快捷键 LE 执行“快速引线”命令，在命令行“指定第一个引线点或 [设置(S)] <设置>:”提示下，输入“S”按 Enter 键，打开“引线设置”对话框，设置参数如图 7-40 所示。

步骤06 在“引线设置”对话框中，激活“附着”选项卡，然后设置引线文字的附着位置，如图 7-41 所示。

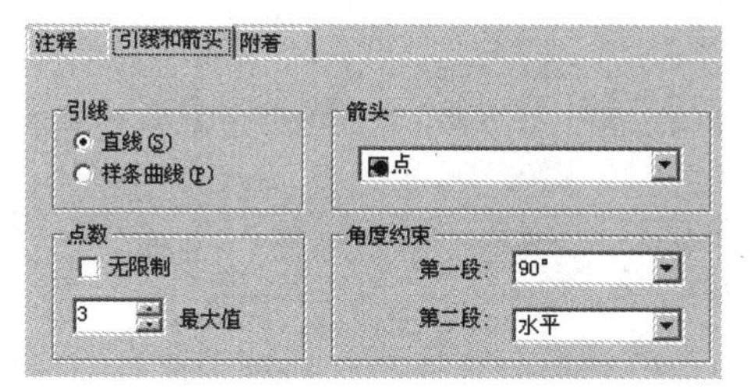

图 7-40　设置引线和箭头参数

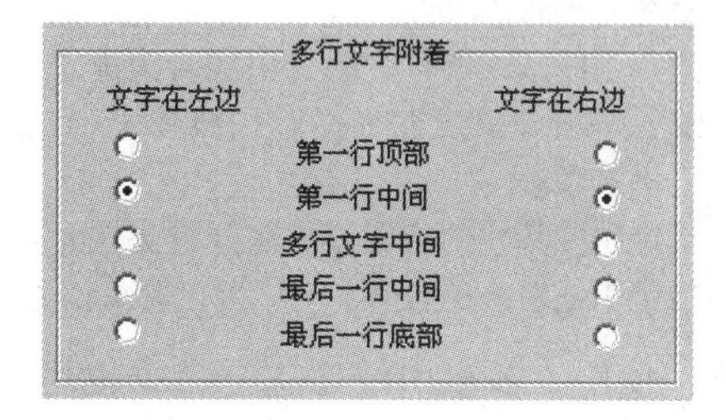

图 7-41　设置附着位置

步骤07 单击 确定 返回绘图区，根据命令行的提示，在需要标注的位置上定位出引线点，标注引线注释。命令行操作如下：

```
指定第一个引线点或 [设置(S)] <设置>:      // Enter，在图形的适当位置上拾取一点
指定下一点:                              //在第一点的上侧拾取第二点
指定下一点:                              //在第二点的左侧拾取第三点，绘制如图 7-42 所示的指示线
指定文字宽度 <0>:                        //Enter，采用默认设置
输入注释文字的第一行 <多行文字(M)>:       //铝合金边框 Enter，输入文字内容
输入注释文字的下一行:                     // Enter，结束命令，标注结果如图 7-43 所示
```

步骤08 按 Enter 键，重复执行快速引线命令，继续为图形标注引线注释，结果如图 7-44 所示。

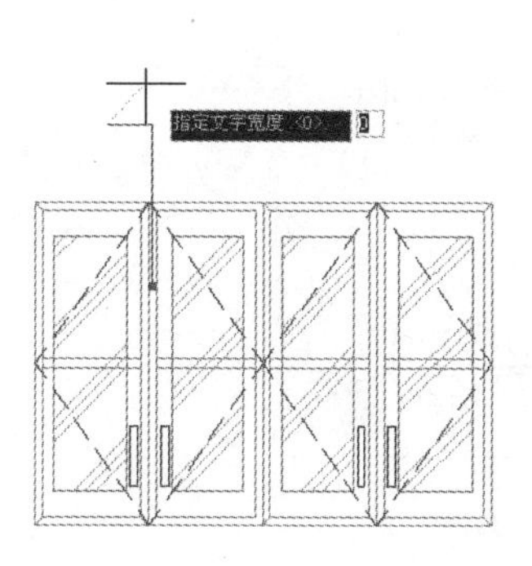

图 7-42　绘制指示线

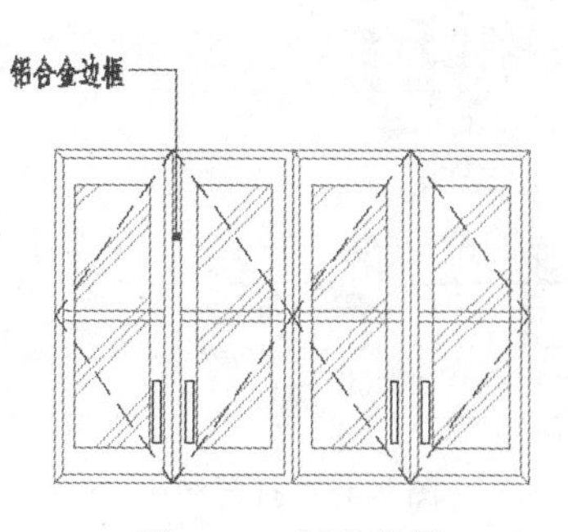

图 7-43　标注结果

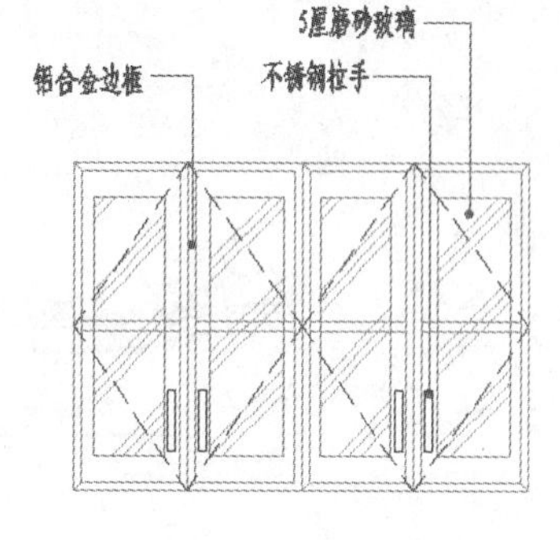

图 7-44　标注其他注释

在定位引线点时，为了不受捕捉的限制，可以将状态栏上的“对象捕捉”功能关闭。

7.4.2　多重引线

多重引线对象包含箭头、水平基线、引线或曲线、多行文字或块参照等内容。执行“多重引线”命令主要有以下几种方式：

- 菜单栏：单击菜单“标注”/“多重引线”命令。
- 工具栏：单击“多重引线”工具栏上的按钮。
- 命令行：在命令行输入 Mleader 后按 Enter 键。
- 快捷键：在命令行输入 MLE 后按 Enter 键。
- 功能区：单击“默认”选项卡/“注释”面板上的按钮。

执行“多重引线”命令后，其命令行操作如下：

```
命令：_mleader
指定引线基线的位置或 [引线箭头优先(H)/内容优先(C)/选项(O)] <选项>:       //Enter
输入选项 [引线类型(L)/引线基线(A)/内容类型(C)/最大节点数(M)/第一个角度(F)/第二个角度(S)/
退出选项(X)] <退出选项>:                                          //输入一个选项
指定引线基线的位置或 [引线箭头优先(H)/内容优先(C)/选项(O)] <选项>:       //指定基线位置
指定引线箭头的位置： //指定箭头位置，此时打开“文字格式”编辑器，用于输入注释内容
```

另外，使用“多重引线样式”命令也可以创建或修改多重引线样式。执行“多重引线样式”命令主要有以下几种方式：

- 菜单栏：单击菜单“格式”/“多重引线样式”命令。
- 工具栏：单击“样式”工具栏上的按钮。
- 命令行：在命令行输入 Mleaderstyle 后按 Enter 键。
- 功能区：单击“默认”选项卡/“注释”面板上的按钮。

【例题 5】 创建多重引线注释。

步骤 01 打开随书光盘中的“\素材文件\7-3.dwg”文件，如图 7-45 所示。

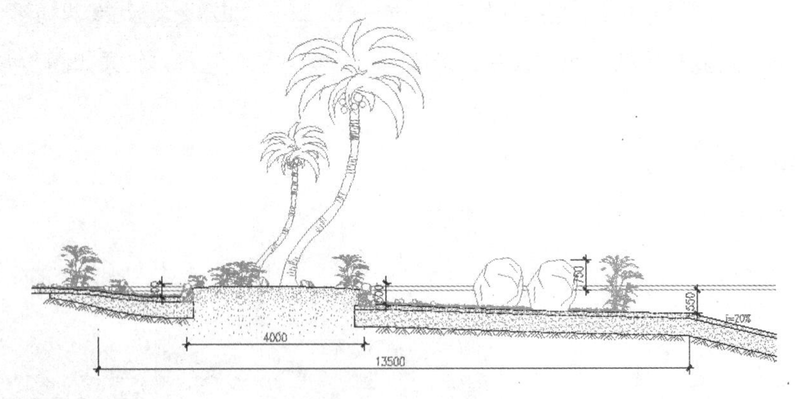

图 7-45　打开结果

步骤 02 单击菜单“格式”/“多重引线样式”命令，打开如图 7-46 所示的“多重引线样式管理器”对话框。

步骤 03 在“多重引线样式管理器”对话框中单击 新建(N)... 按钮，为新样式命名，如图 7-47 所示。

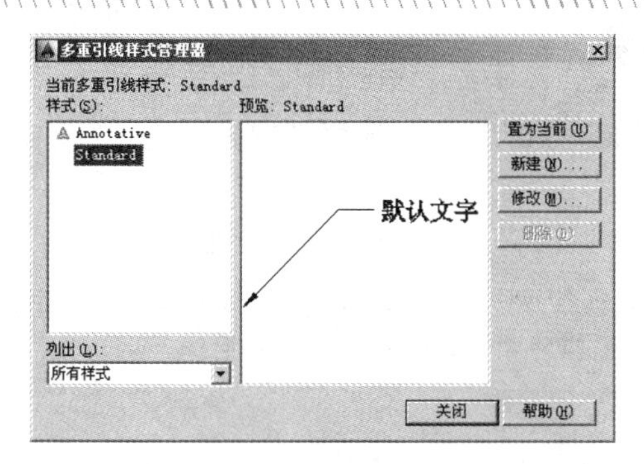

图 7-46　“多重引线样式管理器”对话框

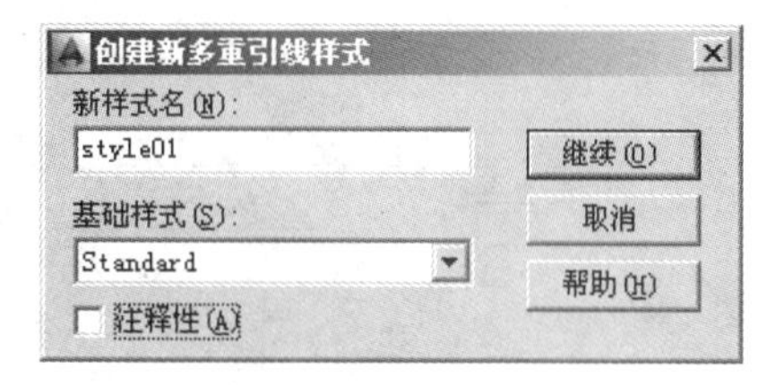

图 7-47　为新样式命名

步骤 04　单击 继续(O) 按钮，在打开的对话框中展开“引线格式”选项卡，设置引线格式如图 7-48 所示。

步骤 05　展开“引线结构”选项卡，设置引线的结构参数如图 7-49 所示。

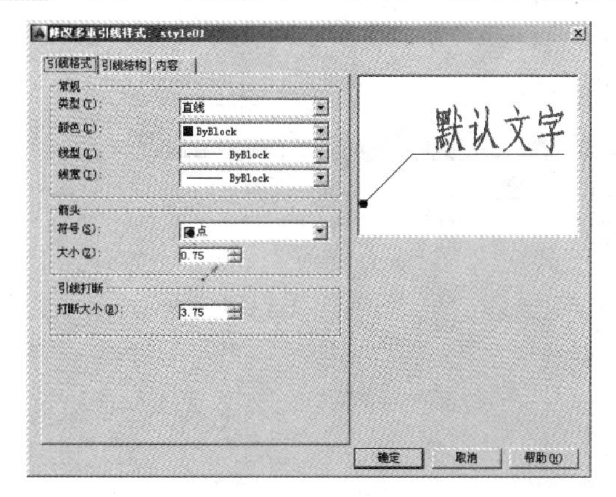

图 7-48　设置引线格式

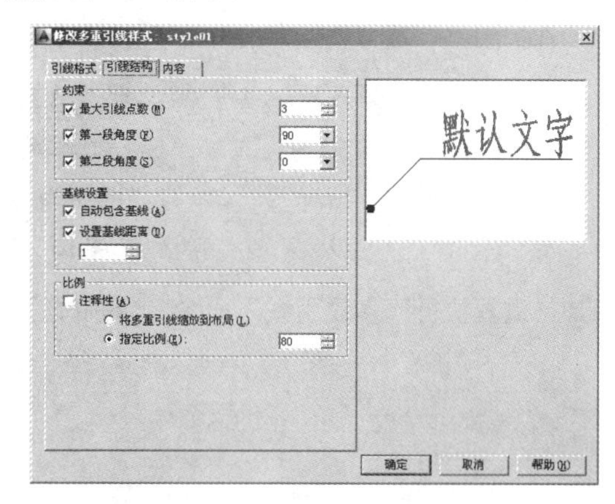

图 7-49　设置引线结构

步骤 06　展开“内容”选项卡，设置多重引线样式的类型及基线间隙参数，如图 7-50 所示。

步骤 07　单击 确定 按钮，返回“多重引线样式管理器”对话框，将刚设置的新样式置为当前样式，如图 7-51 所示。

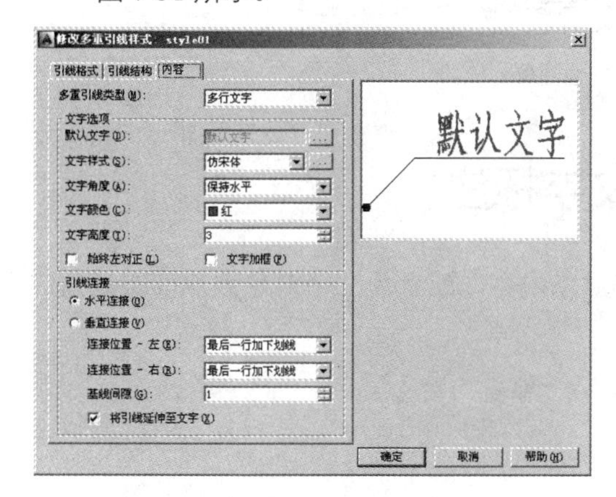

图 7-50　设置引线类型

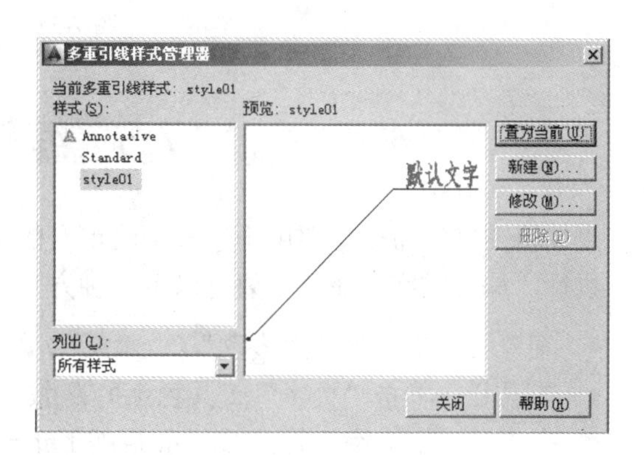

图 7-51　设置当前样式

步骤 08　关闭“多重引线样式管理器”对话框，然后单击菜单“标注”/“多重引线”命令，根据命令行的提示绘制引线并输入如图 7-52 所示的文字注释。

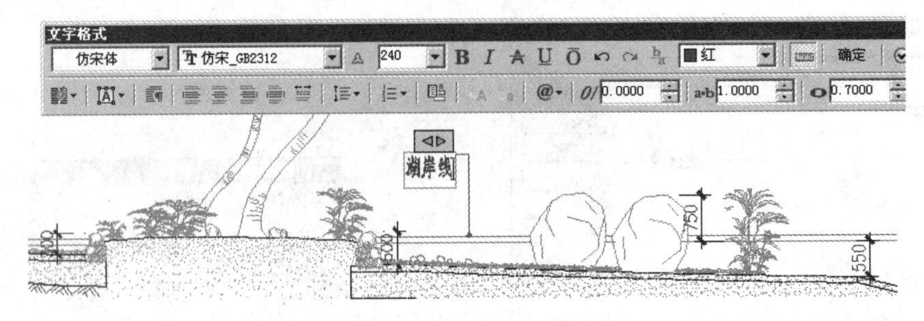

图 7-52　输入文字注释

步骤 09　单击文字格式编辑器中的 确定 按钮，结束命令，标注后的效果如图 7-53 所示。

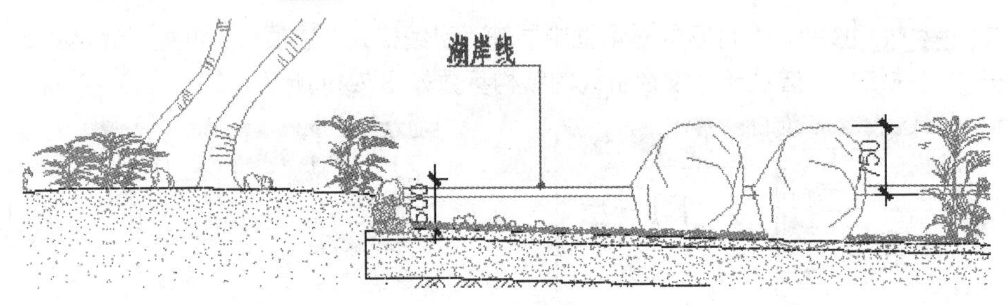

图 7-53　标注效果

步骤 10　重复执行“多重引线”命令，分别标注其他位置的引线注释，结果如图 7-54 所示。

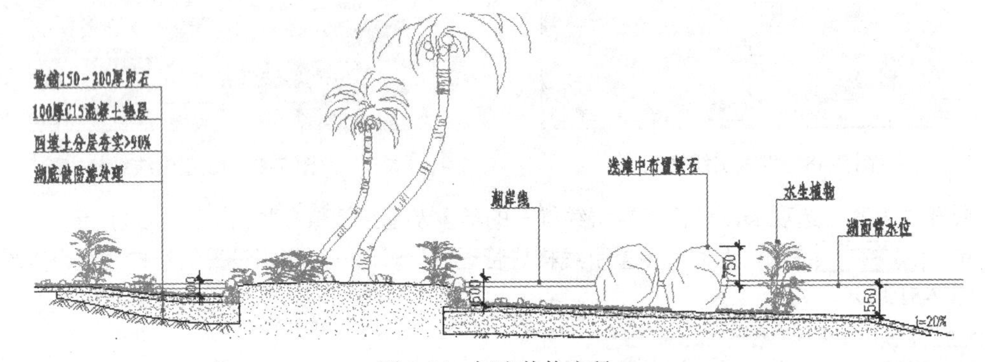

图 7-54　标注其他注释

7.5　编辑文字标注

“编辑文字”命令主要用于修改编辑现有的文字对象内容，或者为文字对象添加前缀或后缀等内容。执行“编辑文字”命令主要有以下几种方式：

- 菜单栏：单击菜单“修改”/“对象”/“文字”/“编辑”命令。
- 工具栏：单击“文字”工具栏上的 按钮。
- 命令行：在命令行输入 Ddedit 后按 Enter 键。
- 快捷键：在命令行输入 ED 后按 Enter 键。
- 功能区：单击“注释”选项卡/“文字”面板上的 按钮。

1. 编辑单行文字

如果需要编辑的文字是使用“单行文字”命令创建的，那么在执行“编辑文字”命令后，命令行会出现“选择注释对象或 [放弃（U）]”的操作提示，此时用户只需要单击需要编辑的单行文字，系统即可弹出如图 7-55 所示的单行文字编辑框，在此编辑框中输入正确的文字内容即可。

图 7-55　单行文字编辑框

2. 编辑多行文字

如果编辑的文字是使用“多行文字”命令创建的，那么在执行“编辑文字”命令后，命令行出现“选择注释对象或 [放弃（U）]”的操作提示，此时用户单击需要编辑的文字对象，将会打开如图 7-56 所示的“文字格式”编辑器，在此编辑器内不但可以修改文字的内容，而且还可以修改文字的样式、字体、字高以及对正方式等特性。

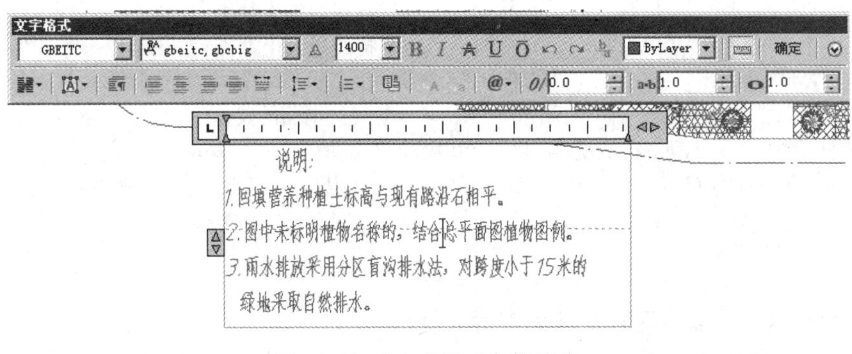

图 7-56　“文字格式”编辑器

7.6　信息查询

本节主要学习图形信息的查询工具，具体有“点坐标”、“距离”、“面积”和“列表”四个命令。

7.6.1　点坐标

“点坐标”命令用于查询点的 X 轴向坐标值和 Y 轴向坐标值，所查询出的坐标值为点的绝对坐标值。执行“点坐标”命令主要有以下几种方式：

- 菜单栏：单击菜单“工具”/“查询”/“点坐标”命令。
- 工具栏：单击“查询”工具栏或“实用工具”面板中的按钮。
- 命令行：在命令行输入 Id 后按 Enter 键。

“点坐标”命令的命令行提示如下：

```
命令：_Id
指定点：                          //捕捉需要查询的坐标点。
AutoCAD 报告如下信息：
X = <X 坐标值>      Y =<Y 坐标值>      Z = <Z 坐标值>
```

7.6.2 距离

“距离”用于查询任意两点之间的距离，还可以查询两点的连线与 X 轴或 XY 平面的夹角等参数信息。执行“距离”命令主要有以下几种方式：

- 菜单栏：单击菜单“工具”/“查询”/“距离”命令。
- 工具栏：单击“查询”工具栏或“实用工具”面板中的按钮。
- 命令行：在命令行输入 Dist 或 Measuregeom 后按 Enter 键。
- 快捷键：使用快捷键 DI。

绘制长度为 200、角度为 30 的线段，然后执行“距离”命令，即可查询出线段的相关几何信息。命令行操作如下：

```
命令: _MEASUREGEOM
输入选项 [距离(D)/半径(R)/角度(A)/面积(AR)/体积(V)] <距离>: _distance
指定第一点:                               //捕捉线段的下端点
指定第二个点或 [多个点(M)]:               //捕捉线段的上端点
查询结果:
距离 = 200.0000, XY 平面中的倾角 = 30,    与 XY 平面的夹角 = 0
X 增量 = 173.2051,   Y 增量 = 100.0000,    Z 增量 = 0.0000
输入选项 [距离(D)/半径(R)/角度(A)/面积(AR)/体积(V)/退出(X)] <距离>: //X Enter，退出命令
```

其中：

- “距离”表示所拾取的两点之间的实际长度；
- “XY 平面中的倾角”表示所拾取的两点连线 X 轴正方向的夹角；
- “与 XY 平面的夹角”表示所拾取的两点连线与当前坐标系 XY 平面的夹角；
- “X 增量”表示所拾取的两点在 X 轴方向上的坐标差；
- “Y 增量”表示所拾取的两点在 Y 轴方向上的坐标差。

选项解析

- “半径”选项用于查询圆弧或圆的半径、直径等。
- “角度”选项用于查询圆弧、圆或直线等对象的角度。
- “面积”选项用于查询单个封闭对象或由若干点围成区域的面积及周长等。
- “体积”选项用于查询对象的体积。

7.6.3 面积

“面积”命令主要用于查询单个对象或由多个对象所围成的闭合区域的面积及周长。执行“面积”命令主要有以下几种方式：

- 菜单栏：单击菜单“工具”/“查询”/“面积”命令。
- 工具栏：单击“查询”工具栏或“实用工具”面板中的按钮。
- 命令行：在命令行输入 Measuregeom 或 Area 后按 Enter 键。

【例题 6】 查询正六边形的面积和周长。

步骤01 新建文件并绘制边长为 150 的正六边形。

步骤02 单击“查询”工具栏按钮，执行“面积”命令，查询正六边形的面积和周长。操作过程如下：

```
命令: _MEASUREGEOM
输入选项 [距离(D)/半径(R)/角度(A)/面积(AR)/体积(V)] <距离>: _area
指定第一个角点或 [对象(O)/增加面积(A)/减少面积(S)/退出(X)] <对象(O)>:
//捕捉正六边形左上角点
指定下一个点或 [圆弧(A)/长度(L)/放弃(U)]:                    //捕捉正六边形左角点
指定下一个点或 [圆弧(A)/长度(L)/放弃(U)]:                    //捕捉正六边形左下角点
指定下一个点或 [圆弧(A)/长度(L)/放弃(U)/总计(T)] <总计>:     //捕捉正六边形右下角点
指定下一个点或 [圆弧(A)/长度(L)/放弃(U)/总计(T)] <总计>:     //捕捉正六边形右角点
指定下一个点或 [圆弧(A)/长度(L)/放弃(U)/总计(T)] <总计>:     //捕捉正六边形右上角点
指定下一个点或 [圆弧(A)/长度(L)/放弃(U)/总计(T)] <总计>:     // Enter
查询结果:
面积 = 58456.7148, 周长 = 900.0000
```

步骤03 最后在命令行“输入选项 [距离(D)/半径(R)/角度(A)/面积(AR)/体积(V)/退出(X)] <面积>:提示下，输入 x 并按 Enter 键，结束命令。

选项解析

- “对象”选项用于查询单个闭合图形的面积和周长，如圆、椭圆、矩形、多边形、面域等。另外，使用此选项也可以查询由多段线或样条曲线所围成的区域的面积和周长。
- “增加面积”选项用于将所选图形实体的面积加入总面积中，此功能属于面积的加法运算。如果用户需要执行面积的加法运算，必需先要将当前的操作模式转换为加法运算模式。
- “减少面积”选项用于将所选实体的面积从总面积中减去，此功能属于面积的减法运算。如果用户需要执行面积的减法运算，必需先要将当前的操作模式转换为减法运算模式。

对于具有宽度的多段线或样条曲线，AutoCAD 将按其中心线计算面积和周长；对于非封闭的多段线或样条曲线，AutoCAD 将假想已有一条直线连接多段线或样条曲线的首尾，然后计算该封闭框架的面积，但周长并不包括那条假想的连线，即周长是多段线的实际长度。

7.6.4 列表

“列表”命令用于查询图形所包含的众多的内部信息，如图层、面积、点坐标以及其他的空间等特性参数。执行“列表”命令主要有以下几种方式：

- 菜单栏：单击菜单“工具”/“查询”/“列表”命令。
- 工具栏：单击“查询”工具栏或“实用工具”面板中的按钮。
- 命令行：在命令行输入 List 后按 Enter 键。
- 快捷键：使用快捷键 LI 或 LS。

当执行“列表”命令后，选择需要查询信息的图形对象，AutoCAD 会自动切换到文本窗口，并滚动显示所有选择对象的有关特性参数。下面学习使用“列表”命令。

【例题 7】 列表查询实例。

步骤01 新建文件并绘制半径为 100 的圆。

步骤02 单击“查询”工具栏上的按钮，执行“列表”命令。

步骤03 在命令行“选择对象:”提示下，选择刚绘制的圆。

步骤04 继续在命令行“选择对象：”提示下，按 Enter 键，系统将以文本窗口的形式直观显示所查询出的信息，如图 7-57 所示。

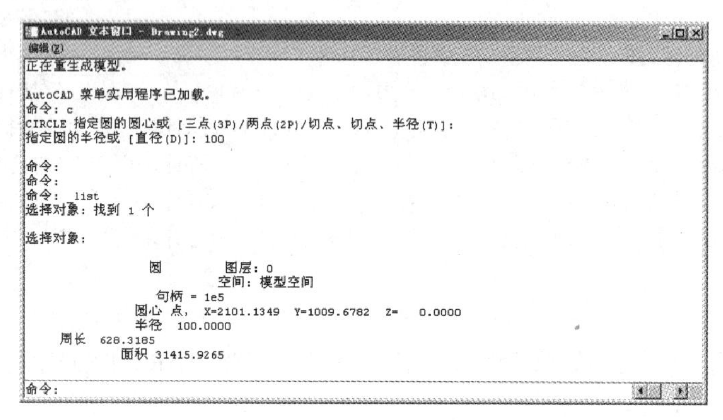

图 7-57　列表查询结果

7.7　表格与表格样式

AutoCAD 为用户提供了表格的创建与填充功能，使用“表格”命令，不但可以创建表格，填充表格内容，而且还可以将表格链接至 Microsoft Excel 电子表格中的数据。

执行“表格”命令主要有以下几种方式：

- 菜单栏：单击菜单“绘图”/“表格”命令。
- 工具栏：单击“绘图”工具栏上的按钮。
- 命令行：在命令行输入 Table 后按 Enter 键。
- 快捷键：在命令行输入 TB 后按 Enter 键。
- 功能区：单击“注释”选项卡/“表格”面板上的按钮。

【例题 8】 创建图 7-58 所示的简单表格。

步骤01 首先新建空白文件。

步骤02 单击“绘图”菜单栏按钮，执行“表格”命令，打开如图 7-59 所示的“插入表格”对话框。

步骤03 在“列数”文本列表框中输入 3，设置表格列数为 3；在“列宽”文本列表框中输入 20，设置列宽为 20。

标题		
表头	表头	表头

图 7-58　创建表格

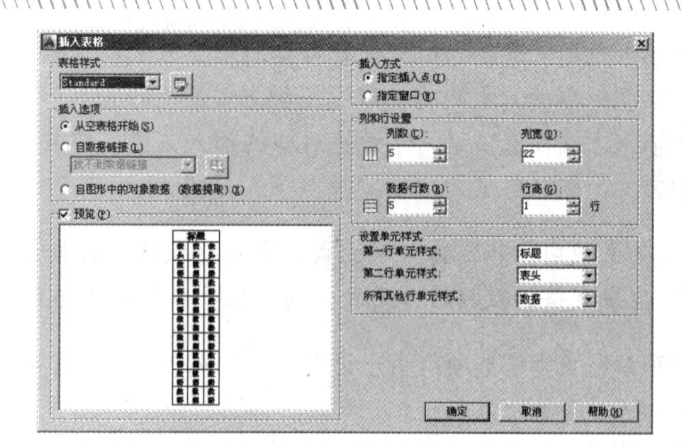

图 7-59　“插入表格”对话框

步骤04　在“数据行数”文本列表框中输入 3，设置表格行数为 3，其他参数不变，然后单击 确定 按钮返回绘图区，在命令行“指定插入点：”的提示下，拾取一点作为插入点。

步骤05　此时系统打开如图 7-60 所示的“文字格式”编辑器，用于填写表格内容。

步骤06　在表格框内输入“标题”，如图 7-61 所示。

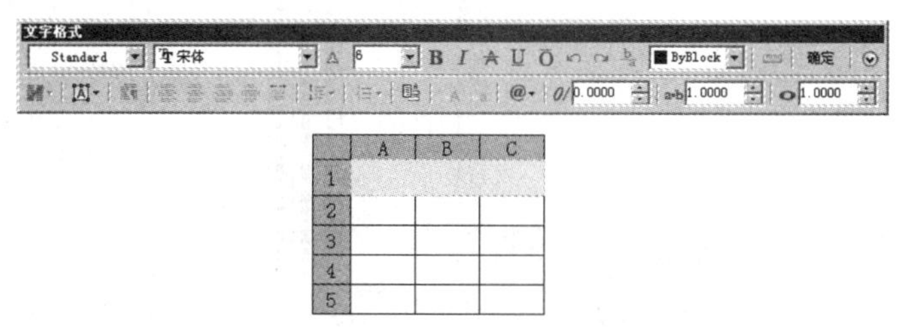

图 7-60　“文字格式”编辑器

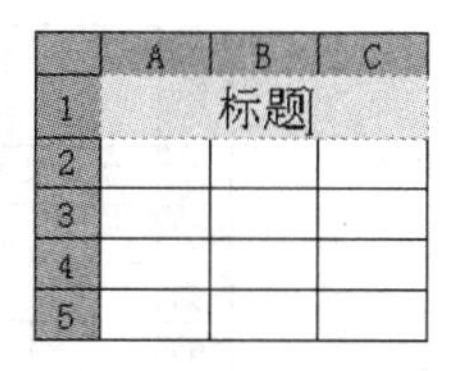

图 7-61　输入标题文字

步骤07　按键盘上的右方向键或按 Tab 键，此时光标跳至左下侧的列标题栏中，如图 7-62 所示。

步骤08　此时在列标题栏中输入文字，如图 7-63 所示。

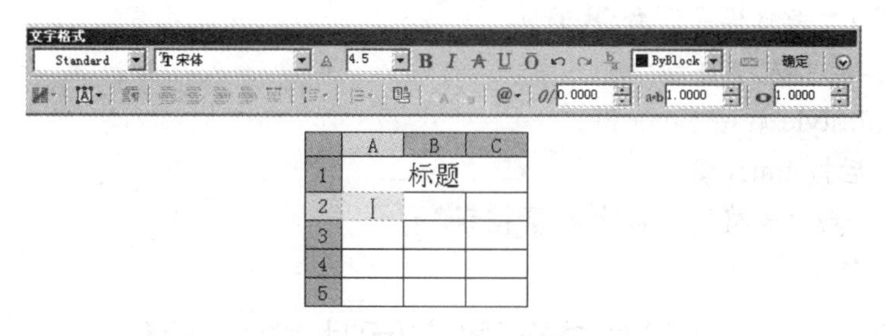

图 7-62　定位光标

图 7-63　输入文字

步骤09　继续按右方向键或按 Tab 键，分别在其他列标题栏中输入表格文字，如图 7-64 所示。

步骤10　单击 确定 按钮，关闭“文字格式”编辑器。

技巧提示　默认设置创建的表格，不仅包含有标题行，还包含有表头行、数据行，用户可以根据实际情况进行取舍。

选项解析

- “表格样式”选项组主要用于设置、新建或修改当前表格样式，还可以对样式进行预览。

- “插入选项”选项组用于设置表格的填充方式，具体有“从空表格开始”、“自动数据链接”和“自图形中的对象数据提取”三种方式。
- “插入方式”选项组用于设置表格的插入方式。统共提供了“指定插入点”和“指定窗口”两种方式，默认方式为“指定插入点”方式。

如果使用“指定窗口”方式，系统将表格的行数设为自动，即按照指定的窗口区域自动生成表格的数据行，而表格的其他参数仍使用当前的设置。

- “列和行设置”选项组用于设置表格的列参数、行参数以及列宽和行宽参数。系统默认的列参数为 5、行参数为 1。
- “设置单元样式”选项组用于设置第一行、第二行或其他行的单元样式。
- 单击Standard右侧的按钮，打开如图 7-65 所示的“表格样式”对话框，此对话框用于设置、修改表格样式或设置当前格样式。

	A	B	C
1	标题		
2	表头	表头	表头
3			
4			
5			

图 7-64　输入其他文字

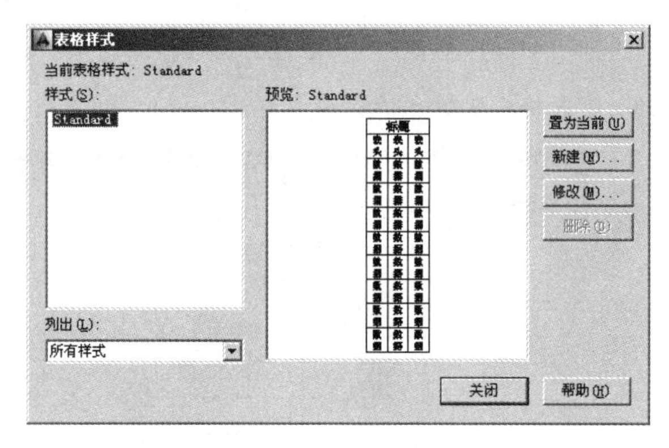

图 7-65　“表格样式”对话框

执行“表格样式”命令主要有以下几种方式：

- 菜单栏：单击菜单“格式”/“表格样式”命令。
- 工具栏：单击“样式”工具栏上的按钮。
- 命令行：在命令行输入 Tablestyle 后按 Enter 键。
- 快捷键：在命令行输入 TS 后按 Enter 键。
- 功能区：单击“注释”选项卡/“表格”面板上的按钮。

7.8　综合范例——标注户型图房间功能与面积

本例通过为多居室户型装修图标注房间功能和房间使用面积，对本章知识进行综合练习和巩固应用。户型图房间功能和面积的最终标注效果如图 7-66 所示。

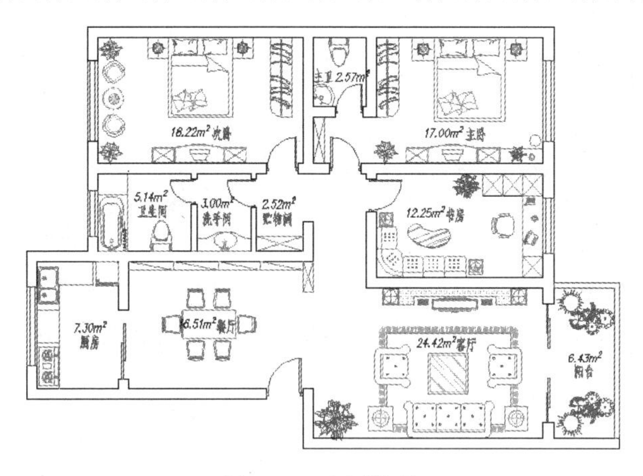

图 7-66　实例效果

操作步骤：

步骤 01　打开随书光盘中的“\素材文件\7-4.dwg”文件，如图 7-67 所示。

步骤 02　展开“图层”工具栏上的“图层控制”列表，将“文本层”设置为当前图层，如图 7-68 所示。

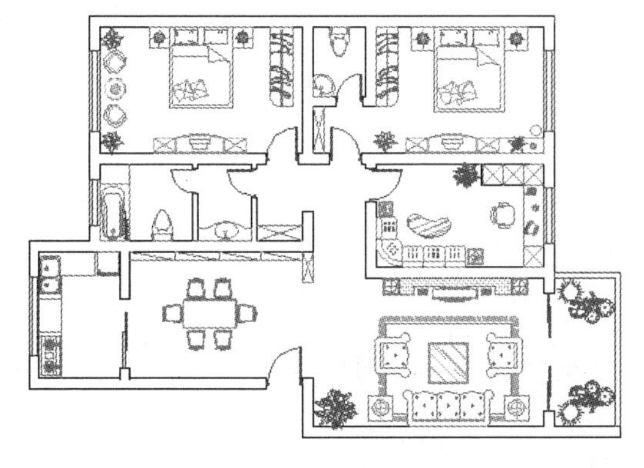

图 7-67　打开结果

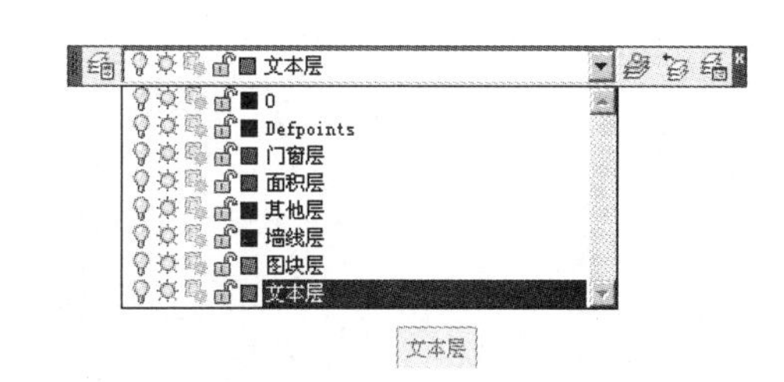

图 7-68　设置当前图层

步骤 03　单击“样式”工具栏上的 按钮，打开“文字样式”对话框，创建名为 SIMPLEX 的文字样式，参数设置如图 7-69 所示。

步骤 04　单击 应用(A) 按钮，将新样式保存，然后在“文字样式”对话框中新建一种名为“仿宋体”的新样式，参数设置如图 7-70 所示。

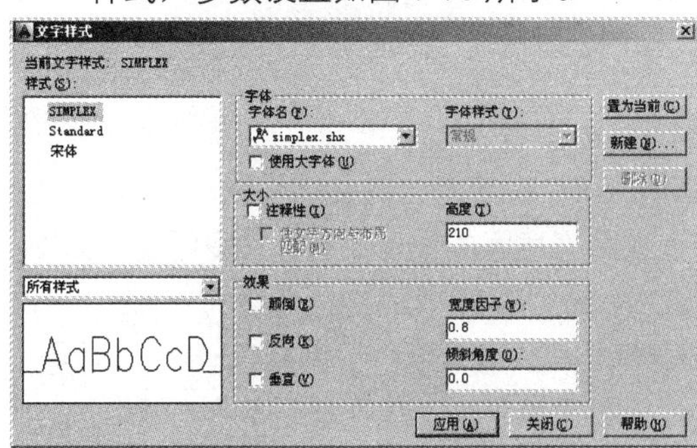

图 7-69　新建 SIMPLEX 样式

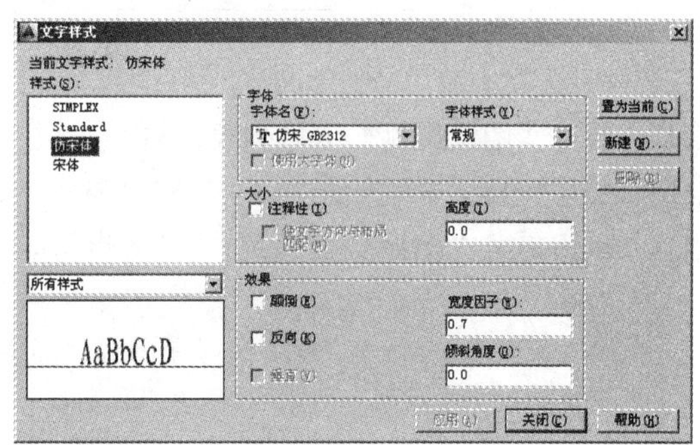

图 7-70　设置“仿宋体”样式

步骤 05　单击 应用(A) 按钮后，关闭“文字样式”对话框，系统将以最后创建的样式作为当前文字样式。

步骤 06　单击菜单“绘图”/“文字”/“单行文字”命令，为户型图标注房间功能，命令行操作如下。

```
命令：_dtext
当前文字样式： 仿宋体　当前文字高度： 2.500
指定文字的起点或 [对正(J)/样式(S)]:              //平面图左下侧房间内拾取一点
指定高度 <2.500>:                               //280 Enter，设置文字高度
指定文字的旋转角度 <0.000>:                      // Enter，设置文字的旋转角度
```

步骤 07　此时系统显示出如图 7-71 所示的单行文字输入框，然后输入如图 7-72 所示的文字注释。

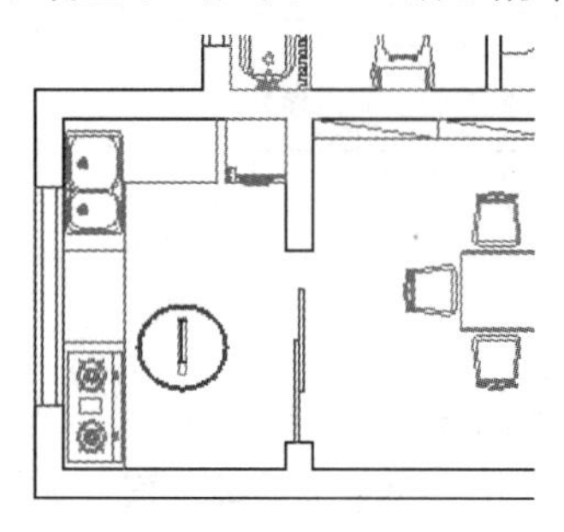

图 7-71　单行文字输入框

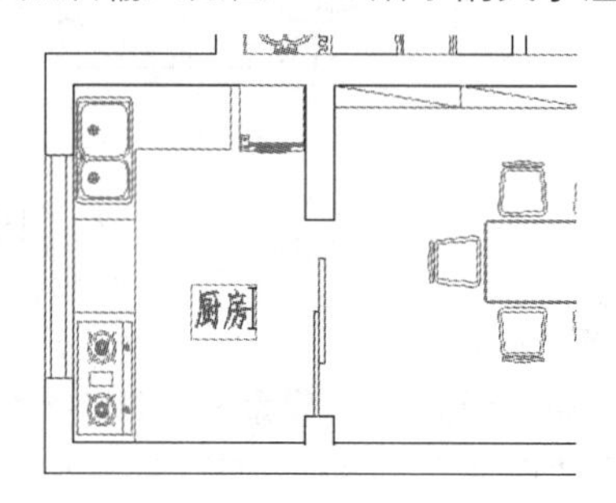

图 7-72　标注房间功能

步骤 08　分别在每个房间内部拾取文字插入点，标注各房间功能，然后连续按两次 Enter 键结束命令，结果如图 7-73 所示。

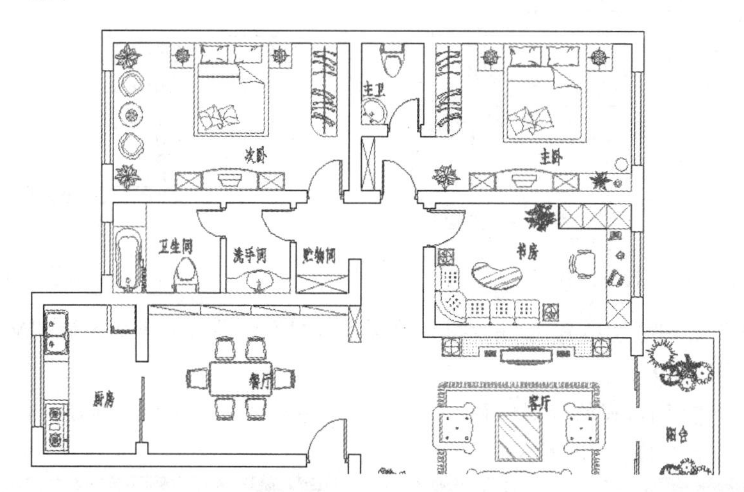

图 7-73　标注其他房间功能

步骤 09　展开“图层控制”下拉列表，将“面积层”设置为当前图层。

步骤 10　使用快捷键 ST 执行“文字样式”命令，将“SIMPLEX”设置为当前文字样式。

步骤 11　单击菜单“工具”/“查询”/“面积”命令，查询次卧室房间的使用面积，命令行操作如下。

```
命令：_MEASUREGEOM
输入选项 [距离(D)/半径(R)/角度(A)/面积(AR)/体积(V)] <距离>: _area
指定第一个角点或 [对象(O)/增加面积(A)/减少面积(S)/退出(X)] <对象(O)>:
                                               //捕捉如图 7-74 所示的端点
指定下一个点或 [圆弧(A)/长度(L)/放弃(U)]:          //捕捉如图 7-75 所示的端点
```

```
指定下一个点或 [圆弧(A)/长度(L)/放弃(U)]:          //捕捉如图 7-76 所示的端点
指定下一个点或 [圆弧(A)/长度(L)/放弃(U)/总计(T)] <总计>:
//捕捉如图 7-77 所示的端点
指定下一个点或 [圆弧(A)/长度(L)/放弃(U)/总计(T)] <总计>:// Enter
区域 = 7295611.5, 周长 = 11038.4
输入选项 [距离(D)/半径(R)/角度(A)/面积(AR)/体积(V)/退出(X)] <面积>: //X Enter
```

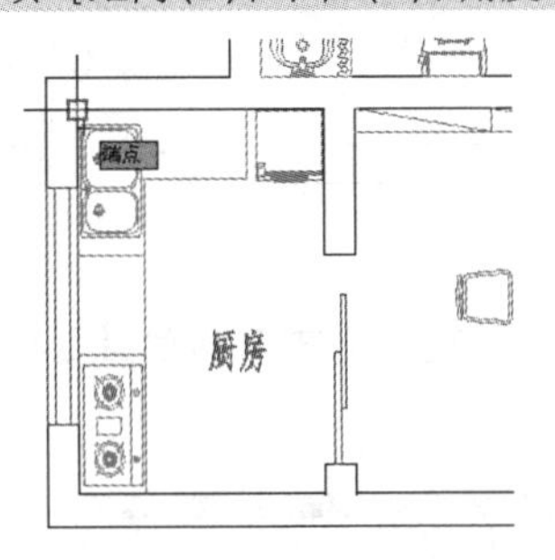

图 7-74　捕捉端点

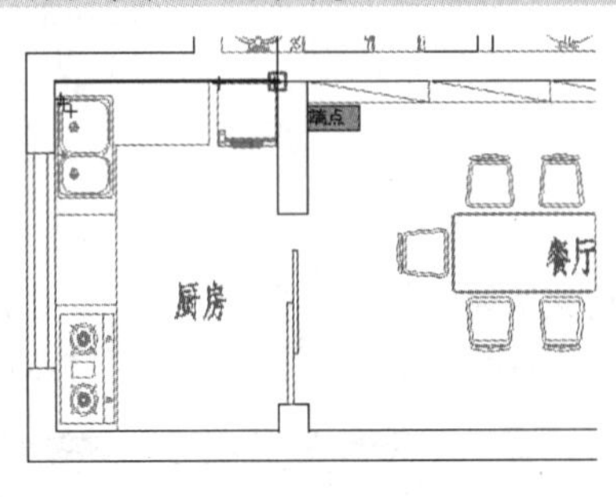

图 7-75　捕捉端点

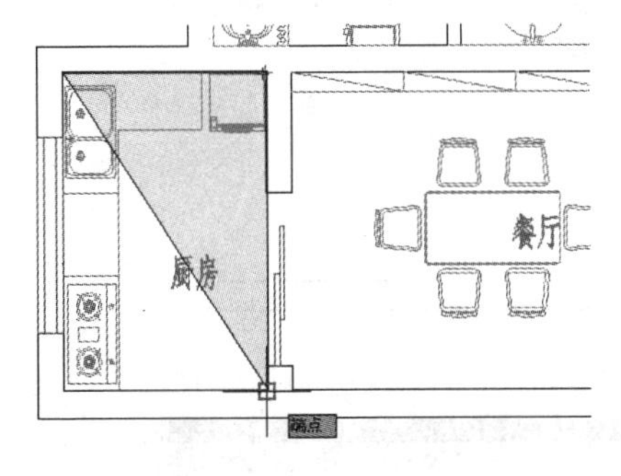

图 7-76　捕捉端点

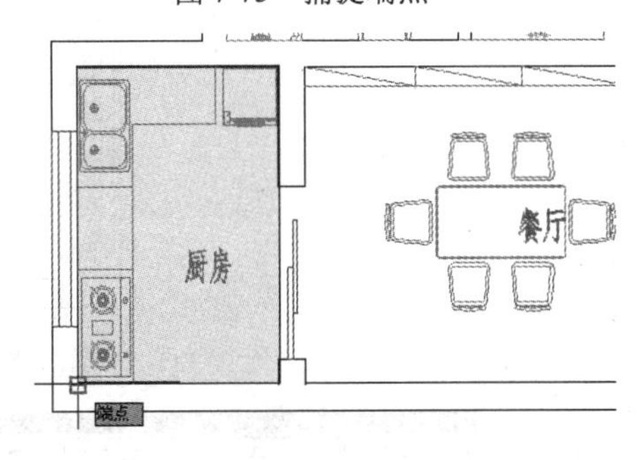

图 7-77　捕捉端点

步骤 12　重复执行“面积”命令，配合捕捉和追踪功能分别查询其他房间的使用面积。

步骤 13　单击“绘图”工具栏上的 A 按钮，执行“多行文字”命令，在“文字格式”编辑器中设置文字样式、字体高度、对正方式等参数，如图 7-78 所示。

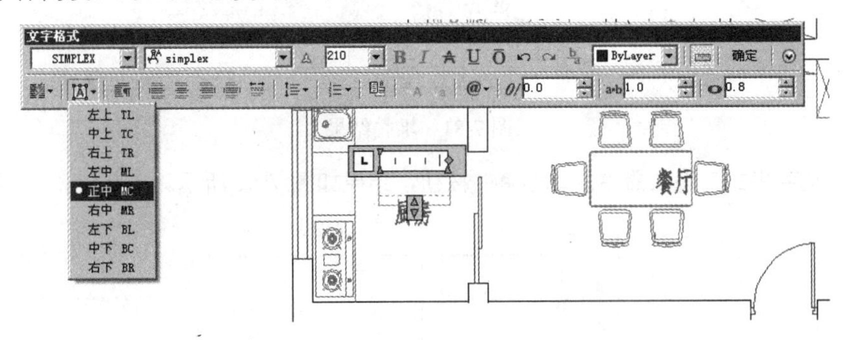

图 7-78　“文字格式”编辑器

步骤 14　设置倾斜角度为 15，然后在下侧的文字输入框内输入“7.30m2^”，如图 7-79 所示。

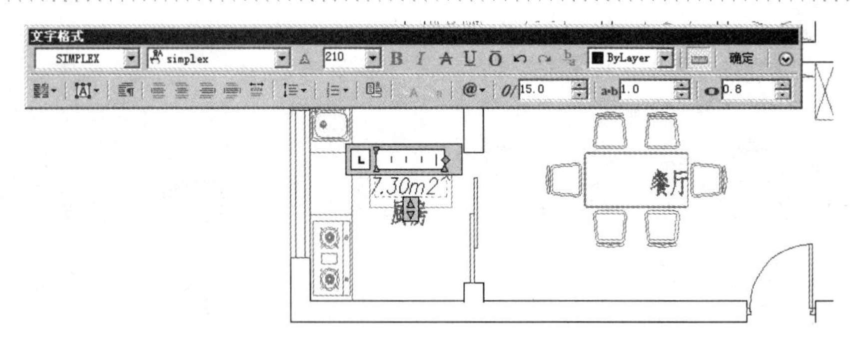

图 7-79 输入文字

步骤15 在多行文字输入框内选择“2^”，如图 7-80 所示。单击“文字格式”编辑器工具栏上的 按钮，对数字 2 进行堆叠，堆叠结果如图 7-81 所示。

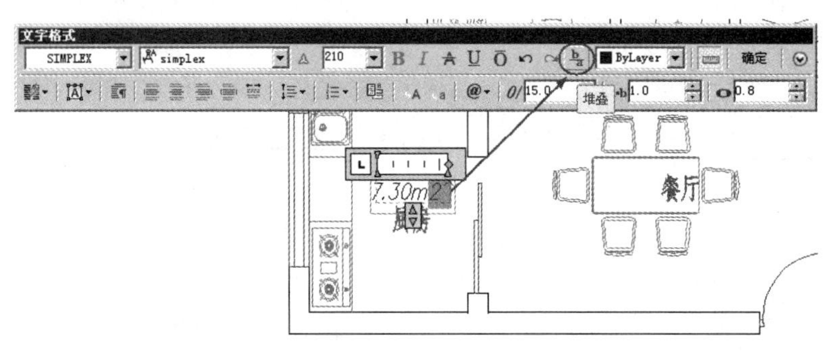

图 7-80 反白显示

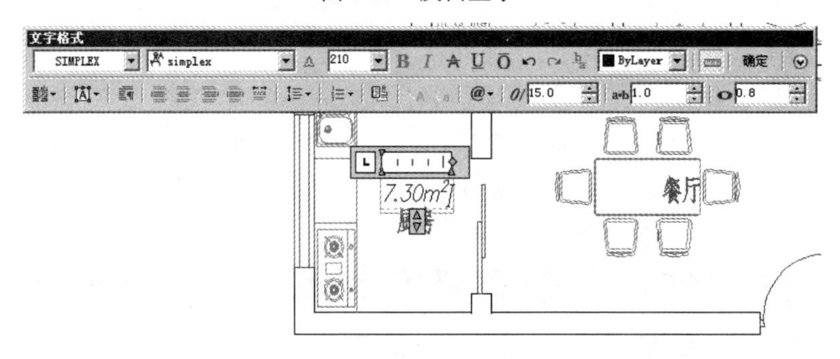

图 7-81 堆叠结果

步骤16 单击“文字格式”编辑器中的单击确定按钮，结果如图 7-82 所示。

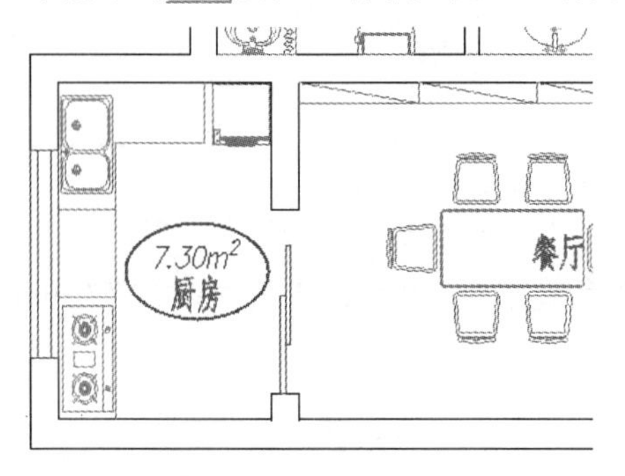

图 7-82 标注结果

步骤17 单击菜单“修改”/“复制”命令，将标注的面积分别复制到其他房间内，结果如图 7-83 所示。

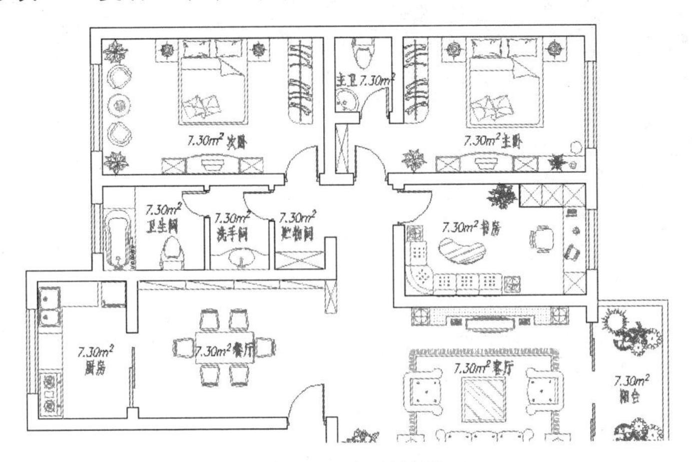

图 7-83 复制结果

步骤18 单击菜单“修改”/“对象”/“文字”/“编辑”命令，选择复制出的面积对象，在打开的“文字格式”编辑器中输入正确的面积，如图 7-84 所示。

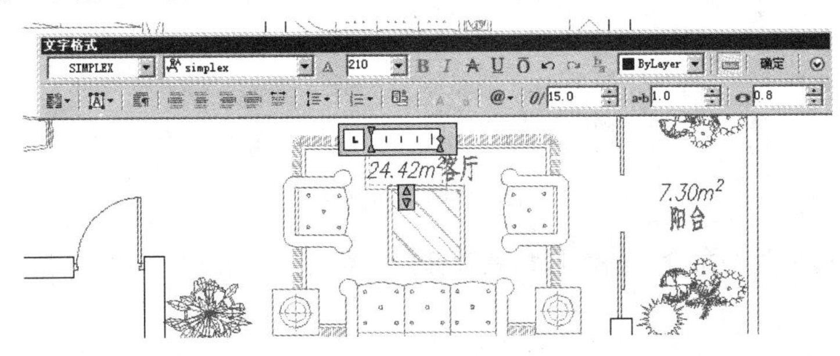

图 7-84 修改文字内容

步骤19 单击 确定 按钮，关闭“多行文字”编辑器，修改后的结果如图 7-85 所示。

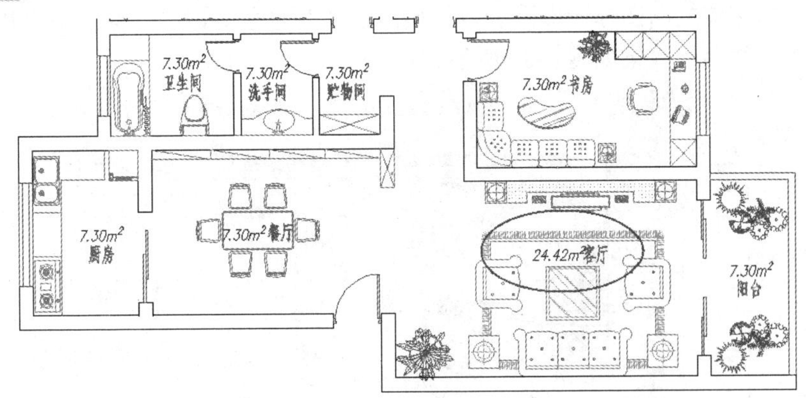

图 7-85 修改结果

步骤20 继续在命令行“选择注释对象或 [放弃(U)]:”提示下，修改阳台位置的面积对象，如图 7-86 所示。

步骤21 继续在命令行“选择注释对象或 [放弃(U)]:”提示下，分别选择其他位置的面积对象进行修改，输入正确的使用面积，最终结果如图 7-87 所示。

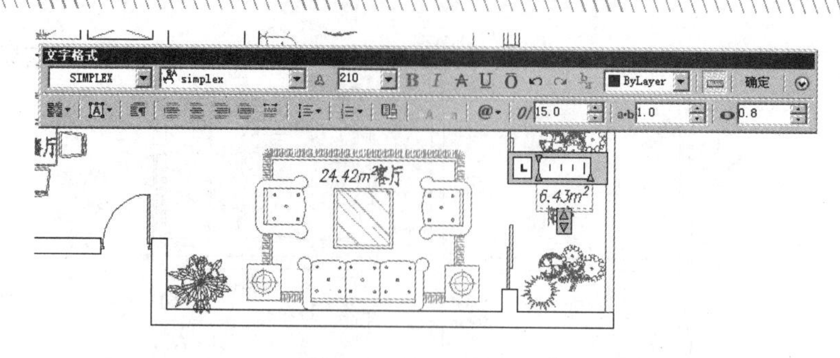

图 7-86　输入正确内容

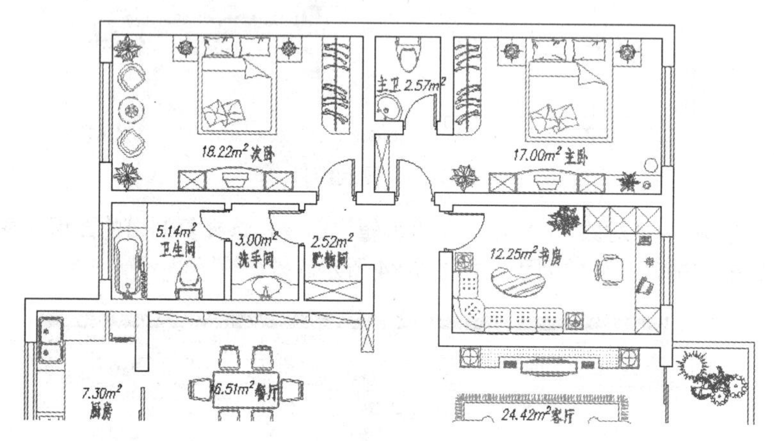

图 7-87　修改其他文字内容

步骤 22　最后执行“另存为”命令，将图形命名存储为“标注户型图房间功能与面积.dwg”。

7.9　综合范例二——为室内立面图标注装修材质

本例通过为户型装修立面图标注墙面装修材质，继续对本章知识进行综合练习和巩固应用。室内立面图装修材质的最终标注效果如图 7-88 所示。

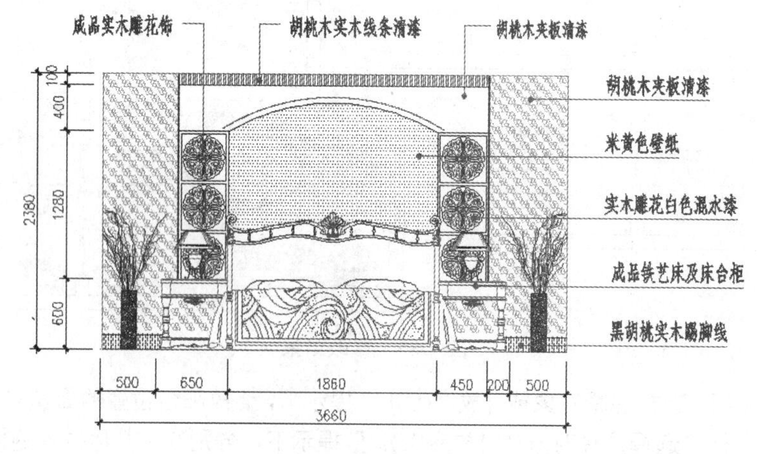

图 7-88　实例效果

操作步骤：

步骤 01　打开随书光盘中的“\素材文件\7-5.dwg”文件，如图 7-89 所示。

步骤 02　按下键盘上的 F3 功能键，关闭状态栏上的“对象捕捉”功能。

步骤 03　使用快捷键 D 执行“标注样式”命令，在打开的“标注样式管理器”对话框中单击“替代”按钮，如图 7-90 所示。

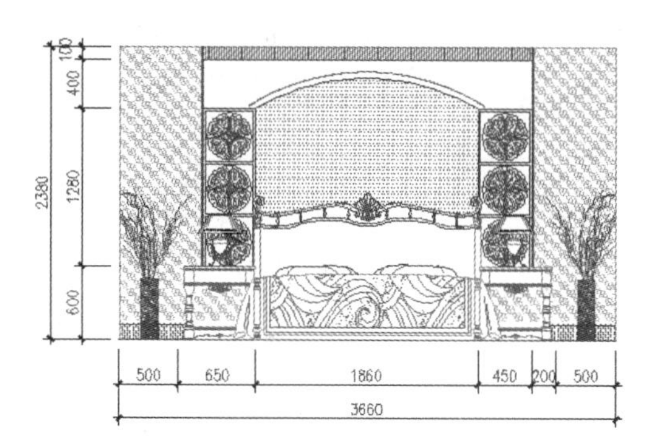

图 7-89　打开结果

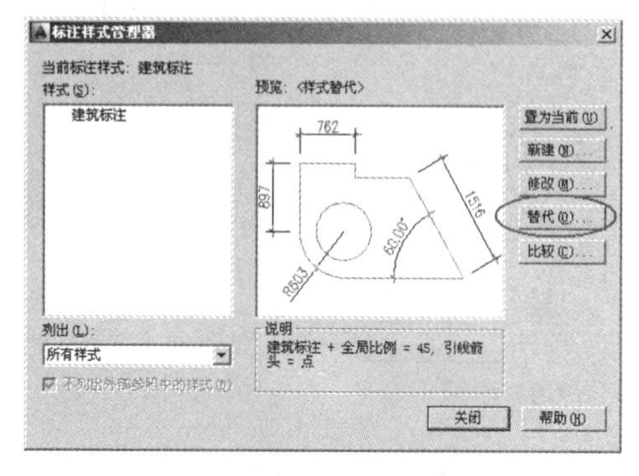

图 7-90　“标注样式管理器”对话框

步骤 04　在打开的“替代当前样式：建筑标注”对话框中展开“符号和箭头”选项卡，设置引线和箭头大小参数，如图 7-91 所示。

步骤 05　展开“文字”选项卡，设置当前文字样式，如图 7-92 所示。

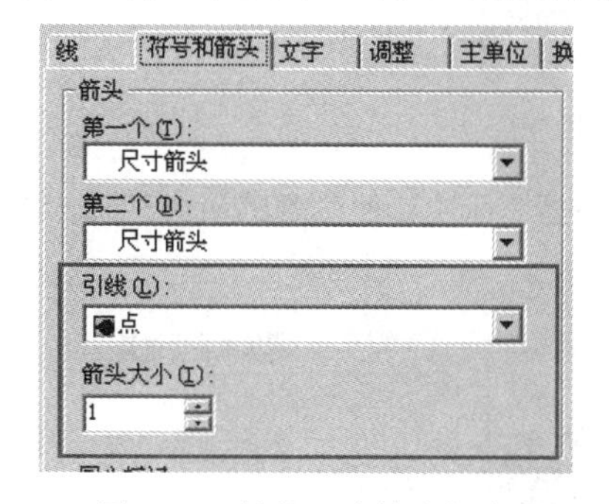

图 7-91　替代尺寸箭头与大小

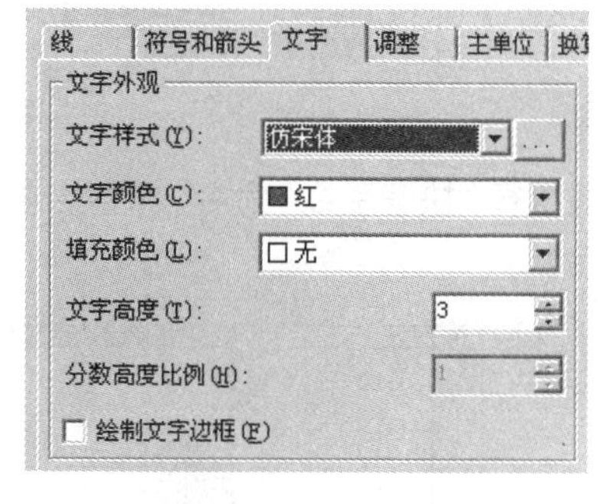

图 7-92　替代文字样式

步骤 06　展开“调整”选项卡，然后修改标注比例如图 7-93 所示，替代后的效果如图 7-94 所示。

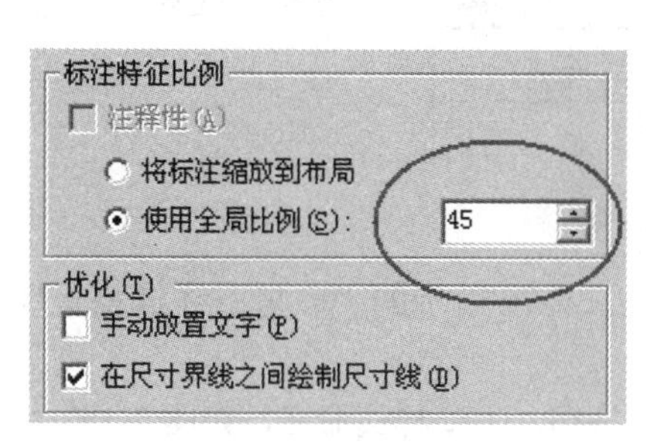

图 7-93　替代标注比例

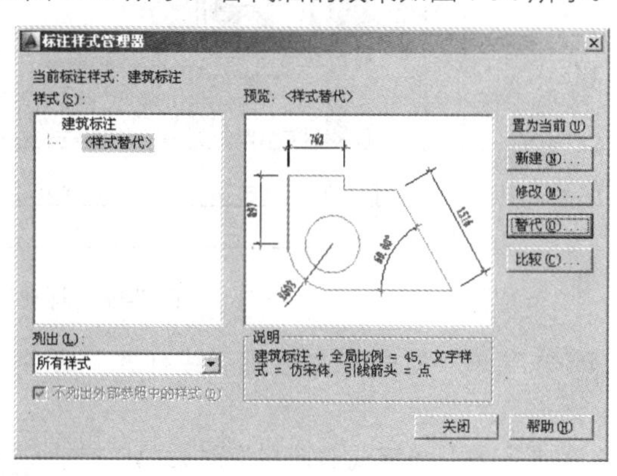

图 7-94　替代效果

步骤 07　使用快捷键 LE 执行“快速引线”命令，设置引线参数和附着位置，如图 7-95 和图 7-96 所示。

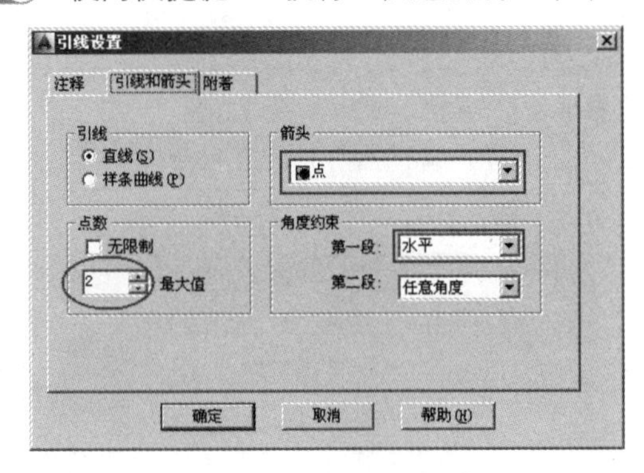

图 7-95　设置引线参数

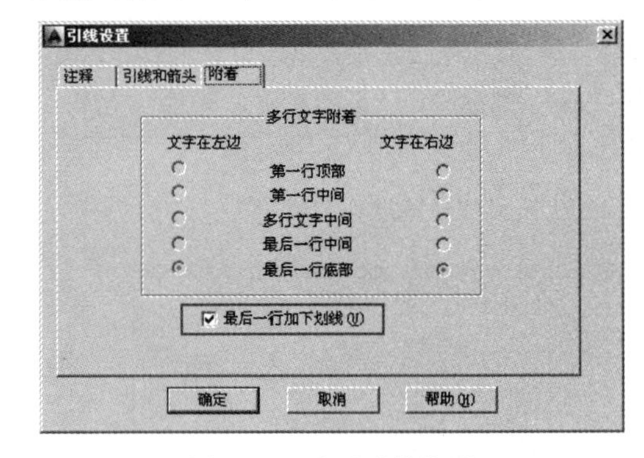

图 7-96　设置附着位置

步骤 08　单击 确定 按钮，根据命令行的提示指定引线点绘制引线，并输入引线注释，标注结果如图 7-97 所示。

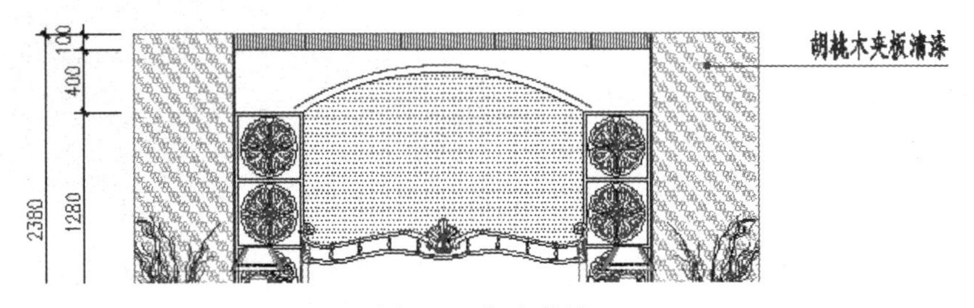

图 7-97　标注结果

步骤 09　重复执行“快速引线”命令，按照当前的引线参数设置，标注其他位置的引线注释，结果如图 7-98 所示。

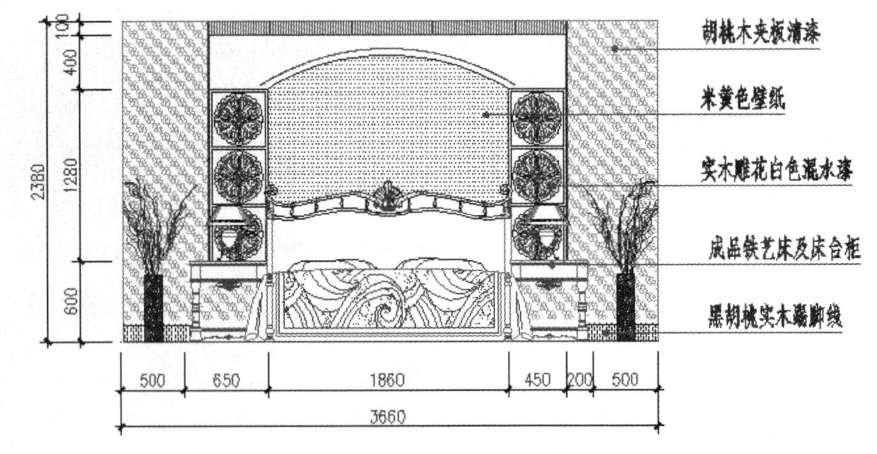

图 7-98　标注其他引线注释

步骤 10　单击菜单“格式”/“多重引线样式”命令，打开如图 7-99 所示的“多重引线样式管理器”对话框。

步骤 11　在“多重引线样式管理器”对话框中单击 新建(N)... 按钮，为新样式命名，如图 7-100 所示。

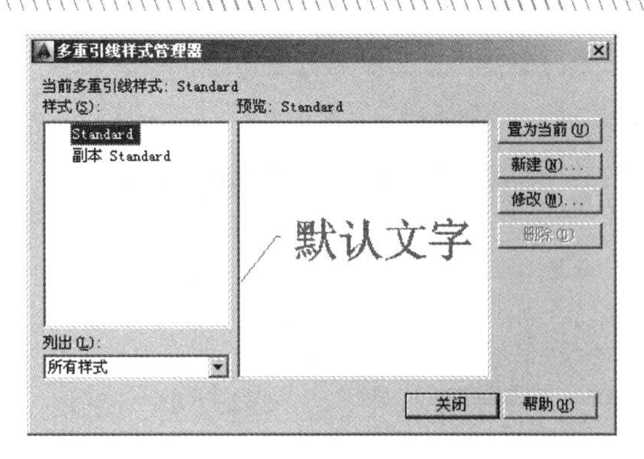

图 7-99　“多重引线样式管理器”对话框

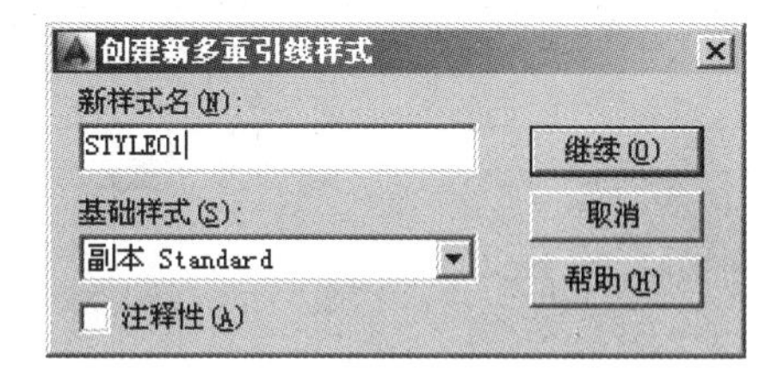

图 7-100　为新样式命名

步骤 12　单击 继续(O) 按钮，在打开的对话框中展开“引线格式”选项卡，设置引线格式如图 7-101 所示。

步骤 13　展开“引线结构”选项卡，设置引线的结构参数如图 7-102 所示。

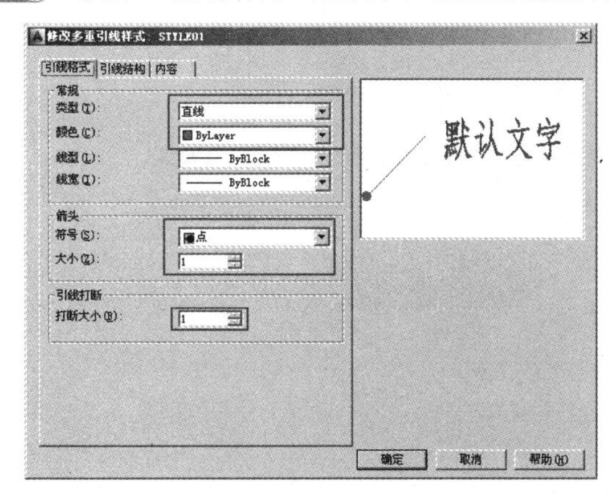

图 7-101　设置引线格式

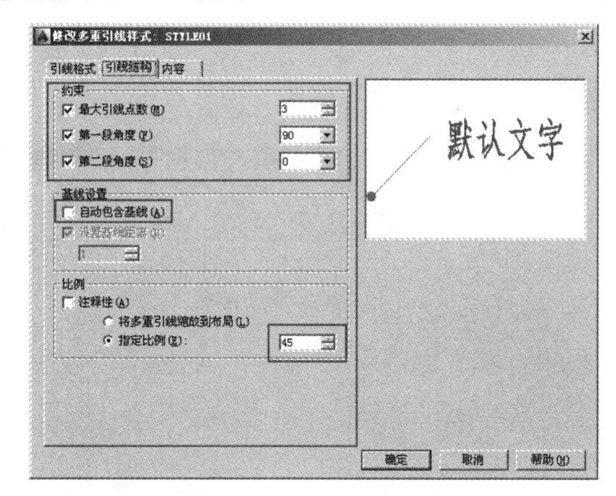

图 7-102　设置引线结构

步骤 14　展开“内容”选项卡，设置多重引线样式的类型及基线间隙参数，如图 7-103 所示。

步骤 15　单击 确定 按钮，返回“多重引线样式管理器”对话框，将刚设置的新样式置为当前样式，如图 7-104 所示。

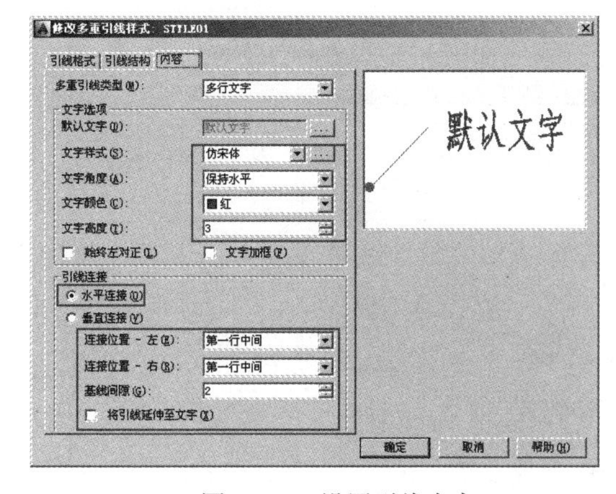

图 7-103　设置引线内容

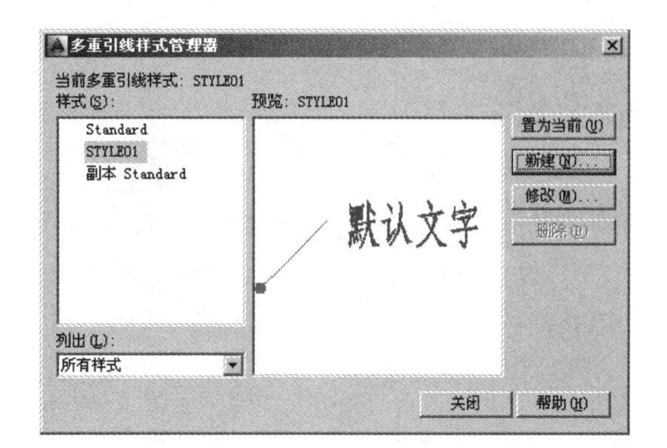

图 7-104　新样式设置后的效果

步骤 16　单击 关闭 按钮，关闭“多重引线样式管理器”对话框。

步骤17 单击菜单“标注”/“多重引线”命令，根据命令行的提示，在所需位置指定引线点绘制引线，打开如图 7-105 所示的“文字格式”编辑器。

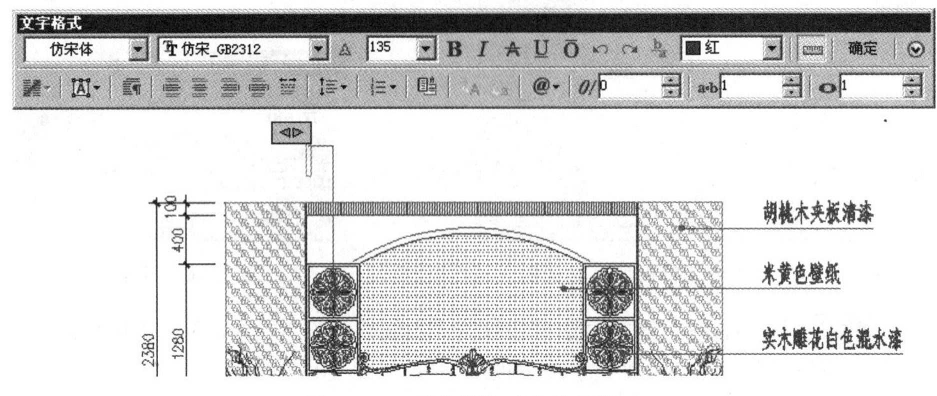

图 7-105 “文字格式”编辑器

步骤18 在打开的“文字格式”编辑器中输入多重引线注释内容，如图 7-106 所示。

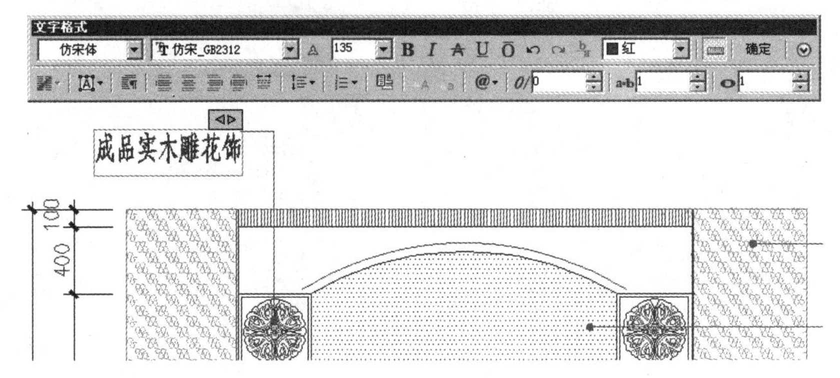

图 7-106 输入注释内容

步骤19 单击 确定 按钮，关闭“文字格式”编辑器，引线注释标注后的效果如图 7-107 所示。

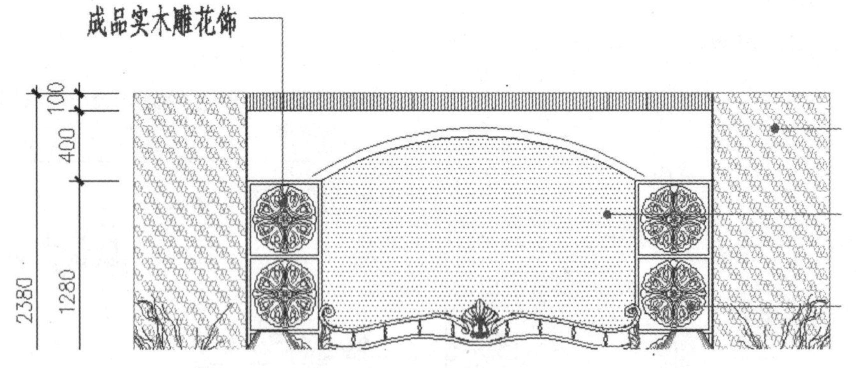

图 7-107 标注结果

步骤20 接下来重复执行“多重引线”命令，按照当前的参数设置，分别标注其他位置的引线注释，标注结果如图 7-108 所示。

步骤21 最后执行“另存为”命令，将图形命名存储为“室内立面图标注装修材质.dwg”。

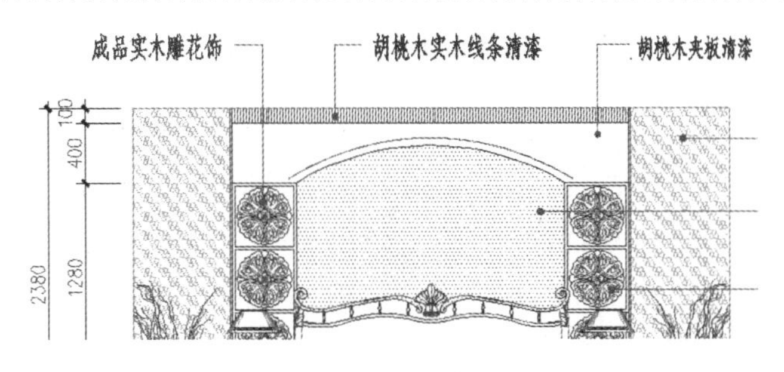

图 7-108　标注其他注释

7.10　思考与总结

7.10.1　知识点思考

1. 思考题一

如何理解“单行文字”与“多行文字”两个概念？两者有何区别？

2. 思考题二

在 AutoCAD 中如何输入直径、正负号、度数、上划线和下划线等特殊字符？

7.10.2　知识点总结

本章主要学习了文字样式的设置、文字的创建与编辑、表格的创建与填充等知识，并通过经典的操作实例，讲述了这些工具在专业制图领域中的实际应用技巧。

通过本章的学习，具体需要掌握如下知识点：

（1）在讲述“文字样式”命令时，不仅需要掌握文字样式的新建、更名与当前样式的设置等，还需要掌握文字的字体设置和效果设置技巧。

（2）在讲述“单行文字”命令时，需要理解和掌握单行文字的概念和创建方法；了解和掌握各种文字对正方式的设置。

（3）在讲述“多行文字”命令时，要了解和掌握多行文字的功能以及与单行文字的区别，并重点掌握多行文字的创建方法和创建技巧、掌握特殊字符的快速输入技巧和段落格式的编排技巧等。

（4）在讲述文字的编辑命令时，要了解和掌握两类文字的编辑方式和具体的编辑技巧。

（5）在讲述创建表格的过程中，需要了解和掌握表格样式的设置以及表格的创建、文字的填充等操作。

7.11　上机操作题

7.11.1　操作题一

综合所学知识，为户型图标注如图 7-109 所示的房间功能与面积，其中汉字字体为仿宋体、字高为 240；数字与字母字体为 SIMPLEX，字高为 160。

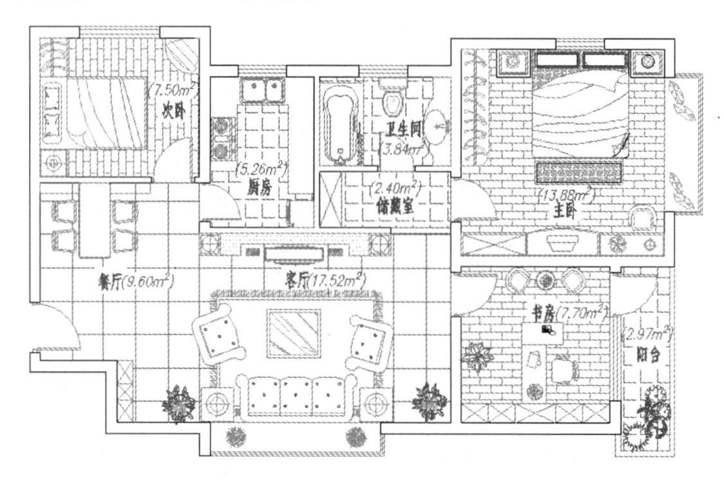

图 7-109 操作题一

本例所需素材文件位于随书光盘中的“素材文件”文件下，名称为“7-6.dwg”。

7.11.2 操作题二

综合所学知识，为装修立面图标注如图 7-110 所示的墙面装修材质。

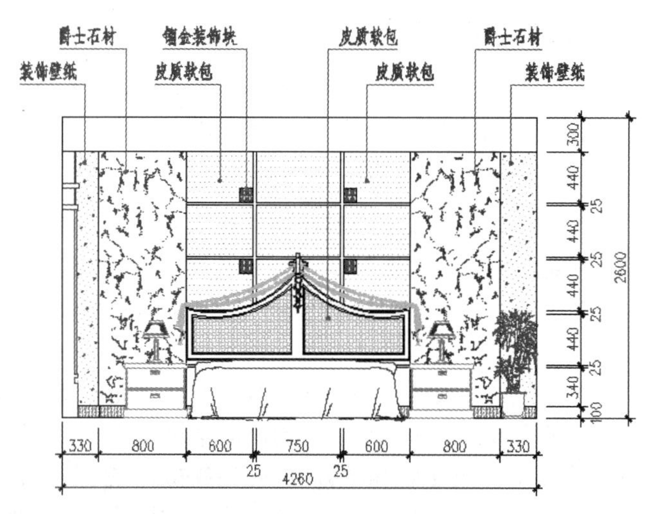

图 7-110 操作题二

本例所需素材文件位于随书光盘中的“素材文件”文件下，名称为“7-7.dwg”。

第 8 章　室内设计图纸中的尺寸标注

图形尺寸也是图纸的重要组成部分，它能将图形间的相互位置关系以及形状等进行数字化、参数化，是施工人员现场施工的主要依据。本章将集中讲述室内图纸中各类常用尺寸的标注方法和编辑技巧。

本章内容如下：

- 标注基本尺寸
- 标注曲线尺寸
- 标注复合尺寸
- 尺寸外观的控制与管理
- 尺寸的编辑与更新
- 综合范例——为户型装修平面图标注尺寸
- 思考与总结
- 上机操作题

8.1　标注直线尺寸

本节将学习各类直线型尺寸的标注方法和标注技巧，具体有“线性”、“对齐”、“折弯”和“坐标”四种命令。

8.1.1　线性尺寸

“线性”命令主要用于标注两点之间的水平尺寸或垂直尺寸，执行“线性”命令主要有以下几种方式：

- 菜单栏：单击菜单“标注”/“线性”命令。
- 工具栏：单击“标注”工具栏上的按钮。
- 命令行：在命令行输入 Dimlinear 或 Dimlin 后按 Enter 键。
- 功能区：单击“注释”选项卡/“标注”面板上的按钮。

【例题 1】 标注线性尺寸。

步骤 01　打开随书光盘中的“\素材文件\8-1.dwg”文件，如图 8-1 所示。

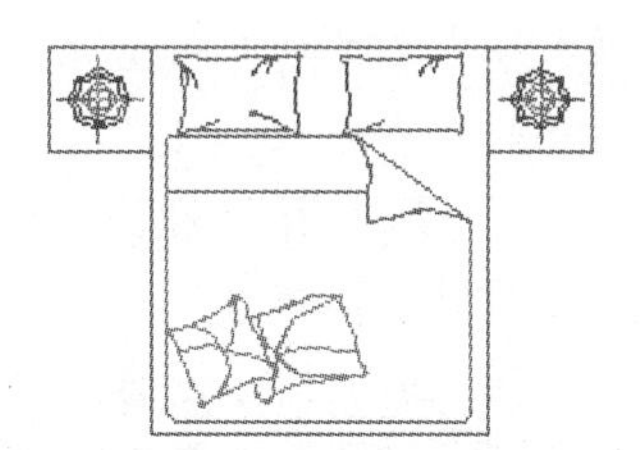

图 8-1　打开结果

步骤 02　单击“标注”工具栏上的按钮，执行“线性”命令，配合端点捕捉功能标注双人床下侧的宽度尺寸。命令行操作如下：

```
命令: _dimlinear
指定第一个尺寸界线原点或 <选择对象>:                //捕捉图 8-2 所示的端点
指定第二条尺寸界线原点:                            //捕捉图 8-3 所示的端点
指定尺寸线位置或[多行文字(M)/文字(T)/角度(A)/水平(H)/垂直(V)/旋转(R)]:
//向下移动光标，在适当位置拾取一点，标注结果如图 8-4 所示
标注文字 = 2000
```

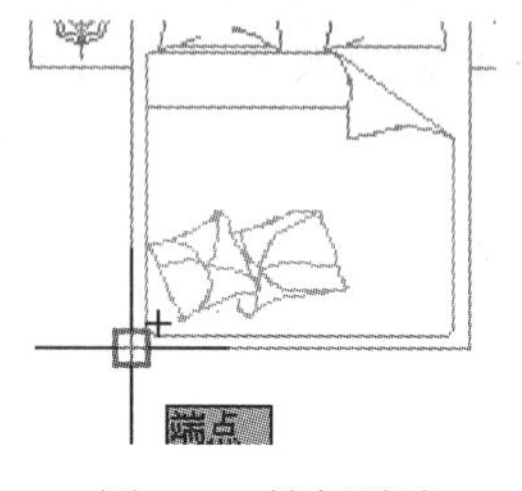

图 8-2　捕捉端点

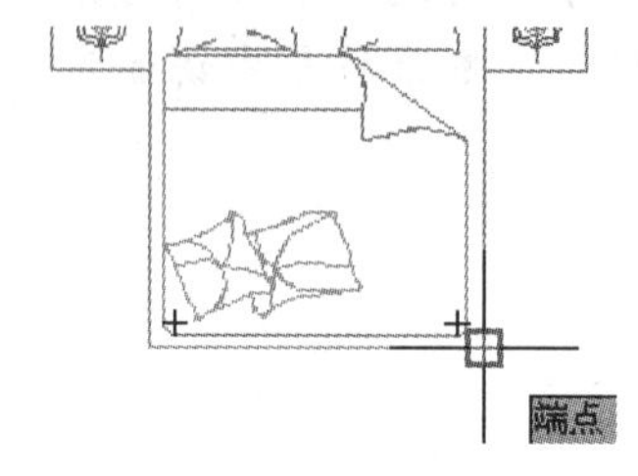

图 8-3　捕捉端点

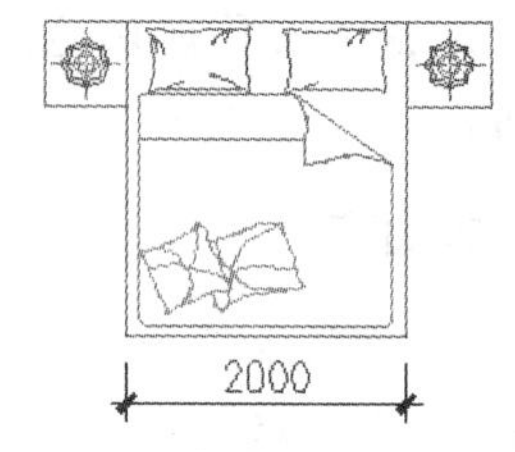

图 8-4　标注结果

步骤 03　重复执行“线性”命令，标注双人床右侧的长度尺寸。命令行操作如下：

```
命令: _dimlinear
指定第一个尺寸界线原点或 <选择对象>:             //Enter
选择标注对象:                                   //选择如图 8-5 所示的轮廓线
指定尺寸线位置或[多行文字(M)/文字(T)/角度(A)/水平(H)/垂直(V)/旋转(R)]:
//向右移动光标，拉出如图 8-6 所示的尺寸，然后在适当位置拾取一点，标注结果如图 8-7 所示
标注文字 = 2200
```

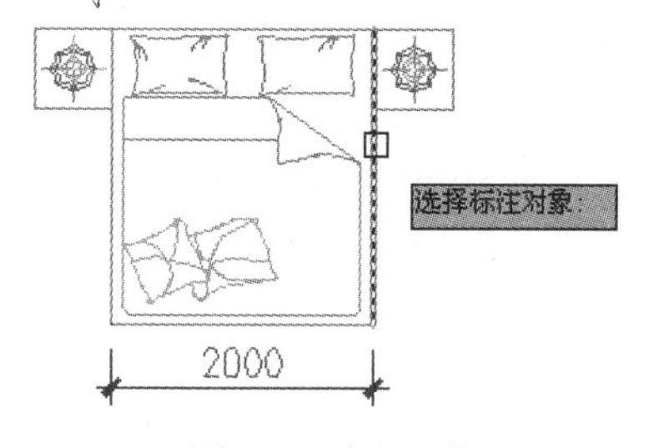

图 8-5　选择对象

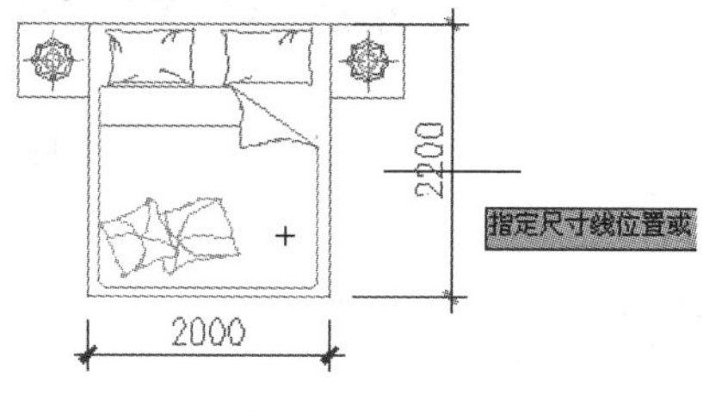

图 8-6　向右引导光标

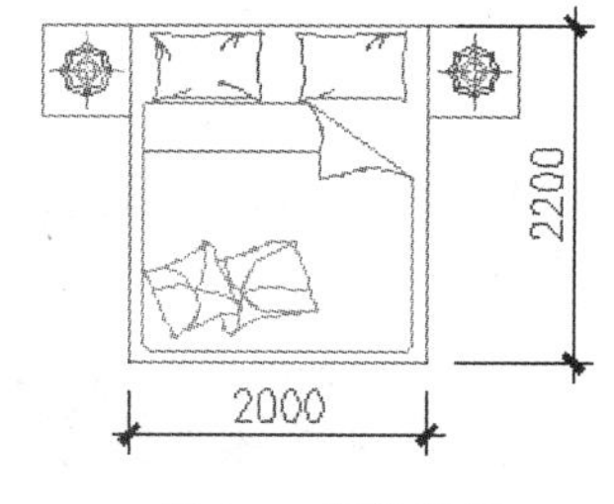

图 8-7　标注结果

选项解析

- “多行文字”选项用于手动输入尺寸的文字内容，或为尺寸文字添加前后缀等。选择该选项后，系统将弹出如图 8-8 所示的“文字格式”编辑器。
- “文字”选项是通过命令行手动输入尺寸文字的内容。
- “角度”选项用于设置尺寸文字的旋转角度，如图 8-9 所示。激活该选项后，命令行出现“指定标注文字的角度:”的提示，用户可根据此提示，输入标注角度值来放置尺寸文本。
- “水平”选项用于标注两点之间的水平尺寸，当激活该选项后，无论如何移动光标，所标注的始终是对象的水平尺寸。
- “垂直”选项用于标注两点之间的垂直尺寸，当激活该选项后，无论如何移动光标，所标注的始终是对象的垂直尺寸。
- “旋转”选项用于设置尺寸线的旋转角度，激活该选项后，命令行出现“指定尺寸线位置:”的提示，用户输入角度值即可创建旋转型尺寸。

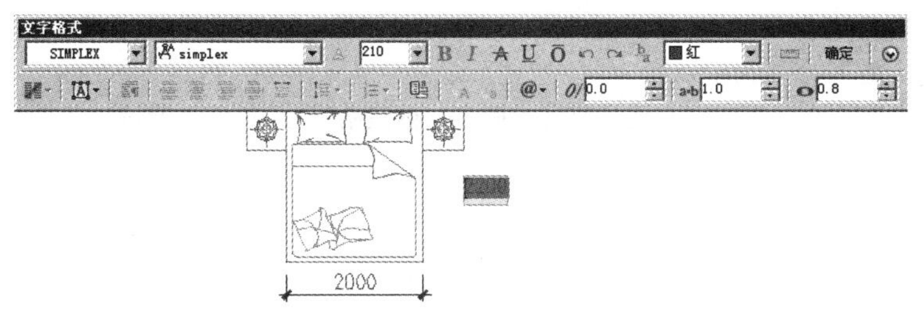

图 8-8　“文字格式”编辑器

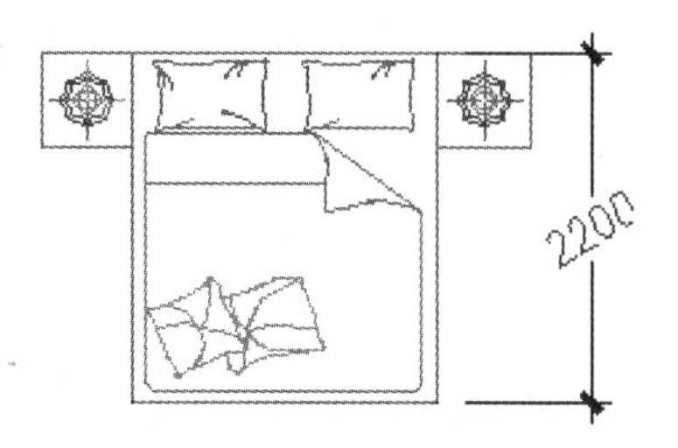

图 8-9　角度示例

8.1.2　对齐尺寸

“对齐”命令用于标注平行于所选对象或平行于两延伸线原点连线的直线型尺寸，此命令比较适合于标注倾斜图线的尺寸，如图 8-10 所示。

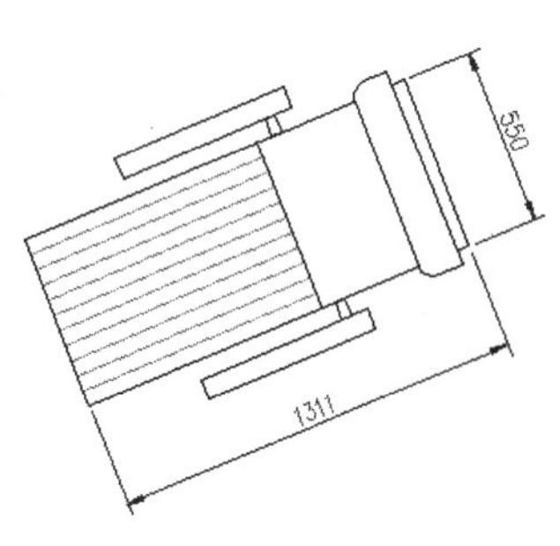

图 8-10　对齐尺寸示例

执行“对齐”命令主要有以下几种方式：

- 菜单栏：单击菜单“标注”/“对齐”命令。
- 工具栏：单击“标注”工具栏上的按钮。
- 命令行：在命令行输入 Dimaligned 或 Dimali 后按 Enter 键。
- 功能区：单击“注释”选项卡/“标注”面板上的按钮。

【例题 2】 标注对齐尺寸。

步骤 01　打开随书光盘中的“\素材文件\8-2.dwg”文件，如图 8-11 所示。

步骤 02　单击“标注”工具栏上的按钮，执行“对齐”命令，配合端点捕捉功能标注对齐尺寸。命令行操作如下：

```
命令： _dimaligned
指定第一个尺寸界线原点或 <选择对象>:                //捕捉如图 8-12 所示的交点
指定第二条尺寸界线原点:                            //捕捉如图 8-13 所示的交点
指定尺寸线位置或[多行文字(M)/文字(T)/角度(A)]:     //在适当位置指定尺寸线位置
```

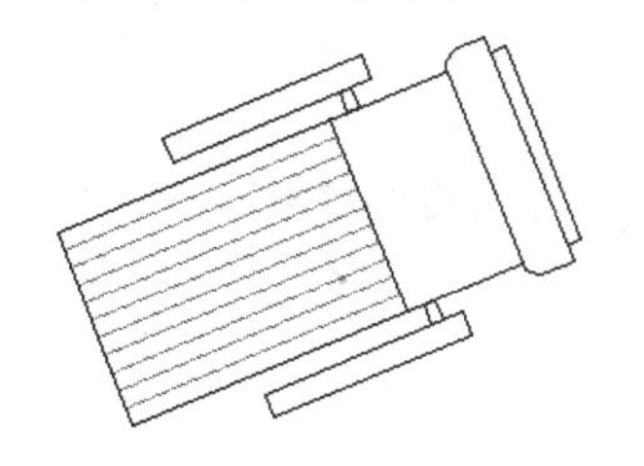

图 8-11　打开结果

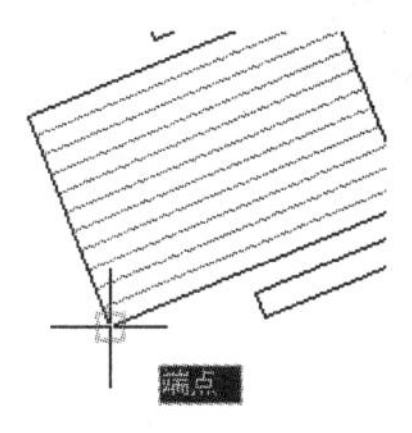

图 8-12　捕捉端点

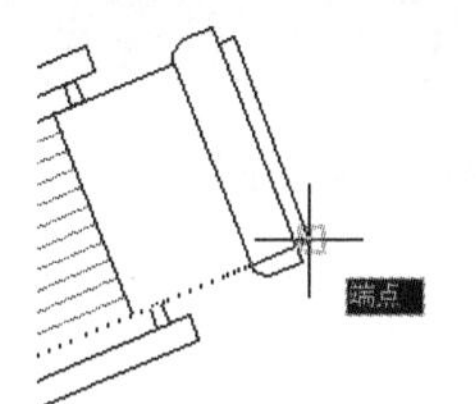

图 8-13　捕捉交点

步骤 03　标注结果如图 8-14 所示。

步骤 04　重复执行“对齐”命令，配合端点捕捉功能，标注图形的宽度尺寸。命令行操作如下：

```
命令： _dimaligned
指定第一个尺寸界线原点或 <选择对象>:        //捕捉如图 8-15 所示的端点
```

```
指定第二条尺寸界线原点:                    //捕捉如图 8-16 所示的端点
指定尺寸线位置或[多行文字(M)/文字(T)/角度(A)]:
                                          //在适当位置拾取点，标注结果如图 8-10 所示
标注文字 = 550
```

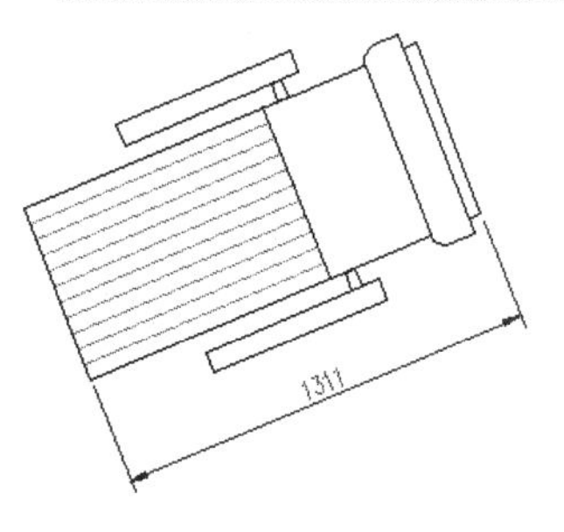

图 8-14　标注结果

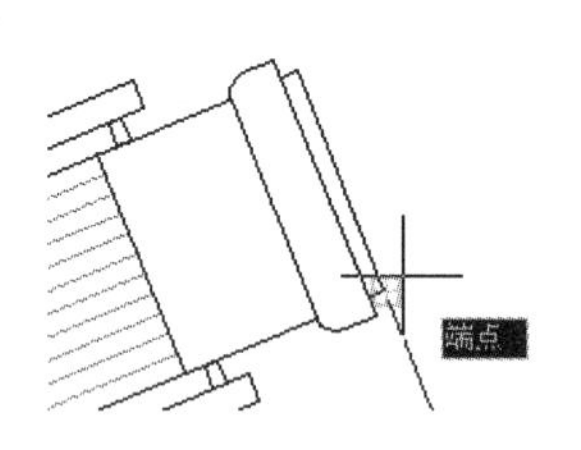

图 8-15　捕捉端点

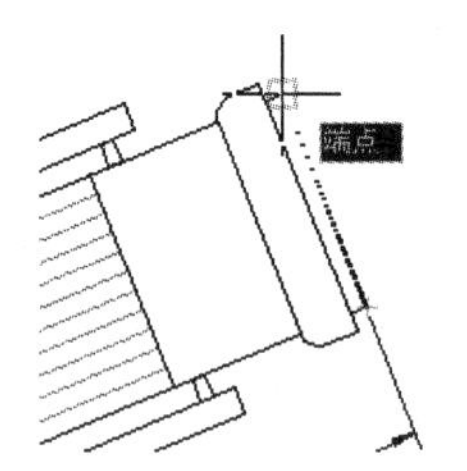

图 8-16　捕捉端点

8.1.3　折弯尺寸

“折弯”命令主要用于标注含有折弯的半径尺寸，如图 8-17 所示。其中，引线的折弯角度可以根据需要进行设置，执行“折弯”命令主要有以下几种方式：

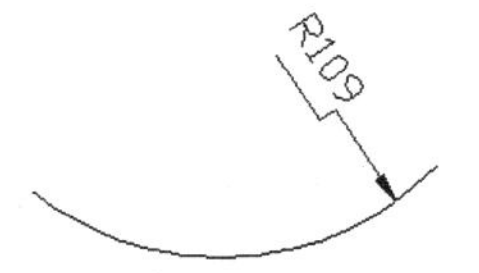

图 8-17　折弯尺寸

- 菜单栏：单击菜单“标注”/“折弯”命令。
- 工具栏：单击“标注”工具栏上的按钮。
- 命令行：在命令行输入 Dimjogged 后按 Enter 键。
- 功能区：单击“注释”选项卡/“标注”面板上的按钮。

执行“折弯”命令后，AutoCAD 命令行有如下操作提示：

```
命令: _dimjogged
选择圆弧或圆:                                      //选择弧或圆作为标注对象
指定图示中心位置:                                  //指定中心线位置
标注文字 = 109
指定尺寸线位置或 [多行文字(M)/文字(T)/角度(A)]:    //指定尺寸线位置
指定折弯位置:                                      //定位折弯位置,标注结果如图 8-17 所示
```

8.1.4　点的坐标

“坐标”命令用于标注点的 X 坐标值和 Y 坐标值，所标注的坐标为点的绝对坐标，如图 8-18 所示。

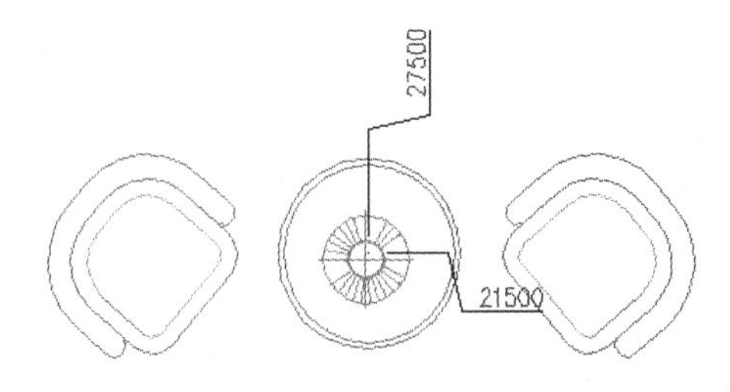

图 8-18　坐标标注示例

执行“坐标”命令主要有以下几种方式：

- 菜单栏：单击菜单“标注”/“坐标”命令。
- 工具栏：单击“标注”工具栏上的按钮。
- 命令行：在命令行输入 Dimordinate 或 Dimord 按 Enter 键。
- 功能区：单击“注释”选项卡/“标注”面板上的按钮。

执行“坐标”命令后，命令行出现如下操作提示：

```
命令：_dimordinate
指定点坐标：                                                    //捕捉点
指定引线端点或 [X 基准(X)/Y 基准(Y)/多行文字(M)/文字(T)/角度(A)]：   //定位引线端点
```

上下移动光标，则可以标注点的 X 坐标值；左右移动光标，则可以标注点的 Y 坐标值。另外，使用“X 基准”选项，可以强制性的标注点的 X 坐标，不受光标引导方向的限制；使用“Y 基准”选项可以标注点的 Y 坐标。

8.2　标注曲线尺寸

本节主要学习曲线尺寸的标注方法和标注技巧，具体有“半径”、“直径”、“弧长”和“角度”四种命令。

8.2.1　半径尺寸

“半径”命令用于标注圆、圆弧的半径尺寸，所标注的半径尺寸是由一条指向圆或圆弧的带箭头的半径尺寸线组成，当用户采用系统的实际测量值标注文字时，系统会在测量数值前自动添加“R”，如图 8-19 所示。

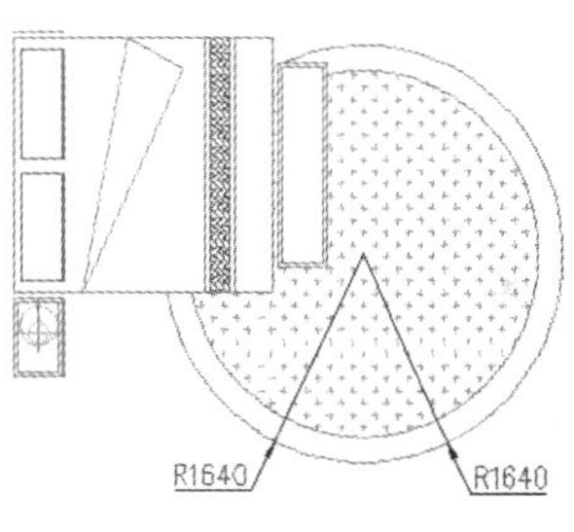

图 8-19　半径尺寸示例

执行“半径”命令主要有以下几种方式：

- 菜单栏：单击菜单栏“标注”/“半径”命令。
- 工具栏：单击“标注”工具栏上的按钮。
- 命令行：在命令行输入 Dimradius 或 Dimrad 后按 Enter 键。
- 功能区：单击“注释”选项卡/“标注”面板上的按钮。

执行“半径”命令后，AutoCAD 命令行会出现如下操作提示：

```
命令：_dimradius
选择圆弧或圆：                                  //选择需要标注的圆或弧对象
标注文字 = 10
指定尺寸线位置或 [多行文字(M)/文字(T)/角度(A)]：   //指定尺寸的位置
```

8.2.2　直径尺寸

“直径”命令用于标注圆或圆弧的直径尺寸，当用户采用系统的实际测量值标注文字时，系统会在测量数值前自动添加“Ø”，如图 8-20 所示。

执行“直径”命令主要有以下几种方式：

- 菜单栏：单击菜单“标注”/“直径”命令。
- 工具栏：单击“标注”工具栏上的⃠按钮。
- 命令行：在命令行输入 Dimdiameter 或 Dimdia 后按 Enter 键。
- 功能区：单击“注释”选项卡/“标注”面板上的⃠按钮。

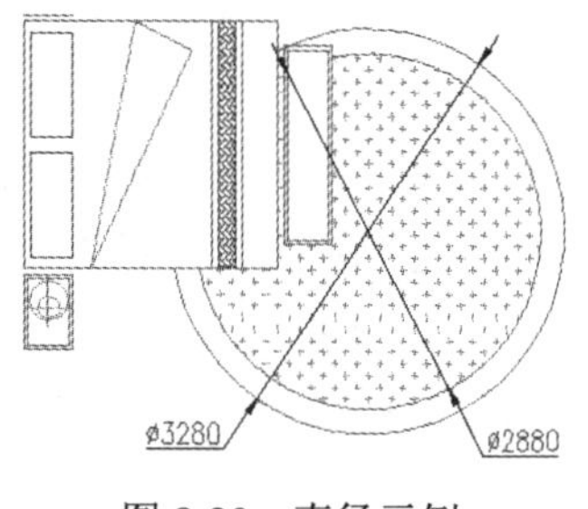

图 8-20　直径示例

执行“直径”命令后，AutoCAD 命令行会出现如下操作提示：

```
命令: _dimdiameter
选择圆弧或圆:                                          //选择需要标注的圆或圆弧
标注文字 = 20
指定尺寸线位置或 [多行文字(M)/文字(T)/角度(A)]:          //指定尺寸的位置
```

8.2.3　弧长尺寸

“弧长”命令主要用于标注圆弧或多段线弧的长度尺寸，默认设置下在尺寸数字的一端添加弧长符号，执行“弧长”命令主要有以下几种方式：

- 菜单栏：单击菜单“标注”/“弧长”命令。
- 工具栏：单击“标注”工具栏上的按钮。
- 命令行：在命令行输入 Dimarc 后按 Enter 键。
- 功能区：单击“注释”选项卡/“标注”面板上的按钮。

执行“弧长”命令后，AutoCAD 命令行会出现如下操作提示：

```
命令: _dimarc
选择弧线段或多段线弧线段:                  //选择需要标注的弧线段
指定弧长标注位置或 [多行文字(M)/文字(T)/角度(A)/部分(P)/引线(L)]:
                                          //指定弧长尺寸的位置，结果如图 8-21 所示
标注文字 = 160
```

使用命令中的“部分”选项功能，可以标注圆弧或多段线弧上的部分弧长，下面通过具体的实例，学习此种标注功能。

【例题 3】　标注弧长尺寸。

步骤 01　首先绘制一段圆弧，如图 8-22 所示。

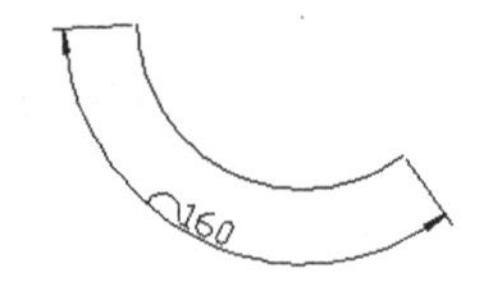

图 8-21　弧长示例

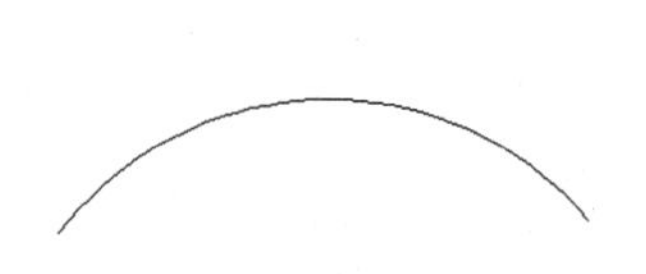
图 8-22　绘制圆弧

步骤 02　单击“标注”工具栏上的按钮，执行“弧长”命令，根据命令行提示标注弧的部分弧长。操作

如下：

```
命令：_dimarc
选择弧线段或多段线弧线段：                //选择需要标注的弧线段
指定弧长标注位置或 [多行文字(M)/文字(T)/角度(A)/部分(P)/引线(L)]：
                                          // PEnter，激活“部分”选项
指定圆弧长度标注的第一个点：              //捕捉圆弧的中点
指定圆弧长度标注的第二个点：              //捕捉圆弧端点
指定弧长标注位置或 [多行文字(M)/文字(T)/角度(A)/部分(P)/]：
//在弧的上侧拾取一点，以指定尺寸位置
```

步骤 03 标注结果如图 8-23 所示。

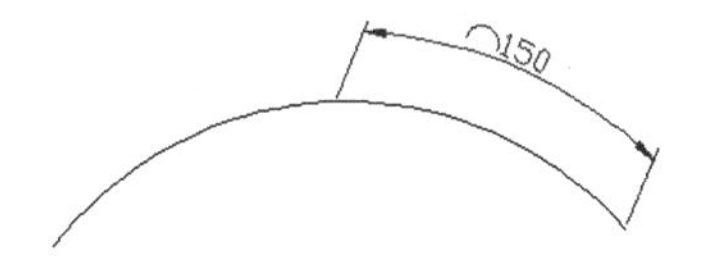

图 8-23　标注结果

“引线”选项用于为圆弧的弧长尺寸添加指示线，如图 8-24 所示。指示线的一端指向所选择的圆弧对象，另一端连接弧长尺寸。

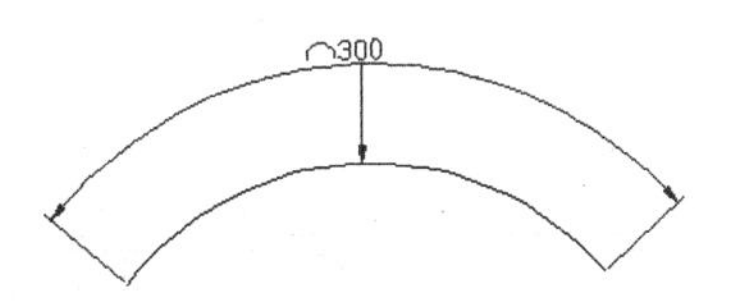

图 8-24　引线选项示例

8.2.4　角度尺寸

“角度”命令主要用于标注图线间的角度尺寸或者是圆弧的圆心角等，执行“角度”命令主要有以下几种方式：

- 菜单栏：单击菜单“标注”/“角度”命令。
- 工具栏：单击“标注”工具栏上的按钮。
- 命令行：在命令行输入 Dimangular 或 Dimang 后按 Enter 键。
- 功能区：单击“注释”选项卡/“标注”面板上的按钮。

【例题 4】 标注角度尺寸。

步骤 01 打开随书光盘中的“\素材文件\8-3.dwg”文件，如图 8-25 所示。

步骤 02 单击“标注”菜单中的“角度”命令，或单击“标注”工具栏上的按钮，标注角度尺寸。命令行操作如下：

```
命令：_dimangular
选择圆弧、圆、直线或 <指定顶点>：              //选择如图 8-25 所示的轮廓线 1
选择第二条直线：                               //选择如图 8-25 所示的轮廓线 2
指定标注弧线位置或 [多行文字(M)/文字(T)/角度(A) /象限点(Q)]：
                                               //在适当位置拾取一点，定位尺寸线位置
```

```
标注文字 = 33.0
```

如果选择的对象为圆时，系统将以选择的点作为第一条延伸线的原点，以圆心作为顶点，第二条延伸线的原点可以位于圆上，也可以在圆外或圆内。

步骤 03　标注结果如图 8-26 所示。

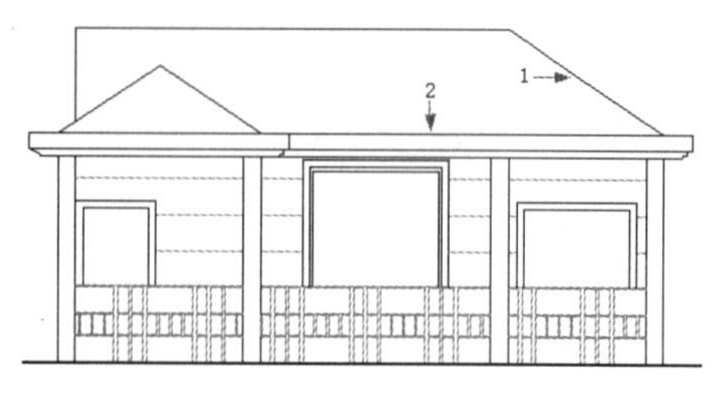

图 8-25　打开结果

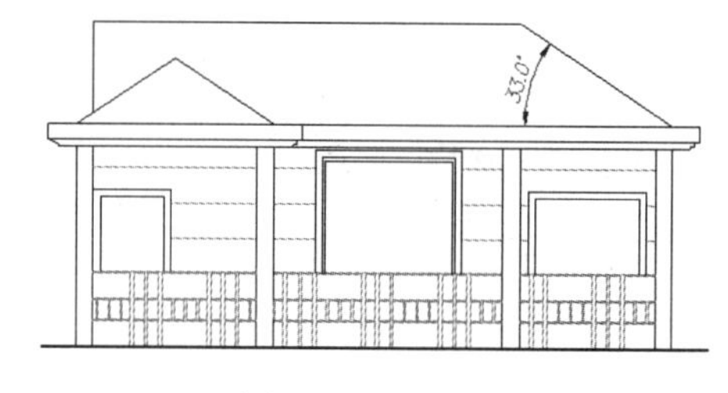

图 8-26　标注结果

在标注角度尺寸时，如果选择的是圆弧，系统将自动以圆弧的圆心作为顶点，圆弧端点作为延伸线的原点，标注圆弧的角度。

步骤 04　重复执行“角度”命令，标注左侧的角度尺寸，结果如图 8-27 所示。

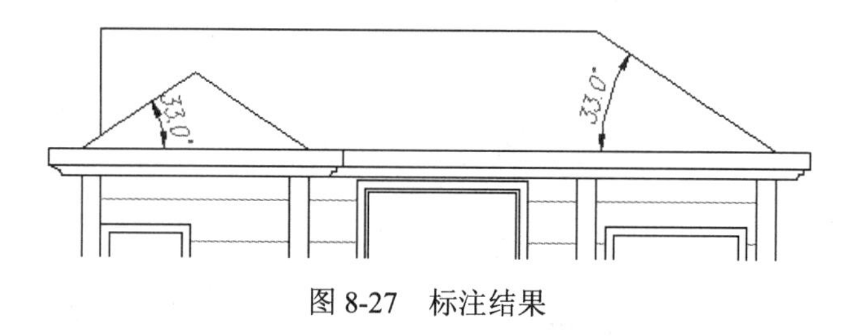

图 8-27　标注结果

8.3　标注复合尺寸

本节主要学习复合尺寸的标注方法和标注技巧，具体有“基线”、“连续”和“快速标注”三个命令。

8.3.1　基线尺寸

“基线”命令属于一个复合尺寸工具，此工具需要在现有尺寸的基础上，以所选择的尺寸界限作为基线尺寸的尺寸界限，进行标注基线尺寸，如图 8-28 所示。

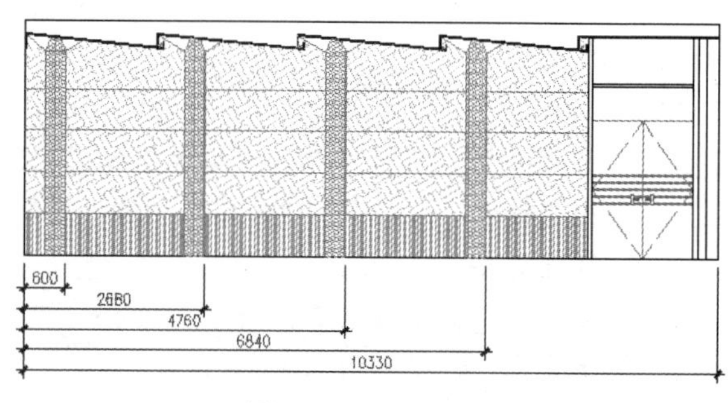

图 8-28　基线示例

执行“基线”命令主要有以下几种方式：

- 菜单栏：单击菜单“标注”/“基线”命令。
- 工具栏：单击“标注”工具栏上的 按钮。
- 命令行：在命令行输入 Dimbaseline 或 Dimbase 后按 Enter 键。

- 功能区：单击“注释”选项卡/“标注”面板上的按钮。

【例题 5】 标注如图 8-28 所示的基线尺寸。

步骤 01 打开随书光盘中的“\素材文件\8-4.dwg”文件，如图 8-29 所示。

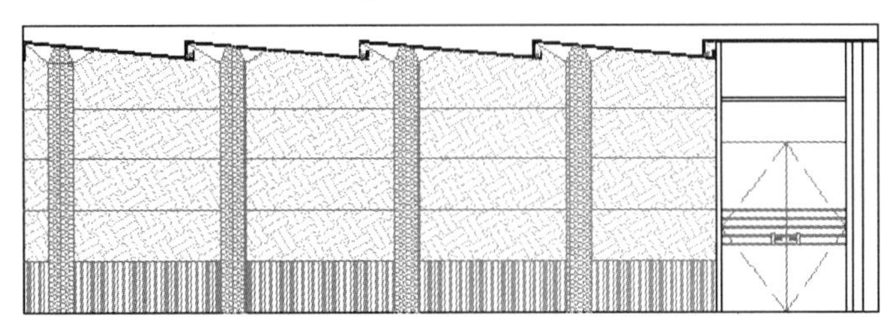

图 8-29　打开结果

步骤 02 执行“线性”命令，配合端点捕捉功能标注如图 8-30 所示的线性尺寸作为基准尺寸。

步骤 03 单击“标注”工具栏上的按钮，执行“基线”命令，配合端点捕捉功能标注基线尺寸。命令行操作如下：

```
命令: _dimbaseline
指定第二条尺寸界线原点或 [放弃(U)/选择(S)] <选择>:    //捕捉如图 8-30 所示的交点 1
```

当执行“基线”命令后，AutoCAD 会自动以刚创建的线性尺寸作为基准尺寸，进入基线尺寸的标注状态。

```
标注文字 =2680
指定第二条尺寸界线原点或 [放弃(U)/选择(S)] <选择>:    //捕捉如图 8-30 所示的交点 2
标注文字 = 4760
指定第二条尺寸界线原点或 [放弃(U)/选择(S)] <选择>:    //捕捉交点 3
标注文字 = 6840
指定第二条尺寸界线原点或 [放弃(U)/选择(S)] <选择>:    //捕捉交点 4
标注文字 = 10330
指定第二条尺寸界线原点或 [放弃(U)/选择(S)] <选择>:    // Enter，退出基线标注状态
选择基准标注:                                          // Enter，退出命令
```

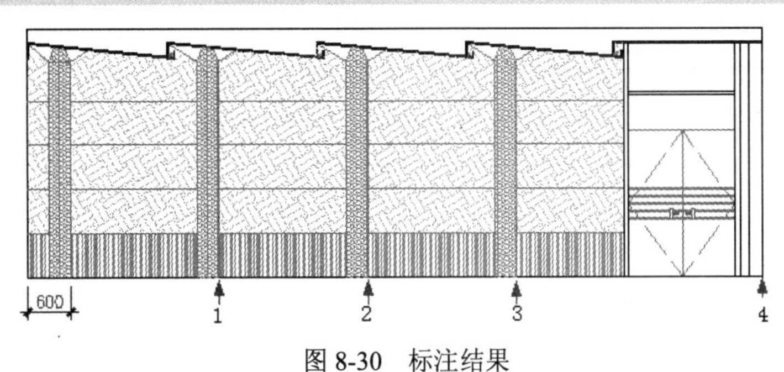

图 8-30　标注结果

步骤 04 标注结果如图 8-31 所示。

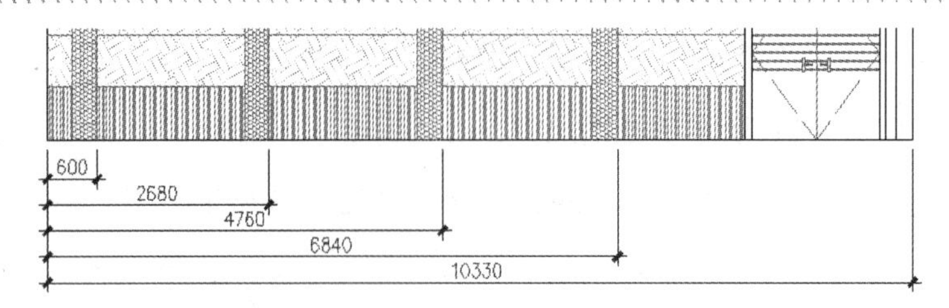

图 8-31　标注结果

命令中的"选择"选项用于提示选择一个线性、坐标或角度标注作为基线标注的基准，"放弃"选项用于放弃所标注的最后一个基线标注。

8.3.2　连续尺寸

"连续"命令也需要在现有的尺寸基础上创建连续的尺寸对象，所创建的连续尺寸位于同一个方向矢量上，如图 8-32 所示。

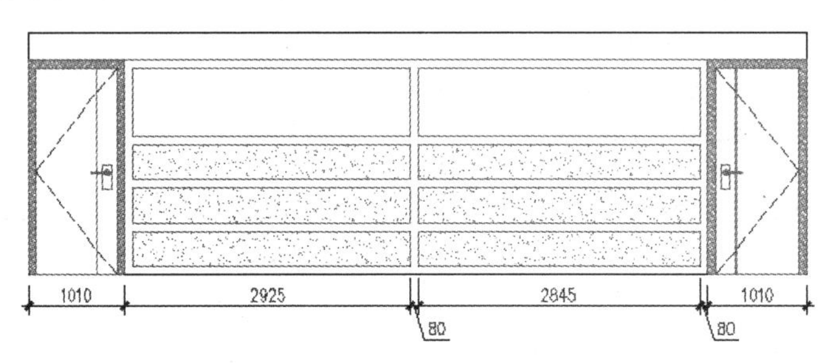

图 8-32　连续尺寸示例

执行"连续"命令主要有以下几种方式：

- 菜单栏：单击菜单"标注"/"连续"命令。
- 工具栏：单击"标注"工具栏上的按钮。
- 命令行：在命令行输入 Dimcontinue 或 Dimcont 后按 Enter 键。
- 功能区：单击"注释"选项卡/"标注"面板上的按钮。

【例题 6】 标注如图 8-32 所示的连续尺寸。

步骤 01　执行"打开"命令，打开随书光盘中的"\素材文件\8-5.dwg"文件，如图 8-33 所示。

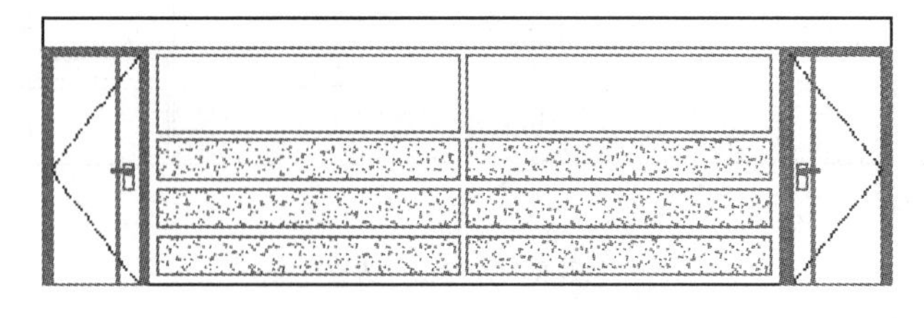

图 8-33　打开结果

步骤 02　执行"线性"命令，配合端点捕捉功能标注如图 8-34 所示的线性尺寸作为基准尺寸。

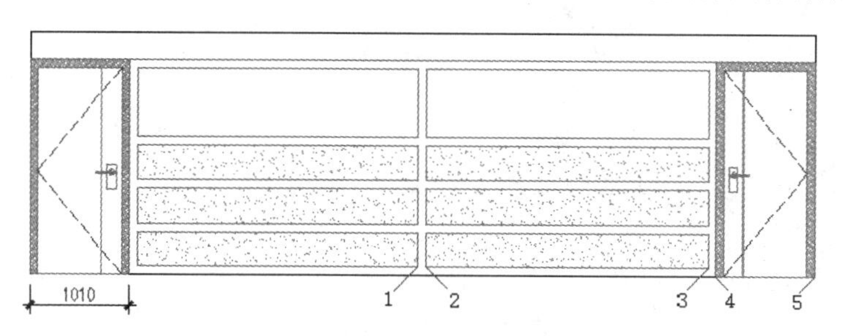

图 8-34　标注结果

步骤 03　单击菜单“标注”/“连续”命令，根据命令行的提示标注连续尺寸。命令行操作如下：

```
命令: _dimcontinue
指定第二条尺寸界线原点或 [放弃(U)/选择(S)] <选择>:    //捕捉如图 8-34 所示交点 1
标注文字 = 2925
指定第二条尺寸界线原点或 [放弃(U)/选择(S)] <选择>:    //捕捉交点 2
标注文字 = 80
指定第二条尺寸界线原点或 [放弃(U)/选择(S)] <选择>:    //捕捉交点 3
标注文字 = 2845
指定第二条尺寸界线原点或 [放弃(U)/选择(S)] <选择>:    //捕捉交点 4
标注文字 = 80
指定第二条尺寸界线原点或 [放弃(U)/选择(S)] <选择>:    //捕捉交点 5
标注文字 = 1010
指定第二条尺寸界线原点或 [放弃(U)/选择(S)] <选择>:    // Enter，退出连续状态
选择连续标注:                                           // Enter，退出命令
```

步骤 04　标注结果如图 8-35 所示。

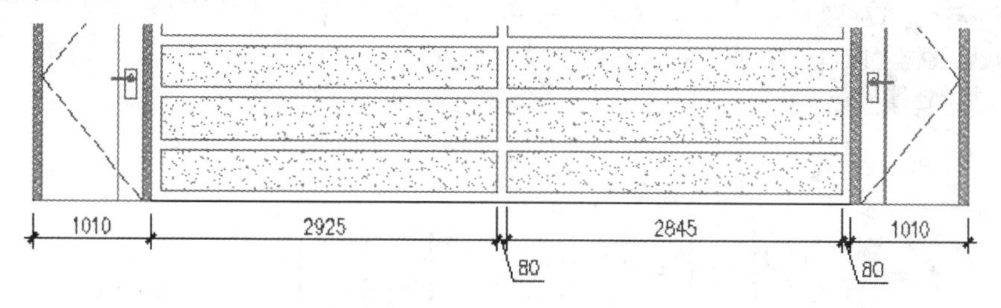

图 8-35　标注结果

8.3.3　快速标注

“快速标注”命令用于一次标注多个对象间的水平尺寸或垂直尺寸，如图 8-36 所示，是一种比较常用的复合标注工具。执行“快速标注”命令主要有以下几种方式：

- 菜单栏：单击菜单“标注”/“快速标注”命令。
- 工具栏：单击“标注”工具栏上的按钮。
- 命令行：在命令行输入 Qdim 后按 Enter 键。
- 功能区：单击“注释”选项卡/“标注”面板上的按钮。

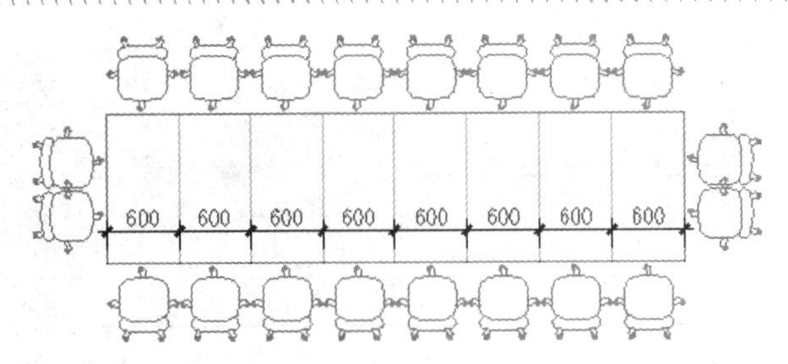

图 8-36　快速标注示例

【例题 7】 标注如图 8-36 所示的尺寸。

步骤 01　打开随书光盘中的"\素材文件\8-6.dwg"文件，如图 8-37 所示。

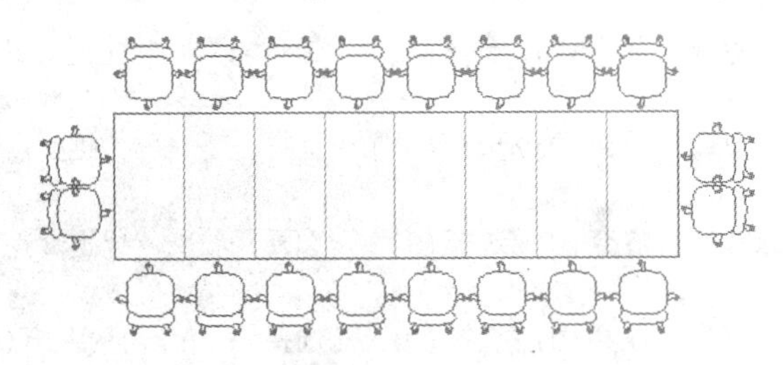

图 8-37　打开结果

步骤 02　单击"标注"工具栏上的按钮，执行"快速标注"命令后，快速标注对象间的水平尺寸。命令行操作如下：

```
命令: _qdim
选择要标注的几何图形:                //拉出如图 8-38 所示的窗交选择框
选择要标注的几何图形:                //Enter，此时出现如图 8-39 所示的快速标注状态
指定尺寸线位置或 [连续(C)/并列(S)/基线(B)/坐标(O)/半径(R)/直径(D)/基准点(P)/编辑(E)/设置(T)] <连续>:                //向上引导光标，指定尺寸线位置
```

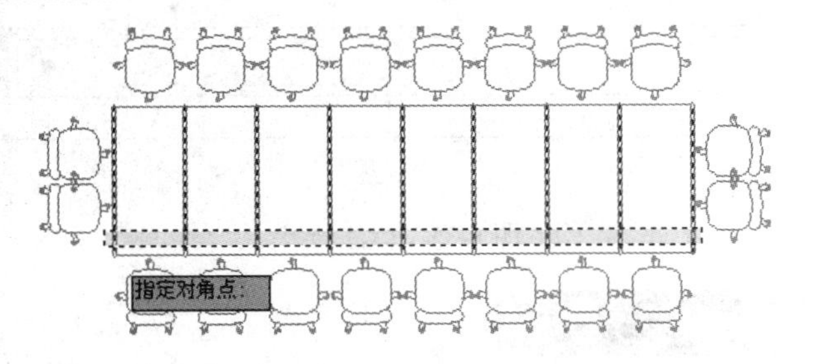

图 8-38　窗交选择框

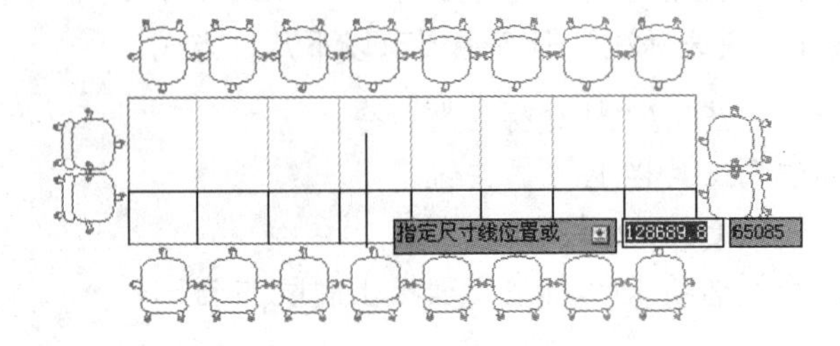

图 8-39　选择结果

步骤 03　结束命令，标注结果如图 8-40 所示。

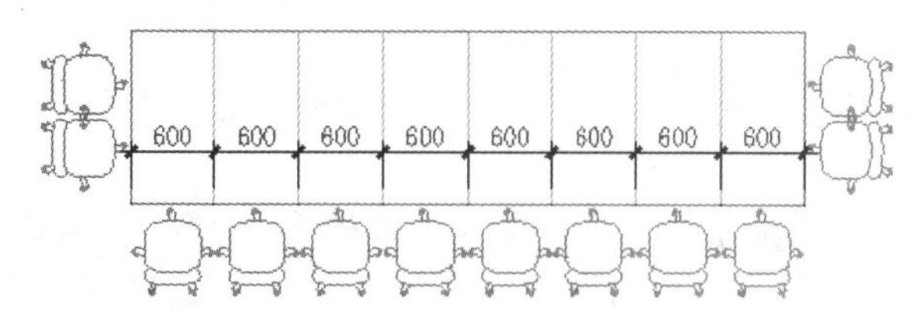

图 8-40　标注结果

选项解析

- “连续”选项用于创建一系列连续标注。
- “并列”选项用于快速生成并列的尺寸标注。
- “基线”选项用于对选择的各个对象以基线标注的形式快速标注。
- “坐标”选项用于对选择的多个对象快速生成坐标标注。
- “半径”选项用于对选择的多个对象快速生成半径标注。
- “直径”选项用于对选择的多个对象快速生成直径标注。
- “基准点”选项用于为基线标注和连续标注确定一个新的基准点。
- “编辑”选项用于对快速标注的选择集进行修改。
- “设置”选项用于设置关联标注的优先级，即为指定延伸线原点设置默认对象捕捉。

8.4　尺寸外观的控制与管理

使用 AutoCAD 提供的“标注样式”命令，可以控制尺寸标注的外观形式，它是所有尺寸变量的集合，这些变量决定了尺寸标注中各元素的外观，只要用户调整尺寸样式中某些尺寸变量，就能灵活修改尺寸标注的外观。执行“标注样式”命令主要有以下几种方式：

- 菜单栏：单击菜单“标注”/“标注样式”命令。
- 工具栏：单击“标注”或“样式”工具栏上的按钮。
- 命令行：在命令行输入 Dimstyle 后按 Enter 键。
- 快捷键：在命令行输入 D 后按 Enter 键。
- 功能区：单击“注释”选项卡/“标注”面板上的按钮。

执行“标注样式”命令后，可打开如图 8-41 所示的“标注样式管理器”对话框，在此对话框中，用户不仅可以设置尺寸的样式，还可以修改、替代和比较尺寸的样式。

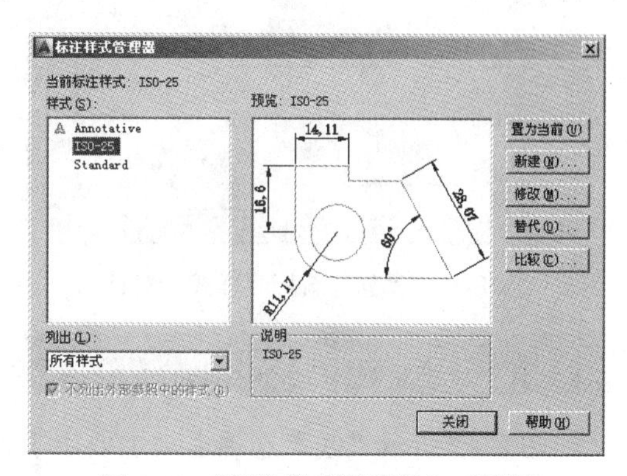

图 8-41　“标注样式管理器”对话框

选项解析

- “样式”区域用于显示当前文件中的所有尺寸样式，并且当前样式被亮显。选择一种样式并单击鼠标右键，在右键菜单中可以设置当前样式、重命名样式和删除样式。

当前标注样式和当前文件中已使用的样式不能被删除，默认样式为 ISO-25。

- “列出”下拉列表框中提供了两个显示标注样式的选项。即“所有样式”和“正在使用的样式”。前一个选项用于显示当前图形中的所有标注样式；后一个选项仅用于显示被当前图形中的标注引用过的样式。
- “预览”区域主要显示“样式”区中选定的尺寸样式的标注效果。
- 置为当前(U)按钮用于把选定的标注样式设置为当前标注样式。
- 修改(M)...按钮用于修改当前选择的标注样式。当用户修改了标注样式后，当前图形中的所有尺寸标注都会自动改变为所修改的尺寸样式。
- 替代(O)...按钮用于设置当前使用的标注样式的临时替代值。当用户创建了替代样式后，当前标注样式将被应用到以后所有尺寸标注中，直到用户删除替代样式为止，而不会改变替代样式之前的标注样式。
- 比较(C)...按钮用于比较两种标注样式的特性或浏览一种标注样式的全部特性，并将比较结果输出到 Windows 剪贴板上，然后再粘贴到其他 Windows 应用程序中。
- 新建(N)...按钮用于设置新的尺寸样式。

单击新建(N)...按钮后，系统将打开如图 8-42 所示的“创建新标注样式”对话框，其中“新样式名”文本框用于为新样式赋名；“基础样式”下拉列表框用于设置新样式的基础样式；“注释性”复选框用于为新样式添加注释；“用于”下拉列表框用于创建一种仅适用于特定标注类型的样式。

单击继续按钮，打开如图 8-43 所示的“新建标注样式：副本 ISO-25”对话框。此对话框包括“线”、“符号和箭头”、“文字”、“调整”、“主单位”、“换算单位”和“公差”七个选项卡。

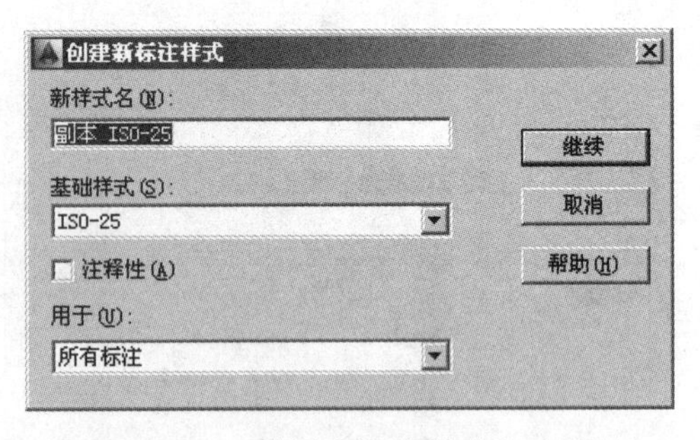

图 8-42　“创建新标注样式”对话框

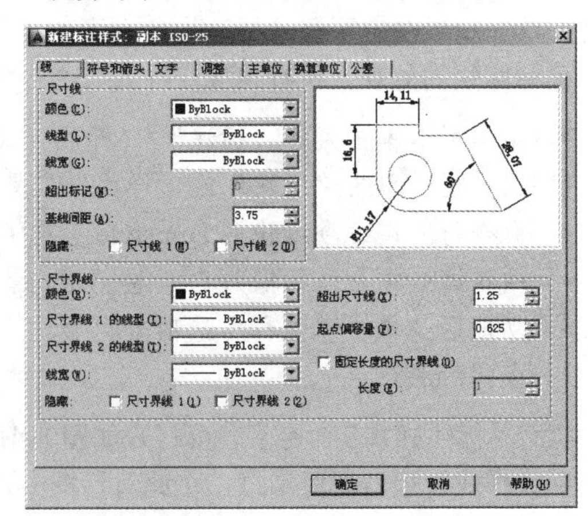

图 8-43　“新建标注样式”对话框

8.4.1　设置尺寸的线性

如图 8-43 所示“线”选项卡，主要用于设置尺寸线、延伸线的格式和特性等变量，具体如下：

1. “尺寸线”选项组

- “颜色”下拉列表框用于设置尺寸线的颜色。
- “线型”下拉列表框用于设置尺寸线的线型。
- “线宽”下拉列表框用于设置尺寸线的线宽。
- “超出标记”微调按钮用于设置尺寸线超出尺寸界限的长度。在默认状态下，该选项处于不可用状态，当用户只有在选择建筑标记箭头时，此微调按钮才处于可用状态。
- “基线间距”微调按钮用于设置在基线标注时两条尺寸线之间的距离。

2. “尺寸界线”选项组

- “颜色”下拉列表框用于设置延伸线的颜色。
- “线宽”下拉列表框用于设置延伸线的线宽。
- “尺寸界线 1 的线型”下拉列表用于设置尺寸界线 1 的线型。
- “尺寸界线 2 的线型”下拉列表用于设置尺寸界线 2 的线型。
- “超出尺寸线”微调按钮用于设置延伸线超出尺寸线的长度。
- “起点偏移量”微调按钮用于设置延伸线起点与被标注对象间的距离。

如果勾选“固定长度的尺寸界线”复选框后，可在下侧的“长度”文本框内设置尺寸界线的固定长度。

8.4.2 设置尺寸箭头

如图 8-44 所示的“符号和箭头”选项卡，主要用于设置箭头、圆心标记、弧长符号和半径标注等参数。

1. “箭头”选项组

- “第一个/第二个”下拉列表框用于设置箭头的形状。
- “引线”下拉列表框用于设置引线箭头的形状。
- “箭头大小”微调按钮用于设置箭头的大小。

2. “圆心标记”选项组

- “无”单选按钮表示不添加圆心标记。
- “标记”单选按钮用于为圆添加十字形标记。
- “直线”单选按钮用于为圆添加直线型标记。
- 2.5 微调按钮用于设置圆心标记的大小。
- “折断标注”选项组用于设置打断标注的大小。

3. “弧长符号”选项组

- “标注文字的前缀”单选按钮用于为弧长标注添加前缀。
- “标注文字的上方”单选按钮用于设置标注文字的位置。
- “无”单选按钮若表示在弧长标注上不出现弧长符号。

- “半径折弯标注”选项组用于设置半径折弯的角度。
- “线性折弯标注”选项组用于设置线性折弯的高度因子。

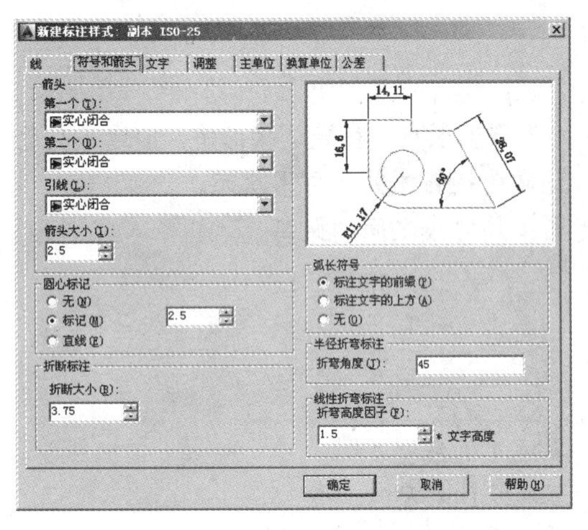

图 8-44　“符号和箭头”选项卡

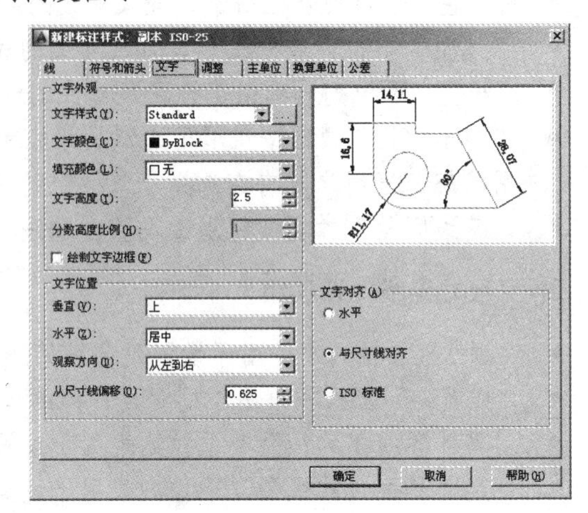

图 8-45　“文字”选项卡

8.4.3　设置尺寸文字

如图 8-45 所示的“文字”选项卡，主要用于设置尺寸文字的样式、颜色、位置及对齐方式等变量。

1. “文字外观”选项组

- “文字样式”列表框用于设置尺寸文字的样式。单击列表框右端的[...]按钮，将弹出“文字样式”对话框，用于新建或修改文字样式。
- “文字颜色”下拉列表框用于设置标注文字的颜色。
- “填充颜色”下拉列表框用于设置尺寸文本的背景色。
- “文字高度”微调按钮用于设置标注文字的高度。
- “分数高度比例”微调按钮用于设置标注分数的高度比例。只有在选择分数标注单位时，此选项才可用。
- “绘制文字边框”复选框用于设置是否为标注文字加上边框。

2. “文字位置”选项组

- “垂直”列表框用于设置尺寸文字相对于尺寸线垂直方向的放置位置。
- “水平”列表框用于设置标注文字相对于尺寸线水平方向的放置位置。
- “观察方向”列表框用于设置标注文字的观察方向。
- “从尺寸线偏移”微调按钮，用于设置标注文字与尺寸线之间的距离。

3. “文字对齐”选项组

- “水平”单选按钮用于设置标注文字以水平方向放置。
- “与尺寸线对齐”单选按钮用于设置标注文字与尺寸线平行的方向放置。
- “ISO 标准”单选按钮用于根据 ISO 标准设置标注文字。

8.4.4　协调尺寸元素

如图 8-46 所示的“调整”选项卡，主要用于设置尺寸文字与尺寸线、延伸线等之间的位置。

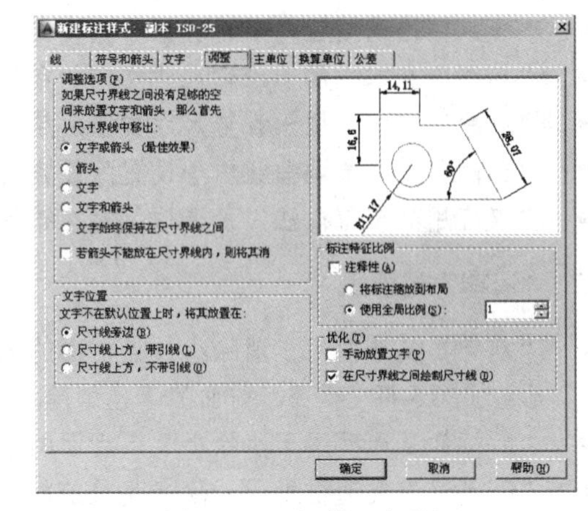

图 8-46　“调整”选项卡

1. “调整选项”选项组

- “文字或箭头(最佳效果)”选项用于自动调整文字与箭头的位置，使二者达到最佳效果。
- “箭头”选项用于将箭头移到延伸线外。
- “文字”选项用于将文字移到延伸线外。
- “文字和箭头”选项用于将文字与箭头都移到延伸线外。
- “文字始终保持在尺寸界线之间”选项用于将文字始终放置在延伸线之间。

2. “文字位置”选项组

- “尺寸线旁边”选项用于将文字放置在尺寸线旁边。
- “尺寸线上方，带引线”选项用于将文字放置在尺寸线上方，并加引线。
- “尺寸线上方，不加引线”选项用于将文字放置在尺寸线上方，但不加引线引导。

3. “标注注释比例”选项组

- “注释性”复选框性用于设置标注为注释性标注。
- “使用全局比例”单选按钮用于设置标注的比例因子。
- “将标注缩放到布局”单选按钮用于根据当前模型空间的视口与布局空间的大小来确定比例因子。

4. “优化”选项组

- “手动放置文字”复选框用于手动放置标注文字。
- “在尺寸界线之间绘制尺寸线”复选框：在标注圆弧或圆时，尺寸线始终在延伸线之间。

8.4.5　设置尺寸单位

如图 8-47 所示的“主单位”选项卡，主要用于设置线性标注和角度标注的单位格式以及精确度等参数变量。

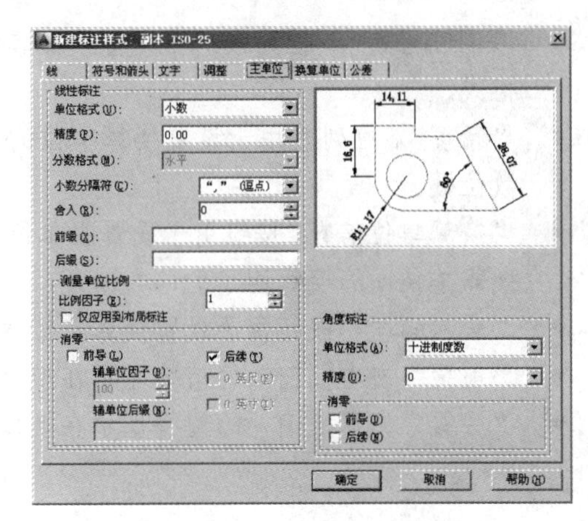

图 8-47　“主单位”选项卡

1. “线性标注”选项组

- “单位格式”下拉列表框用于设置线性标注的单位格式，默认值为小数。
- “精度”下拉列表框用于设置尺寸的精度。
- “分数格式”下拉列表框用于设置分数的

格式。

- “小数分隔符”下拉列表框用于设置小数的分隔符号。
- “舍入”微调按钮用于设置除了角度之外的标注测量值的四舍五入规则。
- “前缀”文本框用于设置尺寸文字的前缀，可以为数字、文字、符号。
- “后缀”文本框用于设置尺寸文字的后缀，可以为数字、文字、符号。
- “比例因子”微调按钮用于设置除了角度之外的标注比例因子。
- “仅应用到布局标注”复选框仅对在布局里创建的标注应用线性比例值。

2. “消零”选项组

- “前导”复选框用于消除小数点前面的零。当尺寸文字小于 1 时，比如为 0.5，勾选此复选框后，此 0.5 将变为.5，前面的零已消除。
- “后续”复选框用于消除小数点后面的零。
- “0 英尺”复选框用于消除零英尺前的零。如：“0′ -1/2″ ”表示为“1/2″ ”。只有当“单位格式”设为工程或建筑时，复选框才被激活。
- “0 英寸”复选框用于消除英寸后的零。如：“2′ -1.400″ ”表示为“2′ -1.4″ ”。

3. “角度标注”选项组

- “单位格式”下拉列表用于设置角度标注的单位格式。
- “精度”下拉列表用于设置角度的小数位数。
- “前导”复选框消除角度标注前面的零。
- “后续”复选框消除角度标注后面的零。

8.4.6 设置换算单位

如图 8-48 所示的“换算单位”选项卡，用于显示和设置尺寸文字的换算单位、精度等变量。只有勾选了“显示换算单位”复选框，才可激活“换算单位”选项卡中所有的选项组。

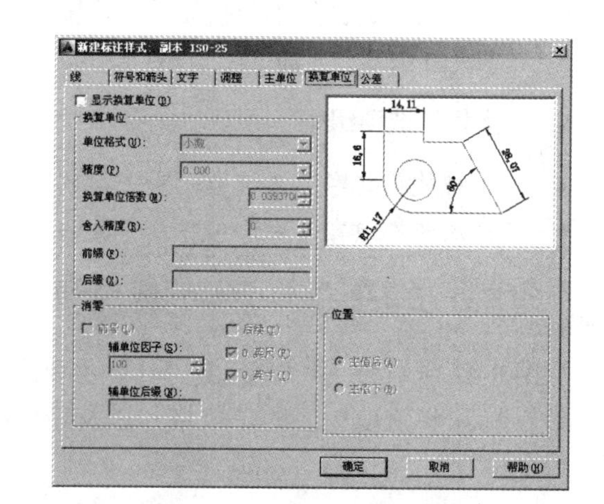

图 8-48　“换算单位”选项卡

1. “换算单位”选项组

- “单位格式”下拉列表用于设置换算单位格式。
- “精度”下拉列表用于设置换算单位的小数位数。
- “换算单位倍数”按钮用于设置主单位与换算单位间的换算因子的倍数。
- “舍入精度”按钮用于设置换算单位的四舍五入规则。
- “前缀”文本框输入的值将显示在换算单位的前面。
- “后缀”文本框输入的值将显示在换算单位的后面。

2. “消零”选项组

该选项组用于消除换算单位的前导和后继零以及英尺、英寸前后的零。其作用与“主单位”选项卡中的“消零”选项组相同。

3. “位置”选项组

- “主值后”选项将换算单位放在主单位之后。
- “主值下”选项将换算单位放在主单位之下。

8.5　尺寸的编辑与更新

本节将学习“标注打断”、“编辑标注”、“标注更新”、“标注间距”和“编辑标注文字”等命令。

8.5.1　标注打断

“标注打断”命令可以在尺寸线、延伸线与几何对象或其他标注相交的位置将其打断。执行“标注打断”命令主要有以下几种方式：

- 菜单栏：单击菜单“标注”/“标注打断”命令。
- 工具栏：单击“标注”工具栏上的按钮。
- 命令行：在命令行输入 Dimbreak 后按 Enter 键。
- 功能区：单击“注释”选项卡/“标注”面板上的按钮。

执行“标注打断”命令后，根据命令行提示对尺寸对象进行打断。命令行操作如下：

```
命令：_DIMBREAK
选择要添加/删除折断的标注或 [多个(M)]：   //选择如图 8-49（左）所示的尺寸
选择要折断标注的对象或 [自动(A)/手动(M)/删除(R)] <自动>：
//选择与尺寸线相交的垂直轮廓线
选择要折断标注的对象：                     //Enter，结束命令，打断结果如图 8-49（右）所示
1 个对象已修改
```

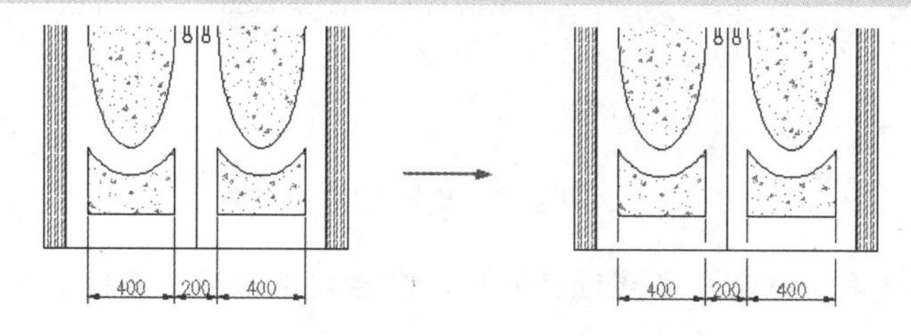

图 8-49　标注打断

“手动”选项用于手动定位打断位置；“删除”选项用于恢复被打断的尺寸对象。

8.5.2　编辑标注

“编辑标注”命令主要用于修改尺寸文字的内容、旋转角度以及延伸线的倾斜角度等。执行“编

辑标注”命令主要有以下几种方式：

- 菜单栏：单击菜单“标注”/“倾斜”命令。
- 工具栏：单击“标注”工具栏上的按钮。
- 命令行：在命令行输入 Dimedit 后按 Enter 键。
- 功能区：单击“注释”选项卡/“标注”面板上的按钮。

【例题 8】 编辑尺寸标注。

步骤 01 执行“线性”命令，随意标注一个尺寸，如图 8-50 所示。

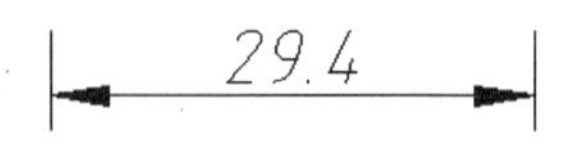

图 8-50 创建线性尺寸

步骤 02 单击“标注”工具栏上的按钮，执行“编辑标注”命令，根据命令行提示进行编辑标注。命令行操作如下：

```
命令： _dimedit
输入标注编辑类型 [默认(H)/新建(N)/旋转(R)/倾斜(O)] <默认>:
//n Enter，打开“文字格式”编辑器，然后修改标注文字如图 8-51 所示
选择对象：                            //选择刚标注的尺寸
选择对象：                            // Enter，标注结果如图 8-52 所示
```

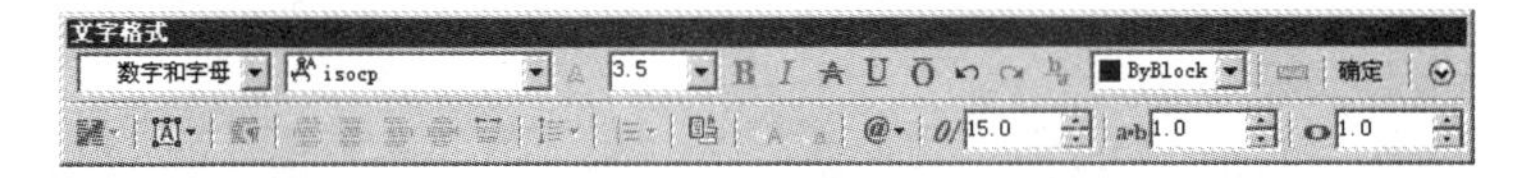

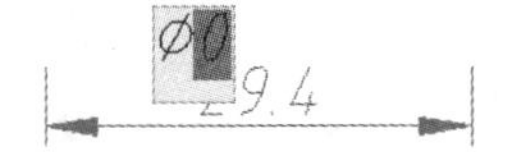

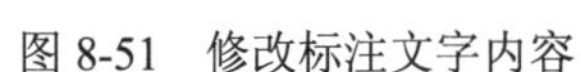

图 8-51 修改标注文字内容

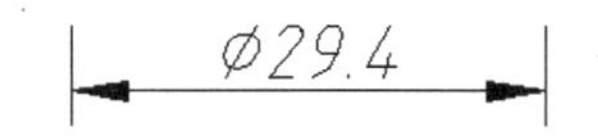

图 8-52 修改内容

步骤 03 重复执行“编辑标注”命令，对标注文字进行倾斜。命令行操作如下：

```
命令:_dimedit                         // Enter，重复执行命令
输入标注编辑类型 [默认(H)/新建(N)/旋转(R)/倾斜(O)] <默认>:
//r Enter，激活"旋转"选项
指定标注文字的角度：                  //30 Enter
选择对象：                            //选择如图 8-52 所示的尺寸
选择对象：                            // Enter，结果如图 8-53 所示
```

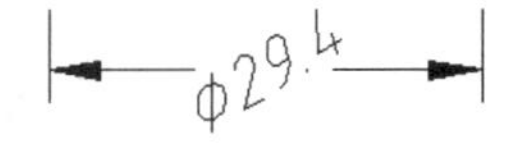

图 8-53 旋转文字

“倾斜”选项用于对尺寸界线进行倾斜，激活该选项后，系统将按指定的角度调整尺寸界线的倾斜角度。

8.5.3 标注更新

“标注更新”命令用于将尺寸对象的样式更新为当前尺寸标注样式，还可以将当前的标注样式保存起来，以供随时调用。执行“标注更新”命令主要有以下几种方式：

- 菜单栏：单击菜单“标注”/“更新”命令。
- 工具栏：单击“标注”工具栏上的按钮。
- 命令行：在命令行输入-Dimstyle 后按 Enter 键。
- 功能区：单击“注释”选项卡/“标注”面板上的按钮。

激活该命令后，仅选择需要更新的尺寸对象即可，命令行操作如下：

```
命令：_-dimstyle
当前标注样式:NEWSTYLE 注释性：否
输入标注样式选项[注释性(AN)/保存(S)/恢复(R)/状态(ST)/变量(V)/应用(A)/?] <恢复>:
选择对象:                        //选择需要更新的尺寸
选择对象:                        // Enter，结束命令
```

选项解析

- “状态”选项用于以文本窗口的形式显示当前标注样式的各设置数据。
- “应用”选项用于将选择的标注对象自动更换为当前标注样式。
- “保存”选项用于将当前标注样式存储为用户定义的样式。
- “恢复”选项用于恢复已定义过的标注样式。
- “变量”选项被选中后，命令行提示用户选择一个标注样式，选定后，系统打开文本窗口，并在窗口中显示所选样式的设置数据。

8.5.4　标注间距

“标注间距”命令用于调整平行的线性标注和角度标注之间的间距，或根据指定的间距值进行调整。执行“等距标注”命令主要有以下几种方式：

- 菜单栏：单击菜单“标注”/“标注间距”命令。
- 工具栏：单击“标注”工具栏上的按钮。
- 命令行：在命令行输入 Dimspace 后按 Enter 键。
- 功能区：单击“注释”选项卡/“标注”面板上的按钮。

【例题 9】　修改尺寸线间的间距。

步骤 01　首先调用随书光盘中的“\素材文件\8-7.dwg”文件，如图 8-54（左）所示。

步骤 02　单击“注释”选项卡→“标注”面板→“调整间距”按钮，将各尺寸线间的距离调整为 10 个单位，命令行操作如下：

```
命令：_DIMSPACE
选择基准标注:                    //选择尺寸文字为 16.0 的尺寸对象
选择要产生间距的标注::            //选择其他三个尺寸对象
选择要产生间距的标注:             // Enter，结束对象的选择
输入值或 [自动(A)] <自动>:        // 10 Enter
```

步骤 03　调整结果如图 8-54（右）所示。

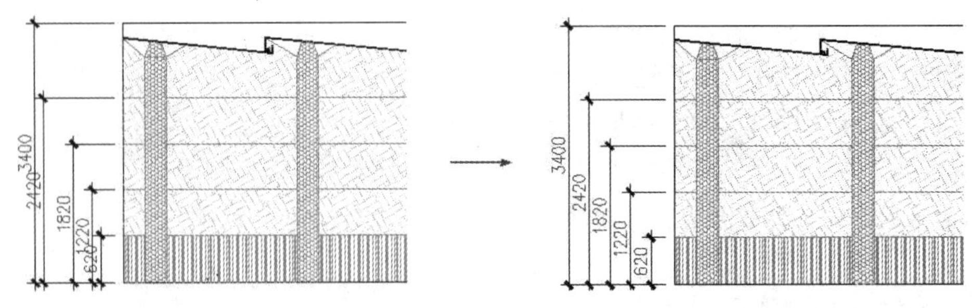

图 8-54　调整标注间距

使用"标注间距"命令中的"自动"选项，可以根据现有尺寸位置，自动调整各尺寸对象的位置，使之间隔相等。

8.5.5　编辑标注文字

"编辑标注文字"命令主要用于重新调整尺寸文字的放置位置以及尺寸文字的旋转角度，如图 8-55 所示。

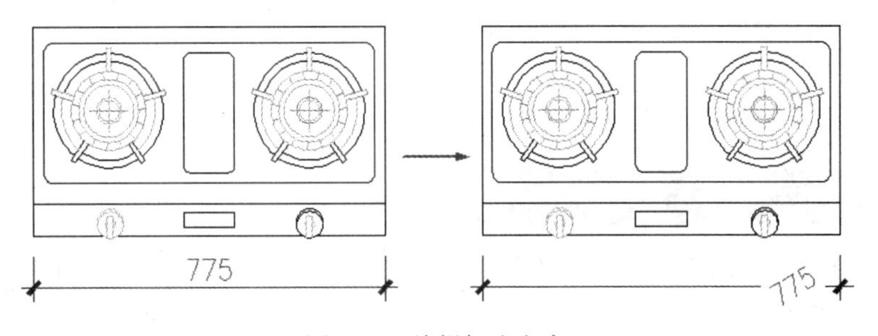

图 8-55　编辑标注文字

执行"编辑标注文字"命令主要有以下几种方式：

- 菜单栏：单击"标注"菜单中的"对齐文字"级联菜单中的各命令。
- 工具栏：单击"标注"工具栏上的按钮。
- 命令行：在命令行输入 Dimtedit 后按 Enter 键。

【例题 10】　修改尺寸文字的位置及角度。

步骤 01　打开随书光盘中的"\素材文件\8-8.dwg"文件，如图 8-55（左）所。

步骤 02　单击"标注"工具栏上的按钮，执行"编辑标注"命令，调整标注文字的位置。命令行操作如下：

```
命令：
DIMTEDIT 选择标注：                    //选择如图 8-55（左）所示的尺寸
为标注文字指定新位置或 [左对齐(L)/右对齐(R)/居中(C)/默认(H)/角度(A)]：
//r Enter，指定文字位置
```

步骤 03　标注文字调整后的结果如图 8-55（右）所示。

选项解析

- "左对齐"选项后用于沿尺寸线左端放置标注文字。
- "右对齐"选项用于沿尺寸线右端放置标注文字。

- “居中”选项用于把标注文字放在尺寸线的中心。
- “默认”选项用于将标注文字移回默认位置。
- “角度”选项用于按照输入的角度放置标注文字。

8.6 综合范例——为户型装修平面图标注尺寸

本例通过为户型装修平面图标注尺寸，主要对本章所讲重点知识进行综合练习和巩固应用。户型装修平面图尺寸的最终标注效果如图 8-56 所示。

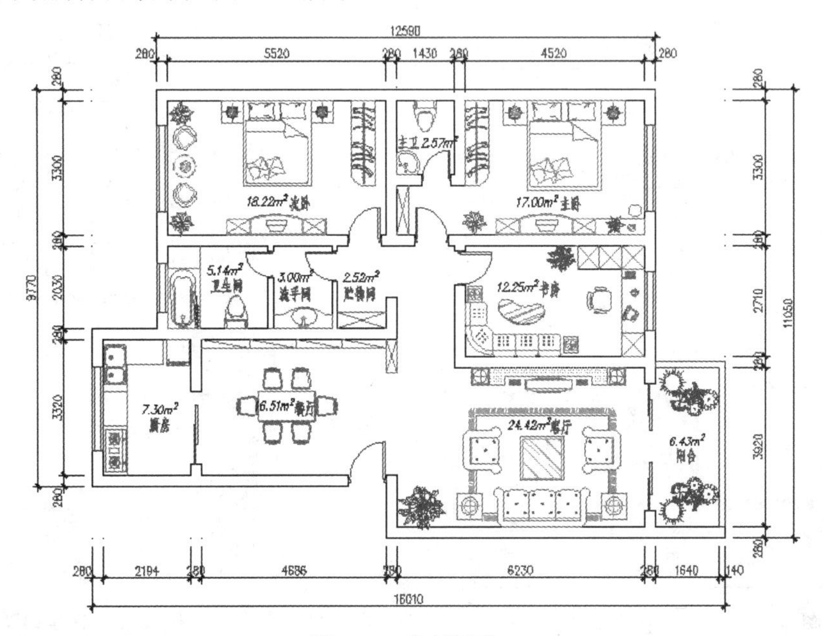

图 8-56 实例效果

操作步骤：

步骤 01 执行“打开”命令，打开随书光盘中的“\素材文件\8-9.dwg”文件，如图 8-57 所示。

步骤 02 打开状态栏上的“对象捕捉”和“对象追踪”功能。

步骤 03 使用快捷键 D 执行“标注样式”命令，在打开的“标注样式管理器”对话框中单击 修改(M)... 按钮，对当前样式进行修改。

步骤 04 在打开的“修改标注样式：Standard”对话框中展开“线”选项卡，修改尺寸的线参数如图 8-58 所示。

步骤 05 展开“符号和箭头”选项卡，然后在“箭头”选项组中单击“第一个”下拉列表，选择“用户箭头”选项，如图 8-59 所示。

步骤 06 此时在打开的“选择自定义箭头块”对话框中选择如图 8-60 所示的箭头块。

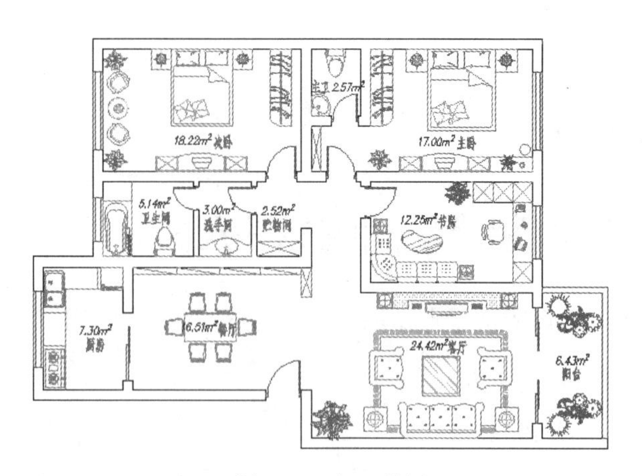

图 8-57　打开结果

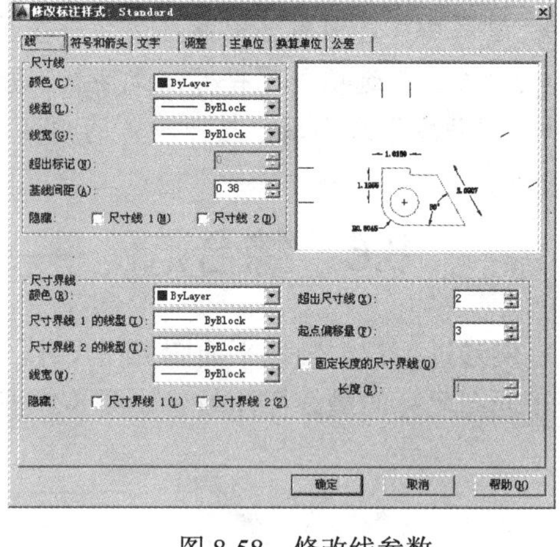

图 8-58　修改线参数

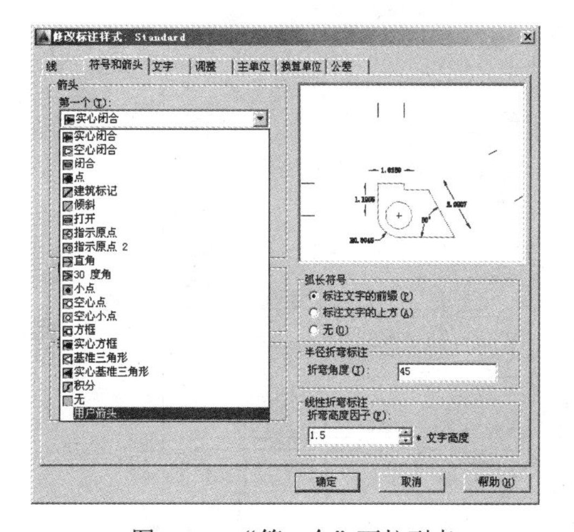

图 8-59　“第一个”下拉列表

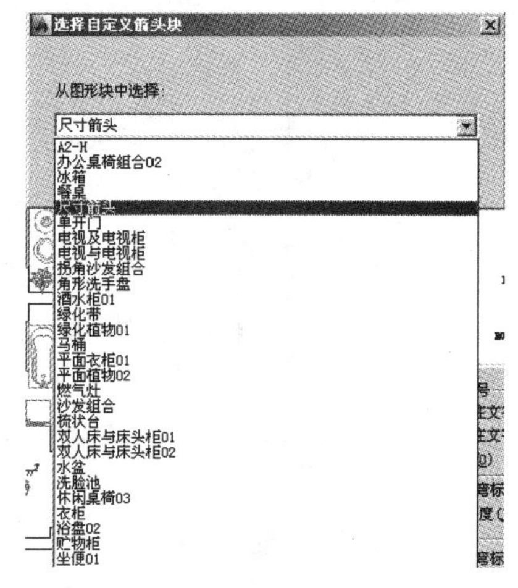

图 8-60　选择箭头块

步骤 07　单击 确定 按钮，返回“修改标注样式：Standard”对话框，然后设置箭头大小如图 8-61 所示。

步骤 08　在“修改标注样式：Standard”对话框中展开“文字”选项卡，然后设置尺寸文字参数及位置如图 8-62 所示。

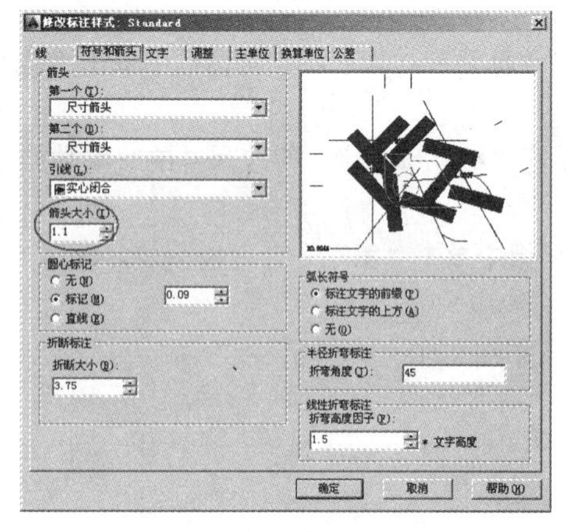

图 8-61　修改箭头及大小

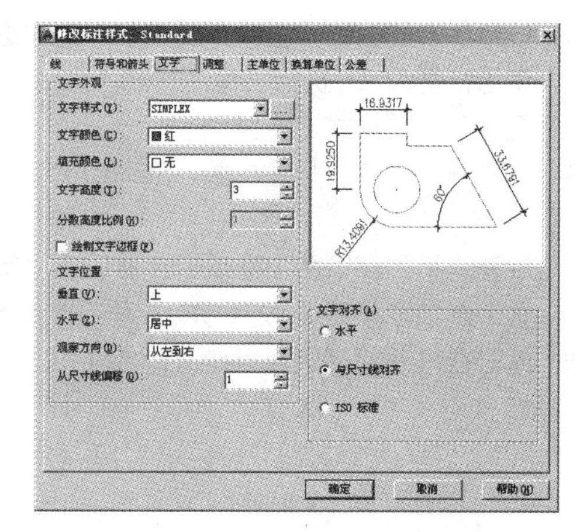

图 8-62　修改文字参数

步骤 09　在“修改标注样式：Standard”对话框中展开“调整”选项卡，然后设置调整选项如图 8-63 所示。

步骤 10　在“修改标注样式：Standard”对话框中展开“主单位”选项卡，然后设置尺寸单位及精度参数如图 8-64 所示。

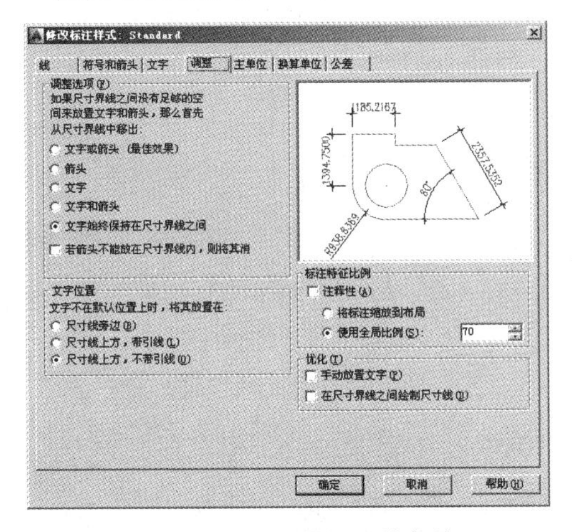

图 8-63　设置调整参数

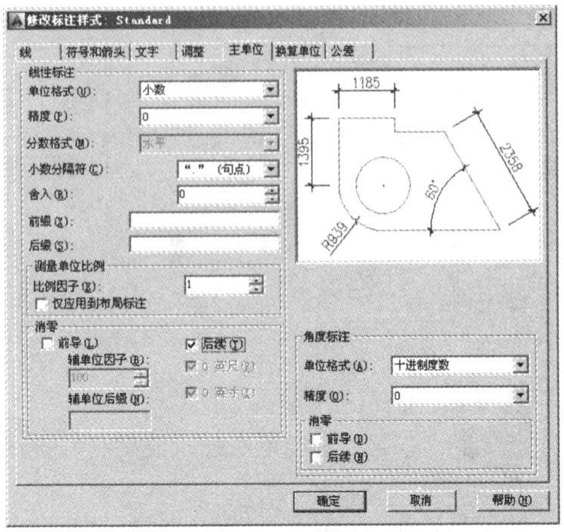

图 8-64　设置单位

步骤 11　单击菜单“绘图”/“构造线”命令，在户型图的四侧绘制如图 8-65 所示的构造线作为定位辅助线。

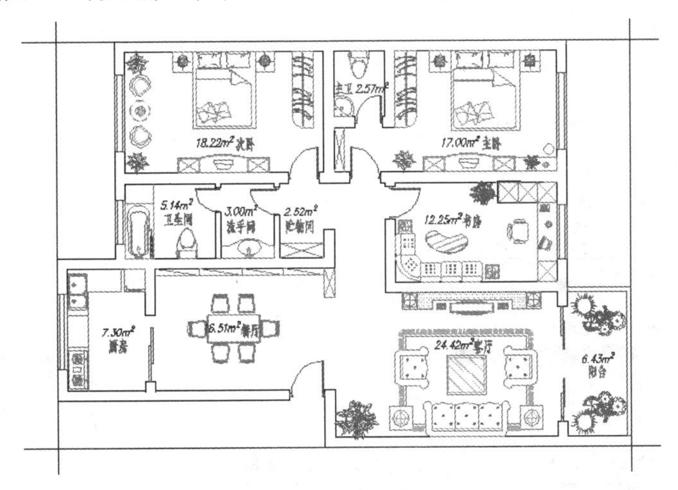

图 8-65　绘制构造线

步骤 12　单击菜单“修改”/“线性”命令，配合捕捉与追踪功能标注细部尺寸的第一个尺寸对象。命令行操作如下：

```
命令: _dimlinear
指定第一个尺寸界线原点或 <选择对象>:            //捕捉如图 8-66 所示的交点
指定第二条尺寸界线原点:            //配合捕捉追踪功能，捕捉如图 8-67 所示的交点
指定尺寸线位置或[多行文字(M)/文字(T)/角度(A)/水平(H)/垂直(V)/旋转(R)]:
//垂直向下引导光标，在适当位置拾取一点，结果如图 8-68 所示
标注文字 =280
```

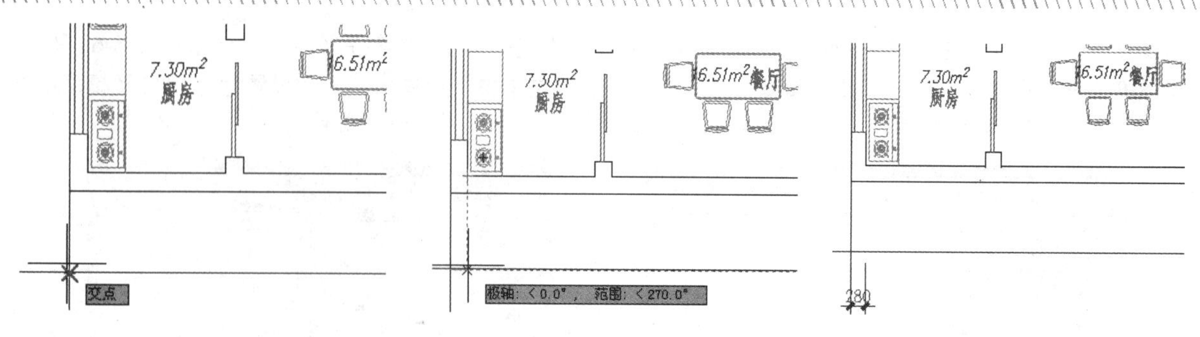

图 8-66　捕捉交点　　图 8-67　定位第二原点　　图 8-68　标注结果

步骤 13　单击菜单“标注”/“连续”命令，继续配合捕捉追踪功能标注户型图下侧的细部尺寸。命令行操作如下：

```
命令: _dimcontinue
指定第二条尺寸界线原点或 [放弃(U)/选择(S)] <选择>:    //捕捉如图 8-69 所示的交点
标注文字 = 2194
指定第二条尺寸界线原点或 [放弃(U)/选择(S)] <选择>:    //捕捉如图 8-70 所示的交点
标注文字 = 280
指定第二条尺寸界线原点或 [放弃(U)/选择(S)] <选择>:    //捕捉如图 8-71 所示的端点
标注文字 = 4686
指定第二条尺寸界线原点或 [放弃(U)/选择(S)] <选择>:    //捕捉如图 8-72 所示的端点
标注文字 = 280
```

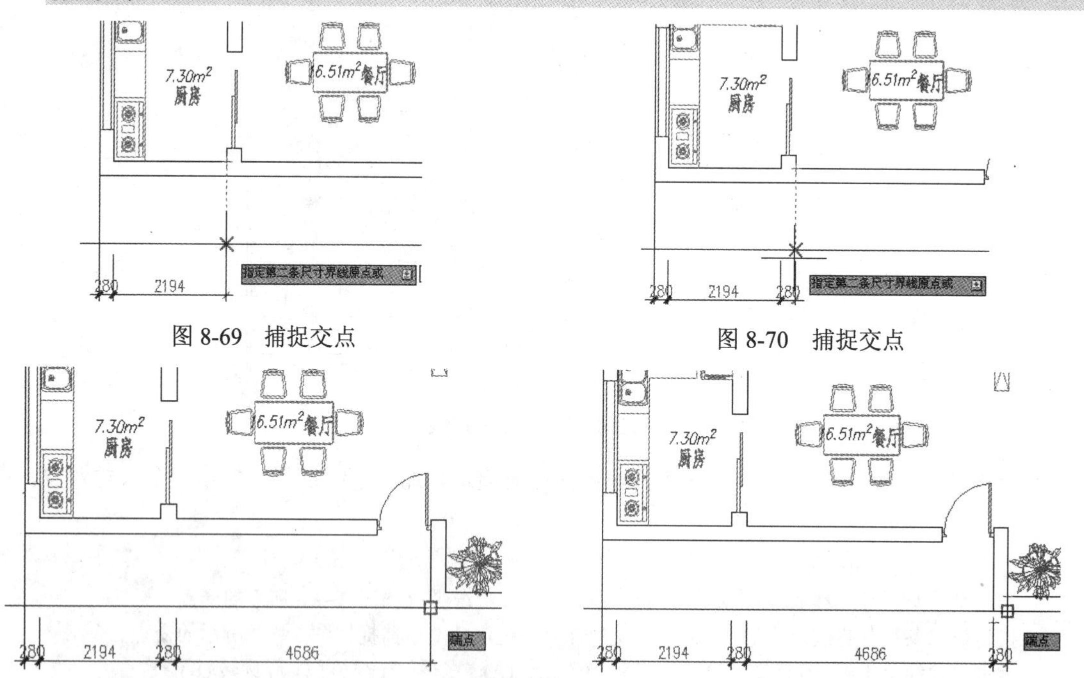

图 8-69　捕捉交点　　图 8-70　捕捉交点

图 8-71　捕捉端点　　图 8-72　捕捉端点

```
指定第二条尺寸界线原点或 [放弃(U)/选择(S)] <选择>:    //捕捉如图 8-73 所示的端点
标注文字 = 4686
指定第二条尺寸界线原点或 [放弃(U)/选择(S)] <选择>:    //捕捉如图 8-74 所示的端点
```

```
标注文字 = 280
```

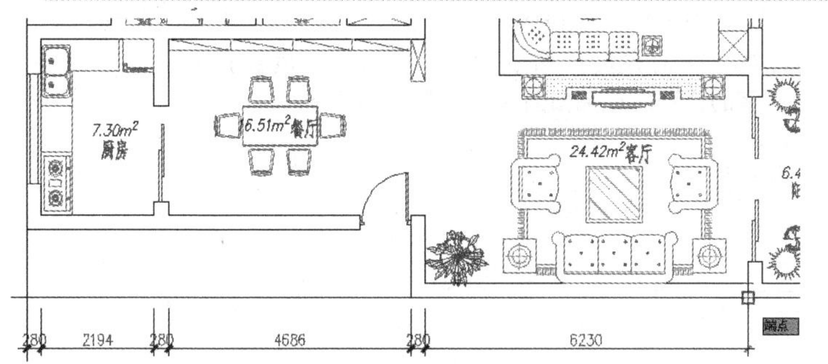

图 8-73　捕捉端点

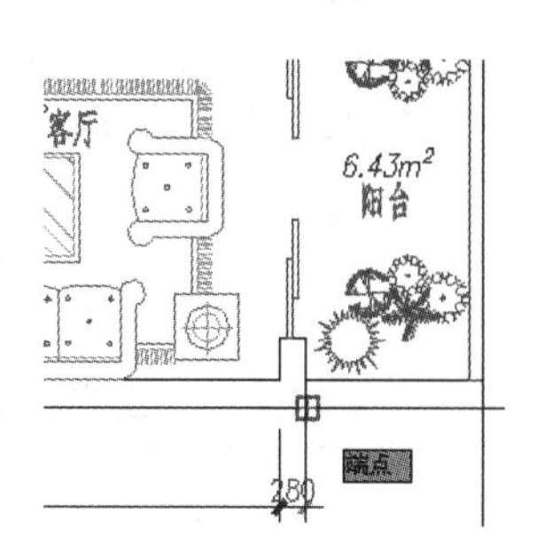

图 8-74　捕捉端点

```
指定第二条尺寸界线原点或 [放弃(U)/选择(S)] <选择>:    //捕捉如图 8-75 所示的交点
标注文字 = 1640
指定第二条尺寸界线原点或 [放弃(U)/选择(S)] <选择>:    //捕捉如图 8-76 所示的端点
标注文字 = 140
```

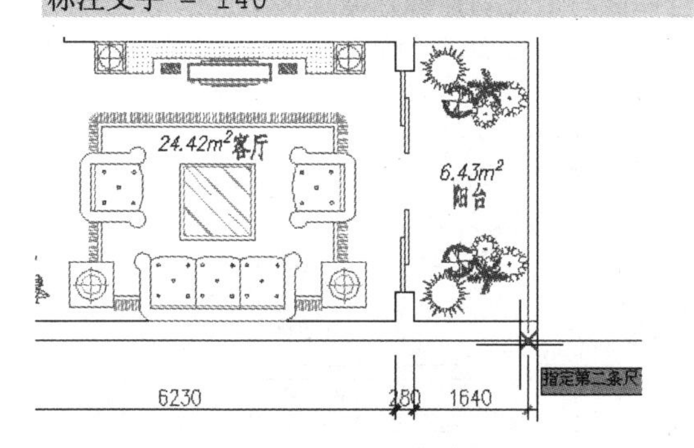

图 8-75　捕捉交点

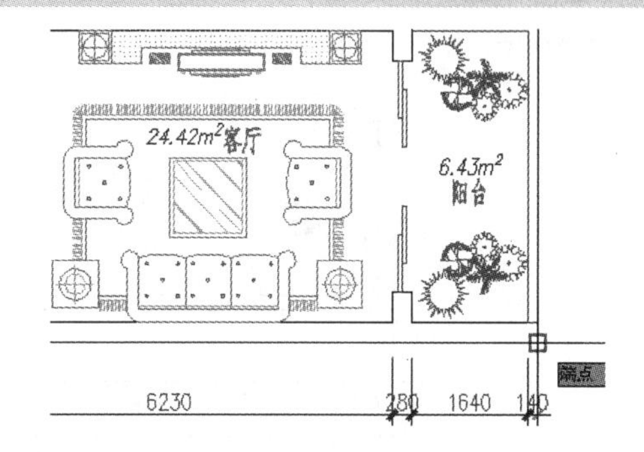

图 8-76　捕捉端点

```
指定第二条尺寸界线原点或 [放弃(U)/选择(S)] <选择>:    //Enter，退出连续标注状态
选择连续标注:                                    // Enter，退出命令，标注结果如图 8-77 所示
```

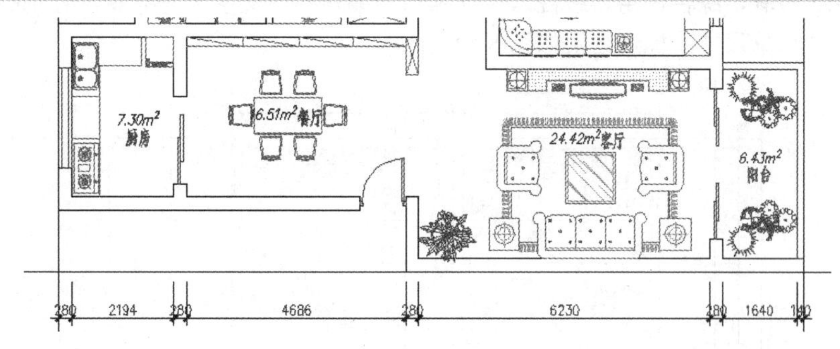

图 8-77　标注结果

步骤 14　单击“标注”工具栏上的A按钮，执行“编辑标注文字”命令，调整标注文字的位置。命令行操作如下：

```
命令: _dimtedit
选择标注:                          //选择最左侧的墙体尺寸
为标注文字指定新位置或 [左对齐(L)/右对齐(R)/居中(C)/默认(H)/角度(A)]:
//在适当位置指定点，调整标注文字的位置，结果如图 8-78 所示
```

```
命令: _dimtedit
选择标注:                              //选择最右侧的尺寸
为标注文字指定新位置或 [左对齐(L)/右对齐(R)/居中(C)/默认(H)/角度(A)]:
//在适当位置指定点，调整标注文字的位置，结果如图 8-79 所示
```

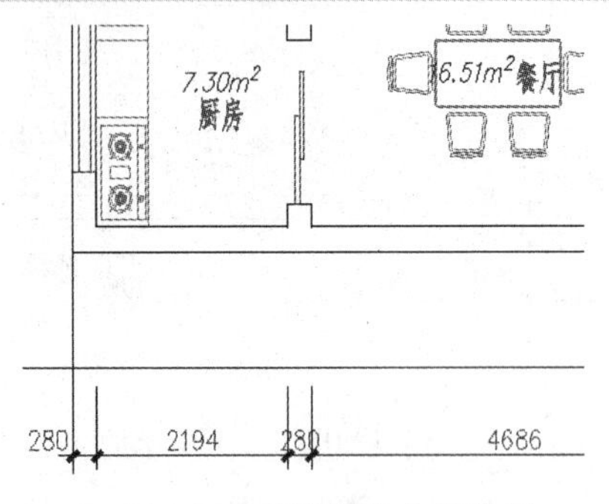

图 8-78　调整标注文字位置

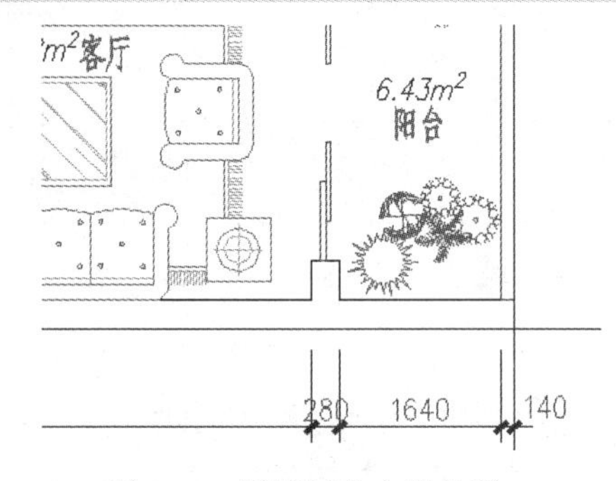

图 8-79　调整标注文字位置

步骤 15　单击“标注”菜单中的“线性”命令，配合捕捉与追踪功能标注平面图下侧的总尺寸，结果如图 8-80 所示。

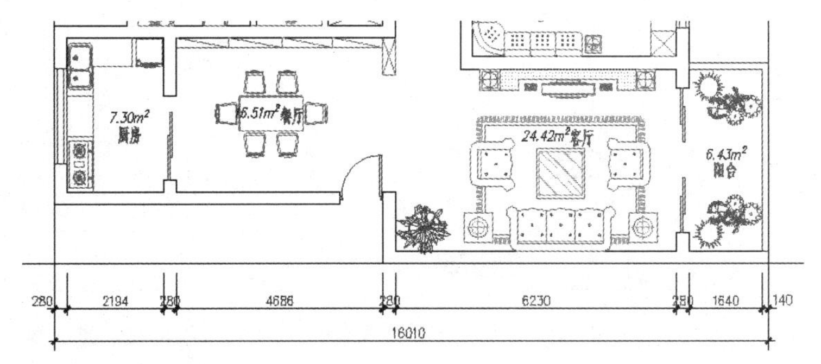

图 8-80　标注结果

步骤 16　参照 12~15 步骤，综合使用“线性”、“连续”、“编辑标注文字”等命令，分别标注平面图其他侧的细部尺寸和总尺寸，标注结果如图 8-81 所示。

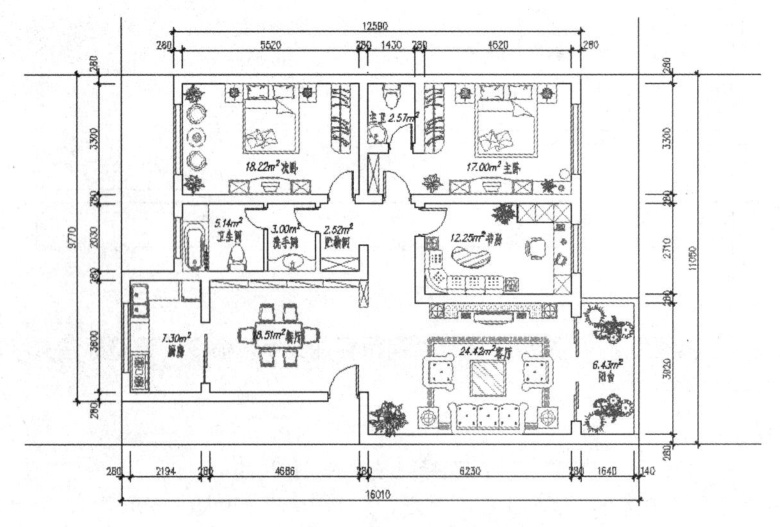

图 8-81　标注其他尺寸

步骤 17　使用快捷键 E 执行“删除”命令，删除四条构造线，最终结果如图 8-56 所示。

步骤 18　最后执行“另存为”命令，将图形命名存储为“为户型装修平面图标注尺寸.dwg”。

8.7　思考与总结

8.7.1　知识点思考

1. 思考题一

完整的图形尺寸主要包括哪几部分？这些尺寸的组成部分都是通过什么功能进行协调的？

2. 思考题二

AutoCAD 为用户提供了多种尺寸标注功能，这些功能归纳起来，可以分为哪几部分？

8.7.2　知识点总结

尺寸是图纸的重要组成部分，是施工的重要依据。本章重点介绍了 AutoCAD 众多的尺寸标注工具和尺寸标注技巧，同时还介绍了尺寸样式的设置和尺寸的编辑修改等内容。通过本章的学习，重点需要掌握如下知识：

（1）了解和掌握直线性尺寸的标注方法和标注技巧，具体包括线性尺寸、对齐尺寸、点坐标和角度尺寸等。

（2）了解和掌握曲线性的标注方法和标注技巧，具体包括半径尺寸、直径尺寸、弧长尺寸和折弯尺寸等。

（3）了解和掌握复合尺寸的标注方法和标注技巧，具体包括基线尺寸、连续尺寸、引线尺寸以及快速标注等的使用方法和使用技巧。

（4）要理解和掌握各种尺寸变量的参数设置和位置协调功能，学习设置、修改尺寸的标注样式。

（5）在讲述尺寸编辑命令时，不仅需要掌握尺寸文字内容的修改、尺寸文字角度的倾斜，还需要掌握延伸线的倾斜、尺寸样式的更新、尺寸打断等操作。

8.8　上机操作题

8.8.1　操作题一

综合所学知识，为户型装修布置图标注如图 8-82 所示的尺寸。

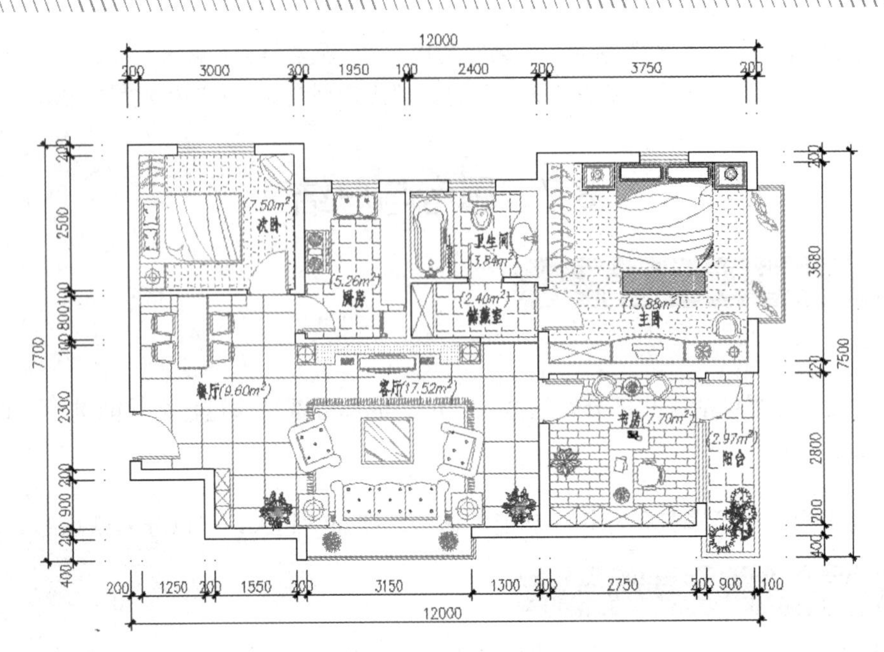

图 8-82　操作题一

本例所需素材文件位于随书光盘中的“素材文件”文件下，名称为“8-10.dwg”。

8.8.2 操作题二

综合所学知识，为室内装修立面图标注如图 8-83 所示的尺寸。

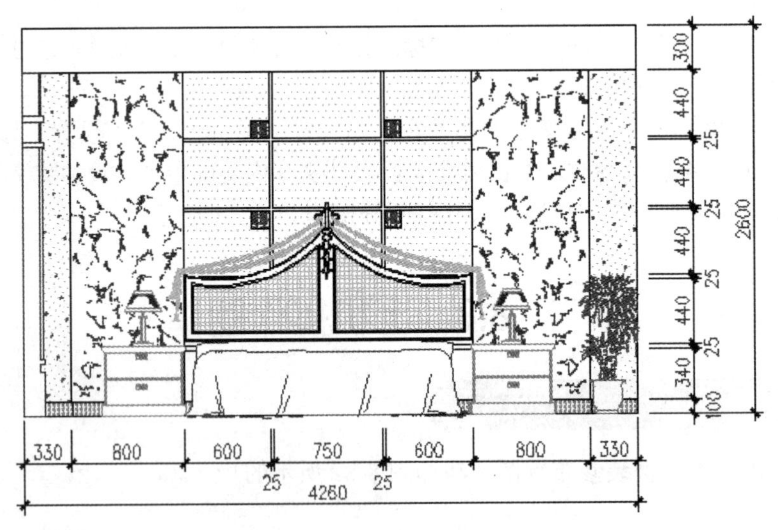

图 8-83　操作题二

本例所需素材文件位于随书光盘中的“素材文件”文件下，名称为“8-11.dwg”。

第 9 章　室内构件模型的创建功能

前面八章主要学习了 AutoCAD 的二维功能，从本章开始，我们将介绍 AutoCAD 的三维功能，使用三维功能可以构建出实实在在的三维物体，它包含的信息更多、更完整。

本章内容如下：

- 了解三维模型
- 三维模型的观察功能
- 坐标系的定义与管理
- 创建基本实心体
- 创建复杂实体与曲面
- 创建常用网格
- 三维模型的显示功能
- 综合范例——制作办公桌立体造型
- 思考与总结
- 上机操作题

9.1　了解三维模型

AutoCAD 为用户提供了实体模型、曲面模型和网格模型。通过这三类模型，不仅能让非专业人员对物体的外形有一个感性的认识，还能帮助专业人员降低绘制复杂图形的难度，使一些在二维平面图中无法表达的东西清晰而形象地显示在屏幕上。

1. 实体模型

实体模型则是实实在在的物体，它不仅包含面边信息，还具备实物的一切特性。用户不仅可以对其进行着色和渲染，还可以对其进行打孔、切槽、倒角等布尔运算，还可以检测和分析实体内部的质心、体积和惯性矩等。如图 9-1 所示的模型即为实体模型。

2. 曲面模型

曲面的概念比较抽象，在此我们可以将其理解为实体的表面，此种曲面模型不仅能着色和渲染等，还可以对其进行修剪、延伸、圆角、偏移等编辑。如图 9-2 所示的模型为曲面模型。

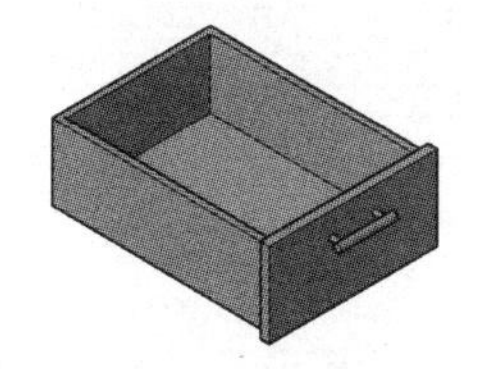

图 9-1　实体模型

图 9-2　曲面模型

3. 网格模型

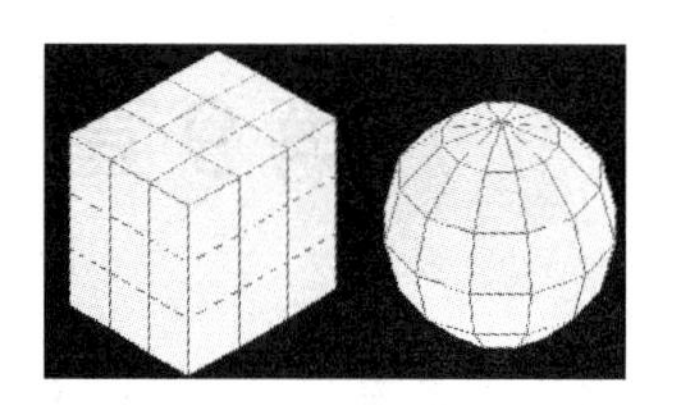
图 9-3　网格模型

如图 9-3 所示的模型为网格模型，是由一系列有连接顺序的棱边围成的表面，再由表面的集合来定义三维物体，此种模型增加了面边信息和表面特征信息等，不仅能着色，还可以渲染，以更形象逼真地表现物体的真实形态，但是不能表达出真实实物的属性。

9.2　三维模型的观察功能

本节将学习三维模型的观察功能，具体有视点、视图、视口、导航立方体和动态观察器等。

9.2.1　设置视点

在 AutoCAD 设计空间中，用户可以在不同的位置观察图形，这些位置就称为视点。视点的设置主要有两种方式，具体内容如下：

1. 使用“视点”命令设置视点

“视点”命令用于直接输入观察点的坐标或角度来确定视点。执行此命令主要有以下几种方式：

- 菜单栏：单击菜单“视图”/“三维视图”/“视点”命令。
- 命令行：在命令行输入“Vpoint”后按 Enter 键。

执行“视点”命令后，命令行会出现如下提示：

```
命令：Vpoint
当前视图方向：VIEWDIR=0.0000,0.0000,1.0000
指定视点或 [旋转(R)] <显示坐标球和三轴架>：  //直接输入观察点的坐标来确定视点
```

如果用户没有输入视点坐标，而是直接按 Enter 键，那么绘图区会显示如图 9-4 所示的坐标球和三角轴架，其中三角轴架代表 X、Y、Z 轴的方向，当用户相对于坐标球移动十字线时，三角轴架会自动进行调整，以显示 X、Y、Z 轴对应的方向。

2. 通过“视点预设”命令设置视点

“视点预设”命令是通过对话框的形式进行设置视点的，如图 9-5 所示。执行此命令主要有以下几种方式：

- 菜单栏：单击菜单“视图”/“三维视图”/“视点预设”命令。
- 命令行：在命令行输入“DDVpoint”后按 Enter 键。
- 快捷键：在命令行输入“VP”后按 Enter 键。

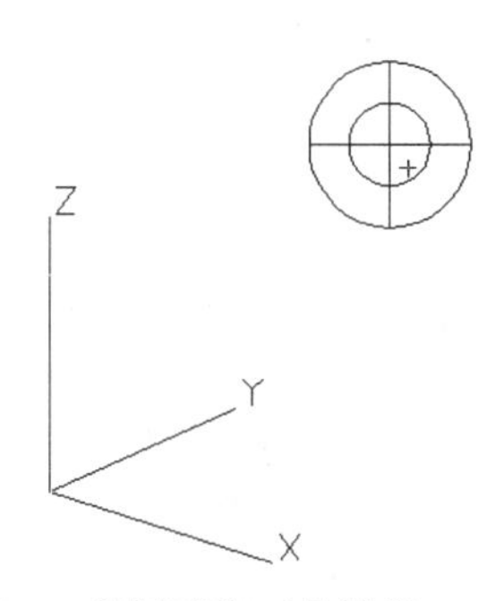

图 9-4　坐标球和三角轴架

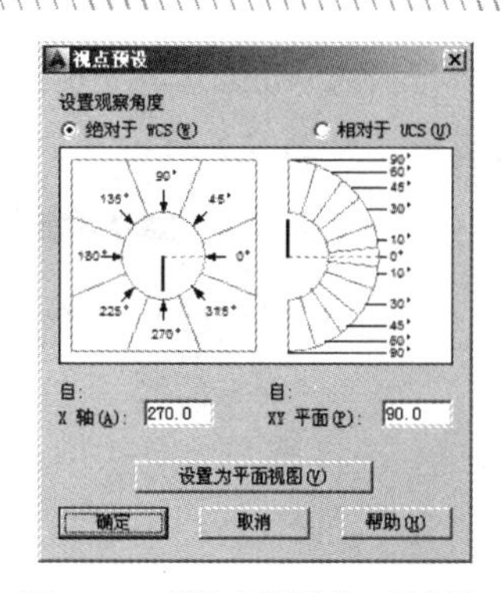

图 9-5　“视点预设”对话框

在图 9-5 所示的“视点预设”对话框中可以进行如下设置：

- 设置视点、原点的连线与 XY 平面的夹角。具体操作就是在右侧半圆图形上选择相应的点，或直接在“XY 平面”文本框内输入角度值。
- 设置视点、原点的连线在 XOY 面上的投影与 X 轴的夹角。具体操作就是在左侧图形上选择相应的点，或在“X 轴”文本框内输入角度值。
- 设置观察角度。系统将设置的角度值默认为是相对于当前 WCS，即默认选择的是“绝对于 WCS”单选按钮，如果选择了“相对于 UCS”单选按钮，则所设置的角度值就是相对于 UCS 的。
- 单击 设置为平面视图(V) 按钮，系统将重新设置为平面视图。平面视图的观察方向是与 X 轴的夹角为 270º，与 XY 平面的夹角是 90º。

9.2.2　切换视图

为了便于观察和编辑三维模型，AutoCAD 为用户提供了一些标准视图，具体有六个正交视图和四个等轴测图，如图 9-6 所示，其工具按钮都排列在如图 9-7 所示的“视图”工具栏上。

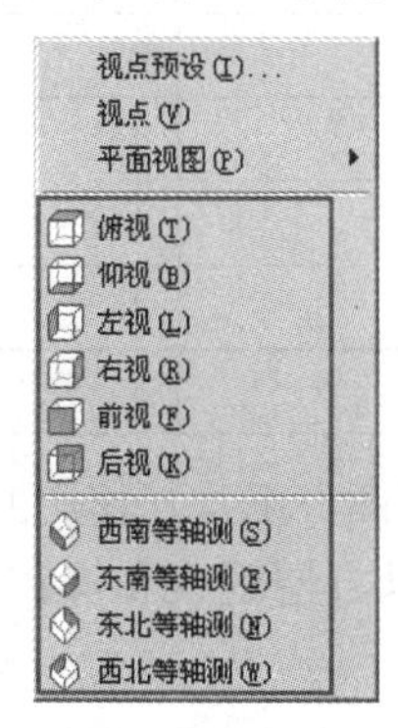

图 9-6　标准视图菜单

图 9-7　“视图”工具栏

视图的切换主要有以下几种方式：

- 菜单栏：单击菜单“视图”/“三维视图”下一级菜单中的各视图命令。
- 工具栏：单击“视图”工具栏上的相应按钮。
- 功能区：单击“三维建模”空间/“常用”选项卡/“视图”功能区面板上的按钮。

在命令行输入 View 后按 Enter 键，在打开的“视图管理器”对话框中也可以设置和切换当前视图，如图 9-8 所示。

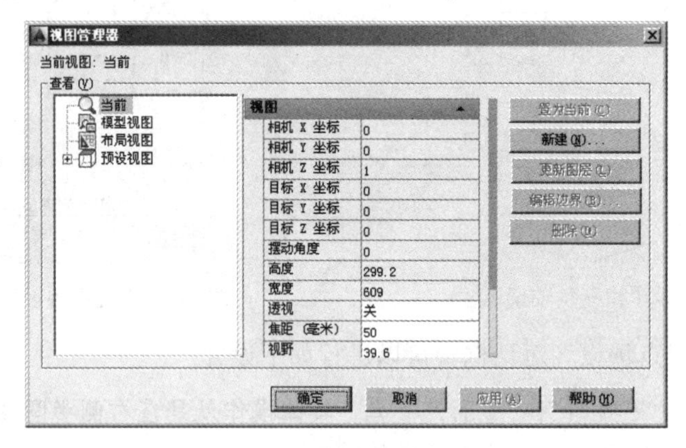

图 9-8　“视图管理器”对话框

上述六个正交视图和四个等轴测视图是用于显示三维模型的主要特征视图，其中每种视图的视点、与 X 轴夹角和与 XY 平面夹角等内容如表 9-1 所示。

表 9-1　基本视图及其参数设置

视图	菜单选按钮	方向矢量	与 X 轴夹角	与 XY 平面夹角
俯视	Tom	（0，0，1）	270°	90°
仰视	Bottom	（0，0，-1）	270°	90°
左视	Left	（-1，0，0）	180°	0°
右视	Right	（1，0，0）	0°	0°
前视	Front	（0，-1，0）	270°	0°
后视	Back	（0，1，0）	90°	0°
西南轴测视	SW Isometric	（-1，-1，1）	225°	45°
东南轴测视	SE Isometric	（1，-1，1）	315°	45°
东北轴测视	NE Isometric	（1，1，1）	45°	45°
西北轴测视	NW Isometric	（-1，1，1）	135°	45°

除了上述十个标准视图之外，AutoCAD 还为用户提供了一个“平面视图”工具，使用此命令，可以将当前 UCS、命名保存的 UCS 或 WCS，切换为各坐标系的平面视图，以方便观察和操作，如图 9-9 所示。

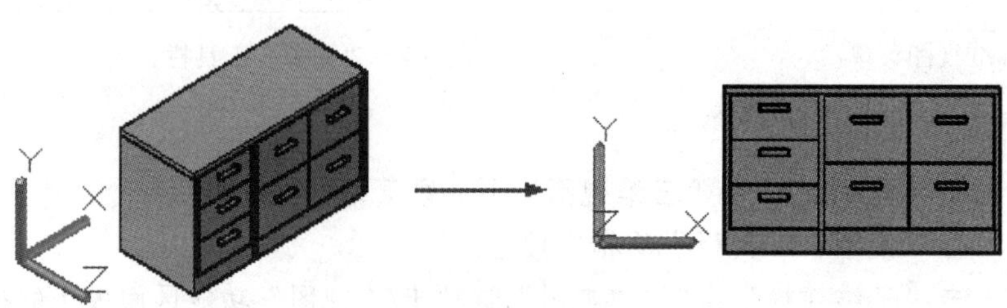

图 9-9　平面视图切换

执行“平面视图”命令主要有以下几种方式：

- 菜单栏：单击菜单“视图”/“三维视图”/“平面视图”命令。
- 命令行：在命令行输入“Plan”后按 Enter 键。

9.2.3　建立视口

视口实际上就是用于绘制图形、显示图形的区域，在默认情况下，AutoCAD 将整个绘图区作为一个视口，即仅显示一个视口，但是在实际建模过程中，有时需要从各个不同视点上观察模型的不同部分，为此 AutoCAD 为用户提供了视口的分割功能，将默认的一个视口分割成多个视口，如图 9-10 所示，这样，用户可以从不同的方向观察三维模型的不同部分。

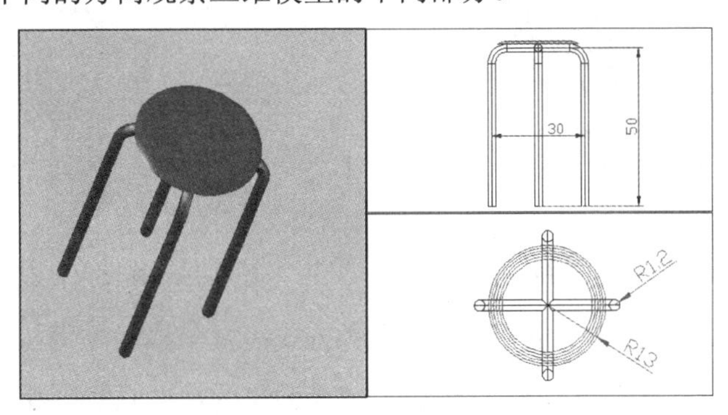

图 9-10　分割视口

视口的分割与合并可以通过菜单栏和对话框两种形式，具体如下：

- 通过菜单分割视口。单击菜单“视图”/“视口”级联菜单中的相关命令，即可以将当前视口分割为两个、三个或多个视口，如图 9-11 所示。
- 通过对话框分割视口。单击菜单“视图”/“视口”/“新建视口”命令，或在命令行输入“Vports”后按 Enter 键，打开如图 9-12 所示的“视口”对话框，在此对话框中可以提前预览视口的分割效果。

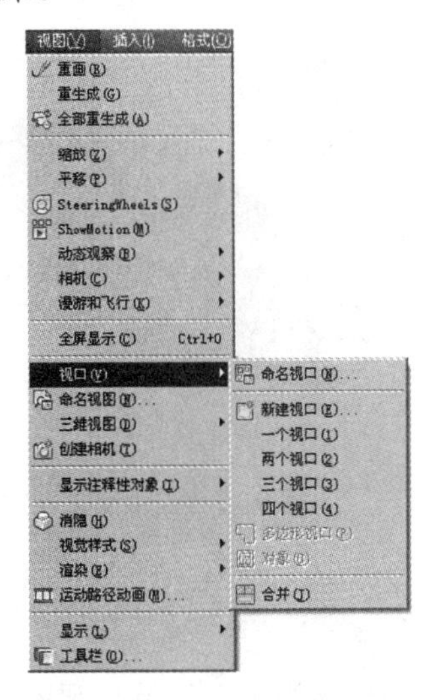

图 9-11　视口级联菜单

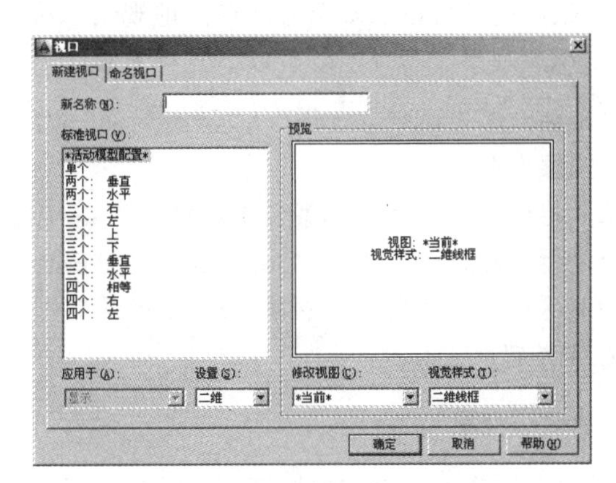

图 9-12　“视口”对话框

9.2.4　动态观察器

AutoCAD 为用户提供了三种动态观察功能，使用此功能可以从不同的角度，观察三维物体的任意部分。

1. 受约束的动态观察

当执行“受约束的动态观察”命令后，绘图区会出现如图 9-13 所示的光标显示状态，此时按住鼠标左键不放，可以手动地调整观察点，以观察模型的不同侧面，如图 9-14 所示。

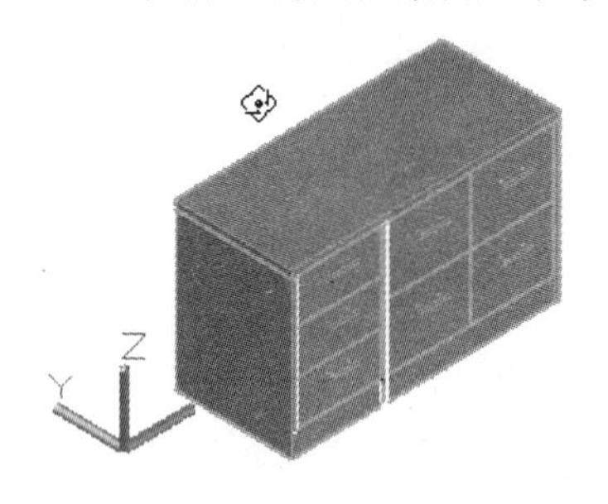
图 9-13　受约束的动态观察

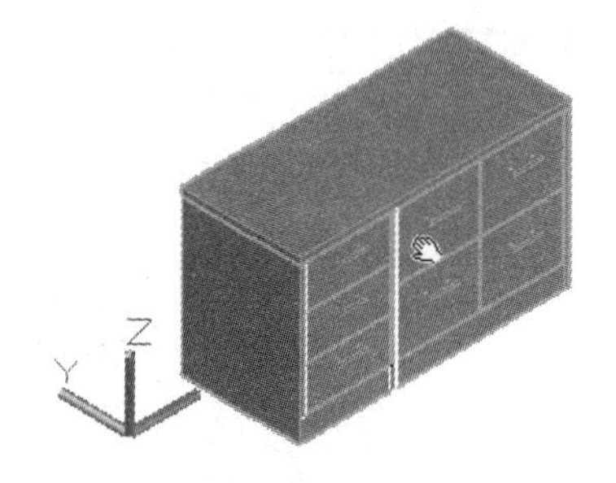
图 9-14　拖曳鼠标左键后的效果

执行“受约束的动态观察”命令主要有以下几种方式：

- 菜单栏：单击菜单“视图”/“动态观察”/“受约束的动态观察”命令。
- 工具栏：单击“动态观察”工具栏上的按钮。
- 命令行：在命令行输入“3dorbit”后按 Enter 键。
- 功能区：单击“视图”选项卡/“二维导航”面板上的按钮。

当执行“受约束的动态观察”命令后，如果按住鼠标中间进行拖曳，可以将视图进行平移。

2. 自由动态观察

“自由动态观察”命令用于在三维空间中不受滚动约束地旋转视图，当激活此功能后，绘图区会出现图 9-15 所示的圆形辅助框架，用户可以从多个方向自由地观察三维物体。执行“自由动态观察”命令主要有以下几种方式：

- 菜单栏：单击菜单“视图”/“动态观察”/“自由动态观察”命令。
- 工具栏：单击“动态观察”工具栏上的按钮。
- 命令行：在命令行输入“3dforbit”后按 Enter 键。
- 功能区：单击“视图”选项卡/“二维导航”面板上的按钮。

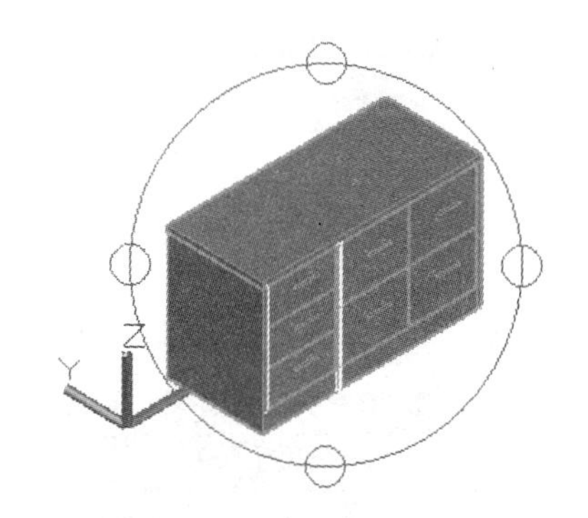
图 9-15　自由动态观察

3. 连续动态观察

“连续动态观察”命令主要以连续运动的方式，在三维空间中旋转视图，以持续观察三维物体的不同侧面，而不需要进行手动设置视点。当激活此命令后，光标变为如图 9-16 所示的状态，此时按住鼠标左键进行拖曳，即可连续地旋转视图。

执行“连续动态观察”命令主要有以下几种方式：

- 菜单栏：单击菜单“视图”/“动态观察”/“连续动态观察”命令。
- 工具栏：单击“动态观察”工具栏上的按钮。
- 命令行：在命令行输入“3dcorbit”后按 Enter 键。
- 功能区：单击“视图”选项卡/“二维导航”面板上的按钮。

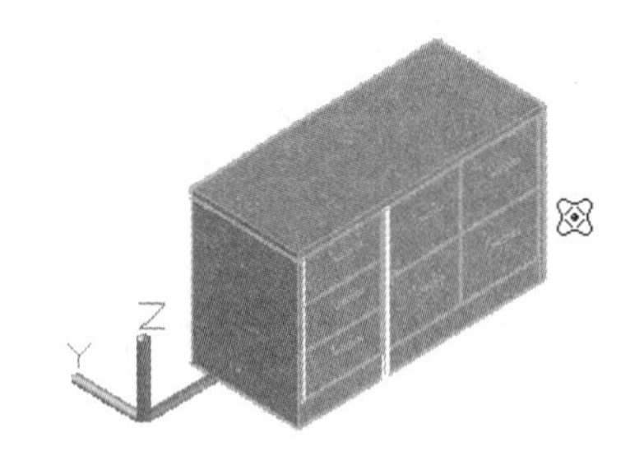

图 9-16　连续动态观察

9.2.5　导航立方体

如图 9-17 所示的 3D 导航立方体显示图（即 ViewCube），使用此功能，不但可以快速帮助用户调整模型的视点，还可以更改模型的视图投影、定义和恢复模型的主视图，以及恢复随模型一起保存的已命名 UCS。

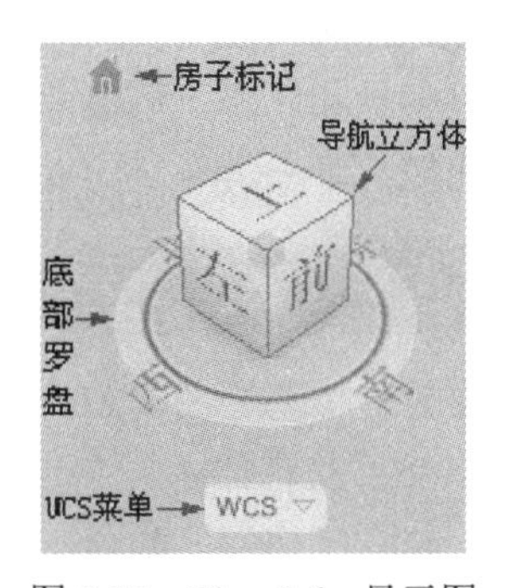

图 9-17　ViewCube 显示图

- 视图投影：当查看模型时，在平行模式、透视模式和带平行视图面的透视模式之间进行切换。
- 主视图：指的是定义和恢复模型的主视图。主视图是用户在模型中定义的视图，用于返回熟悉的模型视图。
- 恢复已命名 UCS：通过单击 ViewCube 显示图下方的 UCS 菜单，可以恢复已命名的 UCS。显示 UCS 菜单后，可以从菜单中选择一个已命名 UCS 来将其恢复为当前 UCS。

单击菜单“视图”/“显示”/“ViewCube”/“开”命令，或在命令行输入 Cube 后按 Enter 键，可以控制导航立方体图的显示和关闭状态。

如图 9-17 所示的导航立方体显示图主要由顶部的房子标记、中间的导航立方体、底部的罗盘和最下侧的 UCS 菜单四部分组成，当沿着立方体移动鼠标时，分布在导航立体棱、边、面等位置上的热点会亮显。单击一个热点，就可以切换到相关的视图。

9.3　坐标系的定义与管理

本节主要学习用户坐标系的定义与管理技能，以方便用户在三维操作空间内快速建模和编辑，具体命令有“UCS”、“命名 UCS”、“动态 UCS”等。

在默认设置下，AutoCAD 绘图软件是以世界坐标系的 XY 平面作为绘图平面进行图形绘制的，上述几章中所绘制的图形都是位于此平面内，此平面在默认情况下，是一个正交视图，即俯视图。AutoCAD 默认坐标系是世界坐标系（World Coordinate System，WCS），它由三个相互垂直并相交的坐标轴 X、Y、Z 组成，其坐标原点和坐标轴方向都不会改变。

X 轴正方向水平向右，Y 轴正方向垂直向上，Z 轴正方向垂直屏幕指向用户，坐标原点在绘图区左下角，并且在 2D 坐标系图标上都标有“W”，标明当前是世界坐标系，如图 9-18 所示。

在平面视图中，坐标原点处显示一个矩形方块，表示为世界坐标系，如图 9-19 所示。

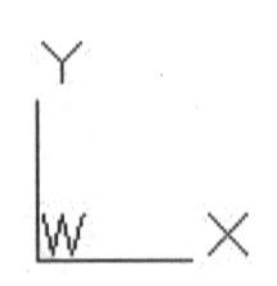

图 9-18　二维坐标系图标

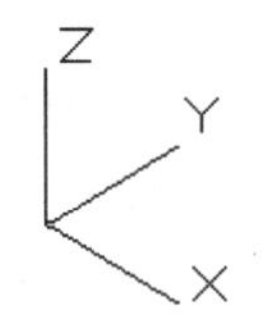

图 9-19　三维坐标系图标

由于世界坐标系是固定的，其应用范围有一定的局限性，为此，AutoCAD 为用户提供了坐标系的自定义功能，AutoCAD 将自定义的坐标系称为用户坐标系，简称 UCS。此种坐标系与世界坐标系不同，它可以移动和旋转，可以随意更改坐标系的原点，也可以设定任何方向作为 XYZ 轴的正方向，应用范围比较广。

9.3.1　定义 UCS

为了更好地辅助绘图，AutoCAD 为用户提供了一种非常灵活的坐标系——用户坐标系（UCS），此坐标系弥补了世界坐标系（WCS）的不足，用户可以随意定制符合作图需要的 UCS，在三维绘图中至关重要。执行“UCS”命令主要有以下几种方式：

- 菜单栏：单击菜单“工具”/“新建 UCS”级联菜单命令。
- 工具栏：单击“UCS”工具栏上的各按钮。
- 命令行：在命令行输入 UCS 后按 Enter 键。
- 功能区：单击“三维建模”空间/“视图”选项卡/“坐标”面板上的按钮。

执行“UCS”命令后，其命令行操作提示如下：

```
命令: ucs
当前 UCS 名称: *世界*
指定 UCS 的原点或 [面(F)/命名(NA)/对象(OB)/上一个(P)/视图(V)/世界(W)/X/Y/Z/Z 轴(ZA)]
<世界>:
```

选项解析

- “指定 UCS 的原点”选项用于指定三点，以分别定位出新坐标系的原点、X 轴正方向和 Y 轴正方向。
- “面（F）”选项用于选择一个实体的平面作为新坐标系的 XOY 面。用户必须使用点选法选择实体。
- “命名（NA）”选项主要用于恢复其他坐标系为当前坐标系、为当前坐标系命名保存以及删除不需要的坐标系。
- “对象（OB）”选项表示通过选择确定的对象创建 UCS 坐标系。用户只能使用点选法来选择对象，否则无法执行此命令。

- “上一个（P）”选项用于将当前坐标系恢复到前一次所设置的坐标系位置，直到将坐标系恢复为 WCS 坐标系。
- “视图（V）”选项表示将新建的用户坐标系的 X、Y 轴所在的面设置成与屏幕平行，其原点保持不变，Z 轴与 XY 平面正交。
- “世界（W）”选项用于选择世界坐标系作为当前坐标系，用户可以从任何一种 UCS 坐标系下返回到世界坐标系。
- “X/Y/Z”选项：原坐标系坐标平面分别绕 X、Y、Z 轴旋转而形成新的用户坐标系。
- “Z 轴”选项用于指定 Z 轴方向以确定新的 UCS 坐标系。

9.3.2　管理 UCS

“命名 UCS”命令用于对命名 UCS 以及正交 UCS 进行管理和操作，比如，用户可以使用该命令删除、重命名或恢复已命名的 UCS 坐标系，也可以选择 AutoCAD 预设的标准 UCS 坐标系以及控制 UCS 图标的显示等。

执行“命名 UCS”命令主要有以下几种方式：

- 菜单栏：单击菜单“工具”/“命名 UCS”命令。
- 工具栏：单击“UCS II”工具栏上的按钮。
- 命令行：在命令行输入“UCSman”后按 Enter 键。
- 功能区：单击“视图”选项卡/“坐标”面板上的按钮。

执行“命名 UCS”后可打开如图 9-20 所示的“UCS”对话框，通过此对话框，可以很方便地对自己定义的坐标系统进行存储、删除、应用等操作。

1. “命名 UCS”选项卡

如图 9-20 所示的选项卡即为“命名 UCS”选项卡，用于显示当前文件中的所有坐标系，还可以设置当前坐标系。具体内容如下：

- “当前 UCS”：显示当前的 UCS 名称。如果 UCS 设置没有保存和命名，那么当前 UCS 读取“未命名”。在“当前 UCS”下的空白栏中有 UCS 名称的列表，列出当前视图中已定义的坐标系。
- 置为当前(C)按钮用于设置当前坐标系。
- 单击详细信息(T)按钮，可打开如图 9-21 所示的“UCS 详细信息”对话框，用来查看坐标系的详细信息。

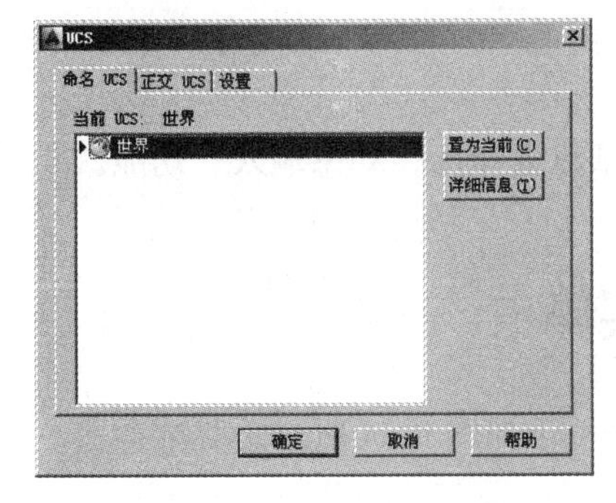

图 9-20　“UCS”对话框

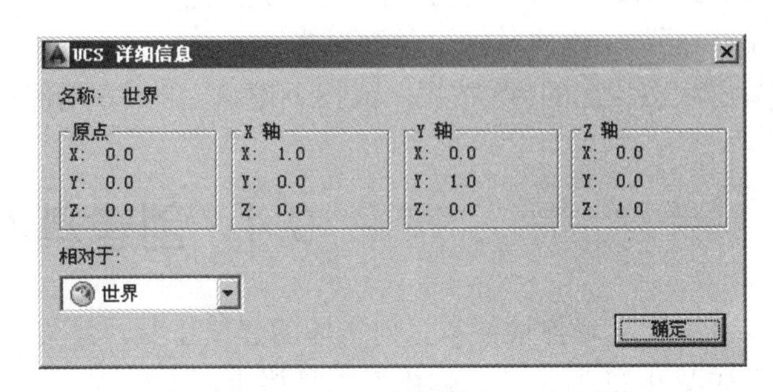

图 9-21　“UCS 详细信息”对话框

2. “正交 UCS”选项卡

在“UCS”对话框中展开如图 9-22 所示的“正交 UCS”选项卡，此选项卡主要用于显示和设置 AutoCAD 的预设标准坐标系作为当前坐标系。具体内容如下：

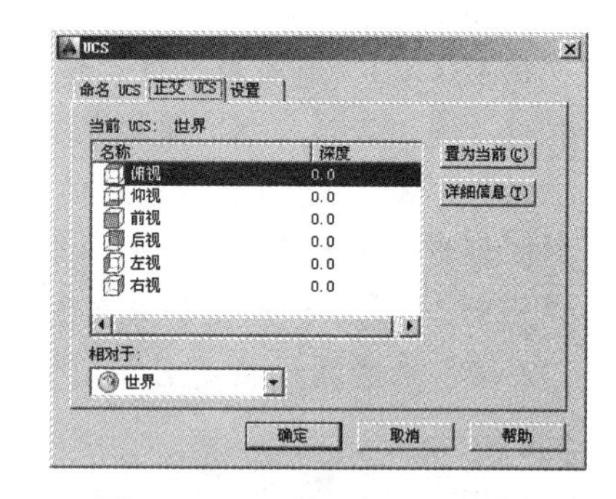

图 9-22　“正交 UCS”选项卡

- “正交 UCS”列表框中列出当前视图中的六个正交坐标系。正交坐标系是相对“相对于”列表框中指定的 UCS 进行定义的。
- 置为当前(C)：用于设置当前的正交坐标系。用户可以在列表中双击某个选项，将其设为当前；也可以选择需要设为当前的选项后单击鼠标右键，从弹出的快捷菜单中选择设为非当前的选项。

3. “设置”选项卡

在“UCS”对话框中展开如图 9-23 所示的“设置”选项卡，此选项卡主要用于设置 UCS 图标的显示及其他的一些操作设置。具体内容如下：

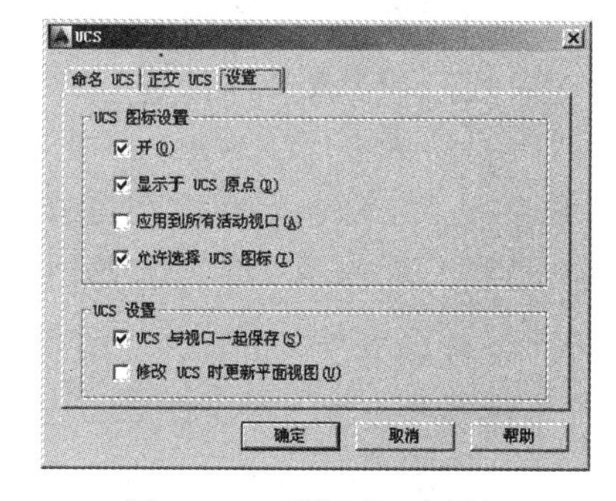

图 9-23　“设置”选项卡

- “开”复选框用于显示当前视口中的 UCS 图标。
- “显示于 UCS 原点”复选框用于在当前视口坐标系原点显示 UCS 图标。
- “应用到所有活动视口”复选框用于将 UCS 图标应用到所有活动视口。
- “UCS 与视口一起保存”复选框用于将坐标系设置与视口一起保存。如果清除此选项，视口将反映当前视口的 UCS。
- “修改 UCS 时更新平面视图”复选框用于修改视口中的坐标系时恢复平面视图。当对话框关闭时，平面视图和选定的 UCS 设置被恢复。

9.3.3　动态 UCS

使用状态栏上的“动态 UCS”功能，用户可以非常方便地在三维实体的平整面上创建对象，而无需手动更改 UCS 方向。在执行命令的过程中，当将光标移动到面上方时，动态 UCS 会临时将 UCS 的 XY 平面与三维实体的平整面对齐。

单击状态栏上的DUCS按钮，或按下键盘上的 F6 功能键，都可以激活“动态输入”功能。

9.4　创建基本实体

本节主要学习各种基本几何实体的建模工具，其菜单命令位于如图 9-24 所示的菜单栏上，工具按钮位于如图 9-25 所示的“建模”工具栏上。

图 9-24　菜单栏

图 9-25　“建模”工具栏

9.4.1　创建多段体

“多段体”命令用于创建具有一定宽度和高度的三维多段体，执行“多段体”命令主要有以下几种方式：

- 菜单栏：单击菜单“绘图”/“建模”/“多段体”命令。
- 工具栏：单击“建模”工具栏上的按钮。
- 命令行：在命令行输入“Polysolid”后按 Enter 键。
- 功能区：单击“三维建模”空间/“常用”选项卡/“建模”面板上的按钮。

【例题 1】 创建多段体。

步骤 01　新建空白文件。

步骤 02　执行“西南等轴测”命令，将当前视图切换为西南视图。

步骤 03　单击“建模”工具栏上的按钮，执行“多段体”命令，根据命令行提示进行创建多段体。命令行操作如下：

```
命令: _Polysolid 高度 = 80.0000, 宽度 = 5.0000, 对正 = 居中
指定起点或 [对象(O)/高度(H)/宽度(W)/对正(J)] <对象>:
指定下一个点或 [圆弧(A)/放弃(U)]:                    //@100,0 Enter
指定下一个点或 [圆弧(A)/放弃(U)]:                    //@0,-60 Enter
指定下一个点或 [圆弧(A)/闭合(C)/放弃(U)]:            //@100,0 Enter
指定下一个点或 [圆弧(A)/闭合(C)/放弃(U)]:            //a Enter
指定圆弧的端点或 [闭合(C)/方向(D)/直线(L)/第二个点(S)/放弃(U)]:   //@0,-150 Enter
指定下一个点或 [圆弧(A)/闭合(C)/放弃(U)]:            //在绘图区拾取一点
指定圆弧的端点或 [闭合(C)/方向(D)/直线(L)/第二个点(S)/放弃(U)]:
// Enter, 结束命令, 绘制结果如图 9-26 所示
```

步骤 04　单击菜单“视图”/“消隐”命令，对多段体消隐显示，效果如图 9-27 所示。

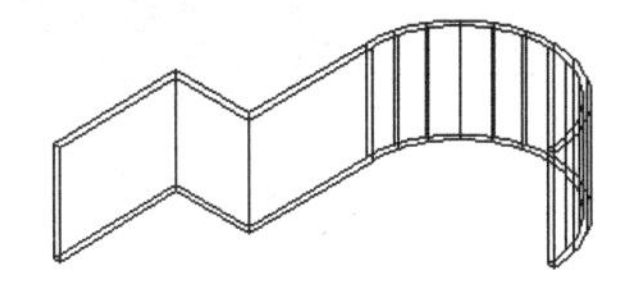

图 9-26　绘制结果

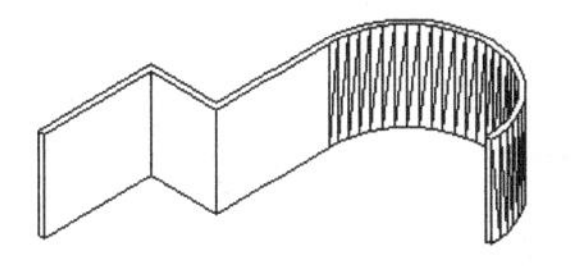

图 9-27　消隐显示

选项解析

- “对象”选项可以将现有的直线、圆弧、圆、矩形以及样条曲线等二维对象，转化为具有一定宽度和高度的三维实体，如图 9-28 所示。

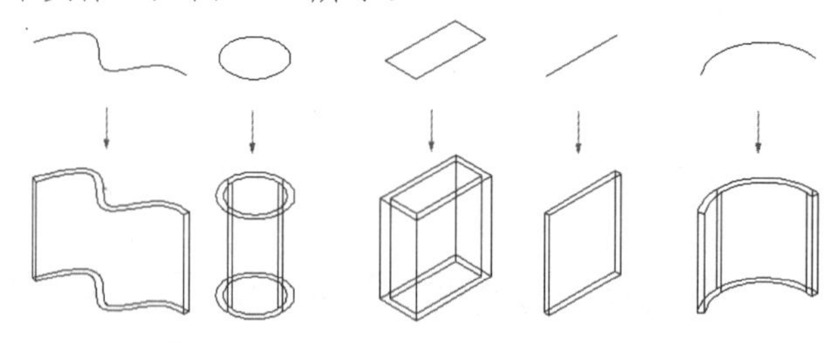

图 9-28　选项示例

- “高度”选项用于设置多段体的高度。
- “宽度”选项用于设置多段体的宽度。
- “对正”选项用于设置多段体的对正方式，具体有左对正、居中和右对正三种方式。

9.4.2　创建长方体

“长方体”命令用于创建长方体模型或正立方体模型。执行此命令主要有以下几种方式：

- 菜单栏：单击菜单“绘图”/“建模”/“长方体”命令。
- 工具栏：单击“建模”工具栏上的按钮。
- 命令行：在命令行输入“Box”后按 Enter 键。
- 功能区：单击“三维建模”空间/“常用”选项卡/“建模”面板上的按钮。

【例题 2】 创建长方体。

步骤 01　新建文件并将视图切换为西南视图。

步骤 02　单击“建模”工具栏上的按钮，执行“长方体”命令，根据命令行提示进行创建长方体。命令行操作如下：

```
命令: _box
指定第一个角点或 [中心(C)]:                 //在绘图区拾取一点
指定其他角点或 [立方体(C)/长度(L)]:         //@240,150 Enter
指定高度或 [两点(2P)]:                      //100 Enter，创建结果如图 9-29 所示
```

步骤 03　使用快捷键 VS 执行“视觉样式”命令，对长方体进行概念着色，效果如图 9-30 所示。

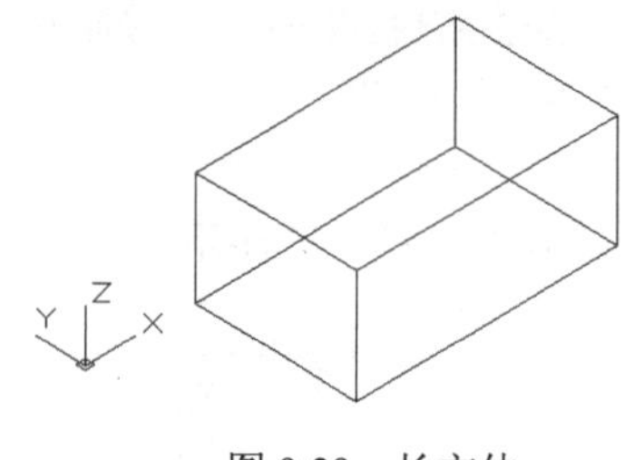

图 9-29　长方体

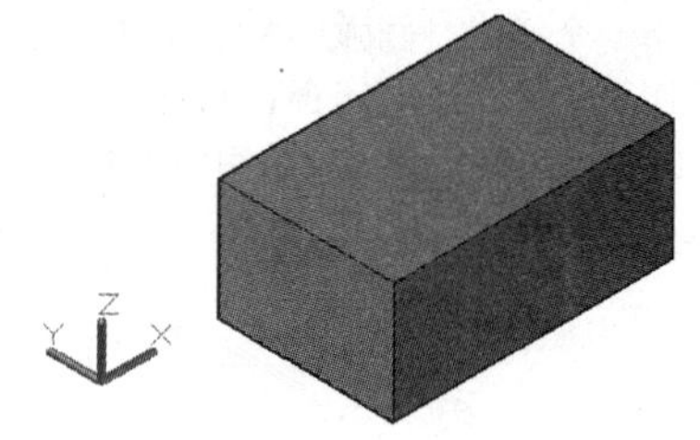

图 9-30　概念着色效果

选项解析

- “立方体”选项用于创建长宽高都相等的正立方体。
- “中心”选项主要用于根据长方体的正中心点位置进行创建长方体，即首先定位长方体的中心点位置。
- “长度”选项用于直接输入长方体的长度、宽度和高度等参数，即可生成相应尺寸的长方体模型。

9.4.3 创建圆柱体

“圆柱体”命令主要用于创建圆柱实心体或椭圆柱实心体模型。执行“圆柱体”命令主要有以下几种方式：

- 菜单栏：单击菜单“绘图”/“建模”/“圆柱体”命令。
- 工具栏：单击“建模”工具栏上的按钮。
- 命令行：在命令行输入“Cylinder”后按 Enter 键。
- 功能区：单击“三维建模”空间/“常用”选项卡/“建模”面板上的按钮。

【例题 3】 创建圆柱体和椭圆柱体。

步骤 01 新建空白文件并将当前视图切换为西南视图。

步骤 02 单击“建模”工具栏上的按钮，执行“圆柱体”命令，根据命令行提示创建圆柱体。命令行操作如下：

```
命令：_cylinder
指定底面的中心点或 [三点(3P)/两点(2P)/ 切点、切点、半径(T)/椭圆(E)]
//在绘图区拾取一点
指定底面半径或 [直径(D)]>:                    //100 Enter，输入底面半径
指定高度或 [两点(2P)/轴端点(A)] <100.0000>:    //240 Enter，结果如图 9-31 所示
```

步骤 03 重复执行“圆柱体”命令，使用“椭圆”选项创建椭圆柱体，命令行操作如下：

```
命令：_cylinder
指定底面的中心点或 [三点(3P)/两点(2P)/ 切点、切点、半径(T)/椭圆(E)]:
//e Enter，激活“椭圆”选项
指定第一个轴的端点或 [中心(C)]:           //拾取一点
指定第一个轴的其他端点：                  //@100,0 Enter
指定第二个轴的端点：                      //@0,30 Enter
指定高度或 [两点(2P)/轴端点(A)] :         //100 Enter，结果如图 9-32 所示
```

步骤 04 使用快捷键 HI 执行“消隐”命令，对椭圆柱体进行消隐，效果如图 9-33 所示。

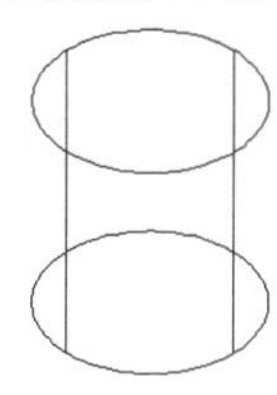

图 9-31　圆柱体

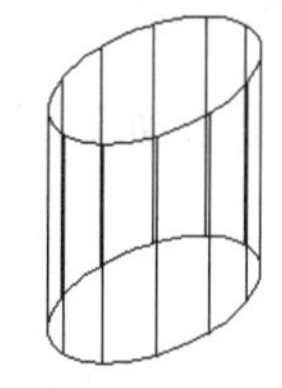

图 9-32　创建椭圆柱体

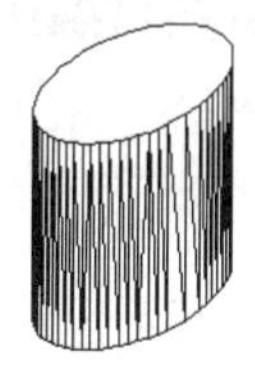

图 9-33　消隐效果

9.4.4　创建圆锥体

“圆锥体”命令用于创建圆锥体或椭圆锥体模型。执行“圆锥体”命令主要有以下几种方式：

- 菜单栏：单击菜单“绘图”/“建模”/“圆锥体”命令。
- 工具栏：单击“建模”工具栏上的△按钮。
- 命令行：在命令行输入“Cone”后按 Enter 键。
- 功能区：单击“三维建模”空间/“常用”选项卡/“建模”面板上的△按钮。

【例题 4】　创建圆锥体和椭圆锥体。

步骤 01　新建文件并将视图切换为西南视图。

步骤 02　单击“建模”工具栏上的△按钮，执行“圆锥体”命令，根据命令行提示创建锥体。命令行操作如下：

```
命令：_cone
指定底面的中心点或 [三点(3P)/两点(2P)/切点、切点、半径(T)/椭圆(E)]:
                                              //拾取一点作为底面中心点
指定底面半径或 [直径(D)] <261.0244>:          //75 Enter，输入底面半径
指定高度或 [两点(2P)/轴端点(A)/顶面半径(T)] <120.0000>:
        //180 Enter，创建结果如图 9-34 所示，消隐效果如图 9-35 所示
```

步骤 03　重复执行“圆锥体”命令，使用“椭圆”选项创建椭圆锥体。命令行操作如下：

```
命令：_cone
指定底面的中心点或 [三点(3P)/两点(2P)/切点、切点、半径(T)/椭圆(E)]:
//e Enter，激活“椭圆”选项
指定第一个轴的端点或 [中心(C)]:               //拾取一点
指定第一个轴的其他端点:                       //@150,0 Enter
指定第二个轴的端点:                           //@0,50 Enter
指定高度或 [两点(2P)/轴端点(A)/顶面半径(T)] <-100.0000>:
                                              //@0,100 Enter，消隐效果如图 9-36 所示
```

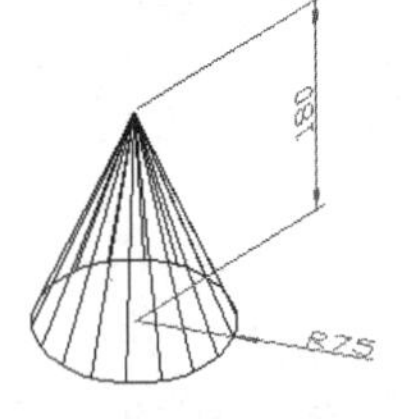

图 9-34　创建圆锥体

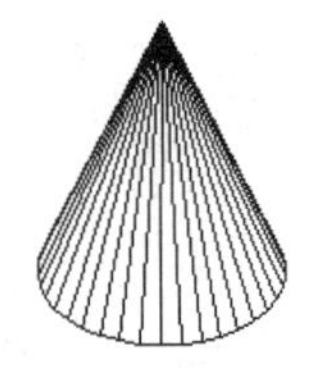

图 9-35　消隐效果

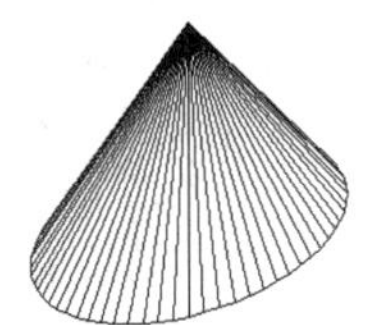

图 9-36　椭圆锥体消隐效果

9.4.5　创建棱锥体

“棱锥体”命令用于创建三维实体棱锥体，如底面为四边形、五边形、六边形等的多面棱锥体，如图 9-37 所示。

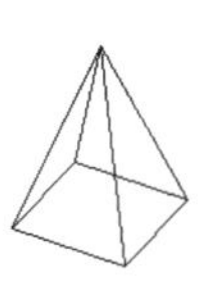 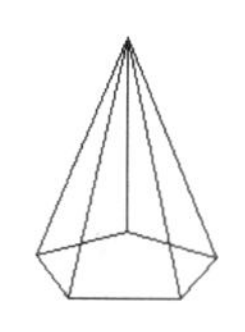 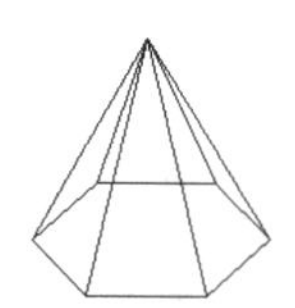

图 9-37 棱锥体

执行“棱锥体”命令主要有以下几种方式:

- 菜单栏:单击菜单“绘图”/“建模”/“棱锥体”命令。
- 工具栏:单击“建模”工具栏上的按钮。
- 命令行:在命令行输入“Pyramid”后按 Enter 键。
- 功能区:单击“三维建模”空间/“常用”选项卡/“建模”面板上的按钮。

【例题 5】 创建六面棱锥体。

步骤 01 新建空白文件并将当前视图切换为西南视图。

步骤 02 单击“建模”工具栏上的按钮,执行“棱锥体”命令,根据命令行提示创建六面棱锥体,命令行操作如下:

```
命令: _pyramid
4 个侧面   外切
指定底面的中心点或 [边(E)/侧面(S)]:              //s Enter,激活“侧面”选项
输入侧面数 <4>:                                  //6 Enter,设置侧面数
指定底面的中心点或 [边(E)/侧面(S)]:              //在绘图区拾取一点
指定底面半径或 [内接(I)] <72.0000>:              //100 Enter,输入内切圆半径
指定高度或 [两点(2P)/轴端点(A)/顶面半径(T)] <10.0000>:   //120 Enter,结束命令
```

步骤 03 创建结果如图 9-38 所示,概念着色效果如图 9-39 所示。

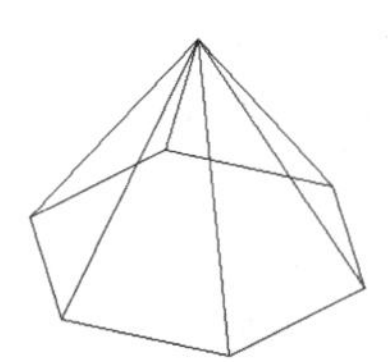

图 9-38 创建结果

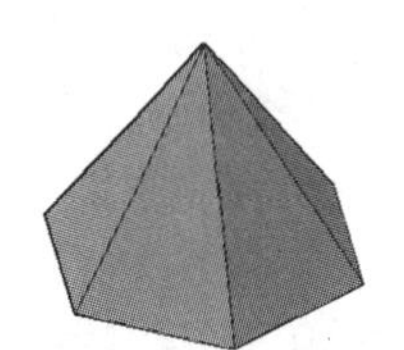

图 9-39 概念着色

9.4.6 创建圆环体

“圆环体”命令主要用于创建圆环实心体模型。执行“圆环体”命令主要有以下几种方式:

- 菜单栏:单击菜单“绘图”/“建模”/“圆环体”命令。
- 工具栏:单击“建模”工具栏上的按钮。
- 命令行:在命令行输入“Torus”后按 Enter 键。
- 功能区:单击“三维建模”空间/“常用”选项卡/“建模”面板上的按钮。

【例题 6】 创建圆环体。

步骤 01 新建空白文件并将当前视图切换为西南视图。

步骤 02 单击“建模”工具栏上的按钮,执行“圆环体”命令,根据命令行提示创建圆环体。命令行操

作如下：

```
命令：_torus
指定中心点或 [三点(3P)/两点(2P)/切点、切点、半径(T)]：//拾取一点定位环体的中心点
指定半径或 [直径(D)] <120.0000>:        //180 Enter，输入圆环体的半径
指定圆管半径或 [两点(2P)/直径(D)]:      //20 Enter，输入圆管半径，结果如图 9-40 所示
```

步骤 03 单击菜单“视图”/“视觉样式”/“概念”命令，为圆环体进行概念着色，结果如图 9-41 所示。

图 9-40　创建圆环体

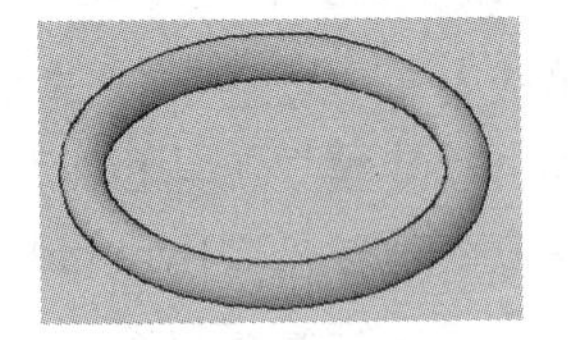

图 9-41　概念着色

9.4.7　创建球体

“球体”命令主要用于创建三维球体模型。执行“球体”命令主要有以下几种方式：

- 菜单栏：单击菜单“绘图”/“实体”/“球体”命令。
- 工具栏：单击“建模”工具栏上的按钮。
- 命令行：在命令行输入 Sphere 后按 Enter 键。
- 功能区：单击“三维建模”空间/“常用”选项卡/“建模”面板上的按钮。

【例题 7】 创建球体。

步骤 01 新建空白文件并将当前视图切换为西南视图。

步骤 02 单击“建模”工具栏上的按钮，执行“球体”命令，创建半径为 100 的球体模型。命令行操作如下：

```
命令：_sphere
指定中心点或 [三点(3P)/两点(2P)/切点、切点、半径(T)]：
                                   //在绘图区拾取一点作为球体的中心点
指定半径或 [直径(D)] <10.3876>:    //100Enter，结束命令
```

步骤 03 创建结果如图 9-42 所示，概念着色效果如图 9-43 所示。

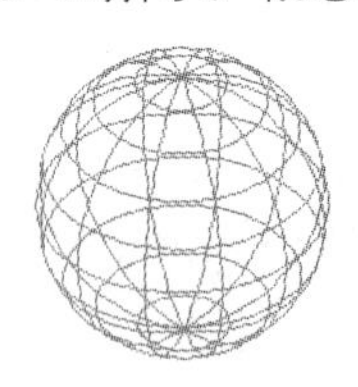

图 9-42　创建球体

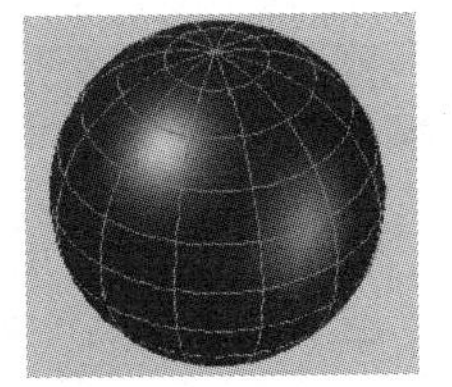

图 9-43　概念着色

9.4.8　创建楔体

“楔体”命令主要用于创建三维楔体模型。执行“楔体”命令主要有以下几种方式：

- 菜单栏：单击菜单“绘图”/“建模”/“楔体”命令。
- 工具栏：单击“建模”工具栏上的按钮。

- 命令行：在命令行输入“Wedge”后按 Enter 键。
- 功能区：单击“三维建模”空间/“常用”选项卡/“建模”面板上的按钮。

【例题 8】 创建楔体。

步骤 01 新建空白文件并将当前视图切换为东南视图。

步骤 02 单击“建模”工具栏上的按钮，执行“楔体”命令，根据命令行提示创建楔体。命令行操作如下：

```
命令：_wedge
指定第一个角点或 [中心(C)]:                  //在绘图区拾取一点
指定其他角点或 [立方体(C)/长度(L)]:          //@120,20 Enter
指定高度或 [两点(2P)] <10.52>:               //150 Enter，创建结果如图 9-44 所示
```

步骤 03 使用快捷键 HI 执行“消隐”命令，效果如图 9-45 所示。

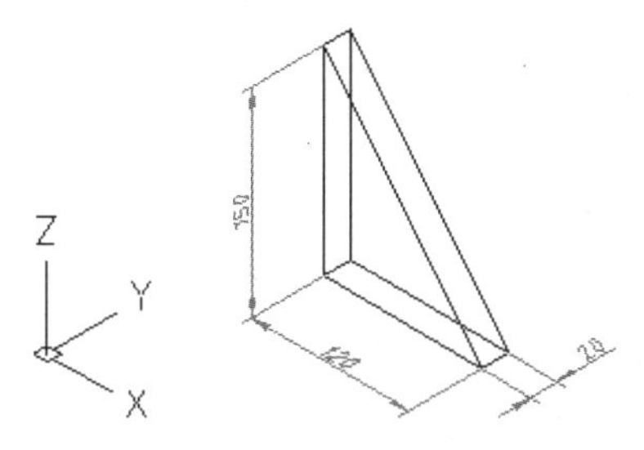

图 9-44　创建楔体

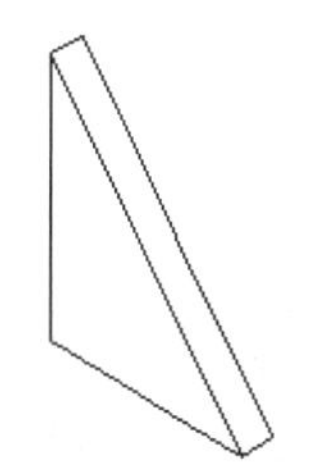
图 9-45　消隐效果

选项解析

- “中心”选项用于定位楔体的中心点，其中心点为斜面正中心点。
- “立方体”选项用于创建长、宽、高都相等的楔体。

9.5　创建复杂实体与曲面

本节主要学习复杂实体与曲面的创建技能，具体有“拉伸”、“旋转”、“剖切”、“扫掠”、“平面曲面”和“三维面”六个命令。

9.5.1　创建拉伸体

“拉伸”命令用于将闭合或非闭合的二维图形按照指定的高度拉伸成实体或曲面，如图 9-46 所示。执行“拉伸”命令主要有以下几种方式：

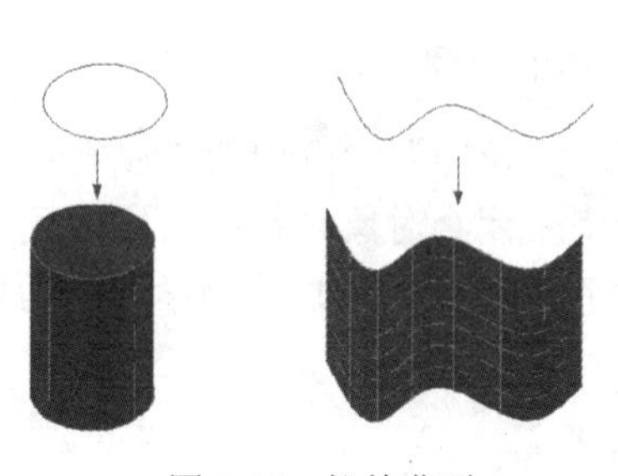
图 9-46　拉伸曲面

- 菜单栏：单击菜单“绘图”/“建模”/“拉伸”命令。
- 工具栏：单击“建模”工具栏上的按钮。
- 命令行：在命令行输入“Extrude”后按 Enter 键。
- 快捷键：在命令行输入“EXT”后按 Enter 键。
- 功能区：单击“三维建模”空间/“常用”选项卡/“建模”面板上的按钮。

【例题 9】 创建拉伸曲面。

步骤 01　新建文件并将视图切换到西南视图。

步骤 02　综合使用“矩形”、“圆弧”和“多段线”命令，绘制如图 9-47 所示的矩形、圆弧和多段线。

步骤 03　单击菜单“绘图”/“建模”/“拉伸”命令，将刚绘制的二维图线拉伸为曲面。命令行操作如下：

```
命令: _extrude
当前线框密度:  ISOLINES=4，闭合轮廓创建模式 = 实体
选择要拉伸的对象或 [模式(MO)]: _MO 闭合轮廓创建模式 [实体(SO)/曲面(SU)] <实体>: _SO
选择要拉伸的对象或 [模式(MO)]:                        //MO Enter
闭合轮廓创建模式 [实体(SO)/曲面(SU)] <实体>:          //SU Enter
选择要拉伸的对象或 [模式(MO)]:                        //窗交选择如图 9-47 所示的二维图线
```

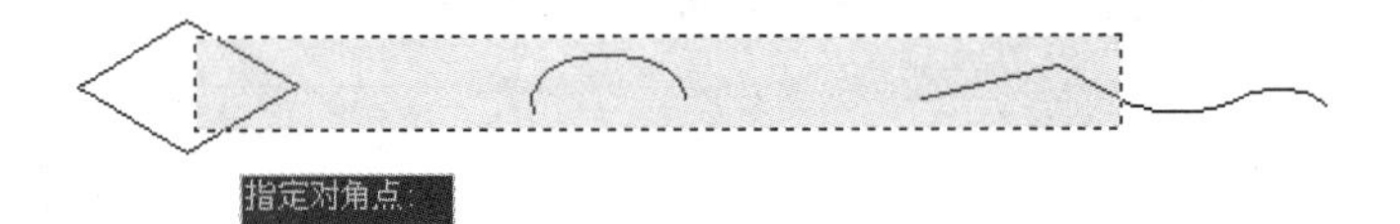

图 9-47　窗交选择拉伸对象

```
选择要拉伸的对象或 [模式(MO)]:        // Enter
指定拉伸的高度或 [方向(D)/路径(P)/倾斜角(T)/表达式(E)] <67.9>:
//向上引导光标，在所需位置单击，指定拉伸高度，如图 9-48 所示
```

图 9-48　指定拉伸高度

步骤 04　使用快捷键 VS 执行“视觉样式”命令，对拉伸曲面进行带边缘着色，结果如图 9-49 所示。

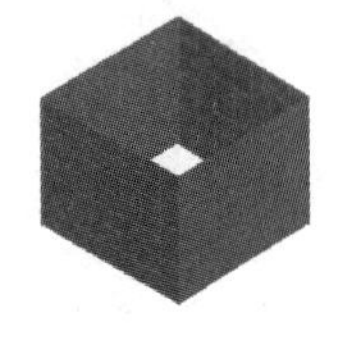

图 9-49　着色效果

1. 角度拉伸

使用“拉伸”命令中的“倾斜角”选项，可以将单个或多个闭合对象，按照一定的角度进行拉伸，如图 9-50 所示。下面通过实例学习此功能。

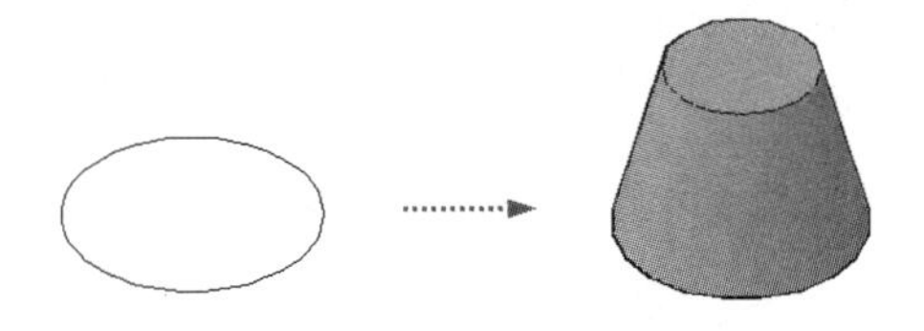

图 9-50　角度拉伸示例

【例题 10】 创建如图 9-50 所示的拉伸实体。

步骤 01 新建空白文件并将当前视图切换为西南视图。

步骤 02 执行“圆”命令，绘制半径为 35 的圆，如图 9-51 所示。

步骤 03 单击“建模”工具栏上的按钮，执行“拉伸”命令，对正六边形和圆进行拉伸。命令行操作如下：

```
命令：_extrude
当前线框密度： ISOLINES=4，闭合轮廓创建模式 = 实体
选择要拉伸的对象或 [模式(MO)]：_MO 闭合轮廓创建模式 [实体(SO)/曲面(SU)] <实体>：_SO
选择要拉伸的对象或 [模式(MO)]：                //选择刚绘制的圆
选择要拉伸的对象或 [模式(MO)]：                // Enter
指定拉伸的高度或 [方向(D)/路径(P)/倾斜角(T)/表达式(E)] <129.8197>：
//t Enter，激活“倾斜角”选项
指定拉伸的倾斜角度或 [表达式(E)] <0>：         //15 Enter，输入倾斜角度
指定拉伸的高度或 [方向(D)/路径(P)/倾斜角(T)/表达式(E)] <129.8197>：
//沿 Z 轴正方向引导光标，输入 50 Enter
```

步骤 04 拉伸结果如图 9-52 所示，概念着色效果如图 9-53 所示。

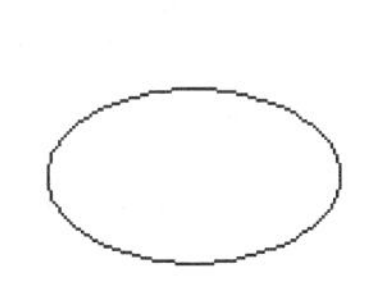

图 9-51　绘制圆

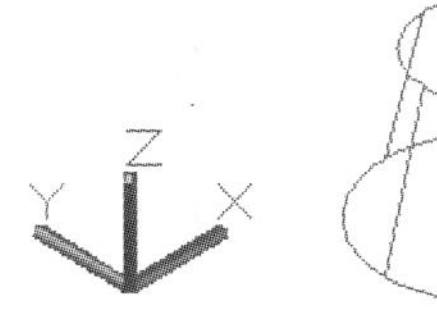

图 9-52　拉伸圆

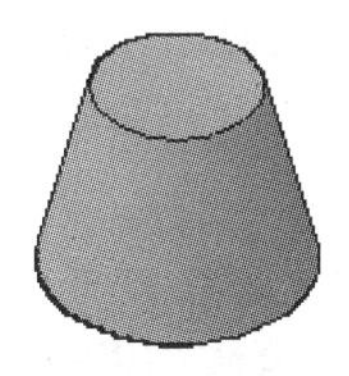

图 9-53　概念着色

2. 方向拉伸

使用“拉伸”命令中的“方向”选项，可以将单个或多个闭合对象按光标指引的方向进行拉伸，如图 9-54 所示。

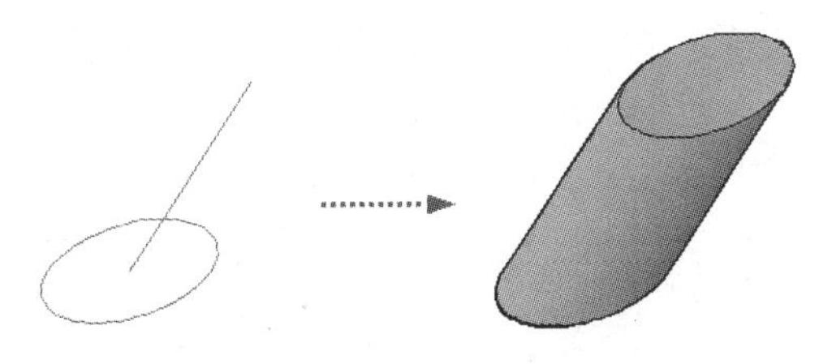

图 9-54　方向拉伸示例

3. 路径拉伸

使用“拉伸”命令中的“路径”选项，可以将闭合的二维图形或面域，按照指定的直线或曲线路径进行拉伸放样，生成复杂的三维放样实心体，如图 9-55 所示。

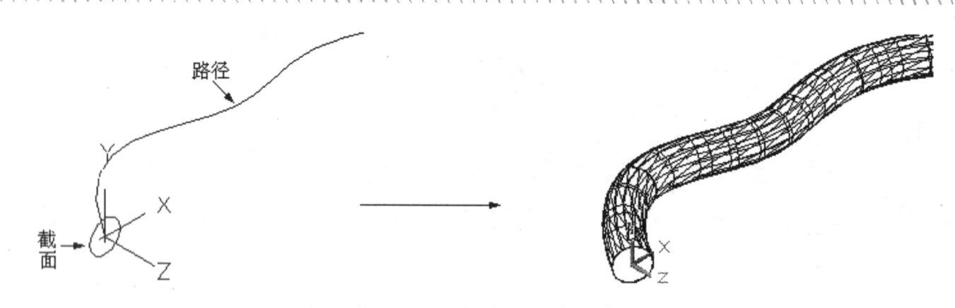

图 9-55　路径拉伸示例

9.5.2　创建回转体

“旋转”命令用于将闭合或非闭合的二维图线和三维曲线绕坐标轴旋转为三维实体或曲面，如图 9-56 所示。执行“旋转”命令主要有以下几种方式：

图 9-56　旋转曲面示例

- 菜单栏：单击菜单“绘图”/“建模”/“旋转”命令。
- 工具栏：单击“建模”工具栏上的按钮。
- 命令行：在命令行输入“Revolve”后按 Enter 键。
- 快捷键：在命令行输入“REV”后按 Enter 键。
- 功能区：单击“三维建模”空间/“常用”选项卡/“建模”面板上的按钮。

【例题 11】 创建回转体。

步骤 01　打开随书光盘中的“\素材文件\9-1.dwg”，如图 9-57 所示。

步骤 02　使用快捷键 L 执行“直线”命令，绘制如图 9-58 所示的垂直中线。

步骤 03　综合使用“修剪”和“删除”命令，将图形编辑成如图 9-59 所示的状态。

步骤 04　使用快捷键 BO 执行“边界”命令，提取如图 9-60 所示的多段线边界，并删除原图线。

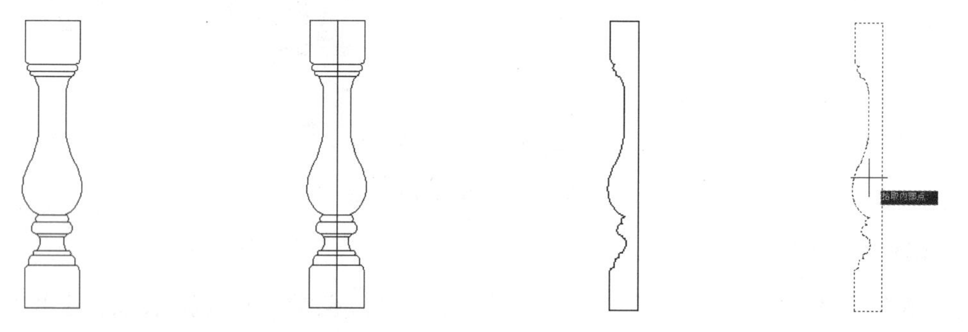

图 9-57　打开结果　　图 9-58　绘制结果　　图 9-59　编辑结果　　图 9-60　提取边界

步骤 05　设置系统变量 ISOLINES 的值为 12，设置变量 FACETRES 的值为 10。

步骤 06　单击“建模”工具栏上的按钮，执行“旋转”命令，将闭合多段线边界旋转为三维实体。命令行操作如下：

```
命令: _revolve
当前线框密度: ISOLINES=12，闭合轮廓创建模式 = 实体
选择要旋转的对象或 [模式(MO)]: _MO 闭合轮廓创建模式 [实体(SO)/曲面(SU)] <实体>: _SO
选择要旋转的对象或 [模式(MO)]:               //选择提取的边界
选择要旋转的对象或 [模式(MO)]:               // Enter
指定轴起点或根据以下选项之一定义轴 [对象(O)/X/Y/Z] <对象>:
//捕捉如图 9-61 所示的端点
指定轴端点:                                  //捕捉如图 9-62 所示的交点
指定旋转角度或 [起点角度(ST)/反转(R)/表达式(EX)] <360>:
                                             // Enter，旋转结果如图 9-63 所示
```

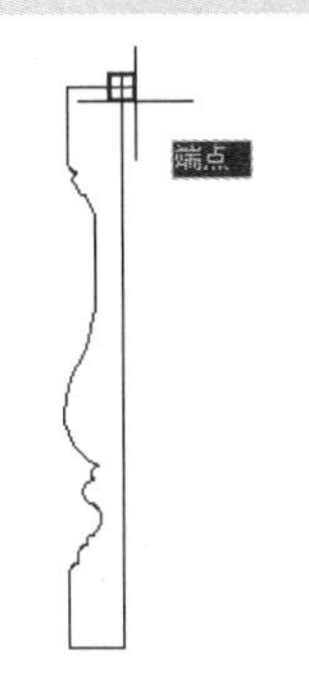

图 9-61　捕捉端点

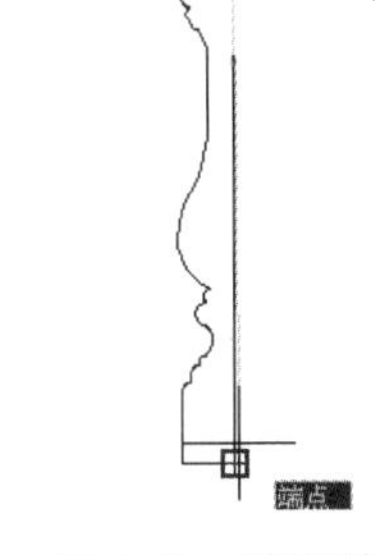

图 9-62　捕捉端点

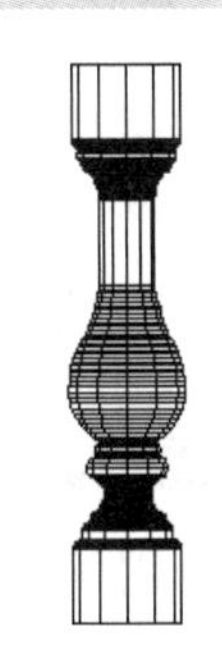

图 9-63　旋转结果

9.5.3　创建剖切体

“剖切”命令用于切开现有的实体或曲面，然后移去不需要的部分，保留指定的部分，如图 9-64 所示。使用此命令也可以将剖切后的两部分都保留。

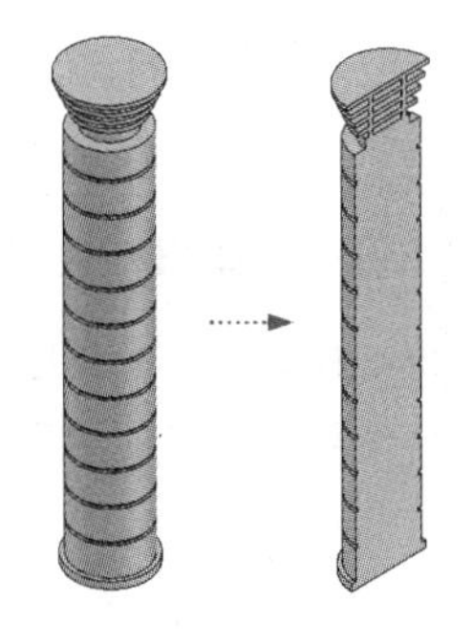

图 9-64　剖切实体

执行“剖切”命令主要有以下几种方式：

- 菜单栏：单击菜单“绘图”/“三维操作”/“剖切”命令。
- 命令行：在命令行输入“Slice”后按 Enter 键。
- 快捷键：在命令行输入“SL”后按 Enter 键。
- 功能区：单击“三维建模”空间/“常用”选项卡/“实体编辑”面板上的按钮。

【例题 12】 创建剖切曲面。

步骤 01　打开随书光盘中的“\素材文件\9-2.dwg”。

步骤 02　使用快捷键 HI 执行“消隐”命令，对视图进行消隐显示。

步骤 03　单击菜单“修改”/“三维操作”/“剖切”命令，对柱子造型进行剖切。命令行操作如下：

```
命令: _slice
选择要剖切的对象:                    //选择如图 9-65 所示的柱子造型
选择要剖切的对象:                    // Enter，结束选择
指定 切面 的起点或 [平面对象(O)/曲面(S)/Z 轴(Z)/视图(V)/XY(XY)/YZ(YZ)/ZX(ZX)/三点(3)]
<三点>:                              //XY Enter
```

```
指定 XY 平面上的点 <0,0,0>:     //捕捉如图 9-66 所示的圆心
在所需的侧面上指定点或 [保留两个侧面(B)] <保留两个侧面>:
                                //捕捉如图 9-67 所示的象限点，结果如图 9-68 所示
```

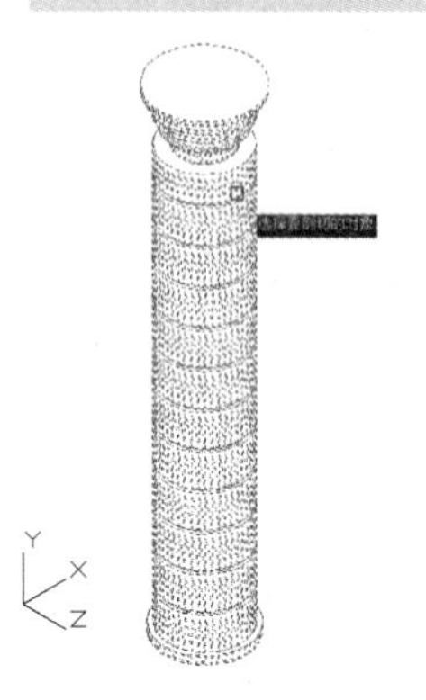
图 9-65　选择结果

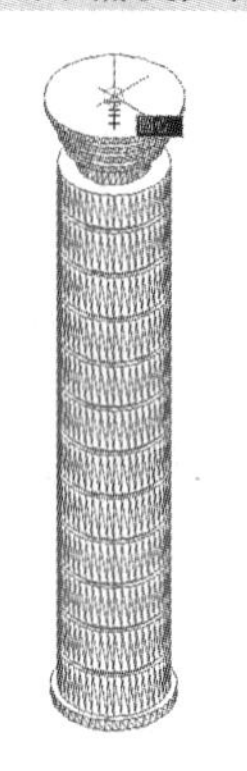
图 9-66　捕捉圆心

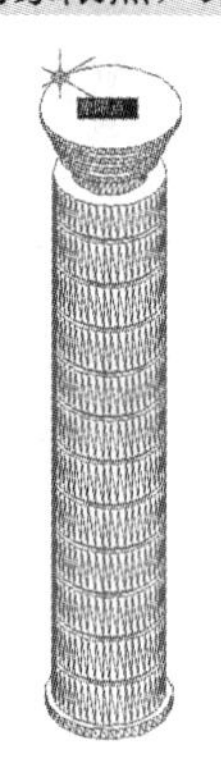
图 9-67　捕捉象限点

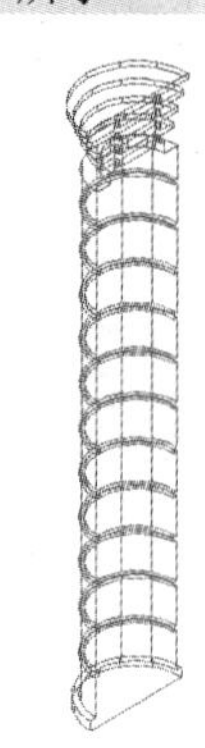
图 9-68　剖切结果

9.5.4　创建扫掠体

“扫掠”命令用于沿路径扫掠闭合（或非闭合）的二维（或三维）曲线，以创建新的实体或曲面。执行“扫掠”命令主要有以下几种方式：

- 菜单栏：单击菜单“绘图”/“建模”/“扫掠”命令。
- 工具栏：单击“建模”工具栏上的按钮。
- 命令行：在命令行输入“Sweep”后按 Enter 键。
- 快捷键：在命令行输入“SW”后按 Enter 键。
- 功能区：单击“三维建模”空间/“常用”选项卡/“建模”面板上的按钮。

【例题 13】 创建扫掠曲面。

步骤 01　新建文件并将当前视图切换为西南视图。

步骤 02　综合使用“样条曲线”、“圆”和“圆弧”命令，绘制如图 9-69 所示的样条曲线、圆与圆弧。

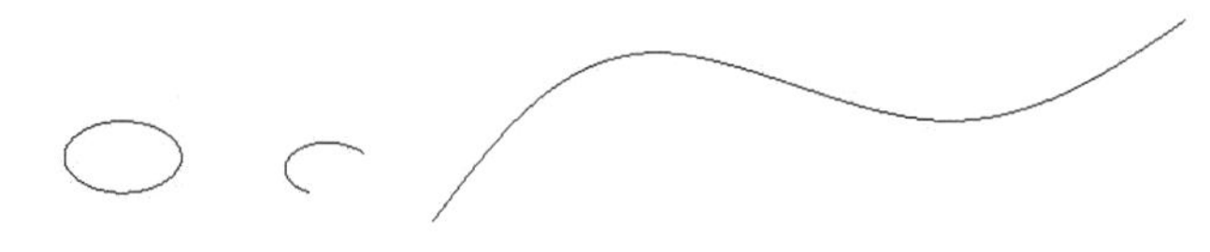
图 9-69　绘制结果

步骤 03　单击“建模”工具栏或面板上的按钮，执行“扫掠”命令，将圆弧扫掠为曲面。命令行操作如下：

```
命令: _sweep
当前线框密度:  ISOLINES=4, 闭合轮廓创建模式 = 实体
选择要扫掠的对象或 [模式(MO)]: _MO 闭合轮廓创建模式 [实体(SO)/曲面(SU)] <实体>: _SO
                                // Enter
选择要扫掠的对象或 [模式(MO)]:        //选择圆弧
选择要扫掠的对象或 [模式(MO)]:        // Enter
选择扫掠路径或 [对齐(A)/基点(B)/比例(S)/扭曲(T)]:
```

```
//选择样条曲线，扫掠结果如图 9-70 所示
```

步骤 04　使用快捷键 VS 执行“视觉样式”命令，对曲面进行概念着色，效果如图 9-71 所示。

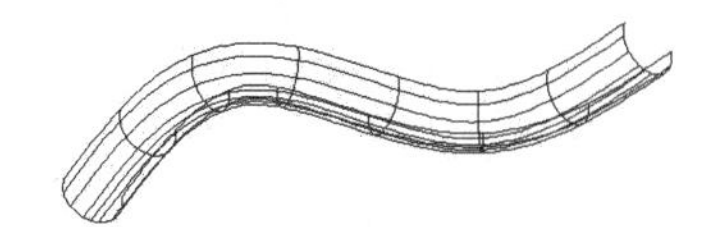

图 9-70　扫掠结果

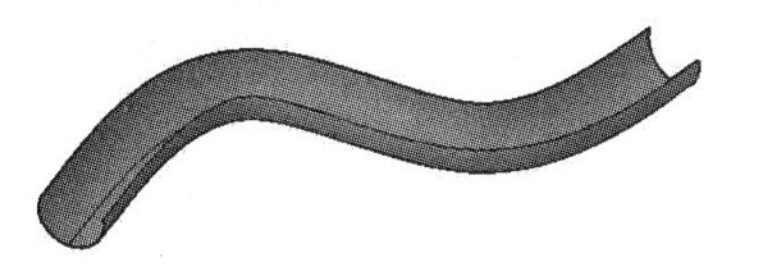

图 9-71　概念着色

步骤 05　使用快捷键 M 执行“移动”命令，将扫掠曲面进行外移。

步骤 06　接下来重复执行“扫掠”命令，将圆扫掠为曲面。命令行操作如下：

```
命令: _sweep
当前线框密度: ISOLINES=4，闭合轮廓创建模式 = 实体
选择要扫掠的对象或 [模式(MO)]: _MO 闭合轮廓创建模式 [实体(SO)/曲面(SU)] <实体>: _SO
选择要扫掠的对象或 [模式(MO)]:                    //MO Enter
闭合轮廓创建模式 [实体(SO)/曲面(SU)] <实体>:      //SU Enter
选择要扫掠的对象或 [模式(MO)]:                    //选择圆
选择要扫掠的对象或 [模式(MO)]:                    // Enter
选择扫掠路径或 [对齐(A)/基点(B)/比例(S)/扭曲(T)]:
//选择样条曲线，扫掠结果如图 9-72 所示
```

步骤 07　使用快捷键 VS 执行“视觉样式”命令，对模型进行真实着色，效果如图 9-73 所示。

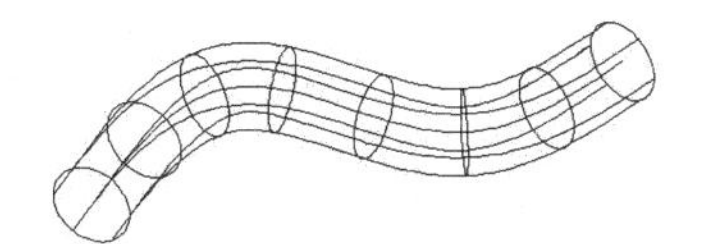

图 9-72　扫掠结果

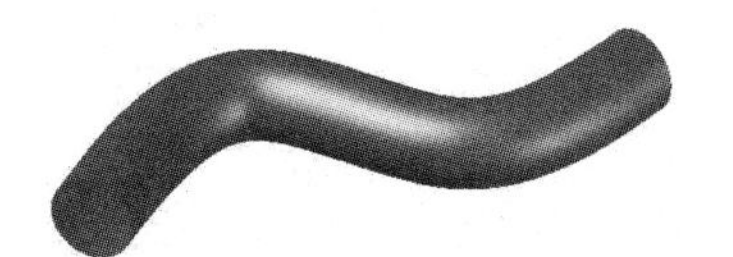

图 9-73　着色效果

9.5.5　平面曲面

“平面曲面”命令用于绘制平面曲面，也可以将闭合的二维图形转化为平面曲面。执行“平面曲面”命令主要有以下几种方式：

- 菜单栏：单击菜单“绘图”/“建模”/“曲面”/“平面”命令。
- 工具栏：单击“曲面创建”工具栏上的按钮。
- 命令行：在命令行输入“Planesurf”后按 Enter 键。
- 功能区：单击“三维建模”空间/“曲面”选项卡/“创建”面板上的按钮。

【例题 14】 创建平面曲面。

步骤 01　新建文件并将视图切换到西南视图。

步骤 02　单击菜单“绘图”/“建模”/“曲面”/“平面”命令，配合坐标输入功能绘制平面曲面。命令行操作如下：

```
命令: _Planesurf
指定第一个角点或 [对象(O)] <对象>:      //在绘图区拾取一点
指定其他角点:                          //@200,100 Enter，绘制结果如图 9-74 所示
```

步骤03 使用快捷键 VS 执行“视觉样式”命令，对模型进行带边缘着色，效果如图 9-75 所示。

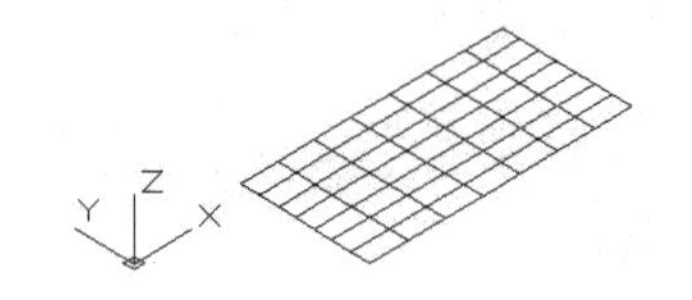

图 9-74 创建结果

图 9-75 着色效果

9.5.6 创建三维面

“三维面”命令用于可以在二维空间的任意位置创建三边或四边的表面，并可将这些表面连接在一起形成一个多边的表面，如图 9-76 所示。

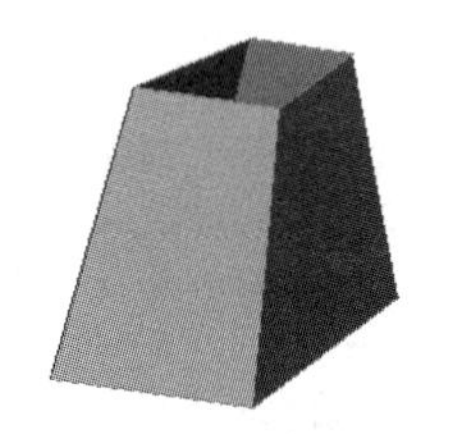

图 9-76 三维面示例

执行“三维面”命令主要有以下几种方式：

- 菜单栏：单击“绘图”菜单栏中的“建模”/“网格”/“三维面”命令。
- 命令行：在命令行输入“3DFace”后按 Enter 键。

【例题 15】 创建图 9-76 所示的表面模型。

步骤01 新建文件并将视图切换到西南视图。

步骤02 使用“矩形”命令绘制如图 9-77 所示的两个矩形。

步骤03 单击菜单“绘图”/“建模”/“网格”/“三维面”命令，根据命令行的操作提示进行作图。命令行操作如下：

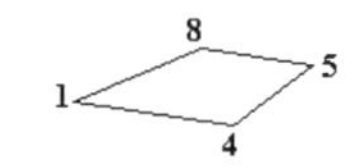

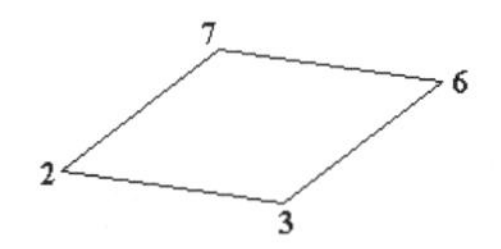

图 9-77 绘制矩形

```
命令：_3dface
指定第一点或 [不可见(I)]:
                 //捕捉如图 9-77 所示的端点 1
指定第二点或 [不可见(I)]:
                 //捕捉端点 2
指定第三点或 [不可见(I)] <退出>:            //捕捉端点 3
指定第四点或 [不可见(I)] <创建三侧面>:        //捕捉端点 4
```

技巧提示

在第一次输完四个点后，AutoCAD 会自动将最后两个点作为下一个三维平面的第一、第二个顶点，这样才会继续出现提示符，要求用户输入下一个三维平面第三、第四个顶点的坐标值。

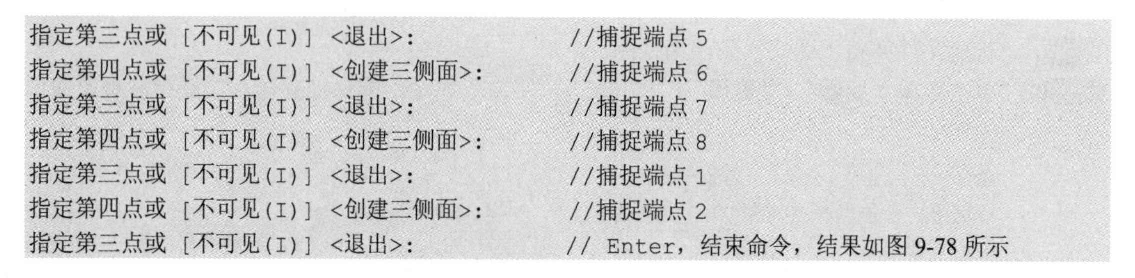

```
指定第三点或 [不可见(I)] <退出>:            //捕捉端点 5
指定第四点或 [不可见(I)] <创建三侧面>:        //捕捉端点 6
指定第三点或 [不可见(I)] <退出>:            //捕捉端点 7
指定第四点或 [不可见(I)] <创建三侧面>:        //捕捉端点 8
指定第三点或 [不可见(I)] <退出>:            //捕捉端点 1
指定第四点或 [不可见(I)] <创建三侧面>:        //捕捉端点 2
指定第三点或 [不可见(I)] <退出>:            // Enter，结束命令，结果如图 9-78 所示
```

如果在最后的命令提示行后直接按 Enter 键，系统将以前面三个点为顶点生成三维平面。

步骤 04　使用快捷键 HI 执行“消隐”命令，为刚创建的模型进行消隐，结果如图 9-79 所示。

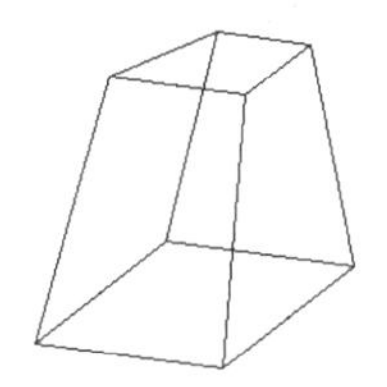
图 9-78　创建结果

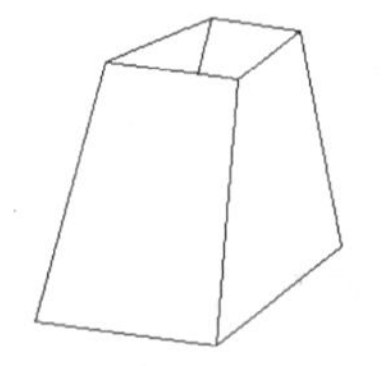
图 9-79　消隐着色

使用“不可见”选项可以控制三维平面边界的可见性，在指定某一边的任何端点之前激活该选项，那么在拾取边的两个端点后，该边就变为不可见。

9.6　创建常用网格

本节主要学习几何体网格的基本创建功能，具体有“旋转网格”、“平移网格”、“直纹网格”、“边界网格”和“网格图元”等命令。

9.6.1　旋转网格

“旋转网格”是通过一条轨迹线绕一根指定的轴，进行空间旋转，从而生成回转体空间网格，如图 9-80 所示。此命令常用于创建具有回转体特征的空间形体，如酒杯、茶壶、花瓶、灯罩、轮、环等三维模型。

用于旋转的轨迹线可以是直线、圆、圆弧、样条曲线、二维或三维多段线，旋转轴则可以是直线或非封闭的多段线。

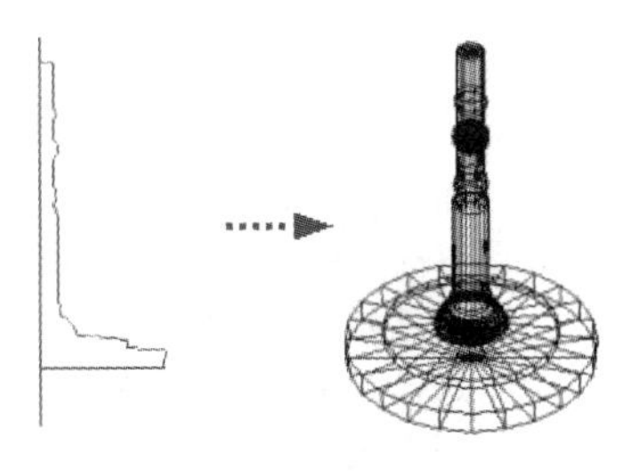
图 9-80　旋转网格示例

执行“旋转网格”命令主要有以下几种方式：

- 菜单栏：单击菜单“绘图”/“建模”/“网格”/“旋转网格”命令。
- 命令行：在命令行输入“Revsurf”后按 Enter 键。
- 功能区：单击“三维建模”空间/“网格”选项卡/“图元”面板上的按钮。

【例题 16】 创建旋转网格。

步骤 01　打开随书光盘中的“\素材文件\9-3.dwg”，如图 9-81 所示。

步骤 02　使用快捷键 XL 执行“构造线”命令，配合中点捕捉功能绘制一条垂直中心线。

步骤 03　使用快捷键 TR 执行“修剪”命令，对图形进行修剪编辑，并删除多余图线，结果如图 9-82 所示。

步骤 04　将上侧的水平图线向下偏移 5 个单位，将倾斜图线向右偏移 5 个单位，然后对图线进一步修整，结果如图 9-83 所示。

图 9-81　打开结果

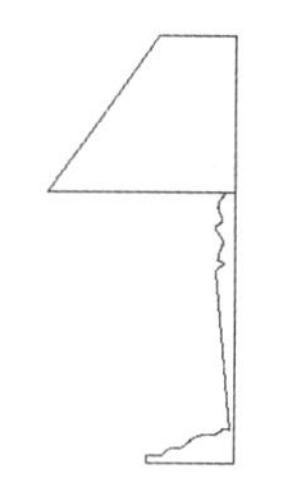

图 9-82　编辑结果

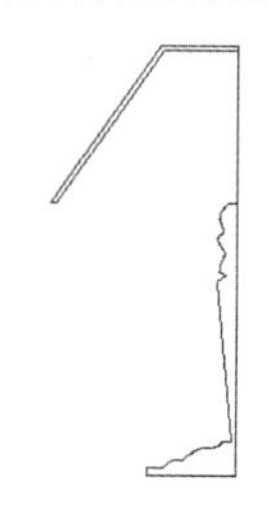

图 9-83　修整结果

步骤 05　单击“绘图”菜单中的“边界”命令，分别在两个闭合区域内拾取点，提取两条闭合的多段线边界，并删除源图线，结果如图 9-84 所示。

步骤 06　执行“直线”命令，配合端点捕捉功能绘制如图 9-85 所示的垂直直线作为旋转轴。

步骤 07　将变量 SURFTAB1 和 SURFTAB2 的值都设置为 36，并将当前视图切换为西南视图，如图 9-86 所示。

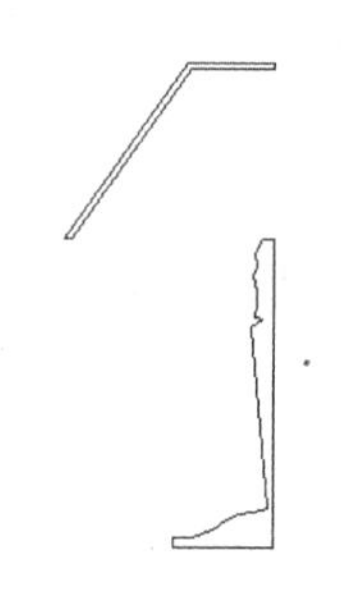

图 9-84　提取边界

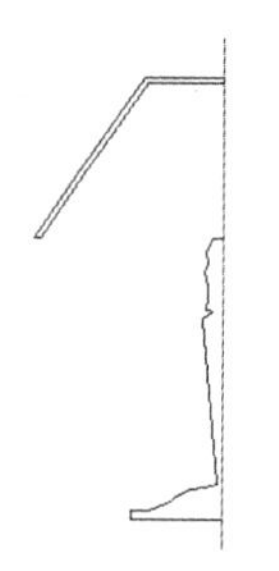

图 9-85　绘制旋转轴

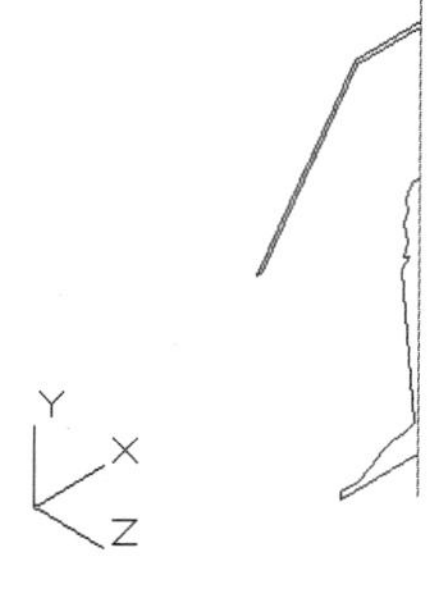

图 9-86　切换视图

步骤 08　单击菜单“绘图”/“建模”/“网格”/“旋转网格”命令，创建旋转网格。命令行操作如下：

```
命令: _revsurf
当前线框密度: SURFTAB1=36  SURFTAB2=36
选择要旋转的对象:                              //选择如图 9-87 所示的边界
选择定义旋转轴的对象:                          //选择如图 9-88 所示的旋转轴
指定起点角度 <0>:                              // Enter，采用当前设置
指定包含角 (+=逆时针，-=顺时针) <360>:         // Enter，创建结果如图 9-89 所示
```

起始角为轨迹线开始旋转时的角度，旋转角表示轨迹线旋转的角度，如果输入的角度为正，则按逆时针方向旋转构造旋转曲面，否则按顺时针方向构造旋转曲面。

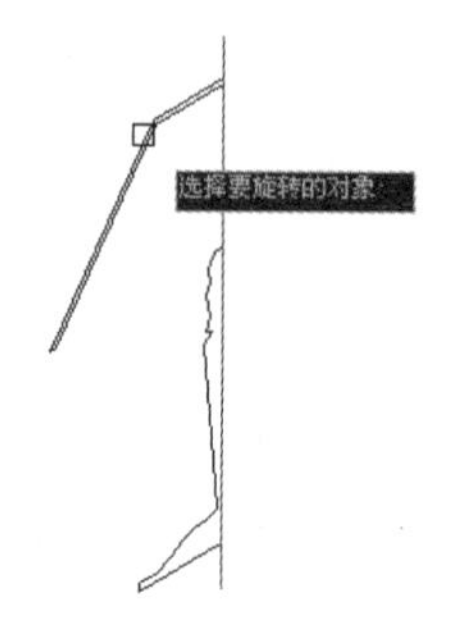

图 9-87　选择边界

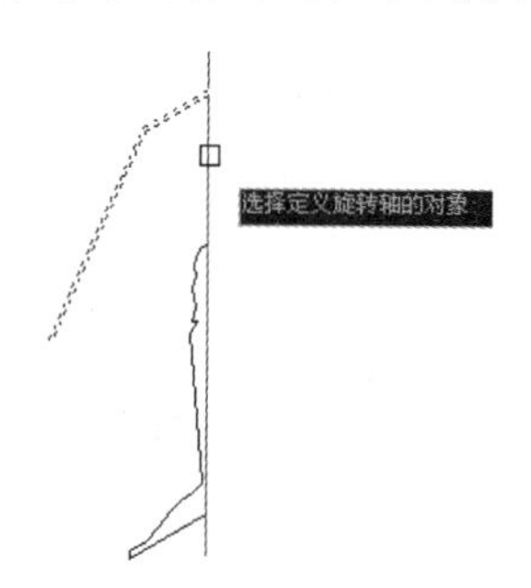

图 9-88　选择旋转轴

图 9-89　旋转结果

步骤 09 重复执行“旋转网格”命令，将下侧的闭合边界创建为旋转网格。命令行操作如下：

```
命令: _revsurf
当前线框密度: SURFTAB1=36  SURFTAB2=36
选择要旋转的对象:                          //选择如图 9-90 所示的边界
选择定义旋转轴的对象:                      //选择如图 9-91 所示的旋转轴
指定起点角度 <0>:                          // Enter，采用当前设置
指定包含角 (+=逆时针，-=顺时针) <360>:     // Enter，创建结果如图 9-92 所示
```

图 9-90　选择边界

图 9-91　选择旋转轴

图 9-92　旋转结果

9.6.2 平移网格

“平移网格”是轨迹线沿着指定方向矢量平移延伸而形成的三维网格，轨迹线可以是直线、圆（圆弧、椭圆、椭圆弧）、样条曲线、二维或三维多段线。

执行“平移网格”命令主要有以下几种方式：

- 菜单栏：单击菜单“绘图”/“建模”/“网格”/“平移网格”命令。
- 命令行：在命令行输入“Tabsurf”后按 Enter 键。
- 功能区：单击“三维建模”空间/“网格”选项卡/“图元”面板上的按钮。

在创建平移网格时，方向矢量用来指明拉伸的方向和长度，可以是直线或非封闭的多段线，不能使用圆或圆弧来指定位伸的方向。

【例题 17】 创建平移网格。

步骤 01 打开随书光盘中的“ \素材文件\9-4.dwg”文件，如图 9-93 所示。

步骤 02 使用快捷键 E 执行“删除”命令，删除填充图案。

步骤 03 使用快捷键 BO 执行“边界”命令，将边界类型设置为“多段线”，然后在如图 9-94 所示的闭合区域内拾取点，提取一条闭合边界。

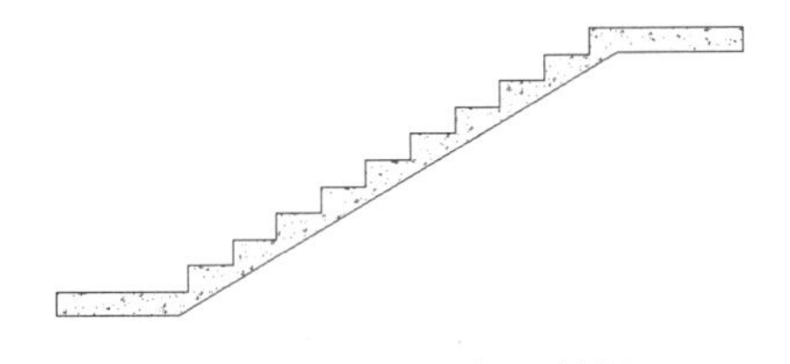
图 9-93　打开结果

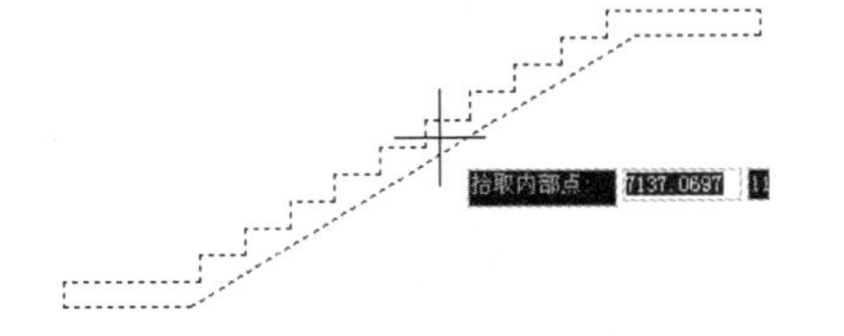

图 9-94　提取边界

步骤 04 在命令行设置系统变量 SURFTAB1 的值为 24、设置变量 FACETRES 的值为 10。

步骤 05　单击“视图”菜单中的“三维视图”/“西南等轴测”命令，将视图切换到西南视图。

步骤 06　使用快捷键 L 执行“直线”命令，配合端点捕捉功能，沿 Z 轴负方向绘制长度为 2000 的直线作为方向矢量，如图 9-95 所示。

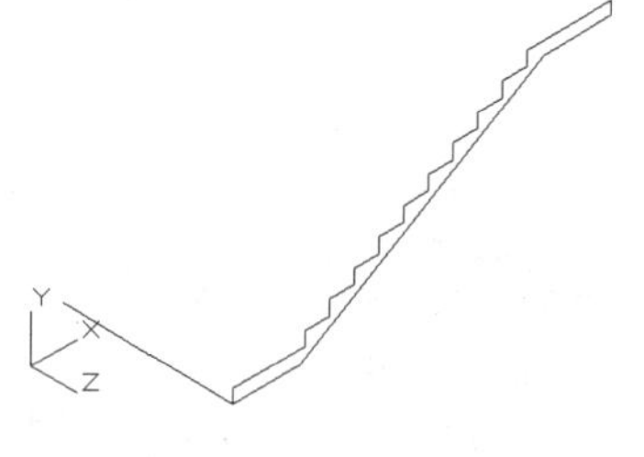

图 9-95　绘制结果

步骤 07　单击菜单“绘图”/“建模”/“网格”/“平移网格”命令，创建平移网格模型。命令行操作如下：

```
命令: _tabsurf
当前线框密度: SURFTAB1=24
选择用作轮廓曲线的对象:            //选择如图 9-96 所示的边界
选择用作方向矢量的对象:            //在图 9-97 所示的位置单击直线
```

步骤 08　创建结果如图 9-98 所示。

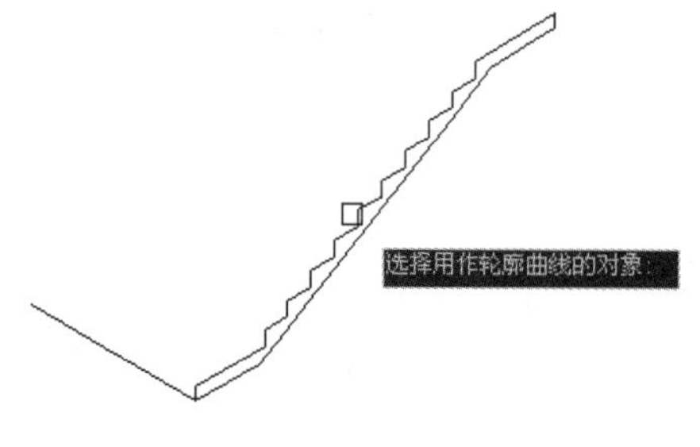

图 9-96　选择边界

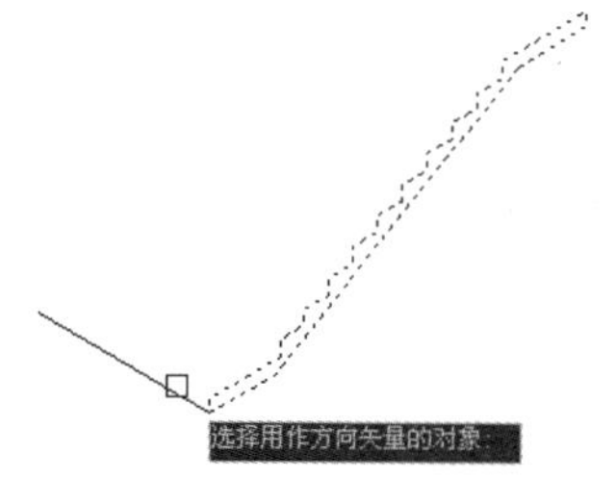

图 9-97　选择方向矢量

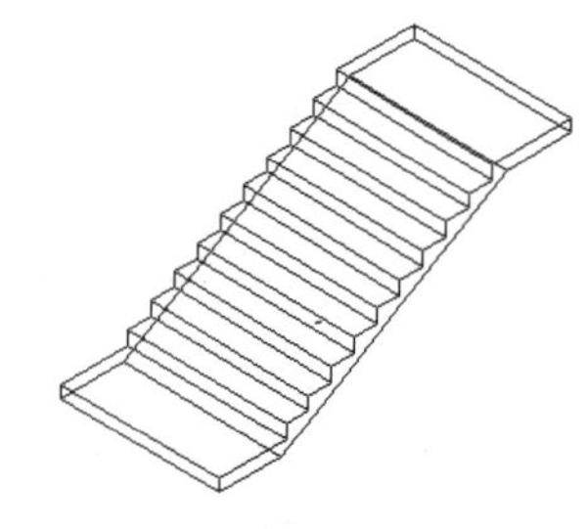

图 9-98　创建结果

9.6.3　直纹网格

“直纹网格”命令主要用于在指定的两个对象之间创建直纹网格，如图 9-99 所示。所指定的两条边界可以是直线、样条曲线、多段线等。

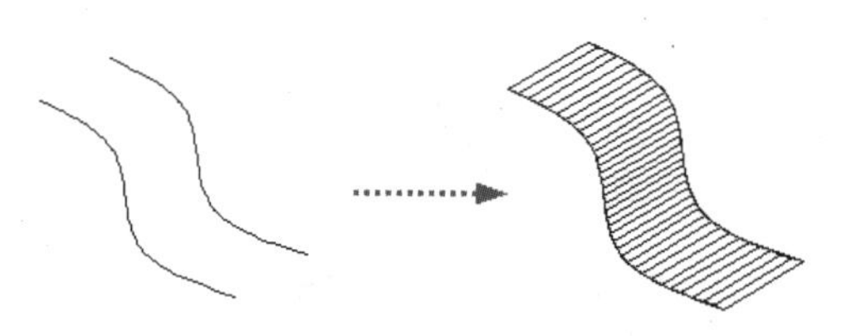

图 9-99　直纹网格示例

执行“直纹网格”命令主要有以下几种方式：

- 菜单栏：单击菜单“绘图”/“建模”/“网格”/“直纹网格”命令。
- 命令行：在命令行输入“Rulesurf”后按 Enter 键。
- 功能区：单击“三维建模”空间/“网格”选项卡/“图元”面板上的按钮。

【例题 18】　创建直纹网格。

步骤 01　新建空白文件并将当前视图切换为西南视图。

步骤 02　执行“样条曲线”命令绘制如图 9-99（左）所示的两条样条曲线。

步骤 03　在命令行设置系统变量 SURFTAB1 的值为 36。

步骤 04　单击菜单“绘图”/“建模”/“网格”/“直纹网格”命令，在两条样条曲线之间创建直纹网格。命令行操作如下：

```
命令: _rulesurf
```

```
当前线框密度：SURFTAB1=36
选择第一条定义曲线：                    //在左侧样条曲线的下端单击
选择第二条定义曲线：                    //在右侧样条曲线的下端单击
```

步骤 05 结果生成如图 9-99（右）所示直纹网格。

9.6.4 边界网格

“边界网格”命令用于将四条首尾相连的空间直线或曲线作为边界，创建成空间曲面模型。另外，四条边界必须首尾相连形成一个封闭图形。执行“边界网格”命令主要有以下几种方式：

- 菜单栏：单击菜单“绘图”/“建模”/“网格”/“边界网格”命令。
- 工具栏：在命令行输入“Edgesurf”后按 Enter 键。
- 功能区：单击“三维建模”空间/“网格”选项卡/“图元”面板上的按钮。

【例题 19】 创建边界网格。

步骤 01 新建空白文件并将当前视图切换为西南视图。

步骤 02 使用快捷键 REC 执行“矩形”命令，绘制长度为 150 的正四边形，如图 9-100 所示。

步骤 03 单击菜单“修改”/“复制”命令，将刚绘制的正四边形沿 Z 轴正方向复制 150 个绘图单位，结果如图 9-101 所示。

步骤 04 单击菜栏“修改”/“偏移”命令，将复制出的正四边形向内偏移 50 个单位，同时删除原四边形，结果如图 9-102 所示。

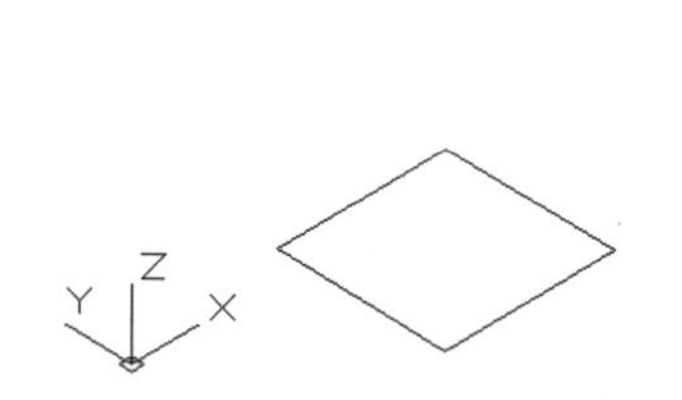

图 9-100　绘制正四边形

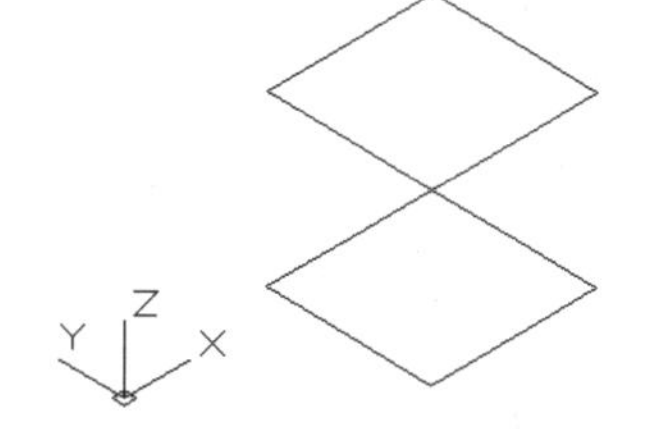

图 9-101　复制结果

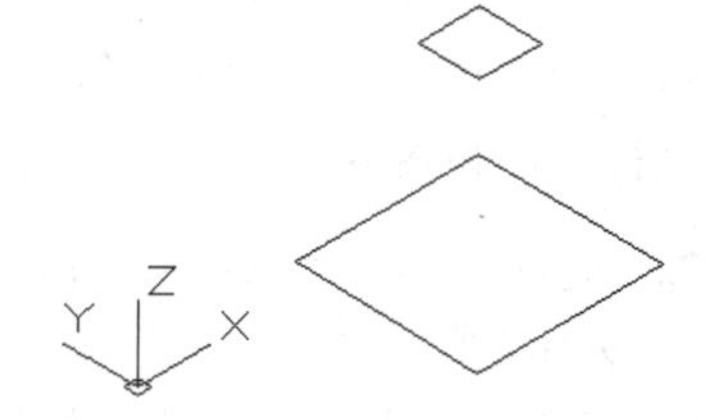

图 9-102　偏移结果

步骤 05 将两个矩形分解，然后使用快捷键 L 执行“直线”命令，配合端点捕捉功能，分别连接矩形的角点，绘制如图 9-103 所示的直线。

步骤 06 使用系统变量 SURFTAB1 和 SURFTAB2，设置直纹曲面表面的线框密度为 30。命令行操作如下：

```
命令：surftab1                          // Enter
输入 SURFTAB1 的新值 <6>:               //30 Enter
命令：surftab2                          // Enter
输入 SURFTAB2 的新值 <6>:               //30 Enter
```

步骤 07 单击菜单“绘图”/“建模”/“网格”/“边界网格”命令，根据命令行的操作提示进行作图。命令行操作如下：

```
命令：_edgesurf
当前线框密度：SURFTAB1=24  SURFTAB2=24
选择用作曲面边界的对象 1:               //单击图 9-103 所示的轮廓线 1
选择用作曲面边界的对象 2:               //单击轮廓线 2
选择用作曲面边界的对象 3:               //单击轮廓线 3
```

```
选择用作曲面边界的对象 4:                    //单击轮廓线 4，创建结果如图 9-104 所示
命令:                                         // Enter，重复执行命令
EDGESURF 当前线框密度: SURFTAB1=24  SURFTAB2=24
选择用作曲面边界的对象 1:                    //单击轮廓线 5
选择用作曲面边界的对象 2:                    //单击轮廓线 6
选择用作曲面边界的对象 3:                    //单击轮廓线 7
选择用作曲面边界的对象 4:                    //单击轮廓线 8，创建结果如图 9-105 所示
```

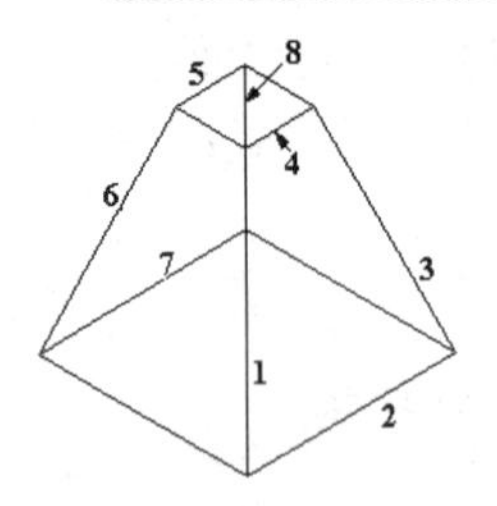

图 9-103　绘制直线

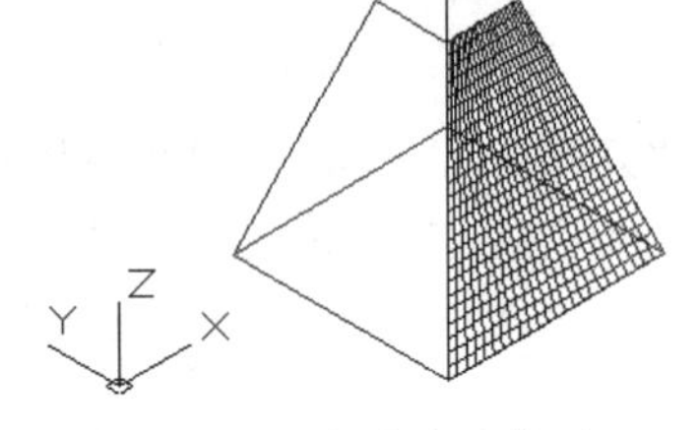

图 9-104　创建边界曲面

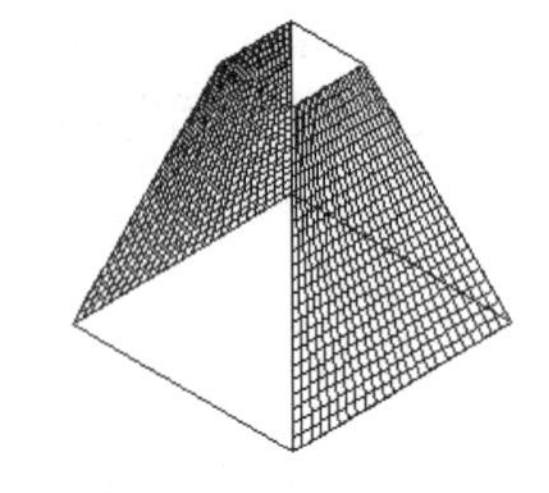
图 9-105　创建另一侧曲面

每条边选择的顺序不同，生成的曲面形状也不一样。用户选择的第一条边确定曲面网格的 M 方向，第二条边确定网格的 N 方向。

9.6.5　网格图元

如图 9-106 所示的各类基本几何体网格图元，与各类基本几何实体的结构一样，只不过网格图元是由网状格子线连接而成。网格图元包括网格长方体、网格楔体、网格圆锥体、网格球体、网格圆柱体、网格圆环体、网格棱锥体等基本网格图元。

执行“网格图元”命令主要有以下几种方式：

- 菜单栏：单击菜单栏“绘图”/“建模”/“网格”/“图元”级联菜单中的各命令选项，如图 9-107 所示。
- 工具栏：单击“平滑网格”或“平滑网格图元”工具栏上的各按钮。
- 命令行：在命令行输入“Mesh”后按 Enter 键。
- 功能区：单击“三维建模”空间/“网格”选项卡/“图元”面板上的各按钮。

基本几何体网格的创建方法与创建基本几何实体方法相同，在此不再细述。默认情况下，可以创建无平滑度的网格图元，然后再根据需要应用平滑度，如图 9-108 所示。平滑度 0 表示最低平滑度，不同对象之间可能会有所差别，平滑度 4 表示高圆度。

图 9-106　基本网格图元

图 9-107　“图元”级联菜单

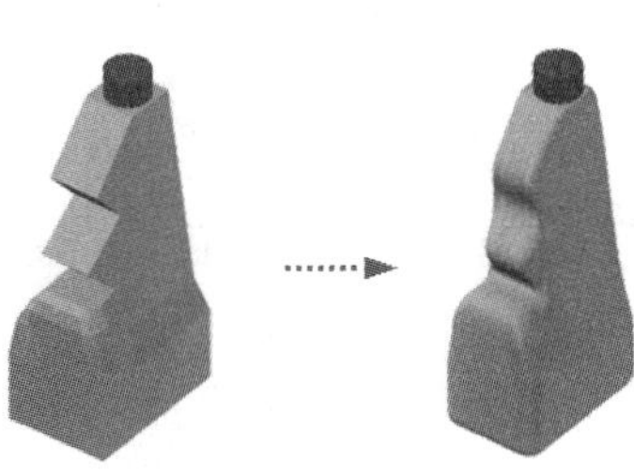
图 9-108　应用平滑度示例

另外，使用“绘图”菜单中的“建模”/“网格”/“平滑网格”命令，可以将现有对象直接转化为平滑网格。用于转化为平滑风格的对象主要有三维实体、三维曲面、三维面、多边形网格、多面网格、面域、闭合多段线等。

9.7　三维模型的显示功能

本节主要学习三维模型的着色、渲染功能以及模型材质的附着功能。

9.7.1　视觉样式

AutoCAD 为三维提供了几种控制模型外观显示效果的工具，巧妙运用这些着色功能，能快速显示出三维物体的逼真形态，对三维模型的效果显示有很大帮助。这些着色工具位于如图 9-109 所示的菜单栏上，其工具按钮位于图 9-110 所示的“视觉样式”面板上。

图 9-109　“视觉样式”菜单栏

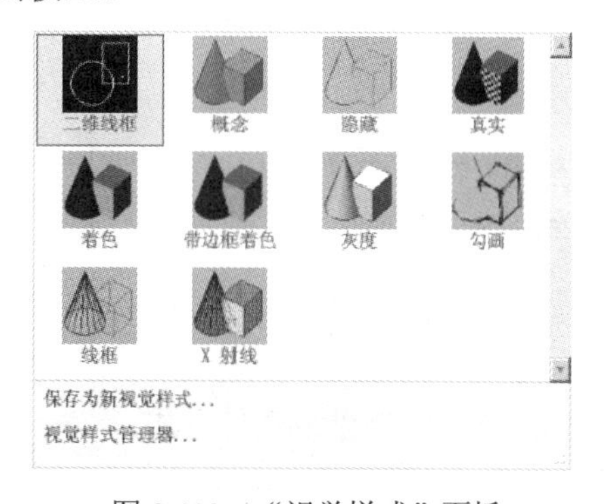

图 9-110　“视觉样式”面板

1. 二维线框着色

“二维线框”命令是用直线和曲线显示对象的边缘，此对象的线型和线宽都是可见的，如图 9-111 所示。执行该命令主要有以下几种方式：

- 菜单栏：单击菜单“视图”/“视觉样式”/“二维线框”命令。
- 工具栏：单击“视觉样式”工具栏上的按钮。
- 快捷键：使用快捷键 VS 后按 Enter 键。
- 功能区：单击“视图”选项卡/“视觉样式”面板上的按钮。

2. 线框着色

“线框”命令也是用直线和曲线显示对象的边缘轮廓，如图 9-112 所示。与二维线框显示方式不同的是，表示坐标系的按钮会显示成三维着色形式，并且对象的线型及线宽都是不可见的。

执行该命令主要有以下几种方式：

- 菜单栏：单击菜单“视图”/“视觉样式”/“线框”命令。
- 工具栏：单击“视觉样式”工具栏上的按钮。
- 快捷键：使用快捷键 VS 后按 Enter 键。
- 功能区：单击“视图”选项卡/“视觉样式”面板上的按钮。

3. 消隐

“消隐”命令用于将三维对象中观察不到的线隐藏起来，而只显示那些位于前面无遮挡的对象，如图 9-113 所示。执行该命令主要有以下几种方式：

- 菜单栏：单击菜单“视图”/“视觉样式”/“消隐”命令。
- 工具栏：单击“视觉样式”工具栏上的按钮。
- 快捷键：使用快捷键 VS 后按 Enter 键。
- 功能区：单击“视图”选项卡/“视觉样式”面板上的按钮。

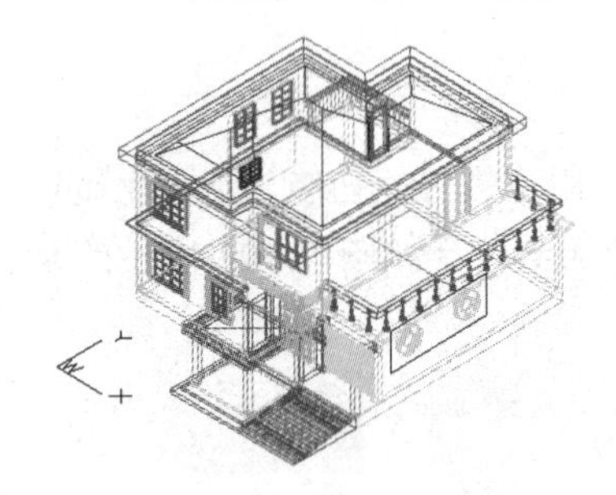

图 9-111　二维线框着色

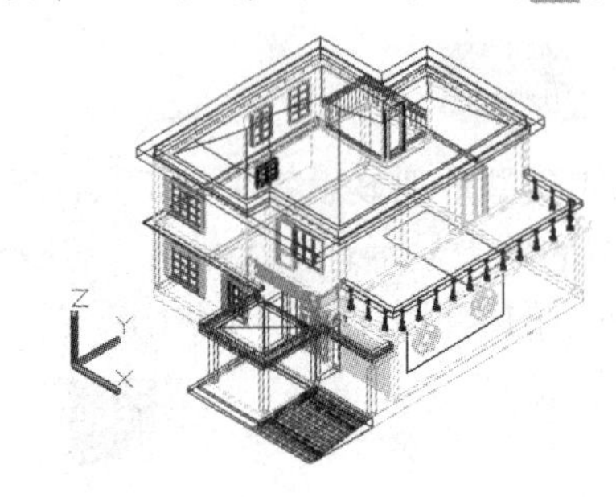

图 9-112　线框着色

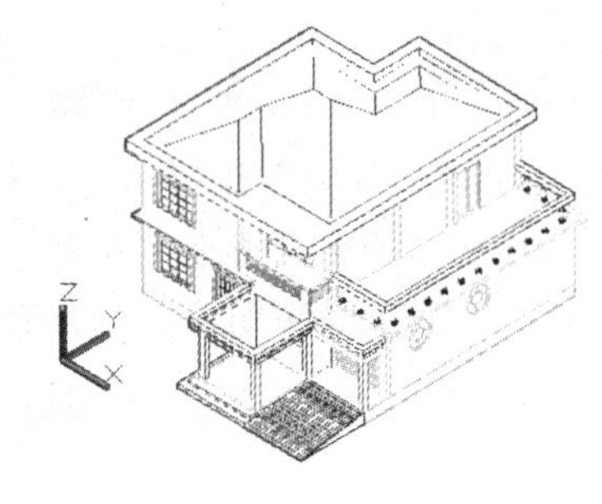

图 9-113　消隐

4. 真实

“真实”命令可使对象实现平面着色，它只对各多边形的面着色，不对面边界作光滑处理，如图 9-114 所示。

执行此命令主要有以下几种方式：

- 菜单栏：单击菜单“视图”/“视觉样式”/“真实”命令。
- 工具栏：单击“视觉样式”工具栏上的按钮。
- 快捷键：使用快捷键 VS 后按 Enter 键。
- 功能区：单击“视图”选项卡/“视觉样式”面板上的按钮。

5. 概念

“概念”命令也可使对象实现平面着色，它不仅可以对各多边形的面着色，还可以对面边界作光滑处理，如图 9-115 所示。执行此命令主要有以下几种方式：

- 菜单栏：单击菜单“视图”/“视觉样式”/“概念”命令。
- 工具栏：单击“视觉样式”工具栏上的按钮。
- 快捷键：使用快捷键 VS 后按 Enter 键。
- 功能区：单击“视图”选项卡/“视觉样式”面板上的按钮。

6. 着色

“着色”命令用于将对象进行平滑着色，如图 9-116 所示。执行此命令主要有以下几种方式：

- 菜单栏：单击菜单“视图”/“视觉样式”/“着色”命令。
- 快捷键：使用快捷键 VS 后按 Enter 键。
- 功能区：单击“视图”选项卡/“视觉样式”面板上的按钮。

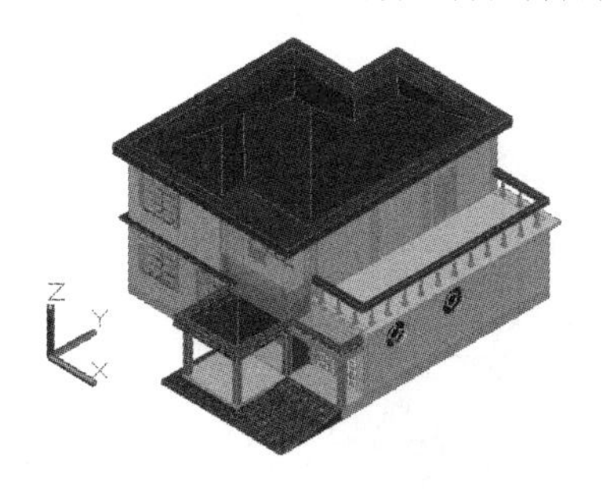

图 9-114　真实着色

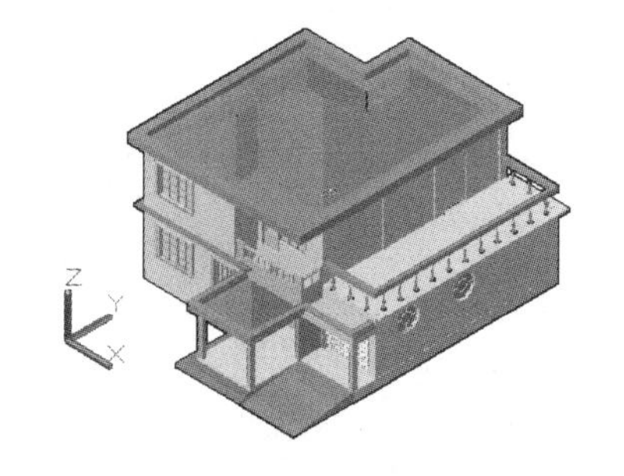

图 9-115　概念着色

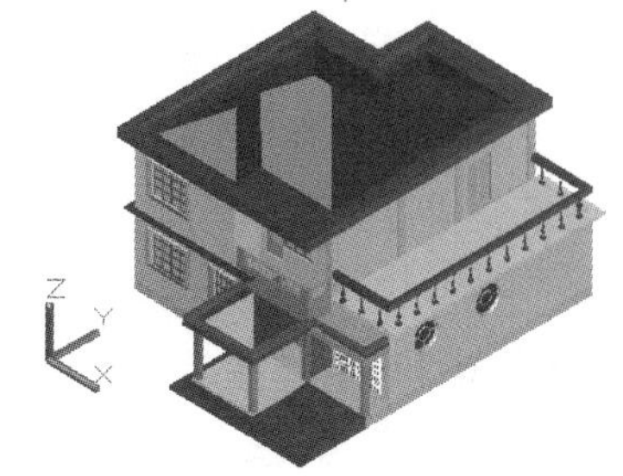

图 9-116　平滑着色

7. 带边缘着色

“带边缘着色”命令用于将对象带有可见边的平滑着色，如图 9-117 所示。执行此命令主要有以下几种方式：

- 菜单栏：单击菜单“视图”/“视觉样式”/“带边缘着色”命令。
- 快捷键：使用快捷键 VS 后按 Enter 键。
- 功能区：单击“视图”选项卡/“视觉样式”面板上的按钮。

8. 灰度

“灰度”命令用于将对象以单色面颜色模式着色，以产生灰色效果，如图 9-118 所示。执行此命令主要有以下几种方式：

- 菜单栏：单击菜单“视图”/“视觉样式”/“灰度”命令。
- 快捷键：使用快捷键 VS 后按 Enter 键。
- 功能区：单击“视图”选项卡/“视觉样式”面板上的按钮。

9. 勾画

“勾画”命令用于将对象使用外伸和抖动方式产生手绘效果，如图 9-119 所示。执行此命令主要有以下几种方式：

- 菜单栏：单击菜单“视图”/“视觉样式”/“勾画”命令。
- 快捷键：使用快捷键 VS 后按 Enter 键。
- 功能区：单击“视图”选项卡/“视觉样式”面板上的按钮。

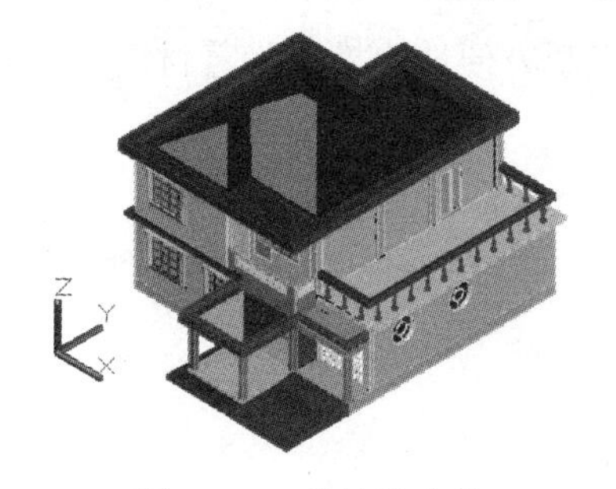

图 9-117　带边缘着色

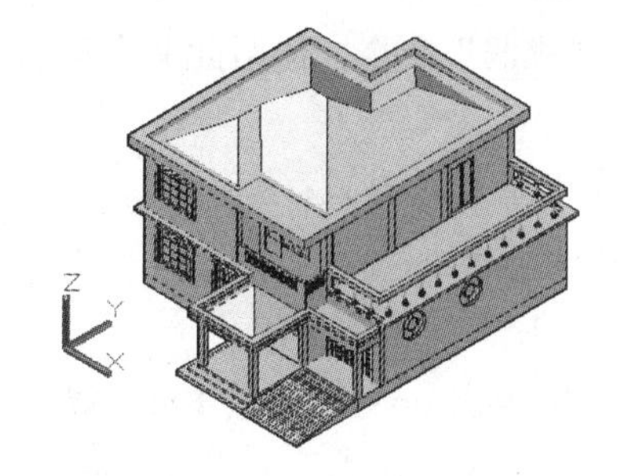

图 9-118　灰度着色

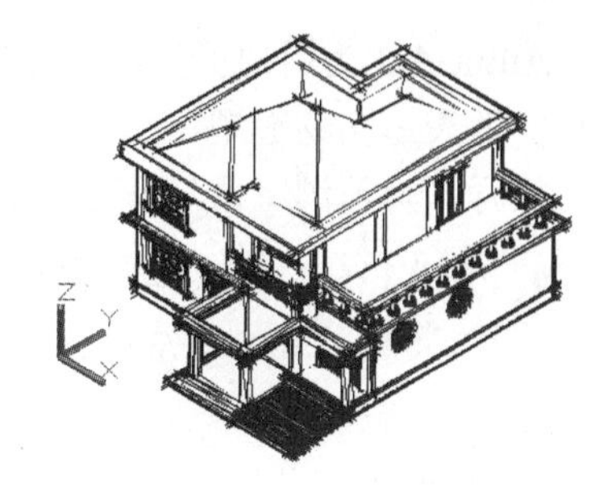

图 9-119　勾画着色

10. X 射线

“X 射线”命令用于更改面的不透明度，以使整个场景变成部分透明，如图 9-120 所示。执行此命令主要有以下几种方式：

- 菜单栏：单击菜单“视图”/“视觉样式”/“X 射线”命令。
- 快捷键：使用快捷键 VS 后按 Enter 键。
- 功能区：单击“视图”选项卡/“视觉样式”面板上的按钮。

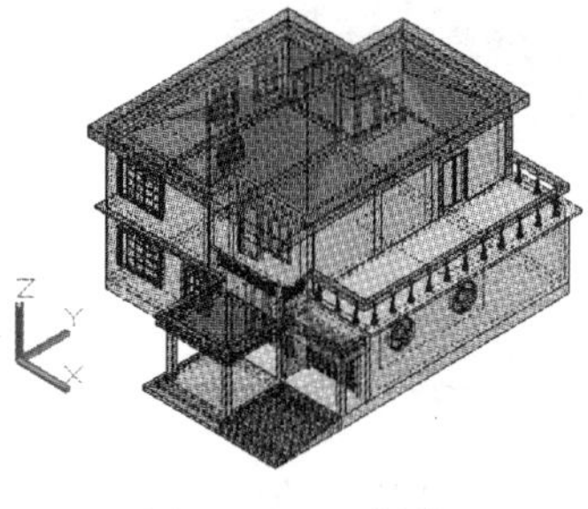

图 9-120　X 射线

9.7.2　管理视觉样式

“管理视觉样式”命令主要用于控制视口中模型的外观显示效果、创建或更改视觉样式等，其窗口如图 9-121 所示，其中，面设置选项用于控制面上颜色和着色的外观；环境设置用于打开和关闭阴影和背景；边设置指定显示哪些边以及是否应用边修改器。

执行“管理视觉样式”命令主要有以下几种方式：

- 菜单栏：单击菜单“视图”/“视觉样式”/“视觉样式管理器...”命令。
- 工具栏：单击“视觉样式”工具栏上的按钮。
- 命令行：在命令行输入“Visualstyles”后按 Enter 键。
- 功能区：单击“视图”选项卡/“视觉样式”面板上的按钮。
- 功能区：单击“视图”选项卡/“选项板”面板上的按钮。

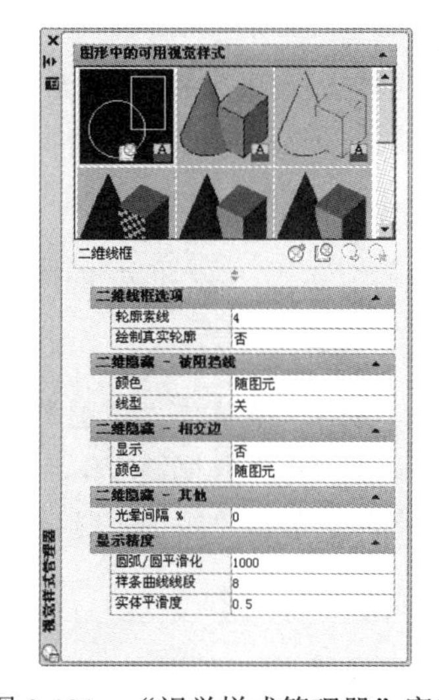

图 9-121　“视觉样式管理器”窗口

9.7.3　附着材质

AutoCAD 为用户提供了“材质浏览器”命令，使用此命令可以直观方便地为模型附着材质，以更加真实地表达实物造型。

执行“材质浏览器”命令主要有以下几种方式：

- 菜单栏：单击菜单“视图”/“渲染”/“材质浏览器”命令。
- 工具栏：单击“渲染”工具栏上的按钮。
- 命令行：在命令行输入“Matbrowseropen”后按 Enter 键。
- 功能区：单击“视图”选项卡/“视觉样式”面板上的按钮。

【例题 20】　为模型附着材质。

步骤 01　新建绘图文件。

步骤 02　单击菜单“绘图”/“建模”/“长方体”命令，创建长度为 20、宽度为 600、高度为 300 的长方体。命令行操作如下：

```
命令：box
指定第一个角点或 [中心(C)]:                //在绘图区拾取一点
指定其他角点或 [立方体(C)/长度(L)]:
//@20,600,300 Enter，结果如图 9-122 所示
```

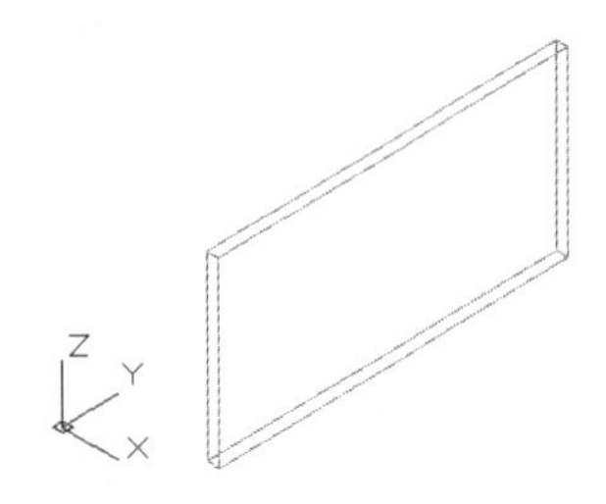

图 9-122　创建长方体

步骤 03　单击“渲染”工具栏上的按钮，打开如图 9-123 所示的“材质浏览器”窗口。

步骤 04　在“材质浏览器”窗口中选择所需材质后，按住鼠标左键不放，将选择的材质拖曳至方体上，为方体附着材质，如图 9-124 所示。

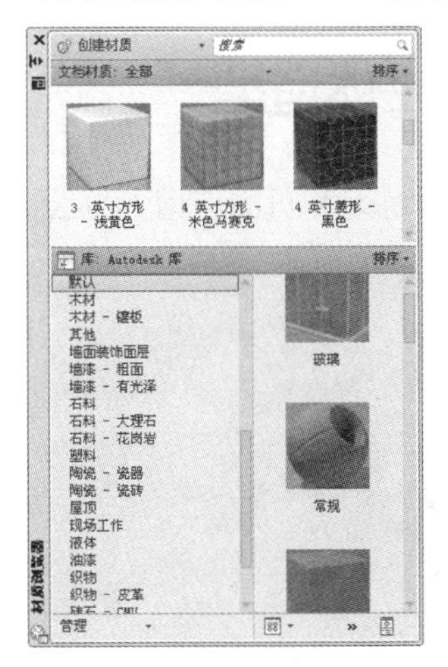

图 9-123　“材质浏览器”窗口

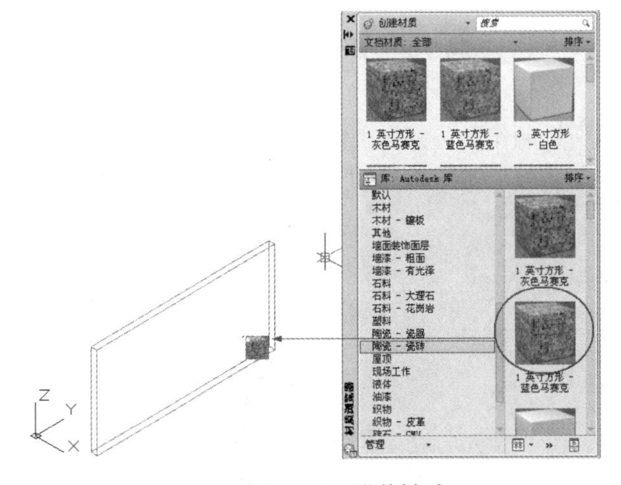

图 9-124　附着材质

步骤 05　单击菜单“视图”/“视觉样式”/“真实”命令，对附着材质后的方体进行真实着色，结果如图 9-125 所示。

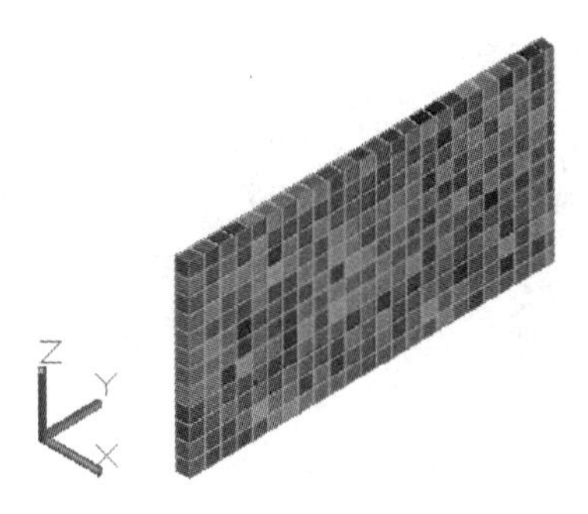

图 9-125　真实着色

9.7.4　简单渲染

AutoCAD 为用户提供了简单的渲染功能，单击菜单“视图/“渲染”/“渲染”命令，或单击“渲染”工具栏上的按钮，即可激活此命令，AutoCAD 将按默认设置，对当前视口内的模型，以独立的窗口进行渲染，如图 9-126 所示。

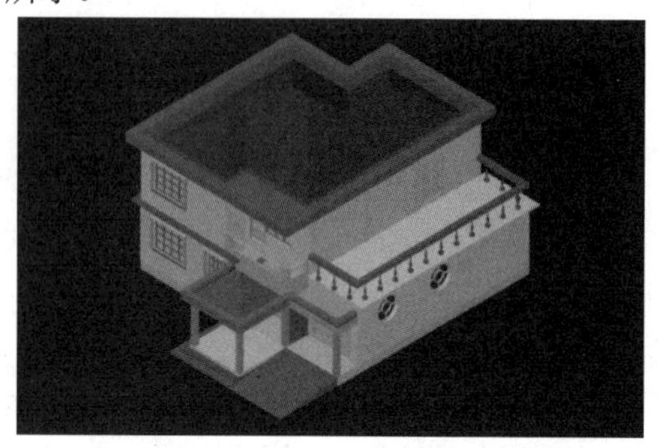

图 9-126　渲染示例

9.8　综合范例——制作办公桌立体造型

本例通过制作办公桌的立体造型，对本章所讲重点知识进行综合练习和巩固应用。办公桌立体造型的最终制作效果如图 9-127 所示。

图 9-127　实例效果

操作步骤：

步骤 01　新建文件并打开状态栏上的“对象捕捉”功能。

步骤 02　使用快捷键 PL 执行“多段线”命令，配合坐标点的输入功能，绘制如图 9-128 所示的轮廓线。

步骤 03　使用快捷键 C 执行“圆”命令，配合捕捉或追踪功能，绘制如图 9-129 所示的三个圆。

步骤 04　使用快捷键 TR 执行“修剪”命令，对圆图形进行修剪，编辑出如图 9-130 所示的桌面板轮廓线。

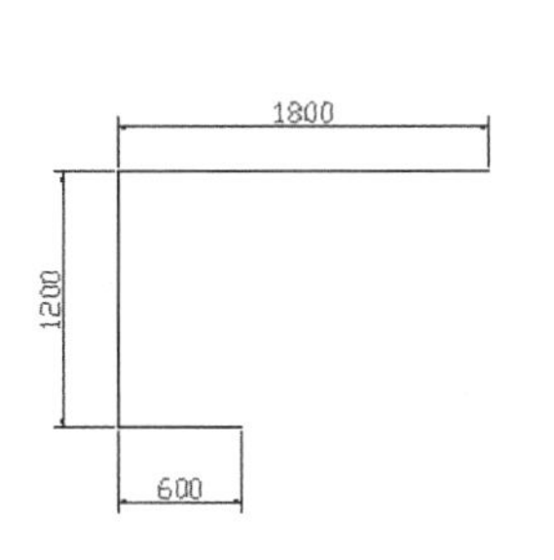

图 9-128　绘制结果

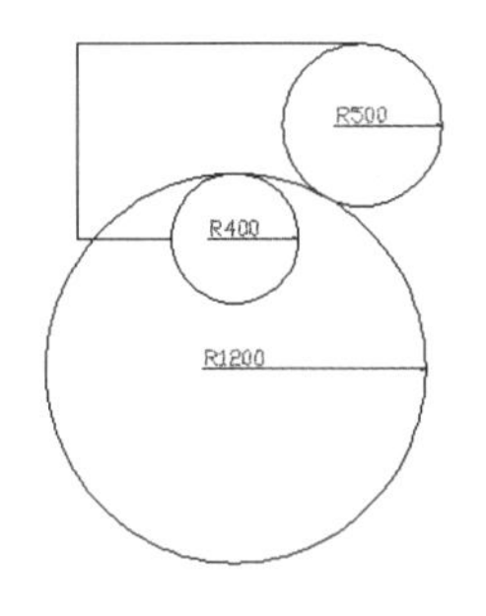

图 9-129　绘制圆

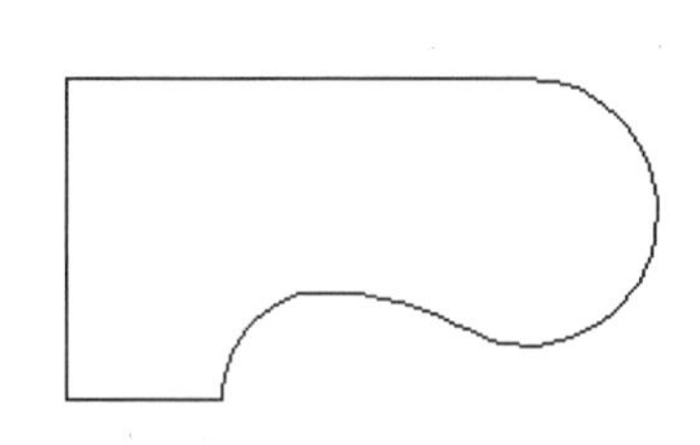

图 9-130　编辑结果

步骤 05　使用快捷键 BO 执行“边界”命令，设置参数如图 9-131 所示，将桌面板轮廓线编辑为一条闭合的多段线，并删除源对象。

步骤 06　使用“矩形”和“圆”命令，根据图示尺寸，绘制如图 9-132 所示的走线孔轮廓线。

步骤 07　使用快捷键 EXT 执行“拉伸”命令，将桌面板和走线孔沿拉伸为三维实体。命令行操作如下：

```
命令: ext                                    // Enter
当前线框密度:  ISOLINES=12，闭合轮廓创建模式 = 曲面
选择要拉伸的对象或 [模式(MO)]: _MO 闭合轮廓创建模式 [实体(SO)/曲面(SU)] <实体>: _SO
选择要拉伸的对象或 [模式(MO)]:                //选择桌面板轮廓线
选择要拉伸的对象或 [模式(MO)]:                // Enter
指定拉伸的高度或 [方向(D)/路径(P)/倾斜角(T)/表达式(E)] <240.0000>: //@0,0,-26 Enter
命令:
当前线框密度:  ISOLINES=12，闭合轮廓创建模式 = 实体
选择要拉伸的对象或 [模式(MO)]:                //选择矩形
选择要拉伸的对象或 [模式(MO)]:                // Enter
指定拉伸的高度或 [方向(D)/路径(P)/倾斜角(T)/表达式(E)] <-26.0000>:  //@0,0,2 Enter
```

步骤 08　使用快捷键 M 执行“移动”命令，将圆沿 Z 轴正方向移动 2 个绘图单位。

步骤 09　使用快捷键 C 执行“圆”命令，绘制半径为 110 的两个圆，其中圆心距为 170，结果如图 9-133 所示。

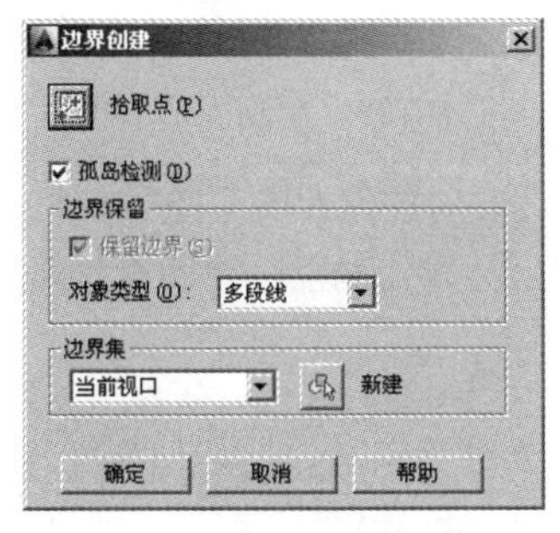

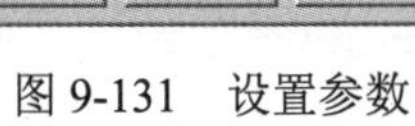

图 9-131　设置参数

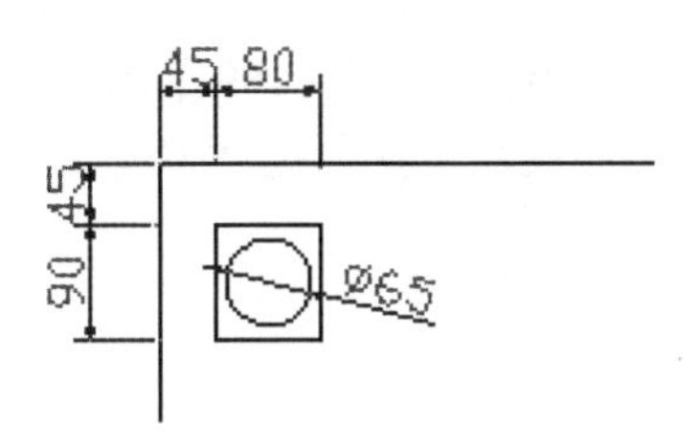

图 9-132　绘制结果

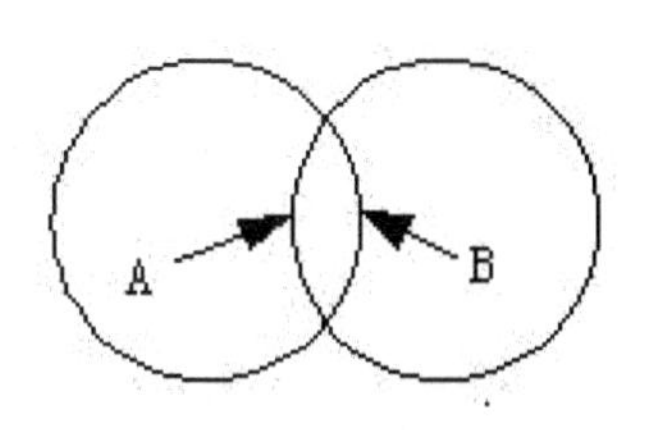

图 9-133　绘制结果

步骤 10　单击“绘图”菜单栏中的“圆”/“相切、相切、半径”命令，绘制半径为 10 的相切圆，结果如图 9-134 所示。

步骤 11　以相切圆的上象限点作为起点，绘制长度为 50 的垂直直线，如图 9-135 所示。

步骤 12　重复执行“直线”命令，绘制一条经过直线下端点的水平直线，结果如图 9-136 所示。

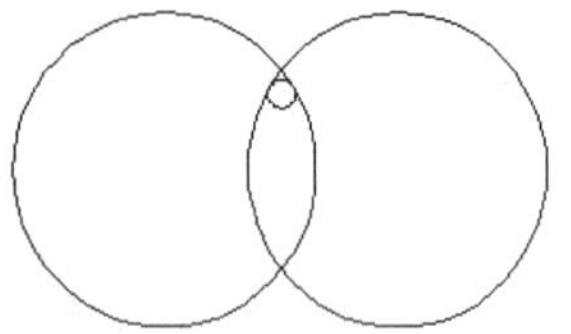
图 9-134 绘制结果

图 9-135 绘制直线

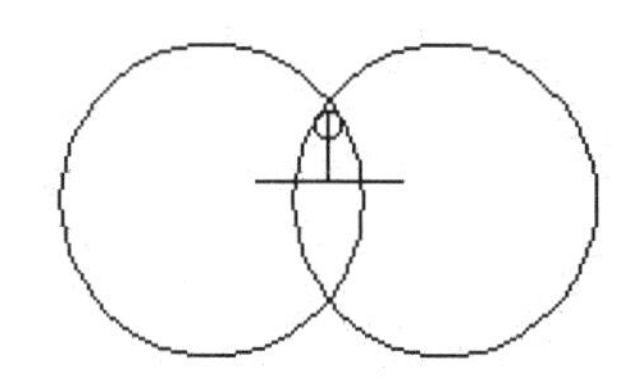
图 9-136 绘制直线

步骤 13 单击菜单“修改”/“修剪”命令，修剪多余图线，结果如图 9-137 所示。

步骤 14 使用快捷键 REG 执行“面域”命令，将修剪后的图形创建为面域。

步骤 15 单击“修改”菜单栏中的“镜像”命令，对刚创建的面域进行镜像，命令行操作如下：

```
命令：_mirror
选择对象:                                   //选择刚创建的面域
选择对象:                                   // Enter
指定镜像线的第一点:                         //激活“捕捉自”功能
 _from 基点:                                //捕捉如图 9-137 所示的中点
 <偏移>:                                    //@0,-70 Enter，输入起点坐标
指定镜像线的第二点:                         //沿 X 轴方向上的一点
要删除源对象吗？[是(Y)/否(N)] <N>:          // Enter，结束命令，结果如图 9-138 所示
```

步骤 16 单击“绘图”菜单栏中的“矩形”命令，以图 9-138 所示的端点作为矩形对角点，绘制如图 9-139 所示的矩形。

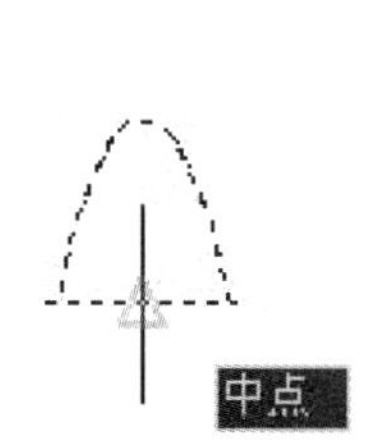

图 9-137 修剪结果

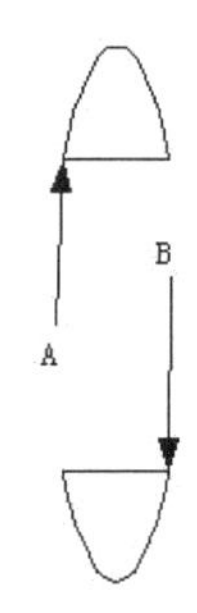

图 9-138 镜像结果

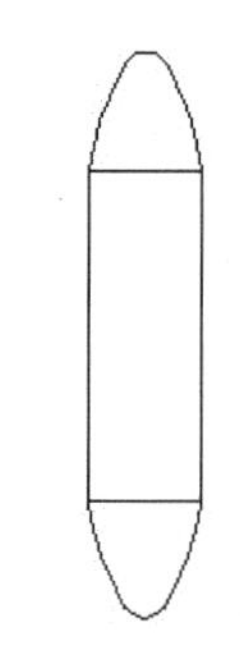
图 9-139 绘制矩形

步骤 17 使用快捷键 EXT 执行“拉伸”命令，将图 9-139 的图形沿 Z 轴正方向拉伸 695 个绘图单位。

步骤 18 将当前视图切换为左视图，然后执行“多段线”命令，配合点的坐标输入功能，绘制桌脚轮廓线。命令行操作如下：

```
命令：_pline
指定起点:                                                               //在绘图区单击左键
当前线宽为 0.0000
指定下一个点或 [圆弧(A)/半宽(H)/长度(L)/放弃(U)/宽度(W)]:              //@-240,0 Enter
指定下一点或 [圆弧(A)/闭合(C)/半宽(H)/长度(L)/放弃(U)/宽度(W)]:        //@-70,-30 Enter
指定下一点或 [圆弧(A)/闭合(C)/半宽(H)/长度(L)/放弃(U)/宽度(W)]:        //@0,-10 Enter
指定下一点或 [圆弧(A)/闭合(C)/半宽(H)/长度(L)/放弃(U)/宽度(W)]:        //@600,0 Enter
指定下一点或 [圆弧(A)/闭合(C)/半宽(H)/长度(L)/放弃(U)/宽度(W)]:        //@0,10 Enter
指定下一点或 [圆弧(A)/闭合(C)/半宽(H)/长度(L)/放弃(U)/宽度(W)]:        //@-120,20 Enter
指定下一点或 [圆弧(A)/闭合(C)/半宽(H)/长度(L)/放弃(U)/宽度(W)]:
```

```
//c Enter，闭合图形，结果如图 9-140 所示
```

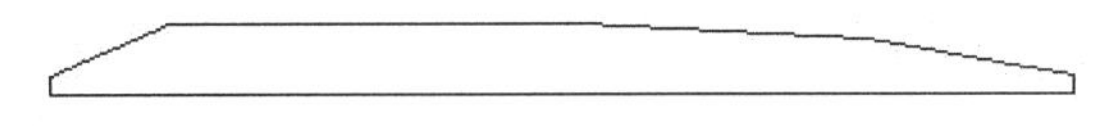

图 9-140　绘制多段线

步骤 19　将当前视图切换为西南等轴测视图，单击“绘图”菜单中的“建模”/“拉伸”命令，将桌脚轮廓线沿 Z 轴正方向拉伸 60 个单位，然后配合中点捕捉功能将桌脚与桌腿拉伸体移动在一起，结果如图 9-141 所示。

步骤 20　坐标系恢复为世界坐标系，然后单击“修改”菜单栏中的“移动”命令，配合“捕捉自”和“对象捕捉”功能，将桌腿与桌面板移动到一起。命令行操作如下：

```
命令: _move
选择对象:                                  //选择桌腿与桌脚造型
选择对象:                                  // Enter
指定基点或 [位移(D)] <位移>:               //捕捉如图 9-141 所示的中点
指定第二个点或 <使用第一个点作为位移>:     //激活“捕捉自”功能
_from 基点:                                //捕捉桌面板下侧面的角点 A
<偏移>:                                    //@98,-294 Enter，移动结果如图 9-142 所示
```

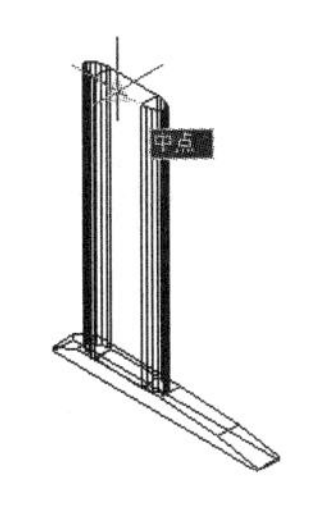

图 9-141　选择中点

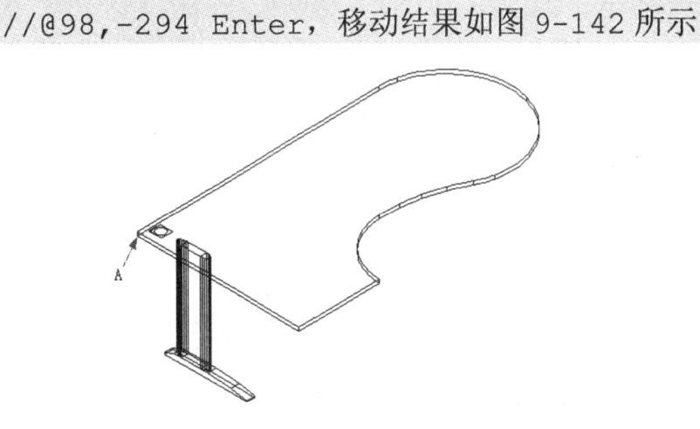

图 9-142　移动结果

步骤 21　单击菜单“修改”/“复制”命令，选择桌腿造型沿 X 轴正方向复制 1800 个单位，结果如图 9-143 所示。

步骤 22　单击“建模”工具栏上的按钮，执行“长方体”命令，绘制前档板，命令行操作如下：

```
命令: _box
指定第一个角点或 [中心(C)]:                //激活“捕捉自”功能
 _from 基点:                               //捕捉上图 9-142 所示的角点 A
 <偏移>:                                   // @140,-160,0 Enter
指定其他角点或 [立方体(C)/长度(L)]:        //@1770,-18,-500 Enter，结果如图 9-144 所示
```

步骤 23　绘制落地柜。单击“绘图”菜单中的“建模”/“长方体”命令，绘制长 600、宽 420、高 25 的长方体，命令行操作如下：

```
命令: _box
指定第一个角点或 [中心(C)]:                //拾取任一点
指定其他角点或 [立方体(C)/长度(L)]:        //@600,420,25 Enter，结果如图 9-145 所示
```

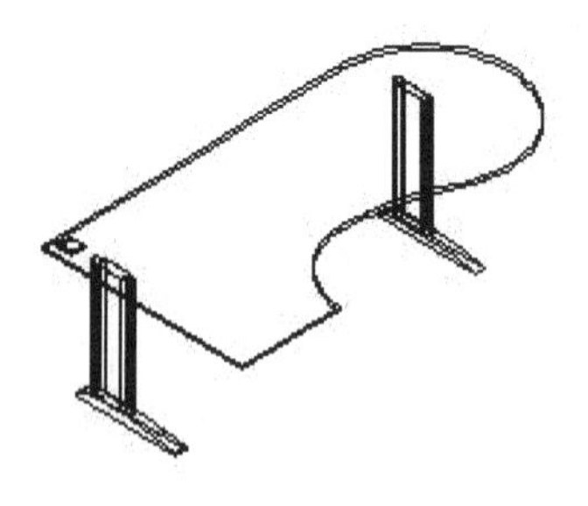

图 9-143　复制结果

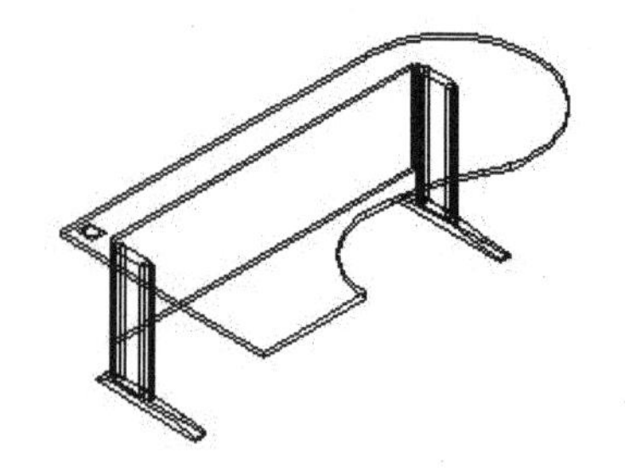

图 9-144　绘制长方体

步骤 24　重复执行“长方体”命令，配合“端点捕捉”功能绘制落地柜的侧板，命令行操作如下：

```
命令: _box
指定第一个角点或 [中心(C)]:                  //选择如图 9-145 所示的 A 点
指定其他角点或 [立方体(C)/长度(L)]:          //@-582,-18,-735 Enter，结果如图 9-146 所示。
```

步骤 25　单击菜单“修改”/“复制”命令，选择刚绘制的侧板，沿 Y 轴负方向复制 402，结果如图 9-147 所示。

步骤 26　单击“建模”工具栏上的按钮，执行“长方体”命令，绘制踢脚板，命令行操作如下：

```
命令: _box
指定第一个角点或 [中心(C)]:                  //捕捉如图 9-147 所示的 A 点
指定其他角点或 [立方体(C)/长度(L)]:          //捕捉 B 点
指定高度或 [两点(2P)] :                      //40 Enter，结果如图 9-148 所示
```

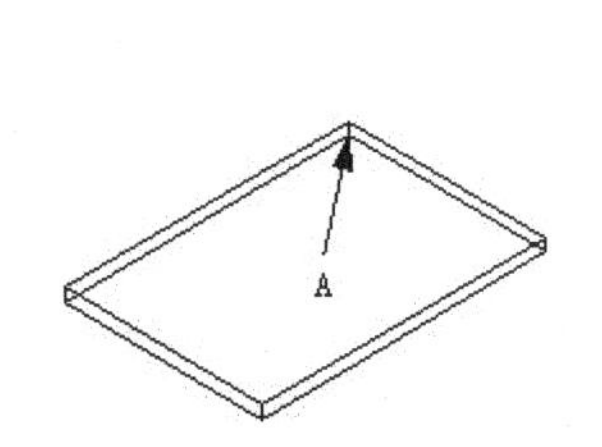

图 9-145　绘制长方体

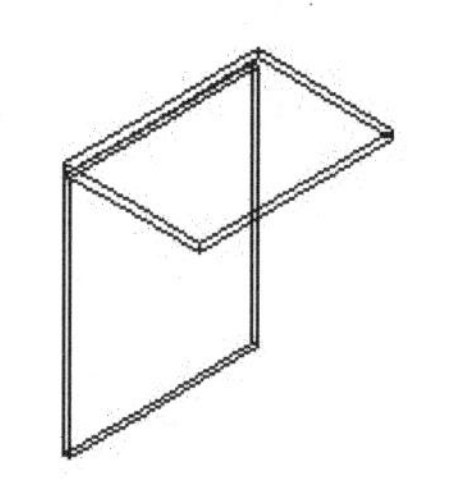

图 9-146　绘制结果

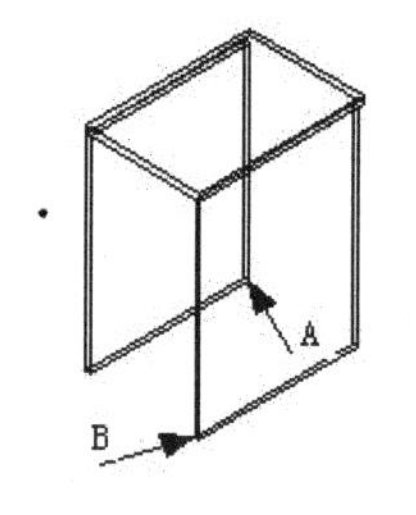

图 9-147　复制结果

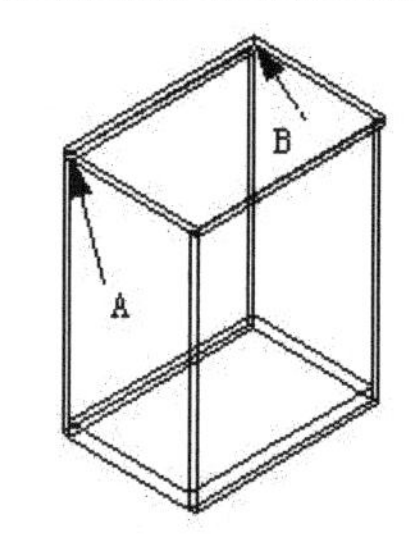

图 9-148　绘制长方体

步骤 27　重复执行“长方体”命令，配合“端点捕捉”功能绘制落地柜的后档板，命令行操作如下：

```
命令: _box
指定第一个角点或 [中心(C)]:                  //捕捉图 9-148 所示的 A 点
指定其他角点或 [立方体(C)/长度(L)]:          // @18,-384,-695 Enter
```

步骤 28　重复执行“长方体”命令，配合“端点捕捉”功能绘制落地柜的抽屉门，命令行操作如下：

```
命令: _box
指定第一个角点或 [中心(C)]:                  //捕捉图 9-148 所示的 B 点
指定其他角点或 [立方体(C)/长度(L)]:          // @-18,-420,-200 Enter，结果如图 9-149 所示
```

步骤 29　单击菜单“修改”/“复制”命令，选择刚绘制的抽屉，沿 Z 轴负方向复制 200，结果如图 9-150 所示。

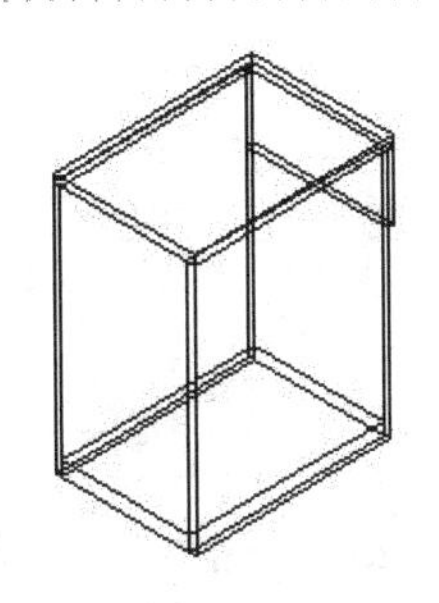

图 9-149　绘制结果

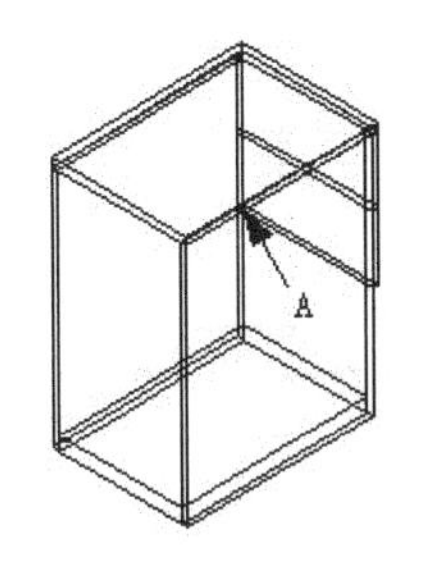

图 9-150　复制结果

步骤 30 单击“建模”工具栏上的□按纽，执行“长方体”命令，绘制第三个抽屉门，命令行操作如下：

```
命令: _box
指定第一个角点或 [中心(C)]:                //捕捉图 9-150 所示的 A 点
指定其他角点或 [立方体(C)/长度(L)]:        // @18,-420,-335 Enter，结果如图 9-151 所示
```

步骤 31 单击“视图”菜单中的“三维视图”/“东南等轴测”命令，将当前视图切换为西南等轴测视图。

步骤 32 使用快捷键 M 执行“移动”命令，将侧柜模型移动到如图 9-152 所示的位置。

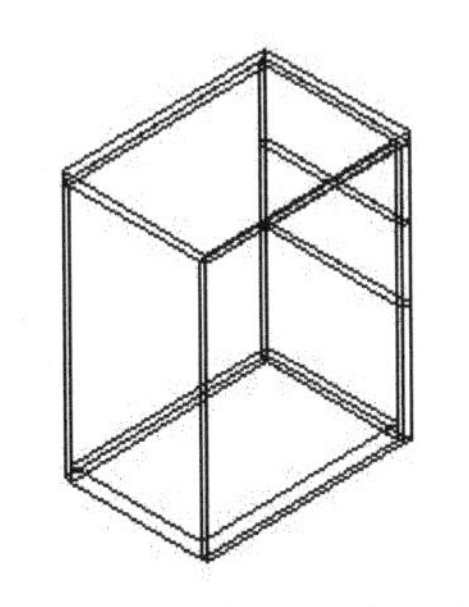

图 9-151　绘制长方体

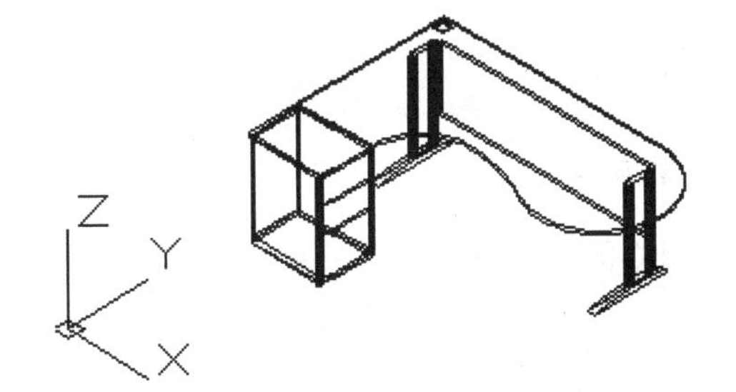

图 9-152　移动结果

步骤 33 使用快捷键 I 执行“插入块”命令，以 1.2 倍的缩放比例插入随书光盘中的“\图块文件\办公椅.dwg”，结果如图 9-153 所示。

步骤 34 将视图切换到俯视图，然后执行“镜像”命令，选择所有对象进行镜像，结果如图 9-154 所示。

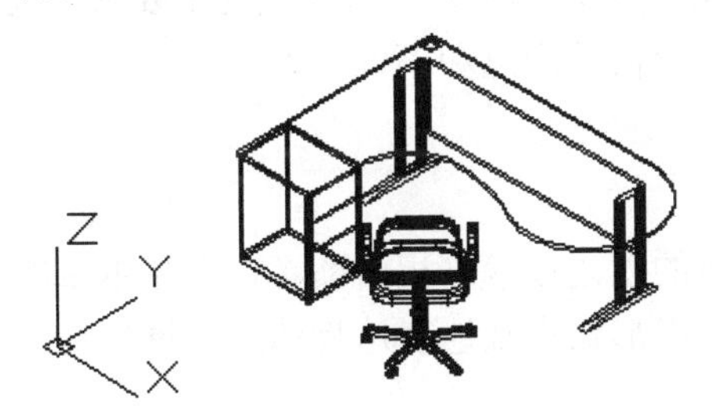

图 9-153　插入结果

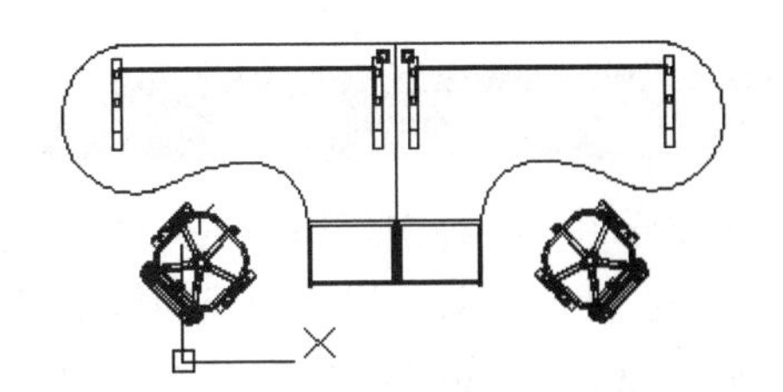

图 9-154　镜像结果

步骤 35 重复执行“镜像”命令，配合端点捕捉功能，再次选择所有对象进行镜像，结果如图 9-155 所示。

步骤 36 执行“东南等轴测”命令，将视图切换到东南视图，结果如图 9-156 所示。

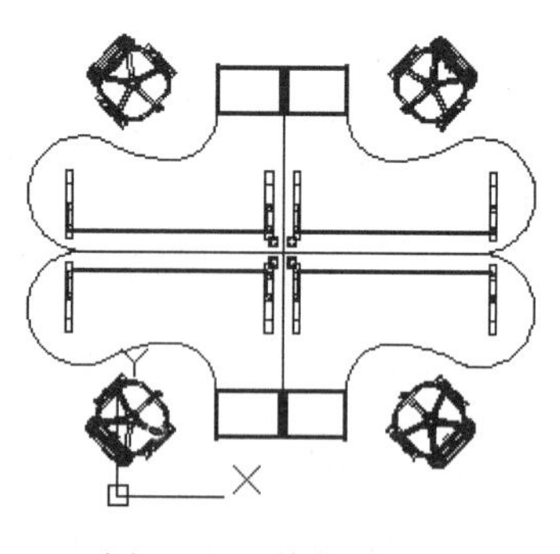

图 9-155　镜像结果

图 9-156　切换视图

步骤 37　使用快捷键 HI 执行“消隐”命令，对办公桌立体造型进行消隐显示，最终结果如图 9-127 所示。

步骤 38　最后执行“保存”命令，将图形命名存储为“制作办公桌立体造型.dwg”。

9.9　思考与总结

9.9.1　知识点思考

1. 思考题一

复杂网格的创建方式有哪几种？请简述各自的建模特点。

2. 思考题二

AutoCAD 也为用户提供了三维物体的动态观察功能，以方便用户调整和观察物体的不同侧面，有关动态观察功能，具体包括哪几种类型？

3. 思考题三

AutoCAD 为用户提供了多种特殊实体和曲面的创建功能，其中，较为常用的主要有“拉伸”、“旋转”和“扫掠”三种，想一想，这三种功能在建模上，有何共同点和不同点？

9.9.2　知识点总结

本章主要学习了各种常用基本几何体和复杂几何体的创建技术。相信读者在学完本章的内容后，能灵活运用各类建模工具，快速构造物体的三维模型，以形象直观地表达物体的三维特征。

通过本章的学习，应熟练掌握如下知识：

（1）了解各类模型的功能及区别，掌握三维视点的设置功能，以方便观察三维空间内的图形对象。

（2）了解和掌握六种正交视图、四种等轴测视图、平面视图以及视图之间的切换操作；。

（3）了解视口和视图的区别，掌握多个视口的分割功能和合并功能以及三维对象的动态显示。

（4）理解世界坐标系和用户坐标系的概念及功能，掌握用户坐标系的各种设置方式以及坐标系的管理、切换和应用等重要操作知识。

（5）在讲述基本实心体的创建功能时，需要了解和掌握长方体、楔体、柱体、环体、球体、锥体以及多段体等创建方法和操作技巧。

（6）在讲述复杂实心体的创建功能时，具体需要理解和掌握拉伸实体、回转实体、扫掠实体、剖切实体、干涉实体以及切割实体特征、创建方法和创建技巧等。

（7）掌握回转体网格、平移网格、边界网格以及直纹网格的创建方法和创建技巧，掌握各种网格的特点以及网格线框密度的设置。

9.10　上机操作题

9.10.1　操作题一

根据如图 9-157 所示的拉手平面图，制作如图 9-158 所示的三维模型，并通过多视口功能显示出模型的不同侧面。

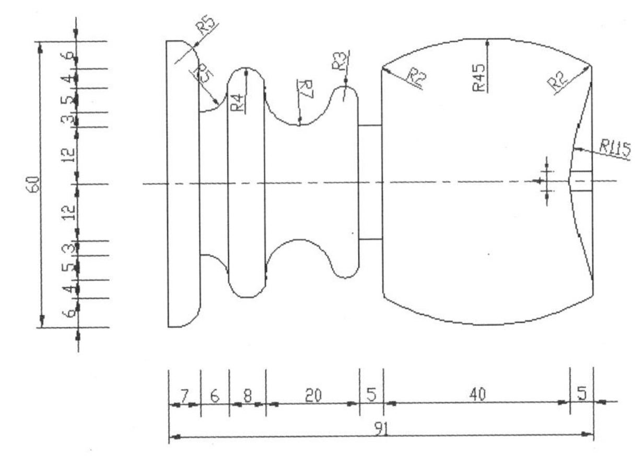

图 9-157　拉手平面图

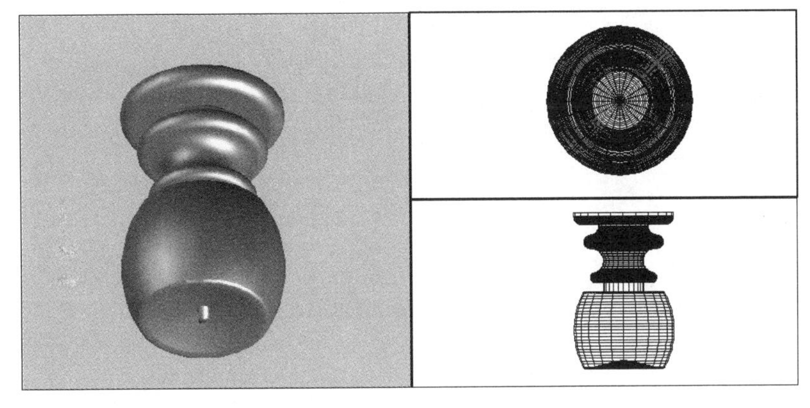

图 9-158　操作题一

9.10.2　操作题二

根据如图 9-159 所示的吊柜二视图，制作如图 9-160 所示的三维模型，并附着简单材质（局部尺寸自定）。

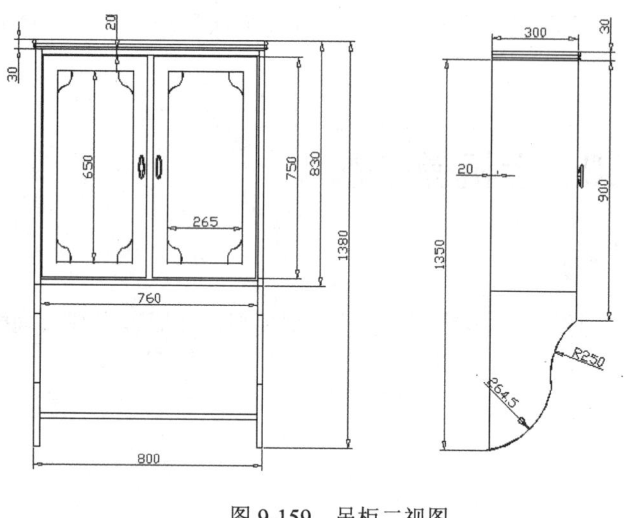

图 9-159　吊柜二视图

图 9-160　操作题二

第 10 章　室内构件模型的编辑功能

本章主要学习三维模型的基本操作功能和实体面边等的编辑细化功能。通过本章的学习，应掌握模型的阵列、镜像、旋转、对齐、移动等基本技能；除此之外，还需要了解和掌握实体面、边的编辑和细化技能，学会使用基本的编辑工具构建和完善结构复杂的三维物体。

本章内容如下：

- 构件模型的常规编辑
- 编辑构件模型的表面
- 编辑构件模型的棱边
- 创建组合体模型
- 综合范例——三维操作与细化编辑功能综合练习
- 思考与总结
- 上机操作题

10.1　构件模型的常规编辑

本节将学习“三维阵列”、“三维镜像”、“三维旋转”、“三维对齐”、“三维移动”等命令。

10.1.1　三维阵列

“三维阵列”命令用于将三维物体按照环形或矩形的方式，在三维空间中进行规则排列。执行“三维阵列”命令主要有以下几种方式：

- 菜单栏：单击菜单“修改”/“三维操作”/“三维阵列”命令。
- 工具栏：单击“建模”工具栏上的按钮。
- 命令行：在命令行输入 3Darray 后按 Enter 键。
- 快捷键：在命令行输入 3A 后按 Enter 键。
- 功能区：单击“三维基础”空间/“常用”选项卡/“修改”面板上的按钮。

“三维阵列”命令包括“三维矩形阵列”和“三维环形阵列”两种阵列方式，下面通过典型实例，学习此两种阵列方式。

1. 三维矩形阵列

【例题 1】 三维矩形阵列。

步骤 01　打开随书光盘中的“\素材文件\10-1.dwg”，如图 10-1 所示。

步骤 02　单击菜单“修改”/“三维操作”/“三维阵列”命令，对抽屉造型进行阵列。命令行操作如下：

```
命令: _3darray
选择对象:                                    //选择如图 10-2 所示的抽屉造型
```

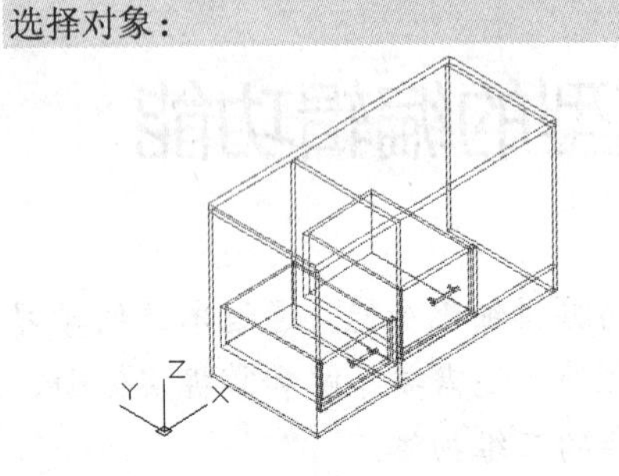

图 10-1　打开结果

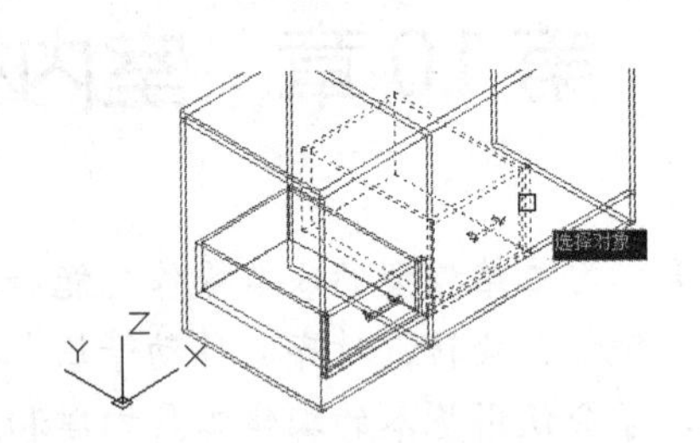

图 10-2　选择结果

```
选择对象:                                    // Enter，结束选择
输入阵列类型 [矩形(R)/环形(P)] <矩形>:        //R Enter
输入行数 (---) <1>:                          // Enter
输入列数 (|||) <1>:                          //2 Enter
输入层数 (...) <1>:                          //2 Enter
指定列间距 (|||):                            //387.5 Enter
指定层间距 (...):                            //295 Enter，阵列结果如图 10-3 所示
```

步骤 03　使用快捷键激 HI 执行“消隐”命令，对阵列后的模型进行消隐显示，结果如图 10-4 所示。

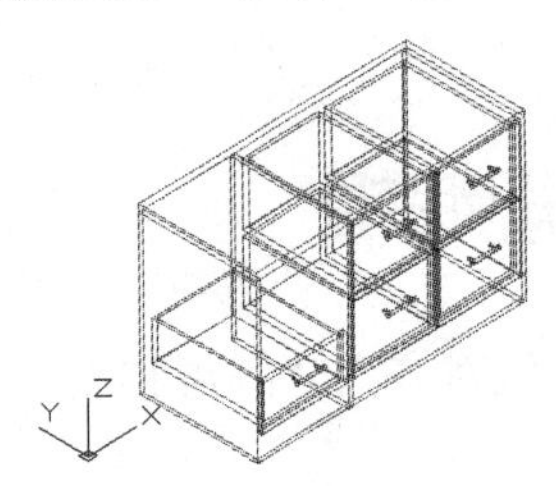

图 10-3　阵列结果

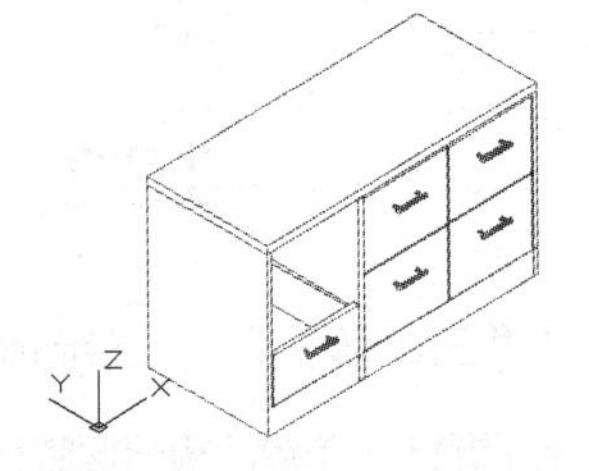

图 10-4　消隐效果

步骤 04　重复执行“三维阵列”命令，对左侧的抽屉造型进行矩形阵列。命令行操作如下：

```
命令: _3darray
选择对象:                                    //选择如图 10-5 所示的抽屉造型
选择对象:                                    // Enter，结束选择
输入阵列类型 [矩形(R)/环形(P)] <矩形>:        //R Enter
输入行数 (---) <1>:                          // Enter
输入列数 (|||) <1>:                          // Enter
输入层数 (...) <1>:                          //3 Enter
指定层间距 (...):                            //198 Enter，阵列结果如图 10-6 所示
```

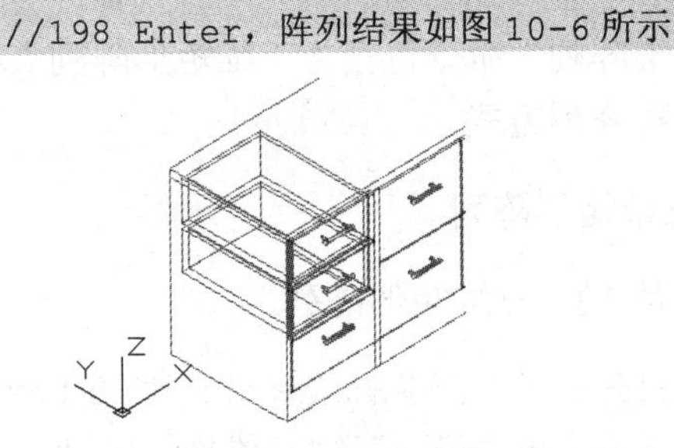

图 10-5　选择结果

图 10-6　阵列结果

"三维阵列"命令用于在三维空间内阵列对象，当视图切换为正交视图或平面视图，可以使用二维阵列工具，对二维图形或三维图形进行阵列。

步骤 05　使用快捷键激 HI 执行"消隐"命令，对阵列后的模型进行消隐显示，结果如图 10-7 所示。

步骤 06　使用快捷键 VS 执行"视觉样式"命令，对模型进行概念着色，结果如图 10-8 所示。

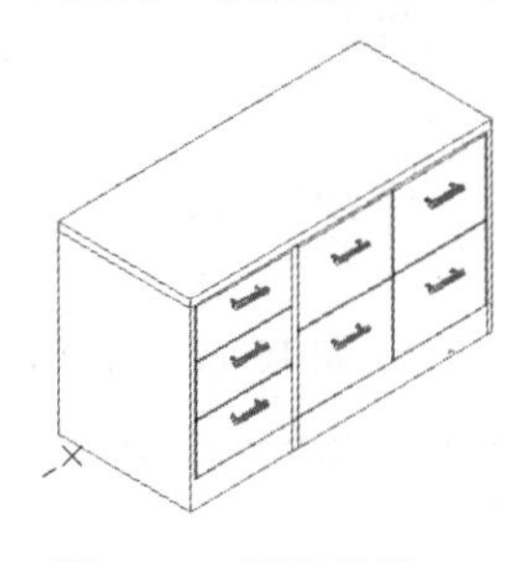

图 10-7　消隐效果

图 10-8　概念着色效果

2. 三维环形阵列

下面通过快速构建环形会议桌模型，主要学习三维操作空间内创建聚心结构造型的方法和技巧。

【例题 2】 三维环形阵列。

步骤 01　打开随书光盘中的"\素材文件\10-2.dwg"，如图 10-9 所示。

步骤 02　单击菜单"修改"/"三维操作"/"三维阵列"命令，使用命令中的"环形阵列"功能对造型进行阵列。命令行操作如下：

```
命令: _3darray
选择对象:                                  //选择如图 10-10 所示对象
选择对象:                                  // Enter
```

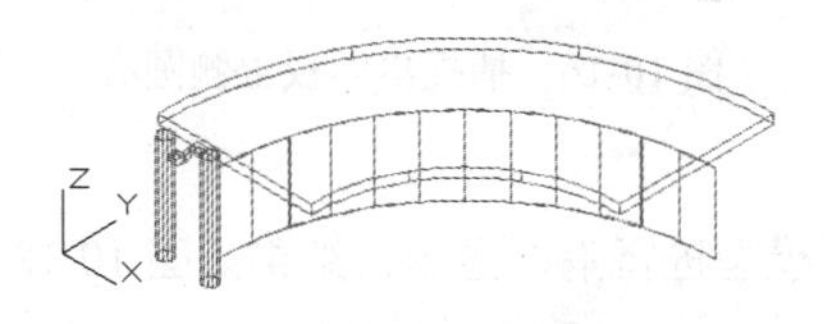

图 10-9　打开结果

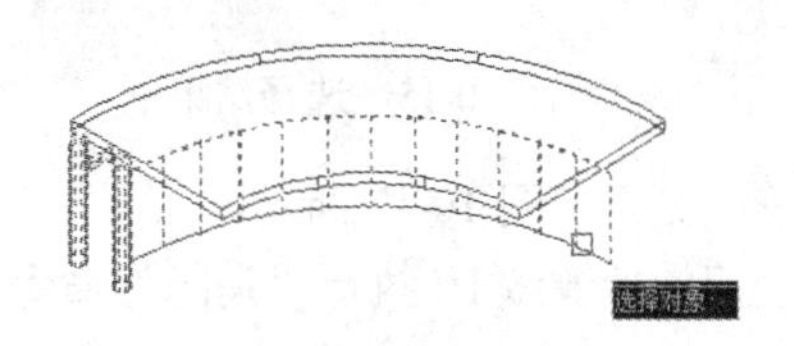

图 10-10　选择结果

```
输入阵列类型 [矩形(R)/环形(P)] <矩形>:       //P Enter
输入阵列中的项目数目:                        //4 Enter
指定要填充的角度 (+=逆时针, -=顺时针) <360>:  // Enter
旋转阵列对象? [是(Y)/否(N)] <Y>:             //YEnter
指定阵列的中心点:                            //捕捉如图 10-11 所示的桌面板上侧圆心
指定旋转轴上的第二点:                        //捕捉如图 10-12 所示的桌面板下侧圆心
```

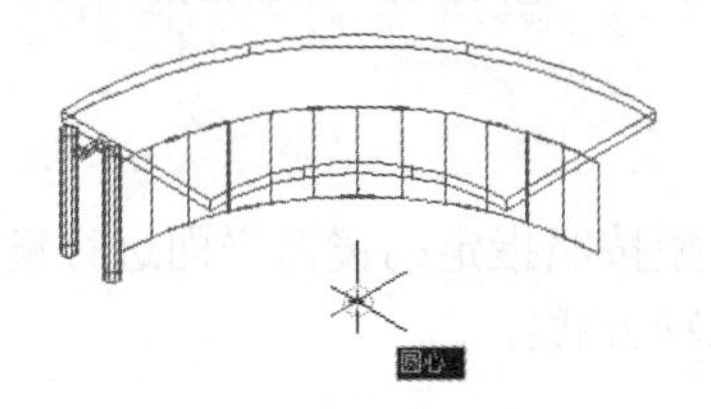

图 10-11　捕捉桌面板上侧圆心

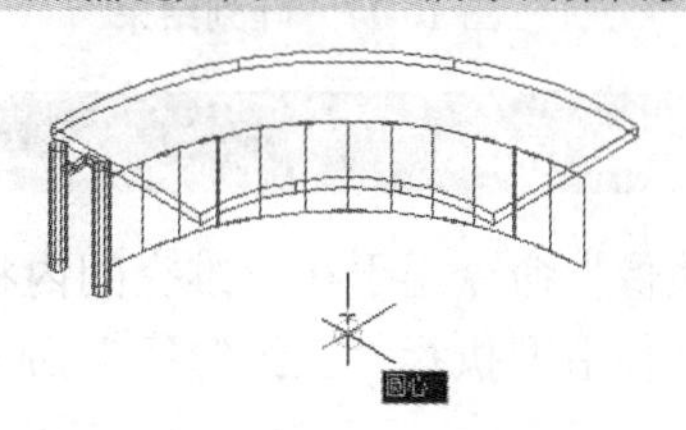

图 10-12　捕捉桌面板下侧圆心

步骤03 阵列结果如图 10-13 所示。

步骤04 使用快捷键激 HI 执行“消隐”命令，对阵列后的模型进行消隐显示，结果如图 10-14 所示。

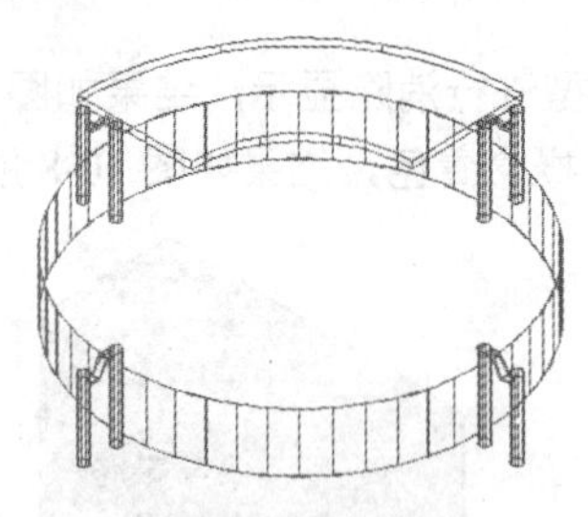

图 10-13　阵列结果

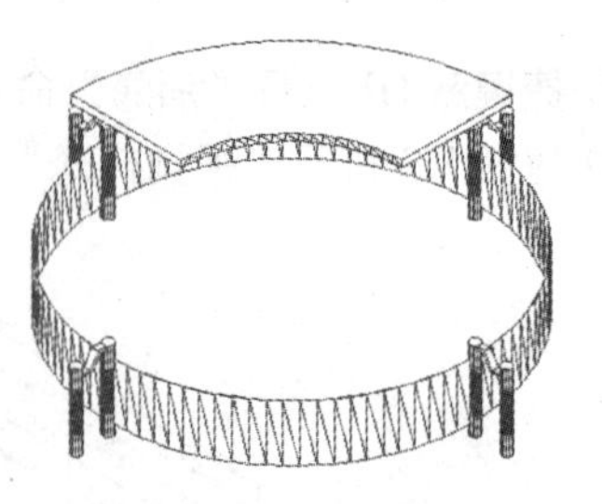

图 10-14　消隐结果

步骤05 重复执行“三维阵列”命令，对上侧的桌面板造型进行环形阵列。命令行操作如下：

```
命令: _3darray
选择对象:                                          //选择如图 10-15 所示的桌面板造型
选择对象:                                          // Enter
输入阵列类型 [矩形(R)/环形(P)] <矩形>:              //P Enter
输入阵列中的项目数目:                               //4 Enter
指定要填充的角度 (+=逆时针, -=顺时针) <360>:        // Enter
旋转阵列对象? [是(Y)/否(N)] <Y>:                    //Y Enter
指定阵列的中心点:                                   //捕捉如图 10-16 所示的桌面板上侧圆心
指定旋转轴上的第二点:                               //捕捉桌面板下侧的圆心
```

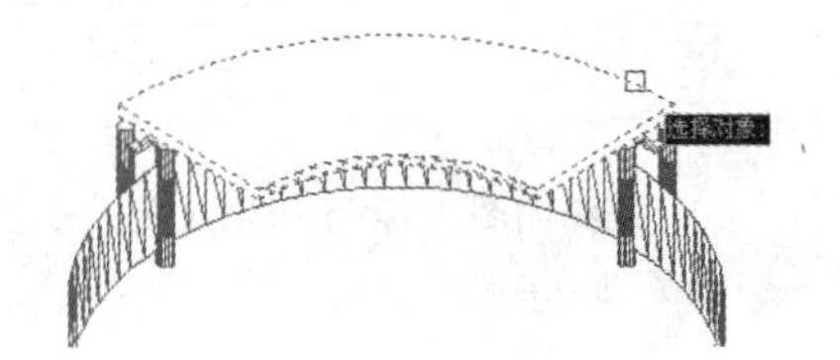

图 10-15　选择结果

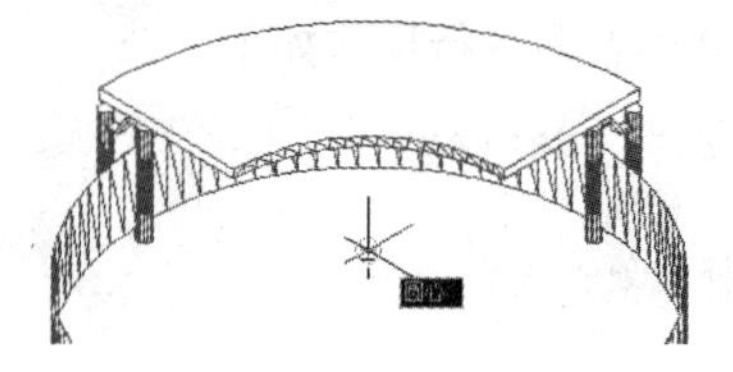

图 10-16　捕捉桌面板上侧圆心

步骤06 阵列结果如图 10-17 所示。

步骤07 使用快捷键激 HI 执行“消隐”命令，对阵列后的模型进行消隐显示，结果如图 10-18 所示。

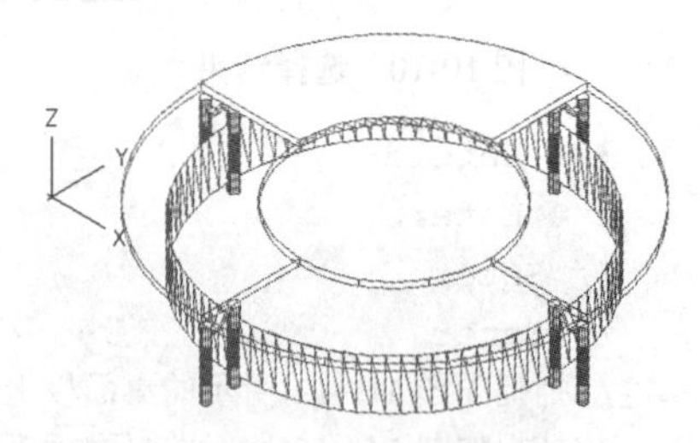

图 10-17　阵列结果

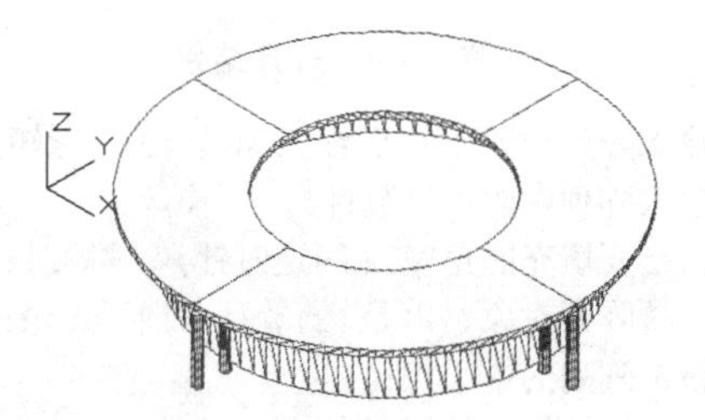

图 10-18　消隐效果

10.1.2　三维镜像

“三维镜像”命令用于在三维空间内将选定的三维模型按照指定的镜像平面进行镜像，以创建出对称结构的立体造型执行“三维镜像”命令主要有以下几种方式：

- 菜单栏：单击菜单“修改”/“三维操作”/“三维镜像”命令。

- 命令行：在命令行输入 Mirror3D 后按 Enter 键。
- 功能区：单击“三维建模”空间/“常用”选项卡/“修改”面板上的%按钮。

【例题 3】 三维镜像实例。

步骤01 打开随书光盘中的“\素材文件\10-3.dwg”文件，如图 10-19 所示。

步骤02 单击“常用”选项卡/“修改”面板上的%按钮，对桌椅模型进行镜像。命令行操作如下：

```
命令: _mirror3d
选择对象:                                      //选择桌椅模型
选择对象:                                      // Enter
指定镜像平面 (三点) 的第一个点或 [对象(O)/最近的(L)/Z 轴(Z)/视图(V)/XY 平面(XY)/YZ 平
面(YZ)/ZX 平面(ZX)/三点(3)] <三点>:            //XY Enter，激活“YZ 平面”选项
指定 YZ 平面上的点 <0,0,0>:                    //捕捉如图 10-20 所示的端点
是否删除源对象？[是(Y)/否(N)] <否>:            // Enter，结束命令
```

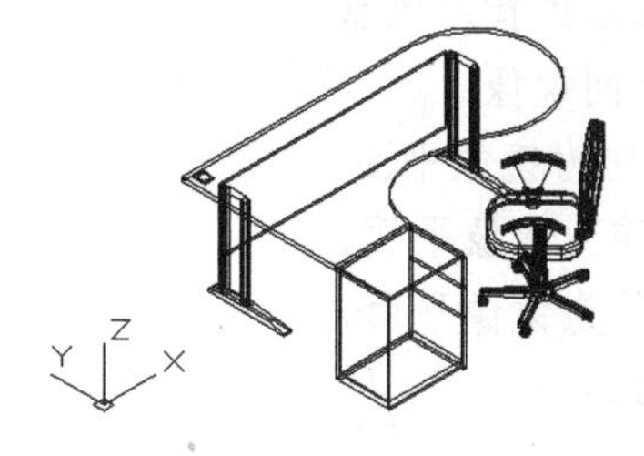

图 10-19　打开结果

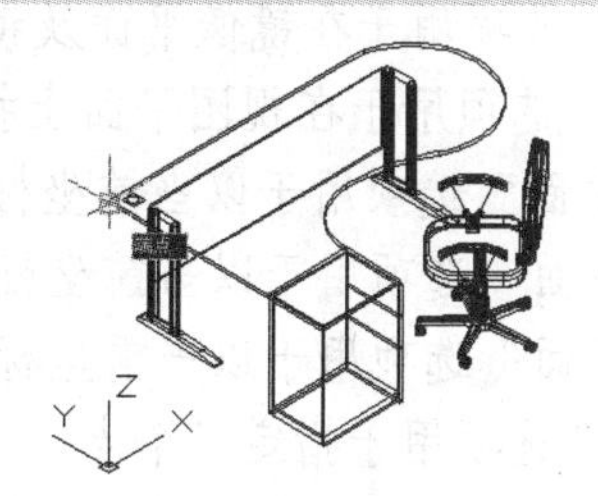

图 10-20　捕捉中点

步骤03 三维镜像结果如图 10-21 所示。

步骤04 重复执行“三维镜像”命令，配合中点捕捉功能继续对模型继续镜像。命令行操作如下：

```
命令: _mirror3d
选择对象:                                      //选择所有的模型对象
选择对象:                                      // Enter
指定镜像平面 (三点) 的第一个点或 [对象(O)/最近的(L)/Z 轴(Z)/视图(V)/XY 平面(XY)/YZ 平
面(YZ)/ZX 平面(ZX)/三点(3)] <三点>:            //ZX Enter
指定 ZX 平面上的点 <0,0,0>:                    //捕捉如图 10-22 所示的中点
是否删除源对象？[是(Y)/否(N)] <否>:            // Enter，结束命令
```

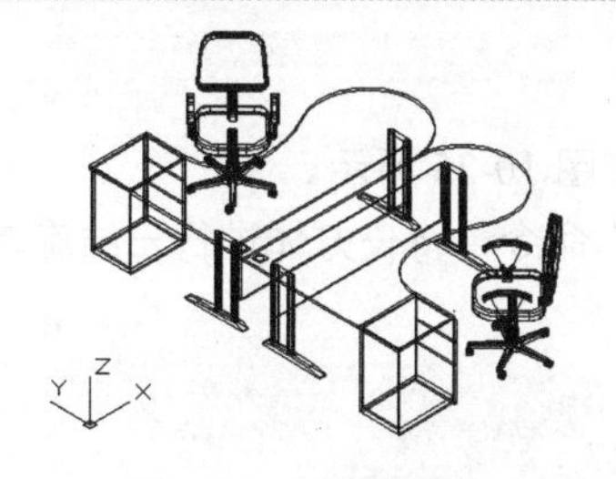

图 10-21　镜像结果

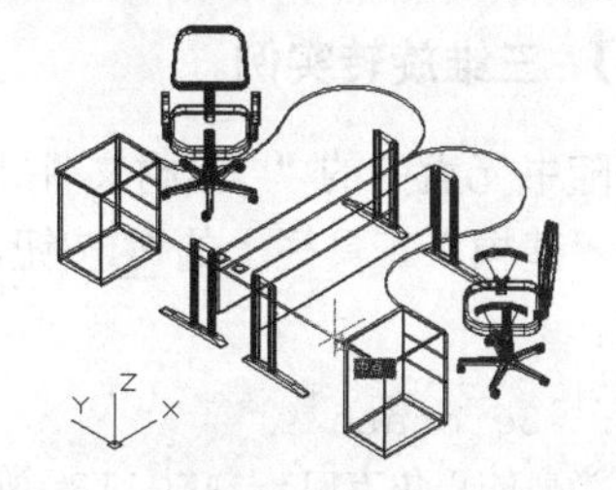

图 10-22　捕捉中点

步骤05 三镜像结果如图 10-23 所示。

步骤06 使用快捷键 HI 执行“消隐”命令，对模型进行视图消隐，结果如图 10-24 所示。

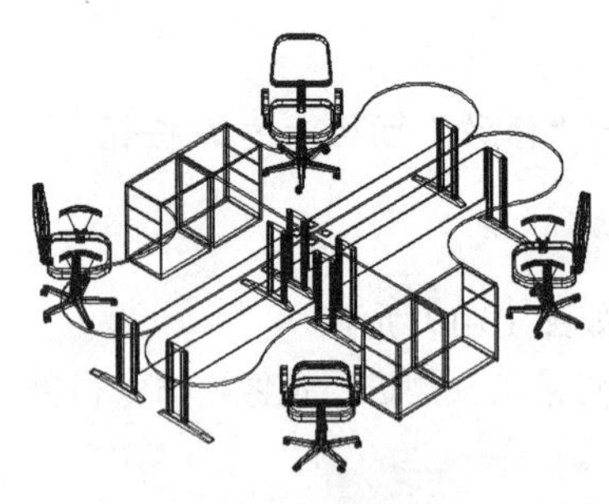

图 10-23 镜像结果

图 10-24 消隐着色

📖 **选项解析**

- “对象”选项用于选定某一对象所在的平面作为镜像平面，该对象可以是圆弧或二维多段线。
- “最近的”选项用于以上次镜像使用的镜像平面作为当前镜像平面。
- “Z 轴”选项用于在镜像平面及镜像平面的 Z 轴法线指定位点。
- “视图”选项用于在视图平面上指定点，进行空间镜像。
- “XY 平面”选项用于以当前坐标系的 XY 平面作为镜像平面。
- “YZ 平面”选项用于以当前坐标系的 YZ 平面作为镜像平面。
- “ZX 平面”选项用于以当前坐标系的 ZX 平面作为镜像平面。
- “三点”选项用于指定三个点，以定位镜像平面。

10.1.3 三维旋转

“三维旋转”命令用于在三维视图中显示旋转夹点工具，并围绕基点旋转对象。执行“三维旋转”命令主要有以下几种方式：

- 菜单栏：单击菜单“修改”/“三维操作”/“三维旋转”命令。
- 工具栏：单击“建模”工具栏上的按钮。
- 命令行：在命令行输入 3drotate 后按 Enter 键。
- 快捷键：在命令行输入 3R 后按 Enter 键。
- 功能区：单击“三维建模”空间/“常用”选项卡/“修改”面板上的按钮。

【例题 4】 三维旋转实例。

步骤 01 打开随书光盘中的“\素材文件\10-4.dwg”文件，如图 10-25 所示。

步骤 02 单击“建模”工具栏上的按钮，执行“三维旋转”命令，将长方体进行三维旋转。命令行操作如下：

```
命令： _3drotate
UCS 当前的正角方向： ANGDIR=逆时针  ANGBASE=0
选择对象：                              //选择电视柜造型
选择对象：                              //Enter，结束选择
指定基点：                              //捕捉如图 10-26 所示的中点
```

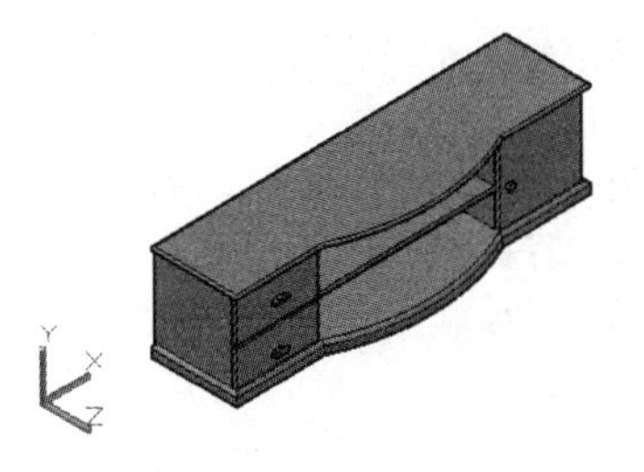

图 10-25　打开结果

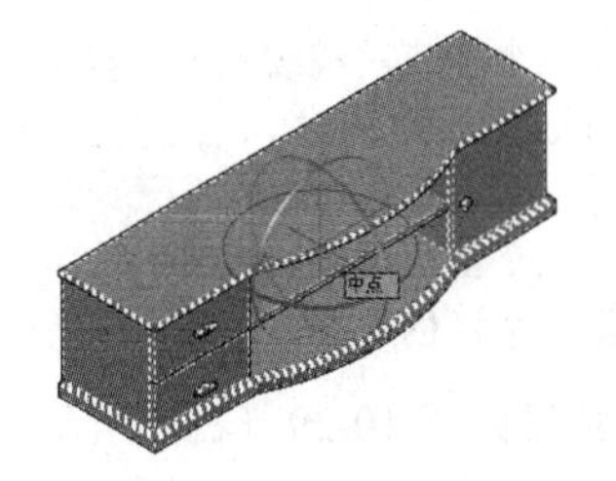

图 10-26　捕捉中点

```
拾取旋转轴:                    //在如图 10-27 所示方向上单击，定位旋转轴
指定角的起点或键入角度:        //-45 Enter，结束命令
正在重生成模型
```

步骤 03　旋转结果如图 10-28 所示。

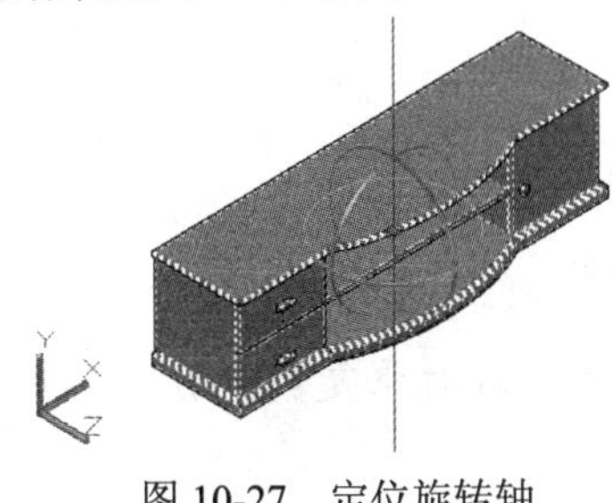

图 10-27　定位旋转轴

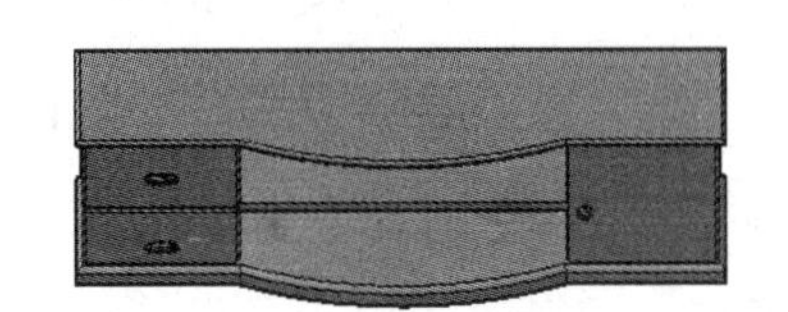

图 10-28　旋转结果

10.1.4　三维对齐

"三维对齐"命令主要以定位源平面和目标平面的形式，将两个三维对象在三维操作空间中进行对齐。执行"三维对齐"命令主要有以下几种方式：

- 菜单栏：单击菜单"修改"/"三维操作"/"三维对齐"命令。
- 工具栏：单击"建模"工具栏上的按钮。
- 命令行：在命令行输入 3dalign 后按 Enter 键。
- 快捷键：在命令行输入 3DA 后按 Enter 键。
- 功能区：单击"三维建模"空间/"常用"选项卡/"修改"面板上的按钮。

【例题 5】 三维对齐实例。

步骤 01　新建文件并将视图切换到西南视图。

步骤 02　执行"长方体"命令，创建如图 10-29（左）所示的两个长方体。

步骤 03　单击"建模"工具栏上的按钮，执行"三维对齐"命令，对两个长方体进行空间对齐。命令行操作如下：

```
命令: _3dalign
选择对象:                          //选择上侧的长方体
选择对象:                          // Enter，结束选择
指定源平面和方向 ...
指定基点或 [复制(C)]:              //定位第一源点 a
指定第二个点或 [继续(C)] <C>:      //定位第二源点 b
```

```
指定第三个点或 [继续(C)] <C>:              //定位第三源点 c
指定目标平面和方向 ...
指定第一个目标点:                         //定位第一目标点 A
指定第二个目标点或 [退出(X)] <X>:          //定位第二目标点 B
指定第三个目标点或 [退出(X)] <X>:          //定位第三目标点 C
```

步骤 04　对齐结果如图 10-29（右）所示。

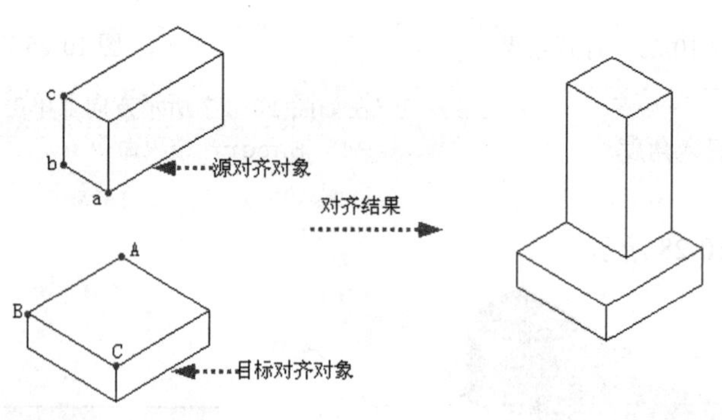

图 10-29　三维对齐示例

"复制"选项用于在对齐两对象时，将用于对齐的源对象复制一份，而源对象则保持不变。

10.1.5　三维移动

"三维移动"命令主要用于将对象在三维操作空间内进行位移。执行"三维移动"命令主要有以下几种方式：

- 菜单栏：单击菜单"修改"/"三维操作"/"三维移动"命令。
- 工具栏：单击"建模"工具栏上的按钮。
- 命令行：在命令行输入 3dmove 后按 Enter 键。
- 快捷键：在命令行输入 3M 后按 Enter 键。
- 功能区：单击"三维建模"空间/"常用"选项卡/"修改"面板上的按钮。

执行"三维移动"命令后，其命令行操作提示如下：

```
命令: _3dmove
选择对象:                                 //选择移动对象
选择对象:                                 // Enter，结束选择
指定基点或 [位移(D)] <位移>:               //定位基点
指定第二个点或 <使用第一个点作为位移>:      //定位目标点
正在重生成模型
```

10.2　编辑构件模型的表面

本节主要学习构件模型表面的编辑功能，具体有"拉伸面"、"移动面"、"偏移面"、"倾斜面"、"复制面"和"抽壳"六个命令。

10.2.1 拉伸面

“拉伸面”命令主要用于对实心体的表面进行编辑，将实体面按照指定的高度或路径进行拉伸，以创建出新的形体。执行“拉伸面”命令主要有以下几种方式：

- 菜单栏：单击菜单“修改”/“实体编辑”/“拉伸面”命令。
- 工具栏：单击“实体编辑”工具栏上的按钮。
- 命令行：在命令行输入 Solidedit 后按 Enter 键。
- 功能区：单击“三维建模”空间/“常用”选项卡/“实体编辑”面板上的按钮。

1. 高度拉伸

此种拉伸方式是将实体的表面沿着指定的高度和倾斜角度进行拉伸。当指定拉伸的高度以后，AutoCAD 会提示面的倾斜角度，如果输入的角度值为正值时，实体面将实体的内部倾斜（锥化）；如果输入的角度为负值时，实体面将向实体的外部倾斜（锥化），如图 10-30 所示。

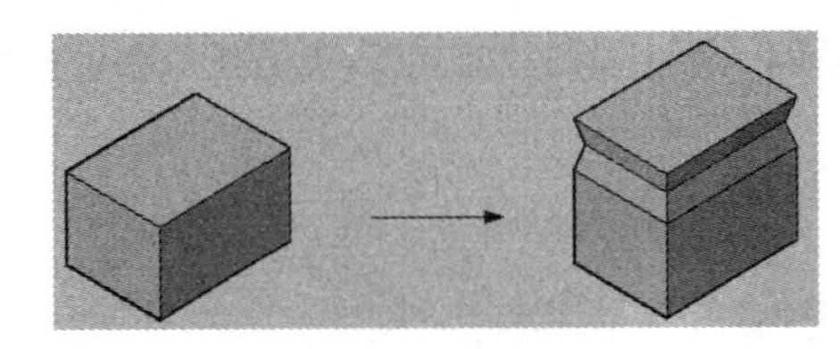

图 10-30　面拉伸

【例题 6】 实体面的高度拉伸。

步骤 01 新建文件并将当前视图切换为东南视图。

步骤 02 单击菜单“绘图”/“建模”/“长方体”命令，创建长度为 150、宽度为 180、高度为 120 的长方体，如图 10-31 所示。

步骤 03 单击“实体编辑”工具栏上的按钮，执行“拉伸面”命令，对长方体的上表面进行拉伸。命令行操作如下：

```
命令：_solidedit
实体编辑自动检查： SOLIDCHECK=1
输入实体编辑选项 [面(F)/边(E)/体(B)/放弃(U)/退出(X)] <退出>: _face
输入面编辑选项[拉伸(E)/移动(M)/旋转(R)/偏移(O)/倾斜(T)/删除(D)/复制(C)/颜色(L)/材质(A)/放弃(U)/退出(X)] <退出>:
_extrude
选择面或 [放弃(U)/删除(R)]:                    //选择如图 10-32 所示的上表面
选择面或 [放弃(U)/删除(R)/全部(ALL)]:          // Enter，结束选择
指定拉伸高度或 [路径(P)]:                      // 40 Enter
指定拉伸的倾斜角度 <30>:                       //15 Enter，拉伸结果如图 10-33 所示
```

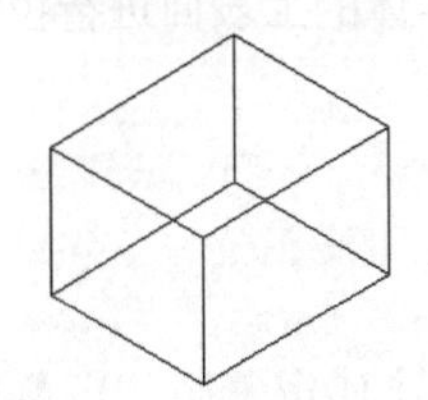

图 10-31　创建长方体

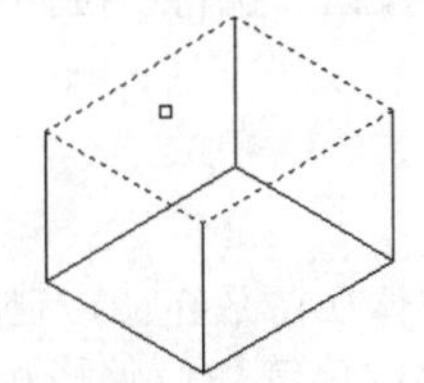

图 10-32　选择拉伸面

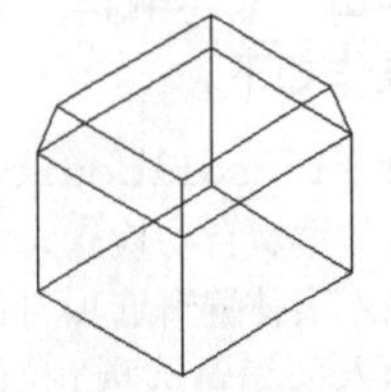

图 10-33　拉伸结果

```
已开始实体校验。
已完成实体校验。
```

```
输入面编辑选项[拉伸(E)/移动(M)/旋转(R)/偏移(O)/倾斜(T)/删除(D)/复制(C)/颜色(L)/材质(A)/放弃(U)/退出(X)] <退出>:        //E Enter
选择面或 [放弃(U)/删除(R)]:                   //选择如图 10-34 所示的表面
选择面或 [放弃(U)/删除(R)/全部(ALL)]:         // Enter
指定拉伸高度或 [路径(P)]:                     //40 Enter
指定拉伸的倾斜角度 <15>:                      //-15 Enter，拉伸结果如图 10-35 所示
已开始实体校验。
已完成实体校验。
输入面编辑选项[拉伸(E)/移动(M)/旋转(R)/偏移(O)/倾斜(T)/删除(D)/复制(C)/颜色(L)/材质(A)/放弃(U)/退出(X)] <退出>:        //X Enter
实体编辑自动检查: SOLIDCHECK=1
输入实体编辑选项 [面(F)/边(E)/体(B)/放弃(U)/退出(X)] <退出>:  //X Enter
```

步骤 04　单击菜单“视图”/“消隐”命令，将拉伸后的实体进行消隐显示，效果如图 10-36 所示。

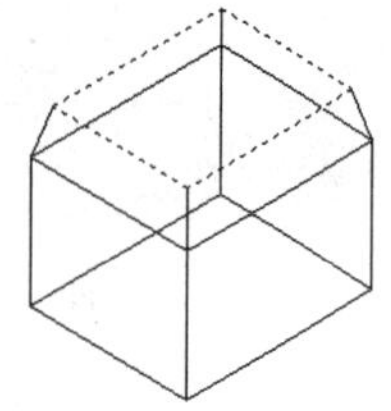

图 10-34　选择拉伸面

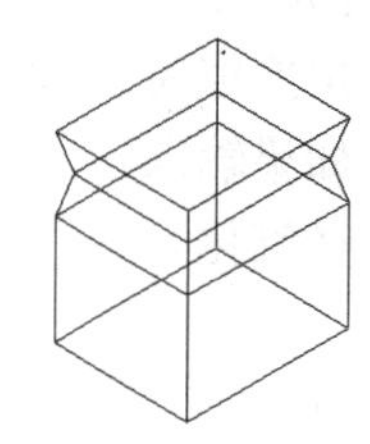

图 10-35　拉伸结果

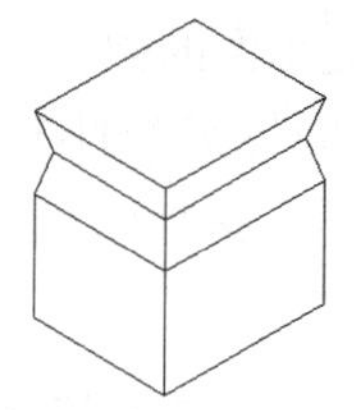

图 10-36　消隐显示

2. 路径拉伸

此种拉伸方式是将实体表面沿着指定的路径进行拉伸，拉伸路径可以是直线、圆弧、多段线或二维样条曲线等，如图 10-37 所示。

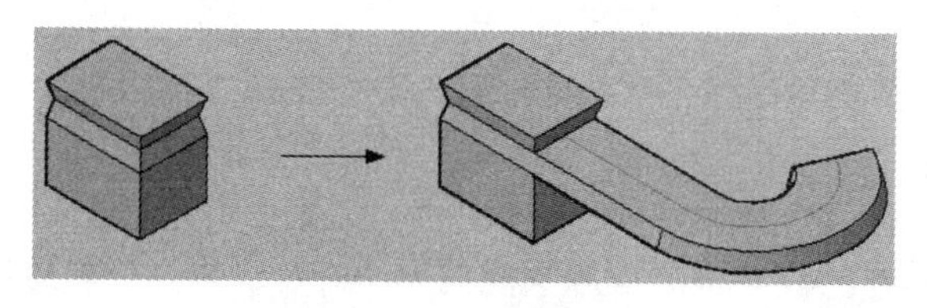

图 10-37　路径拉伸

【例题 7】 实体面的路径拉伸。

步骤 01　继续上例操作。单击菜单“绘图”/“多段线”命令，配合中点捕捉功能绘制如图 10-38 所示的多段线作为路径。

步骤 02　单击“实体编辑”工具栏上的按钮，执行“拉伸面”命令，对实体的上表面进行拉伸。命令行操作如下：

```
命令: _solidedit
实体编辑自动检查: SOLIDCHECK=1
输入实体编辑选项 [面(F)/边(E)/体(B)/放弃(U)/退出(X)] <退出>: _face
输入面编辑选项[拉伸(E)/移动(M)/旋转(R)/偏移(O)/倾斜(T)/删除(D)/复制(C)/颜色(L)/材质(A)/放弃(U)/退出(X)] <退出>:
_extrude
选择面或 [放弃(U)/删除(R)]:                   //选择如图 10-39 所示的表面
```

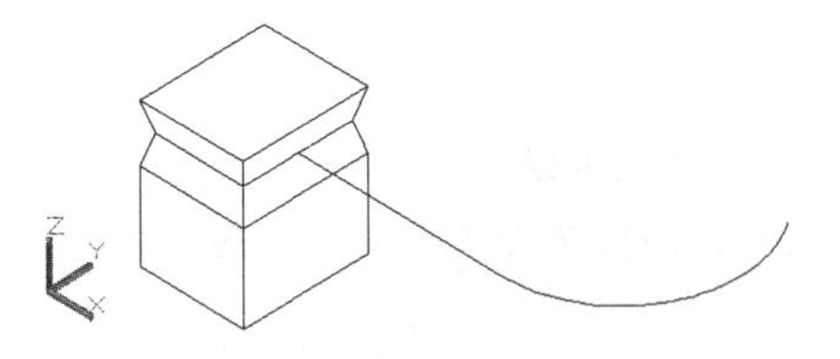

图 10-38　绘制路径

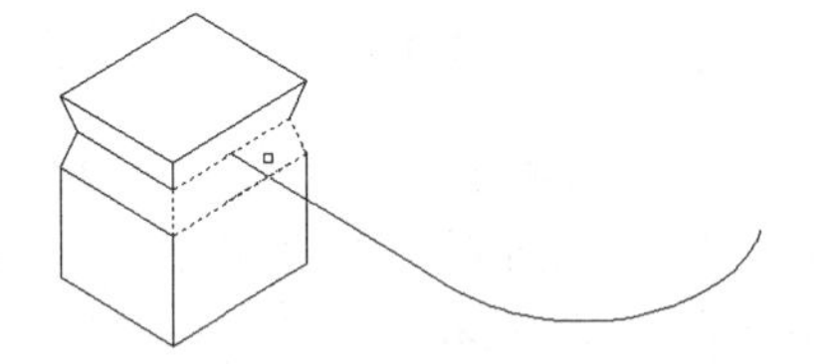
图 10-39　选择拉伸面

```
选择面或 [放弃(U)/删除(R)/全部(ALL)]:               // Enter，结束选择
指定拉伸高度或 [路径(P)]:                            // p Enter
选择拉伸路径:                                        //选择多段线路径
```

拉伸路径的一个端点一般定位在拉伸的面内，否则，AutoCAD 将把路径移支到面轮廓的中心。在拉伸面时，面从初始位置开始沿路径拉伸，直至路径的终点结束。

```
已开始实体校验。
已完成实体校验。
输入面编辑选项[拉伸(E)/移动(M)/旋转(R)/偏移(O)/倾斜(T)/删除(D)/复制(C)/颜色(L)/材质(A)/放弃(U)/退出(X)] <退出>:          //X Enter
实体编辑自动检查: SOLIDCHECK=1
输入实体编辑选项 [面(F)/边(E)/体(B)/放弃(U)/退出(X)] <退出>:   //X Enter
```

步骤 03　执行“消隐”命令，将拉伸后的实体消隐显示，效果如图 10-40 所示。

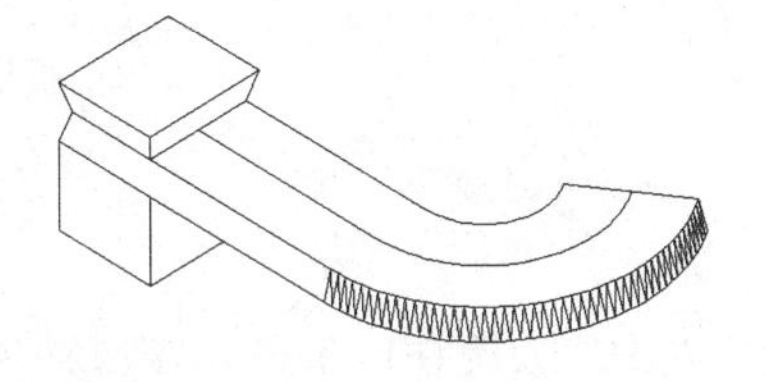
图 10-40　消隐效果

10.2.2　移动面

“移动面”命令是通过移动实体的表面，进行修改实体的尺寸或改变孔或槽的位置等，如图 10-41 所示。在移动面的过程中将保持面的法线方向不变。

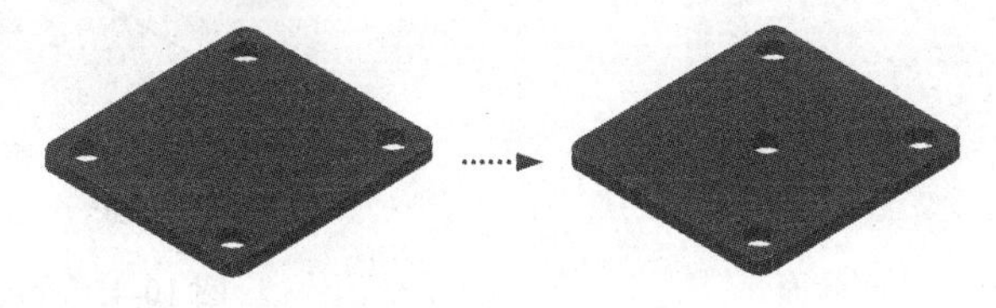
图 10-41　移动面示例

执行“移动面”命令主要有以下几种方式：

- 菜单栏：单击菜单“修改”/“实体编辑”/“移动面”命令。
- 工具栏：单击“实体编辑”工具栏上的按钮。
- 命令行：在命令行输入 Solidedit 后按 Enter 键。
- 功能区：单击“三维建模”空间/“常用”选项卡/“实体编辑”面板上的按钮。

【例题 8】 移动面实例。

步骤 01 打开随书光盘中的“\素材文件\10-5.dwg”文件，如图 10-42 所示。

步骤 02 单击菜单“修改”/“实体编辑”/“移动面”命令，对实体面进行移动。命令行操作如下：

```
命令: _solidedit
实体编辑自动检查: SOLIDCHECK=1
输入实体编辑选项 [面(F)/边(E)/体(B)/放弃(U)/退出(X)] <退出>: _face
输入面编辑选项[拉伸(E)/移动(M)/旋转(R)/偏移(O)/倾斜(T)/删除(D)/复制(C)/颜色(L)/材质(A)/放弃(U)/退出(X)] <退出>: _move
选择面或 [放弃(U)/删除(R)]:    //将光标放在圆孔的边沿上单击,此时系统选择了两个面,如图 10-43 所示
```

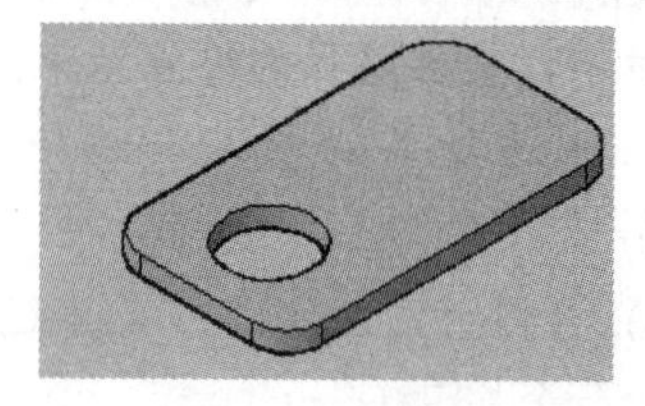

图 10-42　打开结果

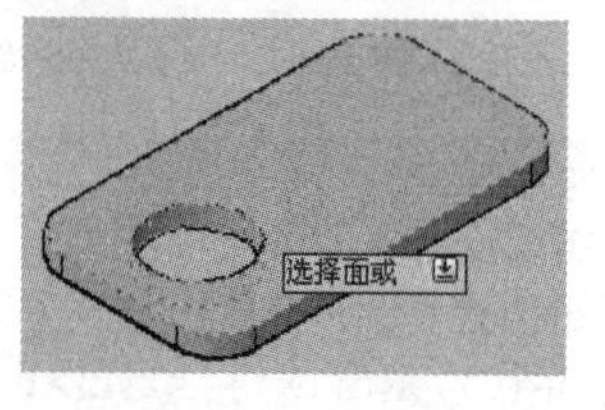

图 10-43　选择面

```
选择面或 [放弃(U)/删除(R)/全部(ALL)]: 找到两个面, 已删除 1 个
//按住 Shfit 键在大面的边沿上单击, 将此面排除在选择集之外, 如图 10-44 所示
选择面或 [放弃(U)/删除(R)/全部(ALL)]:          // Enter
指定基点或位移:                                //捕捉圆孔的圆心
指定位移的第二点:                              //@45,0 Enter
已开始实体校验
已完成实体校验
输入面编辑选项[拉伸(E)/移动(M)/旋转(R)/偏移(O)/倾斜(T)/删除(D)/复制(C)/颜色(L)/材质(A)/放弃(U)/退出(X)] <退出>:          //X Enter
实体编辑自动检查: SOLIDCHECK=1
输入实体编辑选项 [面(F)/边(E)/体(B)/放弃(U)/退出(X)] <退出>:    //X Enter
```

步骤 03 操作结果如图 10-45 所示。

图 10-44　删除面

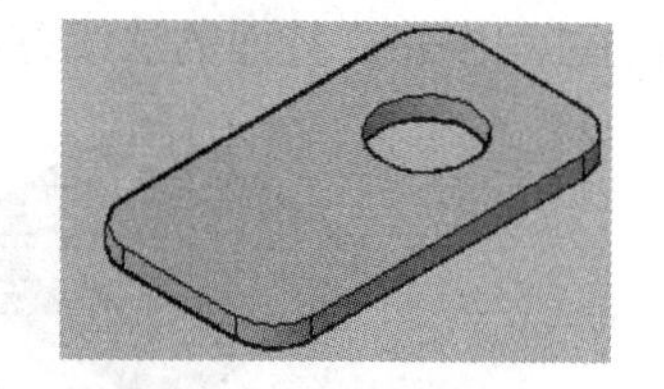

图 10-45　移动面

如果用户指定了两点，AutoCAD 将根据两点定义的矢量来确定移动的距离和方向。若在提示“指定基点或位移:”时，输入了一个点的坐标，而在“指定位移的第二点:”时，按 Enter 键，那么 AutoCAD 将根据输入的坐标值面沿着面的法线方向进行移动面。

10.2.3 偏移面

“偏移面”命令主要通过偏移实体的表面来改变实体及孔、槽等特征的大小。执行“偏移面”命令主要有以下几种方式：

- 菜单栏：单击菜单“修改”/“实体编辑”/“偏移面”命令。
- 工具栏：单击“实体编辑”工具栏上的按钮。
- 命令行：在命令行输入 Solidedit 后按 Enter 键。
- 功能区：单击“三维建模”空间/“常用”选项卡/“实体编辑”面板上的按钮。

【例题 9】 偏移面实例。

步骤 01 继续上例操作。单击“实体编辑”工具栏上的按钮，执行“偏移面”命令，对实体面进行偏移。命令行操作如下：

```
命令: _solidedit
实体编辑自动检查: SOLIDCHECK=1
输入实体编辑选项 [面(F)/边(E)/体(B)/放弃(U)/退出(X)] <退出>: _face
输入面编辑选项[拉伸(E)/移动(M)/旋转(R)/偏移(O)/倾斜(T)/删除(D)/复制(C)/颜色(L)/材质(A)/放弃(U)/退出(X)] <退出>:
_offset
选择面或 [放弃(U)/删除(R)]:                    //将光标放在圆孔的边沿上单击，此时系统选择了两个面，如图 10-46 所示
选择面或 [放弃(U)/删除(R)/全部(ALL)]:          //按住 Shfit 键在大面的边沿上单击，将此面排除在选择集之外，如图 10-47 所示
选择面或 [放弃(U)/删除(R)/全部(ALL)]:          // Enter
指定偏移距离:                                  // -5Enter
已开始实体校验
输入面编辑选项[拉伸(E)/移动(M)/旋转(R)/偏移(O)/倾斜(T)/删除(D)/复制(C)/颜色(L)/材质(A)/放弃(U)/退出(X)] <退出>:          //X Enter
实体编辑自动检查: SOLIDCHECK=1
输入实体编辑选项 [面(F)/边(E)/体(B)/放弃(U)/退出(X)] <退出>:   //X Enter，结束命令
```

步骤 02 偏移结果如图 10-48 所示。

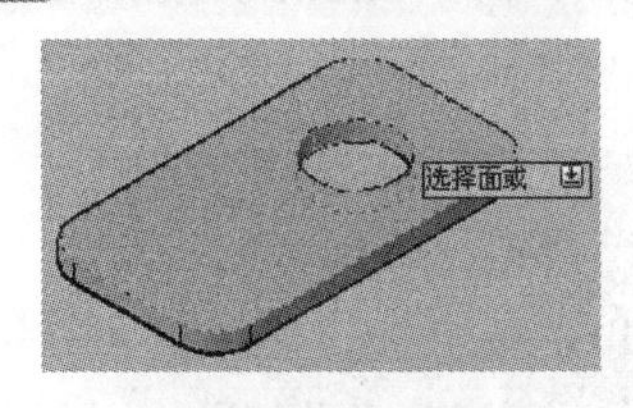

图 10-46　选择面

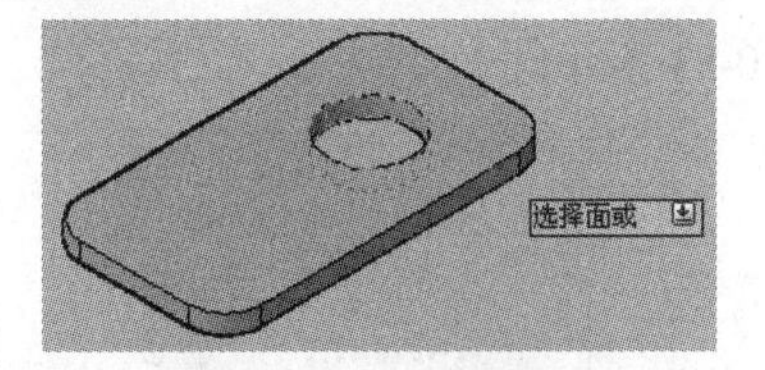

图 10-47　删除面

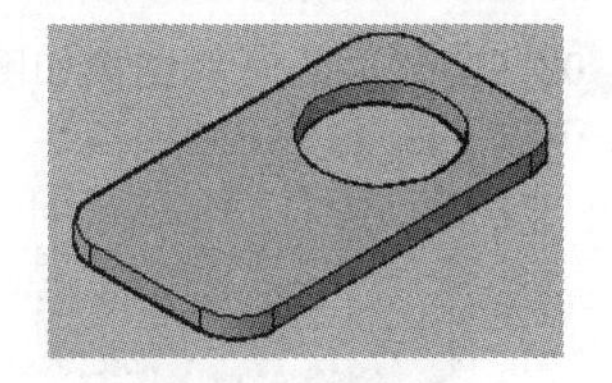

图 10-48　偏移面

10.2.4 倾斜面

“倾斜面”命令主要用于通过倾斜实体的表面，使实体表面产生一定的锥度。执行“倾斜面”命令主要有以下几种方式：

- 菜单栏：单击菜单“修改”/“实体编辑”/“倾斜面”命令。

- 工具栏：单击“实体编辑”工具栏上的按钮。
- 命令行：在命令行输入 Solidedit 后按 Enter 键。
- 功能区：单击“三维建模”空间/“常用”选项卡/“实体编辑”面板上的按钮。

【例题 10】 倾斜面实例。

步骤 01　打开随书光盘上的“\素材文件\10-6.dwg”文件，如图 10-49 所示。

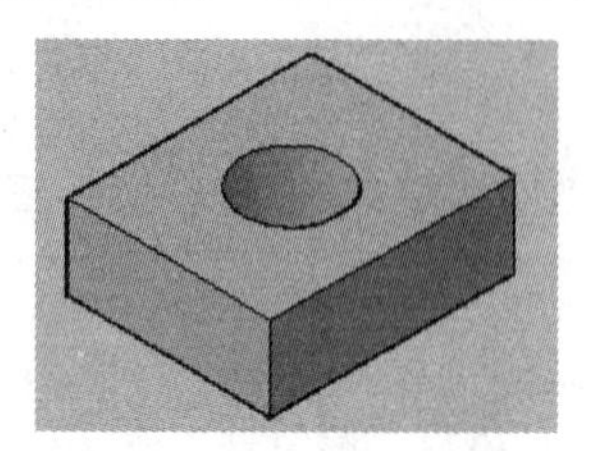

图 10-49　打开结果

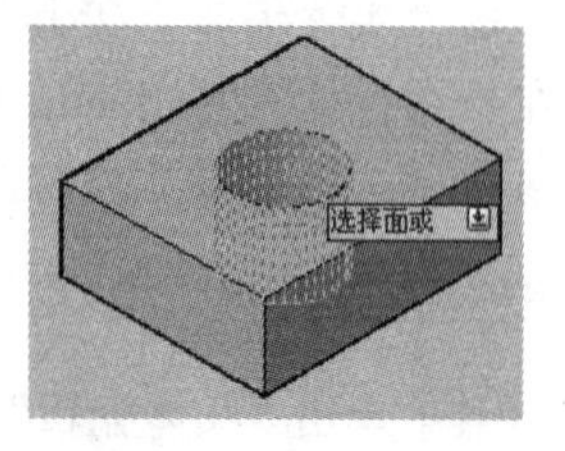

图 10-50　选择面

步骤 02　单击“实体编辑”工具栏上的按钮，执行“倾斜面”命令，对实体表面进行倾斜。命令行操作如下：

```
命令: _solidedit
实体编辑自动检查:  SOLIDCHECK=1
输入实体编辑选项 [面(F)/边(E)/体(B)/放弃(U)/退出(X)] <退出>: _face
输入面编辑选项[拉伸(E)/移动(M)/旋转(R)/偏移(O)/倾斜(T)/删除(D)/复制(C)/颜色(L)/材质(A)/放弃(U)/退出(X)] <退出>: _taper
选择面或 [放弃(U)/删除(R)]: 找到一个面。          //选择如图 10-50 所示的面
选择面或 [放弃(U)/删除(R)/全部(ALL)]:             // Enter，结束选择
指定基点:                                        //捕捉如图 10-51 所示的端点
指定沿倾斜轴的另一个点:                            //捕捉如图 10-52 所示的端点
指定倾斜角度:                                    //30 Enter
已开始实体校验
已完成实体校验
输入面编辑选项[拉伸(E)/移动(M)/旋转(R)/偏移(O)/倾斜(T)/删除(D)/复制(C)/颜色(L)/材质(A)/放弃(U)/退出(X)] <退出>:           //X Enter
实体编辑自动检查:  SOLIDCHECK=1
输入实体编辑选项 [面(F)/边(E)/体(B)/放弃(U)/退出(X)] <退出>: //X Enter，退出命令
```

步骤 03　实体面的倾斜结果如图 10-53 所示。

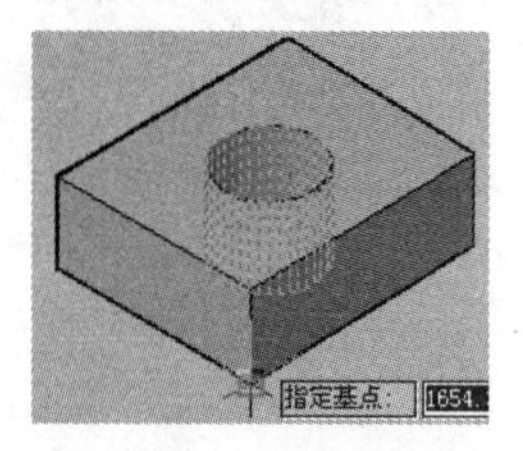

图 10-51　捕捉端点

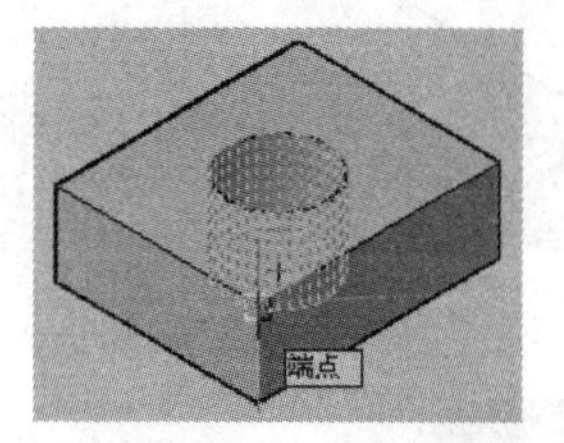

图 10-52　捕捉端点

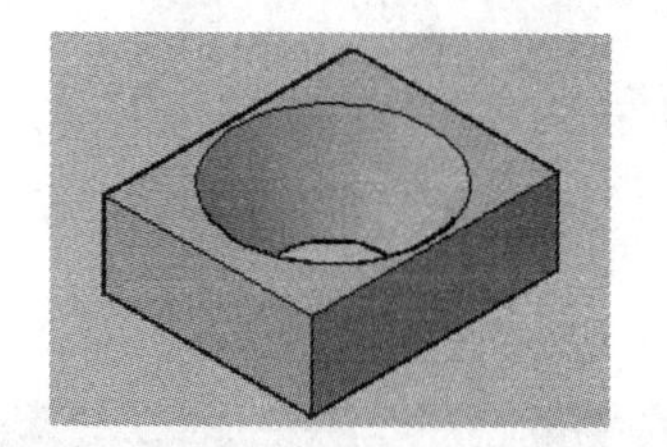

图 10-53　倾斜结果

在倾斜面时，倾斜的方向是由锥角的正负号及定义矢量时的基点决定的。如果输入的倾角为正值，则 AutoCAD 将已定义的矢量绕基点向实体内部倾斜面，否则向实体外部倾斜。

10.2.5　复制面

"复制面"命令用于将实体的表面复制成新的图形对象，所复制出的新对象是面域或体，如图 10-54 所示。执行"复制面"命令主要有以下几种方式：

- 菜单栏：单击菜单"修改"/"实体编辑"/"复制面"命令。
- 工具栏：单击"实体编辑"工具栏上的按钮。
- 命令行：在命令行输入 Solidedit 后按 Enter 键。
- 功能区：单击"三维建模"空间/"常用"选项卡/"实体编辑"面板上的按钮。

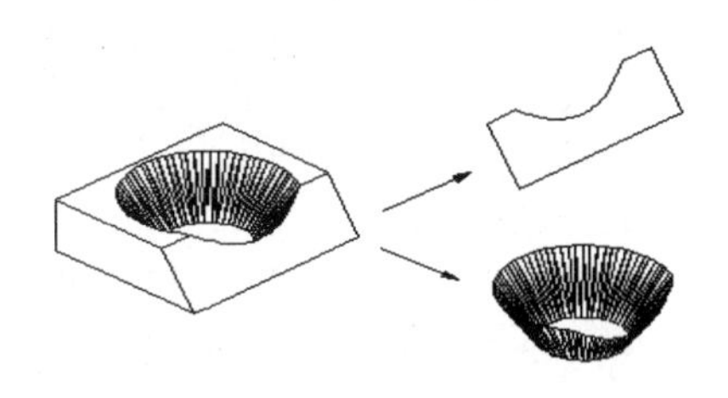

图 10-54　复制面

执行"复制面"命令后，其命令行操作提示如下：

```
命令：_solidedit
实体编辑自动检查： SOLIDCHECK=1
输入实体编辑选项 [面(F)/边(E)/体(B)/放弃(U)/退出(X)] <退出>：_face
输入面编辑选项[拉伸(E)/移动(M)/旋转(R)/偏移(O)/倾斜(T)/删除(D)/复制(C)/颜色(L)/材质(A)/放弃(U)/退出(X)] <退出>：_copy
选择面或 [放弃(U)/删除(R)]：                    //选择需要复制的实体表面
选择面或 [放弃(U)/删除(R)/全部(ALL)]：          //结束面的选择
指定基点或位移：                                //指定基点或位移
指定位移的第二点：                              //指定目标点
输入面编辑选项[拉伸(E)/移动(M)/旋转(R)/偏移(O)/倾斜(T)/删除(D)/复制(C)/颜色(L)/材质(A)/放弃(U)/退出(X)] <退出>：   //退出实体面的编辑操作
实体编辑自动检查： SOLIDCHECK=1
输入实体编辑选项 [面(F)/边(E)/体(B)/放弃(U)/退出(X)] <退出>： //退出命令
```

10.2.6　抽壳

"抽壳"命令用于将三维实心体模型，按照指定的厚度，创建为一个空心的薄壳体，或将实体的某些面删除，以形成薄壳体的开口。执行"抽壳"命令主要有以下几种方式：

- 菜单栏：单击菜单"修改"/"实体编辑"/"抽壳"命令。
- 工具栏：单击"实体编辑"工具栏上的按钮。
- 命令行：在命令行输入 Solidedit 后按 Enter 键。
- 功能区：单击"三维建模"空间/"常用"选项卡/"实体编辑"面板上的按钮。

【例题 11】 抽壳实体。

步骤 01　新建空白文件并将视图切换到西南等轴测视图。

步骤 02　单击"建模"工具栏上的按钮，执行"长方体"命令，创建长方体造型。命令行操作如下：

```
命令：_box
指定第一个角点或 [中心(C)]：            //在绘图区拾一点
指定其他角点或 [立方体(C)/长度(L)]：
//@370,500,173 Enter，创建结果如图 10-55 所示
单击"实体编辑"工具栏上的按钮，执行"抽壳"命令，创建抽屉主体造型。命令行操作如下：
```

```
命令: _solidedit
实体编辑自动检查:  SOLIDCHECK=1
输入实体编辑选项 [面(F)/边(E)/体(B)/放弃(U)/退出(X)] <退出>: _body
输入体编辑选项[压印(I)/分割实体(P)/抽壳(S)/清除(L)/检查(C)/放弃(U)/退出(X)] <退出>:
_shell
选择三维实体:                                   //选择刚创建的长方体
删除面或 [放弃(U)/添加(A)/全部(ALL)]:           //在如图 10-56 所示的上表面单击
删除面或 [放弃(U)/添加(A)/全部(ALL)]:           //在如图 10-57 所示的前表面单击
```

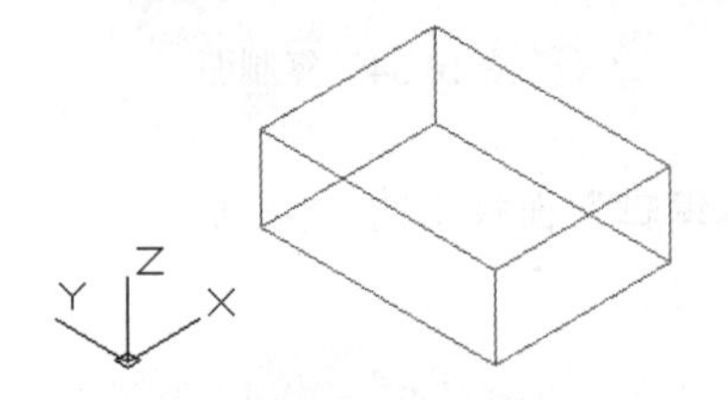

图 10-55　创建结果

图 10-56　选择删除面

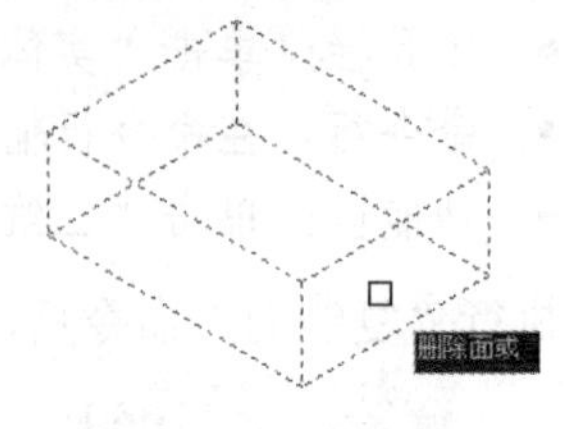

图 10-57　选择删除面

```
删除面或 [放弃(U)/添加(A)/全部(ALL)]:           // Enter
输入抽壳偏移距离:                               //15 Enter
已开始实体校验。
输入体编辑选项[压印(I)/分割实体(P)/抽壳(S)/清除(L)/检查(C)/放弃(U)/退出(X)] <退出>:
// Enter
实体编辑自动检查:  SOLIDCHECK=1
输入实体编辑选项 [面(F)/边(E)/体(B)/放弃(U)/退出(X)] <退出>:
 // Enter，抽壳结果如图 10-58 所示
```

步骤 03　使用快捷键 VS 执行“视觉样式”命令，对抽壳实体进行概念着色，结果如图 10-59 所示。

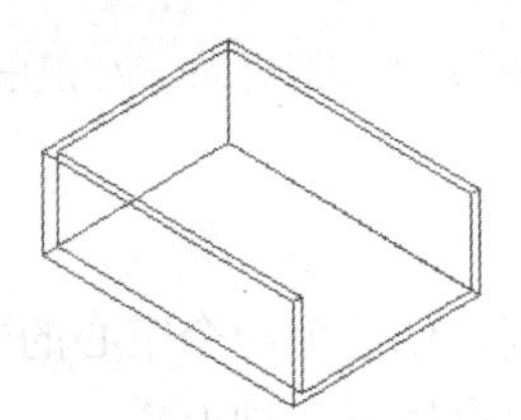

图 10-58　抽壳结果

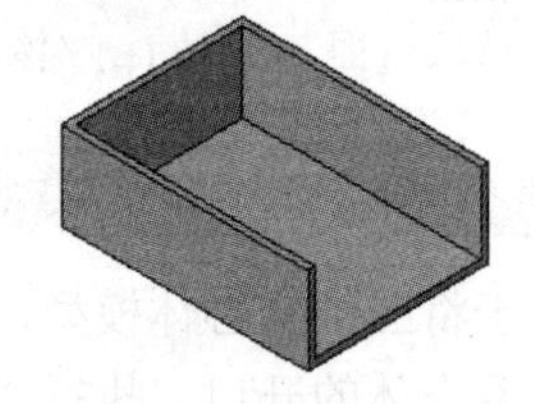

图 10-59　概念着色

步骤 04　单击“建模”工具栏上的□按钮，执行“长方体”命令，创建长方体前挡板。命令行操作如下：

```
命令: _box
指定第一个角点或 [中心(C)]:                 //激活“捕捉自”功能
_from 基点:                                 //捕捉如图 10-60 所示的端点
<偏移>:                                     //@-10,0,-10 Enter
指定其他角点或 [立方体(C)/长度(L)]:
//@390,-20,193 Enter，创建结果如图 10-61 所示
```

步骤 05　单击“工具”菜单中的“新建 UCS”/“X”命令，将当前坐标系绕 X 轴旋转 90°，结果如图 10-62 所示。

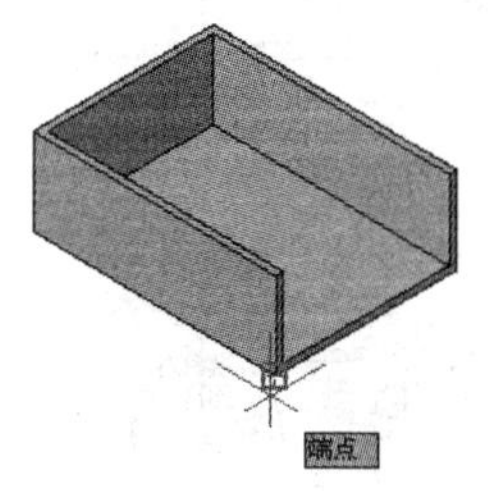
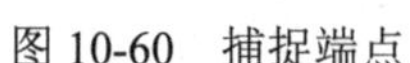

图 10-60　捕捉端点

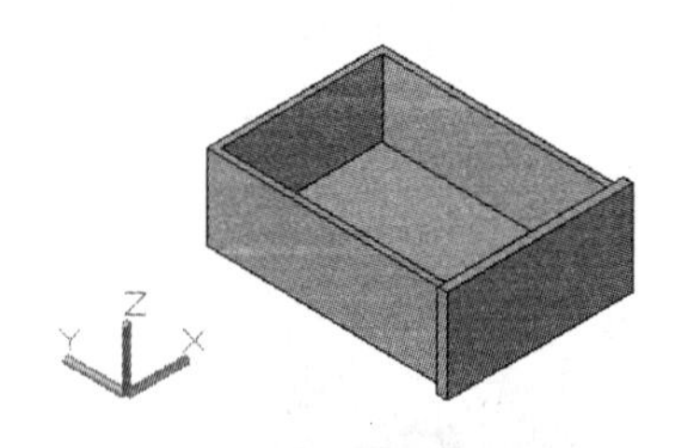

图 10-61　创建结果

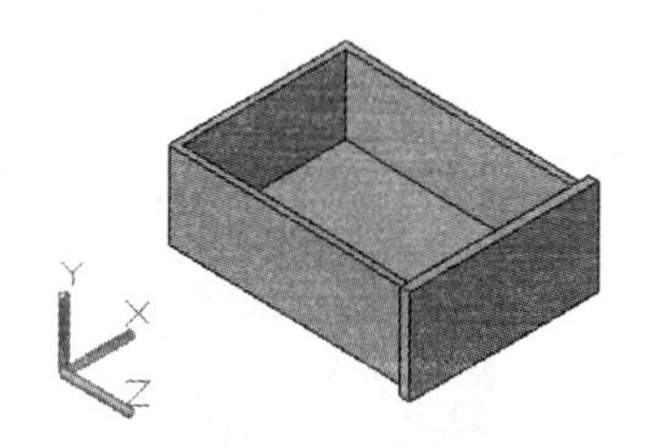

图 10-62　旋转坐标系

如果用户指定的抽壳厚度值为正，AutoCAD 将在实体的内部创建新面；如果厚度值为负，将在实体的外部创建新面。

10.3　编辑构件模型的棱边

本节将学习实体的棱边的细化编辑功能，具体有“倒角边”、“圆角边”、“压印边”、“复制边”和“提取边”等。

10.3.1　倒角边

“倒角边”命令主要用于将实体的棱边按照指定的距离进行倒角编辑，以创建一定程度的抹角结构。执行“拉伸面”命令主要有以下几种方式：

- 菜单栏：单击菜单“修改”/“实体编辑”/“倒角边”命令。
- 工具栏：单击“实体编辑”工具栏上的按钮。
- 命令行：在命令行输入 Chamferedge 后按 Enter 键。
- 功能区：单击“三维建模”空间/“实体”选项卡/“实体编辑”面板上的按钮。

【例题 12】 倒角边。

步骤 01　执行“打开”命令，打开随书光盘中的“\素材文件\10-7.dwg”文件。

步骤 02　使用快捷键 HI 执行“消隐”命令，对视图进行消隐，结果如图 10-63 所示。

步骤 03　单击“实体编辑”工具栏上的按钮，执行“倒角边”命令，对实体的棱边进行倒角。命令行操作如下：

```
命令: _CHAMFEREDGE 距离 1 = 1.0000，距离 2 = 1.0000
选择一条边或 [环(L)/距离(D)]:                    //d Enter
指定距离 1 或 [表达式(E)] <1.0000>:              //25 Enter
指定距离 2 或 [表达式(E)] <1.0000>:              //25 Enter
选择一条边或 [环(L)/距离(D)]:                    //选择如图 10-64 所示的边
选择同一个面上的其他边或 [环(L)/距离(D)]:        // Enter
按 Enter 键接受倒角或 [距离(D)]:                 //倒角结果如图 10-65 所示
```

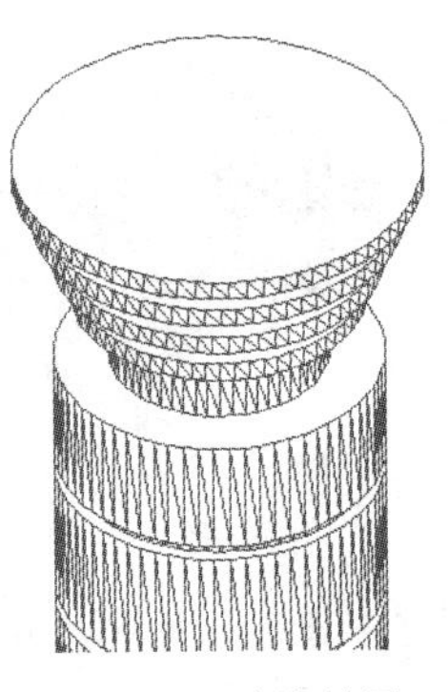

图 10-63　消隐效果

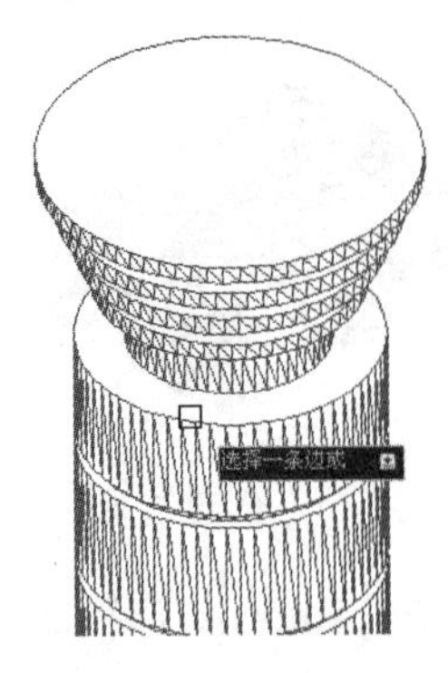

图 10-64　选择倒角边

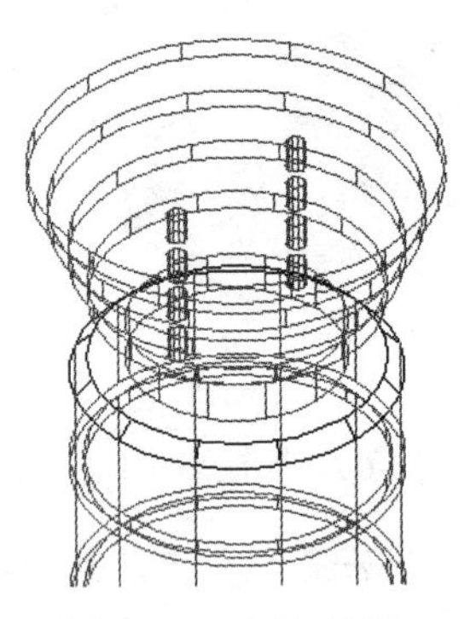

图 10-65　倒角结果

步骤 04　使用快捷键 HI 执行“消隐”命令，对模型进行消隐显示，结果如图 10-66 所示。

步骤 05　重复执行“倒角边”命令，对上侧的棱边进行倒角。命令行操作如下：

```
命令: _CHAMFEREDGE 距离 1 = 25.0000，距离 2 = 25.0000
选择一条边或 [环(L)/距离(D)]:                    //d Enter
指定距离 1 或 [表达式(E)] <25.0000>:             //15 Enter
指定距离 2 或 [表达式(E)] <25.0000>:             //15 Enter
选择一条边或 [环(L)/距离(D)]:                    //选择如图 10-67 所示的边
选择同一个面上的其他边或 [环(L)/距离(D)]:        // Enter
按 Enter 键接受倒角或 [距离(D)]:                 //倒角结果如图 10-68 所示
```

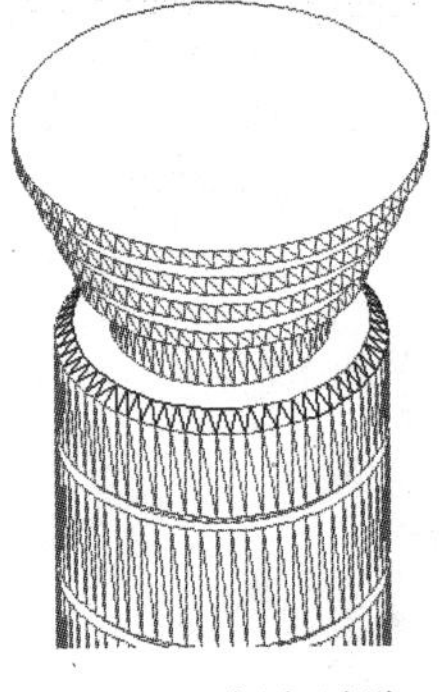

图 10-66　倒角消隐

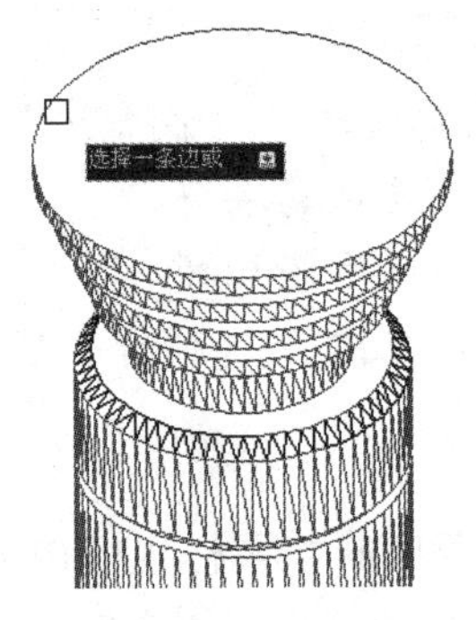

图 10-67　选择倒角边

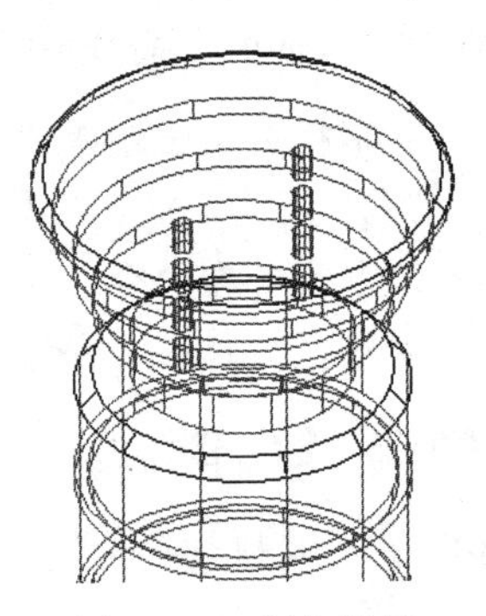

图 10-68　倒角结果

步骤 06　使用快捷键 HI 执行“消隐”命令，对模型进行消隐显示，结果如图 10-69 所示。

步骤 07　使用快捷键 VS 执行“视觉样式”命令，对模型进行灰度着色，效果如图 10-70 所示。

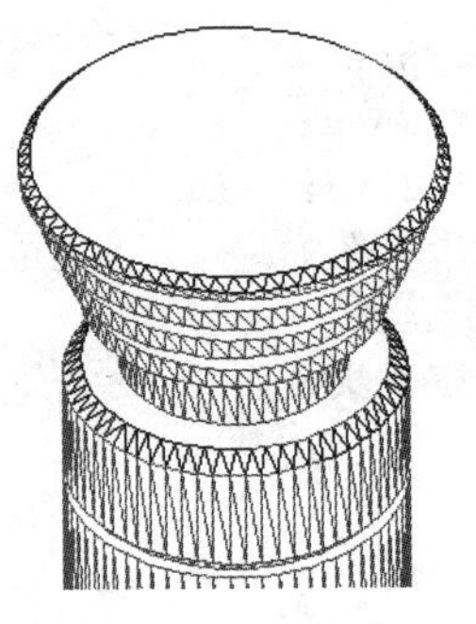

图 10-69　消隐结果

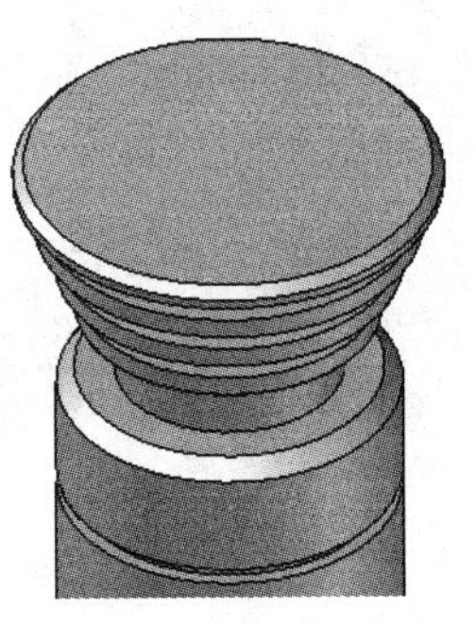

图 10-70　灰度着争

选项解析

- “环”选项用于一次选中倒角基面内的所有棱边。
- “距离”选项用于设置倒角边的倒角距离。
- “表达式”选项用于输入倒角距离的表达式，系统会自动计算出倒角距离值。

10.3.2 圆角边

“圆角边”命令主要用于将实体的棱边按照指定的半径进行圆角编辑，以创建一定程度的圆角结果。执行“拉伸面”命令主要有以下几种方式：

- 菜单栏：单击菜单“修改”/“实体编辑”/“圆角边”命令。
- 工具栏：单击“实体编辑”工具栏上的按钮。
- 命令行：在命令行输入 Filletedge 后按 Enter 键。
- 功能区：单击“三维建模”空间/“实体”选项卡/“实体编辑”面板上的按钮。

【例题 13】 圆角边。

步骤 01 打开随书光盘中的“\素材文件\10-8.dwg”文件，如图 10-71 所示。

步骤 02 单击菜单“修改”/“实体编辑”/“圆角边”命令，对桌面板棱边进行圆角。命令行操作过程如下：

```
命令: _FILLETEDGE
半径 = 1.0000
选择边或 [链(C)/环(L)/半径(R)]:                //R Enter
输入圆角半径或 [表达式(E)] <1.0000>:           //25 Enter
选择边或 [链(C)/环(L)/半径(R)]:                //选择如图 10-72 所示的边
选择边或 [链(C)/环(L)/半径(R)]:                //Enter
已选定 1 个边用于圆角
按 Enter 键接受圆角或 [半径(R)]:               //Enter，结束命令
```

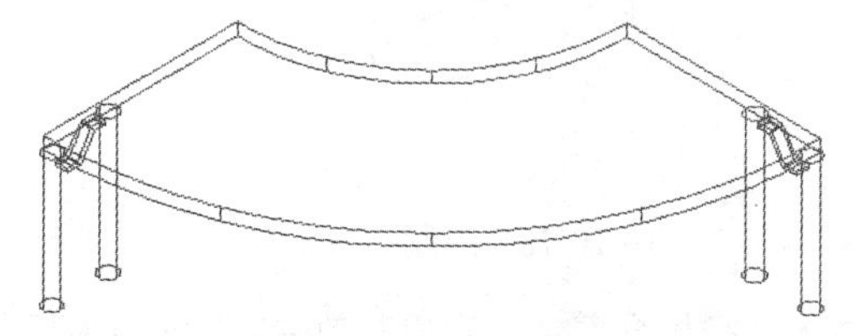

图 10-71 打开结果

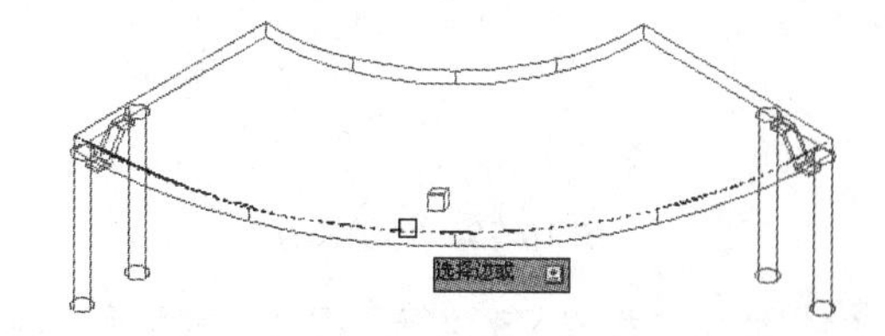

图 10-72 选择圆角边

步骤 03 圆角后的结果如图 10-73 所示。

步骤 04 使用快捷键 VS 执行“视觉样式”命令，对模型进行平滑着色，结果如图 10-74 所示。

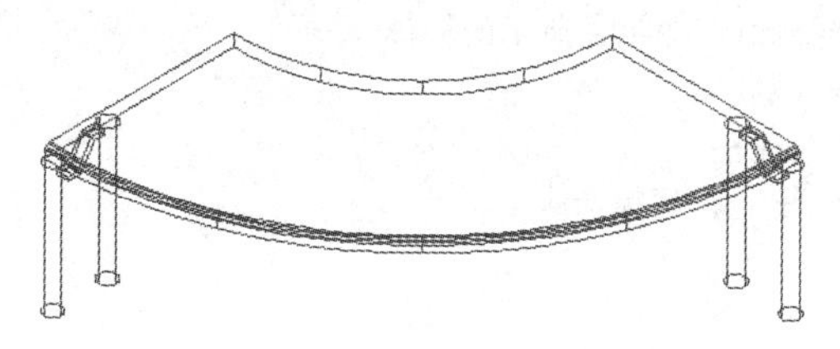

图 10-73 圆角结果

图 10-74 着色效果

📖 选项解析

- “链”选项。如果各棱边是相切的关系，则选择其中的一个边，所有棱边都将被选中，同时进行圆角。
- “半径”选项用于为随后选择的棱边重新设定圆角半径。
- “表达式”选项用于输入圆角半径的表达式，系统会自动计算出圆角半径。

10.3.3　压印边

“压印边”命令用于将圆、圆弧、直线、多段线、样条曲线或实体等对象，压印到三维实体上，使其成为实体的一部分。执行“压印”命令主要有以下几种方式：

- 菜单栏：单击菜单“修改”/“实体编辑”/“压印”命令。
- 工具栏：单击“实体编辑”工具栏上的按钮。
- 命令行：在命令行输入 Imprint 后按 Enter 键。
- 功能区：单击“三维建模”空间/“常用”选项卡/“实体编辑”面板上的按钮。

压印实体时，AutoCAD 会创建新的表面，该表面是以被压印的几何图形和实体棱边作为边界，用户可以对生成的新面进行拉伸、偏移、复制、移动等操作。

【例题 14】 压印实体。

步骤 01　新建文件并将当前视图切换为西南视图。

步骤 02　执行“圆柱体”命令，创建底面半径为 50、高度为 20 的圆柱体，如图 10-75 所示。

步骤 03　使用快捷键 C 执行“圆”命令，配合象限点捕捉功能绘制半径为 60 的圆，如图 10-76 所示。

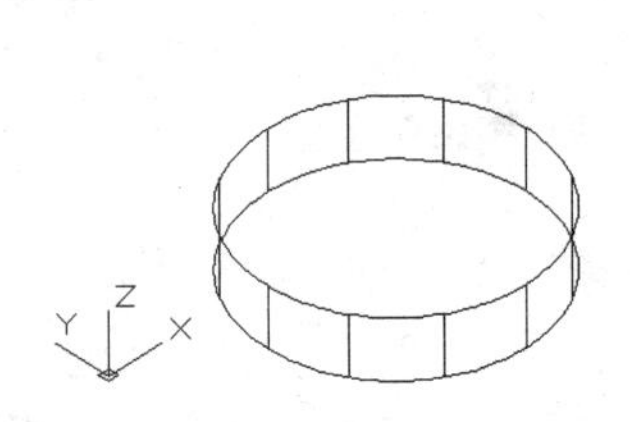

图 10-75　创建长方体

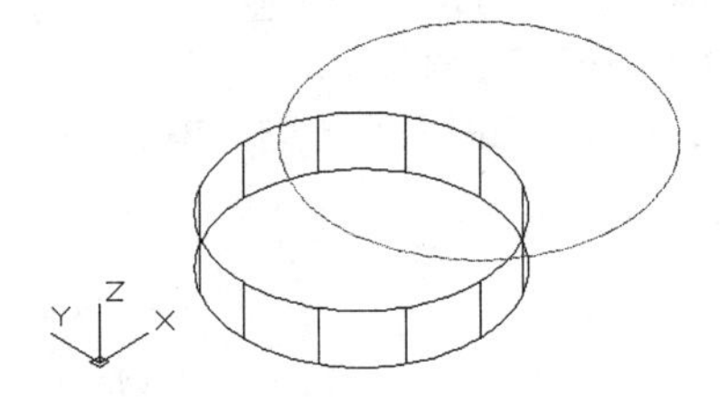

图 10-76　绘制圆

步骤 04　使用快捷键 VS 执行“视觉样式”命令，对圆柱体进行概念着色，观看其效果，如图 10-77 所示。

步骤 05　单击“实体编辑”工具栏上的按钮，执行“压印”命令，将圆图形压印到长方体上表面上。命令行操作如下：

```
命令: _imprint
选择三维实体或曲面:                              //选择如图 10-78 所示的柱体
选择要压印的对象:                                //选择圆
是否删除源对象 [是(Y)/否(N)] <N>:               //Y Enter
选择要压印的对象:                                // Enter，结束命令
```

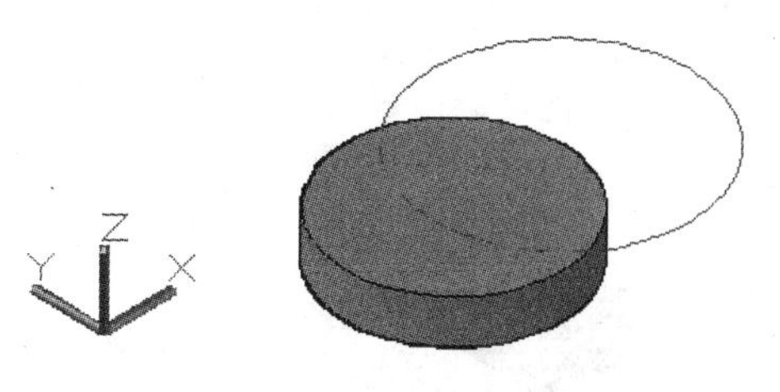

图 10-77　概念着色

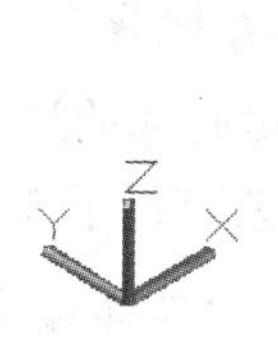

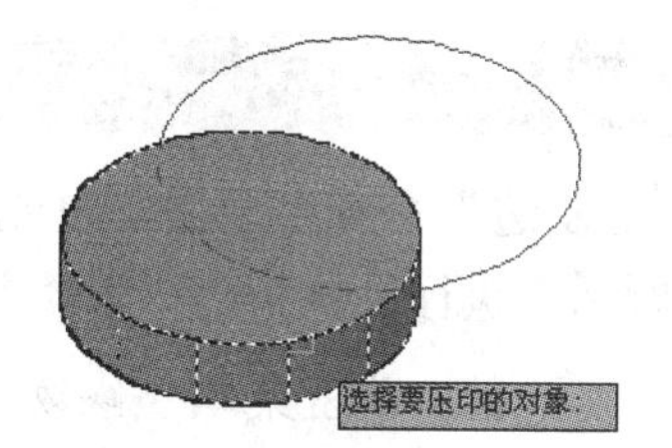

图 10-78　选择柱体

步骤 06 压印后的线框着色效果如图 10-79 所示，其概念着色效果如图 10-80 所示。

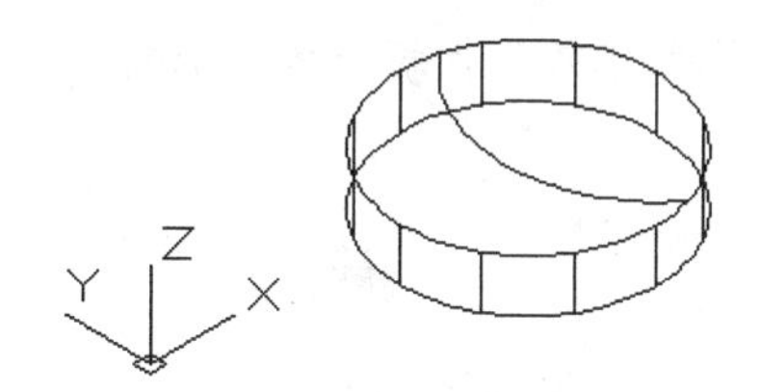

图 10-79　压印结果

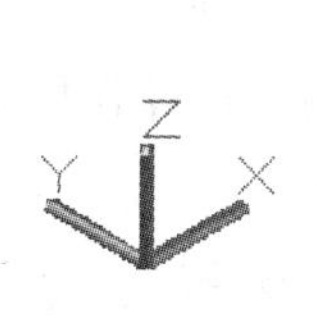

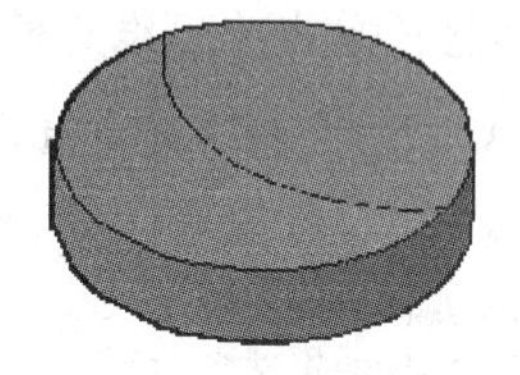

图 10-80　概念着色

技巧提示　*用于压印的二维或三维对象，必须在实体的表面内或与实体相交。*

步骤 07 单击“三维建模”空间/“常用”选项卡/“实体编辑”面板上的按钮，对压印后的表面进行拉伸。命令行操作如下：

```
命令: _solidedit
实体编辑自动检查: SOLIDCHECK=1
输入实体编辑选项 [面(F)/边(E)/体(B)/放弃(U)/退出(X)] <退出>: _face
输入面编辑选项[拉伸(E)/移动(M)/旋转(R)/偏移(O)/倾斜(T)/删除(D)/复制(C)/颜色(L)/材质(A)/放弃(U)/退出(X)] <退出>: _extrude
选择面或 [放弃(U)/删除(R)]:                    //选择如图 10-81 所示的表面
选择面或 [放弃(U)/删除(R)/全部(ALL)]:          // Enter
指定拉伸高度或 [路径(P)]:                      //10 Enter
指定拉伸的倾斜角度 <0>:                        // Enter
已开始实体校验。
已完成实体校验。
输入面编辑选项[拉伸(E)/移动(M)/旋转(R)/偏移(O)/倾斜(T)/删除(D)/复制(C)/颜色(L)/材质(A)/放弃(U)/退出(X)] <退出>:          // Enter
实体编辑自动检查: SOLIDCHECK=1
输入实体编辑选项 [面(F)/边(E)/体(B)/放弃(U)/退出(X)] <退出>:
// Enter，拉伸结果如图 10-82 所示
```

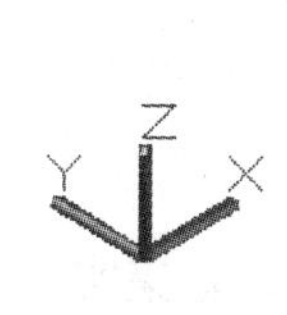

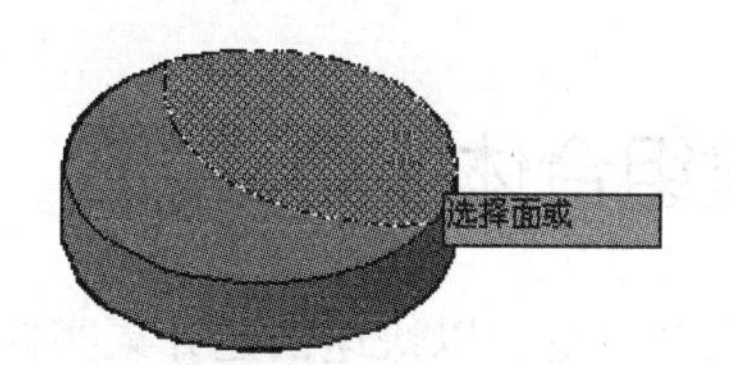

图 10-81　选择面

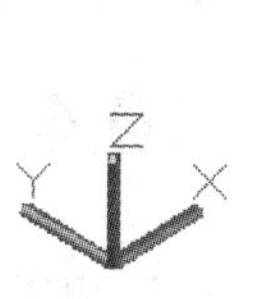

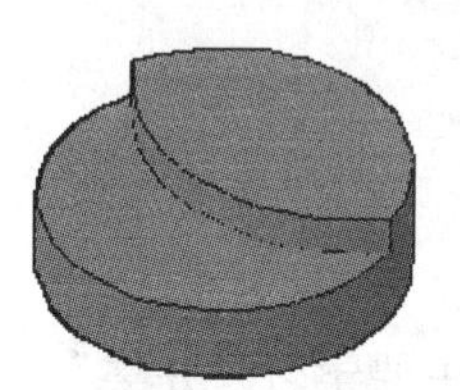

图 10-82　拉伸面

10.3.4　复制边

“复制边”命令主要用于复制实心体的边棱，如图 10-83 所示。执行“复制边”命令主要有以下几种方式：

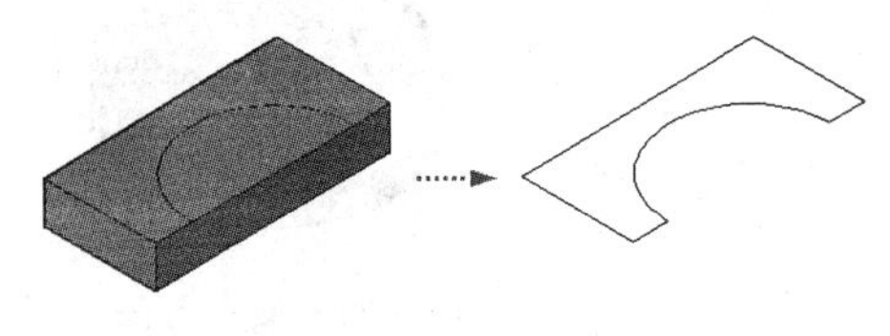

图 10-83　复制边

- 菜单栏：单击菜单“修改”/“实体编辑”/“复制边”命令。
- 工具栏：单击“实体编辑”工具栏上的按钮。
- 命令行：在命令行输入 Solidedit 后按 Enter 键。
- 功能区：单击“三维建模”空间/“常用”选项卡/“实体编辑”面板上的按钮。

执行“复制边”命令后，其命令行操作提示如下：

```
命令：_solidedit
实体编辑自动检查：  SOLIDCHECK=1
输入实体编辑选项 [面(F)/边(E)/体(B)/放弃(U)/退出(X)] <退出>: _edge
输入边编辑选项 [复制(C)/着色(L)/放弃(U)/退出(X)] <退出>: _copy
选择边或 [放弃(U)/删除(R)] :                              //选择需要复制的实体棱边
选择边或 [放弃(U)/删除(R)]:                               //结束边的选择
指定基点或位移:                                           //指定基点
指定位移的第二点:                                         //指定目标点
输入边编辑选项 [复制(C)/着色(L)/放弃(U)/退出(X)] <退出>:      //退出实体编辑操作
实体编辑自动检查：  SOLIDCHECK=1
输入实体编辑选项 [面(F)/边(E)/体(B)/放弃(U)/退出(X)] <退出>://退出命令
```

10.3.5　提取边

“提取边”命令用于从三维实体或曲面中提取棱边，以创建相应结构的线框，如图 10-84 所示。执行“提取边”命令主要有以下几种方式：

- 菜单栏：单击菜单“修改”/“三维操作”/“提取边”命令。
- 命令行：在命令行输入 Xedges 后按 Enter 键。
- 功能区：单击“三维建模”空间/“常用”选项卡/“实体编辑”面板上的按钮。

图 10-84　提取棱边

10.4　创建组合体模型

本节主要学习“并集”、“差集”和“交集”三个命令，以快速创建并集实体、差集实体和交集实体等，将多个实体创建为一个组合实体。

10.4.1　并集

“并集”命令用于将两个或两个以上的三维实体（或面域），组合成一个新的对象。用于并集的两个对象可以相交，也可以不相交。

执行“并集”命令主要有以下几种方式：

- 菜单栏：单击菜单“修改”/“实体编辑”/“并集”命令。
- 工具栏：单击“实体编辑”或“建模”工具栏上的按钮。
- 命令行：在命令行输入 Union 后按 Enter 键。
- 快捷键：在命令行输入 UNI 后按 Enter 键。
- 功能区：单击“三维建模”空间/“常用”选项卡/“实体编辑”面板上的按钮。

【例题 15】 创建并集实体。

步骤 01　新建空白文件并将当前视图切换为西南视图。

步骤 02　执行“圆锥体”和“球体”命令，随意创建相交的锥体和球体，如图 10-85 所示，其概念着色效果如图 10-86 所示。

步骤 03　单击“建模”工具栏上的按钮，执行“并集”命令，对锥体和球体进行并集。命令行操作如下：

```
命令：_union
选择对象：              //选择球体
选择对象：              //选择圆锥体
选择对象：              // Enter，结束命令
```

步骤 04　并集结果如图 10-87 所示。

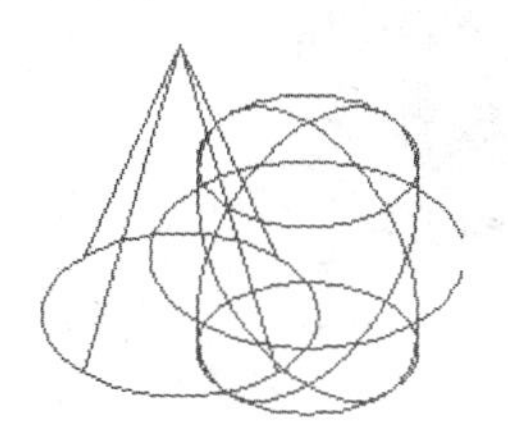

图 10-85　创建结果

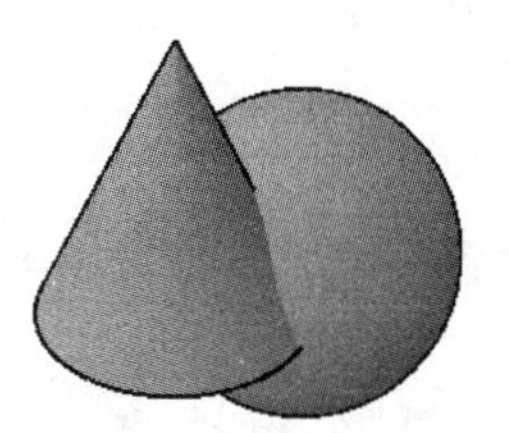

图 10-86　概念着色

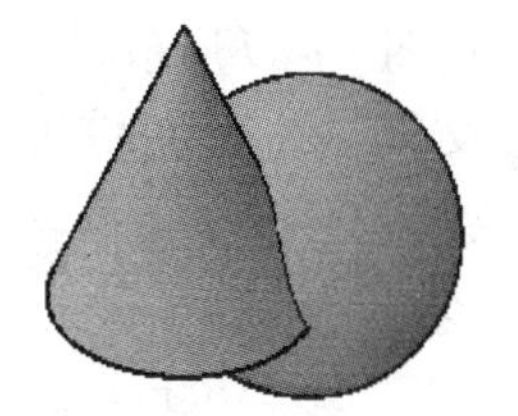

图 10-87　并集结果

10.4.2　差集

“差集”命令主要用于从一个实体（或面域）中移去与其相交的实体（或面域），从而生成新的组合实体，如图 10-88 所示。

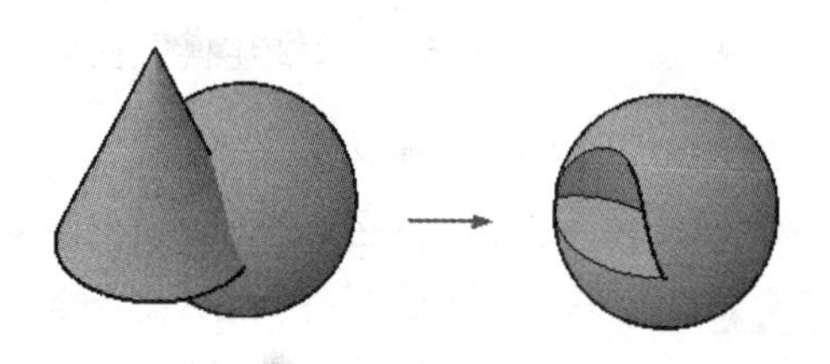

图 10-88　差集示例

执行“差集”命令主要有以下几种方式：

- 菜单栏：单击菜单“修改”/“实体编辑”/“差集”命令。
- 工具栏：单击“实体编辑”或“建模”工具栏上的按钮。
- 命令行：在命令行输入 Subtract 后按 Enter 键。

- 快捷键：在命令行输入 SU 后按 Enter 键。
- 功能区：单击“三维建模”空间/“常用”选项卡/“实体编辑”面板上的按钮。

【例题 16】 创建差集实体。

步骤 01 新建空白文件并将当前视图切换为西南视图。

步骤 02 执行“圆锥体”和“球体”命令，创建如图 10-86 所示的锥体和球体。

步骤 03 单击“建模”工具栏上的按钮，执行“差集”命令，对锥体和球体进行差集。命令行操作如下：

```
命令：_subtract
选择要从中减去的实体、曲面和面域...
选择对象：                          //选择球体
选择对象：                          // Enter，结束选择
选择要从中减去的实体、曲面和面域...
选择对象：                          //选择圆锥体
选择对象：                          // Enter，结束命令
```

步骤 04 差集结果如图 10-88（右）所示。

技巧提示　在执行“差集”命令时，当选择完被减对象后一定要按 Enter 键，然后再选择需要减去的对象。

10.4.3 交集

“交集”命令用于将两个或两个以上的实体公有部分，提取出来形成一个新的实体，同时删除公共部分以外的部分，如图 10-89 所示。

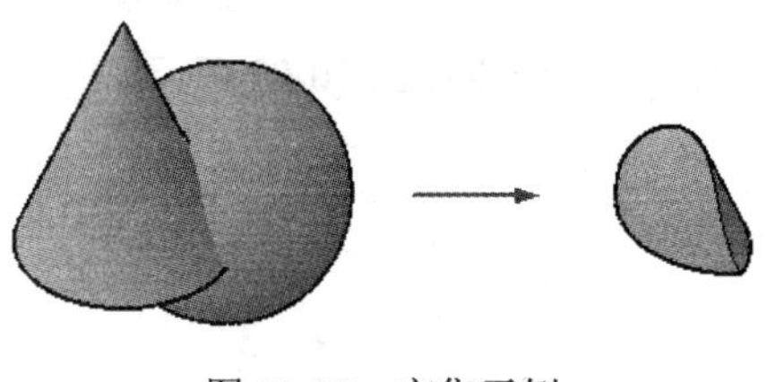

图 10-89　交集示例

执行“交集”命令主要有以下几种方式：

- 菜单栏：单击菜单“修改”/“实体编辑”/“交集”命令。
- 工具栏：单击“实体编辑”或“建模”工具栏按钮。
- 命令行：在命令行输入 Intersect 后按 Enter 键。
- 快捷键：在命令行输入 IN 后按 Enter 键。
- 功能区：单击“三维建模”空间/“常用”选项卡/“实体编辑”面板上的按钮。

【例题 17】 创建交集实体。

步骤 01 新建空白文件并将当前视图切换为西南视图。

步骤 02 执行“圆锥体”和“球体”命令，创建上图 10-86 所示的锥体和球体。

步骤 03 单击“实体编辑”或“建模”工具栏按钮，执行“交集”命令，将锥体和球体进行交集。命令行操作如下：

```
命令：_intersect
选择对象：                      //选择球体
选择对象：                      //选择圆锥体
```

```
选择对象：                    // Enter，结束命令
```

步骤04 交集结果如图 10-89（右）所示。

10.5　综合范例——三维操作与细化编辑功能综合练习

本例通过制作屏风工作位的立体造型，对所讲重点知识进行综合练习和巩固应用。屏风工作位立体造型的最终制作效果如图 10-90 所示。

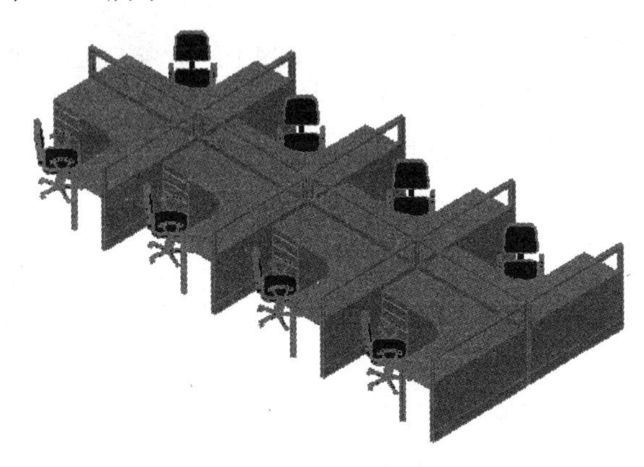

图 10-90　实例效果

操作步骤：

步骤01 新建文件并设置系统变量 FACETRES 的值为 10。

步骤02 单击菜单“绘图”/“多段线”命令，配合坐标输入功能绘制桌面板轮廓线，命令行操作如下：

```
命令：_pline
指定起点：                                                        //在绘图区拾取一点
当前线宽为 0.0000
指定下一个点或 [圆弧(A)/半宽(H)/长度(L)/放弃(U)/宽度(W)]：          //@0,-600 Enter
指定下一点或 [圆弧(A)/闭合(C)/半宽(H)/长度(L)/放弃(U)/宽度(W)]：   //@380,0 Enter
指定下一点或 [圆弧(A)/闭合(C)/半宽(H)/长度(L)/放弃(U)/宽度(W)]：   //a Enter
指定圆弧的端点或[角度(A)/圆心(CE)/闭合(CL)/方向(D)/半宽(H)/直线(L)/半径(R)/第二个点
(S)/放弃(U)/宽度(W)]：                                             //@400,-400 Enter
指定圆弧的端点或[角度(A)/圆心(CE)/闭合(CL)/方向(D)/半宽(H)/直线(L)/半径(R)/第二个点
(S)/放弃(U)/宽度(W)]：                                             //l Enter
指定下一点或 [圆弧(A)/闭合(C)/半宽(H)/长度(L)/放弃(U)/宽度(W)]：   //@0,-600 Enter
指定下一点或 [圆弧(A)/闭合(C)/半宽(H)/长度(L)/放弃(U)/宽度(W)]：   //@600,0 Enter
指定下一点或 [圆弧(A)/闭合(C)/半宽(H)/长度(L)/放弃(U)/宽度(W)]：   //@0,1600 Enter
指定下一点或 [圆弧(A)/闭合(C)/半宽(H)/长度(L)/放弃(U)/宽度(W)]：
//c Enter，闭合图形，结果如图 10-91 所示
```

步骤03 单击“建模”工具栏上的按钮，执行“拉伸”命令，将闭合多段线拉伸 25 个单位，然后切换到西南视图，结果如图 10-92 所示。

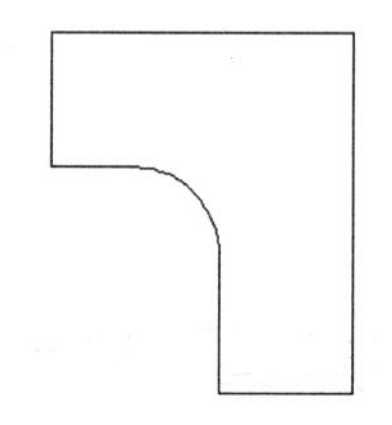
图 10-91　绘制多段线

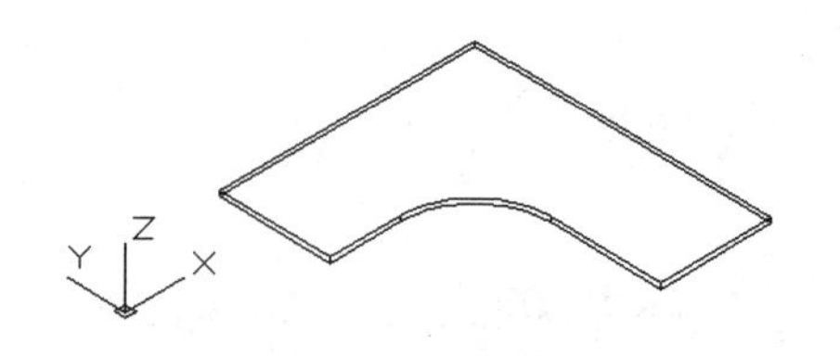

图 10-92　拉伸结果

步骤 04　单击“建模”工具栏上的□按钮，执行“长方体”命令，制作落地柜立体模型。命令行操作如下：

```
命令： _box
指定第一个角点或 [中心(C)]:             //捕捉如图 10-93 所示的三维顶点
指定其他角点或 [立方体(C)/长度(L)]://@-420,-600,-760Enter，结果如图 10-94 所示
```

步骤 05　执行“UCS”命令，创建如图 10-95 所示的用户坐标系。

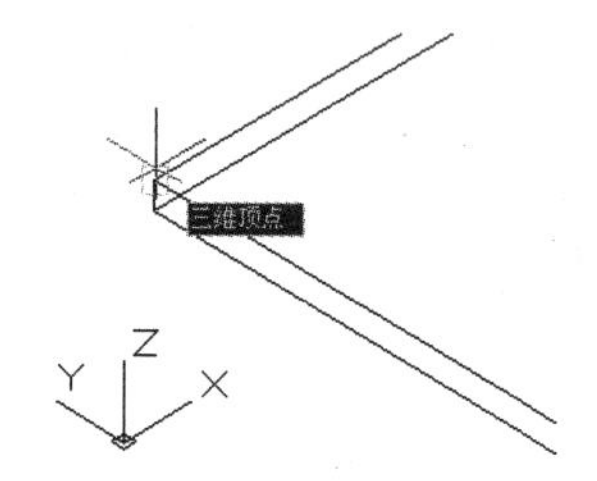

图 10-93　捕捉三维顶点

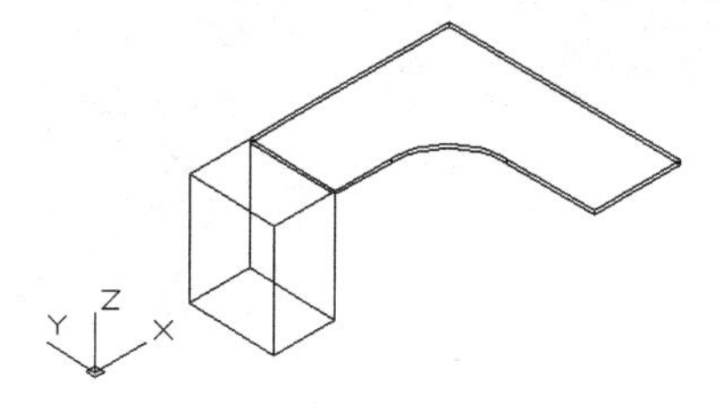

图 10-94　制作结果

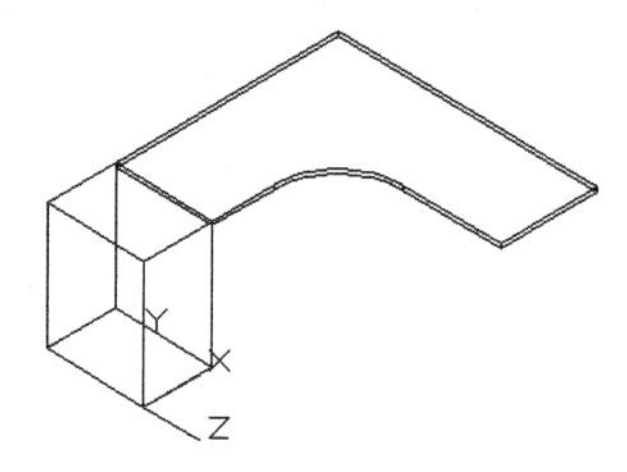

图 10-95　定义结果

步骤 06　执行“直线”命令，配合延伸捕捉和垂足捕捉功能绘制如图 10-96 所示的示意线。

步骤 07　使用快捷键 O 执行“偏移”命令，将示意线向下偏移 150 和 300 个单位，偏移结果如图 10-97 所示，视图消隐效果如图 10-98 所示。

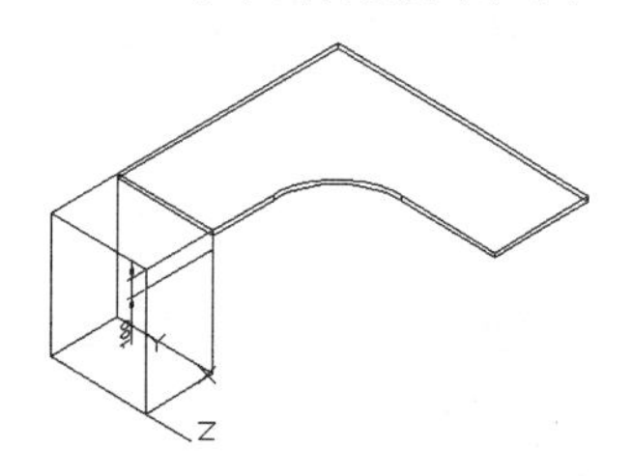

图 10-96　绘制结果

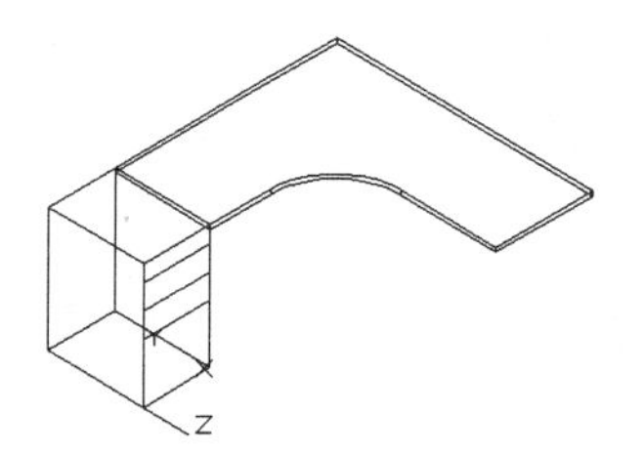

图 10-97　偏移结果

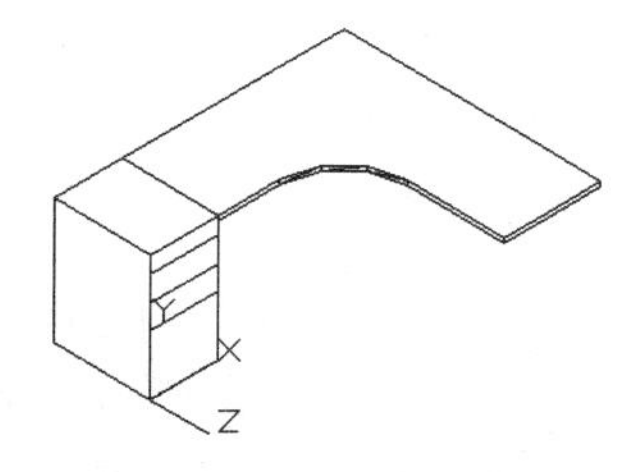

图 10-98　消隐效果

步骤 08　单击“建模”工具栏上的□按钮，执行“长方体”命令，制作踢脚板立体模型。命令行操作如下：

```
命令： _box
指定第一个角点或 [中心(C)]:            //捕捉如图 10-99 所示的三维顶点
指定其他角点或 [立方体(C)/长度(L)]:     //@1800,150,-57 Enter，结果如图 10-100 所示
```

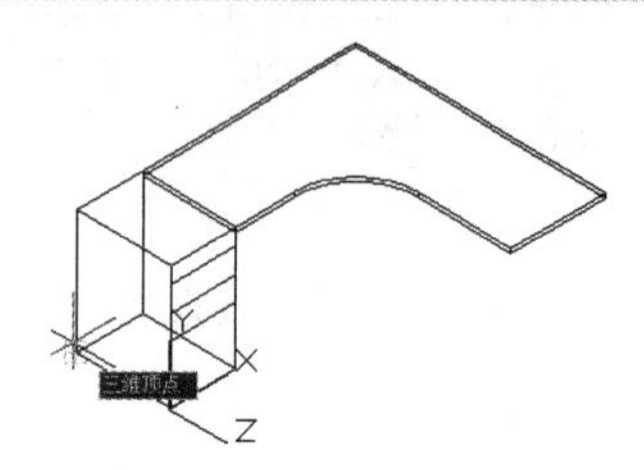

图 10-99　捕捉三维顶点

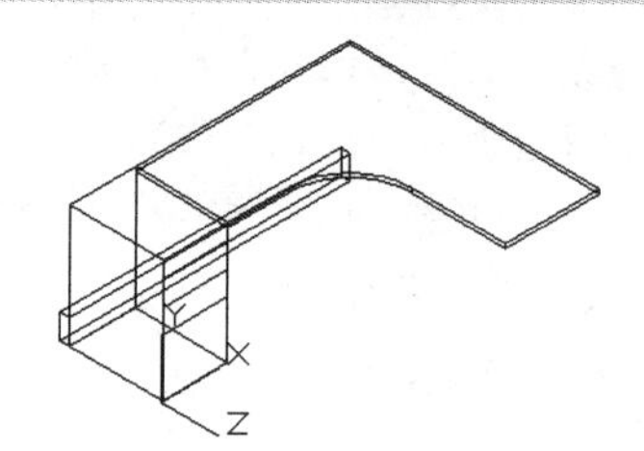

图 10-100　制作踢脚板

步骤 09　重复执行“长方体”命令，配合“三维对象捕捉”功能制作屏风立体模型。命令行操作如下：

```
命令: _box
指定第一个角点或 [中心(C)]:                //捕捉如图 10-101 所示的三维顶点
指定其他角点或 [立方体(C)/长度(L)]:        //@1800,1050,57 Enter，结果如图 10-102 所示
命令: _box
指定第一个角点或 [中心(C)]:                //激活“捕捉自”功能
_from 基点:                                //捕捉如图 10-103 所示的三维顶点
 <偏移>:                                   //@50,-50,0 Enter
指定其他角点或 [立方体(C)/长度(L)]:        //@1700,-300,57 Enter，结果如图 10-104 所示
```

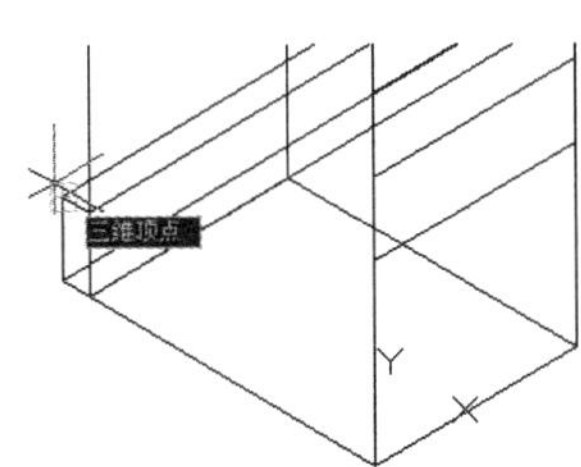

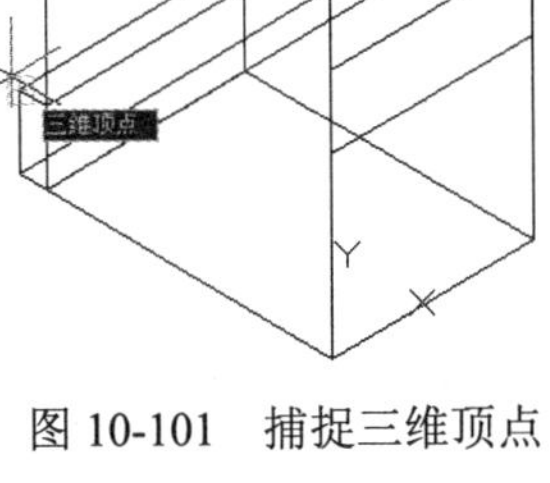

图 10-101　捕捉三维顶点

图 10-102　制作结果

图 10-103　捕捉三维顶点

图 10-104　创建长方体

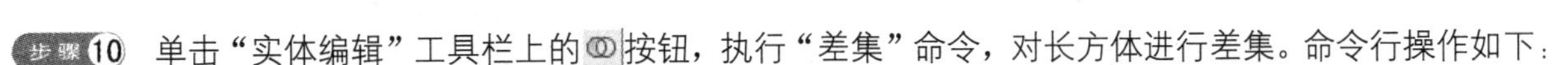

步骤 10　单击“实体编辑”工具栏上的按钮，执行“差集”命令，对长方体进行差集。命令行操作如下：

```
命令: _subtract
选择要从中减去的实体、曲面和面域...
选择对象:                  //选择如图 10-105 所示的长方体
选择对象:                  //Enter
选择要减去的实体、曲面和面域...
选择对象:                  //选择如图 10-106 所示的长方体
选择对象:                  //Enter，差集后的消隐效果如图 10-107 所示
```

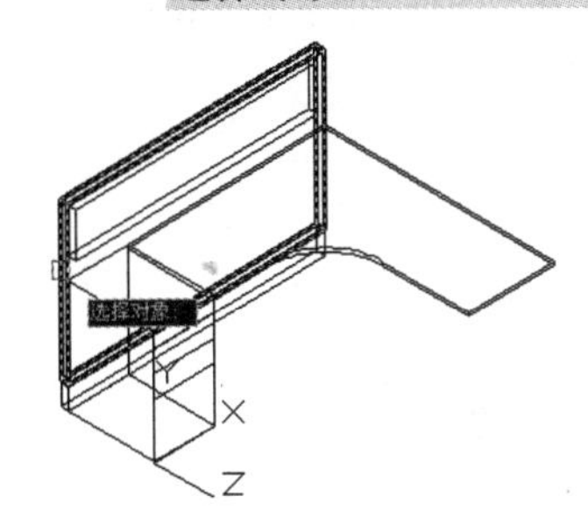

图 10-105　选择被减实体

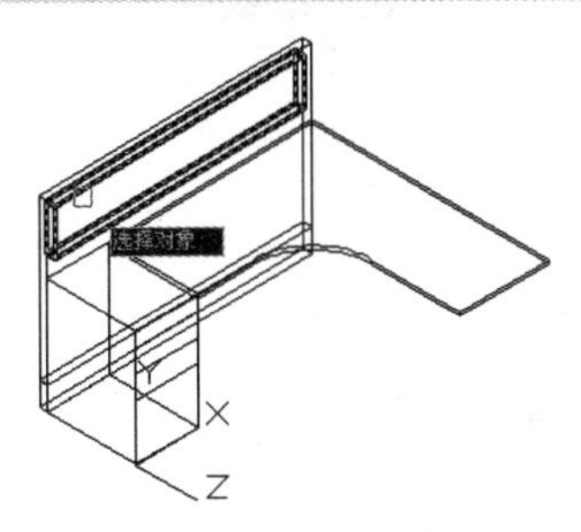

图 10-106　选择减去实体

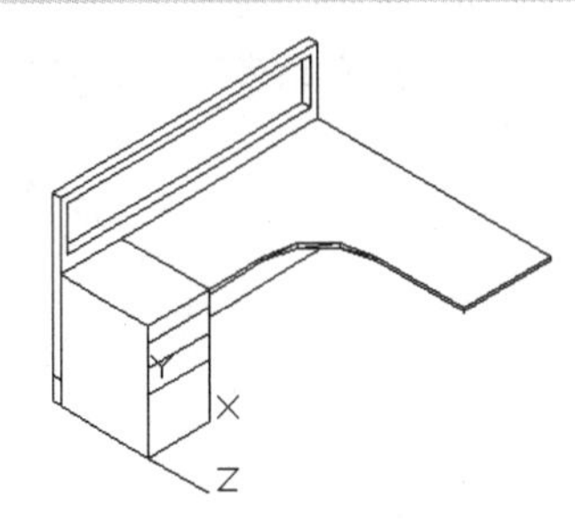

图 10-107　差集后的消隐效果

步骤 11 重复执行“长方体”和“差集”命令，根据上述方法绘制另一边的屏风，结果如图 10-108 所示，消隐结果如图 10-109 所示。

步骤 12 单击“工具”菜单中的“新建 UCS”/“世界”命令，将坐标系恢复为世界坐标系，结果如图 10-110 所示。

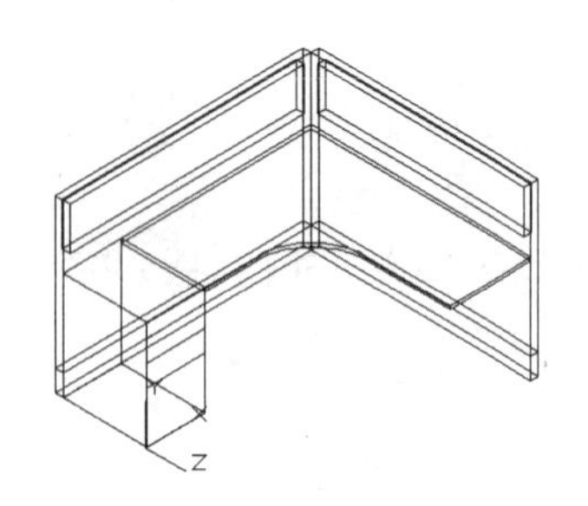

图 10-108 制作另一侧屏风

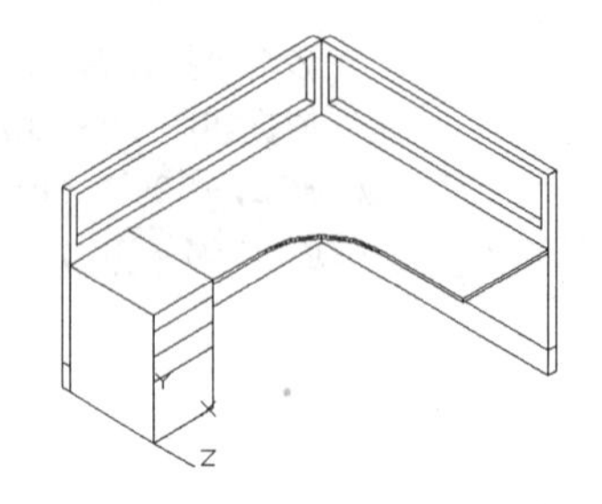

图 10-109 消隐效果

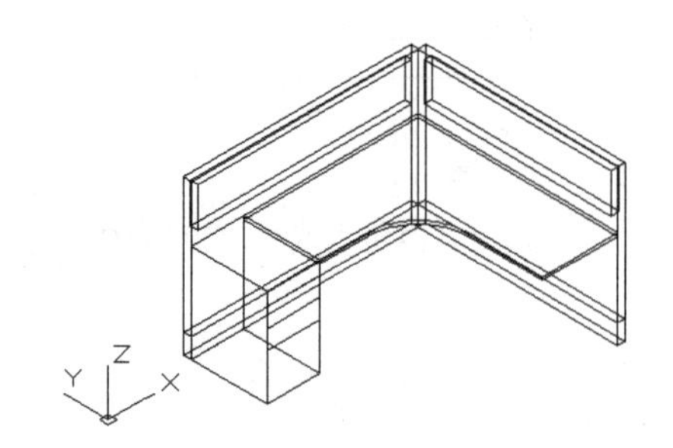

图 10-110 恢复世界坐标系

步骤 13 单击“建模”工具栏上的按钮，执行“圆柱体”命令，制作桌腿立体模型。命令行操作如下：

```
命令：_cylinder
指定底面的中心点或 [三点(3P)/两点(2P)/切点、切点、半径(T)/椭圆(E)]:
 //激活“捕捉自”功能
_from 基点:                                 //捕捉如图 10-111 所示的三维顶点
<偏移>:                                     //@70,70 Enter
指定底面半径或 [直径(D)]:                    //d Enter
指定直径:                                   //35 Enter
指定高度或 [两点(2P)/轴端点(A)]:              //-735 Enter，结果如图 10-112 所示
```

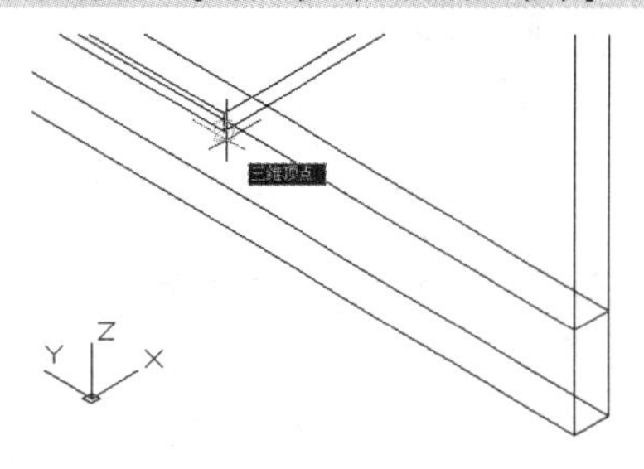

图 10-111 捕捉三维顶点

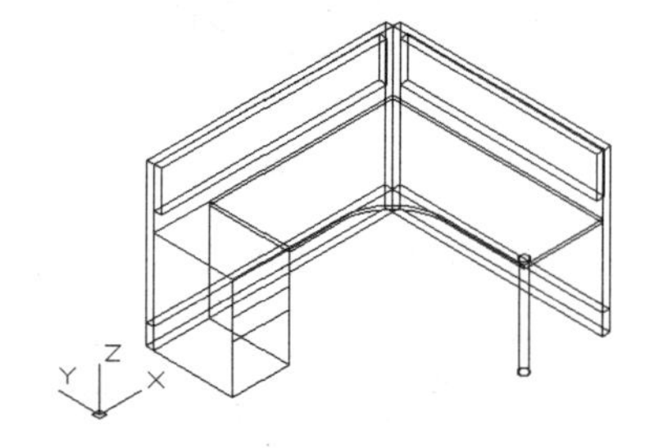

图 10-112 制作桌腿

步骤 14 设置系统变量 ISOLINES 的值为 12、设置变量 FACETRES 的值为 10。

步骤 15 单击菜单“视图”/“消隐”命令，对模型图进行消隐，结果如图 10-113 所示。

步骤 16 单击“绘图”工具栏按钮，采用默认参数插入随书光盘中的 “/图块文件/职员椅.dwg”文件，插入结果如图 10-114 所示。

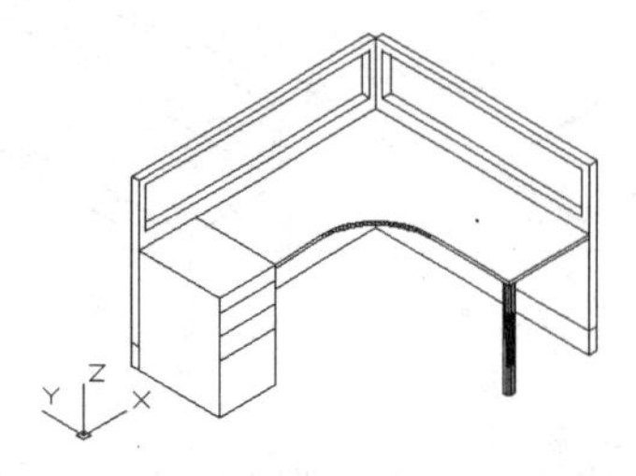

图 10-113 消隐效果

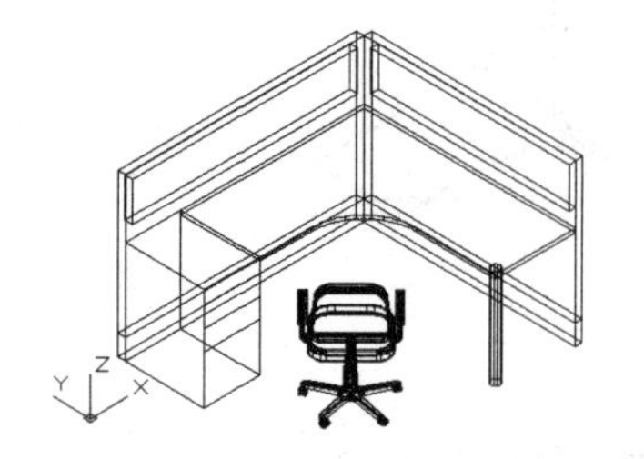

图 10-114 插入结果

步骤 17　使用快捷键 HI 执行“消隐”命令，效果如图 10-115 所示。

步骤 18　单击菜单“修改”/“三维操作”/“三维镜像”命令，配合中点捕捉功能对职员桌椅等模型进行镜像。命令行操作如下：

```
命令：_mirror3d
选择对象:                                   //选择如图 10-116 所示的模型
选择对象:                                   // Enter
指定镜像平面 (三点) 的第一个点或 [对象(O)/最近的(L)/Z 轴(Z)/视图(V)/XY 平面(XY)/YZ 平面
(YZ)/ZX 平面(ZX)/三点(3)] <三点>:           //YZ Enter
指定 YZ 平面上的点 <0,0,0>:                 //捕捉如图 10-117 所示的中点
是否删除源对象？[是(Y)/否(N)] <否>:          // Enter，镜像结果如图 10-118 所示
```

图 10-115　消隐效果

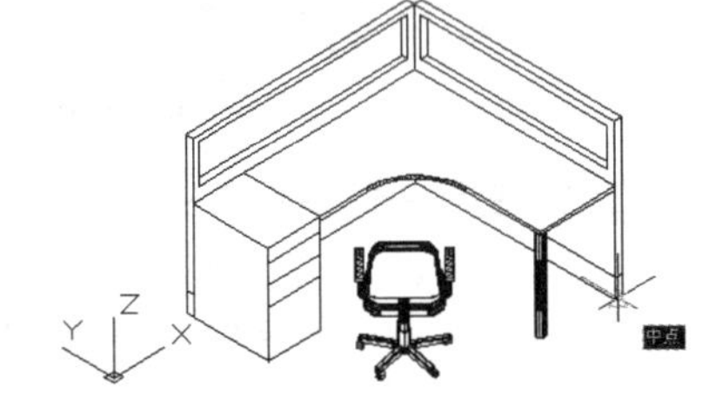
图 10-116　选择结果

图 10-117　捕捉中点

步骤 19　单击“建模”工具栏上的按钮，执行“三维旋转”命令，将镜像后的造型进行三维旋转。命令行操作如下：

```
命令：_3drotate
UCS 当前的正角方向：  ANGDIR=逆时针   ANGBASE=0
选择对象:                               //选择如图 10-118 所示的对象
选择对象:                               //Enter，结束选择
指定基点:                               //捕捉任一点
拾取旋转轴:                             //在如图 10-119 所示方向上单击，定位旋转轴
指定角的起点或键入角度:                 //180 Enter，旋转结果如图 10-120 所示
正在重生成模型
```

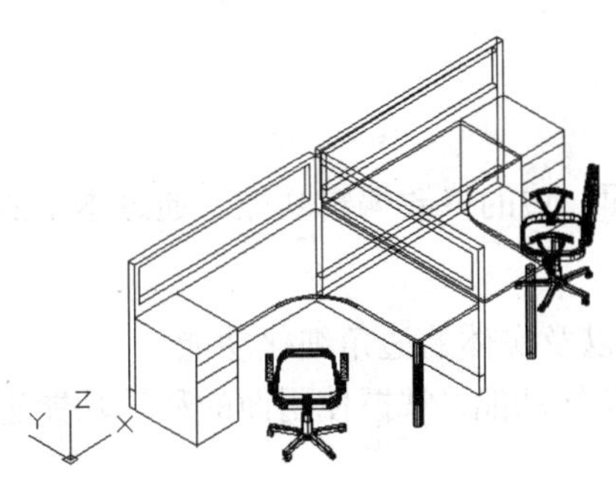
图 10-118　镜像结果

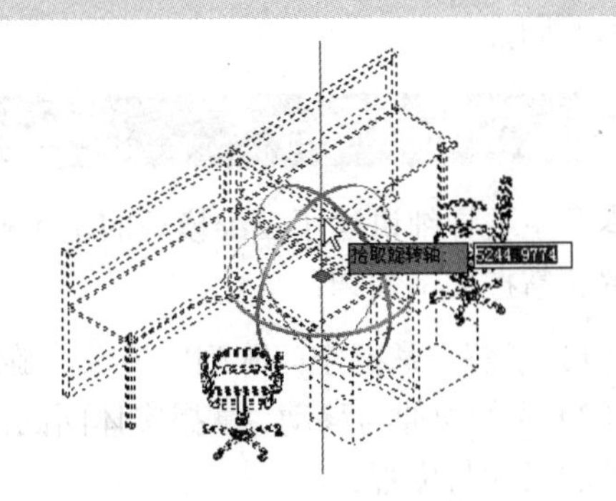

图 10-119　定位旋转轴

步骤 20　单击菜单“修改”/“三维操作”/“三维阵列”命令，对旋转后的造型进行阵列。命令行操作如下：

```
命令：_3darray
选择对象:                                   //选择如图 10-120 所示的造型
选择对象:                                   // Enter，结束选择
输入阵列类型 [矩形(R)/环形(P)] <矩形>:      //R Enter
```

```
输入行数 (---) <1>:                    //4 Enter
输入列数 (|||) <1>:                    // Enter
输入行间距或指定单位单元 (---):         //1857 Enter，阵列结果如图 10-121 所示
```

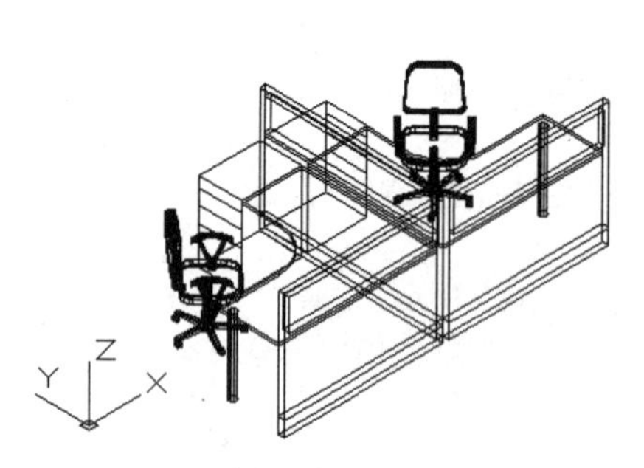

图 10-120　旋转结果

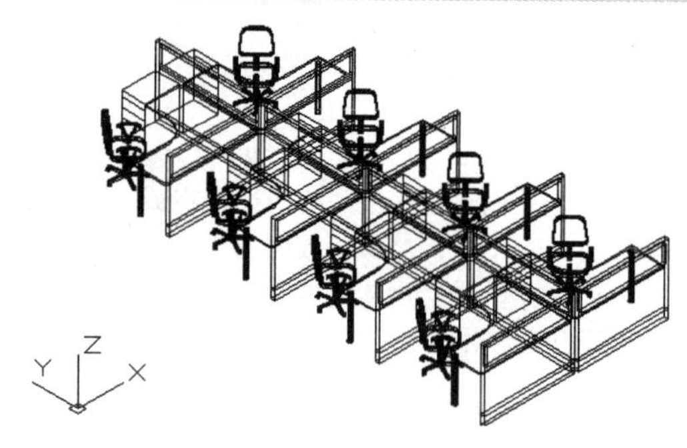

图 10-121　阵列结果

步骤 21　使用快捷键激 VS 执行“视觉样式”命令，对阵列后的模型进行真实着色，最终结果如图 10-90 所示。

步骤 22　最后执行“保存”命令，将模型命名存储为“制作屏风工作位立体造型.dwg”文件。

10.6　思考与总结

10.6.1　知识点思考

1. 思考题一

AutoCAD 为用户提供了专用于对三维模型进行基本操作的工具，常用的有哪几种？

2. 思考题二

在“实体编辑”工具栏和“建模”工具栏中都有一个“拉伸”功能，想一想，这两个命令有何共同点和不同点？

10.6.2　知识点总结

本章主要详细讲述了三维模型的基本操作功能和实体面、边的修改编辑功能。通过本章的学习，应了解和掌握如下知识：

（1）了解和掌握空间阵列、镜像、旋转、对齐、移动以及实体的边角细化功能。

（2）面的拉伸与移动。掌握实体面的高度拉伸和路径拉伸功能，掌握使用面的移动功能进行更改面孔等的尺寸与位置。

（3）面的偏移。掌握如何通过面的偏移功能更改实体面的尺寸及孔槽的大小等。

（4）面的锥化。掌握如何通过面锥化功能更改实体面的倾斜角度。

（5）面的复制。掌握实体面的复制方法以及复制出的面的特征。

（6）掌握倒角边、圆角边、复制边、压印边、提取边等棱边的细化编辑功能。

（7）特殊编辑。掌握如何通过抽壳功能，将三维实心体转化为空心的薄壳体、掌握实体的清除与

分割等功能。

（8）在讲述组合实体的创建功能时，具体需要理解和掌握并集实体、差集实体以及交集实体的组合方法和操作技巧。

10.7　上机操作题

10.7.1　操作题一

综合运用相关知识，根据如图 10-122 所示的衣柜立面图，制作如图 10-123 所示的衣柜立体模型（局部尺寸自定）。

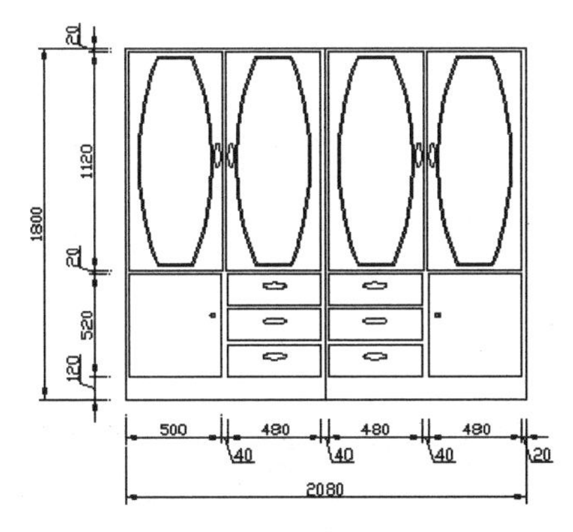

图 10-122　衣柜平面图

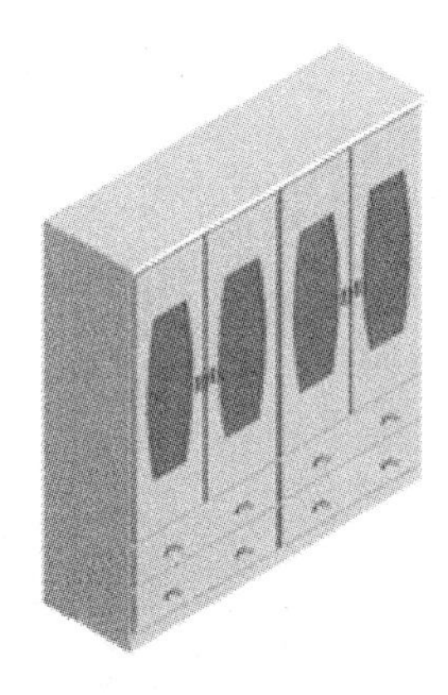

图 10-123　操作题一

10.7.2　操作题二

综合运用相关知识，根据根据如图 10-124 所示的书柜二视图制作如图 10-125 所示的三维造型（局部尺寸自定）。

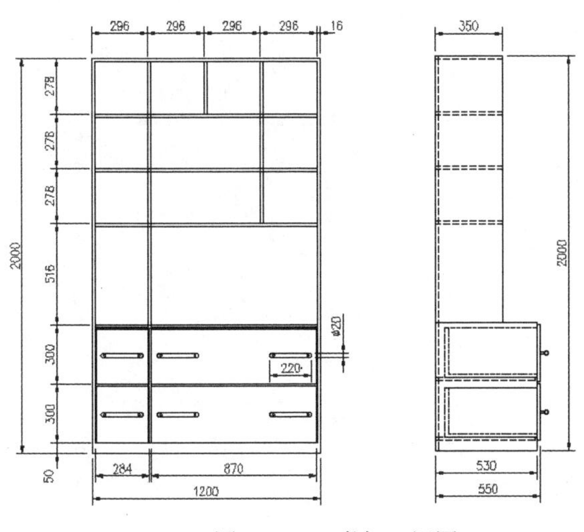

图 10-124　书柜二视图

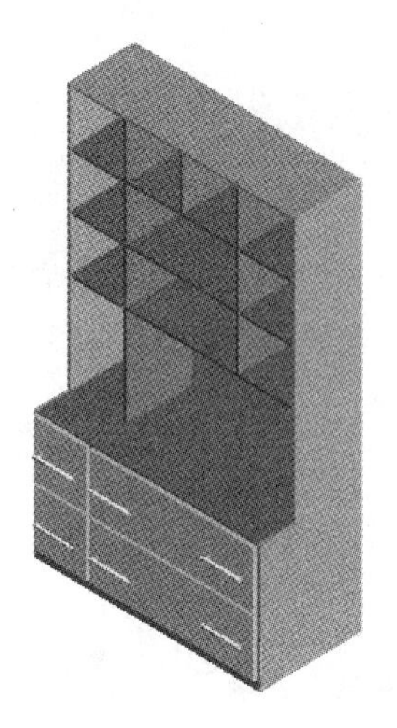

图 10-125　操作题二

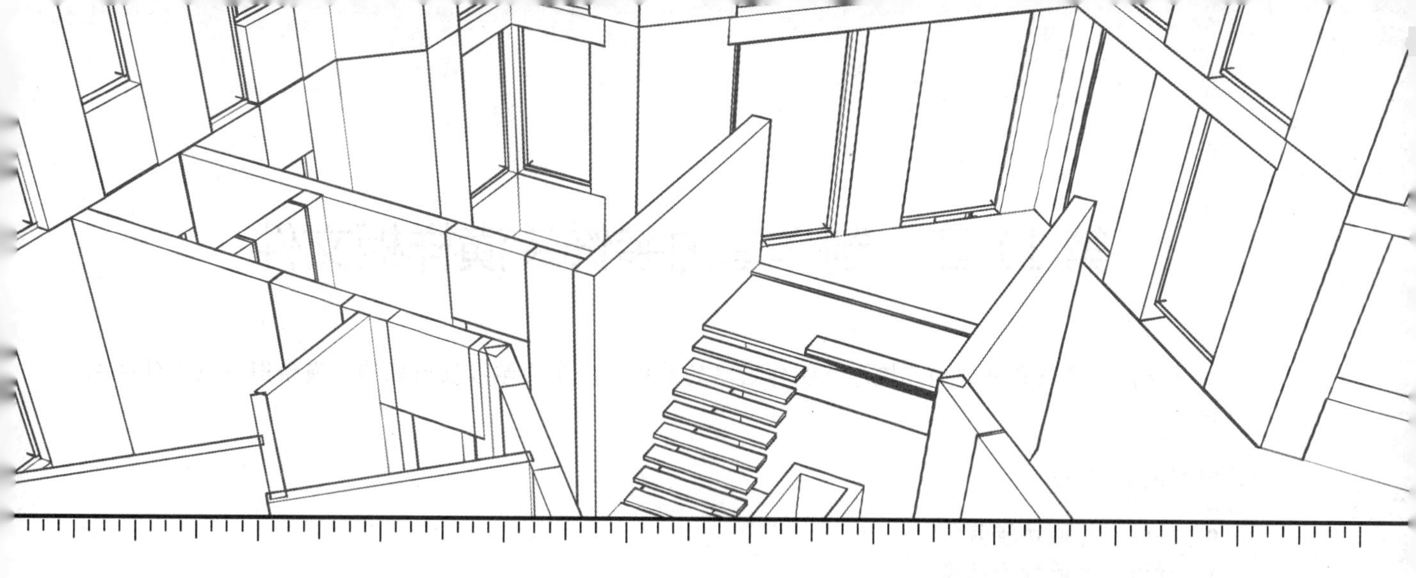

第 3 部分 工程范例篇

- 第 11 章：制作室内装饰装潢样板文件
- 第 12 章：绘制多居室户型装修布置图
- 第 11 章：绘制多居室户型装修吊顶图
- 第 14 章：居室空间装修立面图设计
- 第 15 章：某学院多功能厅装饰装潢设计
- 第 16 章：KTV 包厢装饰装潢设计
- 第 17 章：某写字楼办公空间装饰装潢设计
- 第 18 章：室内设计图纸的后期输出与数据转换

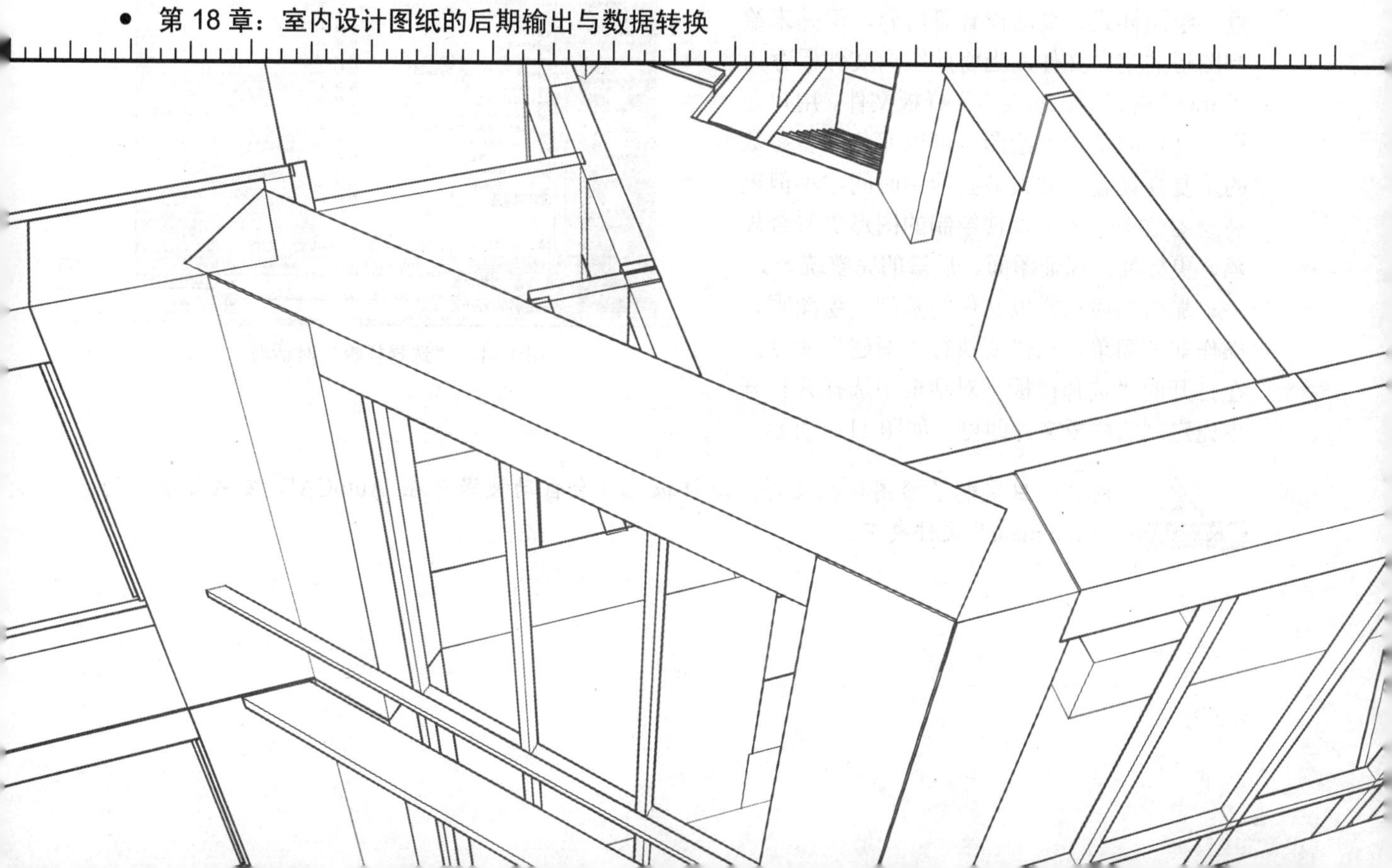

第 11 章　制作室内装饰装潢样板文件

本章在概述样板文件的功能概念及制作思路的前提下，主要学习室内装饰装潢绘图样板文件的制作过程。

具体学习内容如下：

- 样板文件的功能概念
- 样板文件的制作思路
- 综合范例一——设置室内样板绘图环境
- 综合范例二——设置室内样板图层与特性
- 综合范例三——设置室内样板墙窗线样式
- 综合范例四——设置室内样板注释样式
- 综合范例五——设置室内样板标注样式
- 综合范例六——室内样板图的页面布局

11.1　样板文件的功能概念

“样板文件”也称为“绘图样板”，此类文件指的就是包含一定的绘图环境、参数变量、绘图样式、页面设置等内容，但并未绘制图形的空白文件，当将此空白文件保存为“.dwt”格式后，就成为了样板文件。用户在样板文件的基础上绘图，可以避免许多参数的重复性设置，大大节省绘图时间，不但提高绘图效率，还可以使绘制的图形更符合规范、更标准，保证图面、质量的完整统一。

图 11-1　“选择样板”对话框

那么如何在样板文件的基础上绘图呢？操作非常简单，只需要执行“新建”命令，在打开的“选择样板”对话框中选择并打开事先定制的样板文件即可，如图 11-1 所示。

用户一旦定制了绘图样板文件，此样板文件会自动被保存在 AutoCAD 安装目录下的“Template”文件夹下。

11.2　样板文件的制作思路

本节主要概述绘图样板文件的制作思路，具体内容如下：

（1）首先根据绘图需要，设置相应单位的空白文件。

（2）设置样板文件的绘图环境，包括绘图单位、单位精度、绘图区域、捕捉模数、追踪模式以及常用系统变量等。

（3）设置样板文件的系列图层以及图层的颜色、线型、线宽、打印等特性，以便规划管理各类图形资源。

（4）设置样板文件的系列作图样式，具体包括各类文字样式、标注样式、墙线样式、窗线样式等。

（5）为绘图样板配置打印设备、标准图框、设置打印页面等。

（6）最后将包含上述内容的文件存储为绘图样板文件。

11.3　综合范例一——设置室内样板绘图环境

本章以设置一个 A3-H 幅面的室内装饰装潢样板文件为例，学习室内绘图样板文件的详细制作过程和技巧。下面首先设置室内绘图环境，具体包括绘图单位、图形界限、捕捉模数、追踪功能以及常用变量等。

操作步骤：

步骤01　单击“快速访问”工具栏或“标准”工具栏上的□按钮，打开“选择样板”对话框。

步骤02　在“选择样板”对话框中选择“acadISO -Named Plot Styles”作为基础样板，新建空白文件，如图 11-2 所示。

步骤03　设置绘图单位。单击“格式”菜单中的“单位”命令，在打开的“图形单位”对话框中设置长度、角度等参数如图 11-3 所示。

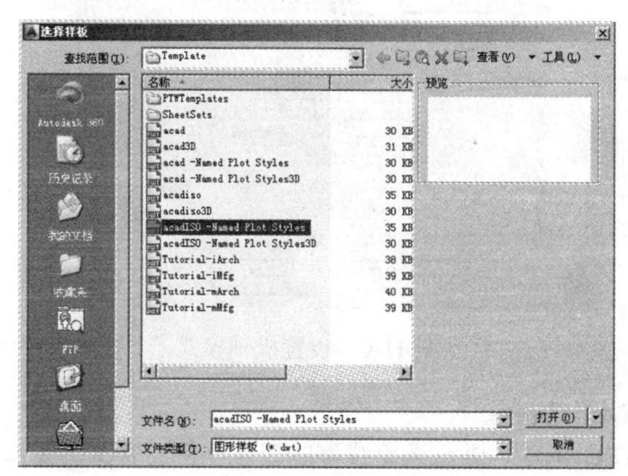

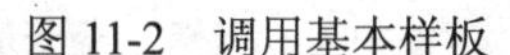

图 11-2　调用基本样板

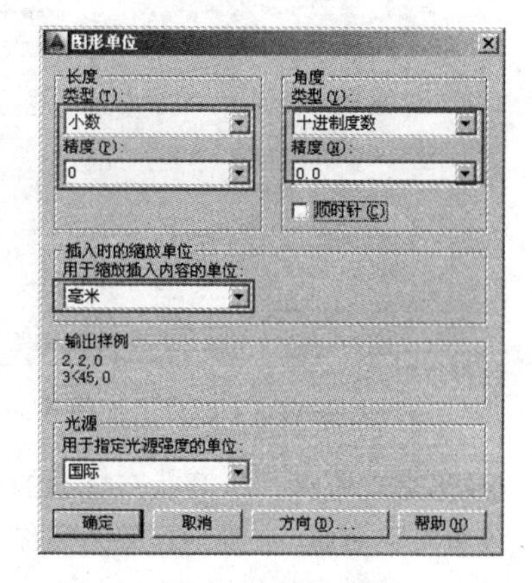

图 11-3　设置参数

默认设置下以逆时针作为角的旋转方向，其基准角度为“东”，也就是以坐标系 X 轴正方向作为起始方向。

步骤 04　设置图形界限。单击“格式”菜单中的“图形界限”命令，设置作图区域为 42000×29700。命令行操作如下：

```
命令: _limits
重新设置模型空间界限:
指定左下角点或 [开(ON)/关(OFF)] <0.0,0.0>:      // Enter，以原点作为左下角点
指定右上角点 <420.0,297.0>:                     //59400,42000 Enter，输入右上角点坐标
```

步骤 05　单击“视图”菜单中的“缩放”/“全部”命令，将设置的图形界限最大化显示。

如果用户想直观地观察到设置的图形界限，可按下按 F7 功能键，打开“栅格”功能，通过栅格线或栅格点，直观形象的显示出图形界限，如图 11-4 所示。

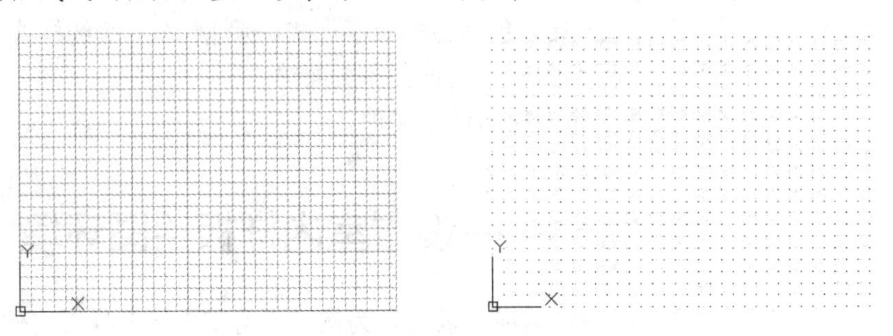

图 11-4　图形界限设置效果

步骤 06　设置捕捉模式。执行菜单栏中的“工具”/“草图设置”命令，或使用快捷键 DS 执行“草图设置”命令，打开“草图设置”对话框。

步骤 07　在“草图设置”对话框中展开“对象捕捉”选项卡，启用和设置一些常用的对象捕捉功能，如图 11-5 所示。

步骤 08　展开“极轴追踪”选项卡，启用并设置极轴追踪模式，如图 11-6 所示。

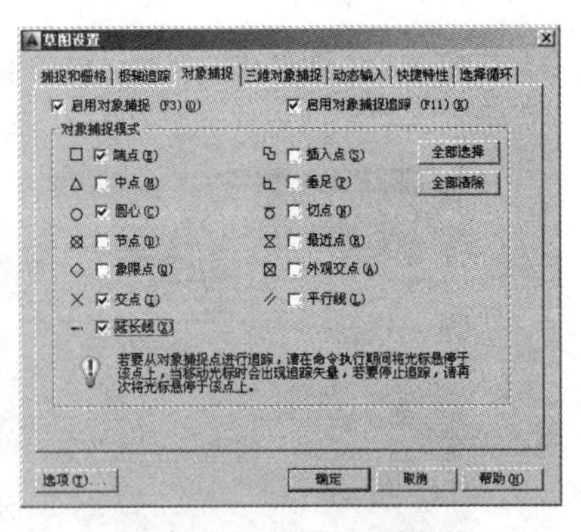

图 11-5　设置捕捉模式

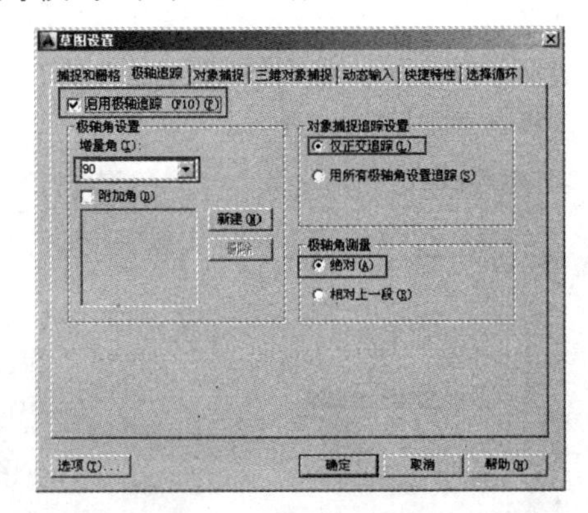

图 11-6　设置极轴模式

步骤 09　按下 12 功能键，打开状态栏上的“动态输入”功能。

步骤 10　设置常用变量。在命令行输入系统变量“LTSCALE”，进行调整线型的显示比例。命令行操作如下：

```
命令: LTSCALE                                  // Enter 激活系统变量
输入新线型比例因子 <1.0000>:                    // 输入线型的比例，如 50 Enter
```

步骤 11　正在重生成模型。

步骤12 在命令行输入系统变量“DIMSCALE”，进行设置和调整标注比例。命令行操作如下：

```
命令：DIMSCALE                              // Enter 激活此系统变量
输入 DIMSCALE 的新值 <1>:                    //50 Enter 将标注比例放大 100 倍
```

技巧提示　将比例调整为 100，并不是一个绝对的参数值，用户也可根据实际情况进行修改此变量置。

步骤13 在命令行输入系统变量“MIRRTEXT”，设置镜像文字的可读性。命令行操作如下：

```
命令：MIRRTEXT                              // Enter 激活此系统变量
输入 MIRRTEXT 的新值 <1>:                    // 0 Enter ，将变量值设置为 0
```

步骤14 在绘图过程经常需要引用一些属性块，属性值的输入一般有“对话框”和“命令行”两种方式，而用于控制这两种方式的变量为“ATTDIA”的值。命令行操作如下：

```
命令：ATTDIA                                // Enter 激活此系统变量
输入 ATTDIA 的新值 <0>:                      //1 Enter ，将此变量值设置为 1
```

技巧提示　当变量 ATTDIA=0 时，系统将以“命令行”形式提示输入属性值；为 1 时，以“对话框”形式提示输入属性值。

步骤15 执行“保存”命令，将文件命名存储为“综合范例一.dwg”。

11.4　综合范例二——设置室内样板图层与特性

下面通过为室内样板文件设置常用的图层及图层特性，学习层及层特性的设置方法和技巧，以方便用户对各类室内设计资源进行组织和管理。

操作步骤：

步骤01 继续上例操作，或直接打开随书光盘中的“\效果文件\第 11 章\综合范例一.dwg”文件。

步骤02 单击“绘图”工具栏上的按钮，执行“图层”命令，打开“图层特性管理器”对话框。

步骤03 单击“图层特性管理器”对话框上的“新建图层”按钮，在如图 11-7 所示的“图层 1”位置上输入“轴线层”，创建一个名为“轴线层”的新图层。

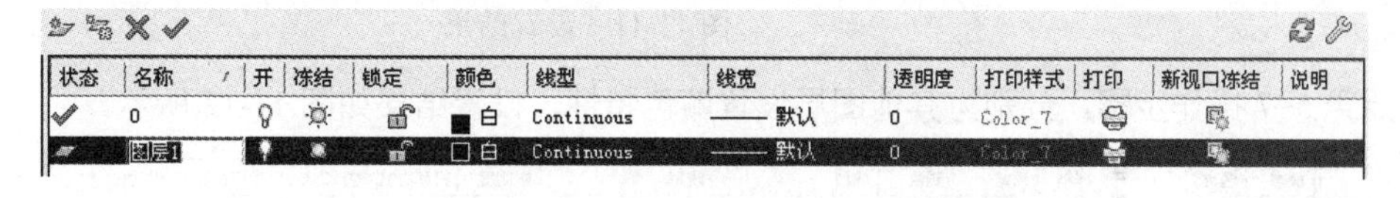

图 11-7　新建图层

步骤04 连续按 Enter 键，分别创建“墙线层、门窗层、楼梯层、文本层、尺寸层、其他层”等 10 个图层，如图 11-8 所示。

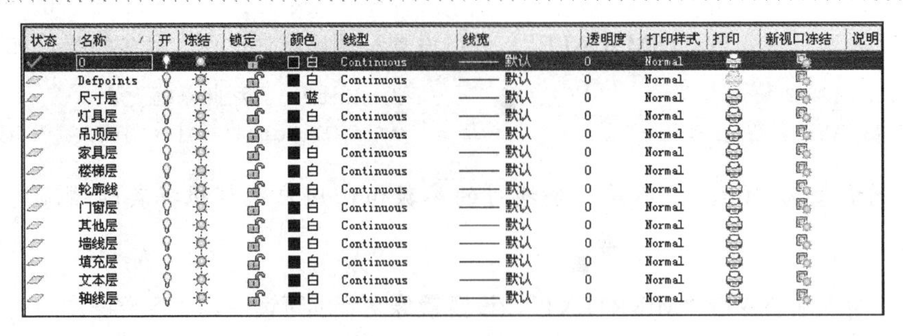

状态	名称	开	冻结	锁定	颜色	线型	线宽	透明度	打印样式	打印	新视口冻结	说明
✓	0				白	Continuous	—— 默认	0	Normal			
	Defpoints				白	Continuous	—— 默认	0	Normal			
	尺寸层				蓝	Continuous	—— 默认	0	Normal			
	灯具层				白	Continuous	—— 默认	0	Normal			
	吊顶层				白	Continuous	—— 默认	0	Normal			
	家具层				白	Continuous	—— 默认	0	Normal			
	楼梯层				白	Continuous	—— 默认	0	Normal			
	轮廓线				白	Continuous	—— 默认	0	Normal			
	门窗层				白	Continuous	—— 默认	0	Normal			
	其他层				白	Continuous	—— 默认	0	Normal			
	墙线层				白	Continuous	—— 默认	0	Normal			
	填充层				白	Continuous	—— 默认	0	Normal			
	文本层				白	Continuous	—— 默认	0	Normal			
	轴线层				白	Continuous	—— 默认	0	Normal			

图 11-8　设置图层

技巧提示　连续按两次键盘上的 Enter 键，也可以创建多个图层。在创建新图层时，所创建出的新图层将继承先前图层的一切特性（如颜色、线型等）。

步骤 05　设置工程样板颜色特性。选择“轴线层”，在如图 11-9 所示的颜色图标上单击，打开“选择颜色”对话框。

步骤 06　在“选择颜色”对话框中的“颜色”文本框中输入 124，为所选图层设置颜色值，如图 11-10 所示。

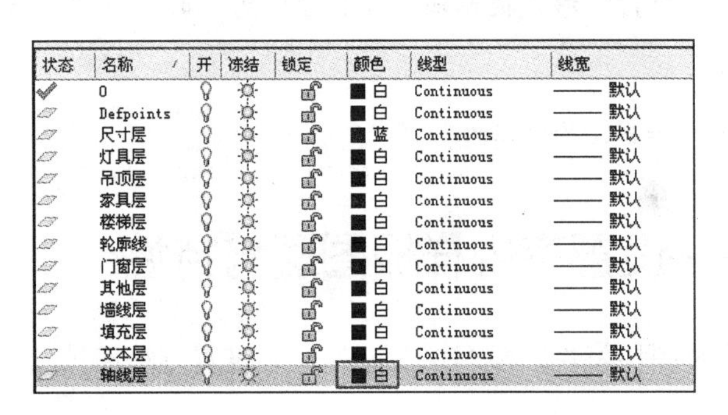

状态	名称	开	冻结	锁定	颜色	线型	线宽
✓	0				白	Continuous	—— 默认
	Defpoints				白	Continuous	—— 默认
	尺寸层				蓝	Continuous	—— 默认
	灯具层				白	Continuous	—— 默认
	吊顶层				白	Continuous	—— 默认
	家具层				白	Continuous	—— 默认
	楼梯层				白	Continuous	—— 默认
	轮廓线				白	Continuous	—— 默认
	门窗层				白	Continuous	—— 默认
	其他层				白	Continuous	—— 默认
	墙线层				白	Continuous	—— 默认
	填充层				白	Continuous	—— 默认
	文本层				白	Continuous	—— 默认
	轴线层				白	Continuous	—— 默认

图 11-9　修改图层颜色

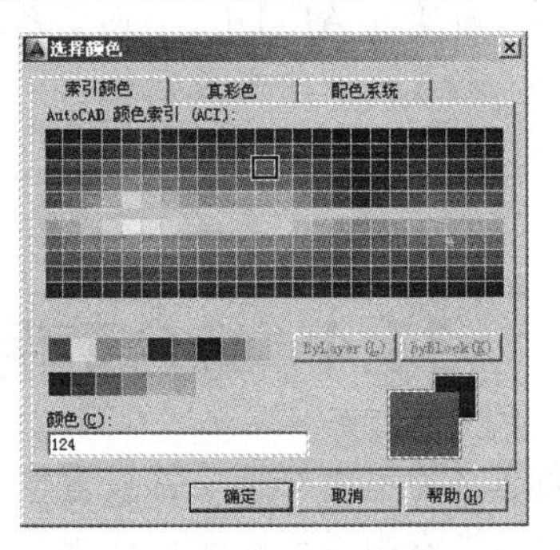

图 11-10　“选择颜色”对话框

步骤 07　单击 确定 按钮返回“图层特性管理器”对话框，结果“轴线层”的颜色被设置为 124 号色，如图 11-11 所示。

名称	颜色	线型	线宽	透明度	打印样式
墙线层	白	Continuous	—— 默认	0	Normal
填充层	白	Continuous	—— 默认	0	Normal
文本层	白	Continuous	—— 默认	0	Normal
轴线层	124	Continuous	—— 默认	0	Normal

图 11-11　设置结果

步骤 08　参照第 5~7 操作步骤，分别为其他图层设置颜色特性，设置结果如图 11-12 所示。

状态	名称	开	冻结	锁定	颜色	线型	线宽	透明度	打印样式	打印	新视口冻结	说明
✓	0				白	Continuous	—— 默认	0	Normal			
	Defpoints				白	Continuous	—— 默认	0	Normal			
	尺寸层				蓝	Continuous	—— 默认	0	Normal			
	灯具层				200	Continuous	—— 默认	0	Normal			
	吊顶层				102	Continuous	—— 默认	0	Normal			
	家具层				42	Continuous	—— 默认	0	Normal			
	楼梯层				92	Continuous	—— 默认	0	Normal			
	轮廓线				白	Continuous	—— 默认	0	Normal			
	门窗层				红	Continuous	—— 默认	0	Normal			
	其他层				白	Continuous	—— 默认	0	Normal			
	墙线层				白	Continuous	—— 默认	0	Normal			
	填充层				132	Continuous	—— 默认	0	Normal			
	文本层				洋红	Continuous	—— 默认	0	Normal			
	轴线层				124	Continuous	—— 默认	0	Normal			

图 11-12　设置颜色特性

步骤 09　设置工程样板线型特性。选择“轴线层”，在如图 11-13 所示的“Continuous”位置上单击，打开“选择线型”对话框。

名称	颜色	线型	线宽	透明度	
其他层	白	Continuous	—— 默认	0	Normal
墙线层	白	Continuous	—— 默认	0	Normal
填充层	132	Continuous	—— 默认	0	Normal
文本层	洋红	Continuous	—— 默认	0	Normal
轴线层	124	Continuous	—— 默认	0	Normal

图 11-13　指定位置

步骤 10　在“选择线型”对话框中单击 加载... 按钮，从打开的“加载或重载线型”对话框中选择如图 11-14 所示的“ACAD_ISO04W100”线型。

步骤 11　单击 确定 按钮，结果选择的线型被加载到“选择线型”对话框中，如图 11-15 所示。

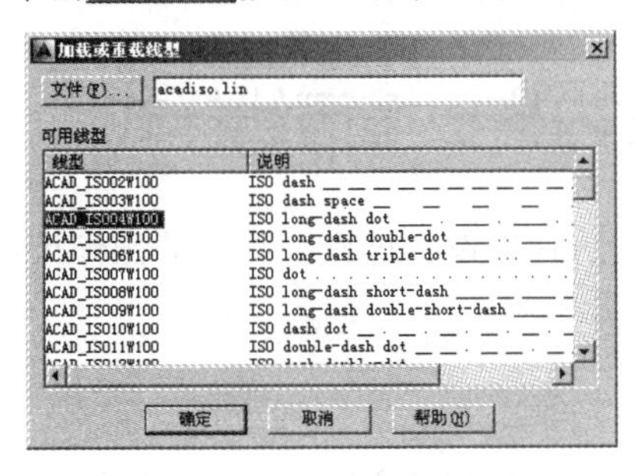

图 11-14　选择线型

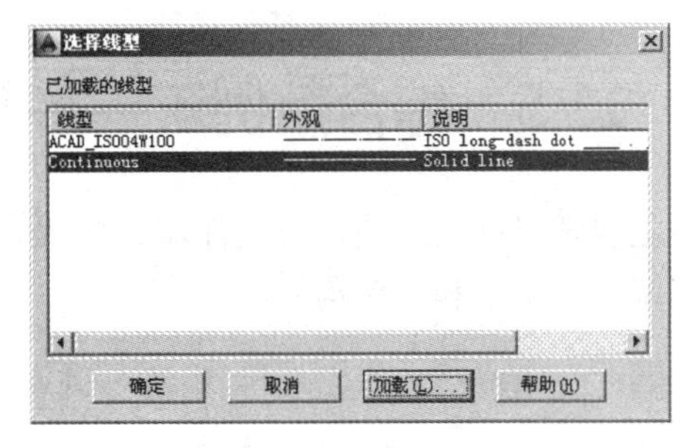

图 11-15　加载线型

步骤 12　选择刚加载的线型单击 确定 按钮，将加载的线型附给当前被选择的“轴线层”，结果如图 11-16 所示。

名称	颜色	线型	线宽	透明度	
门窗层	红	Continuous	—— 默认	0	Normal
其他层	白	Continuous	—— 默认	0	Normal
墙线层	白	Continuous	—— 默认	0	Normal
填充层	132	Continuous	—— 默认	0	Normal
文本层	洋红	Continuous	—— 默认	0	Normal
轴线层	124	ACAD_ISO04W100	—— 默认	0	Normal

图 11-16　设置图层线型

步骤 13　设置工程样板线宽特性。选择“墙线层”，在如图 11-17 所示的位置上单击，以对其设置线宽。

步骤 14　此时打开“线宽”对话框，然后选择 1.00 毫米的线宽，如图 11-18 所示。

状态	名称	开	冻结	锁定	颜色	线型	线宽	透明度
✓	0				白	Continuous	—— 默认	0
	Defpoints				白	Continuous	—— 默认	0
	尺寸层				蓝	Continuous	—— 默认	0
	灯具层				200	Continuous	—— 默认	0
	吊顶层				102	Continuous	—— 默认	0
	家具层				42	Continuous	—— 默认	0
	楼梯层				92	Continuous	—— 默认	0
	轮廓线				白	Continuous	—— 默认	0
	门窗层				红	Continuous	—— 默认	0
	其他层				白	Continuous	—— 默认	0
	墙线层				白	Continuous	—— 默认	0
	填充层				132	Continuous	—— 默认	0
	文本层				洋红	Continuous	—— 默认	0
	轴线层				124	ACAD_ISO04W100	—— 默认	0

图 11-17　指定单击位置

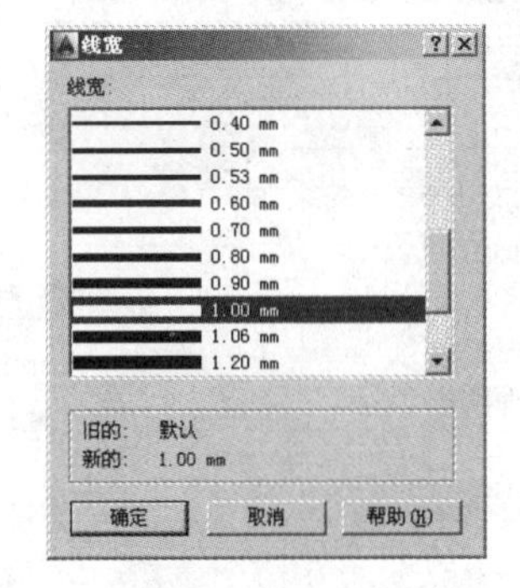

图 11-18　选择线宽

步骤 15　单击 确定 按钮返回“图层特性管理器”对话框，结果“墙线层”的线宽被设置为 1.00mm，如图 11-19 所示。

步骤 16　在“图层特性管理器”对话框中单击 ✕ 按钮，关闭对话框。

状态	名称	开	冻结	锁定	颜色	线型	线宽	透明度	打印样式	打印	新视口冻结	说明
	0				白	Continuous	—— 默认	0	Normal			
	Defpoints				白	Continuous	—— 默认	0	Normal			
	尺寸层				蓝	Continuous	—— 默认	0	Normal			
	灯具层				200	Continuous	—— 默认	0	Normal			
	吊顶层				102	Continuous	—— 默认	0	Normal			
	家具层				42	Continuous	—— 默认	0	Normal			
	楼梯层				92	Continuous	—— 默认	0	Normal			
	轮廓线				白	Continuous	—— 默认	0	Normal			
	门窗层				红	Continuous	—— 默认	0	Normal			
	其他层				白	Continuous	—— 默认	0	Normal			
	墙线层				白	Continuous	1.00 毫米	0	Normal			

图 11-19　设置线宽

步骤 17　最后执行“另存为”命令，将文件命名存储为“综合范例二.dwg”。

11.5　综合范例三——设置室内样板墙窗线样式

本实例主要学习室内绘图样板文件墙线样式和窗线样式的具体设置过程和相关的操作技巧，以方便用户绘制墙体、窗子和阳台构件。

操作步骤：

步骤 01　继续上例操作，或直接打开随书光盘中的“\效果文件\第 11 章\综合范例二.dwg”文件。

步骤 02　单击“格式”菜单中的“多线样式”命令，打开“多线样式”对话框。

步骤 03　在“多线样式”对话框中单击 新建(N)... 按钮，打开“创建新的多线样式”对话框，然后为新样式赋名，如图 11-20 所示。

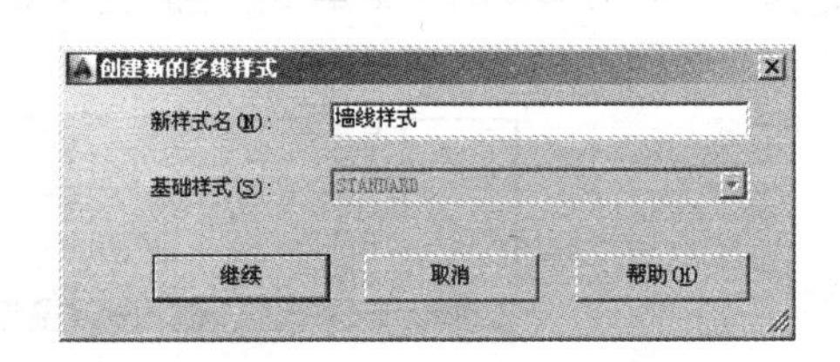

图 11-20　为新样式赋名

步骤 04　单击 继续 按钮，打开“新建多线样式：墙线样式”对话框，然后在此对话框内设置多线样式的封口形式，如图 11-21 所示。

步骤 05　单击 确定 按钮返回“多线样式”对话框，结果设置的新样式显示在预览框内，如图 11-22 所示。

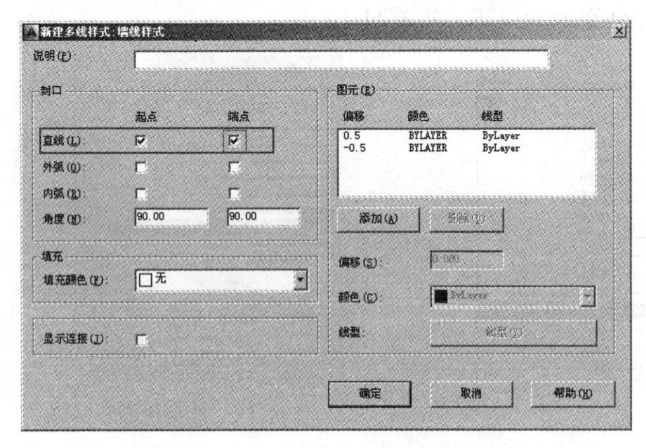

图 11-21　设置封口形式

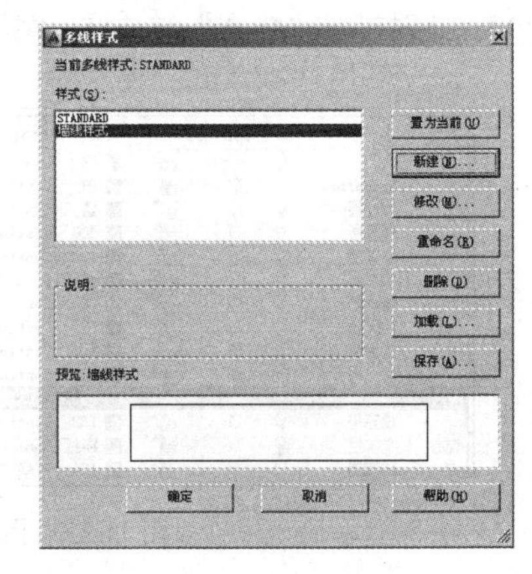

图 11-22　设置墙线样式

步骤 06 参照上述操作步骤，设置“窗线样式”样式，其参数设置和效果预览分别如图 11-23 和图 11-24 所示。

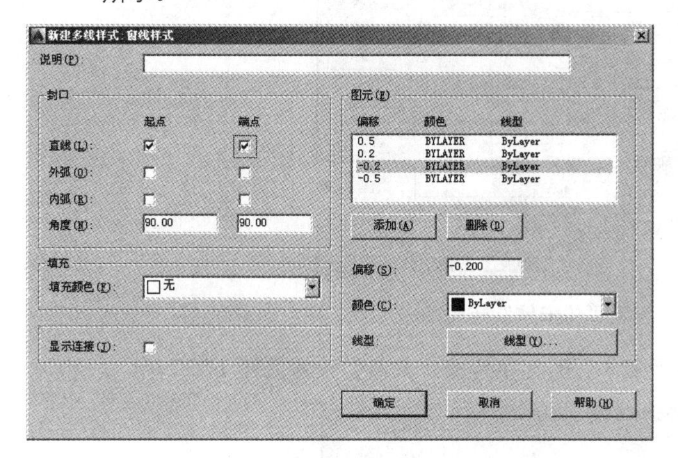

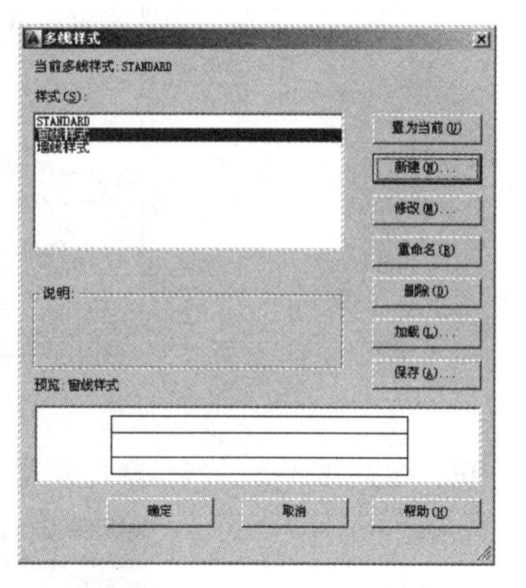

图 11-23　设置参数　　　　图 11-24　新样式的预览效果

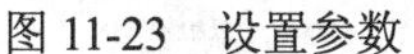

如果用户需要将新设置的样式应用在其他图形文件中，可以单击 保存... 按钮，在弹出的对话框中以“*mln”的格式进行保存，在其他文件中使用时，仅需要加载即可。

步骤 07 选择“墙线样式”单击 置为当前(U) 按钮，将其设为当前样式，并关闭对话框。

步骤 08 最后执行“另存为”命令，将文件命名存储为“综合范例三.dwg”。

11.6　综合范例四——设置室内样板注释样式

本实例主要学习室内样板图中的数字、字母、汉字、轴号等文字样式的具体设置过程和相关的操作技巧，以方便用户为工程图标注尺寸、文字和轴号等。

操作步骤：

步骤 01 继续上例操作，或直接打开随书光盘中的“\效果文件\第 11 章\综合范例三.dwg”文件。

步骤 02 单击“样式”工具栏上的 A 按钮，执行“文字样式”命令，打开“文字样式”对话框。

步骤 03 单击 新建(N) 按钮，在弹出的打开“新建文字样式”对话框中为新样式赋名，如图 11-25 所示。

步骤 04 单击 确定 按钮返回“文字样式”对话框，设置新样式的字体、字高以及宽度比例等参数，如图 11-26 所示。

步骤 05 接下来单击 应用(A) 按钮，创建一种名为“仿宋体”的文字样式。

图 11-25　为新样式赋名

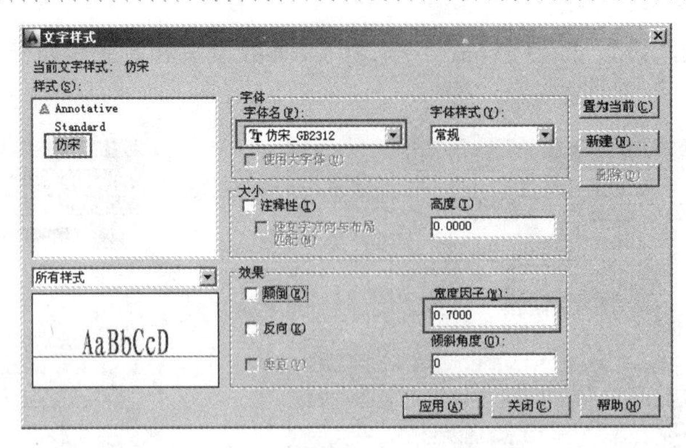

图 11-26　设置“仿宋体”样式

步骤 06　参照第 3~5 操作步骤，设置一种名为“宋体”的文字样式，其参数设置如图 11-27 所示。

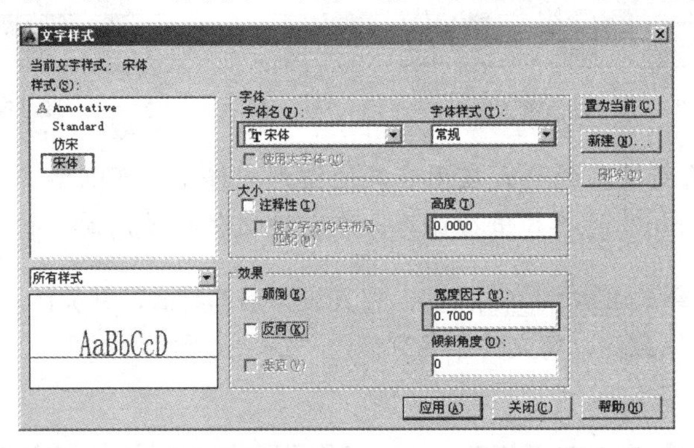

图 11-27　设置“宋体”样式

步骤 07　参照上节汉字样式的设置过程，重复使用“文字样式”命令，设置一种名为“COMPLEX”的轴号字体样式，其参数设置如图 11-28 所示。

图 11-28　设置“COMPLEX”样式

步骤 08　单击 应用(A) 按钮，结束文字样式的设置过程。

步骤 09　参照上节汉字样式的设置过程，重复使用“文字样式”命令，设置一种名为“SIMPLEX”的文字样式，其参数设置如图 11-29 所示。

步骤 10　最后执行“另存为”命令，将文件命名存储为“综合范例四.dwg”。

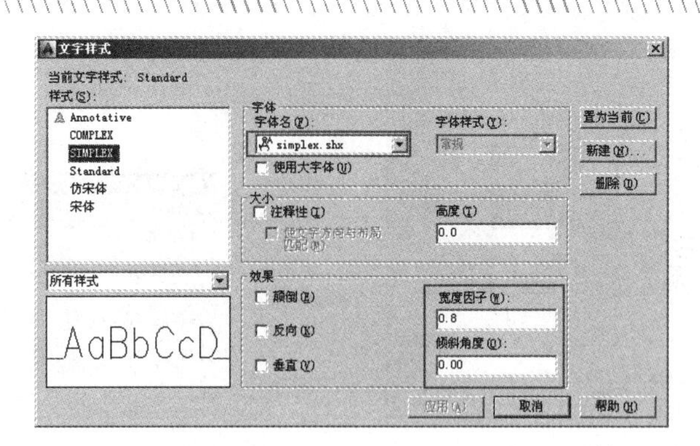

图 11-29　设置“SIMPLEX”样式

11.7　综合范例五——设置室内样板标注样式

本实例主要学习室内样板图中的尺寸箭头和尺寸标注样式的具体设置过程和相关的操作技巧，以方便用户对室内工程图标注尺寸。

操作步骤：

步骤 01　继续上例操作，或打开光盘“\效果文件\第 11 章\综合范例四.dwg”文件。

步骤 02　单击“绘图”工具栏上的按钮，绘制宽度为 0.5、长度为 2 的多段线，作为尺寸箭尖。

步骤 03　使用“窗口缩放”功能将绘制的多段线放大显示。

步骤 04　使用快捷键 L 执行“直线”命令，绘制长度为 3 的水平线段，并使直线段的中点与多段线的中点对齐，如图 11-30 所示。

步骤 05　使用快捷键 RO 执行“旋转”命令，将箭头进行旋转 45°，如图 11-31 所示。

图 11-30　绘制细线

图 11-31　旋转结果

步骤 06　单击“绘图”菜单中的“块”/“创建块”命令，在打开的“块定义”对话框中设置块参数如图 11-32 所示。

步骤 07　单击“拾取点”按钮，返回绘图区捕捉多段线中点作为块的基点，然后将其将其创建为图块。

步骤 08　单击“样式”工具栏按钮，在打开的“标注样式管理器”对话框中单击 新建(N)... 按钮，为新样式赋名，如图 11-33 所示。

步骤 09　单击 继续 按钮，打开“新建标注样式：建筑标注”对话框，设置基线间距、起点偏移量等参数，如图 11-34 所示。

步骤 10　展开“符号和箭头”选项卡，然后单击“箭头”组合框中的“第一项”列表框，选择列表中的“用户箭头”选项，如图 11-35 所示。

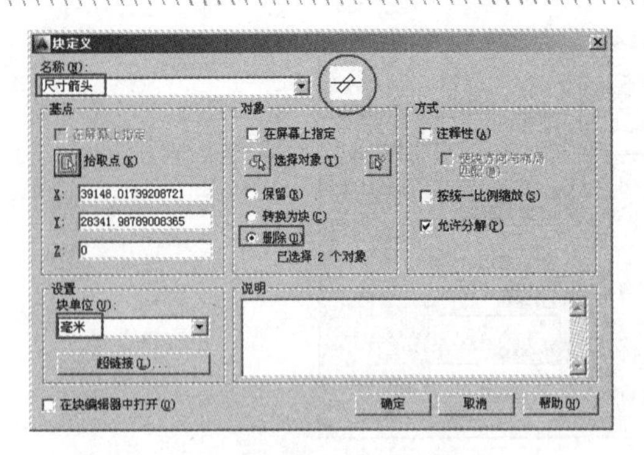

图 11-32　设置块参数

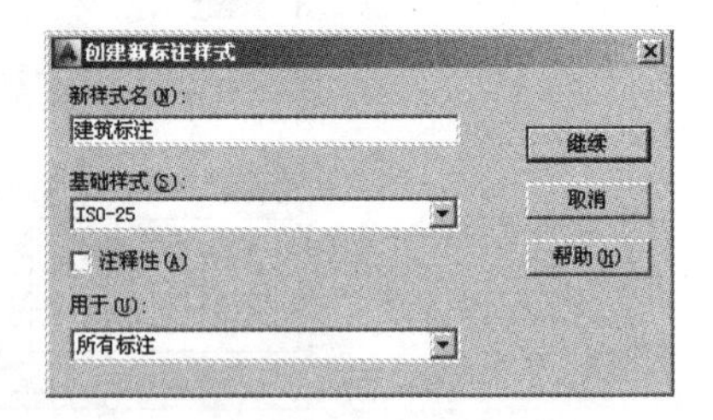

图 11-33　“创建新标注样式”对话框

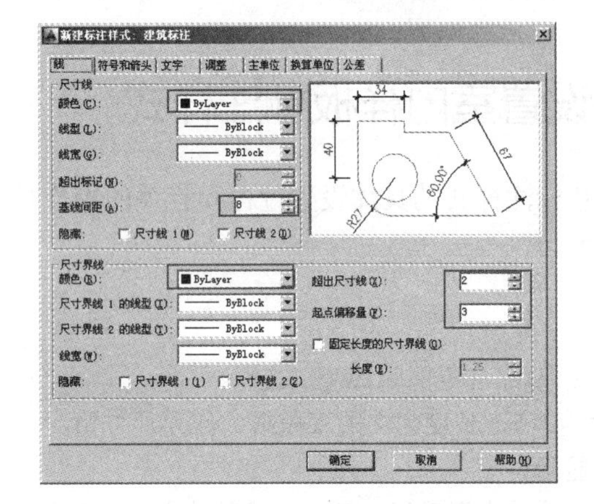

图 11-34　设置“线”参数

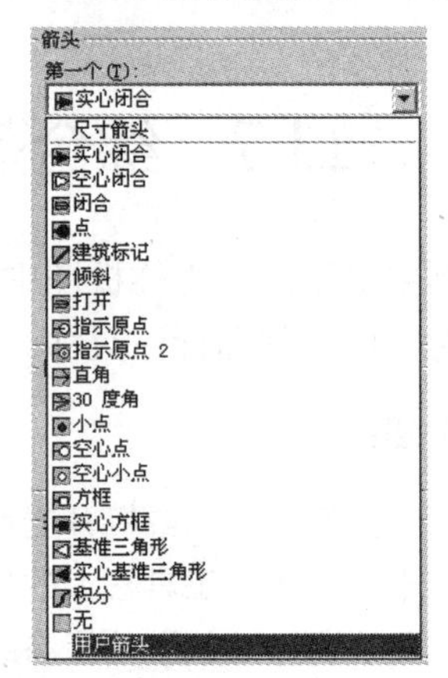

图 11-35　箭头下拉列表框

步骤 11　此时系统弹出“选择自定义箭头块”对话框，然后选择“尺寸箭头”块作为尺寸箭头，如图 11-36 所示的。

步骤 12　单击 确定 按钮返回“符号和箭头”选项卡，设置参数如图 11-37 所示。

步骤 13　在对话框中展开“文字”选项卡，设置尺寸字本的样式、颜色、大小等参数，如图 11-38 所示。

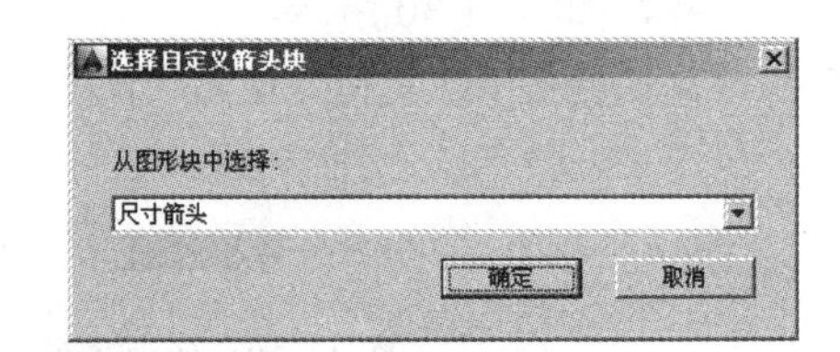

图 11-36　设置尺寸箭头

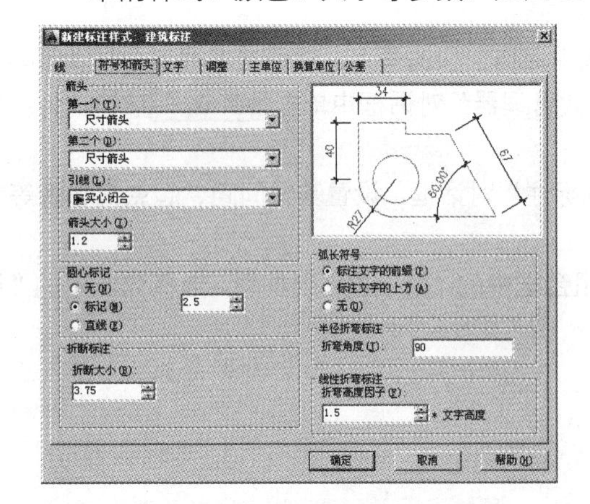

图 11-37　设置直线和箭头参数

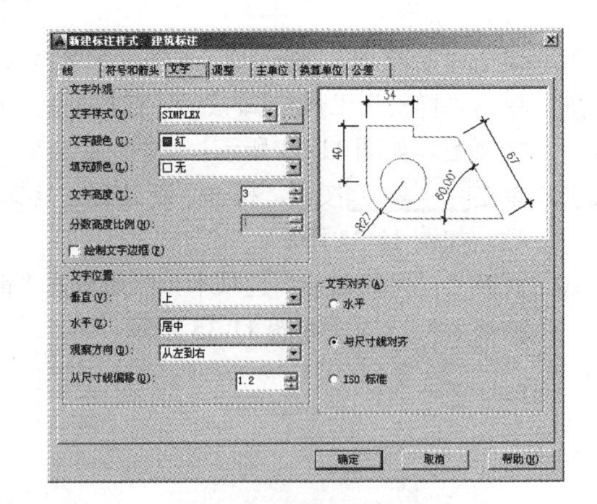

图 11-38　设置文字参数

步骤 14　展开“调整”选项卡，调整文字、箭头与尺寸线等位置如图 11-39 所示。

步骤 15　展开“主单位”选项卡，设置线型参数和角度标注参数如图 11-40 所示。

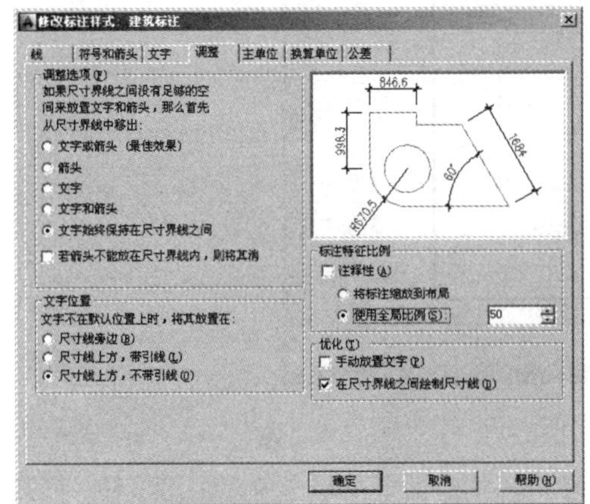

图 11-39　“调整”选项卡

图 11-40　“主单位”选项卡

步骤 16　单击 确定 按钮返回“标注样式管理器”对话框，结果新设置的尺寸样式出现在此对话框中，如图 11-41 所示。

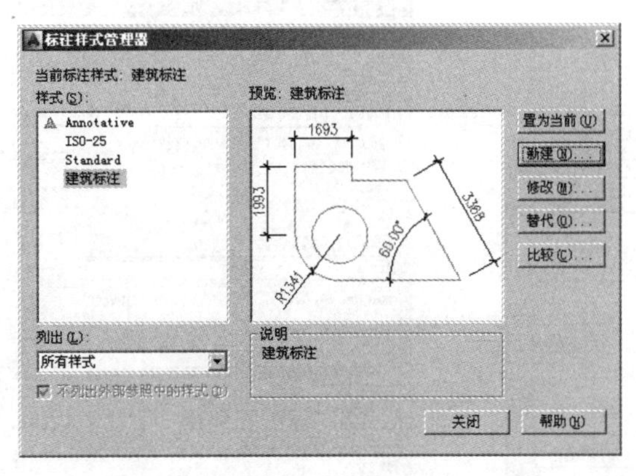

图 11-41　“标注样式管理器”对话框

步骤 17　单击 置为当前(U) 按钮，将“建筑标注”设置为当前样式，同时结束命令。

步骤 18　最后执行“另存为”命令，将文件命名存储为“综合范例五.dwg”。

11.8　综合范例六——室内样板图的页面布局

本节主要学习室内设计样板图的页面设置、图框配置以及样板文件的存储方法和具体的操作过程等内容。

操作步骤：

步骤 01　继续上例操作，或打开光盘“\效果文件\第 11 章\综合范例五.dwg”文件。

步骤 02　单击绘图区底部的“布局 1”标签，进入到如图 11-42 所示的布局空间。

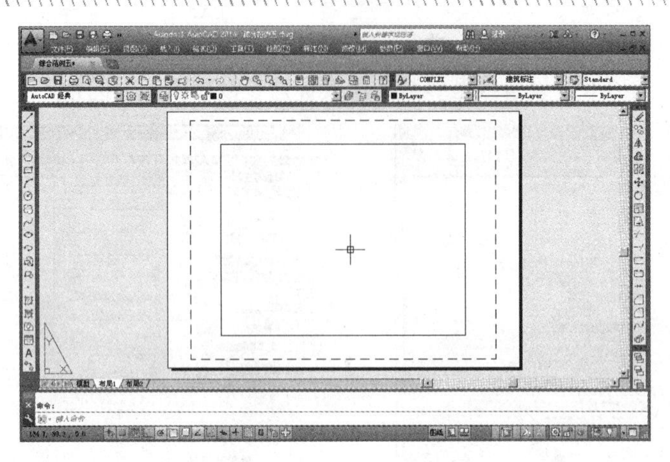

图 11-42　布局空间

步骤 03　单击“文件”菜单中的“页面设置管理器”命令，在打开的对话框中单击 新建(N)... 按钮，打开“新建页面设置”对话框，为新页面赋名，如图 11-43 所示。

步骤 04　单击 确定(O) 按钮进入“页面设置-布局 1”对话框，然后设置打印设备、图纸尺寸、打印样式、打印比例等各页面参数，如图 11-44 所示。

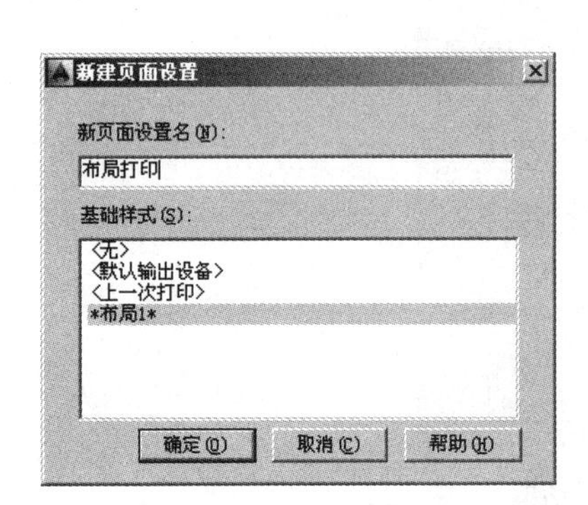

图 11-43　为新页面赋名

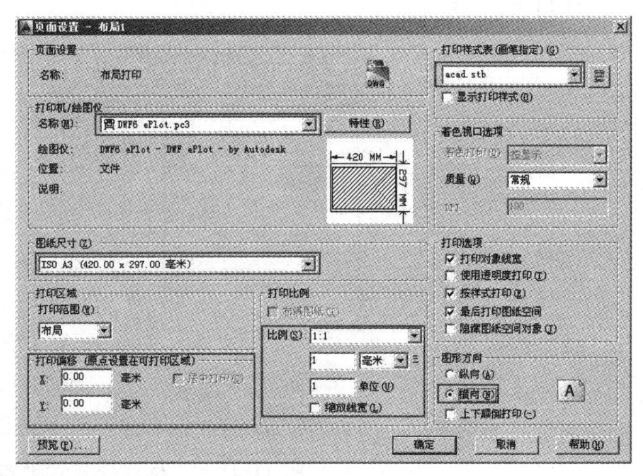

图 11-44　设置页面参数

步骤 05　单击 确定(O) 按钮返回“页面设置管理器”话框，将刚设置的新页面设置为当前，如图 11-45 所示。

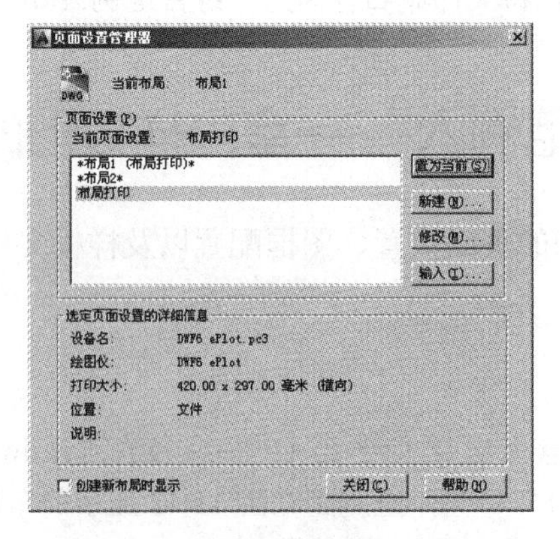

图 11-45　“页面设置管理器”对话框

步骤 06 单击 关闭(C) 按钮，结束命令，新布局的页面设置效果如图 11-46 所示。

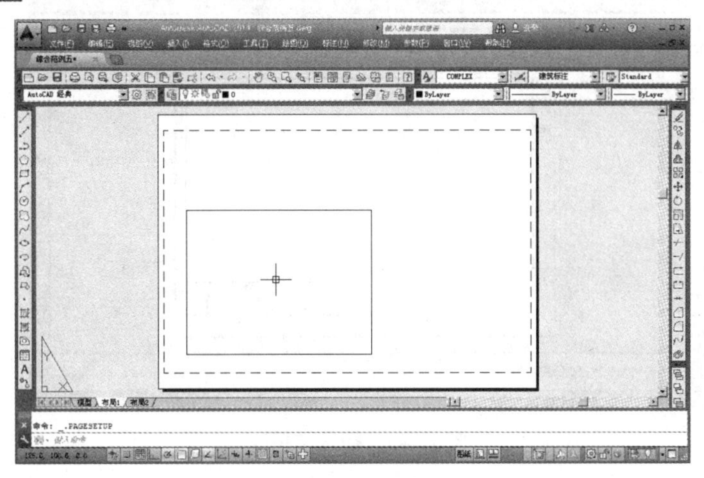

图 11-46　页面设置效果

步骤 07 使用快捷键 E 执行“删除”命令，选择布局内的矩形视口进行删除，结果如图 11-47 所示。

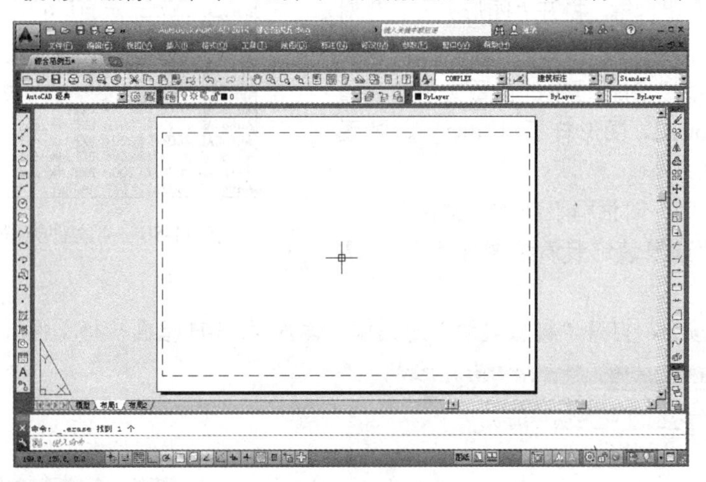

图 11-47　删除结果

步骤 08 单击“绘图”工具栏上的按钮，或使用快捷键 I 执行“插入块”命令，打开“插入”话框。

步骤 09 在“插入”对话框中插入随书光盘中的“\图块文件\A3-H.dwg”文件，设置插入点、轴向比例等参数如图 11-48 所示。

步骤 10 单击 确定(O) 按钮，结果 A3-H 图表框被插入到当前布局中的原点位置上，如图 11-49 所示。

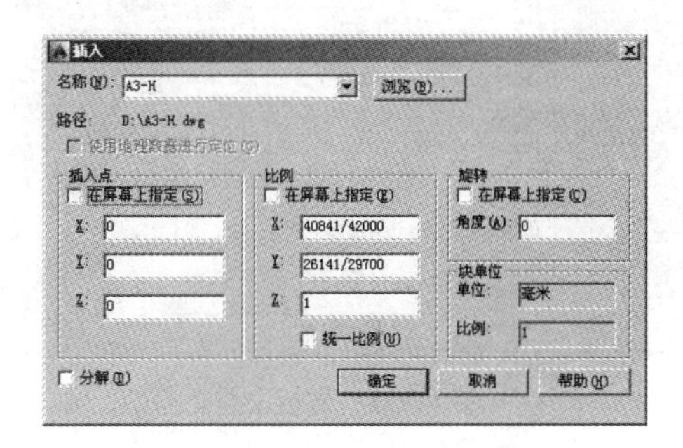

图 11-48　设置块参数

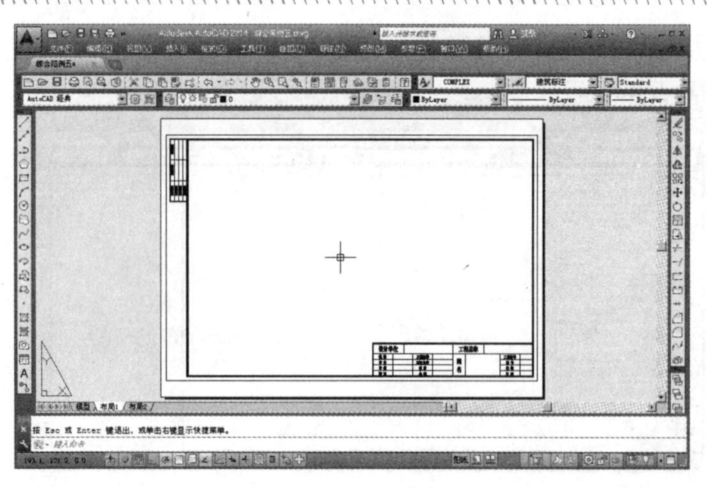

图 11-49　插入结果

步骤 11　单击状态栏上的图纸按钮，返回模型空间。

步骤 12　执行菜单栏中的“文件”/“另存为”命令，或按 Ctrl+Shift+S 组合键，打开“图形另存为”对话框。

步骤 13　在“图形另存为”对话框中的设置文件的存储类型为“AutoCAD 图形样板（*dwt）”，如图 11-50 所示。

步骤 14　在“图形另存为”对话框下部的“文件名”文本框内输入“建筑装饰装潢绘图样板”，如图 11-51 所示。

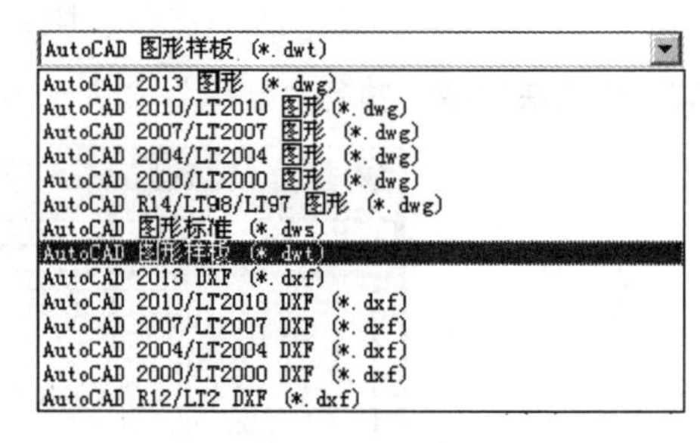

图 11-50　“文件类型”下拉列表框

步骤 15　单击保存...按钮，打开“样板说明”对话框，输入“A3-H 幅面样板文件”，如图 11-52 所示。

图 11-51　样板文件的创建

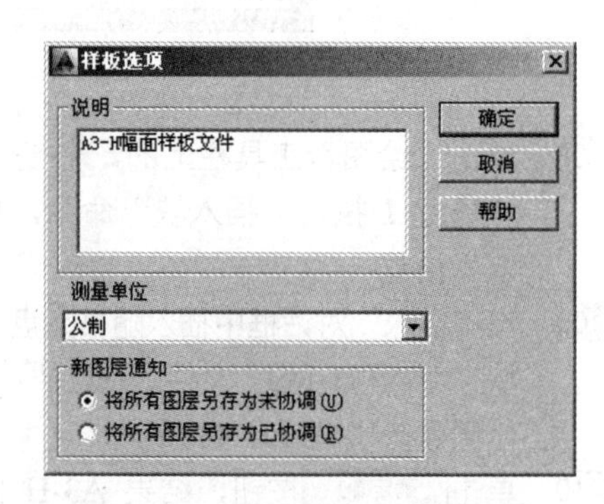

图 11-52　“样板说明”文本框

步骤 16　单击确定按钮，结果创建了制图样板文件，保存于 AutoCAD 安装目录下的“Template”文件夹目录下。

步骤 17　最后执行“另存为”命令，将文件命名存储为“综合范例六.dwg”。

第 12 章　绘制多居室户型装修布置图

本章通过绘制某住宅小区多居室户型装修布置图，在了解和掌握布置图的形成、功能、表达内容、绘图思路等前提下，主要学习住宅建筑装修布置图的具体绘制过程和相关绘图技巧。

本章具体学习内容如下：

- 布置图的形成及功能
- 布置图的表达与绘制思路
- 综合范例一——绘制多居室墙体轴线图
- 综合范例二——绘制多居室墙体结构图
- 综合范例三——绘制多居室门窗与阳台构件
- 综合范例四——绘制多居室空间装修布置图
- 综合范例五——居室地面装修材料的表达
- 综合范例六——标注多居室布置图材质注解
- 综合范例七——标注多居室布置图尺寸及符号

12.1　布置图的形成及功能

布置图是假想用一个水平的剖切平面，在窗台上方位置，将经过室内外装修的房屋整个剖开，移去以上部分向下所作的水平投影图。要绘制平面布置图，除了要表明楼地面、门窗、楼梯、隔断、装饰柱、护壁板或墙裙等装饰结构的平面形式和位置外，还要标明室内家具、陈设、绿化和室外水池、装饰小品等配套设置体的平面形装、数量和位置等。

布置图主要用于表明建筑室内外种种装修布置的平面形状、位置、大小和所用材料，表明这些布置与建筑主体结构之间，以及这些布置与布置之间的相互关系等。另外，布置图还控制了水平向纵横两轴的尺寸数据，其他视图又多数是由它引出的，因而平面布置图是绘制和识读建筑装修施工图的重点和基础。

12.2　布置图的表达与绘制思路

平面布置图是室内装饰装潢行业中的一种首要图纸，本节主要概述布置图的表达内容与绘制思路。

1. 布置图的表达内容

- 功能布局。住宅室内空间的合理利用，在于不同功能区域的合理分割、巧妙布局，充分发挥居室的使用功能。例如：卧室、书房要求静，可设置在靠里边一些的位置以不被其他室内活动干扰；起居室、客厅是对外接待、交流的场所，可设置靠近入口的位置；卧室、书房与起居室、客厅相连处又可设置过渡空间或共享空间，起间隔调节作用。此外，厨房应紧靠餐厅，卧室与卫生间贴近。

- 空间设计。平面空间设计主要包括区域划分和交通流线两个内容。区域划分是指室内空间的组成。交通流线是指室内各活动区域之间以及室内外环境之间的联系。它包括有形和无形两种：有形的指门厅、走廊、楼梯、户外的道路等；无形的指其他可能供作交通联系的空间。设计时应尽量减少有形的交通区域，增加无形的交通区域，以达到空间充分利用且自由、灵活和缩短距离的效果。
- 内含物的布置。室内内含物主要包括家具、陈设、灯具、绿化等设计内容，这些室内内含物通常要处于视觉中显著的位置，它可以脱离界面布置于室内空间内，不仅具有实用和观赏的作用，对烘托室内环境气氛，形成室内设计风格等方面也起到举足轻重的作用。
- 整体上的统一。"整体上的统一"指的是将同一空间的许多细部，以一个共同的有机因素统一起来，使它变成一个完整而和谐的视觉系统。设计构思时，就需要根据业主的职业特点、文化层次、个人爱好、家庭成员构成、经济条件等做综合的设计定位。

2. 布置图的绘图思路

在设计并绘制布置图时，具体可以参照如下思路：

（1）首先根据测量出的数据绘制出墙体平面结构图；

（2）根据墙体图进行室内内含物的合理布置，如家具与陈设的布局以及室内绿化等；

（3）对室内地面、柱等进行装饰设计，分别以线条图案和文字注解的形式，表达出设计的内容；

（4）为布置图标注必要的文字注解，以体现出所选材料及装修要求等内容；

（5）最后为布置图标注必要的尺寸及室内投影符号等；

（6）根据装修布置图，分别绘制吊顶图及各墙面装饰立面图。

12.3　综合范例一——绘制多居室墙体轴线图

本例主要学习多居室户型墙体结构轴线图的具体绘制过程和相关绘图技巧。多居室户型墙体结构轴线图的最终绘制效果如图 12-1 所示。

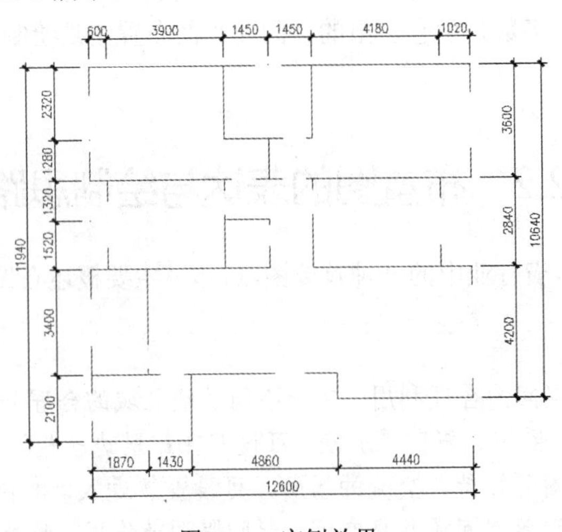

图 12-1　实例效果

操作步骤：

步骤 01 执行“新建”命令，以随书光盘中的“\样板文件\室内样板.dwt”作为基础样板，如图 12-2 所示，新建空白文件。

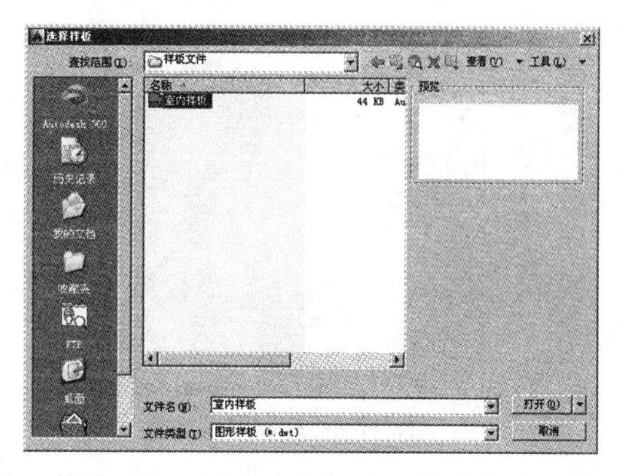

图 12-2　选择样板

技巧提示

为了方便调用该样板文件夹，用户可以直接将随书光盘中的“室内样板.dwt”拷贝至 AutoCAD 安装目录下的“Templat”文件夹下。

步骤 02 单击菜单“格式”/“图层”命令，在打开的“图层特性管理器”对话框中双击“轴线层”，将其设置为当前图层，如图 12-3 所示。

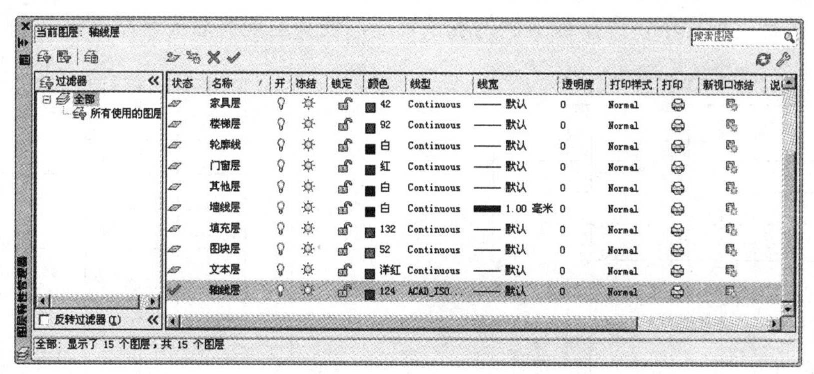

图 12-3　设置当前层

步骤 03 在命令行输入“Ltscale”，将线型比例暂时设置为 1。

步骤 04 单击“绘图”工具栏上的按钮，执行“直线”命令，绘制两条垂直相交的直线作为基准轴线，命令行操作如下：

```
命令： _line
指定第一点：                          //在绘图区指定起点
指定下一点或 [放弃(U)]：          //向下引导光标，输入 11940 Enter
指定下一点或 [放弃(U)]：          //向右引导光标，输入 12600 Enter
指定下一点或 [闭合(C)/放弃(U)]：    // Enter，绘制结果如图 12-4 所示
```

步骤 05 单击“修改”工具栏上的按钮，执行“偏移”命令，将水平基准轴线向上偏移，结果如图 12-5 所示。

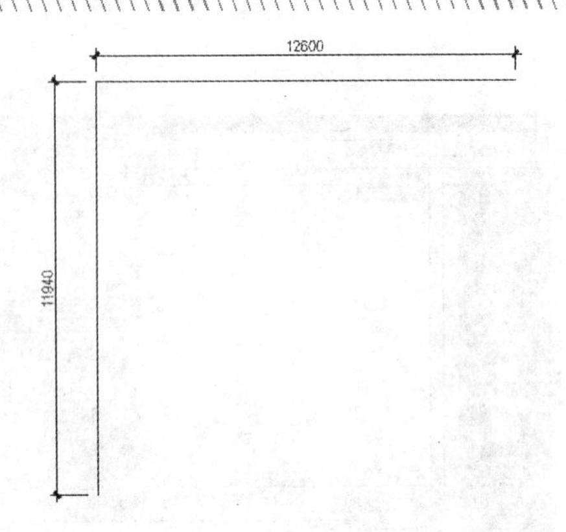

图 12-4 绘制定位轴线

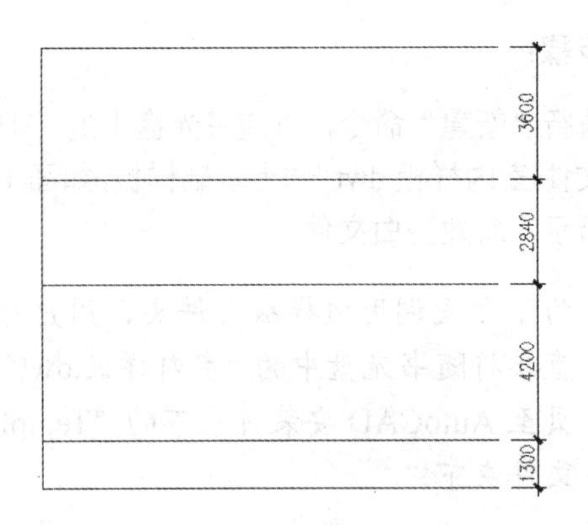

图 12-5 偏移水平轴线

步骤 06 重复执行“偏移”命令，将最下侧的水平轴线向上偏移 2100、7020 和 9620 个单位，然后再对垂直基准轴线向右多次偏移，偏移结果如图 12-6 所示。

步骤 07 在无命令执行的前提下，选择最下侧的水平轴线，使其呈现夹点显示状态，如图 12-7 所示。

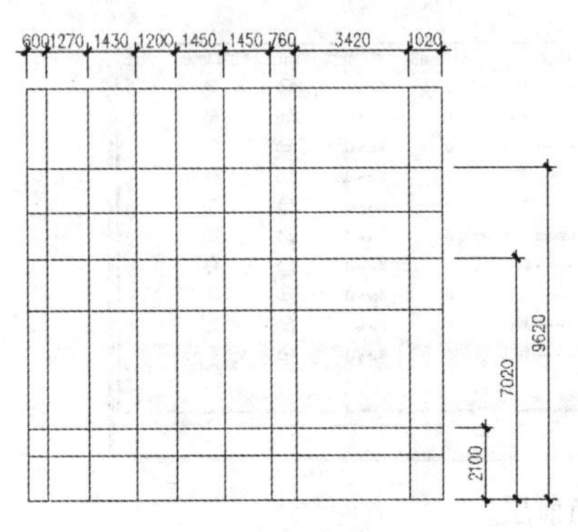

图 12-6 偏移结果

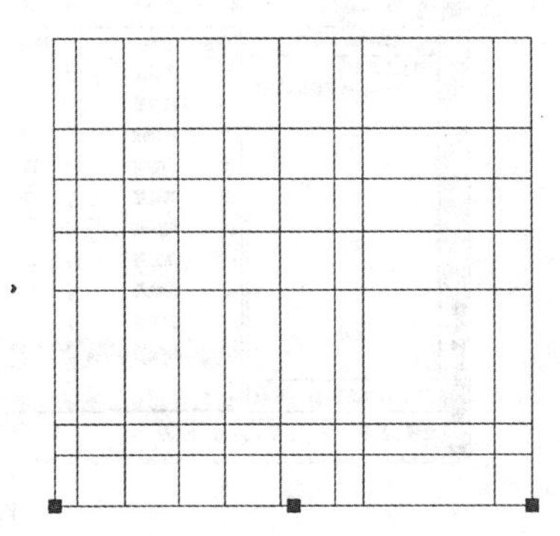

图 12-7 夹点显示轴线

步骤 08 在最右侧的夹点上单击，使其变为夹基点（也称热点），此时该点变为红色。

步骤 09 在命令行“** 拉伸 ** 指定拉伸点或 [基点(B)/复制(C)/放弃(U)/退出(X)]:”提示下捕捉如图 12-8 所示的端点，对其进行夹点拉伸，结果如图 12-9 所示。

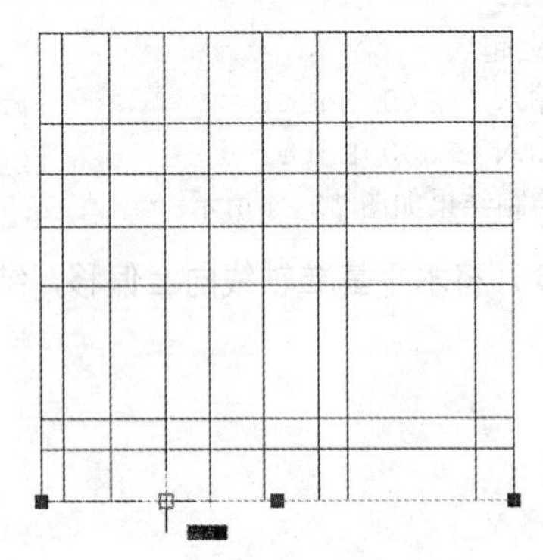

图 12-8 捕捉端点

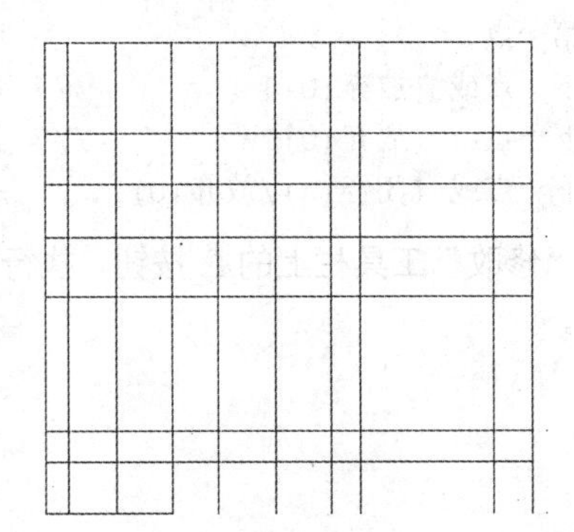

图 12-9 拉伸结果

步骤 10 参照第 7~9 操作步骤，配合端点捕捉和交点捕捉功能，分别对其他轴线进行夹点拉伸，编辑结果如图 12-10 所示。

步骤 11　使用快捷键 TR 执行“偏移”命令，以如图 12-10 所示的水平轴线 1 和 2 作为边界，对两侧的垂直轴线进行修剪，结果如图 12-11 所示。

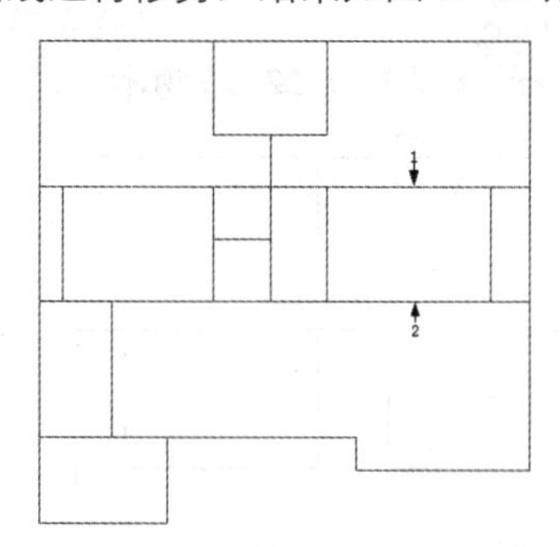

图 12-10　夹点编辑结果

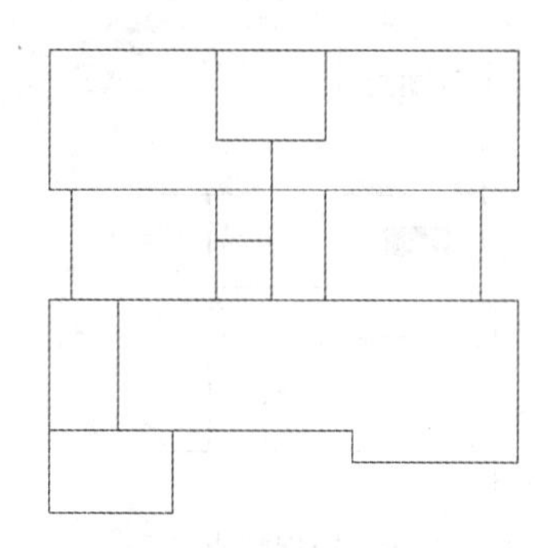

图 12-11　修剪结果

步骤 12　重复执行“修剪”命令，对其他轴线进行修剪，修剪结果如图 12-12 所示。

步骤 13　单击菜单“修改”/“偏移”命令，将最上侧的水平轴线向下偏移 900 和 2700 个单位，以创建辅助线，结果如图 12-13 所示。

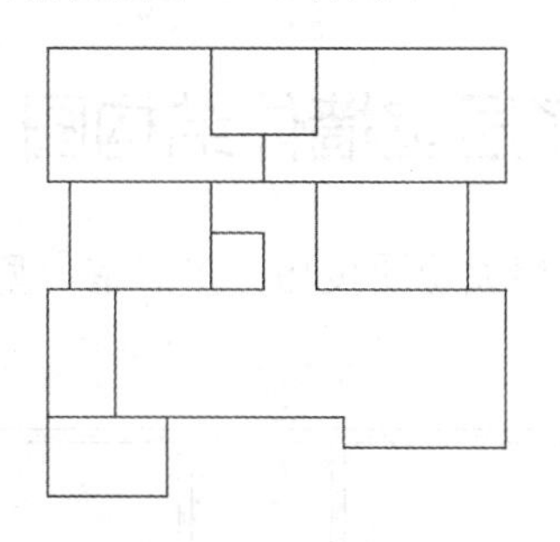

图 12-12　修剪结果

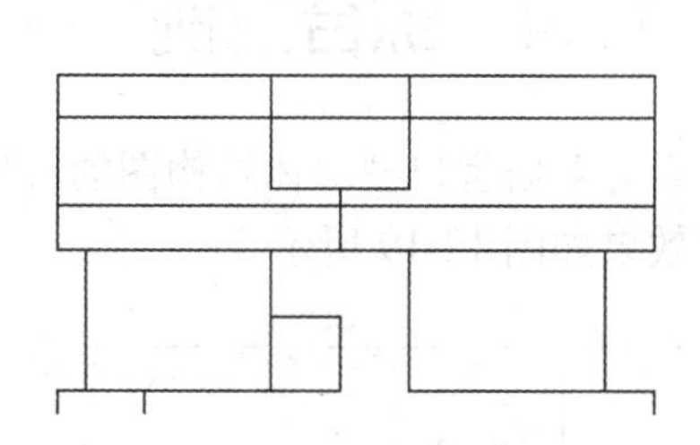

图 12-13　偏移结果

步骤 14　单击“修改”工具栏上的⌿按钮，以偏移出的两条轴线作为边界，对两侧垂直轴线进行修剪，创建宽度为 1800 的窗洞，结果如图 12-14 所示。

步骤 15　单击菜单“修改”/“删除”命令，删除刚偏移出的两条水平辅助线，结果如图 12-15 所示。

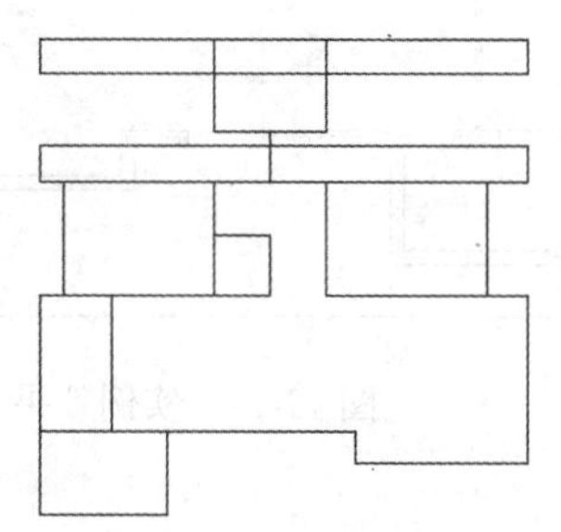

图 12-14　修剪结果

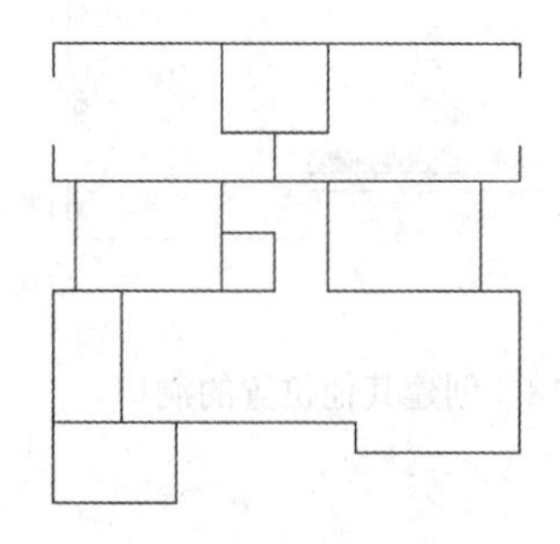

图 12-15　删除结果

步骤 16　单击“修改”工具栏上的按钮，执行“打断”命令，在最上侧的水平轴线上创建宽度为 900 的窗洞。命令行操作如下：

```
命令: _break
选择对象:                                //选择最上侧的水平轴线
指定第二个打断点 或 [第一点(F)]:          //F Enter，重新指定第一断点
```

```
指定第一个打断点:                    //激活“捕捉自”功能
 _from 基点:                         //捕捉如图 12-16 所示的端点
 <偏移>:                             //@5500,0 Enter
指定第二个打断点:                    //@900,0 Enter，结果如图 12-17 所示
```

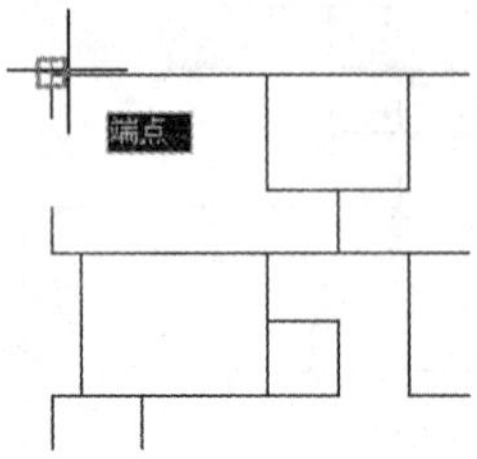

图 12-16 捕捉端点 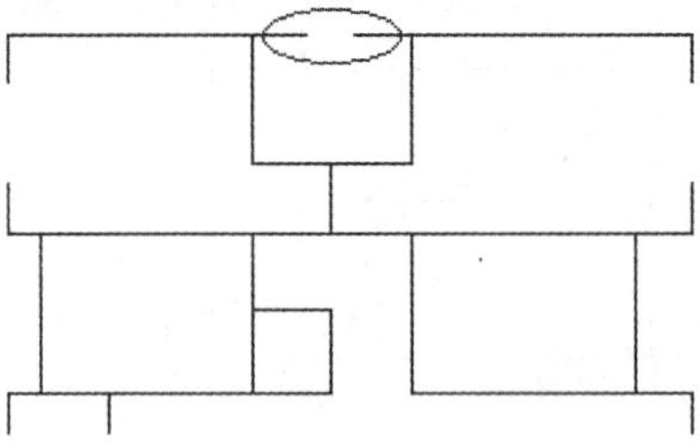　　　　图 12-17 打断结果

步骤 17 参照上述打洞方法，综合使用“偏移”、“修剪”和“打断”命令，分别创建其他位置的门洞和窗洞，结果如图 12-18 所示。

步骤 18 最后执行“另存为”命令，将图形命名存储为“综合范例一.dwg”。

12.4 综合范例二——绘制多居室墙体结构图

本例主要学习多居室户型墙体结构图的具体绘制过程和相关绘图技巧。多居室户型墙体结构平面图的最终绘制效果如图 12-19 所示。

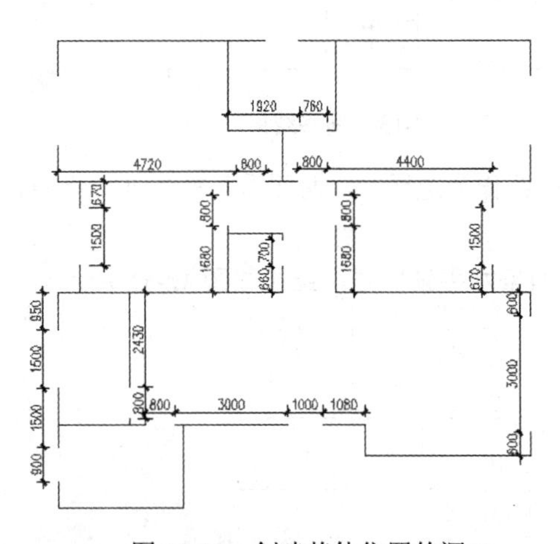

图 12-18 创建其他位置的洞口

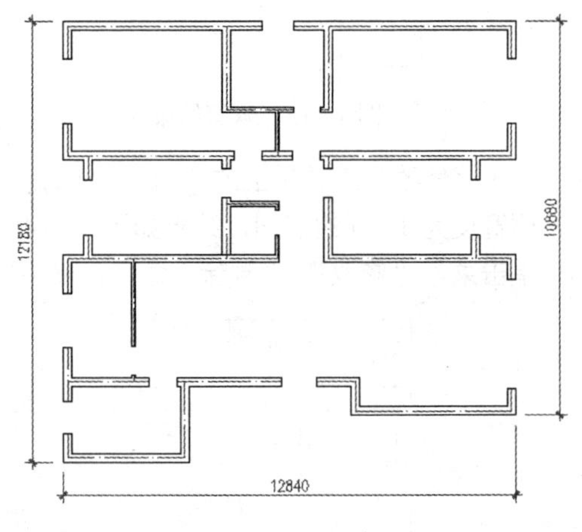

图 12-19 实例效果

操作步骤：

步骤 01 继续上例操作，或直接打开随书光盘中的“\效果文件\第 12 章\综合范例一.dwg”。

步骤 02 展开“图层”工具栏上的“图层控制”下拉列表，将“墙线层”设为当前图层。

步骤 03 单击菜单“绘图”/“多线”命令，配合端点捕捉功能绘制主墙线，命令行操作如下：

```
命令: _mline
当前设置: 对正 = 上，比例 = 20.00，样式 = 墙线样式
指定起点或 [对正(J)/比例(S)/样式(ST)]:           //s Enter
```

```
输入多线比例 <20.00>:                              //240 Enter
当前设置: 对正 = 上, 比例 = 240.00, 样式 = 墙线样式样式
指定起点或 [对正(J)/比例(S)/样式(ST)]:             //j Enter
输入对正类型 [上(T)/无(Z)/下(B)] <上>:              //z Enter
当前设置: 对正 = 无, 比例 = 240.00, 样式 = 墙线样式样式
指定起点或 [对正(J)/比例(S)/样式(ST)]:             //捕捉如图 12-20 所示的端点 1
指定下一点:                                        //捕捉如图 12-20 所示的端点 2
指定下一点或 [闭合(C)/放弃(U)]:                    //捕捉如图 12-20 所示的端点 3
指定下一点或 [放弃(U)]:                            // Enter, 绘制结果如图 12-21 所示
```

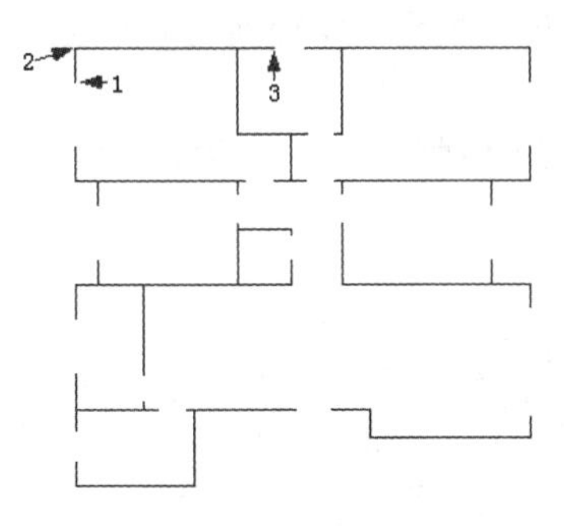

图 12-20 定位端点

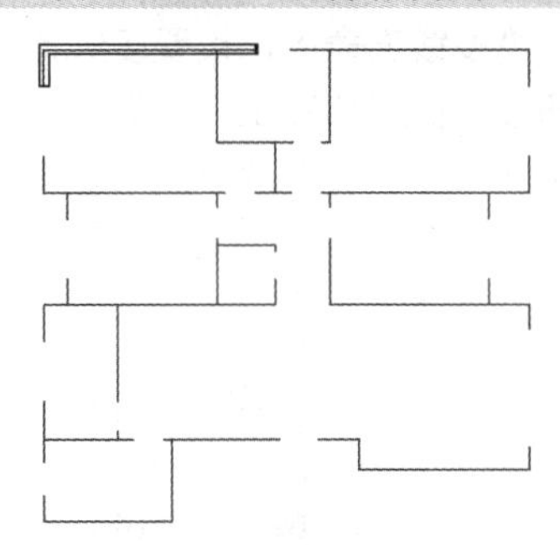

图 12-21 绘制结果

步骤 04 重复执行“多线”命令，设置多线比例和对正方式保持不变，配合端点捕捉和交点捕捉功能绘制其他主墙线，结果如图 12-22 所示。

步骤 05 重复执行“多线”命令，设置多线对正方式不变，绘制宽度为 120 的非承重墙线。命令行操作如下：

```
命令: ML
//Enter, 激活命令
MLINE 当前设置: 对正 = 无, 比例 = 240.00, 样式 = 墙线样式
指定起点或 [对正(J)/比例(S)/样式(ST)]:
//S Enter
输入多线比例 <240.00>:                             //120 Enter
指定起点或 [对正(J)/比例(S)/样式(ST)]:             //捕捉如图 12-23 所示的端点
指定下一点:                                        //捕捉如图 12-24 所示的端点
指定下一点或 [放弃(U)]:                            // Enter, 结果如图 12-25 所示
```

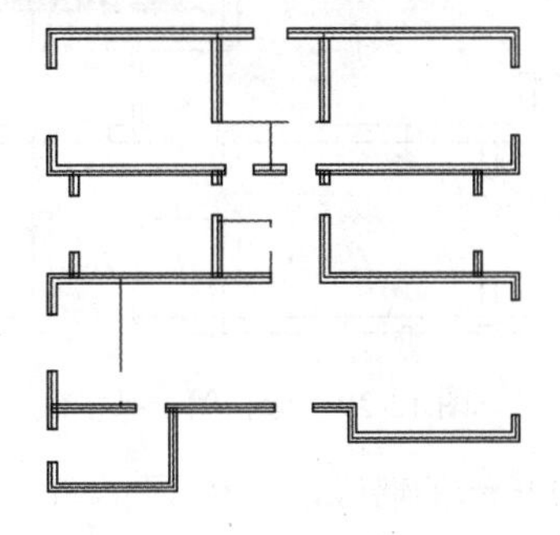

图 12-22 绘制其他主墙线

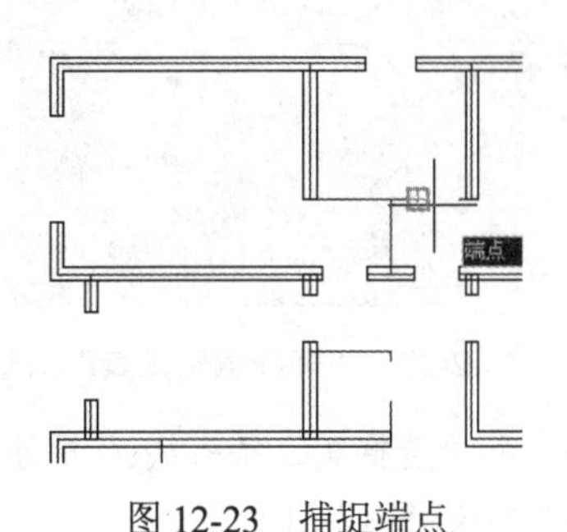

图 12-23 捕捉端点

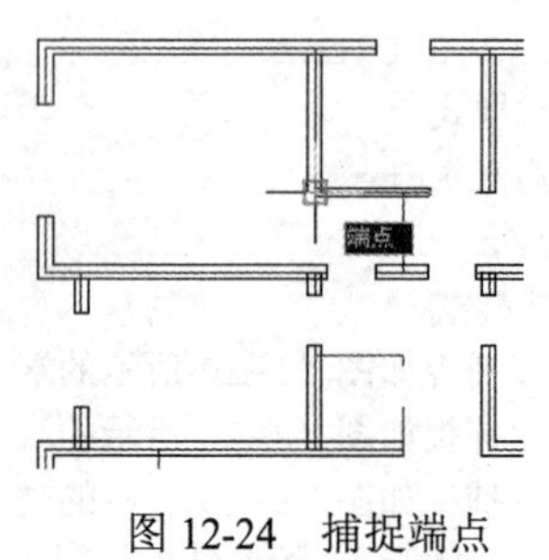

图 12-24　捕捉端点

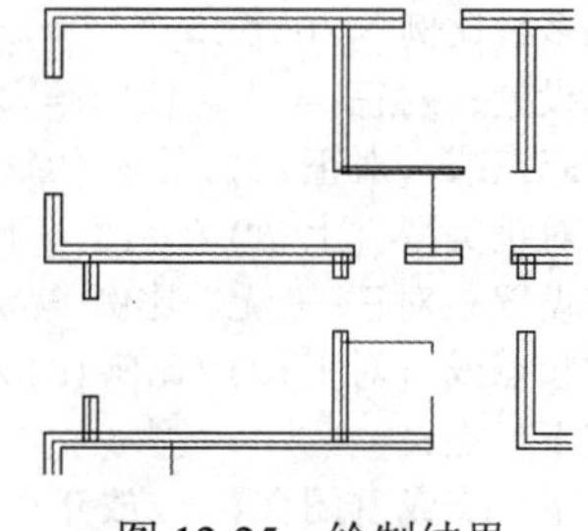
图 12-25　绘制结果

步骤06 重复执行"多线"命令，设置多线比例与对正方式不变，配合对象捕捉功能分别绘制其他位置的非承重墙线，结果如图 12-26 所示。

步骤07 展开"图层"工具栏上的"图层控制"下拉列表，关闭"轴线层"，结果如图 12-27 所示。

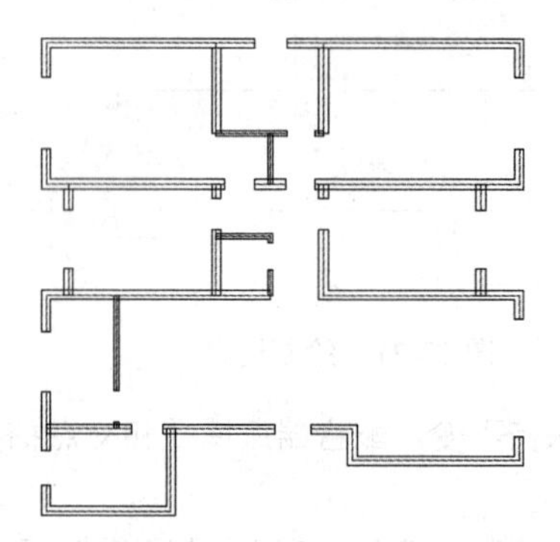
图 12-26　绘制其他非承重墙

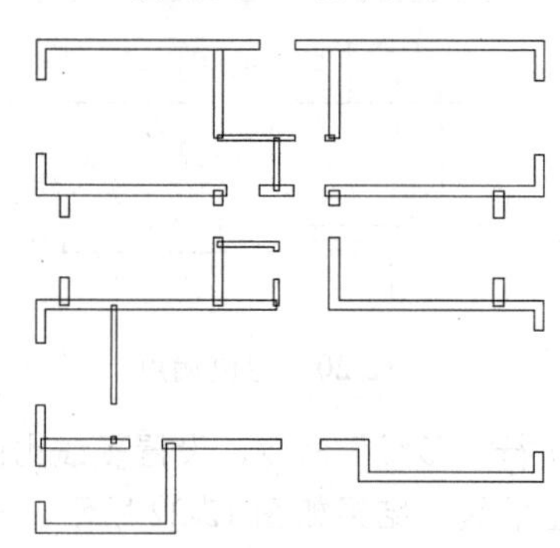
图 12-27　关闭"轴线层"后的显示

步骤08 单击菜单"修改"/"对象"/"多线"命令，在打开的"多线编辑工具"对话框内单击按钮，激活"T 形合并"功能，如图 12-28 所示。

步骤09 返回绘图区，在命令行"选择第一条多线:"提示下，选择如图 12-29 所示的墙线。

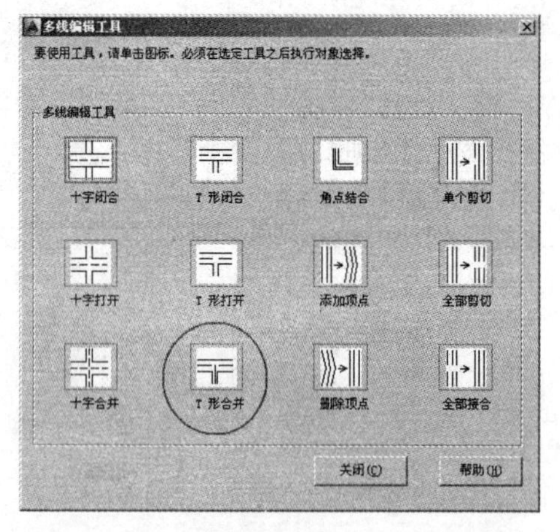

图 12-28　"多线编辑工具"对话框

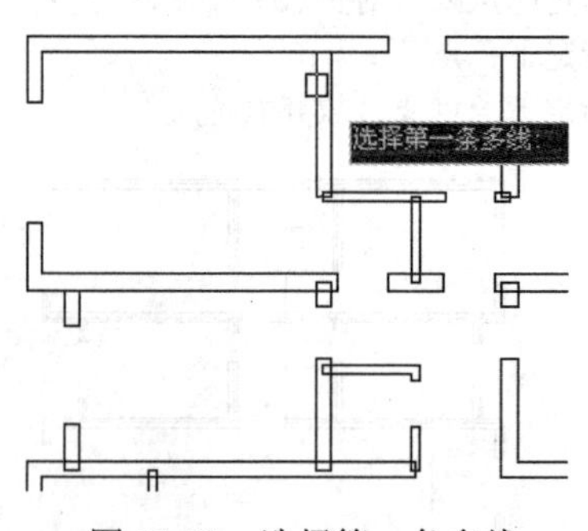

图 12-29　选择第一条多线

步骤10 在命令行"选择第二条多线:"提示下，选择如图 12-30 所示的墙线，结果这两条 T 形相交的多线被合并，如图 12-31 所示。

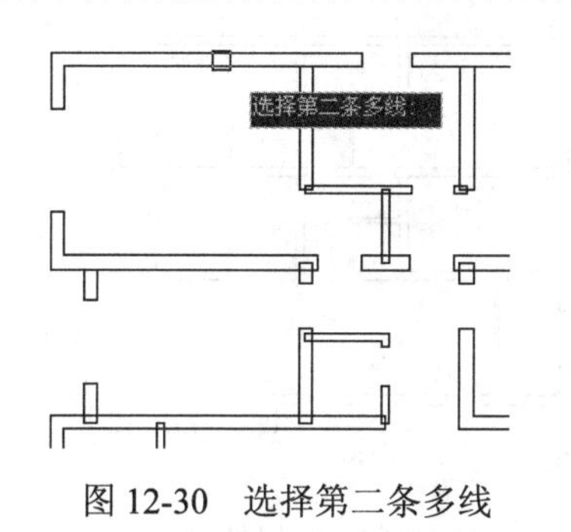

图 12-30　选择第二条多线

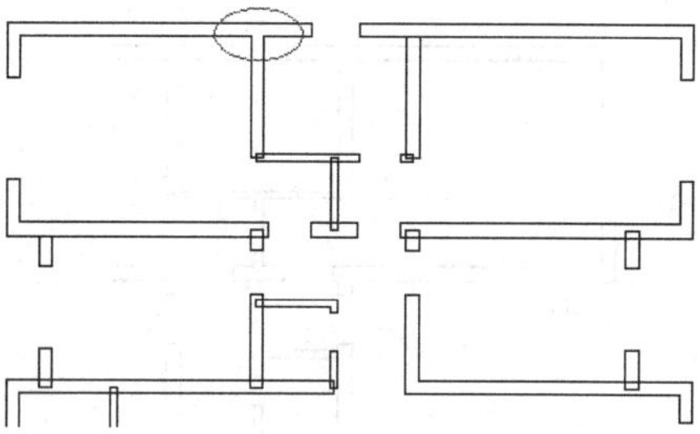

图 12-31　合并结果

步骤 11　继续在命令行“选择第一条多线或 [放弃（U）]:”提示下，分别选择其他位置 T 形墙线进行合并，合并结果如图 12-32 所示。

步骤 12　在任一墙线上双击，在打开的“多线编辑工具”对话框中激活“角点结合”功能，如图 12-33 所示。

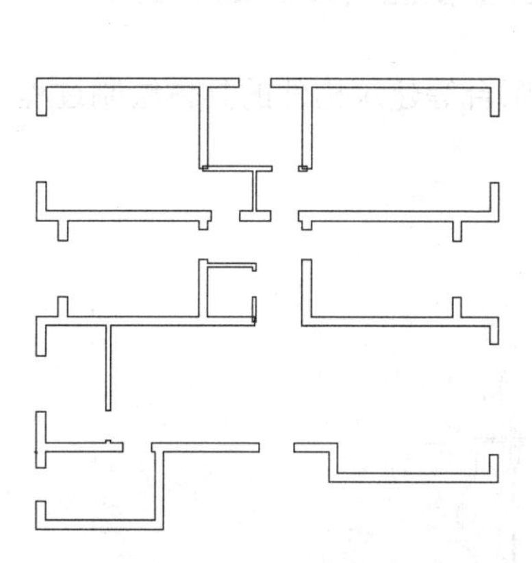

图 12-32　T 形合并其他墙线

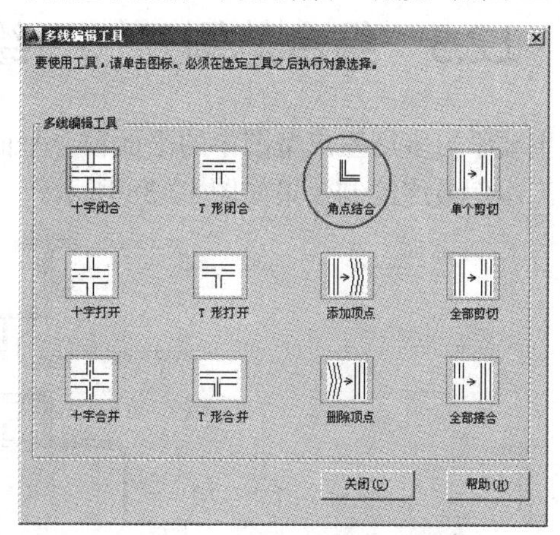

图 12-33　“多线编辑工具”对话框

步骤 13　返回绘图区，在命令行“选择第一条多线或 [放弃（U）]:”提示下，单击如图 12-34 所示的墙线。

步骤 14　在命令行“选择第二条多线:”提示下，选择如图 12-35 所示的墙线，结果这两条 T 形相交的多线被合并，如图 12-36 所示。

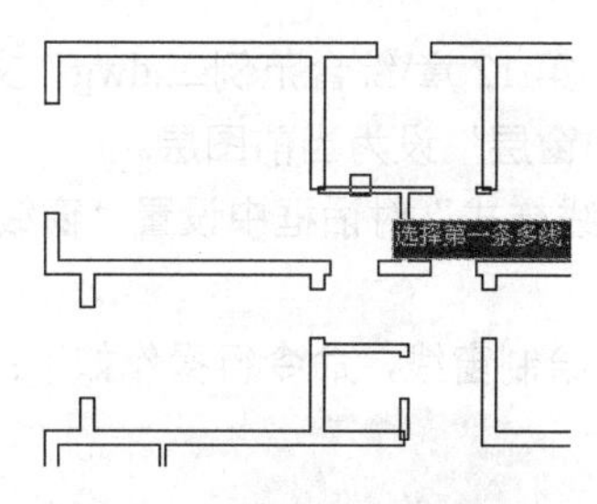

图 12-34　选择第一条多线

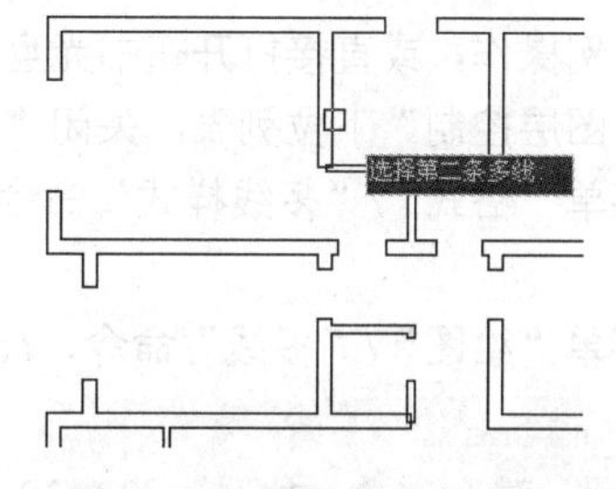

图 12-35　选择第二条多线

步骤 15　继续根据命令行的提示，分别对其他位置的拐角墙线进行编辑，编辑结果如图 12-37 所示。

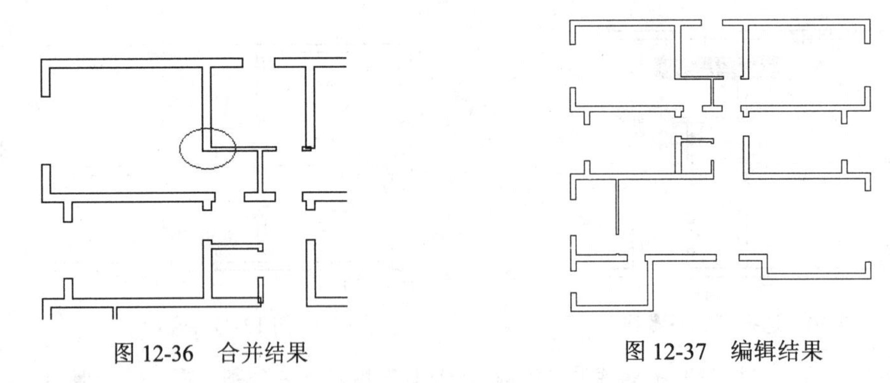

图 12-36　合并结果　　　　图 12-37　编辑结果

步骤 16　最后执行“另存为”命令，将图形命名存储为“综合范例二.dwg”。

12.5　综合范例三——绘制多居室门窗与阳台构件

本例主要学习多居室户型图中的平面窗、平面门、凸窗和阳台等建筑构件的具体绘制过程和相关绘图技巧。本例最终绘制效果如图 12-38 所示。

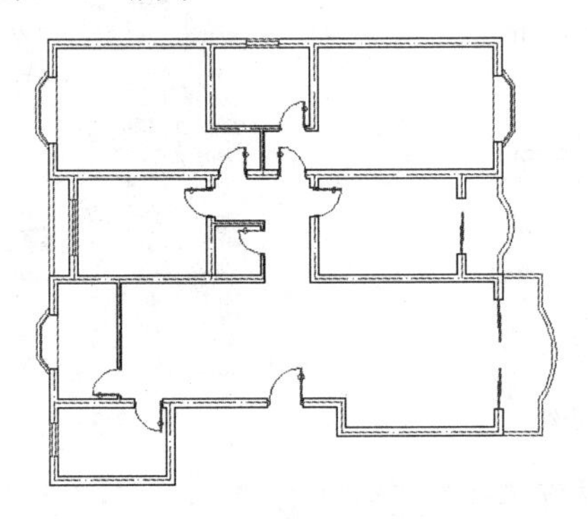

图 12-38　实例效果

操作步骤：

步骤 01　继续上例操作，或直接打开随书光盘中的“\效果文件\第 12 章\综合范例二.dwg”文件。

步骤 02　展开“图层控制”下拉列表，关闭“轴线层”，将“门窗层”设为当前图层。

步骤 03　单击菜单“格式”/“多线样式”命令，在打开的“多线样式”对话框中设置“窗线样式”为当前样式。

步骤 04　单击菜单“绘图”/“多线”命令，配合中点捕捉功能绘制窗线，命令行操作如下：

```
命令: _mline
当前设置: 对正 = 上, 比例 = 20.00, 样式 = 窗线样式
指定起点或 [对正(J)/比例(S)/样式(ST)]:           //s Enter
输入多线比例 <20.00>:                           //240 Enter
当前设置: 对正 = 上, 比例 = 240.00, 样式 = 窗线样式
指定起点或 [对正(J)/比例(S)/样式(ST)]:           //j Enter
输入对正类型 [上(T)/无(Z)/下(B)] <上>:           //z Enter
当前设置: 对正 = 无, 比例 = 240.00, 样式 = 窗线样式
```

```
指定起点或 [对正(J)/比例(S)/样式(ST)]:        //捕捉如图 12-39 所示中点
指定下一点:                                  //捕捉如 14-40 所示中点
指定下一点或 [放弃(U)]:                      // Enter，绘制结果如图 12-41 所示
```

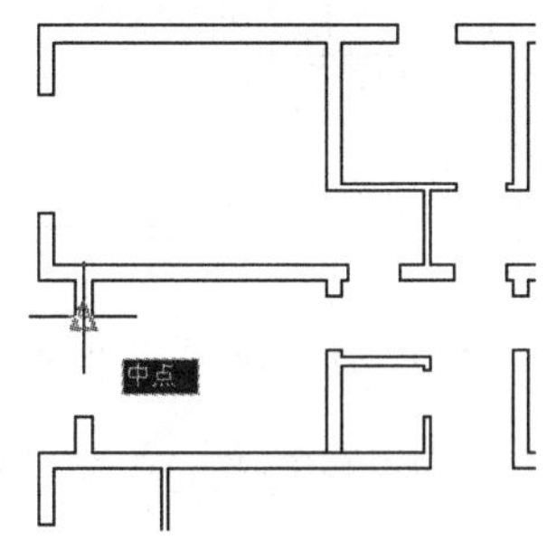

图 12-39　捕捉中点

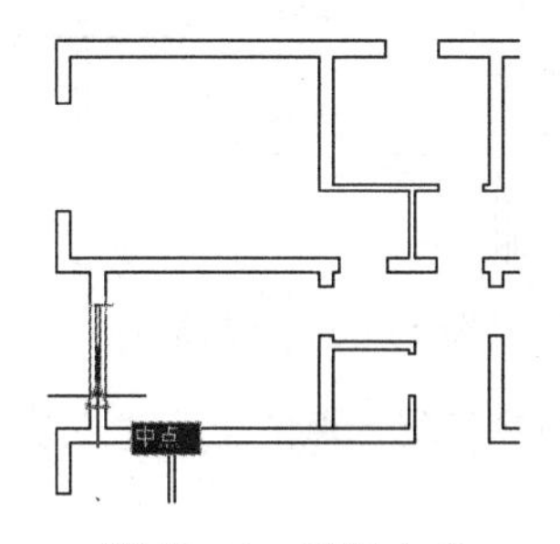

图 12-40　捕捉中点

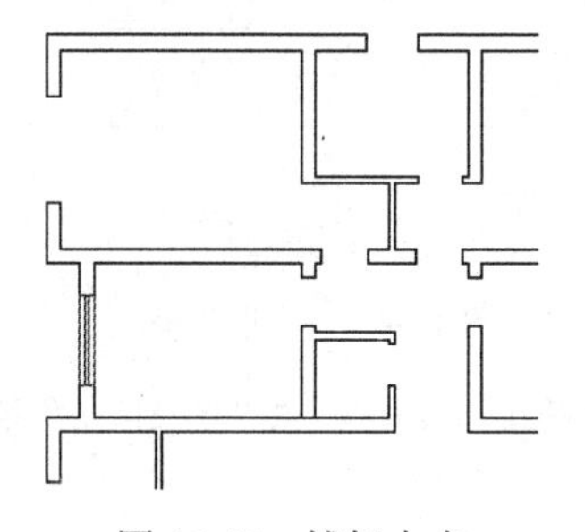
图 12-41　捕捉中点

步骤 05 重复上一步骤，设置多线比例和对正方式保持不变，配合中点捕捉绘制其他窗线，结果如图 12-42 所示。

步骤 06 单击菜单“绘图”/“多段线”命令，配合点的坐标输入功能绘制左侧的凸窗轮廓线。命令行操作如下：

```
命令: _pline
指定起点:                                                    //捕捉如图 12-43 所示的端点
当前线宽为 0
指定下一个点或 [圆弧(A)/半宽(H)/长度(L)/放弃(U)/宽度(W)]:          //@-250,-300 Enter
指定下一点或 [圆弧(A)/闭合(C)/半宽(H)/长度(L)/放弃(U)/宽度(W)]:  //@0,-1200 Enter
指定下一点或 [圆弧(A)/闭合(C)/半宽(H)/长度(L)/放弃(U)/宽度(W)]:  //@250,-300 Enter
指定下一点或 [圆弧(A)/闭合(C)/半宽(H)/长度(L)/放弃(U)/宽度(W)]:
// Enter，绘制结果如图 12-44 所示
```

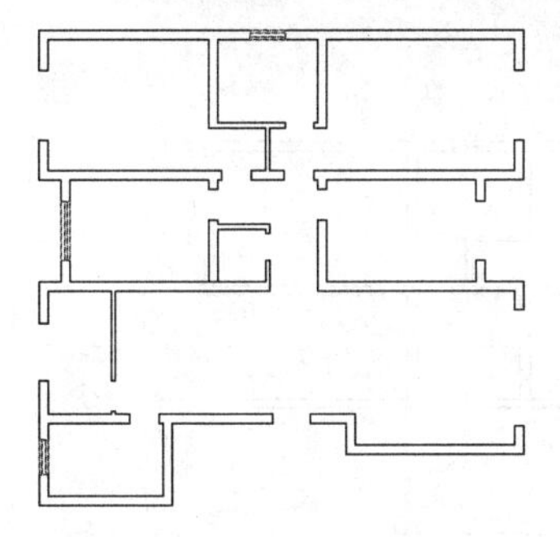
图 12-42　绘制其他窗线

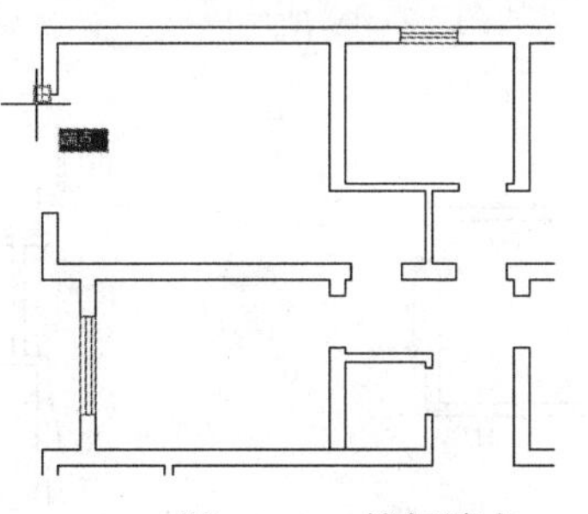
图 12-43　捕捉端点

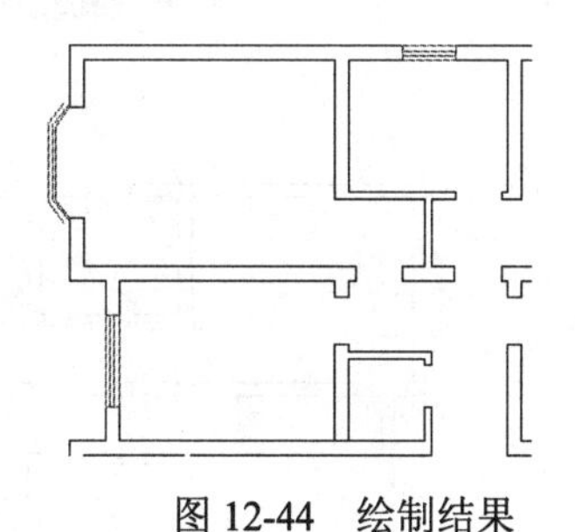
图 12-44　绘制结果

步骤 07 单击菜单“修改”/“延伸”命令，以外墙线作为延伸边界，对偏移出的窗线进行延伸，结果如图 12-45 所示。

步骤 08 重复执行“多段线”命令，绘制内部的轮廓线，结果如图 12-46 所示。

步骤 09 参照 6～8 操作步骤，综合使用“多段线”、“延伸”和“偏移”命令，绘制其他位置的凸窗，结果如图 12-47 所示。

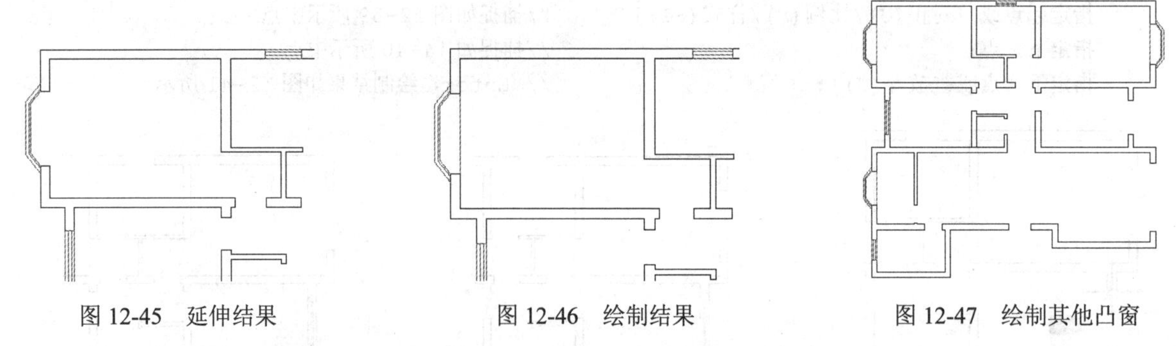

图 12-45 延伸结果　　图 12-46 绘制结果　　图 12-47 绘制其他凸窗

步骤 10 单击菜单“绘图”/“多段线”命令，配合点的坐标输入功能绘制右侧的阳台轮廓线。命令行操作如下：

```
命令: _pline
指定起点:                                      //捕捉如图 12-48 所示的端点
当前线宽为 0
指定下一个点或 [圆弧(A)/半宽(H)/长度(L)/放弃(U)/宽度(W)]:          //@1120,0 Enter
指定下一点或 [圆弧(A)/闭合(C)/半宽(H)/长度(L)/放弃(U)/宽度(W)]: //@0,-920 Enter
指定下一点或 [圆弧(A)/闭合(C)/半宽(H)/长度(L)/放弃(U)/宽度(W)]: //a Enter
指定圆弧的端点或[角度(A)/圆心(CE)/闭合(CL)/方向(D)/半宽(H)/直线(L)/半径(R)/第二个点
(S)/放弃(U)/宽度(W)]:                          //s Enter
指定圆弧上的第二个点:                          //@405,-1300 Enter
指定圆弧的端点:                                //@-405,-1300 Enter
指定圆弧的端点或[角度(A)/圆心(CE)/闭合(CL)/方向(D)/半宽(H)/直线(L)/半径(R)/第二个点
(S)/放弃(U)/宽度(W)]:  //l Enter
指定下一点或 [圆弧(A)/闭合(C)/半宽(H)/长度(L)/放弃(U)/宽度(W)]: //@0,-920 Enter
指定下一点或 [圆弧(A)/闭合(C)/半宽(H)/长度(L)/放弃(U)/宽度(W)]: //@-1120,0 Enter
指定下一点或 [圆弧(A)/闭合(C)/半宽(H)/长度(L)/放弃(U)/宽度(W)]:
// Enter，结束命令，绘制结果如图 12-49 所示
```

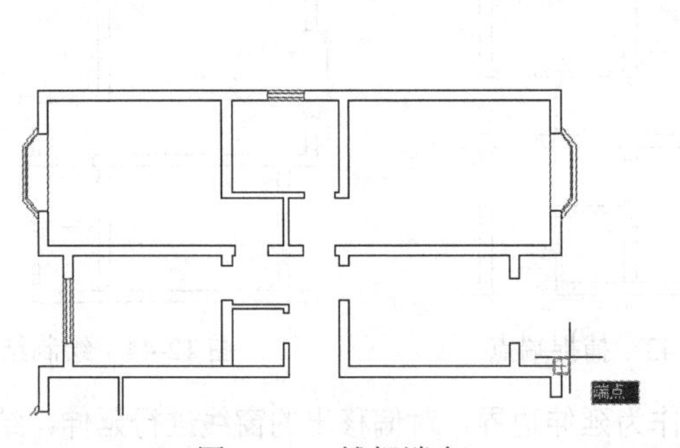

图 12-48 捕捉端点

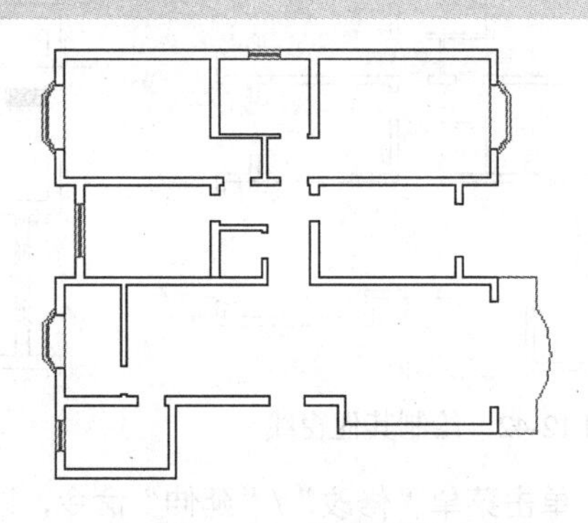

图 12-49 绘制结果

步骤 11 使用快捷键 O 执行“偏移”命令，将刚绘制的阳台轮廓线向内偏移 120 个单位，结果如图 12-50 所示。

步骤 12 单击菜单“绘图”/“多段线”命令，配合点的坐标输入功能绘制右上侧的阳台轮廓线。命令行操作如下：

```
命令: _pline
```

```
指定起点:                                    //捕捉如图 12-51 所示的端点
当前线宽为 0
指定下一个点或 [圆弧(A)/半宽(H)/长度(L)/放弃(U)/宽度(W)]:    //@0,-450 Enter
指定下一点或 [圆弧(A)/闭合(C)/半宽(H)/长度(L)/放弃(U)/宽度(W)]: //a Enter
指定圆弧的端点或[角度(A)/圆心(CE)/闭合(CL)/方向(D)/半宽(H)/直线(L)/半径(R)/第二个点
(S)/放弃(U)/宽度(W)]:   //s Enter
指定圆弧上的第二个点:                          //@315,-850 Enter
指定圆弧的端点:                               //@-315,-850 Enter
指定圆弧的端点或[角度(A)/圆心(CE)/闭合(CL)/方向(D)/半宽(H)/直线(L)/半径(R)/第二个点
(S)/放弃(U)/宽度(W)]:                         //l Enter
指定下一点或 [圆弧(A)/闭合(C)/半宽(H)/长度(L)/放弃(U)/宽度(W)]: //@0,-450 Enter
指定下一点或 [圆弧(A)/闭合(C)/半宽(H)/长度(L)/放弃(U)/宽度(W)]:
 //Enter，结束命令，绘制结果如图 12-52 所示
```

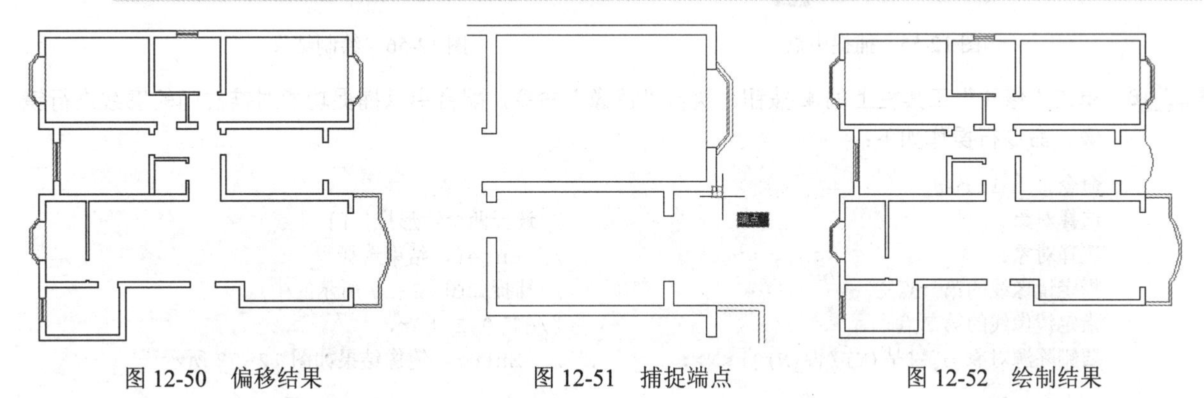

图 12-50　偏移结果　　图 12-51　捕捉端点　　图 12-52　绘制结果

步骤 13 使用快捷键 O 执行“偏移”命令，将刚绘制的阳台轮廓线向内偏移 120 个单位，结果如图 12-53 所示。

步骤 14 接下来重复执行“多段线”命令，绘制左侧的两条垂直轮廓线，结果如图 12-54 所示。

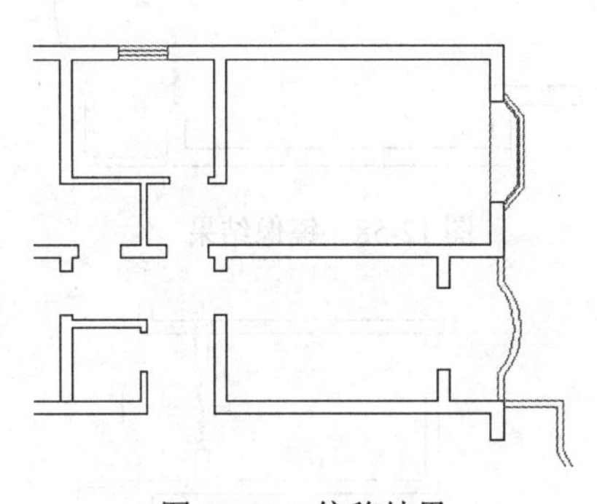

图 12-53　偏移结果

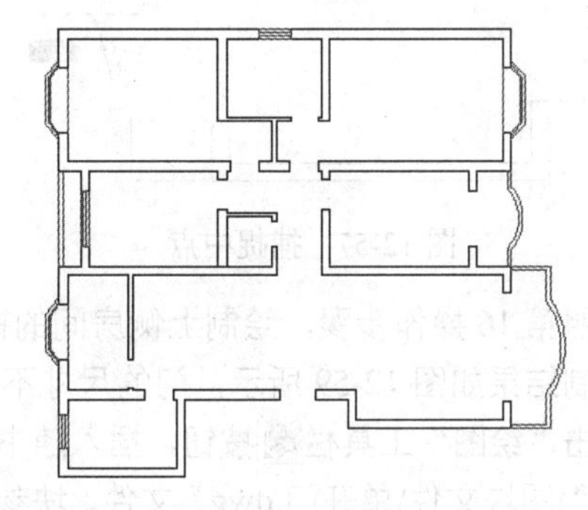

图 12-54　绘制结果

步骤 15 单击菜单“绘图”/“矩形”命令，配合中点捕捉功能绘制推拉门轮廓线。命令行操作如下：

```
命令: _rectang
指定第一个角点或 [倒角(C)/标高(E)/圆角(F)/厚度(T)/宽度(W)]: //激活“捕捉自”功能
_from 基点:                                   //捕捉如图 12-55 所示的中点
<偏移>:                                       //@-20,0
指定另一个角点或 [面积(A)/尺寸(D)/旋转(R)]: @40,750 Enter
```

```
命令: _rectang
指定第一个角点或 [倒角(C)/标高(E)/圆角(F)/厚度(T)/宽度(W)]:
                //捕捉刚绘制的矩形右侧垂直边中点
指定另一个角点或 [面积(A)/尺寸(D)/旋转(R)]:
//@40,750 Enter，绘制结果如图 12-56 所示
```

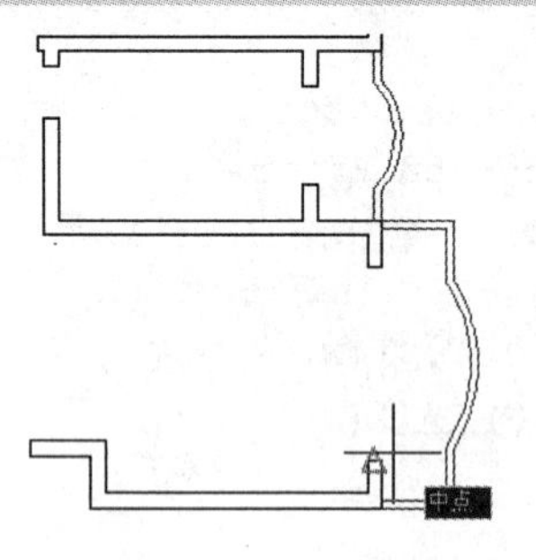

图 12-55　捕捉中点

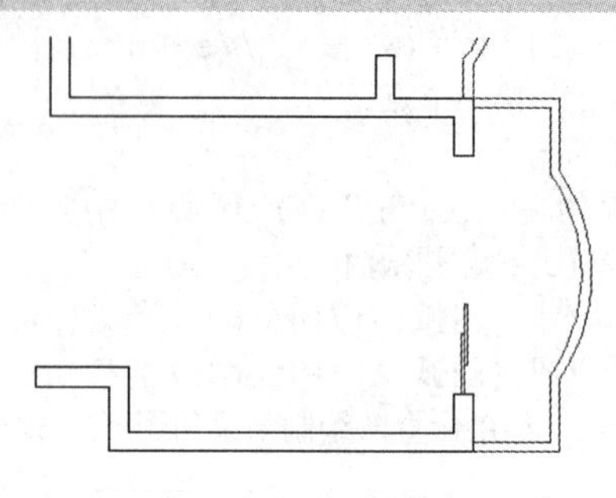

图 12-56　绘制结果

步骤 16　单击“修改”工具栏上的按钮，执行“镜像”命令，配合中点捕捉功能对推拉门轮廓线进行镜像。命令行操作如下：

```
命令: _mirror
选择对象:                                  //选择两个矩形推拉门
选择对象:                                  // Enter，结束选择
指定镜像线的第一点:                        //捕捉如图 12-57 所示的中点
指定镜像线的第二点:                        //@1,0 Enter，
要删除源对象吗？[是(Y)/否(N)] <N>:         // Enter，镜像结果如图 12-58 所示
```

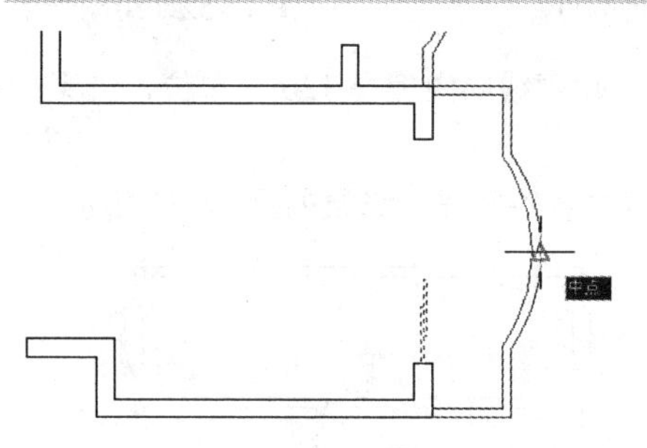

图 12-57　捕捉中点

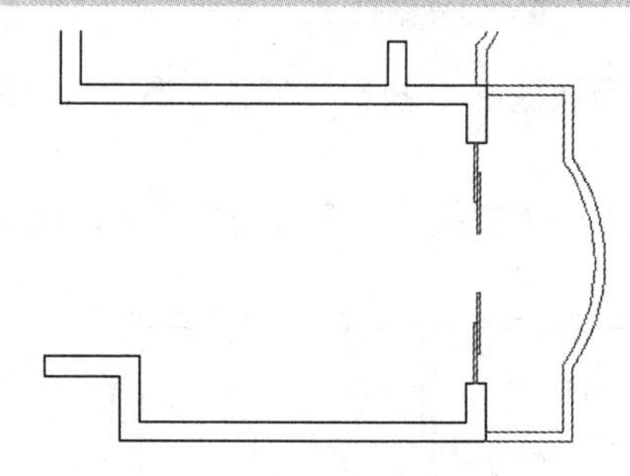

图 12-58　镜像结果

步骤 17　参照第 16 操作步骤，绘制上侧房间的推拉门，绘制结果如图 12-59 所示，门的尺寸不变。

步骤 18　单击“绘图”工具栏按钮，插入随书光盘中的“\图块文件\单开门.dwg”文件，块参数设置如图 12-60 所示，插入点如图 12-61 所示。

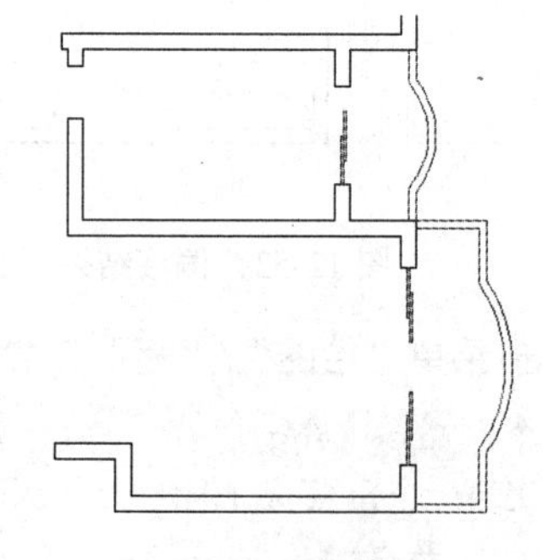

图 12-59　绘制结果

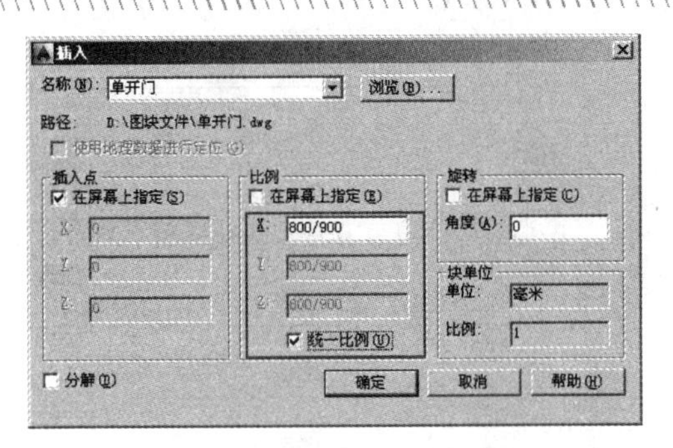

图 12-60　设置参数

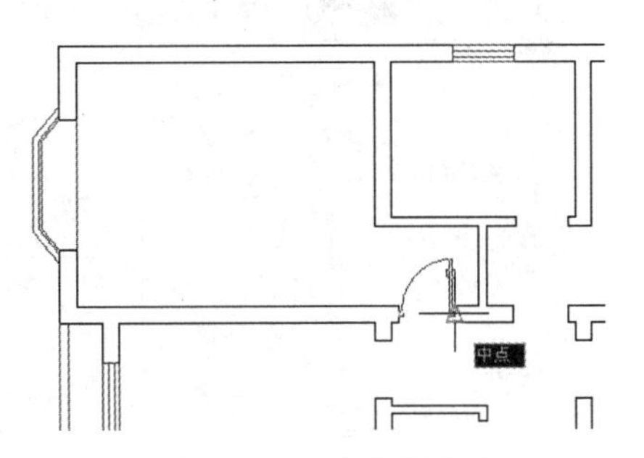

图 12-61　定位插入点

步骤 19　重复执行“插入块”命令，设置插入参数如图 12-62 所示，插入点如图 12-63 所示。

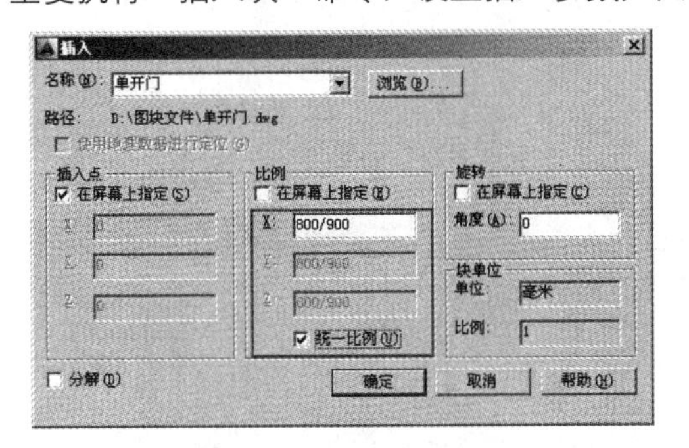

图 12-62　设置参数

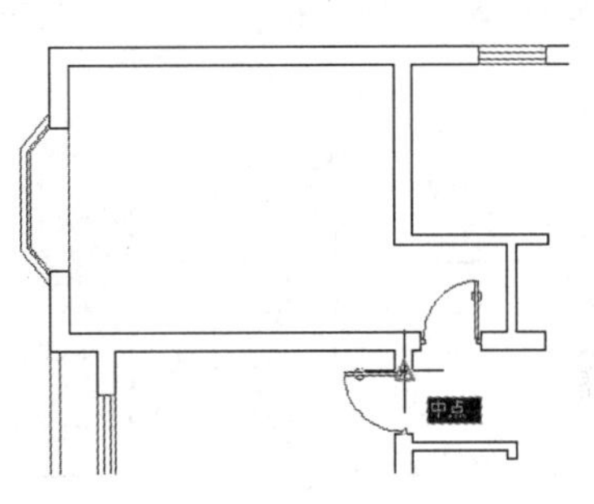

图 12-63　定位插入点

步骤 20　重复执行“插入块”命令，设置插入参数如图 12-64 所示，插入点如图 12-65 所示。

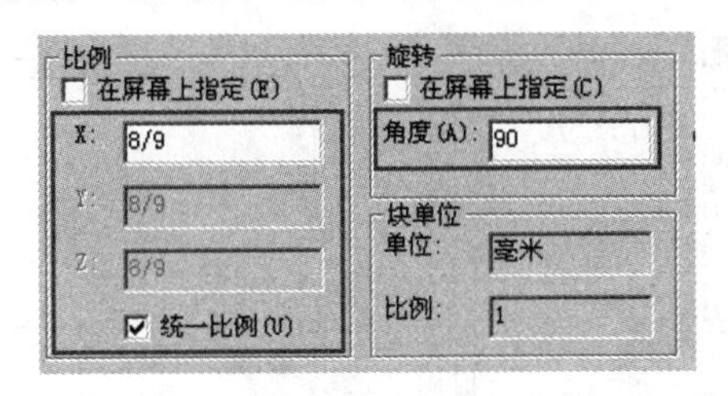

图 12-64　设置参数

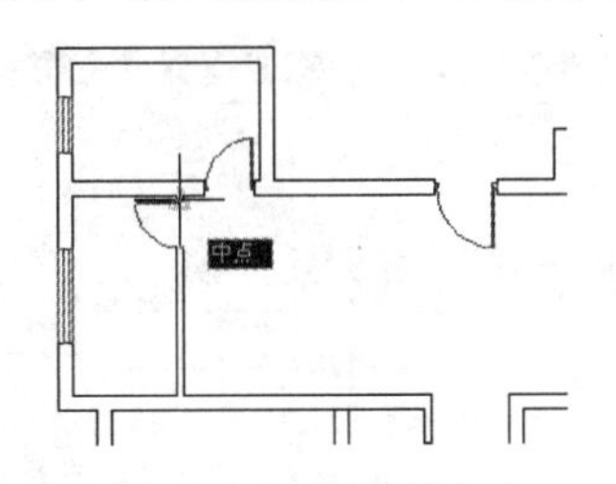

图 12-65　定位插入点

步骤 21　使用快捷键 MI 执行“镜像”命令，选择两个单开门块进行镜像，镜像线上的点为图 12-66 所示的中点，镜像结果如图 12-67 所示。

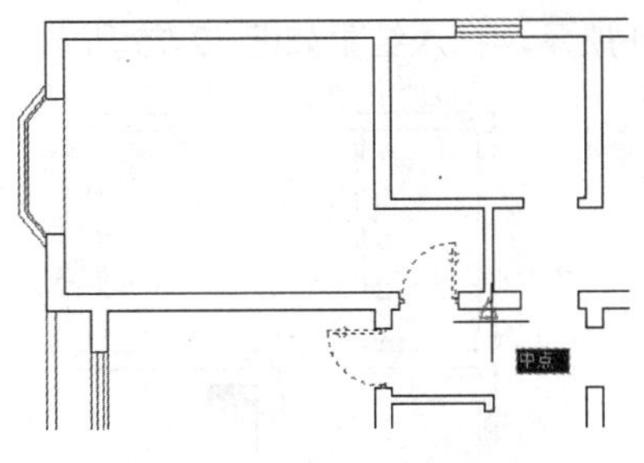

图 12-66　捕捉中点

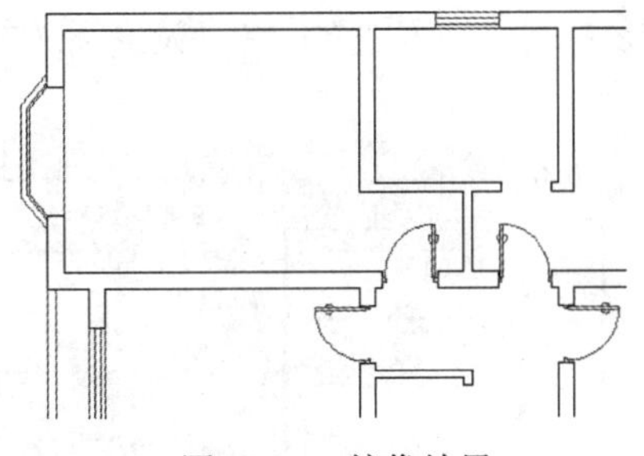

图 12-67　镜像结果

步骤 22　重复执行“插入块”命令，设置插入参数如图 12-68 所示，插入结果如图 12-69 所示。

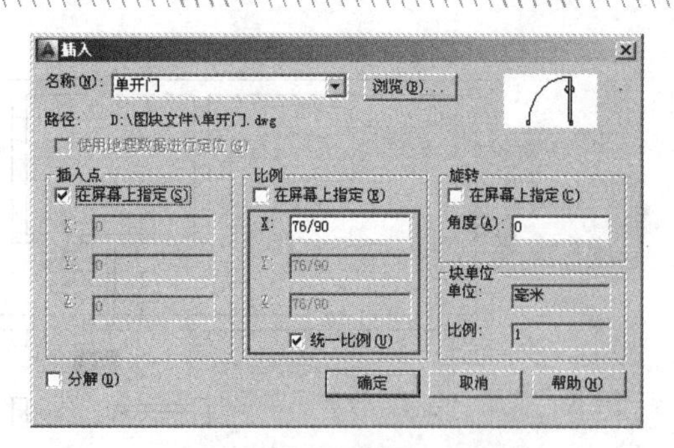

图 12-68　设置参数

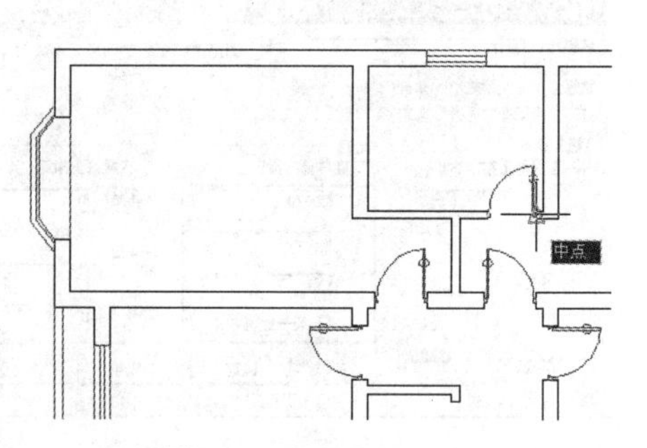

图 12-69　定位插入点

步骤 23　重复执行“插入块”命令，设置插入参数如图 12-70 所示，插入结果如图 12-71 所示。

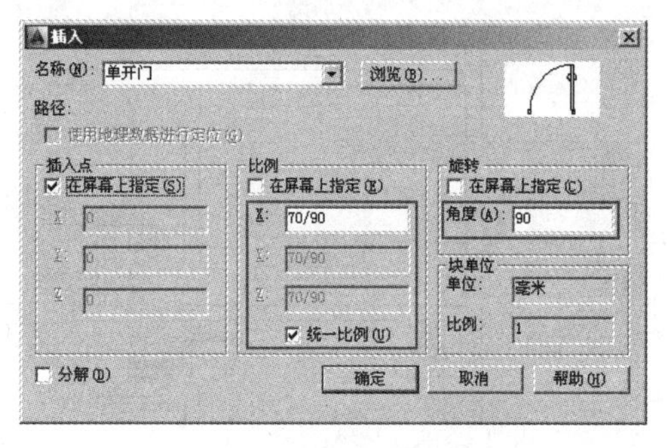

图 12-70　设置参数

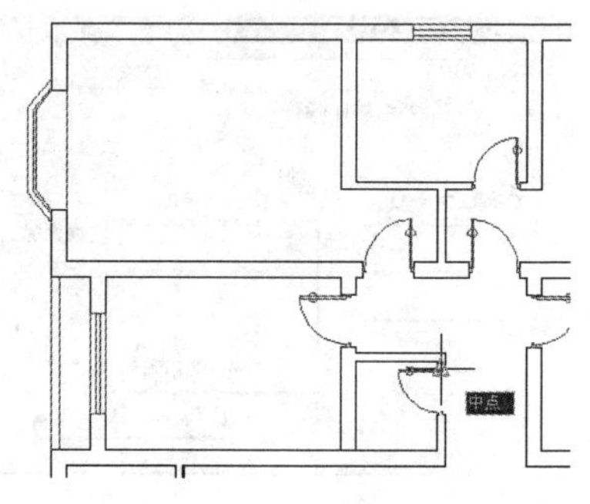

图 12-71　定位插入点

步骤 24　重复执行“插入块”命令，设置插入参数如图 12-72 所示，插入结果如图 12-73 所示。

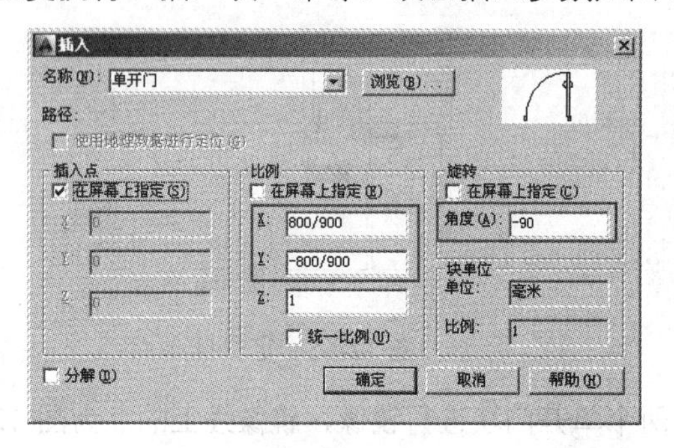

图 12-72　设置参数

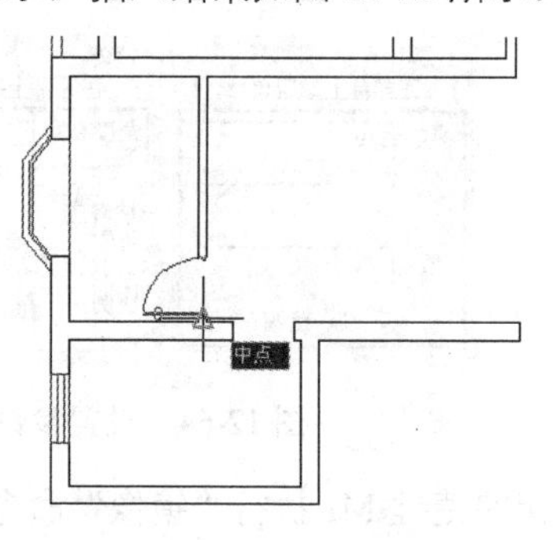

图 12-73　定位插入点

步骤 25　重复执行“插入块”命令，设置插入参数如图 12-74 所示，插入结果如图 12-75 所示。

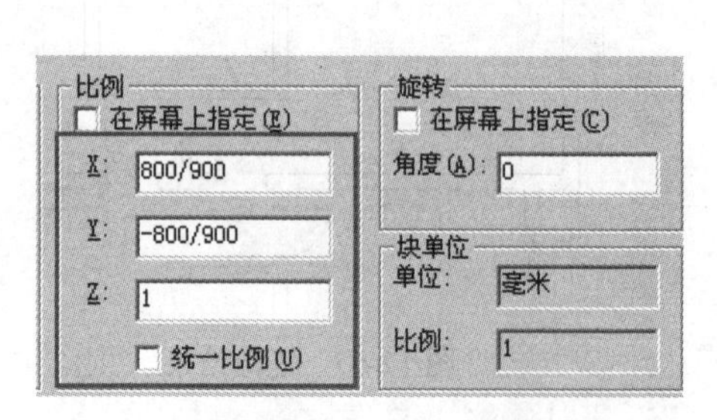

图 12-74　设置参数

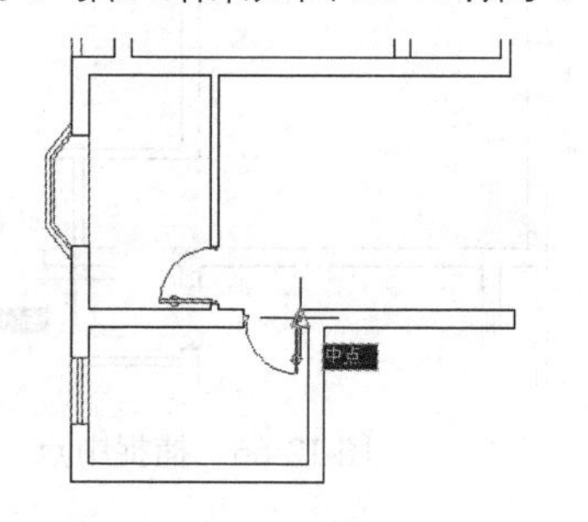

图 12-75　定位插入点

步骤 26　重复执行“插入块”命令，设置插入参数如图 12-76 所示，插入结果如图 12-77 所示。

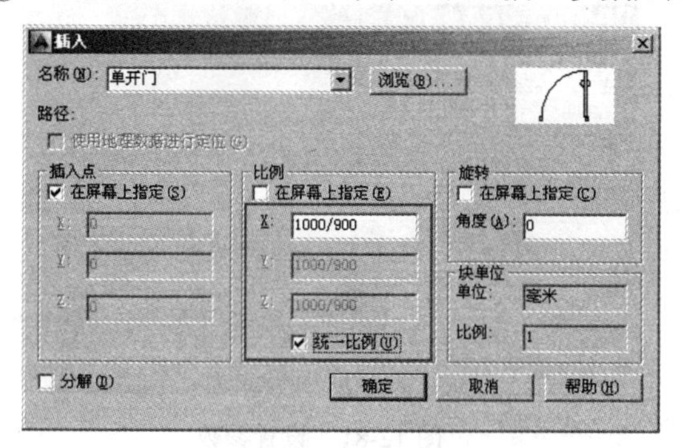

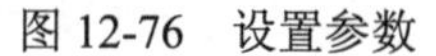
图 12-76　设置参数

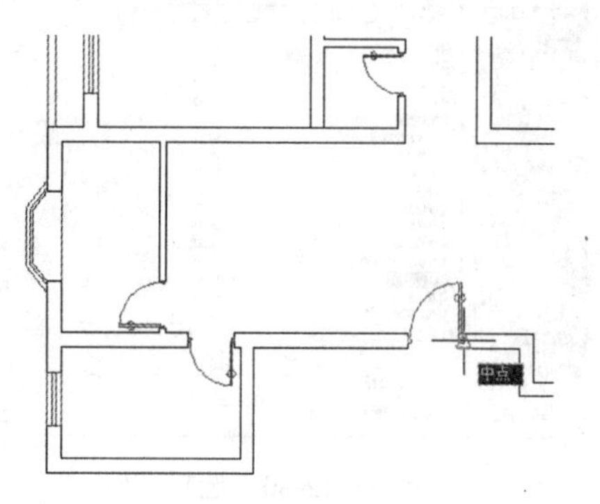

图 12-77　定位插入点

步骤 27　调整视图，使平面图全部显示，结果如图 12-78 所示。

步骤 28　最后执行“另存为”命令，将图形命名存储为“综合范例三.dwg”。

12.6　综合范例四——绘制多居室空间装修布置图

本例主要学习多居室空间装修家具布置图的具体绘制过程和相关绘图技巧。多居室户型装修家具布置图的最终绘制效果如图 12-79 所示。

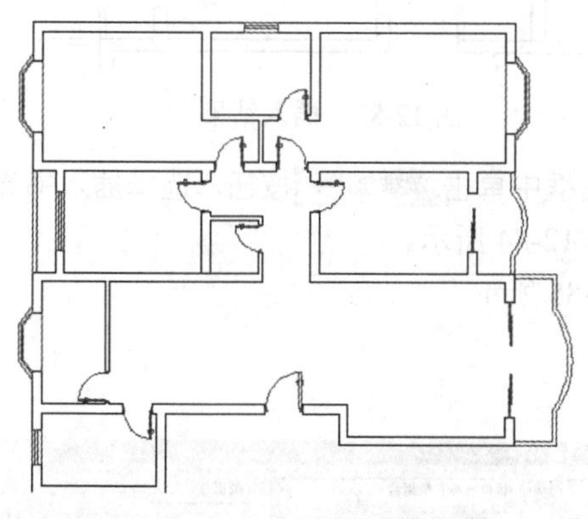

图 12-78　调整视图

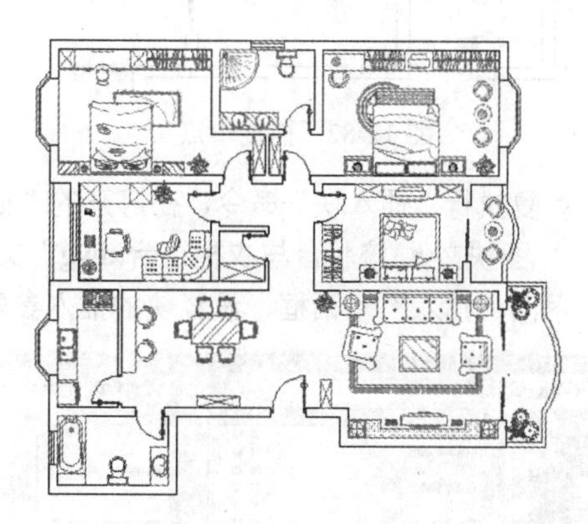

图 12-79　实例效果

操作步骤：

步骤 01　继续上例操作，或直接打开随书光盘中的“\效果文件\第 12 章\综合范例三.dwg”文件。

步骤 02　执行“图层”命令，在打开的“图层特性管理器”对话框中双击“家具层”，将此图层设置为当前图层。

步骤 03　单击“绘图”工具栏上的按钮，在打开的“插入”对话框中单击 浏览(B)... 按钮，打开“选择图形文件”对话框。

步骤 04　在“选择图形文件”对话框中选择随书光盘中的“\图块文件\双人床 01.dwg”文件，如图 12-80 所示。

步骤 05　在“选择图形文件”对话框中单击 打开(O) 按钮，返回“插入”对话框，设置块的插入参数如图 12-81 所示。

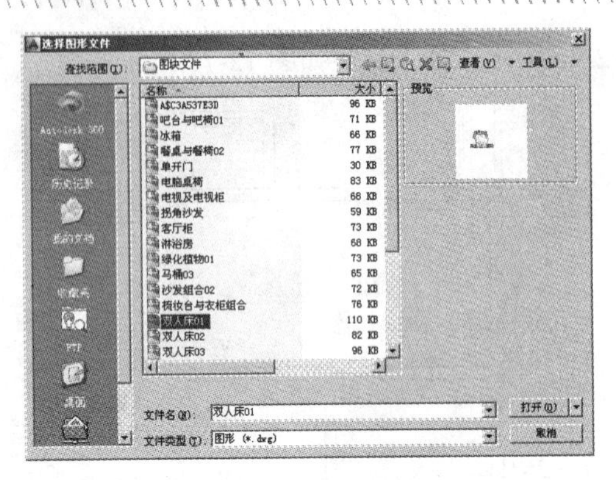

图 12-80　选择文件

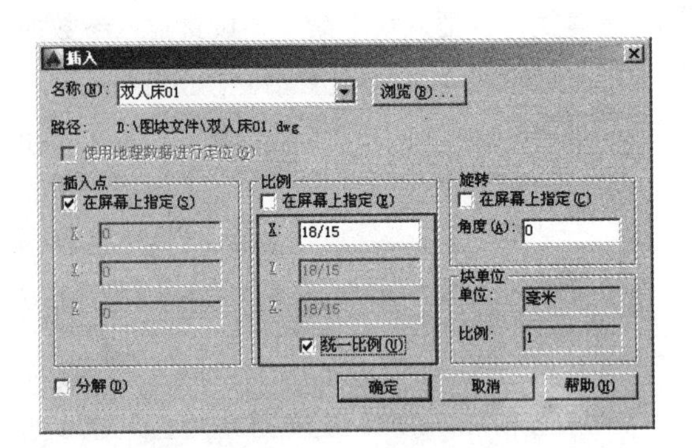

图 12-81　设置参数

步骤 06 返回绘图区，在命令行“指定插入点或 [基点(B)/比例(S)/旋转(R)]:”提示下，捕捉如图 12-82 所示的中点作为插入点，将其插入到卧室房间内，插入结果如图 12-83 所示。

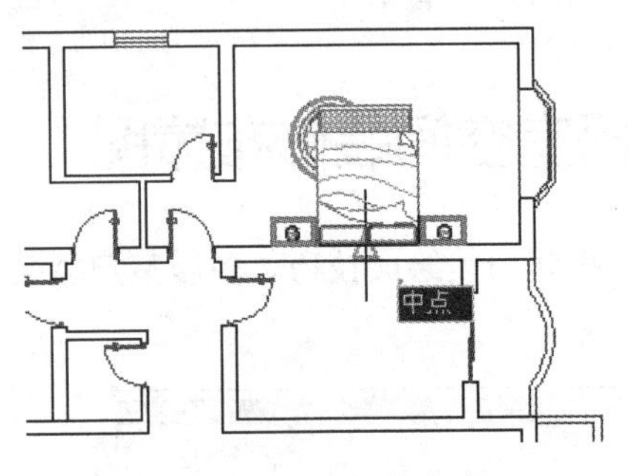

图 12-82　捕捉中点

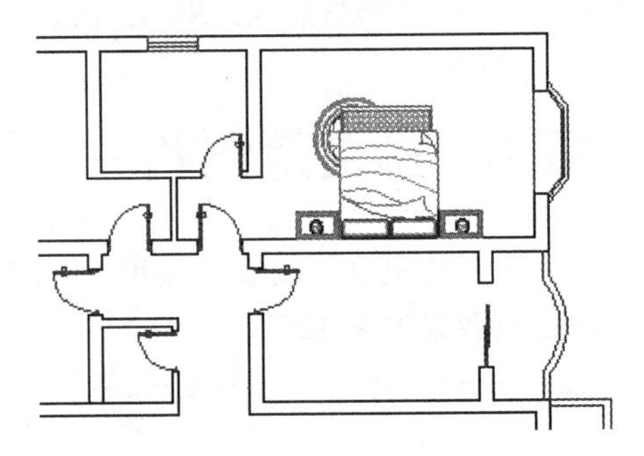

图 12-83　插入结果

步骤 07 重复执行“插入块”命令，在打开的“插入”对话框中单击 浏览(B)... 按钮，选择插入书光盘中的“\图块文件\梳妆台与衣柜组合.dwg”文件，如图 12-84 所示。

步骤 08 返回“插入”对话框，设置块的插入参数如图 12-85 所示。

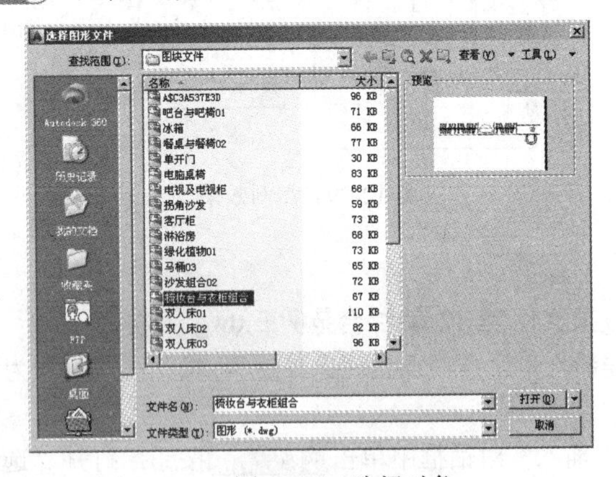

图 12-84　选择对象

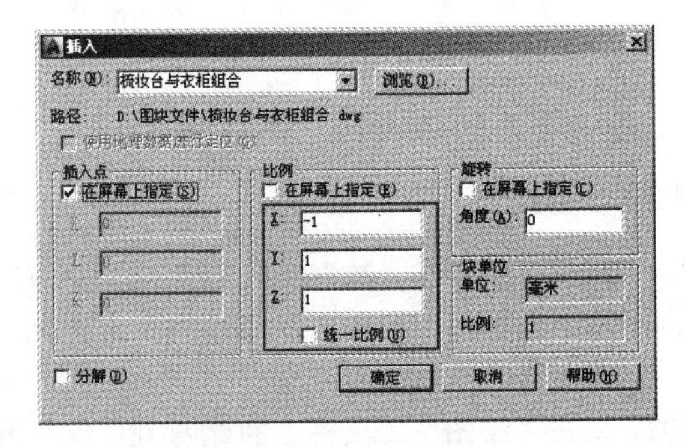

图 12-85　设置参数

步骤 09 返回绘图区，在命令行“指定插入点或 [基点(B)/比例(S)/X/Y/Z/旋转(R)]:”提示下，捕捉如图 12-86 所示的端点作为插入点，插入结果如图 12-87 所示。

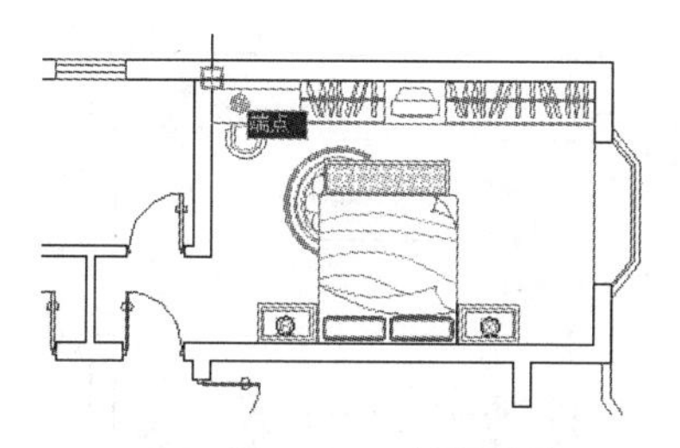

图 12-86　捕捉端点

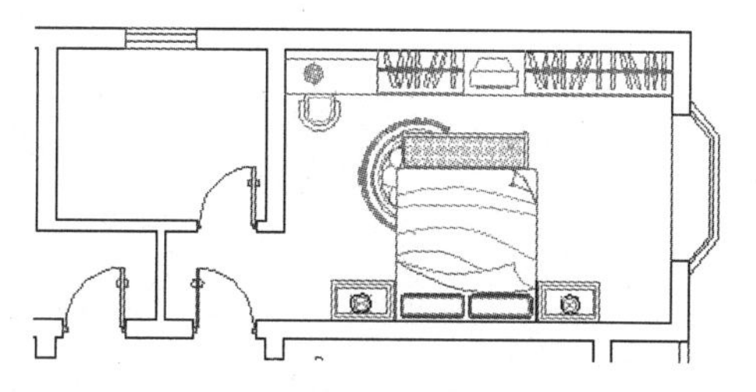

图 12-87　插入结果

步骤 10　重复执行“插入块”命令，选择随书光盘中的“\图块文件\休闲桌椅 03.dwg”文件，如图 12-88 所示，然后以默认参数插入到平面图中，结果如图 12-89 所示。

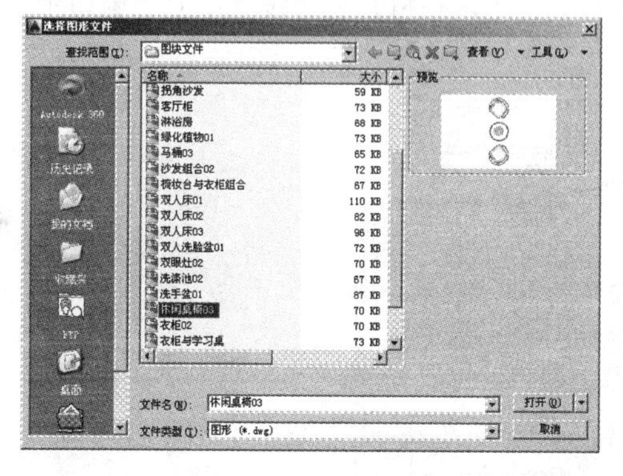

图 12-88　选择文件

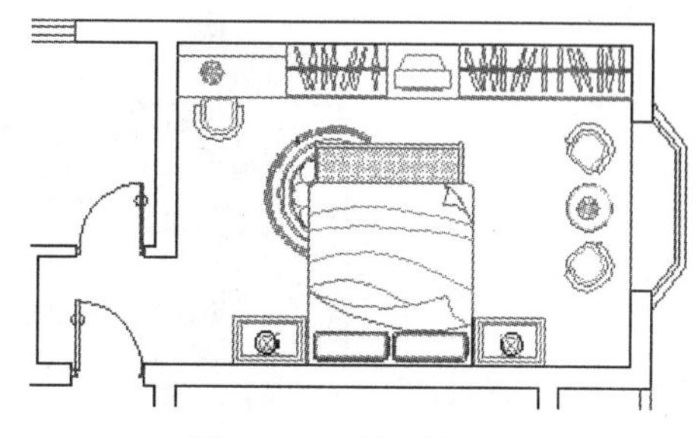

图 12-89　插入结果

步骤 11　重复执行“插入块”命令，分别以默认参数插入光盘中的“\图块文件\”目录下的“绿化植物 01.dwg”文件，结果如图 12-90 所示。

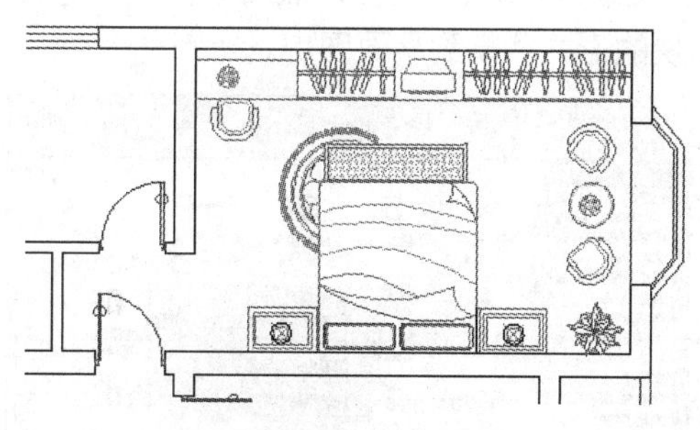

图 12-90　插入结果

步骤 12　单击菜单“绘图”/“多段线”命令，配合坐标输入功能绘制鞋柜示意图。命令行操作如下：

```
命令：_pline
指定起点：                                          //捕捉如图 12-91 所示的端点
当前线宽为 0
指定下一个点或 [圆弧(A)/半宽(H)/长度(L)/放弃(U)/宽度(W)]：        //@320,1100 Enter
指定下一点或 [圆弧(A)/闭合(C)/半宽(H)/长度(L)/放弃(U)/宽度(W)]： //@0,-1100 Enter
指定下一点或 [圆弧(A)/闭合(C)/半宽(H)/长度(L)/放弃(U)/宽度(W)]： //@-320,1100 Enter
指定下一点或 [圆弧(A)/闭合(C)/半宽(H)/长度(L)/放弃(U)/宽度(W)]：
// Enter，结果如图 12-92 所示
```

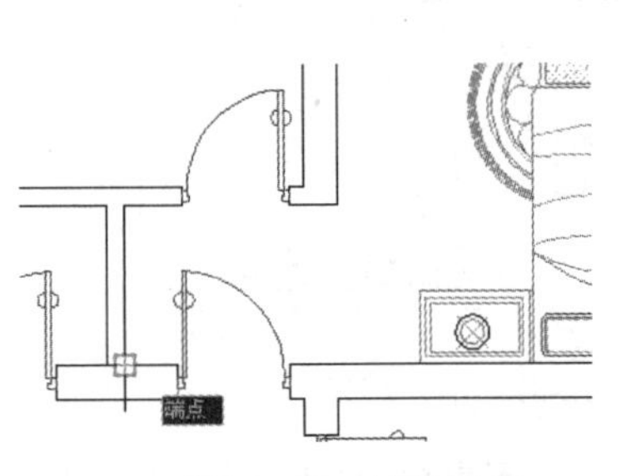

图 12-91　捕捉端点

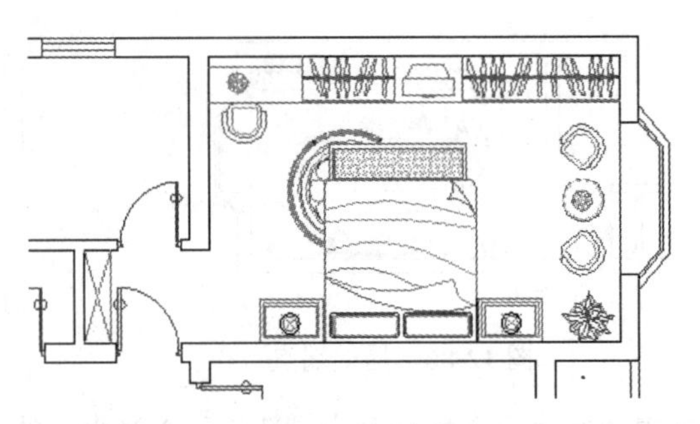

图 12-92　绘制结果

步骤 13　单击“标准”工具栏上的▦按钮，执行“设计中心”命令，在打开的“设计中心”窗口中定位随书光盘中的“图块文件”文件夹，如图 12-93 所示。

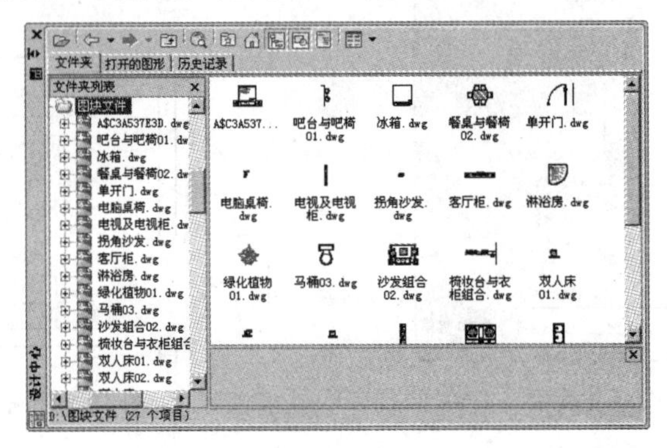

图 12-93　定位目标文件夹

步骤 14　在右侧的窗口中选择“双人床 03.dwg”文件，然后单击鼠标右键选择“插入为块”选项，如图 12-94 所示，将此图形以块的形式共享到平面图中。

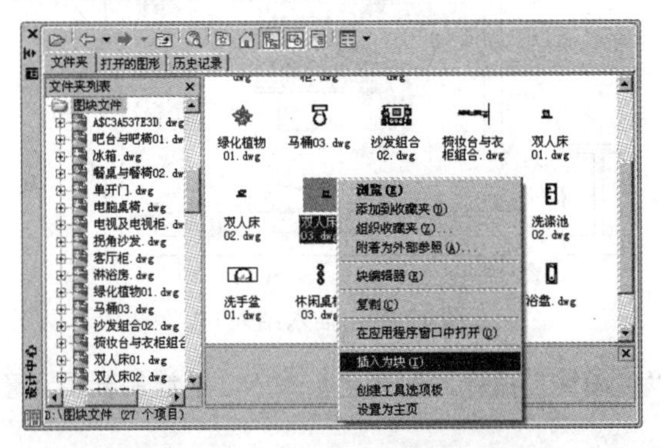

图 12-94　选择“插入为块”功能

步骤 15　此时打开“插入”对话框，以默认参数将此图块插入到主卧室内，在命令行“指定插入点或 [基点(B)/比例(S)/X/Y/Z/旋转(R)]:”提示下，向左引出图 12-95 所示的追踪虚线，输入 2420 后按 Enter 键，插入结果如图 12-96 所示。

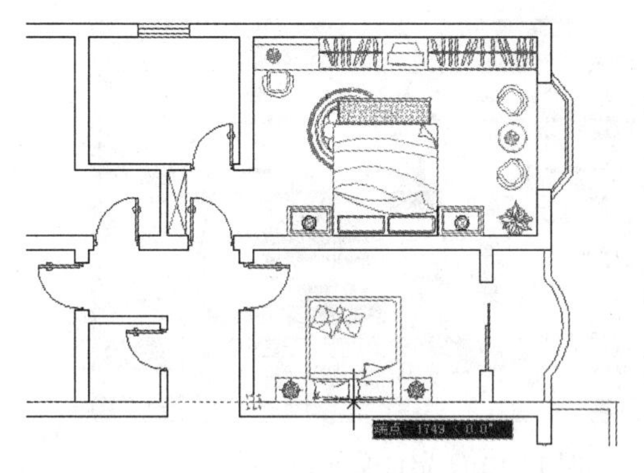

图 12-95　引出对象追踪虚线

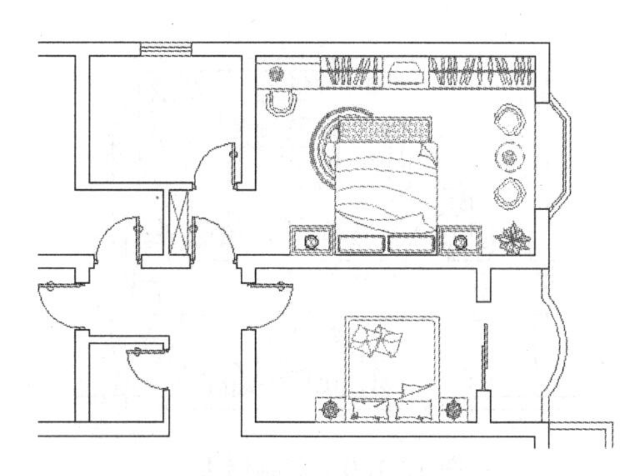

图 12-96　插入结果

步骤 16 在“设计中心”右侧的窗口中向下移动滑块，找到“衣柜 02.dwg”文件并选择，如图 12-97 所示。

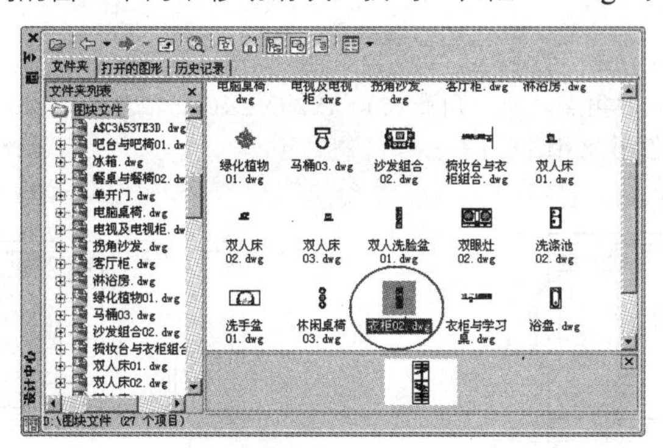

图 12-97　定位文件

步骤 17 按住鼠标左键不放，将其拖曳至平面图中，配合捕捉与追踪功能，将平面沙发床插入到平面图中。命令行操作如下：

```
命令： _-INSERT 输入块名或 [?]: "D:\图块文件\衣柜 02.dwg "
指定插入点或 [基点(B)/比例(S)/X/Y/Z/旋转(R)]:              //捕捉如图 12-98 所示的端点
输入 X 比例因子，指定对角点，或 [角点(C)/XYZ(XYZ)] <1>:   // Enter
输入 Y 比例因子或 <使用 X 比例因子>:                       // Enter，插入结果如图 12-99 所示
```

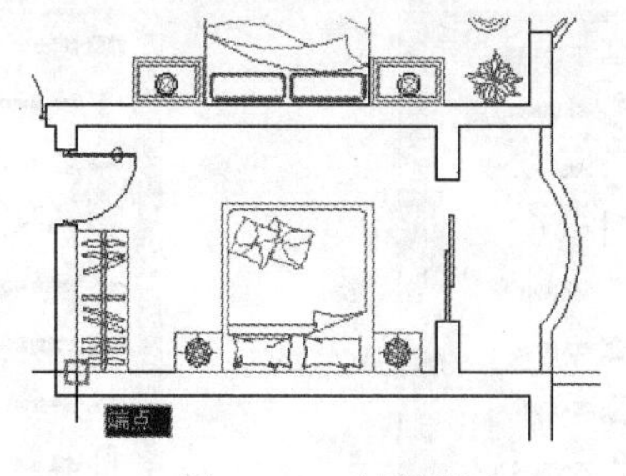

图 12-98　捕捉端点

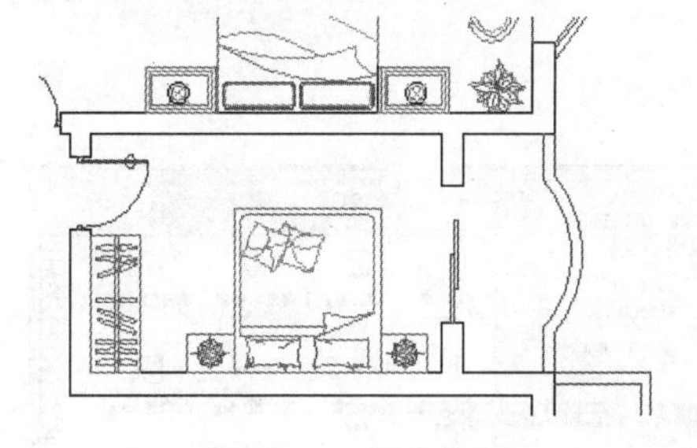

图 12-99　插入结果

步骤 18 单击菜单“修改”/“复制”命令，将北卧室位置的休闲桌椅图块复制到阳台位置，如图 12-100 所示。

步骤 19 在“设计中心”右侧窗口中定位“电视及电视柜.dwg”图块，然后单击鼠标右键，选择如图 12-101 所示的“复制”命令。

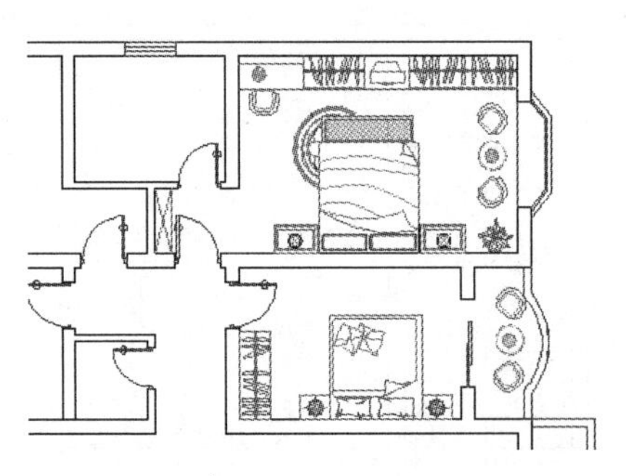

图 12-100　复制结果

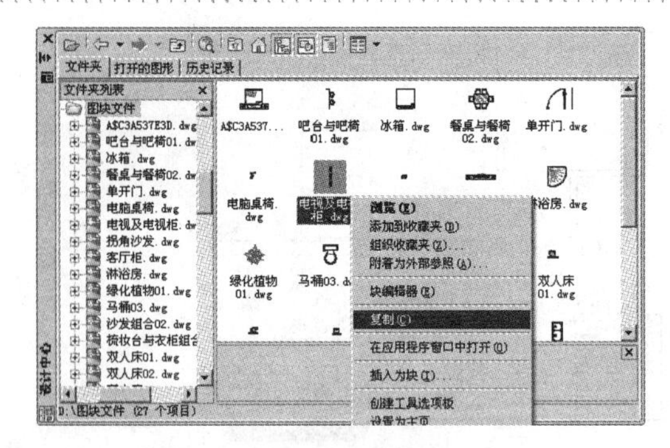

图 12-101　定位文件并复制

步骤 20 返回绘图区，然后执行“粘贴”命令，将此图块粘贴到平面图中。命令行操作如下：

```
命令: _pasteclip
指定插入点或 [基点(B)/比例(S)/X/Y/Z/旋转(R)]:                    //捕捉如图 12-102 所示的端点
输入 X 比例因子，指定对角点，或 [角点(C)/XYZ(XYZ)] <1>:  //Enter
输入 Y 比例因子或 <使用 X 比例因子>:                              //Enter
指定旋转角度 <0.0>:                                          //90 Enter，粘贴结果如图 12-103 所示
```

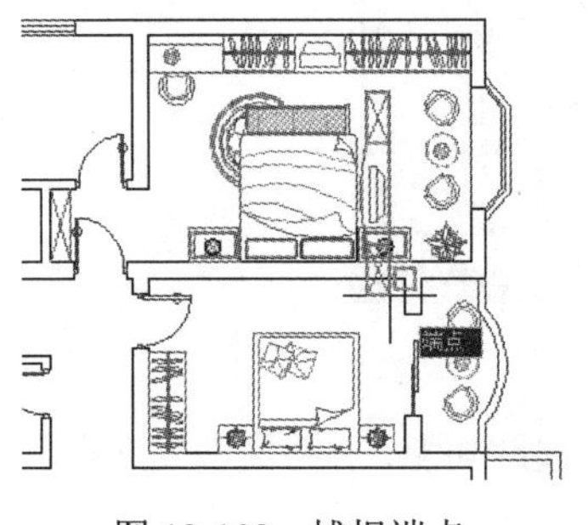

图 12-102　捕捉端点

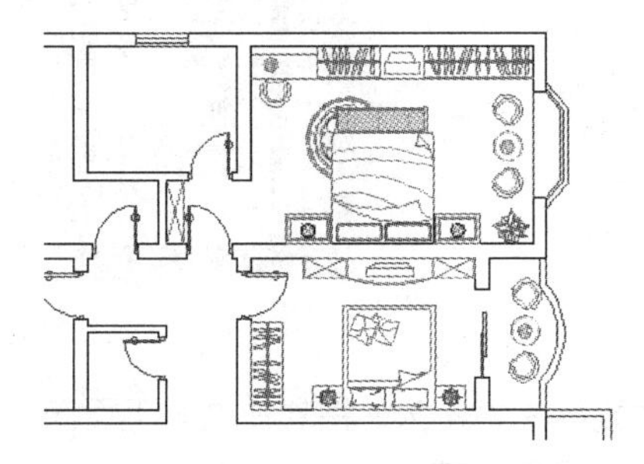

图 12-103　粘贴结果

步骤 21 在“设计中心”左侧窗口中的“图块文件”文件夹上单击鼠标右键，选择“创建块的工具选项板”选项，如图 12-104 所示，将“图块文件”文件夹创建为选项板，创建结果如图 12-105 所示。

步骤 22 在“工具选项板”窗口中向下拖动滑块，然后定位“淋浴房.dwg”文件图标，如图 12-106 所示。

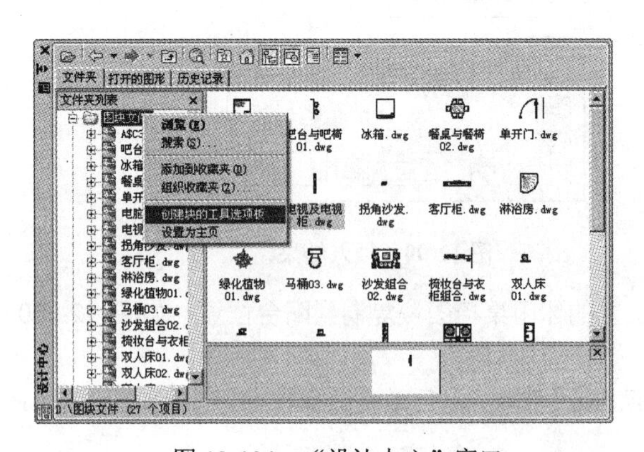

图 12-104　“设计中心”窗口

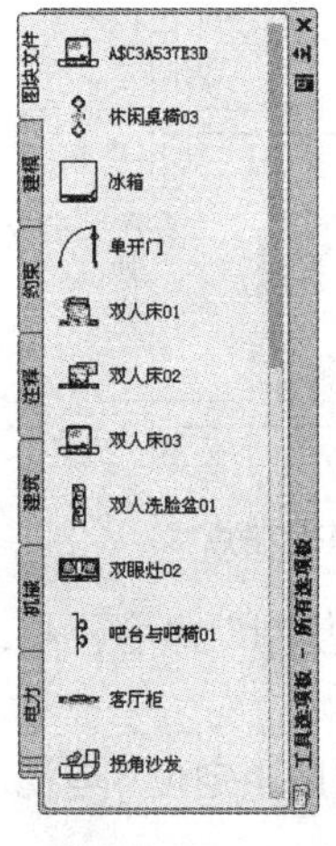

图 12-105　创建结果

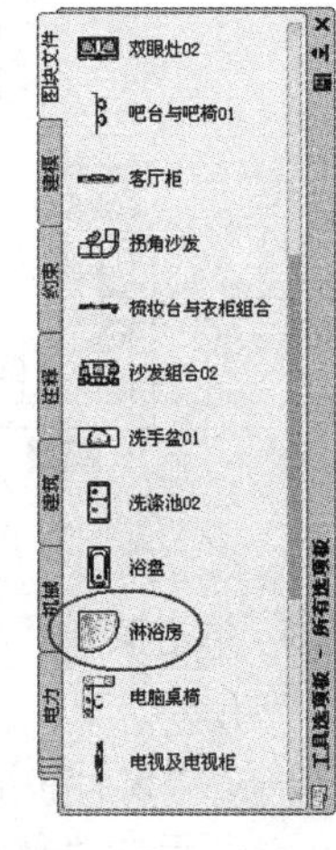

图 12-106　定位文件

步骤 23　在“淋浴房.dwg”文件上按住鼠标左键不放，将其拖曳至墙线角点处，以块的形式共享此图形，结果如图 12-107 所示。

步骤 24　在“工具选项板”窗口中单击“双人洗脸盆 01.dwg”文件图标，如图 12-108 所示，然后将光标移至绘图区，此时图形将会呈现虚显状态。

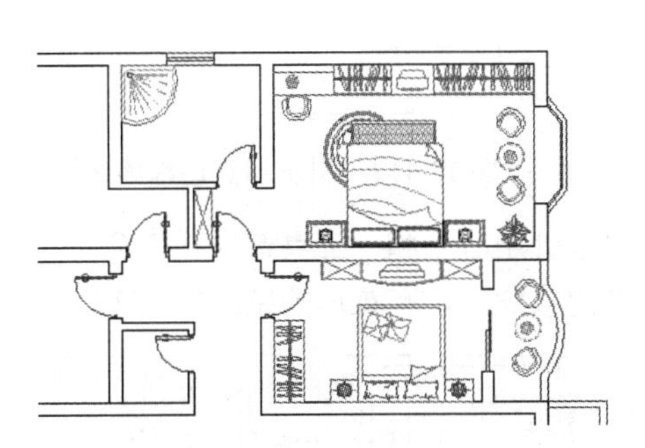

图 12-107　以“拖曳”方式共享

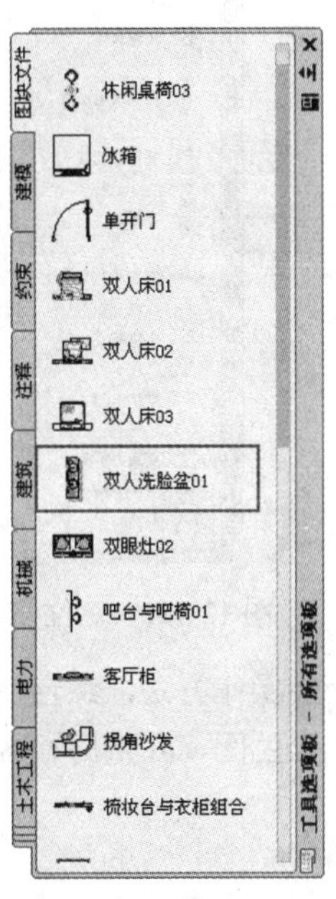

图 12-108　以“单击”方式共享

步骤 25　返回绘图区在命令行“指定插入点或 [基点(B)/比例(S)/X/Y/Z/旋转(R)]:”提示下，激活“旋转”选项，将旋转角度设置为 90，然后捕捉如图 12-109 所示的端点，插入结果如图 12-110 所示。

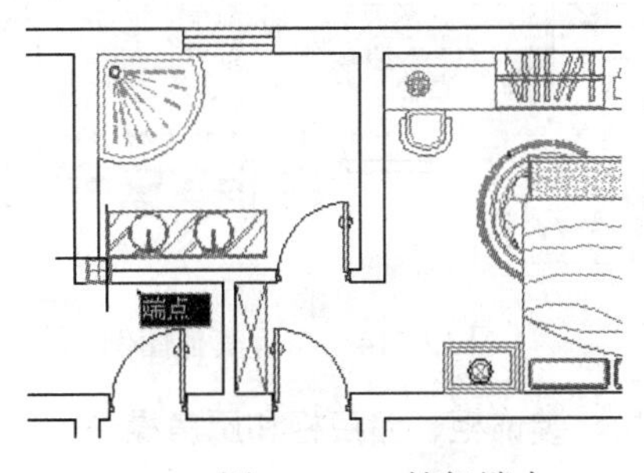

图 12-109　捕捉端点

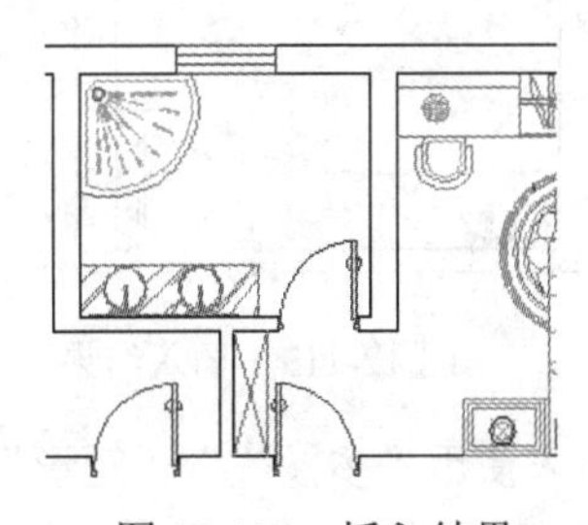

图 12-110　插入结果

步骤 26　在“工具选项板”窗口中单击“马桶 03.dwg”文件图标，如图 12-111 所示，然后将光标移至绘图区，根据命令行的提示向左引出如图 12-112 所示端点追踪矢量，输入 800 并按 Enter 键，插入结果如图 12-113 所示。

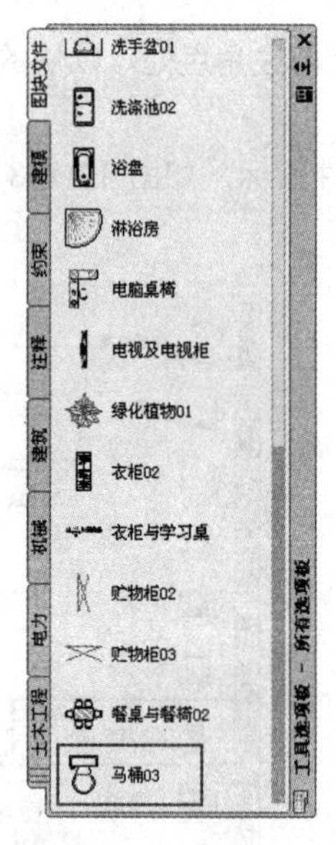

图 12-111　定位马桶文件

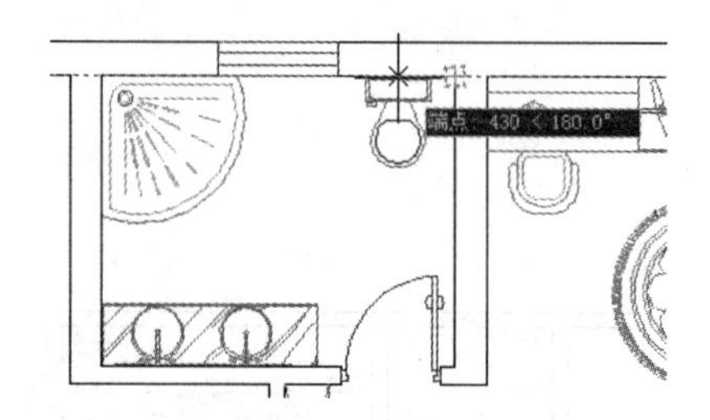

图 12-112　引出端点追踪虚线

步骤 27　参照上述操作方法，综合使用“插入块”和“设计中心”和“工具选项板”命令，分别为餐厅、厨房、卫生间、儿童房和客厅等布置各种室内用具图例，布置后的结果如图 12-114 所示。

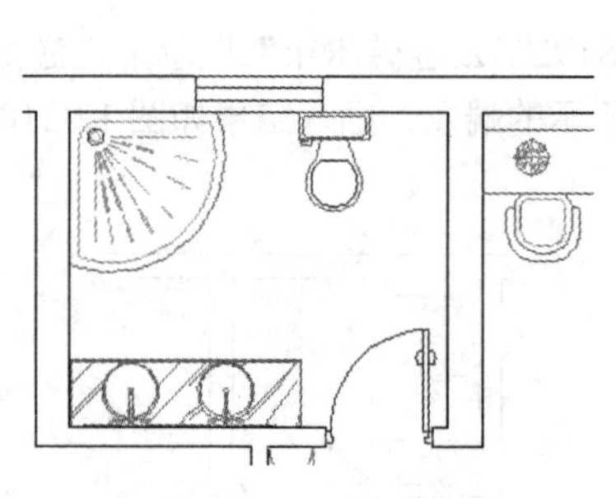

图 12-113　插入结果

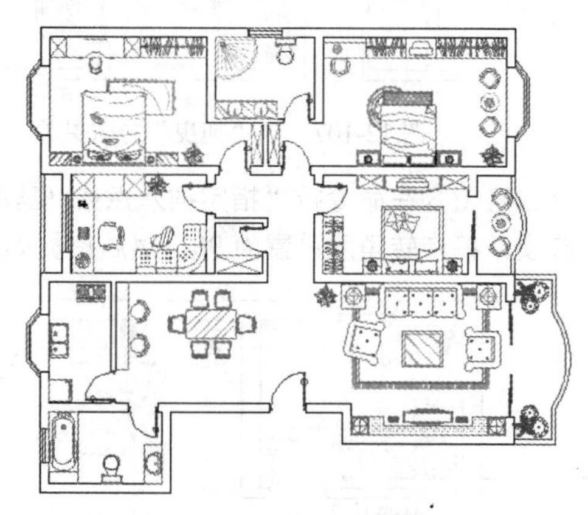

图 12-114　布置其他图例

步骤 28　接下来使用“多段线”、“矩形”等命令，绘制鞋柜、装饰柜、储藏柜和厨房操作台轮廓线，结果如图 12-115 所示。

步骤 29　最后执行“另存为”命令，将图形命名存储为“综合范例四.dwg”。

12.7　综合范例五——居室地面装修材料的表达

本例主要学习多居室户型装修地面材质图的具体绘制过程和相关绘图技巧。多居室户型装修地面材质图的最终绘制效果如图 12-116 所示。

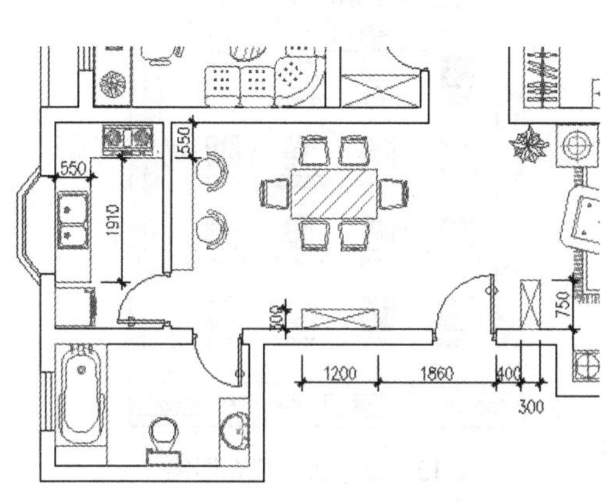

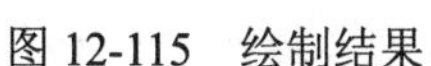
图 12-115　绘制结果

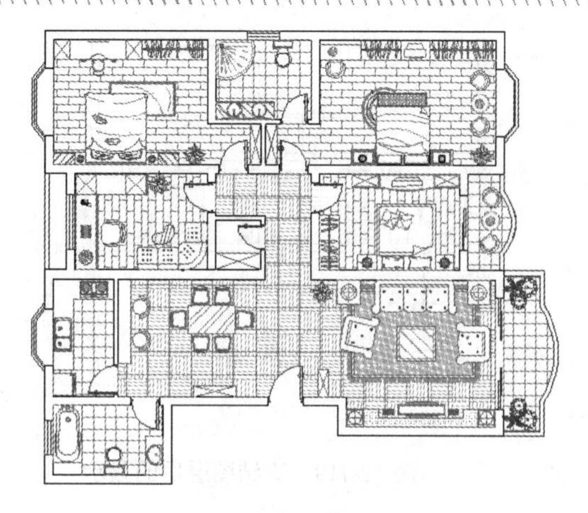
图 12-116　实例效果

操作步骤：

步骤 01　继续上例操作，或直接打开随书光盘中的"\效果文件\第 12 章\综合范例四.dwg"文件。

步骤 02　执行"图层"命令，在打开的"图层特性管理器"对话框中，双击"填充层"，将其设置为当前层。

步骤 03　使用快捷键 L 执行"直线"命令，配合捕捉功能分别将各房间两侧门洞连接起来，以形成封闭区域，如图 12-117 所示。

步骤 04　在无命令执行的前提下，夹点显示书房和次卧室房间内的床、衣柜、电视柜以及书桌等图例，如图 12-118 所示。

步骤 05　展开"图层控制"下拉列表，将夹点显示的图形暂时放置在"0 图层"上。

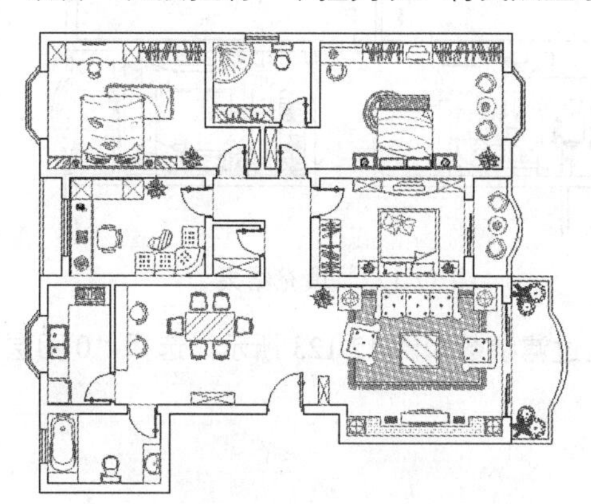
图 12-117　绘制结果

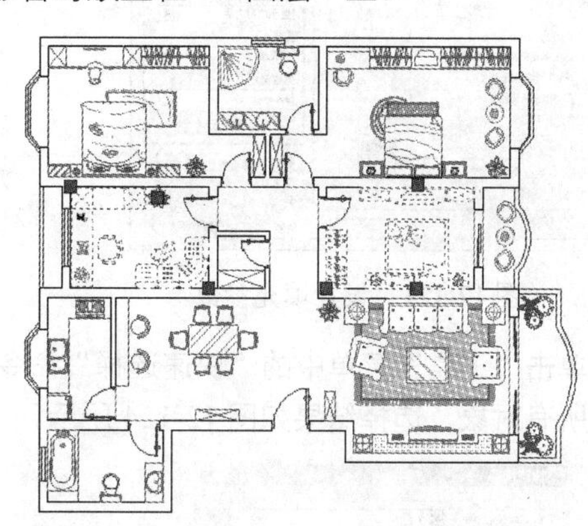
图 12-118　夹点效果

步骤 06　取消对象的夹点显示，然后暂时冻结"家具层"和"图块层"，此时平面图的显示效果如图 12-119 所示。

步骤 07　单击"绘图"工具栏上的按钮，执行"图案填充"命令，选择如图 12-120 所示的图案。

更改图层及冻结"家具层"层的目的就是为了方便地面图案的填充，如果不关闭图块层，由于图块太多，会大大影响图案的填充速度。

图 12-119　冻结图层后的显示

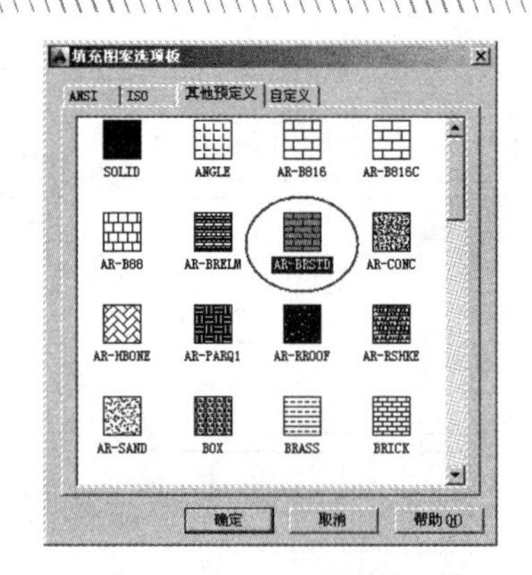

图 12-120　选择填充图案

步骤 08 返回“图案填充和渐变色”对话框，设置填充比例和填充类型等参数如图 12-121 所示。

步骤 09 在对话框中单击“添加：拾取点”按钮，返回绘图区，分别在书房和次卧房间空白区域上单击，填充如图 12-122 所示图案。

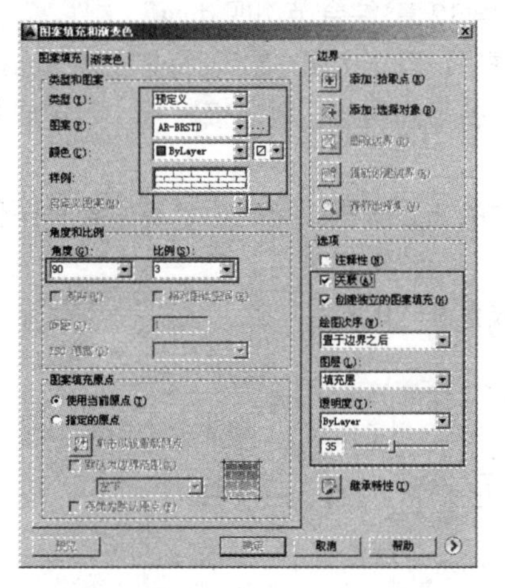

图 12-121　设置填充参数

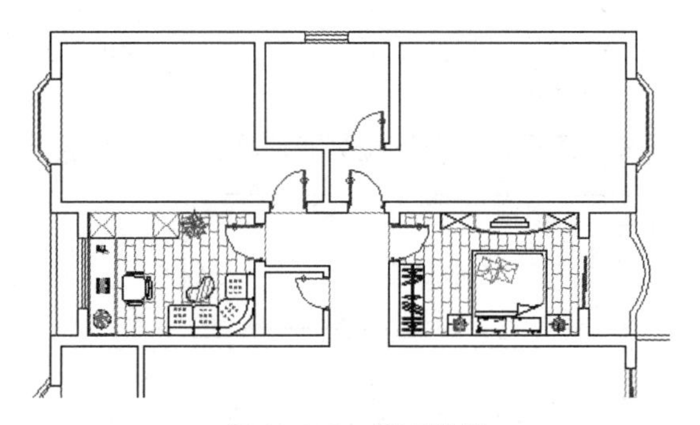

图 12-122　填充结果

步骤 10 单击“工具”菜单中的“快速选择”命令，设置过滤参数如图 12-123 所示，选择“0 图层”上的所有对象，选择结果如图 12-124 所示。

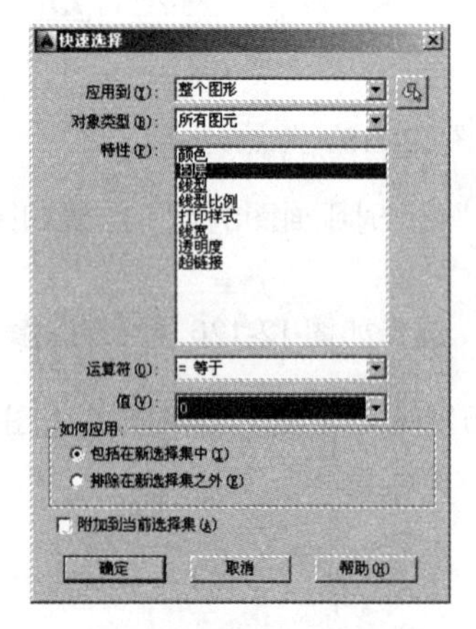

图 12-123　设置过滤参数

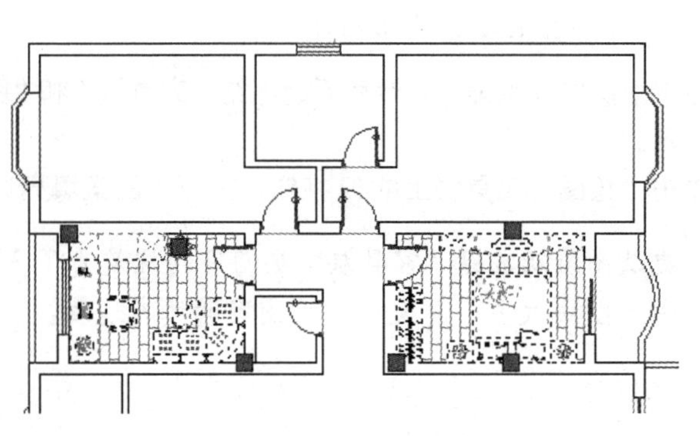

图 12-124　选择结果

步骤 11　展开“图层控制”下拉列表，将选择的对象放到“家具层”上，然后解冻“家具层”和“图块层”，此时平面图的显示结果如图 12-125 所示。

步骤 12　在无命令执行的前提下，夹点显示双人床、墙面装饰柜、梳妆台等图块，如图 12-126 所示。

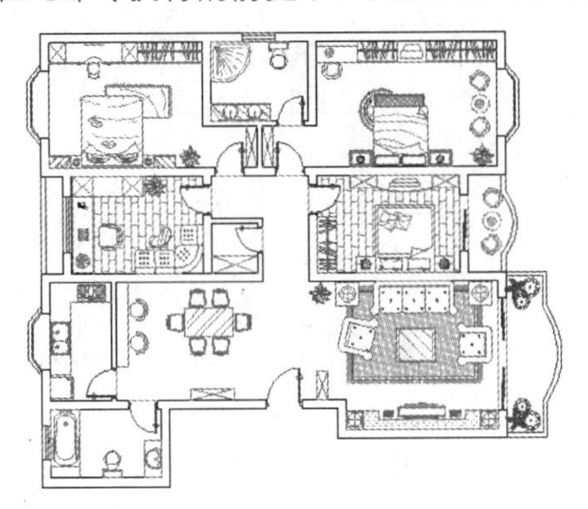

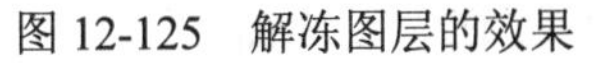

图 12-125　解冻图层的效果

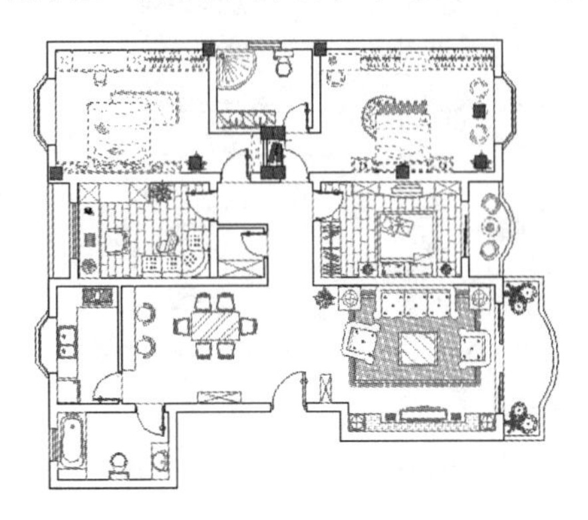

图 12-126 夹点效果

步骤 13　展开“图层控制”下拉列表，将夹点对象暂时放到“0 图层”上，并冻结“家具层”和“图层层”，此时平面图效果如图 12-127 所示。

步骤 14　使用快捷键 H 执行“图案填充”命令，设置填充图案及填充参数如图 12-128 所示。

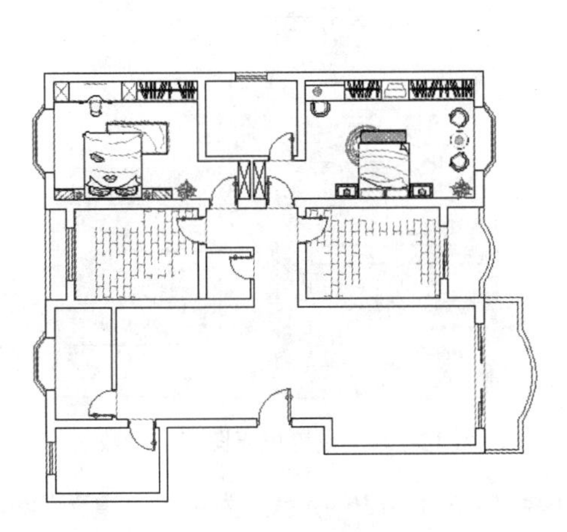

图 12-127　平面图的显示

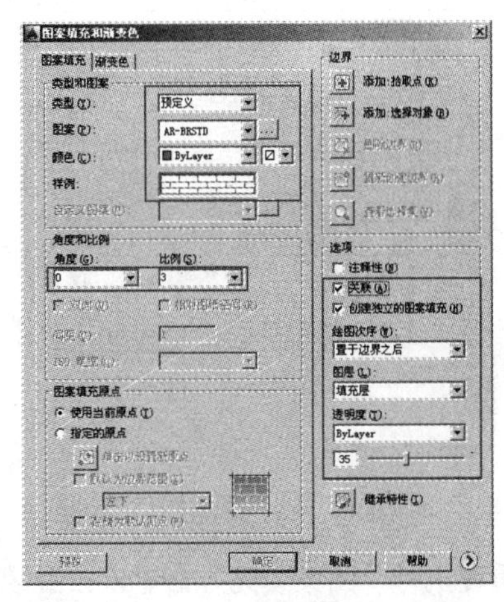

图 12-128　设置填充图案与参数

步骤 15　返回绘图区拾取如图 12-129 所示的虚线区域，为其填充，填充结果如图 12-130 所示。

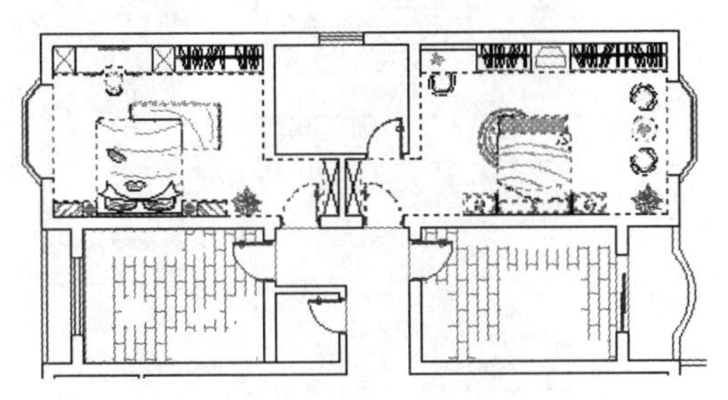

图 12-129　填充区域

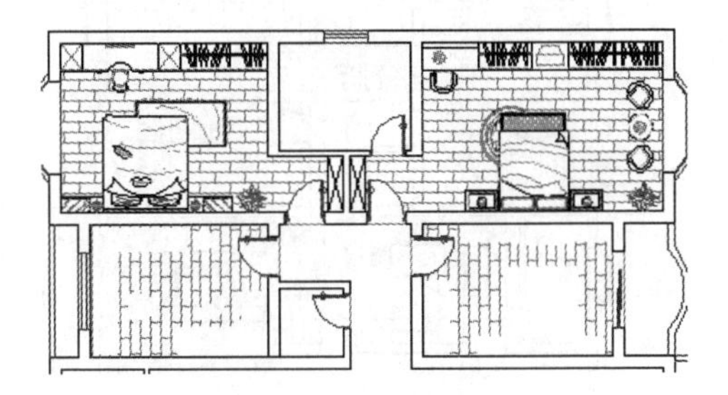

图 12-130　填充结果

步骤 16　解冻“家具层”和“图块层”，此时平面图的显示效果如图 12-131 所示。

步骤 17 执行“快速选择”命令，选择“0 图层”上的有对象，将其放到“家具层”上，然后夹点显示如图 12-132 所示的对象。

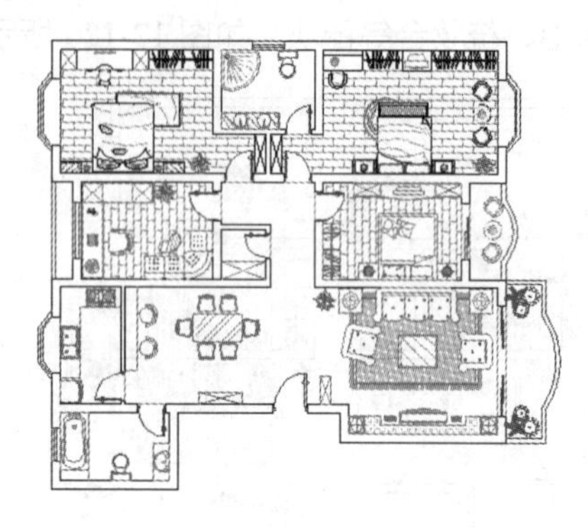

图 12-131 平面图的显示效果

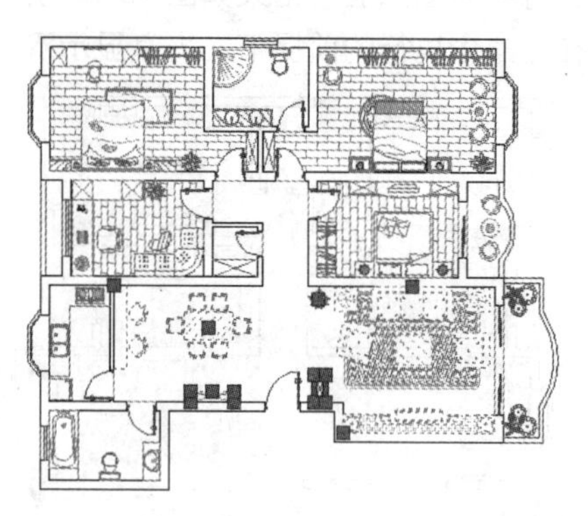

图 12-132 夹点效果

步骤 18 展开“图层控制”下拉列表，将夹点显示的图形暂时放置在“0 图层”上，并冻结“家具层”和“图块层”，平面图的显示效果如图 12-133 所示。

步骤 19 单击“绘图”工具栏上的按钮，设置填充比例和填充类型等参数如图 12-134 所示，为客厅和餐厅填充如图 12-135 所示的图案。

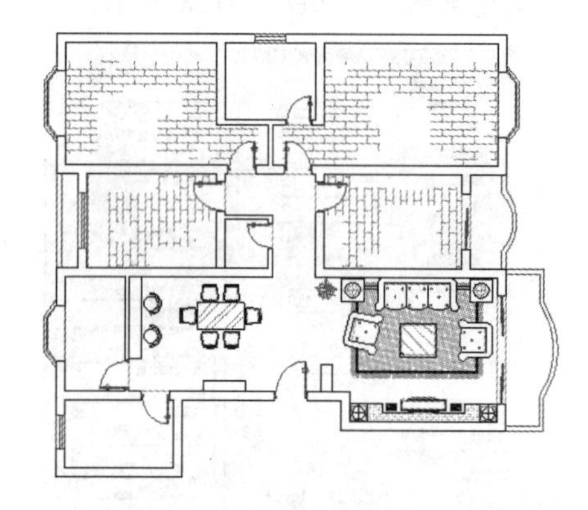

图 12-133 冻结图层后的显示

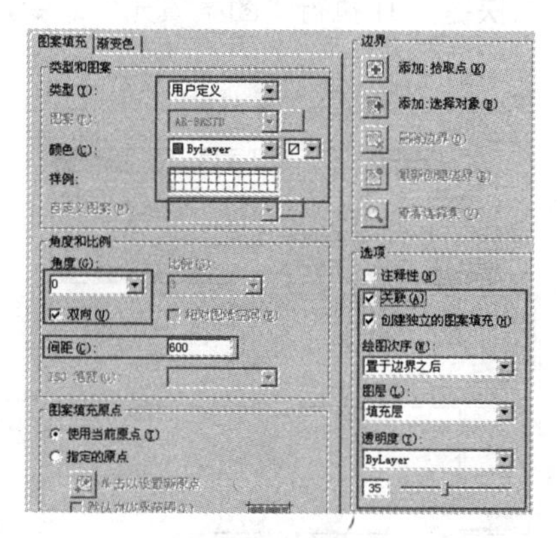

图 12-134 设置填充图案与参数

步骤 20 重复执行“图案填充”命令，设置填充图案与参数如图 12-136 所示，为平面图填充如图 12-137 所示的图案。

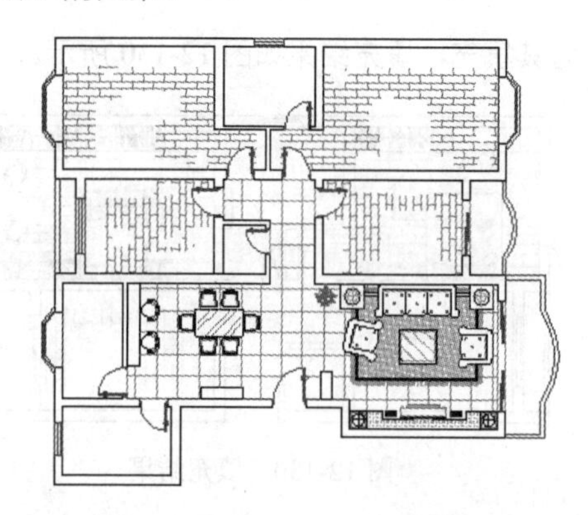

图 12-135 填充结果

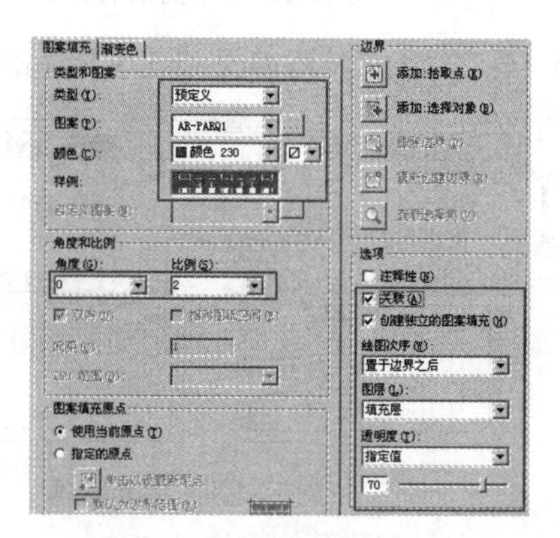

图 12-136 设置填充图案与参数

步骤 21　展开“图层控制”下拉列表，解冻“家具层”和“图块层”，平面图的显示效果如图 12-138 所示。

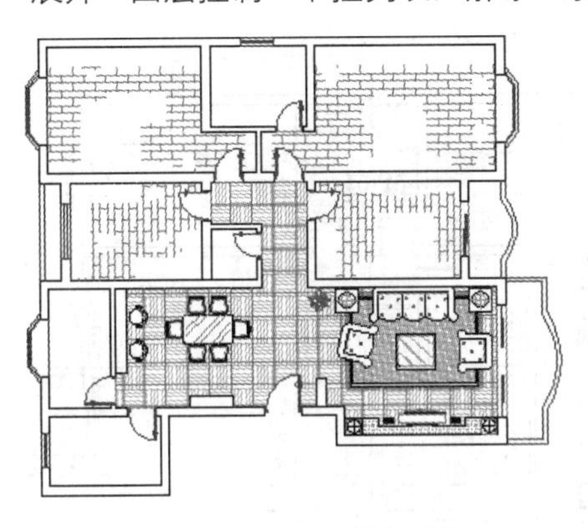

图 12-137　填充结果

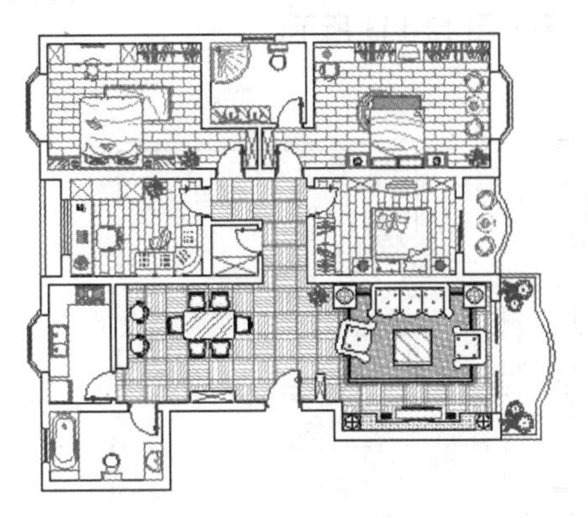

图 12-138　显示结果

步骤 22　执行“快速选择”命令，选择“0 图层”上的所有对象，将其放到“家具层”上，然后夹点显示如图 12-139 所示的对象。

步骤 23　展开“图层控制”下拉列表，将夹点对象放到“0 图层”上，并冻结“家具层”和“图块层”，此时平面图的显示效果如图 12-140 所示。

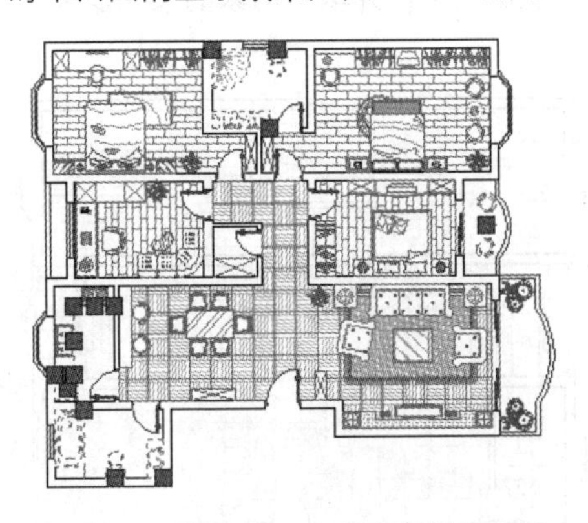

图 12-139　夹点效果

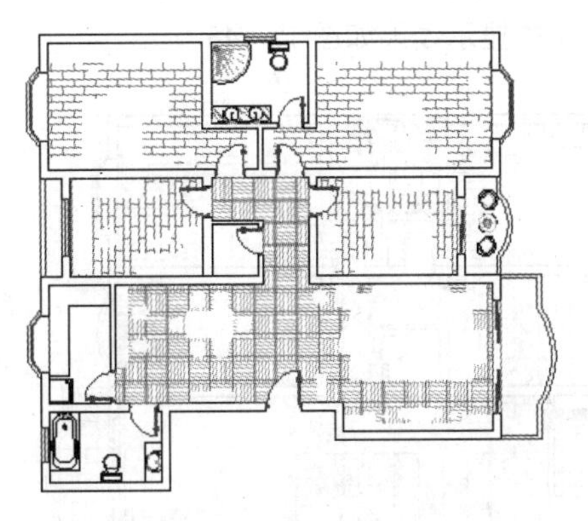

图 12-140　平面图的显示

步骤 24　使用快捷键 H 执行“图案填充”命令，设置填充图案及填充比例等参数如图 12-141 所示。

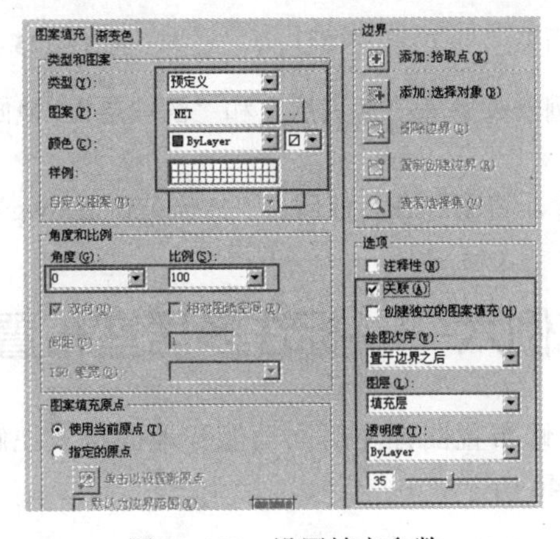

图 12-141　设置填充参数

步骤 25　返回绘图区分别在厨房、卫生间、阳台等房间内单击，拾取如图 12-142 所示的填充区域，填充结果如图 12-143 所示。

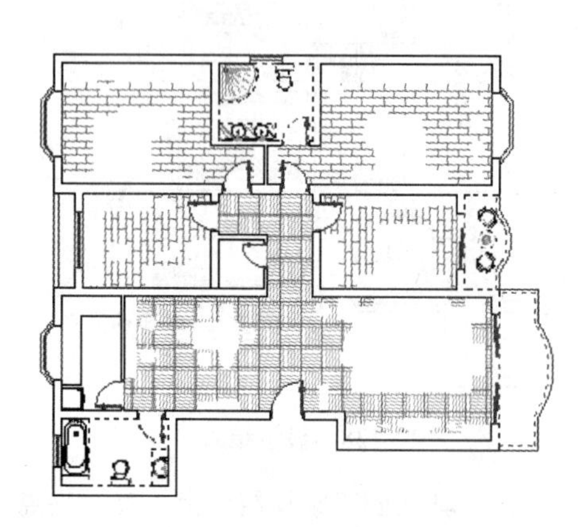

图 12-142　拾取填充区域

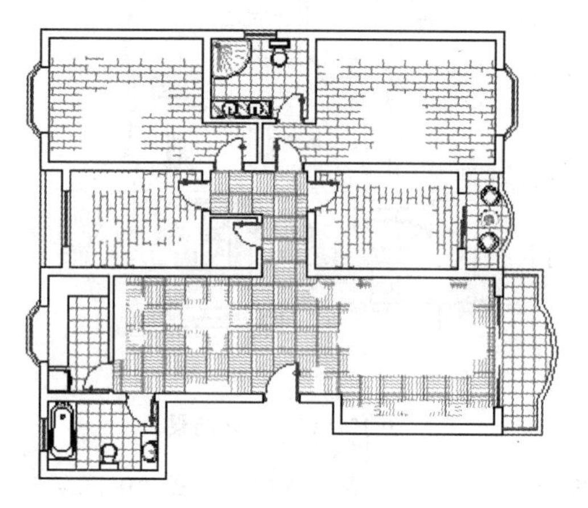

图 12-143　填充结果

步骤 26　执行“快速选择”命令，选择“0 图层”上的所有对象，结果如图 12-144 所示。

步骤 27　展开“图层控制”下拉列表，将夹点对象放到“图块层”上，并取消对象的夹点效果，此时平面图的显示效果如图 12-145 所示。

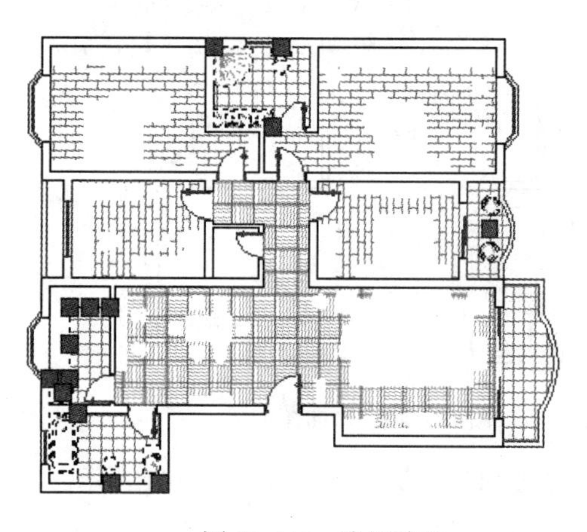

图 12-144　选择结果

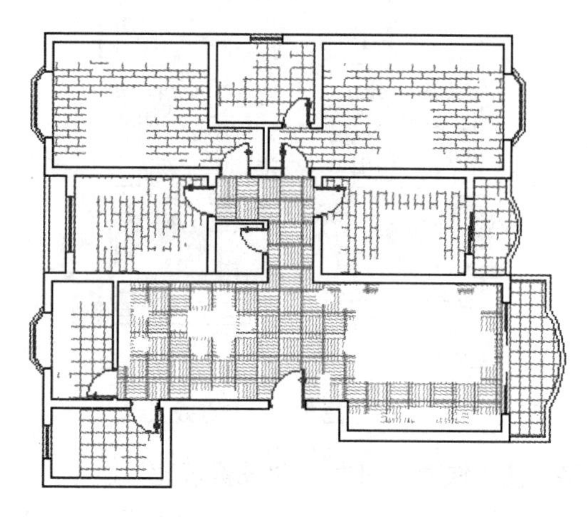

图 12-145　平面图的显效效果

步骤 28　展开“图层控制”下拉列表，解冻“家具层”和“图块层”，地面材质图的最终绘制效果，如图 12-116 所示。

步骤 29　最后执行“另存为”命令，将图形命名存储为“综合范例五.dwg”。

12.8　综合范例六——标注多居室布置图材质注解

本例主要学习多居室户型装修布置图标注房间功能和地面材质注解等内容的标注过程和标注技巧。本例最终标注效果如图 12-146 所示。

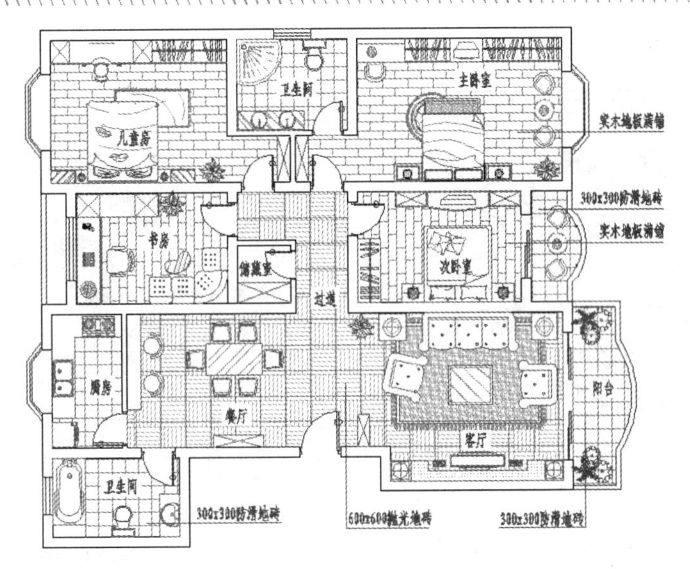

图 12-146 实例效果

操作步骤：

步骤01 继续上例操作，或打开随书光盘中的“\效果文件\第 12 章\综合范例五.dwg”文件。

步骤02 展开“图层控制”下拉列表，将“文本层”设置为当前图层。

步骤03 单击“样式”工具栏上的 按钮，在打开的“文字样式”对话框中设置“仿宋体”为当前文字样式。

步骤04 单击菜单“绘图”/“文字”/“单行文字”命令，在命令行“指定文字的起点或 [对正(J)/样式(S)]:”提示下，在餐厅房间内适当位置上单击。

步骤05 继续在命令行“指定高度 <2.5>:”提示下，输入 280 并按 Enter 键，将当前文字的高度设置为 280 个绘图单位。

步骤06 在命令行“指定文字的旋转角度<0.00>:”提示下，直接按 Enter 键，表示不旋转文字。此时绘图区会出现一个单行文字输入框，如图 12-147 所示。

步骤07 在单行文字输入框内输入“餐厅”，此时所输入的文字会出现在单行文字输入框内，如图 12-148 所示。

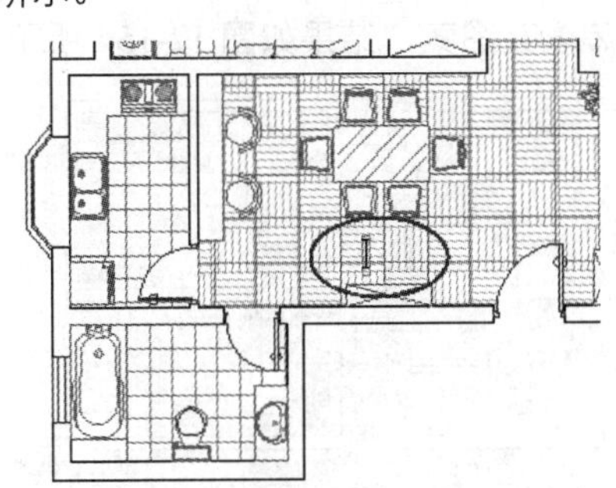

图 12-147　单行文字输入框

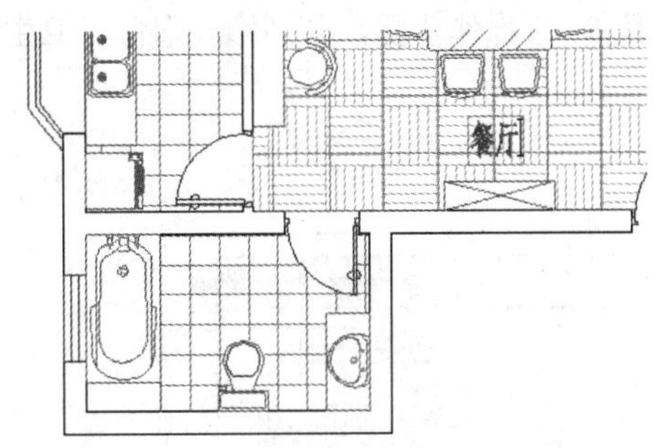

图 12-148　输入文字

步骤08 分别将光标移至其他房间内，标注各房间的功能性文字注释，然后连续按两次 Enter 键，结束“单行文字”命令，标注结果如图 12-149 所示。

步骤09 夹点显示主卧室房间内的地板填充图案，然后单击鼠标右键，选择右键菜单中的“图案填充编辑”

命令，如图 12-150 所示。

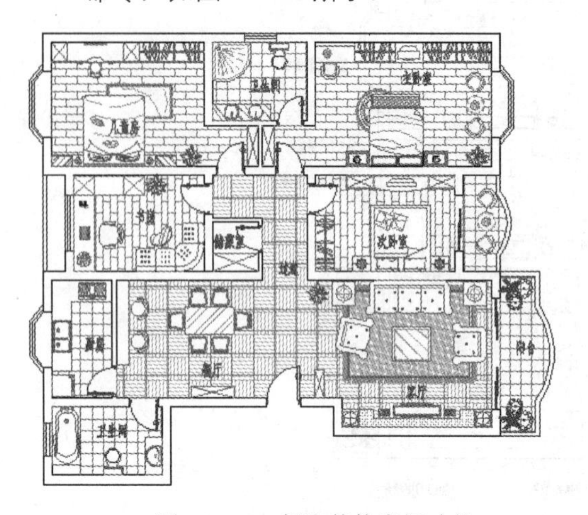

图 12-149　标注其他房间功能

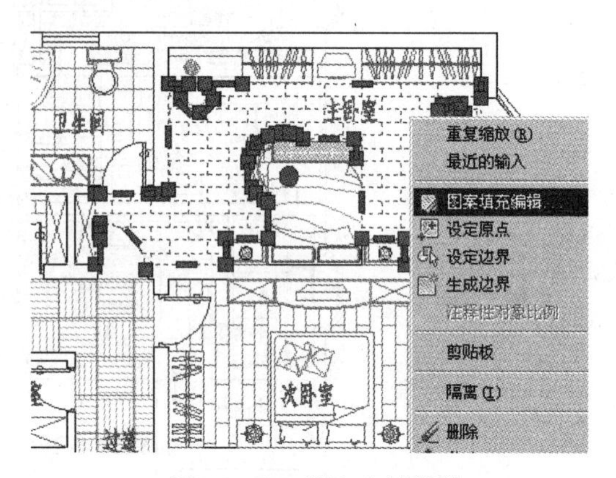

图 12-150　图案右键菜单

步骤 10　双击左键，在打开的“图案填充编辑”对话框中单击“添加：选择对象”按钮，如图 12-151 所示。

步骤 11　返回绘图区，在命令行“选择对象或 [拾取内部点(K)/删除边界(B)]:”提示下，选择“主卧室”文字对象，如图 12-152 所示。

图 12-151　“图案填充编辑”对话框

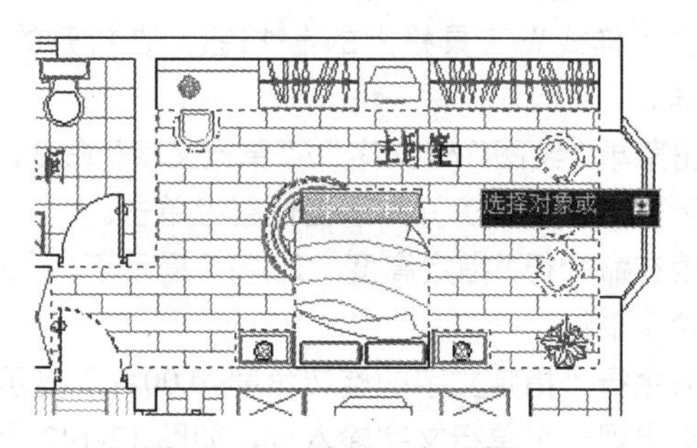

图 12-152　选择文字对象

步骤 12　按 Enter 键，结果被选择的文字对象区域的图案被删除，如图 12-153 所示。

步骤 13　参照 9~12 操作步骤，分别修改阳台、卫生间内的地砖填充图案，结果如图 12-154 所示。

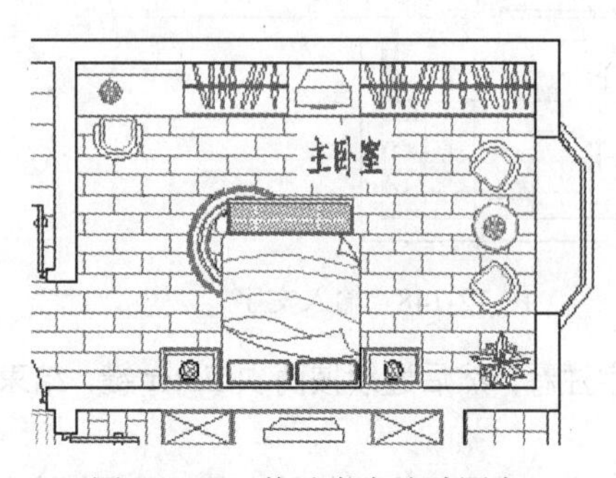

图 12-153　修改书房地砖图案

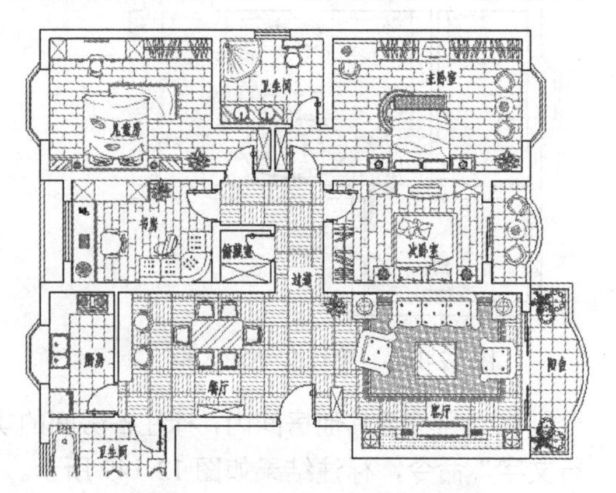

图 12-154　修改其他填充图案

步骤 14 使用快捷键 L 执行“直线”命令，绘制如图 12-155 所示的指示线。

步骤 15 单击菜单“修改”/“复制”命令，选择其中的一个单行文字注释，将其复制到其他指示线上，结果如图 12-156 所示。

步骤 16 单击菜单“修改”/“对象”/“文字”/“编辑”命令，在命令行“选择注释对象或[放弃(U)]:”提示下，单击复制出的文字对象，此时该文字呈现反白显示的单行文字输入框状态，如图 12-157 所示。

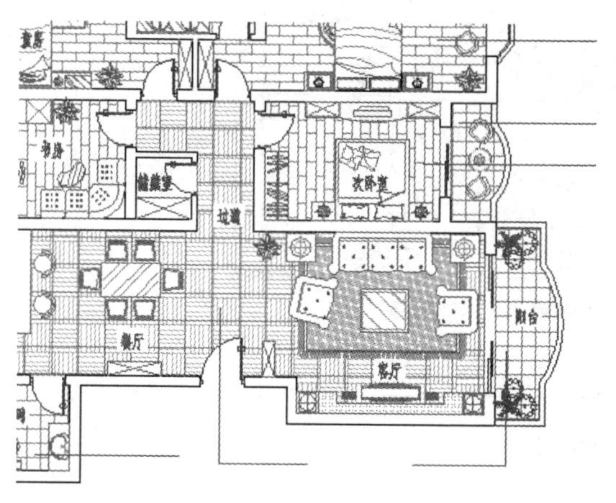

图 12-155　绘制文字指示线

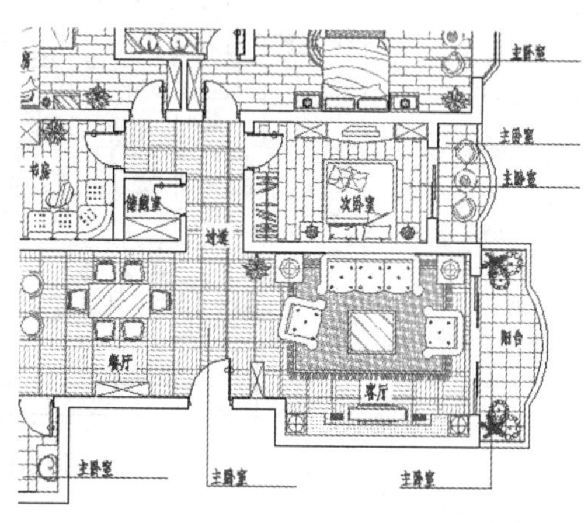

图 12-156　复制结果

步骤 17 在反白显示的单行文字输入框内输入正确的文字注释，并适当调整文件的位置，结果如图 12-158 所示。

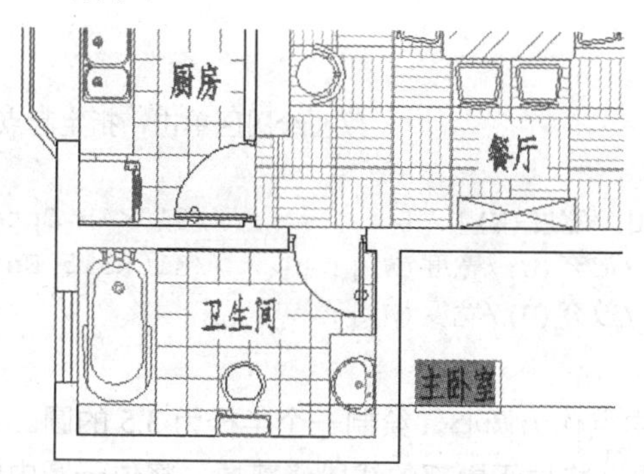

图 12-157　选择文字对象

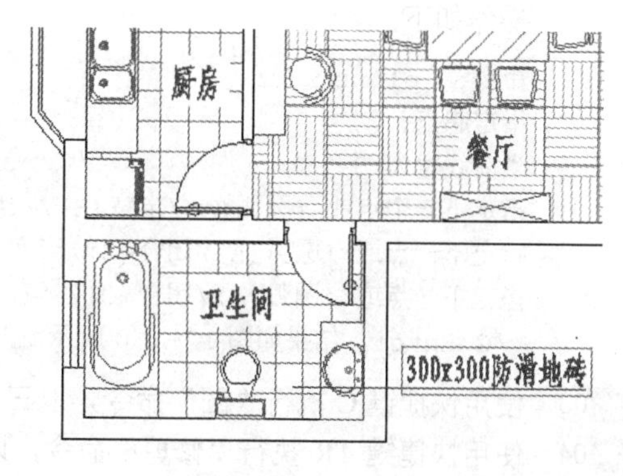

图 12-158　修改结果

步骤 18 继续在命令行“选择文字注释对象或[放弃(U)]:”的提示下，分别单击其他文字对象进行编辑，输入正确的文字注释，并适当调整文字的位置，最终结果如图 12-146 所示。

步骤 19 最后执行“另存为”命令，将图形命名存储为“综合范例六.dwg”。

12.9　综合范例七——标注多居室布置图尺寸及符号

本例主要学习多居室户型装修布置图尺寸和墙面投影的后期标注过程和标注技巧。本例最终标注效果如图 12-159 所示。

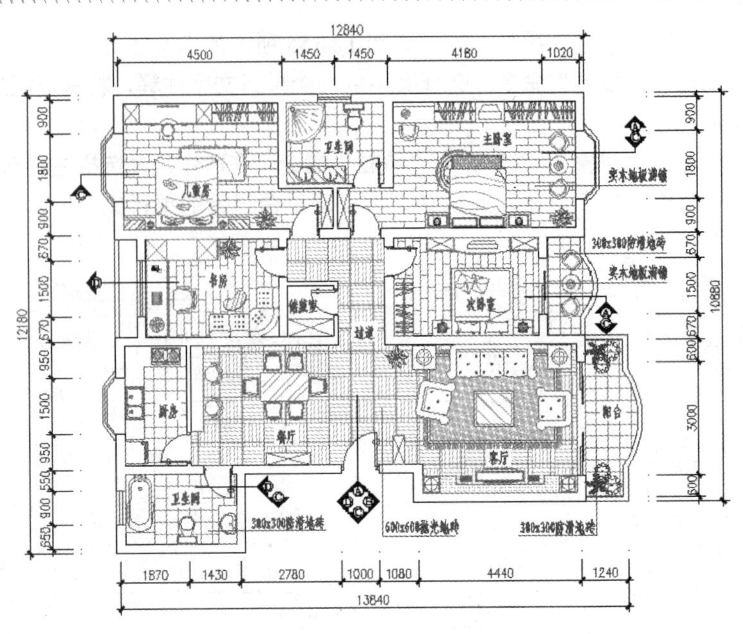

图 12-159 实例效果

操作步骤：

步骤 01 继续上例操作或打开随书光盘中的“\效果文件\第 12 章\综合范例六.dwg”文件。

步骤 02 设置“0 图层”为当前图层，然后使用快捷键 PL 执行“多段线”命令，绘制直角三角形，命令行操作如下：

```
命令: _pline
指定起点:                                                          //在绘图区单击，指定起点
当前线宽为 0
指定下一个点或 [圆弧(A)/半宽(H)/长度(L)/放弃(U)/宽度(W)]:                    //@10<45 Enter
指定下一点或 [圆弧(A)/闭合(C)/半宽(H)/长度(L)/放弃(U)/宽度(W)]: :          //@10<315 Enter
指定下一点或 [圆弧(A)/闭合(C)/半宽(H)/长度(L)/放弃(U)/宽度(W)]:
//C Enter，结果如图 12-160 所示
```

步骤 03 使用快捷键 C 执行“圆”命令，以三角形的斜边中点作为圆心，绘制一个半径为 3.5 的圆。

步骤 04 使用快捷键 TR 执行“修剪”命令，以圆作为边界，将位于内部的线段修剪掉。将位于圆内的界线修剪掉，结果如图 12-161 所示。

步骤 05 使用快捷键 H 执行“图案填充”命令，为投影符号填充如图 12-162 所示的“SOLID”实体图案。

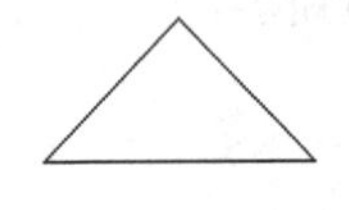

图 12-160　绘制三角形

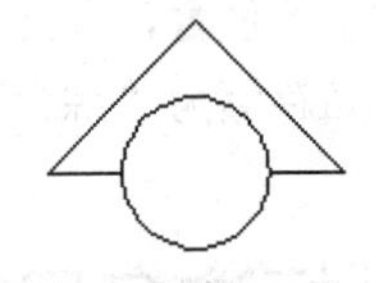

图 12-161　投影符号

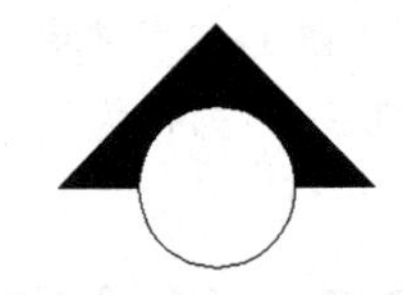

图 12-162　填充实体图案

步骤 06 使用快捷键 ST 执行“文字样式”命令，在打开的对话框中设置 “COMPLEX”为当前样式，如图 12-163 所示。

步骤 07 单击菜单“绘图”/栏中的“块”/“定义属性”命令，打开“属性定义”对话框，为投影符号定

制文字属性，如图 12-164 所示。

图 12-163　设置当前样式

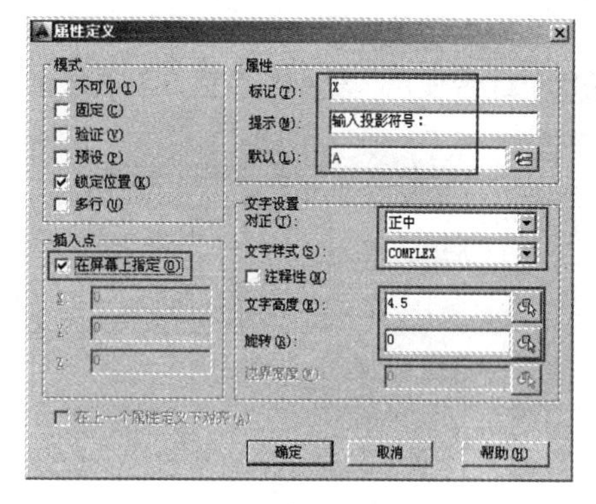

图 12-164　设置属性参数

步骤 08　单击 确定 按钮返回绘图区，在命令行“指定起点：”提示下，捕捉投影符号的圆心作为属性的插入点，为其定义属性，如图 12-165 所示。

步骤 09　使用快捷键 B 执行“创建块”命令，将投影符号和定义的文字属性一起创建为属性块，参数设置如图 12-166 所示，基点为投影符号最上端端点。

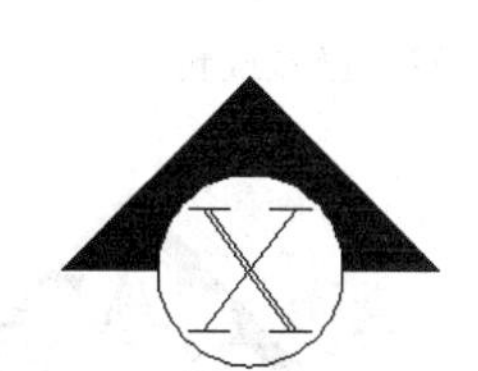

图 12-165　定义属性

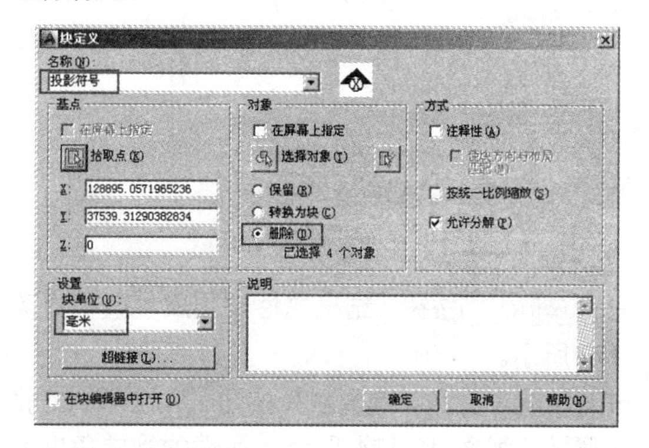

图 12-166　“块定义”对话框

步骤 10　将“其他层”设置为当前图层，然后使用快捷键 L 执行“直线”命令，分别在卧室、客厅以及厨房房间内引出如图 12-167 所示的指示线。

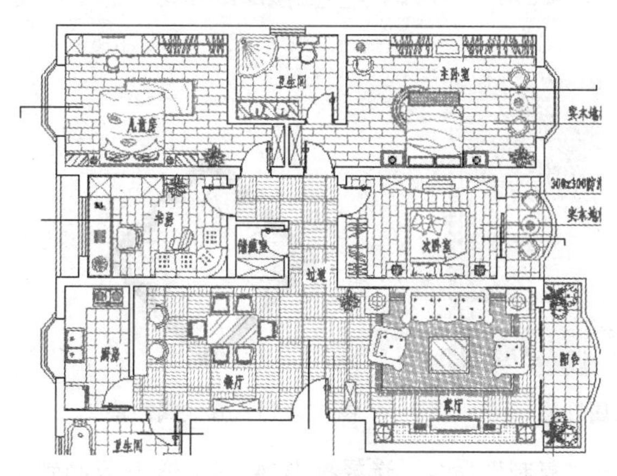

图 12-167　绘制指示线

步骤11 使用快捷键I执行“插入块”命令，插入刚定义的投影符号属性块，设置块参数如图12-168所示，插入结果如图12-169所示。

步骤12 综合使用“复制”、“镜像”、“移动”等命令，将刚插入的投影符号编辑为如图12-170所示的状态。

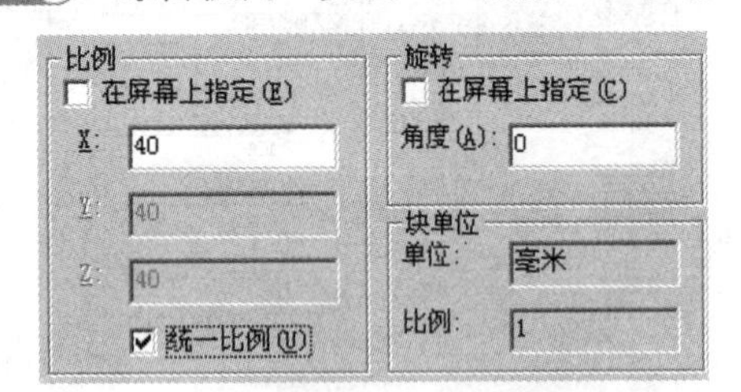

图12-168 设置参数

图12-169 插入结果

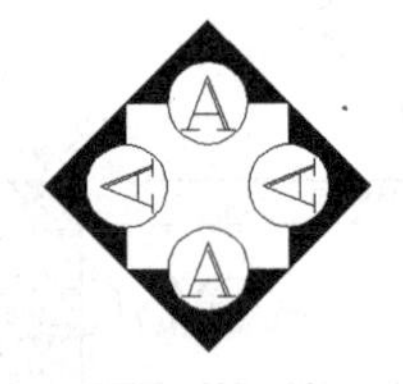

图12-170 编辑投影符号

步骤13 双击右侧的投影符号，在弹出的“增强属性编辑器”对话框内修改属性值如图12-171所示，修改属性文本的旋转角度参数如图12-172所示。

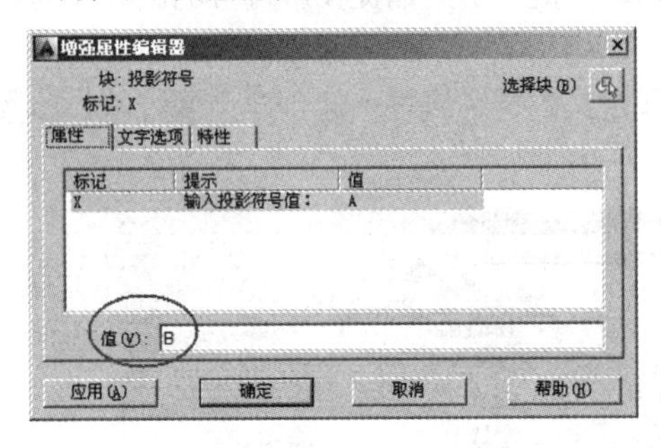

图12-171 修改属性值

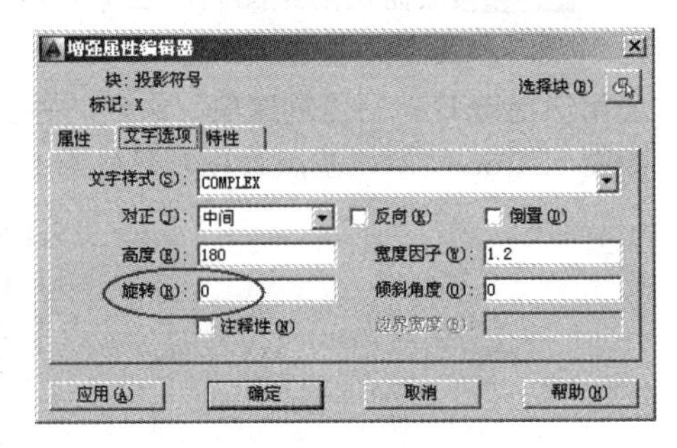

图12-172 修改旋转角度

步骤14 单击 应用(A) 按钮，结果属性块的属性值被更改，如图12-173所示。

步骤15 单击对话框右上角“选择块”按钮，选择左侧属性块，修改属性值如图12-174所示，属性的旋转角度为0，修改结果如图12-175所示。

步骤16 再次单击对话框中的按钮，选择下侧的属性块，修改此块的属性值为C，并单击对话框中的 确定 按钮，结果如图12-176所示。

图12-173 修改属性块

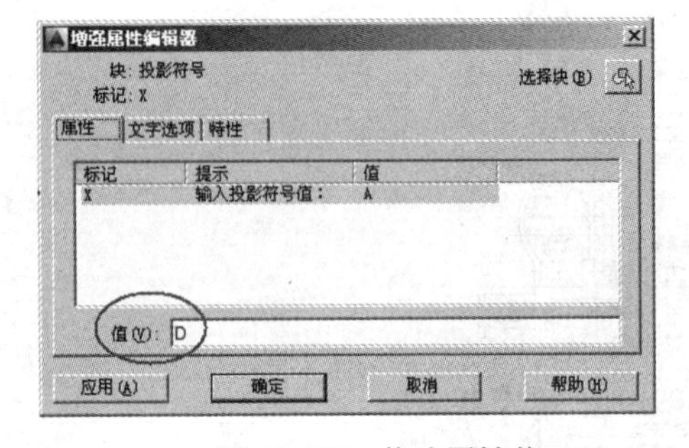

图12-174 修改属性值

图12-175 修改属性块2

图12-176 修改属性块3

步骤17 使用快捷键CO执行“复制”命令，选择投影A、C，将其复制到主人房和儿童房指示线的端点上，复制结果如图12-177所示。

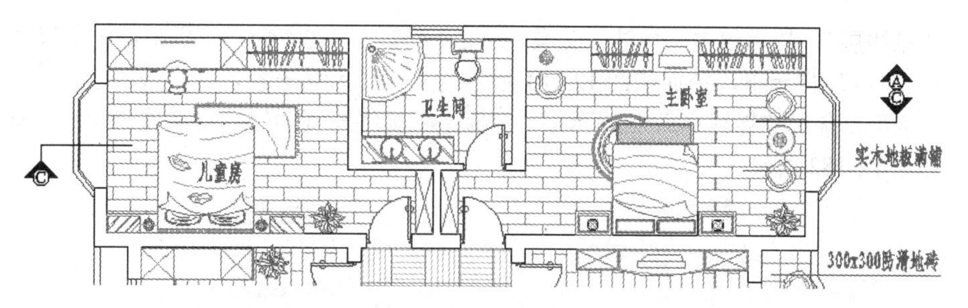

图 12-177　复制结果

步骤 18　重复执行“复制”命令，继续将投影符号复制到指示线端点处，并调整符号的位置，结果如图 12-178 所示。

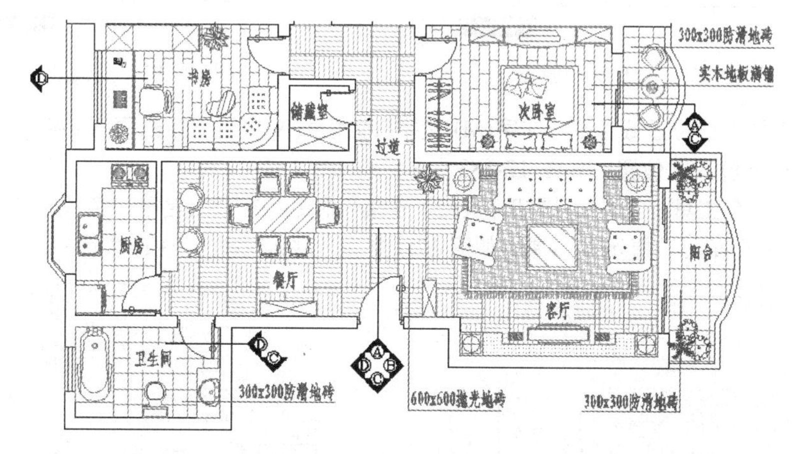

图 12-178　复制结果

步骤 19　删除多余的投影符号，然后冻结“其他层”和“文本层”，设置“尺寸层”为当前图层。

步骤 20　单击菜单“绘图”/“构造线”命令，配合捕捉与追踪功能绘制如图 12-179 所示的构造线作为尺寸定位线。

步骤 21　单击菜单“标注”/“标注样式”命令，将“建筑标注”设为当前样式，同时修改标注比例如图 12-180 所示。

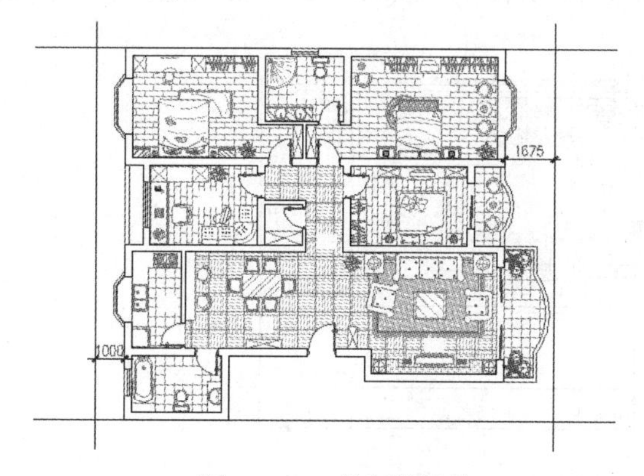

图 12-179　绘制构造线

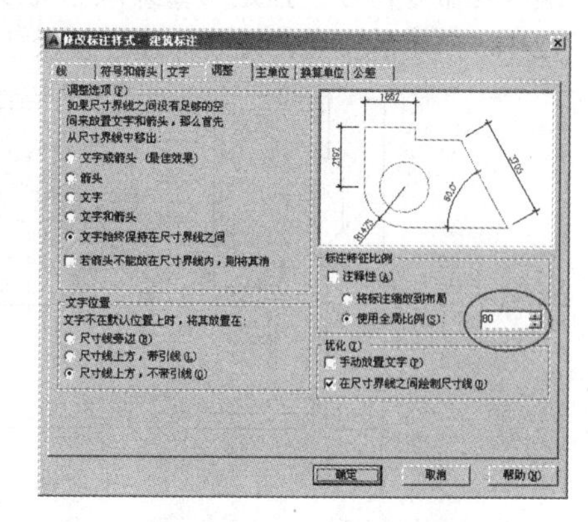

图 12-180　修改标注比例

步骤22 打开“轴线层”，然后单击“标注”工具栏上的按钮，在命令行“指定第一条尺寸界线原点或<选择对象>：”提示下，捕捉如图 12-181 所示的交点作为第一条标注界线的起点。

步骤23 在“指定第二条尺寸界线原点:”提示下，捕捉追踪虚线与辅助线的交点作为第二条标注界线的起点，如图 12-182 所示。

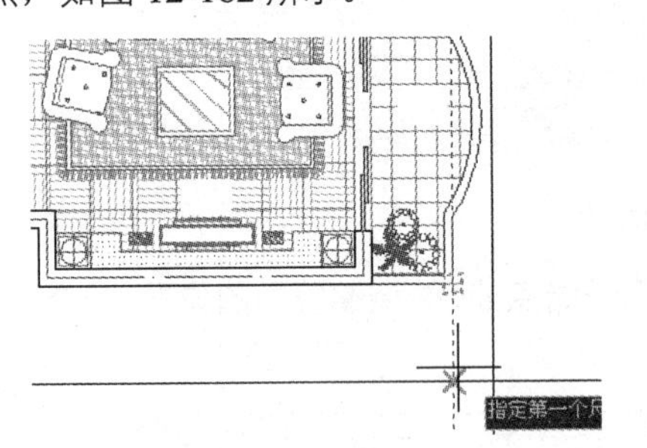

图 12-181　定位第一原点

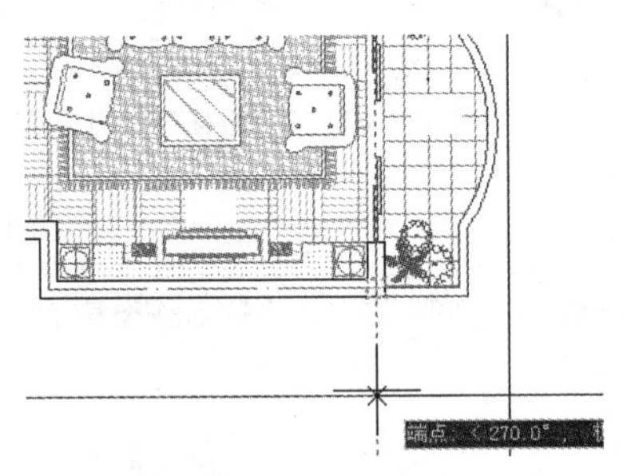

图 12-182　定位第二原点

步骤24 在“指定尺寸线位置或 [多行文字(M)/文字(T)/角度(A)/水平(H)/垂直(V)/旋转(R)]：”提示下，向下移动光标定位尺寸位置，如图 12-183 所示。

步骤25 单击“标注”工具栏上的按钮，执行“连续”命令，在“指定第二条尺寸界线原点或 [放弃(U)/选择(S)] <选择>：”提示下，捕捉如图 12-184 所示的交点，标注连续尺寸。

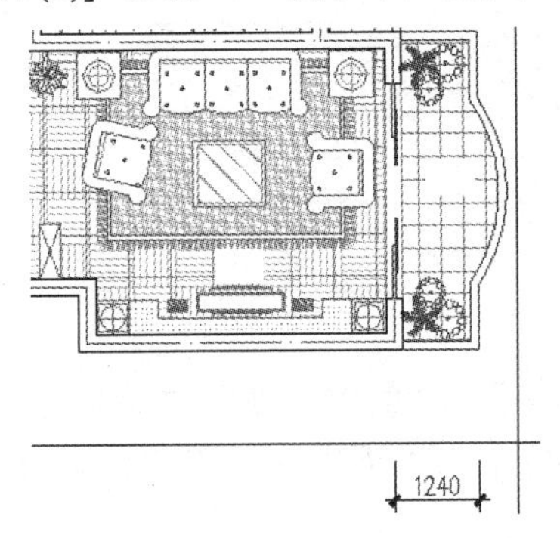

图 12-183　标注结果

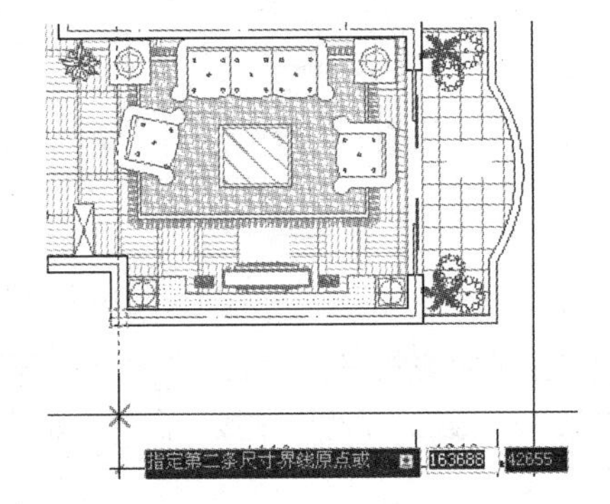

图 12-184　捕捉交点

步骤26 继续在命令行在“指定第二条尺寸界线原点或 [放弃(U)/选择(S)] <选择>：”提示下，捕捉如图 12-185 所示的交点，继续标注连续尺寸。

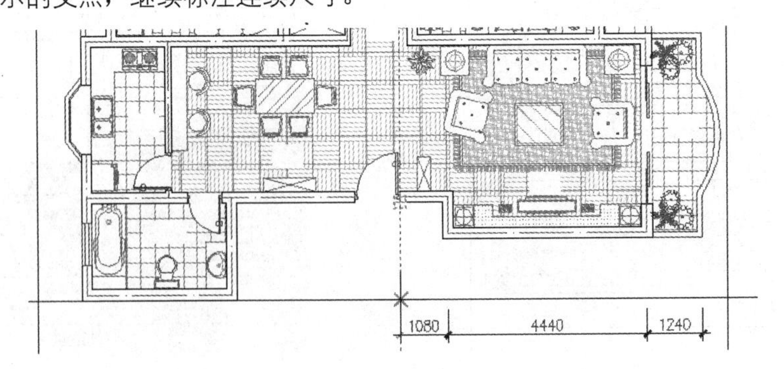

图 12-185　捕捉交点

步骤27 继续在“指定第二条尺寸界线原点或 [放弃(U)/选择(S)] <选择>：”提示下，配合捕捉与追踪功能，标注下侧连续尺寸，结果如图 12-186 所示。

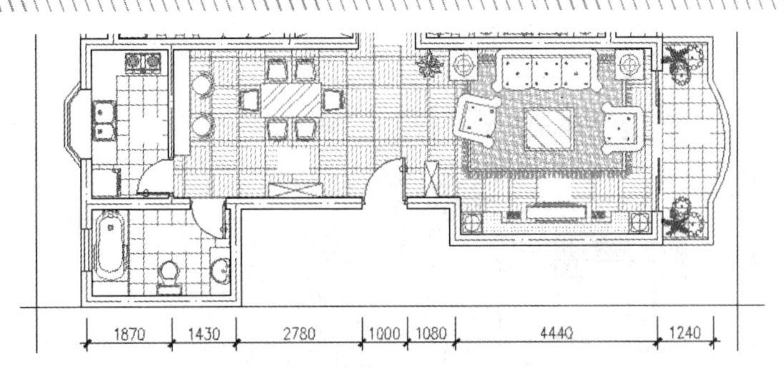

图 12-186　标注结果

步骤 28　连续按两次键盘上的 Enter 键，结束“连续”命令。

步骤 29　执行“线性”命令，配合捕捉与追踪功能标注平面图下侧的总尺寸，结果如图 12-187 所示。

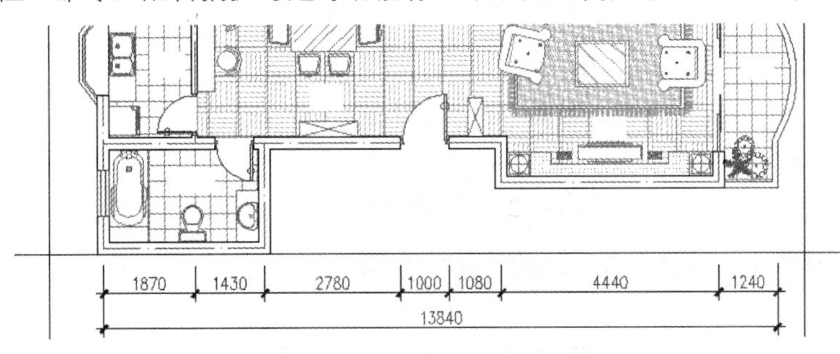

图 12-187　标注总尺寸

步骤 30　参照上述操作，综合使用“线性”和“连续”命令，并配合捕捉与追踪功能，分别标注平面图其他侧的尺寸，结果如图 12-188 所示。

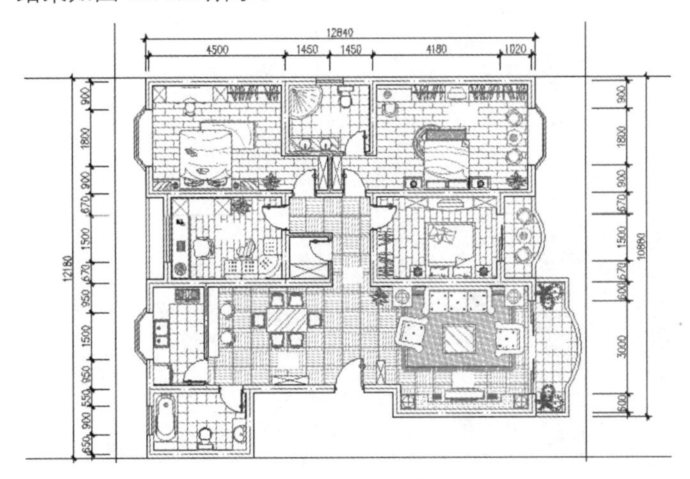

图 12-188　标注其他侧尺寸

步骤 31　使用快捷键 E 执行“删除”命令，删除定位辅助线，结果如图 12-189 所示。

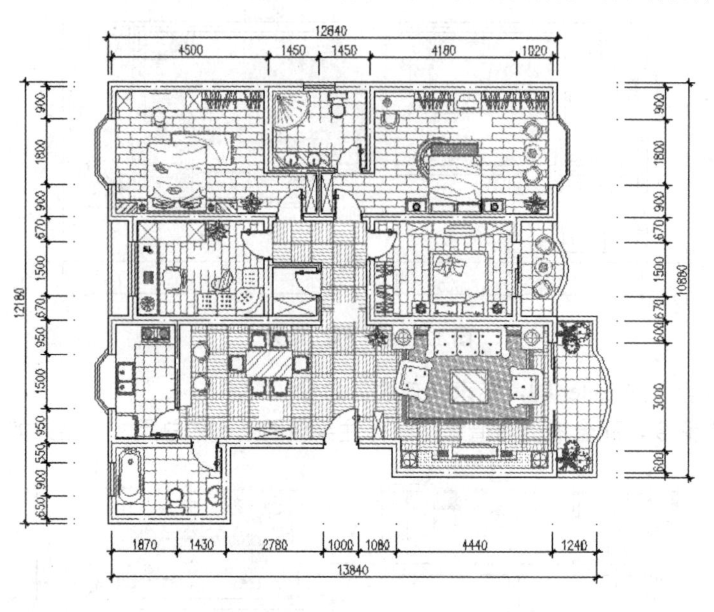

图 12-189　删除结果

步骤 32　展开“图层控制”下拉列表，关闭“轴线层”，解冻“文本层”和“其他层”，最终结果如图 12-159 所示。

步骤 33　最后执行“另存为”命令，将图形命名存储为“综合范例七.dwg”。

第 13 章　绘制多居室户型装修吊顶图

本章通过绘制某住宅小区多居室户型装修吊顶图，在了解和掌握吊顶图的形成、功能、表达方法、绘图思路等的前提下，详细学习住宅建筑装修吊顶图的具体绘制过程和相关绘图技巧。

本章学习内容如下：

- 吊顶图的形成及材质
- 吊顶图的表达与绘制思路
- 综合范例一——绘制多居室吊顶墙体图
- 综合范例二——绘制多居室吊顶布置图
- 综合范例三——绘制多居室吊顶灯具图
- 综合范例四——绘制多居室吊顶辅助灯具图
- 综合范例五——为多居室吊顶标注引线注释
- 综合范例六——为多居室吊顶标注施工尺寸

13.1　吊顶图的形成及材质

在绘制吊顶图之前，首先简单介绍相关的设计理念及设计内容，使不具备理论知识的读者对其有一个大致的了解和认识。

1. 吊顶的形成

吊顶也称天花、天棚、顶棚、天花板等，它是室内装饰的重要组成部分，也是室内空间装饰中最富有变化、最引人注目的界面，吊顶的形状及艺术处理很大程度上影响着空间的整体效果。吊顶图一般是采用镜像投影法绘制，它主要是根据室内的结构布局，进行天花板的设计和灯具的布置，与室内其他内容构成一个有机联系的整体，让人们从光、色、形体等方面感受室内环境。

2. 吊顶的材质

- 石膏板吊顶。石膏天花板是以熟石膏为主要原料掺入添加剂与纤维制成，具有质轻、绝热、吸声、阻燃和可锯等性能。多用于商业空间科学，一般采用 600 × 600 规格，有明骨和暗骨之分，龙骨常用铝或铁。
- 轻钢龙骨石膏板吊顶。石膏板与轻钢龙骨相结合，便构成轻钢龙骨石膏板。轻钢龙骨石膏板天花有纸面石膏板、装饰石膏板、纤维石膏板、空心石膏板条多种。从目前来看，使用轻钢龙骨石膏板天花做隔断墙的较多，而用来做造型天花的则比较少。
- 夹板吊顶。夹板，也称胶合板，具有材质轻、强度高、良好的弹性和韧性，耐冲击和振动、易加工和涂饰、绝缘等优点。它还能轻易地创造出弯曲的、圆的、方的等各种各样的造型吊顶。
- 方形镀漆铝扣吊顶。此种吊顶在厨房、厕所等容易脏污的地方使用，是目前的主流产品。

- 彩绘玻璃天花。这种吊顶具有多种图形图案，内部可安装照明装置，但一般只用于局部装饰。

13.2　吊顶的表达及绘制思路

吊顶图也是室内装饰装潢行业中不可缺少的一种重要图纸，本节主要概述吊顶图的表达方法与绘制思路。

1. 吊顶图的常用表达方法

- 平板吊顶。此种吊顶一般是以 PVC 板、铝扣板、石膏板、矿棉吸音板、玻璃纤维板、玻璃等作为主要装修材料，照明灯卧于顶部平面之内或吸于顶上。此种类型的吊顶多适用于卫生间、厨房、阳台和玄关等空间。
- 异型吊顶。异型吊顶是局部吊顶的一种，使用平板吊顶的形式，把顶部的管线遮挡在吊顶内，顶面可嵌入筒灯或内藏日光灯，使装修后的顶面形成两个层次，不会产生压抑感。此种吊顶比较适用用于卧室、书房等房间。异型吊顶采用的云型波浪线或不规则弧线，一般不超过整体顶面面积的三分之一，超过或小于这个比例，就难以达到好的效果。
- 格栅式吊项。此种吊顶需要使用木材作成框架，镶嵌上透光或磨沙玻璃，光源在玻璃上面。这也属于平板吊顶的一种，但是造型要比平板吊顶生动和活泼，装饰的效果比较好。一般适用于餐厅、门厅、中厅或大厅等大空间，它的优点是光线柔和、轻松自然。
- 藻井式吊顶。藻井式吊顶是在房间的四周进行局部吊顶，可设计成一层或两层，装修后的效果有增加空间高度的感觉，还可以改变室内的灯光照明效果。这类吊顶需要室内空间具有一定的高度，而且房间面积较大。
- 局部吊顶。局部吊顶是为了避免室内的顶部有水、暖、气管道，而且空间的高度又不允许进行全部吊顶的情况下，采用的一种局部吊顶的方式。
- 无吊顶。所谓无顶装修就是在房间顶面不加修饰的装修。无吊顶装修的方法是，顶面做简单的平面造型处理，采用现代的灯饰灯具，配以精致的角线，也给人一种轻松自然的怡人风格。什么样的室内空间选用相应的吊顶，不但可以弥补室内空间的缺陷，还可以给室内增加个性色彩。

2. 吊顶图的绘图思路

在设计并绘制吊顶图时，具体可以参照如下思路：

（1）首先在布置图的基础上，初步准备墙体平面图；
（2）补画吊顶图细部构件，具体有门洞、窗洞、窗帘和窗帘盒等细节构件；
（3）为吊顶平面图绘制吊顶轮廓、灯池及灯带等内容；
（4）为吊顶平面图布置艺术吊顶、吸顶灯以及筒灯等；
（5）为吊顶平面图标注尺寸及必要的文字注释。

13.3　综合范例——绘制多居室吊顶墙体图

本例主要学习多居室户型吊顶墙体结构图的快速绘制过程和相关绘图技巧。多居室户型吊顶墙体结构图的最终绘制效果如图 13-1 所示。

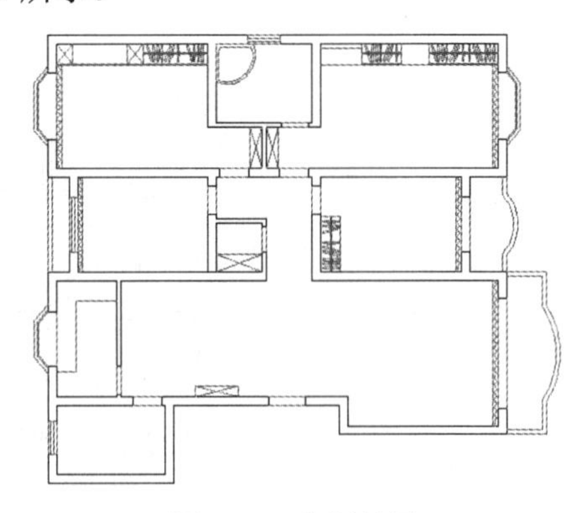

图 13-1　实例效果

操作步骤：

步骤 01　执行“打开”命令，打开光盘中的“\效果文件\第 12 章\综合范例七.dwg”文件。

步骤 02　执行“快速选择”命令，设置过滤参数如图 13-2 所示，选择“文本层”上的所示有对象进行删除。

步骤 03　展开“图层控制”下拉列表，将“吊顶层”设置为当前图层，并关闭“尺寸层”，冻结“填充层”、“文本层”、“其他层”和“轴线层”，此时平面图的显示效果如图 13-3 所示。

步骤 04　单击菜单“修改”/“删除”命令，删除与当前操作无关的对象，结果如图 13-4 所示。

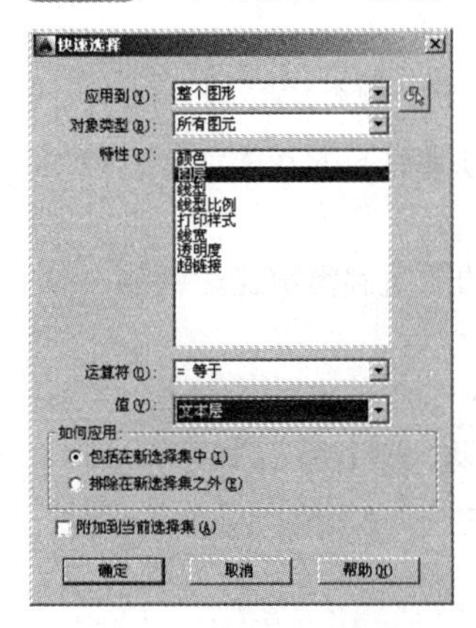

图 13-2　设置过滤参数

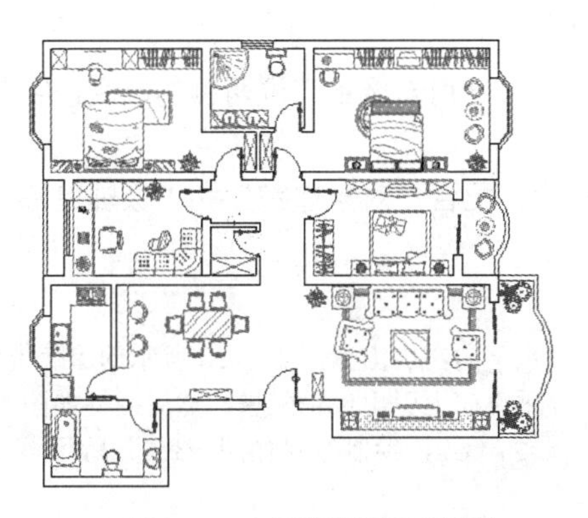

图 13-3　平面图的显示效果

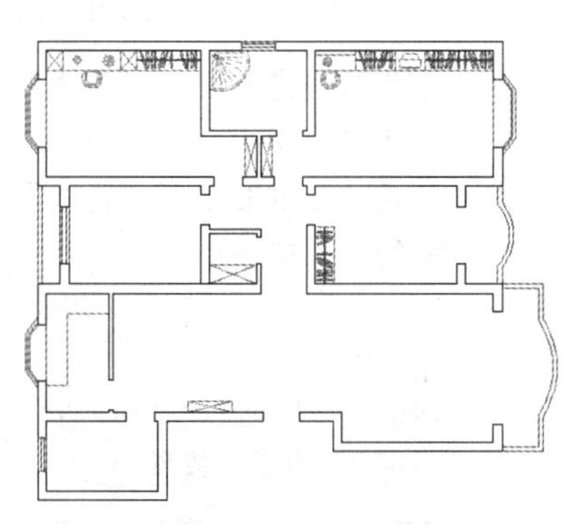

图 13-4　删除结果

步骤 05　在无命令执行的前提下，夹点显示如图 13-5 所示的图形对象，然后执行“分解”命令进行分解。

步骤 06　重复执行“删除”命令，删除多余的图形对象，并对厨房操作台轮廓线进行延伸，结果如图 13-6 所示。

步骤 07　展开“图层控制”下拉列表，暂时关闭“墙线层”，此时平面图的显示效果如图 13-7 所示。

步骤 08　夹点显示图 13-7 所示的所有对象，然后展开“图层控制”下拉列表，将其放到“吊顶层”上。

步骤 09　取消对象的夹点显示，然后展开“图层控制”下拉列表，打开“墙线层”，结果如图 13-8 所示。

图 13-5　夹点显示

图 13-6　删除结果

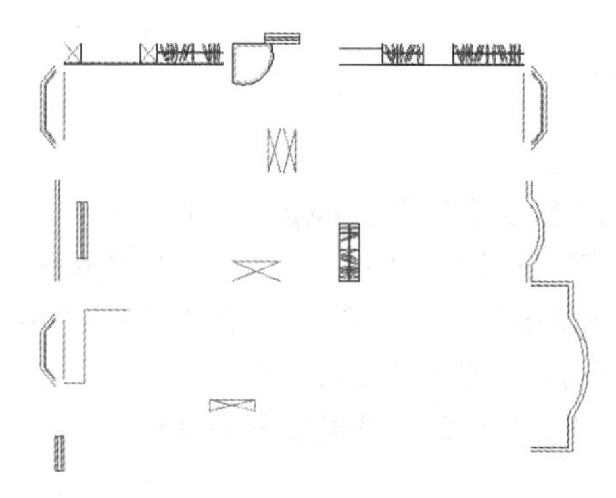

图 13-7　关闭“墙线层”后的效果

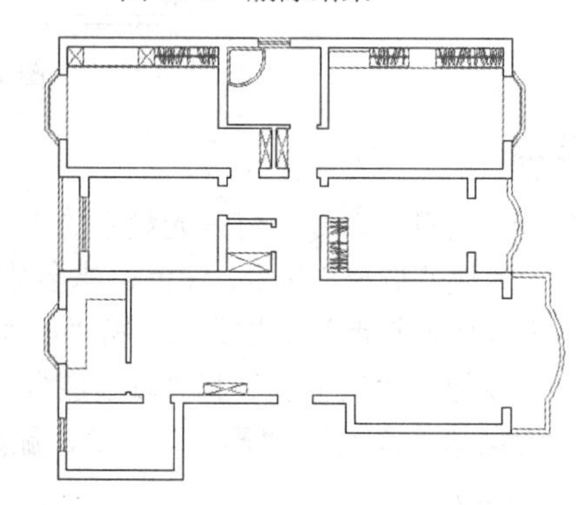

图 13-8　操作结果

步骤 10　使用快捷键 L 执行“直线”命令，分别连接各门洞两侧的端点，绘制过梁底面的轮廓线，结果如图 13-9 所示。

步骤 11　使用快捷键 L 执行“直线”命令，配合“对象追踪”和“极轴追踪”功能绘制窗帘盒轮廓线。命令行操作如下：

```
命令: _line
指定第一点:                  //水平向左引出如图 13-10 所示的追踪方矢量，然后输入 150 Enter
指定下一点或 [放弃(U)]:      //垂直向上引出极轴矢量，然后捕捉如图 13-11 所示的交点
指定下一点或 [放弃(U)]:      // Enter，绘制结果如图 13-12 所示
```

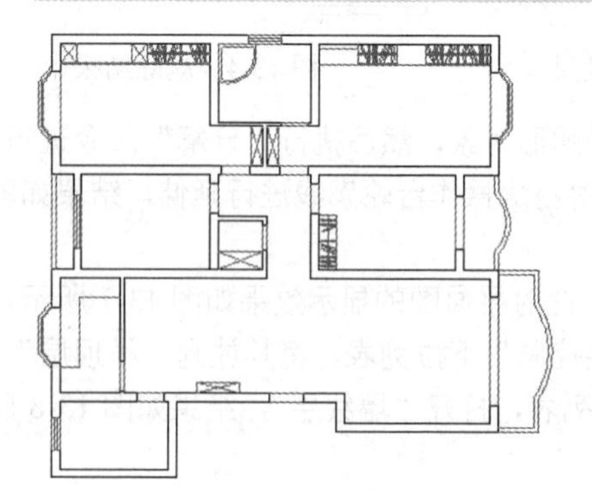

图 13-9　绘制结果

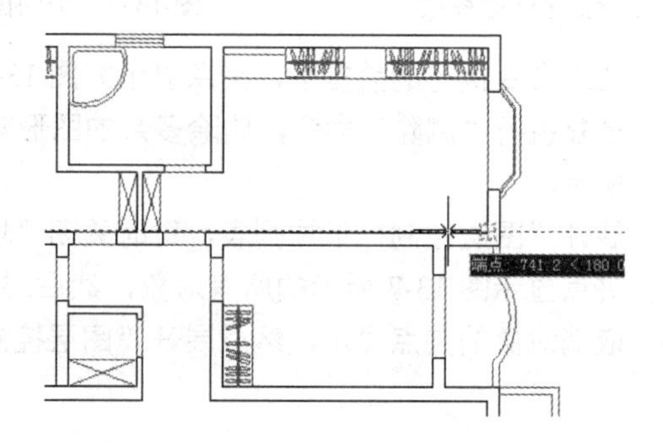

图 13-10　引出对象追踪矢量

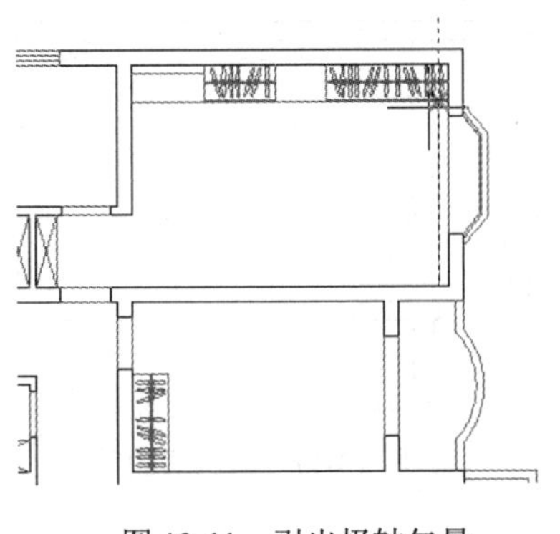

图 13-11　引出极轴矢量

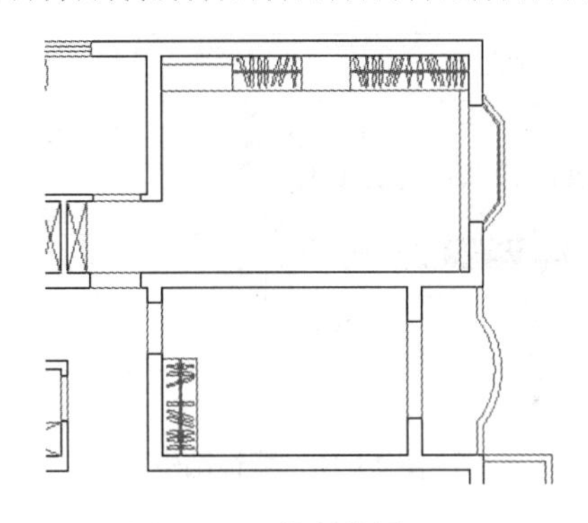

图 13-12　绘制结果

步骤 12　使用快捷键 O 执行“偏移”命令，设置偏移距离为 150，然后选择刚绘制的窗帘盒轮廓线，将其向右偏移 75 个绘图单位，作为窗帘轮廓线，结果如图 13-13 所示。

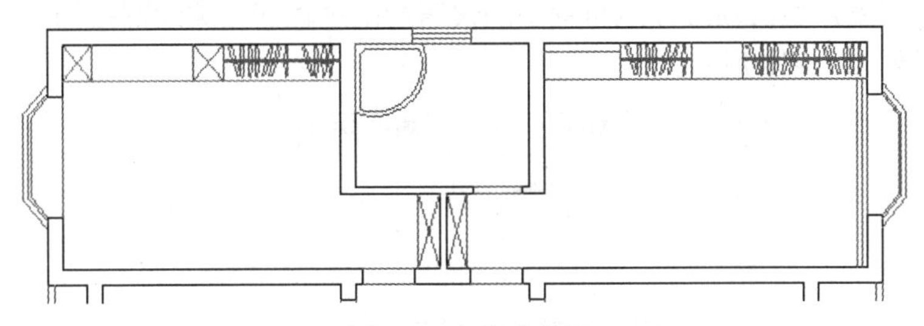

图 13-13　偏移结果

步骤 13　单击菜单“格式”/“线型”命令，打开“线型管理器”对话框，使用此对话框中的“加载”功能，加载如图 13-14 所示的线型，并设置线型比例如图 13-15 所示。

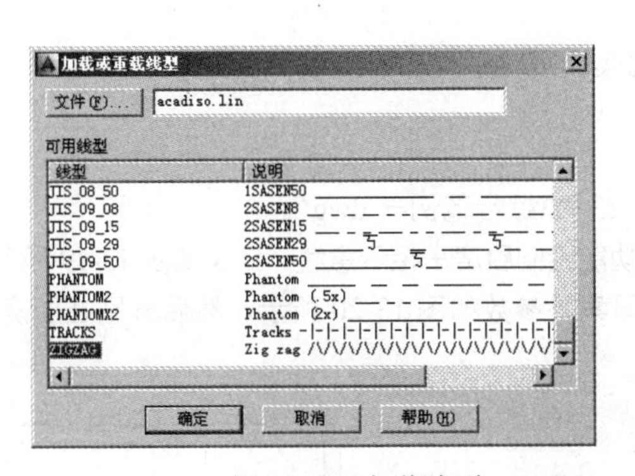

图 13-14　加载线型

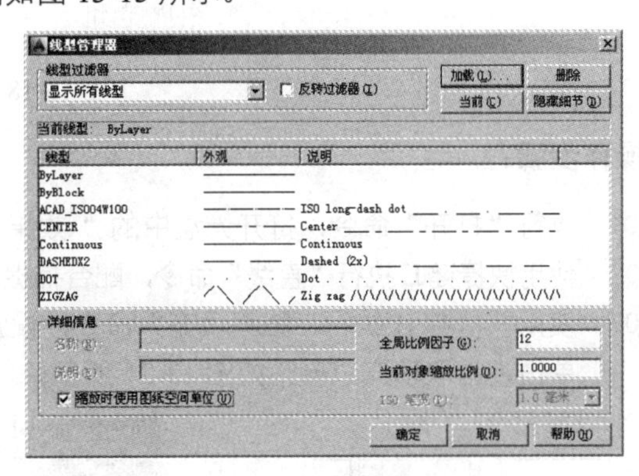

图 13-15　设置线型比例

步骤 14　夹点显示窗帘轮廓线，然后执行“特性”命令，在打开的“特性”窗口中修改窗帘轮廓线的线型及颜色，如图 13-16 所示。

步骤 15　关闭“特性”窗口，并取消对象的夹点显示，观看操作后的效果，如图 13-17 所示。

步骤 16　参照第 11～15 操作步骤，分别绘制其他房间内的窗帘及窗帘盒轮廓线，绘制结果如图 13-1 所示。

步骤 17　最后执行“另存为”命令，将图形命名存储为“综合范例一.dwg”。

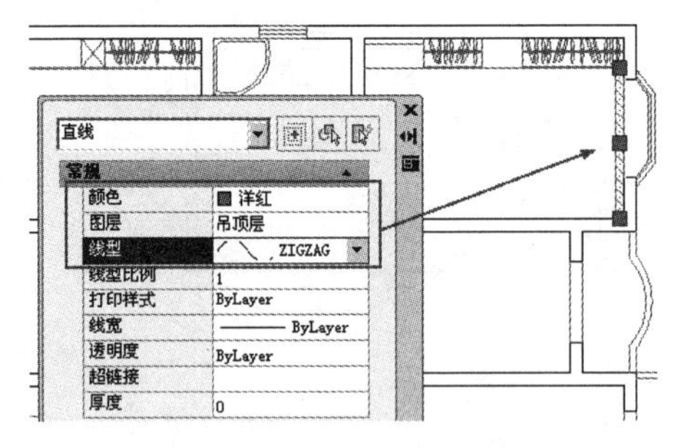

图 13-16　特性编辑

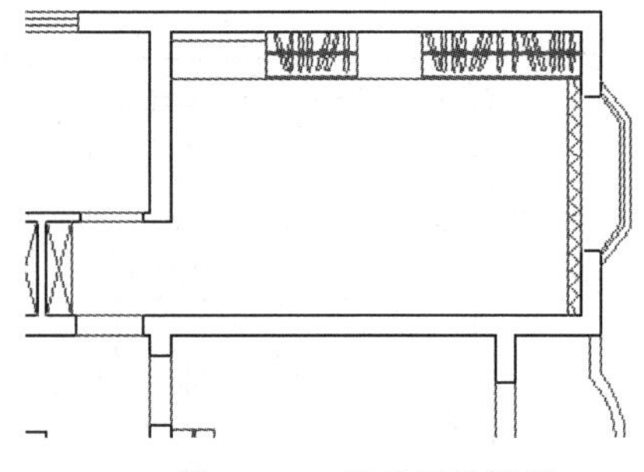

图 13-17　修改后的效果

13.4　综合范例二——绘制多居室吊顶布置图

本例主要学习多居室户型吊顶及灯池布置图的快速绘制过程和相关绘图技巧。多居室户型吊顶布置图的最终绘制效果如图 13-18 所示。

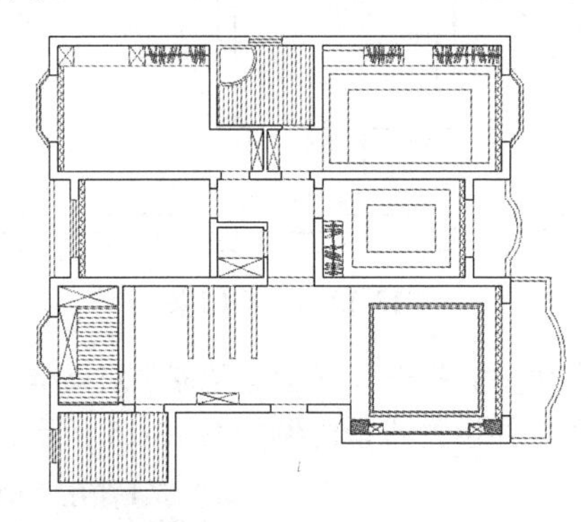

图 13-18　实例效果

操作步骤：

步骤 01　执行“打开”命令，打开光盘中的“\效果文件\第 13 章\综合范例一.dwg”。

步骤 02　使用快捷键 L 执行“直线”命令，配合捕捉与追踪功能绘制厨房吊柜示意线，结果如图 13-19 所示。

步骤 03　使用快捷键 H 执行“图案填充”命令，设置填充图案及参数如图 13-20 所示，然后分别在厨房内单击，拾取填充边界，如图 13-21 所示。

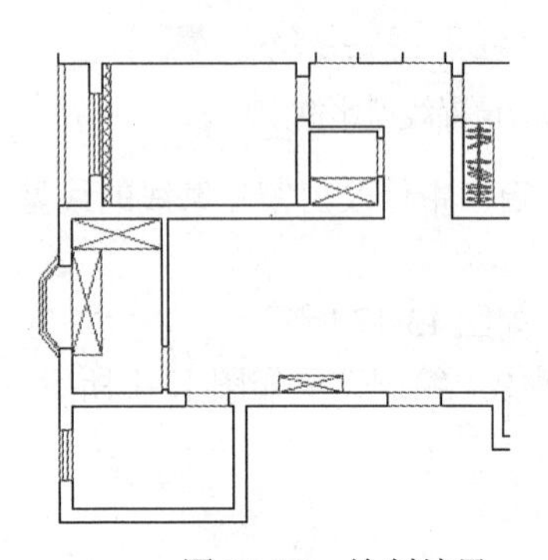

图 13-19　绘制结果

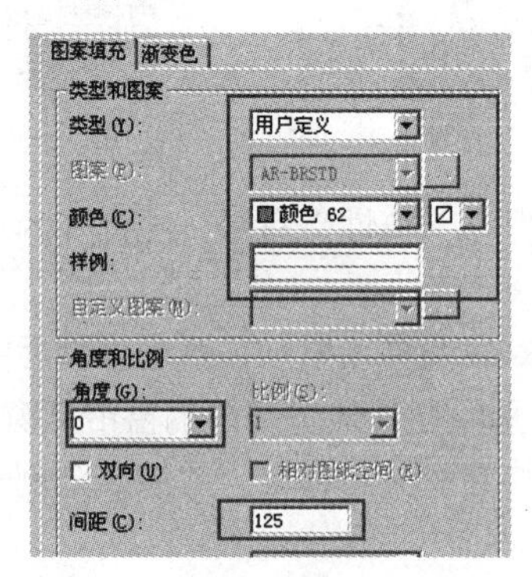

图 13-20　设置填充参数

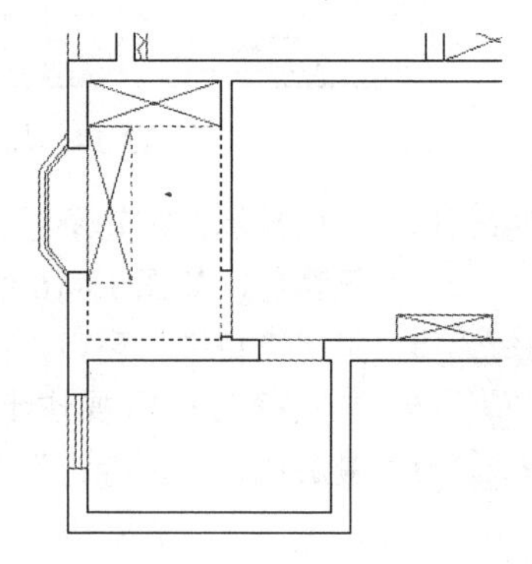

图 13-21　拾取填充边界

步骤04 返回“图案填充和渐变色”对话框后单击 确定 按钮，填充后的结果如图13-22所示。

步骤05 重复执行“图案填充”命令，在“图案填充和渐变色”对话框中设置填充图案和填充参数如图13-23所示。

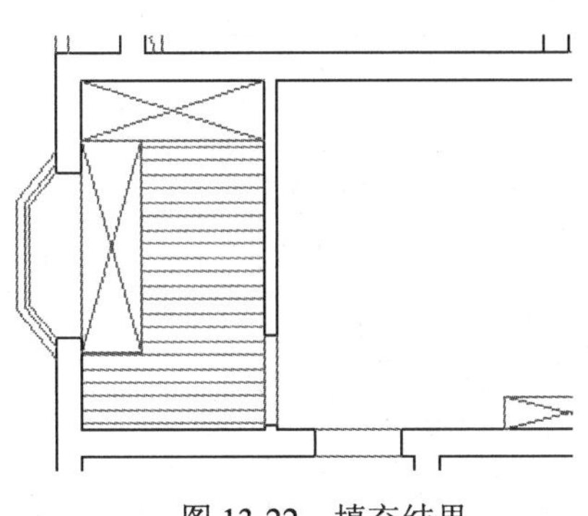

图13-22　填充结果

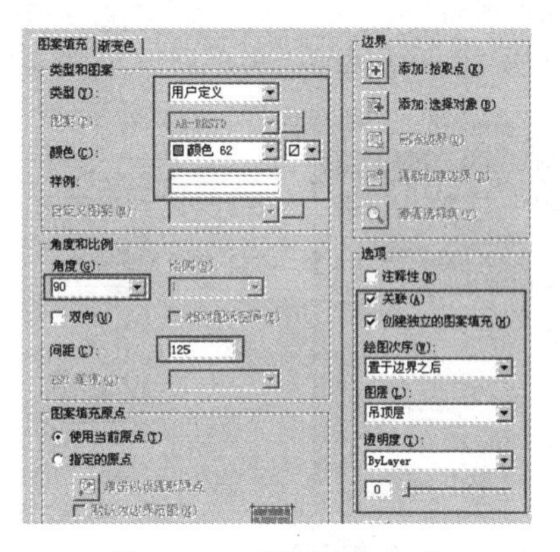

图13-23　设置填充参数

步骤06 返回绘图区拾取如图13-24所示的填充边界，为卫生间填充如图13-25所示的吊顶图案。

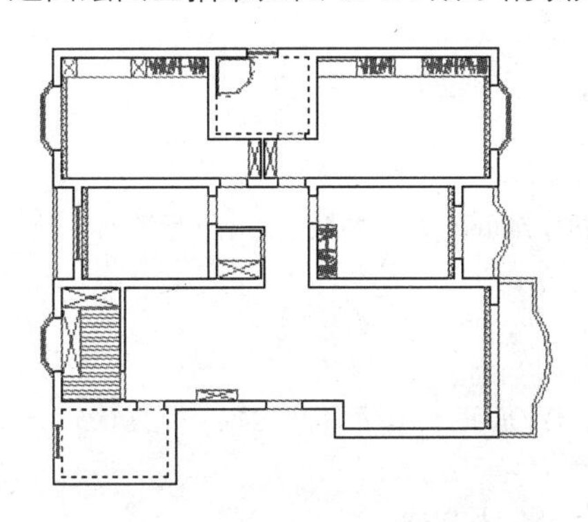

图13-24　拾取填充边界

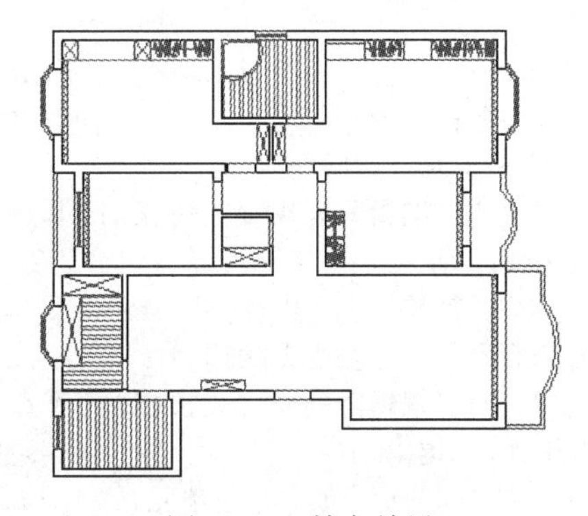

图13-25　填充结果

步骤07 使用快捷键L执行“直线”命令，配合捕捉与追踪功能绘制如图13-26所示的垂直轮廓线。

步骤08 单击菜单“绘图”/“矩形”命令，配合端点捕捉功能绘制长度为1270、宽度为240的矩形轮廓，如图13-27所示。

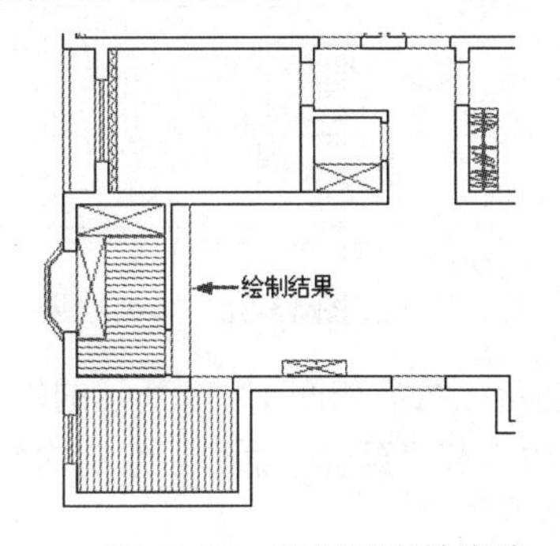

图13-26　绘制垂直轮廓线

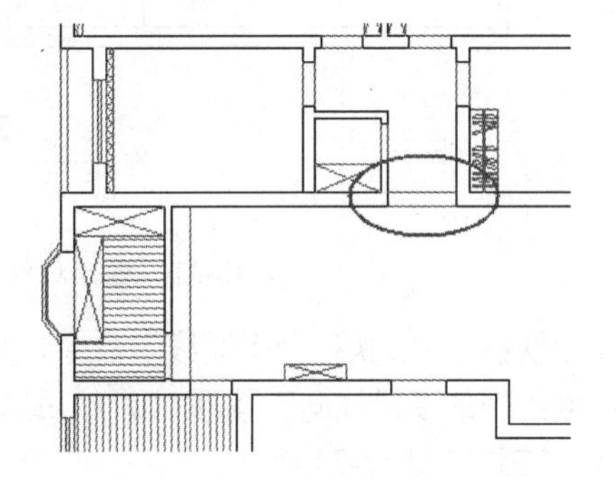

图13-27　绘制矩形轮郭

步骤09 重复执行“矩形”命令，配合“捕捉自”功能绘制餐厅的吊顶轮廓。命令行操作如下：

```
命令: _rectang
```

```
指定第一个角点或 [倒角(C)/标高(E)/圆角(F)/厚度(T)/宽度(W)]:
                        //按住 Shift 键单击鼠标右键，选择“自”选项，如图 13-28 所示
_from 基点:               //捕捉如图 13-29 所示的端点
<偏移>:                   //@-300,0 Enter
指定另一个角点或 [面积(A)/尺寸(D)/旋转(R)]: //@-150,-1960 Enter，结果如图 13-30 所示
```

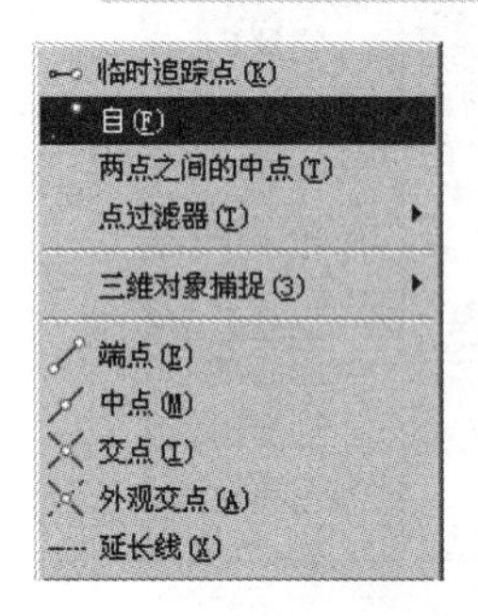

图 13-28 临时捕捉菜单

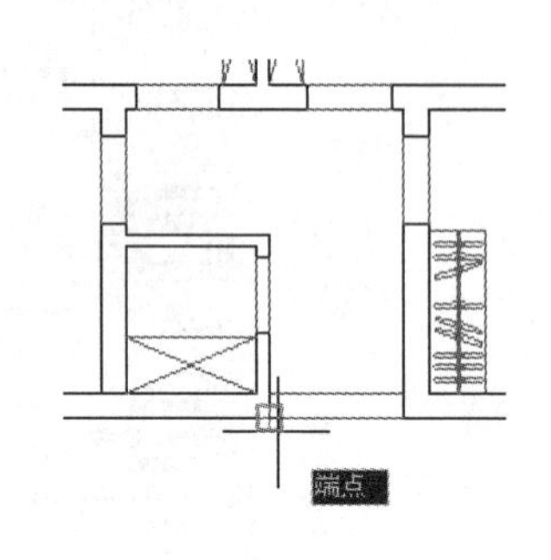

图 13-29 捕捉端点

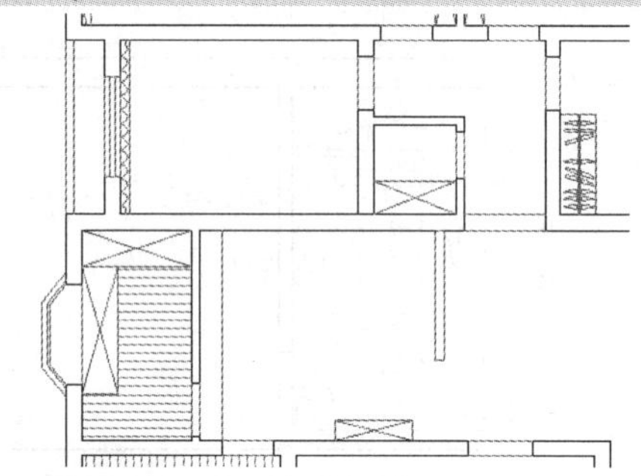

图 13-30 绘制结果

步骤 10 单击菜单“修改”/“阵列”/“矩形阵列”命令，对刚绘制的矩形进行阵列，命令行操作如下：

```
命令: _arrayrect
选择对象:                      //选择如图 13-31 所示的矩形
选择对象:                      // Enter
类型 = 矩形  关联 = 否
选择夹点以编辑阵列或 [关联(AS)/基点(B)/计数(COU)/间距(S)/列数(COL)/行数(R)/层数(L)/退
出(X)] <退出>:                 //COU Enter
输入列数数或 [表达式(E)] <4>: // 4 Enter
输入行数数或 [表达式(E)] <3>: // 1 Enter
选择夹点以编辑阵列或 [关联(AS)/基点(B)/计数(COU)/间距(S)/列数(COL)/行数(R)/层数(L)/退
出(X)] <退出>:                 //s Enter
指定列之间的距离或 [单位单元(U)] <225>:      //-600 Enter
指定行之间的距离 <2940>:        //1 Enter
选择夹点以编辑阵列或 [关联(AS)/基点(B)/计数(COU)/间距(S)/列数(COL)/行数(R)/层数(L)/退
出(X)] <退出>:                 // Enter，结束命令，阵列结果如图 13-32 所示
```

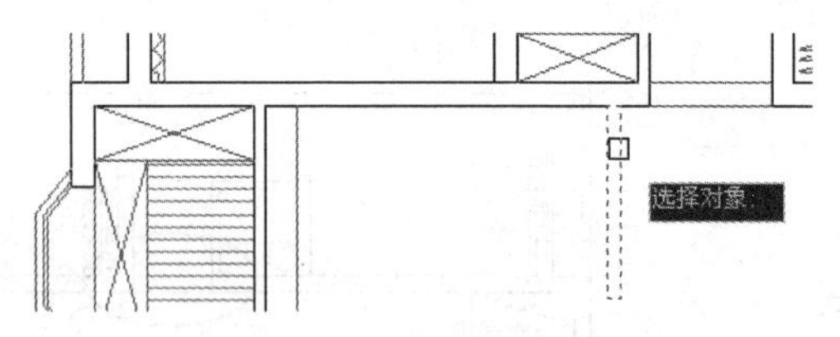

图 13-31 选择对象

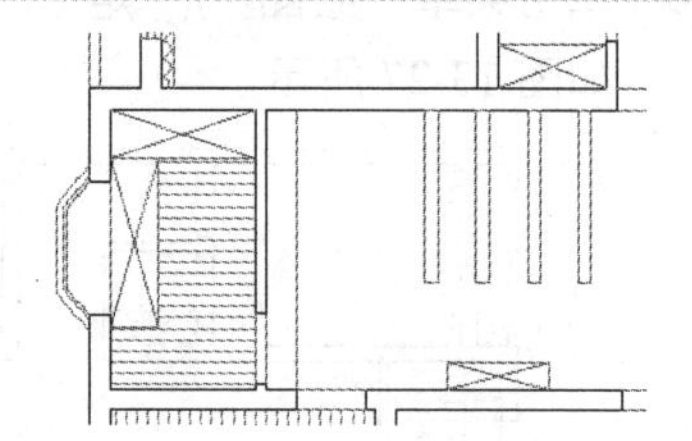

图 13-32 阵列结果

步骤 11 使用快捷键 PL 执行“多段线”命令，配合捕捉和追踪功能，绘制如图 13-33 所示的轮廓线。

步骤 12 将刚绘制的多段线向下偏移 20，然后综合“修剪”、“直线”和“延伸”命令，绘制内侧的图形结构，结果如图 13-34 所示。

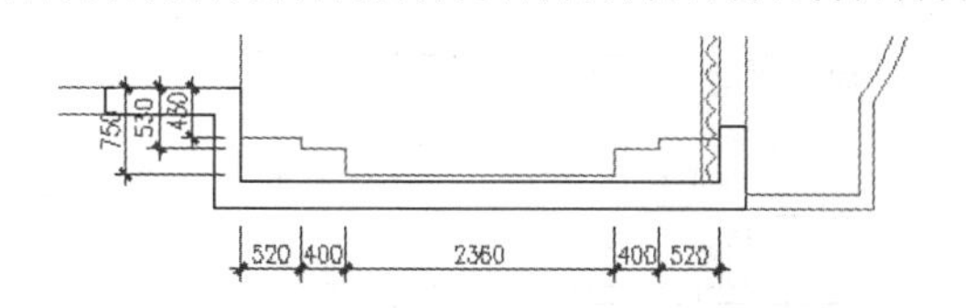

图 13-33　绘制轮廓线

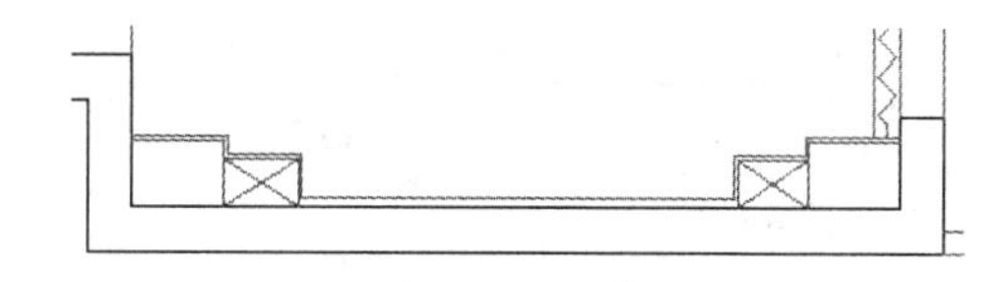

图 13-34　编辑结果

步骤 13　单击菜单“绘图”/“图案填充”命令，填充如图 13-35 所示的剖面线，填充图案为 ANSI31，填充比例为 10。

步骤 14　单击菜单“绘图”/“矩形”命令，配合“捕捉自”功能绘制客厅的吊顶轮廓。命令行操作如下：

```
命令: _rectang
指定第一个角点或 [倒角(C)/标高(E)/圆角(F)/厚度(T)/宽度(W)]: //激活“捕捉自”功能
_from 基点:                       //捕捉如图 13-35 所示垂直轮廓线 A 的下端点
<偏移>:                           //@520,-330 Enter
指定另一个角点或 [面积(A)/尺寸(D)/旋转(R)]:      //@3160,3010 Enter，结果如图 13-36 所示
```

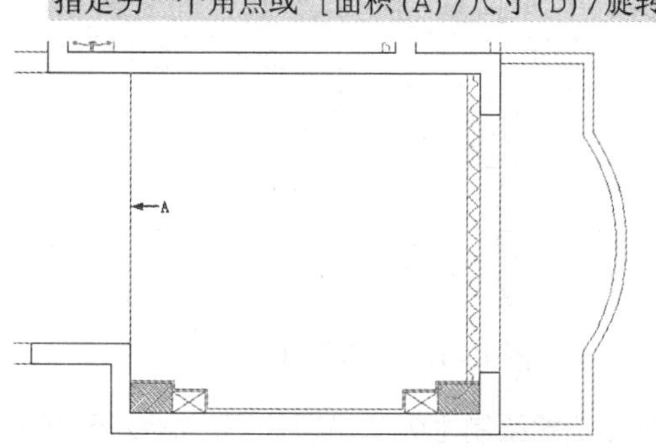

图 13-35　填充剖面线

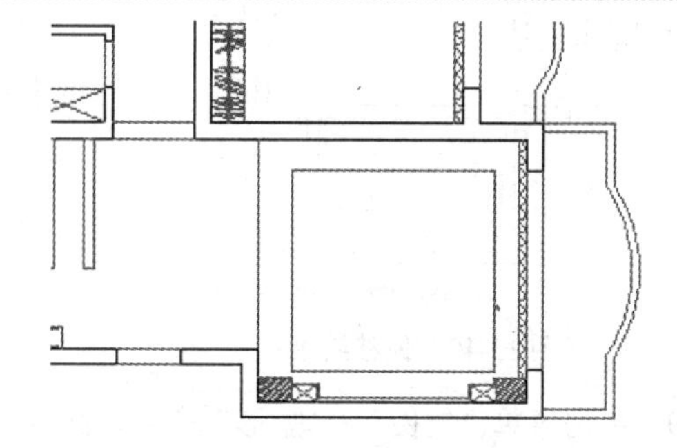

图 13-36　绘制结果

步骤 15　使用快捷键 O 执行“偏移”命令，将刚绘制的矩形向内侧偏移，间距分别为 30、60 和 30，结果如图 13-37 所示。

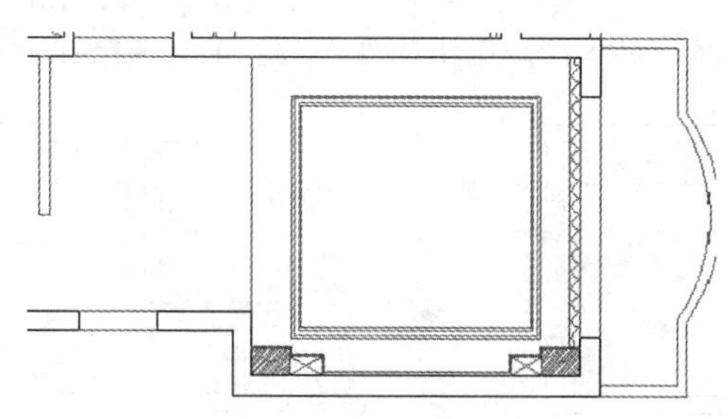

图 13-37　偏移结果

步骤 16　单击菜单“绘图”/“矩形”命令，配合“捕捉自”功能绘制次卧室的吊顶轮廓。命令行操作如下：

```
命令: _rectang
指定第一个角点或 [倒角(C)/标高(E)/圆角(F)/厚度(T)/宽度(W)]:  //激活“捕捉自”功能
_from 基点:                     //捕捉次卧室窗帘盒的上端点，如图 13-38 所示
<偏移>:                         //@-275,-2325 Enter
指定另一个角点或 [面积(A)/尺寸(D)/旋转(R)]:
//@-2690,2050 Enter，绘制结果如图 13-39 所示
```

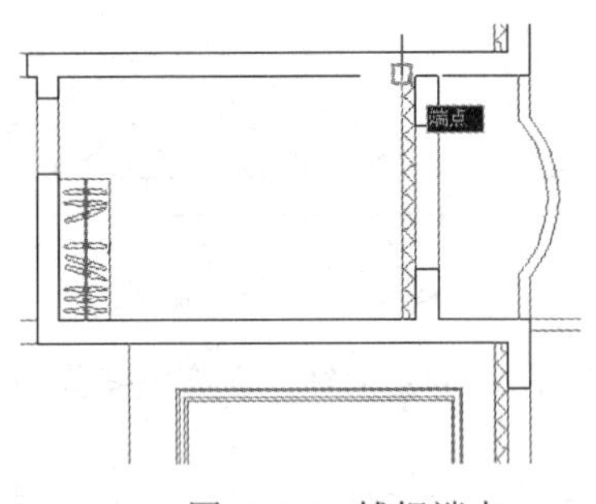

图 13-38　捕捉端点

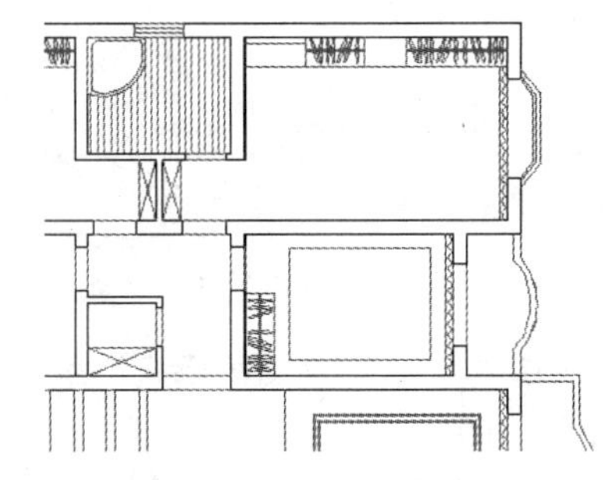

图 13-39　绘制矩形

步骤 17　单击菜单“修改”/“偏移”命令，将刚绘制的矩形向内偏移 400 个单位，结果如图 13-40 所示。

步骤 18　使用快捷键 L 执行“直线”命令，配合捕捉与追踪功能绘制如图 13-41 所示的垂直轮廓线。

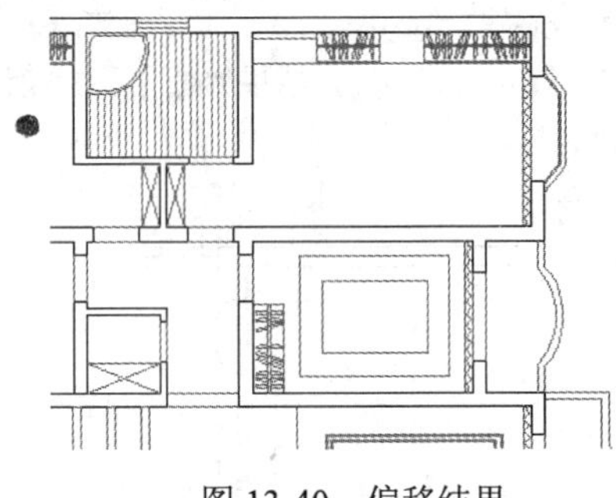

图 13-40　偏移结果

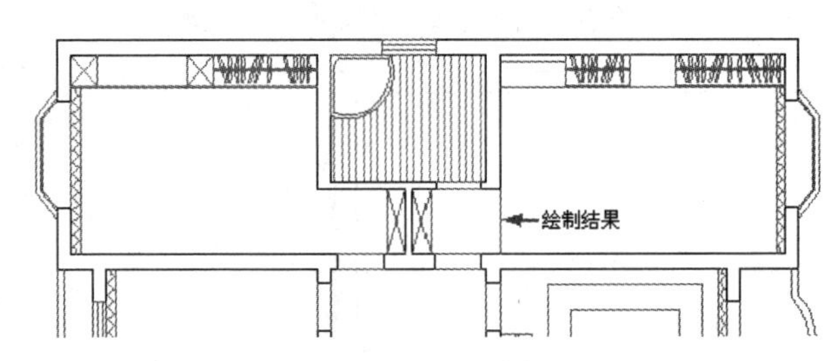

图 13-41　绘制结果

步骤 19　单击菜单“绘图”/“矩形”命令，配合“捕捉自”功能绘制主卧室吊顶轮廓。命令行操作如下：

```
命令: _rectang
指定第一个角点或 [倒角(C)/标高(E)/圆角(F)/厚度(T)/宽度(W)]: //激活“捕捉自”功能
_from 基点:                                    //捕捉如图 13-42 所示的端点
<偏移>:                                        //@200,-200 Enter
指定另一个角点或 [面积(A)/尺寸(D)/旋转(R)]: //@4410,-2410 Enter，结果如图 13-43 所示
```

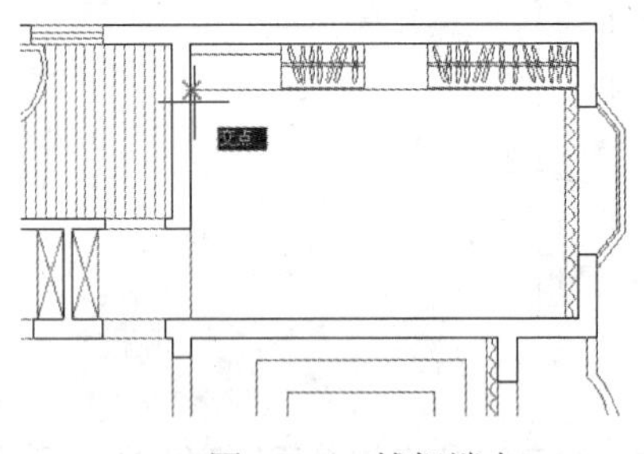

图 13-42　捕捉端点

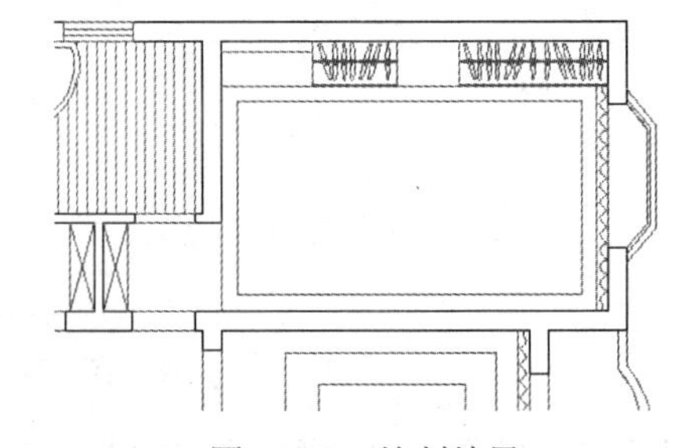

图 13-43　绘制结果

步骤 20　重复执行“矩形”命令，配合“捕捉自”功能继续绘制主人房吊顶轮廓。命令行操作如下：

```
命令: _rectang
指定第一个角点或 [倒角(C)/标高(E)/圆角(F)/厚度(T)/宽度(W)]:
                                               //激活“捕捉自”功能
_from 基点:                                    //捕捉如图 13-44 所示的端点
<偏移>:                                        //@500,-450 Enter
```

```
指定另一个角点或 [面积(A)/尺寸(D)/旋转(R)]:
//@3410,-1960 Enter，绘制结果如图 13-45 所示
```

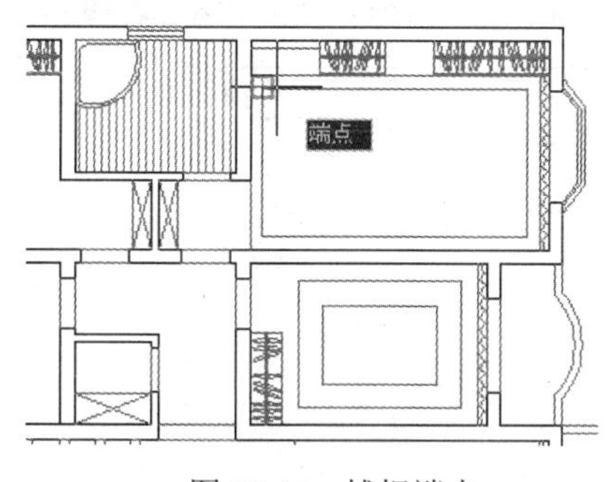

图 13-44　捕捉端点

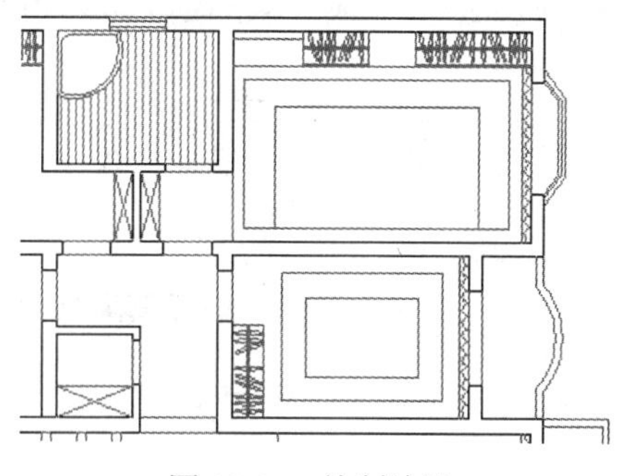

图 13-45　绘制结果

步骤 21　最后执行“另存为”命令，将图形命名存储为“综合范例二.dwg”。

13.5　综合范例三——绘制多居室吊顶灯具图

本例主要学习多居室户型吊顶灯具图的具体绘制过程和相关绘图技巧。多居室户型吊顶灯具图的最终绘制效果，如图 13-46 所示。

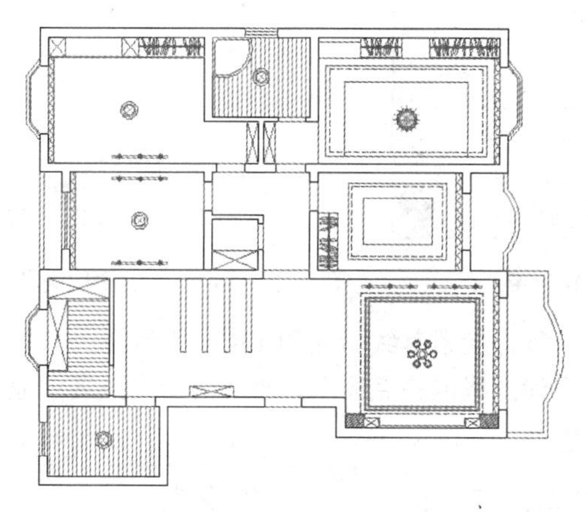

图 13-46　实例效果

操作步骤：

步骤 01　执行“打开”命令，打开随书光盘中的“\效果文件\第 13 章\综合范例二.dwg”文件。

步骤 02　使用快捷键 LA 执行“图层”命令，将“灯具层”设置为当前图层。

步骤 03　单击菜单“修改”/“偏移”命令，创建客厅灯带轮廓线，命令行操作如下：

```
命令: _offset
当前设置: 删除源=否　图层=源　OFFSETGAPTYPE=0
指定偏移距离或 [通过(T)/删除(E)/图层(L)] <400.0>:    //1 Enter
输入偏移对象的图层选项 [当前(C)/源(S)] <源>:          //C Enter
指定偏移距离或 [通过(T)/删除(E)/图层(L)] <通过>:      //100 Enter
选择要偏移的对象，或 [退出(E)/放弃(U)] <退出>:        //选择如图 13-47 所示的矩形
```

```
指定要偏移的那一侧上的点，或 [退出(E)/多个(M)/放弃(U)] <退出>:
                                                  //在矩形的外侧拾取点
选择要偏移的对象，或 [退出(E)/放弃(U)] <退出>:          // Enter，结果如图 13-48 所示
```

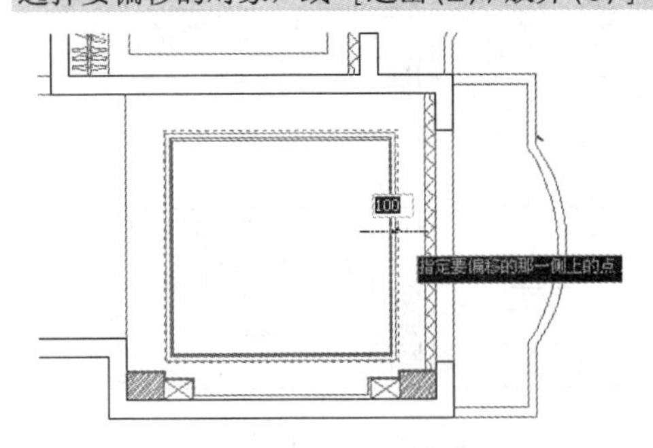

图 13-47 选择矩形

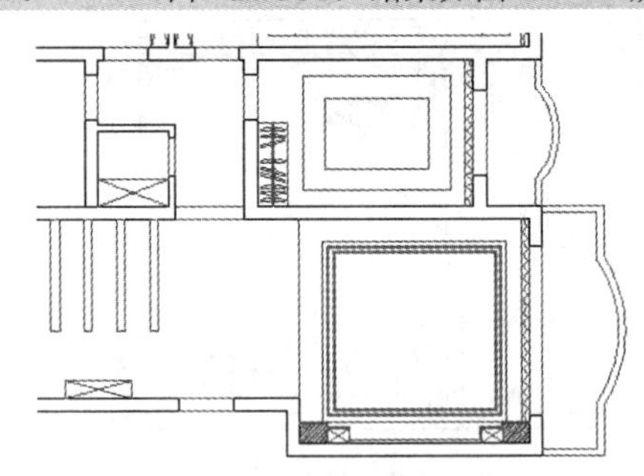

图 13-48 偏移结果

步骤 04 使用快捷键 LT 执行“线型”命令，在打开的“线型管理器”对话框中单击按钮，加载如图 13-49 所示的线型。

步骤 05 在无命令执行的前提下夹点显示偏移出的矩形，如图 13-50 所示。

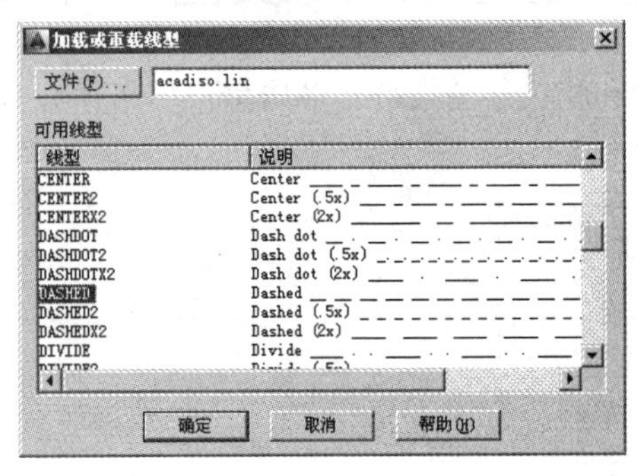

图 13-49 加载线型

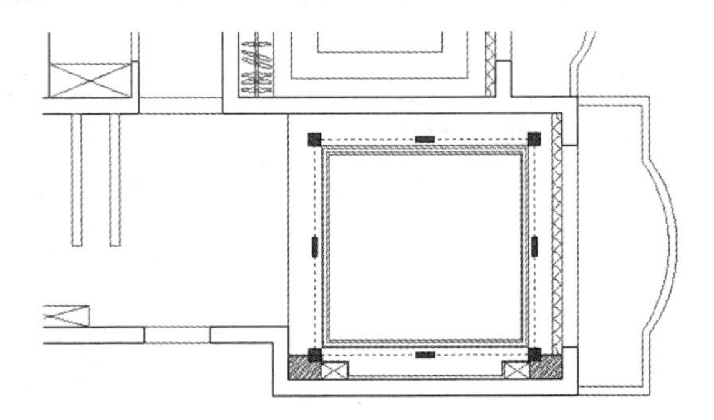

图 13-50 夹点显示

步骤 06 展开“线型控制”下拉列表，更改其线型如图 13-51 所示。

步骤 07 按下键盘上的 Esc 键，取消图线的夹点显示，观看线型更改后的显示效果，如图 13-52 所示。

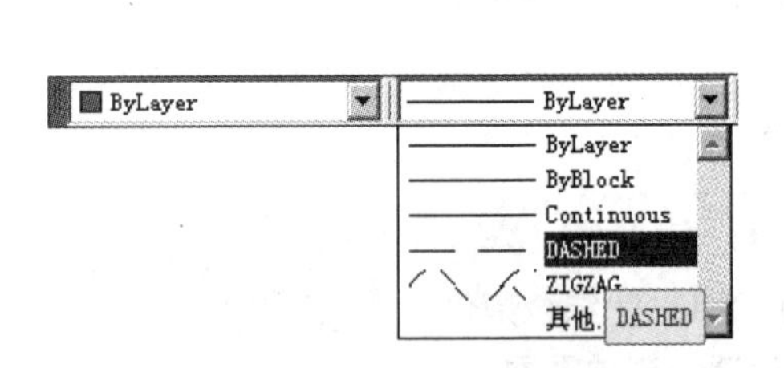

图 13-51 更改线型

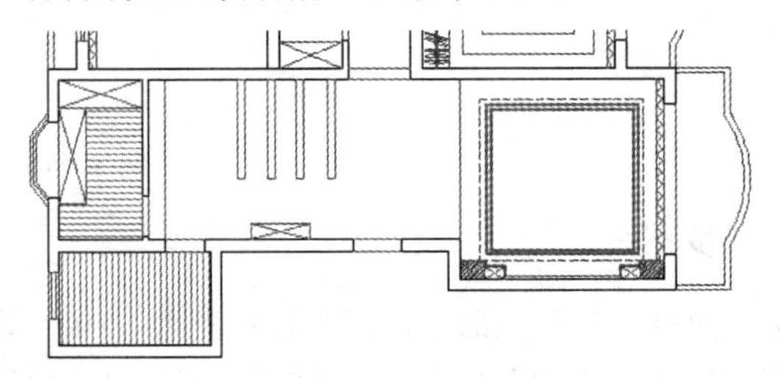

图 13-52 更改后的效果

步骤 08 使用快捷键 O 执行“偏移”命令，将图 13-53 所示的矩形吊顶 1 和 2 分别向内侧偏移 100 个单位，作为灯带，偏移结果如图 13-54 所示。

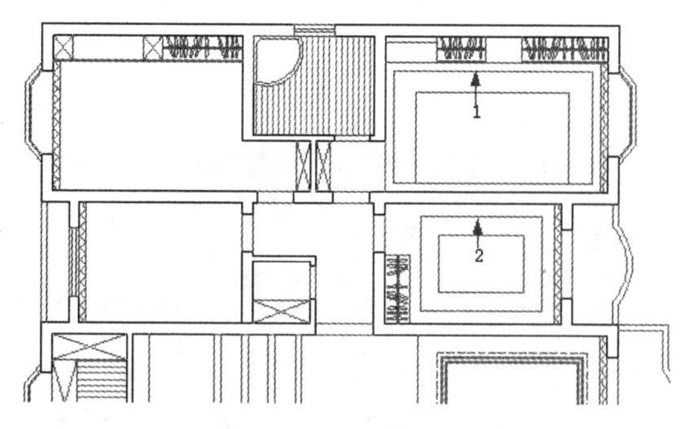

图 13-53　更改线型后的效果

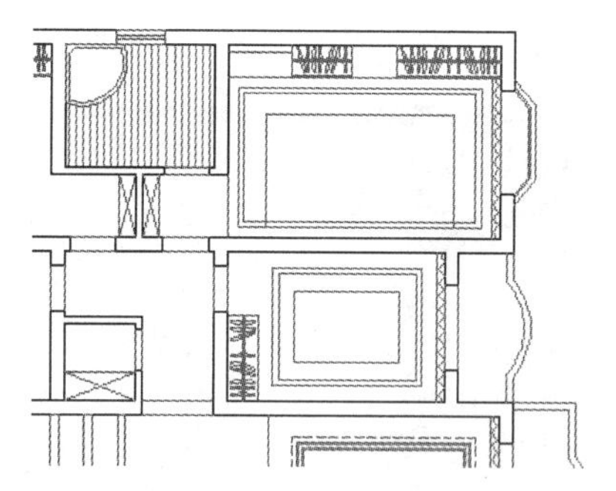

图 13-54　偏移结果

步骤09 单击“标准”工具栏上的按钮，执行“特性匹配”命令，将客厅灯带的线型特性和颜色特性匹配给书房和主人房内的吊顶灯带，命令行操作如下：

```
命令：_matchprop
选择源对象：                    //选择如图 13-55 所示的灯带轮廓线
当前活动设置： 颜色 图层 线型 线型比例 线宽 透明度 厚度 打印样式 标注 文字 图案填充 多段线 视口 表格材质 阴影显示 多重引线
选择目标对象或 [设置(S)]：        //选择如图 13-56 所示的矩形
```

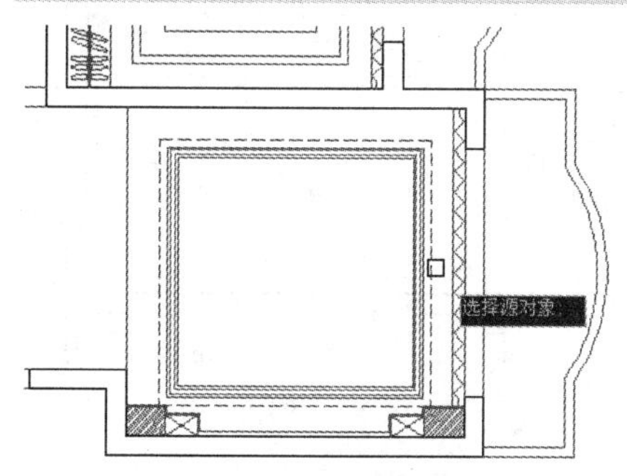

图 13-55　选择源对象

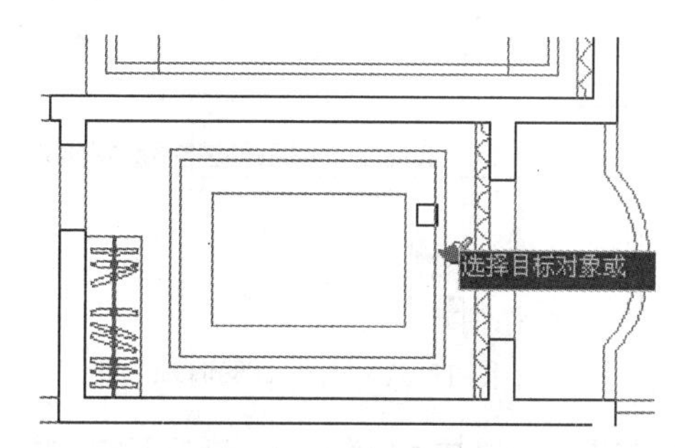

图 13-56　选择目标对象

```
选择目标对象或 [设置(S)]：        //选择如图 13-57 所示的矩形
选择目标对象或 [设置(S)]：        //Enter，匹配结果如图 13-58 所示
```

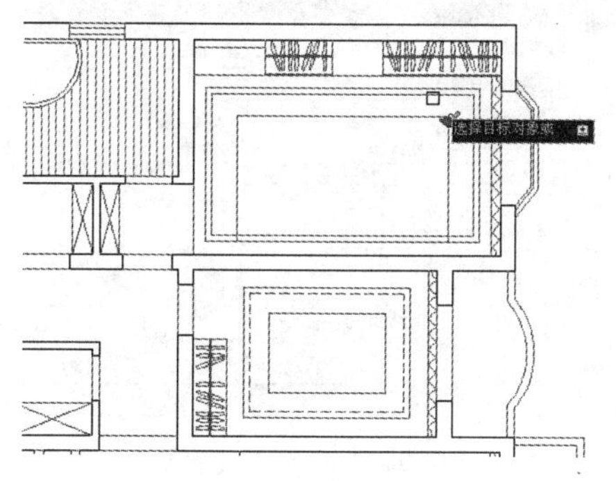

图 13-57　选择目标对象

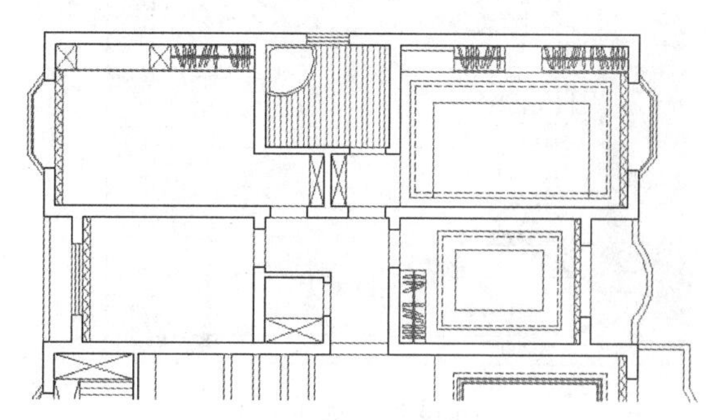

图 13-58　匹配特性后的效果

步骤10 使用快捷键 I 执行“插入块”命令，打开“插入”对话框。

步骤11 在“插入”对话框中单击 浏览(B)... 按钮，在打开的“选择图形文件”对话框中选择光盘中的“\图块文件\艺术吊灯 04.dwg”，如图 13-59 所示。

步骤 12　返回“插入”对话框，设置图块的缩放比例如图 13-60 所示。

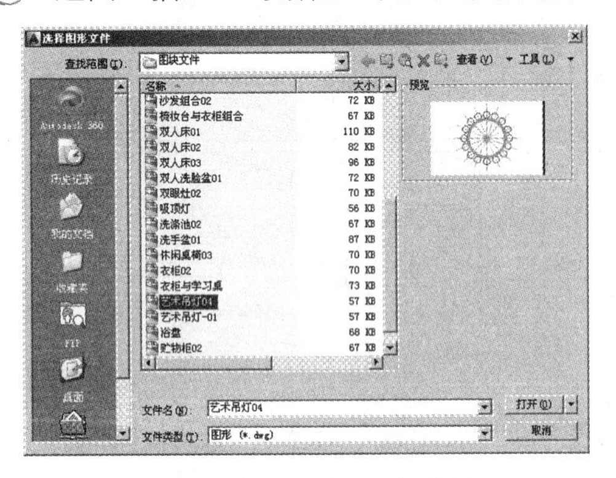

图 13-59　选择文件

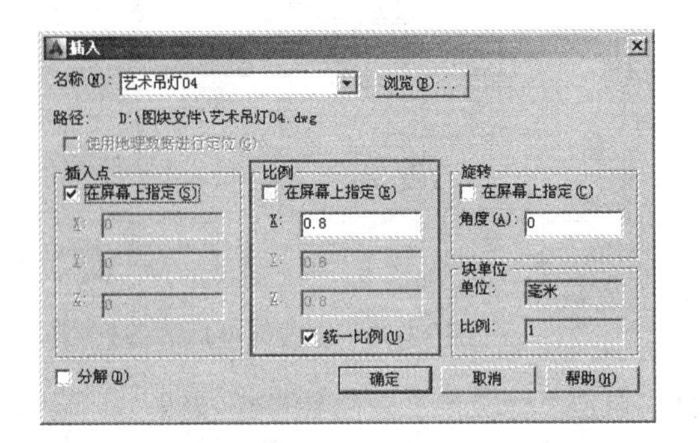

图 13-60　设置参数

步骤 13　返回绘图区，在命令行“指定插入点或 [基点(B)/比例(S)/旋转(R)]:”提示下，配合“对象捕捉”和“对象追踪”功能，引出如图 13-61 所示的两条追踪矢量。

步骤 14　捕捉两条对象追踪虚线的交点作为插入点，插入结果如图 13-62 所示。

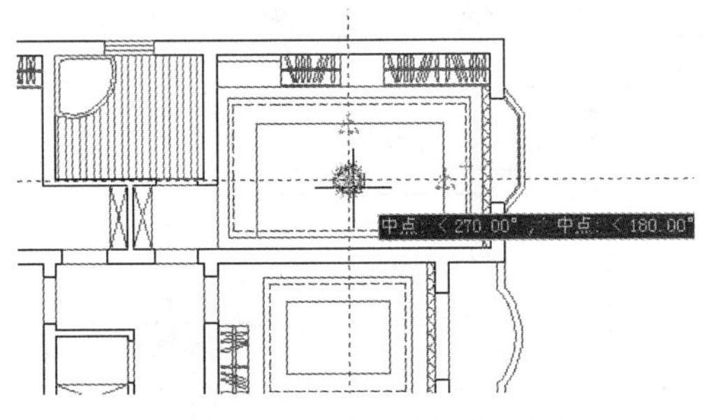

图 13-61　引出对象追踪矢量

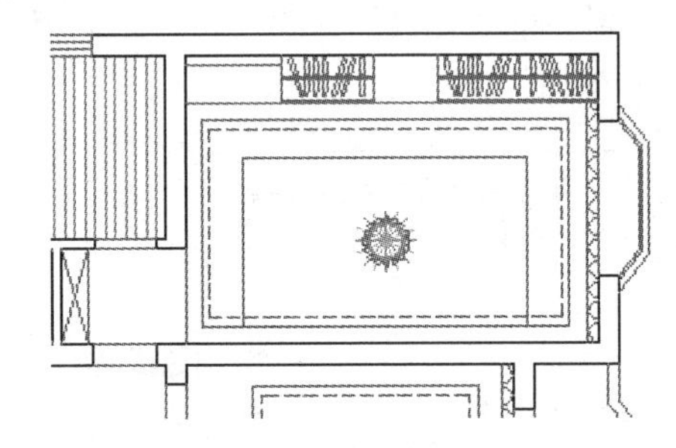

图 13-62　插入结果

步骤 15　重复执行“插入块”命令，在打开的“插入”对话框中单击按钮，选择随书光盘中的“\图块文件\艺术吊灯-01.dwg”，如图 13-63 所示，返回“插入”对话框，设置块参数如图 13-64 所示。

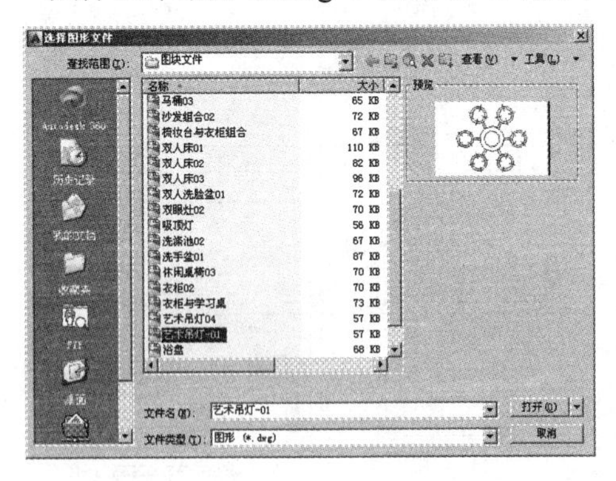

图 13-63　选择文件

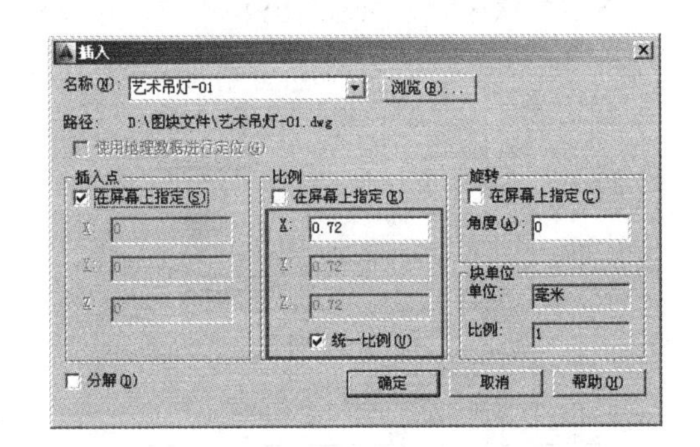

图 13-64　设置插入参数

步骤 16　单击“插入”对话框中的 确定 按钮，然后返回绘图区引出如图 13-65 所示的两条追踪矢量，捕捉其交点作为插入点，插入后的结果如图 13-66 所示。

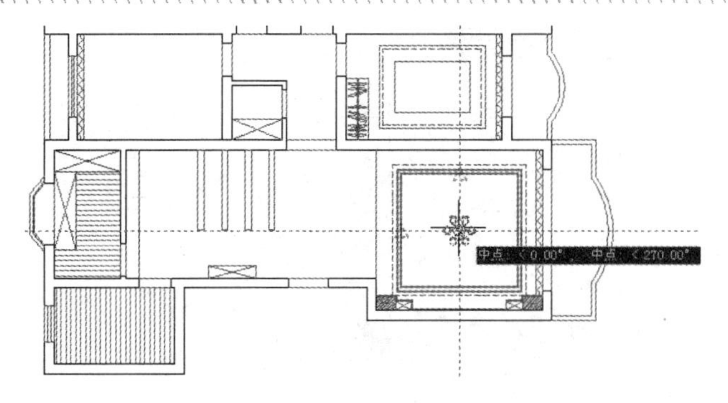

图 13-65　定位插入点

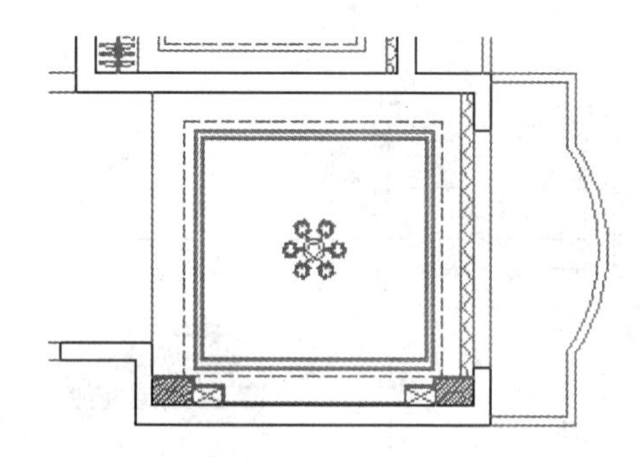

图 13-66　插入结果

步骤 17　使用快捷键 I 执行“插入块”命令，在打开的“插入”对话框中单击 浏览(B)... 按钮，选择随书光盘中的“\图块文件\吸顶灯.dwg”文件，如图 13-67 所示。

步骤 18　返回“插入”对话框，采用默认参数插入此灯具图块。在命令行“指定插入点或 [基点(B)/比例(S)/旋转(R)] :”提示下，激活“两点之间的中点”功能，如图 13-68 所示。

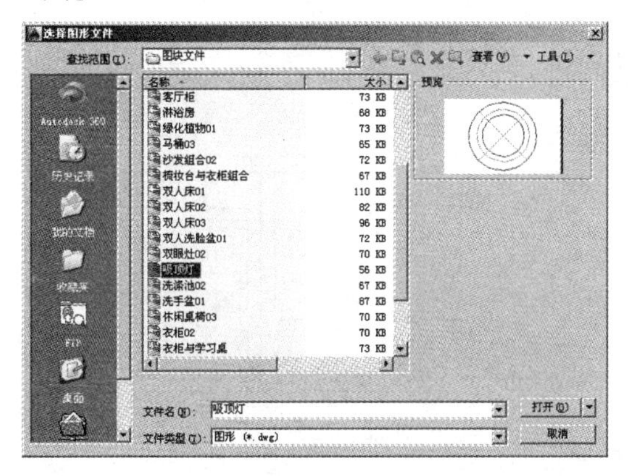

图 13-67　选择文件

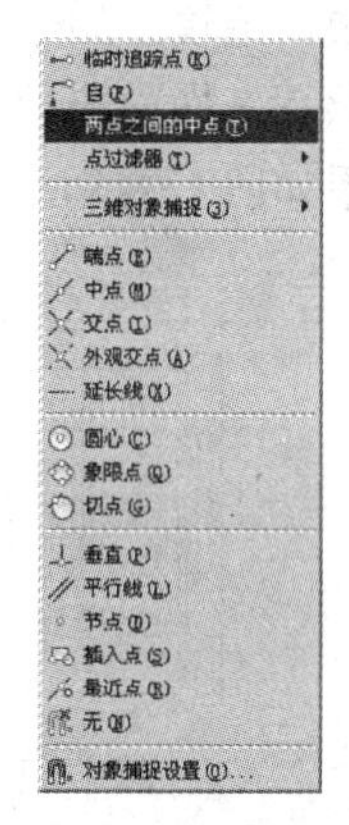

图 13-68　临时捕捉菜单

步骤 19　在命令行“_m2p 中点的第一点: ”提示下，捕捉如图 13-69 所示的中点。

步骤 20　继续在“中点的第二点:”提示下，捕捉如图 13-70 所示的中点，插入后的结果如图 13-71 所示。

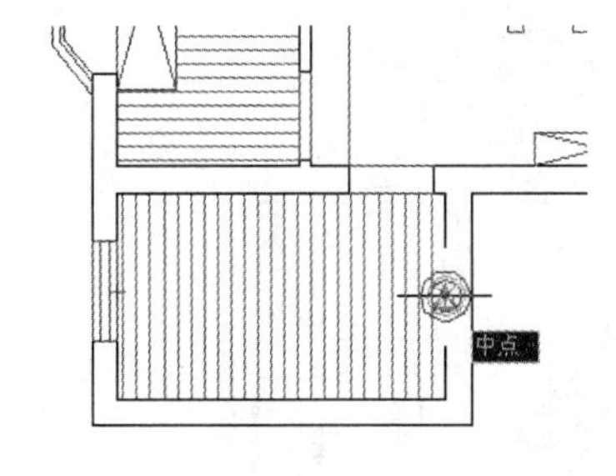

图 13-69　捕捉中点

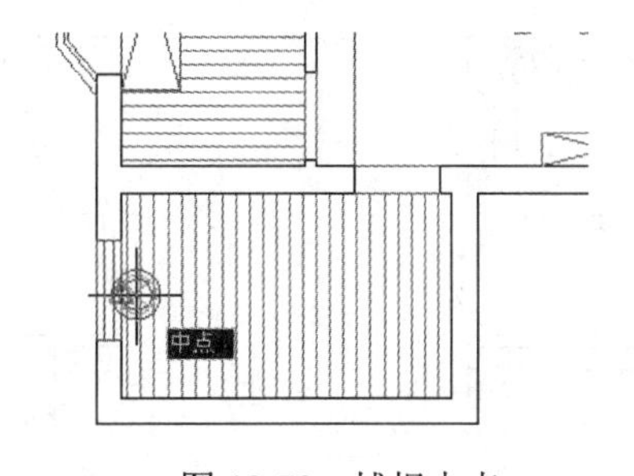

图 13-70　捕捉中点

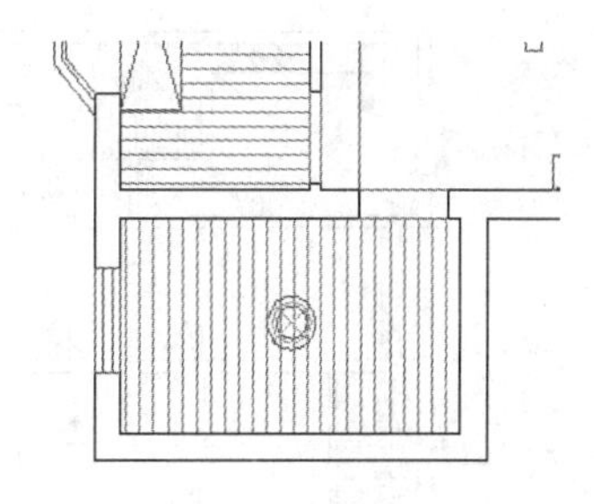

图 13-71　插入结果

步骤 21　在卫生间吊顶填充图案上单击鼠标右键，选择右键菜单上的“图案填充编辑”命令，如图 13-72 所示。

步骤 22　在打开的“图案填充编辑”对话框中设置填充孤岛的检测样式，如图 13-73 所示。

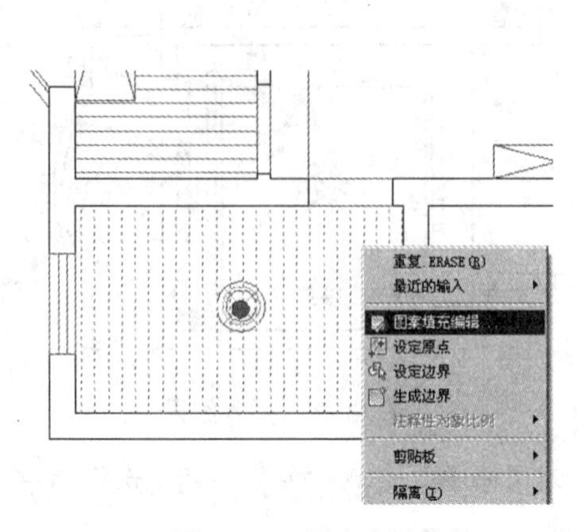

图 13-72　图案右键菜单

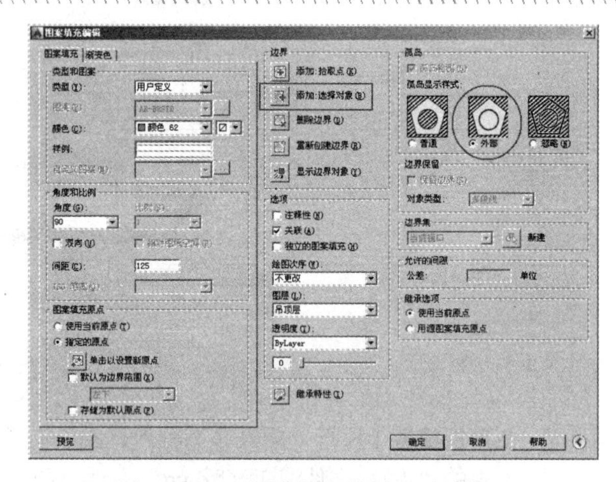

图 13-73　“图案填充编辑”对话框

步骤 23　在“图案填充编辑”对话框中单击“添加：拾取对象”按钮，返回绘图区选择刚插入的吸顶灯图块，编辑后的效果如图 13-74 所示。

步骤 24　参照 2~8 操作步骤，综合使用“插入块”和“图案填充编辑”命令，为另一卫生间布置吸顶灯，结果如图 13-75 所示。

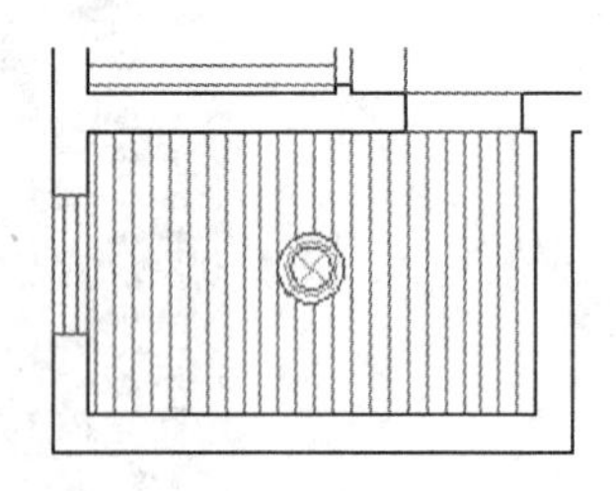

图 13-74　编辑结果

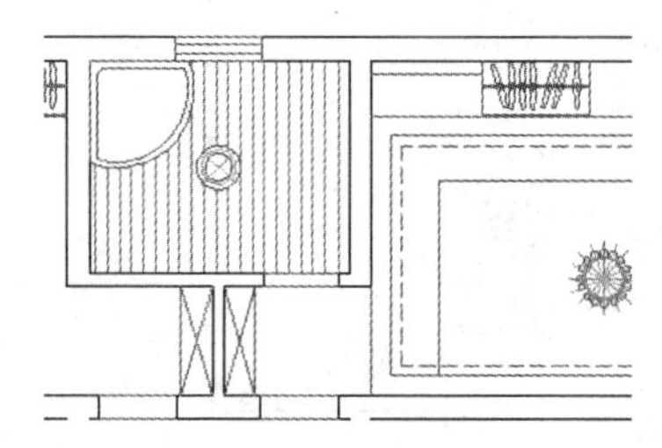

图 13-75　插入结果

步骤 25　使用快捷键 L 执行“直线”命令，配合端点捕捉功能绘制如图 13-76 所示的辅助线。

步骤 26　单击菜单“修改”/“复制”命令，选择插入的吸顶灯，配合中点捕捉功能分别将其复制到两条辅助线的中点处，结果如图 13-77 所示。

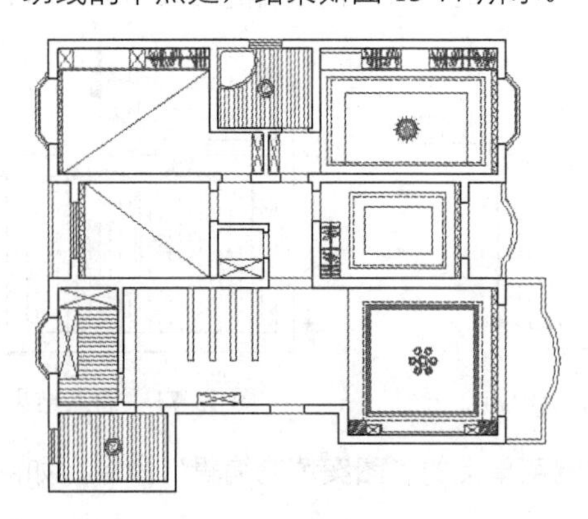

图 13-76　绘制辅助线

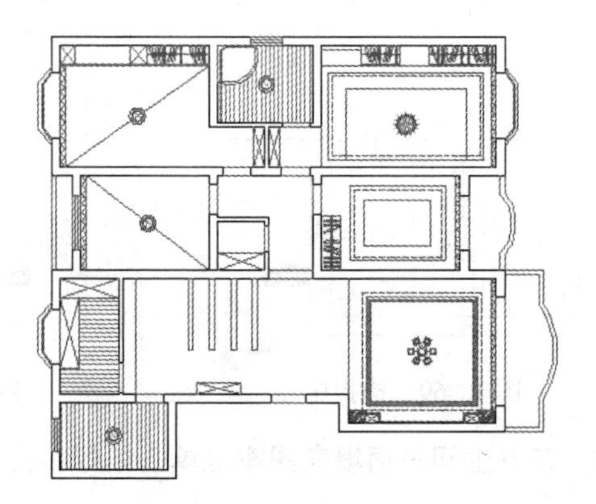

图 13-77　复制结果

步骤 27　单击菜单“修改”/“删除”命令，将两条辅助线删除，结果如图 13-78 所示。

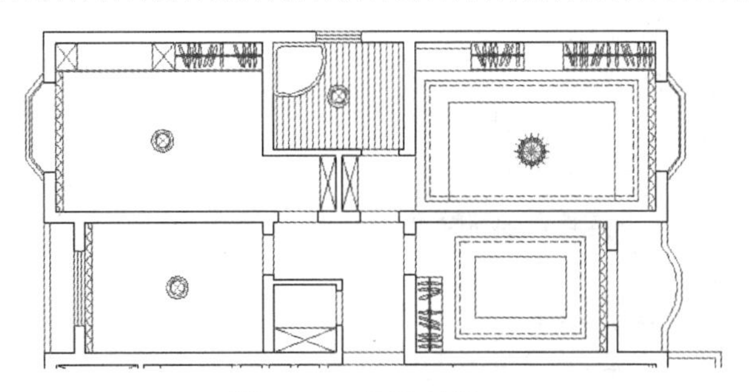

图 13-78　删除结果

步骤 28　使用快捷键 I 执行“插入块”命令，在打开的“插入”对话框中单击 浏览(B)... 按钮，选择随书光盘中的“\图块文件\轨道射灯.dwg”文件，如图 13-79 所示。

步骤 29　返回“插入”对话框，采用默认参数插入此灯具图块。在命令行“指定插入点或 [基点(B)/比例(S)/旋转(R)]:”提示下激活“捕捉自”功能。

步骤 30　在命令行“ _from 基点: ”提示下捕捉如图 13-80 所示的端点。

图 13-79　选择文件

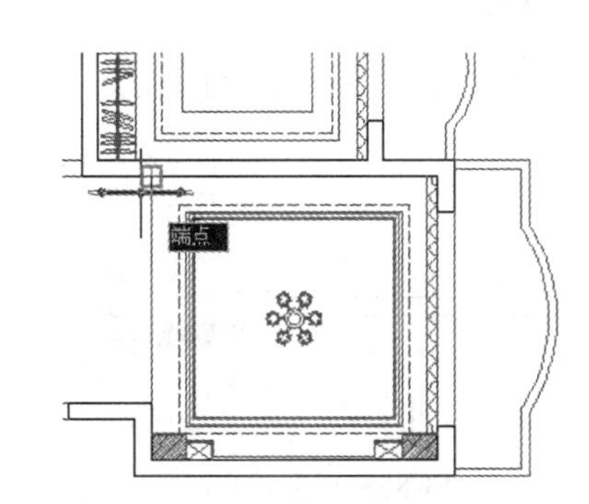

图 13-80　捕捉端点

步骤 31　继续在命令行“<偏移>:”提示下，输入 @1200,-190 后按 Enter 键，插入结果如图 13-81 所示。

步骤 32　使用快捷键 MI 执行“镜像”命令，将刚插入的轨道射灯图块进行镜像，命令行操作如下：

```
命令: mi                              //激活命令
MIRROR 选择对象:                       //选择刚插入的轨道射灯图块
选择对象:                              //Enter
指定镜像线的第一点:                     //捕捉如图 13-82 所示的中点
指定镜像线的第二点:                     //引出如图 13-83 所示的极轴追踪虚线
要删除源对象吗? [是(Y)/否(N)] <N>:
//在极轴追踪虚线上拾取一点，镜像结果如图 13-84 所示
```

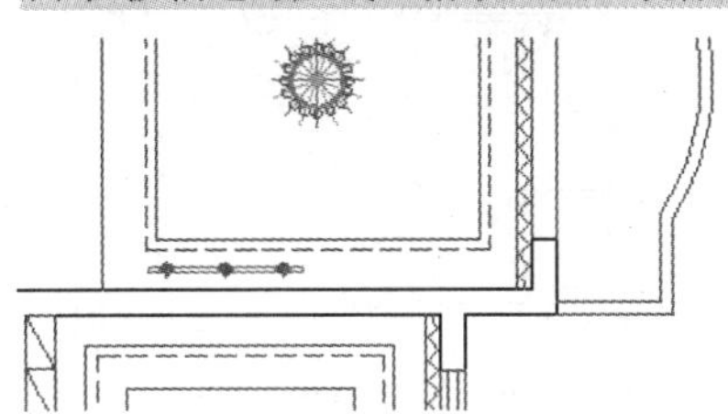

图 13-81　插入结果

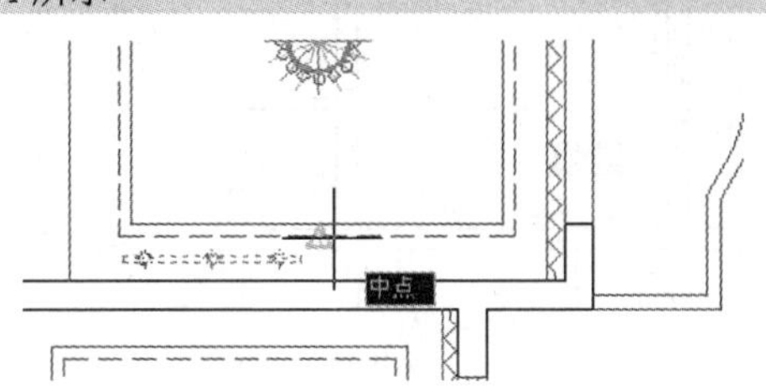

图 13-82　捕捉中点

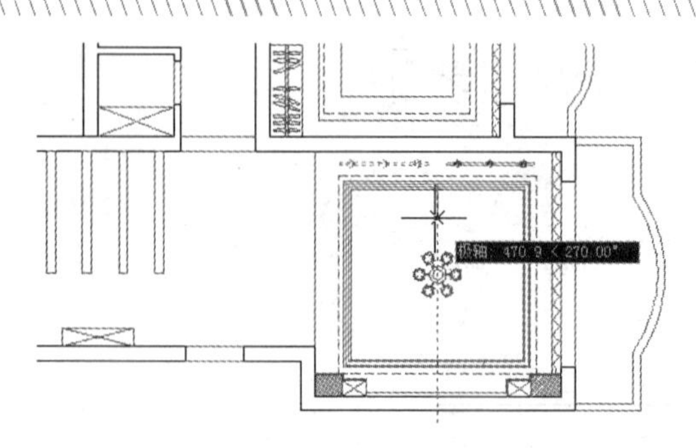

图 13-83　引出极轴追踪虚线

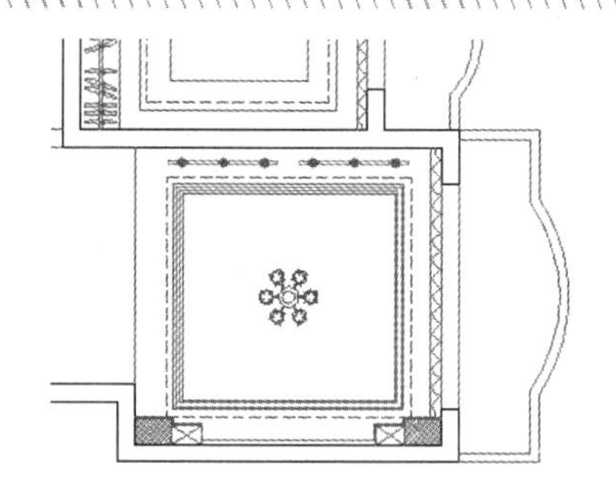

图 13-84　镜像结果

步骤 33　重复执行“插入块”命令，配合“捕捉自”功能，以默认参数插入“轨道射灯.dwg”图块，命令行操作如下：

```
命令: INSERT
指定插入点或 [基点(B)/比例(S)/旋转(R)]:        //激活“捕捉自”功能
_from 基点:                                    //捕捉如图 13-85 所示的端点
<偏移>:                                        //@-1755,175 Enter，插入结果如图 13-86 所示
```

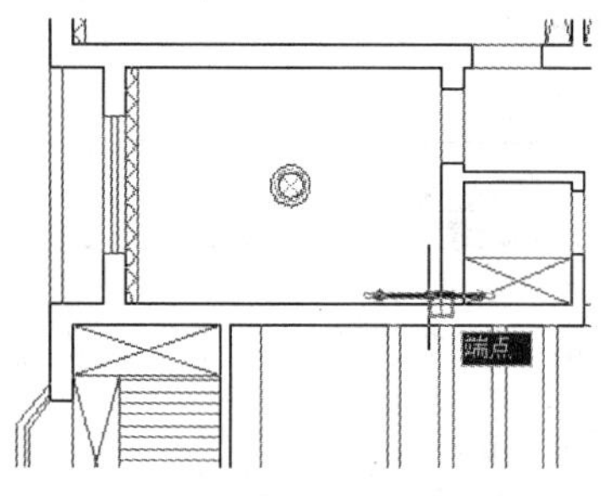

图 13-85　捕捉端点

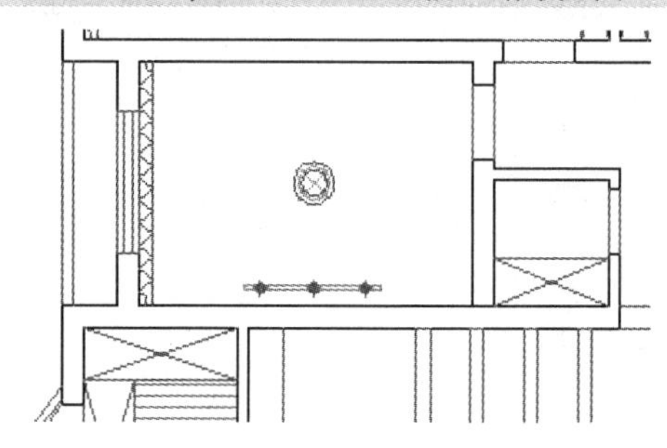

图 13-86　插入结果

步骤 34　单击菜单“修改”/“镜像”命令，对轨道射灯进行镜像。命令行操作如下：

```
命令: _mirror
选择对象:                               //选择刚插入的轨道射灯
选择对象:                               // Enter
指定镜像线的第一点:                     //捕捉如图 13-87 所示的中点
指定镜像线的第二点:                     //@1,0 Enter
要删除源对象吗? [是(Y)/否(N)] <N>:      // Enter，镜像结果如图 13-88 所示
```

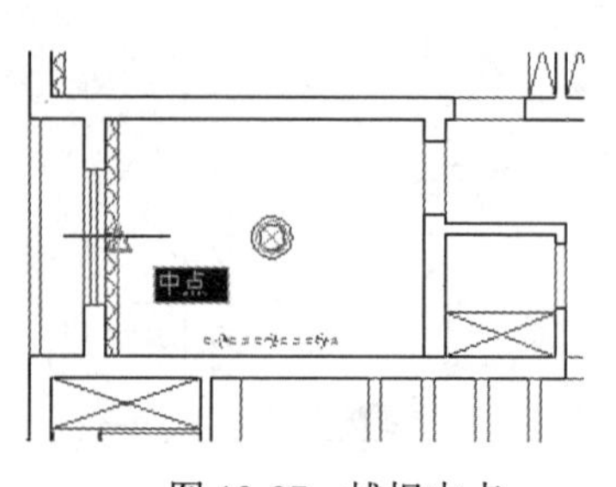

图 13-87　捕捉中点

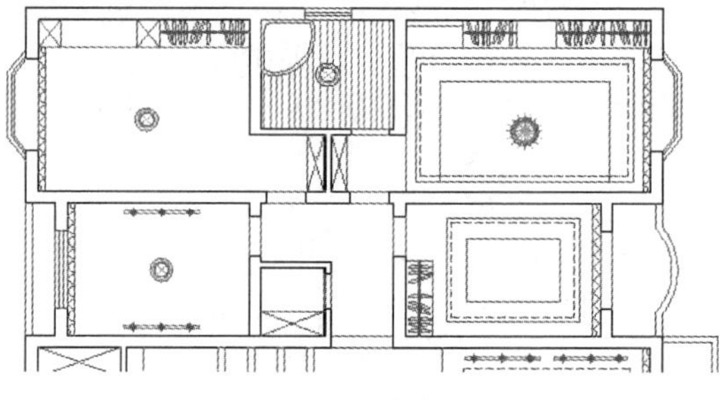

图 13-88　镜像结果

```
命令:                                   // Enter
MIRROR 选择对象:                        //选择刚镜像出的轨道射灯
```

```
选择对象:                              // Enter
指定镜像线的第一点:                    //捕捉如图 13-89 所示的中点
指定镜像线的第二点:                    //@1,0 Enter
要删除源对象吗？[是(Y)/否(N)] <N>:     //Enter，镜像结果如图 13-90 所示
```

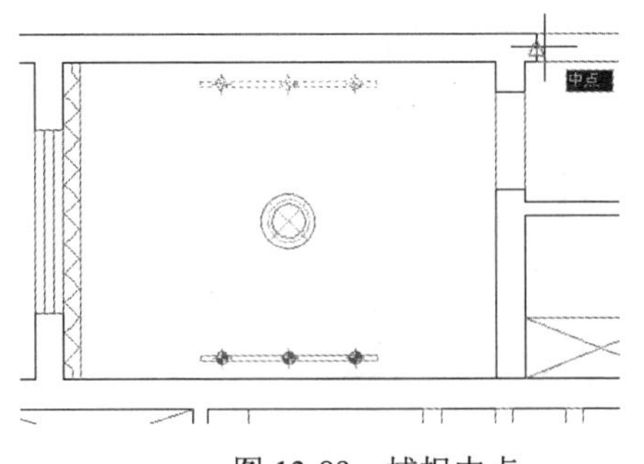

图 13-89　捕捉中点

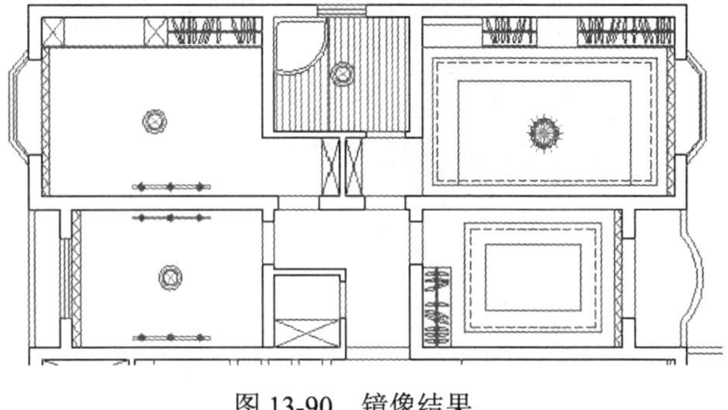

图 13-90　镜像结果

步骤 35　最后执行“另存为”命令，将图形命名存储为“综合范例三.dwg”。

13.6　综合范例四——绘制多居室吊顶辅助灯具图

本例主要学习多居室户型吊顶辅助灯具图的具体绘制过程和相关绘图技巧。多居室户型吊顶辅助灯具图的最终绘制效果，如图 13-91 所示。

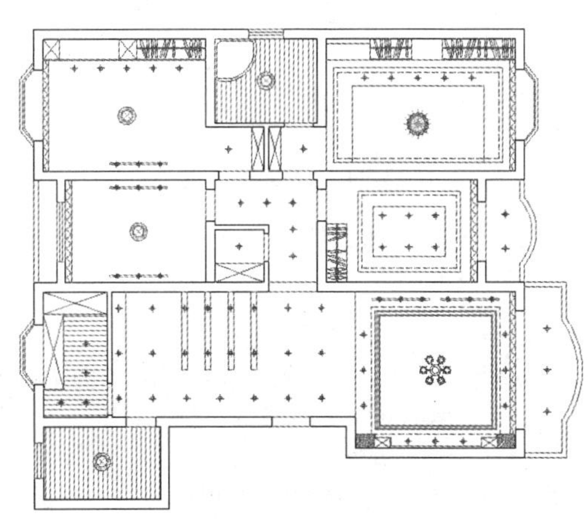

图 13-91　实例效果

操作步骤：

步骤 01　执行“打开”命令，打开光盘中的“\效果文件\第 13 章\综合范例三.dwg”文件。

步骤 02　单击菜单“格式”/“点样式”命令，在打开的“点样式”对话框中，设置当前点的样式和点的大小，如图 13-92 所示。

AutoCAD 为用户提供了二十多种点的标记符号，用户可以根据作图需要，选择相应的点的标记符号。在绘制天花图中的辅助灯具时，可以巧妙使用点标记代表辅助灯具。

步骤 03　使用快捷键 X 执行“分解”命令，选择客厅吊顶灯带轮廓线进行分解。

步骤 04　单击菜单“修改”/“偏移”命令，将分解后的左侧垂直灯带轮廓线向左偏移 210 个单位，下侧水平灯带轮廓线向下偏移 210，将右侧的垂直灯带轮廓线向右偏移 135 个单位，结果如图 13-93 所示。

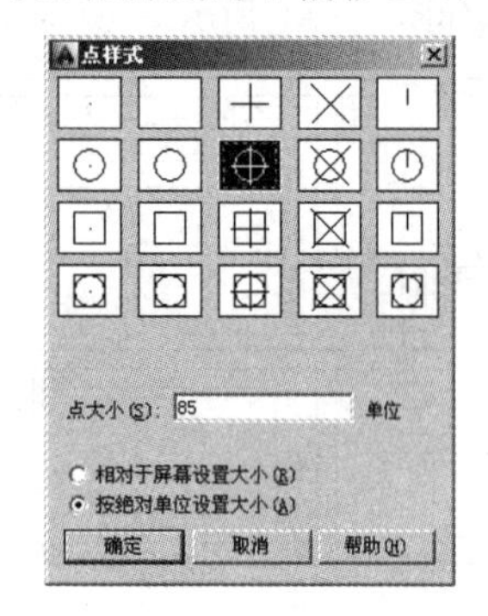

图 13-92　“点样式”对话框

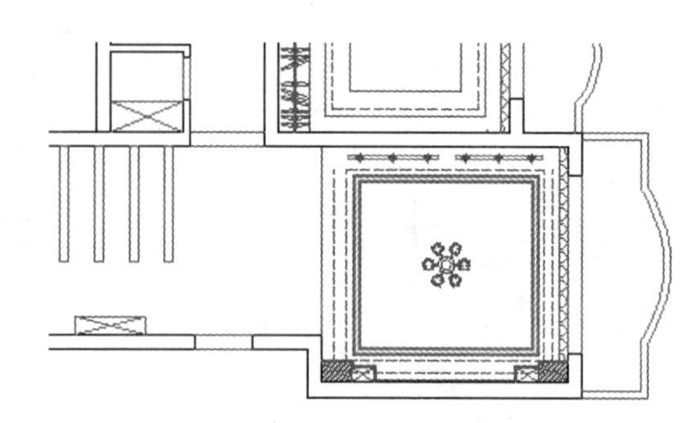

图 13-93　偏移结果

步骤 05　执行“直线”命令，配合捕捉与追踪功能绘制如图 13-94 所示的辅助线 1、2 和 3。

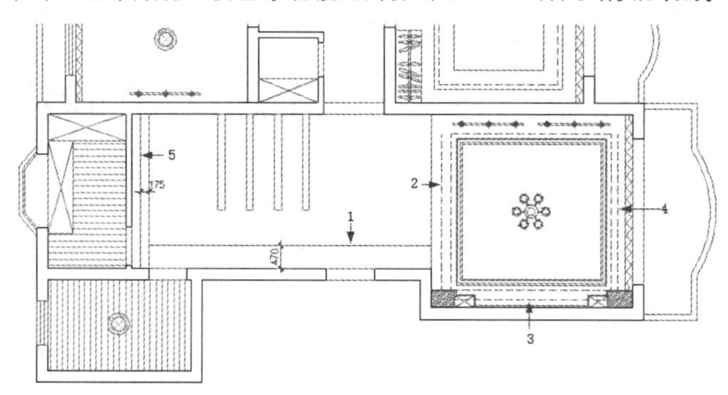

图 13-94　绘制辅助线

步骤 06　单击菜单“修改”/“圆角”命令，对辅助线 1 和 5 进行圆角。命令行操作如下：

```
命令: _fillet
当前设置: 模式 = 修剪, 半径 = 0.0
选择第一个对象或 [放弃(U)/多段线(P)/半径(R)/修剪(T)/多个(M)]:
                    //在图 13-94 所示的辅助 1 的左端单击
选择第二个对象, 或按住 Shift 键选择要应用角点的对象:
                    //在辅助线 5 的下端单击, 圆角结果如图 13-95 所示
```

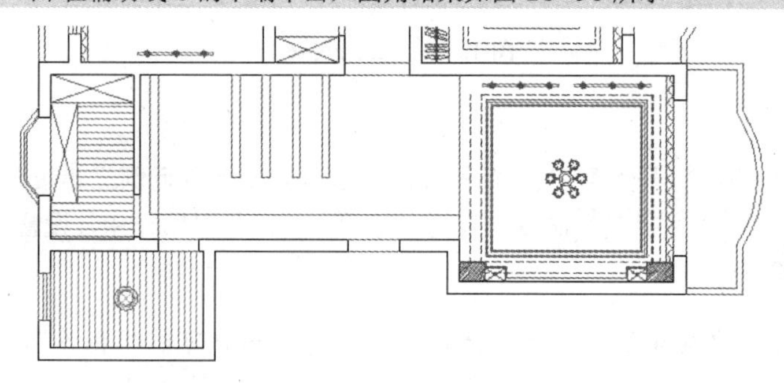

图 13-95　圆角结果

步骤07 单击菜单“绘图”/“点”/“定数等分”命令，为餐厅灯具定位线进行等分，在等分点处放置点标记，代表筒灯，命令行操作如下：

```
命令： _divide
选择要定数等分的对象：              //选择辅助线 1
输入线段数目或 [块(B)]：            //7 Enter，设置等分数目，等分结果如图 13-96 所示
```

步骤08 重复执行“定数等分”命令，分别将客厅位置的三条辅助线等分四分，结果如图 13-97 所示。

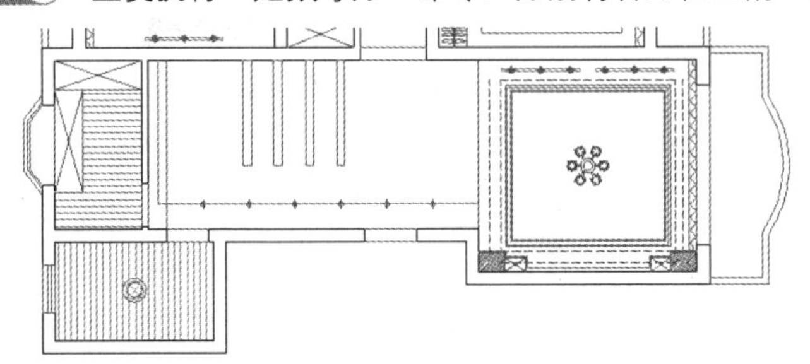

图 13-96　等分结果

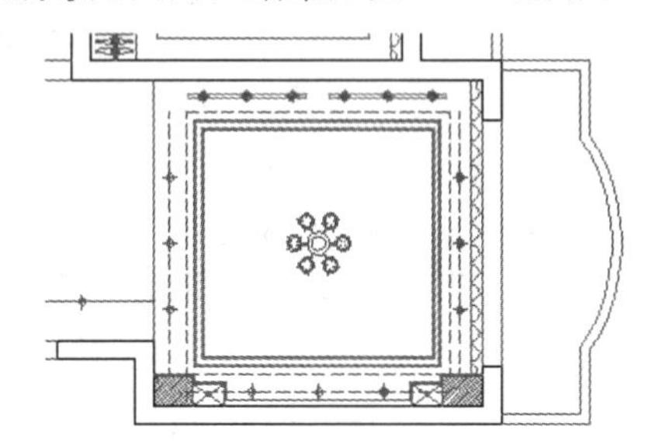

图 13-97　等分结果

步骤09 单击菜单“修改”/“移动”命令，对筒灯进行位移。命令行操作如下：

```
命令： _move
选择对象：                                  //拉出如图 13-98 所示的窗口选择框
选择对象：                                  //Enter
指定基点或 [位移(D)] <位移>：               //拾取任一点
指定第二个点或 <使用第一个点作为位移>：     //@0,-97 Enter
命令：                                      //Enter
MOVE 选择对象：                             //拉出如图 13-99 所示的窗口选择框
```

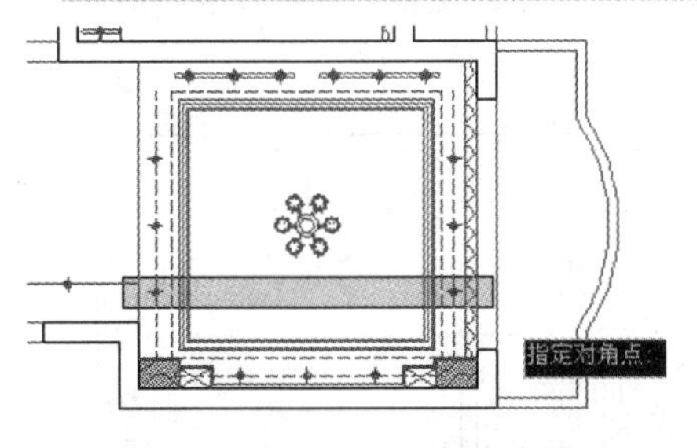

图 13-98　窗口选择

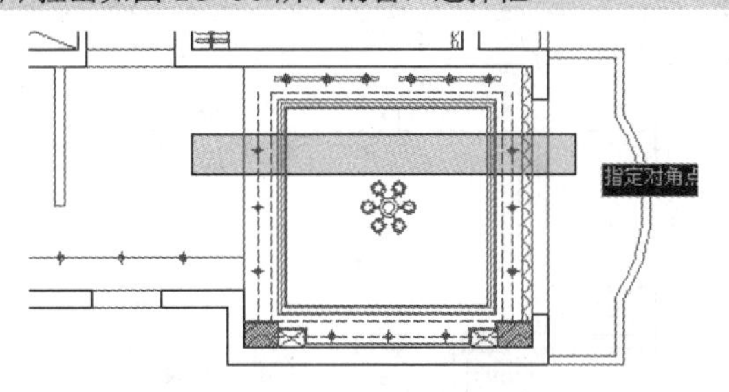

图 13-99　窗口选择框

```
选择对象：                                  //Enter
指定基点或 [位移(D)] <位移>：               //拾取任一点
指定第二个点或 <使用第一个点作为位移>：     //@0,97 Enter
命令：                                      //Enter
MOVE 选择对象：                             //拉出如图 13-100 所示的窗口选择框
选择对象：                                  //Enter
指定基点或 [位移(D)] <位移>：               //拾取任一点
指定第二个点或 <使用第一个点作为位移>：     //@120,0 Enter
命令：                                      //Enter
MOVE 选择对象：                             //拉出如图 13-101 所示的窗口选择框
```

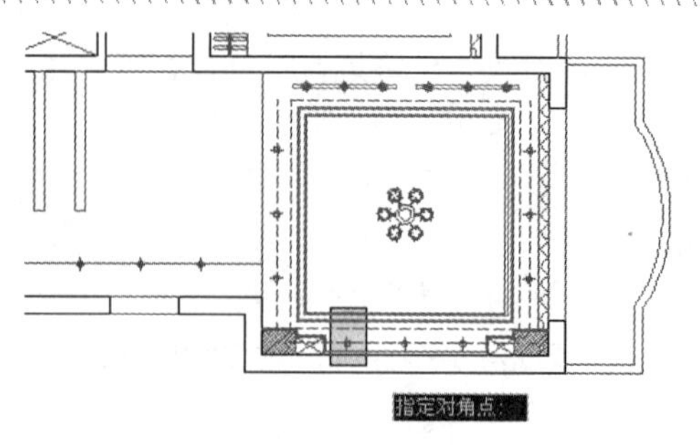

图 13-100　窗口选择

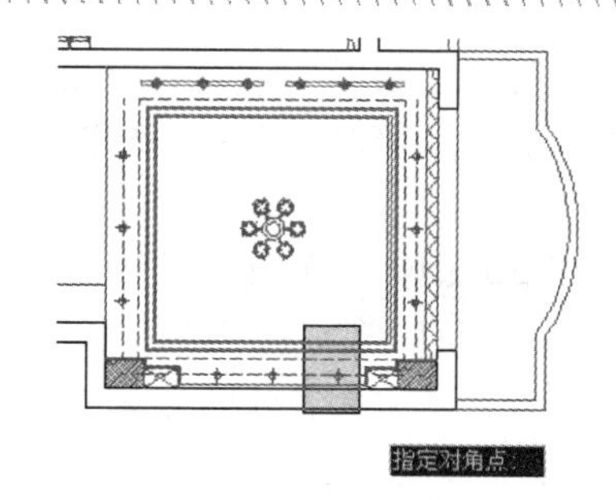

图 13-101　窗口选择框

```
选择对象:                            //Enter
指定基点或 [位移(D)] <位移>:    //拾取任一点
指定第二个点或 <使用第一个点作为位移>:
// @-120,0 Enter，移动结果如图 13-102 所示
```

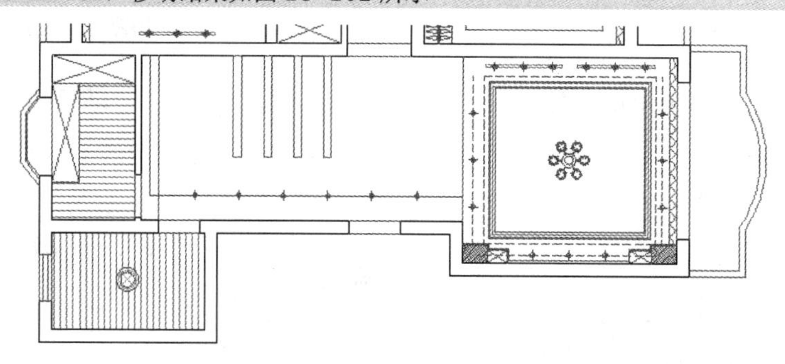

图 13-102　移动结果

步骤 10　单击菜单“绘图”/“点”/“单点”命令，捕捉如图 13-103 所示的端点，绘制如图 13-104 所示的点作为筒灯。

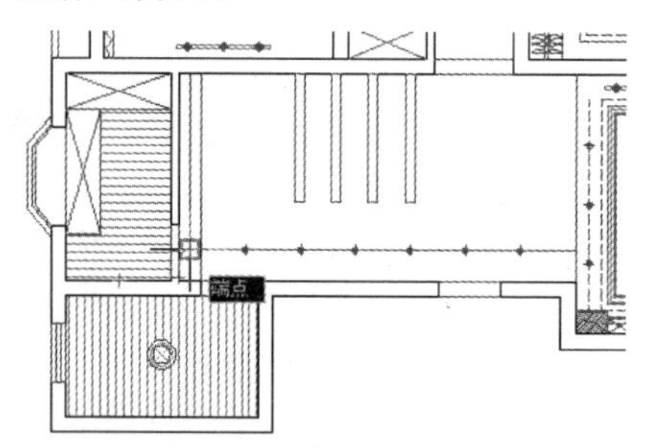

图 13-103　捕捉端点

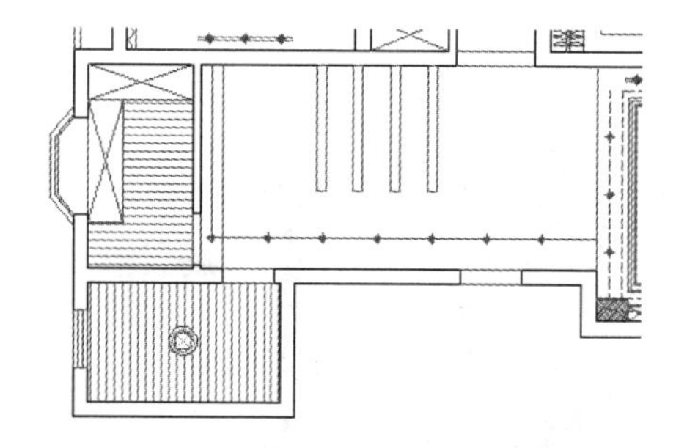

图 13-104　绘制结果

步骤 11　单击菜单“修改”/“阵列”/“矩形阵列”命令，对筒灯进行阵列。命令行操作如下：

```
命令: _arrayrect
选择对象:                          //窗口选择如图 13-105 所示的点对象
选择对象:                          // Enter
类型 = 矩形  关联 = 否
选择夹点以编辑阵列或 [关联(AS)/基点(B)/计数(COU)/间距(S)/列数(COL)/行数(R)/层数(L)/退
出(X)] <退出>:                     //COU Enter
输入列数数或 [表达式(E)] <4>:      //1 Enter
输入行数数或 [表达式(E)] <3>:      //3 Enter
```

```
选择夹点以编辑阵列或 [关联(AS)/基点(B)/计数(COU)/间距(S)/列数(COL)/行数(R)/层数(L)/退
出(X)] <退出>:                                    //s Enter
指定列之间的距离或 [单位单元(U)] <7939.3>:          //1 Enter
指定行之间的距离 <1>:                              //1140 Enter
选择夹点以编辑阵列或 [关联(AS)/基点(B)/计数(COU)/间距(S)/列数(COL)/行数(R)/层数(L)/退
出(X)] <退出>:                                    //AS Enter
创建关联阵列 [是(Y)/否(N)] <否>:                    //N Enter
选择夹点以编辑阵列或 [关联(AS)/基点(B)/计数(COU)/间距(S)/列数(COL)/行数(R)/层数(L)/退
出(X)] <退出>:                                    // Enter，阵列结果如图 13-106 所示
```

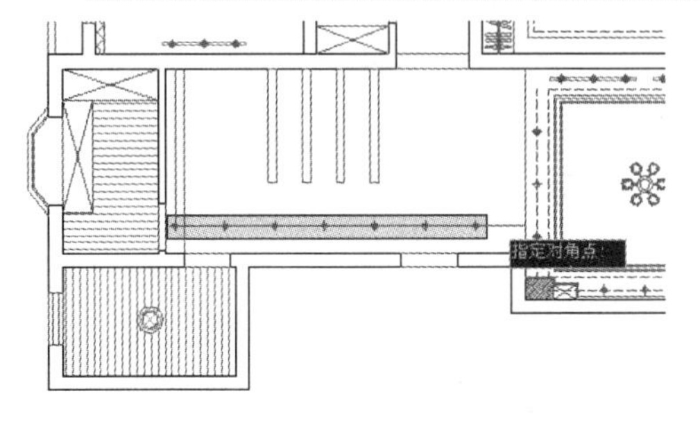

图 13-105　窗口选择

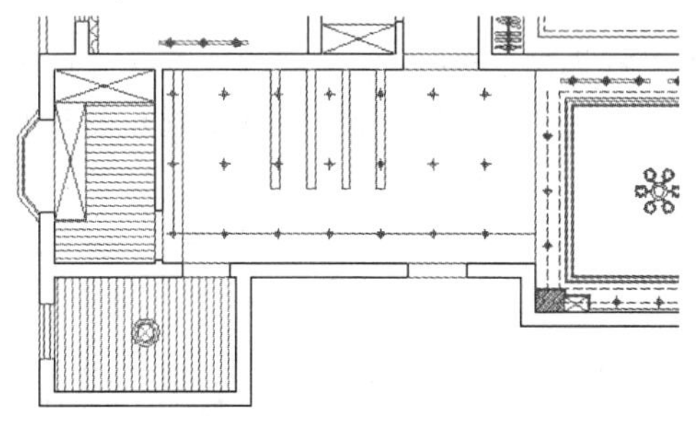

图 13-106　阵列结果

步骤 12　在无命令执行的前提下夹点显示如图 13-107 所示的四个点标记进行删除，结果如图 13-108 所示。

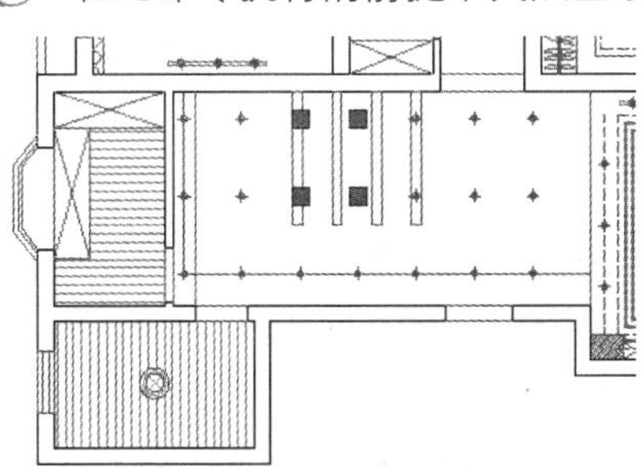

图 13-107　阵列结果

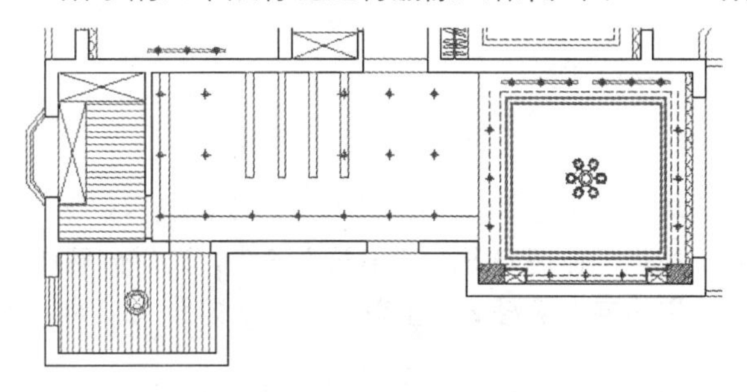

图 13-108　夹点显示

步骤 13　重复执行“矩形阵列”命令，配合窗口选择功能继续对点标记进行阵列。命令行操作如下：

```
命令: _arrayrect
选择对象:                                  //窗口选择如图 13-109 所示的对象
选择对象:                                  // Enter
类型 = 矩形  关联 = 否
选择夹点以编辑阵列或 [关联(AS)/基点(B)/计数(COU)/间距(S)/列数(COL)/行数(R)/层数(L)/退
出(X)] <退出>:                             //COU Enter
输入列数数或 [表达式(E)] <4>:               // Enter
输入行数数或 [表达式(E)] <3>:               //1 Enter
选择夹点以编辑阵列或 [关联(AS)/基点(B)/计数(COU)/间距(S)/列数(COL)/行数(R)/层数(L)/退
出(X)] <退出>:                             //s Enter
指定列之间的距离或 [单位单元(U)] <1>:        //-600 Enter
指定行之间的距离 <1710>:                    //1 Enter
选择夹点以编辑阵列或 [关联(AS)/基点(B)/计数(COU)/间距(S)/列数(COL)/行数(R)/层数(L)/退
出(X)] <退出>:                             // Enter，阵列结果如图 13-110 所示
```

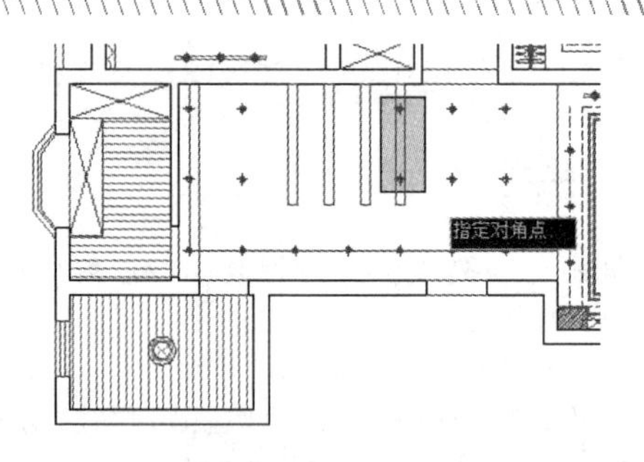

图 13-109　窗口选择

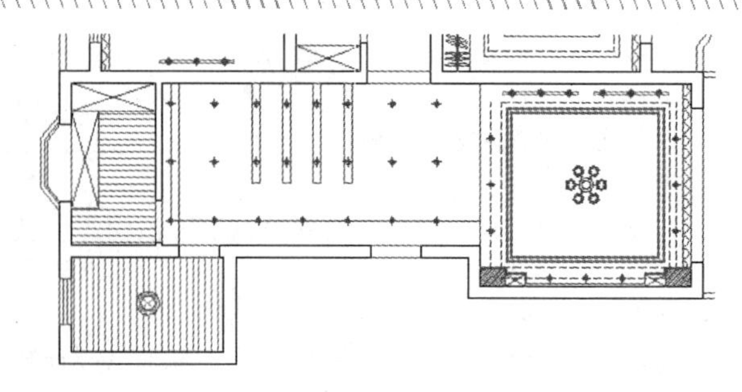

图 13-110　阵列结果

步骤 14　在无命令执行的前提下夹点显示餐厅与客厅吊顶辅助线，如图 13-111 所示。

步骤 15　执行“删除”命令，将夹点显示的辅助线删除，删除结果如图 13-112 所示。

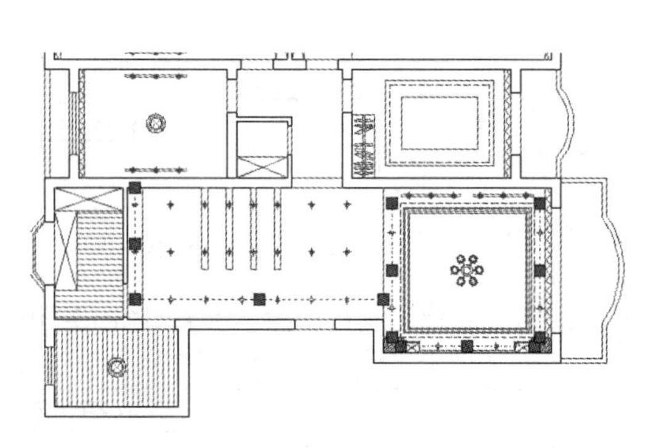

图 13-111　夹点效果

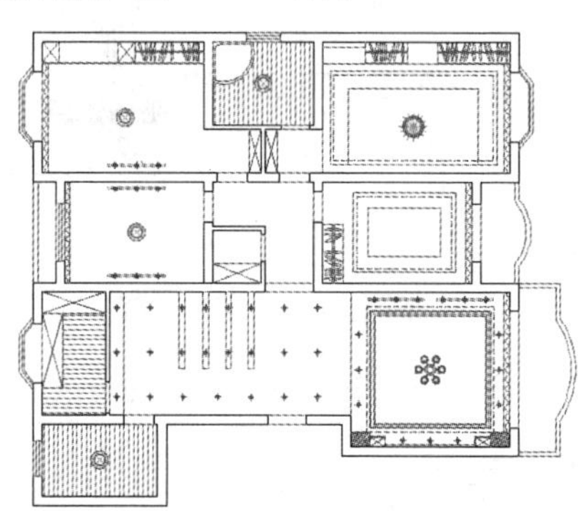

图 13-112　删除结果

步骤 16　单击菜单“修改”/“分解”命令，选择如图 13-113 所示的矩形吊顶分解。

步骤 17　使用快捷键 O 执行“偏移”命令，选择分解后的矩形左侧垂直边向右偏移 245 个单位，将下侧水平边向上偏移 225 个单位，结果如图 13-114 所示。

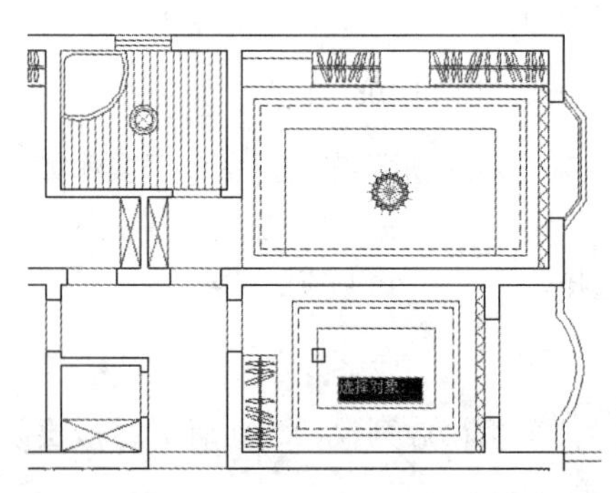

图 13-113　分解矩形

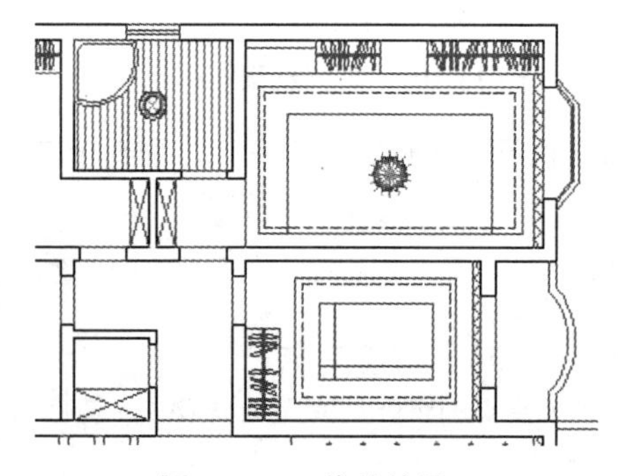

图 13-114　偏移结果

步骤 18　单击菜单“绘图”/“点”/“单点”命令，捕捉偏移出的两条直线的交点，绘制如图 13-115 所示的点标记作为筒灯。

步骤 19　使用快捷键 E 执行“删除”命令，删除偏移出的两条辅助线，结果如图 13-116 所示。

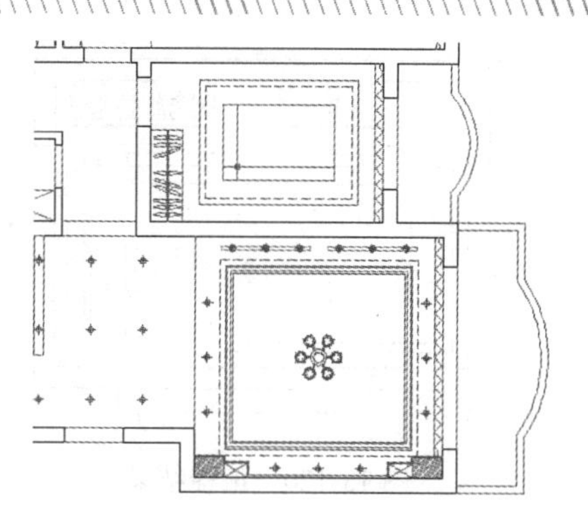

图 13-115　绘制点

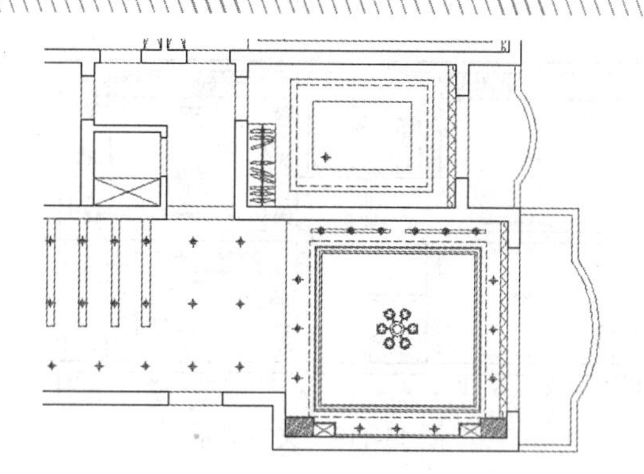

图 13-116　删除结果

步骤20 单击菜单“修改”/“阵列”/“矩形阵列”命令，选择刚绘制筒灯进行阵列。命令行操作如下：

```
命令: _arrayrect
选择对象:                                  //窗交选择如图 13-117 所示的点对象
选择对象:                                  // Enter
类型 = 矩形  关联 = 否
选择夹点以编辑阵列或 [关联(AS)/基点(B)/计数(COU)/间距(S)/列数(COL)/行数(R)/层数(L)/退
出(X)] <退出>:                              //COU Enter
输入列数数或 [表达式(E)] <4>:                //3 Enter
输入行数数或 [表达式(E)] <3>:                //2 Enter
选择夹点以编辑阵列或 [关联(AS)/基点(B)/计数(COU)/间距(S)/列数(COL)/行数(R)/层数(L)/退
出(X)] <退出>:                              //s Enter
指定列之间的距离或 [单位单元(U)] <1>:         //700 Enter
指定行之间的距离 <1>:                        //800 Enter
选择夹点以编辑阵列或 [关联(AS)/基点(B)/计数(COU)/间距(S)/列数(COL)/行数(R)/层数(L)/退
出(X)] <退出>:                              // Enter，阵列结果如图 13-118 所示
```

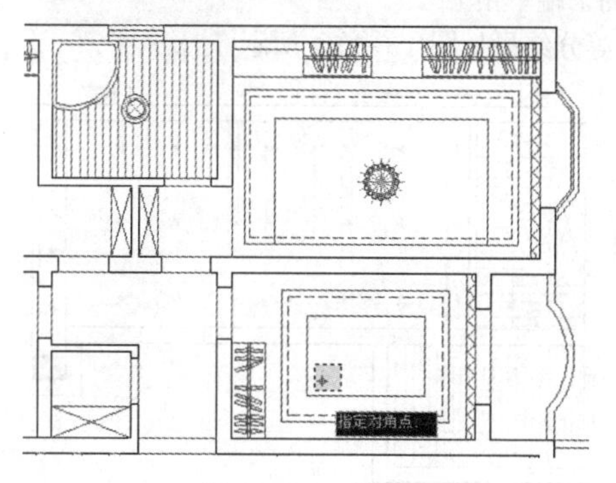

图 13-117　窗交选择

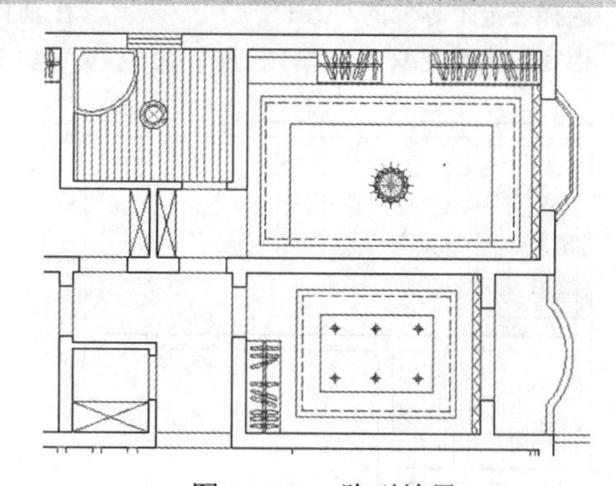

图 13-118　阵列结果

步骤21 夹点显示如图 13-119 所示的主卧室灯具轮廓线进行分解，然后将分解后的矩形上侧水平边向下偏移 150，结果如图 13-120 所示。

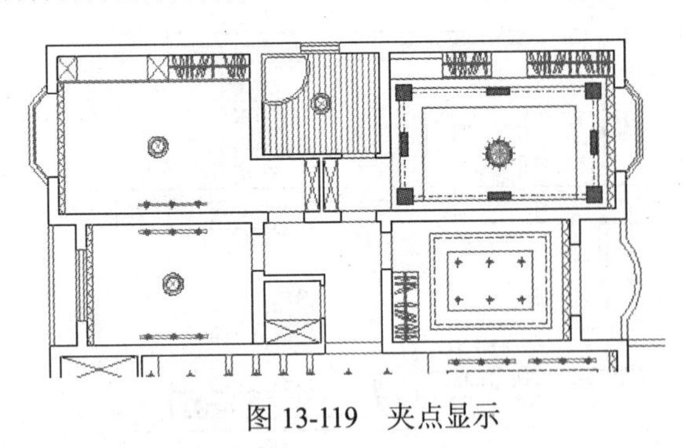

图 13-119　夹点显示

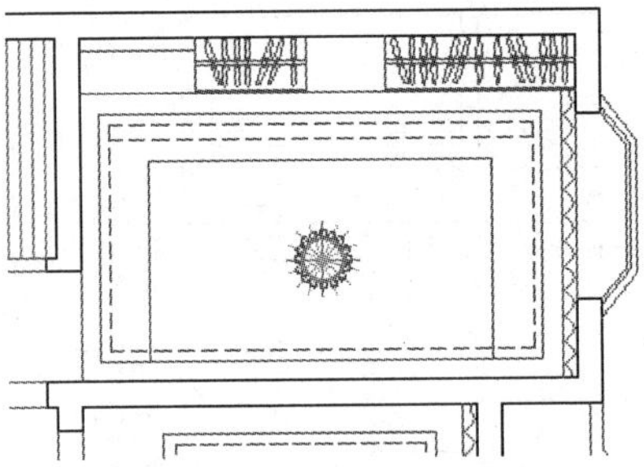

图 13-120　偏移结果

步骤 22　使用快捷键 DIV 执行“定数等分”命令，将偏移出的辅助线等分 6 份，结果如图 13-121 所示。

步骤 23　使用快捷键 E 执行“删除”命令，删除偏移出的水平辅助线，结果如图 13-122 所示。

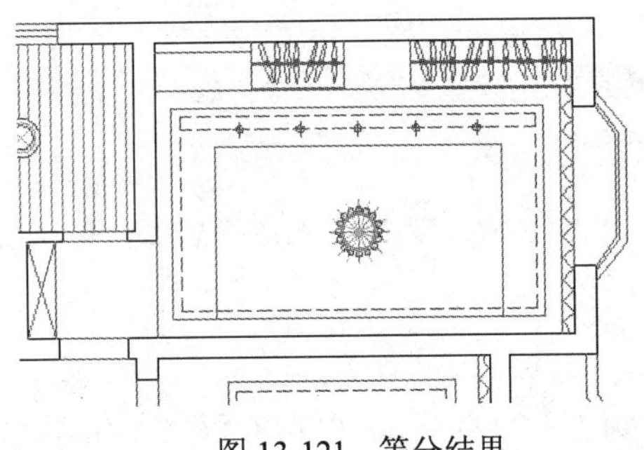

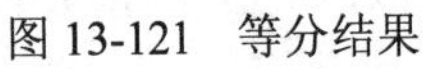

图 13-121　等分结果

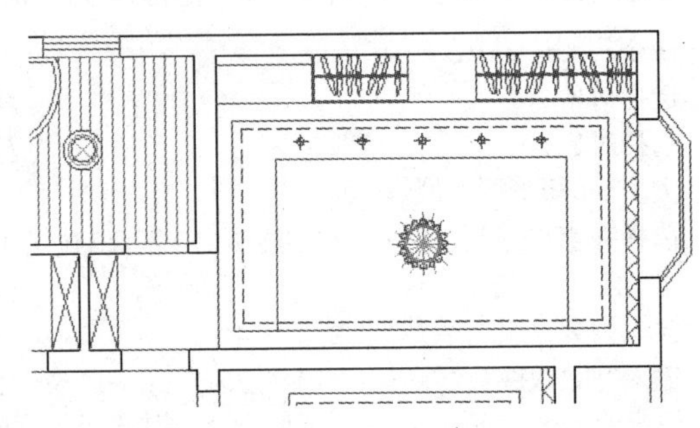

图 13-122　删除结果

步骤 24　使用快捷键 L 执行“直线”命令，配合“两点之间的中点”功能绘制如图 13-123 所示的垂直辅助线。

步骤 25　使用快捷键 ME 执行“定距等分”命令，对垂直辅助线进行定距等分。命令行操作如下：

```
命令：ME                            //Enter
选择要定距等分的对象：              //在垂直辅助线的上端单击
指定线段长度或 [块(B)]：            //750 Enter，等分结果如图 13-124 所示
```

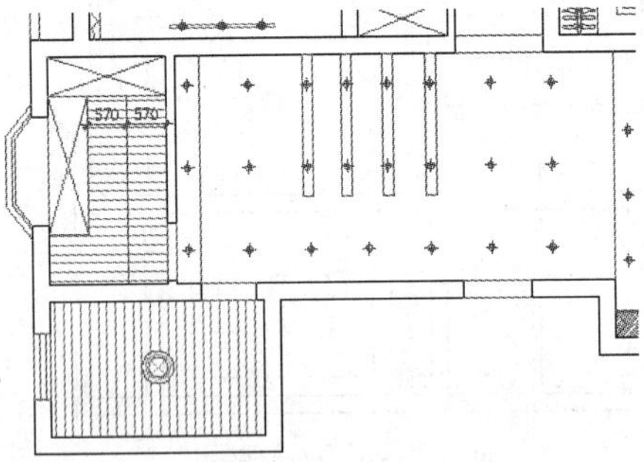

图 13-123　绘制辅助线

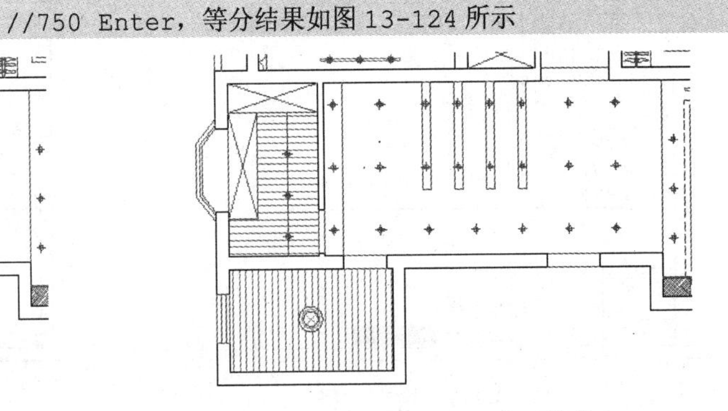

图 13-124　定距等分

步骤 26　使用快捷键 CO 执行“复制”命令，选择最下侧的等分点，水平向左复制 650 个单位，结果如图 13-125 所示。

步骤 27　单击菜单“修改”/“删除”命令，删除厨房位置的垂直辅助线，结果如图 13-126 所示。

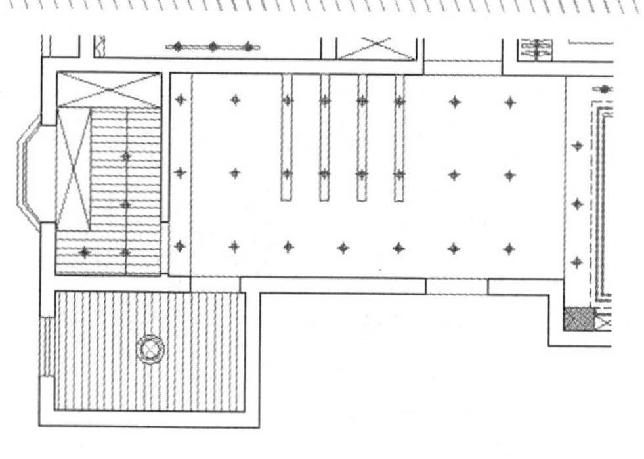

图 13-125　复制结果

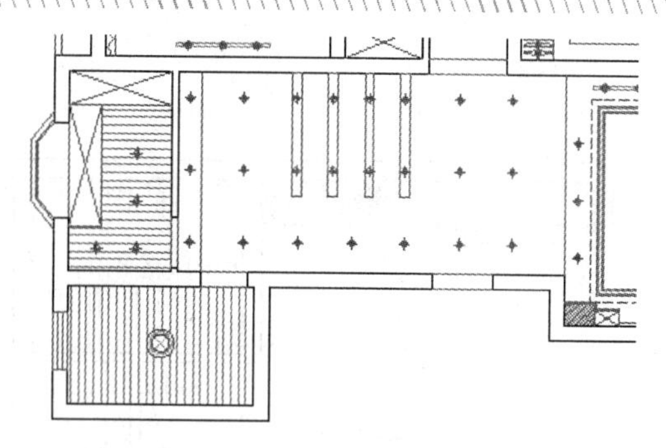

图 13-126　删除结果

步骤 28 使用快捷键 L 执行“直线”命令，配合极轴追踪、交点捕捉和延伸捕捉功能绘制如图 13-127 所示的两条垂直辅助线。

步骤 29 使用快捷键 DIV 执行“定数等分”命令，将上侧的垂直辅助线等分三份，将下侧的辅助线等分四份，结果如图 13-128 所示。

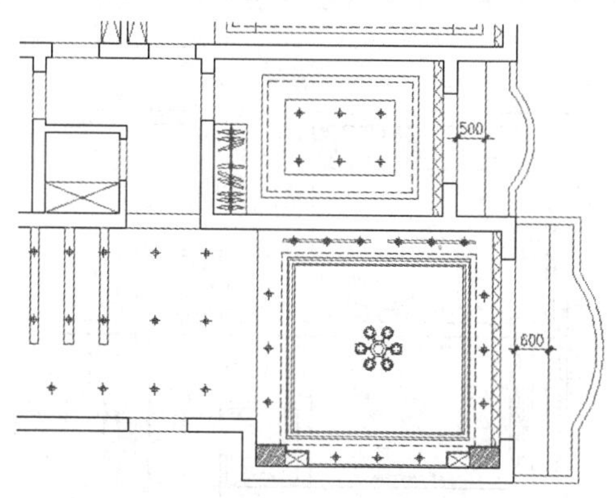

图 13-127　绘制辅助线

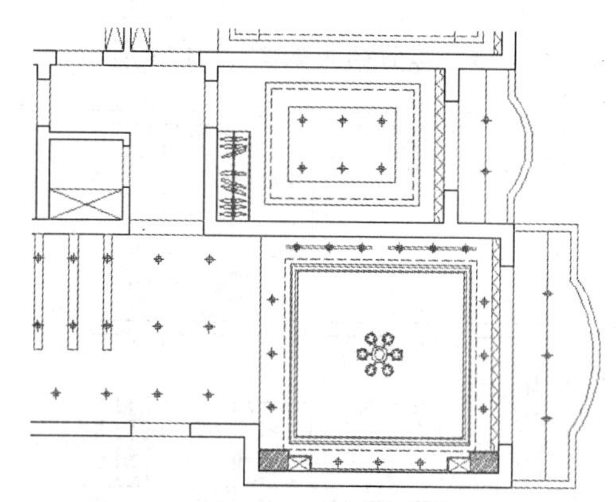

图 13-128　等分辅助线

步骤 30 单击菜单“修改”/“删除”命令，删除两条垂直辅助线，结果如图 13-129 所示。

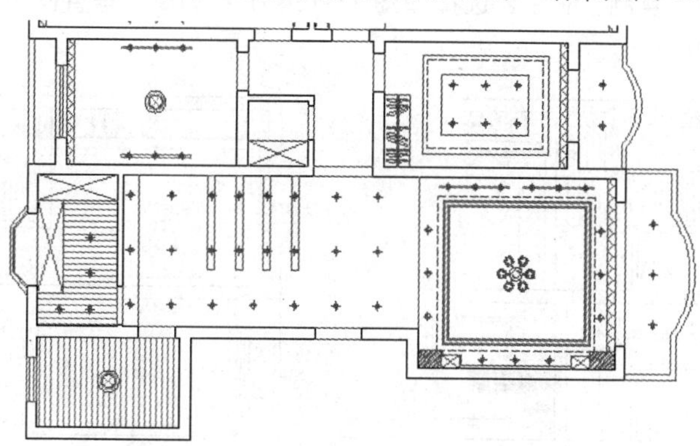

图 13-129　删除结果

步骤 31 使用快捷键 L 执行“直线”命令，配合极轴追踪、延伸捕捉、交点捕捉功能绘制如图 13-130 所示的水平辅助线。

步骤 32 重复执行“直线”命令，配合两点之间的中点、端点捕捉和中点捕捉功能绘制如图 13-131 所示的辅助线。

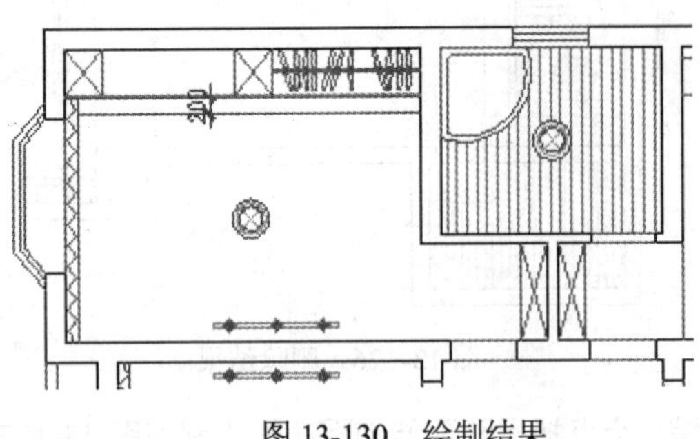

图 13-130 绘制结果

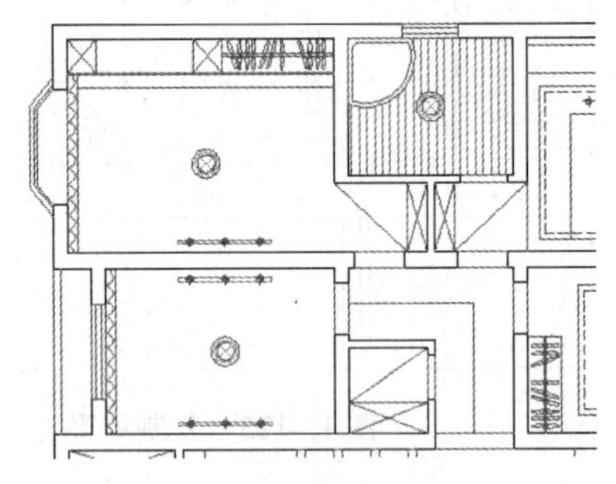

图 13-131 绘制其他辅助线

步骤33 单击菜单“绘图”/“点”/“定数等分”命令，将儿童房吊顶处的水平辅助线等分六份，结果如图 13-132 所示。

步骤34 单击菜单“绘图”/“点”/“定距等分”命令，将过道位置的水平辅助线进行定距等分，等分距离为 675，等分结果如图 13-133 所示。

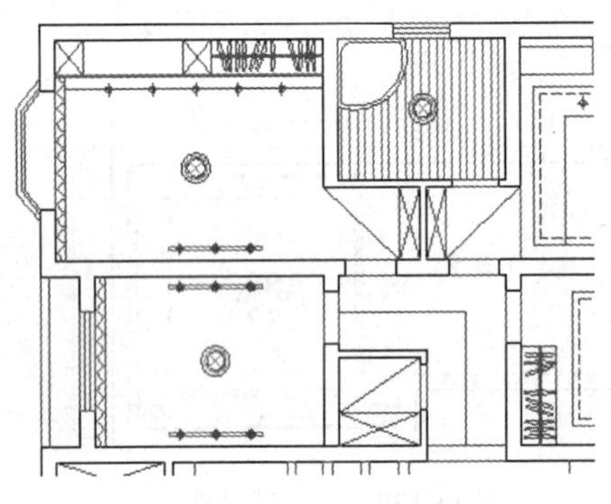

图 13-132 定数等分

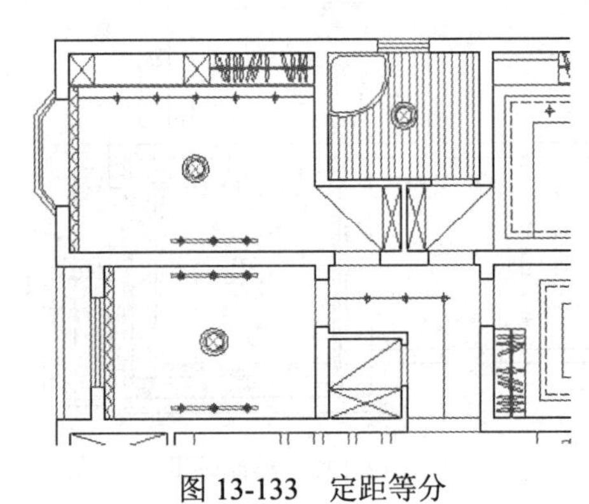

图 13-133 定距等分

步骤35 单击菜单“修改”/“复制”命令，选择如图 13-134 所示的点，垂直向下复制 677 和 1354 个单位，结果如图 13-135 所示。

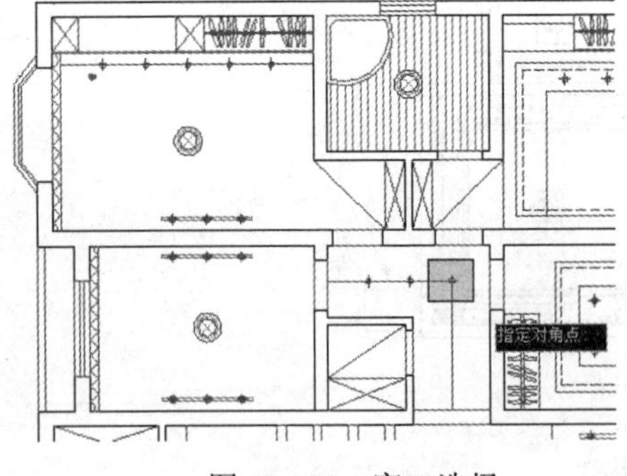

图 13-134 窗口选择

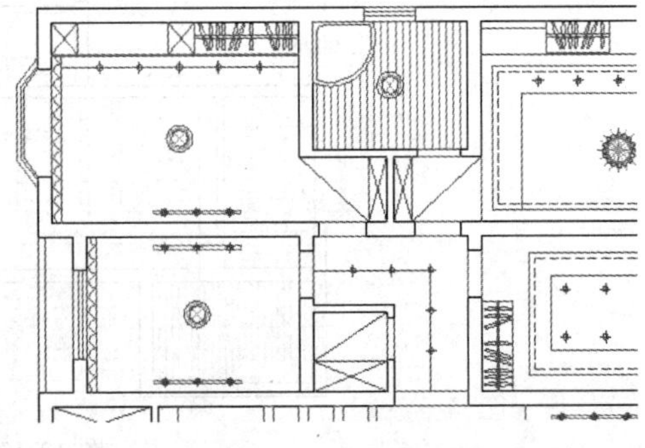

图 13-135 复制结果

步骤36 单击菜单“绘图”/“点”/“多点”命令，配合中点捕捉功能绘制如图 13-136 所示的三个点标记。

步骤37 使用快捷键 E 执行“删除”命令，删除各位置的灯具定位辅助线，结果如图 13-137 所示。

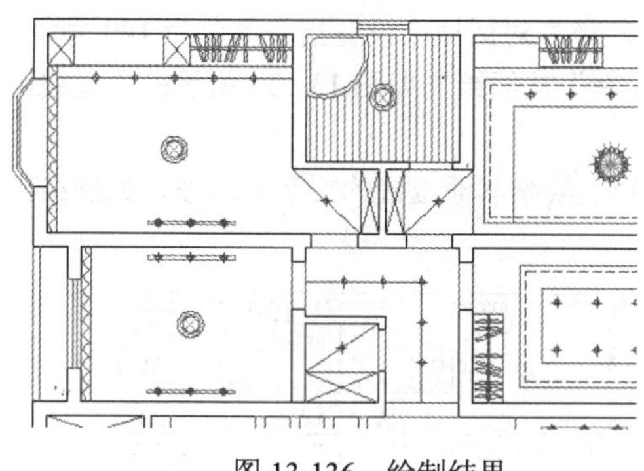

图 13-136　绘制结果

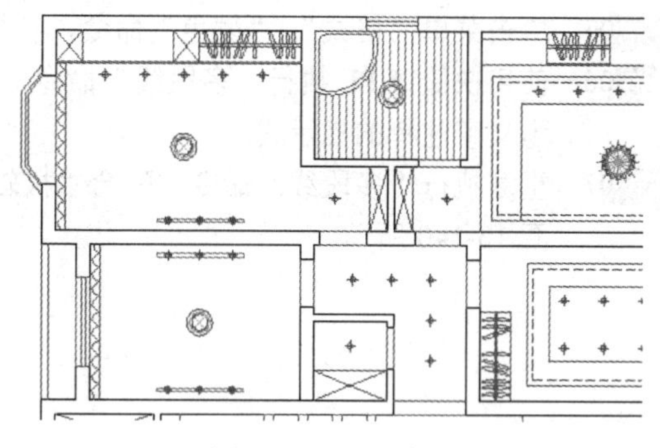

图 13-137　删除结果

步骤 38　调整视图，使图形全部显示，最终结果如图 13-91 所示。

步骤 39　最后执行“另存为”命令，将图形命名存储为“综合范例四.dwg”。

13.7　综合范例五——为多居室吊顶标注引线注释

本例主要学习多居室户型吊顶辅助灯具图引线注释的具体标注过程和相关标注技巧。多居室吊顶图引线注释的最终标注效果如图 13-138 所示。

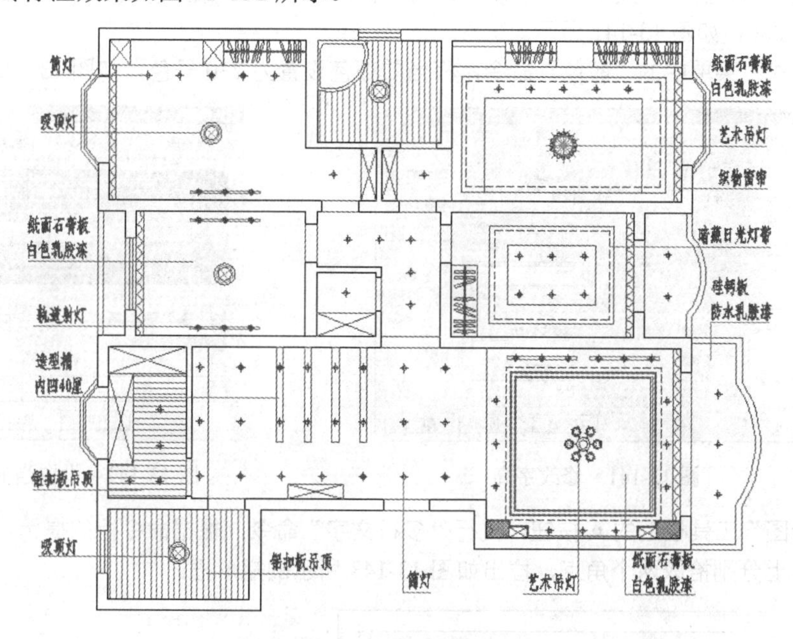

图 13-138　实例效果

操作步骤：

步骤 01　执行“打开”命令，打开随书光盘中的“\效果文件\第 13 章\综合范例五.dwg”文件。

步骤 02　按下 F3 功能键，暂时关闭“对象捕捉”功能，打开“极轴追踪”功能。

步骤 03　使用快捷键 LA 执行“图层”命令，将“文本层”设置为当前操作层。

步骤 04　展开“文字样式控制”下拉列表，将“仿宋体”设置为当前文件样式。

步骤 05　单击菜单“格式”/“颜色”命令，在打开的“选择颜色”对话框中设置当前颜色为 140 号色。

步骤 06　使用快捷键 PL 执行“多段线”命令，配合“极轴追踪”功能绘制如图 13-139 所示的多段线，作为文字注释的指示线。

步骤 07　重复执行“多段线”命令，配合“极轴追踪”功能分别绘制其他位置的文字指示线，绘制结果如图 13-140 所示。

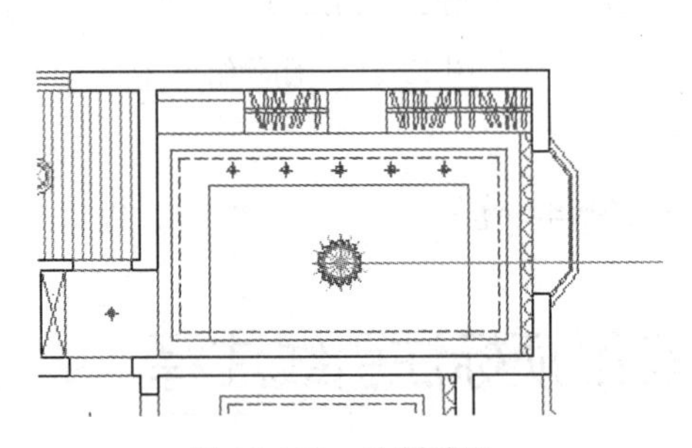

图 13-139　绘制结果

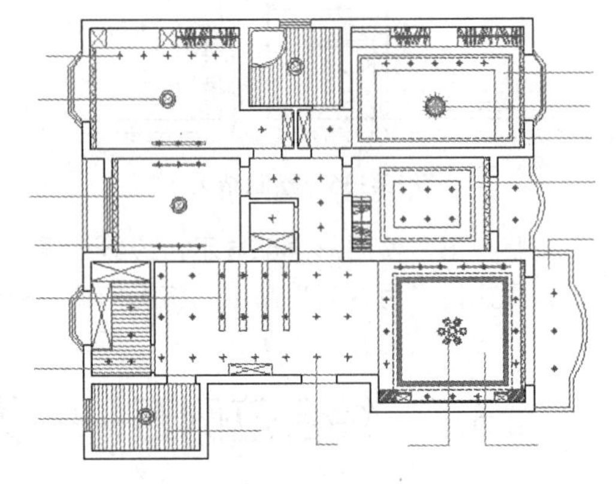

图 13-140　绘制其他指示线

步骤 08　使用快捷键 ST 执行“文字样式”命令，将“仿宋体”设为当前文字样式，并修改当前文字样式的高度为 280，如图 13-141 所示。

步骤 09　单击“格式”菜单中的“颜色”命令，将当前颜色设置为 230 号色，如图 13-142 所示。

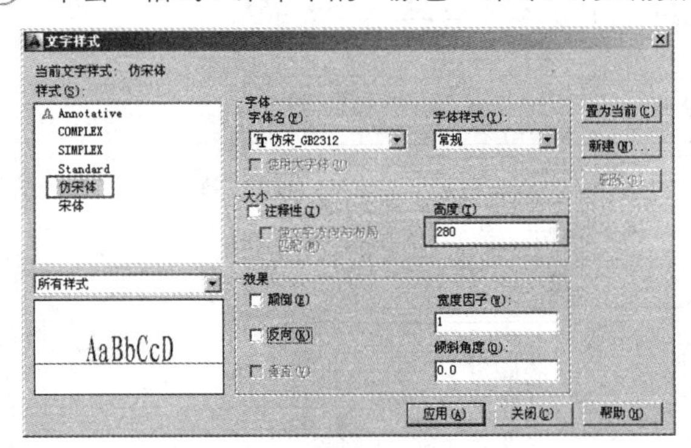

图 13-141　修改字高

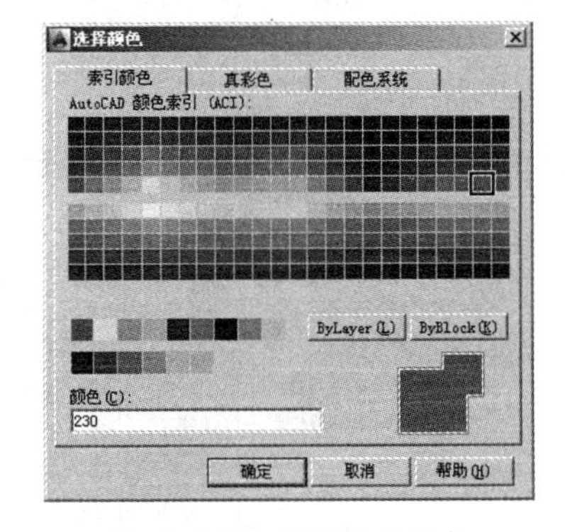

图 13-142　设置当前颜色

步骤 10　单击“绘图”工具栏上的 A 按钮，执行“多行文字”命令，根据命令行的提示，在指示线上端从左下向右上分别拾取两个角点，拉出如图 13-143 所示的矩形框。

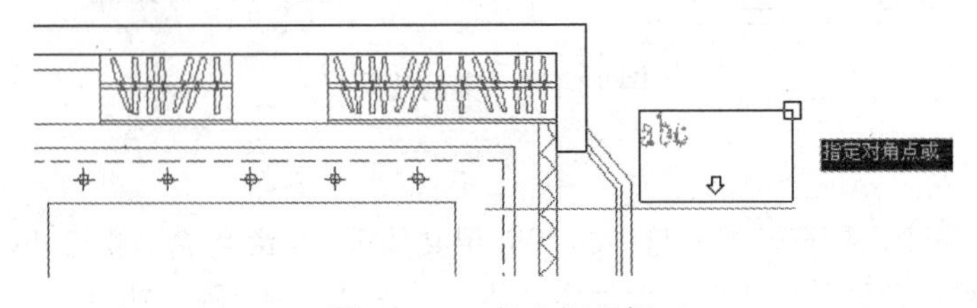

图 13-143　拉出矩形框

步骤 11　当指定了矩形框的右下角点时，系统自动打开“文字格式”对话框，步骤 12　在下侧的文字输入框内单击，以指定文字的输入位置，然后输入如图 13-144 所示的注释内容。

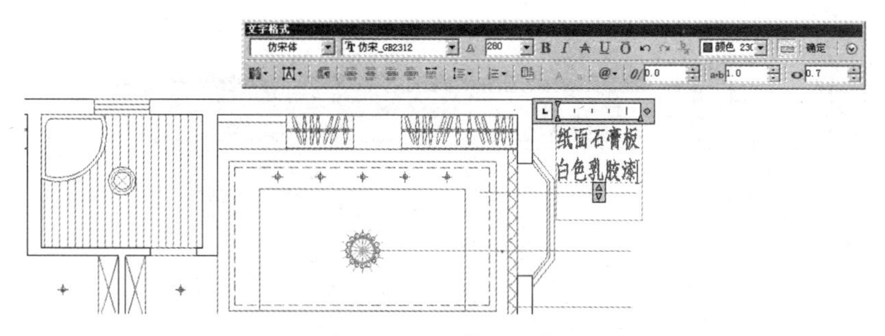

图 13-144　输入文字

步骤 13　在"文字格式"工具栏上单击 确定 按钮，文字的创建结果如图 13-145 所示。

步骤 14　重复执行"多行文字"命令，标注下侧的文字注释，结果如图 13-146 所示。

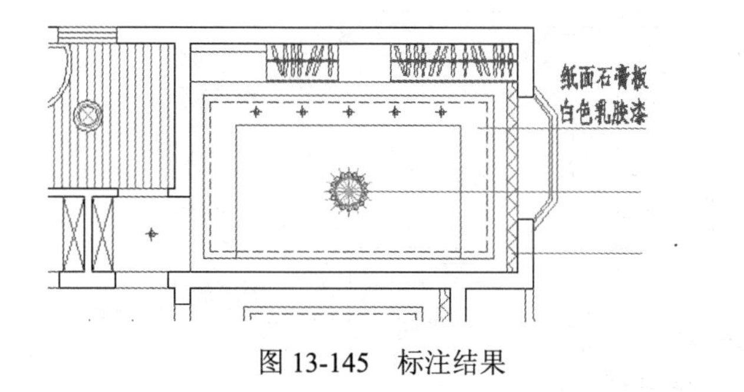

图 13-145　标注结果

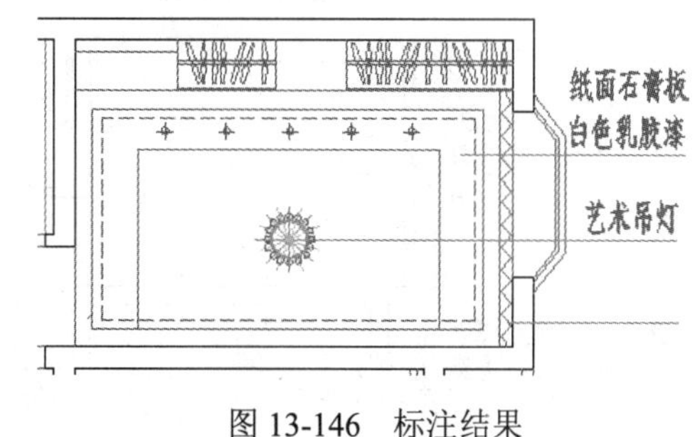

图 13-146　标注结果

步骤 15　单击菜单"修改"/"复制"命令，选择刚创建的文字对象，将其复制到其他指示线的末端，结果如图 13-147 所示。

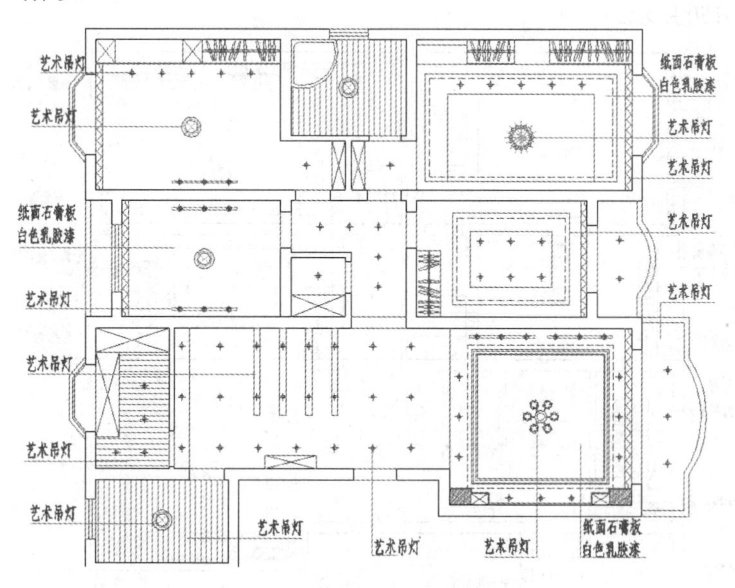

图 13-147　复制结果

步骤 16　单击菜单"修改"/"文字"/"编辑"命令，在命令行"选择注释对象或[放弃（U）]:"提示下，选择复制出的文字。

步骤 17　此时系统自动打开“文字格式”编辑器，在文字输入框内输入正确的文字，如图 13-148 所示。

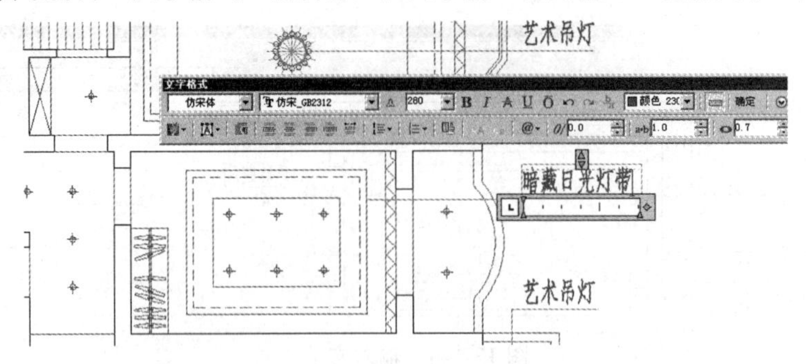

图 13-148　输入正确的文字

步骤 18　单击 确定 按钮，结果绘图区中被选择的文字内容被更改，如图 13-149 所示。

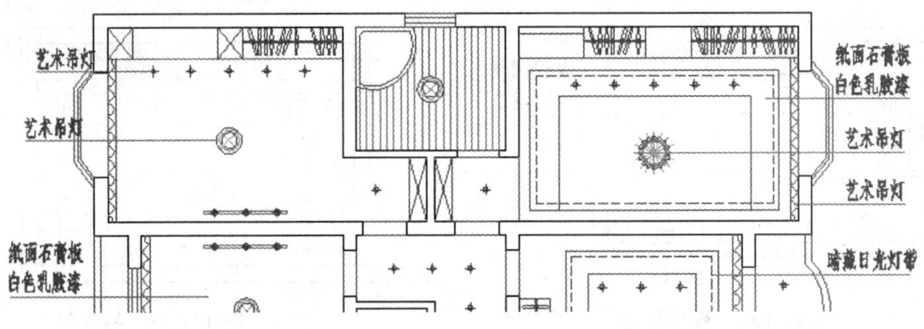

图 13-149　修改后的文本

步骤 19　继续在命令行“选择注释对象或[放弃（U）]：”提示下，分别选择其他位置的文字对象，更改其内容如图 13-150 所示。

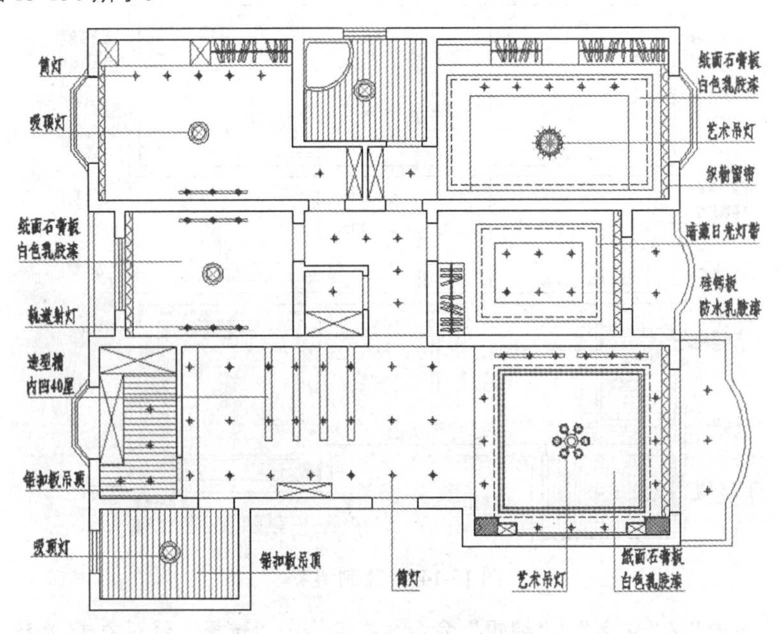

图 13-150　修改其他文字内容

步骤 20　单击 确定 按钮，关闭“文字格式”编辑器，然后按 Enter 键，结束“编辑文字”命令。

步骤 21　调整视图，使图形全部显示，最终结果如图 13-138 所示。

步骤 22　最后执行“另存为”命令，将图形命名存储为“综合范例五.dwg”。

13.8　综合范例六——为多居室吊顶标注施工尺寸

本例主要学习多居室户型吊顶图尺寸的具体标注过程和相关标注技巧。多居室吊顶图尺寸的最终标注效果如图 13-151 所示。

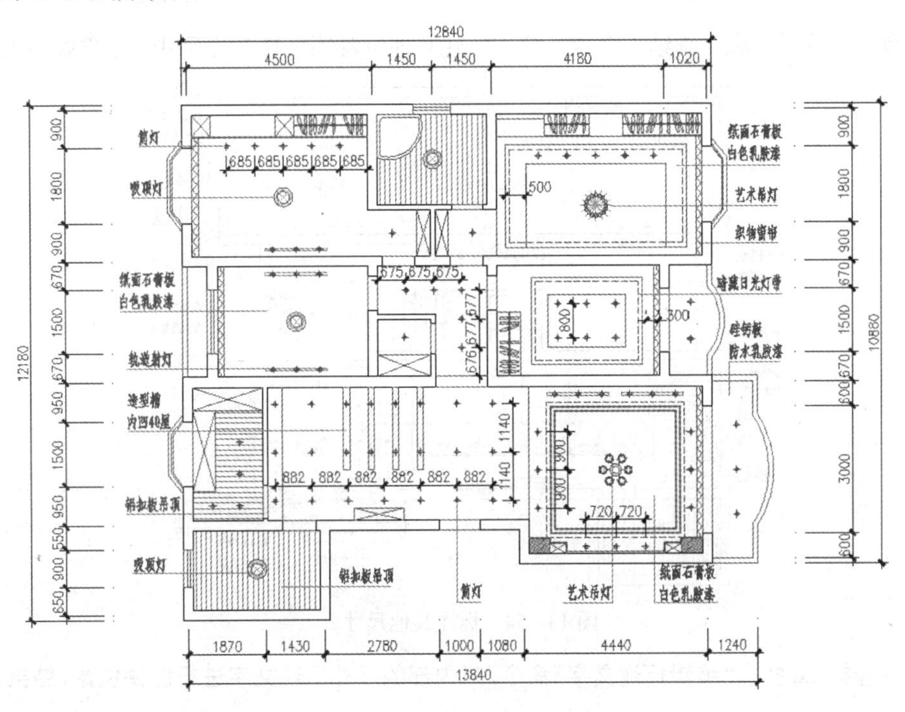

图 13-151　实例效果

操作步骤：

步骤 01　继续上例操作，或直接打开随书光盘中的“\效果文件\第 13 章\综合范例五.dwg”文件。

步骤 02　打开状态栏上的“对象捕捉”功能，并打开节点捕捉功能。

步骤 03　展开“图层控制”列表，打开被关闭的“尺寸层”，并将此图层设置为当前图层。

步骤 04　单击菜单“标注”/“线性”命令，配合节点捕捉和端点捕捉功能，标注如图 13-152 所示的线性尺寸。

步骤 05　单击菜单“标注”/“连续”命令，分别以刚标注的两个线性尺寸作为基准尺寸，标注如图 13-153 所示的连续尺寸，作为灯具的定位尺寸。

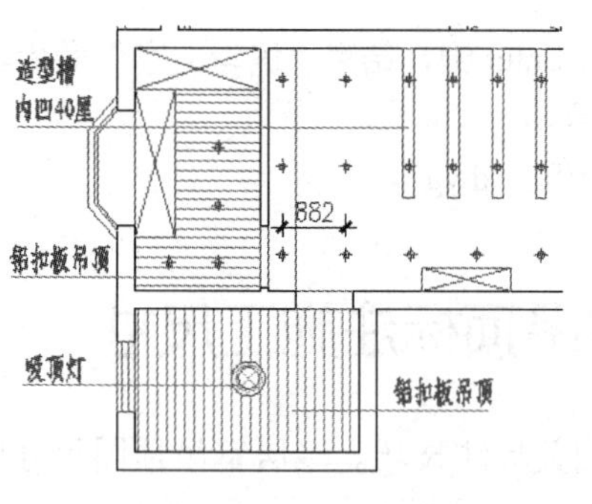

图 13-152　标注线性尺寸

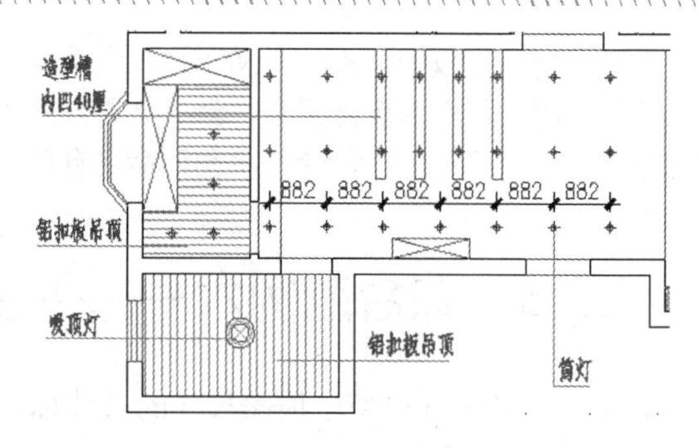

图 13-153　标注连续尺寸

步骤 06　综合使用“线性”和“连续”命令，分别标注其他位置的灯具定位尺寸，结果如图 13-154 所示。

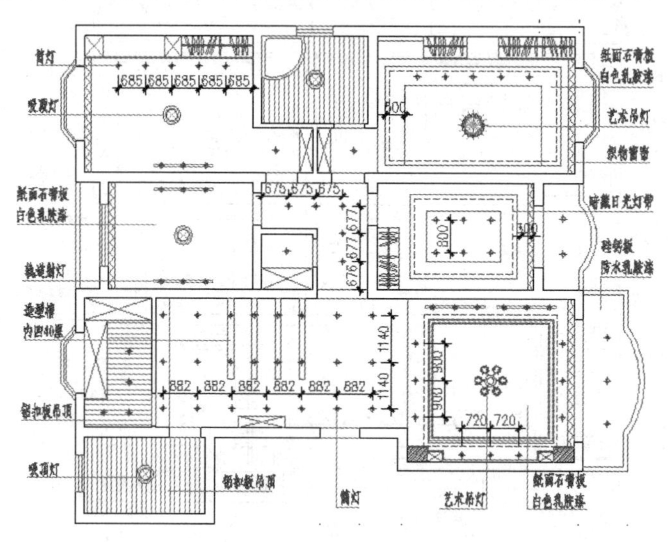

图 13-154　标注其他尺寸

步骤 07　使用快捷键 Ed 执行“编辑标注文字”命令，对内部的尺寸标注文字进行协调位置，结果如图 13-155 所示。

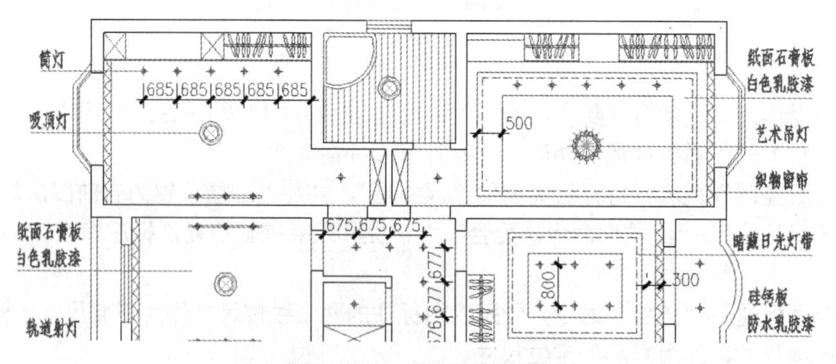

图 13-155　协调标注文字

步骤 08　调整视图，使吊顶图完全显示，最终效果如图 13-138 所示。

步骤 09　最后执行“另存为”命令，将当前图形命名存储为“综合范例六.dwg”。

第 14 章　居室空间装修立面图设计

本章通过绘制某住宅小区多居室空间装修立面图，在了解和掌握立面图的形成、功能、表达内容、绘图思路等的前提下，详细学习住宅建筑装修立面图的具体绘制过程和相关绘图技巧。

本章学习内容如下：

- 空间立面图的形成特点
- 立面图的表达与绘制思路
- 综合范例一——绘制客厅与餐厅立面图
- 综合范例二——标注客厅与餐厅立面图
- 综合范例三——绘制卧室墙面装修立面图
- 综合范例四——标注卧室墙面装修立面图
- 综合范例五——绘制儿童房墙面装修立面图
- 综合范例六——标注儿童房墙面装修立面图
- 综合范例七——绘制卫生间墙面装修立面图

14.1　空间立面图的形成特点

立面装饰图的形成，归纳起来主要有以下三种方式：

（1）假想将室内空间垂直剖开，移去剖切平面前的部分，对余下的部分作正投影而成。这种立面图实质上是带有立面图示的剖面图。它所示图像的进深感比较强，并能同时反映顶棚的选级变化。但此种形式的缺点是剖切位置不明确（在平面布置上没有剖切符号，仅用投影符号表明视向）。

（2）假想将室内各墙面沿面与面相交处拆开，移去暂时不予图示的墙面，将剩下的墙面及其装饰布置，向铅直投影面作投影而成。这种立面图不出现剖面图像，只出现相邻墙面及其上装饰构件与该墙面的表面交线。

（3）设想将室内各墙面沿某轴阴角拆开，依次展开，直至都平等于同一铅直投影面，形成立面展开图。这种立面图能将室内各墙面的装饰效果连贯地展示在人们眼前，以便人们研究各墙面之间的统一与反差及相互衔接关系，对室内装饰设计与施工有着重要作用。

14.2　立面图的表达与绘制思路

室内装饰装潢立面图主要用于表明建筑内部某一装修空间的立面形式、尺寸及室内配套布置等内容，本节主要概述室内立面图的主要表达内容与绘制思路。

1. 室内立面图的表达内容

- 在装饰立面图中，具体需要表现出室内立面上各种装饰品，如壁画、壁挂、金属等的式样、位置和大小尺寸。
- 在装饰立面图上还需要体现出门窗、花格、装修隔断等构件的高度尺寸和安装尺寸以及家具和室内配套产品的安放位置和尺寸等内容。
- 如果采用剖面图形表示装饰立面图，还要表明顶棚的选级变化以及相关的尺寸。
- 必要时需配合文字说明其饰面材料的品名、规格、色彩和工艺要求等。

2. 室内立面图的绘制思路

在设计并绘制室内立面图时，具体可以参照如下思路：

（1）首先根据室内装修布置图，定位需要投影的立面，并绘制主体轮廓线；
（2）绘制室内空间立面内部构件定位线；
（3）为空间立面图布置各种家具及装饰图块；
（4）为空间立面图填充墙面装饰格质图案；
（5）为空间立面图标注墙面材质及文本说明；
（6）最后为空间立面图标注墙面结构尺寸和各构件的位置尺寸。

14.3　综合范例——绘制客厅与餐厅立面图

本例通过绘制多居室客厅与餐厅的 C 向装修立面图，主要学习客厅与餐厅立面图的具体绘制过程和相关技能。本例最终绘制效果如图 14-1 所示。

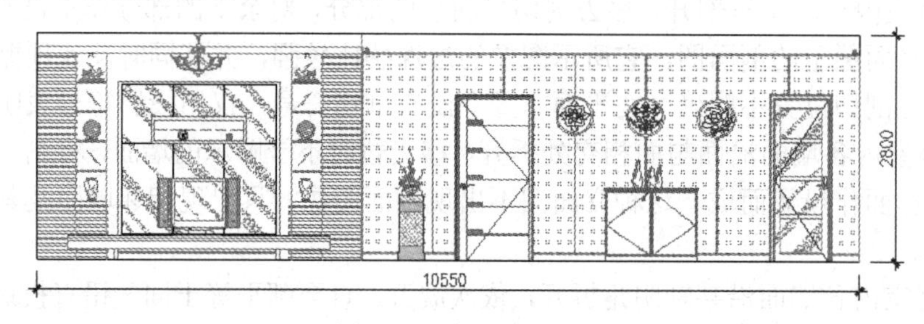

图 14-1　实例效果

操作步骤：

步骤 01　执行“新建”命令，调用随书光盘中的“\样板文件\室内样板.dwt”文件。

步骤 02　展开“图层”工具栏上的“图层控制”下拉列表，设置“轮廓线”为当前图层。

步骤 03　单击菜单“绘图”/“矩形”命令，绘制长度为 10550、宽度为 2800 的矩形作为 A 向立面外轮廓线，如图 14-2 所示。

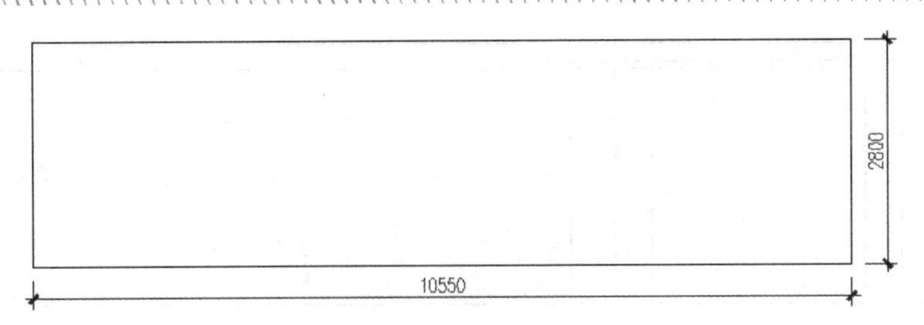

图 14-2　绘制结果

步骤 04　使用快捷键 X 执行“分解”命令，将矩形分解为四条独立的线段。

步骤 05　使用快捷键 O 执行“偏移”命令，对矩形的垂直边进行偏移，以创建内部的墙面轮廓线，结果如图 14-3 所示。

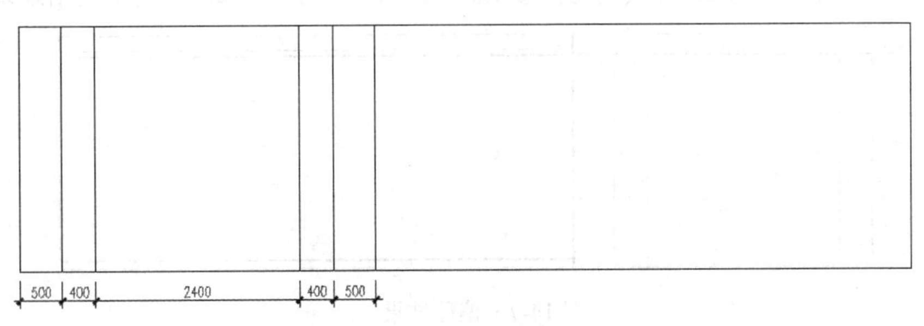

图 14-3 偏移结果

步骤 06　重复执行“偏移”命令，将上侧的水平轮廓线向下偏移 175 和 250 个绘图单位，将下侧的水平边向上偏移 90，结果如图 14-4 所示。

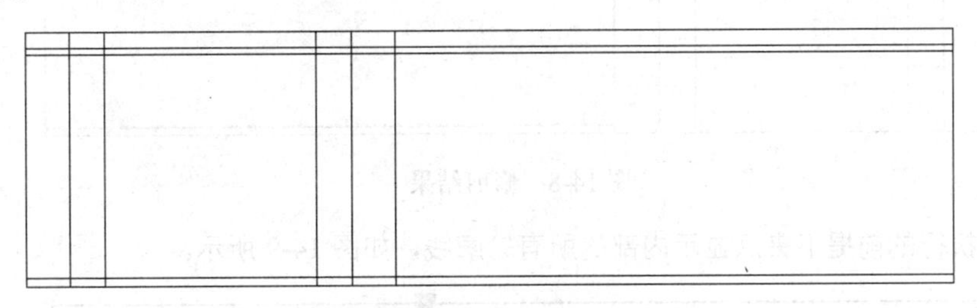

图 14-4　偏移水平边

步骤 07　单击菜单“修改”/“修剪”命令，选择如图 14-5 所示的两条轮廓线作为边界，对偏移出的其他轮廓线进行修剪，结果如图 14-6 所示。

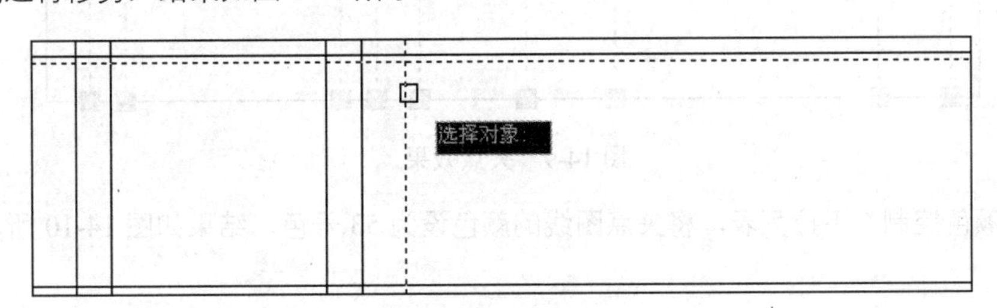

图 14-5　选择边界

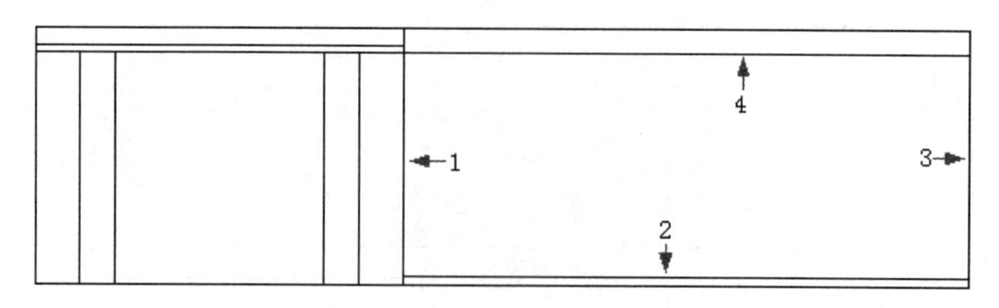

图 14-6　修剪结果

步骤 08　执行“偏移”命令，将如图 14-6 所示的轮廓线 1 和 3 分别向内侧偏移 12 个单位；将轮廓线 2 和 4 分别向上侧偏移 12 个单位；将最上侧的水平轮廓线向下偏移 175 个单位，结果如图 14-7 所示。

步骤 09　使用快捷键 TR 执行“修剪”命令，对偏移出的轮廓线进行修剪编辑，修剪后的结果如图 14-8 所示。

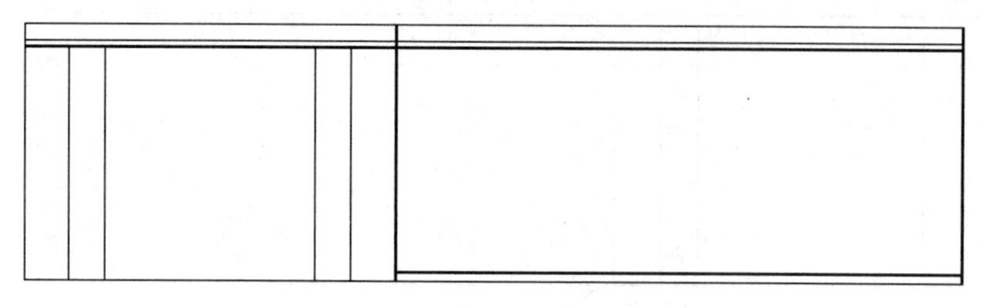

图 14-7　偏移结果

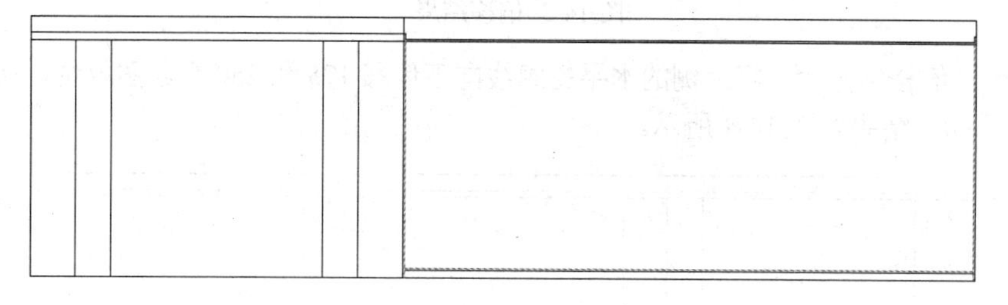

图 14-8　修剪结果

步骤 10　在无命令执行的前提下夹点显示内部的所有轮廓线，如图 14-9 所示。

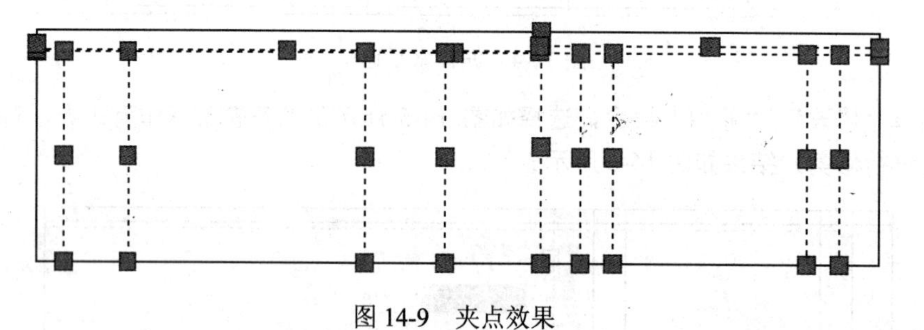

图 14-9　夹点效果

步骤 11　展开“颜色控制”下拉列表，将夹点图线的颜色设为 53 号色，结果如图 14-10 所示。

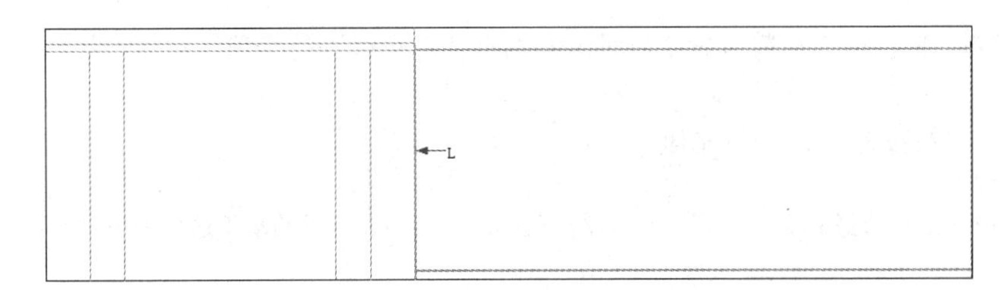

图 14-10　更改其颜色

步骤 12　单击菜单“修改”/“复制”命令，选择如图 14-10 所示的垂直轮廓线 L 水平向右复制 898 和 910 个单位，结果如图 14-11 所示。

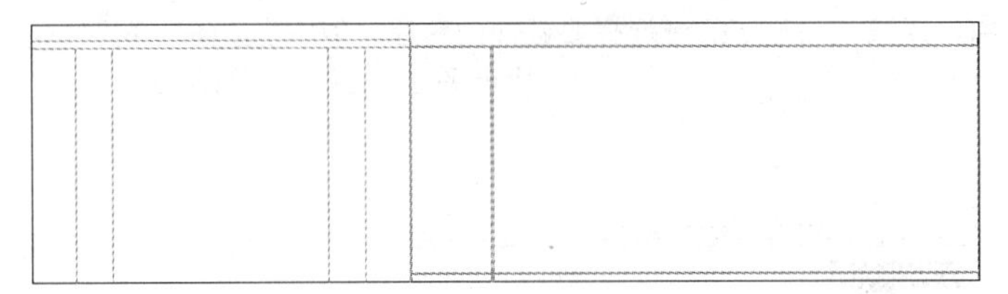

图 14-11　复制结果

步骤 13　单击菜单“修改”/“阵列”/“矩形阵列”命令，对复制出的两条垂直轮廓线进行阵列。命令行操作如下：

```
命令: _arrayrect
选择对象:                                       //选择复制出的两条垂直轮廓线
选择对象:                                       // Enter
类型 = 矩形  关联 = 否
选择夹点以编辑阵列或 [关联(AS)/基点(B)/计数(COU)/间距(S)/列数(COL)/行数(R)/层数(L)/退出(X)] <退出>:                                   //COU Enter
输入列数数或 [表达式(E)] <4>:                   //6 Enter
输入行数数或 [表达式(E)] <3>:                   // 1 Enter
选择夹点以编辑阵列或 [关联(AS)/基点(B)/计数(COU)/间距(S)/列数(COL)/行数(R)/层数(L)/退出(X)] <退出>:                                   //s Enter
指定列之间的距离或 [单位单元(U)] <18>:          //904 Enter
指定行之间的距离 <3825>:                        //1 Enter
选择夹点以编辑阵列或 [关联(AS)/基点(B)/计数(COU)/间距(S)/列数(COL)/行数(R)/层数(L)/退出(X)] <退出>:                                   //as Enter
创建关联阵列 [是(Y)/否(N)] <否>:                // Enter
选择夹点以编辑阵列或 [关联(AS)/基点(B)/计数(COU)/间距(S)/列数(COL)/行数(R)/层数(L)/退出(X)] <退出>:                                   // Enter，阵列结果如图 14-12 所示
```

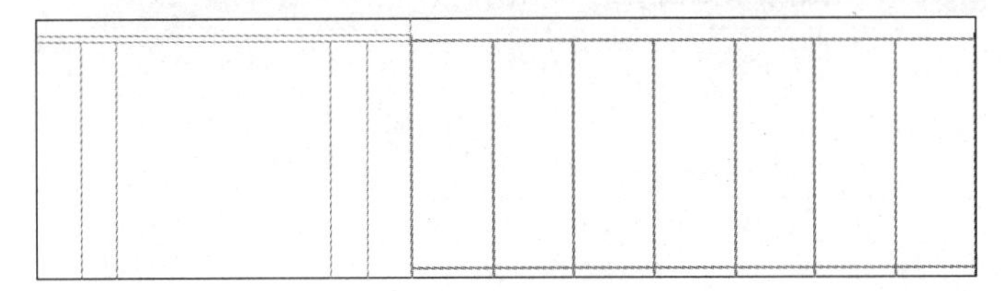

图 14-12　阵列结果

步骤 14 使用快捷键 TR 执行“修剪”命令，对内部的垂直轮廓线进行修剪。命令行操作如下：

```
命令: tr                                 // Enter
TRIM 当前设置:投影=UCS，边=延伸
选择剪切边...
选择对象或 <全部选择>:                   //选择如图 14-13 所示的水平边作为边界
```

图 14-13 选择结果

```
选择对象:                                // Enter
选择要修剪的对象，或按住 Shift 键选择要延伸的对象，或[栏选(F)/窗交(C)/投影(P)/边(E)/删除(R)/放弃(U)]:                             //拉出如图 14-14 所示的窗交选择框
```

图 14-14 窗交选择

```
选择要修剪的对象，或按住 Shift 键选择要延伸的对象，或[栏选(F)/窗交(C)/投影(P)/边(E)/删除(R)/放弃(U)]:                             // Enter，修剪结果如图 14-15 所示
```

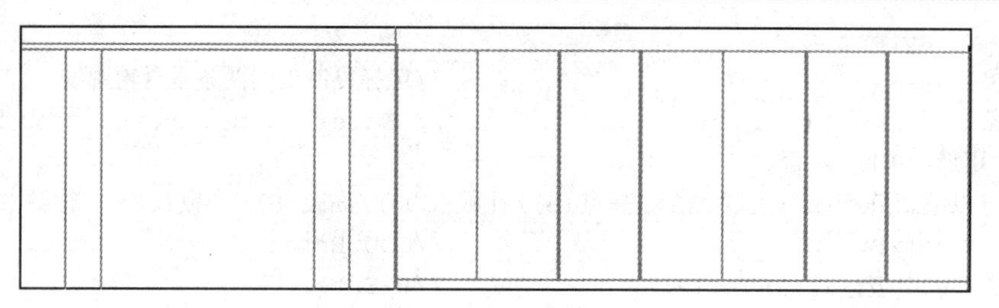

图 14-15 修剪结果

步骤 15 单击“格式”菜单中的“颜色”命令，将当前颜色设置为 62 号色，如图 14-16 所示。

步骤 16 单击菜单“绘图”/“矩形”命令，配合“捕捉自”功能绘制矩形装饰线。命令行操作如下：

```
命令: _rectang
指定第一个角点或 [倒角(C)/标高(E)/圆角(F)/厚度(T)/宽度(W)]:// 激活“捕捉自”功能
_from 基点:                        //捕捉如图 14-17 所示的交点
<偏移>:                            //@0,-30 Enter
指定另一个角点或 [面积(A)/尺寸(D)/旋转(R)]:
//@-520,-30 Enter，绘制结果如图 14-18 所示
```

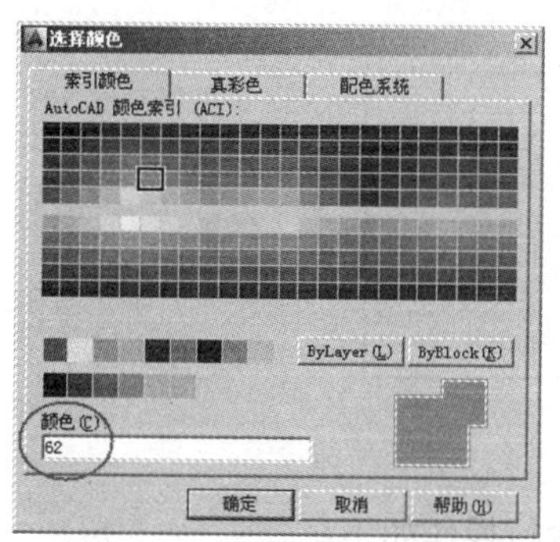

图 14-16　设置当前颜色

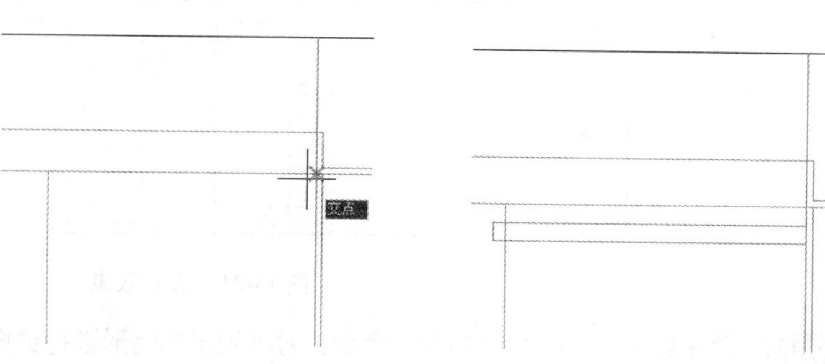

图 14-17　捕捉交点

图 14-18　绘制结果

步骤 17　单击菜单“修改”/“阵列”/“矩形阵列”命令，对刚绘制的矩形进行阵列。命令行操作如下：

```
命令: _arrayrect
选择对象:                                  //选择刚绘制的矩形
选择对象:                                  // Enter
类型 = 矩形  关联 = 否
选择夹点以编辑阵列或 [关联(AS)/基点(B)/计数(COU)/间距(S)/列数(COL)/行数(R)/层数(L)/退
出(X)] <退出>:                             //COU Enter
输入列数数或 [表达式(E)] <4>:               //1 Enter
输入行数数或 [表达式(E)] <3>:               // 32 Enter
选择夹点以编辑阵列或 [关联(AS)/基点(B)/计数(COU)/间距(S)/列数(COL)/行数(R)/层数(L)/退
出(X)] <退出>:                             //s Enter
指定列之间的距离或 [单位单元(U)] <18>:      //1 Enter
指定行之间的距离 <3825>:                   //-80 Enter
选择夹点以编辑阵列或 [关联(AS)/基点(B)/计数(COU)/间距(S)/列数(COL)/行数(R)/层数(L)/退
出(X)] <退出>:                             //as Enter
创建关联阵列 [是(Y)/否(N)] <否>:           // Enter
选择夹点以编辑阵列或 [关联(AS)/基点(B)/计数(COU)/间距(S)/列数(COL)/行数(R)/层数(L)/退
出(X)] <退出>:                             // Enter，阵列结果如图 14-19 所示
```

步骤 18　执行“修剪”命令，以阵列出的矩形作为边界，对与矩形相交的垂直轮廓线进行修剪，修剪后的局部缩放效果如图 14-20 所示。

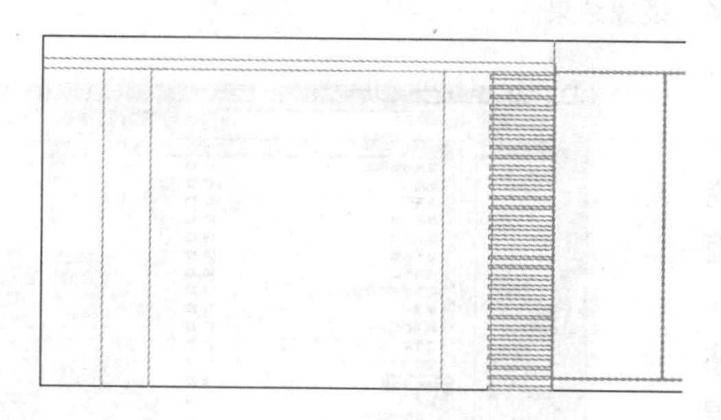

图 14-19　阵列结果

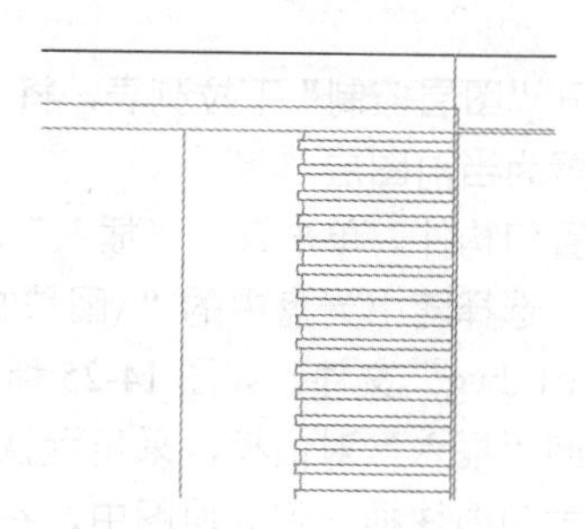

图 14-20　修剪后的局部效果

步骤 19　在无命令执行的前提下夹点显示如图 14-21 所示的垂直轮廓线进行删除。

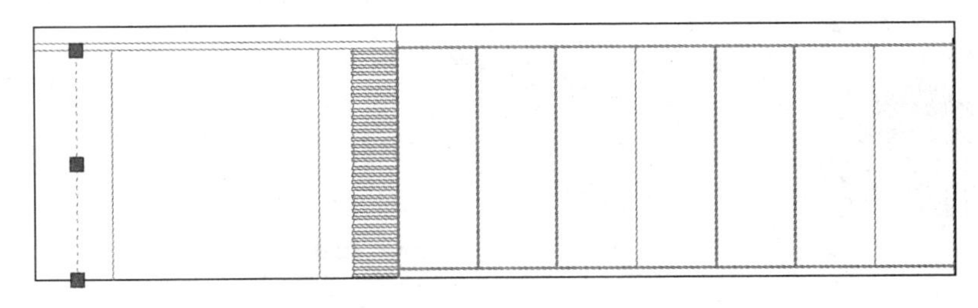

图 14-21　夹点效果

步骤 20　单击菜单“修改”/“镜像”命令，对阵列出的矩形进行镜像。命令行操作如下：

```
命令: _mirror
选择对象:                                  //选择矩形和修剪后的垂直轮廓线，如图 14-22 所示
选择对象:                                  // Enter
指定镜像线的第一点:                         //捕捉如图 14-23 所示的中点
指定镜像线的第二点:                         //@0,1 Enter
要删除源对象吗? [是(Y)/否(N)] <N>:          // Enter，镜像结果如图 14-24 所示
```

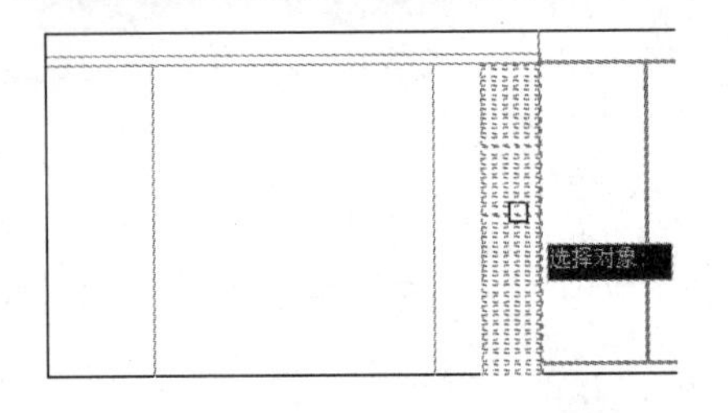

图 14-22　选择对象

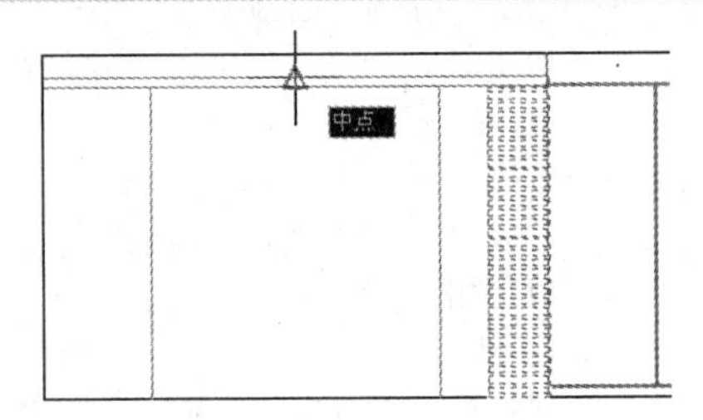

图 14-23　捕捉中点

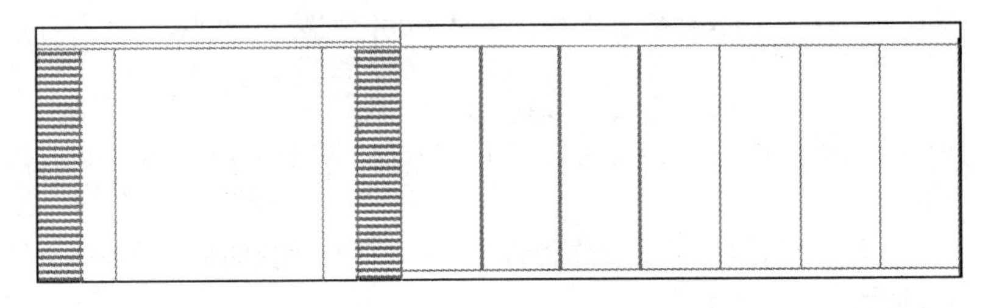

图 14-24　镜像结果

步骤 21　展开“图层控制”下拉列表，将“家具层”设置为当前图层。

步骤 22　布置门构件。单击菜单“插入”/“块”命令，选择随书光盘中的“\图块文件\立面门 01.dwg”文件，如图 14-25 所示。

步骤 23　返回“插入”对话框，采用默认参数，将推拉门图块插入到立面图中，在命令行提示下，水平向右引出如图 14-26 所示的端点追踪虚线，然后输入 1200 按 Enter 键，定位插入点，插入结果如图 14-27 所示。

图 14-25　选择文件

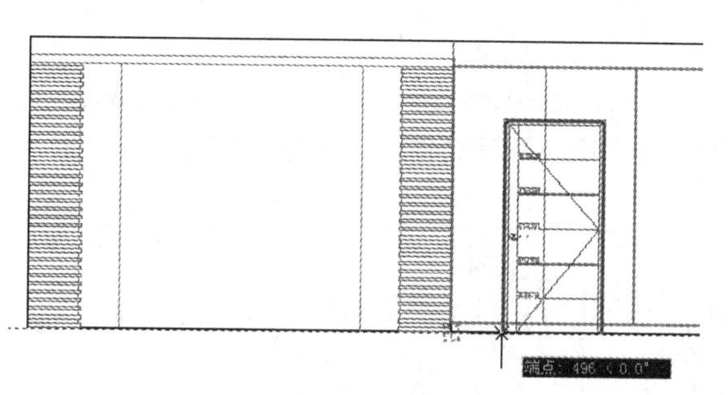

图 14-26　引出端点追踪虚线

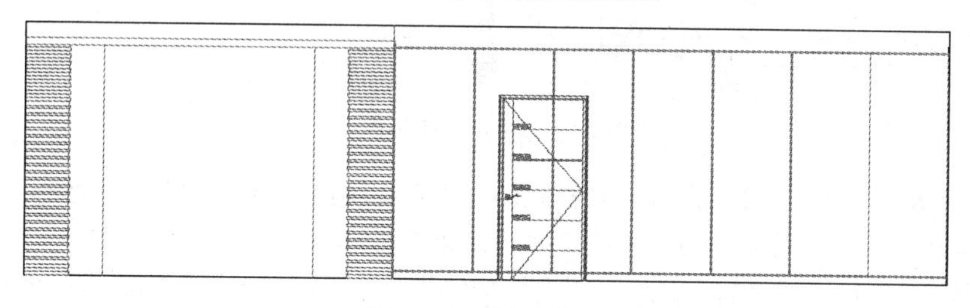

图 14-27　插入结果

步骤24 重复执行“插入块”命令，采用默认参数插入光盘中的“\图块文件\立面门 02.dwg”文件，根据命令行提示，水平向左引出如图 14-28 所示的端点追踪虚线，然后输入 338 按 Enter 键，定位插入点，插入结果如图 14-29 所示。

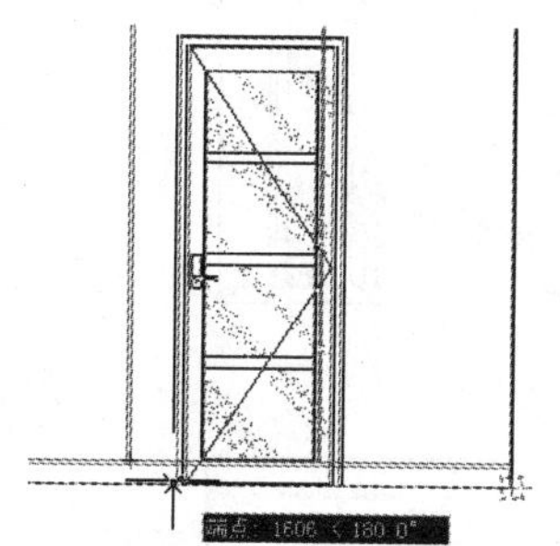

图 14-28　引出端点追踪虚线

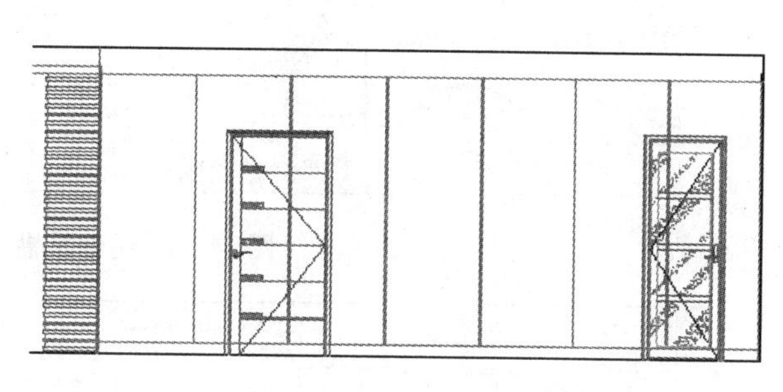

图 14-29　插入结果

步骤25 重复执行“插入块”命令，采用默认参数插入随书光盘中的“\图块文件\立面装饰架.dwg”文件，插入结果如图 14-30 所示。

步骤26 使用快捷键 MI 执行“镜像”命令，对刚插入的立面装饰架图块进行镜像，结果如图 14-31 所示。

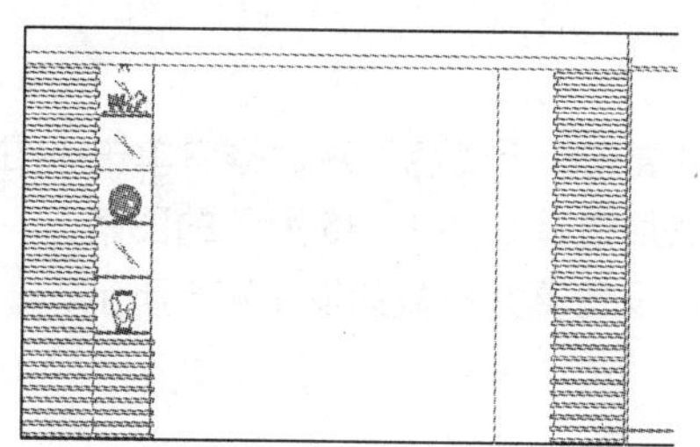

图 14-30　插入结果

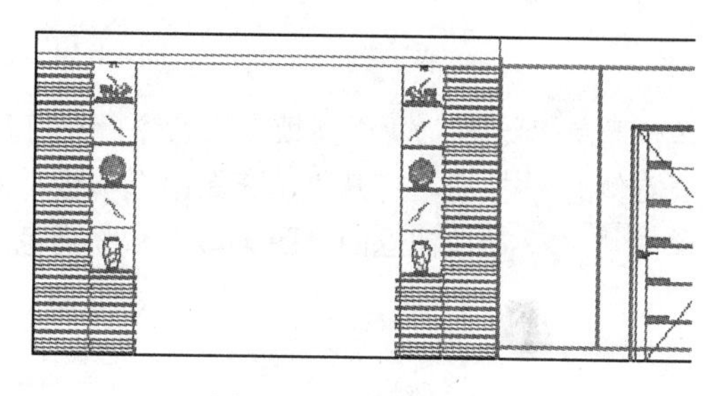

图 14-31　镜像结果

步骤 27　重复执行“插入块”命令，采用默认参数，分别插入随书光盘“\图块文件\”目录下的“日光灯.dwg、电视墙.dwg、玄关.dwg、立面柜 01.dwg、艺术吊灯（立面）.dwg、立面装饰物 02.dwg、立面装饰物 03.dwg、立面装饰物 042.dwg”等文件，插入结果如图 14-32 所示。

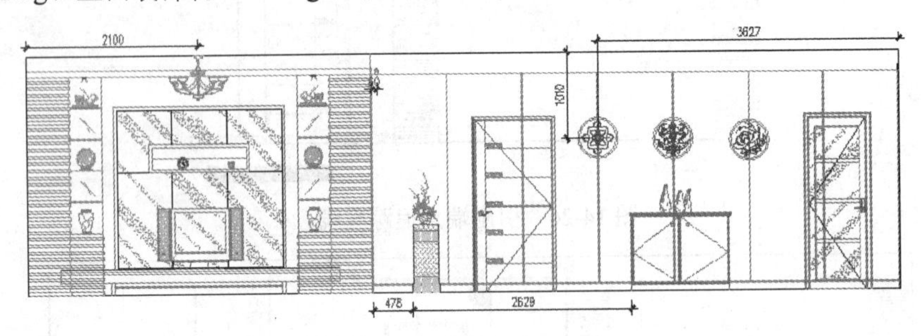

图 14-32　插入其他构件

步骤 28　单击菜单“修改”/“镜像”命令，对插入的日光灯图块进行镜像，结果如图 14-33 所示。

步骤 29　使用快捷键 X 执行“分解”命令，将立面装饰架图块分解。

步骤 30　使用快捷键 TR 执行“修剪”命令，以立面构件作为边界，对墙面轮廓线进行修整，删除被遮挡住的图线，结果如图 14-34 所示。

步骤 31　展开“图层控制”下拉列表，将“填充层”设置为当前图层。

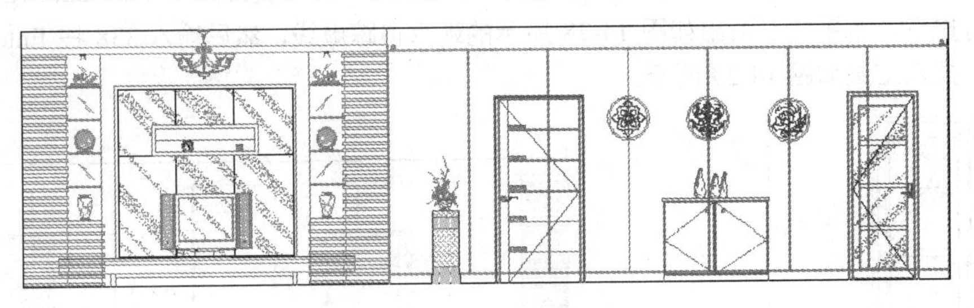

图 14-33　镜像结果

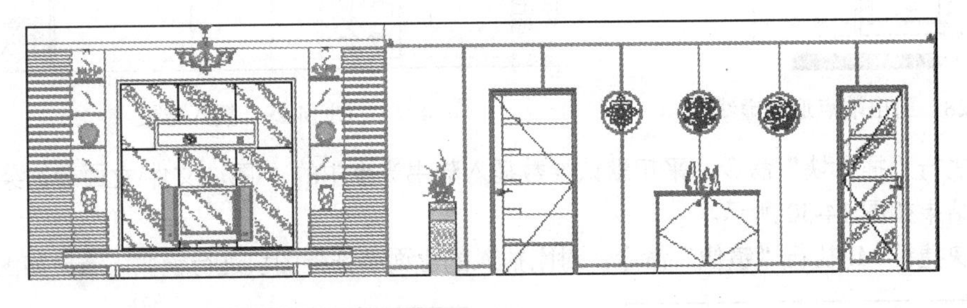

图 14-34　删除结果

步骤 32　单击菜单“绘图”/“图案填充”命令，在打开的“图案填充和渐变色”对话框中单击“图案”列表右侧的 ... 按钮，打开“填充图案选项板”对话框，然后选择如图 14-35 所示的图案。

步骤 33　单击 确定 按钮返回“图案填充和渐变色”对话框，设置填充参数如图 14-36 所示。

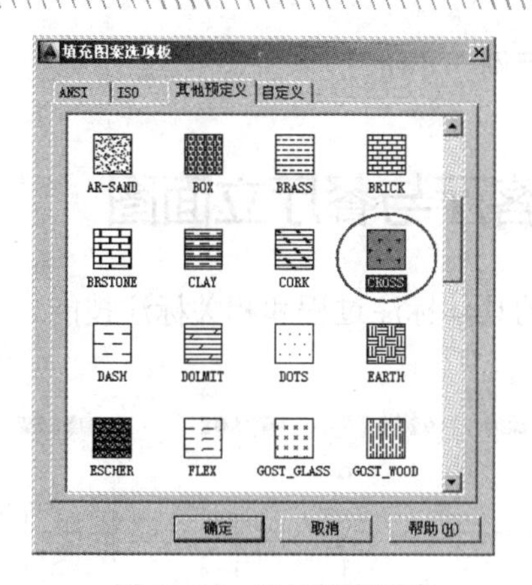

图 14-35　选择填充图案

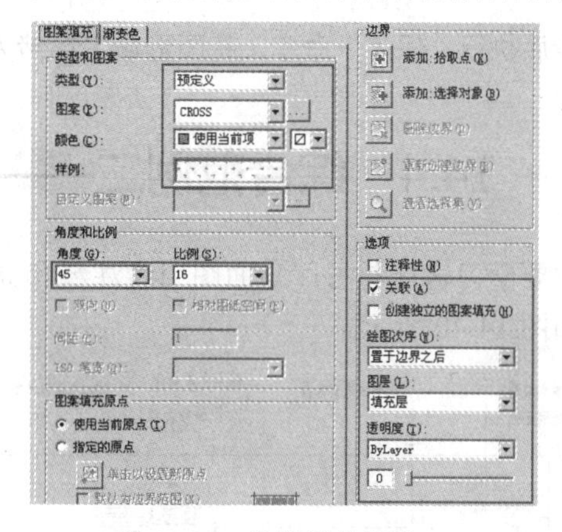

图 14-36　设置填充参数

步骤 34　返回绘图区，根据命令行的提示拾取填充区域，为立面图填充如图 14-37 所示的图案。

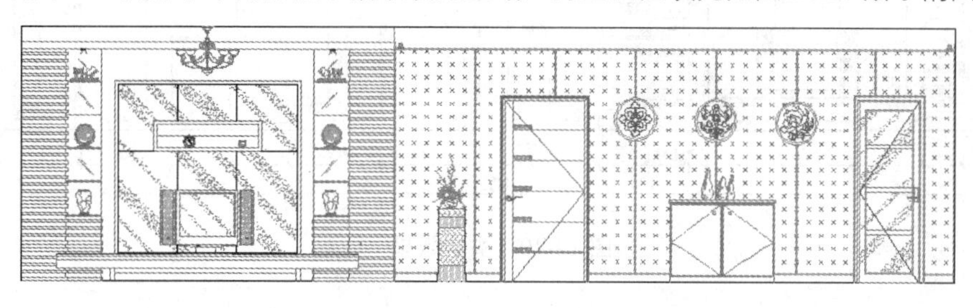

图 14-37　填充结果

步骤 35　使用快捷键 LT 执行“线型”命令，加载 DOT 线型，并设置线型比例为 10。

步骤 36　在无命令执行的前提下单击刚填充的图案，使其夹点显示，如图 14-38 所示。

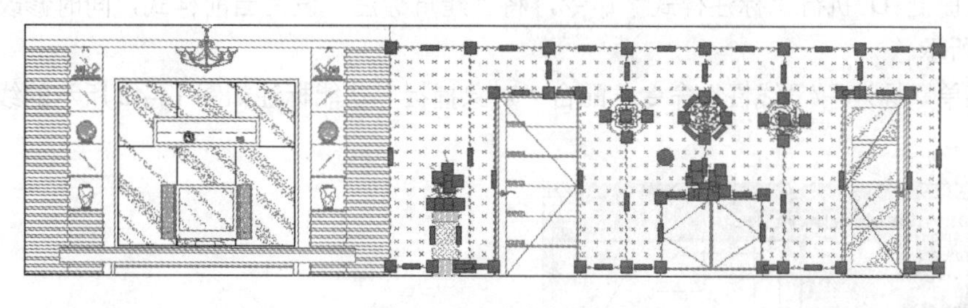

图 14-38　夹点效果

步骤 37　展开“线型控制”下拉列表，修改夹点图案的线型为“DOT”线型，并取消夹点，结果如图 14-39 所示。

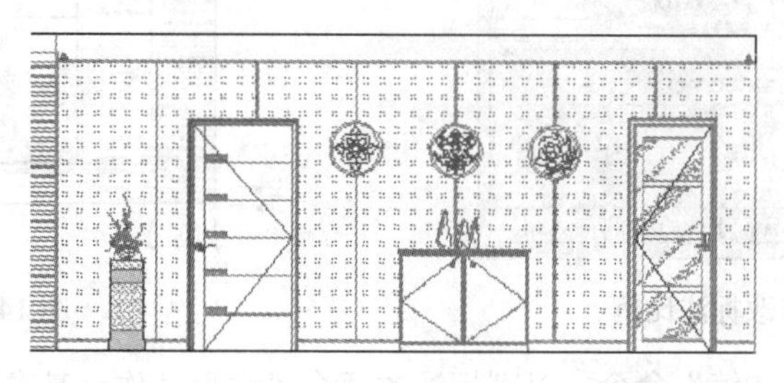

图 14-39　修改线型后的效果

步骤 38　最后执行“保存”命令，将图形命名存储为“综合范例一.dwg”。

14.4　综合范例二——标注客厅与餐厅立面图

本例主要学习客厅与餐厅立面图引线注释和立面尺寸的具体标注过程和相关标注技能。本例最终绘制效果如图 14-40 所示。

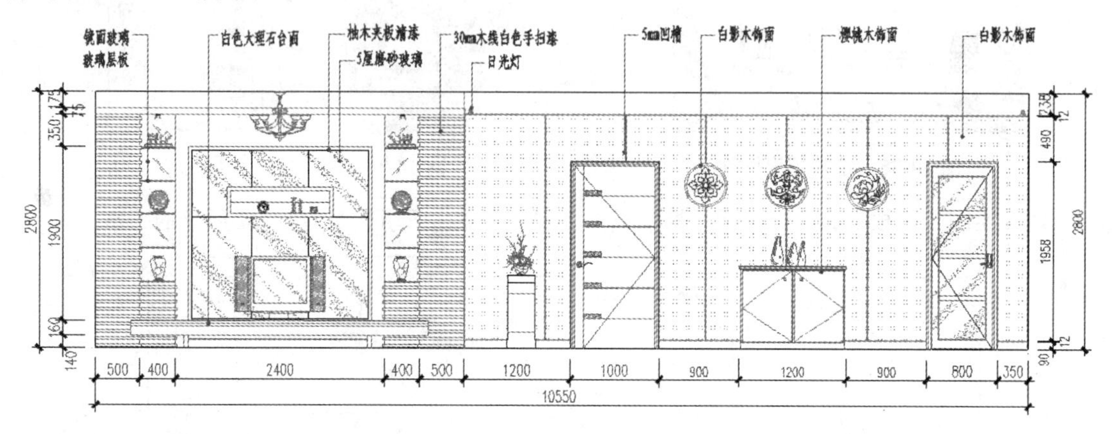

图 14-40　实例效果

操作步骤：

步骤 01　执行“打开”命令，打开光盘中的“\效果文件\第 14 章\综合范例一.dwg”文件。

步骤 02　展开“图层控制”下拉列表，将“尺寸层”设置为当前图层。

步骤 03　使用快捷键 D 执行“标注样式”命令，将“建筑标注”设为当前样式，同时修改标注比例如图 14-41 所示。

步骤 04　单击菜单“标注”/“线性”命令，配合“对象捕捉”功能标注如图 14-42 所示的线性尺寸作为基准尺寸。

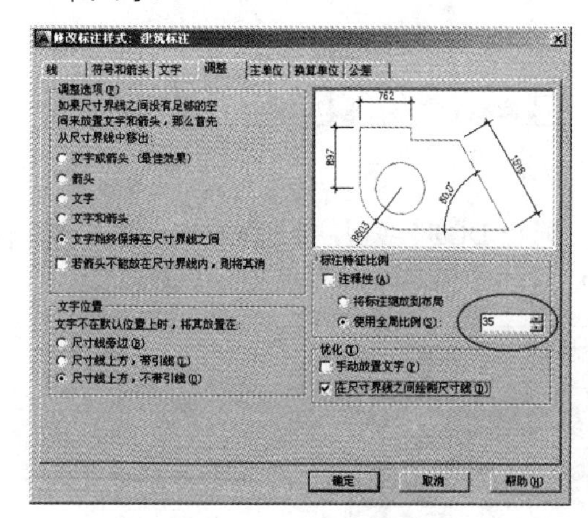

图 14-41　修改标注比例

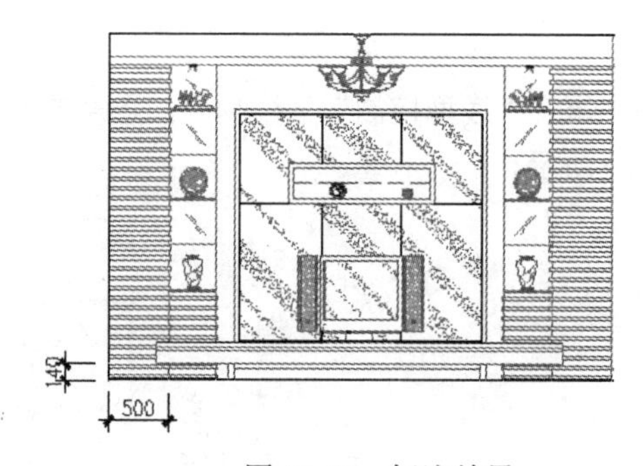

图 14-42　标注结果

步骤 05　单击菜单“标注”/“连续”命令，以刚标注的两个线性尺寸作为基准尺寸，标注如图 14-43 所示的连续尺寸作为细部尺寸。

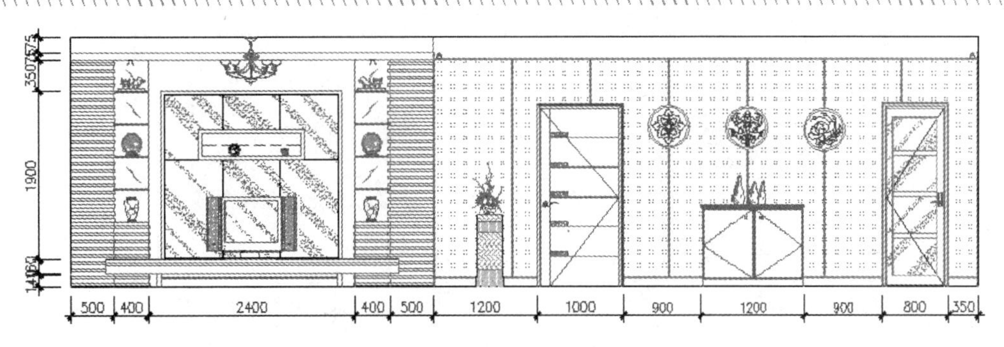

图 14-43　标注连续尺寸

步骤 06　单击“标注”工具栏上的按钮，执行“编辑标注文字”命令，对重叠的尺寸文字进行协调位置，结果如图 14-44 所示。

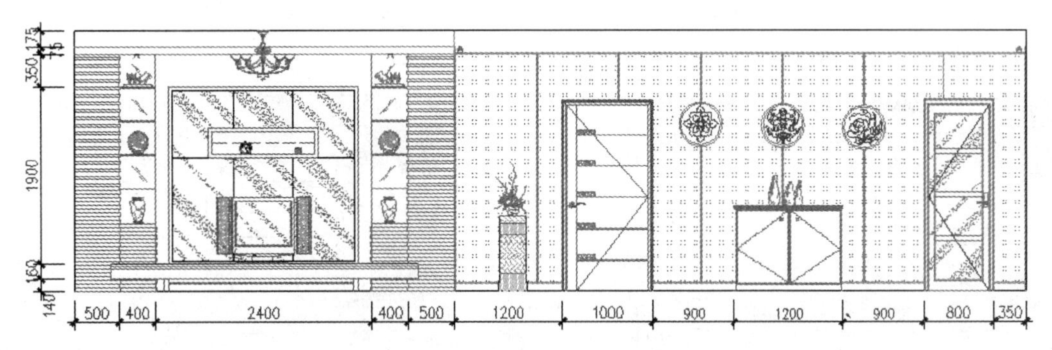

图 14-44　调整标注文字位置

步骤 07　单击“标注”工具栏上的按钮，执行“线性”命令，标注立面图两侧的总体尺寸，结果如图 14-45 所示。

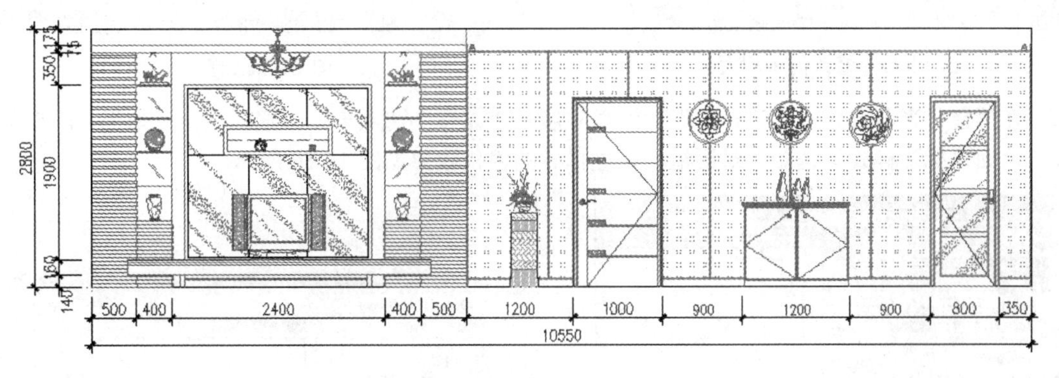

图 14-45　标注总尺寸

步骤 08　综合使用“线性”、“连续”和“编辑标注文字”命令，标注立面图右侧的尺寸，结果如图 14-46 所示。

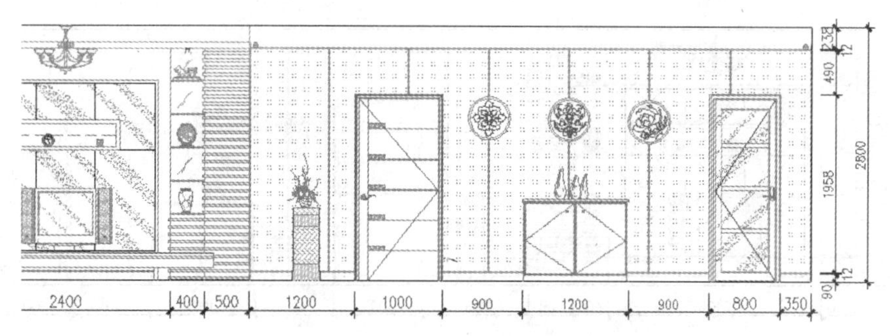

图 14-46　标注右侧的立面尺寸

步骤 09　展开“图层控制”下拉列表，将“文本层”设置为当前图层。

步骤 10　展开“文字样式控制”下拉列表，将“仿宋体”设置为当前文字样式。

步骤 11　执行“标注样式”命令，替代当前尺寸样式，并修改引线箭头、大小以及尺寸文字样式等参数，如图 14-47 和图 14-48 所示。

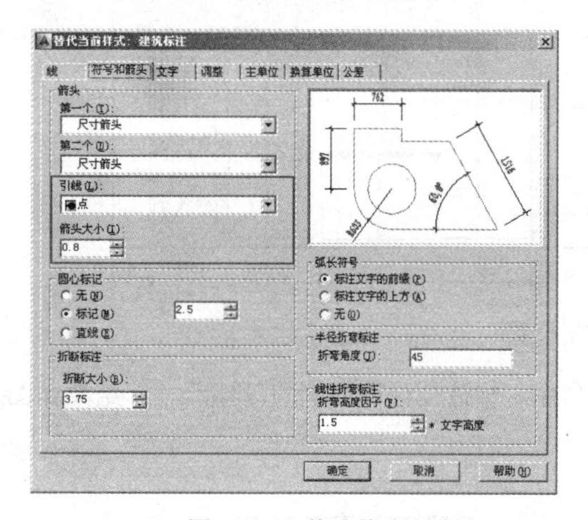

图 14-47　修改箭头和大小

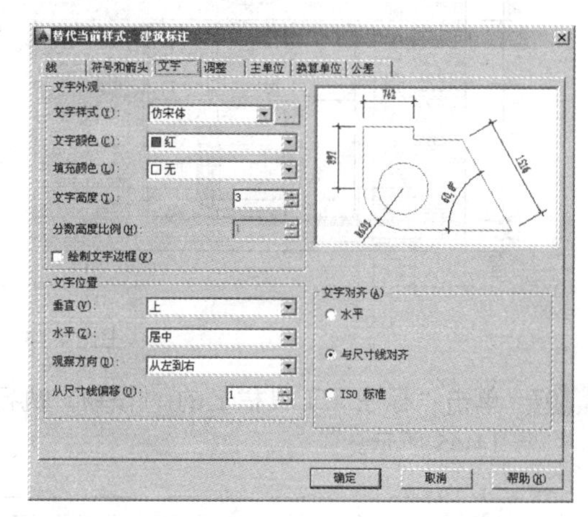

图 14-48　修改文字样式

步骤 12　在“替代当前样式：建筑标注”对话框中展开“调整”选项卡，设置标注比例如图 14-49 所示。

步骤 13　返回“标注样式管理器”对话框，标注样式的替代效果如图 14-50 所示。

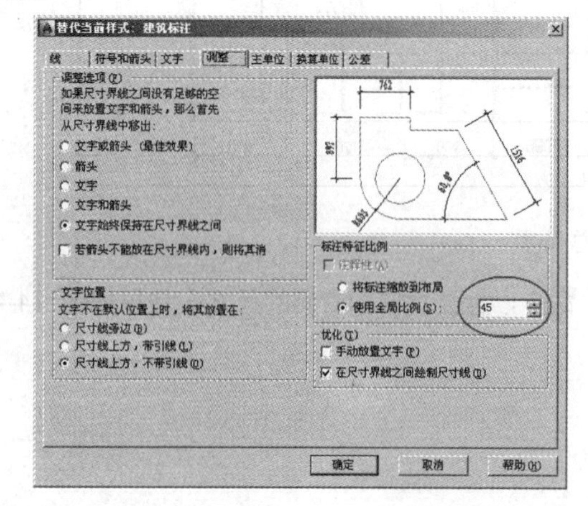

图 14-49　设置标注比例

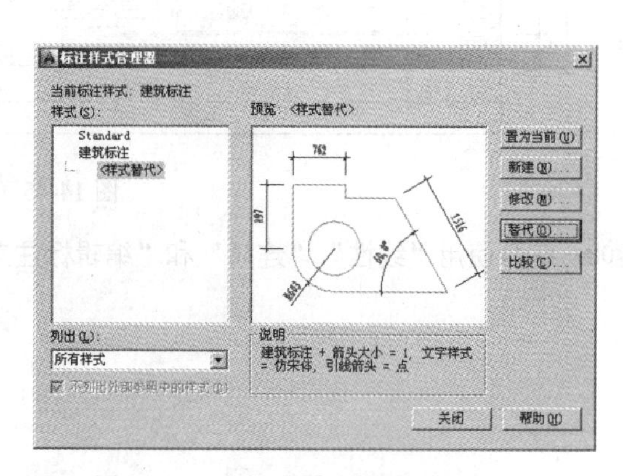

图 14-50　“标注样式管理器”对话框

步骤 14　使用快捷键 LE 执行“快速引线”命令，使用命令中的“设置”选项，设置引线参数如图 14-51 和图 14-52 所示。

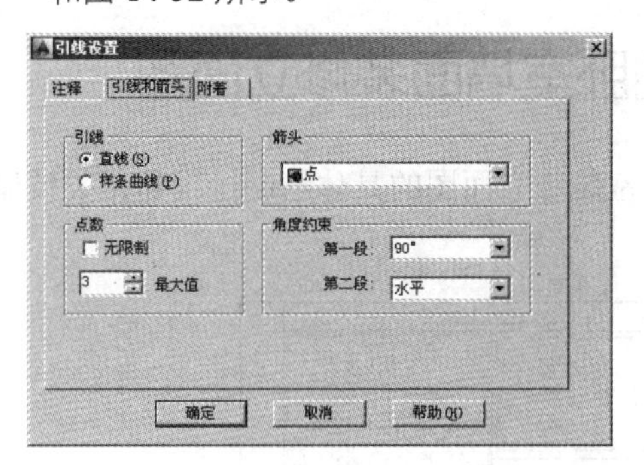

图 14-51　“引线和箭头”选项卡

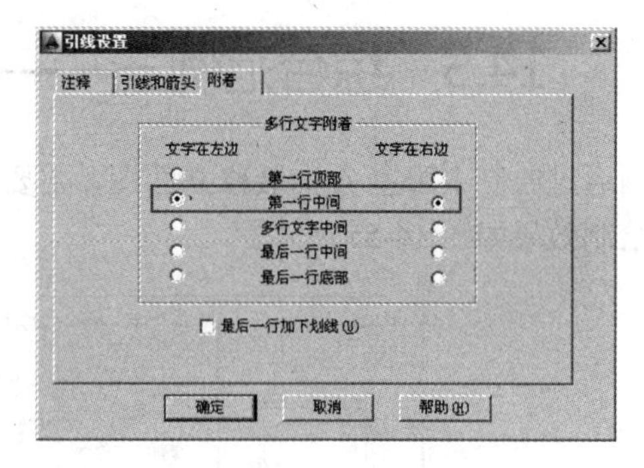

图 14-52　“附着”选项卡

步骤 15　单击“引线设置”对话框中的 确定 按钮，返回绘图区根据命令行的提示，指定三个引线点，绘制引线并输入引线注释，标注结果如图 14-53 所示。

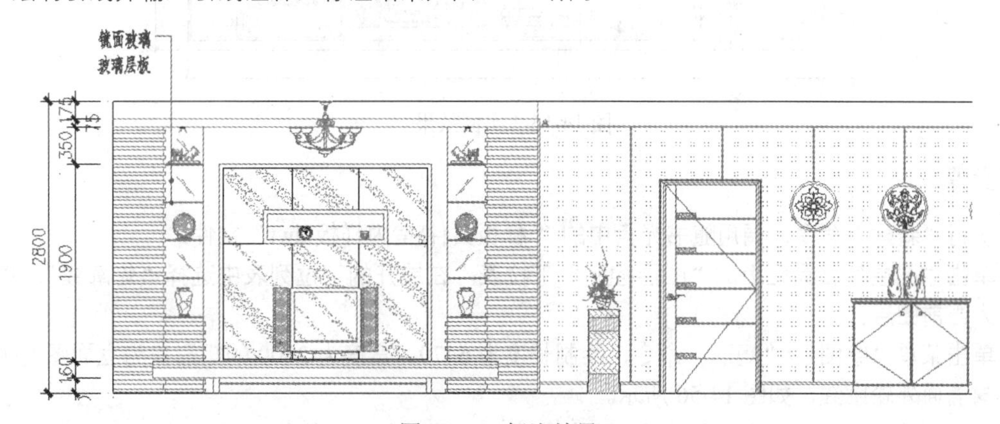

图 14-53　标注结果

步骤 16　重复执行“快速引线”命令，按照当前的引线参数设置，分别标注其他位置的引线注释，标注结果如图 14-54 所示。

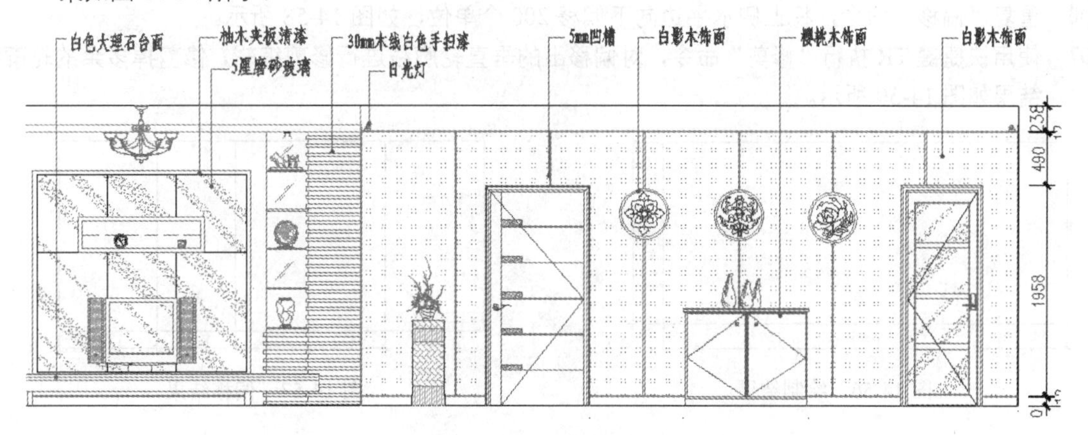

图 14-54　标注其他注释

步骤 17　调整视图，将图形全部显示，最终效果如图 14-40 所示。

步骤 18　最后执行“另存为”命令，将图形命名存储为“综合范例二.dwg”。

14.5　综合范例三——绘制卧室墙面装修立面图

本例通过绘制主卧室 A 向装修立面图，主要学习卧室装修立面图的具体绘制过程和相关技能。本例最终绘制效果如图 14-55 所示。

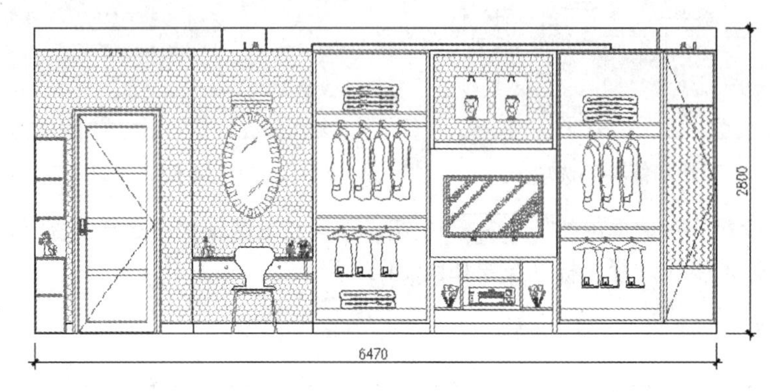

图 14-55　实例效果

操作步骤：

步骤 01　执行“新建”命令，调用随书光盘中的“\样板文件\室内样板.dwt”文件。

步骤 02　单击“图层”工具栏上的“图层控制”下拉表，在展开的下拉列表中选择“轮廓线”，将其设置为当前图层。

步骤 03　单击菜单“绘图”/“矩形”命令，绘制长度为 6470、宽度为 2800 的矩形作为立面图的主卧室 A 向墙面外轮廓线，如图 14-56 所示。

步骤 04　使用快捷键 X 执行“分解”命令，将矩形分解为四条独立的线段。

步骤 05　单击菜单“修改”/“偏移”命令，将右侧的垂直边向左偏移，偏移间距分别为 150、1200、1100、1150，偏移结果如图 14-57 所示。

步骤 06　重复“偏移”命令，将上侧水平边向下偏移 200 个单位，如图 14-58 所示。

步骤 07　使用快捷键 TR 执行“修剪”命令，对偏移出的垂直轮廓线进行修剪编辑，修剪掉多余的轮廓线，结果如图 14-59 所示。

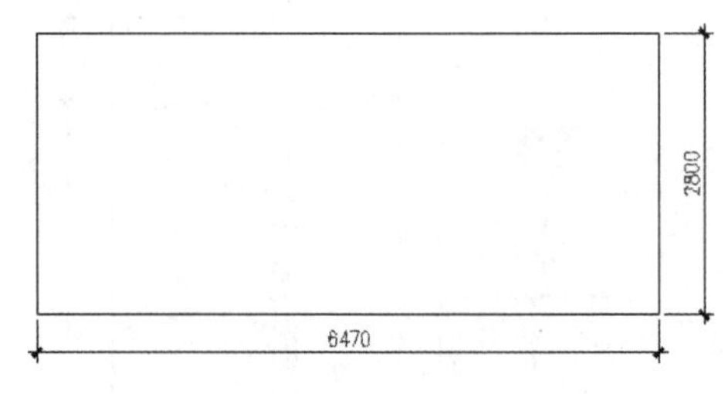

图 14-56　绘制结果

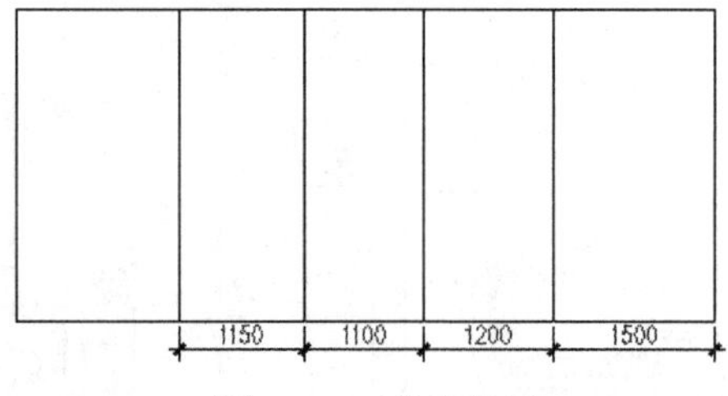

图 14-57　偏移结果

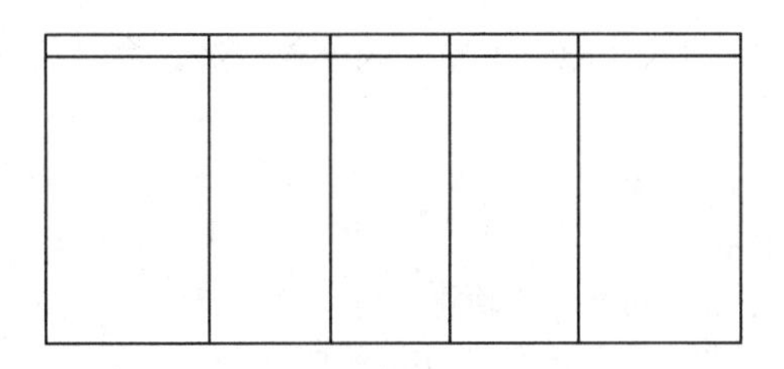

图 14-58　创建横向轮廓线

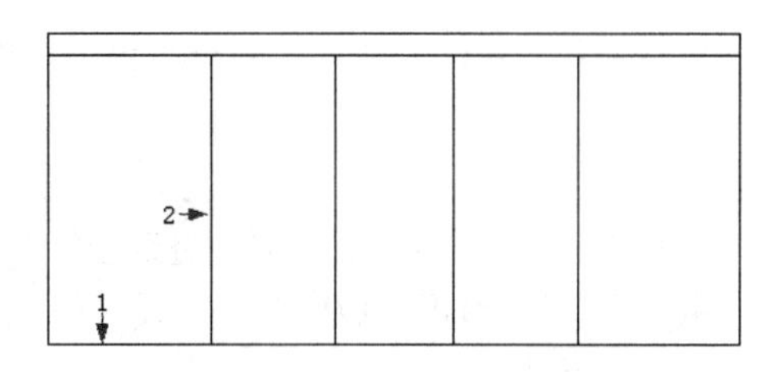

图 14-59　修剪结果

修剪多个无规则对象时，可以不指定修剪的边界，而是按 Enter 键，然后直接在需要修剪掉的部分上单击，即可快速将其修剪掉。

步骤 08　使用快捷键 O 执行“偏移”命令，将如图 14-59 所示的水平线 1 向上偏移 100 个单位，将垂直轮廓线 2 向右偏移 10 个单位，结果如图 14-60 所示。

步骤 09　使用快捷键 TR 执行“修剪”命令，对垂直轮廓线进行修剪，结果如图 14-61 所示。

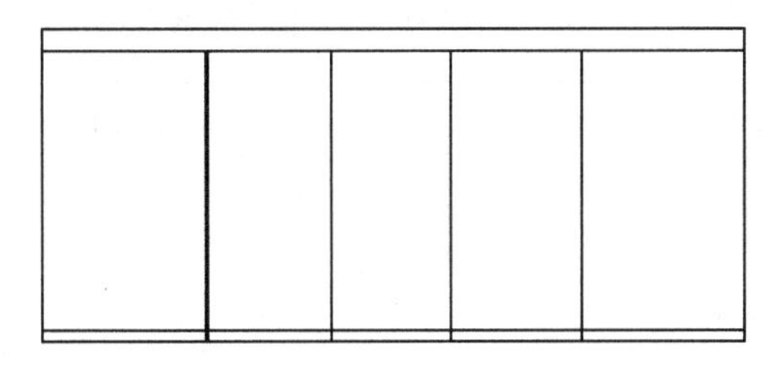

图 14-60　偏移结果

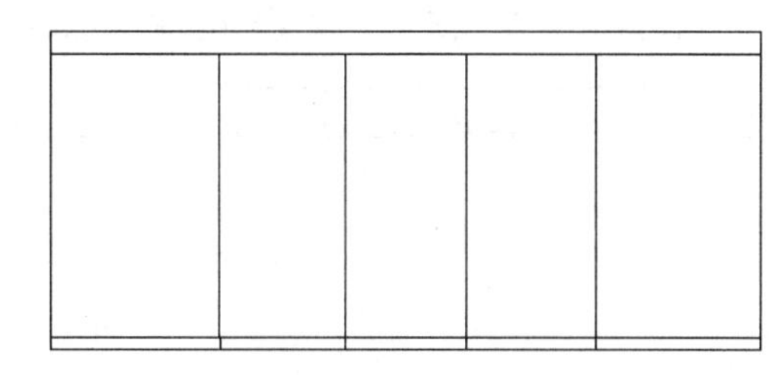

图 14-61　修剪结果

步骤 10　使用快捷键 ML 执行“多线”命令，配合“捕捉自”功能绘制内部的轮廓线。命令行操作如下：

```
命令：ml                                        // Enter
当前设置：对正 = 上，比例 = 20.00，样式 = 墙线样式
指定起点或 [对正(J)/比例(S)/样式(ST)]:          //s Enter
输入多线比例 <20.00>:                           //12 Enter
当前设置：对正 = 上，比例 = 12.00，样式 = 墙线样式
指定起点或 [对正(J)/比例(S)/样式(ST)]:          //j Enter
输入对正类型 [上(T)/无(Z)/下(B)] <上>:          //b Enter
当前设置：对正 = 下，比例 = 12.00，样式 = 墙线样式
指定起点或 [对正(J)/比例(S)/样式(ST)]:          //激活“捕捉自”功能
_from 基点:                                     //捕捉如图 14-62 所示的端点
<偏移>:                                         //@0,-200 Enter
指定下一点:                                     //@1810,0 Enter
指定下一点或 [放弃(U)]:                         //@0,200 Enter
指定下一点或 [闭合(C)/放弃(U)]:                 //Enter，绘制结果如图 14-63 所示
```

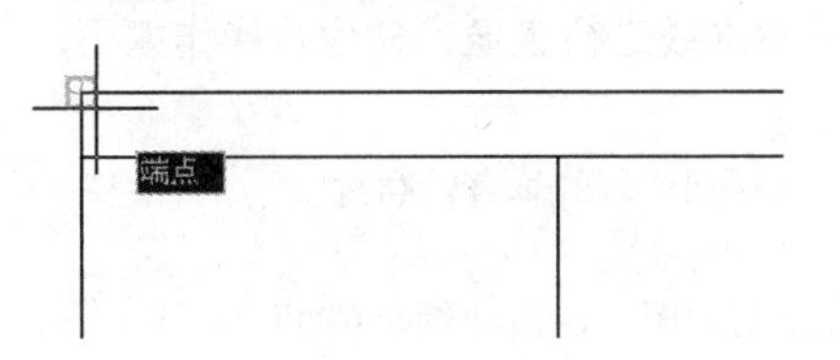

图 14-62　捕捉端点

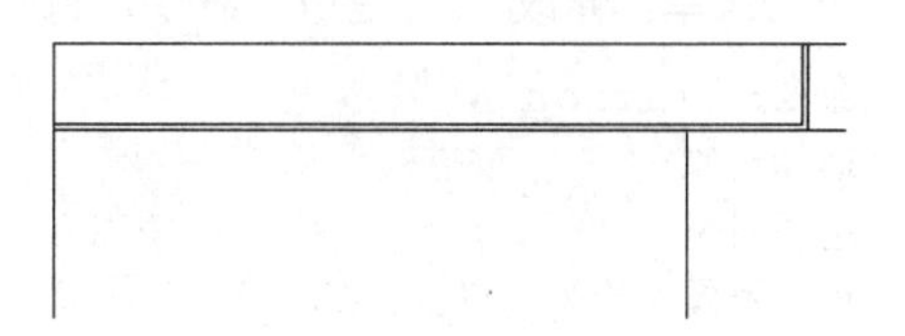

图 14-63　绘制结果

步骤 11　重复执行“多线”命令，配合“捕捉自”功能和坐标输入功能继续绘制内部轮廓线。命令行操作如下：

```
命令: ml                                  // Enter
当前设置: 对正 = 下, 比例 = 12.00, 样式 = 墙线样式
指定起点或 [对正(J)/比例(S)/样式(ST)]:      //激活“捕捉自”功能
_from 基点:                               //捕捉上图 14-62 所示的端点
<偏移>:                                   //@2010,-125 Enter
指定下一点:                               //@0,-75 Enter
指定下一点或 [放弃(U)]:                    //@662,0 Enter
指定下一点或 [闭合(C)/放弃(U)]:            //@0,50 Enter
指定下一点或 [闭合(C)/放弃(U)]:            //@2798,0 Enter
指定下一点或 [闭合(C)/放弃(U)]:            //@0,-50 Enter
指定下一点或 [闭合(C)/放弃(U)]:            //@800,0 Enter
指定下一点或 [闭合(C)/放弃(U)]:            //@0,75 Enter
指定下一点或 [闭合(C)/放弃(U)]:            // Enter, 绘制结果如图 14-64 所示
```

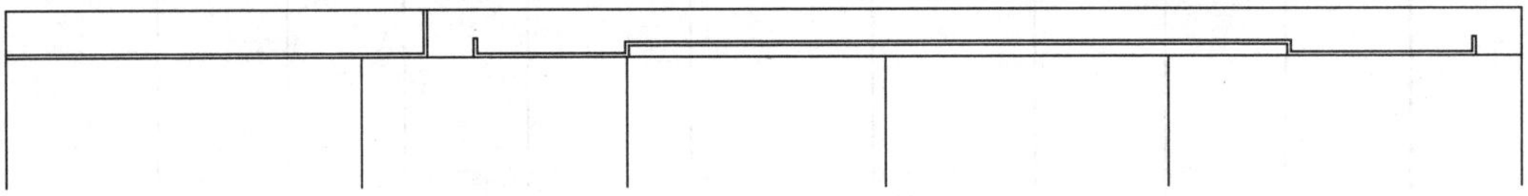

图 14-64　绘制结果

步骤 12　重复执行“多线”命令，配合“捕捉自”功能和坐标输入功能继续绘制内部轮廓线。命令行操作如下：

```
命令: ml                                  // Enter
当前设置: 对正 = 下, 比例 = 12.00, 样式 = 墙线样式
指定起点或 [对正(J)/比例(S)/样式(ST)]:      //激活“捕捉自”功能
_from 基点:                               //捕捉上图 14-62 所示的端点
<偏移>:                                   //@2222,0 Enter
指定下一点:                               //@0,-188 Enter
指定下一点或 [放弃(U)]:                    // Enter, 绘制结果如图 14-65 所示
```

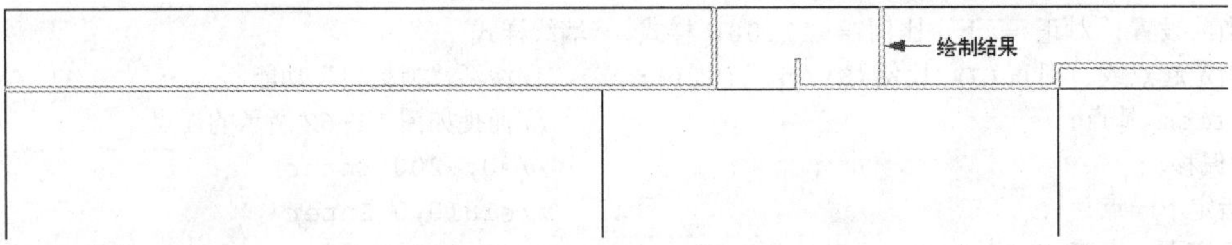

图 14-65　绘制结果

步骤 13　单击菜单“修改”/“镜像”命令，将刚绘制的垂直轮廓线进行镜像。命令行操作如下：

```
命令: _mirror
选择对象:                                 //选择刚绘制的垂直轮廓线
选择对象:                                 // Enter
指定镜像线的第一点:                        //捕捉如图 14-66 所示的中点
```

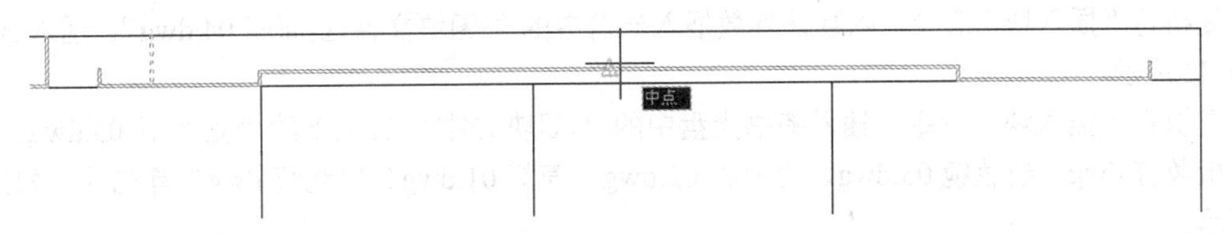

图 14-66　捕捉中点

```
指定镜像线的第二点:                    //@0,1 Enter
要删除源对象吗? [是(Y)/否(N)] <N>:     // Enter，镜像结果如图 14-67 所示
```

图 14-67　镜像结果

步骤 14　将“家具层”设置为当前图层，然后使用快捷键 I 执行“插入块”命令，选择随书光盘中的“\图块文件\立面柜 04.dwg”文件，如图 14-68 所示。

步骤 15　采用系统的默认设置，将其插入到立面图中，插入结果如图 14-69 所示。

图 14-68　选择文件

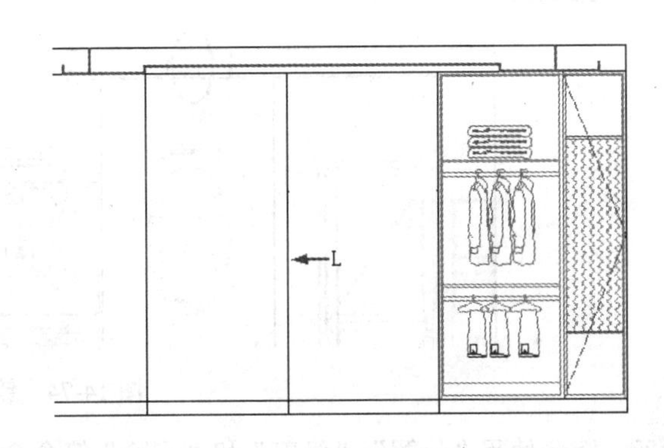

图 14-69　插入结果

步骤 16　重复执行“插入块”命令，选择如图 14-70 所示的文件进行插入，插入点为如图 14-69 所示轮廓线 L 的下端点，插入结果如图 14-71 所示。

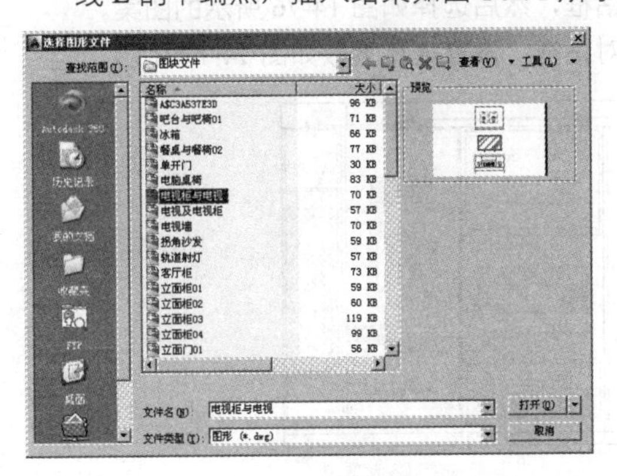

图 14-70　选择文件

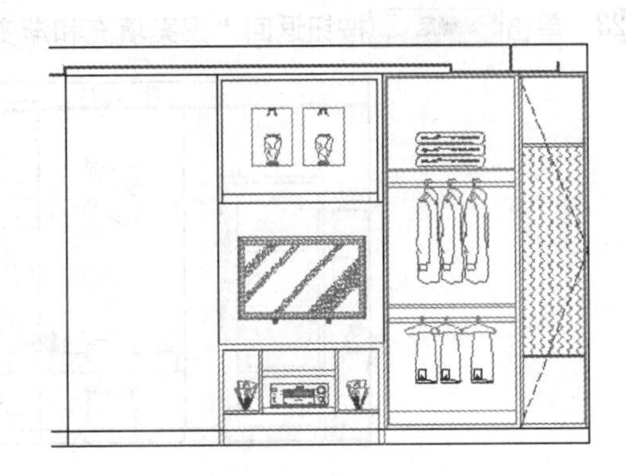

图 14-71　插入结果

步骤17 重复执行“插入块”命令，以默认参数插入光盘中的“\图块文件\立面门 04.dwg”，插入结果如图 14-72 所示。

步骤18 重复执行“插入块”命令，插入随书光盘中的“\图块文件\”目录下的“立面柜 03.dwg、梳妆台与梳妆椅.dwg、梳妆镜 03.dwg、立面柜 02.dwg、筒灯 01.dwg、日光灯.dwg”等构件，如图 14-73 所示。

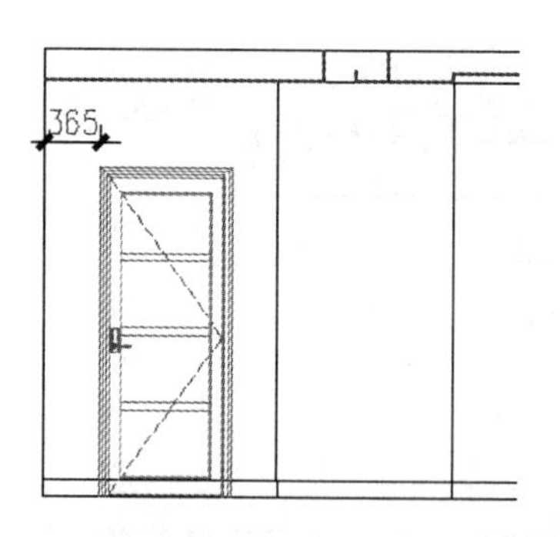

图 14-72　插入立面门

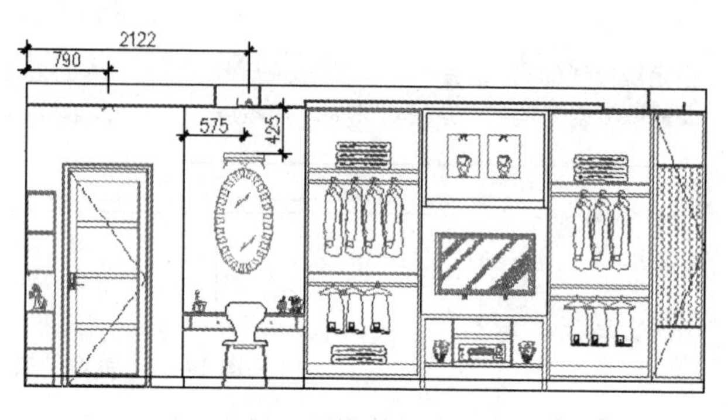

图 14-73　插入结果

步骤19 单击菜单“修改”/“镜像”命令，配合“两点之间的中点”捕捉功能对日光灯图块进行镜像，结果如图 14-74 所示。

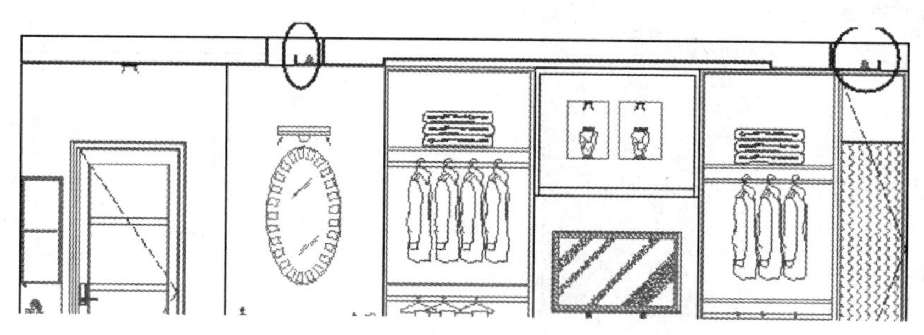

图 14-74　镜像结果

步骤20 综合使用“分解”、“修剪”和“删除”等命令，将被遮挡住的轮廓线删除，结果如图 14-75 所示。

步骤21 展开“图层控制”下拉列表，将“填充层”设置为当前图层。

步骤22 单击菜单“绘图”/“图案填充”命令，在打开的“图案填充和渐变色”对话框中单击“图案”列表右侧的 ... 按钮，打开“填充图案选项板”对话框，然后选择如图 14-76 所示的图案。

步骤23 单击 确定 按钮返回“图案填充和渐变色”对话框，设置填充参数如图 14-77 所示。

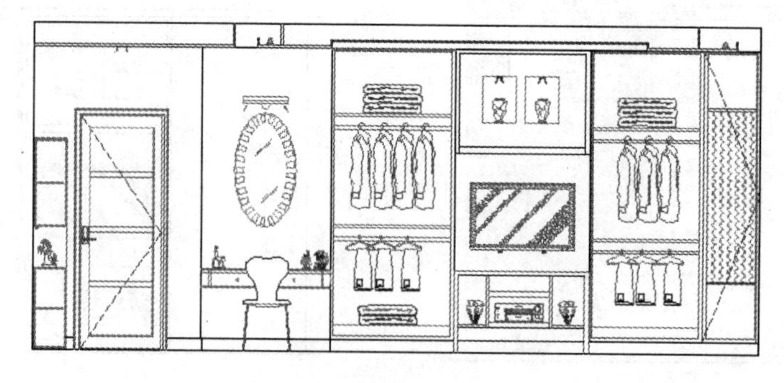

图 14-75　修剪结果

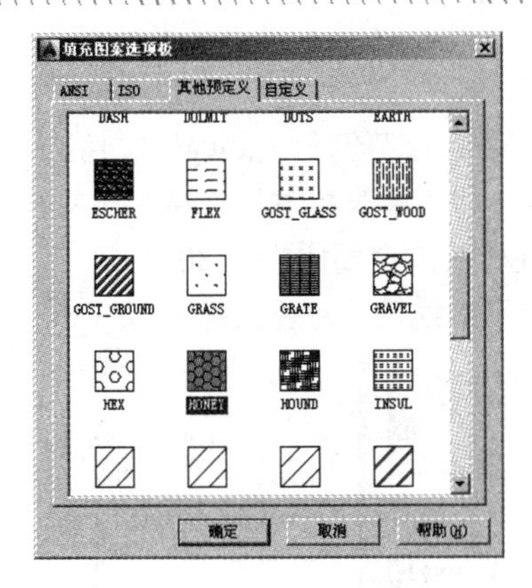

图 14-76　选择填充图案

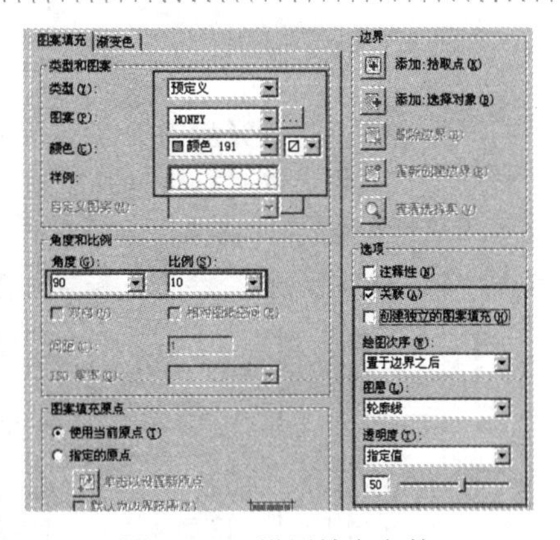

图 14-77　设置填充参数

步骤 24　返回绘图区根据命令行的提示拾取填充区域，为立面图填充如图 14-78 所示的图案。

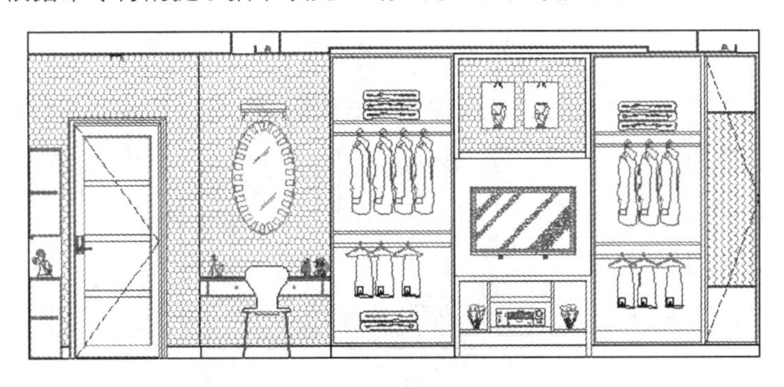

图 14-78　填充结果

步骤 25　最后执行“另存为”命令，将图形命名存储为“综合范例三.dwg”。

14.6　综合范例四——标注卧室墙面装修立面图

本例主要学习卧室墙面装修立面图引线注释和立面尺寸的具体标注过程和相关标注技能。本例最终的标注效果如图 14-79 所示。

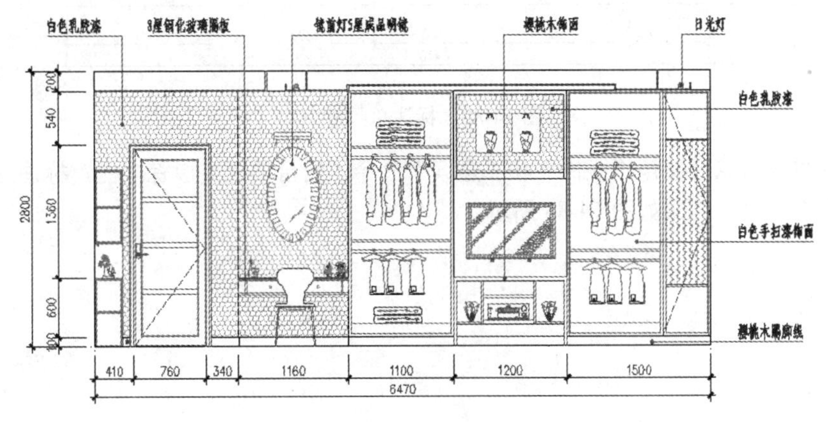

图 14-79　实例效果

操作步骤:

步骤 01 执行“打开”命令，打开光盘中的“\效果文件\第 14 章\综合范例三一.dwg”文件。

步骤 02 展开“样式”工具栏上的“标注样式控制”下拉列表，将“建筑标注”设置为当前样式。

步骤 03 单击菜单“标注”/“标注样式”命令，修改当前标注样式的全局比例为 30。

步骤 04 单击菜单“标注”/“线性”命令，标注如图 14-80 所示的线性尺寸作为基准尺寸。

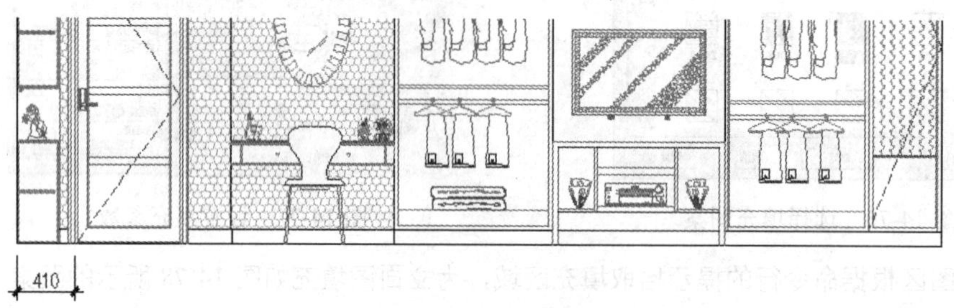

图 14-80 标注基准尺寸

步骤 05 单击菜单“标注”/“连续”命令，配合捕捉与追踪功能，标注如图 14-81 所示的连续尺寸。

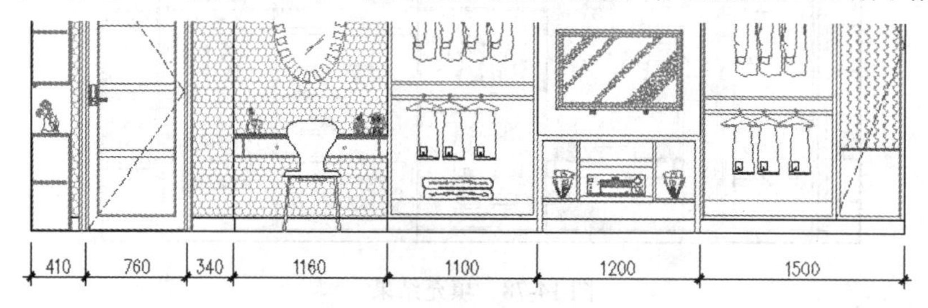

图 14-81 标注细部尺寸

步骤 06 重复执行“线性”命令，配合端点捕捉功能标注如图 14-82 所示的立面图左侧的总尺寸。

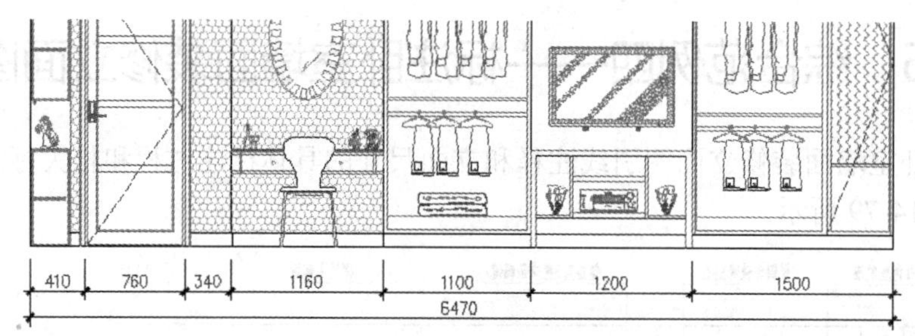

图 14-82 标注总尺寸

步骤 07 参照上述操作，综合使用“线性”和“连续”命令，配合捕捉或追踪功能，标注立面图下侧的细部尺寸和总尺寸，结果如图 14-83 所示。

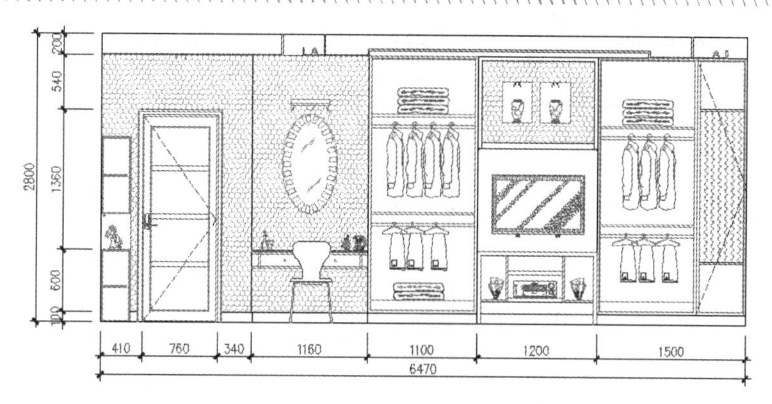

图 14-83　标注结果

步骤 08　展开“图层控制”下拉列表，将“文本层”设置为当前图层。

步骤 09　执行“标注样式”命令，替代当前尺寸样式，并修改引线箭头、大小以及尺寸文字样式等参数，如图 14-84 和图 14-85 所示。

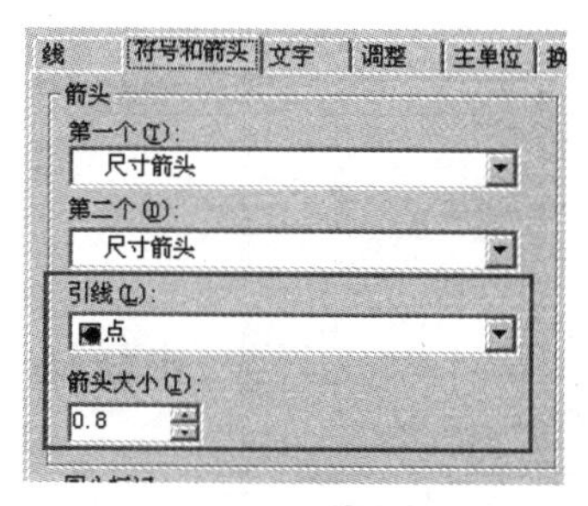

图 14-84　修改箭头和大小

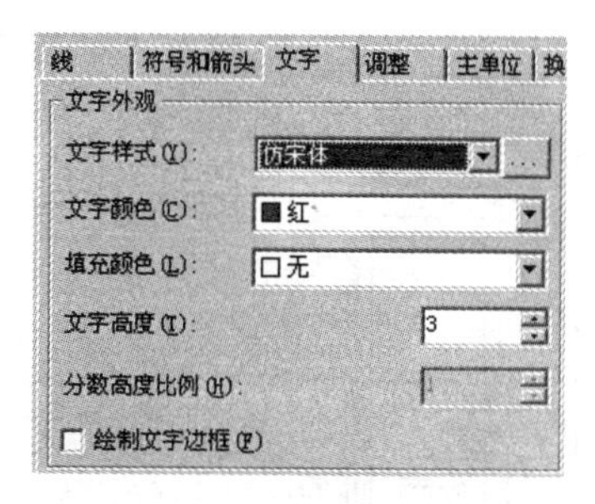

图 14-85　修改文字样式

步骤 10　在“替代当前样式：建筑标注”对话框中展开“调整”选项卡，设置标注比例为 40。

步骤 11　使用快捷键 LE 执行“快速引线”命令，使用命令中的“设置”选项，设置引线参数如图 14-86 和图 14-87 所示。

步骤 12　单击“引线设置”对话框中的 确定 按钮，返回绘图区，根据命令行的提示，标注如图 14-88 所示的引线注释。

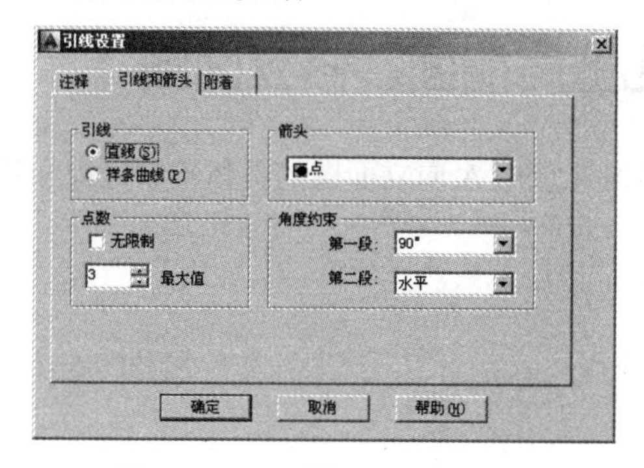

图 14-86　“引线和箭头”选项卡

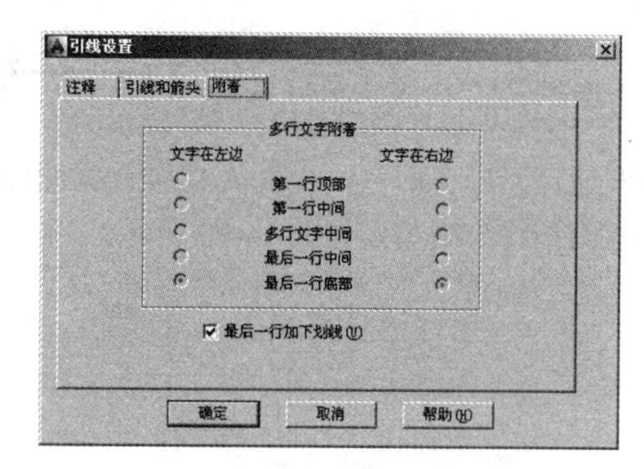

图 14-87　“附着”选项卡

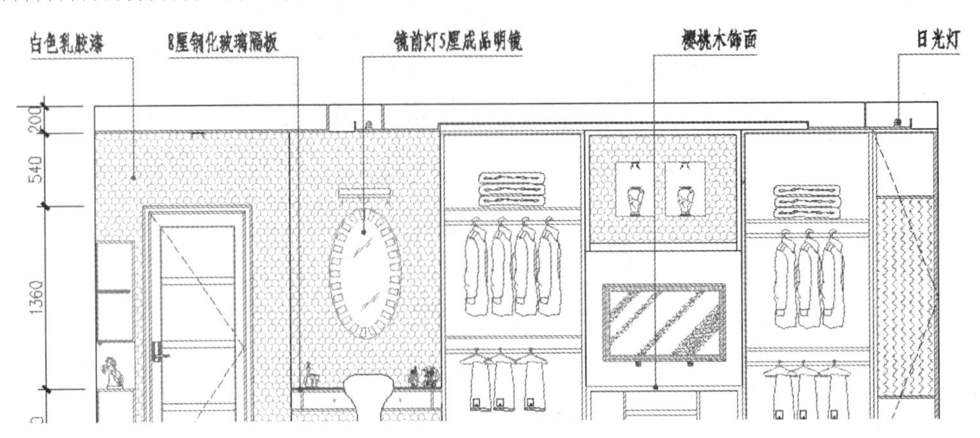

图 14-88 标注结果

步骤 13 重复执行“快速引线”命令，修改引线点数为 2，第一段参数为“水平”，标注如图 14-89 所示的引线注释。

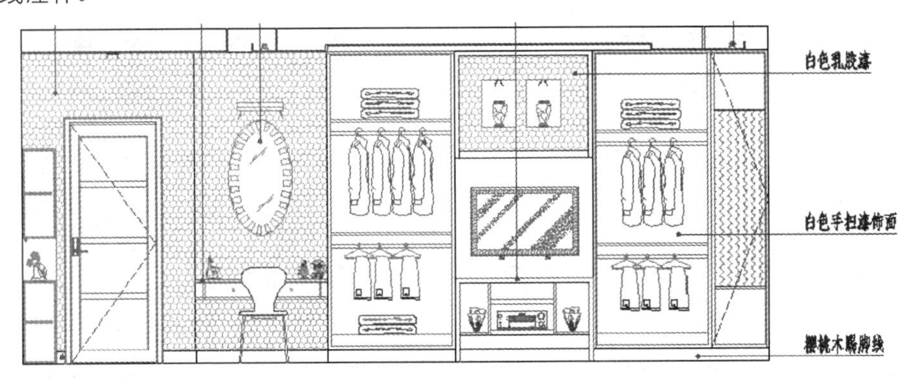

图 14-89 标注其他注释

步骤 14 调整视图，将图形全部显示，最终效果如图 14-79 所示。

步骤 15 最后执行“另存为”命令，将图形命名存储为“综合范例四.dwg”。

14.7 综合范例五——绘制儿童房墙面装修立面图

本例通过绘制多居室儿童房 A 向装修立面图，主要学习儿童房 A 向立面图的具体绘制过程和相关技能。本例最终绘制效果如图 14-90 所示。

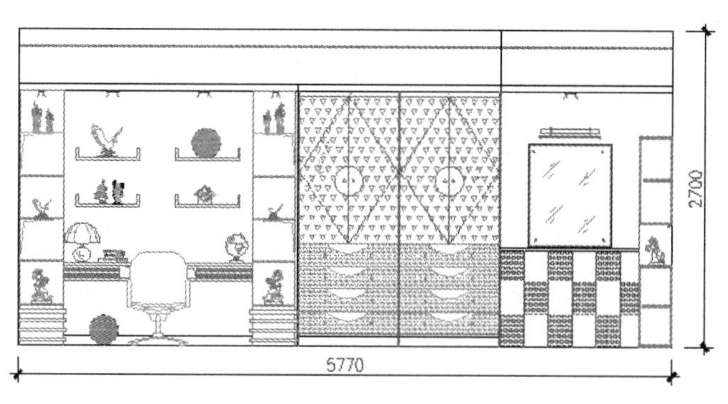

图 14-90　实例效果

操作步骤：

步骤 01　执行“新建”命令，调用随书光盘中的“\样板文件\室内样板.dwt”文件。

步骤 02　单击“图层”工具栏上的“图层控制”列表，在展开的下拉列表中设置“轮廓线”为当前图层。

步骤 03　单击菜单“绘图”/“矩形”命令，绘制长度为 5770、宽度为 2700 的矩形作为主体轮廓。

步骤 04　单击菜单“修改”/“分解”命令，将矩形分解为四条独立的线段。

步骤 05　单击菜单“修改”/“偏移”命令，将矩形的垂直边向内偏移，创建立面图纵向定位轮廓线，如图 14-91 所示。

步骤 06　重复执行“偏移”命令，将下侧的水平边向上偏移 80、810 和 840 个绘图单位，结果如图 14-92 所示。

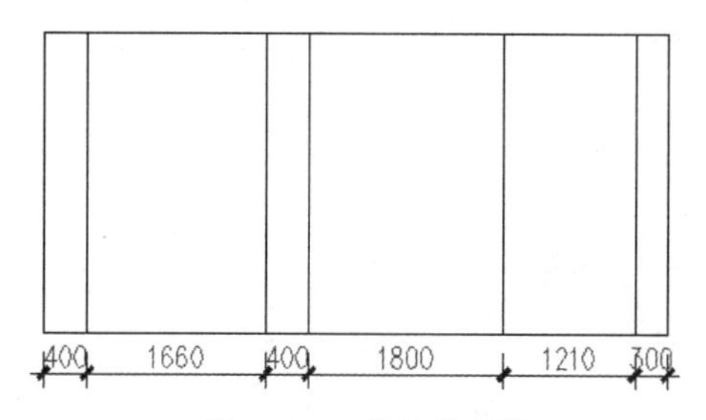

图 14-91　偏移垂直边

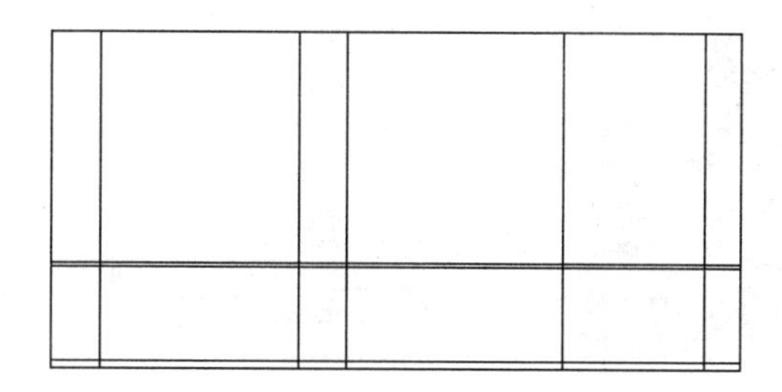

图 14-92　偏移水平边

步骤 07　重复执行“偏移”命令，将上侧的水平边向下偏移 135、150、470 和 530 个单位，结果如图 14-93 所示。

步骤 08　使用快捷键 TR 执行“修剪”命令，对偏移出的图线进行修剪，结果如图 14-94 所示。

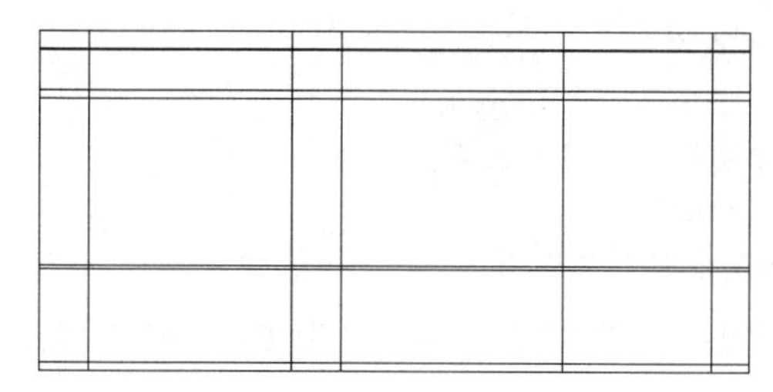

图 14-93　偏移结果

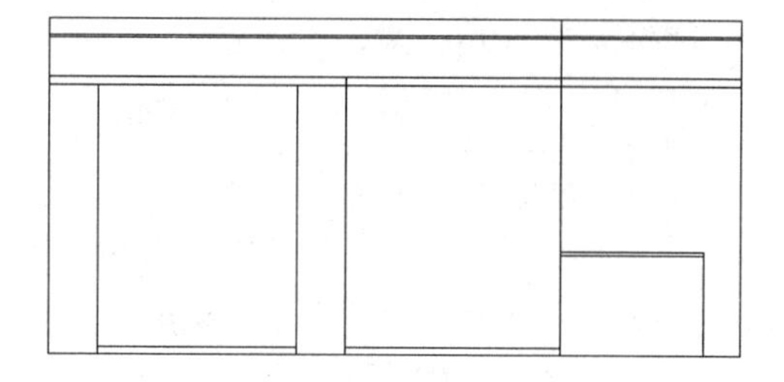

图 14-94　修剪结果

步骤 09　展开“图层控制”下拉列表，将“家具层”设置为当前层。

步骤 10　使用快捷键 I 执行“插入块”命令，在打开的对话框选中单击 浏览(B)... 按钮，选择随书光盘中的

“\图块文件\立面装饰架 03.dwg”文件，如图 14-95 所示。

步骤 11　采用系统的默认设置，将其插入到立面图中，插入点为左下侧轮廓线的交点，结果如图 14-96 所示。

图 14-95　选择文件

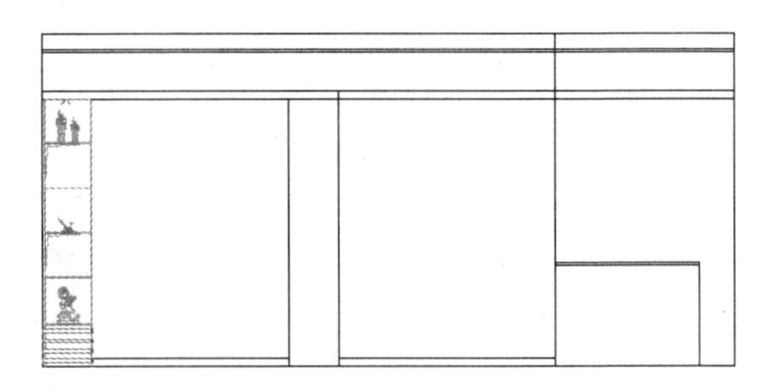

图 14-96　插入结果

步骤 12　重复执行“插入块”命令，选择随书光盘中的“\图块文件\立面桌椅 01.dwg”文件，如图 14-97 所示。

步骤 13　采用系统的默认设置，将其插入到立面图中，插入结果如图 14-98 所示。

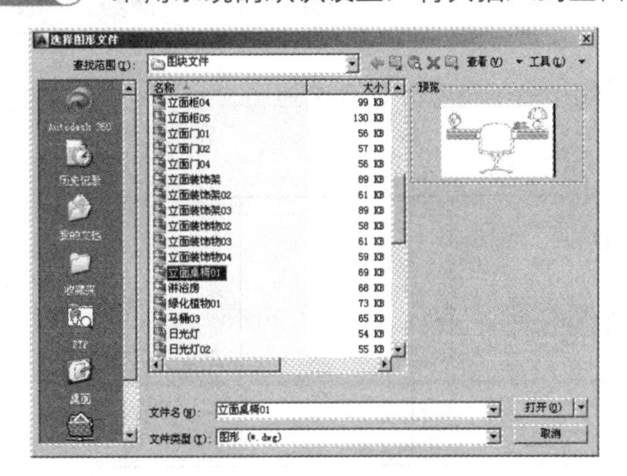

图 14-97　选择文件

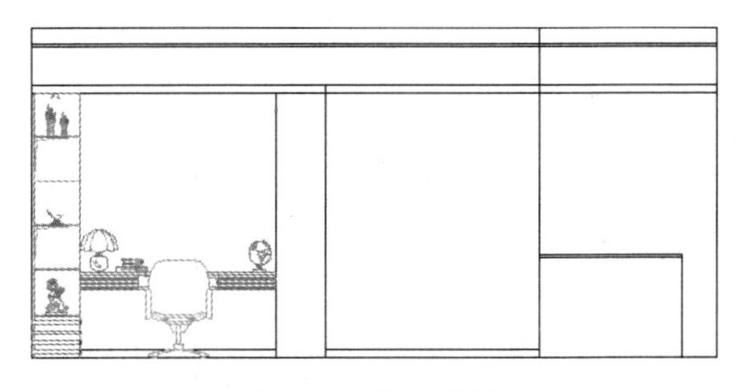

图 14-98　插入结果

步骤 14　单击菜单“修改”/“镜像”命令，对立面装饰架图块进行镜像。命令行操作如下：

```
命令: _mirror
选择对象:                              //选择刚插入的立面装饰架图块
选择对象:                              // Enter
指定镜像线的第一点:                    //激活“两点之间的中点”功能
_m2p 中点的第一点:                     //捕捉如图 14-99 所示的端点
中点的第二点:                          //捕捉如图 14-100 所示的端点
指定镜像线的第二点:                    //@0,1 Enter
要删除源对象吗? [是(Y)/否(N)] <N>:     // Enter，镜像结果如图 14-101 所示
```

步骤 15　重复执行“插入块”命令，采用默认参数插入随书光盘中的“\图块文件\立面柜 05.dwg”图例，结果如图 14-102 所示。

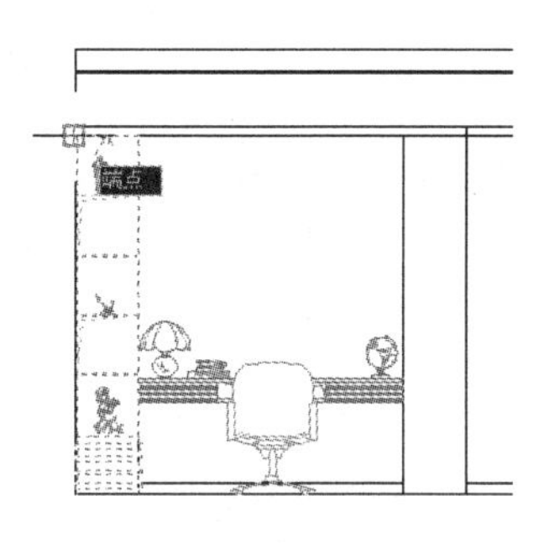

图 14-99 捕捉端点

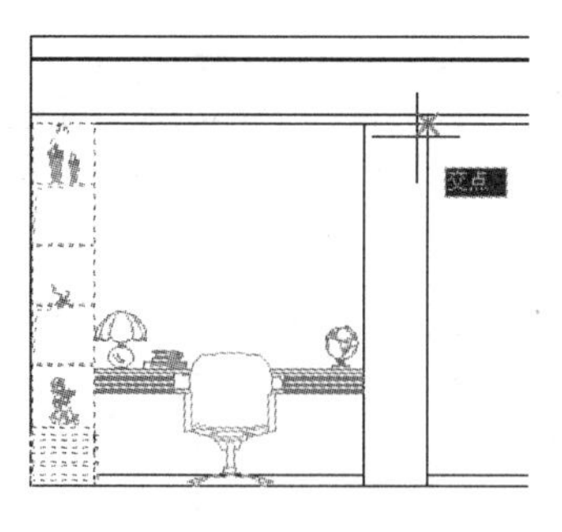

图 14-100 捕捉端点

图 14-101 镜像结果

步骤16 插入随书光盘中的“\图块文件\”目录下的“壁镜 01.dwg、立面装饰架 02.dwg、筒灯 01.dwg、篮球.dwg 和壁纸 01.dwg”等构件，如图 14-103 所示。

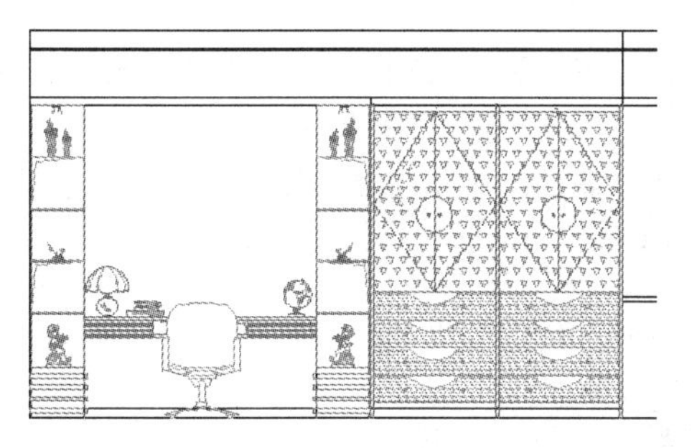

图 14-102 插入结果

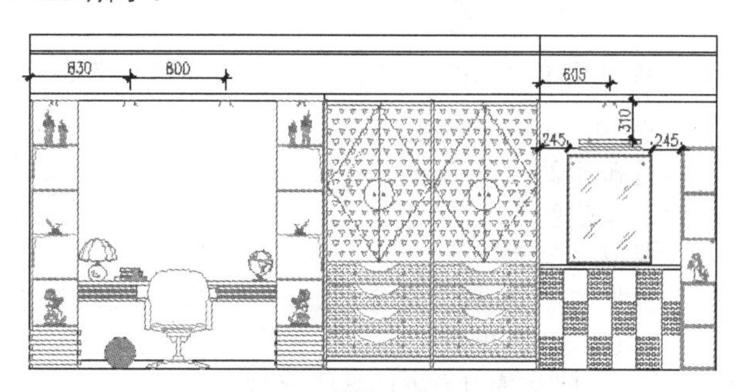

图 14-103 插入结果

步骤17 接下来综合使用“修剪”和“删除”命令，对立面图进行修整和完善，结果如图 14-104 所示。

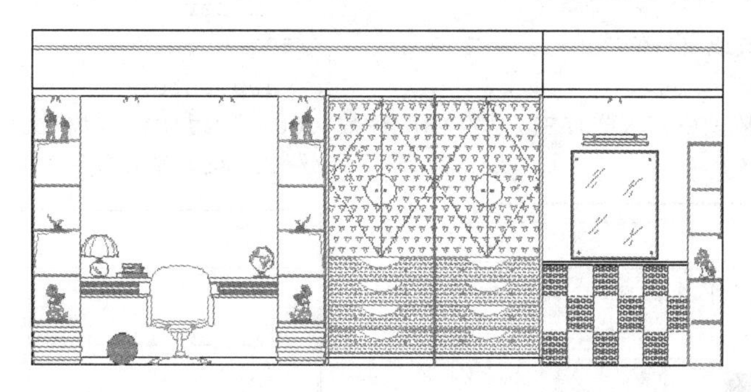

图 14-104 编辑结果

步骤18 使用快捷键 ML 执行“多线”命令，配合坐标输入功能绘制墙面装饰架。命令行操作如下：

```
命令: ml                                    // Enter
当前设置: 对正 = 上, 比例 = 20.00, 样式 = 墙线样式
指定起点或 [对正(J)/比例(S)/样式(ST)]:       //j Enter
输入对正类型 [上(T)/无(Z)/下(B)] <上>:       //B Enter
当前设置: 对正 = 下, 比例 = 20.00, 样式 = 墙线样式
指定起点或 [对正(J)/比例(S)/样式(ST)]:       //激活“捕捉自”功能
_from 基点:                                 //捕捉如图 14-105 所示的端点
<偏移>:                                     //@110,-490 Enter
指定下一点:                                 //@0,-100 Enter
```

```
指定下一点或 [放弃(U)]:                    //@560,0 Enter
指定下一点或 [闭合(C)/放弃(U)]:            //@0,100 Enter
指定下一点或 [闭合(C)/放弃(U)]:            // Enter，绘制结果如图 14-106 所示
```

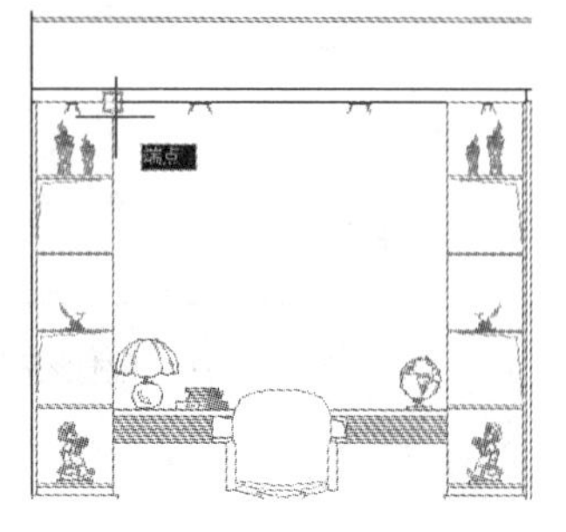

图 14-105 捕捉端点

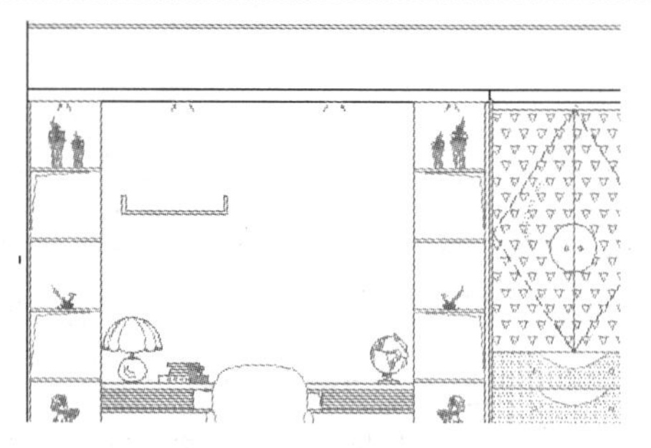

图 14-106 绘制结果

步骤 19 单击菜单“修改”/“阵列”/“矩形阵列”命令，对刚绘制的装饰架进行阵列。命令行操作如下：

```
命令: _arrayrect
选择对象:                                   //选择如图 14-107 所示的装饰架
选择对象:                                   // Enter
类型 = 矩形  关联 = 否
选择夹点以编辑阵列或 [关联(AS)/基点(B)/计数(COU)/间距(S)/列数(COL)/行数(R)/层数(L)/退
出(X)] <退出>:                              //COU Enter
输入列数数或 [表达式(E)] <4>:               //2 Enter
输入行数数或 [表达式(E)] <3>:               //2 Enter
选择夹点以编辑阵列或 [关联(AS)/基点(B)/计数(COU)/间距(S)/列数(COL)/行数(R)/层数(L)/退
出(X)] <退出>:                              //s Enter
指定列之间的距离或 [单位单元(U)] <840>:      //880 Enter
指定行之间的距离 <150>:                      //-400 Enter
选择夹点以编辑阵列或 [关联(AS)/基点(B)/计数(COU)/间距(S)/列数(COL)/行数(R)/层数(L)/退
出(X)] <退出>:                              // Enter，结束命令，阵列结果如图 14-108 所示
```

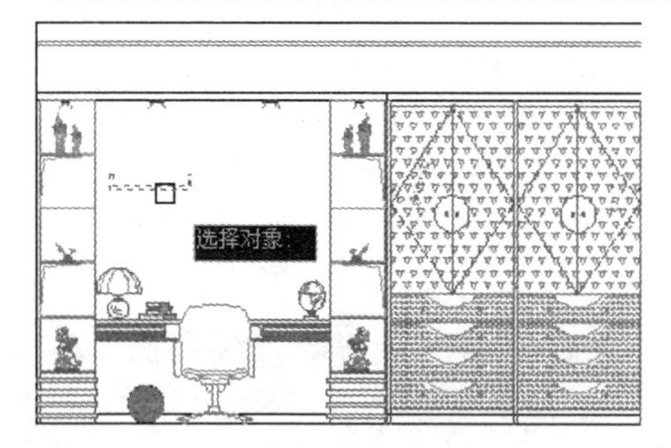

图 14-107 选择对象

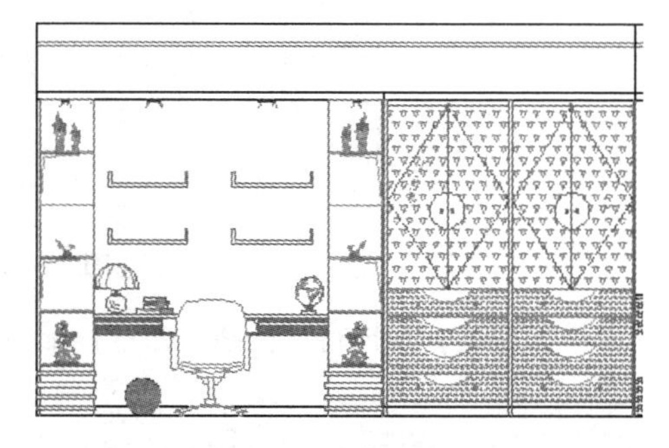

图 14-108 阵列结果

步骤 20 执行“插入块”命令，选择光盘中的“\图块文件\篮球.dwg”文件，以默认参数进行插入，插入结果如图 14-109 所示。

步骤 21 重复执行“插入块”命令，采用默认参数分别插入随书光盘“\图块文件\”目录下的“石英钟.dwg、block03.dwg、block01.dwg”等文件，插入结果如图 14-110 所示。

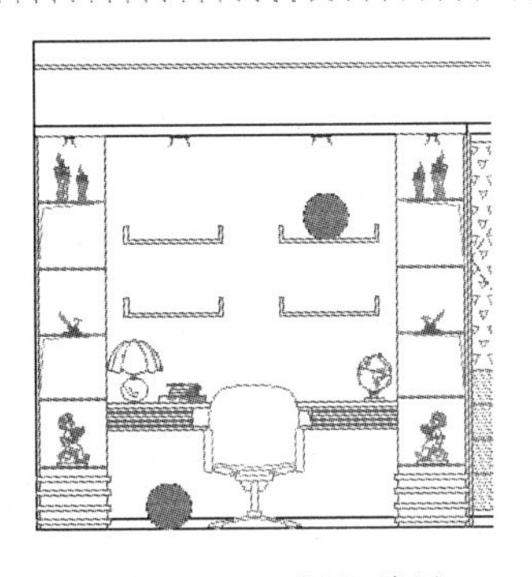

图 14-109　插入结果

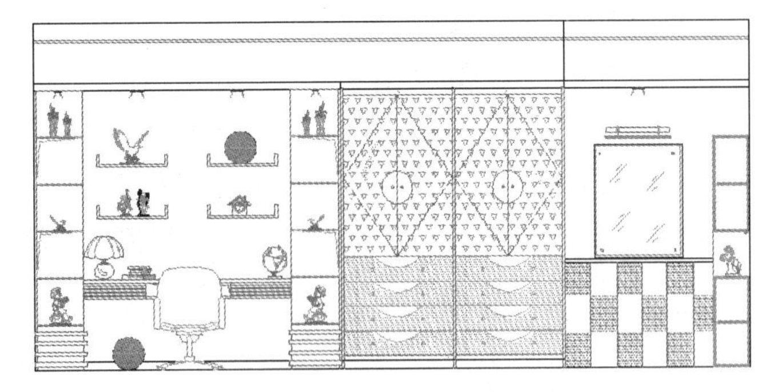

图 14-110　插入结果

步骤 22　最后执行“另存为”命令，将图形命名存储为“综合范例五.dwg”。

14.8　综合范例六——标注儿童房墙面装修立面图

本例主要学习儿童房立面图引线注释和立面尺寸的具体标注过程和相关标注技能。本例最终绘制效果如图 14-111 所示。

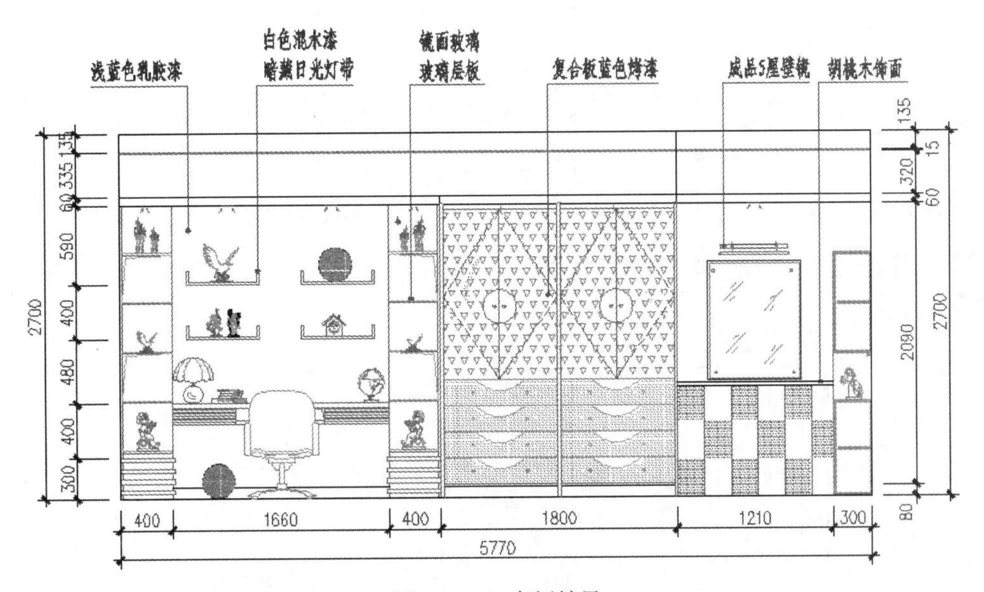

图 14-111　实例效果

操作步骤：

步骤 01　执行“打开”命令，打开光盘中的“\效果文件\第 14 章\综合范例五.dwg”文件。

步骤 02　单击“样式”工具栏中的“标注样式控制”，将“建筑标注”设置为当前尺寸样式。

步骤 03　在命令行输入 DIMSCALE 并按 Enter 键，设置尺寸标注的全局比例为 30。

步骤 04　单击菜单“标注”/“线性”命令，配合捕捉与追踪功能标注如图 14-112 所示的线性尺寸作为基准尺寸。

步骤 05　将“尺寸层”设置为当前图层，然后单击菜单“标注”/“连续”命令，配合捕捉功能标注如图 14-113 所示的连续尺寸。

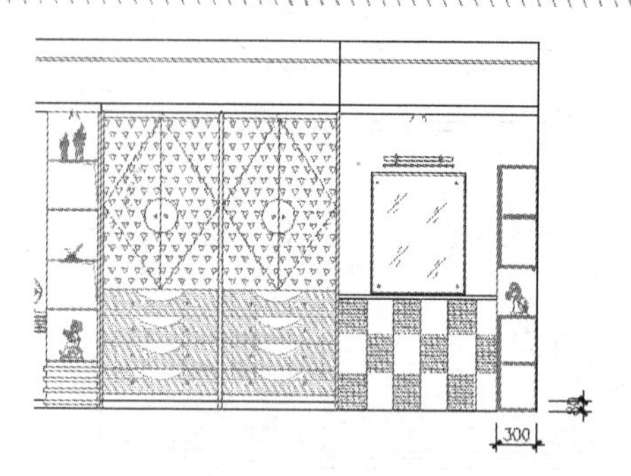

图 14-112　标注线性尺寸

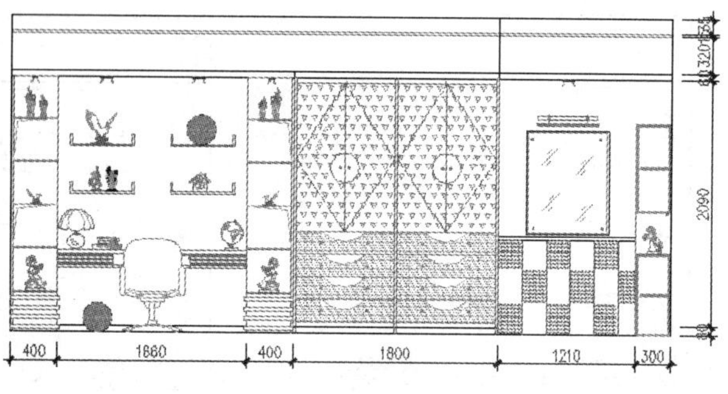

图 14-113　标注连续尺寸

步骤 06　单击“标注”工具栏上的 按钮，执行“编辑标注文字”命令，对重叠的尺寸文字进行编辑，结果如图 14-114 所示。

步骤 07　再次执行“标注”菜单中的“线性”命令，分别标注立面图两侧的总尺寸，结果如图 14-115 所示。

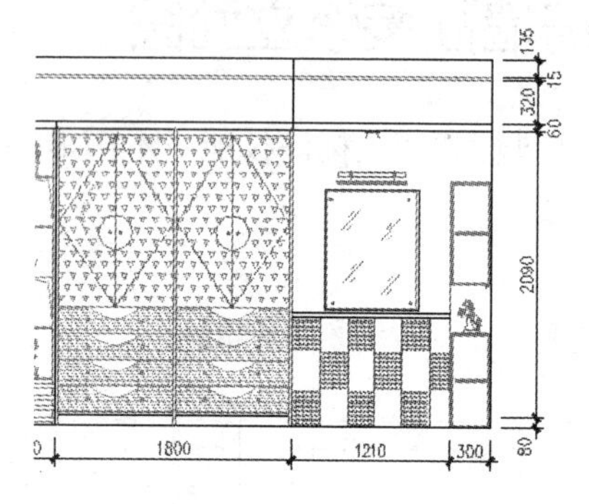

图 14-114　编辑尺寸文字

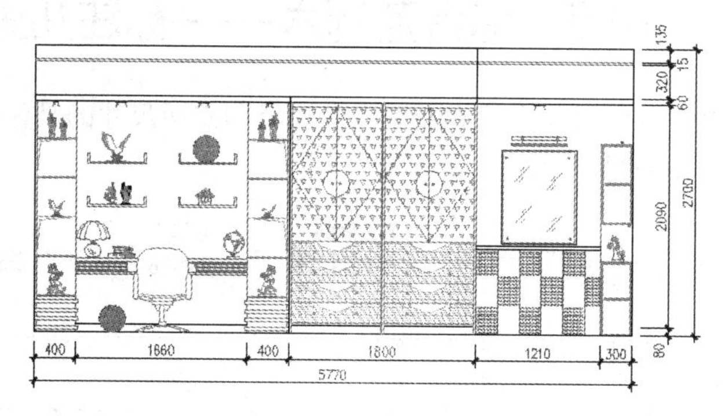

图 14-115　标注总尺寸

步骤 08　接下来综合使用“线性”和“连续”命令，标注立面图左侧的细部尺寸和总尺寸，结果如图 14-116 所示。

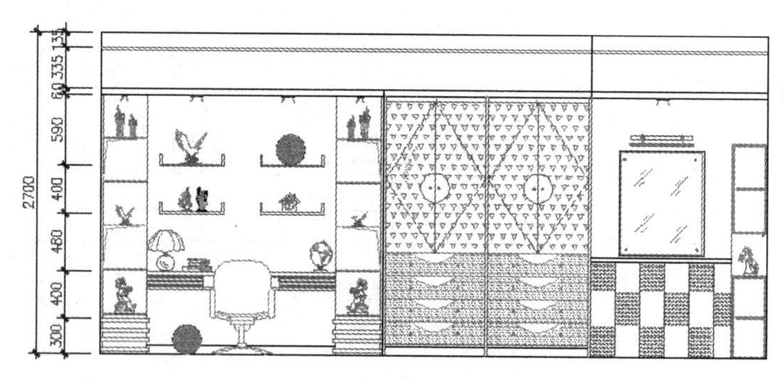

图 14-116

步骤 09　展开“图层控制”下拉列表，将“文本层”设置为当前图层。

步骤 10　执行“标注样式”命令，替代当前尺寸样式，并修改引线箭头、大小以及尺寸文字样式等参数，如图 14-117 和图 14-118 所示。

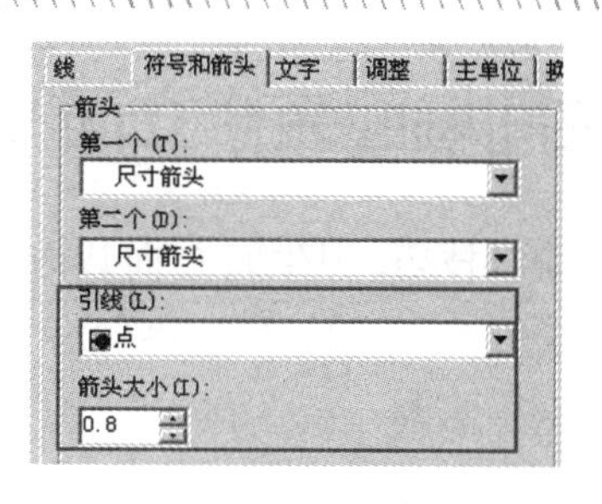

图 14-117 修改箭头和大小

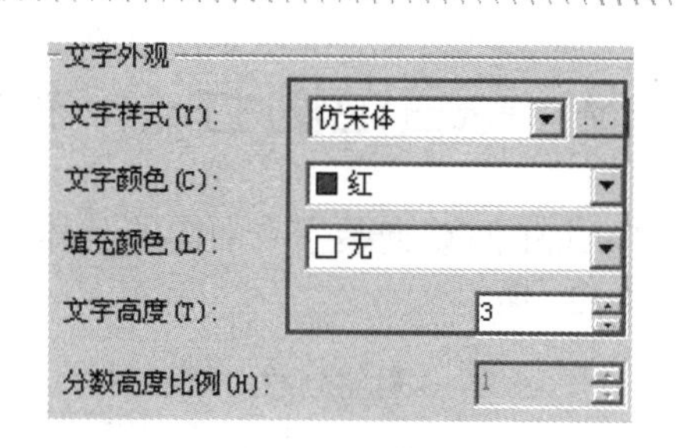

图 14-118 修改文字样式

步骤11 在“替代当前样式：建筑标注”对话框中展开“调整”选项卡，设置标注比例为 40。

步骤12 使用快捷键 LE 执行“快速引线”命令，使用命令中的“设置”选项，设置引线参数如图 14-119 和图 14-120 所示。

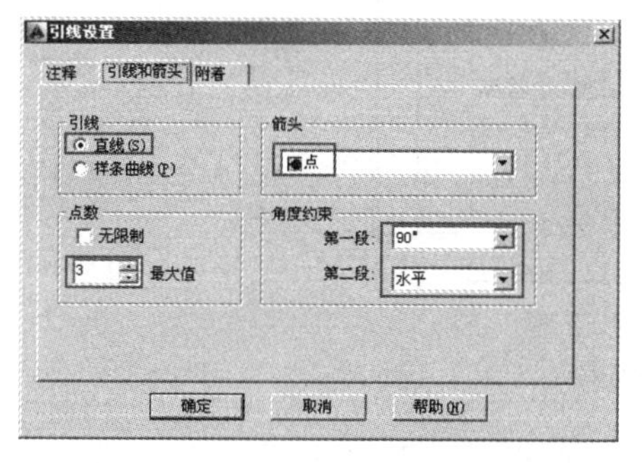

图 14-119 “引线和箭头”选项卡

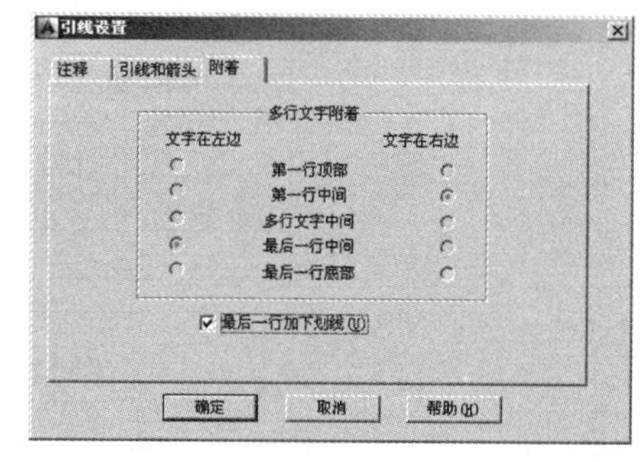

图 14-120 “附着”选项卡

步骤13 单击 确定 按钮，返回绘图区，根据命令行的提示，指定三个引线点，绘制引线并输入引线注释，标注结果如图 14-121 所示。

步骤14 重复执行“快速引线”命令，按照当前的引线参数设置，分别标注其他位置的引线注释，标注结果如图 14-122 所示。

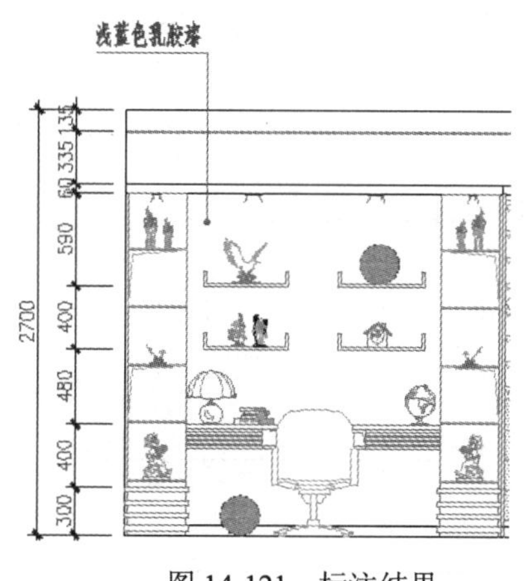

图 14-121 标注结果

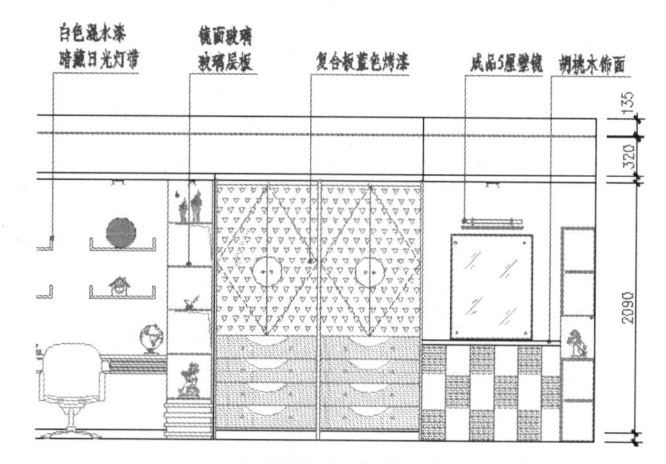

图 14-122 标注其他注释

步骤15 调整视图，使立面图全部显示，最终结果如图 14-111 所示。

步骤16 最后执行“另存为”命令，将图形命名存储为“综合范例六.dwg”。

14.9　综合范例七——绘制卫生间墙面装修立面图

本例主要学习卫生间 C 向装修立面图的具体绘制过程和绘制技巧。卫生间 C 向装饰立面图的最终绘制效果如图 14-123 所示。

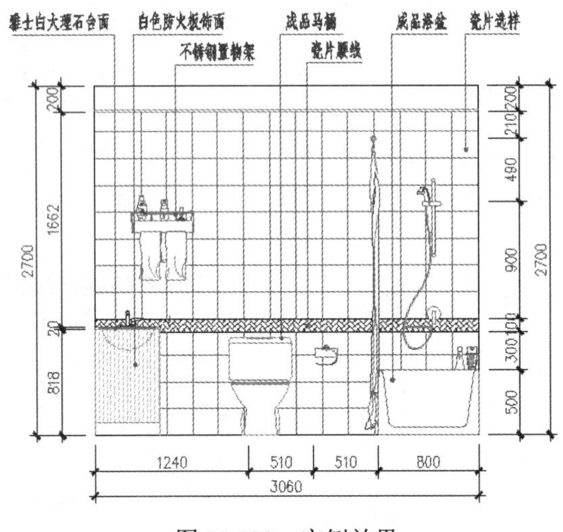

图 14-123　实例效果

操作步骤：

步骤 01　执行“新建”命令，调用随书光盘中的“\样板文件\室内样板.dwt”文件。

步骤 02　设置“轮廓线”为当前图层，然后使用快捷键 REC 执行“矩形”命令，绘制长度为 3060、宽度为 2700 的矩形作为外轮廓。

步骤 03　将矩形分解为四条独立线段，然后使用快捷键 O 执行“偏移”命令，将上侧的水平边向下偏移 188 和 200 个单位，如图 14-124 所示。

步骤 04　重复执行“偏移”命令，将矩形下侧的水平边向上偏移 800 和 900 个单位，结果如图 14-125 所示。

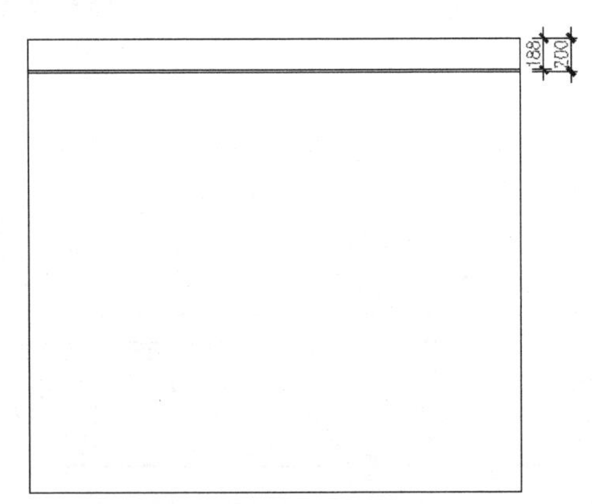

图 14-124　偏移结果

图 14-125　偏移下侧水平边

步骤 05　在无命令执行的前提下单击如图 14-126 所示的两条水平直线，使其夹点显示。

步骤 06　打开“特性”窗口，修改夹点图线的颜色为 30 号色，如图 14-127 所示。

图 14-126　夹点效果

图 14-127　修改颜色

步骤 07　关闭“特性”窗口，然后按 Esc 键取消图形的夹点显示。

步骤 08　设置“填充层”为当前图层，然后执行“图案填充”命令，选择如图 14-128 所示的图案，并设置填充参数如图 14-129 所示。

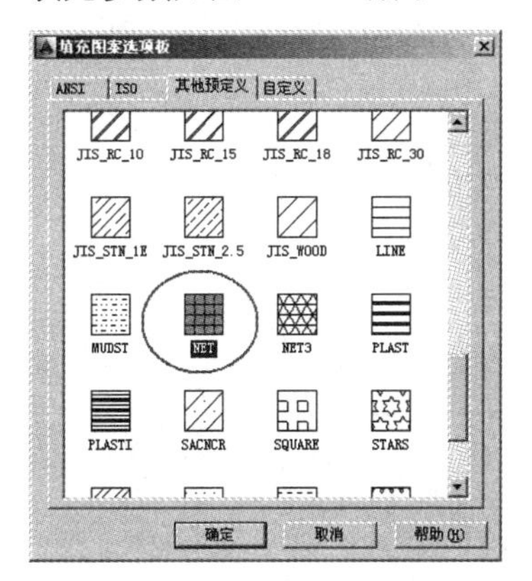

图 14-128　选择填充图案

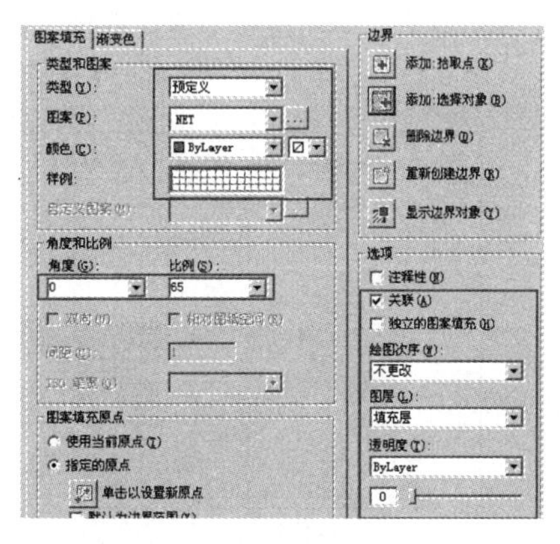

图 14-129　设置填充参数

步骤 09　返回绘图区，根据命令行的提示拾取如图 14-130 所示的填充边界，填充如图 14-131 所示的图案。

图 14-130　拾取填充边界

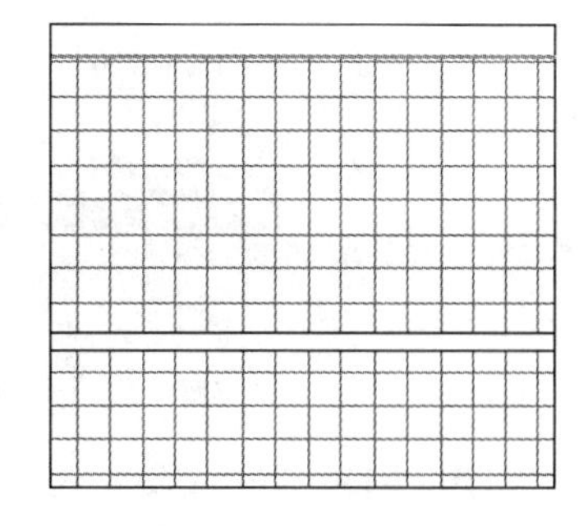

图 14-131　填充结果

步骤 10　单击菜单“格式”/“颜色”命令，在打开的“选择颜色”对话框中设置当前颜色为 202 号色，如图 14-132 所示。

步骤 11　重复执行“图案填充”命令，在打开的“图案填充和渐变色”对话框中设置图案填充类型及参数如图 14-133 所示。

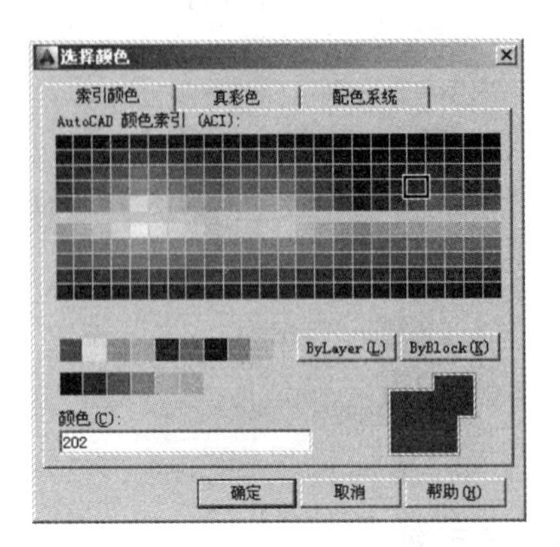

图 14-132　设置当前颜色

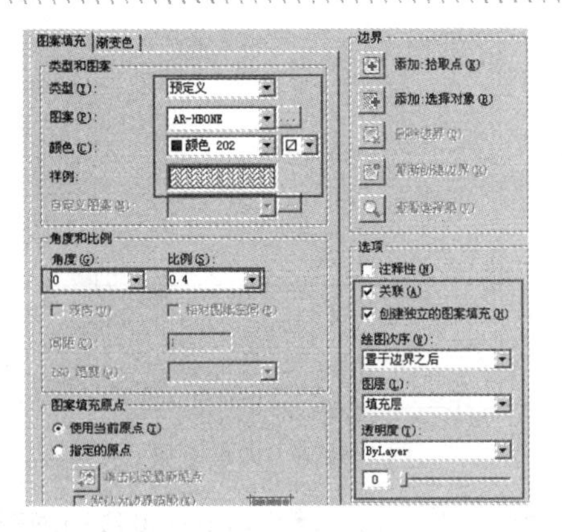

图 14-133　设置填充图案及参数

步骤 12　返回绘图区，根据命令行的提示，拾取如图 14-134 所示的填充边界，填充如图 14-135 所示的图案。

步骤 13　在填充图案上单击鼠标右键，选择如图 14-136 所示的“设定原点”功能，返回绘图区适当调整图案的填充原点，结果如图 14-137 所示。

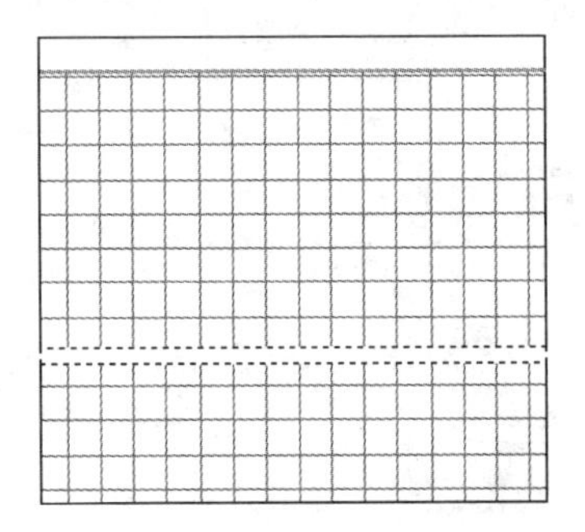

图 14-134　拾取填充边界

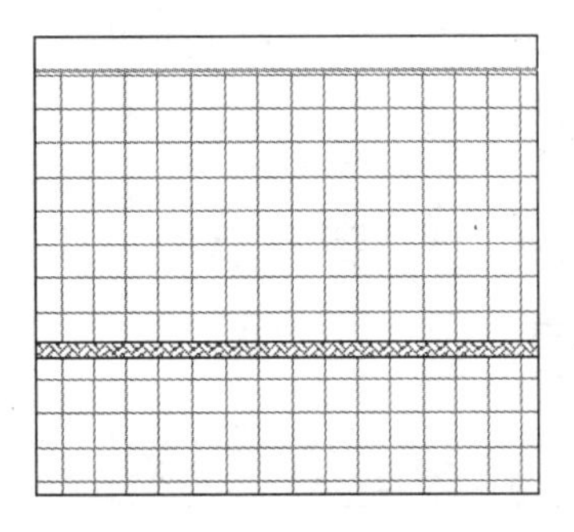

图 14-135　填充结果

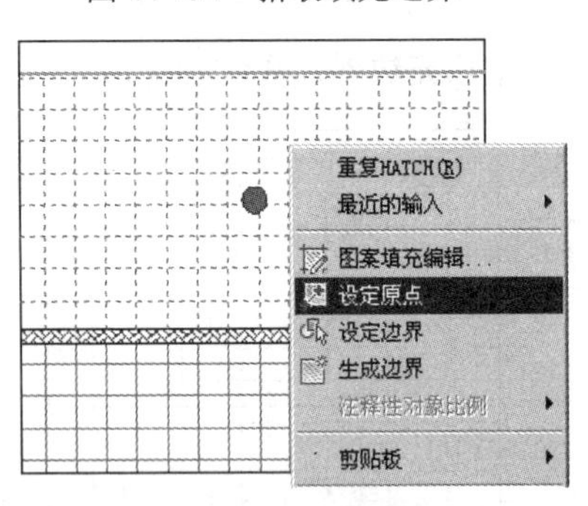

图 14-136　图案右键菜单

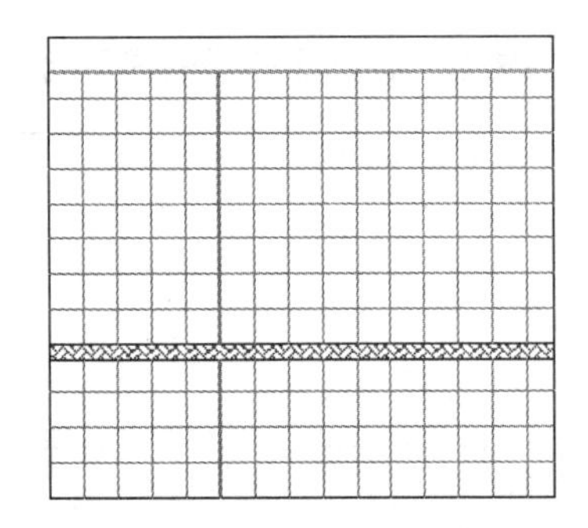

图 14-137　调整原点后的效果

步骤 14　将“图块层”设置为当前层，然后使用快捷键 I 执行“插入块”命令，在打开的对话框中单击 浏览(B)... 按钮，选择随书光盘中的“\图块文件\侧面洗手池 01.dwg”，如图 14-138 所示。

步骤 15　采用系统的默认设置，将其插入到立面图中，插入点为左侧垂直轮廓线的下端点，结果如图 14-139 所示。

图 14-138　选择文件

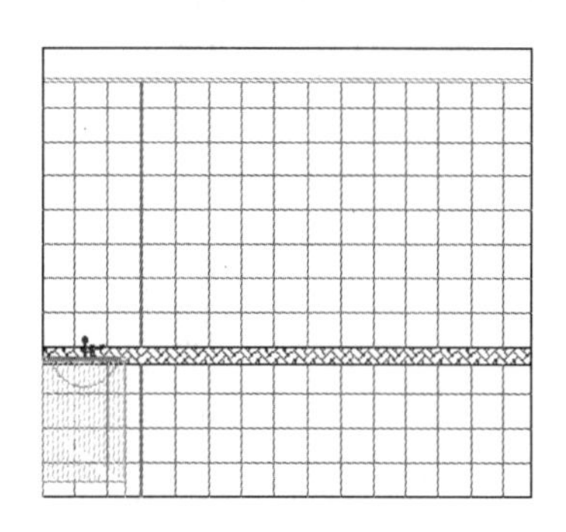

图 14-139　定位插入点

步骤 16　重复执行"插入块"命令，选择随书光盘中的"\图块文件\立面马桶 01.dwg"，如图 14-140 所示。

步骤 17　采用系统的默认设置，在命令行"指定插入点或 [基点(B)/比例(S)/X/Y/Z/旋转(R)]:"提示下，引出如图 14-141 所示的临时追踪虚线，输入 1310 后按 Enter 键，插入结果如图 14-142 所示。

步骤 18　重复执行"插入块"命令，插入随书光盘"\图块文件\"目录下的"挂物架.dwg、手纸盒.dwg、浴帘.dwg、淋浴头.dwg 和立面浴盆 01.dwg"等用具图例，结果如图 14-143 所示。

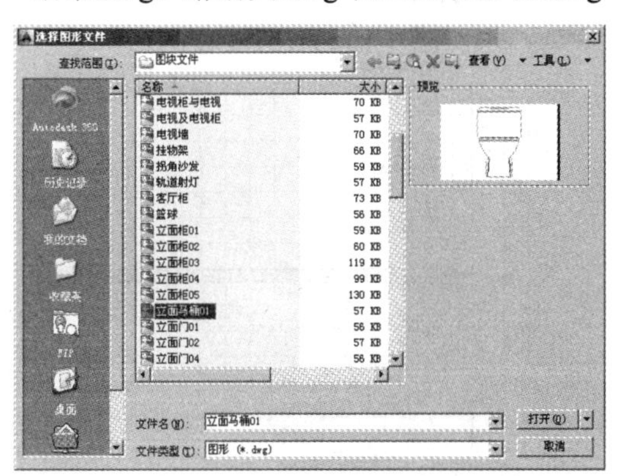

图 14-140　选择文件

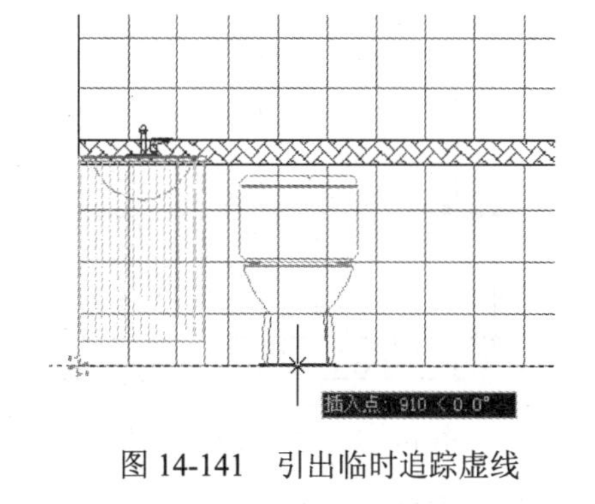

图 14-141　引出临时追踪虚线

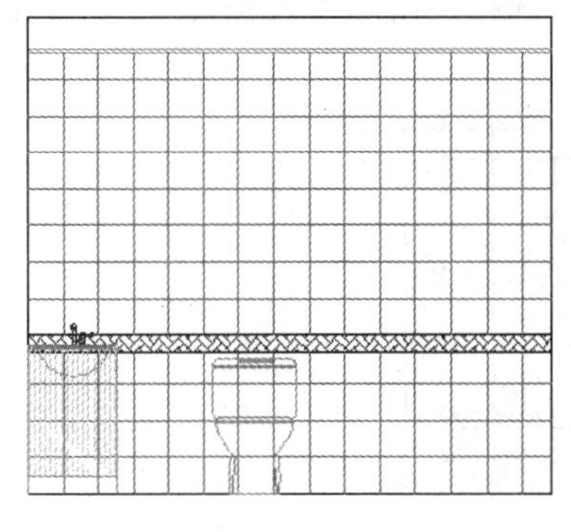

图 14-142　插入结果

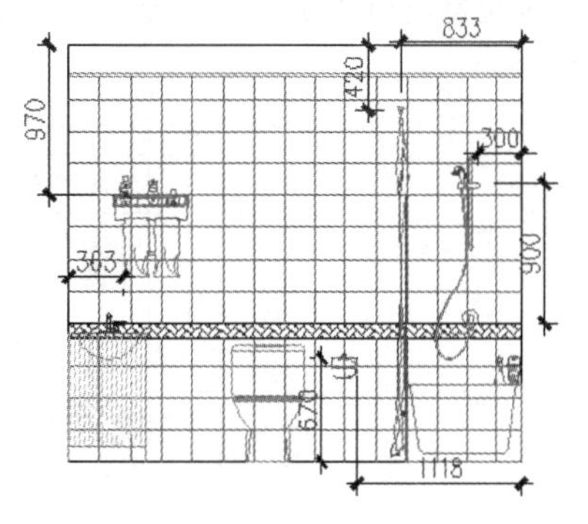

图 14-143　插入其他图块

步骤 19　将填充图案分解，然后使用快捷键 TR 执行"修剪"命令，对墙面装饰进行修剪，并删除被遮挡住的图线，结果如图 14-144 所示。

步骤 20　将"尺寸层"设置为当前图层，然后使用快捷键 D 执行"标注样式"命令，设置"建筑标注"为当前样式，并修改样式比例为 28。

步骤 21　单击菜单“标注”/“线性”命令，配合捕捉功能标注如图 14-145 所示的线性尺寸作为基准尺寸。

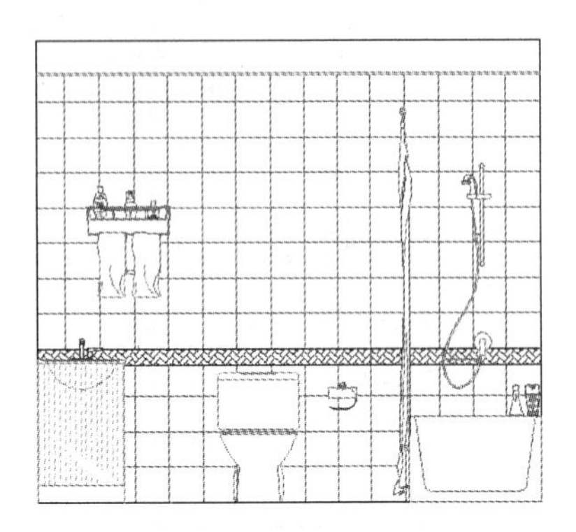

图 14-144　操作结果

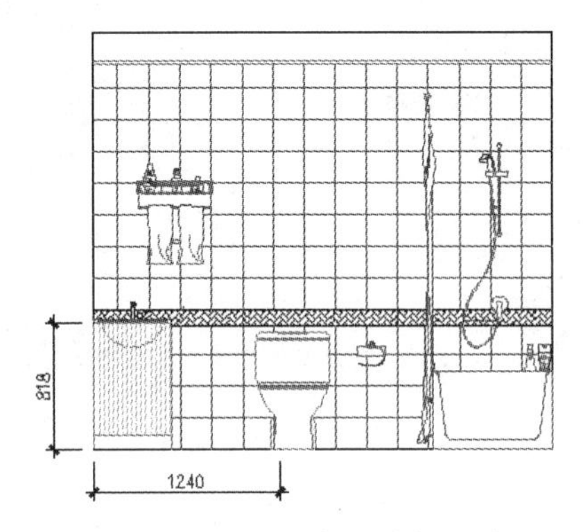

图 14-145　标注线性尺寸

步骤 22　单击菜单“标注”/“连续”命令，以刚标注的线性尺寸作为基准尺寸，标注如图 14-146 所示的连续尺寸，作为立面图的细部尺寸。

步骤 23　执行“标注”菜单中的“线性”命令，分别标注立面图两侧的总尺寸，结果如图 14-147 所示。

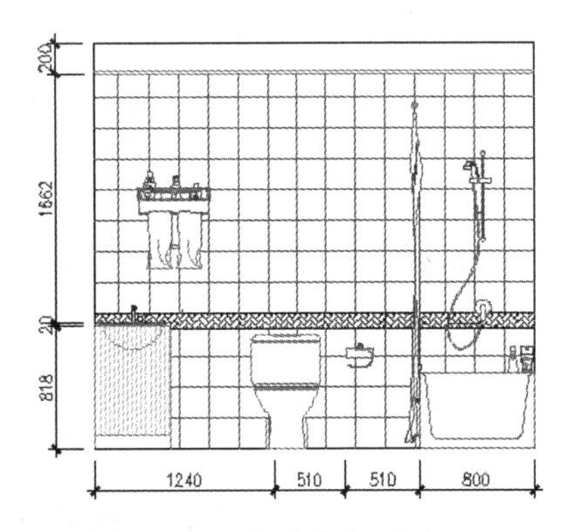

图 14-146　标注细部尺寸

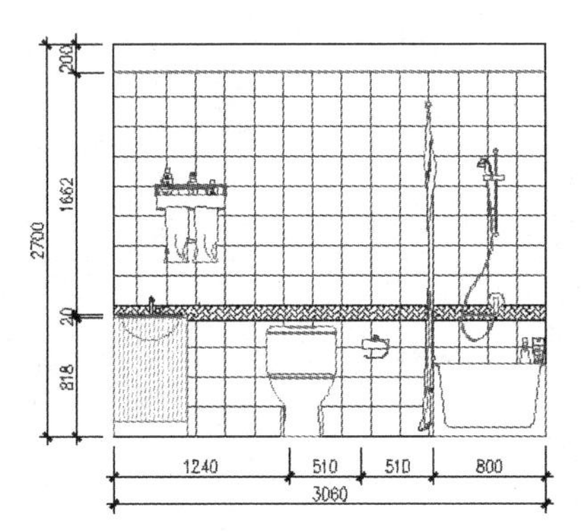

图 14-147　标注总尺寸

步骤 24　接下来重复执行“线性”和“连续”命令，标注立面图右侧的细部尺寸和总尺寸，结果如图 14-148 所示。

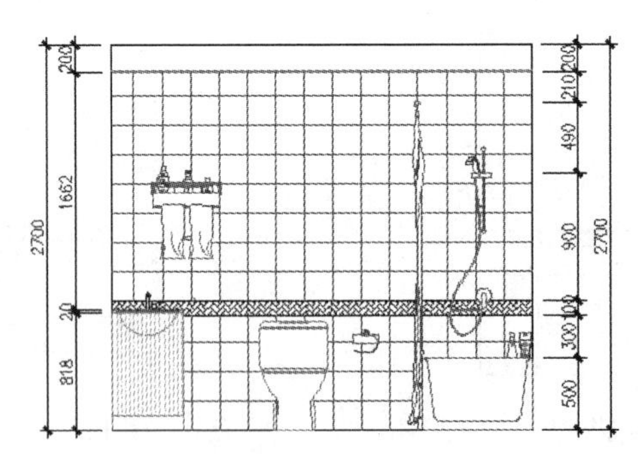

图 14-148　标注结果

步骤 25　将“文本层”设置为当前图层，然后单击菜单“标注”/“标注样式”命令，替代当前尺寸样式如图 14-149 和图 14-150 所示将标注比例设为 32。

图 14-149　替代尺寸箭头与大小

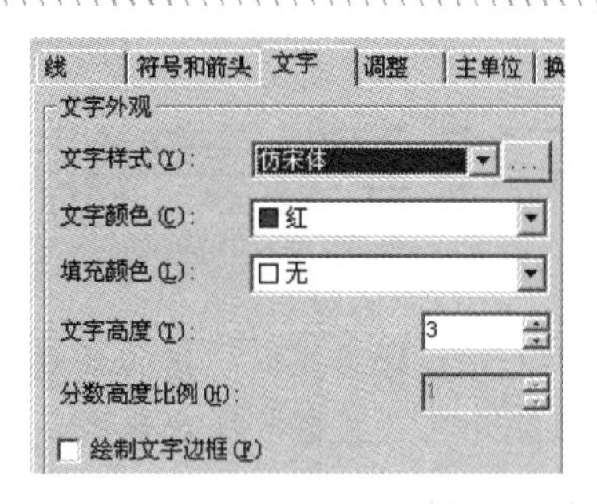

图 14-150　替代文字样式

步骤 26　使用快捷键 LE 执行“快速引线”命令，使用命令中的“设置”选项，设置引线参数如图 14-151 和图 14-152 所示。

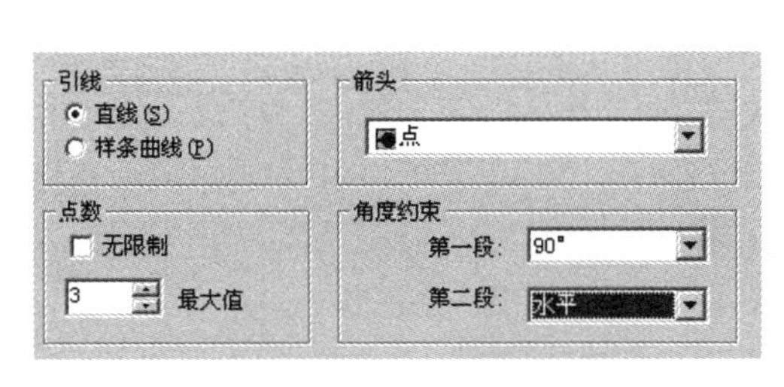

图 14-151　引线和箭头参数

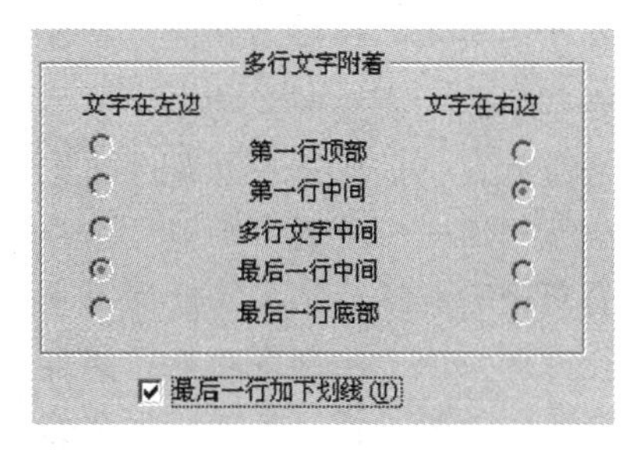

图 14-152　附着参数

步骤 27　单击“引线设置”对话框中的 确定 按钮，返回绘图区，根据命令行的提示绘制引线并输入引线注释，结果如图 14-153 所示。

步骤 28　重复执行“快速引线”命令，按照当前的引线参数设置，分别标注其他位置的引线注释，标注结果如图 14-154 所示。

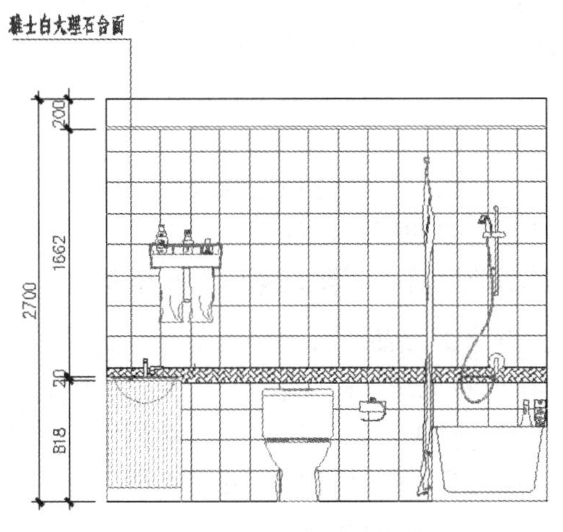

图 14-153　标注结果

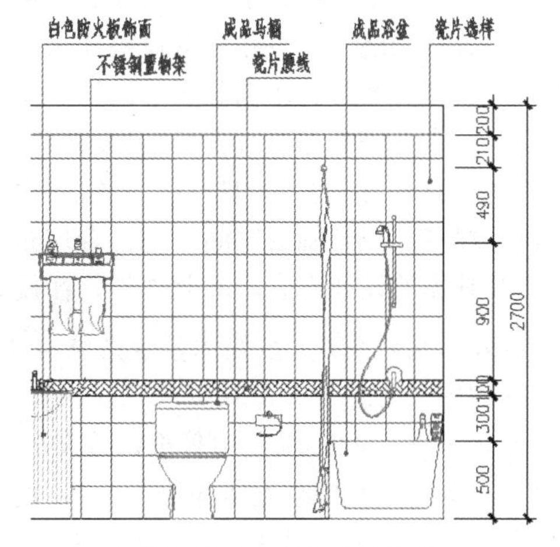

图 14-154　标注其他注释

步骤 29　调整视图，使立面图全部显示，最终结果如图 14-123 所示。

步骤 30　最后执行“另存为”命令，将图形命名存储为“综合范例七.dwg”。

第 15 章　某学院多功能厅装饰装潢设计

所谓“多功能厅”，顾名思义，指的就是包含多种功能的房厅。本章在了解和掌握多功能设计理念和绘图思路等的前提下，主要学习某学院多功能厅装饰装潢施工图的具体绘制过程和相关绘图技巧。

本章具体学习内容如下：

- 多功能厅装饰装潢设计理念
- 多功能厅装饰装潢设计思路
- 综合范例一——绘制多功能厅墙体结构图
- 综合范例二——绘制多功能厅装饰装潢布置图
- 综合范例三——标注多功能厅布置图尺寸及文字
- 综合范例四——绘制多功能厅吊顶及灯具图
- 综合范例五——标注多功能厅吊顶图尺寸及文字
- 综合范例六——绘制多功能厅装饰装潢立面图
- 综合范例七——标注多功能厅装饰装潢立面图

15.1　多功能厅装饰装潢设计理念

随着经济、社会的发展，在建筑方面出现较大变化，各个单位建设时，往往将会议厅改成具有多种功能的厅，兼顾报告厅、学术讨论厅、培训教室以及视频会议厅等。多功能厅经过合理的布置，并按所需增添各种功能，增设相应的设备和采取相应的技术措施，就能够达到多种功能的使用目的，实现现代化的会议、教学、培训和学术讨论。现在许多宾馆、酒店、会议展览中心、大剧院、图书馆、博览中心以及大型院校都设有多功能厅。

多功能厅具有灵活多变的特点，在空间设计的过程中，必须对空间分割的合理性和科学性进行不断的分析，尽量利用开阔的空间，进行合理布局，使其具有较强的序列、秩序和变化，突出开阔、简洁、大方和朴素的设计理念。除此之外，在规划与设计多功能厅时，需要兼顾以下几个系统：

- 多媒体显示系统。多媒体显示系统由高亮度、高分辨率的液晶投影机和电动屏幕构成，完成对各种图文信息的大屏幕显示，以让各个位置的人都能够更清楚的观看。
- A/V 系统。A/V 系统由算机、摄像机、DVD、VCR、MD 机、实物展台、调音台、话筒、功放、音箱、数字硬盘录像机等 A/V 设备构成。完成对各种图文信息的播放功能，实现多功能厅的现场扩音、播音，配合大屏幕投影系统，提供优良的视听效果。
- 会议室环境系统。会议室环境系统由会议室的灯光（包括白炽灯和日光灯）、窗帘等设备构成；完成对整个会议室环境、气氛的改变，以自动适应当前的需要；譬如播放 DVD 时，灯光会自动变暗，窗帘自动关闭。
- 智能型多媒体中央控制系统。采用目前业内档次最高、技术最成熟、功能最齐全，用途最广的中央控制系统，实现多媒体电教室各种电子设备的集中控制。

15.2　多功能厅装饰装潢设计思路

在绘制并设计多功能厅装饰装潢设计方案图时，可以参照如下思路：

（1）首先根据提供的测量数据，绘制出多功能厅的建筑墙体结构平面图。

（2）根据绘制的多功能厅建筑结构图以及需要发挥的多种使用功能，进行建筑空间的规划与布置，科学合理的绘制出多功能厅的平面布置图。

（3）根据绘制的多功能厅平面布置图，在其基础上快速绘制其天花装修图，重点在天花吊顶的表达以及天花灯具定位和布局。

（4）根据实际情况及需要绘制多功能厅墙面装饰投影图，必要时附着文字说明。

（5）根据多功能厅布置图绘制空间立面图，并标注墙面材质及文本说明。

15.3　综合范例——绘制多功能厅墙体结构图

本例主要学习某学院多功能厅墙体结构平面图的绘制方法和具体绘制过程。多功能厅墙体结构平面图的最终绘制效果，如图 15-1 所示。

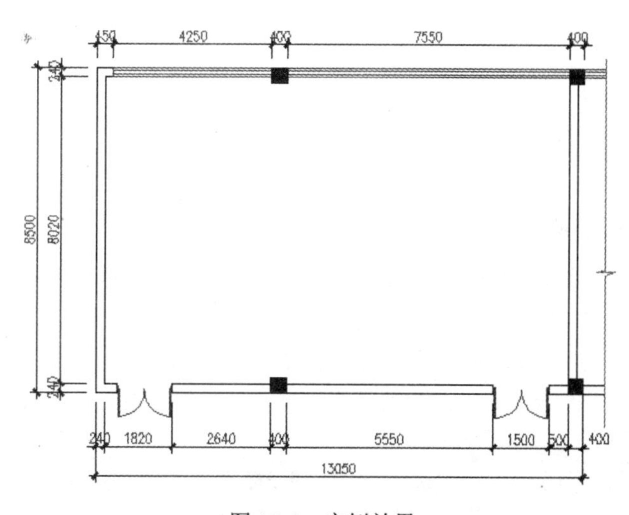

图 15-1　实例效果

操作步骤：

步骤 01　执行“新建”命令，调用随书光盘中的“\样板文件\室内样板.dwt”文件。

步骤 02　设置线型比例为 50，然后展开“图层”工具栏上的“图层控制”下拉列表，将“轴线层”设置为当前图层，如图 15-2 所示。

步骤 03　使用快捷键 REC 执行“矩形”命令，绘制长度为 13530、宽度为 8260 的矩形，作为基准轴线，如图 15-3 所示。

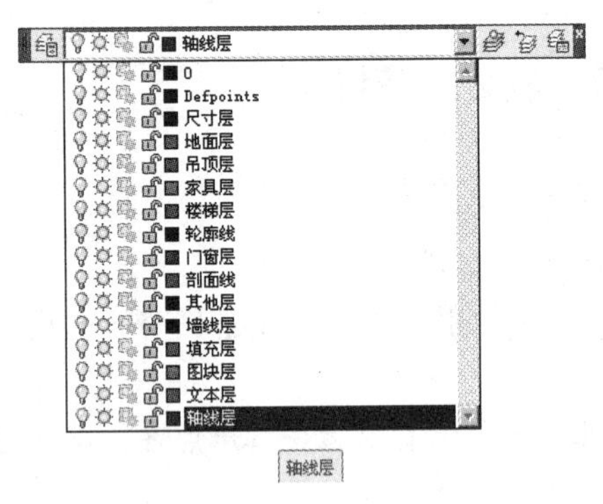

图 15-2　设置当前层

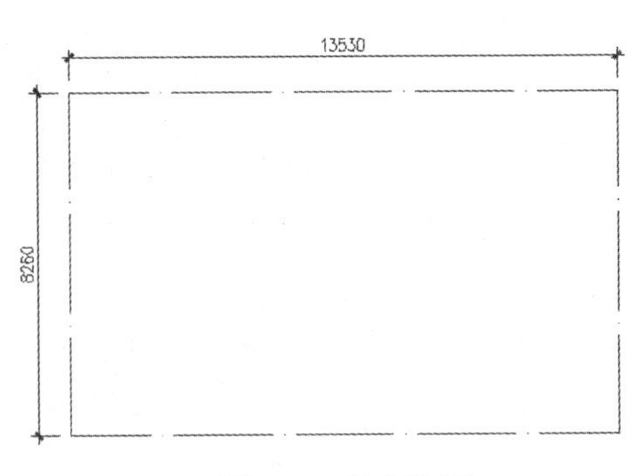

图 15-3　绘制矩形

步骤 04　使用快捷键 X 执行“分解”命令，将矩形分解。

步骤 05　单击菜单“修改”/“移动”命令，将分解后的矩形右侧垂直边向左移动 880 个单位，结果如图 15-4 所示。

步骤 06　单击菜单“修改”/“偏移”命令，将左侧的垂直轴线向右偏移 330、440、1950 个单位，将右侧的垂直轴线向左偏移 620 和 2120 个单位，结果如图 15-5 所示。

图 15-4　移动结果

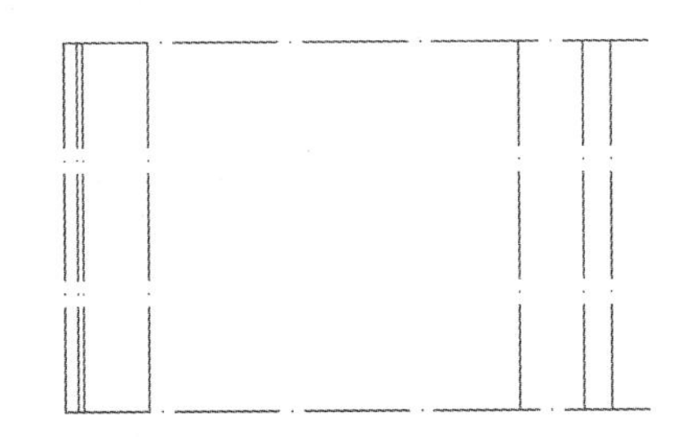

图 15-5　偏移结果

步骤 07　单击菜单“修改”/“修剪”命令，以偏移出的垂直轴线作为边界，对水平轴线进行修剪，并删除偏移出的垂直轴线，结果如图 15-6 所示。

步骤 08　展开“图层控制”下拉列表，将“墙线层”设置为当前图层。

步骤 09　单击菜单“绘图”/“多线”命令，配合端点捕捉功能绘制宽度为 240 的墙线，命令行操作如下：

```
命令: _mline
当前设置: 对正 = 上, 比例 = 20.00, 样式 = 墙线样式
指定起点或 [对正(J)/比例(S)/样式(ST)]:      //s Enter
输入多线比例 <20.00>:                       //240 Enter
当前设置: 对正 = 上, 比例 = 240.00, 样式 = 墙线样式样式
指定起点或 [对正(J)/比例(S)/样式(ST)]:      //j Enter
输入对正类型 [上(T)/无(Z)/下(B)] <上>:      //z Enter
当前设置: 对正 = 无, 比例 = 240.00, 样式 = 墙线样式样式
指定起点或 [对正(J)/比例(S)/样式(ST)]:      //捕捉如图 15-6 所示的端点 1
指定下一点:                                 //捕捉如图 15-6 所示的端点 2
指定下一点或 [放弃(U)]:                     //捕捉端点 3
指定下一点或 [闭合(C)/放弃(U)]:             //捕捉端点 4
指定下一点或 [闭合(C)/放弃(U)]:             // Enter, 绘制结果如图 15-7 所示
```

步骤 10　重复执行“多线”命令，设置多线比例和对正方式保持不变，配合端点捕捉功能绘制其他墙线，

结果如图 15-8 所示。

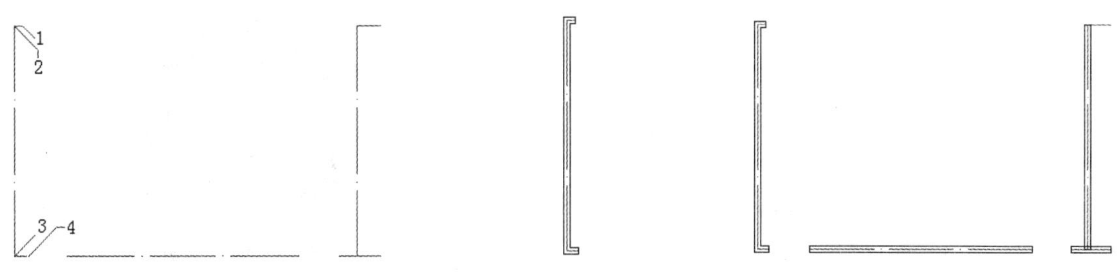

图 15-6　操作结果　　图 15-7　绘制结果　　图 15-8　绘制其他墙线

步骤 11 展开“图层控制”下拉列表，将“门窗层”设置为当前图层。

步骤 12 单击“格式”菜单中的“多线样式”命令，在打开的“多线样式”对话框中设置当前样式，如图 15-9 所示。

步骤 13 单击菜单“绘图”/“多线”命令， 配合“中点捕捉”功能绘制窗线，命令行操作如下：

```
命令: _mline
当前设置: 对正 = 上, 比例 = 20.00, 样式 = 窗线样式
指定起点或 [对正(J)/比例(S)/样式(ST)]:      //s Enter
输入多线比例 <20.00>:                        //240 Enter
当前设置: 对正 = 上, 比例 = 240.00, 样式 = 窗线样式
指定起点或 [对正(J)/比例(S)/样式(ST)]:      //j Enter
输入对正类型 [上(T)/无(Z)/下(B)] <上>:      //z Enter
当前设置: 对正 = 无, 比例 = 240.00, 样式 = 窗线样式
指定起点或 [对正(J)/比例(S)/样式(ST)]:      //捕捉如图 15-10 所示中点
指定下一点:                                  //捕捉如图 15-11 所示端点
指定下一点或 [放弃(U)]:                      // Enter, 绘制结果如图 15-12 所示
```

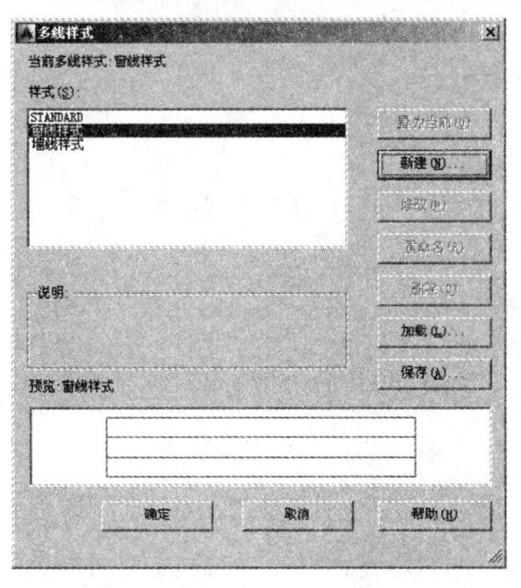

图 15-9　设置当前多线样式

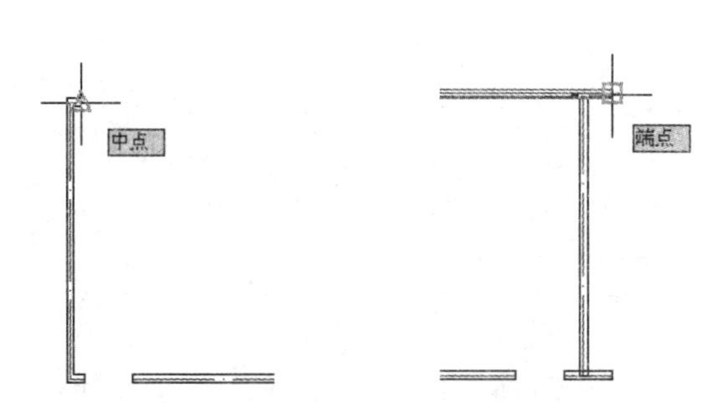

图 15-10　捕捉中点　　图 15-11　捕捉端点

步骤 14 单击菜单“插入”/“块”命令，插入随书光盘中的“\图块文件\双开门.dwg”，块参数设置如图 15-13 所示，插入结果如图 15-14 所示。

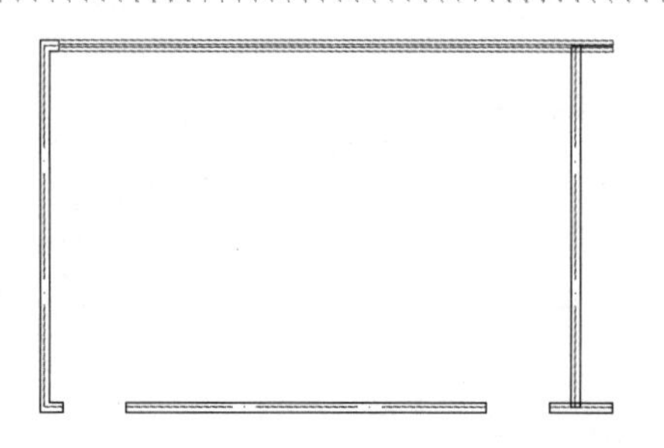

图 15-12　绘制结果

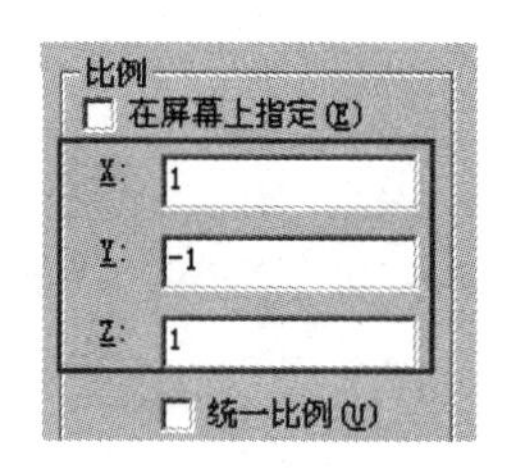

图 15-13　设置参数

步骤 15　单击菜单“修改”/“镜像”命令，对双开门进行镜像，结果如图 15-15 所示。

步骤 16　展开“图层控制”下拉列表，关闭“轴线层”，将“其他层”设置为当前图层。

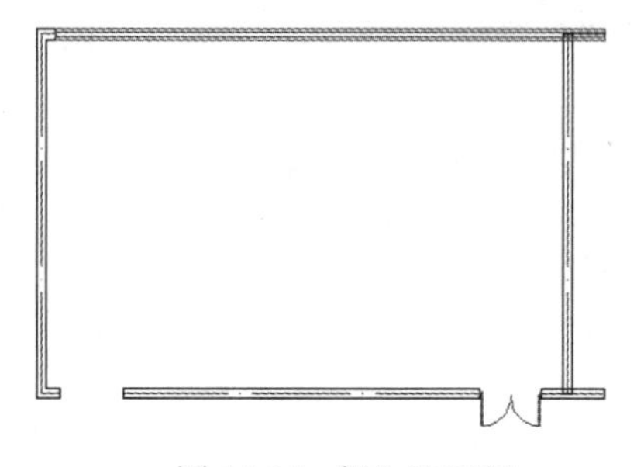

图 15-14　插入双开门

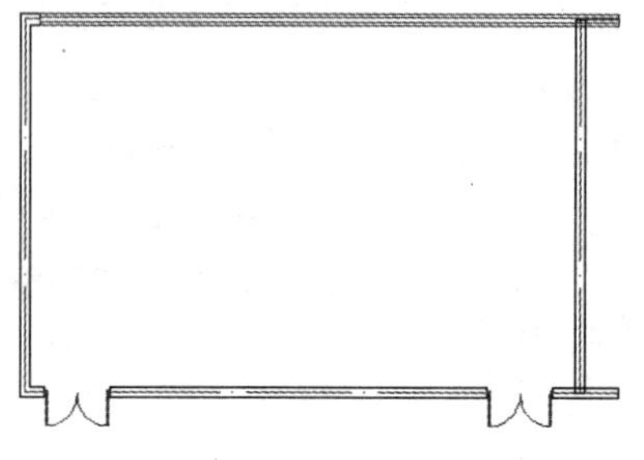

图 15-15　镜像结果

步骤 17　使用快捷键 REC 执行“矩形”命令，配合交点捕捉和延伸捕捉功能，绘制长为 400、宽为 400 的矩形，作为柱子轮廓线，如图 15-16 所示。

步骤 18　使用快捷键 H 执行“图案填充”命令，为矩形填充如图 15-17 所示的实体图案。

步骤 19　单击菜单“修改”/“阵列”/“矩形阵列”命令，对柱子进行阵列。命令行操作如下：

```
命令: _arrayrect
选择对象:                                        //选择矩形柱
选择对象:                                        // Enter
类型 = 矩形  关联 = 否
选择夹点以编辑阵列或 [关联(AS)/基点(B)/计数(COU)/间距(S)/列数(COL)/行数(R)/层数(L)/退
出(X)] <退出>:                                   //COU Enter
输入列数或 [表达式(E)] <4>:                       //2 Enter
输入行数或 [表达式(E)] <3>:                       //2 Enter
选择夹点以编辑阵列或 [关联(AS)/基点(B)/计数(COU)/间距(S)/列数(COL)/行数(R)/层数(L)/退
出(X)] <退出>:                                   //s Enter
指定列之间的距离或 [单位单元(U)] <1060>:          //-7950 Enter
指定行之间的距离 <931>:                           //-8100 Enter
选择夹点以编辑阵列或 [关联(AS)/基点(B)/计数(COU)/间距(S)/列数(COL)/行数(R)/层数(L)/退
出(X)] <退出>:                                   //AS Enter
创建关联阵列 [是(Y)/否(N)] <否>:                  //N Enter
选择夹点以编辑阵列或 [关联(AS)/基点(B)/计数(COU)/间距(S)/列数(COL)/行数(R)/层数(L)/退
出(X)] <退出>:                                   // Enter，阵列结果如图 15-18 所示
```

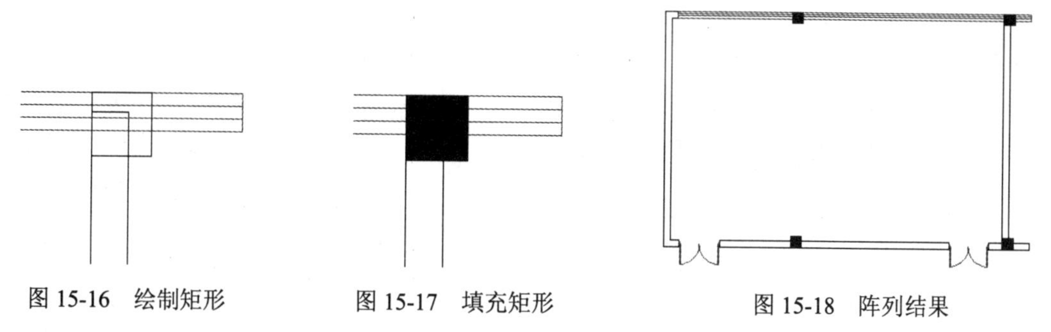

图 15-16　绘制矩形　　图 15-17　填充矩形　　图 15-18　阵列结果

步骤 20　使用快捷键 L 执行“直线”命令，在平面图右侧绘制折断示意线，最终结果如图 15-1 所示。

步骤 21　最后执行“另存为”命令，将图形命名存储为“综合范例一.dwg”。

15.4　综合范例二——绘制多功能厅装饰装潢布置图

本例主要学习某学院多功能厅装饰装潢布置图的绘制方法和具体绘制过程。多功能厅装饰装潢布置图的最终绘制效果，如图 15-19 所示。

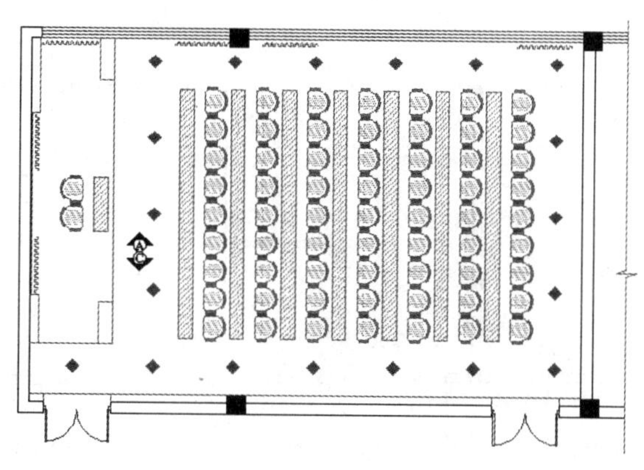

图 15-19　实例效果

操作步骤：

步骤 01　执行“打开”命令，打开随书光盘中的“\效果文件\第 15 章\综合范例一.dwg”。

步骤 02　展开“图层控制”下拉列表，将“家具层”设置为当前图层。

步骤 03　单击菜单“绘图”/“直线”命令，配合坐标输入功能绘制地台轮廓线。命令行操作如下：

```
命令: _line
指定第一个点:                        //向上引出如图 15-20 所示的延伸矢量，输入 1300 Enter
指定下一点或 [放弃(U)]:              //@1840,0 Enter
指定下一点或 [放弃(U)]:              //@0,6720 Enter
指定下一点或 [闭合(C)/放弃(U)]:      //@-1640,0 Enter
指定下一点或 [闭合(C)/放弃(U)]:      //@0,-1660 Enter
指定下一点或 [闭合(C)/放弃(U)]:      //@-200,0 Enter
指定下一点或 [闭合(C)/放弃(U)]:      //@0,-4000 Enter
指定下一点或 [闭合(C)/放弃(U)]:      //@200,0 Enter
```

```
指定下一点或 [闭合(C)/放弃(U)]:      //@0,-1060 Enter
指定下一点或 [闭合(C)/放弃(U)]:      //Enter，绘制结果如图 15-21 所示
```

步骤 04 将图 15-21 所示的垂直轮廓线 L 水平向右移动 20 个单位，作为升降电子显示屏，然后执行“直线”命令绘制内部的台阶轮廓线，如图 15-22 所示。

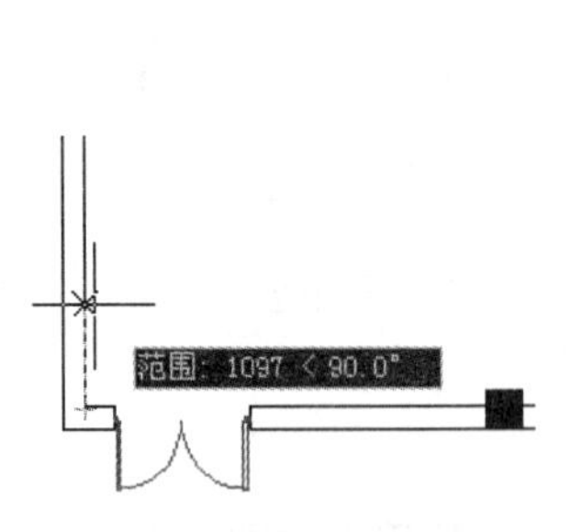

图 15-20　引出延伸矢量

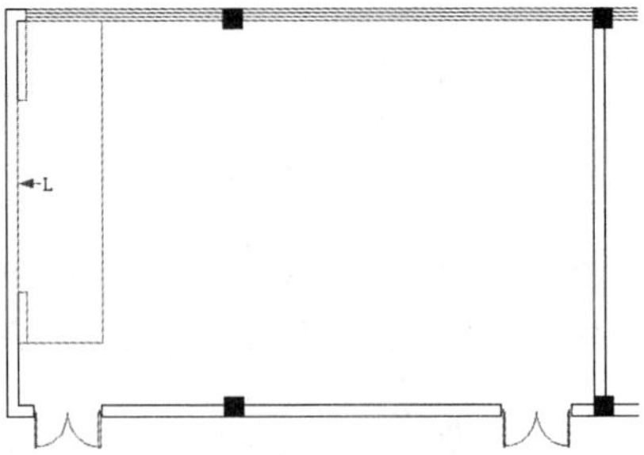

图 15-21　绘制结果

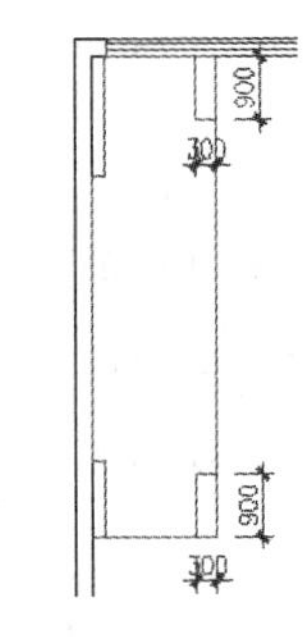

图 15-22　绘制结果

步骤 05 使用画线命令，配合捕捉或追踪功能，绘制如图 15-23 所示的墙面装饰线，其中墙面装饰线距离内墙线 180 个单位。

步骤 06 使用快捷键 I 执行“插入块”命令，以默认参数插入随书光盘中的“/图块文件/窗帘 1.dwg”，插入结果如图 15-24 所示。

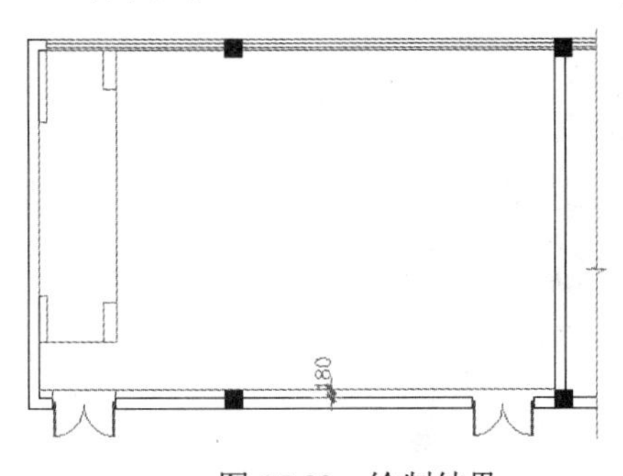

图 15-23　绘制结果

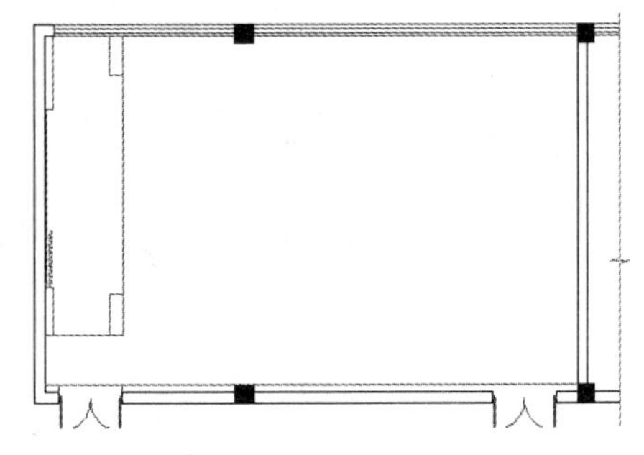

图 15-24　插入结果

步骤 07 重复执行“插入块”命令，将块的旋转角度设置为 90，再次插入光盘中的“/图块文件/窗帘 1.dwg”，插入结果如图 15-25 所示。

步骤 08 接下来综合使用“复制”、“镜像”和“移动”命令，分别创建其他位置的窗帘，结果如图 15-26 所示。

步骤 09 单击菜单“绘图”/“矩形”命令，配合“捕捉自”功能绘制条形桌轮廓线。命令行操作如下：

```
命令: _rectang
指定第一个角点或 [倒角(C)/标高(E)/圆角(F)/厚度(T)/宽度(W)]: //激活"捕捉自"功能
_from 基点:                    //捕捉如图 15-27 所示的端点
<偏移>:                        //@1500,115 Enter
指定另一个角点或 [面积(A)/尺寸(D)/旋转(R)]:
//@315,5490 Enter，绘制结果如图 15-28 所示
```

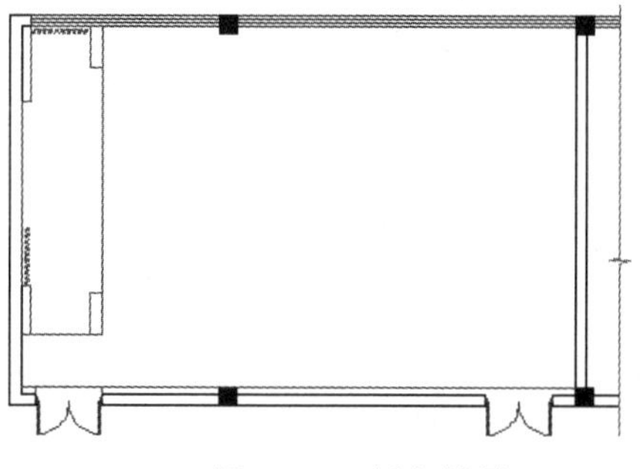

图 15-25　插入结果

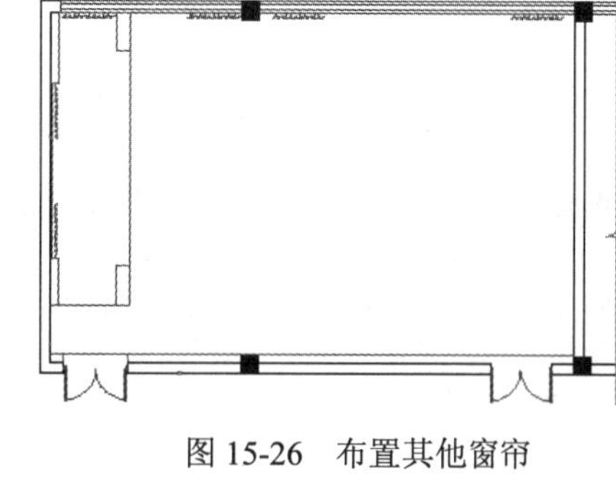

图 15-26　布置其他窗帘

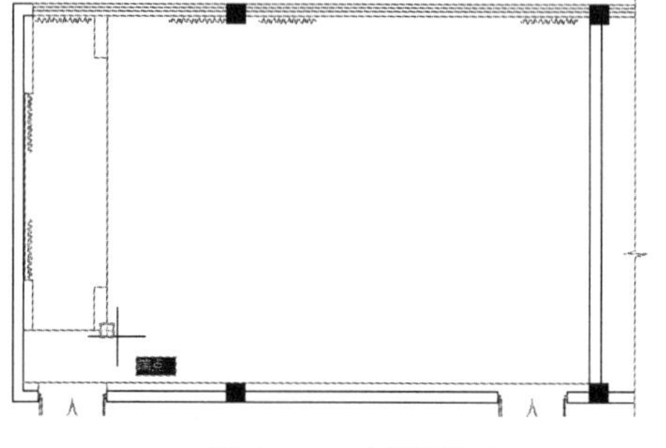

图 15-27　捕捉端点

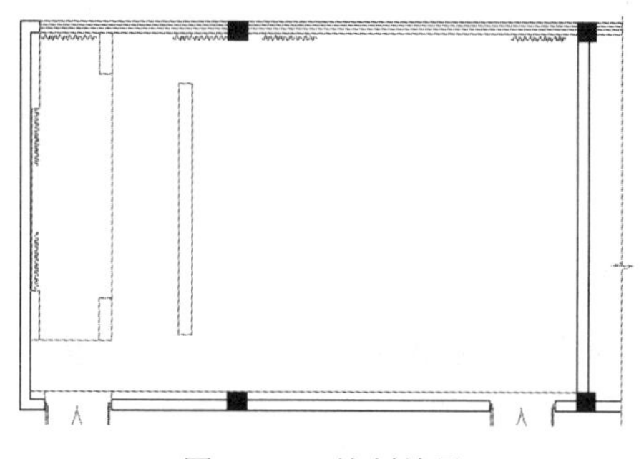

图 15-28　绘制结果

步骤 10　使用快捷键 H 执行“图案填充”命令，设置填充图案与参数如图 15-29 所示，为矩形填充如图 15-30 所示的图案。

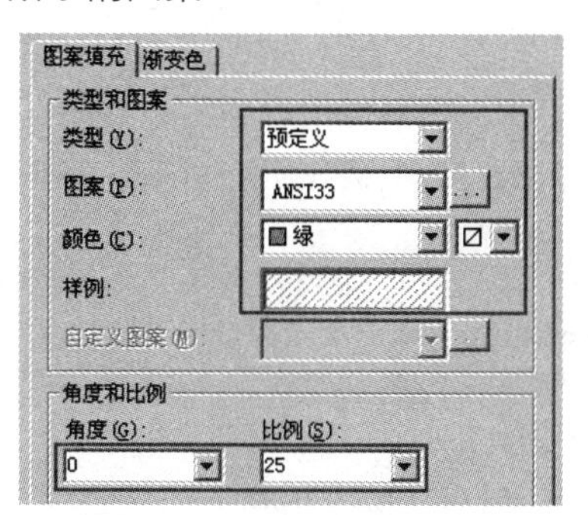

图 15-29　设置填充图案与参数

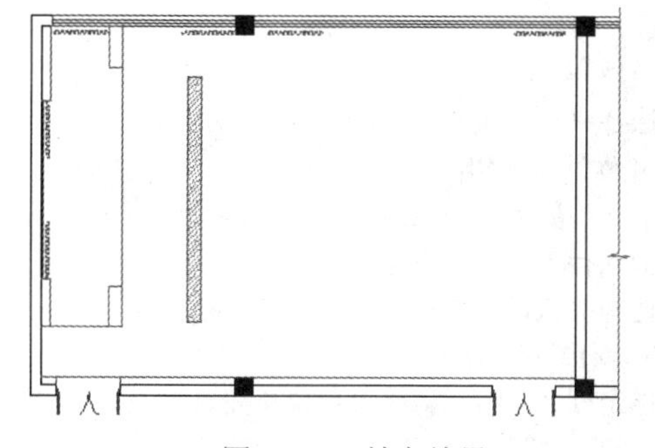

图 15-30　填充结果

步骤 11　使用快捷键 I 执行“插入块”命令，配合“捕捉自”功能，以默认参数插入随书光盘中的“/图块文件/平面椅.dwg”，偏移基点为长条桌右下角点，插入点为（@255,259），插入结果如图 15-31 所示。

步骤 12　单击菜单“修改”/“阵列”/“矩形阵列”命令，对平面椅进行阵列。命令行操作如下：

```
命令: _arrayrect
选择对象:                                //选择平面椅
选择对象:                                // Enter
类型 = 矩形  关联 = 否
选择夹点以编辑阵列或 [关联(AS)/基点(B)/计数(COU)/间距(S)/列数(COL)/行数(R)/层数(L)/退
出(X)] <退出>:                           //COU Enter
输入列数数或 [表达式(E)] <4>:             //1 Enter
输入行数数或 [表达式(E)] <3>:             //9 Enter
```

```
选择夹点以编辑阵列或 [关联(AS)/基点(B)/计数(COU)/间距(S)/列数(COL)/行数(R)/层数(L)/退出(X)] <退出>:                //s Enter
指定列之间的距离或 [单位单元(U)] <1060>:  //1 Enter
指定行之间的距离 <931>:                //622 Enter
选择夹点以编辑阵列或 [关联(AS)/基点(B)/计数(COU)/间距(S)/列数(COL)/行数(R)/层数(L)/退出(X)] <退出>:                //AS Enter
创建关联阵列 [是(Y)/否(N)] <否>:     //N Enter
选择夹点以编辑阵列或 [关联(AS)/基点(B)/计数(COU)/间距(S)/列数(COL)/行数(R)/层数(L)/退出(X)] <退出>:                // Enter，结束命令，阵列结果如图 15-32 所示
```

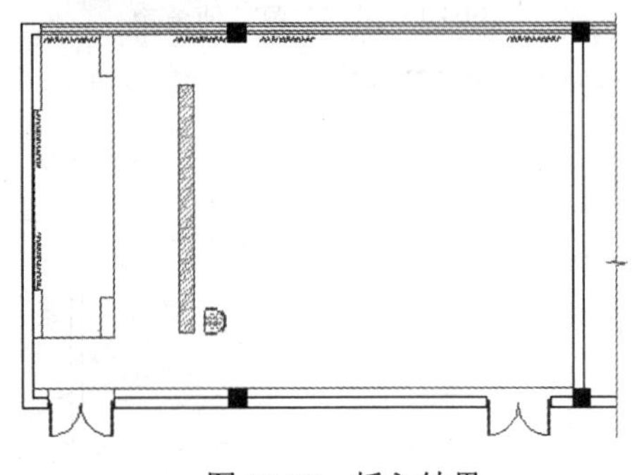

图 15-31 插入结果

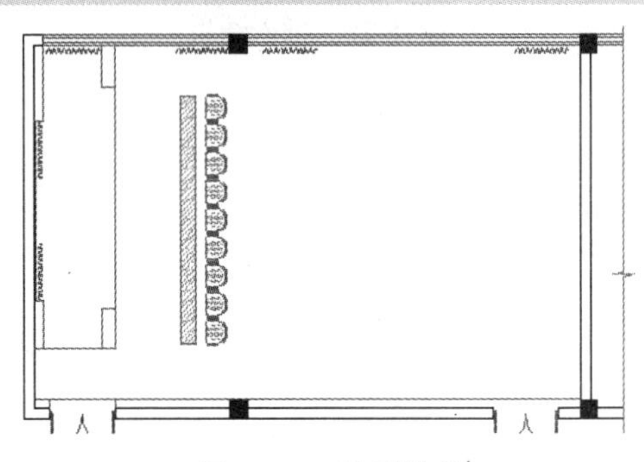

图 15-32 阵列结果

步骤 13 重复执行“矩形阵列”命令，配合窗口选择功能对条形桌与平面椅进行矩形阵列。命令行操作如下：

```
命令：_arrayrect
选择对象:                               //窗交选择如图 15-33 所示的对象
选择对象:                               // Enter
类型 = 矩形  关联 = 否
选择夹点以编辑阵列或 [关联(AS)/基点(B)/计数(COU)/间距(S)/列数(COL)/行数(R)/层数(L)/退出(X)] <退出>:                            //COU Enter
输入列数数或 [表达式(E)] <4>:            //7 Enter
输入行数数或 [表达式(E)] <3>:            //1 Enter
选择夹点以编辑阵列或 [关联(AS)/基点(B)/计数(COU)/间距(S)/列数(COL)/行数(R)/层数(L)/退出(X)] <退出>:                            //s Enter
指定列之间的距离或 [单位单元(U)] <1060>:   //1150 Enter
指定行之间的距离 <931>:                  //1 Enter
选择夹点以编辑阵列或 [关联(AS)/基点(B)/计数(COU)/间距(S)/列数(COL)/行数(R)/层数(L)/退出(X)] <退出>:                            //AS Enter
创建关联阵列 [是(Y)/否(N)] <否>:         //N Enter
选择夹点以编辑阵列或 [关联(AS)/基点(B)/计数(COU)/间距(S)/列数(COL)/行数(R)/层数(L)/退出(X)] <退出>:                            // Enter，结束命令，阵列结果如图 15-34 所示
```

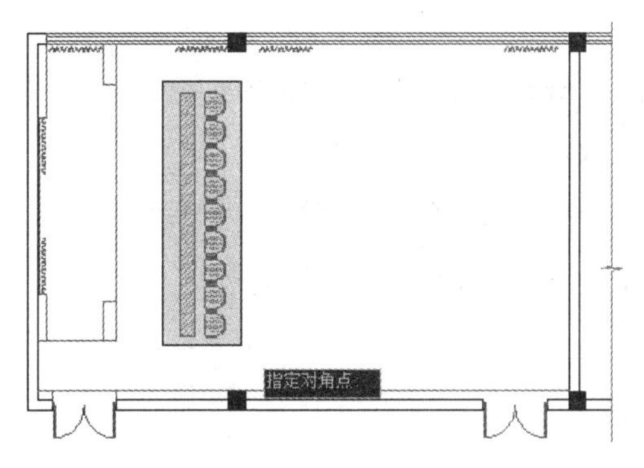

图 15-33　窗交选择

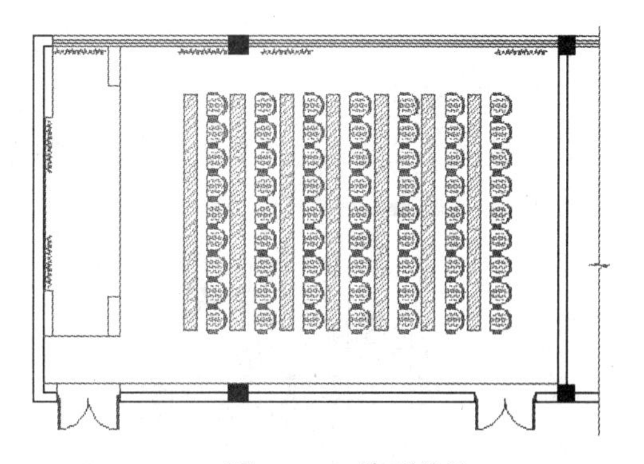

图 15-34　阵列结果

步骤 14　单击菜单“绘图”/“矩形”命令，配合“捕捉自”功能绘制如图 15-35 所示的矩形。

步骤 15　使用快捷键 H 执行“图案填充”命令，为矩形填充 ANSI33 图案，填充颜色为绿色，填充比例为 25，填充结果如图 15-36 所示。

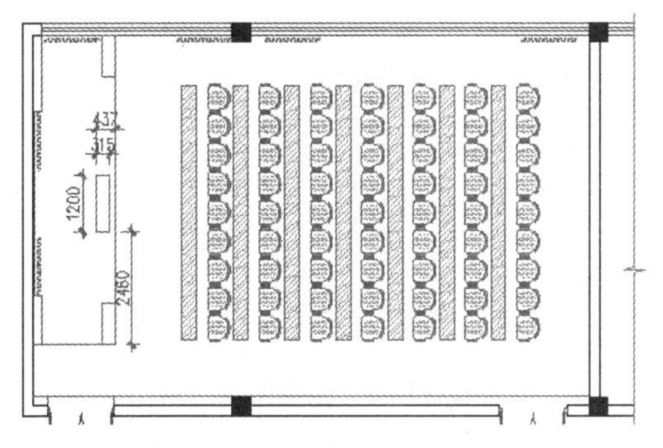

图 15-35　绘制结果

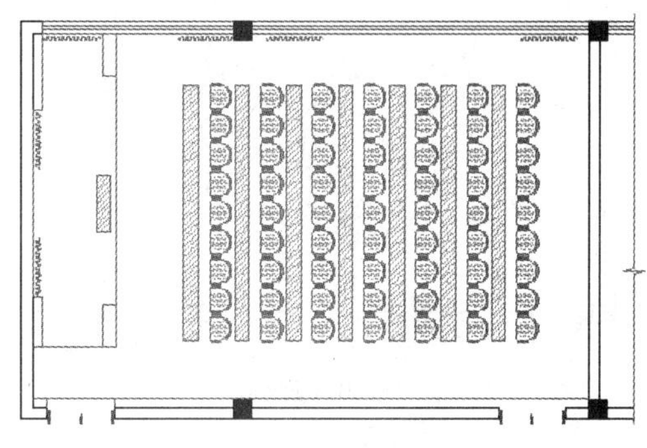

图 15-36　填充结果

步骤 16　综合使用“复制”、“镜像”、“移动”命令，绘制如图 15-37 所示的平面椅图形。

步骤 17　使用快捷键 I 执行“插入块”命令，配合“捕捉自”功能，以默认参数插入随书光盘中的“/图块文件/嵌块.dwg”，插入结果如图 15-38 所示。

步骤 18　单击菜单“修改”/“阵列”/“矩形阵列”命令，对插入的图块进行阵列。命令行操作如下：

```
命令: _arrayrect
选择对象:                                              //选择刚插入的图块
选择对象:                                              // Enter
类型 = 矩形  关联 = 否
选择夹点以编辑阵列或 [关联(AS)/基点(B)/计数(COU)/间距(S)/列数(COL)/行数(R)/层数(L)/退出(X)] <退出>:   //COU Enter
输入列数数或 [表达式(E)] <4>:                          //7 Enter
输入行数数或 [表达式(E)] <3>:                          //2 Enter
选择夹点以编辑阵列或 [关联(AS)/基点(B)/计数(COU)/间距(S)/列数(COL)/行数(R)/层数(L)/退出(X)] <退出>:   //s Enter
指定列之间的距离或 [单位单元(U)] <1060>:               //-1806 Enter
指定行之间的距离 <931>:                                //6724 Enter
选择夹点以编辑阵列或 [关联(AS)/基点(B)/计数(COU)/间距(S)/列数(COL)/行数(R)/层数(L)/退出(X)] <退出>:   //AS Enter
创建关联阵列 [是(Y)/否(N)] <否>:                       //N Enter
```

```
选择夹点以编辑阵列或 [关联(AS)/基点(B)/计数(COU)/间距(S)/列数(COL)/行数(R)/层数(L)/退出(X)] <退出>:                    // Enter，结束命令，阵列结果如图 15-39 所示
```

步骤 19 使用快捷键 E 执行“删除”命令，删除左上侧的嵌块，结果如图 15-40 所示。

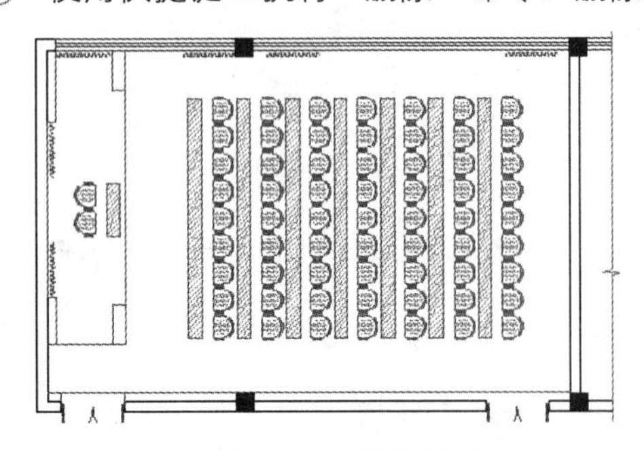
图 15-37 操作结果

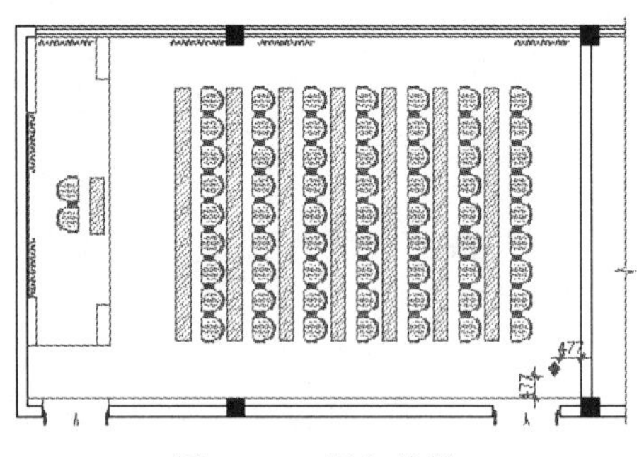
图 15-38 插入结果

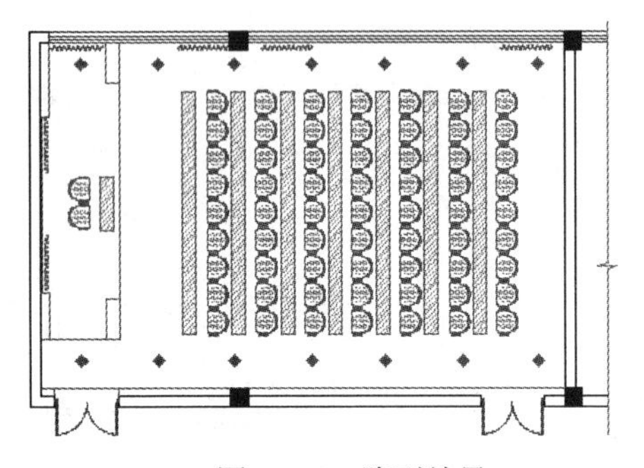
图 15-39 阵列结果

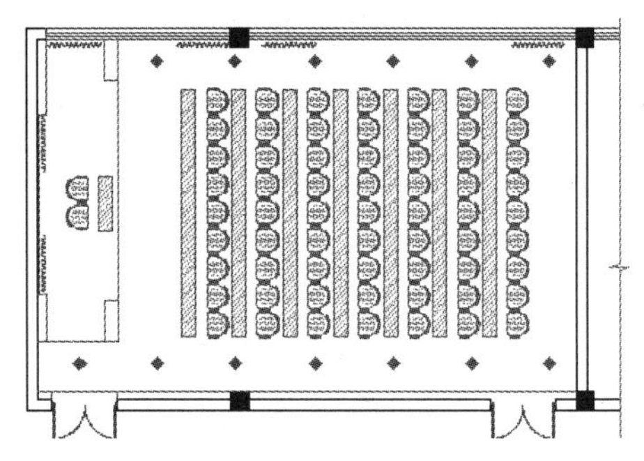
图 15-40 删除结果

步骤 20 重复执行“矩形阵列”命令，配合窗口选择功能继续对图块进行阵列。命令行操作如下：

```
命令: _arrayrect
选择对象:                                       //窗口选择如图 15-41 所示的对象
选择对象:                                       // Enter
类型 = 矩形  关联 = 否
选择夹点以编辑阵列或 [关联(AS)/基点(B)/计数(COU)/间距(S)/列数(COL)/行数(R)/层数(L)/退出(X)] <退出>:                    //COU Enter
输入列数数或 [表达式(E)] <4>:                    //2 Enter
输入行数数或 [表达式(E)] <3>:                    //4 Enter
选择夹点以编辑阵列或 [关联(AS)/基点(B)/计数(COU)/间距(S)/列数(COL)/行数(R)/层数(L)/退出(X)] <退出>:                    //s Enter
指定列之间的距离或 [单位单元(U)] <1060>:         //-9029 Enter
指定行之间的距离 <931>:                          //1681 Enter
选择夹点以编辑阵列或 [关联(AS)/基点(B)/计数(COU)/间距(S)/列数(COL)/行数(R)/层数(L)/退出(X)] <退出>:                    //AS Enter
创建关联阵列 [是(Y)/否(N)] <否>:                 //N Enter
选择夹点以编辑阵列或 [关联(AS)/基点(B)/计数(COU)/间距(S)/列数(COL)/行数(R)/层数(L)/退出(X)] <退出>:                    // Enter，结束命令，阵列结果如图 15-19 所示
```

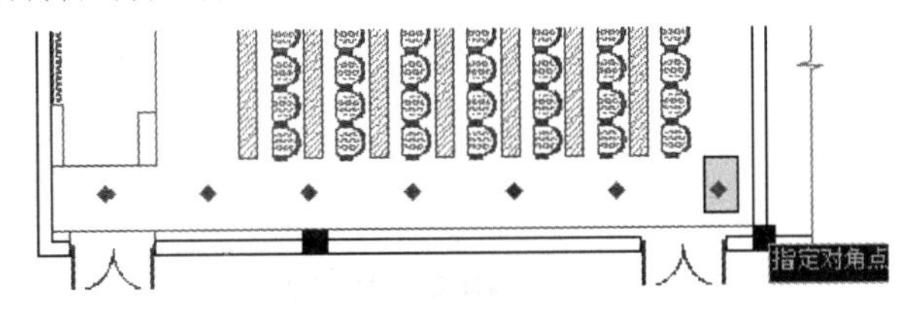

图 15-41　窗口选择

步骤 21　最后执行“另存为”命令，将图形命名存储为“综合范例二.dwg”。

15.5　综合范例三——标注多功能厅布置图尺寸及文字

本例主要学习多功能厅装饰装潢布置图尺寸及引线注释等内容的标注方法和具体标注过程。多功能厅装饰装潢布置图最终的标注效果，如图 15-42 所示。

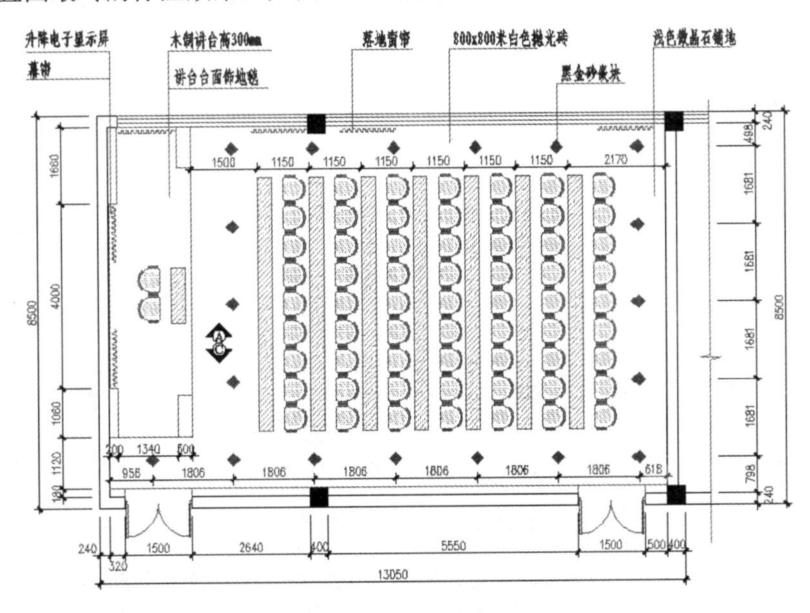

图 15-42　实例效果

操作步骤：

步骤 01　执行“打开”命令，打开随书光盘中的“\效果文件\第 15 章\综合范例二.dwg”文件。

步骤 02　展开“图层控制”下拉列表，选择“尺寸层”，将其设置为当前图层。

步骤 03　执行“标注样式”命令，将“建筑标注”设置为当前标注样式，同时修改标注比例为 60。

步骤 04　单击“标注”工具栏上的按钮，在命令行“指定第一条尺寸界线原点或 <选择对象>:”提示下，配合捕捉与追踪功能，捕捉如图 15-43 所示的端点。

步骤 05　在命令行“指定第二条尺寸界线原点:”提示下捕捉如图 15-44 所示的虚线交点。

步骤 06　在命令行“指定尺寸线位置或 [多行文字(M)/文字(T)/角度(A)/水平(H)/垂直(V)/旋转(R)]:”提示下在适当位置指定尺寸线位置，结果如图 15-45 所示。

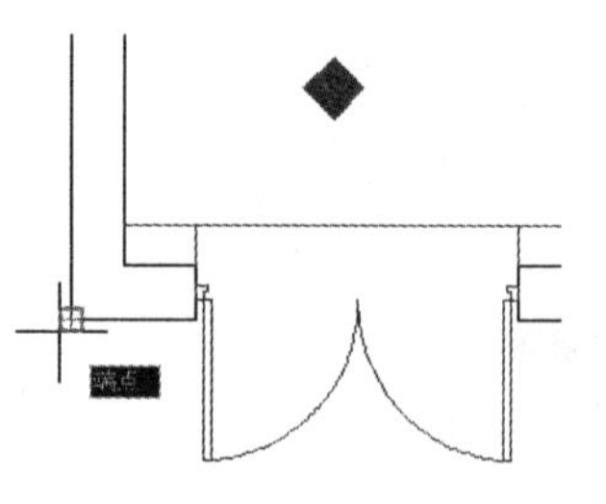

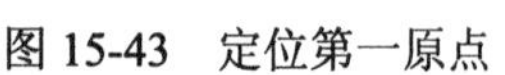

图 15-43　定位第一原点

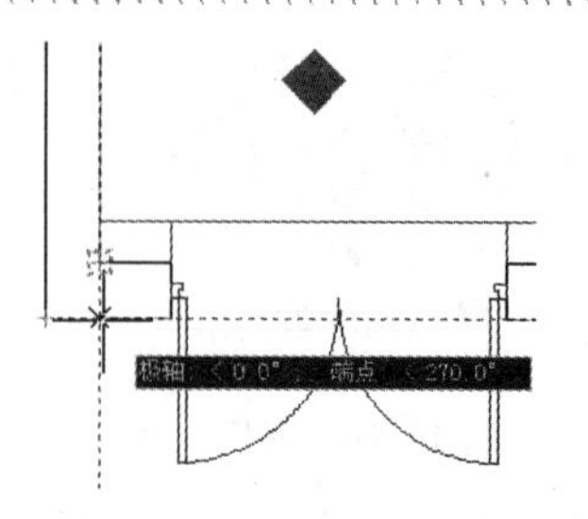

图 15-44　定位第二原点

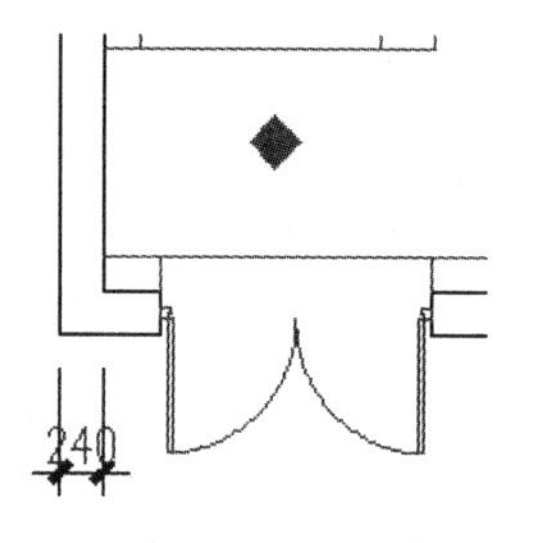

图 15-45　标注结果

步骤 07　单击“标注”工具栏上的 按钮，执行“连续”命令，系统自动以刚标注的线型尺寸作为连续标注的第一条尺寸界线，标注结果如图 15-46 所示。

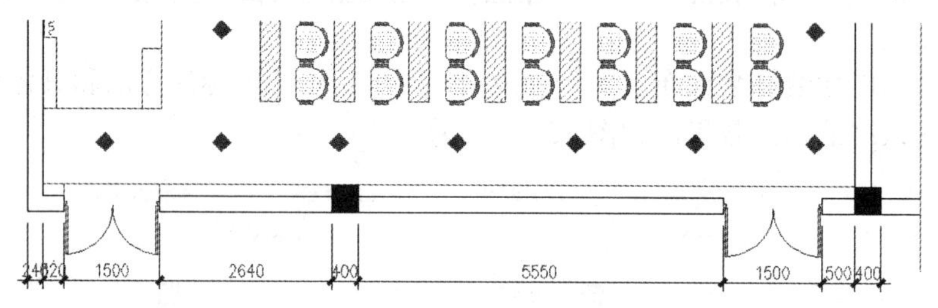

图 15-46　标注结果

步骤 08　执行“编辑标注文字”命令，适当协调标注文字的位置，结果如图 15-47 所示。

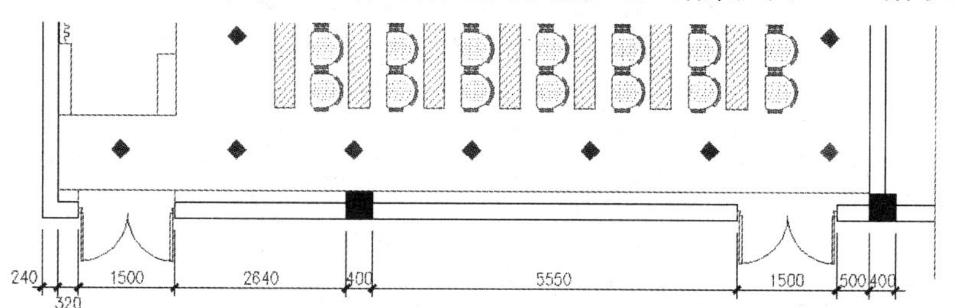

图 15-47　编辑标注文字

步骤 09　单击“标注”工具栏上的 按钮，配合端点捕捉功能标注如图 15-48 所示的总尺寸。

步骤 10　参照上述操作，重复使用“线性”和“连续”命令，标注其他侧的尺寸，结果如图 15-49 所示。

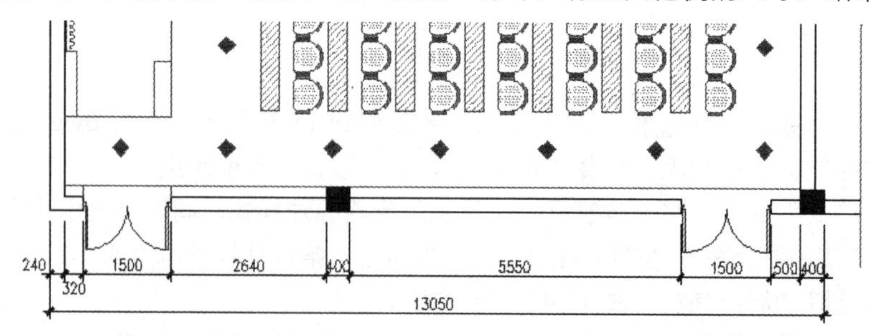

图 15-48　标注总尺寸

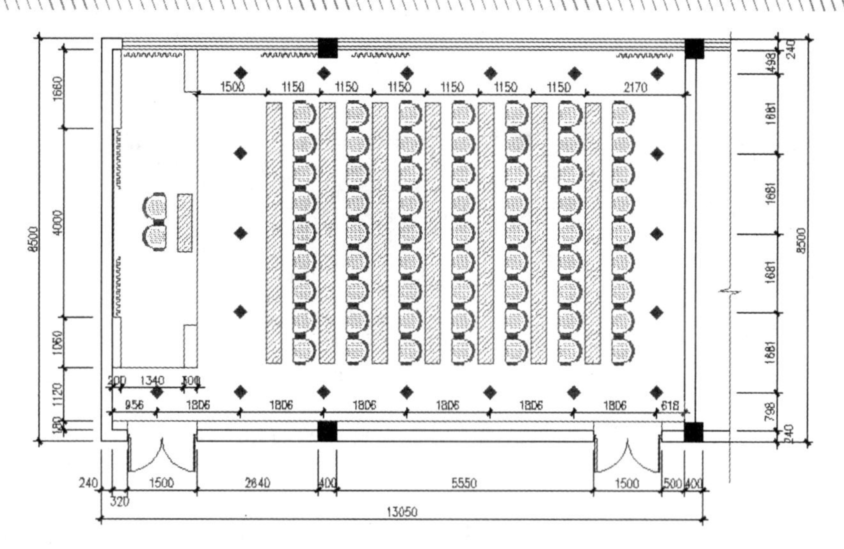

图 15-49 标注其他侧尺寸

步骤 11 将“文本层”设置为当前图层，然后展开“文字样式控制”下拉列表，将“仿宋体”设置为当前样式，如图 15-50 所示。

图 15-50 设置当前样式

步骤 12 暂时关闭“对象捕捉”功能，然后使用快捷键 L 执行“直线”命令，绘制如图 15-51 所示的文字指示线。

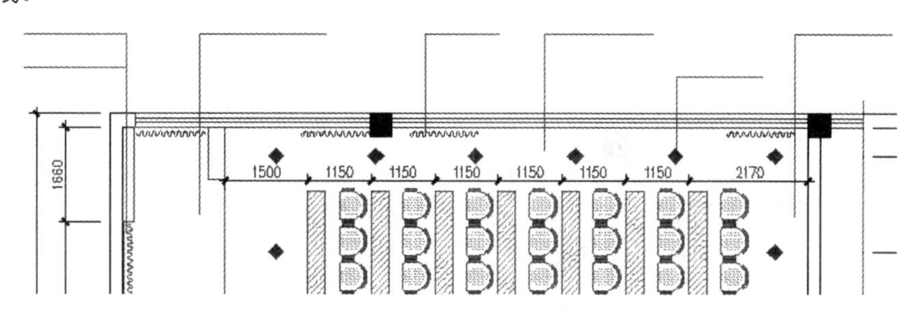

图 15-51 绘制指示线

步骤 13 展开“文字样式控制”下拉列表，将“仿宋体”设置为当前样式。

步骤 14 使用快捷键 DT 执行“单行文字”命令，设置字高为 280，标注如图 15-52 所示的文字注释。

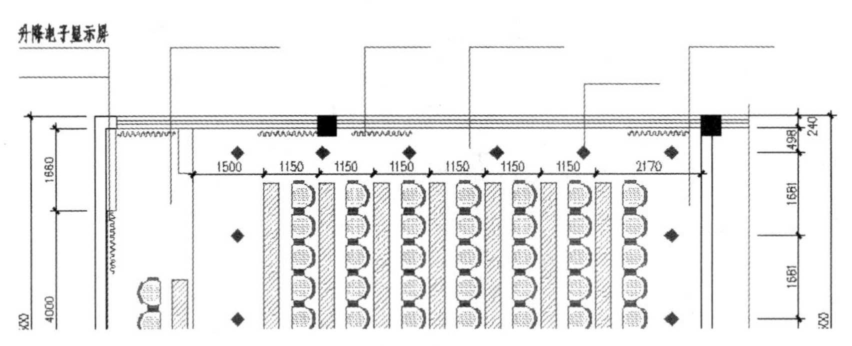

图 15-52　标注结果

步骤 15　重复执行"单行文字"命令，按照当前的参数设置，分别标注其他指示线位置的文字注释，结果如图 15-53 所示。

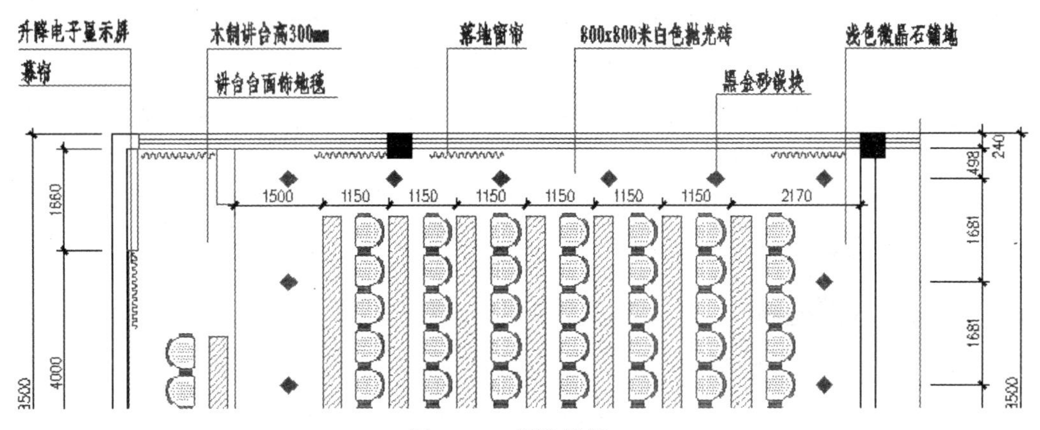

图 15-53　标注结果

步骤 16　将"其他层"设置为当前图层，然后使用"插入块"命令插入随书光盘中的"\图块文件\投影符号.dwg"，块的缩放比例为 40，如图 15-54 所示。

步骤 17　单击菜单"修改"/"镜像"命令，配合象限点捕捉功能对投影符号进行镜像，结果如图 15-55 所示。

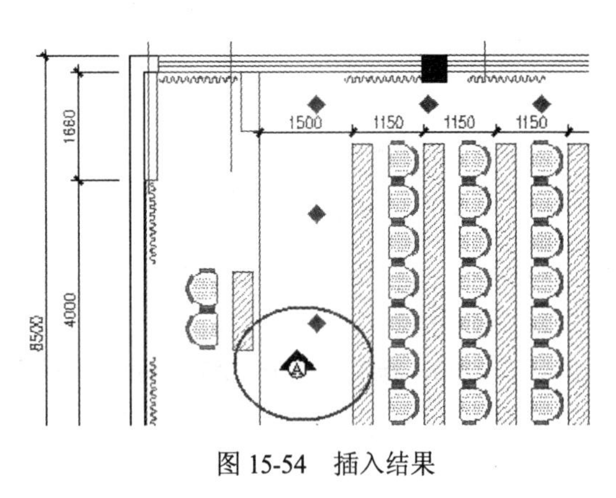

图 15-54　插入结果

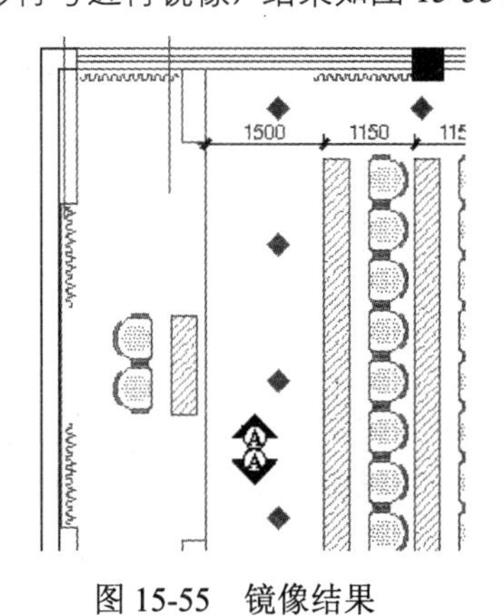

图 15-55　镜像结果

步骤 18　在镜像出的投影符号上双击，在打开的"增强属性编辑器"对话框中修改属性值如图 15-56 所示。

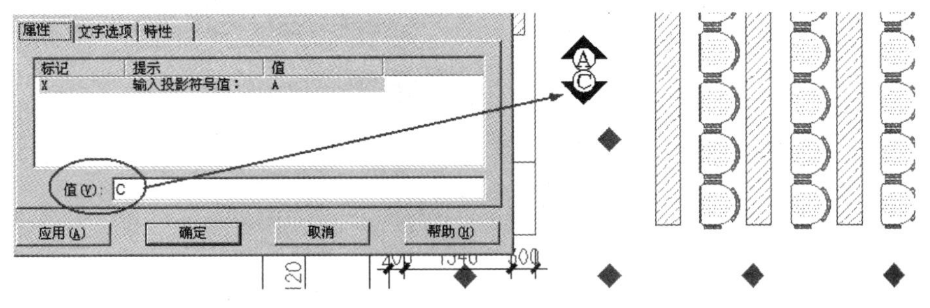

图 15-56　修改属性值

步骤 19　调整视图，使平面图完全显示，最终结果如图 15-42 所示。

步骤 20　最后执行“另存为”命令，将图形命名存储为“综合范例三.dwg”。

15.6　综合范例四——绘制多功能厅吊顶及灯具图

本例主要学习多功能厅装饰装潢吊顶图的绘制方法和具体绘制过程。多功能厅装饰装潢吊顶图的最终绘制效果，如图 15-57 所示。

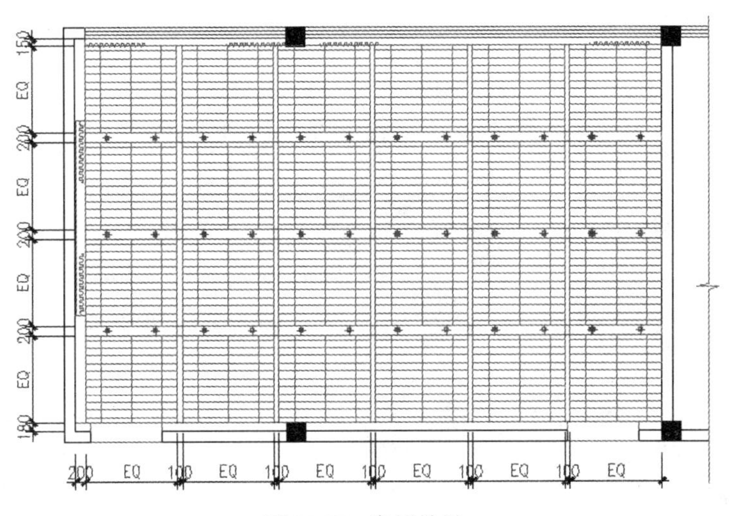

图 15-57　实例效果

操作步骤：

步骤 01　执行“打开”命令，打开随书光盘中的“\效果文件\第 15 章\综合范例三 dwg”。

步骤 02　执行“图层”命令，在打开的对话框中双击“吊顶层”，将此图层设置为当前图层，然后关闭“尺寸层”。

步骤 03　使用快捷键 E 执行“删除”命令，删除不需要的一些对象，删除结果如图 15-58 所示。

步骤 04　使用快捷键 L 执行“直线”命令，配合捕捉或追踪功能绘制门洞位置的轮廓线以及窗帘盒轮廓线，其中窗帘盒宽度为 150，并适当调整内部图线的图层及位置，结果如图 15-59 所示。

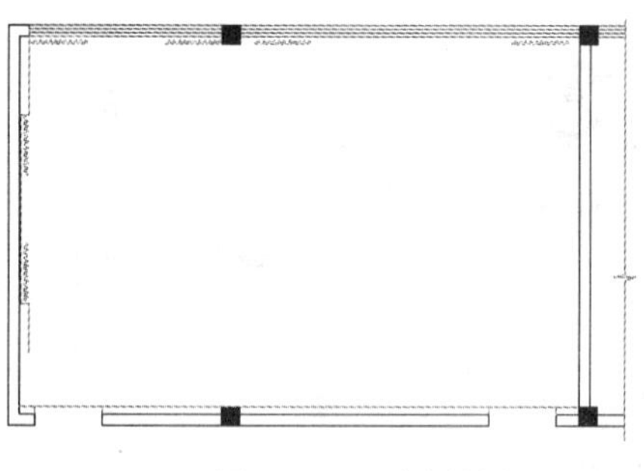

图 15-58　删除结果

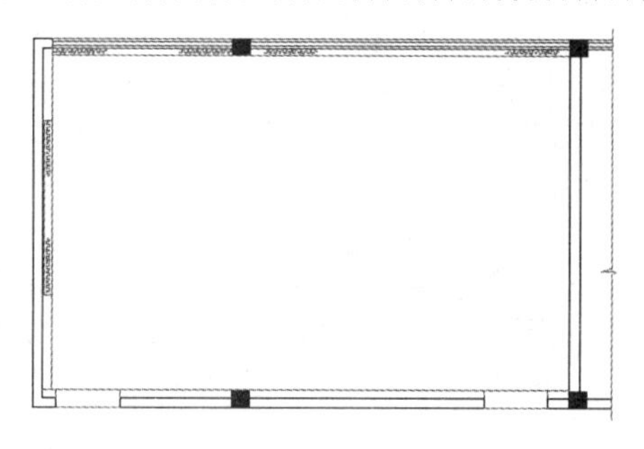

图 15-59　操作结果

步骤 05 单击菜单“绘图”/“多线”命令，配合“捕捉自”功能绘制宽度为 200 的水平多线。命令行操作如下：

```
命令: _mline
当前设置: 对正 = 上，比例 = 20.00，样式 = 墙线样式
指定起点或 [对正(J)/比例(S)/样式(ST)]: //S Enter
输入多线比例 <20.00>:                    //200 Enter
当前设置: 对正 = 上，比例 = 200.00，样式 = 墙线样式
指定起点或 [对正(J)/比例(S)/样式(ST)]: //j Enter
输入对正类型 [上(T)/无(Z)/下(B)] <上>: //b Enter
当前设置: 对正 = 下，比例 = 200.00，样式 = 墙线样式
指定起点或 [对正(J)/比例(S)/样式(ST)]: //激活“捕捉自”功能
_from 基点:                              //捕捉如图 15-60 所示的端点
<偏移>:                                  //@0,1972.5 Enter
指定下一点:                              //捕捉如图 15-61 所示的交点
指定下一点或 [放弃(U)]:                  // Enter，绘制结果如图 15-62 所示
```

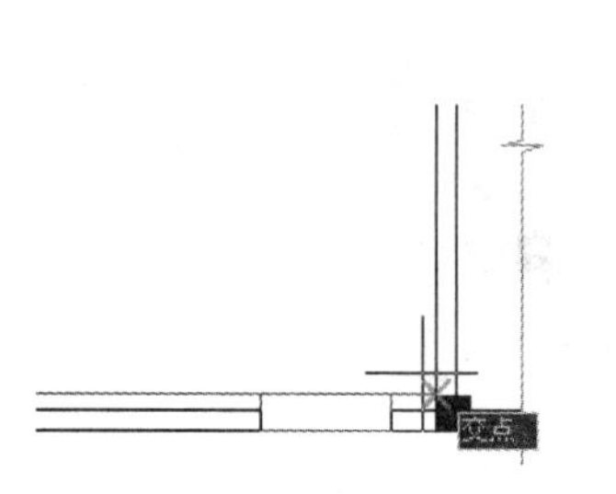

图 15-60　捕捉端点

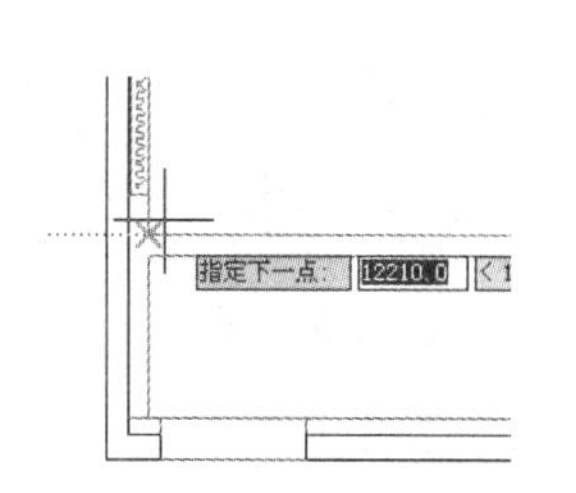

图 15-61　捕捉交点

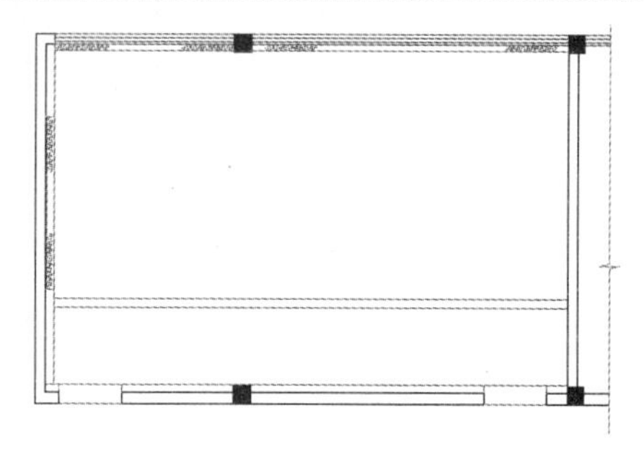

图 15-62　绘制结果

步骤 06 单击菜单“修改”/“阵列”/“矩形阵列”命令，对刚绘制的水平多线进行阵列。命令行操作如下：

```
命令: _arrayrect
选择对象:                                //选择多线
选择对象:                                // Enter
类型 = 矩形  关联 = 否
选择夹点以编辑阵列或 [关联(AS)/基点(B)/计数(COU)/间距(S)/列数(COL)/行数(R)/层数(L)/退出(X)] <退出>:   //COU Enter
输入列数数或 [表达式(E)] <4>:            //1 Enter
输入行数数或 [表达式(E)] <3>:            //3 Enter
```

```
选择夹点以编辑阵列或 [关联(AS)/基点(B)/计数(COU)/间距(S)/列数(COL)/行数(R)/层数(L)/退出(X)] <退出>:                          //s Enter
指定列之间的距离或 [单位单元(U)] <1060>:      //1 Enter
指定行之间的距离 <931>:                       //1972.5 Enter
选择夹点以编辑阵列或 [关联(AS)/基点(B)/计数(COU)/间距(S)/列数(COL)/行数(R)/层数(L)/退出(X)] <退出>:                          //AS Enter
创建关联阵列 [是(Y)/否(N)] <否>:              //N Enter
选择夹点以编辑阵列或 [关联(AS)/基点(B)/计数(COU)/间距(S)/列数(COL)/行数(R)/层数(L)/退出(X)] <退出>:                          // Enter，结束命令，阵列结果如图 15-63 所示
```

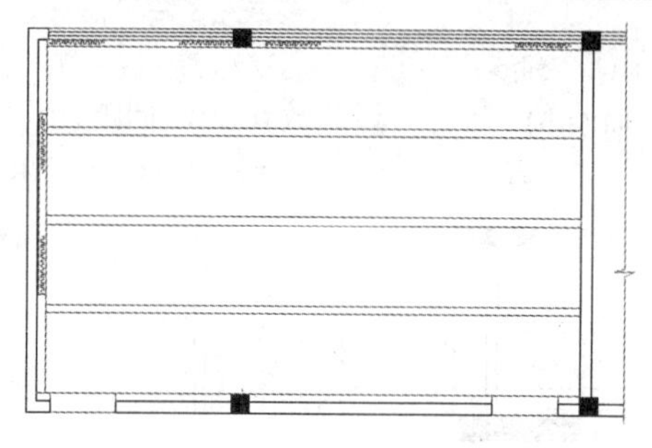

图 15-63　阵列结果

步骤 07　单击菜单“绘图”/“多线”命令，配合延伸捕捉功能绘制宽度为 100 的垂直多线。命令行操作如下：

```
命令: _mline
当前设置: 对正 = 下, 比例 = 20.00, 样式 = 墙线样式
指定起点或 [对正(J)/比例(S)/样式(ST)]:      //S Enter
输入多线比例 <200.00>:                      //100 Enter
当前设置: 对正 = 下, 比例 = 100.00, 样式 = 墙线样式
指定起点或 [对正(J)/比例(S)/样式(ST)]:      //水平向左引出如图 15-64 所示的延伸矢量，输入 11710/6 后按 Enter 键
指定下一点:                                 //捕捉如图 15-65 所示的交点
指定下一点或 [放弃(U)]:                     // Enter，绘制结果如图 15-66 所示
```

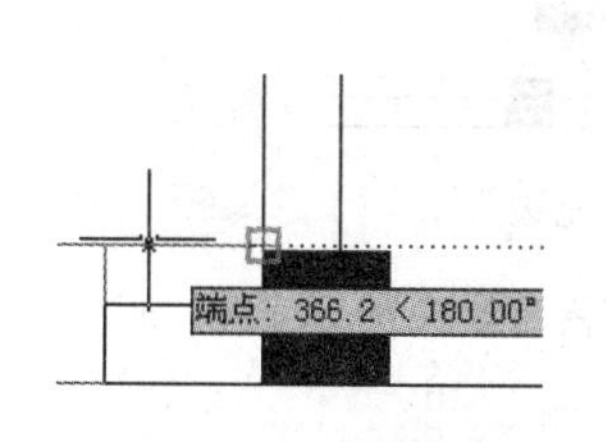

图 15-64　延伸捕捉

图 15-65　捕捉交点

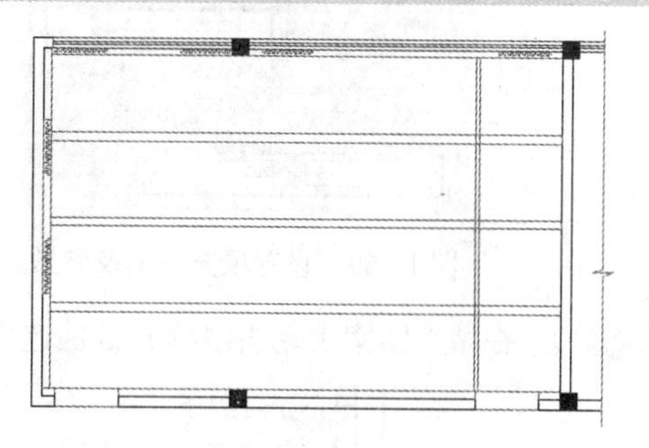

图 15-66　绘制结果

步骤 08　单击菜单“修改”/“阵列”/“矩形阵列”命令，对刚绘制垂直多线进行阵列。命令行操作如下：

```
命令: _arrayrect
选择对象:                                   //选择如图 15-67 所示的垂直多线
选择对象:                                   // Enter
类型 = 矩形  关联 = 否
```

```
选择夹点以编辑阵列或 [关联(AS)/基点(B)/计数(COU)/间距(S)/列数(COL)/行数(R)/层数(L)/退出(X)] <退出>:            //COU Enter
输入列数数或 [表达式(E)] <4>:                        //5 Enter
输入行数数或 [表达式(E)] <3>:                        //1 Enter
选择夹点以编辑阵列或 [关联(AS)/基点(B)/计数(COU)/间距(S)/列数(COL)/行数(R)/层数(L)/退出(X)] <退出>:            //s Enter
指定列之间的距离或 [单位单元(U)] <1060>:              //-2051.66 Enter
指定行之间的距离 <931>:                              //1 Enter
选择夹点以编辑阵列或 [关联(AS)/基点(B)/计数(COU)/间距(S)/列数(COL)/行数(R)/层数(L)/退出(X)] <退出>:            //AS Enter
创建关联阵列 [是(Y)/否(N)] <否>:                     //N Enter
选择夹点以编辑阵列或 [关联(AS)/基点(B)/计数(COU)/间距(S)/列数(COL)/行数(R)/层数(L)/退出(X)] <退出>:            // Enter，结束命令，阵列结果如图 15-68 所示
```

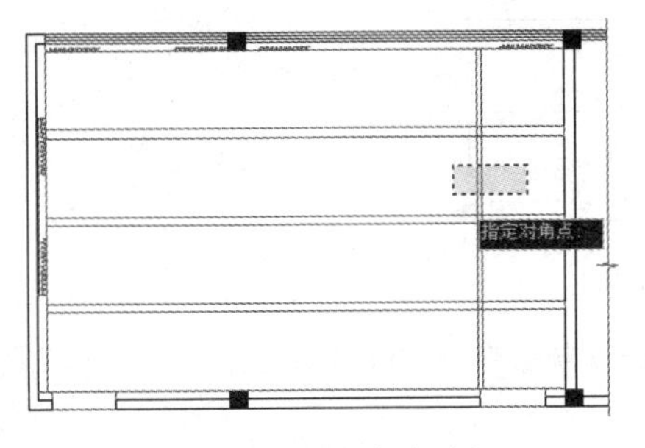

图 15-67　窗交选择

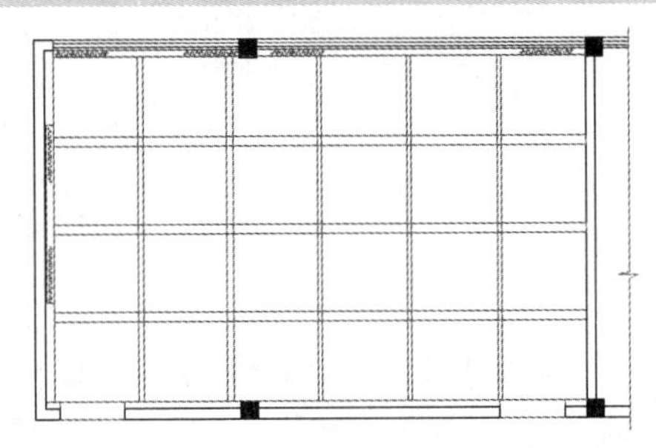

图 15-68　阵列结果

步骤 09　将当前颜色设置为 132 号色，然后使用快捷键 H 执行“图案填充”命令，设置填充图案如图 15-69 所示，返回绘图区拾取如图 15-70 所示的填充边界，为天花板填充如图 15-71 所示的图案。

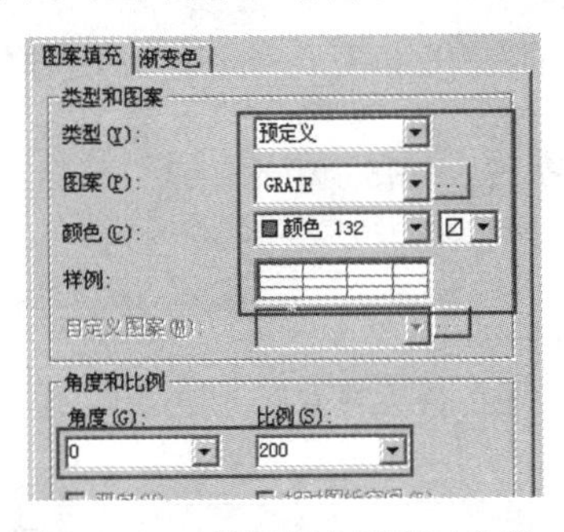

图 15-69　设置填充图案及参数

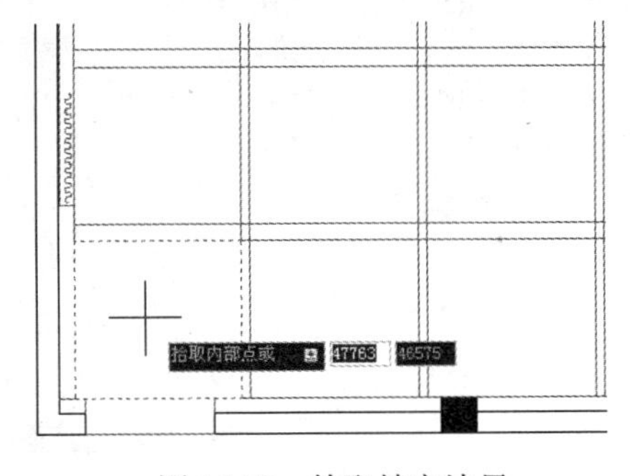

图 15-70　拾取填充边界

步骤 10　在填充图案上单击鼠标右键，选择右键菜单上的“设定原点”命令，如图 15-72 所示。

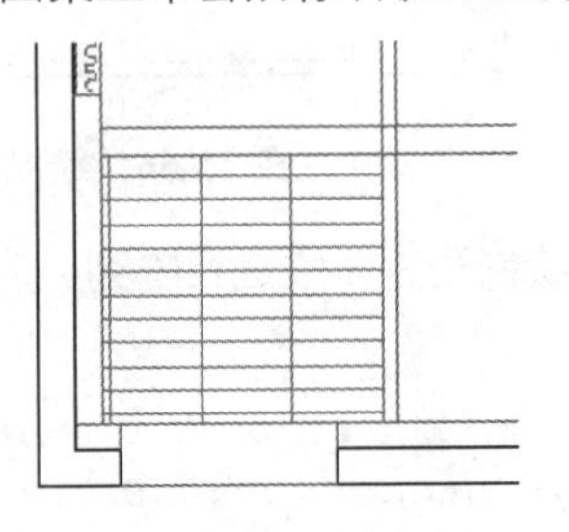

图 15-71　填充结果

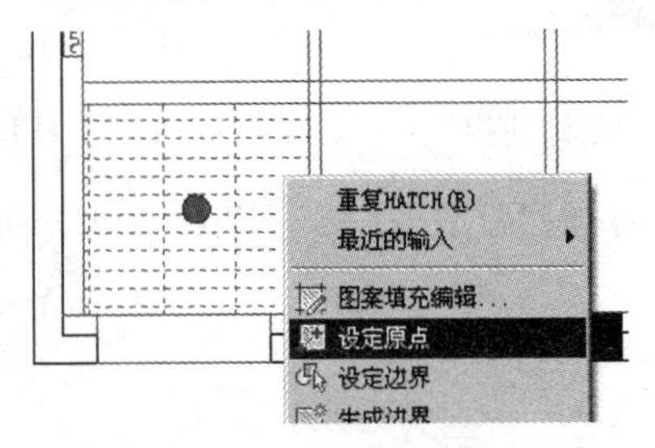

图 15-72　图案右键菜单

步骤 11　返回绘图区在命令行“选择新的图案填充原点:”提示下，激活“两点之间的中点”捕捉。

步骤 12　在命令行“_m2p 中点的第一点: ”提示下捕捉如图 15-73 所示的交点。

步骤 13　在命令行“中点的第二点:”提示下捕捉如图 15-74 所示的端点，调整结果如图 15-75 所示。

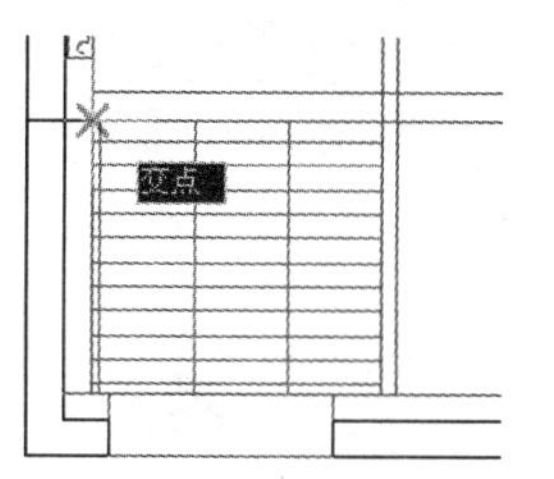

图 15-73　捕捉交点

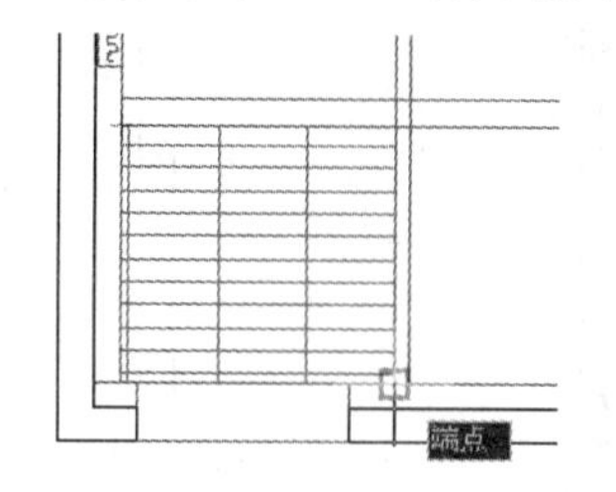

图 15-74　捕捉端点

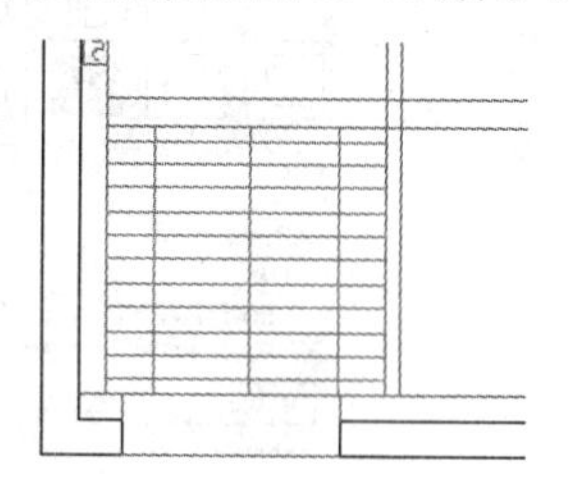

图 15-75　调整原点后的效果

步骤 14　单击菜单“修改”/“阵列”/“矩形阵列”命令，选择条形铝板进行阵列。命令行操作如下：

```
命令: _arrayrect
选择对象:                          //选择如图 15-76 所示的对象
选择对象:                          // Enter
类型 = 矩形  关联 = 否
选择夹点以编辑阵列或 [关联(AS)/基点(B)/计数(COU)/间距(S)/列数(COL)/行数(R)/层数(L)/退
出(X)] <退出>:                          //COU Enter
输入列数数或 [表达式(E)] <4>:          //6 Enter
输入行数数或 [表达式(E)] <3>:          //4 Enter
选择夹点以编辑阵列或 [关联(AS)/基点(B)/计数(COU)/间距(S)/列数(COL)/行数(R)/层数(L)/退
出(X)] <退出>:                          //s Enter
指定列之间的距离或 [单位单元(U)] <1060>:  //2051.67 Enter
指定行之间的距离 <931>:                 //1972.5 Enter
选择夹点以编辑阵列或 [关联(AS)/基点(B)/计数(COU)/间距(S)/列数(COL)/行数(R)/层数(L)/退
出(X)] <退出>:                          //AS Enter
创建关联阵列 [是(Y)/否(N)] <否>:       //N Enter
选择夹点以编辑阵列或 [关联(AS)/基点(B)/计数(COU)/间距(S)/列数(COL)/行数(R)/层数(L)/退
出(X)] <退出>:                          // Enter，结束命令，阵列结果如图 15-77 所示
```

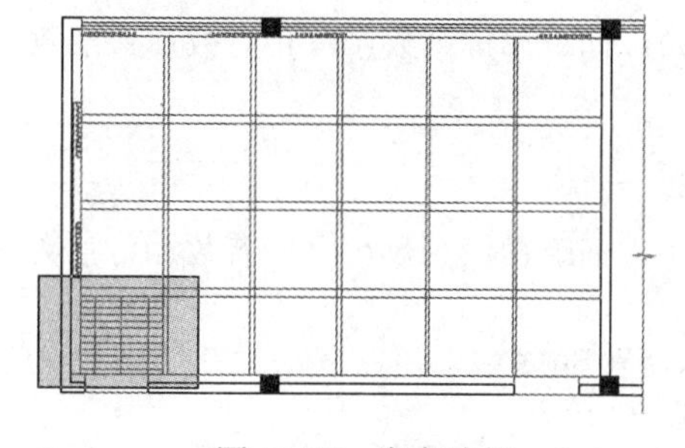

图 15-76　窗交选择

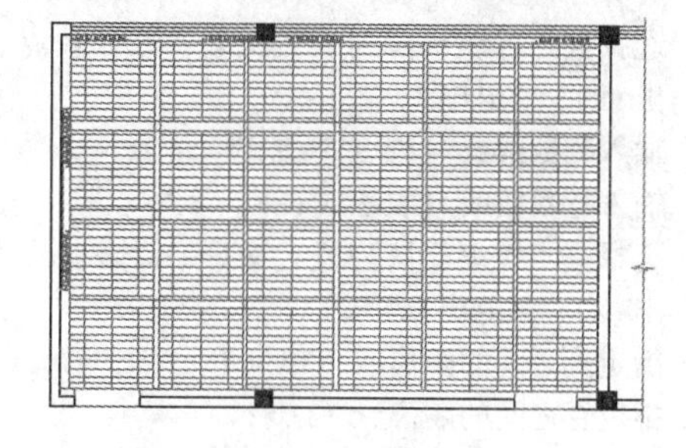

图 15-77　阵列结果

步骤 15　将“灯具层”设置为当前图层，然后执行“点样式”命令，在打开的“点样式”对话框中，设置当前点的样式和点的大小，如图 15-78 所示。

步骤 16　使用快捷键 L 执行“直线”命令，配合中点捕捉和交点捕捉功能，绘制如图 15-79 所示的水平直线作为定位辅助线。

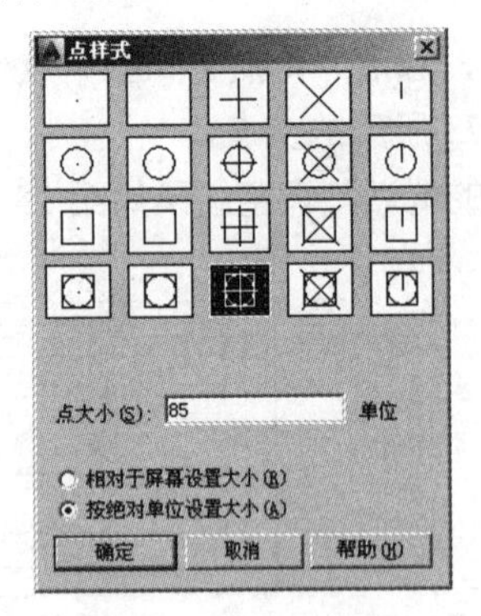

图 15-78　“点样式”对话框

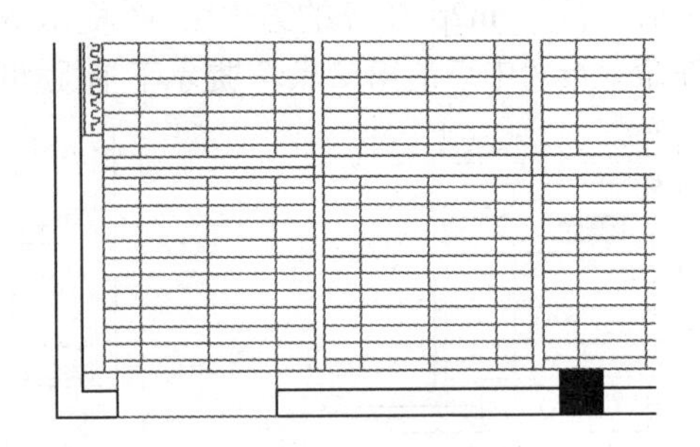

图 15-79　绘制辅助线

步骤 17　使用“多点”命令在水平辅助线的中点处绘制如图 15-80 所示的点作为筒灯。

步骤 18　执行“删除”命令，删除定位辅助线，结果如图 15-81 所示。

步骤 19　使用快捷键 CO 执行“复制”命令，将绘制的点对称复制 512.5 个单位，并删除源对象，复制结果如图 15-82 所示。

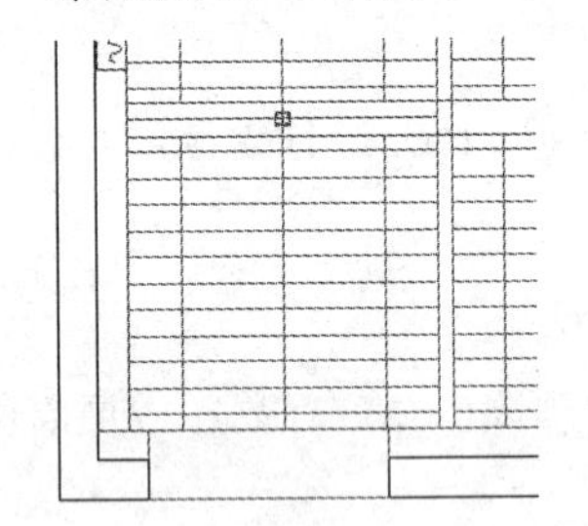

图 15-80　绘制点

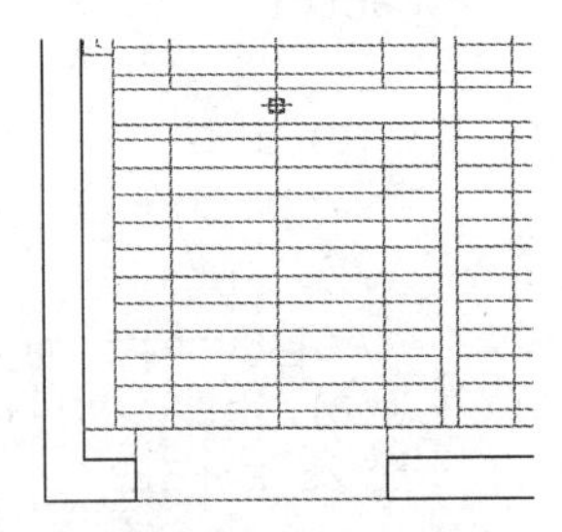

图 15-81　删除辅助线

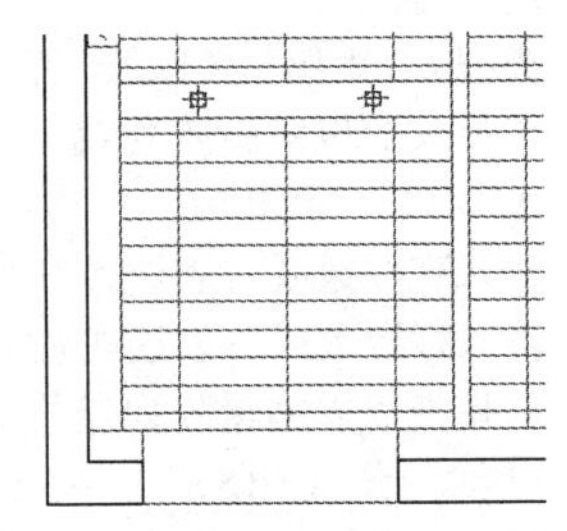

图 15-82　复制点

步骤 20　单击菜单“修改”/“阵列”/“矩形阵列”命令，选择两个灯具进行阵列。命令行操作如下：

```
命令: _arrayrect
选择对象:                          //选择如图 15-83 所示的对象
选择对象:                          // Enter
类型 = 矩形　关联 = 否
选择夹点以编辑阵列或 [关联(AS)/基点(B)/计数(COU)/间距(S)/列数(COL)/行数(R)/层数(L)/退
出(X)] <退出>:                     //COU Enter
输入列数数或 [表达式(E)] <4>:       //6 Enter
输入行数数或 [表达式(E)] <3>:       //3 Enter
选择夹点以编辑阵列或 [关联(AS)/基点(B)/计数(COU)/间距(S)/列数(COL)/行数(R)/层数(L)/退
出(X)] <退出>:                     //s Enter
指定列之间的距离或 [单位单元(U)] <1060>: 2051.67 Enter
指定行之间的距离 <931>:             //1972.5 Enter
选择夹点以编辑阵列或 [关联(AS)/基点(B)/计数(COU)/间距(S)/列数(COL)/行数(R)/层数(L)/退
出(X)] <退出>:                     //AS Enter
创建关联阵列 [是(Y)/否(N)] <否>:    //N Enter
选择夹点以编辑阵列或 [关联(AS)/基点(B)/计数(COU)/间距(S)/列数(COL)/行数(R)/层数(L)/退
出(X)] <退出>:                     // Enter，结束命令，阵列结果如图 15-57 所示
```

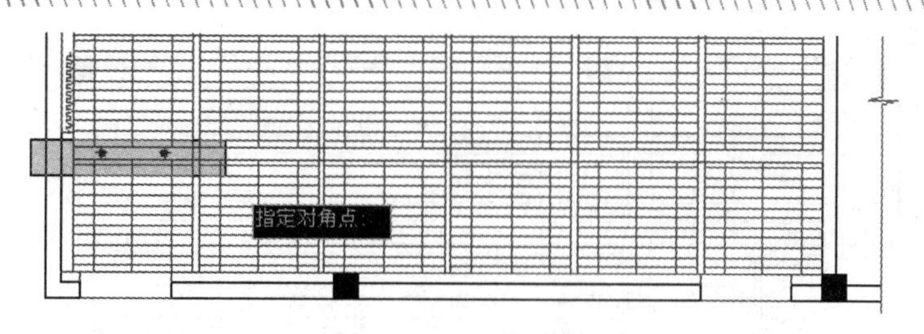

图 15-83　窗交选择

步骤 21　最后执行“另存为”命令，将图形命名存储为“综合范例四.dwg”。

15.7　综合范例五——标注多功能厅吊顶图尺寸及文字

本例主要学习多功能厅装饰装潢吊顶图的标注方法和具体标注过程。多功能厅装饰装潢吊顶图的最终标注效果如图 15-84 所示。

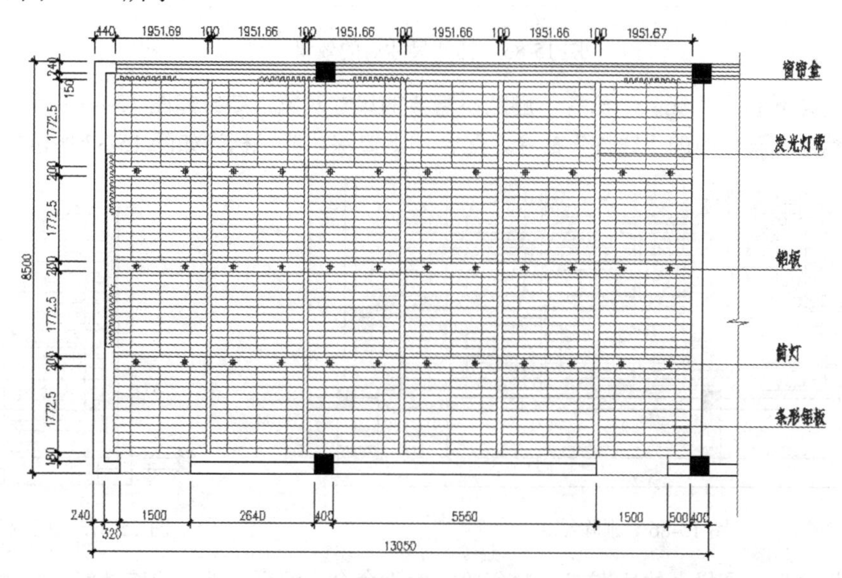

图 15-84　实例效果

操作步骤：

步骤 01　执行“打开”命令，打开光盘中的“\效果文件\第 15 章\综合范例四.dwg”文件。

步骤 02　展开“图层控制”下拉列表，打开“尺寸层”，并将其设置为当前图层，此时平面图的显示效果如图 15-85 所示。

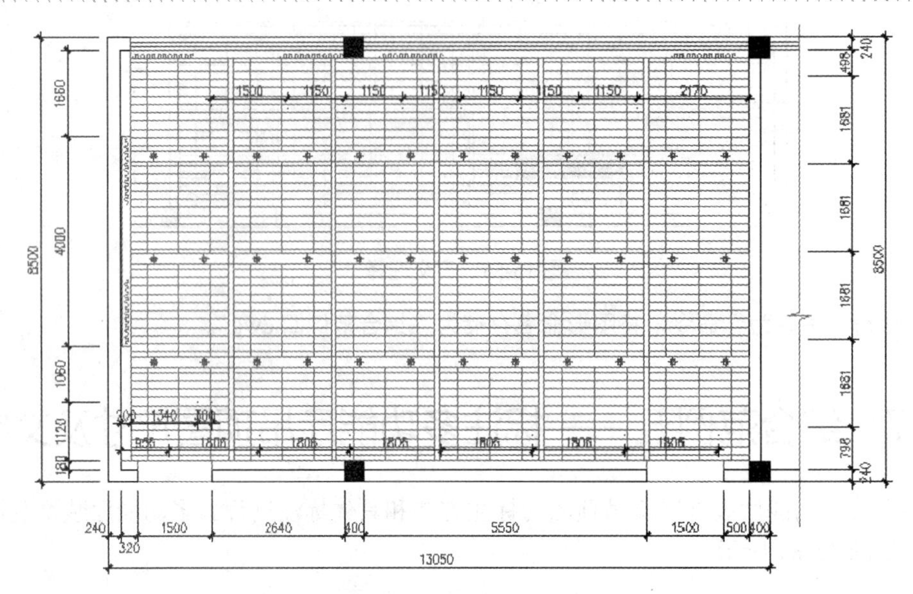

图 15-85　打开尺寸后的效果

步骤 03　使用快捷键 E 执行“删除”命令，删除不需要的尺寸对象，结果如图 15-86 所示。

步骤 04　单击“标注”菜单中的“线性”命令，配合捕捉追踪功能，标注如图 15-87 所示的线性尺寸。

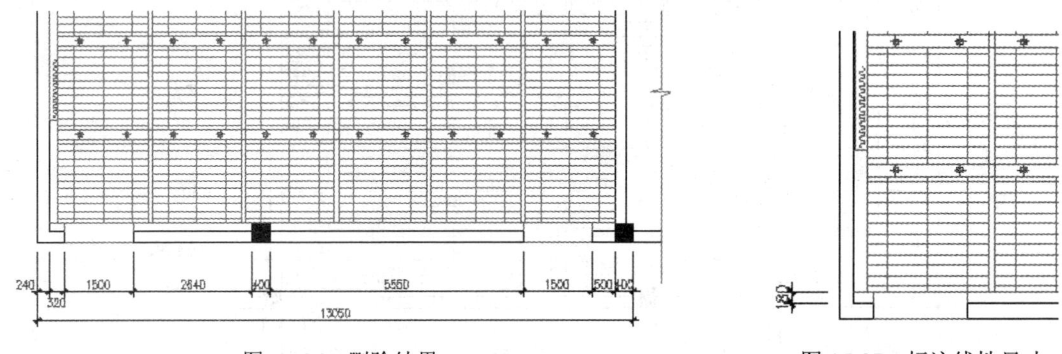

图 15-86　删除结果　　　　图 15-87　标注线性尺寸

步骤 05　单击“标注”工具栏上的按钮，执行“连续”命令，配合捕捉与追踪功能，标注两侧的细部尺寸，结果如图 15-88 所示。

步骤 06　单击“标注”工具栏上的按钮，执行“编辑标注文字”命令，对重叠的尺寸文字进行协调，结果如图 15-89 所示。

步骤 07　执行“线性”命令，配合捕捉功能标注两侧的总尺寸，标注结果如图 15-90 所示。

步骤 08　重复执行“线性”和“连续”命令，标注吊顶图其他位置的尺寸，结果如图 15-91 所示。

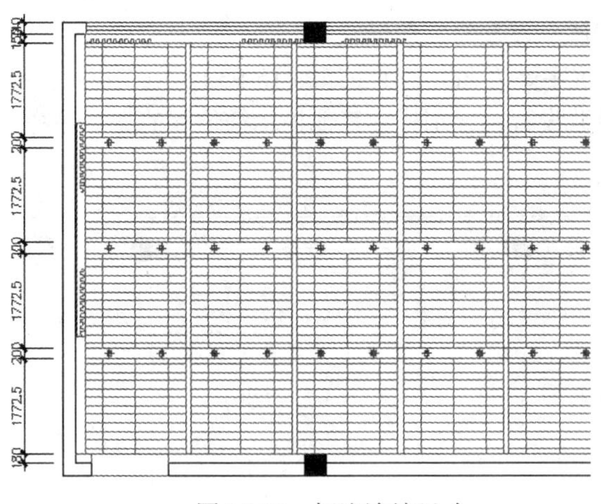

图 15-88　标注连续尺寸

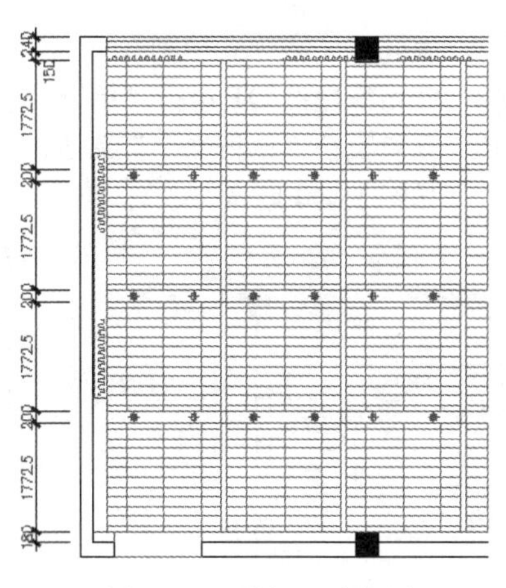

图 15-89　协调尺寸位置

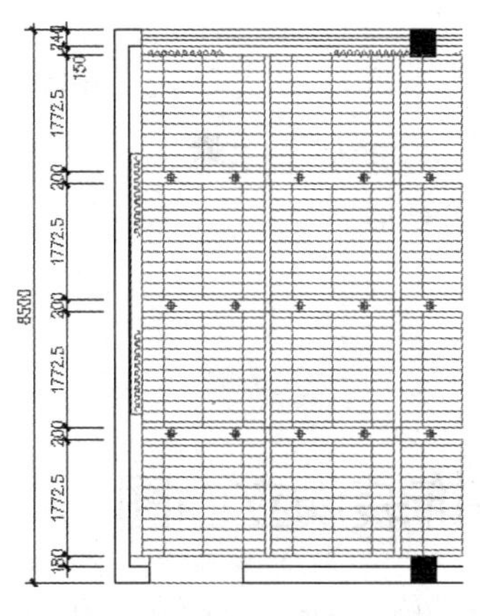

图 15-90　标注总尺寸

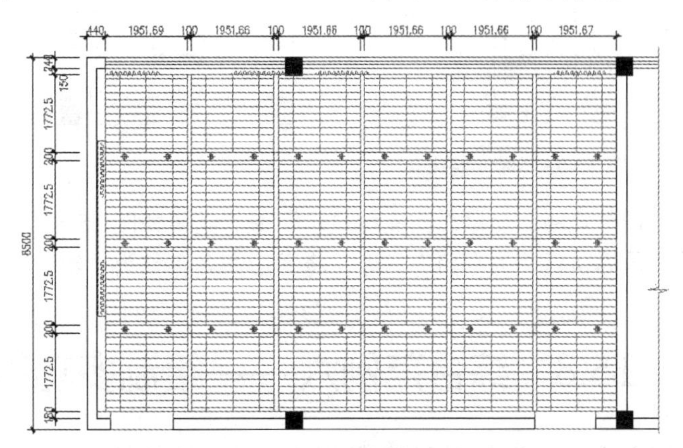

图 15-91　标注其他尺寸

步骤 09　展开“图层控制”下拉列表，将“文本层”设置为当前图层。

步骤 10　暂时关闭“对象捕捉”功能，然后使用快捷键 L 执行“直线”命令，绘制如图 15-92 所示的文字指示线。

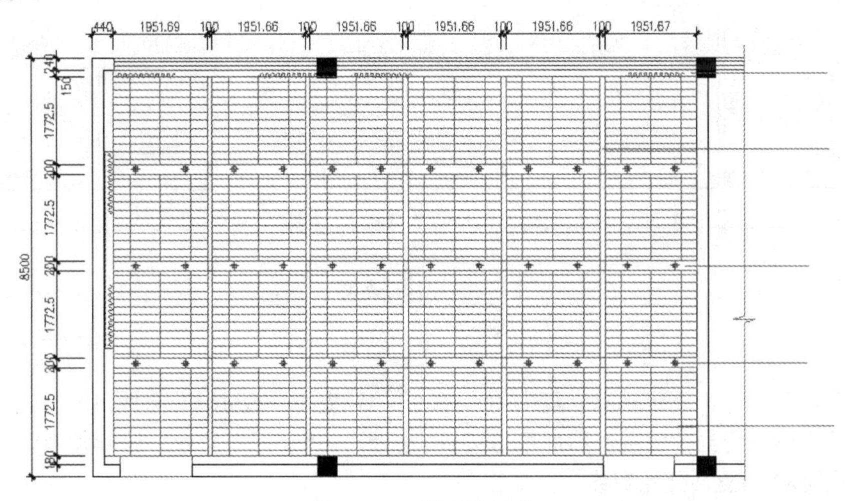

图 15-92　绘制指示线

步骤 11　展开“文字样式控制”下拉列表，将“仿宋体”设置为当前样式。

步骤 12　使用快捷键 DT 执行“单行文字”命令，设置字高为 280，标注如图 15-93 所示的文字注释。

步骤 13　重复执行“单行文字”命令，按照当前的参数设置，分别标注其他指示线位置的文字注释，结果如图 15-94 所示。

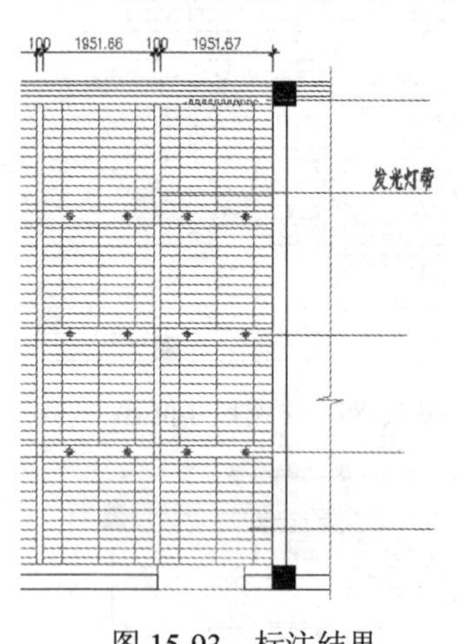

图 15-93　标注结果

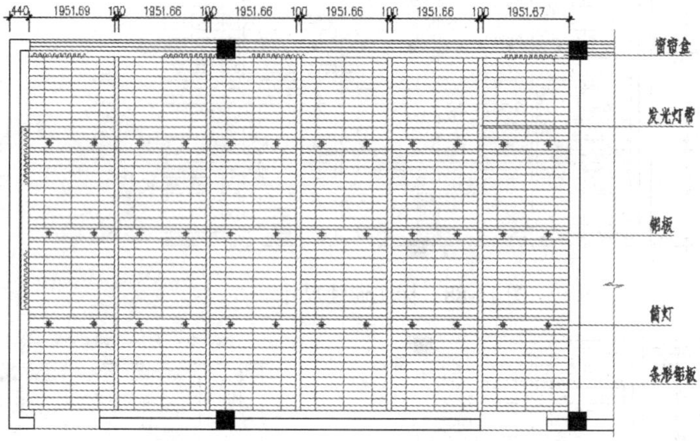

图 15-94　标注结果

步骤 14　调整视图，使平面图完全显示，最终结果如图 15-57 所示。

步骤 15　最后执行“另存为”命令，将图形命名存储为“综合范例五.dwg”。

15.8　综合范例六——绘制多功能厅装饰装潢立面图

本例主要学习多功能厅装饰装潢 C 向立面图的具体绘制过程和绘制技巧。多功能厅装饰装潢立面图的最终绘制效果，如图 15-95 所示。

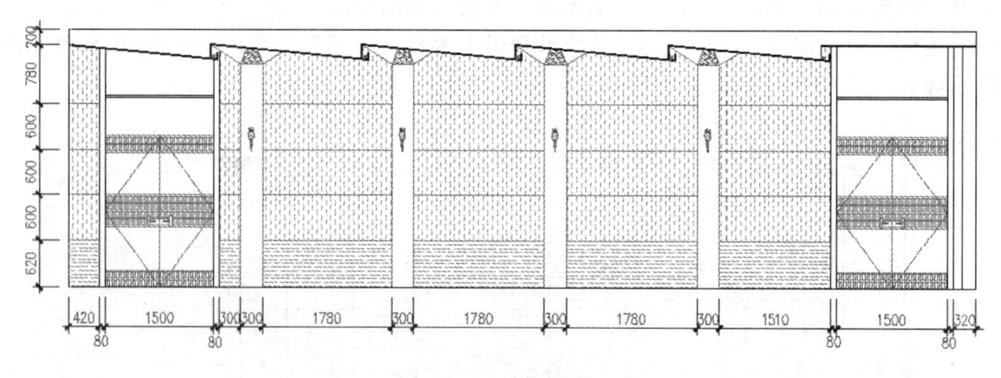

图 15-95　实例效果

操作步骤：

步骤 01　执行“新建”命令，调用随书光盘中的“\样板文件\室内样板.dwt”文件。

步骤 02　设置“轮廓线”为当前图层，然后单击菜单“绘图”/“矩形”命令，绘制长度为 12410、宽度为 3400 的矩形作为立面外轮廓线。

步骤 03　单击菜单“修改”/“分解”命令，将绘制的矩形分解为四条独立的线段。

步骤 04 单击菜单“绘图”/“多线”命令，配合“捕捉自”功能绘制宽度为 12 的多线。命令行操作如下：

```
命令: _mline
当前设置: 对正 = 无，比例 = 240.00，样式 = 墙线样式
指定起点或 [对正(J)/比例(S)/样式(ST)]:        //j Enter
输入对正类型 [上(T)/无(Z)/下(B)] <无>:        //T Enter
当前设置: 对正 = 上，比例 = 240.00，样式 = 墙线样式
指定起点或 [对正(J)/比例(S)/样式(ST)]:        //s Enter
输入多线比例 <240.00>:                        //12 Enter
当前设置: 对正 = 上，比例 = 12.00，样式 = 墙线样式
指定起点或 [对正(J)/比例(S)/样式(ST)]:        //激活“捕捉自”功能
_from 基点:                                   //捕捉右侧垂直轮廓线的上端点
<偏移>:                                       //@0,-200 Enter
指定下一点:                                   //@-2112,0 Enter
指定下一点或 [放弃(U)]:                       //@0,-185 Enter
指定下一点或 [闭合(C)/放弃(U)]:               // Enter，结束命令，绘制结果如图 15-96 所示
```

图 15-96　绘制结果

步骤 05 重复执行“多线”命令，配合“捕捉自”功能继续绘制宽度为 12 的多线。命令行操作如下：

```
命令: _mline
当前设置: 对正 = 上，比例 = 12.00，样式 = 墙线样式
指定起点或 [对正(J)/比例(S)/样式(ST)]:        //激活“捕捉自”功能
_from 基点:                                   //捕捉右侧垂直轮廓线的上端点
<偏移>:                                       //@-2000,-300 Enter
指定下一点:                                   //@0,-100 Enter
指定下一点或 [放弃(U)]:                       //@-2180,200 Enter
指定下一点或 [闭合(C)/放弃(U)]:               //@0,-185 Enter
指定下一点或 [闭合(C)/放弃(U)]:               // Enter，绘制结果如图 15-97 所示
```

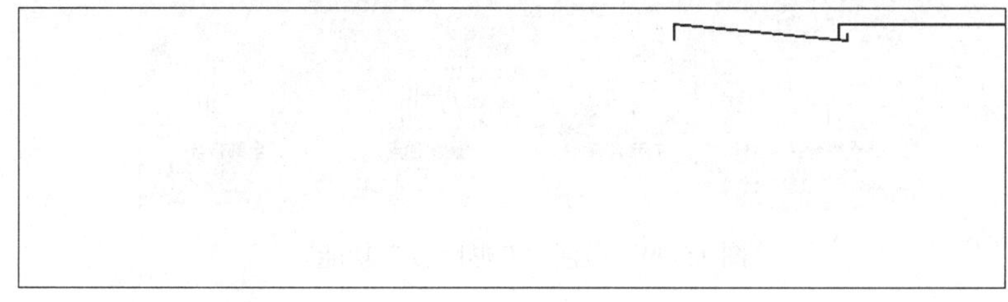

图 15-97　绘制结果

步骤 06 单击菜单“修改”/“阵列”/“矩形阵列”命令，选择最后绘制的多线进行阵列。命令行操作如下：

```
命令: _arrayrect
选择对象:                              //选择最后绘制的多线
选择对象:                              // Enter
类型 = 矩形  关联 = 否
选择夹点以编辑阵列或 [关联(AS)/基点(B)/计数(COU)/间距(S)/列数(COL)/行数(R)/层数(L)/退
出(X)] <退出>:                         //COU Enter
输入列数数或 [表达式(E)] <4>:          //5 Enter
输入行数数或 [表达式(E)] <3>:          //1 Enter
选择夹点以编辑阵列或 [关联(AS)/基点(B)/计数(COU)/间距(S)/列数(COL)/行数(R)/层数(L)/退
出(X)] <退出>:                         //s Enter
指定列之间的距离或 [单位单元(U)] <1060>:  //-2090 Enter
指定行之间的距离 <931>:                //1 Enter
选择夹点以编辑阵列或 [关联(AS)/基点(B)/计数(COU)/间距(S)/列数(COL)/行数(R)/层数(L)/退
出(X)] <退出>:                         //AS Enter
创建关联阵列 [是(Y)/否(N)] <否>:       //N Enter
选择夹点以编辑阵列或 [关联(AS)/基点(B)/计数(COU)/间距(S)/列数(COL)/行数(R)/层数(L)/退
出(X)] <退出>:                         // Enter，结束命令，阵列结果如图 15-98 所示
```

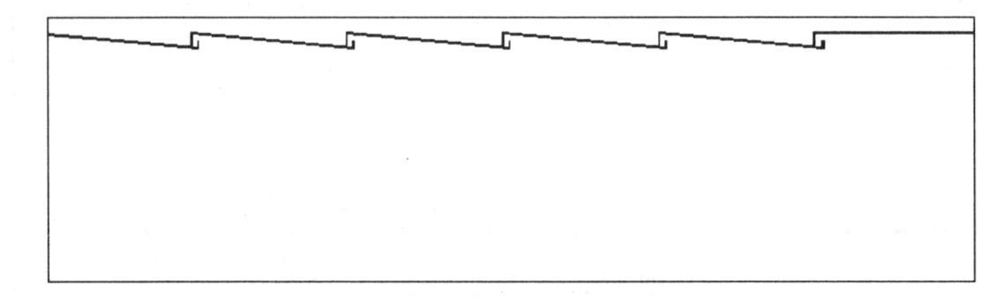

图 15-98　阵列结果

步骤 07　修剪最左侧的多线，然后在阵列出的多线上双击，从打开的“多线编辑工具”对话框中选择如图 15-99 所示的 T 形闭合功能。

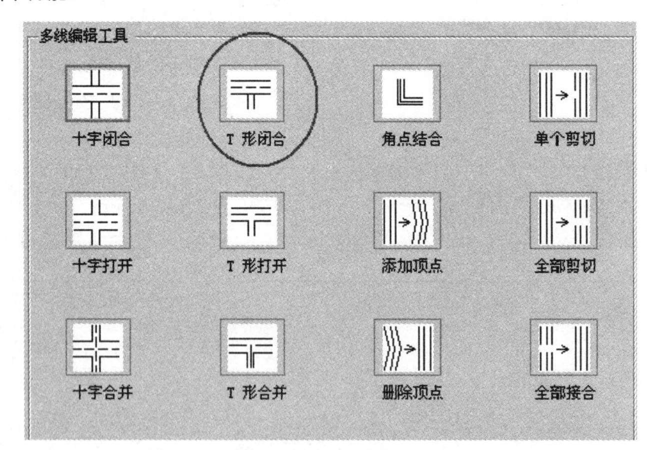

图 15-99　激活“T 形闭合”功能

步骤 08　返回绘图区，在命令行“选择第一条多线:”提示下选择如图 15-100 所示的多线。

步骤 09　在命令行“选择第二条多线:”提示下，选择如图 15-101 所示的多线，观看多线编辑后的效果，如图 15-102 所示。

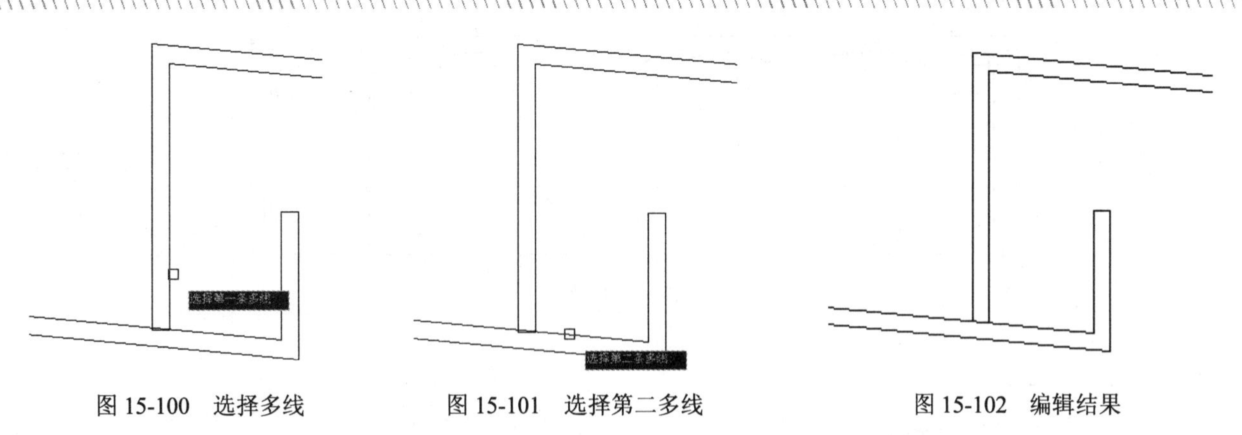

图 15-100　选择多线　　图 15-101　选择第二多线　　图 15-102　编辑结果

步骤 10　参照上述操作，分别对其他位置的多线进行编辑。

步骤 11　单击菜单“修改”/“偏移”命令，将最左侧的垂直轮廓线向右偏移 420、500、2000 和 2080 个绘图单位，将右侧的垂直边向左偏移 200、320、400、1900、1980 个单位，将最上侧的水平边向下偏移 870 和 900 个单位，结果如图 15-103 所示。

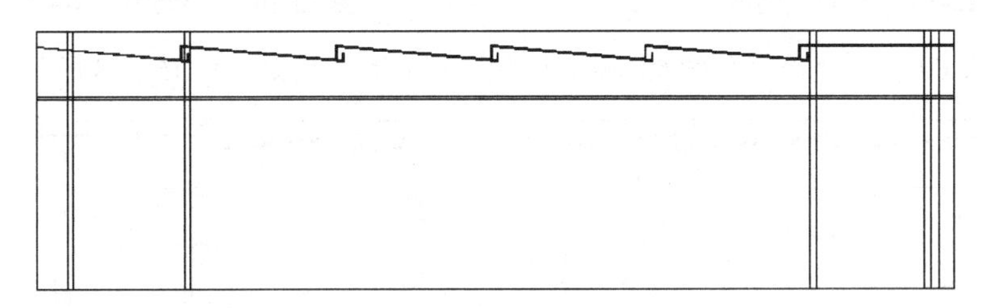

图 15-103　偏移结果

步骤 12　单击菜单“修改”/“修剪”命令，对偏移的各图线进行修剪，结果如图 15-104 所示。

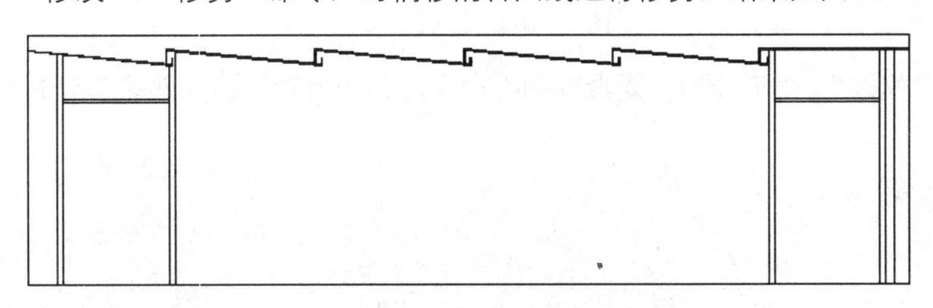

图 15-104　修剪结果

步骤 13　展开“图层控制”下拉列表，将“家具层”设置为当前图层。

步骤 14　单击菜单“修改”/“偏移”命令，将最左侧的垂直轮廓线向右偏移 2380 和 2680，将最上侧的水平边向下偏移 450，并将偏移出的三条图线放置到“家具层”上，结果如图 15-105 所示。

步骤 15　单击菜单“绘图”/“构造线”命令，通过偏移图线的交点，绘制角度为 69.2 和 110.8 度的两条构造线，如图 15-106 所示。

步骤 16　重复执行“构造线”命令，绘制角度为 32 和-32 的两条构造线，如图 15-107 所示。

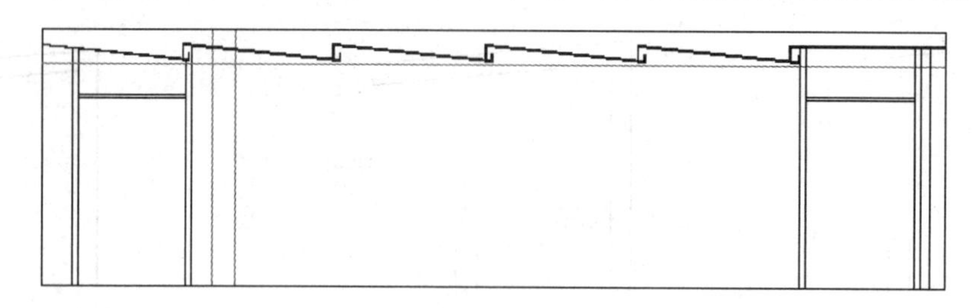

图 15-105　偏移结果

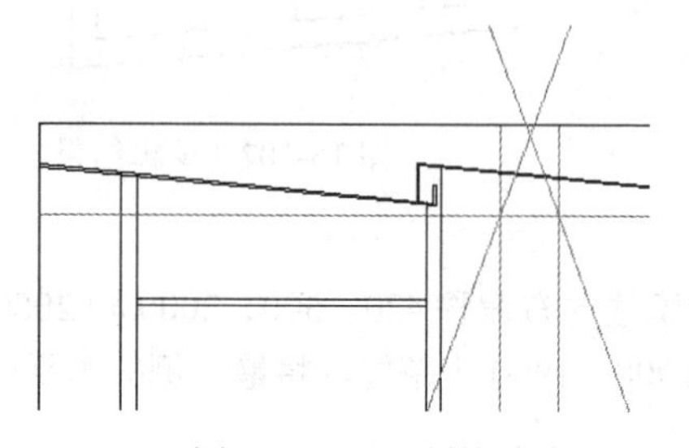

图 15-106　绘制构造线

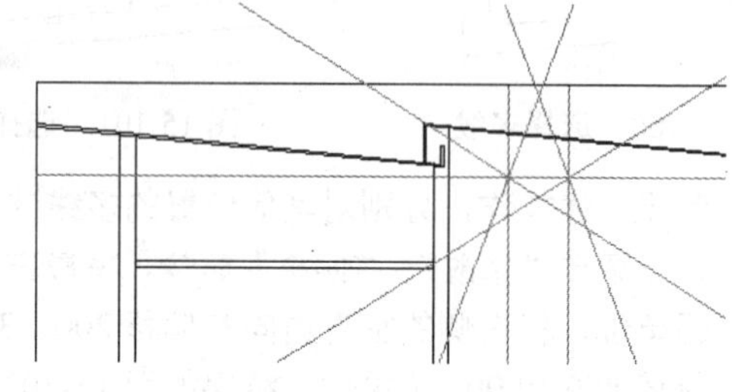

图 15-107　绘制另外两条构造线

步骤 17　使用快捷键 TR 执行“修剪”命令，对各图线进行修剪，结果如图 15-108 所示。

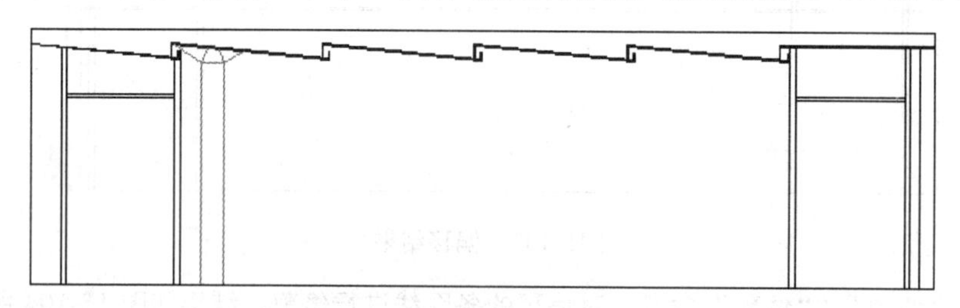

图 15-108　修剪结果

步骤 18　单击菜单“修改”/“阵列”/“矩形阵列”命令，选择编辑后的内部轮廓线进行阵列。命令行操作如下：

```
命令: _arrayrect
选择对象:                                         //窗交选择如图 15-109 所示的轮廓线
选择对象:                                         // Enter
类型 = 矩形  关联 = 否
选择夹点以编辑阵列或 [关联(AS)/基点(B)/计数(COU)/间距(S)/列数(COL)/行数(R)/层数(L)/退
出(X)] <退出>:                                    //COU Enter
输入列数数或 [表达式(E)] <4>:                     //4 Enter
输入行数数或 [表达式(E)] <3>:                     //1 Enter
选择夹点以编辑阵列或 [关联(AS)/基点(B)/计数(COU)/间距(S)/列数(COL)/行数(R)/层数(L)/退
出(X)] <退出>:                                    //s Enter
指定列之间的距离或 [单位单元(U)] <1060>:          //2080 Enter
指定行之间的距离 <931>:                           //1 Enter
选择夹点以编辑阵列或 [关联(AS)/基点(B)/计数(COU)/间距(S)/列数(COL)/行数(R)/层数(L)/退
出(X)] <退出>:                                    //AS Enter
创建关联阵列 [是(Y)/否(N)] <否>:                  //N Enter
```

```
选择夹点以编辑阵列或 [关联(AS)/基点(B)/计数(COU)/间距(S)/列数(COL)/行数(R)/层数(L)/退
出(X)] <退出>:              //Enter，结束命令，阵列结果如图 15-110 所示
```

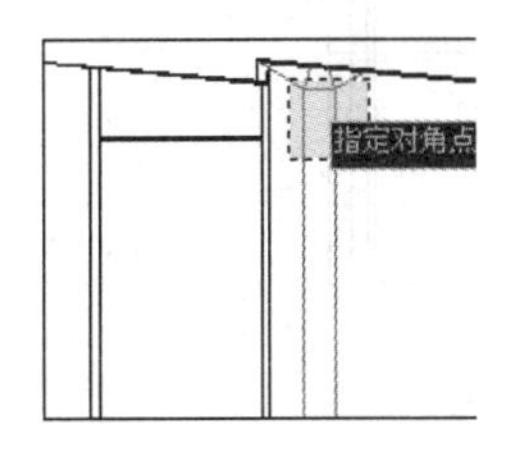

图 15-109 窗交选择

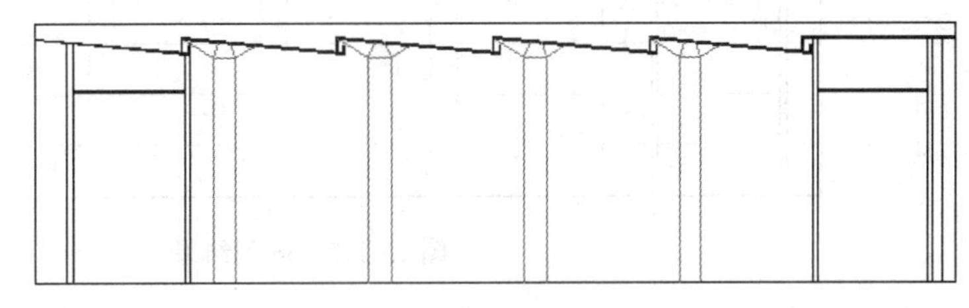

图 15-110 阵列结果

步骤19 执行“偏移”命令，将最下侧的水平轮廓线向上偏移 620，并将偏移出的图线放置到“家具层”上，结果如图 15-111 所示。

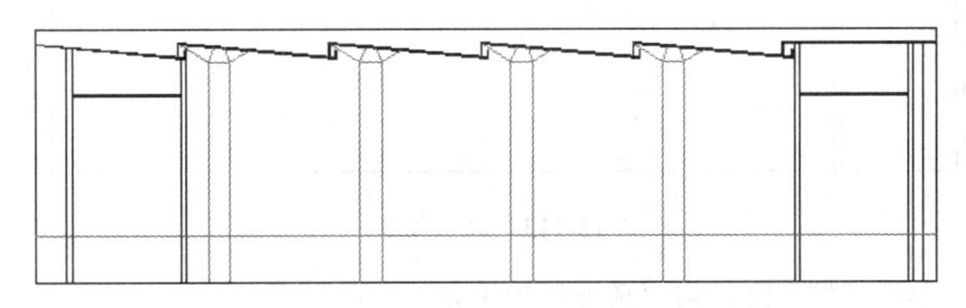

图 15-111 偏移结果

步骤20 单击菜单“修改”/“阵列”/“矩形阵列”命令，选择偏移出的水平轮廓线进行阵列。命令行操作如下：

```
命令: _arrayrect
选择对象:                                //选择偏移出的水平轮廓线
选择对象:                                // Enter
类型 = 矩形  关联 = 否
选择夹点以编辑阵列或 [关联(AS)/基点(B)/计数(COU)/间距(S)/列数(COL)/行数(R)/层数(L)/退
出(X)] <退出>:                          //COU Enter
输入列数数或 [表达式(E)] <4>:            //4 Enter
输入行数数或 [表达式(E)] <3>:            //1 Enter
选择夹点以编辑阵列或 [关联(AS)/基点(B)/计数(COU)/间距(S)/列数(COL)/行数(R)/层数(L)/退
出(X)] <退出>:                          //s Enter
指定列之间的距离或 [单位单元(U)] <1060>:  //1 Enter
指定行之间的距离 <931>:                  //600 Enter
选择夹点以编辑阵列或 [关联(AS)/基点(B)/计数(COU)/间距(S)/列数(COL)/行数(R)/层数(L)/退
出(X)] <退出>:                          //AS Enter
创建关联阵列 [是(Y)/否(N)] <否>:        //N Enter
选择夹点以编辑阵列或 [关联(AS)/基点(B)/计数(COU)/间距(S)/列数(COL)/行数(R)/层数(L)/退
出(X)] <退出>:                          // Enter，结束命令，阵列结果如图 15-112 所示
```

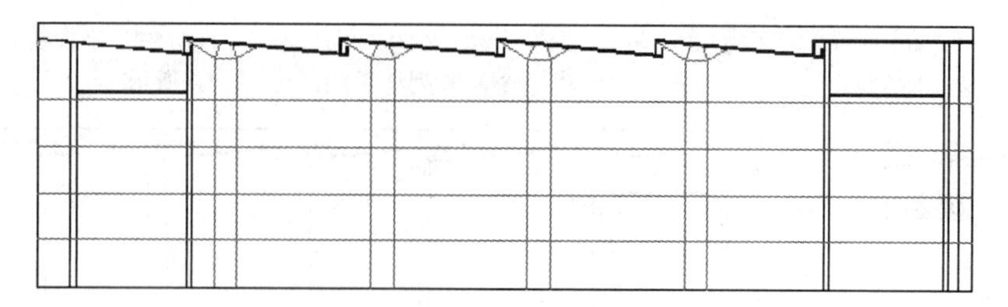

图 15-112　阵列结果

步骤 21　使用快捷键 TR 执行“修剪”命令，对水平图线进行修剪，结果如图 15-113 所示。

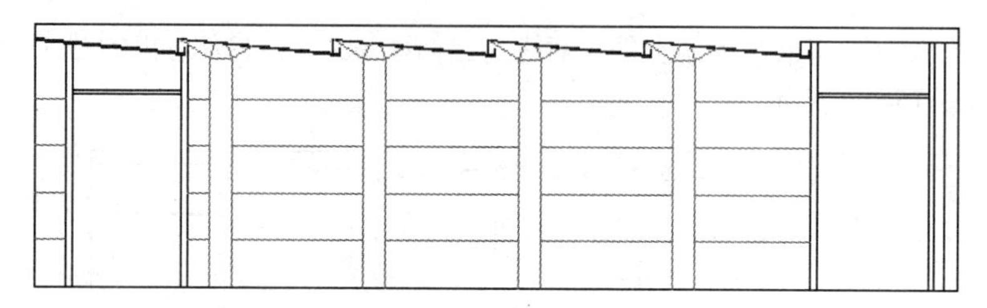

图 15-113　修剪结果

步骤 22　展开“图层控制”下拉列表，将“填充层”设置为当前图层。

步骤 23　单击菜单“绘图”/“图案填充”命令，在打开的“图案填充和渐变色”对话框中单击“图案”列表右侧的 ... 按钮，打开“填充图案选项板”对话框。

步骤 24　在“填充图案选项板”对话框中向下拖动滑块，然后选择如图 15-114 所示的图案。

步骤 25　单击 确定 按钮返回“图案填充和渐变色”对话框，设置填充参数如图 15-115 所示。

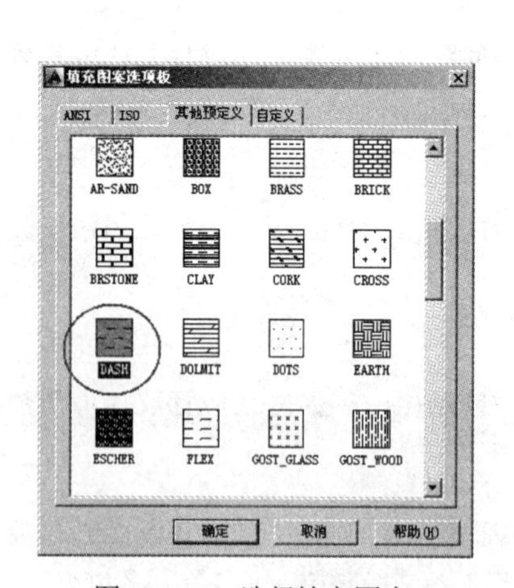

图 15-114　选择填充图案

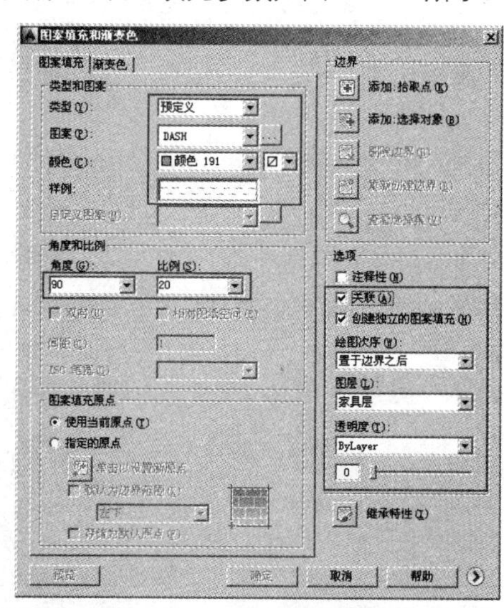

图 15-115　设置填充参数

步骤 26　返回绘图区，根据命令行的提示拾取如图 15-116 所示的填充边界，填充如图 15-117 所示的图案。

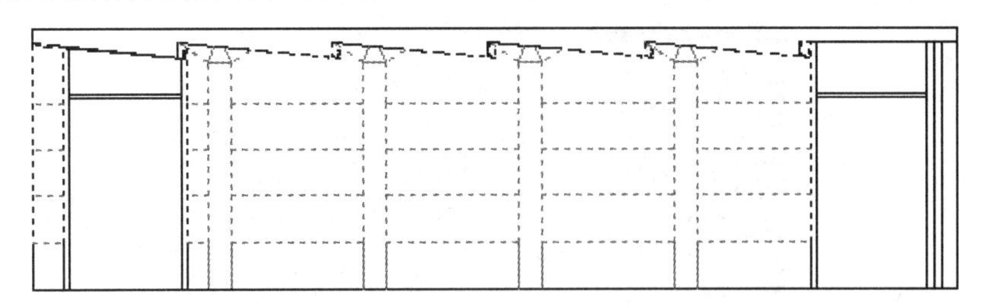

图 15-116　拾取填充边界

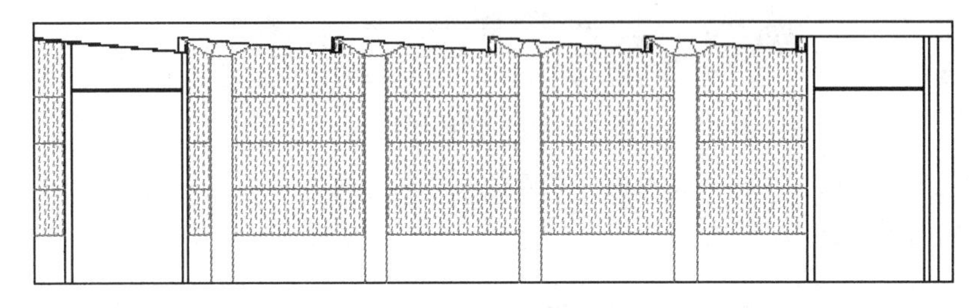

图 15-117　填充结果

步骤 27　使用快捷键 H 执行“图案填充”命令，设置填充图案及填充参数如图 15-118 所示，填充如图 15-119 所示的图案。

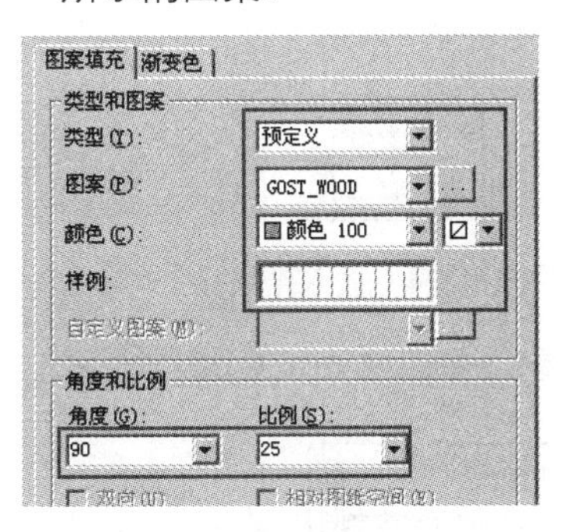

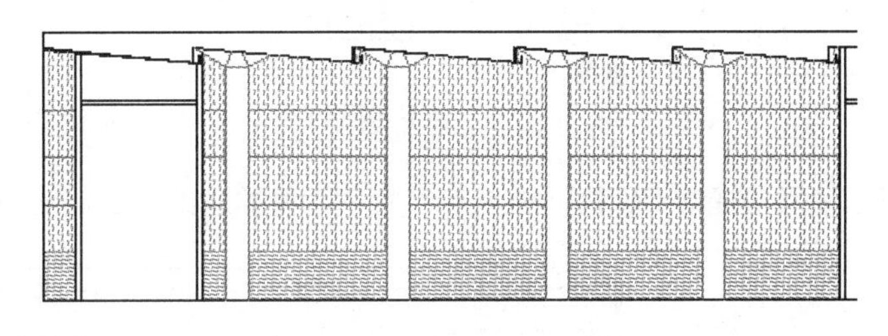

图 15-118　设置参数　　图 15-119　填充结果

步骤 28　重复执行“图案填充”命令，设置填充图案及填充参数如图 15-120 所示，填充如图 15-121 所示的图案。

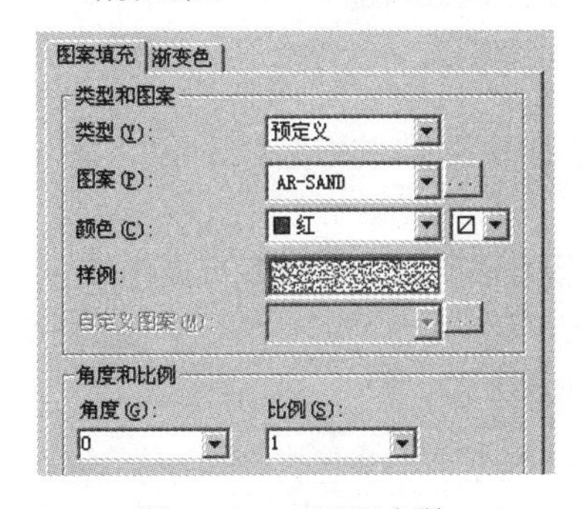

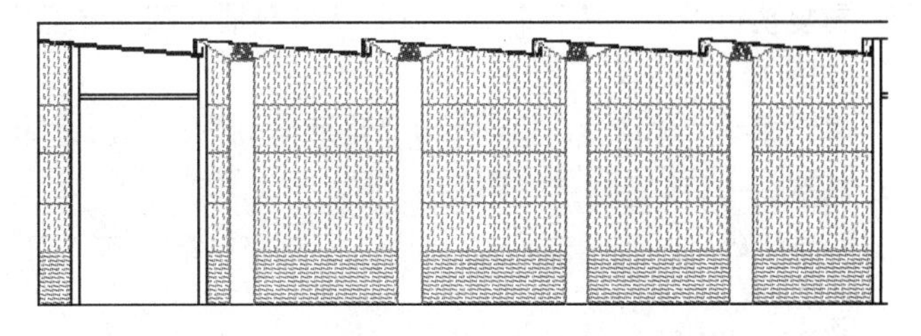

图 15-120　设置参数　　图 15-121　填充结果

步骤 29　将“家具层”设计为当前层，然后使用快捷键 I 执行“插入块”命令，选择随书光盘中的“\图块文件\立面双开门.dwg”文件，如图 15-122 所示。

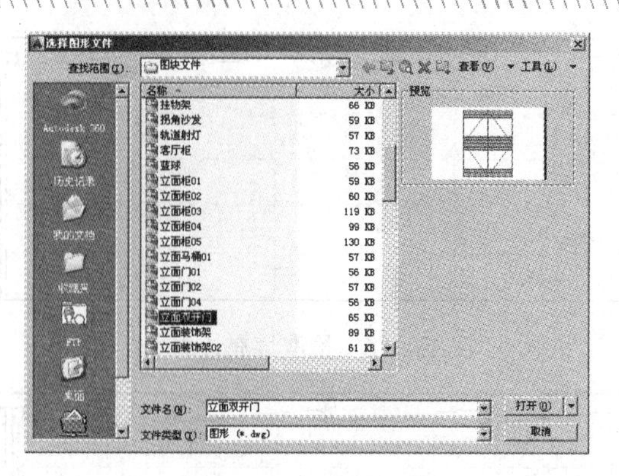

图 15-122　选择文件

步骤 30　返回“插入”对话框，采用默认参数，将图块插入到立面图中，插入点为图 15-123 所示的端点，插入结果如图 15-124 所示。

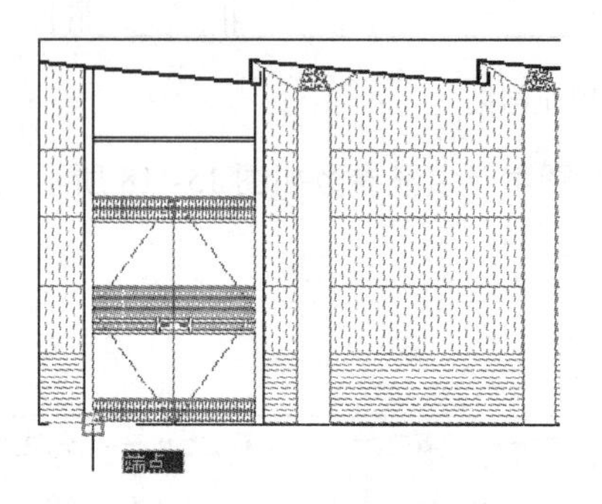

图 15-123　定位插入点

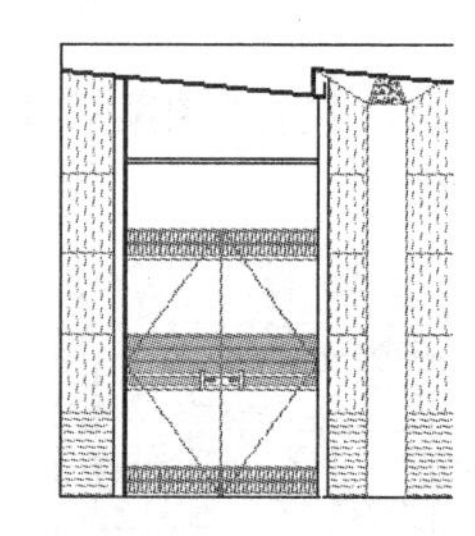

图 15-124　插入结果

步骤 31　使用快捷键 CO 执行“复制”命令，将插入的立面门进行复制，复制结果如图 15-125 所示。

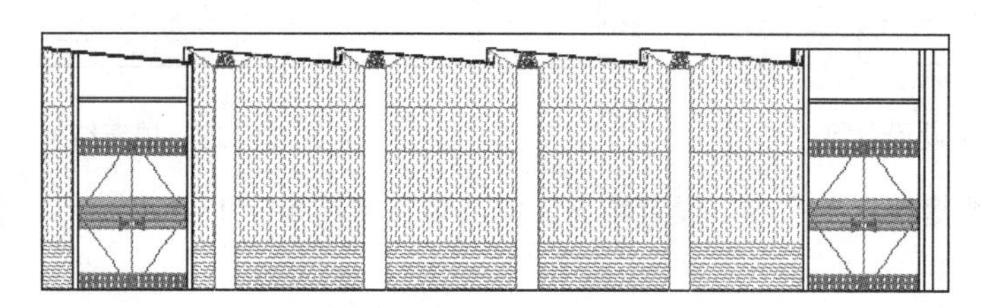

图 15-125　复制结果

步骤 32　重复执行“插入块”命令，以默认参数插入随书光盘中的“\图块文件\装饰壁灯.dwg”，插入结果如图 15-126 所示。

步骤 33　单击菜单“修改”/“阵列”/“矩形阵列”命令，选择壁灯图块进行阵列。命令行操作如下：

```
命令: _arrayrect
选择对象:                               //选择刚插入的装饰壁灯
选择对象:                               // Enter
类型 = 矩形  关联 = 否
选择夹点以编辑阵列或 [关联(AS)/基点(B)/计数(COU)/间距(S)/列数(COL)/行数(R)/层数(L)/退
出(X)] <退出>:                          //COU Enter
输入列数数或 [表达式(E)] <4>:           //4 Enter
```

```
输入行数数或 [表达式(E)] <3>:          //1 Enter
选择夹点以编辑阵列或 [关联(AS)/基点(B)/计数(COU)/间距(S)/列数(COL)/行数(R)/层数(L)/退出(X)] <退出>:          //s Enter
指定列之间的距离或 [单位单元(U)] <1060>:  //2080 Enter
指定行之间的距离 <931>:          //1 Enter
选择夹点以编辑阵列或 [关联(AS)/基点(B)/计数(COU)/间距(S)/列数(COL)/行数(R)/层数(L)/退出(X)] <退出>:          // Enter，结束命令，阵列结果如图15-127所示
```

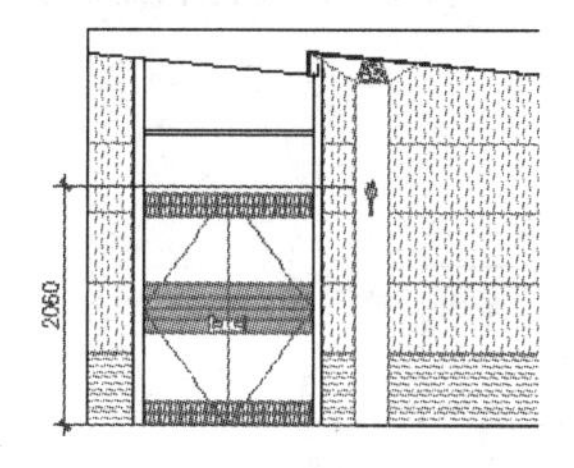

图 15-126 插入结果

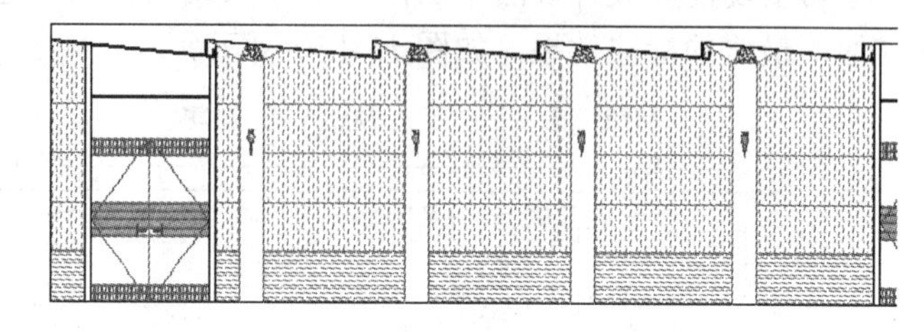

图 15-127 阵列结果

步骤34 重复执行“插入块”命令，以默认参数插入随书光盘中的“\图块文件\日光灯管.dwg”，插入结果如图 15-128 所示。

步骤35 单击菜单“修改”/“阵列”/“矩形阵列”命令，选择刚插入的日光灯管图块进行阵列。命令行操作如下：

```
命令: _arrayrect
选择对象:                          //选择刚插入的日光灯管
选择对象:                          // Enter
类型 = 矩形  关联 = 否
选择夹点以编辑阵列或 [关联(AS)/基点(B)/计数(COU)/间距(S)/列数(COL)/行数(R)/层数(L)/退出(X)] <退出>:          //COU Enter
输入列数数或 [表达式(E)] <4>:        //4 Enter
输入行数数或 [表达式(E)] <3>:        //1 Enter
选择夹点以编辑阵列或 [关联(AS)/基点(B)/计数(COU)/间距(S)/列数(COL)/行数(R)/层数(L)/退出(X)] <退出>:          //s Enter
指定列之间的距离或 [单位单元(U)] <1060>:  //2090 Enter
指定行之间的距离 <931>:              //1 Enter
选择夹点以编辑阵列或 [关联(AS)/基点(B)/计数(COU)/间距(S)/列数(COL)/行数(R)/层数(L)/退出(X)] <退出>:          //AS Enter
创建关联阵列 [是(Y)/否(N)] <否>:   //N Enter
选择夹点以编辑阵列或 [关联(AS)/基点(B)/计数(COU)/间距(S)/列数(COL)/行数(R)/层数(L)/退出(X)] <退出>:          // Enter，结束命令，阵列结果如图15-129所示
```

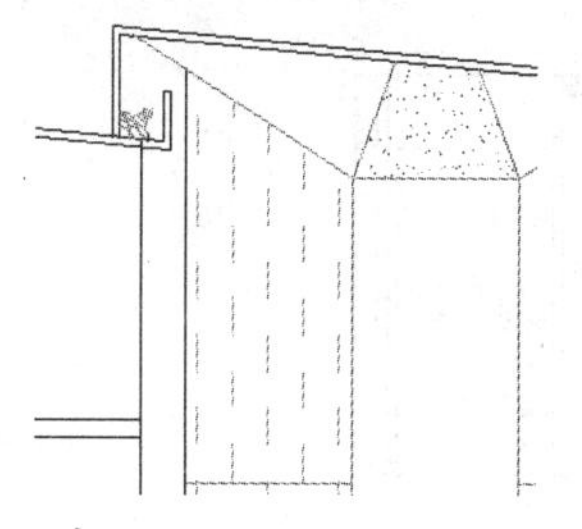

图 15-128 插入结果

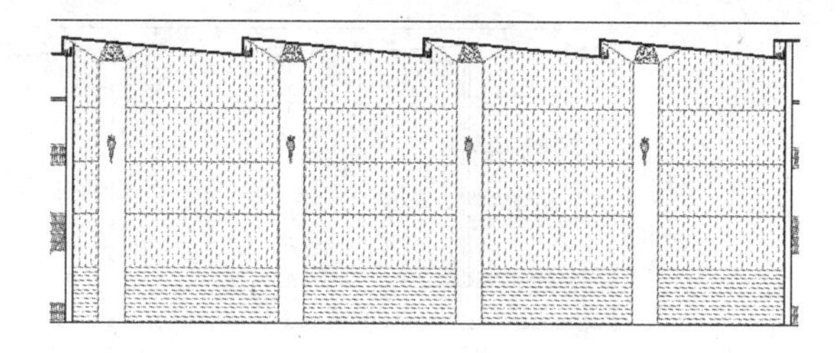

图 15-129 阵列结果

步骤 36　调整视图，使平面图完全显示，最终结果如图 15-95 所示。

步骤 37　最后执行“另存为”命令，将图形命名存储为“综合范例六.dwg”。

15.9　综合范例七——标注多功能厅装饰装潢立面图

本例主要学习多功能厅装饰装潢立面图尺寸和引线注释的快速标注过程和相关标注技巧。多功能厅装饰装潢立面图最终的标注效果，如图 15-130 所示。

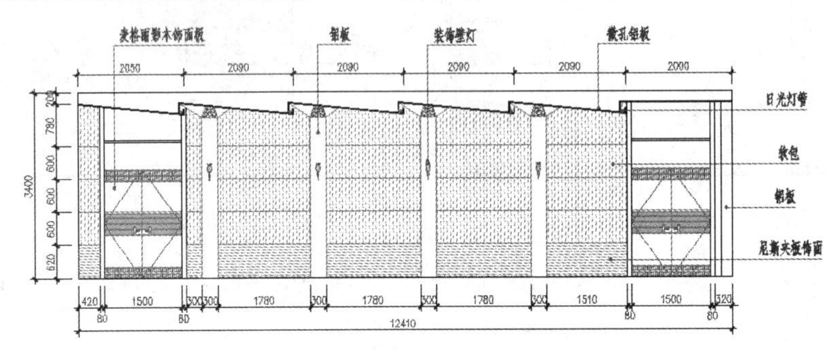

图 15-130　实例效果

操作步骤：

步骤 01　打开随书光盘中的“\效果文件\第 15 章\综合范例六.dwg 文件。

步骤 02　单击“图层”工具栏中的“图层控制”列表，将“尺寸层”设置为当前图层。

步骤 03　展开“颜色控制”下拉列表，将颜色设置为随层。

步骤 04　单击“标注”菜单栏中的“标注样式”命令，将“建筑标注”设置为当前样式，并修改标注比例为 45。

步骤 05　单击“标注”工具栏上的按钮，配合端点捕捉功能标注如图 15-131 所示的线性尺寸作为基准尺寸。

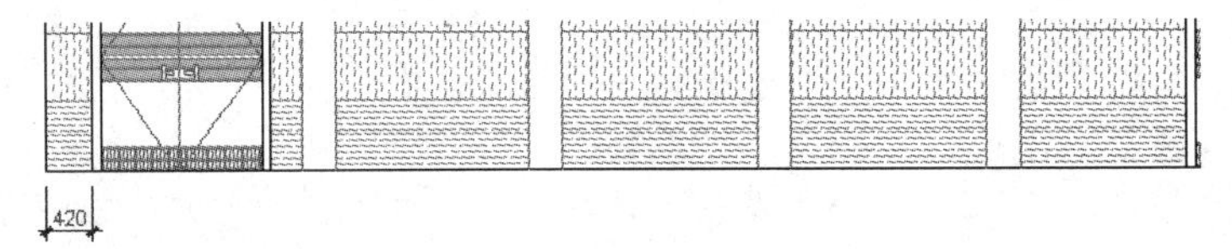

图 15-131　标注基准尺寸

步骤 06　单击“标注”工具栏上的按钮，配合捕捉和追踪功能，标注如图 15-132 所示的连续尺寸作为细部尺寸。

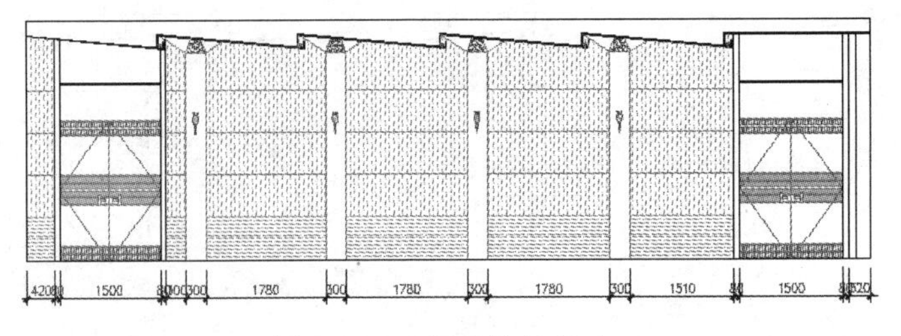

图 15-132　标注连续尺寸

步骤07 执行“编辑标注文字”命令，对重叠的尺寸文字进行协调，结果如图 15-133 所示。

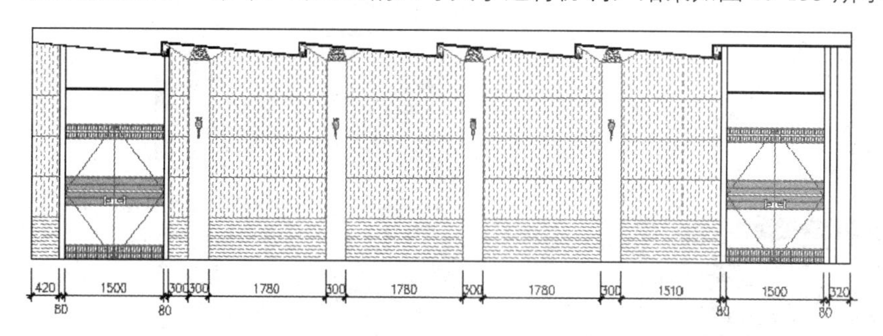

图 15-133　协调结果

步骤08 单击“标注”工具栏上的按钮，配合捕捉功能标注如图 15-134 所示的总尺寸。

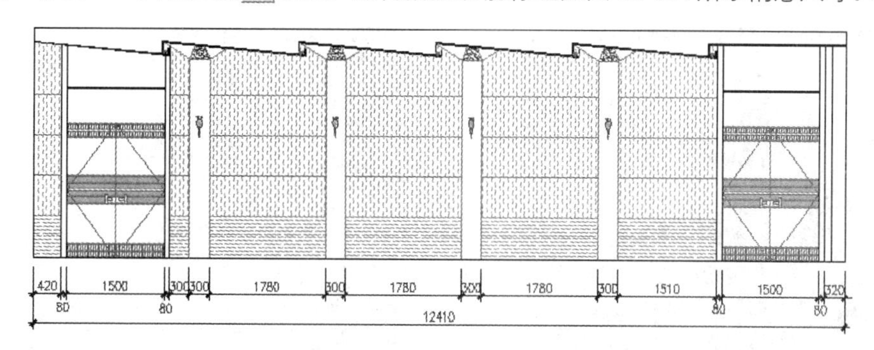

图 15-134　标注总尺寸

步骤09 参照上述操作，综合使用“线性”、“连续”和“编辑标注文字”等命令，分别标注其他位置的尺寸，标注结果如图 15-135 所示。

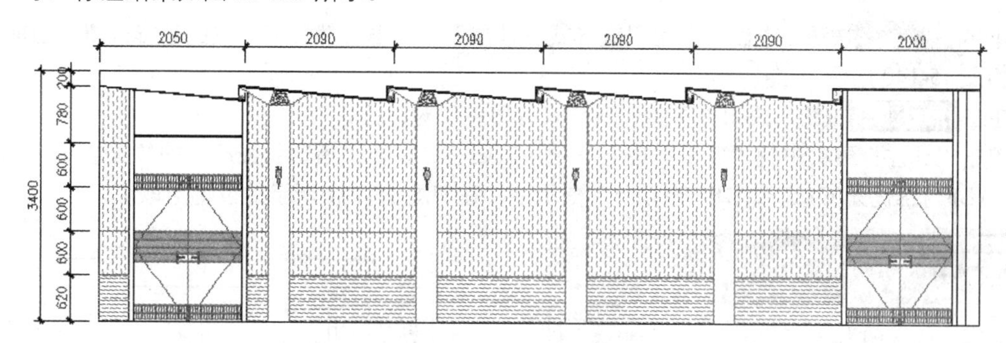

图 15-135　标注其他尺寸

步骤10 展开“图层控制”下拉列表，将“文本层”设为当前图层。

步骤11 单击“格式”菜单中的“多重引线样式”命令，在打开的对话框中单击 新建(N)... 按钮，为新样式命名，如图 15-136 所示。

步骤12 单击 继续(O) 按钮，在打开的对话框中展开“引线格式”选项卡，设置引线格式参数如图 15-137 所示。

步骤13 展开“引线结构”选项卡，然后设置引线的结构参数，如图 15-138 所示。

步骤14 展开“内容”选项卡，然后设置引线的内容参数，如图 15-139 所示。

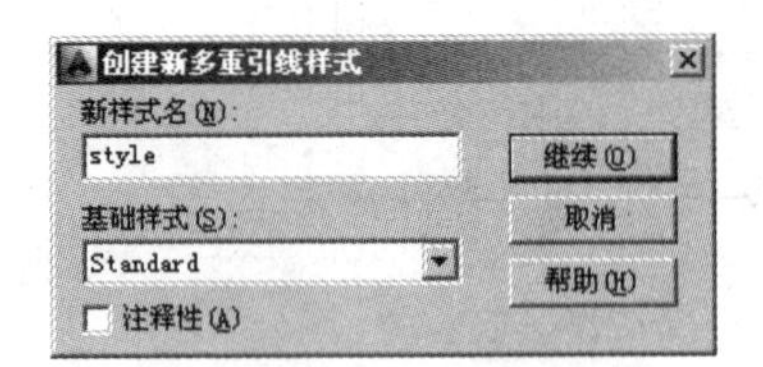

图 15-136　为样式命名

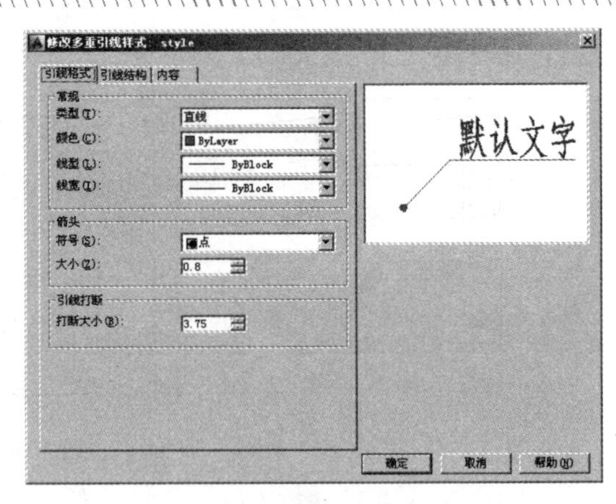

图 15-137　设置引线格式

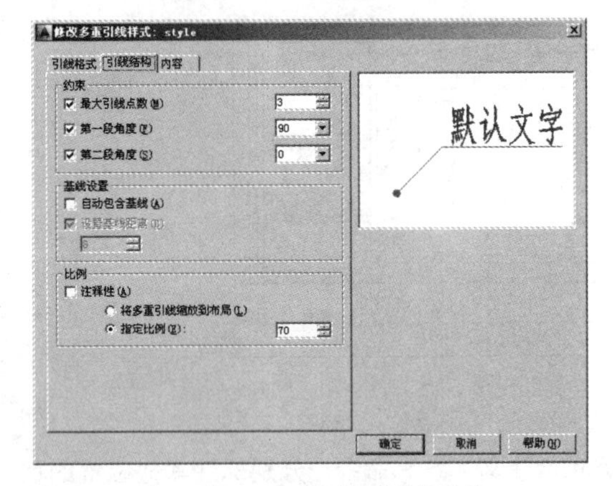

图 15-138　设置引线结构

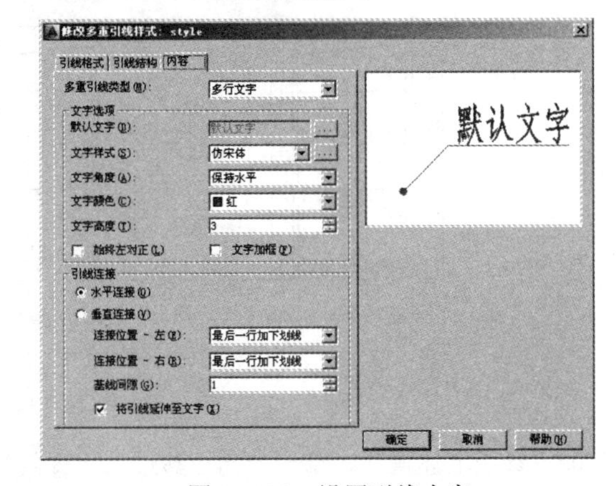

图 15-139　设置引线内容

步骤 15　单击 确定 按钮，返回“多重引线样式管理器”对话框，然后将设置的新样式置为当前样式，如图 15-140 所示。

步骤 16　单击 关闭 按钮，关闭“多重引线样式管理器”对话框。

步骤 17　单击“标注”菜单中的“多重引线”命令，然后在命令行“指定引线箭头的位置或 [引线基线优先(L)/内容优先(C)/选项(O)] <选项>:”提示下，在如图 15-141 所示的位置拾取点。

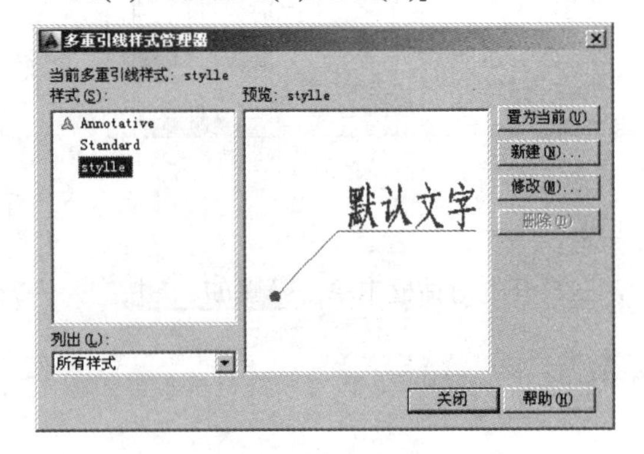

图 15-140　新样式的预览效果

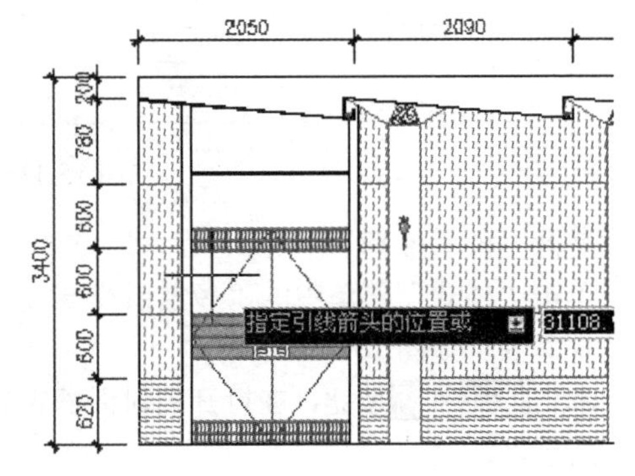

图 15-141　指定第一引线点

步骤 18　继续在命令行的提示下分别指定下一点和基线的位置，打开“文字格式”编辑器，然后输入引线注释的内容，如图 15-142 所示。

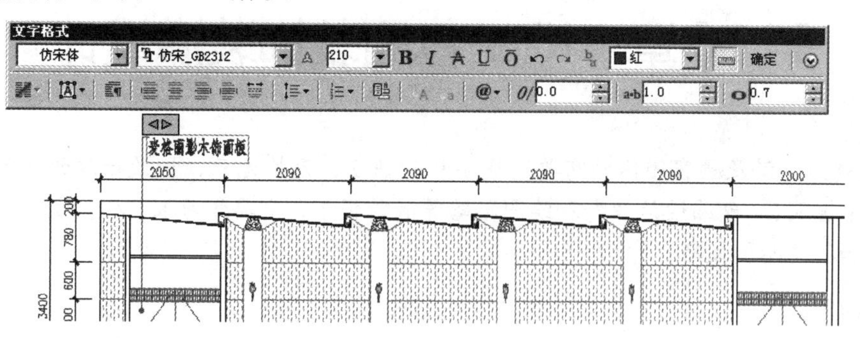

图 15-142 输入文字内容

步骤 19 关闭“文字格式”编辑器，结束命令，标注结果如图 15-143 所示。

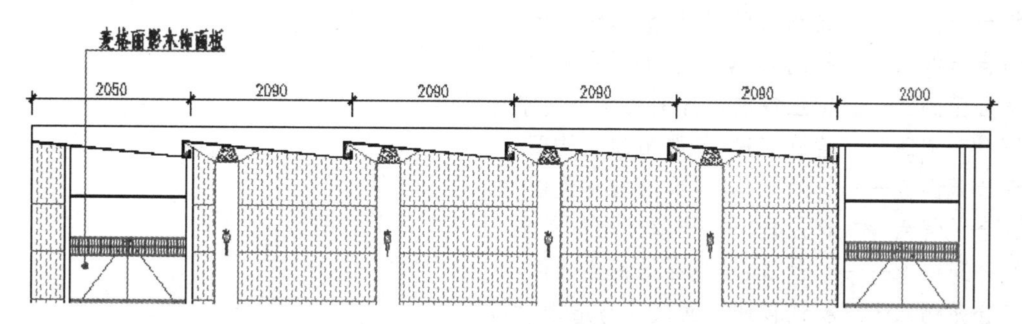

图 15-143 标注结果

步骤 20 接下来重复执行“多重引线”命令，标注其他位置的引线注释，结果如图 15-144 所示。

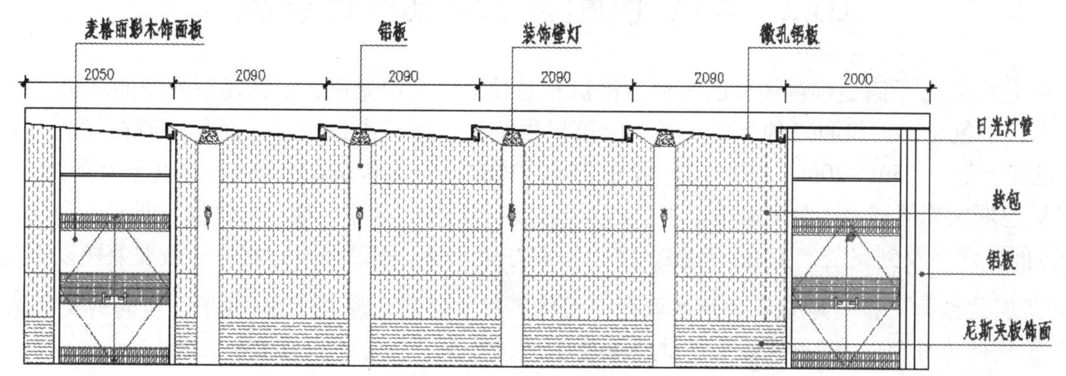

图 15-144 标注结果

步骤 21 最后执行“另存为”命令，将图形命名存储为“综合范例七.dwg”。

第 16 章　KTV 包厢装饰装潢设计

KTV 包厢是为了满足顾客团体的需要，提供相对独立、无拘无束、畅饮畅叙的休闲和娱乐环境。本章在了解和掌握 KTV 包厢设计理念和绘图思路等的前提下，主要学习 KTV 包厢装饰装潢施工图的具体绘制过程和相关绘图技巧。

本章具体学习内容如下：

- KTV 包厢装饰装潢设计理念
- KTV 包厢装饰装潢设计思路
- 综合范例一——绘制 KTV 包厢墙体结构图
- 综合范例二——绘制 KTV 包厢平面布置图
- 综合范例三——标注包厢布置图尺寸、文字与投影
- 综合范例四——绘制 KTV 包厢吊顶结构图
- 综合范例五——标注 KTV 包厢灯具布置图
- 综合范例六——标注包厢吊顶图尺寸与文字
- 综合范例七——绘制 KTV 包厢墙面立面图
- 综合范例八——标注包厢立面尺寸与墙面材质

16.1　KTV 包厢装饰装潢设计理念

KTV 包厢是为了满足顾客团体的需要，提供相对独立、无拘无束、畅饮畅叙的空间环境，一般分为小包厢、中包厢、大包厢三种类型，必要时可提供特大包厢。小包房设计面积一般在 $8m^2$~$12m^2$，中包房设计一般在 $15m^2$~$20m^2$，大包房一般在 $24m^2$~$30m^2$，特大包房在一般 $55m^2$ 以上为宜。

KTV 包厢装修问题是十分复杂的，不仅涉及到建筑、结构、声学、通风、暖气、照明、音响、视频等多种方面，还涉及到安全、实用、环保、文化等多方面问题。在装修设计时，一般要兼顾以下几点：

- 房间的结构。根据建筑学和声学原理，人体工程学和舒适度来考虑，KTV 房间的长和宽的黄金比例为 0.618，即是说如果设计为长度 1 米，宽度至少应考虑在 0.6 米以上。
- 房间的家具。在 KYV 包厢内除包含电视、电视柜、点歌器，麦克风等视听设备外，还应配置沙发、茶几等基本家具，若 KTV 包厢内设有舞池，还应提供舞台和灯光空间。除此之外，还需要放置的东西有点歌本、摆放的花瓶和花、话筒托盘、宣传广告等。这些东西有些是吸音的，有些是反射的，而有些又是扩散的，这种不规则的东西对于声音而言是起到了很好的帮助作用。
- 房间的隔音。隔音是解决“串音”的最好办法，从理论上讲材料的硬度越高隔音效果就越好。最常见的装修方法是轻钢龙骨石膏板隔断墙，在石膏板的外面附加一层硬度比较高的水泥板；或者 2/4 红砖墙，两边水泥墙面。

除此之外，在装修 KTV 时，还要兼顾到房间的混响、房间的装修材料以及房间的声学要求等，还应考虑客人座位与电视荧幕的最短距离，一般最小不得小于 3m~4m。总之，KTV 的空间应具有封

闭、隐密、温馨的特征。

16.2　KTV 包厢装饰装潢设计思路

在绘制并设计 KTV 包厢装饰装潢设计方案图时，可以参照如下思路：

（1）首先根据原有建筑平面图或测量数据，绘制并规划 KTV 包厢墙体平面图。

（2）根据绘制出的 KTV 包厢墙体平面图，绘制 KTV 包厢布置图和地面材质图。

（3）根据 KTV 包厢布置图绘制 KTV 包厢的吊顶方案图，要注意吊顶轮廓线的表达以及吊顶各灯具的布局。

（4）根据 KTV 包厢的平面布置图，绘制包厢墙面的投影图，重点是 KTV 包厢的墙面装饰轮廓图案的表达以及装修材料的说明等。

16.3　综合范例——绘制 KTV 包厢墙体结构图

本例主要学习 KTV 包厢墙体结构平面图的绘制方法和具体绘制过程。KTV 包厢墙体结构图的最终绘制效果如图 16-1 所示。

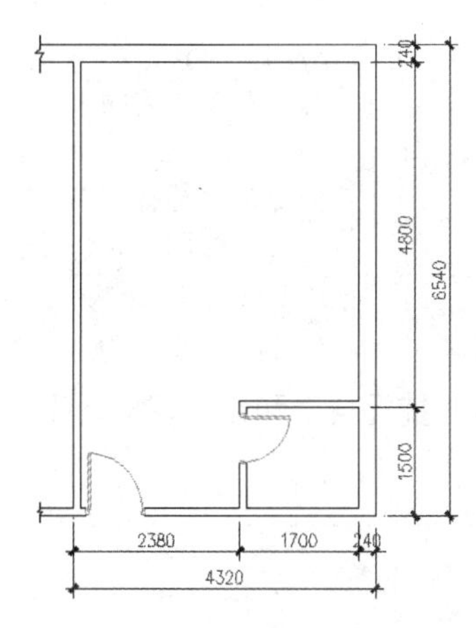

图 16-1　实例效果

操作步骤：

步骤 01 执行“新建”命令，调用随书光盘中的“\样板文件\室内样板.dwt”文件。

步骤 02 单击菜单“格式”/“图层”命令，在打开的“图层特性管理器”对话框中双击“轴线层”，将其设置为当前图层，如图 16-2 所示。

步骤 03 单击菜单“格式”/“线型”命令，在打开的“线型管理器”对话框中设置线型比例为 20。

步骤 04 将视图高度设置为 10000，然后使用快捷键 L

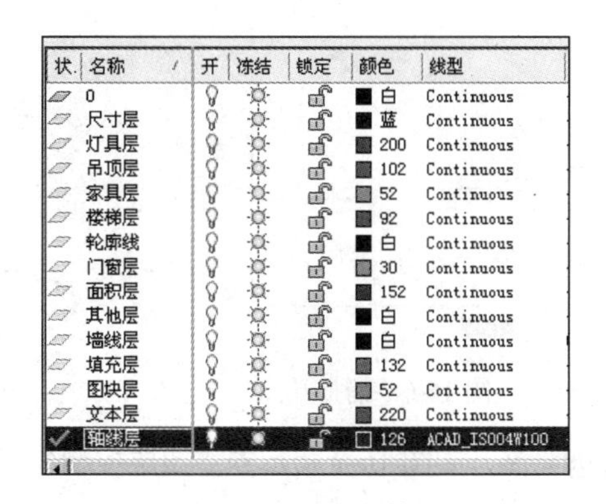

图 16-2　设置当前层

执行“直线”命令，绘制相互垂直的两条直线段作为基准线，如图 16-3 所示。

步骤 05 使用快捷键 O 执行“偏移”命令，根据图示尺寸分别对水平和垂直基准线进行偏移，以创建内部的轴线结构，结果如图 16-4 所示。

步骤 06 使用快捷键 TR 执行“修剪”命令，对偏移出的图线进行修剪，编辑出墙体的结构位置，结果如图 16-5 所示。

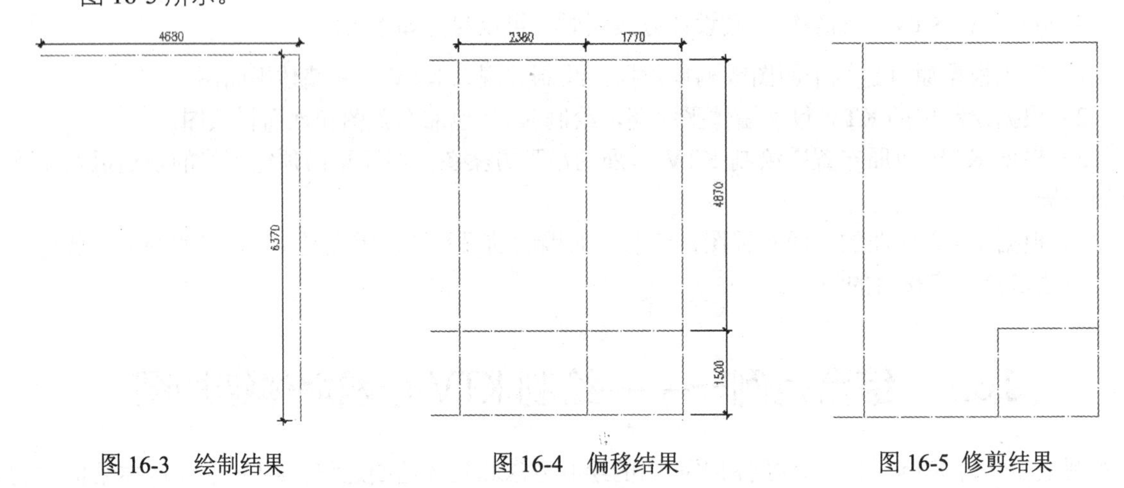

图 16-3　绘制结果　　图 16-4　偏移结果　　图 16-5 修剪结果

步骤 07 使用快捷键 BR 执行“打断”命令，在轴线上创建门洞。命令行操作如下：

```
命令：br                              // Enter
选择对象：                            //选择最下侧的水平轴线
指定第二个打断点 或 [第一点(F)]：     //f Enter
指定第一个打断点：                    //激活“捕捉自”功能
_from 基点：                          //捕捉如图 16-6 所示的端点
<偏移>：                              //@130,0 Enter
指定第二个打断点：                    //@850,0 Enter，打断结果如图 16-7 所示
```

步骤 08 重复执行“打断”命令，配合“捕捉自”和端点捕捉功能，创建另一位置的门洞，结果如图 16-8 所示。

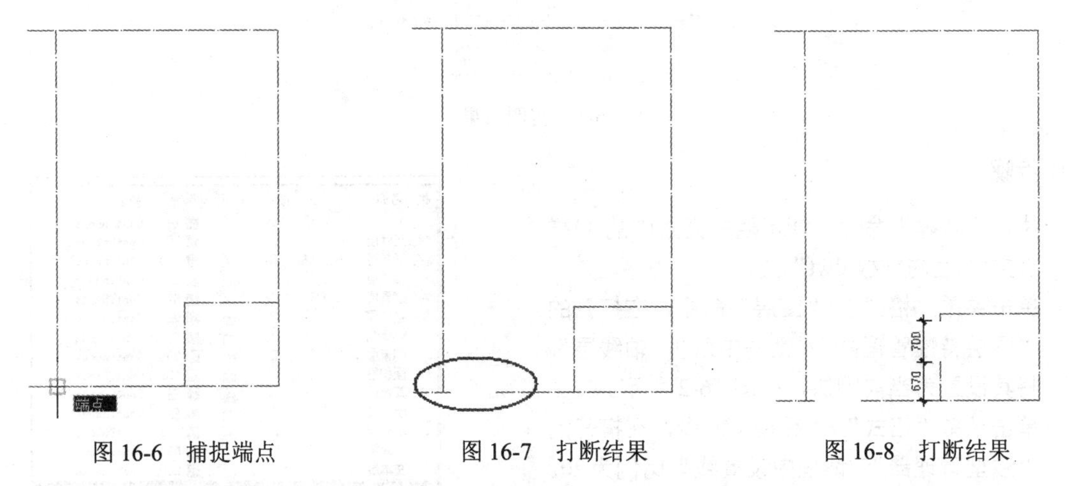

图 16-6　捕捉端点　　图 16-7　打断结果　　图 16-8　打断结果

步骤 09 展开如图 16-9 所示的“图层控制”下拉列表，将“墙线层”设置为当前图层。

步骤 10　单击菜单“绘图”/“多线”命令，绘制宽度为 240 的主墙线。命令行操作如下：

```
命令: _mline
当前设置: 对正 = 上, 比例 = 20.00, 样式 = 墙线样式
指定起点或 [对正(J)/比例(S)/样式(ST)]:        //s Enter
输入多线比例 <20.00>:                        //240 Enter
当前设置: 对正 = 上, 比例 = 240.00, 样式 = 墙线样式
指定起点或 [对正(J)/比例(S)/样式(ST)]:        //j Enter
输入对正类型 [上(T)/无(Z)/下(B)] <上>:        //z Enter
当前设置: 对正 = 无, 比例 = 240.00, 样式 = 墙线样式
指定起点或 [对正(J)/比例(S)/样式(ST)]:        //捕捉最上侧水平轴线的左端点
指定下一点:                                  //捕捉最上侧水平轴线的右端点
指定下一点或 [放弃(U)]:                      //捕捉右侧垂直轴线的下端点
指定下一点或 [闭合(C)/放弃(U)]:              // Enter, 绘制结果如图 16-10 所示
```

步骤 11　重复执行“多线”命令，配合端点捕捉或交点捕捉功能，绘制宽度为 100 的次墙线，结果如图 16-11 所示。

图 16-9　设置当前层

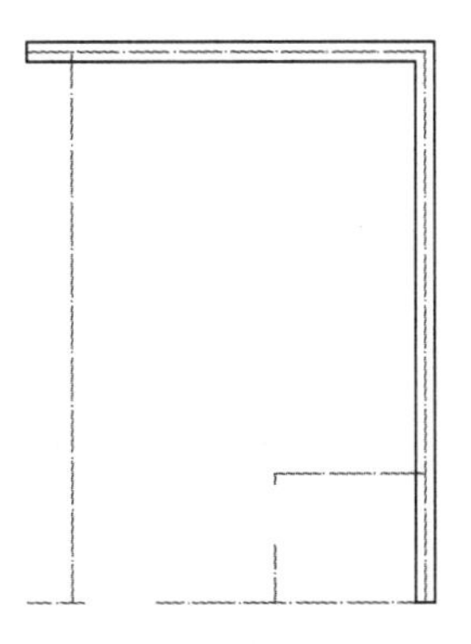

图 16-10　绘制主墙线

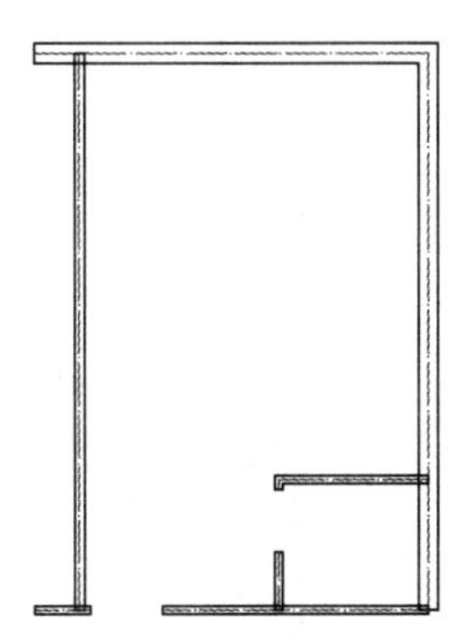

图 16-11　绘制次墙线

步骤 12　展开“图层控制”下拉列表，将“轴线层”关闭，此时图形的显示效果如图 16-12 所示。

步骤 13　在绘制的多线上双击，打开“多线编辑工具”对话框，选择如图 16-13 所示的“T 形合并”功能。

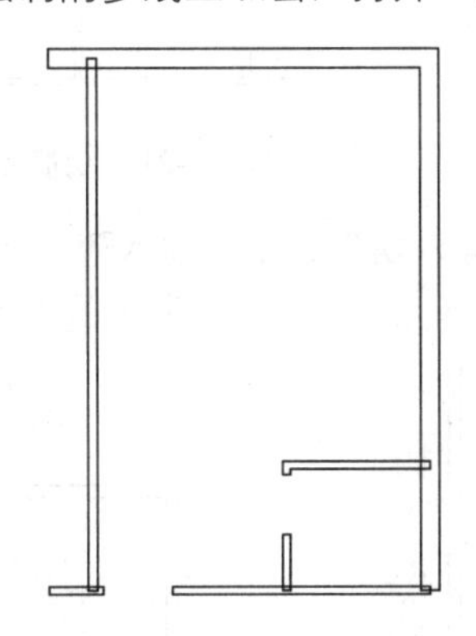

图 16-12　关闭轴线后的效果

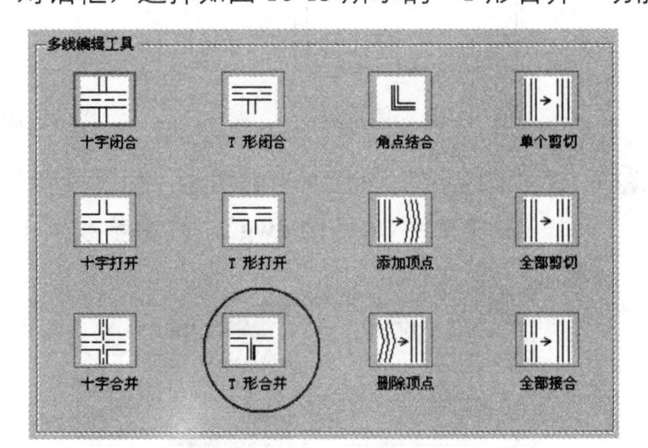

图 16-13　选择工具

步骤 14　返回绘图区，依次选择如图 16-14 和图 16-15 所示的两条墙线进行合并，结果如图 16-16 所示。

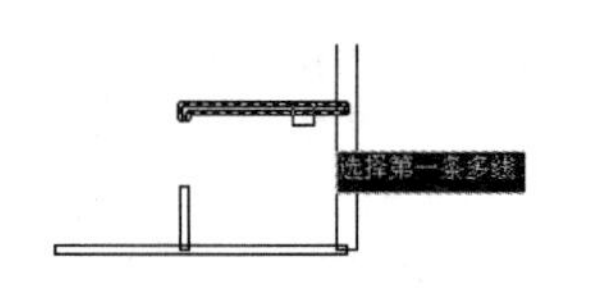

图 16-14　选择水平墙线

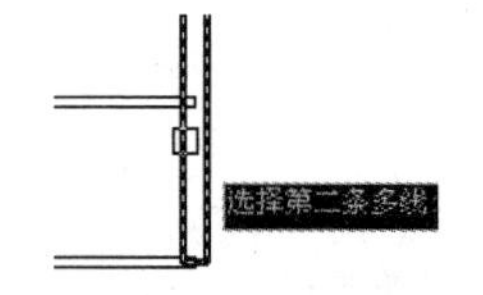

图 16-15　选择垂直墙线

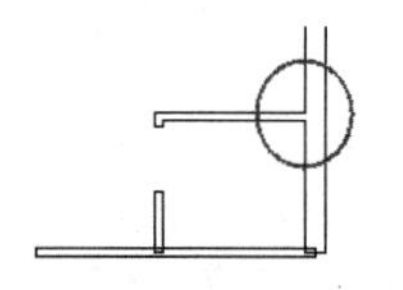

图 16-16　编辑结果

步骤 15　根据命令行的提示选择其他位置的墙线进行合并，结果如图 16-17 所示。

步骤 16　再次打开“多线编辑工具”对话框，选择如图 16-18 所示的功能，对拐角位置的墙线进行编辑，结果如图 16-19 所示。

步骤 17　综合使用“分解”和“删除”命令，对两侧的水平墙线进行修整，结果如图 16-20 所示。

步骤 18　使用快捷键 L 执行“直线”命令，配合平行线捕捉功能绘制如图 16-21 所示的折断线。

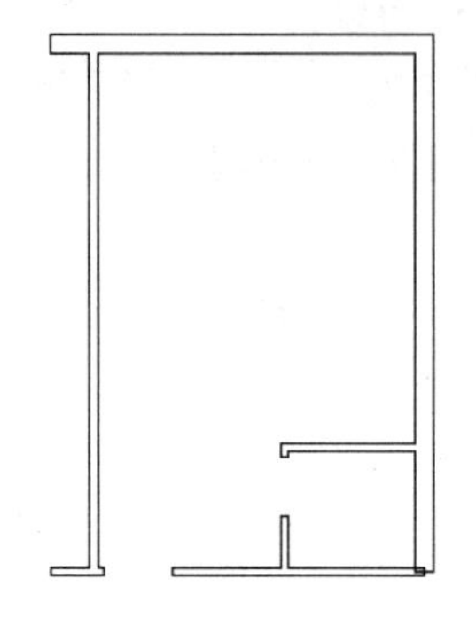

图 16-17　编辑结果

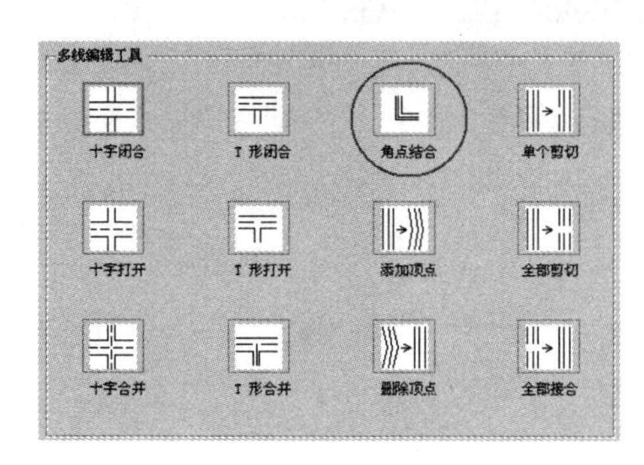

图 16-18　选择工具

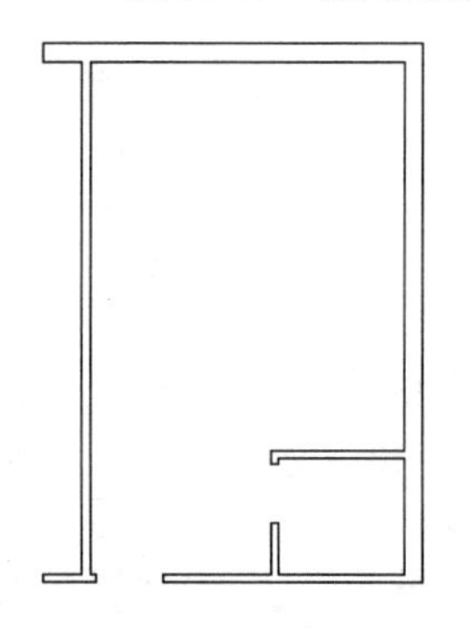

图 16-19　角点结合

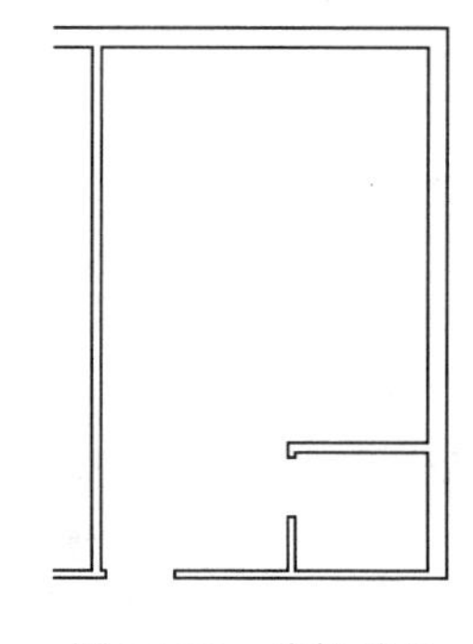

图 16-20　编辑结果

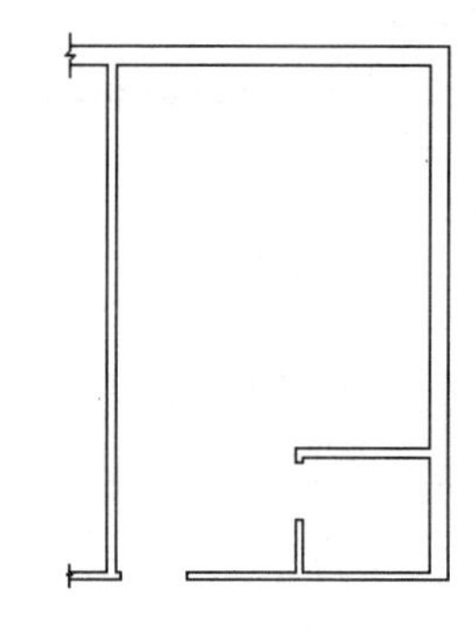

图 16-21　绘制结果

步骤 19　将“门窗层”设置为当前图层，然后使用快捷键 I 执行“插入块”命令，插入随书光盘中的“\图块文件\单开门.dwg”，设置参数如图 16-22 所示，插入点为图 16-23 所示的中点。

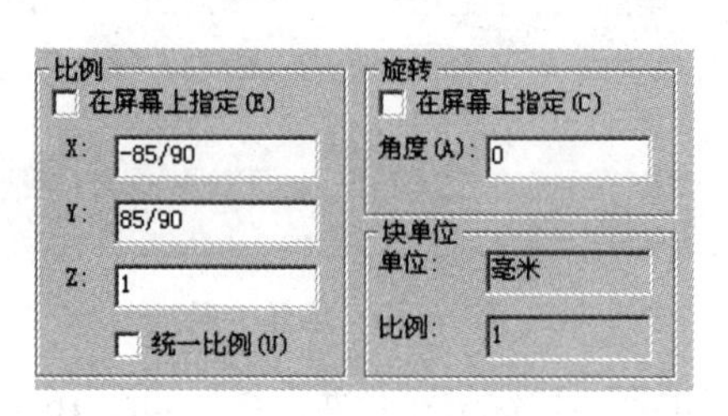

图 16-22　设置参数

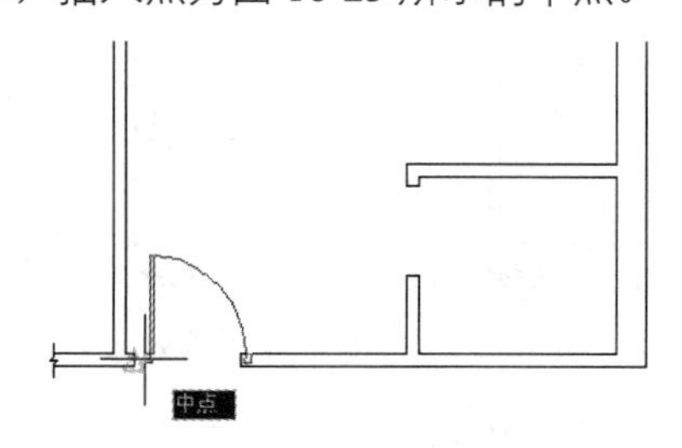

图 16-23　插入结果

步骤 20　重复执行“插入块”命令，设置参数如图 16-24 所示，配合中点捕捉功能为卫生间布置单开门，插入点为图 16-25 所示的中点。

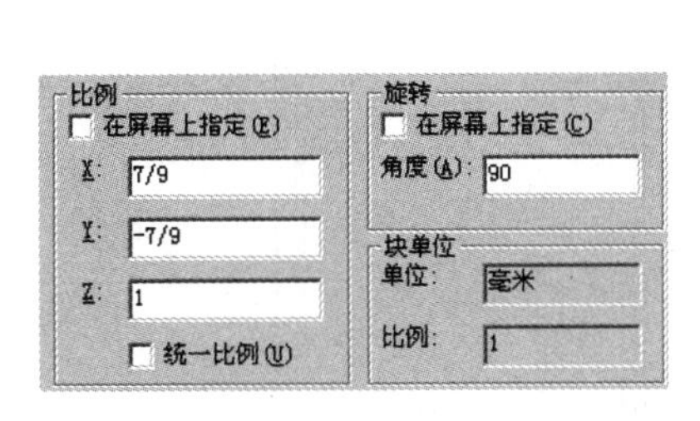

图 16-24　设置参数

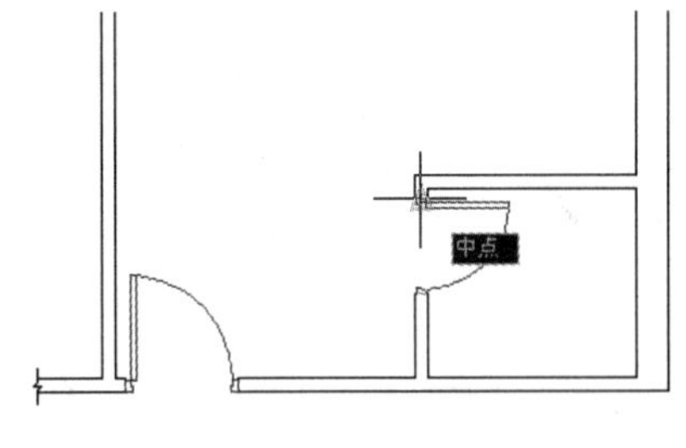

图 16-25　插入结果

步骤 21　最后执行“另存为”命令，将图形命名存储为“综合范例一.dwg”。

16.4　综合范例二——绘制 KTV 包厢平面布置图

本例主要学习 KTV 包厢平面布置图的绘制方法和具体绘制过程。KTV 包厢平面布置图的最终绘制效果如图 16-26 所示。

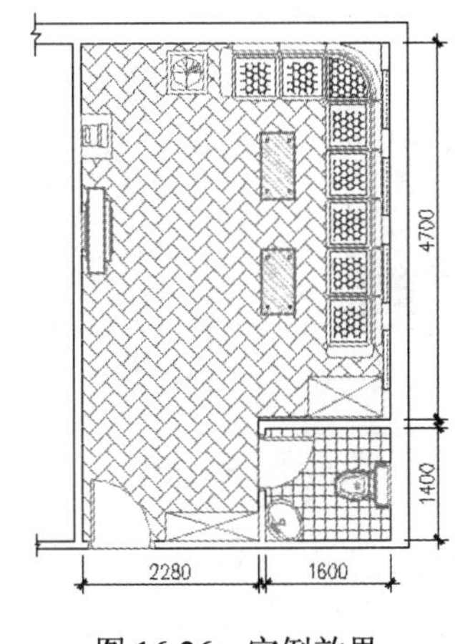

图 16-26　实例效果

操作步骤：

步骤 01　执行“打开”命令，打开随书光盘中的“\效果文件\第 16 章\综合范例一.dwg”文件。

步骤 02　展开“图层控制”下拉列表，将“家具层”设置为当前图层。

步骤 03　将线型比例设置为 1，然后单击“绘图”工具栏上的按钮，在打开的对话框中单击浏览(B)...按钮，选择随书光盘中的“\图块文件\墙面装饰架 02 .dwg”文件。

步骤 04　返回绘图区以默认参数插入到平面图中，插入点为如图 16-27 所示的端点，插入结果如图 16-28 所示。

步骤 05　重复执行“插入块”命令，选择随书光盘中的“\图块文件\拐角沙发 03.dwg”，如图 16-29 所示，返回“插入”对话框设置块参数如图 16-30 所示。

步骤 06　返回绘图区配合端点捕捉功能，将拐角沙发插入到平面图中，插入点如图 16-31 所示的端点，插入结果如图 16-32 所示。

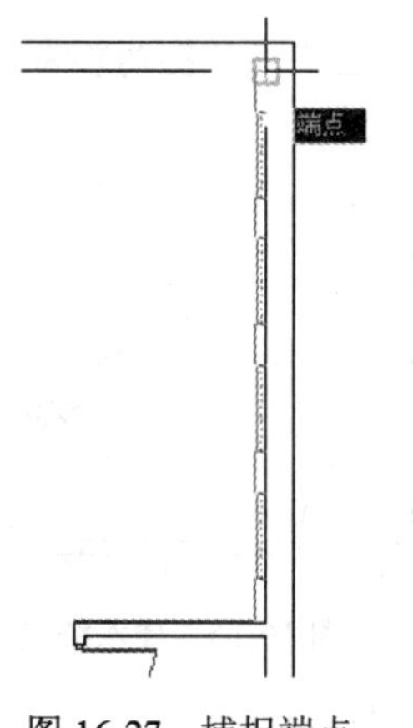

图 16-27　捕捉端点

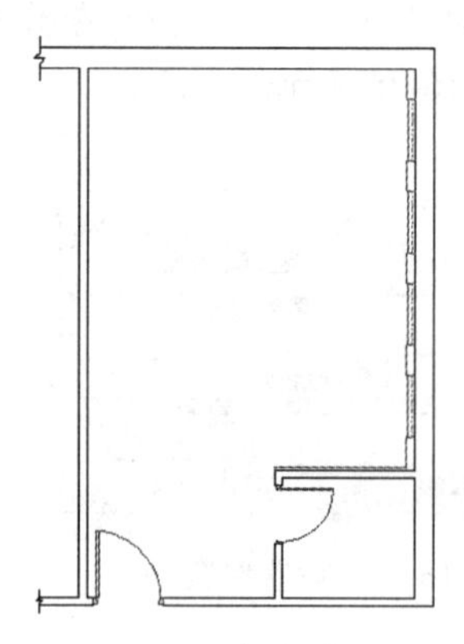

图 16-28　插入结果

步骤 07　重复执行“插入块”命令，配合捕捉和追踪功能，以默认参数插入随书光盘中的“\图块文件\玻璃茶几 02.dwg.dwg”文件，插入结果如图 16-33 所示。

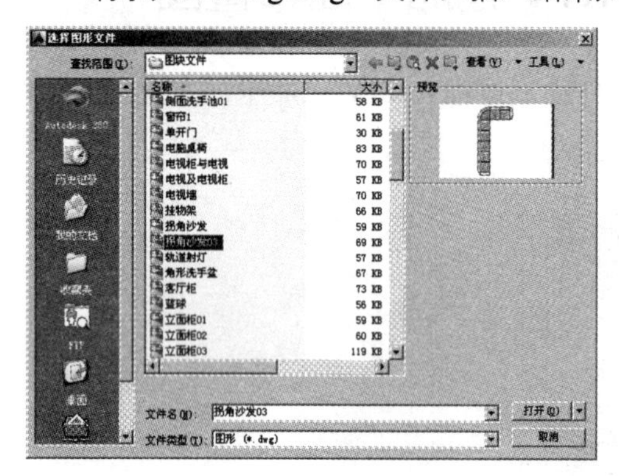

图 16-29　选择文件

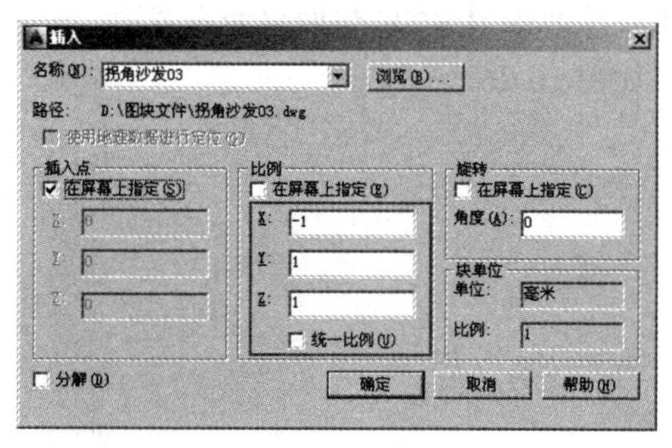

图 16-30　设置参数

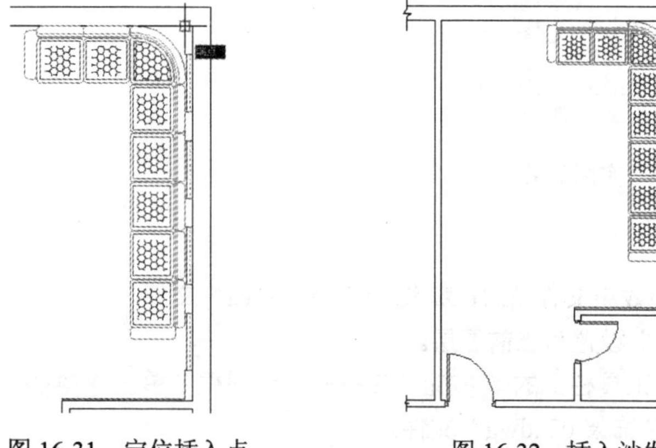

图 16-31　定位插入点

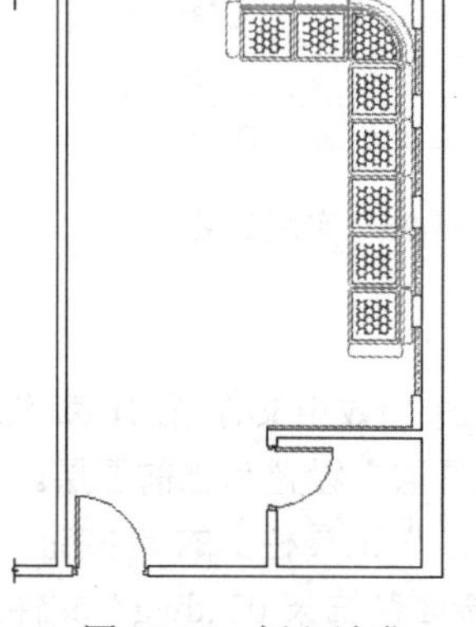

图 16-32　插入沙发

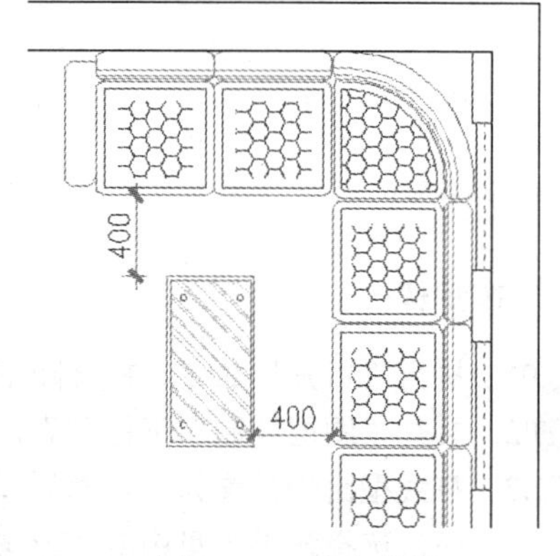

图 16-33　插入茶几

步骤 08　单击菜单“修改”/“复制”命令，将插入的茶几图块沿 Y 轴负方向复制 1450 个单位，结果如图 16-34 所示。

步骤 09　使用快捷键 I 执行“插入块”命令，插入随书光盘“\图块文件\马桶 02.dwg”文件，参数设置如图 16-35 所示，插入点为图 16-36 所示的中点。

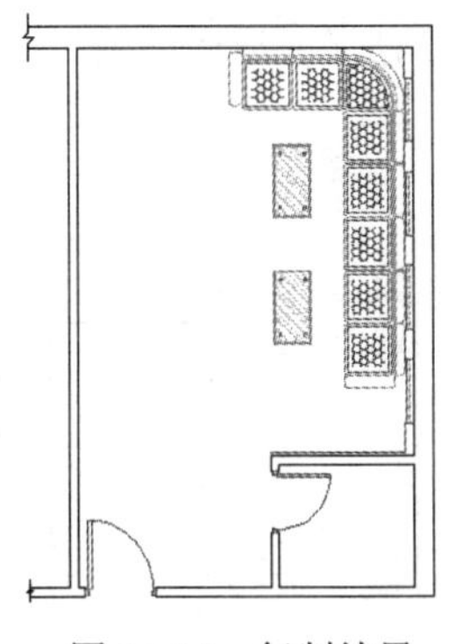

图 16-34 复制结果

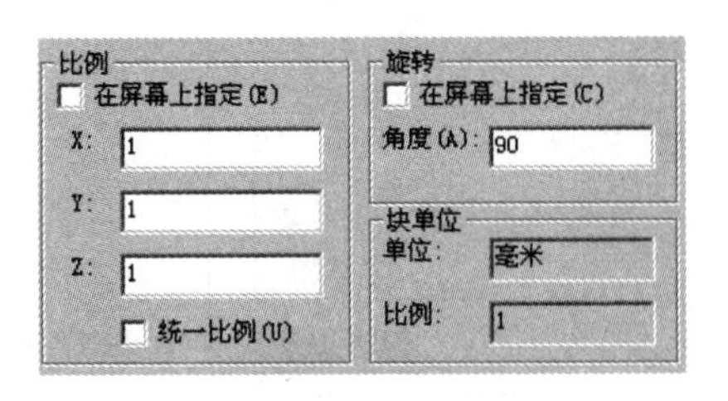

图 16-35 设置参数

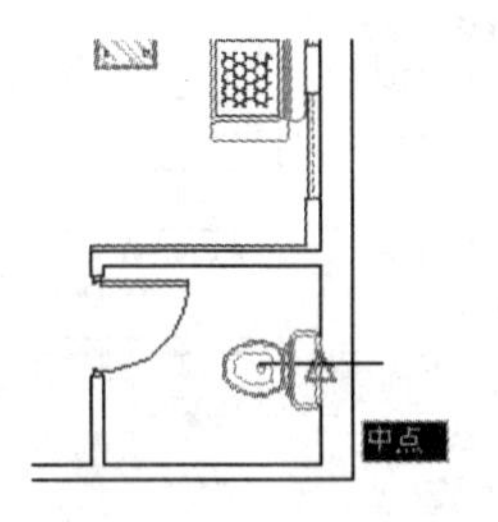

图 16-36 捕捉中点

步骤10 使用快捷键 I，再次执行“插入块”命令，插入随书光盘“图块文件”目录下的“block52.dwg 、block53.dwg 、block54.dwg、角形洗手盆.dwg”文件，插入结果如图 16-37 所示。

步骤11 使用快捷键 PL 执行“多段线”命令，绘制如图 16-38 所示的鞋柜和衣柜平面图。

步骤12 将“填充层”设置为当前图层，然后使用快捷键 L 执行“直线”命令，配合端点捕捉功能封闭门洞，如图 16-39 所示。

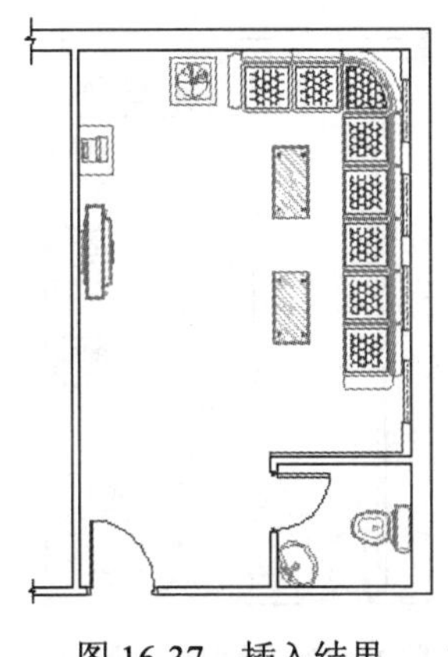

图 16-37 插入结果

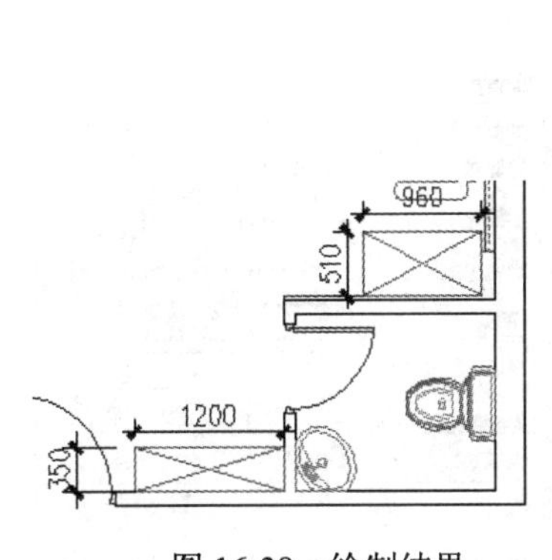

图 16-38 绘制结果

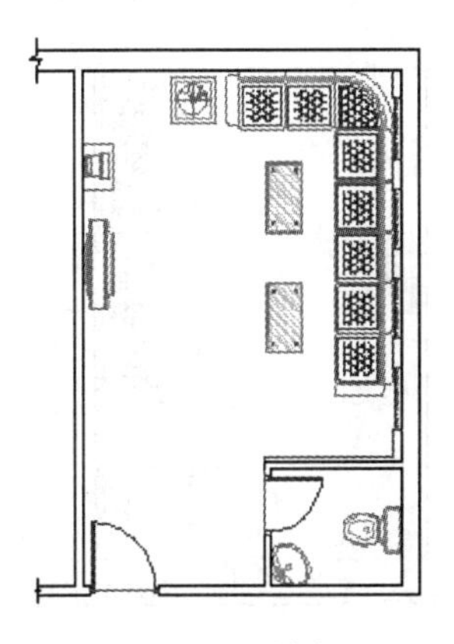

图 16-39 绘制结果

步骤13 在无命令执行的前提下夹点显示如图 16-40 所示的卫生间内的马桶和洗手盆图块。

步骤14 展开“图层控制”下拉列表，将其放到“0 图层”上，同时冻结“家具层”，如图 16-41 所示。

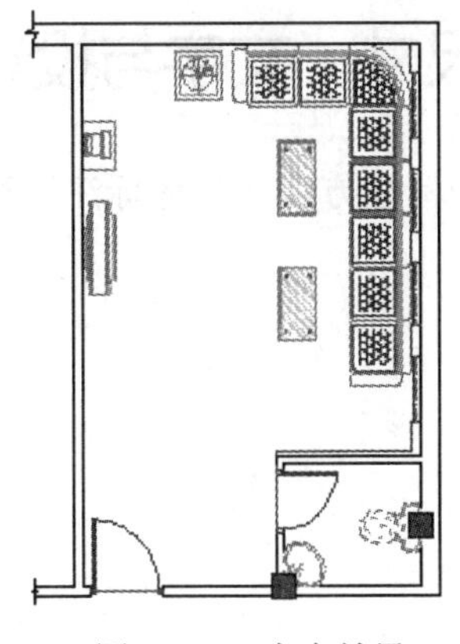

图 16-40 夹点效果

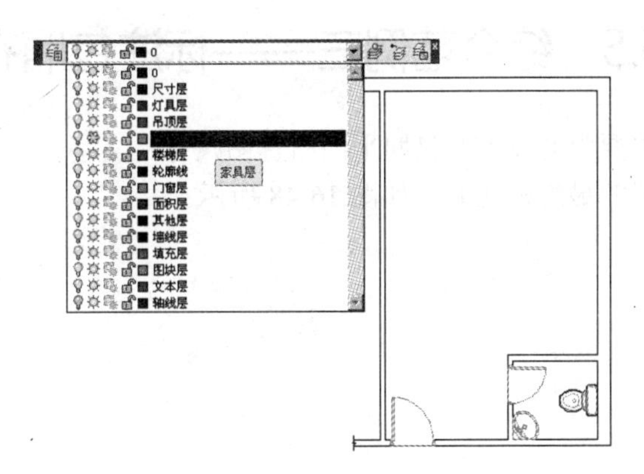

图 16-41 冻结图层后的效果

步骤 15　单击菜单“绘图”/“图案填充”命令，设置填充图案和参数如图 16-42 所示，返回绘图区拾取如图 16-43 所示的区域进行填充，结果如图 16-44 所示。

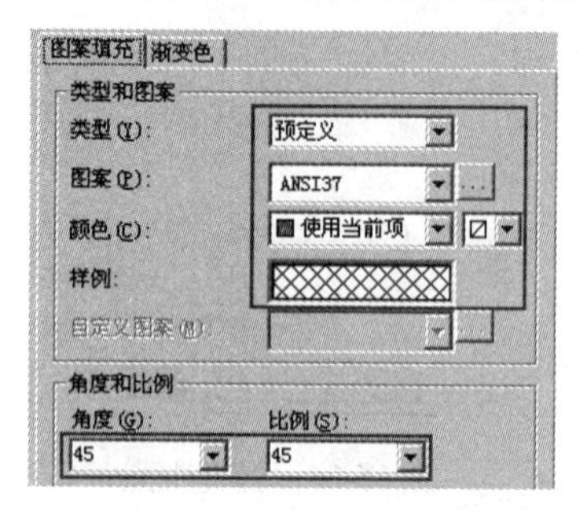

图 16-42　设置填充图案与参数

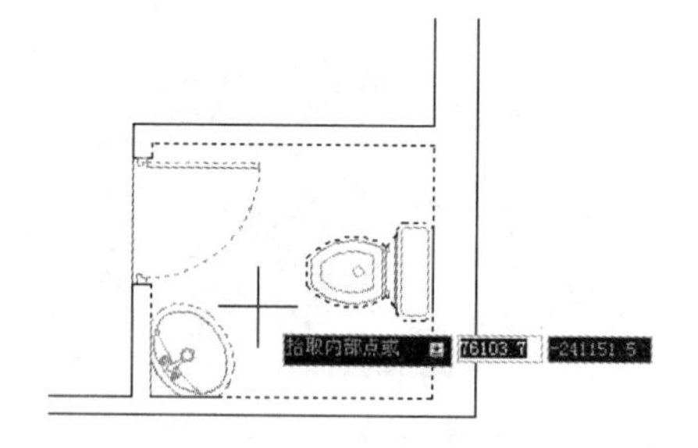

图 16-43　填充结果

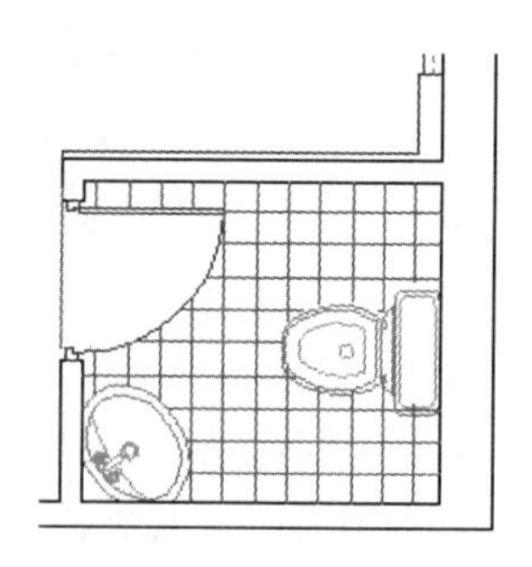

图 16-44　填充结果

步骤 16　将卫生间内的马桶和洗手盆图块放到“家具层”上，同时解冻该图层，此时平面图的显示效果如图 16-45 所示。

步骤 17　单击菜单“绘图”/“图案填充”命令，设置填充图案及参数如图 16-46 所示，拾取如图 16-47 所示的填充区域进行填充，结果如图 16-26 所示。

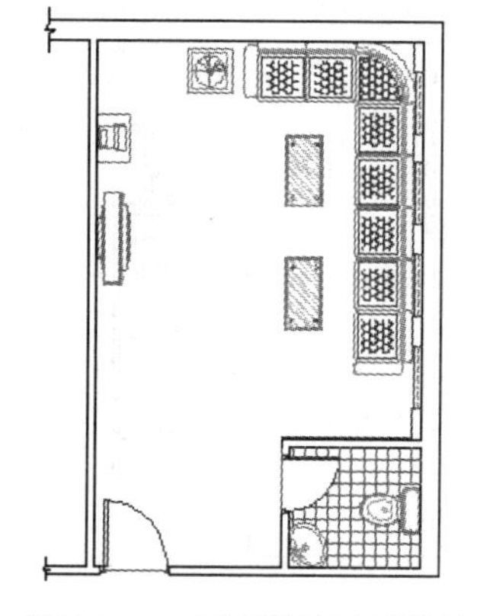

图 16-45　平面图的显示效果

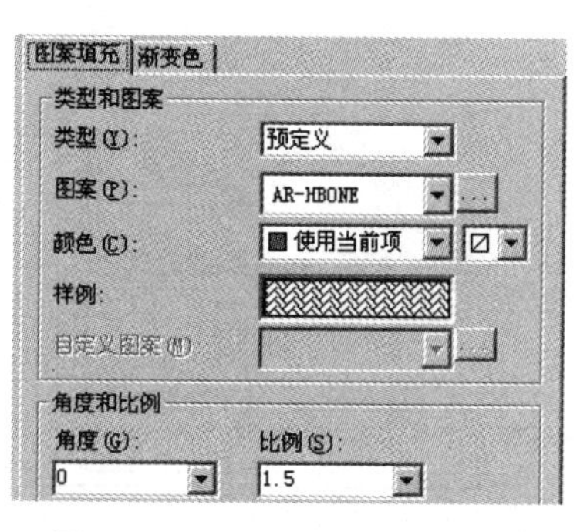

图 16-46　设置填充图案与参数

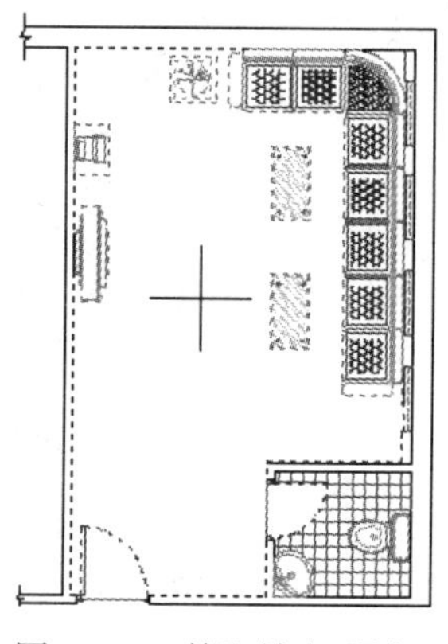

图 16-47　拾取填充区域

步骤 18　最后执行“另存为”命令，将图形命名存储为“综合范例二.dwg”。

16.5　综合范例三——标注包厢布置图尺寸、文字与投影

本例主要学习 KTV 包厢平面布置图尺寸、文字、符号等内容的标注方法和具体标注过程。KTV 包厢布置图的最终标注效果如图 16-48 所示。

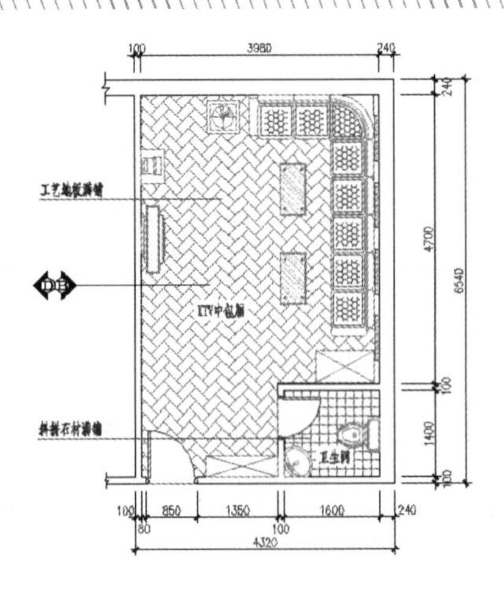

图 16-48　实例效果

操作步骤：

步骤 01　执行“打开”命令，打开光盘“\效果文件\第 16 章\综合范例二.dwg”。

步骤 02　单击“图层”工具栏上的“图层控制”列表，将“尺寸层”设置为当前图层。

步骤 03　单击菜单“标注”/“标注样式”命令，修改“建筑标注”样式的标注比例如图 16-49 所示，同时将此样式设置当前尺寸样式，如图 16-50 所示。

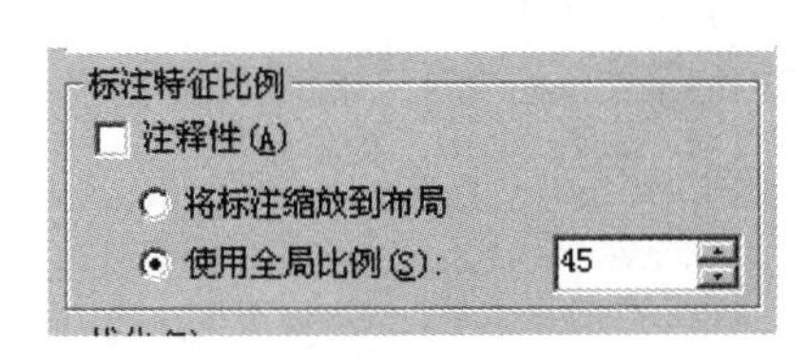

图 16-49　修改标注比例

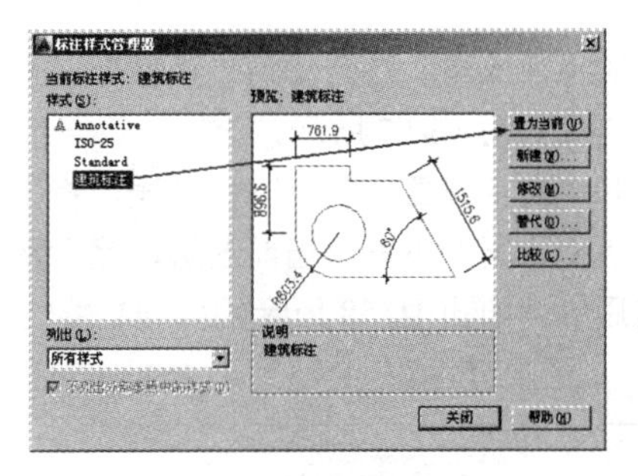

图 16-50　设置当前尺寸样式

步骤 04　单击“标注”工具栏上的按钮，在命令行“指定第一条尺寸界线原点或 <选择对象>：”提示下捕捉如图 16-51 所示的端点。

步骤 05　在命令行“指定第二条尺寸界线原点:”提示下，配合捕捉与追踪功能捕捉如图 16-52 所示的交点。

步骤 06　在命令行“指定尺寸线位置或 [多行文字(M)/文字(T)/角度(A)/水平(H)/垂直(V)/旋转(R)]：”提示下，在适当位置指定尺寸线位置，标注结果如图 16-53 所示。

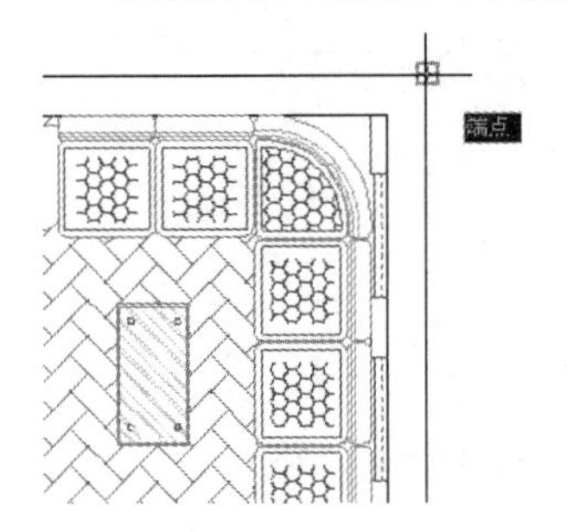

图 16-51　定位第一原点

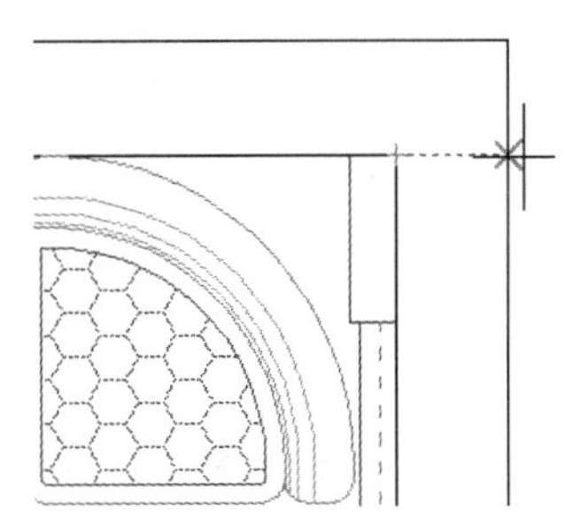

图 16-52　定位第二原点

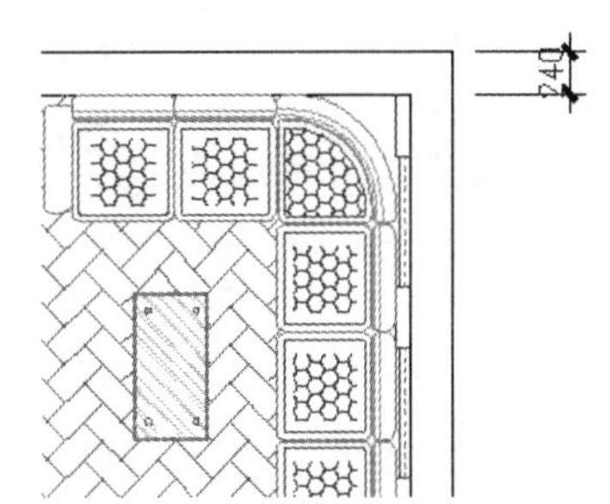

图 16-53　标注结果

步骤07 单击“标注”工具栏上的按钮，执行“连续”命令，标注如图 16-54 所示的连续尺寸作为细部尺寸。

步骤08 单击“标注”工具栏上的按钮，执行“编辑标注文字”命令，对重叠的尺寸文字进行编辑，结果如图 16-55 所示。

步骤09 单击“标注”工具栏上的按钮，标注右侧的总尺寸，标注结果如图 16-56 所示。

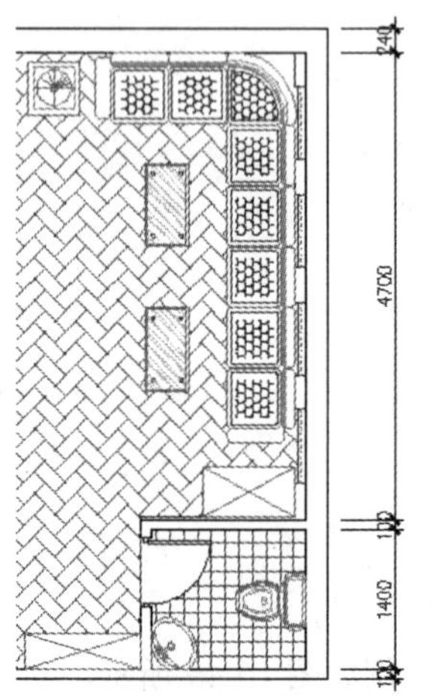

图 16-54　标注连续尺寸

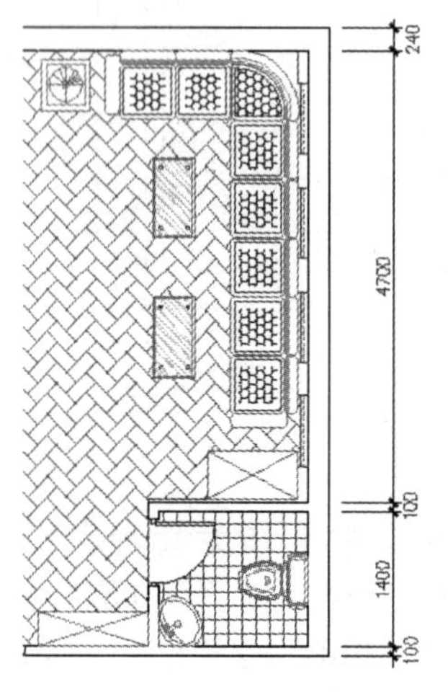

图 16-55　编辑标注文字

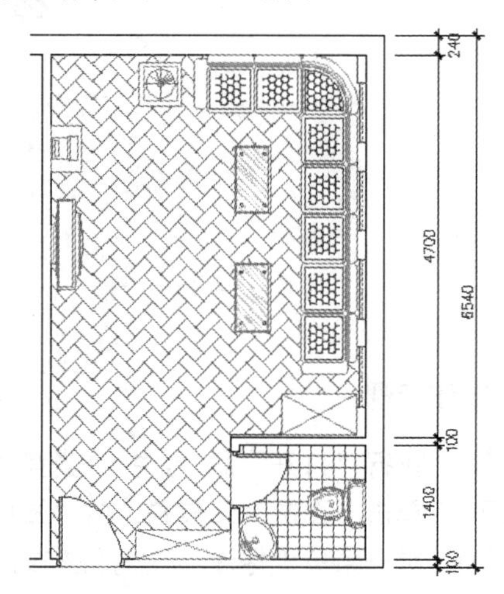

图 16-56　标注总尺寸

步骤10 参照上述操作，综合使用“线性”、“连续”和“编辑标注文字”命令分别标注其他侧的尺寸，标注结果如图 16-57 所示。

步骤11 展开“文字样式控制”下拉列表，将“仿宋体”设置为当前样式。

步骤12 将“文本层”设置为当前图层，然后使用快捷键 DT 执行“单行文字”命令，设置字高为 180，然后输入如图 16-58 所示的房间功能性文字注释。

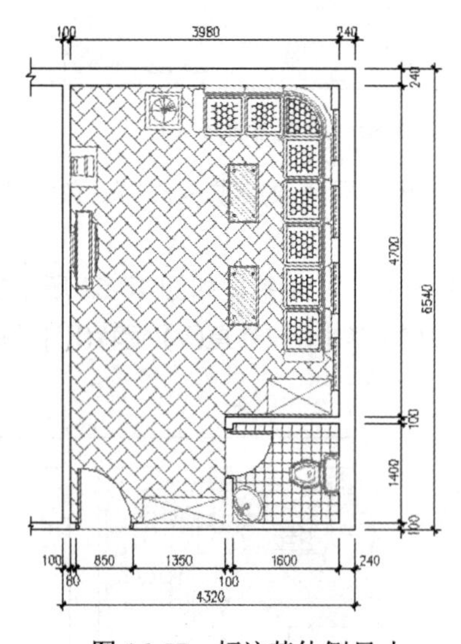

图 16-57　标注其他侧尺寸

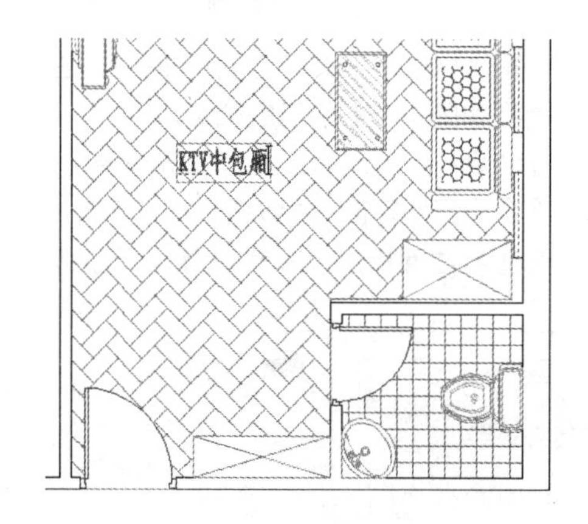

图 16-58　标注文字

步骤13 移动光标至卫生间，然后单击指定文字的位置，输入如图 16-59 所示的文字注释。

步骤14 在无命令执行的前提下夹点显示地砖填充图案，然后单击鼠标右键，选择如图 16-60 所示的“图案填充编辑”命令。

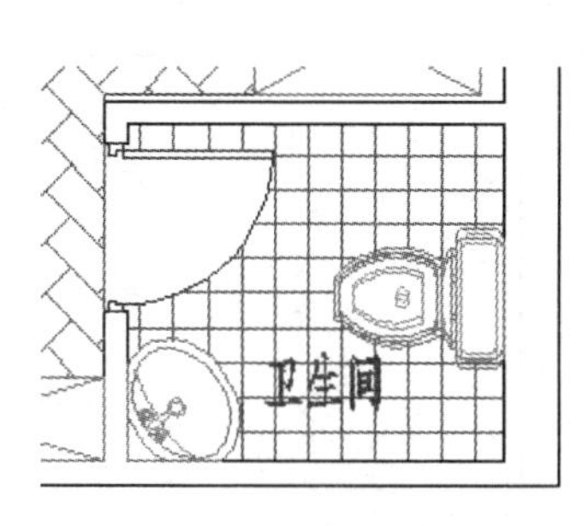

图 16-59　标注结果

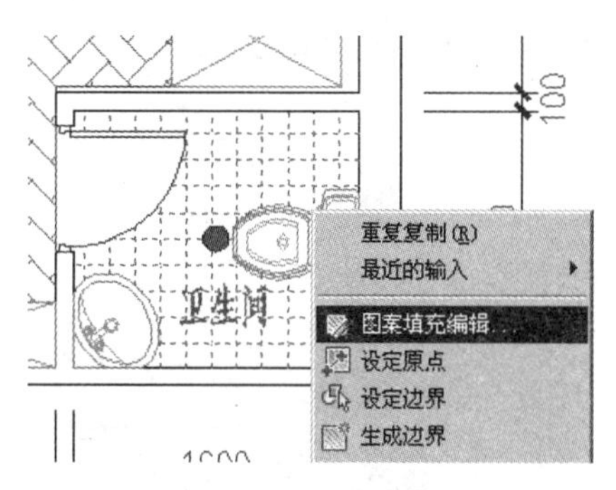

图 16-60　夹点图案右键菜单

步骤 15　此时打开“图案填充编辑”对话框，单击“添加：选择对象”按钮，如图 16-61 所示。

步骤 16　返回绘图区，在命令行“选择对象或 [拾取内部点(K)/删除边界(B)]:”提示下，选择“卫生间”，结果文字后面的填充图案被删除，如图 16-62 所示。

图 16-61　“图案填充编辑”对话框

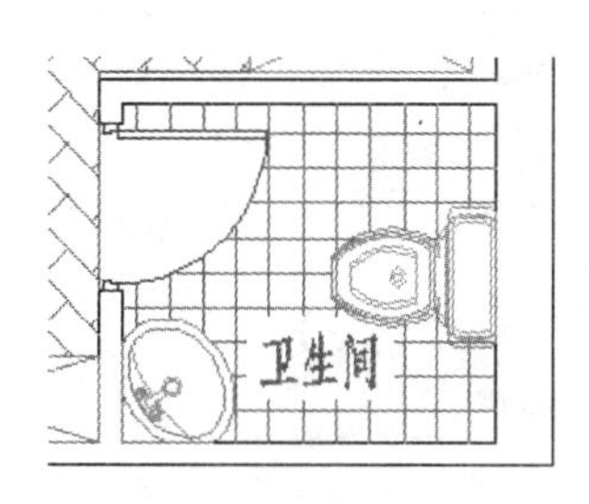

图 16-62　编辑结果

步骤 17　参照 15~16 步骤，修改卫生间内的填充图案，修改结果如图 16-63 所示。

步骤 18　使用快捷键 L 执行“直线”命令，绘制如图 16-64 所示的两条文字指示线。

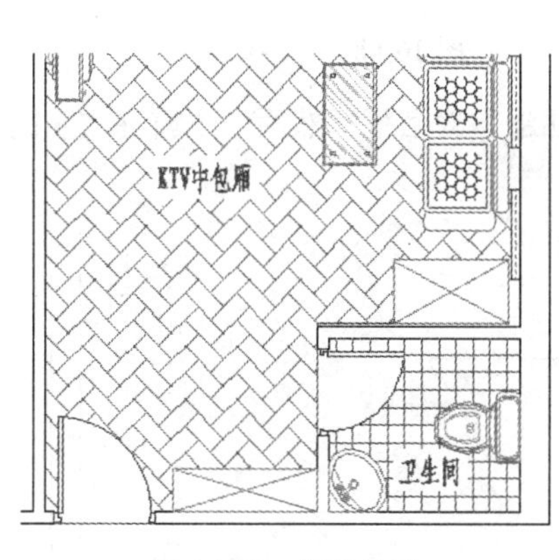

图 16-63　修改结果

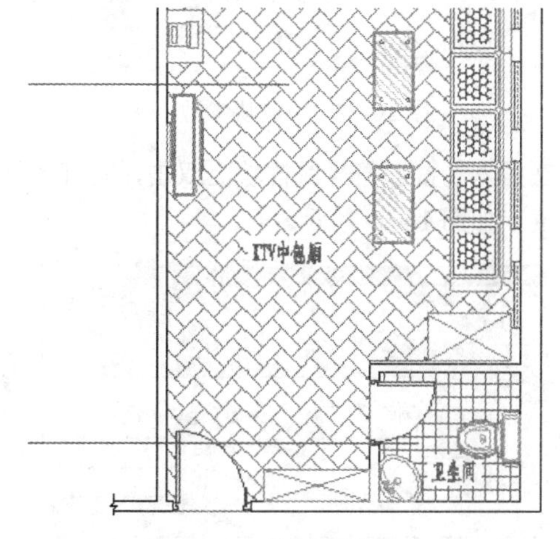

图 16-64　绘制指示线

步骤 19　使用快捷键 DT 执行“单行文字”命令，设置文字高度为 180，为平面图标注如图 16-65 所示的材质注释。

步骤 20　关闭状态栏上的“对象捕捉”功能，然后打开“极轴追踪”功能。

步骤 21 展开“图层控制”下拉列表，将“其他层”设置为当前图层。

步骤 22 使用快捷键 L 执行“直线”命令，配合“极轴追踪”功能绘制如图 16-66 所示的墙面投影指示线。

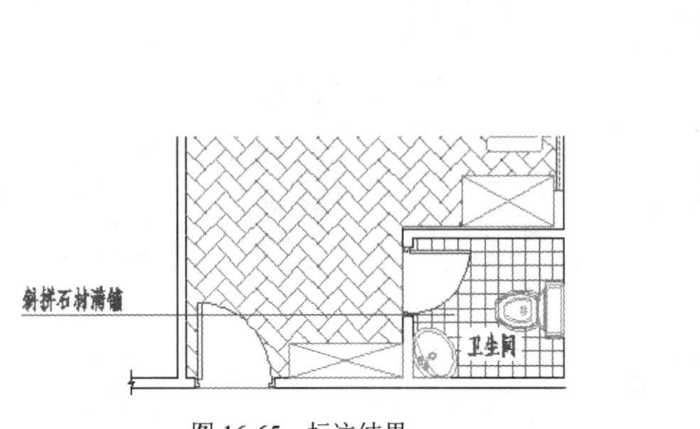

图 16-65　标注结果

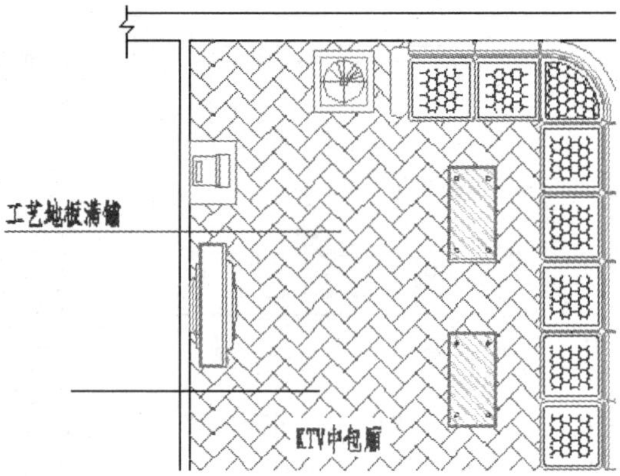

图 16-66　绘制指示线

步骤 23 使用快捷键 I 执行“插入块”命令，设置块参数如图 16-67 所示，插入随书光盘中的“\图块文件\投影符号.dwg ”，命令行操作如下：

```
命令: I                                                  // Enter
INSERT 指定插入点或 [基点(B)/比例(S)/旋转(R)]:             //捕捉指示线的左端点
输入属性值
输入投影符号值: <A>:                                     // B Enter，插入结果如图 16-68 所示
正在重生成模型
```

图 16-67　设置块参数

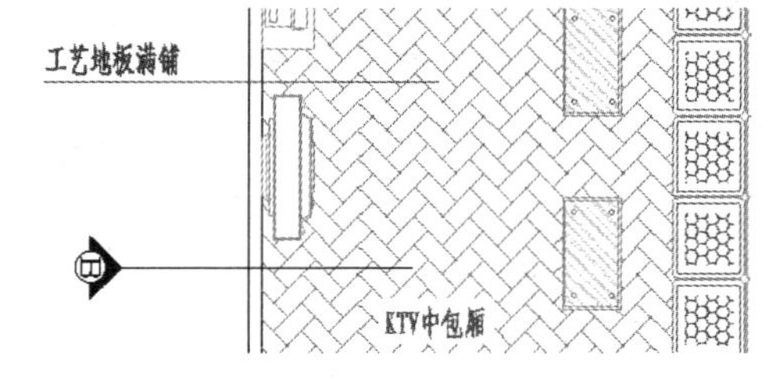

图 16-68　插入结果

步骤 24 在插入的投影符号属性块上双击，打开“增强属性编辑器”对话框，然后修改属性文字的旋转角度，如图 16-69 所示。

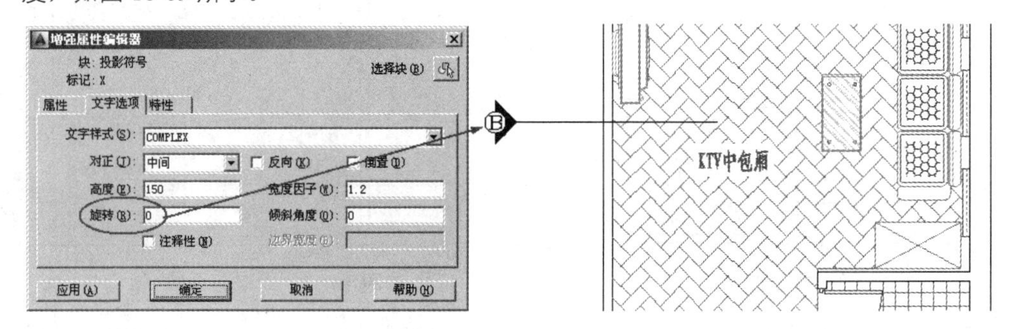

图 16-69　修改属性角度

步骤 25　关闭“增强属性编辑器”对话框，然后执行“镜像”命令，配合象限点捕捉功能，对投影符号进行镜像，结果如图 16-70 所示。

步骤 26　在镜像出的投影符号上双击，在打开的“增强属性编辑器”对话框中修改其属性值如图 16-71 所示。

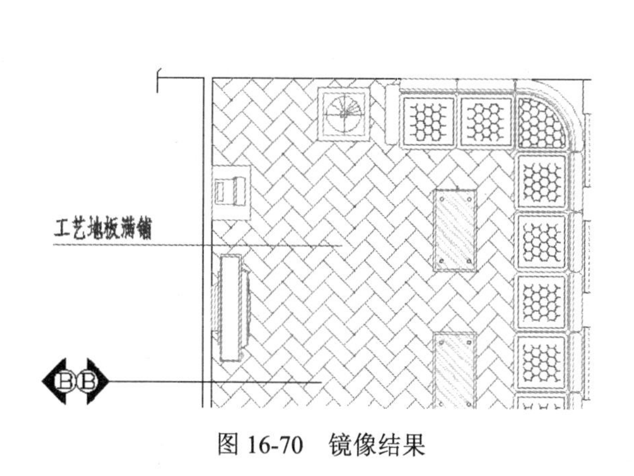

图 16-70　镜像结果

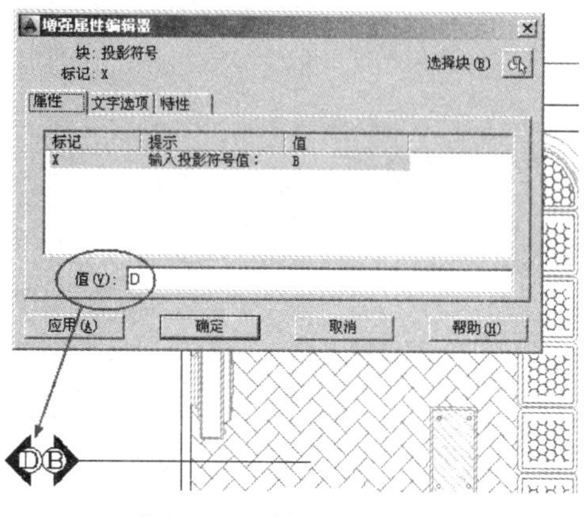

图 16-71　修改属性值

步骤 27　最后执行“另存为”命令，将图形命名存储为“综合范例三.dwg”。

16.6　综合范例四——绘制 KTV 包厢吊顶结构图

本例主要学习 KTV 包厢吊顶结构图的绘制方法和具体绘制过程。KTV 包厢吊顶结构图的最终绘制效果，如图 16-72 所示。

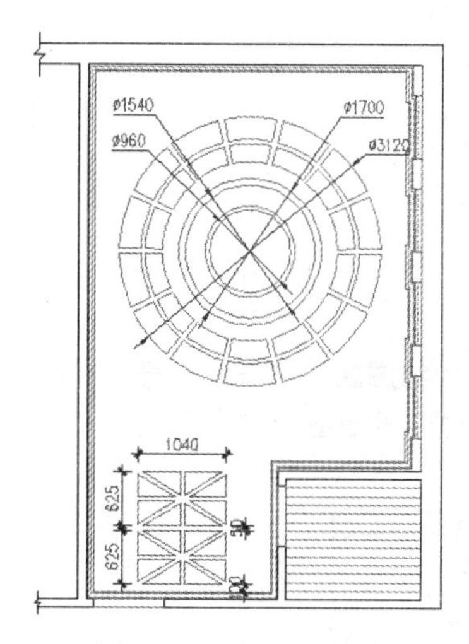

图 16-72　实例效果

操作步骤：

步骤 01　执行“打开”命令，打开随书光盘中的“\效果文件\第 16 章\综合范例三.dwg”文件。

步骤 02　单击菜单“格式”/“图层”命令，在打开的对话框中冻结“尺寸层”，同时将“吊顶层”设置为当前图层，此时平面图的显示效果如图 16-73 所示。

步骤 03　使用快捷键 E 执行“删除”命令，删除不需要的图形对象，结果如图 16-74 所示。

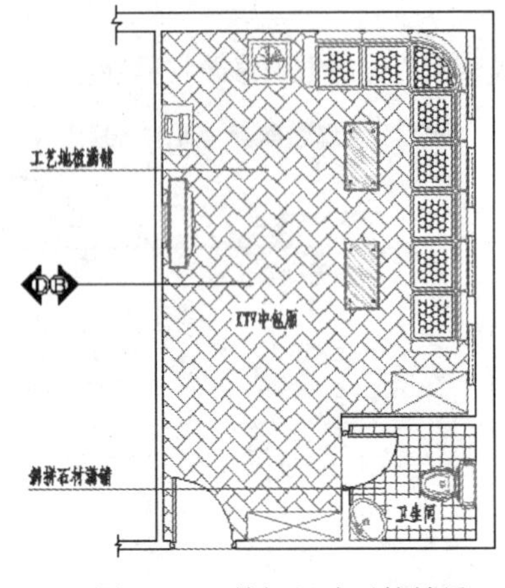

图 16-73　关闭尺寸后的效果

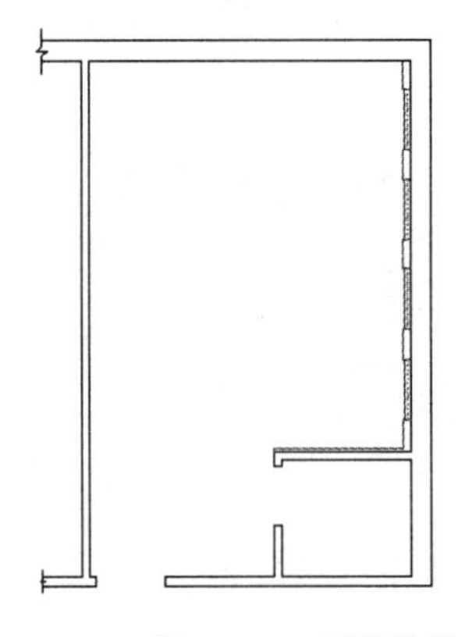

图 16-74　删除结果

步骤 04　使用快捷键 L 执行“直线”命令，配合端点捕捉功能绘制门洞位置的轮廓线，结果如图 16-75 所示。

步骤 05　在无命令执行的前提下夹点显示如图 16-76 所示的图块进行分解，然后将分解后的图线放到“吊顶层”上。

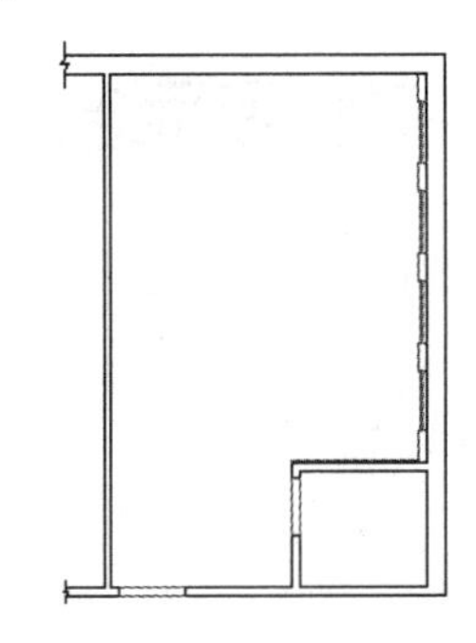

图 16-75　绘制结果

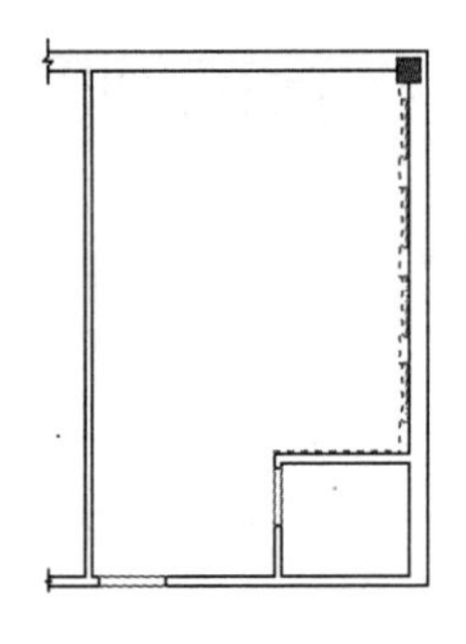

图 16-76　夹点效果

步骤 06　使用快捷键 BO 执行“边界”命令，在打开的“边界创建”对话框中设置边界类型，如图 16-77 所示。

步骤 07　单击“拾取点”按钮，返回绘图区，根据命令行的提示，在包厢内部单击，创建如图 16-78 所示的边界，边界创建后的突显效果如图 16-79 所示。

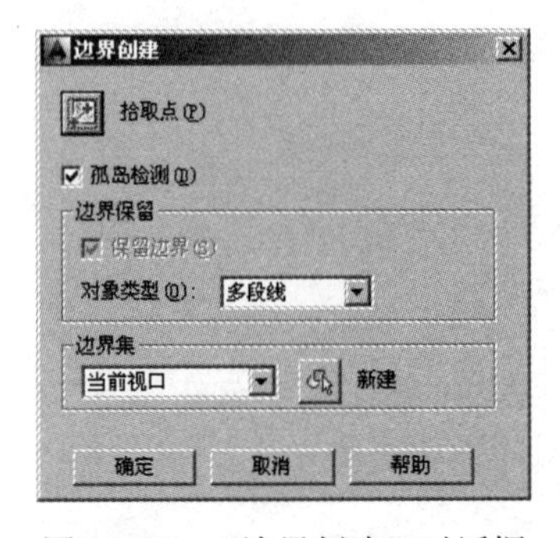

图 16-77　“边界创建”对话框

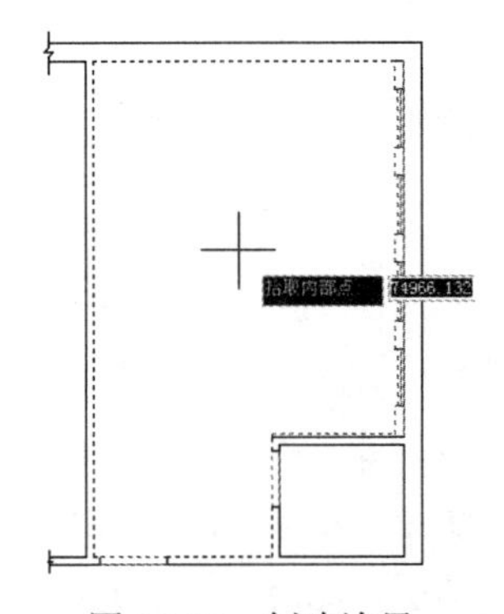

图 16-78　创建边界

步骤 08　使用快捷键 O 执行“偏移”命令，将刚创建的边界向内偏移 20、60 和 80 个单位，作为吊顶轮廓线，偏移结果如图 16-80 所示。

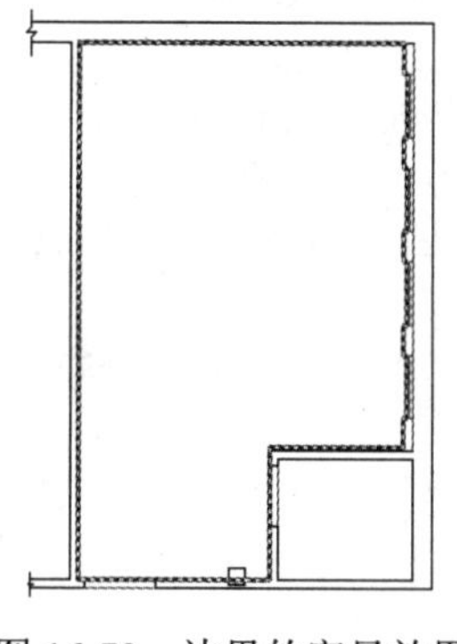

图 16-79　边界的突显效果

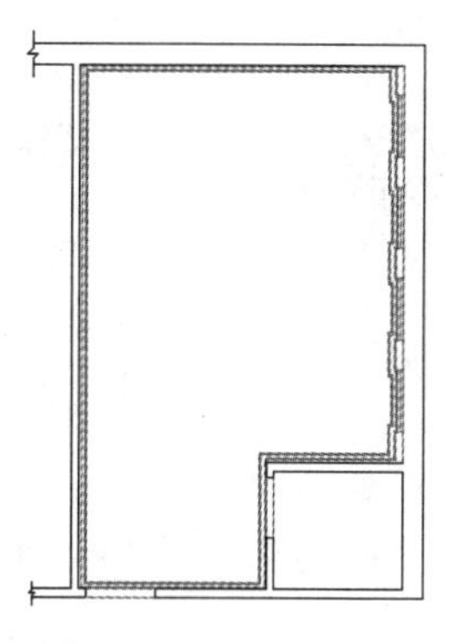

图 16-80　偏移结果

步骤 09　使用快捷键 C 执行“圆”命令，垂直向下引出如图 16-81 所示的对象追踪虚线，绘制半径为 530 和 1560 的同心圆，结果如图 16-82 所示。

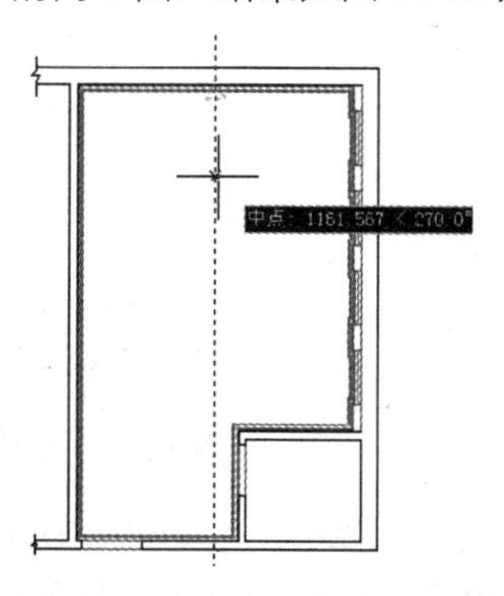

图 16-81　引出对象追踪虚线

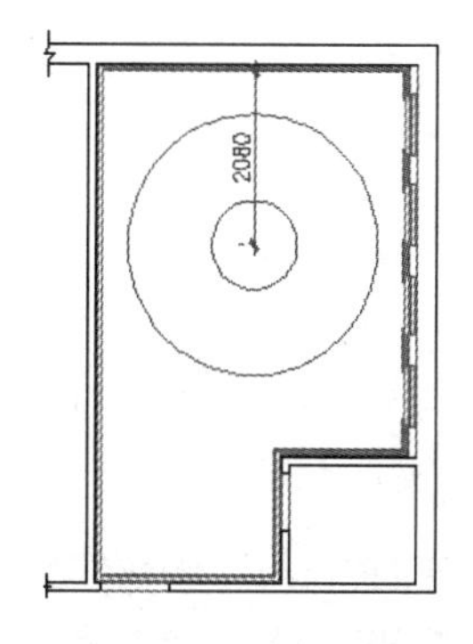

图 16-82　绘制同心圆

步骤 10　使用快捷键 O 执行“偏移”命令，将外侧的大圆向内偏移 260 个单位，将内侧的小圆向内偏移 50 个单位，偏移结果如图 16-83 所示。

步骤 11　使用快捷键 XL 执行“构造线”命令，配合圆心捕捉功能绘制如图 16-84 所示的垂直轮廓线。

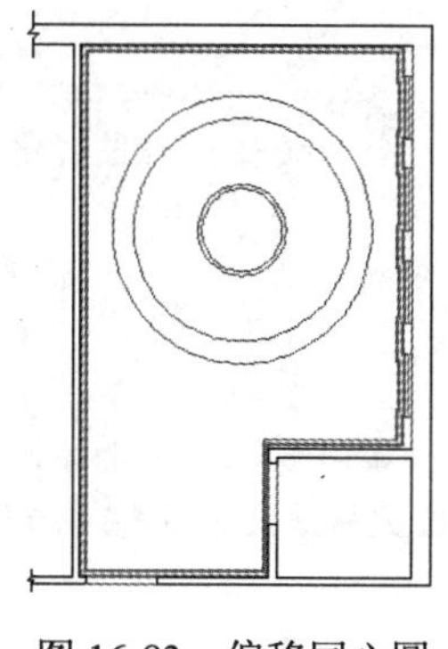

图 16-83　偏移同心圆

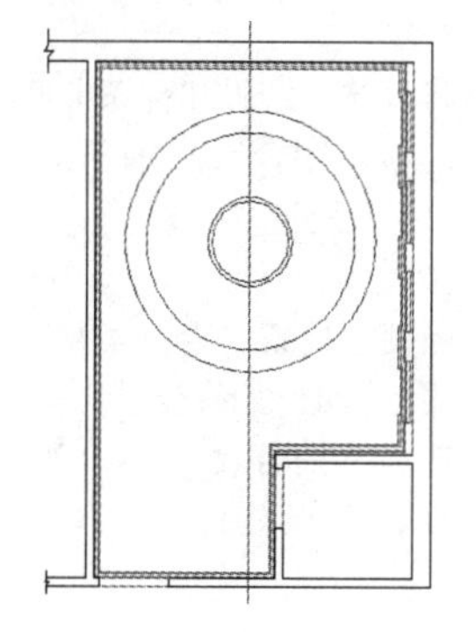

图 16-84　绘制轮廓线

步骤 12　在无命令执行的前提下，夹点显示如图 16-85 所示的构造线，以中间的夹点作为夹基点，然后使用夹点编辑功能对垂直构造线进行旋转并复制。命令行操作如下：

```
命令:
** 拉伸 **
指定拉伸点或 [基点(B)/复制(C)/放弃(U)/退出(X)]: _rotate
** 旋转 **
指定旋转角度或 [基点(B)/复制(C)/放弃(U)/参照(R)/退出(X)]: _copy
** 旋转 (多重) **
指定旋转角度或 [基点(B)/复制(C)/放弃(U)/参照(R)/退出(X)]:    //11.5 Enter
** 旋转 (多重) **
指定旋转角度或 [基点(B)/复制(C)/放弃(U)/参照(R)/退出(X)]:    //-11.5 Enter
** 旋转 (多重) **
指定旋转角度或 [基点(B)/复制(C)/放弃(U)/参照(R)/退出(X)]:
 // Enter，编辑结果如图 16-86 所示
```

步骤 13 按 Delete 键删除夹点显示的垂直构造线，结果如图 16-87 所示。

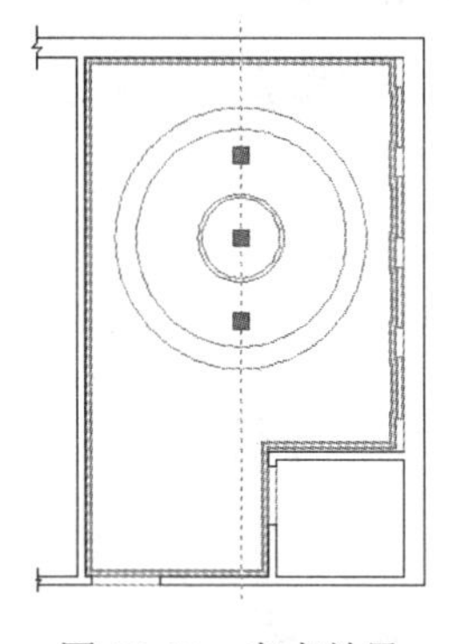
图 16-85 夹点效果

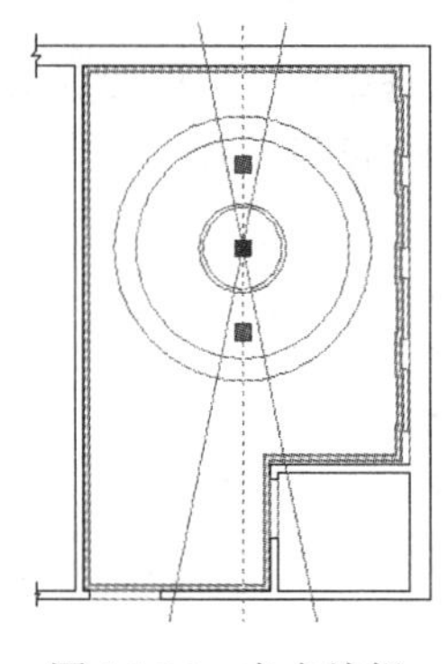
图 16-86 夹点编辑

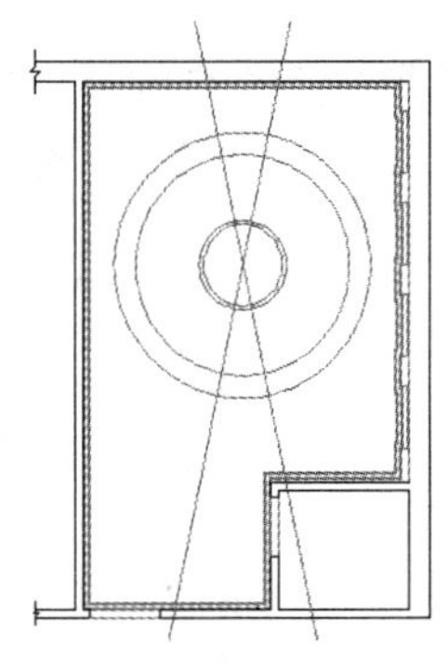
图 16-87 删除结果

步骤 14 使用快捷键 TR 执行“修剪”命令，对同心圆和构造线进行修剪，结果如图 16-88 所示。

步骤 15 使用快捷键 PE 执行“编辑多段线”命令，将修剪后的四条图线编辑为一条多段线。命令行操作如下：

```
命令: pe                          // Enter
选择多段线或 [多条(M)]:            //m Enter
选择对象:                          //窗口选择如图 16-89 所示的对象
选择对象:                          // Enter
是否将直线、圆弧和样条曲线转换为多段线? [是(Y)/否(N)]? <Y>      //Enter
输入选项 [闭合(C)/打开(O)/合并(J)/宽度(W)/拟合(F)/样条曲线(S)/非曲线化(D)/线型生成(L)/
反转(R)/放弃(U)]:                  //J Enter
合并类型 = 延伸
输入模糊距离或 [合并类型(J)] <0.000>:      //Enter
多段线已增加 3 条线段
输入选项 [闭合(C)/打开(O)/合并(J)/宽度(W)/拟合(F)/样条曲线(S)/非曲线化(D)/线型生成(L)/
反转(R)/放弃(U)]:                  // Enter，编辑后的图线突显效果如图 16-90 所示
```

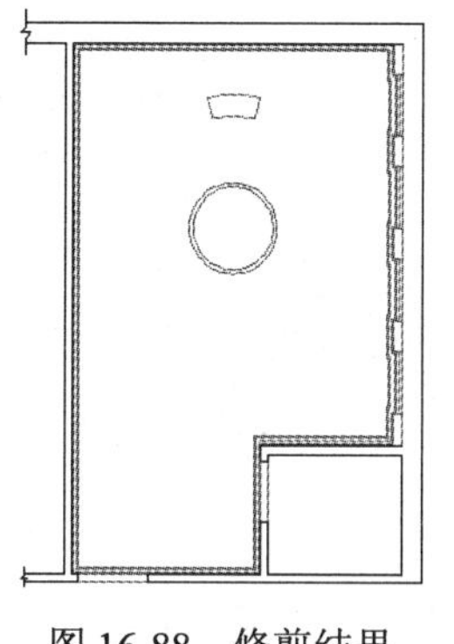

图 16-88　修剪结果

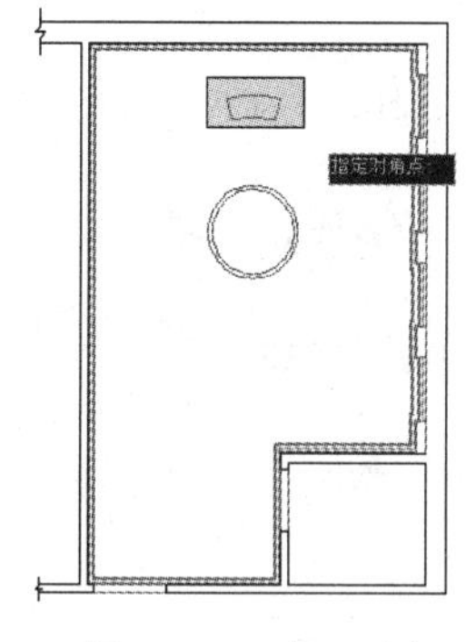

图 16-89　窗口选择

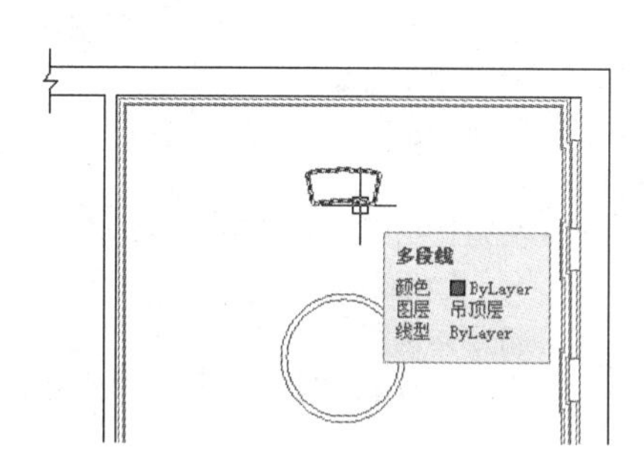

图 16-90　突显效果

步骤 16　单击菜单“修改”/“阵列”/“环形阵列”命令，对编辑的闭合多段线进行阵列。命令行操作如下：

```
命令: _arraypolar
选择对象:                                  //选择刚编辑的闭合多段线
选择对象:                                  // Enter
类型 = 极轴  关联 = 否
指定阵列的中心点或 [基点(B)/旋转轴(A)]:                //捕捉如图 16-91 所示的圆心
输入项目数或 [项目间角度(A)/表达式(E)] <4>:            //14 Enter
指定填充角度(+=逆时针、-=顺时针)或 [表达式(EX)] <360>:  // Enter
按 Enter 键接受或 [关联(AS)/基点(B)/项目(I)/项目间角度(A)/填充角度(F)/行(ROW)/层(L)/
旋转项目(ROT)/退出(X)] <退出>:              // AS Enter
创建关联阵列 [是(Y)/否(N)] <否>:            //N Enter
按 Enter 键接受或 [关联(AS)/基点(B)/项目(I)/项目间角度(A)/填充角度(F)/行(ROW)/层(L)/
旋转项目(ROT)/退出(X)] <退出>:              // Enter，阵列结果如图 16-92 所示
```

步骤 17　使用快捷键 O 执行“偏移”命令，将内侧的同心圆 A 向外偏移 290 和 370 个单位，结果如图 16-93 所示。

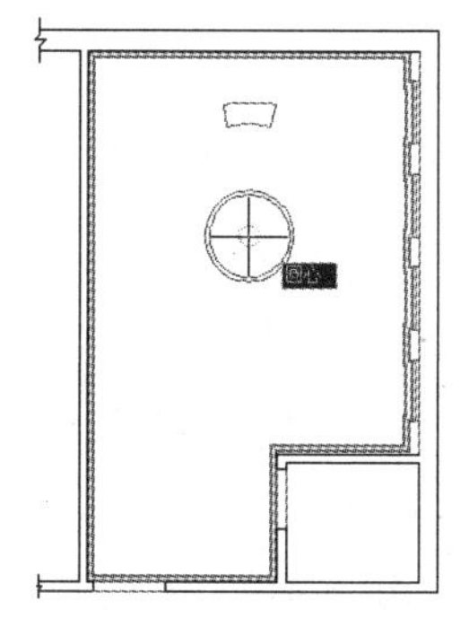

图 16-91　捕捉圆心

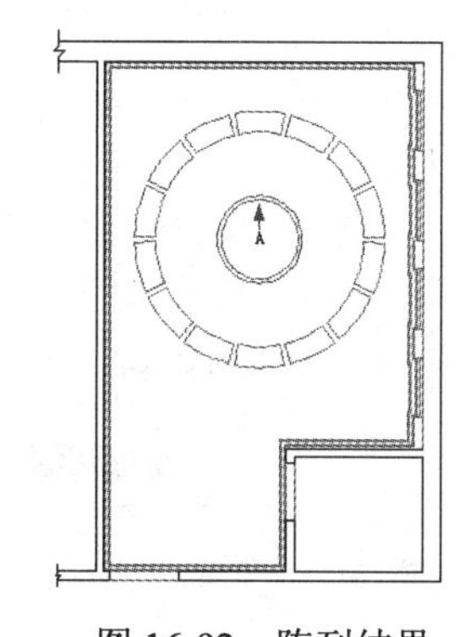

图 16-92　阵列结果

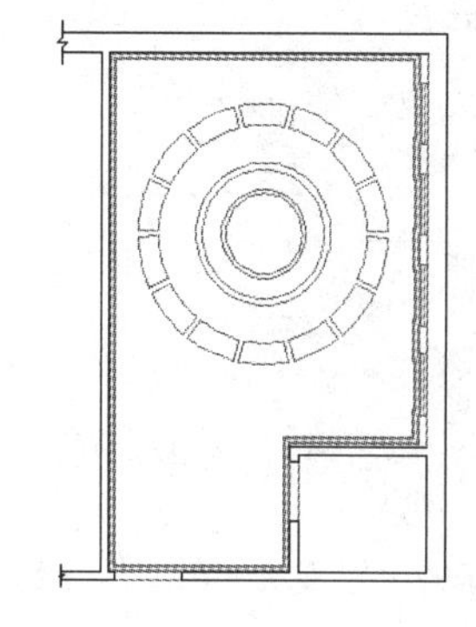

图 16-93　偏移结果

步骤 18　在无命令执行的前提下夹点显示如图 16-94 所示的对象，以同心圆的圆心作为夹基点，对夹点图形进行比例缩放和复制。命令行操作如下：

```
命令:
** 拉伸 **
指定拉伸点或 [基点(B)/复制(C)/放弃(U)/退出(X)]:      //B Enter
指定基点:                                      //捕捉如图 16-95 所示的圆心
```

```
** 拉伸 **
指定拉伸点或 [基点(B)/复制(C)/放弃(U)/退出(X)]:            //单击鼠标右键选择“缩放”命令
** 比例缩放 **
指定比例因子或 [基点(B)/复制(C)/放弃(U)/参照(R)/退出(X)]: _copy
** 比例缩放 (多重) **
指定比例因子或 [基点(B)/复制(C)/放弃(U)/参照(R)/退出(X)]: // 0.8 Enter
** 比例缩放 (多重) **
指定比例因子或 [基点(B)/复制(C)/放弃(U)/参照(R)/退出(X)]:
// Enter，编辑结果如图 16-96 所示
```

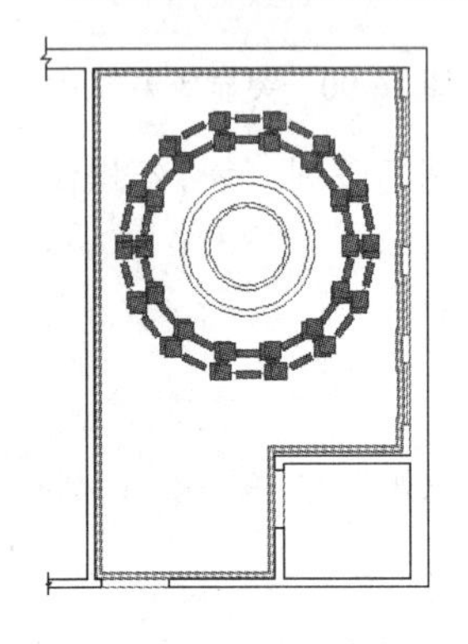

图 16-94　夹点效果

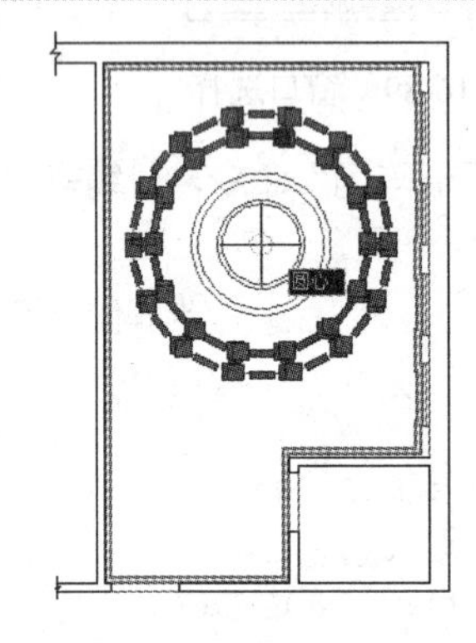

图 16-95　定位基点

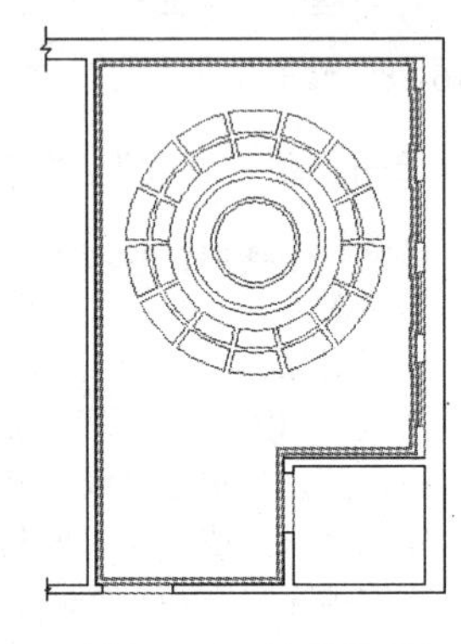

图 16-96　编辑结果

步骤19 使用快捷键 H 执行“图案填充”命令，打开“图案填充和渐变色”对话框，设置填充图案和参数如图 16-97 所示。

步骤20 单击“添加：拾取点”按钮，返回绘图区拾取如图 16-98 所示的填充区域，为卫生间填充吊顶图案，结果如图 16-99 所示。

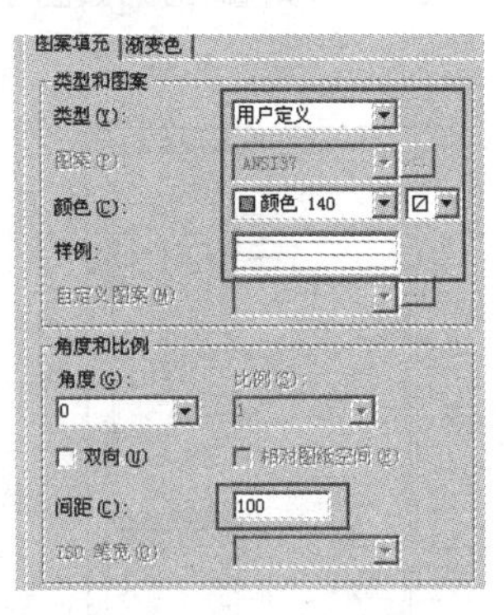

图 16-97　设置填充图案与参数

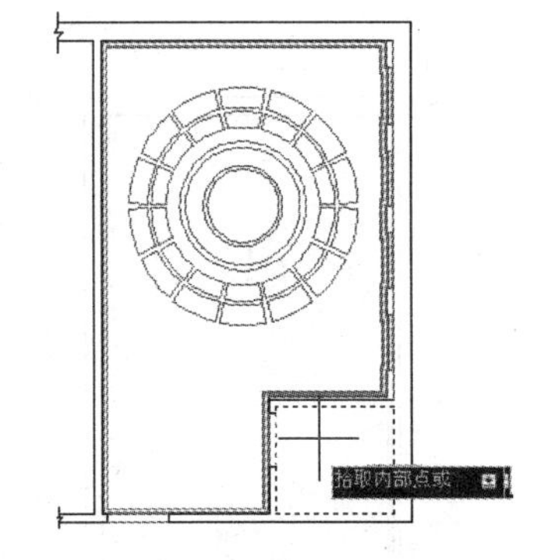

图 16-98　拾取填充区域

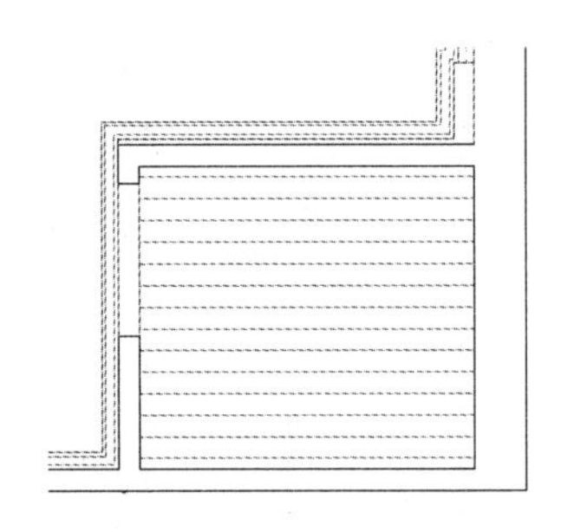

图 16-99　填充结果

步骤21 接下来在卫生间吊顶填充图案上单击鼠标右键，选择“设定原点”命令，如图 16-100 所示。

步骤22 返回绘图区在命令行“选择新的图案填充原点:”提示下，捕捉如图 16-101 所示的中点作为新的填充原点，结果如图 16-102 所示。

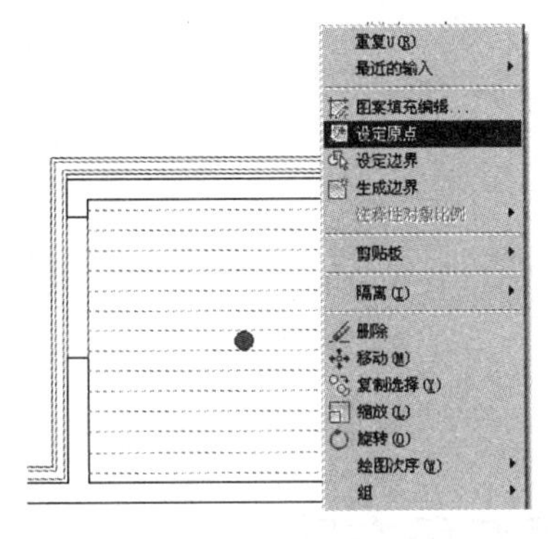

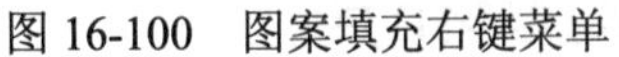

图 16-100　图案填充右键菜单

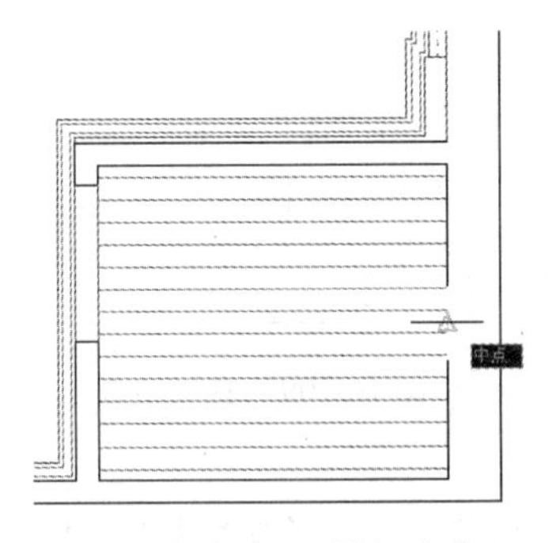

图 16-101　捕捉中点

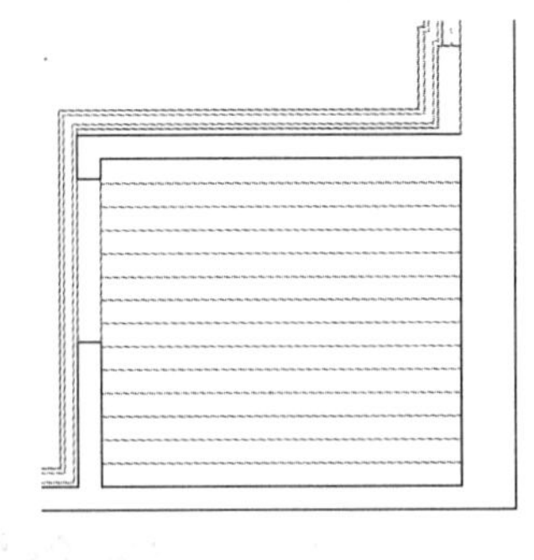

图 16-102　填充结果

步骤 23　单击菜单“绘图”/“矩形”命令，配合“捕捉自”功能绘制过道位置的矩形吊顶。命令行操作如下：

```
命令: _rectang
指定第一个角点或 [倒角(C)/标高(E)/圆角(F)/厚度(T)/宽度(W)]: //激活“捕捉自”功能
_from 基点:              //捕捉如图 16-103 所示的端点 L
<偏移>:                  //@540,100 Enter
指定另一个角点或 [面积(A)/尺寸(D)/旋转(R)]: //@1040,625 Enter，结果如图 16-104 所示
```

步骤 24　执行“直线”命令，配合端点捕捉和中点捕捉功能绘制矩形的中线和对角线，结果如图 16-105 所示。

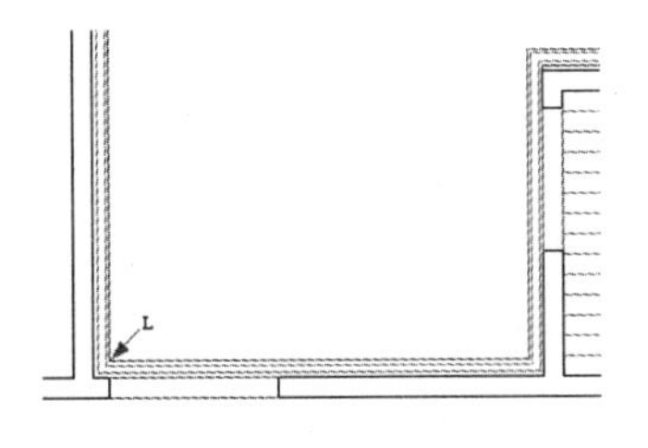

图 16-103　定位端点

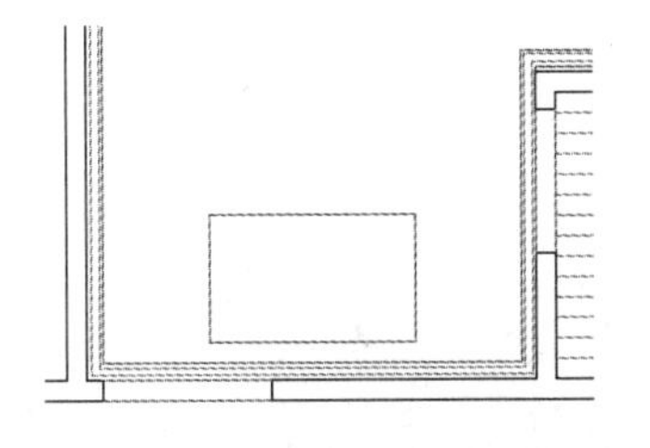

图 16-104　绘制结果

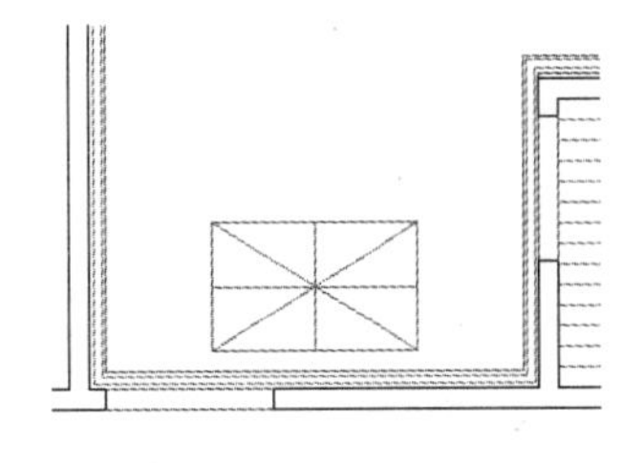

图 16-105　绘制结果

步骤 25　单击菜单“修改”/“偏移”命令，将两条中心和对角线对称偏移 25 个单位，结果如图 16-106 所示。

步骤 26　单击菜单“绘图”/“边界”命令，分别在如图 16-106 所示的 1、2、3、4、5、6、7、8 区域拾取点，创建 8 个边界，如图 16-107 所示。

步骤 27　执行“删除”命令，删除 8 条边界外的所有图线，结果如图 16-108 所示。

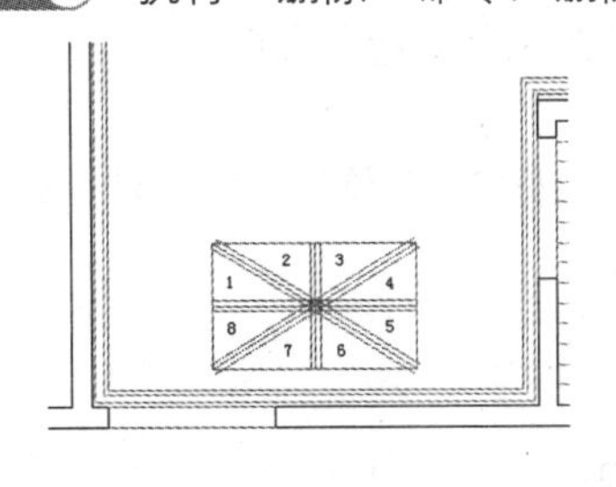

图 16-106　偏移结果

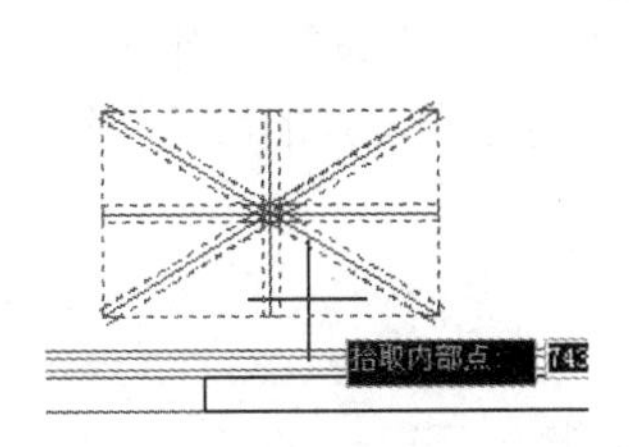

图 16-107　创建边界

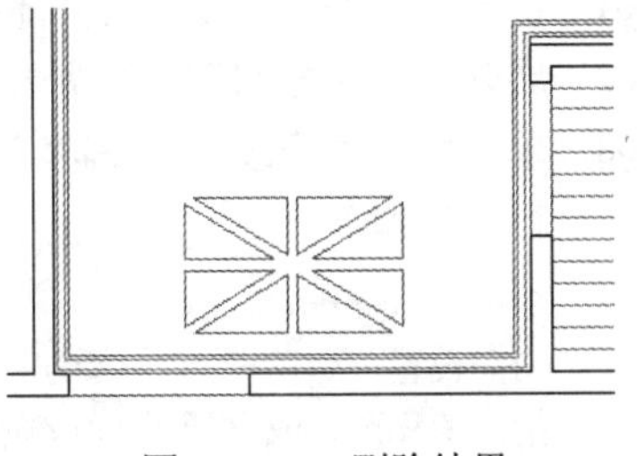

图 16-108　删除结果

步骤 28　使用快捷键 CO 执行“复制”命令，将八条边界沿 Y 轴正方向复制 675 个单位，结果如图 16-109 所示。

步骤 29　最后执行“另存为”命令，将图形命名存储为“综合范例四.dwg”。

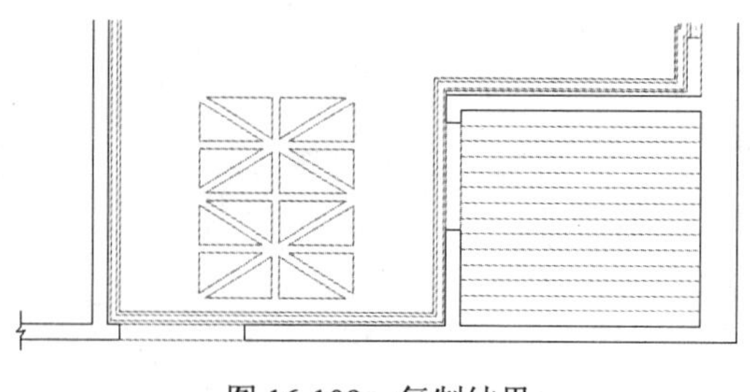

图 16-109　复制结果

16.7　综合范例五——绘制 KTV 包厢灯具布置图

本节主要学习 KTV 包厢吊顶灯带、灯具图的绘制方法和具体的绘制过程。KTV 包厢灯具图的最终绘制效果如图 16-110 所示。

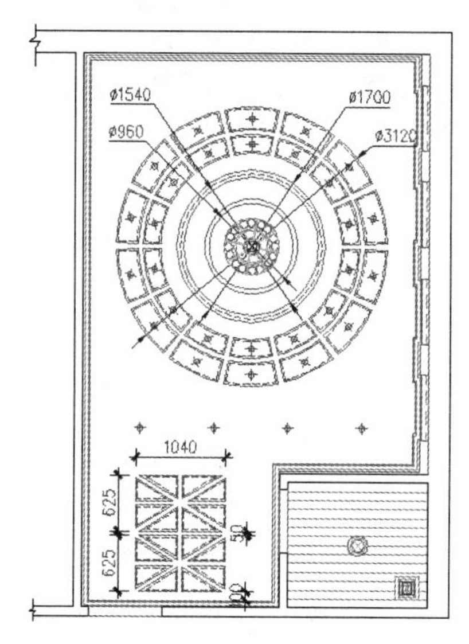

图 16-110　实例效果

操作步骤：

步骤 01　执行“打开”命令，打开随书光盘中的“\效果文件\第 16 章\综合范例四.dwg”文件。

步骤 02　展开“图层控制”下拉列表，将“灯具层”设置为当前图层。

步骤 03　单击菜单“修改”/“偏移”命令，将包厢位置的吊顶外轮廓向内偏移 20 个单位作为灯带。命令行操作如下：

```
命令：_offset
当前设置：删除源=否　图层=源　　　　OFFSETGAPTYPE=0
指定偏移距离或 [通过(T)/删除(E)/图层(L)] <60.0>:　　//l Enter
输入偏移对象的图层选项 [当前(C)/源(S)] <源>:　　　　//c Enter
指定偏移距离或 [通过(T)/删除(E)/图层(L)] <60.0>:　　//20 Enter
选择要偏移的对象，或 [退出(E)/放弃(U)] <退出>:　　　//选择如图 16-111 所示的轮廓线
指定要偏移的那一侧上的点，或 [退出(E)/多个(M)/放弃(U)] <退出>:
//在所选轮廓线的内侧拾取点
```

```
选择要偏移的对象，或 [退出(E)/放弃(U)] <退出>:        //选择如图 16-112 所示的轮廓线
指定要偏移的那一侧上的点，或 [退出(E)/多个(M)/放弃(U)] <退出>:
//在所轮廓线的内侧拾取点
选择要偏移的对象，或 [退出(E)/放弃(U)] <退出>:        //Enter，偏移结果如图 16-113 所示
```

步骤 04　单击菜单“格式”/“线型”命令，加载 DASHDE 线型，并设置线型比例如图 16-114 所示。

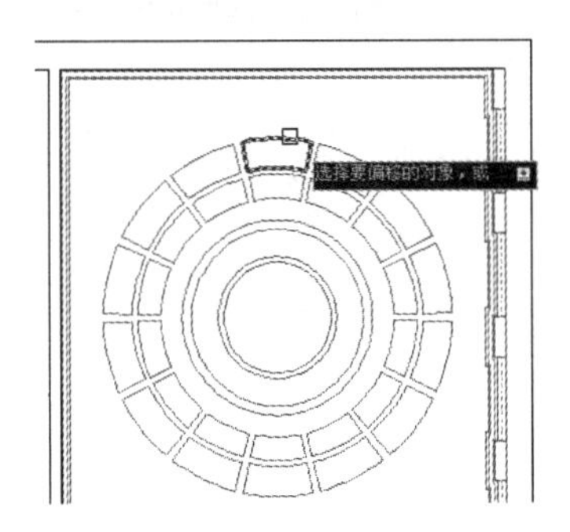

图 16-111　选择偏移对象

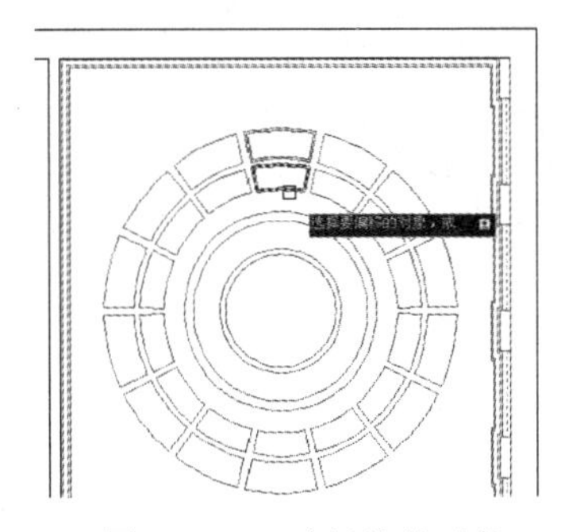

图 16-112　选择偏移对象

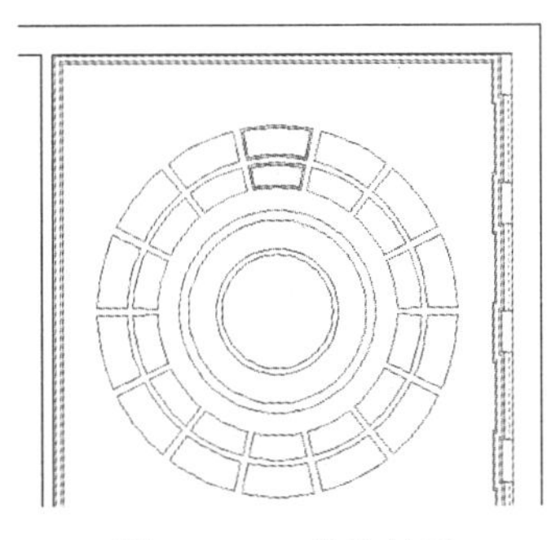

图 16-113　偏移结果

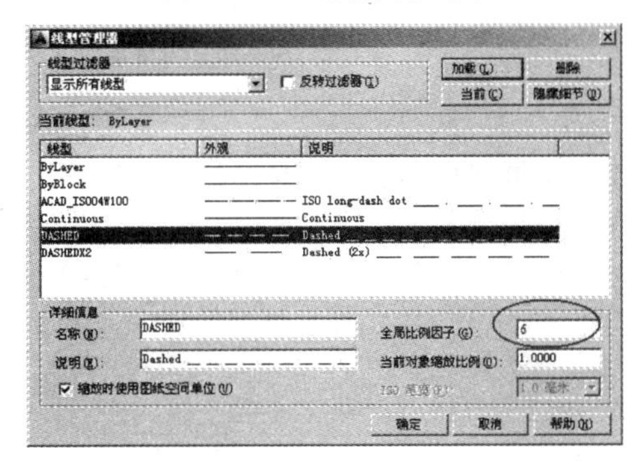

图 16-114　加载线型

步骤 05　夹点显示偏移出的六条灯带轮廓线，如图 16-115 所示。

步骤 06　展开“特性”工具栏上的“线型控制”下拉列表，修改其线型为 DASHED，结果如图 16-116 所示，

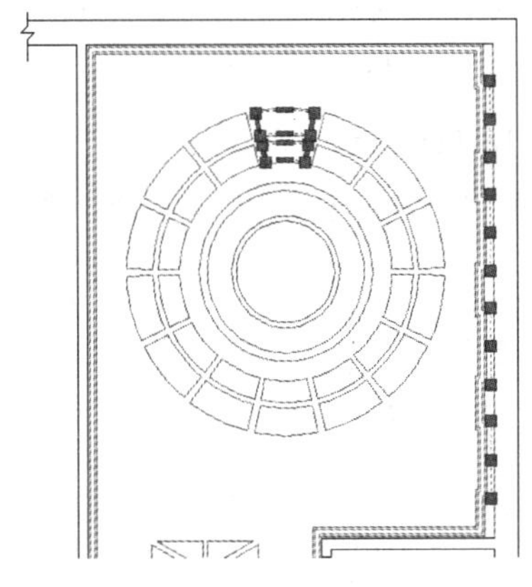

图 16-115　夹点效果

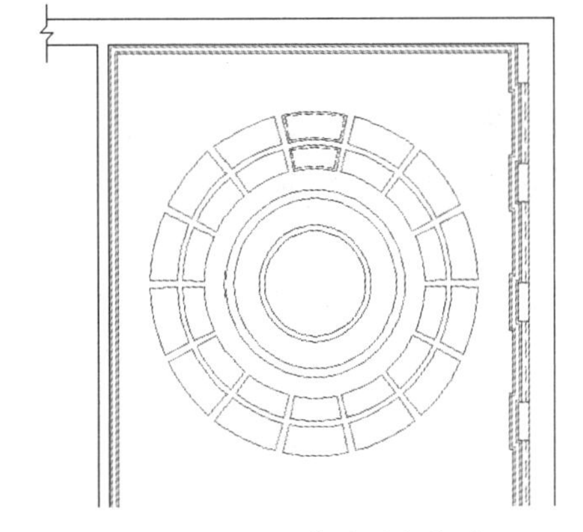

图 16-116　修改对象线型

步骤 07　在无命令执行的前提下夹点显示如图 16-117 所示的两条灯带轮廓线。

步骤 08　单击菜单“修改”/“阵列”/“环形阵列”命令，对灯带轮廓线进行阵列。命令行操作如下：

```
命令: _arraypolar 找到 2 个
类型 = 极轴  关联 = 否
指定阵列的中心点或 [基点(B)/旋转轴(A)]:                    //捕捉如图 16-118 所示的圆心
输入项目数或 [项目间角度(A)/表达式(E)] <4>:                 //14 Enter
指定填充角度(+=逆时针、-=顺时针)或 [表达式(EX)] <360>:      // Enter
按 Enter 键接受或 [关联(AS)/基点(B)/项目(I)/项目间角度(A)/填充角度(F)/行(ROW)/层(L)/
旋转项目(ROT)/退出(X)] <退出>:          //AS Enter
创建关联阵列 [是(Y)/否(N)] <否>:         //N Enter
按 Enter 键接受或 [关联(AS)/基点(B)/项目(I)/项目间角度(A)/填充角度(F)/行(ROW)/层(L)/
旋转项目(ROT)/退出(X)] <退出>:          // Enter，阵列结果如图 16-119 所示
```

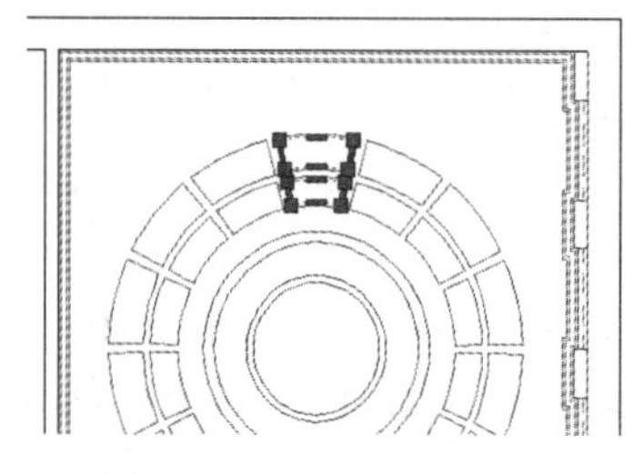

图 16-117　夹点显示

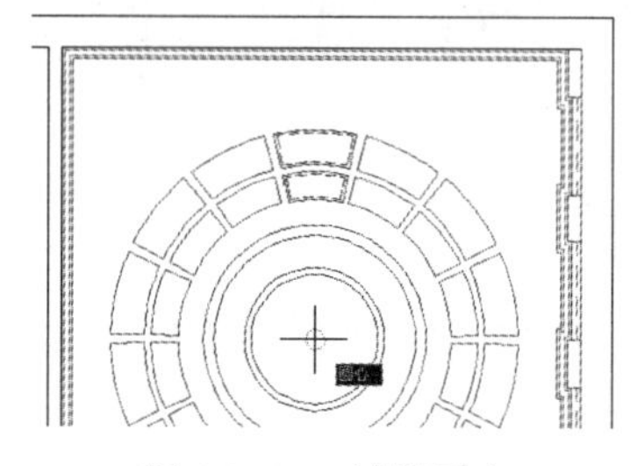

图 16-118　捕捉圆心

步骤 09　使用快捷键 O 执行“偏移”命令，将图 16-119 所示的轮廓圆 O 向外侧偏移 40 个单位，结果如图 16-120 所示。

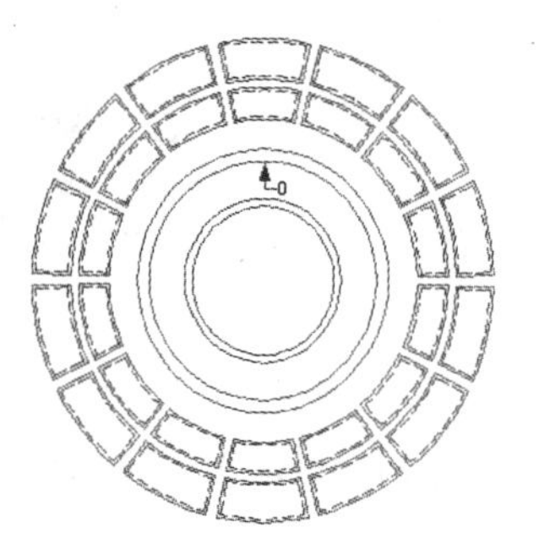

图 16-119　阵列结果

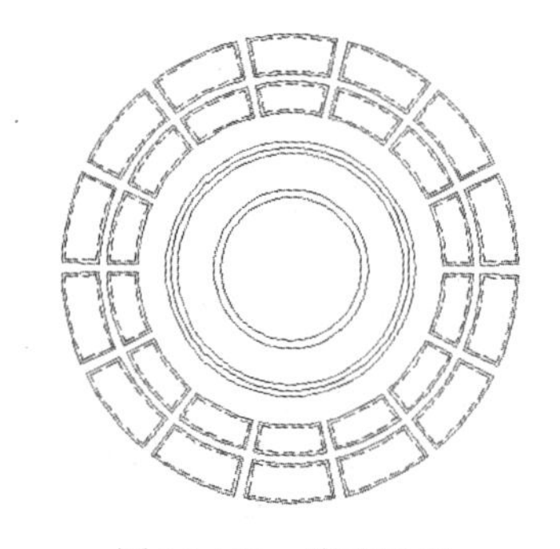

图 16-120　偏移结果

步骤 10　在无命令执行的前提下，夹点显示偏移出的轮廓圆，如图 16-121 所示。

步骤 11　执行“特性”命令，在打开的“特性”窗口内修改圆的线型为 DASHED，修改后的结果如图 16-122 所示。

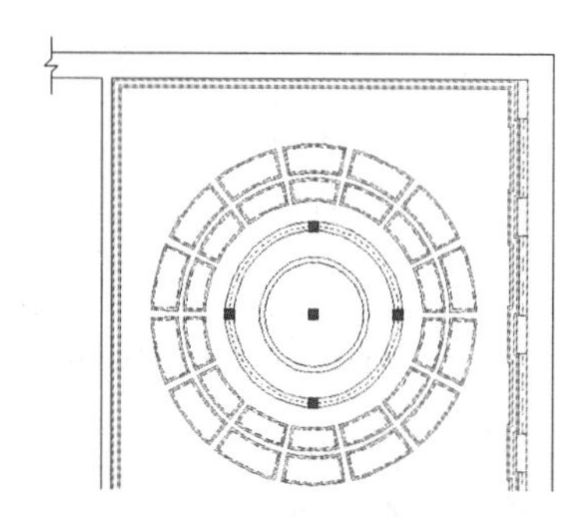

图 16-121　夹点效果

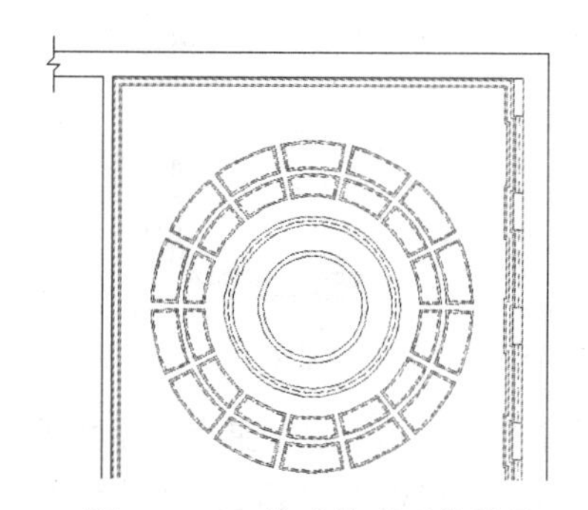

图 16-122　修改线型后的效果

步骤 12　使用快捷键 O 执行“偏移”命令，分别将如图 16-123 所示的四条吊顶轮廓线向内偏移 20 个单位，作为灯带轮廓线，偏移结果如图 16-124 所示。

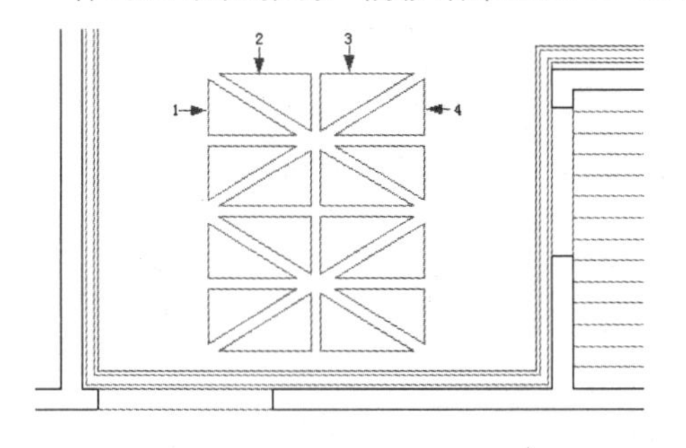

图 16-123　定位偏移对象

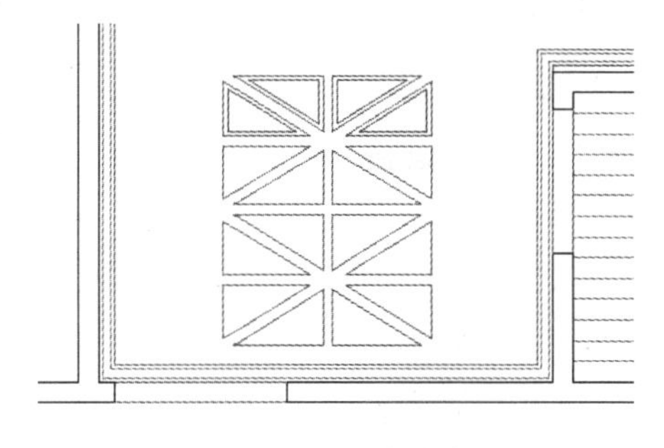

图 16-124　偏移结果

步骤 13　使用快捷键 MA 执行“特性匹配”命令，对灯带轮廓线进行匹配线型特性。命令行操作如下：

```
命令：ma                              // Enter
选择源对象：                          //选择如图 16-125 所示的灯带轮廓线
当前活动设置：颜色/图层/线型/线型比例/线宽/透明度/厚度/打印样式/标注/文字/图案填充/多段线/
视口/表格材质/阴影显示/多重引线
选择目标对象或 [设置(S)]：            //选择如图 16-126 所示的灯带轮廓线
选择目标对象或 [设置(S)]：            //选择如图 16-127 所示的灯带轮廓线
```

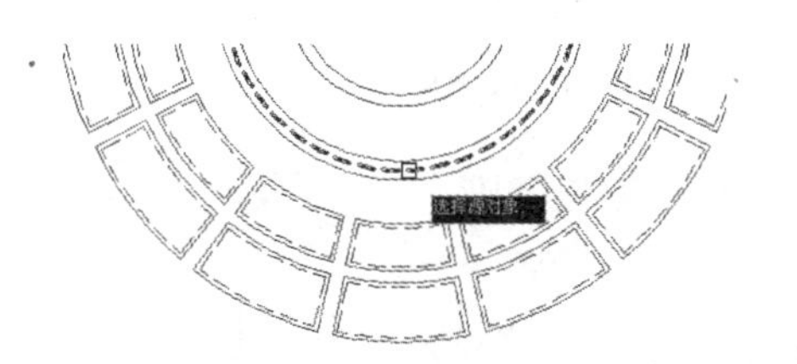

图 16-125　选择源对象

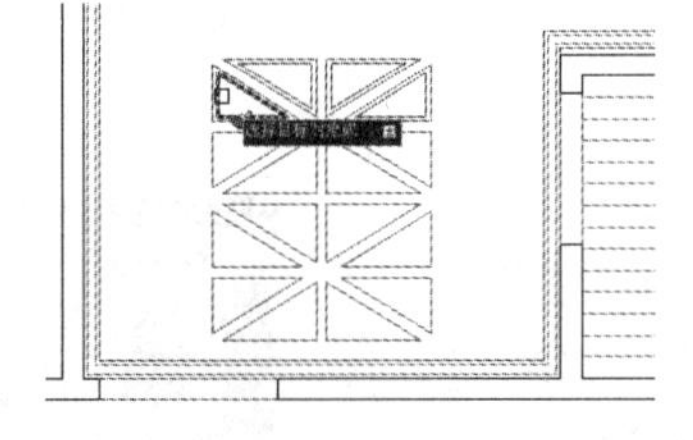

图 16-126　选择目标对象

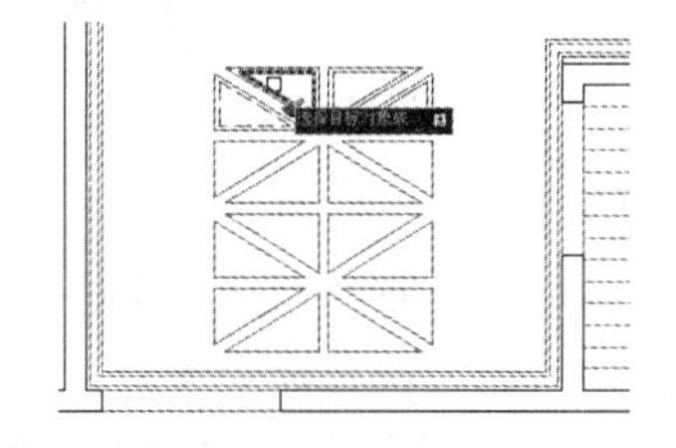

图 16-127　选择目标对象

```
选择目标对象或 [设置(S)]：            //选择如图 16-128 所示的灯带轮廓线
选择目标对象或 [设置(S)]：            //选择如图 16-129 所示的灯带轮廓线
选择目标对象或 [设置(S)]：            // Enter，匹配结果如图 16-130 所示
```

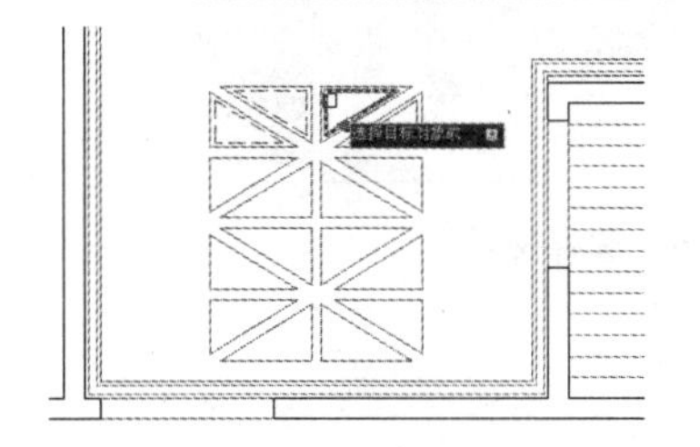

图 16-128　选择目标对象

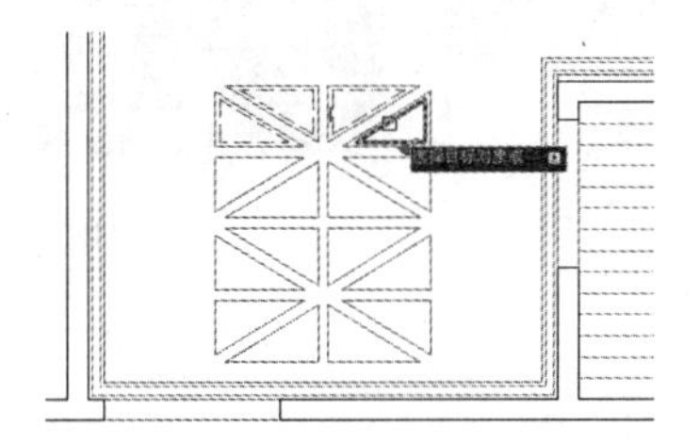

图 16-129　选择目标对象

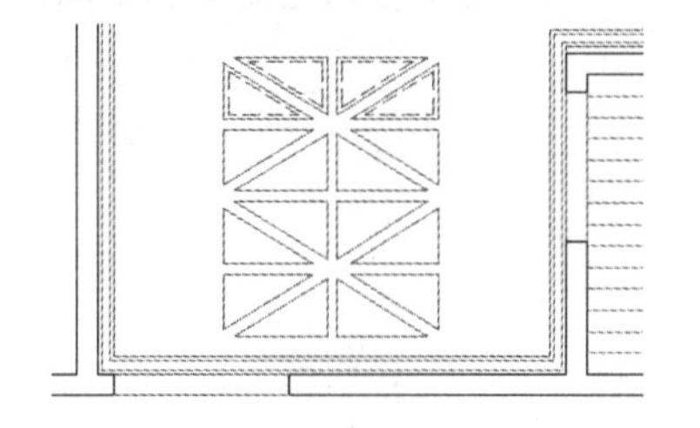

图 16-130　匹配结果

步骤 14　使用快捷键 MI 执行“镜像”命令，对匹配后的过道灯带轮廓线进行镜像。命令行操作如下：

```
命令：MI                      // Enter
选择对象：                    //选择如图 16-131 所示的四条灯带轮廓线
选择对象：                    // Enter
指定镜像线的第一点：          //激活“两点之间的中点”功能
_m2p 中点的第一点：           //捕捉如图 16-132 所示的端点
```

```
中点的第二点：              //捕捉如图 16-133 所示的端点
指定镜像线的第二点：          //@1,0 Enter
要删除源对象吗？[是(Y)/否(N)] <N>:      // Enter，镜像结果如图 16-134 所示
```

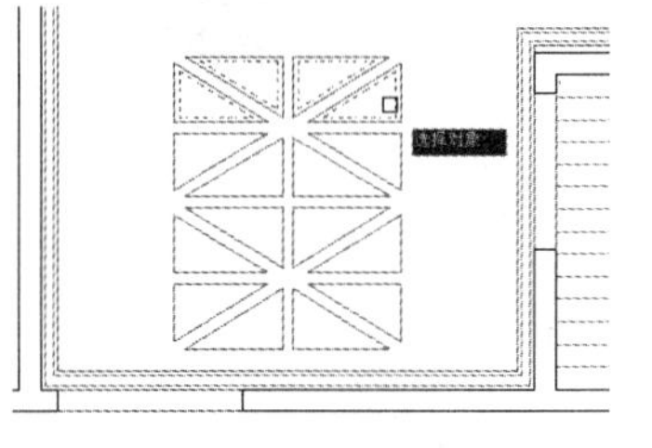

图 16-131　选择结果

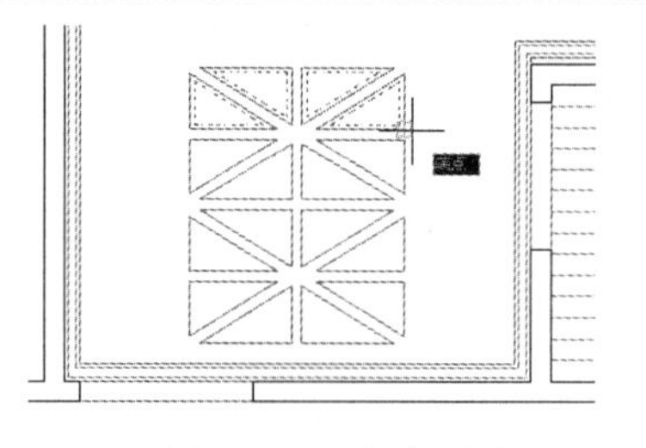

图 16-132　捕捉端点

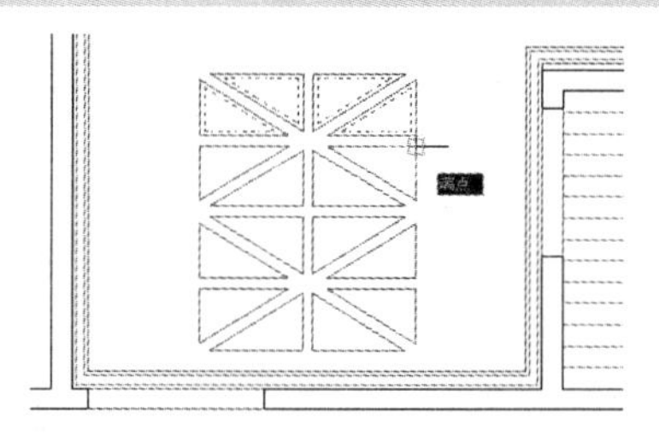

图 16-133　捕捉端点

步骤 15　参照上一操作步骤，重复执行“镜像”命令，配合“两点之间的中点”捕捉功能继续对过道灯带轮廓线进行镜像，镜像结果如图 16-135 所示。

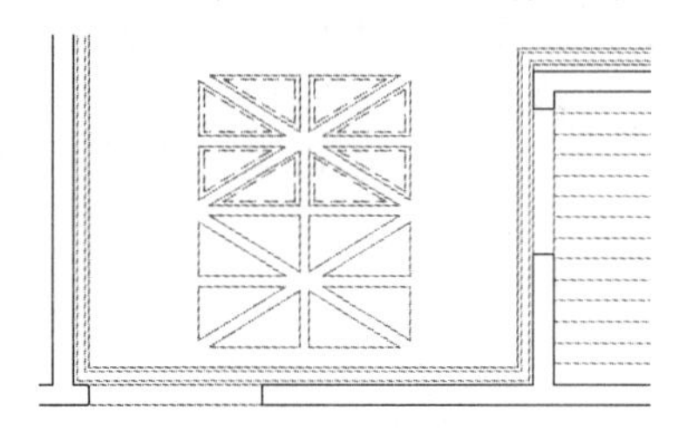

图 16-134　镜像结果

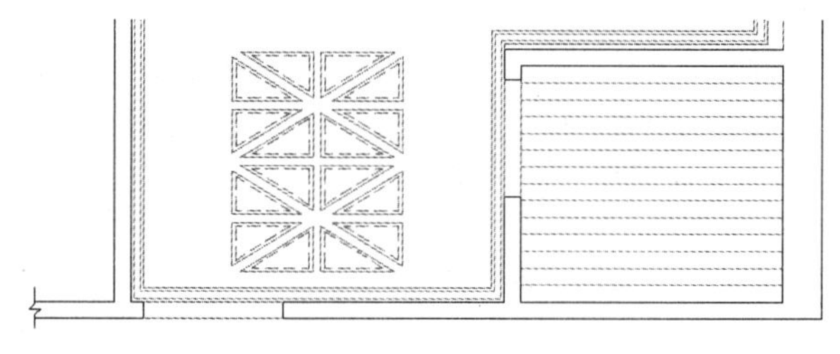

图 16-135　镜像结果

步骤 16　单击“绘图”工具栏上的按钮，在打开的对话框中单击浏览(B)...按钮，选择随书光盘中的“\图块文件\工艺吊灯 03 .dwg”，如图 16-136 所示。

步骤 17　返回绘图区以认参数插入到平面图中，插入点为图 16-137 所示的圆心，插入结果如图 16-138 所示。

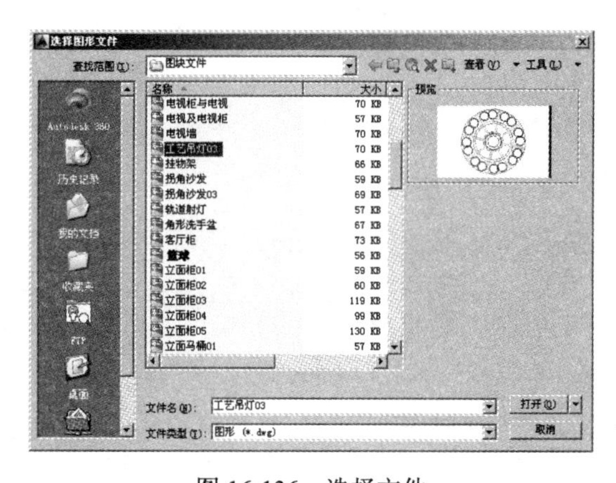

图 16-136　选择文件

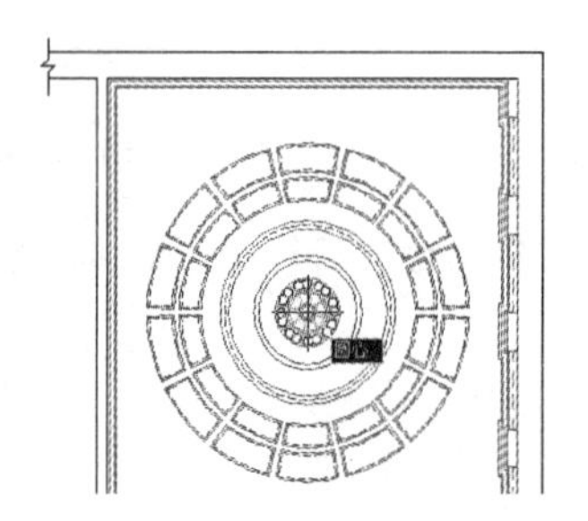

图 16-137　捕捉圆心

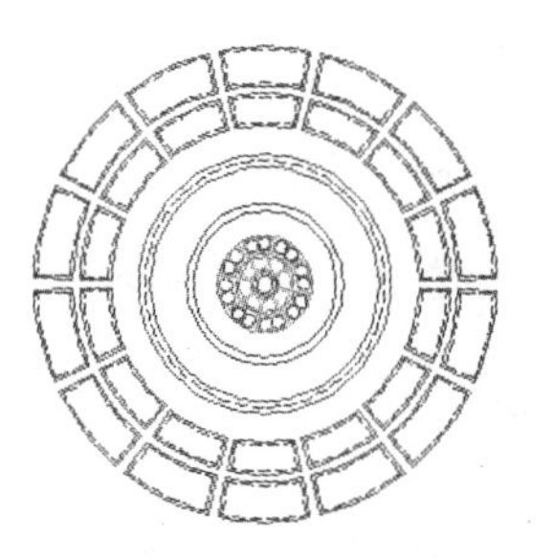

图 16-138　插入结果

步骤 18　重复执行“插入块”命令，以默认参数插入随书光盘中的“/图块文件/吸顶灯 02.dwg”，块参数设置如图 16-139 所示，命令行操作如下：

```
命令： INSERT
指定插入点或 [基点(B)/比例(S)/旋转(R)]：        //激活“两点之间的中点”功能
_m2p 中点的第一点：                        //捕捉如图 16-140 所示的中点
中点的第二点：                            //捕捉如图 16-141 所示的中点，插入结果如图 16-142 所示
```

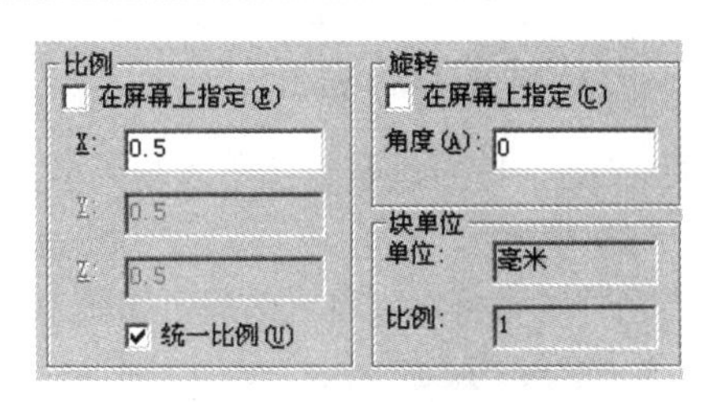

图 16-139　设置参数

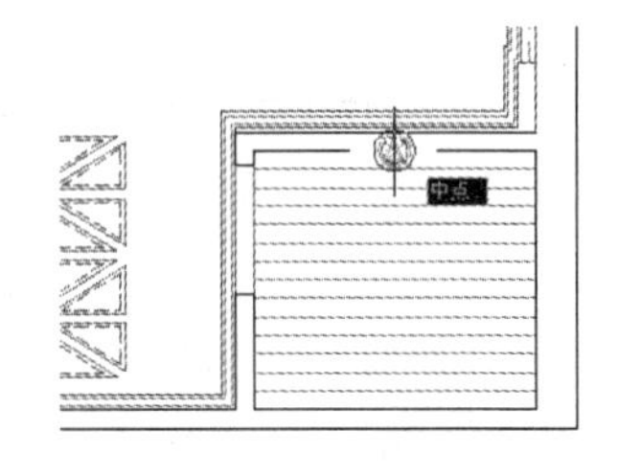

图 16-140　捕捉中点

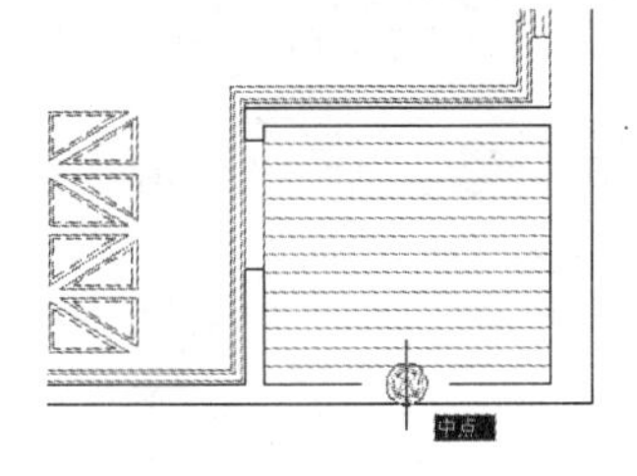

图 16-141　捕捉中点

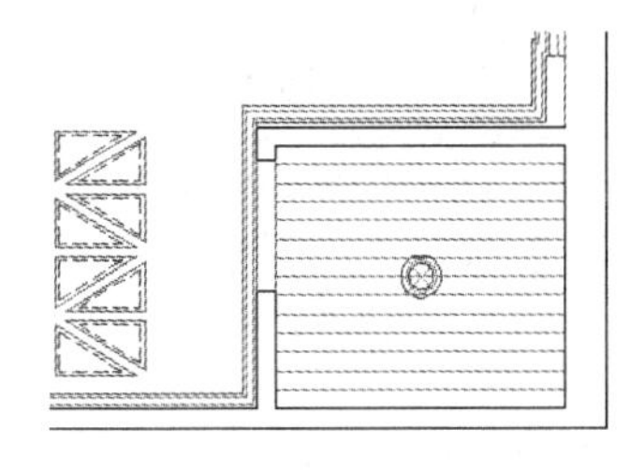

图 16-142　插入结果

步骤 19　在卫生间吊顶填充图案上单击鼠标右键，选择“图案填充编辑”命令，打开“图案填充编辑”对话框，选择孤岛填充样式如图 16-143 所示。

步骤 20　在“图案填充编辑”对话框中单击按钮，返回绘图区选择卫生间吊顶内的吸顶灯图块，将其以孤岛的方式排除在填充区域外，编辑的结果如图 16-144 所示。

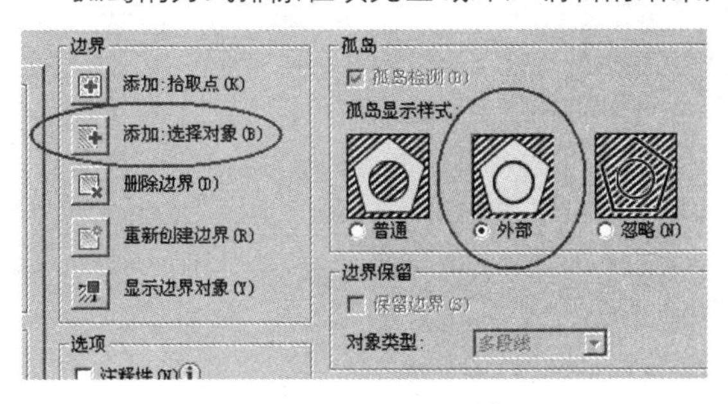

图 16-143　设置孤岛样式

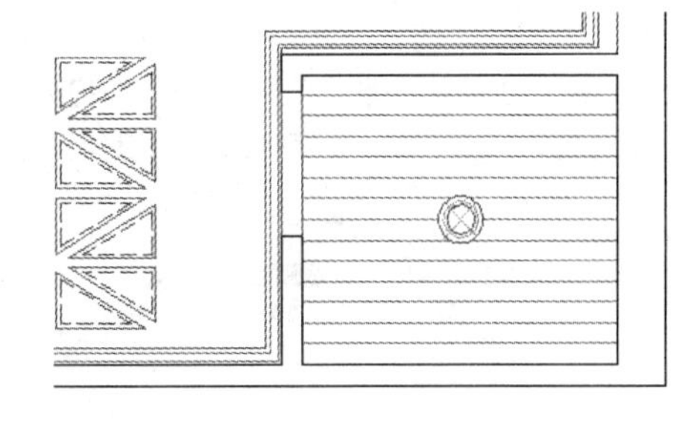

图 16-144　编辑结果

步骤 21　使用快捷键 I 执行“插入块”命令，采用默认参数插入随书光盘中的“\图块文件\排气扇.dwg”，插入结果如图 16-145 所示。

步骤 22　参照第 19、20 操作步骤，使用“图案填充编辑”命令对卫生间吊顶图案进行编辑，以孤岛的方式将排气扇图块排除在填充区域之外，编辑结果如图 16-146 所示。

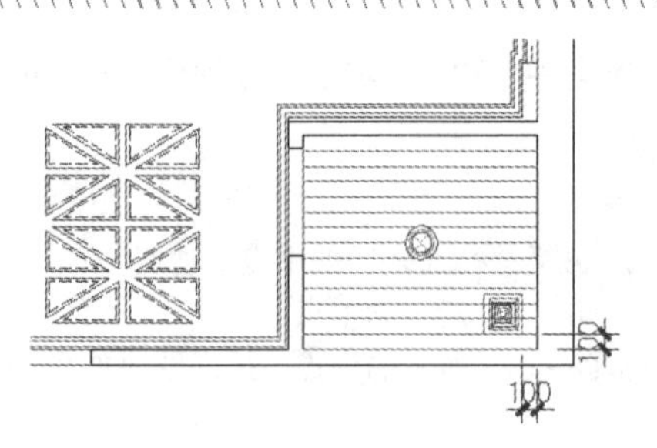

图 16-145 插入结果

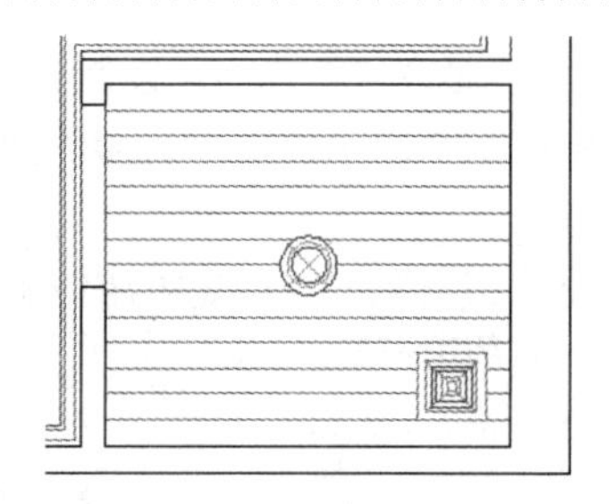

图 16-146 编辑结果

步骤 23 单击菜单“格式”/“点样式”命令，在打开的“点样式”对话框中设置点的样式及大小如图 16-147 所示。

步骤 24 单击菜单“格式”/“颜色”命令，在打开的“选择颜色”对话框中设置当前颜色如图 16-148 所示。

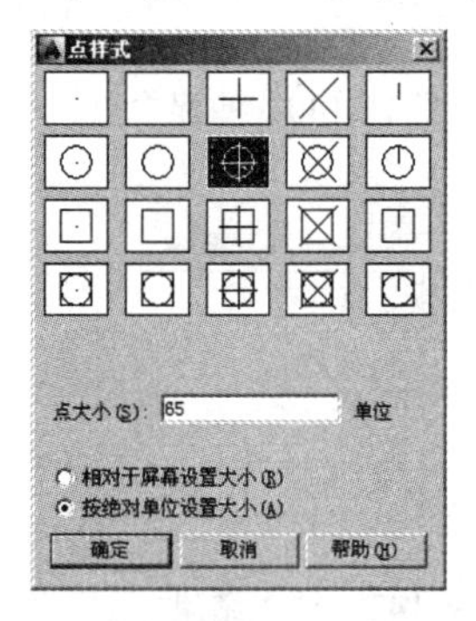

图 16-147 设置点样式及大小

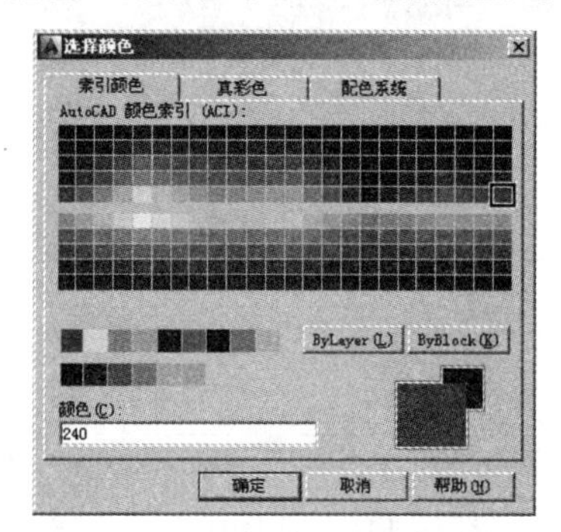

图 16-148 设置当前颜色

步骤 25 单击菜单“绘图”/“点”/“多点”命令，配合“两点之间的中点”捕捉功能绘制点作为辅助灯具。命令行操作如下：

```
命令: _point
当前点模式:  PDMODE=34  PDSIZE=65.000
指定点:                    //激活“两点之间的中点”功能
_m2p 中点的第一点:          //捕捉如图 16-149 所示的象限点
中点的第二点:               //捕捉如图 16-150 所示的中点
```

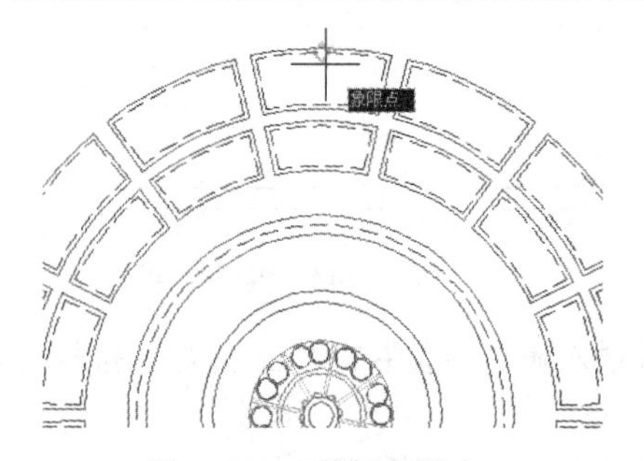

图 16-149 捕捉象限点

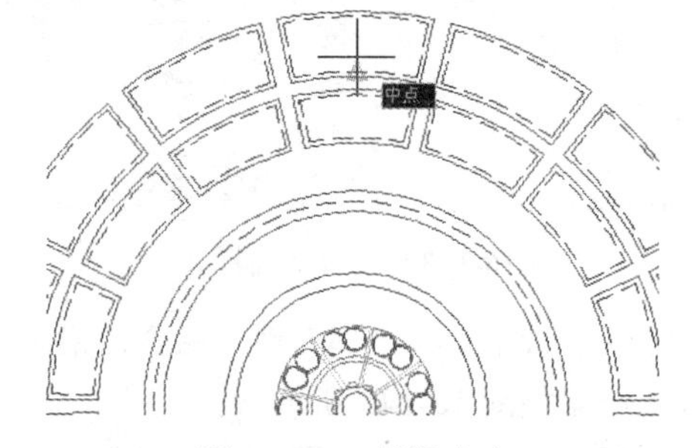

图 16-150 捕捉中点

```
命令: _point
指定点:                    //激活“两点之间的中点”功能
_m2p 中点的第一点:          //捕捉如图 16-151 所示的象限点
中点的第二点:               //捕捉如图 16-152 所示的中点，绘制结果如图 16-153 所示
```

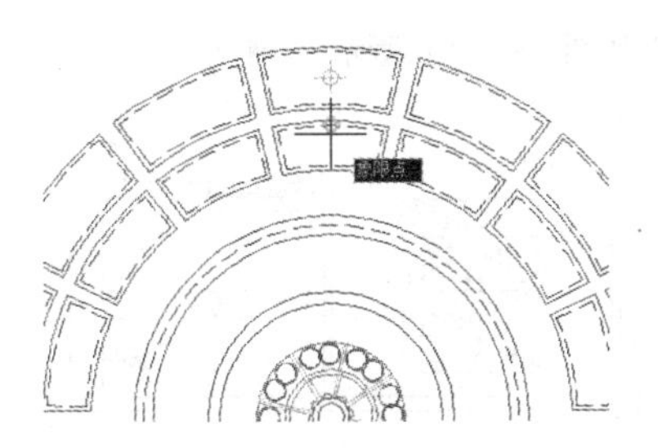

图 16-151　捕捉象限点

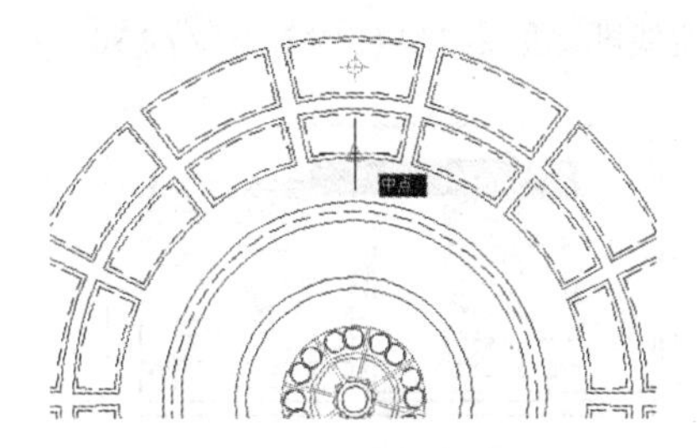

图 16-152　捕捉中点

步骤 26　单击菜单“修改”/“阵列”/“环形阵列”命令，将两个辅助灯具进行环形阵列。命令行操作如下：

```
命令: _arraypolar
选择对象:                                          //选择如图 16-153 所示的两个点标记
选择对象:                                          // Enter
类型 = 极轴  关联 = 否
指定阵列的中心点或 [基点(B)/旋转轴(A)]:            //捕捉如图 16-154 所示的圆心
输入项目数或 [项目间角度(A)/表达式(E)] <4>:        //aEnter
指定项目间的角度或 [表达式(EX)] <90>:              //ex Enter
输入表达式:                                        //360/14 Enter
指定项目数或 [填充角度(F)/表达式(E)] <4>:          //14 Enter
按 Enter 键接受或 [关联(AS)/基点(B)/项目(I)/项目间角度(A)/填充角度(F)/行(ROW)/层(L)/
旋转项目(ROT)/退出(X)] <退出>:                     // Enter，阵列结果如图 16-155 所示
```

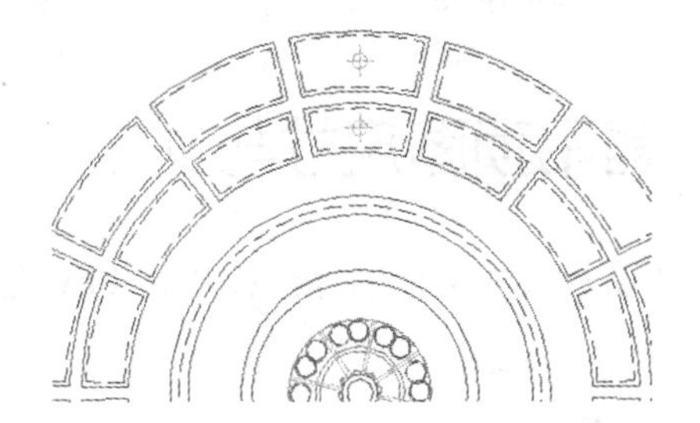

图 16-153　绘制结果

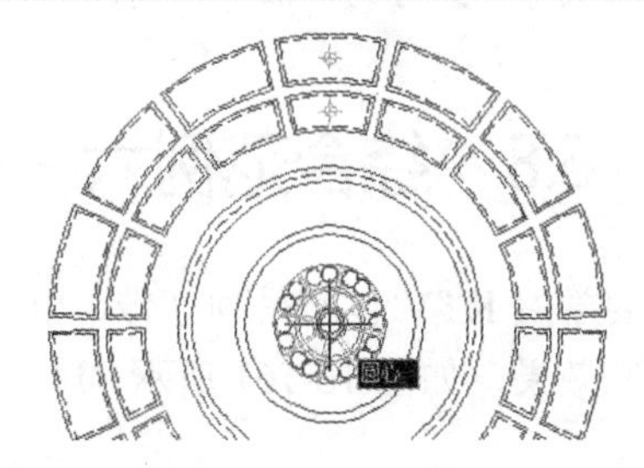

图 16-154　捕捉圆心

步骤 27　使用快捷键 L 执行“直线”命令，配合延伸捕捉功能绘制如图 16-156 所示的辅助线。

图 16-155　阵列结果

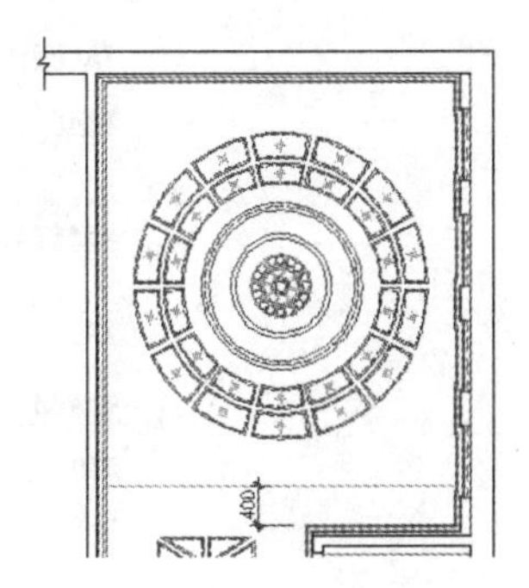

图 16-156　绘制辅助线

步骤 28　使用快捷键 ME 执行“定距等分”命令，将辅助线进行定距等分。命令行操作如下：

```
命令: _measure
选择要定距等分的对象:        //在辅助线左端单击，如图 16-157 所示
```

指定线段长度或 [块(B)]:　　//850 Enter，等分结果如图 16-158 所示

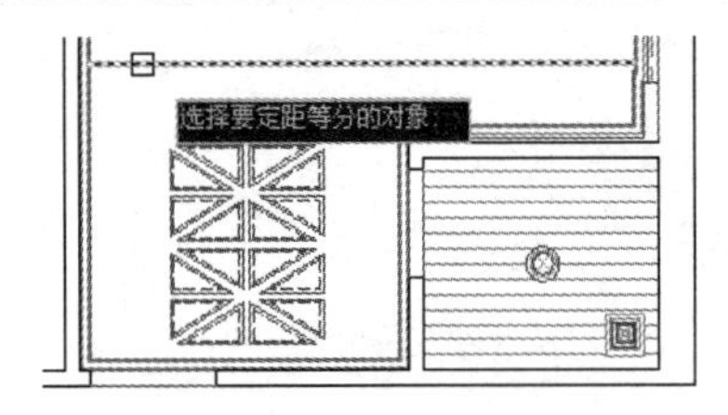

图 16-157　选择等分对象

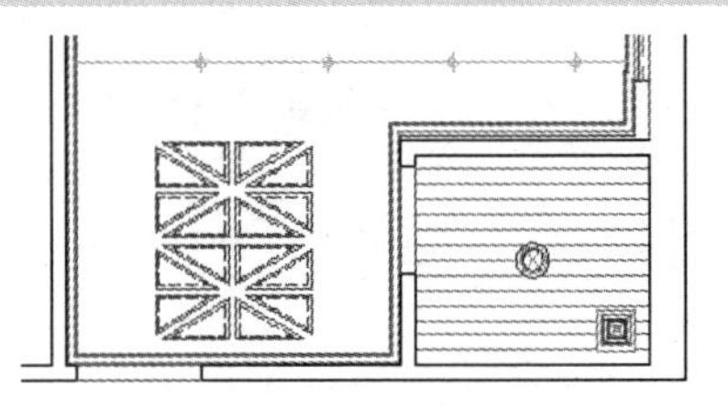

图 16-158　等分结果

步骤 29　单击菜单“修改”/“移动”命令，窗口选择如图 16-159 所示的四个等分点，水平向左位移 265 个单位，结果如图 16-160 所示。

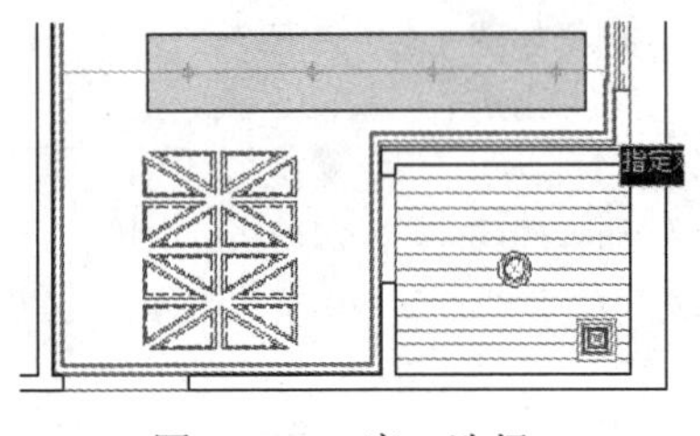

图 16-159　窗口选择

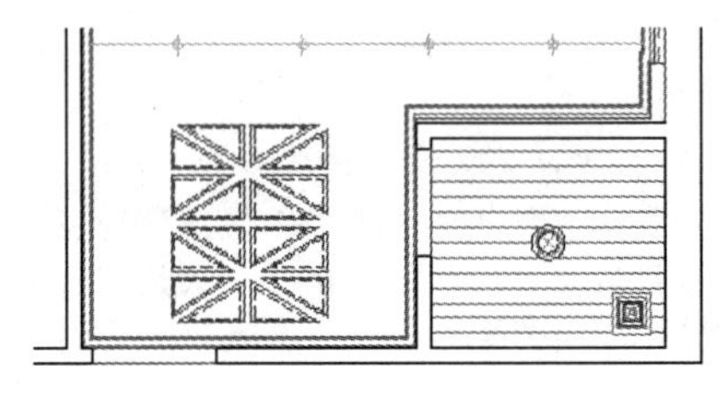

图 16-160　移动结果

步骤 30　单击菜单“修改”/“删除”命令，将辅助线删除，结果如上图 16-110 所示。

步骤 31　最后执行“另存为”命令，将图形命名存储为“综合范例五.dwg”。

16.8　综合范例六——标注包厢吊顶图尺寸与文字

本节主要学习 KTV 包厢吊顶灯带、灯具图的绘制方法以及尺寸文字的标注技巧。KTV 包厢灯具图的最终绘制效果，如图 16-161 所示。

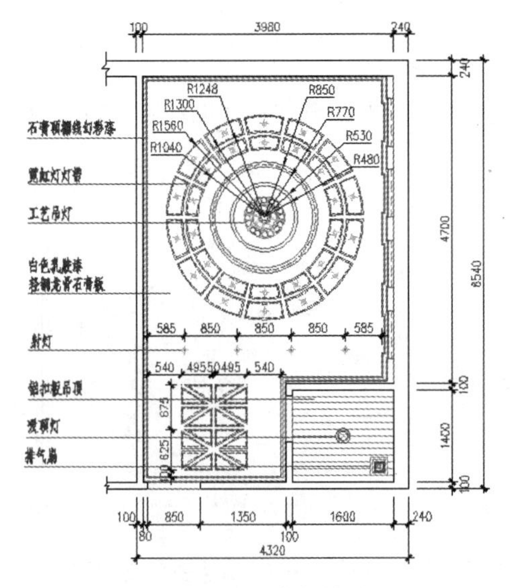

图 16-161　实例效果

操作步骤：

步骤 01　执行“打开”命令，打开光盘“\效果文件\第 16 章\综合范例五.dwg”。

步骤 02　删除辅助圆，然后单击“图层控制”列表，解冻“尺寸层”，并将其设置为当前图层，此时图形的显示结果如图 16-162 所示。

步骤 03　单击菜单“标注”/“线性”命令，配合捕捉与追踪功能标注如图 16-163 所示的线性尺寸。

步骤 04　单击菜单“标注”/“连续”命令，配合节点捕捉等功能标注如图 16-164 所示的定位尺寸。

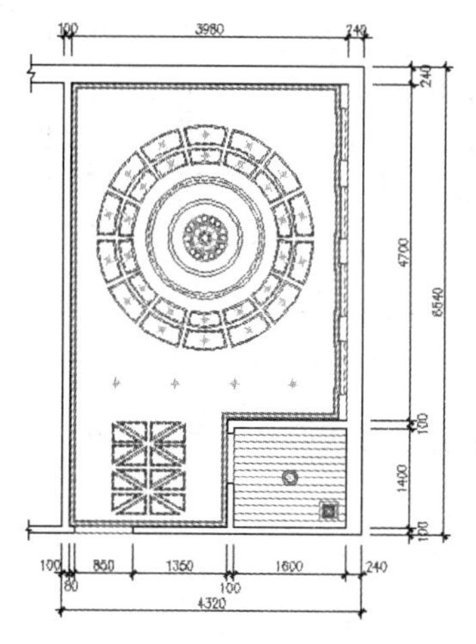

图 16-162　图形的显示效果

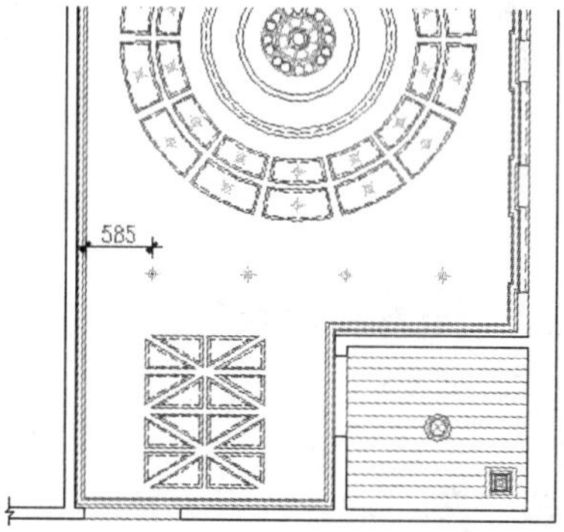

图 16-163　标注线性尺寸

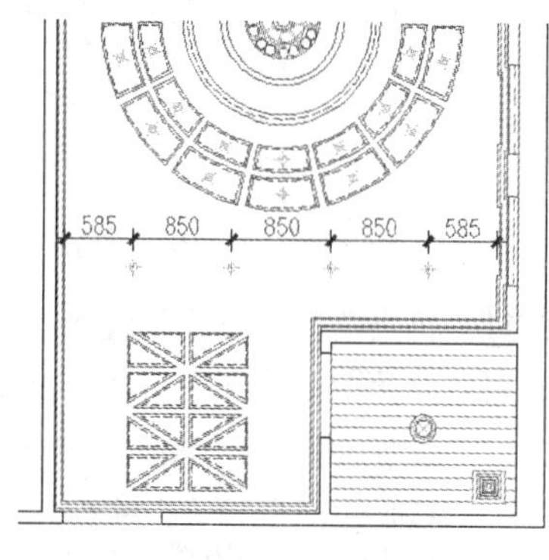

图 16-164　标注连续尺寸

步骤 05　参照上两操作步骤，综合使用“线性”和“连续”命令分别标注其他位置的定位尺寸，标注结果如图 16-165 所示。

步骤 06　使用快捷键 D 执行“标注样式”命令，将“角度标注”设置为当前样式，并修改标注比例如图 16-166 所示。

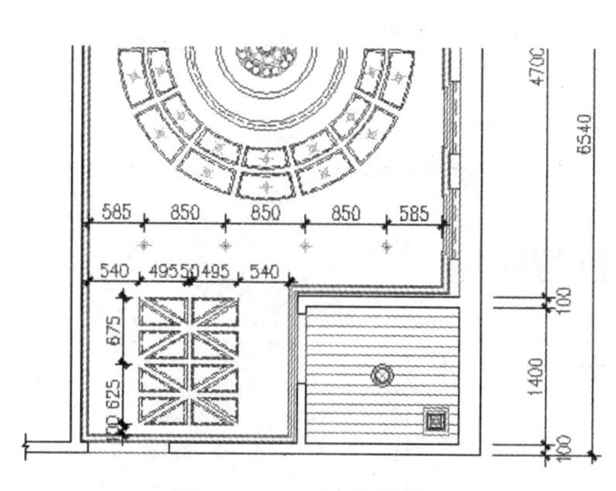

图 16-165　标注其他尺寸

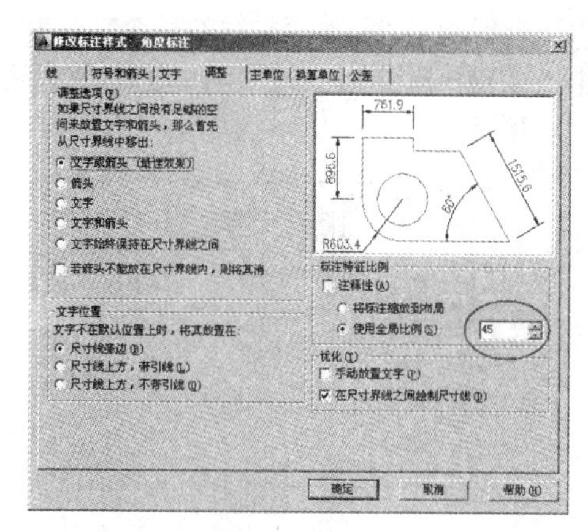
图 16-166　修改标注比例及样式

步骤 07　单击菜单栏中的“标注”/“半径”命令，为圆形吊顶标注半径尺寸，结果如图 16-167 所示。

步骤 08　将“文本层”设置为当前图层，然后展开“图层控制”下拉列表，将“仿宋体”设置为当前文字样式。

步骤 09　暂时关闭状态栏上的“对象捕捉”功能。

步骤 10　使用快捷键 L 执行“直线”命令，绘制如图 16-168 所示的文字指示线。

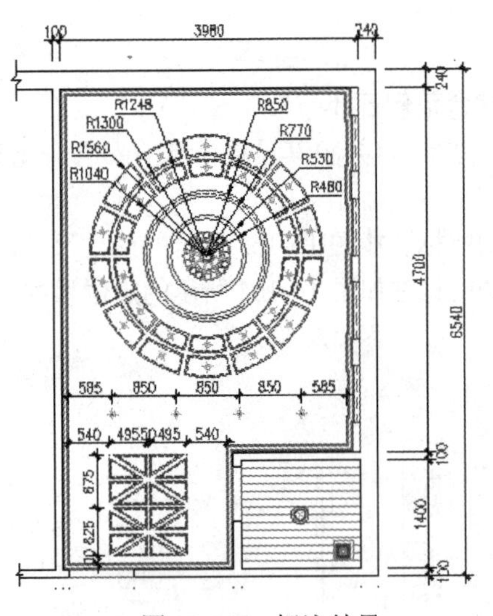

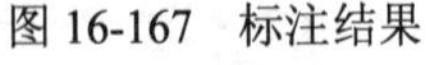
图 16-167　标注结果

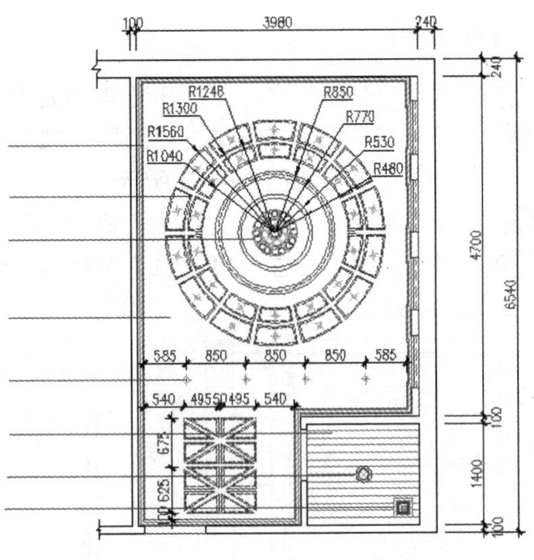

图 16-168　绘制结果

步骤 11　将当前颜色设置为红色，然后使用快捷键 DT 执行“单行文字”命令，设置字体高度为 180，为天花图标注文字注释。命令行操作如下：

```
命令： TEXT
当前文字样式： “仿宋体”  文字高度： 180.000  注释性： 否
指定文字的起点或 [对正(J)/样式(S)]：      //j Enter
输入选项 [左(L)/居中(C)/右(R)/对齐(A)/中间(M)/布满(F)/左上(TL)/中上(TC)/右上(TR)/左中(ML)/正中(MC)/右中(MR)/左下(BL)/中下(BC)/右下(BR)]： BL Enter
指定文字的左下点：                        //捕捉文字指示线的左端点
指定高度 <0.000>：                        //180 Enter
指定文字的旋转角度 <0.0>：                // Enter
```

步骤 12　此时输入“石膏顶棚线幻彩漆”文字内容，如图 16-169 所示。

步骤 13　使用快捷键 M 执行“移动”命令，将标注的单行文字沿 Z 轴正方向移动 50 个单位，结果如图 16-170 所示。

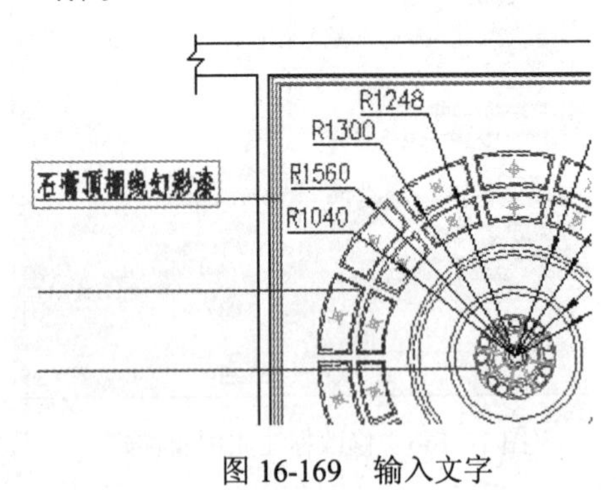

图 16-169　输入文字

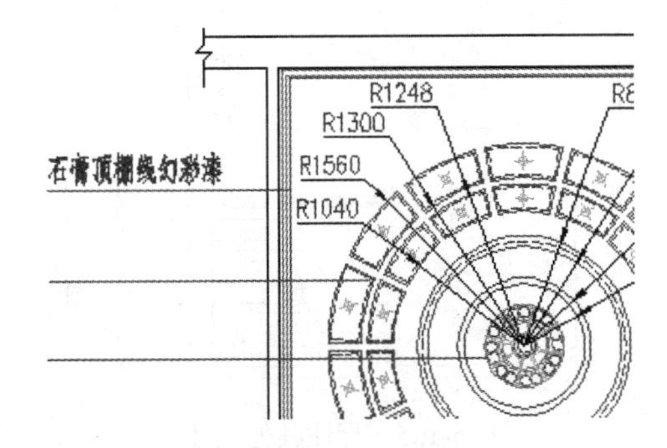

图 16-170　移动结果

步骤 14　使用快捷键 CO 执行“复制”命令，将标注的单行文字分别复制到其他指示线上，结果如图 16-171 所示。

步骤 15　使用快捷键 ED 执行“编辑文字”命令，选择复制出的文字进行编辑，输入正确的文字内容，如图 16-172 所示，修改结果如图 16-173 所示。

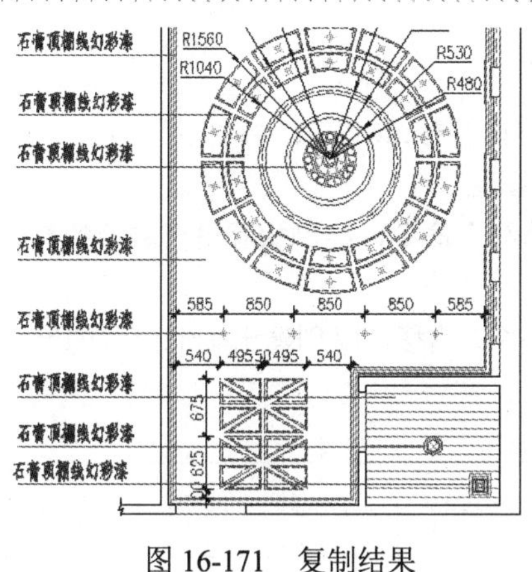

图 16-171　复制结果

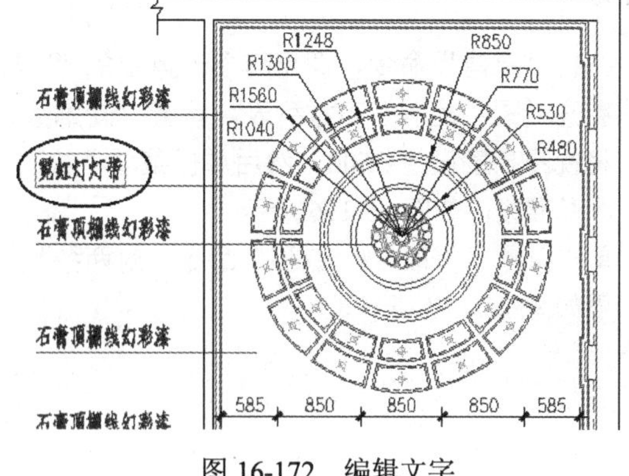

图 16-172　编辑文字

步骤 16　接下来重复使用“编辑文字”命令，分别对其他位置的文字注释进行编辑，结果如图 16-174 所示。

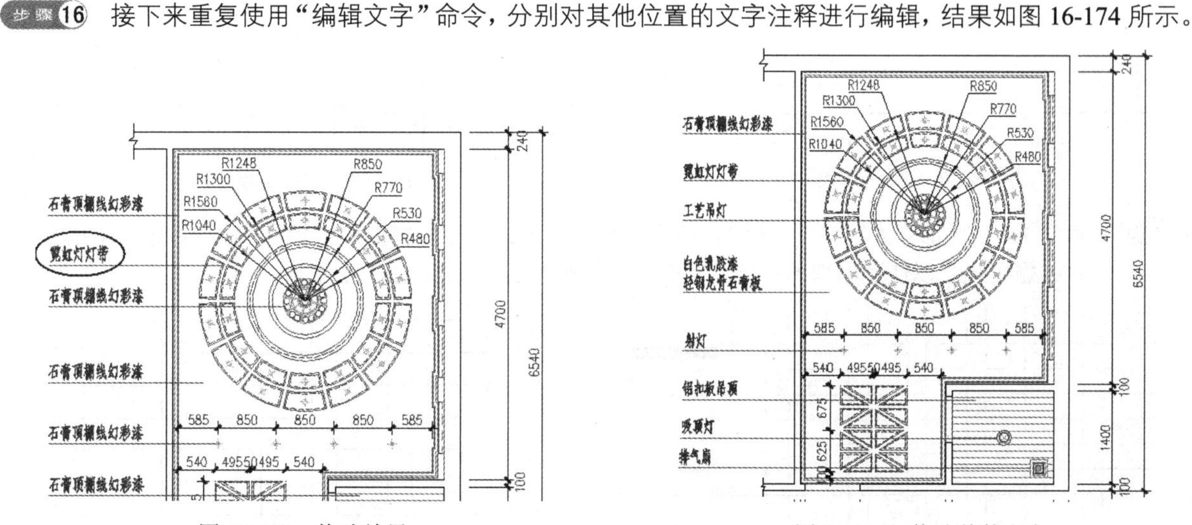
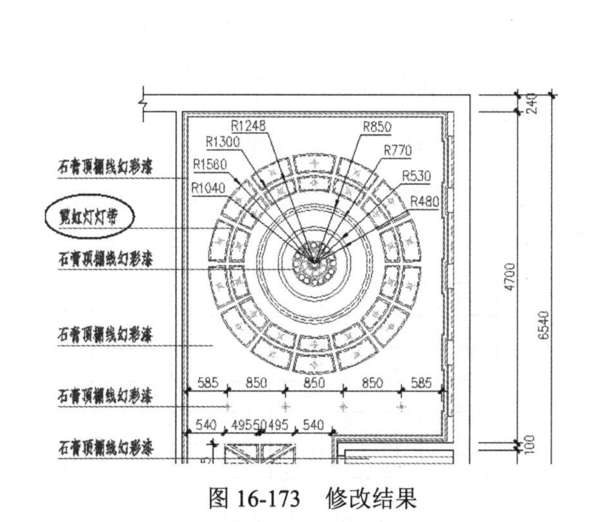

图 16-173　修改结果

图 16-174　修改其他文字

步骤 17　最后执行“另存为”命令，将图形命名存储为“综合范例六.dwg”。

16.9　综合范例七——绘制 KTV 包厢墙面立面图

本例主要学习包厢 B 向装饰立面图的具体绘制过程和绘制技巧。KTV 包厢 B 向立面图的最终绘制效果如图 16-175 所示。

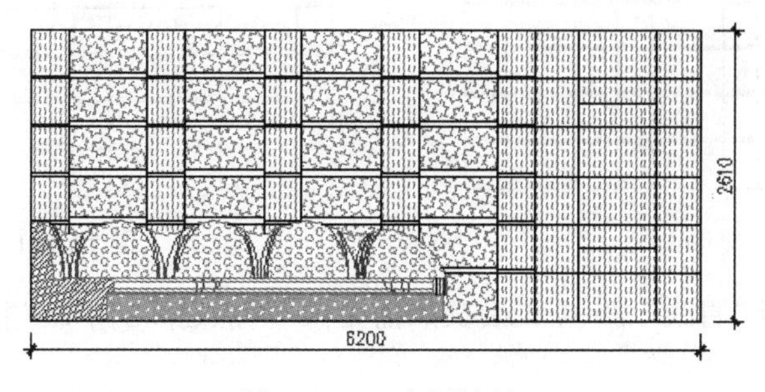

图 16-175　实例效果

操作步骤：

步骤 01　执行“新建”命令，调用随书光盘中的“\样板文件\室内样板.dwt”文件。

步骤 02　展开“图层控制”下拉列表，设置“轮廓线”为当前图层。

步骤 03　将视图高度设为 3500，然后单击菜单“绘图”/“构造线”命令，绘制相互垂直的两条构造线，作为基准线，如图 16-176 所示。

步骤 04　单击菜单“修改”/“偏移”命令，对两条构造线进行多次偏移，以创建出其他位置的定位线，结果如图 16-177 所示。

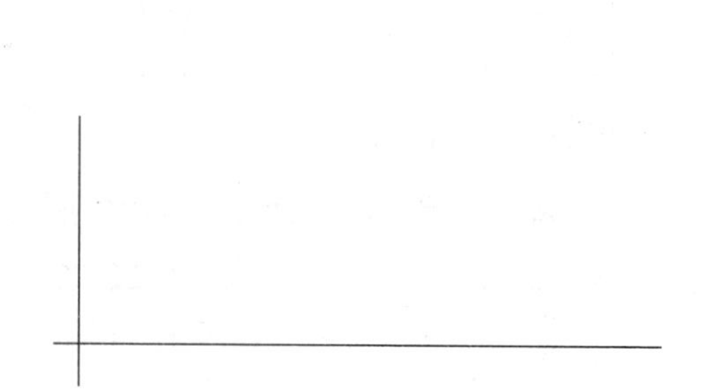

图 16-176　绘制结果

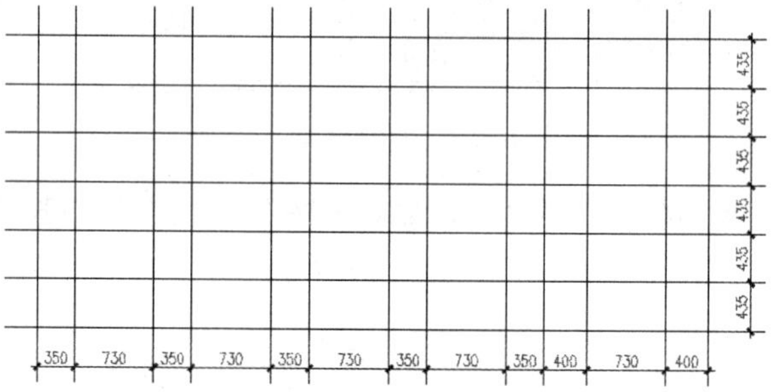

图 16-177　偏移结果

步骤 05　单击菜单“修改”/“修剪”命令，使用“栏选”方式，在纵横定位线的四侧绘制如图 16-178 所示的栅栏线，以快速修剪掉多余的部分图线，修剪结果如图 16-179 所示。

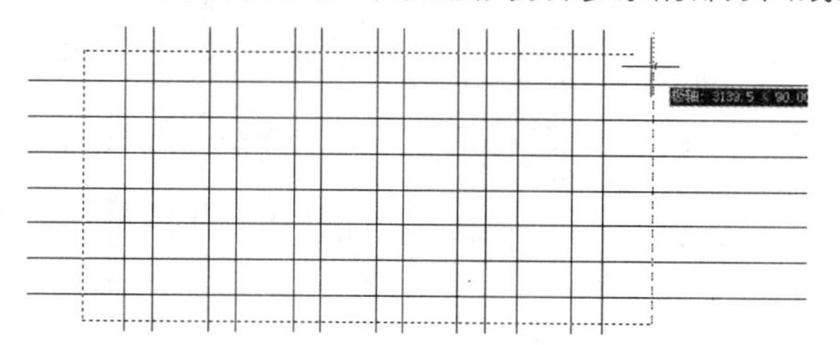

图 16-178　栏选对象

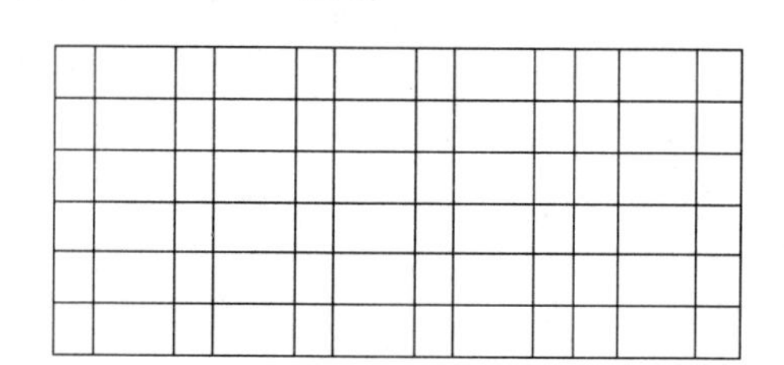

图 16-179　修剪结果

步骤 06　单击菜单“修改”/“复制”命令，选择内部的五条水平图线，将其沿 Y 轴正方向分别复制 20 和 50 个单位，结果如图 16-180 所示。

步骤 07　使用快捷键 TR 执行“修剪”命令，对复制出的图线进行修剪，删除多余部分，结果如图 16-181 所示。

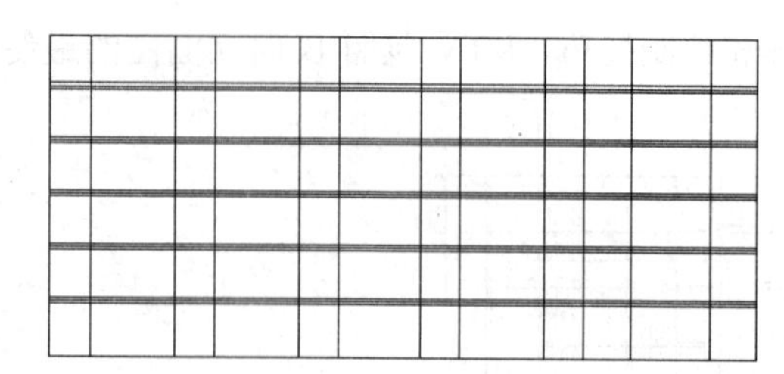

图 16-180　复制结果

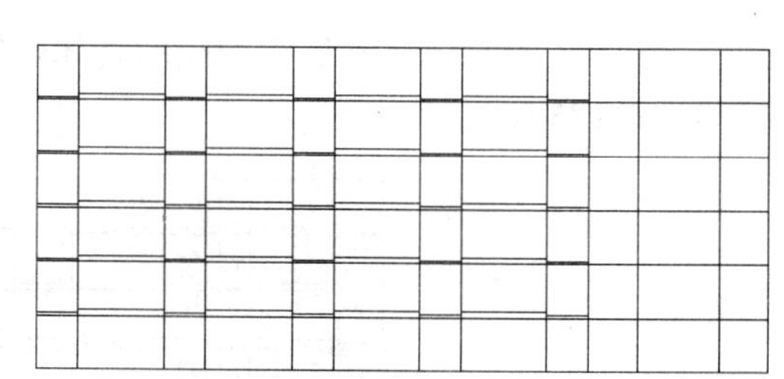

图 16-181　修剪结果

步骤 08　使用快捷键 L 执行“直线”命令，配合交点捕捉和“两点之间的中点”捕捉功能，绘制如图 16-182 所示的水平图线。

步骤 09　展开“图层控制”下列表，将“图块层”设置为当前图层，如图 16-183 所示。

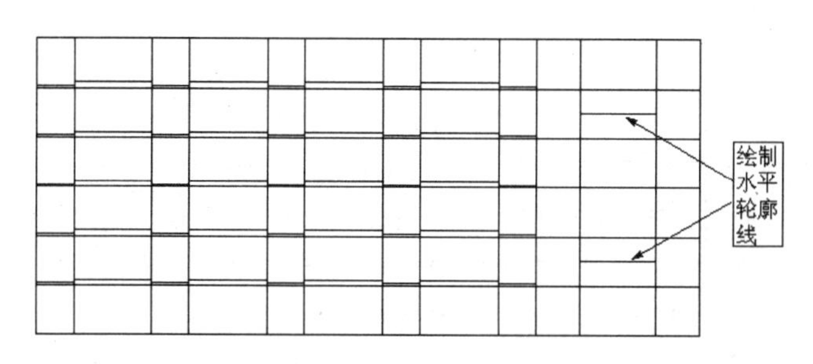

图 16-182　绘制结果

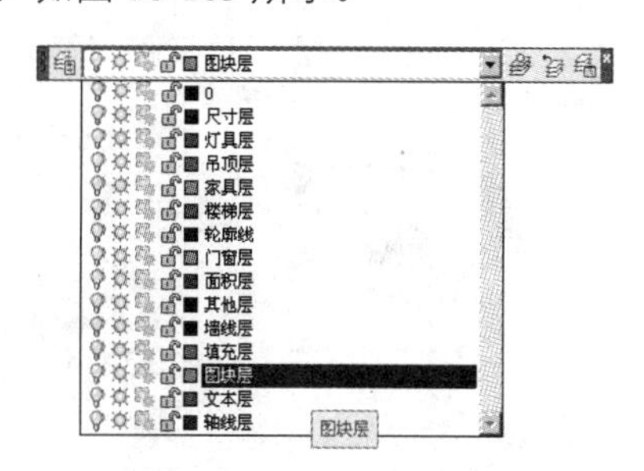

图 16-183　设置当前层

步骤 10　后使用快捷键 I 执行“插入块”命令，选择随书光盘中的“\图块文件\沙发组.dwg”文件，如图 16-184 所示。

步骤 11　返回“插入”对话框，配合端点捕捉功能，以默认参数将图块插入到立面图中，插入点为左下角外轮廓线的交点，结果如图 16-185 所示。

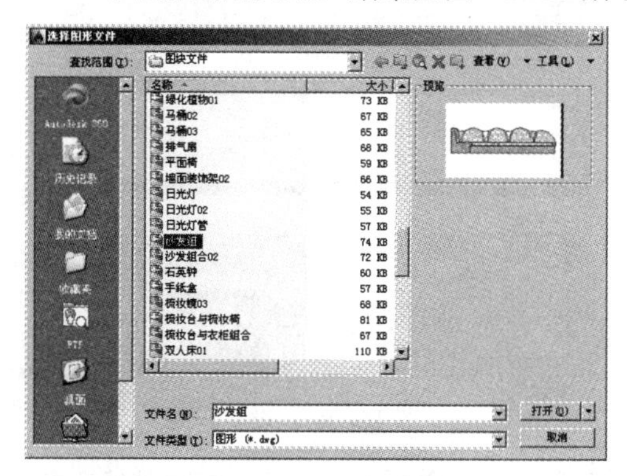

图 16-184　选择文件

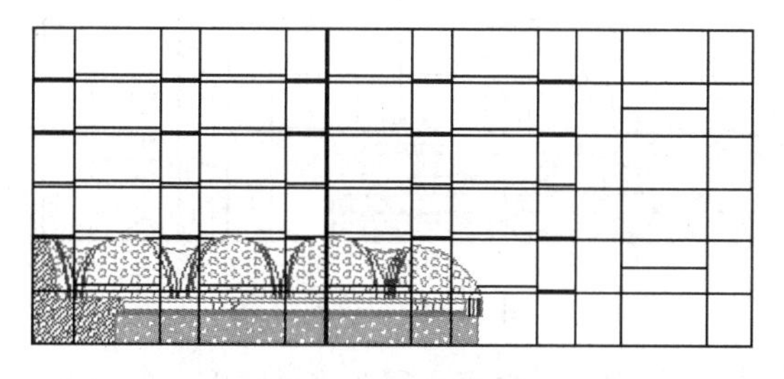

图 16-185　插入结果

步骤 12　综合使用“修剪”和“删除”命令，将位于沙发组图例内部的轮廓线进行修剪，结果如图 16-186 所示。

步骤 13　使用快捷键 LA 执行“图层”命令，将“填充层”的图层设置为当前图层。

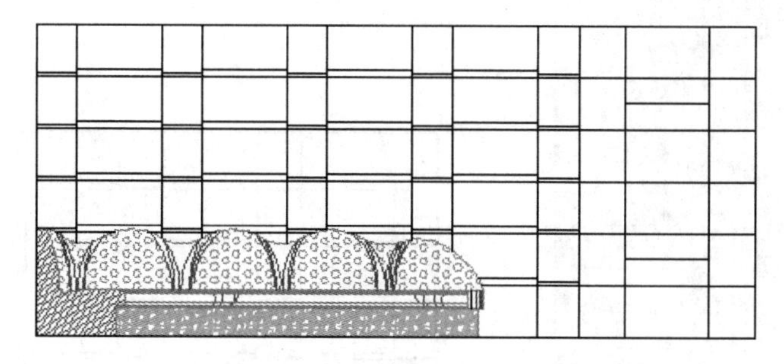

图 16-186　编辑结果

步骤 14　使用快捷键 H 执行“图案填充”命令，设置填充图案及填充参数如图 16-187 所示，返回绘图区拾取如图 16-188 所示的填充区域进行填充，填充结果如图 16-189 所示。

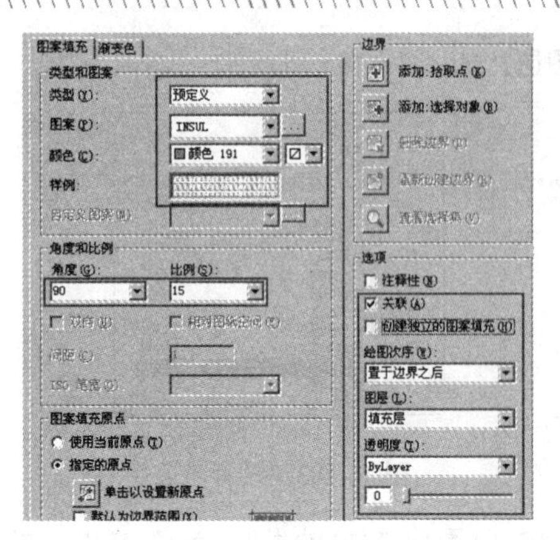

图 16-187　设置填充图案及参数

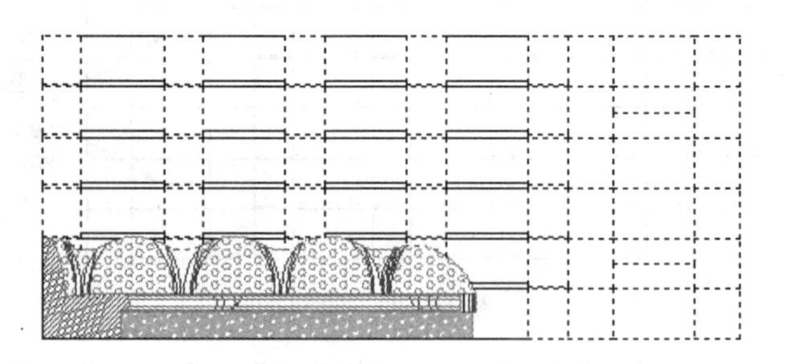

图 16-188　拾取填充区域

步骤 15　将当前颜色设置为 30 号色，然后执行“线型”命令，加载线型并设置线型比例如图 16-190 所示。

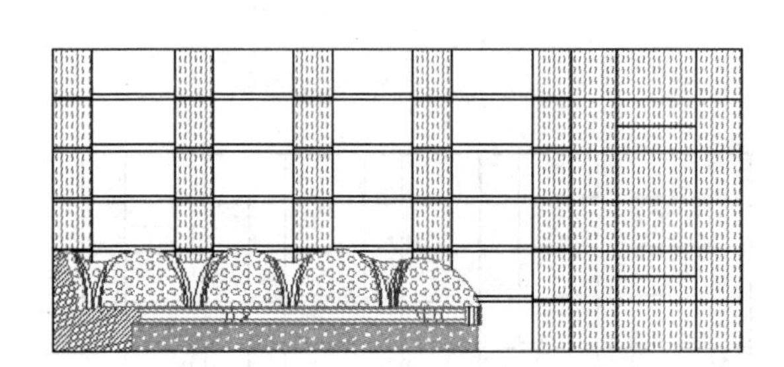

图 16-189　填充结果

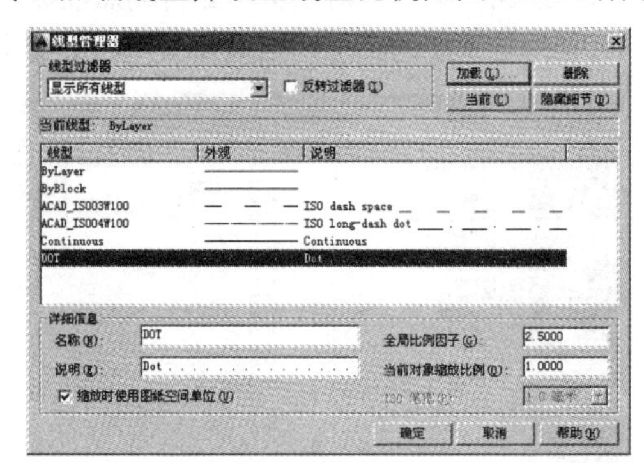

图 16-190　设置线型

步骤 16　将刚加载的线型设置为当前线型，然后重复执行“图案填充”命令，设置填充图案及填充参数如图 16-191 所示，返回绘图区填充如图 16-192 所示墙面图案。

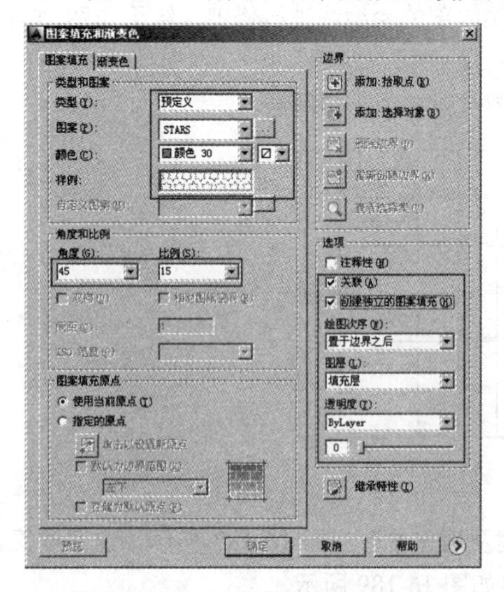

图 16-191　设置填充图案及参数

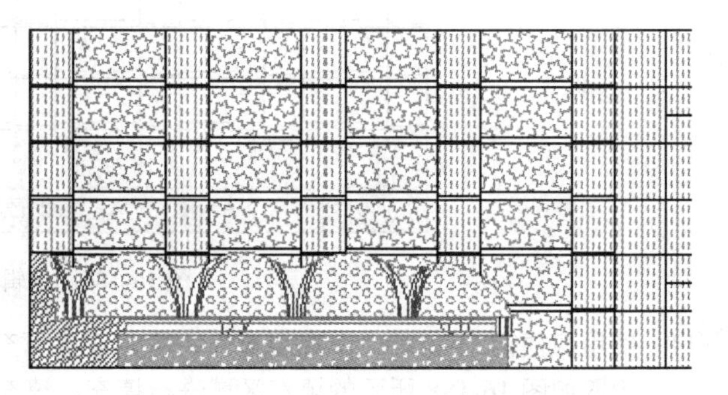

图 16-192　填充结果

步骤 17　最后执行“另存为”命令，将图形命名存储为“综合范例七.dwg”。

16.10　综合范例八——标注包厢立面尺寸与墙面材质

本例主要学习包厢 B 向装饰立面图尺寸和墙面材质的具体标注过程及技巧。KTV 包厢 B 向立面图的最终标注效果如图 16-193 所示。

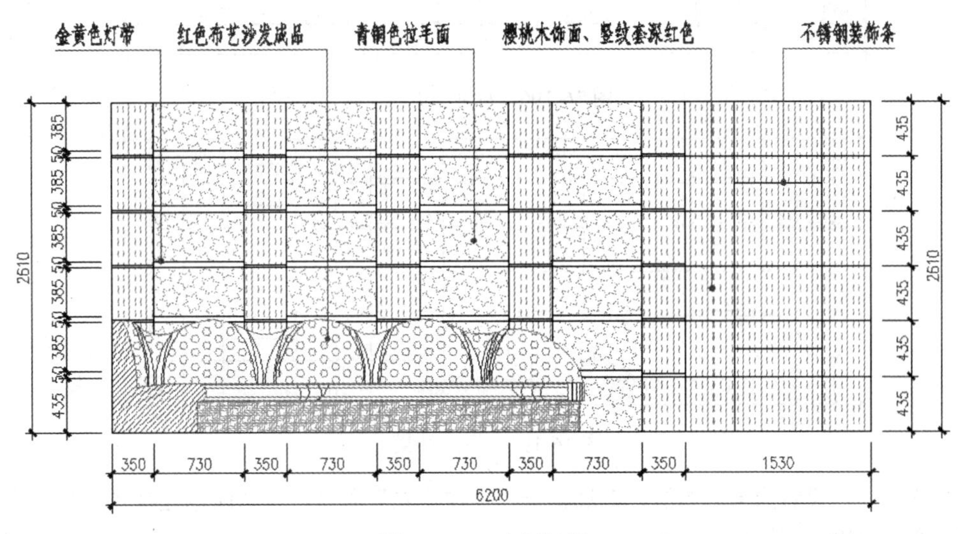

图 16-193　实例效果

操作步骤：

步骤 01　执行“打开”命令，打开随书光盘中的“\效果文件\第 16 章\综合范例七.dwg”文件。

步骤 02　单击“图层”工具栏上的“图层控制”列表，将“尺寸层”设置为当前图层，将当前线型设置为随层。

步骤 03　单击菜单“标注”/“标注样式”命令，将“建筑标注”设置为当前标注样式，并修改标注比例为 30。

步骤 04　单击“标注”工具栏上的按钮，执行“线性”命令，配合端点捕捉和延伸捕捉功能标注如图 16-194 所示的线性尺寸作为基准尺寸。

步骤 05　单击“标注”工具栏上的按钮，执行“连续”命令，配合捕捉和追踪功能，标注如图 16-195 所示的连续尺寸作为细部尺寸。

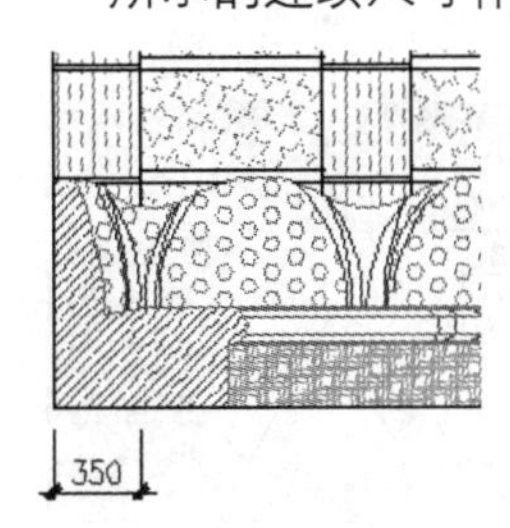

图 16-194　标注线性尺寸

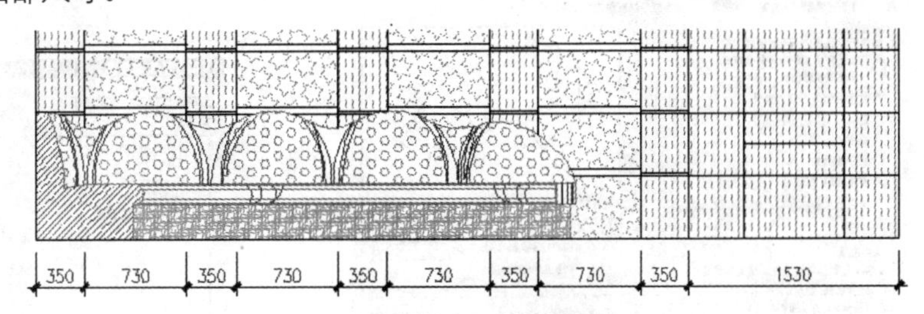

图 16-195　标注细部尺寸

步骤 06　单击“标注”工具栏上的按钮，配合端点捕捉功能标注下侧的总尺寸，结果如图 16-196 所示。

步骤 07　参照上述操作，综合使用“线性”和“连续”命令，配合端点捕捉功能标注立面图右侧的尺寸，结果如图 16-197 所示。

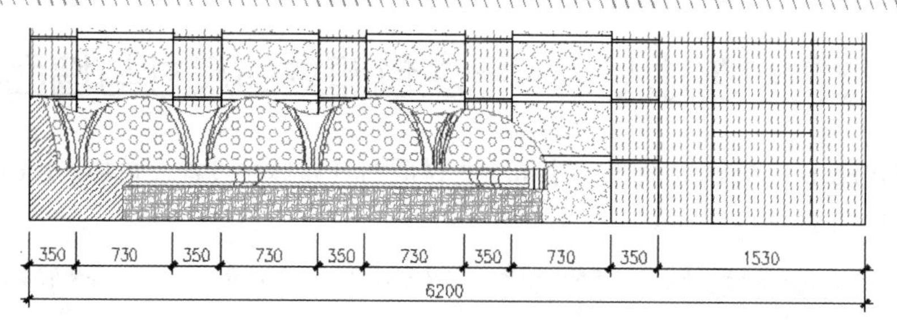

图 16-196　标注总尺寸

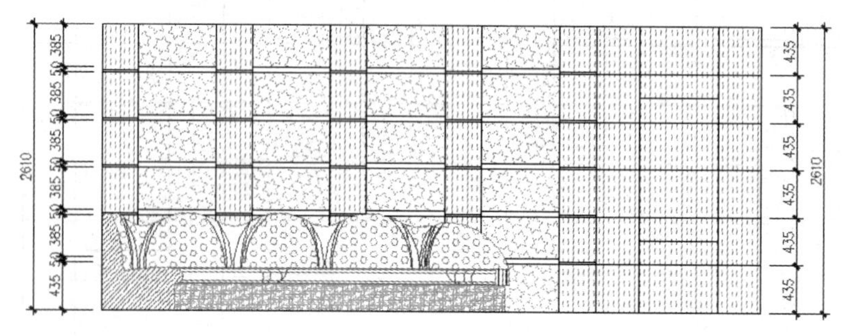

图 16-197　标注结果

步骤 08　将“文本层”设置为当前图层，然后执行“标注样式”命令，对当前标注样式进行替代，替代参数如图 16-198 和图 16-199 所示。

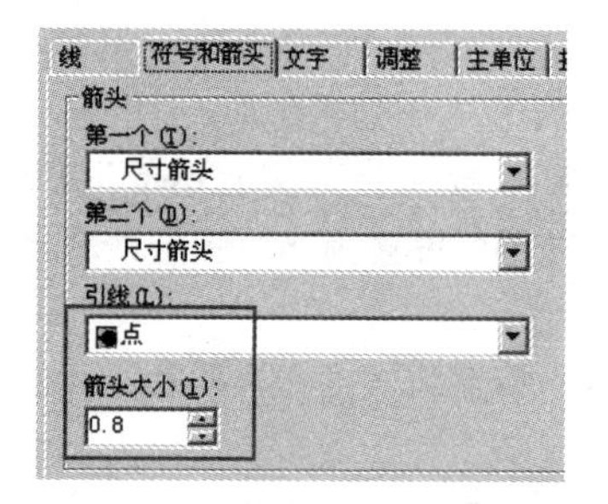

图 16-198　替代尺寸箭头与大小

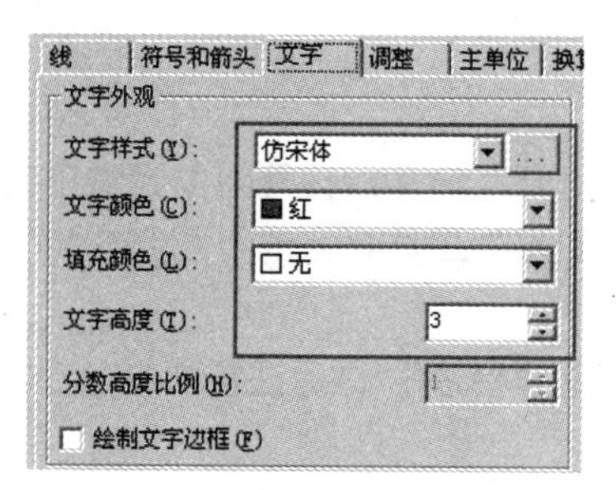

图 16-199　替代文字样式

步骤 09　展开“调整”选项卡，然后修改标注比例如图 16-200 所示，替代后的效果如图 16-201 所示。

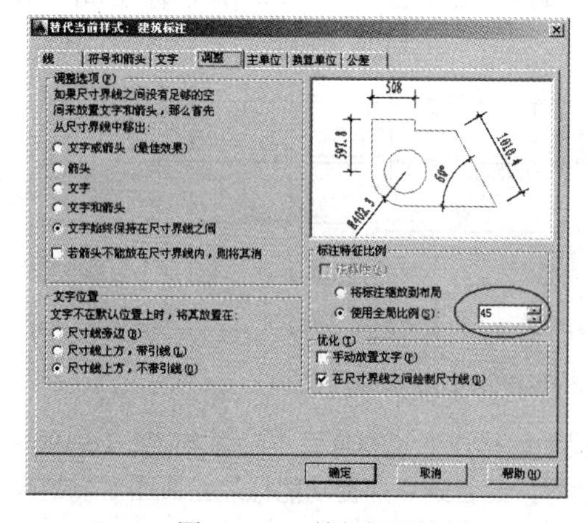

图 16-200　替代标注比例

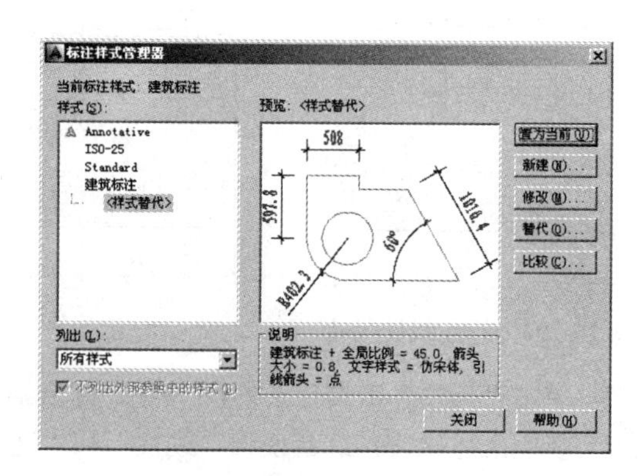

图 16-201　替代效果

步骤 10　使用快捷键 LE 执行“快速引线”命令，设置引线参数如图 16-202 和图 16-203 所示。

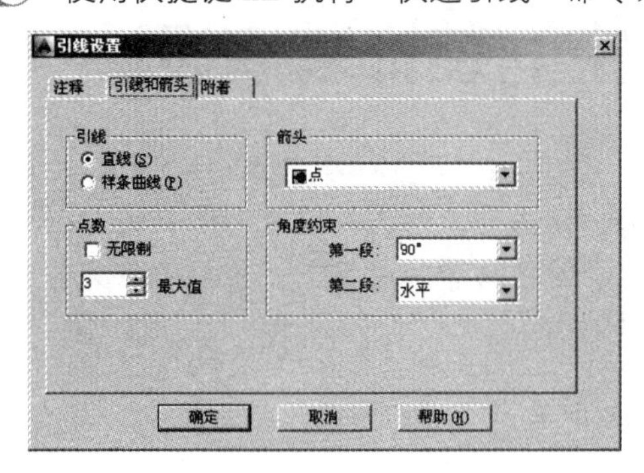

图 16-202　设置引线参数

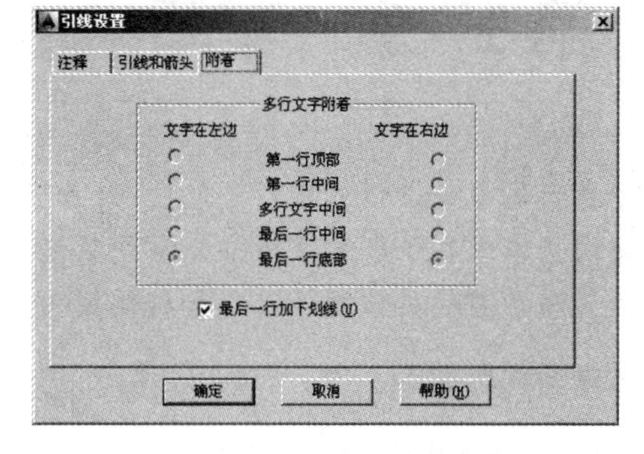

图 16-203　设置附着位置

步骤 11　单击 确定 按钮，根据命令行的提示指定引线点绘制引线，并输入引线注释，标注结果如图 16-204 所示。

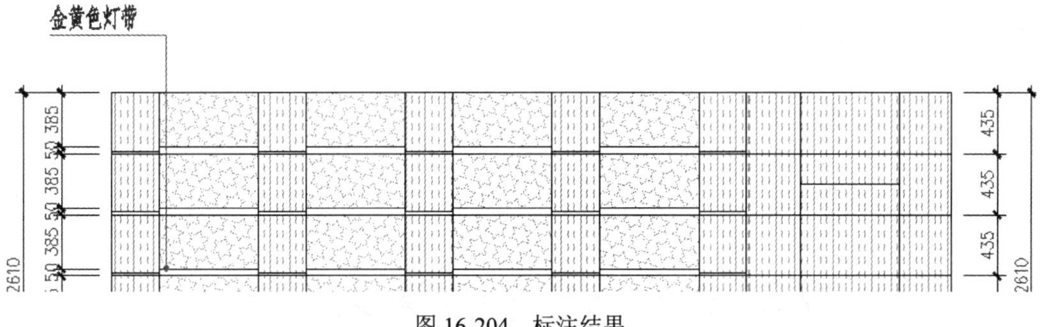

图 16-204　标注结果

步骤 12　重复执行“快速引线”命令，按照当前的引线参数设置，标注其他位置的引线注释，结果如图 16-205 所示。

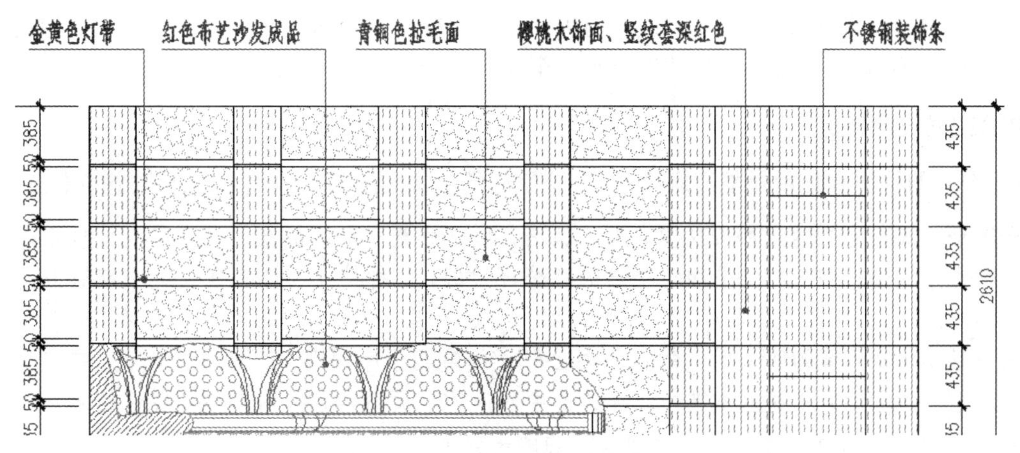

图 16-205　标注其他引线注释

步骤 13　最后执行“另存为”命令，将图形命名存储为“综合范例八.dwg”。

第 17 章　某写字楼办公空间装饰装潢设计

一个良好的办公设计方案，不仅可以活跃人们的思维，提高员工的工作效率，而且还是企业整体形象的体现。本章在了解和掌握办公空间装潢设计理念和绘图思路等的前提下，主要学习某企业办公空间装饰装潢方案的具体设计过程和相关技巧。

本章具体学习内容如下：

- 办公空间装饰装潢设计理念
- 办公空间装饰装潢设计思路
- 综合范例一——绘制办公空间轴线和柱子
- 综合范例二——绘制办公空间墙体结构图
- 综合范例三——制作浪形会议桌立体造型
- 综合范例四——绘制多功能视频厅家具布置图
- 综合范例五——制作接待室茶水柜立体造型
- 综合范例六——绘制接待室办公家具布置图
- 综合范例七——标注办公家具布置图文字与尺寸

17.1　办公空间装饰装潢设计理念

一个完整、美观、科学的办公空间形象，不仅对置身其中的相关人员有着直接的影响，而且还会在某种程序上影响着企业的决策、管理的效果和工作效率，可以说办公空间的形象也是企业整体形象的体现。本节将从办公空间设计特点、设计要求和设计目标三个方面，简单概述办公空间相关设计理念及设计内容，使读者对办公空间装潢设计有一个大致认识和了解。

1. 办公空间设计特点

从办公空间的特征和使用功能要求来看，办公空间的装饰装潢设计要具备以下几个基本设计特点：

- 秩序感。秩序感指的是形的反复、形的节奏、形的完整和形的简洁。办公室设计也正是运用这一特点来创造一种安静、平和与整洁的办公环境的，此种特点在办公室设计中起着最为关键性的作用。
- 明快感。办公环境的明快感指的就是办公环境的色调干净明亮、灯光布置合理、有充足的光线等，是办公设计的一种基本要求。在装饰中明快的色调可给人一种愉快心情，给人一种洁净之感，同时明快的色调也可在白天增加室内的采光度。
- 现代感。目前，在我国许多企业的办公室，为了便于思想交流，加强民主管理，往往采用共享空间——开敞式设计，这种设计已成为现代新型办公室的特征，它形成了现代办公室新空间的概念。

另外，现代办公室设计还注重于办公环境的研究，将自然环境引入室内，绿化室内外的环境，给办公环境带来一派生机，这也是现代办公室的另一特征。

2. 办公空间设计要求

办公室是主要的工作场所，办公空间的装修对置身其中的工作人员从生理到心理都有一定的影响，因此，现代办公装修设计，应符合下述基本要求：

- 符合企业实际，不要一味追求办公室的高档豪华气派。
- 符合行业特点。例如，五星级饭店和校办科技企业由于分属不同的行业，因而办公室在家具、用品、装饰品、声光效果等方面都应有显著的不同。
- 符合使用要求。例如，总经理办公室在楼层安排、使用面积、室内装修、配套设备等方面都与一般职员的办公室不同，原因并非总经理、厂长与一般职员身份不同，而是取决于他们的办公室具有不同的使用要求。
- 符合工作性质。例如，技术部门的办公室需要配备微机、绘图仪器、书架（柜）等技术工作必需的设备，而公共关系部门则显然更需要电话、传真机、沙发、茶几等与对外联系和接待工作相应的设备和家具。

3. 办公空间设计目标

办公设计主要包括办公用房的规划、装修、室内色彩及灯光音响的设计、办公用品及装饰品的配备和摆设等内容，主要有三个层次的目标：

- 经济实用。一方面要满足实用要求，给办公人员的工作带来方便；另一方面要尽量低费用，追求最佳的功能费用比。
- 美观大方。能够充分满足人的生理和心理需要，创造出一个赏心悦目的良好工作环境。
- 独具品位。办公室是企业文化的物质载体，要努力体现企业物质文化和精神文化，反映企业的特色和形象，对置身其中的工作人员产生积极的、和谐的影响。

这三个层次的目标虽然由低到高、由易到难，但它们不是孤立的，而是有着紧密的内在联系，出色的办公室设计应该努力同时实现这三个目标。

17.2　办公空间装饰装潢设计思路

在绘制办公空间装饰装潢方案图纸时，可以参照如下思路：

（1）用事先设置的绘图样板，并简单协调绘图环境。

（2）根据原有建筑平面图或测量数据，绘制办公空间墙体结构图。

（3）在墙体图的基础上绘制门、窗、柱等建筑构件，进一步完善墙体平面图。

（4）由于办公空间图纸一般需要平面和立体两种表达方式，因此要根据实际需要事先制作出相关的办公家具立体造型。

（5）根据办公空间的结构尺寸，科学合理的进行各类办公家具的布局。常用的制图工具主要有“镜像”、“复制”、“插入块”、“移动”等命令。

（6）使用“单行文字”、“多行文字”、“编辑文字”等命令标注文字注释。

（7）最后使用“线性”、“连续”命令标注外部尺寸和内部定位尺寸。

17.3　综合范例——绘制办公空间轴线和柱子

本例主要学习某写字楼办公空间轴线和轴子布置图的具体绘制过程和相关技巧。本例最终的绘制效果如图 17-1 所示。

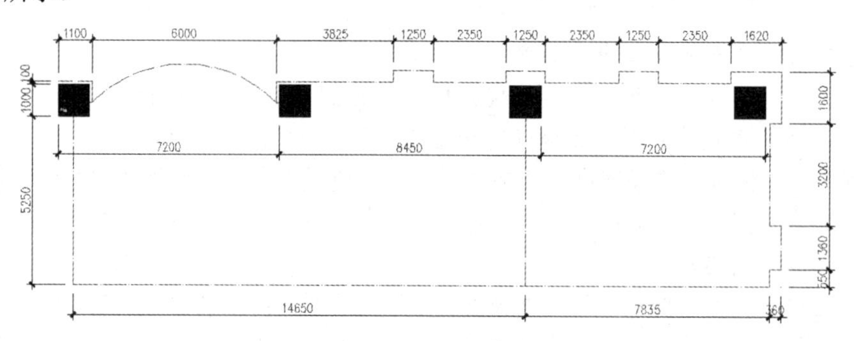

图 17-1　实例效果

操作步骤：

步骤 01　执行“新建”命令，调用随书光盘中的“\样板文件\室内样板.dwt”文件。

步骤 02　设置“轴线层”为当前层，然后使用快捷键 LT 执行“线型”命令，设置线型比例如图 17-2 所示。

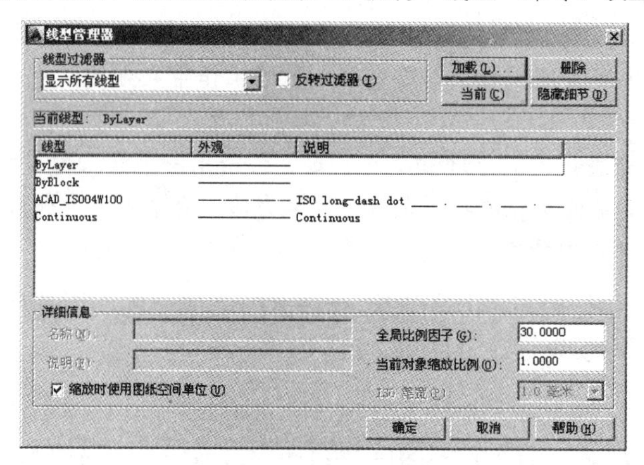

图 17-2　设置线型比例

步骤 03　将视图高度设为 1000，然后单击“绘图”工具栏上的□按钮，绘制边长为 1000 的正四边形作为柱子外轮廓线，并将绘制的矩形放到“其他层”上。

步骤 04　使用快捷键 XL 执行“构造线”命令，配合中点捕捉功能绘制基准轴线。命令行操作如下：

```
命令: XL                                    // Enter
指定点或 [水平(H)/垂直(V)/角度(A)/二等分(B)/偏移(O)]:    //V Enter
指定通过点:                                 //捕捉正四边形下侧边的中点
指定通过点:                                 // Enter
命令:XLINE
指定点或 [水平(H)/垂直(V)/角度(A)/二等分(B)/偏移(O)]:        //o Enter
指定偏移距离或 [通过(T)] <5250.0>:                          //5250 Enter
选择直线对象:                               //选择正四边形下侧水平边
```

```
指定向哪侧偏移：    //在所选边的下侧拾取点
选择直线对象：       //Enter，绘制结果如图 17-3 所示
```

步骤 05　单击“修改”工具栏上的按钮，将垂直的构造线向右偏移，偏移间距及偏移结果如图 17-4 所示。

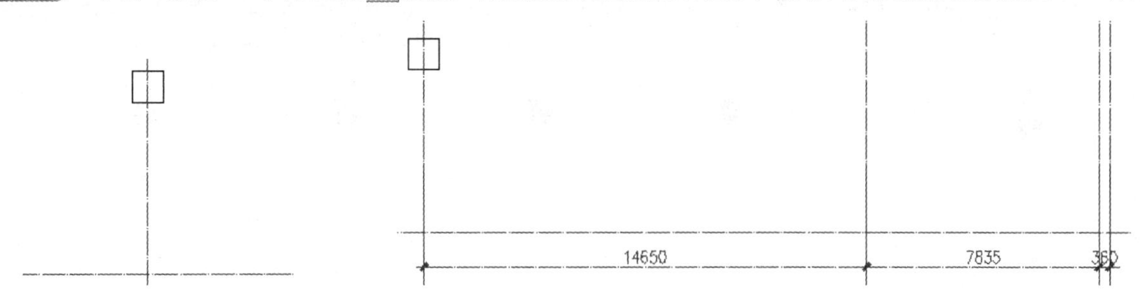

图 17-3　绘制结果　　　　图 17-4　偏移垂直构造线

步骤 06　重复执行“偏移”命令，对水平构造线进行偏移，偏移间距及偏移结果如图 17-5 所示。

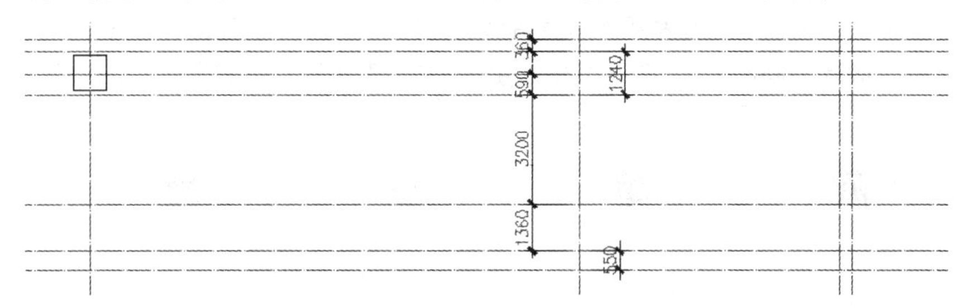

图 17-5　偏移水平构造线

步骤 07　使用快捷键 H 执行“图案填充”命令，为正四边形柱填充实体图案，并将填充图案放到“其他层”上，结果如图 17-6 所示。

步骤 08　单击“修改”菜单中的“阵列”/“矩形阵列”命令，选择矩形柱子构件进行阵列。命令行操作如下：

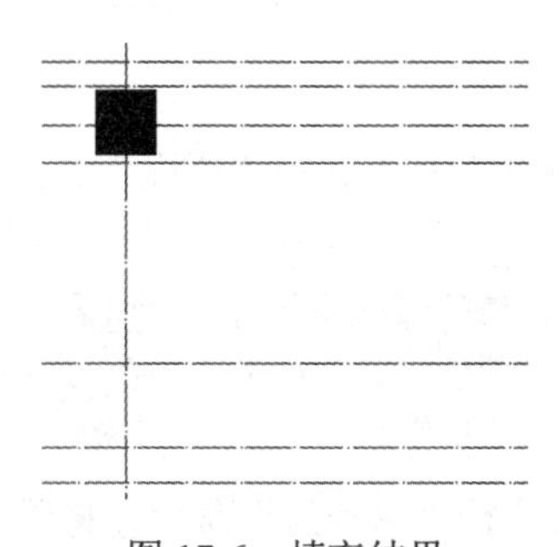

图 17-6　填充结果

```
命令：_arrayrect
选择对象：                              //拉出如图 17-7 所示的窗口选择框
选择对象：                              // Enter
类型 = 矩形  关联 = 是
选择夹点以编辑阵列或 [关联(AS)/基点(B)/计数(COU)/间距(S)/列数(COL)/行数(R)/层数(L)/退
出(X)] <退出>:                          //COU Enter
输入列数数或 [表达式(E)] <4>:           // Enter
输入行数数或 [表达式(E)] <3>:           //1 Enter
选择夹点以编辑阵列或 [关联(AS)/基点(B)/计数(COU)/间距(S)/列数(COL)/行数(R)/层数(L)/退
出(X)] <退出>:                          //s Enter
指定列之间的距离或 [单位单元(U)] <0>:   //7200 Enter
指定行之间的距离 <50>:                  //1 Enter
```

```
选择夹点以编辑阵列或 [关联(AS)/基点(B)/计数(COU)/间距(S)/列数(COL)/行数(R)/层数(L)/退
出(X)] <退出>:                        //AS Enter
创建关联阵列 [是(Y)/否(N)] <否>:          //N Enter
选择夹点以编辑阵列或 [关联(AS)/基点(B)/计数(COU)/间距(S)/列数(COL)/行数(R)/层数(L)/退
出(X)] <退出>:                        // Enter，阵列结果如图 17-8 所示
```

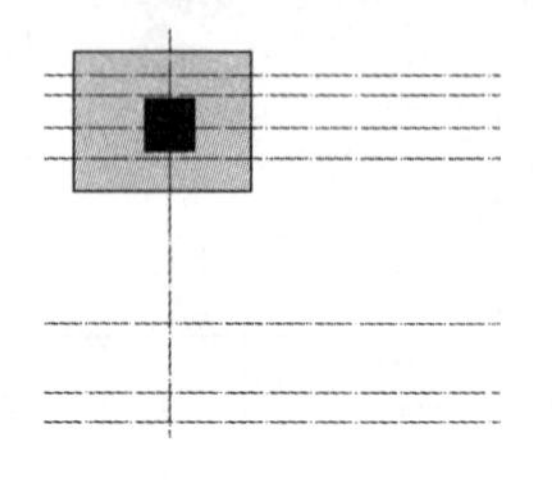

图 17-7　窗口选择

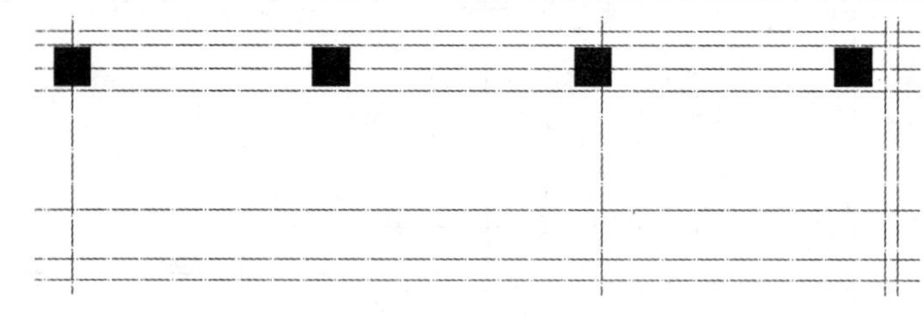

图 17-8　阵列结果

步骤 09　将右侧的两个柱子水平右移 250，并以最右侧的垂直轴线作为首次偏移对象，以偏移出的轴线作为下个偏移对象，继续偏移出内部的垂直轴线，偏移间距分别为 1620、2350、1250、2350、1250、2350、1250、3825、6000 和 1100，然后使用快捷键 TR 执行“修剪”命令，对偏移出的轴线进行修剪，结果如图 17-9 所示。

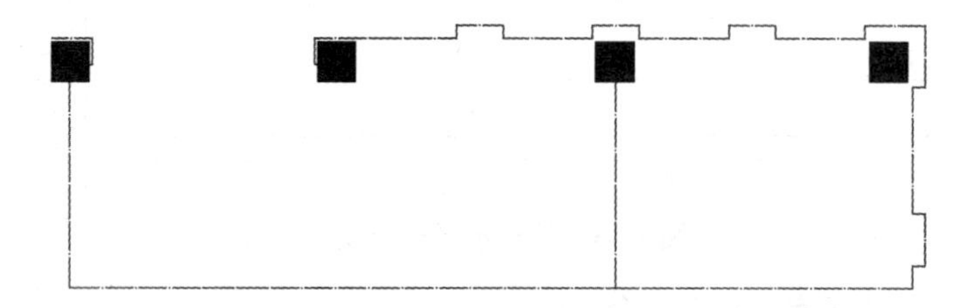

图 17-9　修剪结果

步骤 10　使用快捷键 A 执行“圆弧”命令，配合坐标输入功能绘制弧形轴线。命令行操作如下：

```
命令: a                               // Enter
指定圆弧的起点或 [圆心(C)]:              //捕捉如图 17-10 所示的端点
指定圆弧的第二个点或 [圆心(C)/端点(E)]:// @3000,1200 Enter
指定圆弧的端点:                        //@3000,-1200 Enter，绘制结果如图 17-11 所示
```

步骤 11　最后执行“另存为”命令，将图形命名存储为“综合范例一.dwg”。

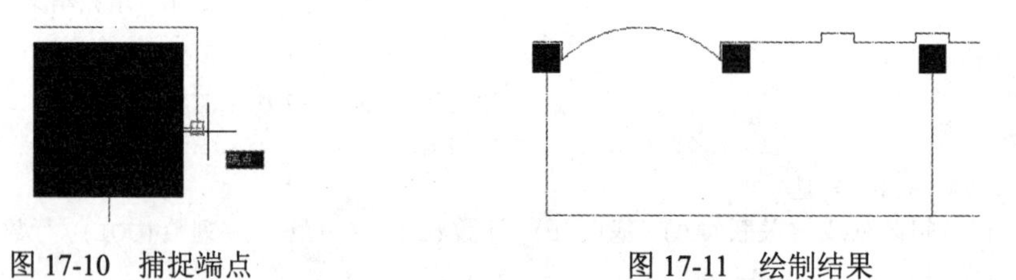

图 17-10　捕捉端点　　图 17-11　绘制结果

17.4　综合范例二——绘制办公空间墙体结构图

本例主要学习写字楼办公空间墙体结构平面图的具体绘制过程和绘制技巧。本例最终绘制效果如图 17-12 所示。

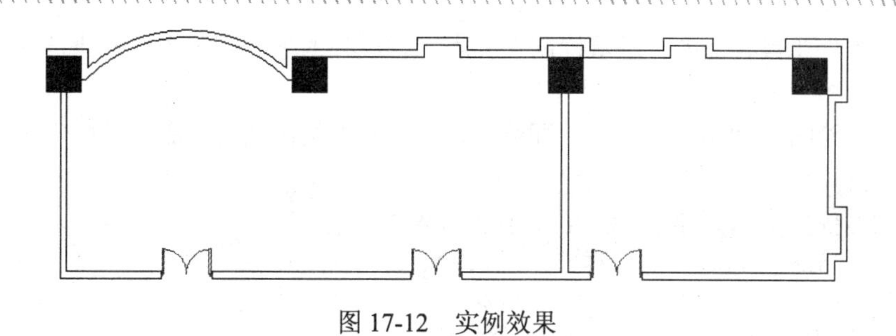

图 17-12　实例效果

操作步骤：

步骤 01　执行“打开”命令，打开随书光盘中的“\效果文件\第 17 章\综合范例一.dwg”文件。

步骤 02　使用快捷键 O 执行“偏移”命令，对内部的两条垂直轴线进行偏移，偏移间距及偏移结果如图 17-13 所示。

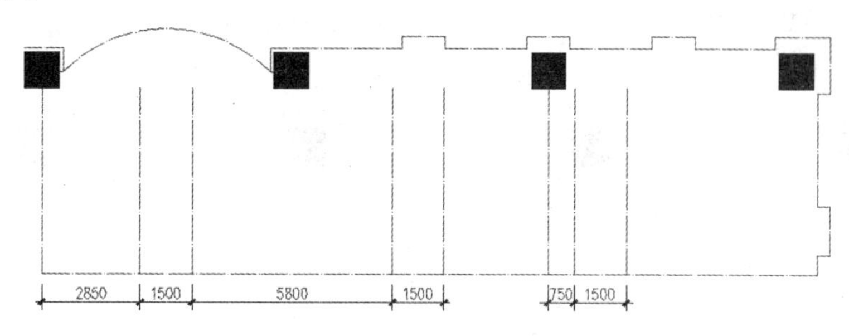

图 17-13　偏移结果

步骤 03　单击菜单“修改”/“修剪”命令，以偏移出的垂直轴线作为边界，对下侧的水平轴线进行修剪，以创建门洞，修剪结果如图 17-14 所示。

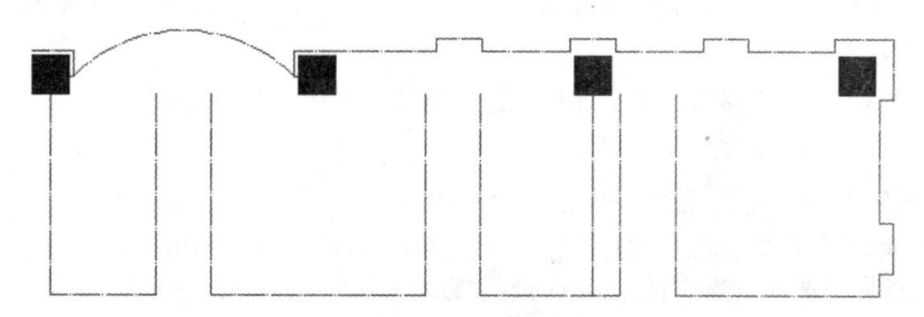

图 17-14　修剪结果

步骤 04　使用快捷键 E 执行“删除”命令，选择偏移出的六条垂直轴线进行删除，删除结果如图 17-15 所示。

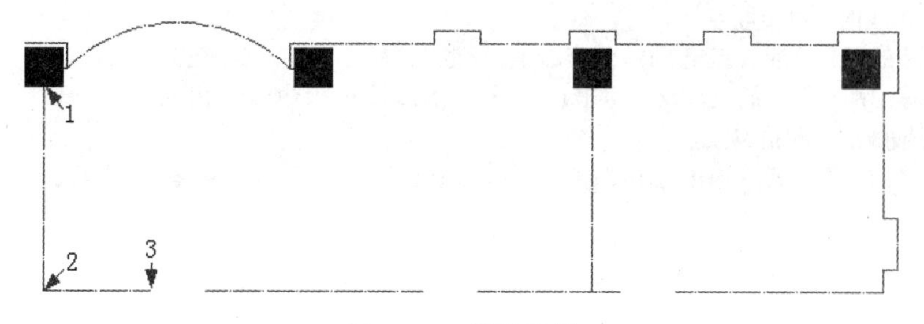

图 17-15　删除结果

步骤 05 单击“图层”工具栏上的“图层控制”列表，在展开的下拉列表中选择“墙线层”，将其设为当前图层。

步骤 06 单击菜单“绘图”/“多线”命令，配合端点捕捉功能绘制墙线，命令行操作如下：

```
命令: _mline
当前设置: 对正 = 上, 比例 = 20.00, 样式 =墙线样式
指定起点或 [对正(J)/比例(S)/样式(ST)]:        // J Enter
输入对正类型 [上(T)/无(Z)/下(B)] <上>:       // Z Enter
当前设置: 对正 = 无, 比例 = 20.00, 样式 =墙线样式
指定起点或 [对正(J)/比例(S)/样式(ST)]:        // S Enter
输入多线比例 <20.00>:                        //200 Enter
当前设置: 对正 = 无, 比例 = 200.00, 样式 =墙线样式
指定起点或 [对正(J)/比例(S)/样式(ST)]:        //捕捉如图 17-15 所示的端点 1
指定下一点:                                  //捕捉端点 2
指定下一点或 [放弃(U)]:                       //捕捉端点 3
指定下一点或 [闭合(C)/放弃(U)]:               // Enter, 绘制结果如图 17-16 所示
```

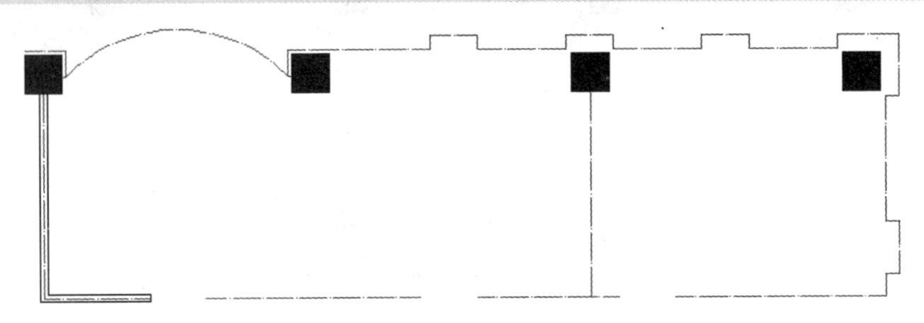

图 17-16　绘制结果

步骤 07 重复执行“多线”命令，设置多线样式、对正方式和多线比例不变，绘制其他位置的墙线，结果如图 17-17 所示。

步骤 08 单击菜单“修改”/“偏移”命令，创建弧形墙线。命令行操作如下：

```
命令: _offset
当前设置: 删除源=否  图层=源  OFFSETGAPTYPE=0
指定偏移距离或 [通过(T)/删除(E)/图层(L)] <1250.0>: //l Enter
输入偏移对象的图层选项 [当前(C)/源(S)] <源>:         //C Enter
指定偏移距离或 [通过(T)/删除(E)/图层(L)] <1250.0>: //100 Enter
选择要偏移的对象, 或 [退出(E)/放弃(U)] <退出>:       //选择弧形轴线
指定要偏移的那一侧上的点, 或 [退出(E)/多个(M)/放弃(U)] <退出>:
//在弧形轴线的上侧拾取点
选择要偏移的对象, 或 [退出(E)/放弃(U)] <退出>:       //选择弧形轴线
指定要偏移的那一侧上的点, 或 [退出(E)/多个(M)/放弃(U)] <退出>:
//在弧形轴线的下侧拾取点
选择要偏移的对象, 或 [退出(E)/放弃(U)] <退出>:       // Enter, 结果如图 17-18 所示
```

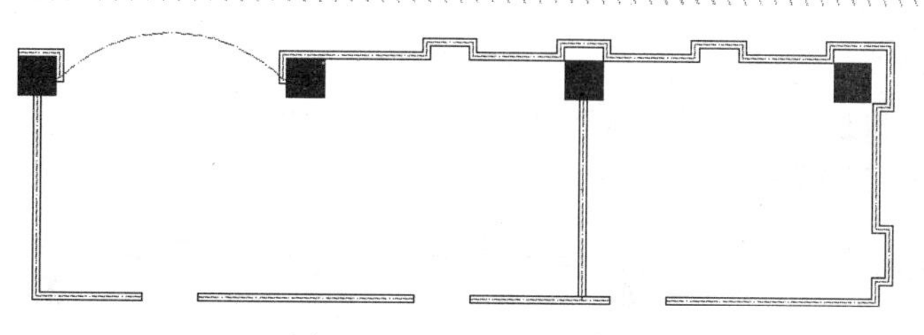

图 17-17　绘制其他墙线

图 17-18　偏移结果

步骤 09　将弧形轴线两侧的墙线分解，然后使用快捷键 TR 执行“修剪”命令，对偏移出的墙线和两侧的墙线进行编辑完善，结果如图 17-19 所示。

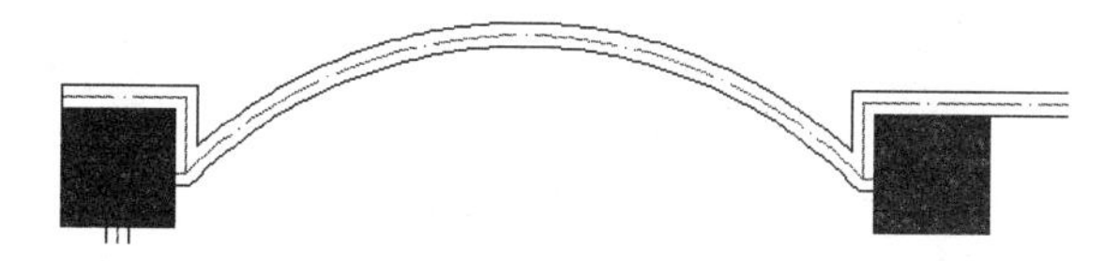

图 17-19　修剪结果

步骤 10　展开“图层控制”下拉列表，然后关闭“轴线层”，图形的显示结果如图 17-20 所示。

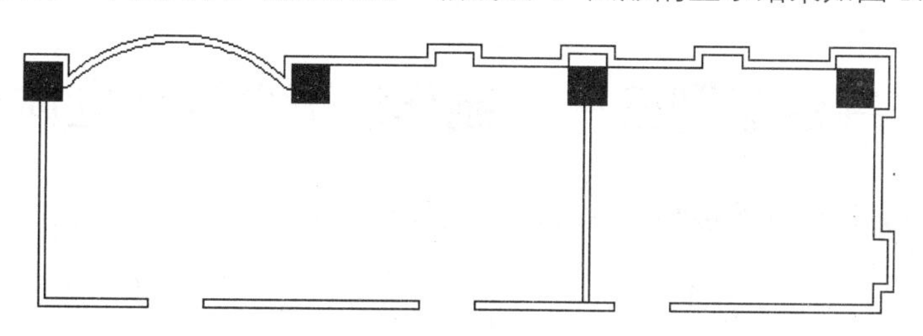

图 17-20　关闭轴线后的显示

步骤 11　单击“修改”菜单栏中的“对象”/“多线”命令，在打开的“多线编辑工具”对话框内单击“T 形合并”按钮，如图 17-21 所示。

步骤 12　返回绘图区，根据命令行的提示对下侧的 T 形墙线进行合并，结果如图 11-22 所示。

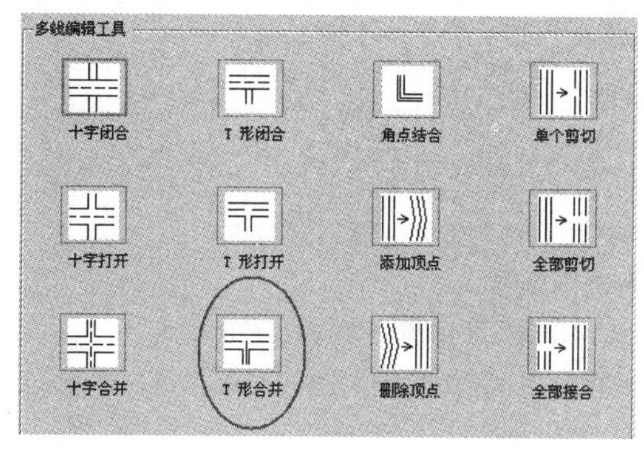

图 17-21　“多线编辑工具”对话框

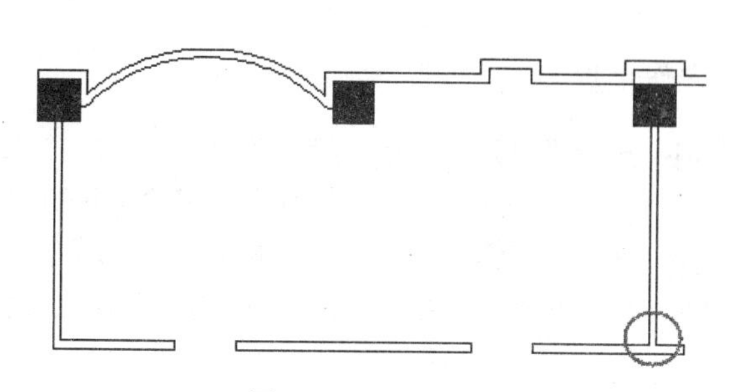

图 17-22　合并结果

步骤13 展开“图层控制”下拉列表，将“门窗层”设置为当前图层。

步骤14 单击“绘图”工具栏上的按钮，以默认参数插入随书光盘中的“/图块文件/双开门 02.dwg”，插入结果如图 17-23 所示。

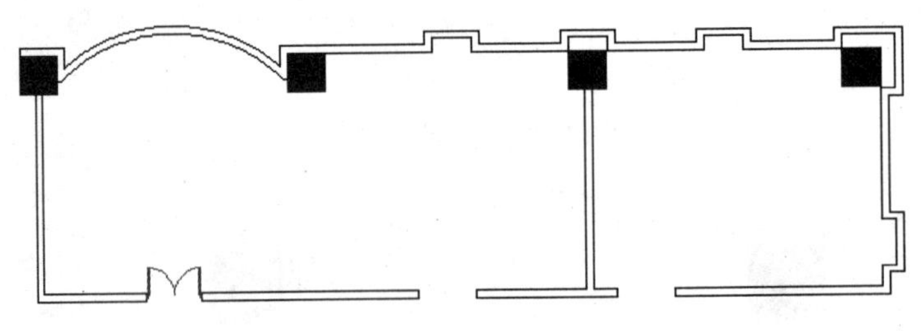

图 17-23 插入结果

步骤15 使用快捷键 CO 执行“复制”命令，配合中点捕捉功能将双开门复制到其他位置，复制结果如图 17-24 所示。

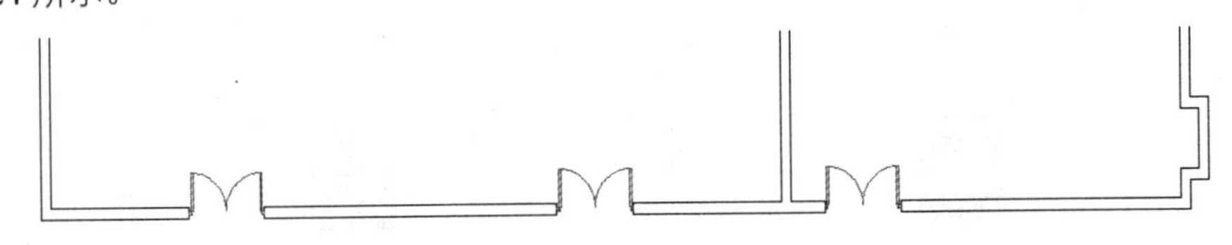

图 17-24 复制结果

步骤16 最后执行“另存为”命令，将图形命名存储为“综合范例二.dwg”。

17.5 综合范例三——制作浪形会议桌立体造型

本例主要学习浪形会议桌立体造型的具体制作过程和相关技巧。浪形会议桌立体造型的最终制作效果，如图 17-25 所示。

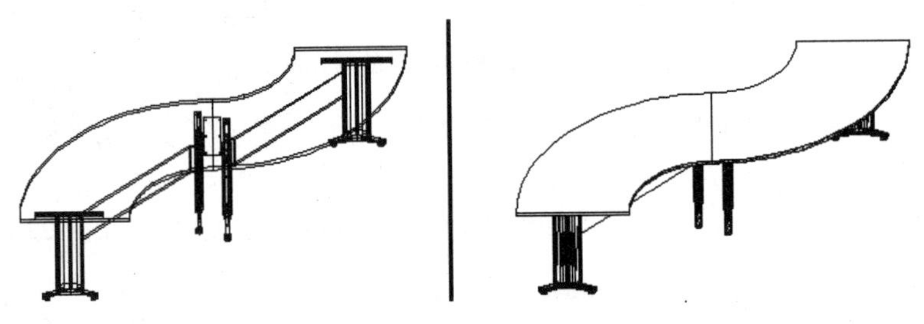

图 17-25 实例效果

操作步骤：

步骤01 执行“打开”命令，打开随书光盘中的“\效果文件\第 17 章\综合范例二.dwg”。

步骤02 展开“图层控制”下拉列表，将“家具层”设置为当前图层。

步骤03 使用快捷键 C 执行“圆”命令，绘制半径为 600 和 1400 的同心圆，如图 17-26 所示。

步骤04 使用快捷键 L 执行“直线”命令，配合圆心捕捉和象限点捕捉功能绘大圆的两条半径，如图 17-27 所示。

步骤 05　使用快捷键 BO 执行“边界”命令，将“对象类型”设置为“多段线”，然后提取如图 17-28 所示的虚线边界。

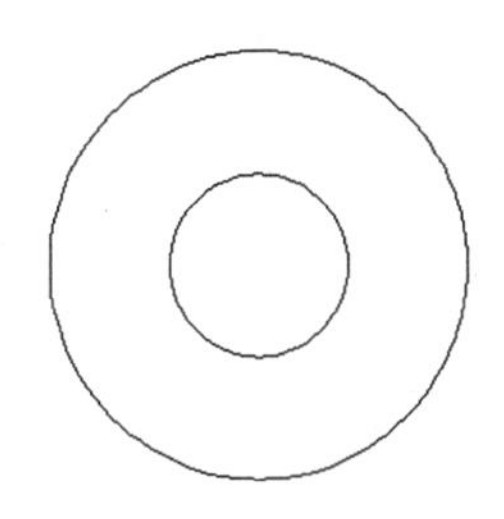

图 17-26　绘制同心圆

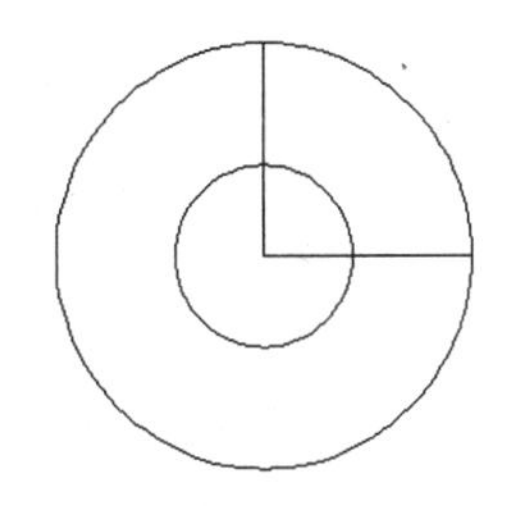

图 17-27　绘制半径

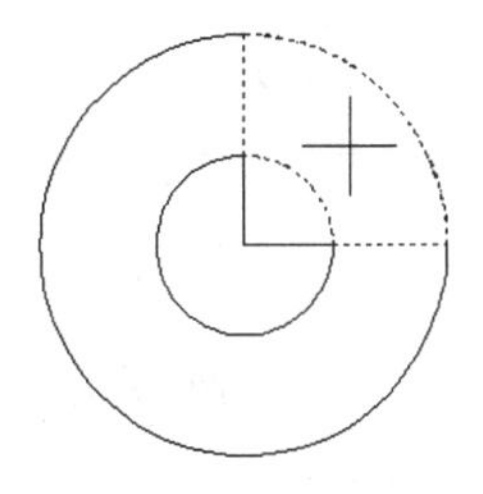

图 17-28　提取边界

步骤 06　使用快捷键 E 执行“删除”命令，窗交选择如图 17-29 所示的同心圆及半径进行删除，结果如图 17-30 所示。

步骤 07　使用快捷键 RO 执行“旋转”命令，将提取的多段线边界旋转 45°，结果如图 17-31 所示。

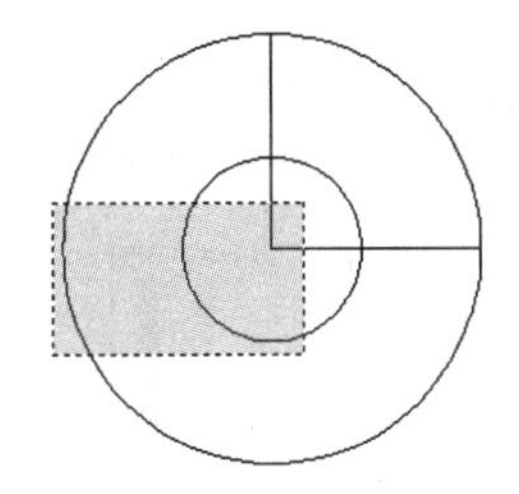

图 17-29　窗交选择对象

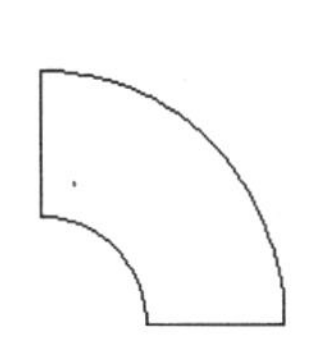

图 17-30　删除结果

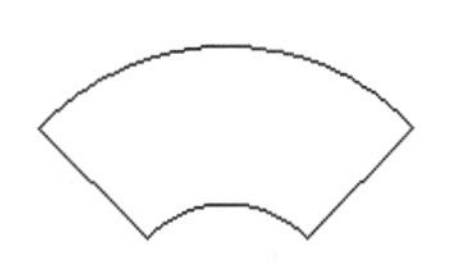

图 17-31　旋转结果

步骤 08　在命令行输入系统变量 FACETRES，设置该变量的值为 10。

步骤 09　将视图切换为西南视图，然后单击“建模”工具栏上的按钮，执行“拉伸”命令，将多段线边界拉伸为三维实体，命令行操作如下：

```
命令: _extrude
当前线框密度: ISOLINES=4, 闭合轮廓创建模式 = 实体
选择要拉伸的对象或 [模式(MO)]: _MO 闭合轮廓创建模式 [实体(SO)/曲面(SU)] <实体>: _SO
选择要拉伸的对象或 [模式(MO)]:                //选择桌面板轮廓线, 如图 17-32 所示
选择要拉伸的对象或 [模式(MO)]:                // Enter
指定拉伸的高度或 [方向(D)/路径(P)/倾斜角(T)/表达式(E)] <-270.0>:
//@0,0,25 Enter, 拉伸结果如图 17-33 所示
```

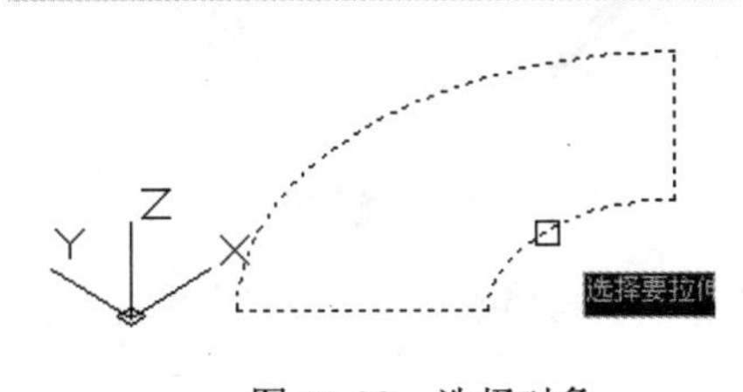

图 17-32　选择对象

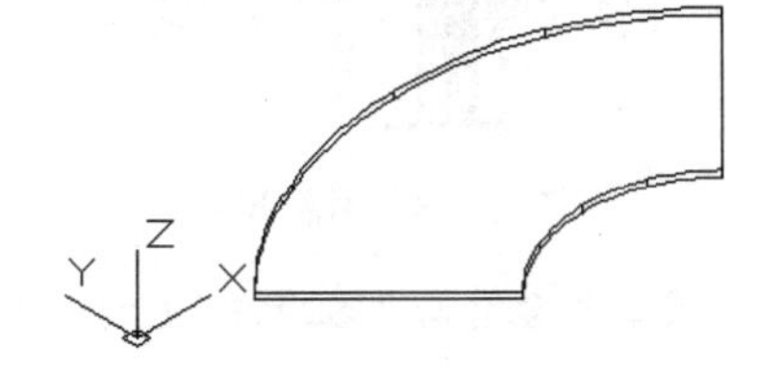

图 17-33　拉伸结果

步骤 10　使用快捷键 I 执行“插入块”命令，以默认参数插入随书光盘中的“\图块文件\桌腿.dwg”，插入点为如图 17-34 所示的端点，插入结果如图 17-35 所示。

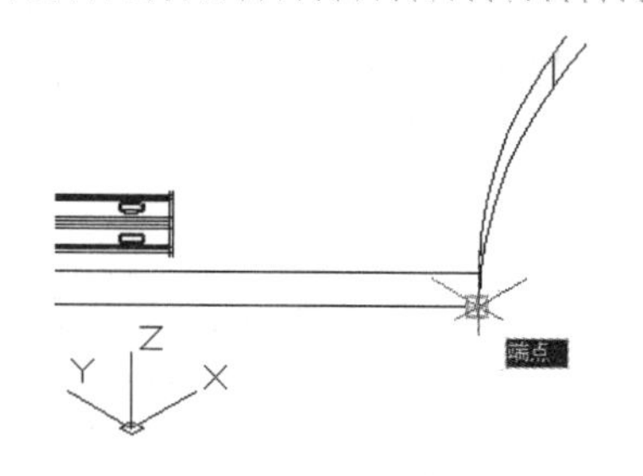

图 17-34　捕捉端点

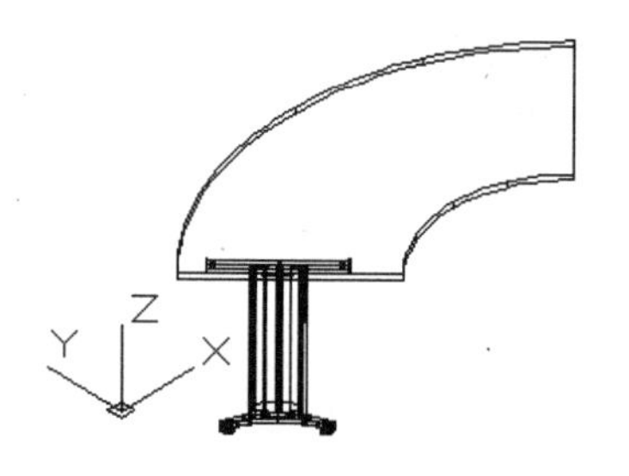

图 17-35　插入结果

步骤 11　单击菜单“修改”/“三维操作”/“三维镜像”命令，对桌腿造型进行镜像。命令行操作如下：

```
命令: _mirror3d
选择对象:                                             //选择桌腿造型
选择对象:                                             // Enter
指定镜像平面 (三点) 的第一个点或 [对象(O)/最近的(L)/Z 轴(Z)/视图(V)/XY 平面(XY)/YZ 平
面(YZ)/ZX 平面(ZX)/三点(3)] <三点>:                     //YZ Enter
指定 YZ 平面上的点 <0,0,0>:                             //捕捉如图 17-36 所示的中点
是否删除源对象? [是(Y)/否(N)] <否>:                     // Enter，镜像结果如图 17-37 所示
```

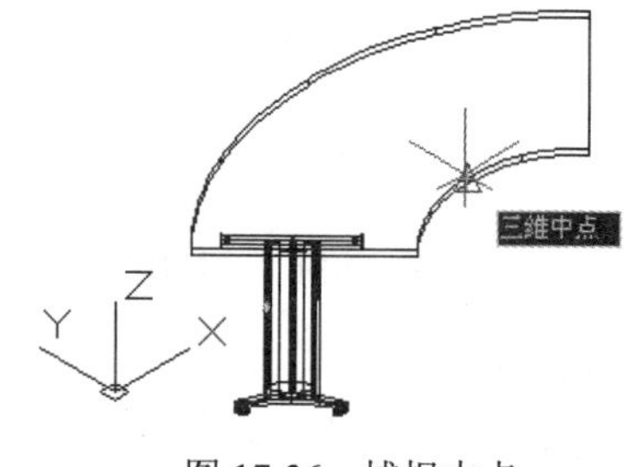

图 17-36　捕捉中点

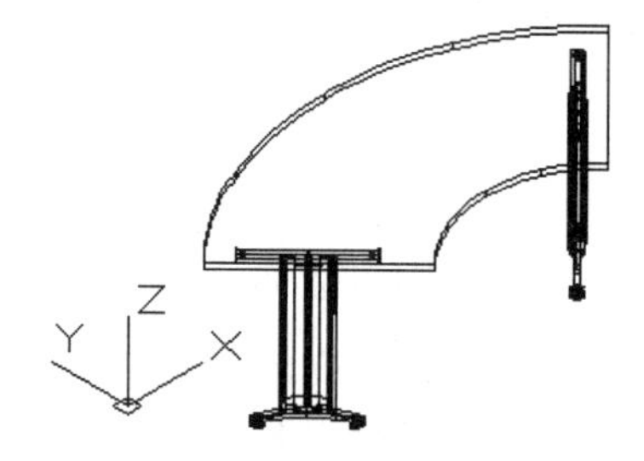

图 17-37　镜像结果

步骤 12　单击菜单“视图”/“消隐”命令，对其进行消隐显示，观看其消隐效果，如图 17-38 所示。

步骤 13　单击菜单“视图”/“三维视图”/“俯视”命令，将视图切换到俯视图，结果如图 17-39 所示。

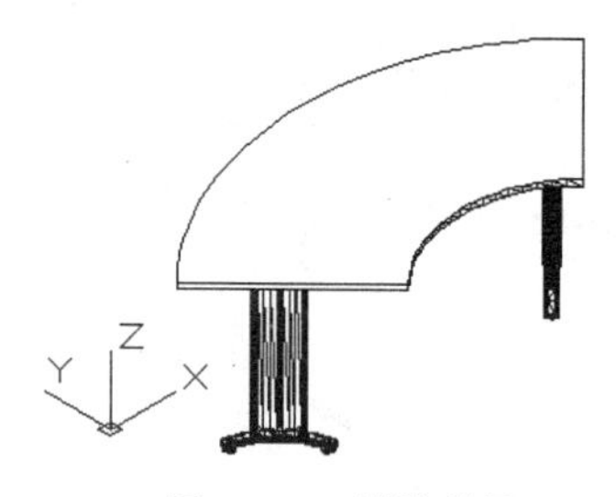

图 17-38　消隐效果

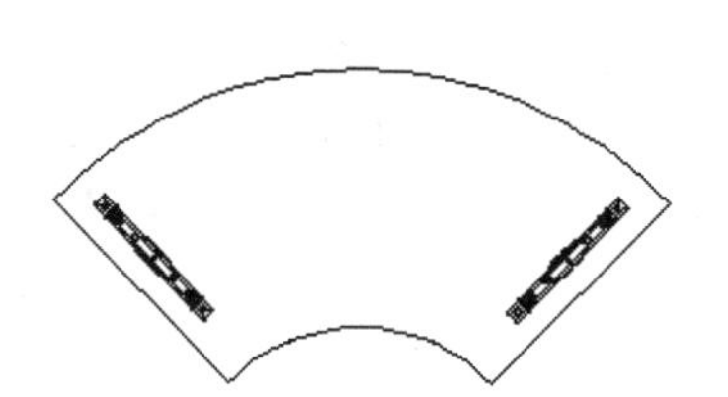

图 17-39　切换视图

步骤 14　单击菜单“绘图”/“多段线”命令，配合坐标输入功能绘制前挡板截面轮廓线。命令行操作如下：

```
命令: _pline
指定起点:        //在绘图区拾取一点
当前线宽为 0
指定下一个点或 [圆弧(A)/半宽(H)/长度(L)/放弃(U)/宽度(W)]:              //@49<45 Enter
指定下一点或 [圆弧(A)/闭合(C)/半宽(H)/长度(L)/放弃(U)/宽度(W)]:        //@1130,0 Enter
指定下一点或 [圆弧(A)/闭合(C)/半宽(H)/长度(L)/放弃(U)/宽度(W)]:        //@49<-45 Enter
```

```
指定下一点或 [圆弧(A)/闭合(C)/半宽(H)/长度(L)/放弃(U)/宽度(W)]:
                //Enter，绘制结果如图 17-40 所示
```

图 17-40　绘制结果

步骤 15　使用快捷键 O 执行“偏移”命令，将刚绘制的多段线向下偏移 17 个单位，偏移结果如图 17-41 所示。

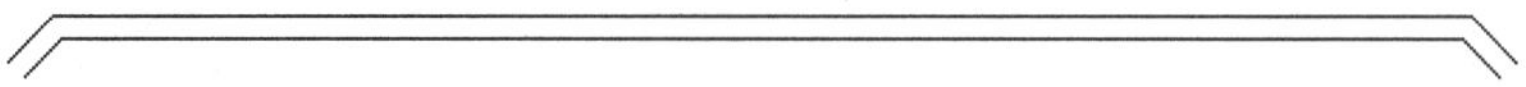

图 17-41　偏移结果

步骤 16　使用快捷键 L 执行“直线”命令，配合端点捕捉功能绘制两侧的倾斜线段，以形成封闭截面，绘制结果如图 17-42 所示。

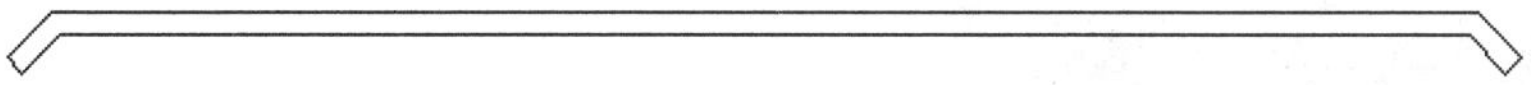

图 17-42　绘制结果

步骤 17　使用快捷键 REG 执行“面域”命令，选择如图 17-42 所示的封闭截面，将其转化为面域。

步骤 18　单击“建模”工具栏上的按钮，执行“拉伸”命令，将面域拉伸为三维实体，命令行操作如下：

```
命令: _extrude
当前线框密度: ISOLINES=4，闭合轮廓创建模式 = 实体
选择要拉伸的对象或 [模式(MO)]: _MO 闭合轮廓创建模式 [实体(SO)/曲面(SU)] <实体>: _SO
选择要拉伸的对象或 [模式(MO)]:          //选择刚创建的面域
选择要拉伸的对象或 [模式(MO)]:          // Enter
指定拉伸的高度或 [方向(D)/路径(P)/倾斜角(T)/表达式(E)] <-25.0>: //@0,0,210 Enter
```

步骤 19　将视图切换到西南视图，观看拉伸结果，如图 17-43 所示。

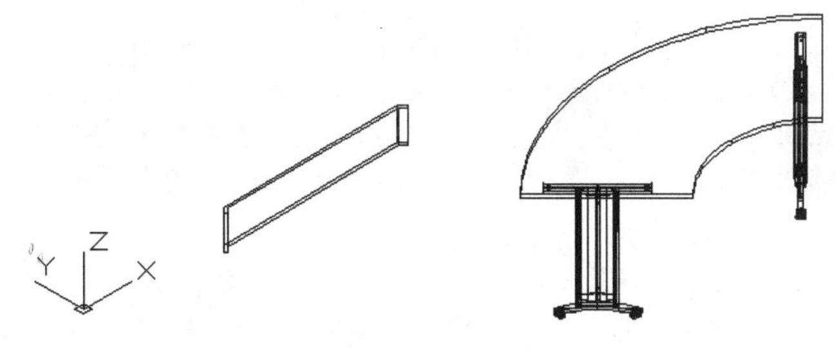

图 17-43　拉伸结果

步骤 20　对模型进行灰度着色，然后执行“三维移动”命令，选择左侧的拉伸实体进行位移，基点为图 17-44 所示的端点。

步骤 21　执行“自由动态观察”命令，调整观察视点，结果如图 17-45 所示。

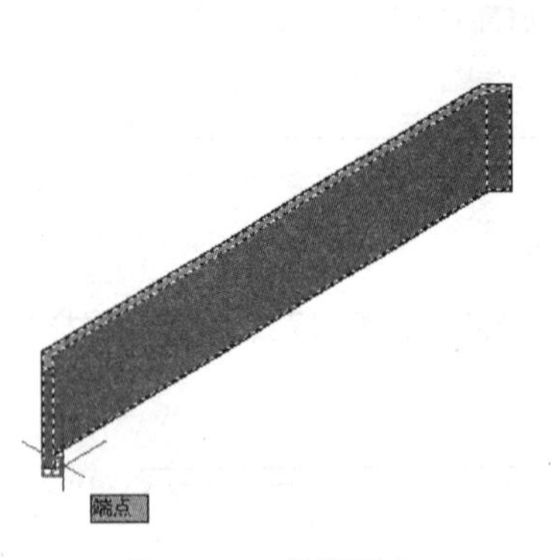

图 17-44　捕捉端点

图 17-45　调整视点

步骤 22　根据命令行的提示捕捉如图 17-46 所示的端点作为位移的目标点，然后将视图切换到西南视图，将着色方式恢复到二维线框着色，结果如图 17-47 所示。

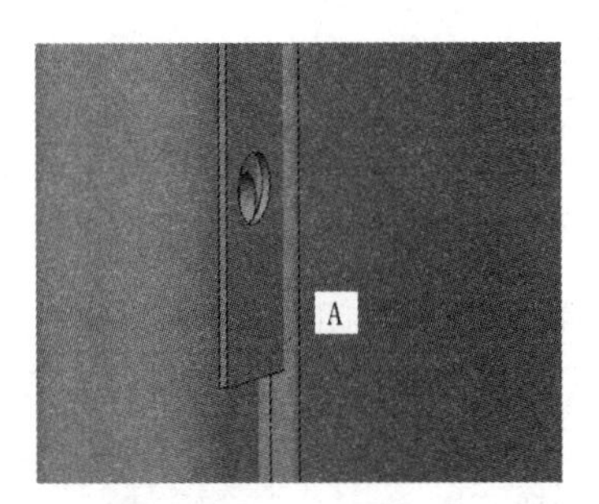

图 17-46　定位目标点

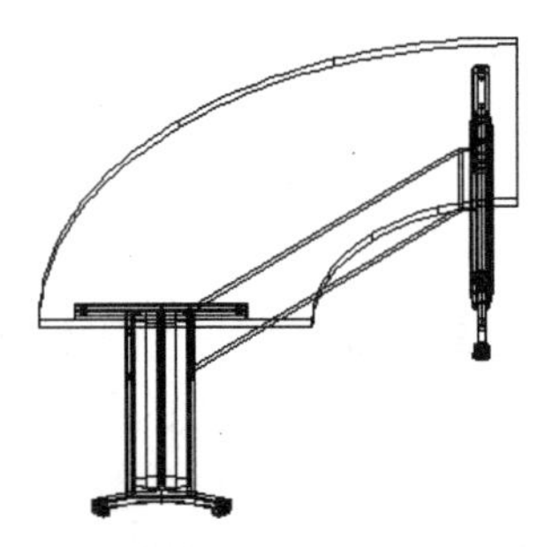

图 17-47　位移结果

步骤 23　单击菜单“修改”/“三维操作”/“三维镜像”命令，对图 17-47 所示的模型进行镜像。命令行操作如下：

```
命令: _mirror3d
选择对象:                                    //选择如图 17-47 所示的立体模型
选择对象:                                    // Enter
指定镜像平面 (三点) 的第一个点或 [对象(O)/最近的(L)/Z 轴(Z)/视图(V)/XY 平面(XY)/YZ 平
面(YZ)/ZX 平面(ZX)/三点(3)] <三点>:           // ZX Enter
指定 ZX 平面上的点 <0,0,0>:                   //在空白区域拾取一点
是否删除源对象? [是(Y)/否(N)] <否>:           // Enter, 镜像结果如图 17-48 所示
```

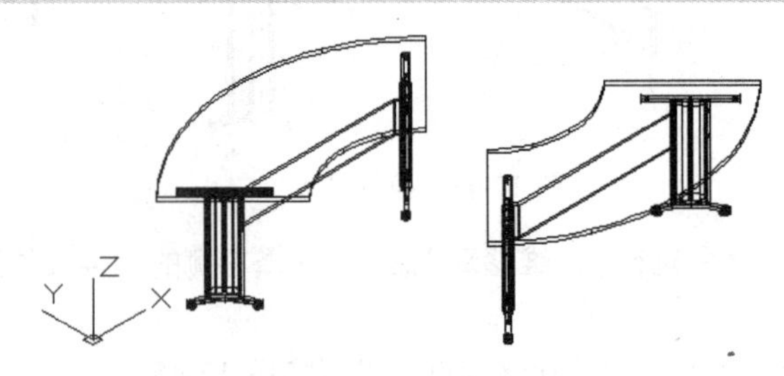

图 17-48　镜像结果

步骤 24　使用快捷键 M 执行“移动”命令，对镜像出的模型进行位移，结果如图 17-49 所示。

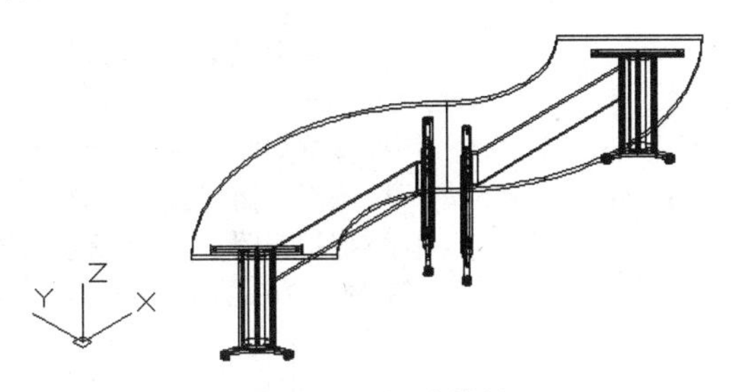

图 17-49　位移结果

步骤 25　使用快捷键 I 执行“插入块”命令，以默认参数插入随书光盘中的“\图块文件\block02.dwg”，插入点为如图 17-50 所示的端点，插入结果如图 17-51 所示。

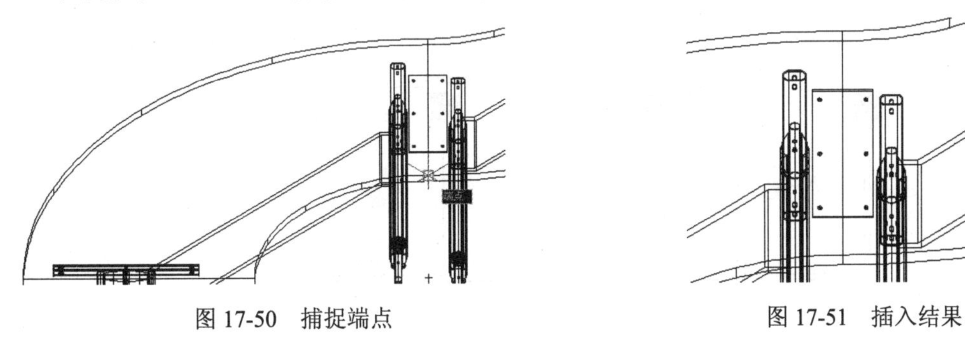

图 17-50　捕捉端点　　　　图 17-51　插入结果

步骤 26　最后执行“另存为”命令，将图形命名存储为“综合范例三.dwg”。

17.6　综合范例四——绘制多功能视频厅家具布置图

本例主要学习写字楼多功能视频厅办公家具布置图的快速绘制过程和绘制技巧。多功能视频厅家具布置图的最终绘制效果如图 17-52 所示。

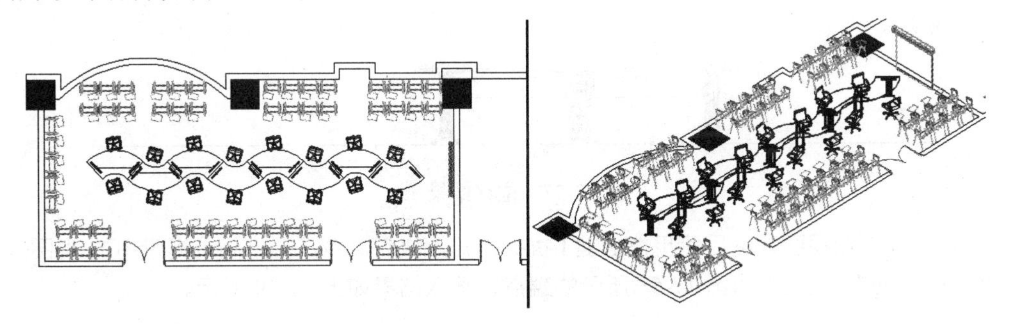

图 17-52　实例效果

操作步骤：

步骤 01　执行“打开”命令，打开随书光盘中的“\效果文件\第 17 章\综合范例三三.dwg”文件。

步骤 02　单击菜单“视图”/“三维视图”/“俯视”命令，将视图切换到俯视图。

步骤 03　使用快捷键 M 执行“移动”命令，配合坐标输入功能对会议桌进行位移，命令行操作如下：

```
命令：M                                    //Enter
```

```
选择对象:                                    //选择会议桌立体造型
选择对象:                                    // Enter
指定基点或 [位移(D)] <位移>:                  //捕捉如图 17-53 所示的端点
指定第二个点或 <使用第一个点作为位移>:         //激活“捕捉自”功能
_from 基点:                                  //捕捉如图 17-54 所示的内墙线端点
<偏移>:                                      //@2070,2792 Enter，位移结果如图 17-55 所示
```

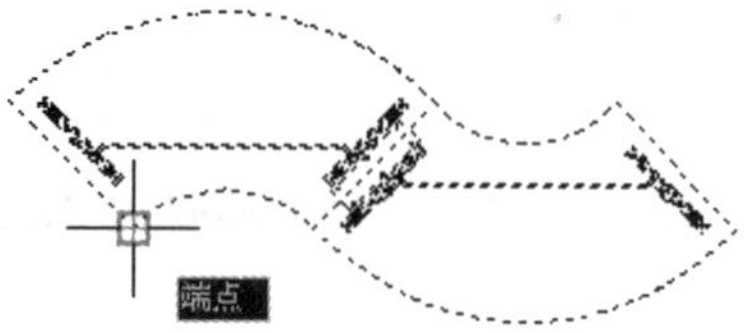

图 17-53　捕捉端点

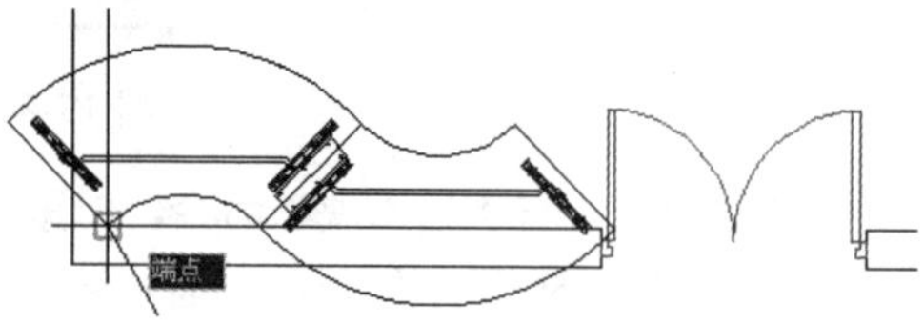

图 17-54　捕捉内墙线端点

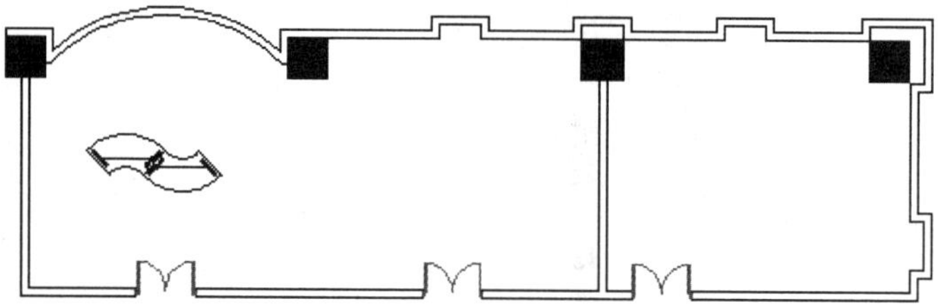

图 17-55　位移结果

步骤 04 单击菜单“视图”/“三维视图”/“前视”命令，将视图切换到前视图，结果如图 17-56 所示。

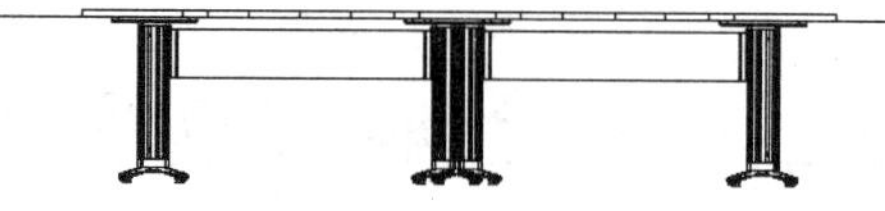

图 17-56　切换前视图

步骤 05 使用快捷键 M 执行“移动”命令，选择会议桌造型，沿 Y 轴正方向位移 722 个单位，结果如图 17-57 所示。

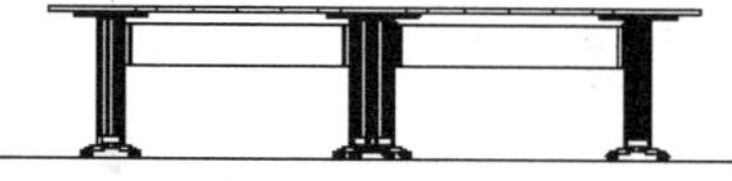

图 17-57　位移结果

步骤 06 将视图切换到俯视图，然后使用快捷键 I 执行“插入块”命令，插入随书光盘中的“\图块文件\椅子 01.dwg”，插入点为图 17-58 所示的端点，插入结果如图 17-59 所示。

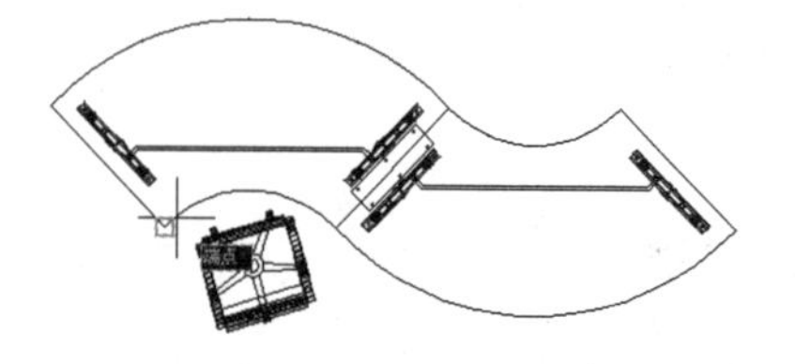

图 17-58　捕捉端点

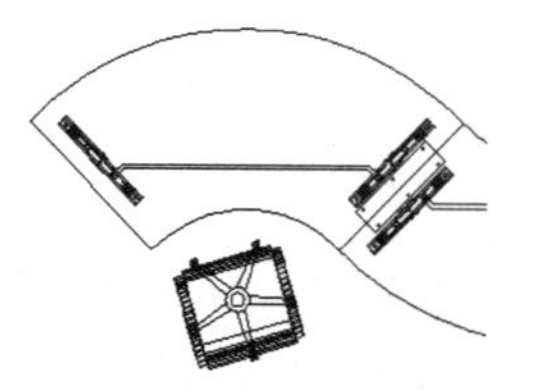

图 17-59　插入结果

步骤 07 单击“修改”菜单中的“镜像”命令，选择插入的椅子进行镜像，结果如图 17-60 所示。

步骤 08　使用快捷键 RO 执行“旋转”命令，将镜像出的椅子图块旋转 25°，并对其进行位移，结果如图 17-61 所示。

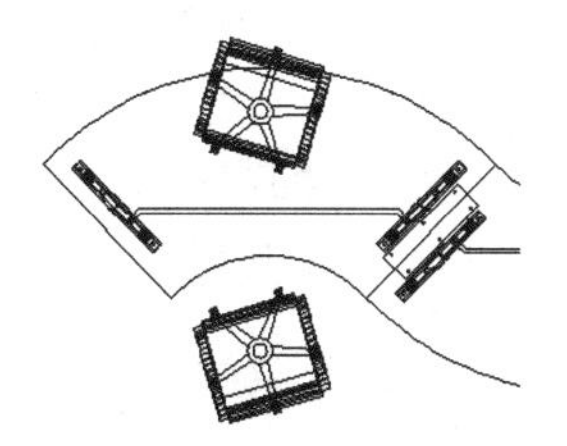

图 17-60　镜像结果

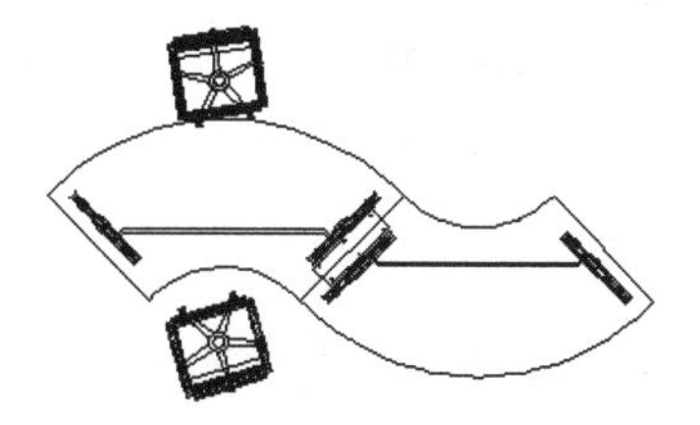

图 17-61　旋转并位移

步骤 09　单击“修改”菜单中的“镜像”命令，配合中点捕捉功能继续对椅子模型进行镜像。命令行操作如下：

```
命令: _mirror
选择对象:                                  //选择两个椅子模型
选择对象:                                  // Enter
指定镜像线的第一点:                         //捕捉如图 17-62 所示的中点
指定镜像线的第二点:                         //@0,1Enter
要删除源对象吗？[是(Y)/否(N)] <N>:           //Enter，镜像结果如图 17-63 所示
```

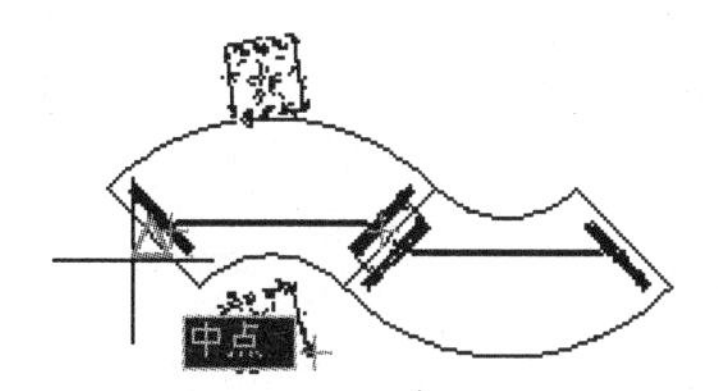

图 17-62　捕捉中点

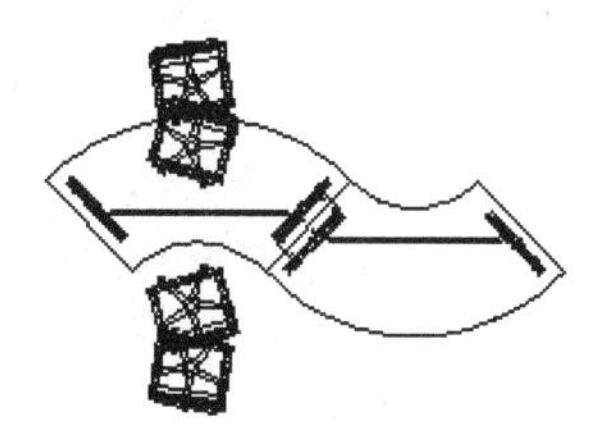

图 17-63　镜像结果

步骤 10　使用快捷键 M 执行“移动”命令，选择如图 17-64 所示的椅子模型水平右移 1415 个单位，位移结果如图 17-65 所示。

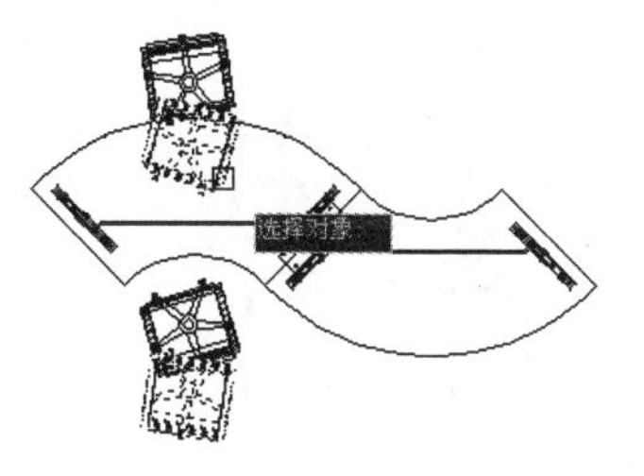

图 17-64　选择对象

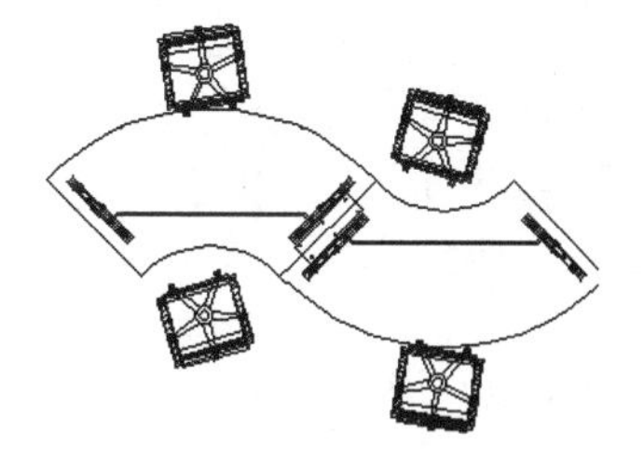

图 17-65　位移结果

步骤 11　单击“修改”菜单中的“镜像”命令，配合中点捕捉功能，对固定板进行镜像，命令行操作如下：

```
命令: _mirror
选择对象:                                  //选择如图 17-66 所示的对象
选择对象:                                  //Enter
指定镜像线的第一点:                         //捕捉如图 17-67 所示的中点
指定镜像线的第二点:                         //@0,1Enter
要删除源对象吗？[是(Y)/否(N)] <N>:           //Enter，镜像结果如图 17-68 所示
```

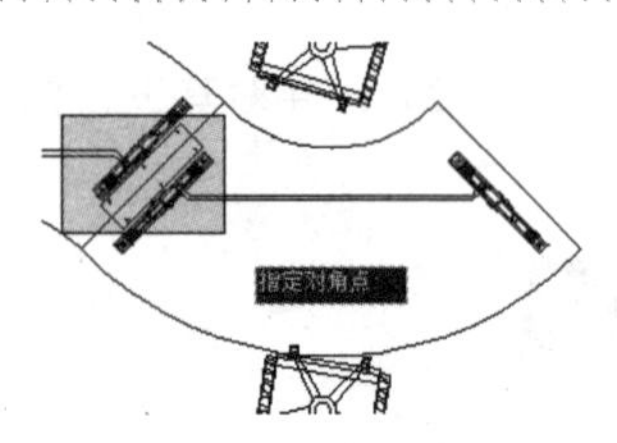

图 17-66　窗口选择

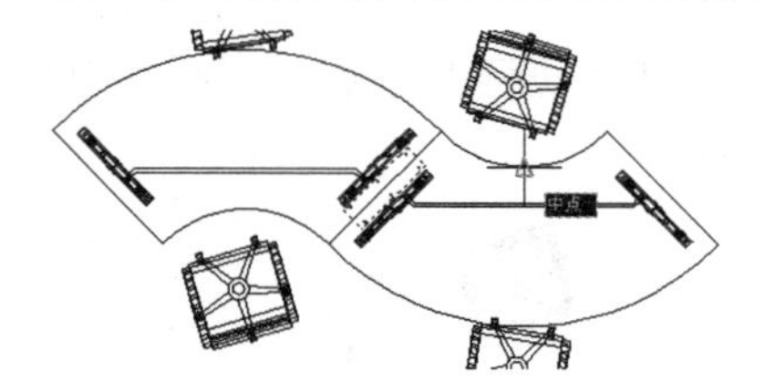

图 17-67　捕捉中点

步骤 12　切换到西南等轴测视图，然后使用快捷键 HI 执行“消隐”命令，效果如图 17-69 所示。

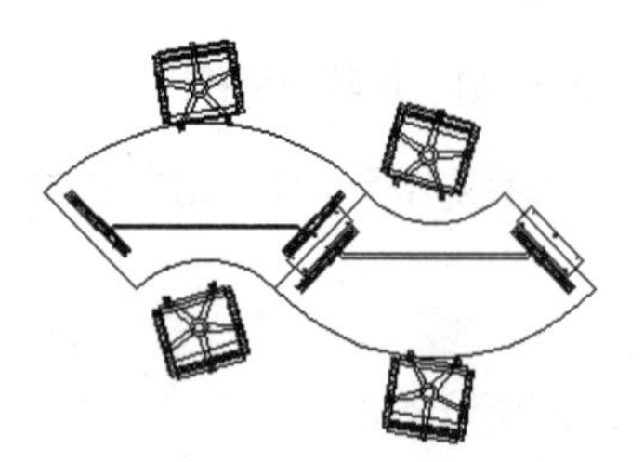

图 17-68　镜像结果

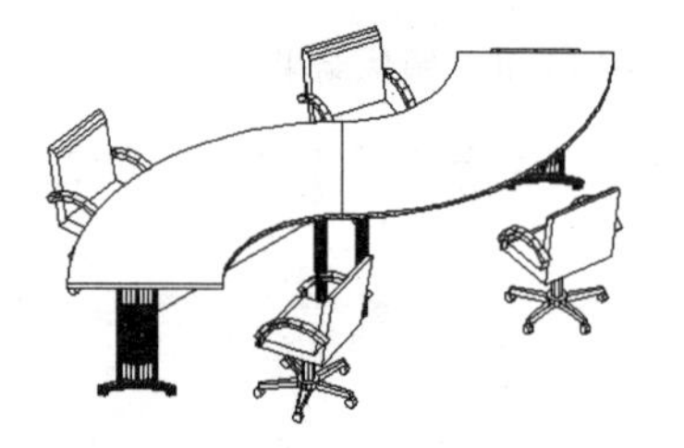

图 17-69　消隐效果

步骤 13　单击菜单“修改”/“三维操作”/“三维阵列”命令，对会议桌椅造型进行阵列。命令行操作如下：

```
命令: _3darray
正在初始化...  已加载 3DARRAY。
选择对象:                                  //选择如图 17-69 所示的桌椅造型
选择对象:                                  // Enter
输入阵列类型 [矩形(R)/环形(P)] <矩形>:      // Enter
输入行数 (---) <1>:                        // Enter
输入列数 (|||) <1>:                        //4 Enter
输入层数 (...) <1>:                        // Enter
指定列间距 (|||): //分别捕捉如图 17-70 和图 17-71 所示的端点，结果如图 17-72 所示
```

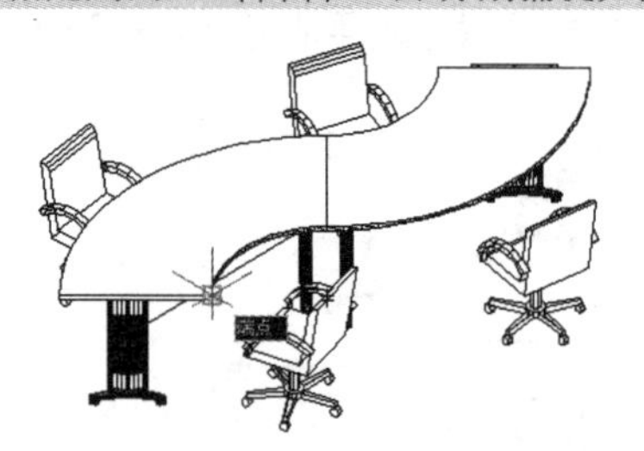

图 17-70　捕捉端点

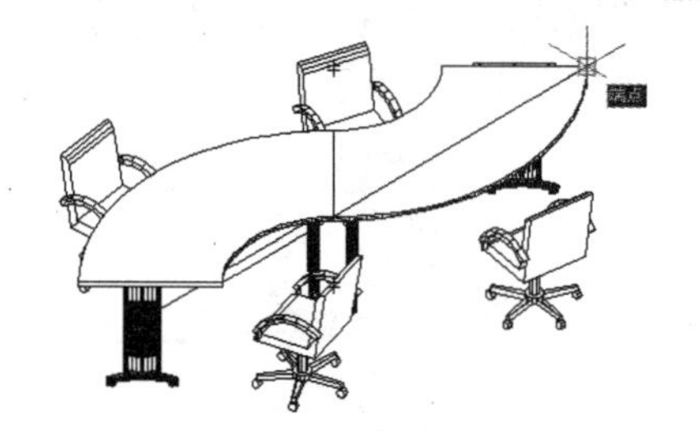

图 17-71　捕捉端点

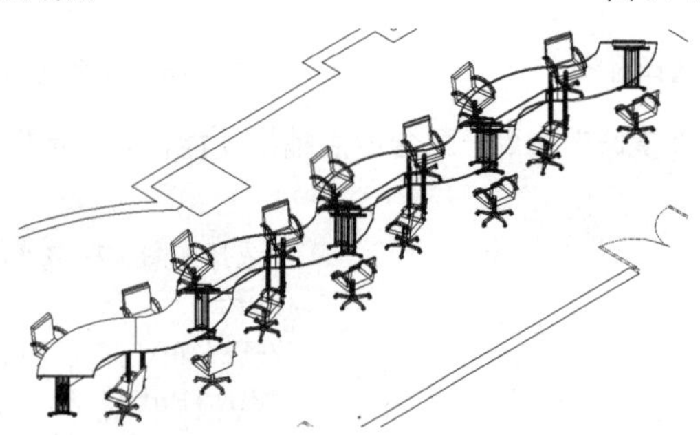

图 17-72　阵列结果

步骤 14　将视图切换到俯视图，然后夹点显示如图 17-73 所示的对象，按下 Delete 键进行删除。

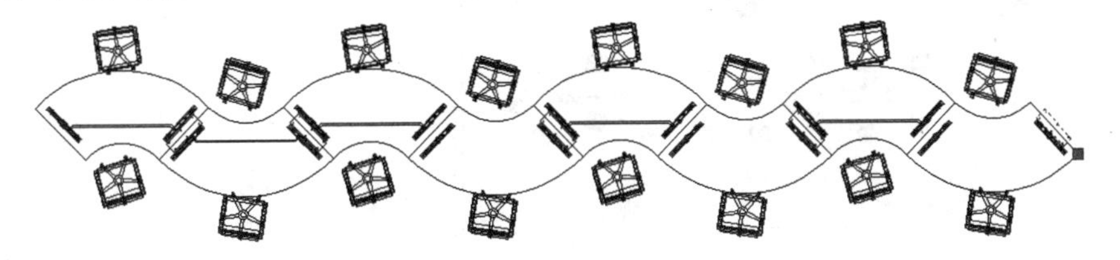

图 17-73　夹点效果

步骤 15　使用快捷键 I 执行“插入块”命令，以默认参数插入随书光盘中的“\图块文件\椅子 02.dwg”，命令行操作如下：

```
命令: I
INSERT 指定插入点或 [基点(B)/比例(S)/X/Y/Z/旋转(R)]:   //激活“捕捉自”功能
_from 基点:              //捕捉如图 17-74 所示的端点
<偏移>:                  //@450,65 Enter，插入结果如图 17-75 所示
```

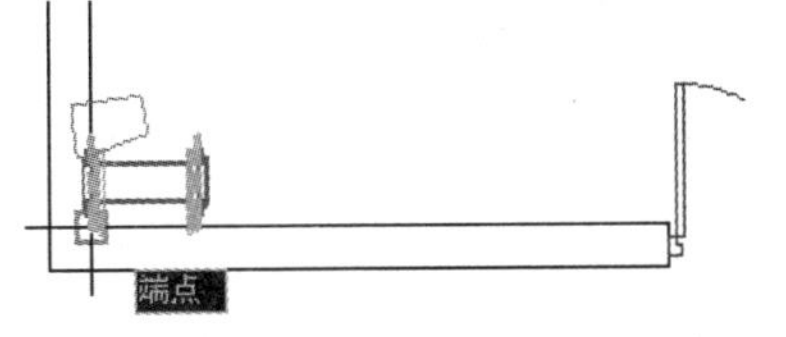

图 17-74　捕捉端点

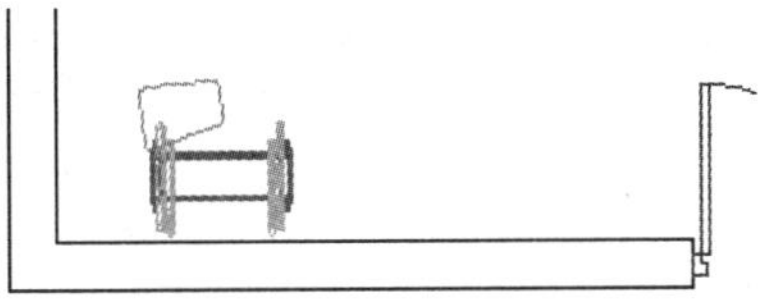

图 17-75　插入结果

步骤 16　单击“修改”菜单中的“阵列”/“矩形阵列”命令，选择刚插入的椅子图块进行阵列。命令行操作如下：

```
命令: _arrayrect
选择对象:                                  //选择刚插入的椅子图块
选择对象:                                  // Enter
类型 = 矩形  关联 = 是
选择夹点以编辑阵列或 [关联(AS)/基点(B)/计数(COU)/间距(S)/列数(COL)/行数(R)/层数(L)/退出(X)] <退出>:  //COU Enter
输入列数数或 [表达式(E)] <4>:              //15  Enter
输入行数数或 [表达式(E)] <3>:              //2 Enter
选择夹点以编辑阵列或 [关联(AS)/基点(B)/计数(COU)/间距(S)/列数(COL)/行数(R)/层数(L)/退出(X)] <退出>:                           //s Enter
指定列之间的距离或 [单位单元(U)] <0>:      //665 Enter
指定行之间的距离 <540>:                    //725 Enter
选择夹点以编辑阵列或 [关联(AS)/基点(B)/计数(COU)/间距(S)/列数(COL)/行数(R)/层数(L)/退出(X)] <退出>:                           //AS Enter
创建关联阵列 [是(Y)/否(N)] <否>:           //N Enter
选择夹点以编辑阵列或 [关联(AS)/基点(B)/计数(COU)/间距(S)/列数(COL)/行数(R)/层数(L)/退出(X)] <退出>:                           //Enter，阵列结果如图 17-76 所示
```

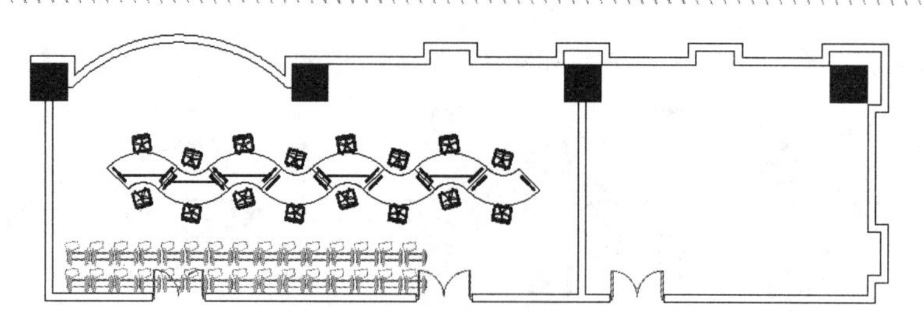

图 17-76　阵列结果

步骤 17　使用快捷键 M 执行“移动”命令，配合“捕捉自”功能对阵列出的椅子图块进行位移，位移结果如图 17-77 所示。

图 17-77　位移结果

步骤 18　单击“修改”菜单中的“镜像”命令，配合“两点之间的中点”等捕捉功能，对位移后的椅子图块进行镜像，并将镜像出的椅子水平向左移动 250 个单位，结果如图 17-78 所示。

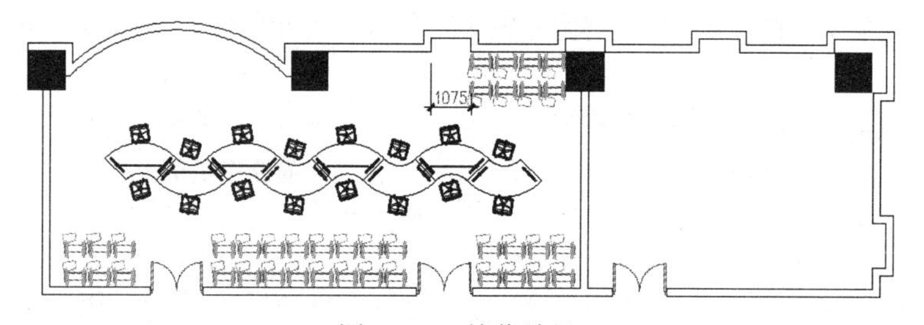

图 17-78　镜像结果

步骤 19　单击“修改”菜单中的“复制”命令，配合多种捕捉功能对镜像出的椅子进行复制，结果如图 17-79 所示。

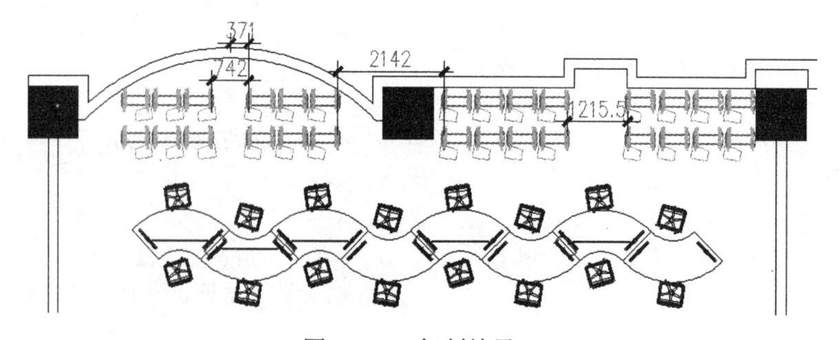

图 17-79　复制结果

步骤 20　使用快捷键 I 执行“插入块”命令，插入随书光盘中的“\图块文件\椅子 02.dwg”，块参数设置如图 17-80 所示，命令行操作如下：

```
命令: I
指定插入点或 [基点(B)/比例(S)/X/Y/Z/旋转(R)]:   //激活“捕捉自”功能
_from 基点:              //捕捉如图 17-81 所示的端点 A
<偏移>:                  //@665,-300 Enter, 插入椅子
```

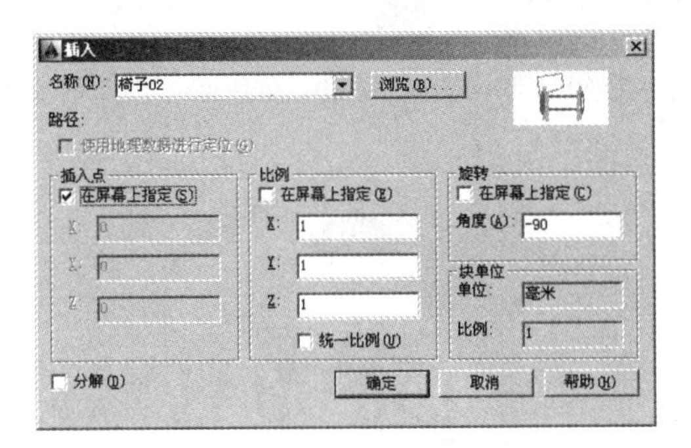

图 17-80　设置参数

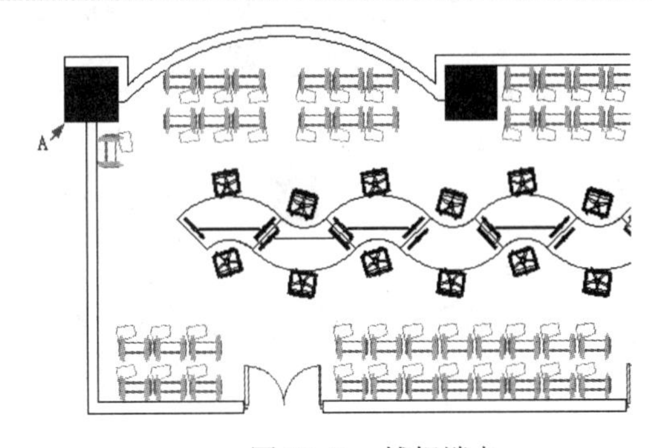

图 17-81　捕捉端点

步骤 21　单击“修改”菜单中的“阵列”/“矩形阵列”命令，选择刚插入的椅子图块进行阵列。命令行操作如下：

```
命令: _arrayrect
选择对象:                                  //窗口选择如图 17-82 所示的椅子图块
选择对象:                                  // Enter
类型 = 矩形  关联 = 是
选择夹点以编辑阵列或 [关联(AS)/基点(B)/计数(COU)/间距(S)/列数(COL)/行数(R)/层数(L)/退
出(X)] <退出>: //COU Enter
输入列数数或 [表达式(E)] <4>:              //1  Enter
输入行数数或 [表达式(E)] <3>:              //5 Enter
选择夹点以编辑阵列或 [关联(AS)/基点(B)/计数(COU)/间距(S)/列数(COL)/行数(R)/层数(L)/退
出(X)] <退出>:                             //s Enter
指定列之间的距离或 [单位单元(U)] <0>:      //1 Enter
指定行之间的距离 <540>:                    //-665 Enter
选择夹点以编辑阵列或 [关联(AS)/基点(B)/计数(COU)/间距(S)/列数(COL)/行数(R)/层数(L)/退
出(X)] <退出>:                             //AS Enter
创建关联阵列 [是(Y)/否(N)] <否>:           //N Enter
选择夹点以编辑阵列或 [关联(AS)/基点(B)/计数(COU)/间距(S)/列数(COL)/行数(R)/层数(L)/退
出(X)] <退出>:                             //Enter, 阵列结果如图 17-83 所示
```

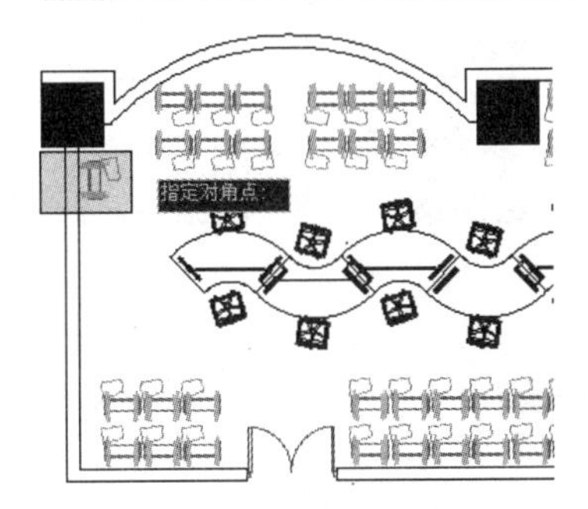

图 17-82　窗口选择

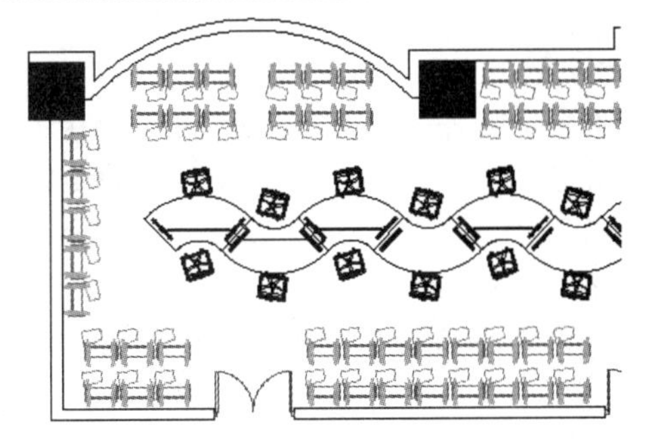

图 17-83　阵列结果

步骤22 使用快捷键 I 执行“插入块”命令，以默认参数插入随书光盘中的“\图块文件\电子显示屏.dwg”，命令行操作如下：

```
命令: I
INSERT 指定插入点或 [基点(B)/比例(S)/X/Y/Z/旋转(R)]:    //激活“捕捉自”功能
_from 基点:        //捕捉如图 17-84 所示的端点 S
<偏移>:            //@-650,-2075 Enter，插入结果如图 17-84 所示，其立体效果如图 17-85 所示
```

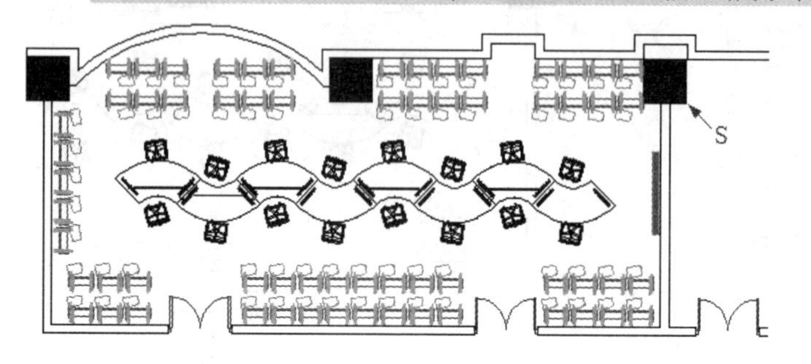

图 17-84 插入结果

图 17-85 立体效果

步骤23 最后执行“另存为”命令，将图形命名存储为“综合范例四.dwg”。

17.7 综合范例五——制作接待室茶水柜立体造型

本例主要学习接待室茶水柜立体造型的具体制作过程和相关技巧。茶水柜立体造型的最终制作效果，如图 17-86 所示。

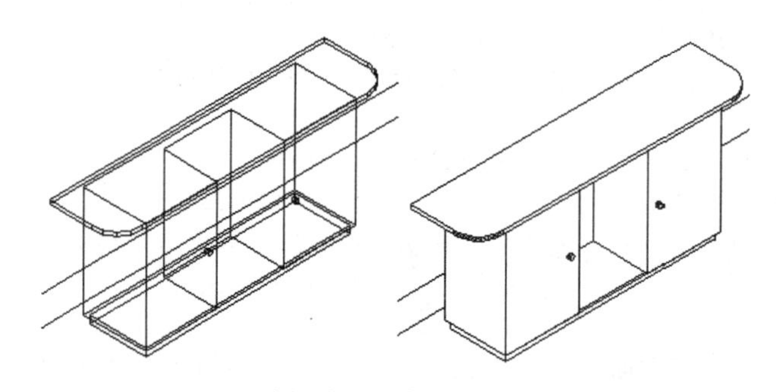

图 17-86 实例效果

操作步骤：

步骤01 执行“打开”命令，打开随书光盘中的“\效果文件\第 17 章\综合范例四.dwg”文件。

步骤02 单击“绘图”菜单中的“矩形”命令，配合“捕捉自”功能绘制茶水柜俯视图结构，命令行操作如下：.

```
命令: _rectang
指定第一个角点或 [倒角(C)/标高(E)/圆角(F)/厚度(T)/宽度(W)]: //激活“捕捉自”功能
_from 基点:        //捕捉如图 17-87 所示的端点
<偏移>:            //@1380,50 Enter
指定另一个角点或 [面积(A)/尺寸(D)/旋转(R)]:
```

```
//@1950,480 Enter，绘制结果如图 17-88 所示
```

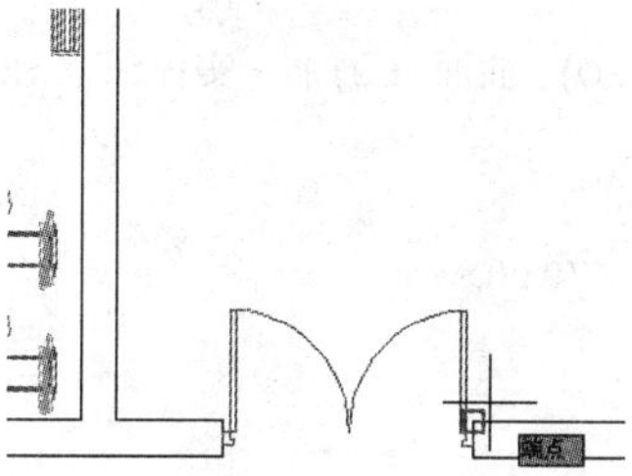

图 17-87　捕捉端点 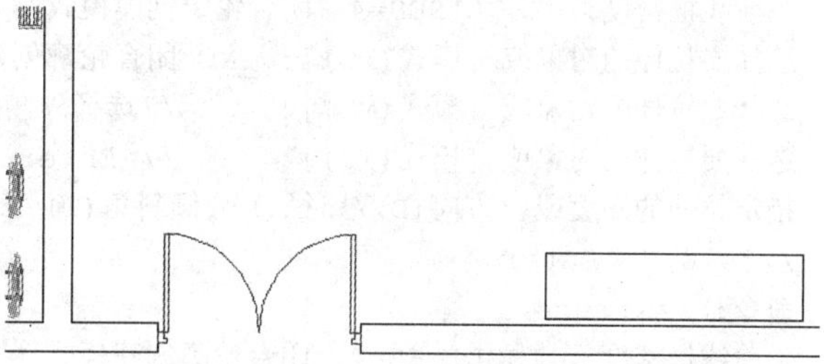　　　　图 17-88　绘制结果

步骤 03　重复执行“矩形”命令，配合“捕捉自”功能继续绘制内部的矩形结构。命令行操作如下：

```
命令：_rectang
指定第一个角点或 [倒角(C)/标高(E)/圆角(F)/厚度(T)/宽度(W)]：//激活“捕捉自”功能
_from 基点:              //捕捉刚绘制的矩形左下角端点
<偏移>:                  //@225,25 Enter
指定另一个角点或 [面积(A)/尺寸(D)/旋转(R)]:
//@1500,430 Enter，绘制结果如图 17-89 所示
```

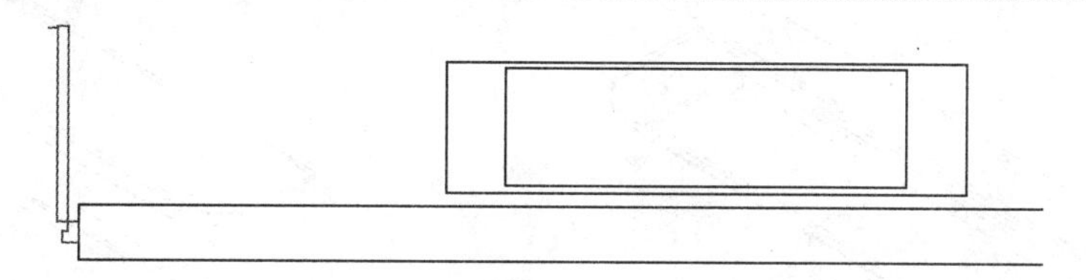

图 17-89　绘制结果

步骤 04　单击“修改”菜单中的“圆角”命令，将圆角半径设置为 175，对外侧的矩形进行圆角，圆角结果如图 17-90 所示。

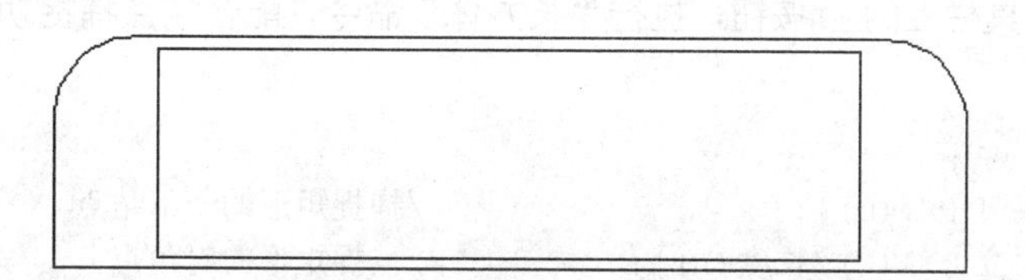

图 17-90　圆角结果

步骤 05　使用快捷键 O 执行“偏移”命令，选择内侧的矩形向内偏移 20 个单位，偏移结果如图 17-91 所示。

图 17-91　偏移结果

步骤 06　单击“视图”菜单中的“三维视图”/“东北等轴测”命令，将视图切换到东北视图。

步骤 07　单击“建模”工具栏上的按钮，执行“拉伸”命令，将矩形拉伸为三维实体，命令行操作如下：

```
命令: _extrude
当前线框密度:  ISOLINES=4, 闭合轮廓创建模式 = 实体
选择要拉伸的对象或 [模式(MO)]: _MO 闭合轮廓创建模式 [实体(SO)/曲面(SU)] <实体>: _SO
选择要拉伸的对象或 [模式(MO)]:        //选择外侧的矩形
选择要拉伸的对象或 [模式(MO)]:        // Enter
指定拉伸的高度或 [方向(D)/路径(P)/倾斜角(T)/表达式(E)] <-270.0>:
//@0,0,25 Enter
命令: _extrude
当前线框密度:  ISOLINES=4, 闭合轮廓创建模式 = 实体
选择要拉伸的对象或 [模式(MO)]: _MO 闭合轮廓创建模式 [实体(SO)/曲面(SU)] <实体>: _SO
选择要拉伸的对象或 [模式(MO)]:        //选择内侧的矩形
选择要拉伸的对象或 [模式(MO)]:        // Enter
指定拉伸的高度或 [方向(D)/路径(P)/倾斜角(T)/表达式(E)] <-270.0>:
//@0,0,-50 Enter, 拉伸结果如图 17-92 所示
```

步骤 08　使用快捷键 3M 执行“三维移动”命令，将外侧的拉伸实体沿 Z 轴正方向移动 755 个单位，结果如图 17-93 所示。

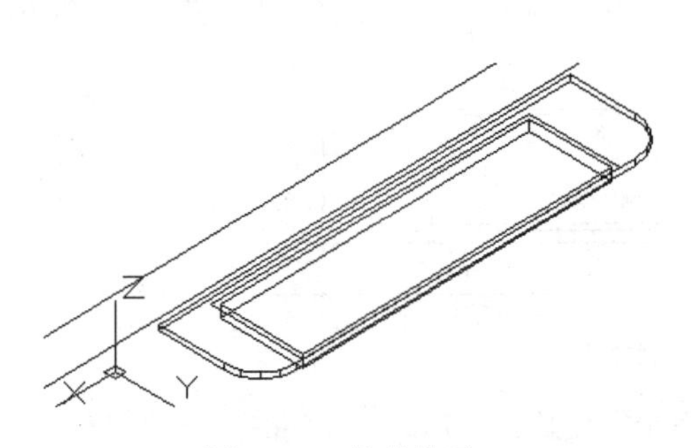

图 17-92　拉伸结果

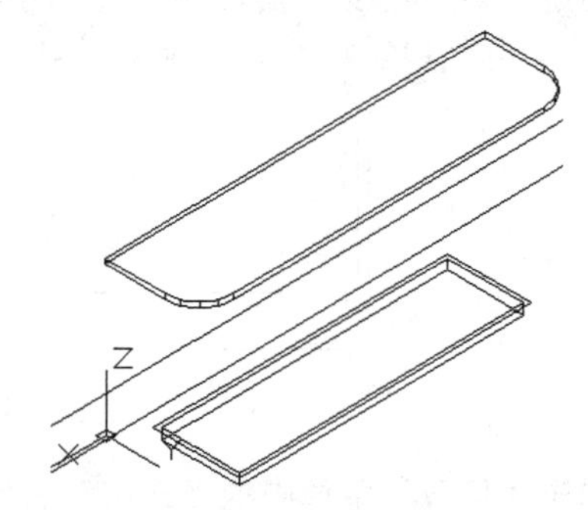

图 17-93　位移结果

步骤 09　单击“建模”工具栏上的按钮，执行“长方体”命令，配合端点捕捉功能创建长方体。命令行操作如下：

```
命令: _box
指定第一个角点或 [中心(C)]:                    //捕捉矩形的一下角点
指定其他角点或 [立方体(C)/长度(L)]:            //捕捉矩形的对角点
指定高度或 [两点(2P)]:                         //755 Enter, 创建结果如图 17-94 所示
重复执行“长方体”命令，配合“捕捉自”功能继续创建长方体。命令行操作如下:
命令: _box
指定第一个角点或 [中心(C)]:                    //激活“捕捉自”功能
_from 基点:                                    //捕捉刚创建的长方体左下角点
<偏移>:                                        //@-510,0 Enter
指定其他角点或 [立方体(C)/长度(L)]:            //@-480,-380,0 Enter
指定高度或 [两点(2P)] <755.0>:                 //775 Enter, 创建结果如图 17-95 所示
```

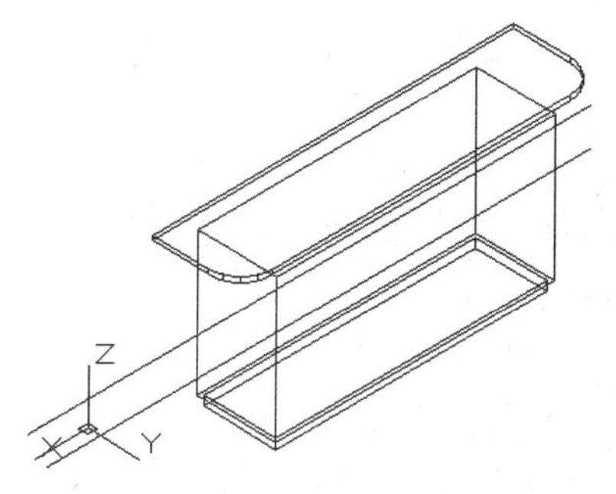

图 17-94　创建结果

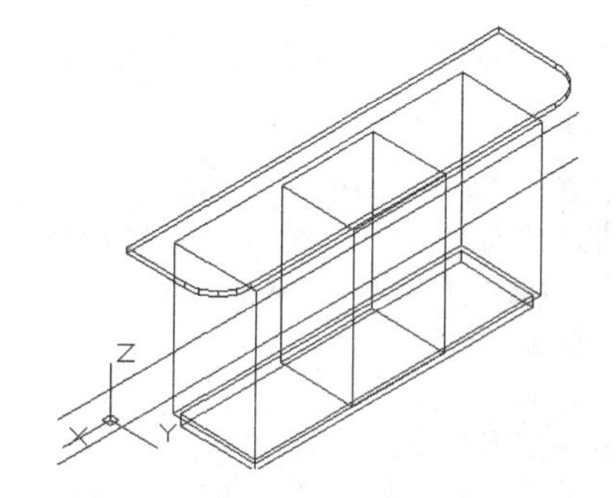

图 17-95　创建结果

步骤 10 使用快捷键 VS 执行“视觉样式”命令，对模型进行灰度着色，效果如图 17-96 所示。

步骤 11 单击“建模”工具栏上的按钮，执行“差集”命令，对两个长方体进行差集。命令行操作如下：

```
命令： _subtract
选择要从中减去的实体、曲面和面域...
选择对象：                    //选择如图 17-97 所示的长方体
选择对象：                    // Enter，结束选择
选择要从中减去的实体、曲面和面域...
选择对象：                    //选择如图 17-98 所示的长方体
选择对象：                    // Enter，结束命令，差集结果如图 17-99 所示
```

步骤 12 单击“工具”菜单中的 /“新建 UCS” /“三点”命令，配合端点捕捉功能创建如图 17-100 所示的用户坐标系。

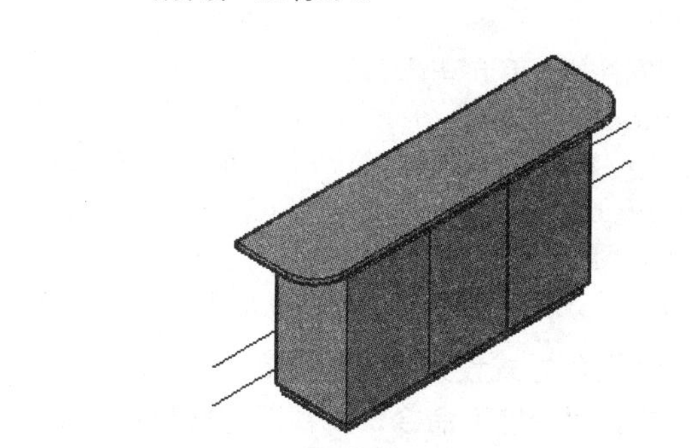
图 17-96　着色效果

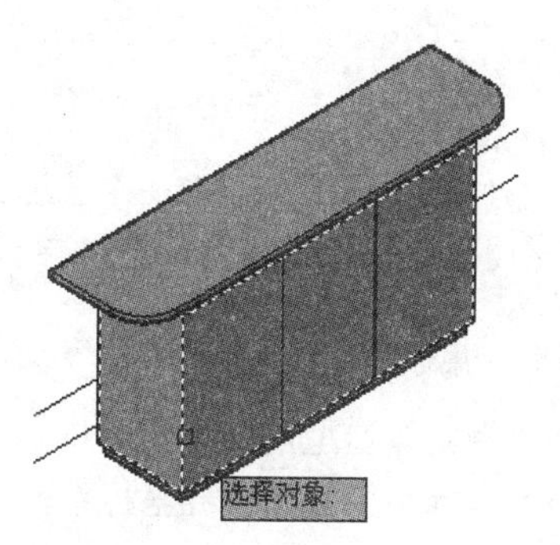

图 17-97　选择结果

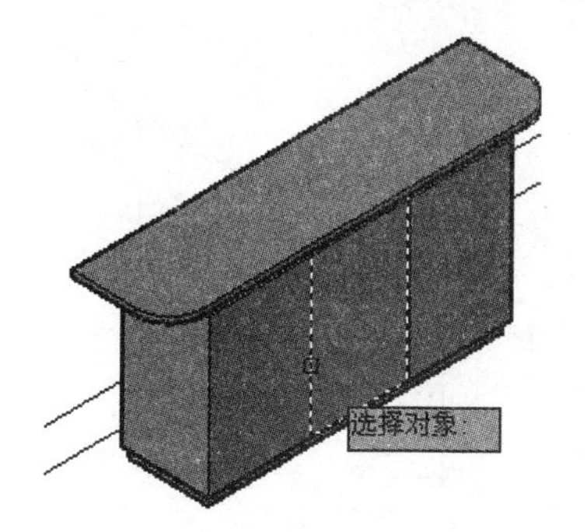

图 17-98　选择减去实体

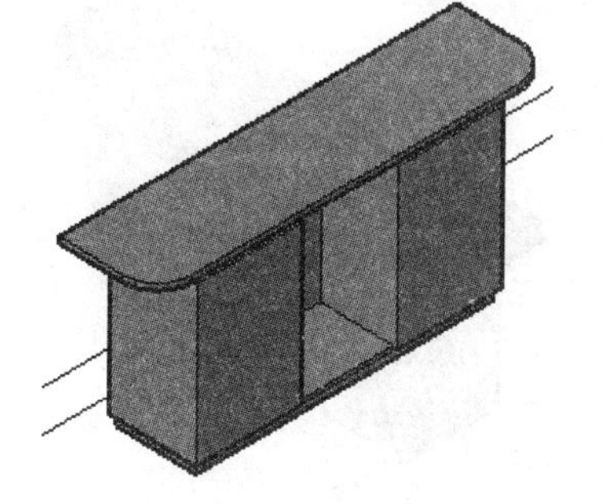
图 17-99　差集结果

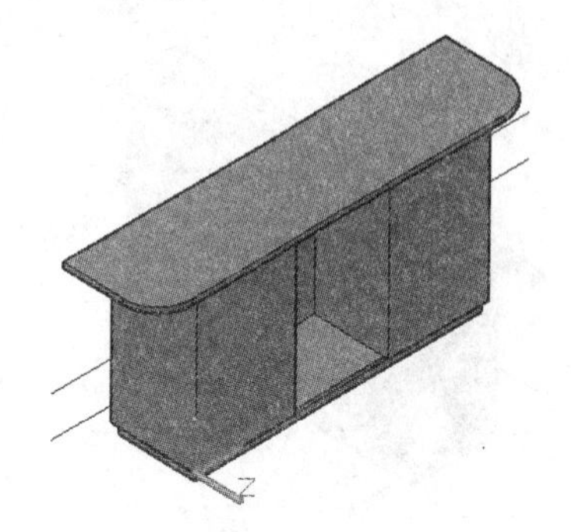

图 17-100　创建 UCS

步骤 13　单击“建模”工具栏上的按钮，执行“圆柱体”命令，根据命令行提示创建圆柱体把手。命令行操作如下：

```
命令: _cylinder
指定底面的中心点或 [三点(3P)/两点(2P)/ 切点、切点、半径(T)/椭圆(E)]
//激活“捕捉自”功能
_from 基点:                          //捕捉如图 17-101 所示的中点
<偏移>:                              //@70,0 Enter
指定底面半径或 [直径(D)]:            //15 Enter
指定高度或 [两点(2P)/轴端点(A)]:     //25 Enter，结果如图 17-102 所示
```

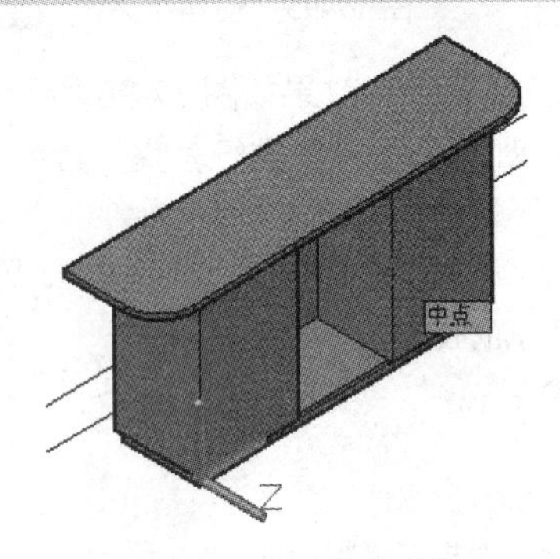

图 17-101　捕捉中点

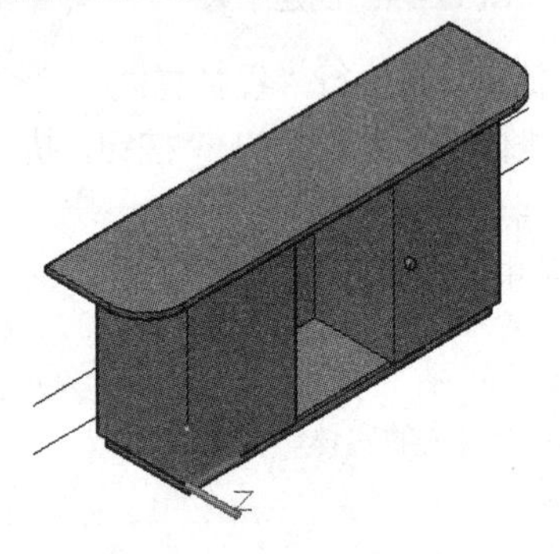

图 17-102　创建结果

步骤 14　单击菜单“修改”/“三维操作”/“三维镜像”命令，对圆柱体拉手进行镜像。命令行操作如下：

```
命令: _mirror3d
选择对象:                                //选择圆柱体拉手造型
选择对象:                                // Enter
指定镜像平面 (三点) 的第一个点或 [对象(O)/最近的(L)/Z 轴(Z)/视图(V)/XY 平面(XY)/YZ 平
面(YZ)/ZX 平面(ZX)/三点(3)] <三点>:      //YZ Enter
指定 YZ 平面上的点 <0,0,0>:              //捕捉如图 17-103 所示的中点
是否删除源对象? [是(Y)/否(N)] <否>:      // Enter，镜像结果如图 17-104 所示
```

步骤 15　将茶水柜立体造型沿 Z 轴正方向位移 50 个单位，然后将着色方式设为二维线框着色。

步骤 16　将当前坐标系恢复为世界坐标系，然后使用快捷键 HI 执行“消隐”命令，对视图进行消隐显示，效果如图 17-105 所示。

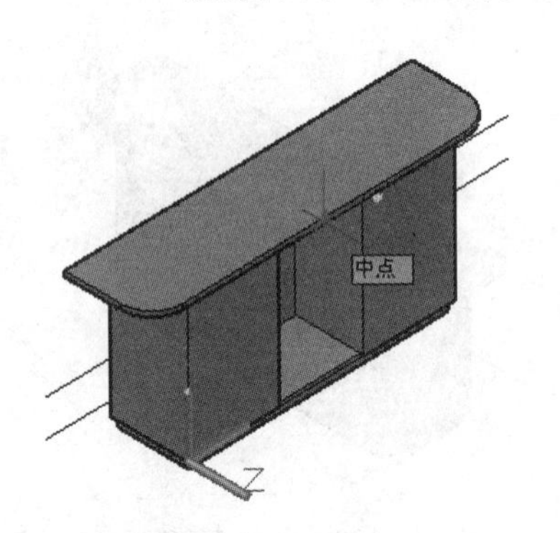

图 17-103　捕捉中点

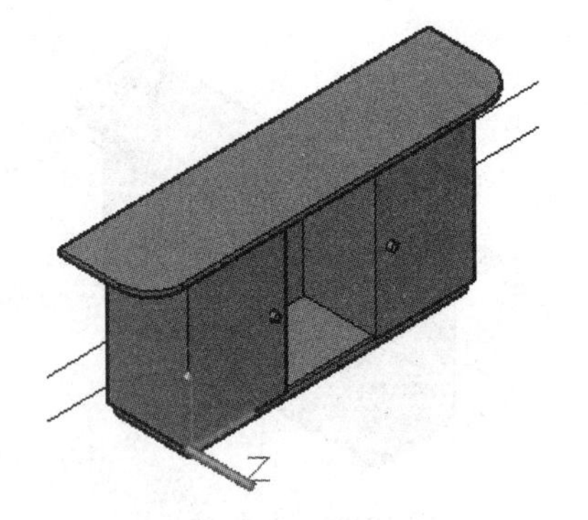

图 17-104　镜像结果

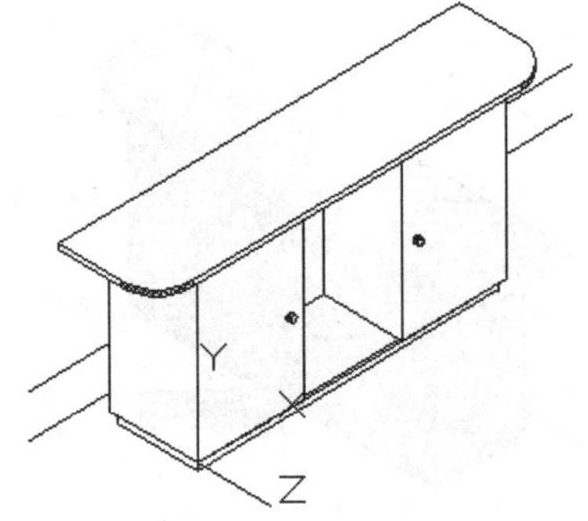

图 17-105　消隐效果

步骤 17　最后执行“另存为”命令，将图形命名存储为“综合范例五.dwg”。

17.8　综合范例六——绘制接待室办公家具布置图

本例主要学习写字楼接待室办公家具布置图的快速绘制过程和绘制技巧。接待室家具布置图的最终绘制效果如图 17-106 所示。

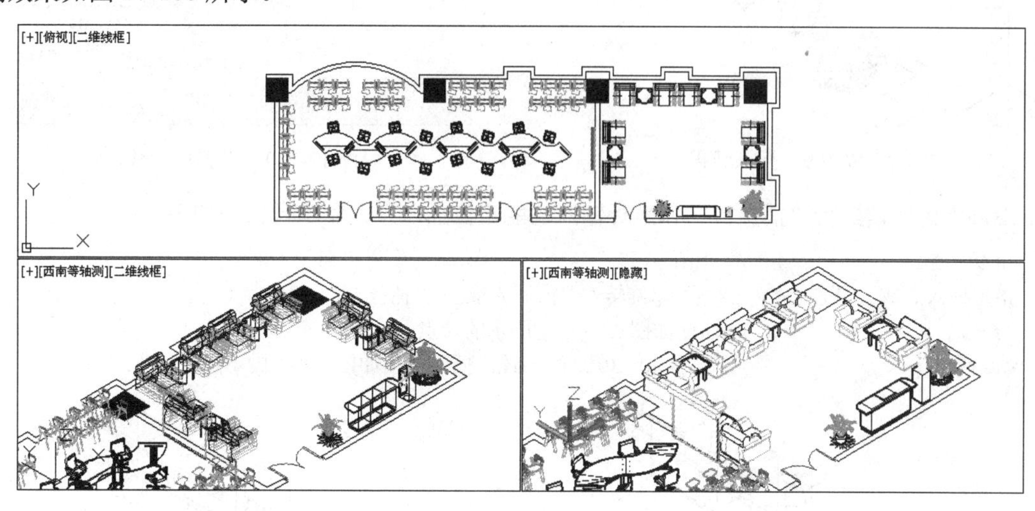

图 17-106　实例效果

操作步骤：

步骤 01　执行“打开”命令，打开随书光盘中的“\效果文件\第 17 章\综合范例五.dwg”。

步骤 02　使用快捷键 I 执行“插入块”命令，以默认参数插入随书光盘中的“\图块文件\饮水机.dwg”文件。

步骤 03　在命令行“指定插入点或 [基点(B)/比例(S)/X/Y/Z/旋转(R)]:”提示下，引出如图 17-107 所示的端点追踪虚线，然后输入 650 并按 Enter 键，插入结果如图 17-108 所示。

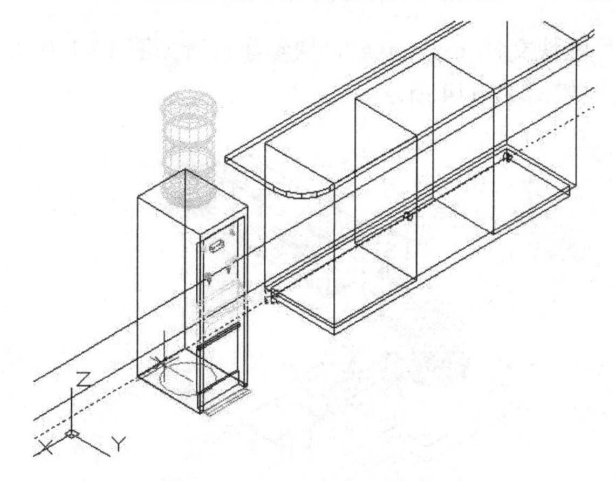

图 17-107　引出端点追踪虚线

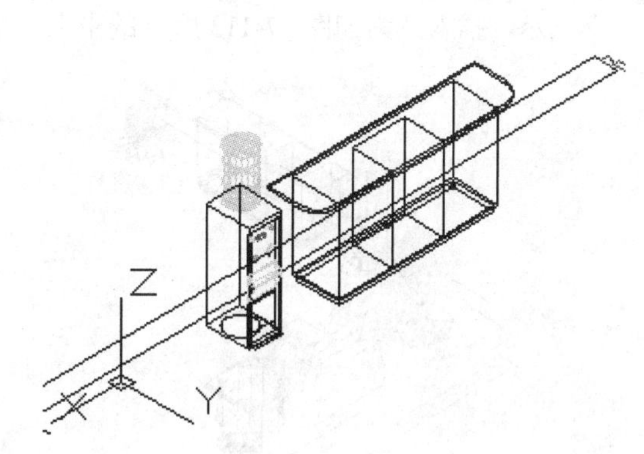

图 17-108　插入结果

步骤 04　重复执行“插入块”命令，以默认参数插入随书光盘“\图块文件\”目录下的“植物 02.dwg”和“植物 03.dwg”文件，插入结果如图 17-109 所示。

步骤 05　使用快捷键 I 执行“插入块”命令，插入随书光盘中的“\图块文件\皮质沙发.dwg”，块参数设置如图 17-110 所示。

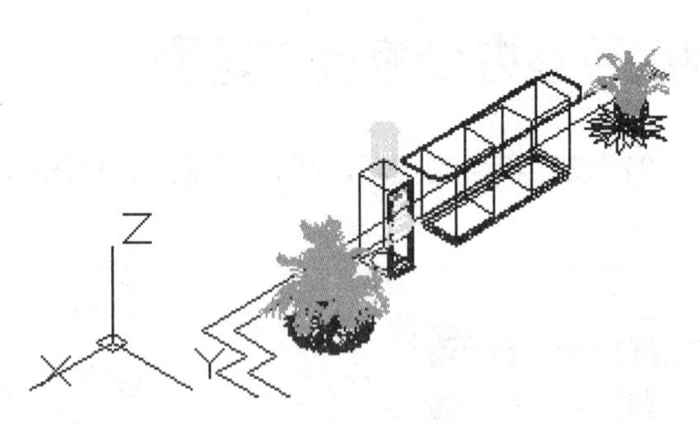

图 17-109　插入结果

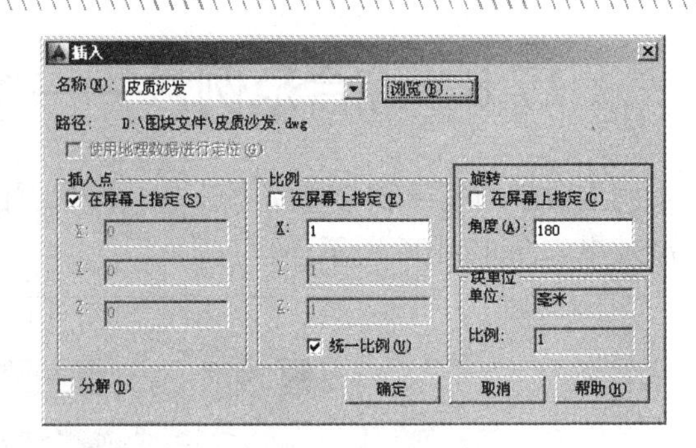

图 17-110　设置块参数

步骤 06　返回绘图区，配合“捕捉自”和坐标输入功能定位插入点。命令行操作如下：

```
命令: I                       // Enter
指定插入点或 [基点(B)/比例(S)/旋转(R)]:   //激活“捕捉自”功能
_from 基点:                   //捕捉如图 17-111 所示的端点
<偏移>:                       // @-150,300 Enter，插入结果如图 17-112 所示
```

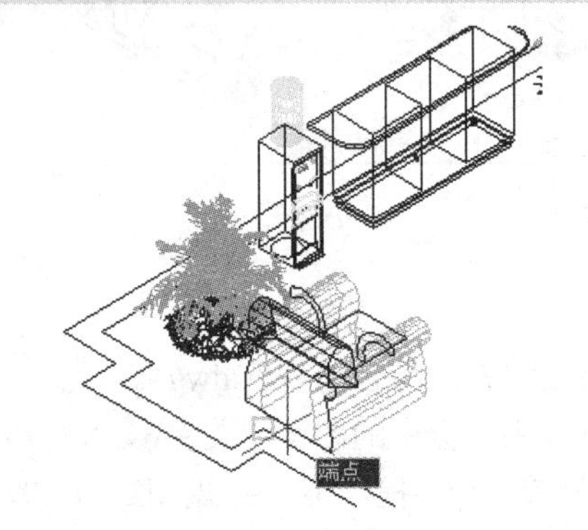

图 17-111　捕捉端点

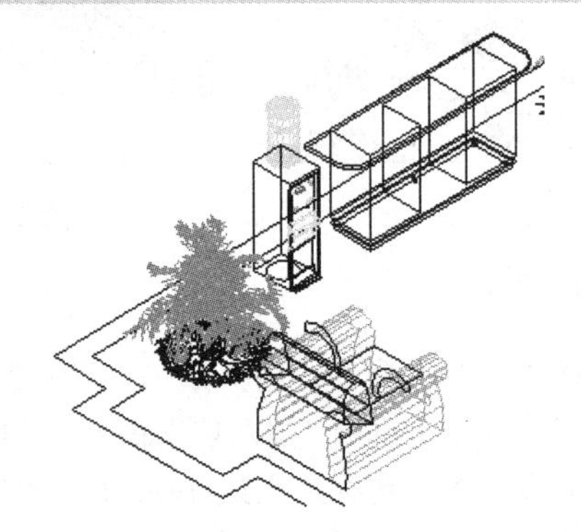

图 17-112　插入结果

步骤 07　重复执行“插入块”命令，插入随书光盘中的“\图块文件\茶几.dwg”，块参数设置如图 17-110 所示，插入点为如图 17-113 所示的中点，插入结果如图 17-114 所示。

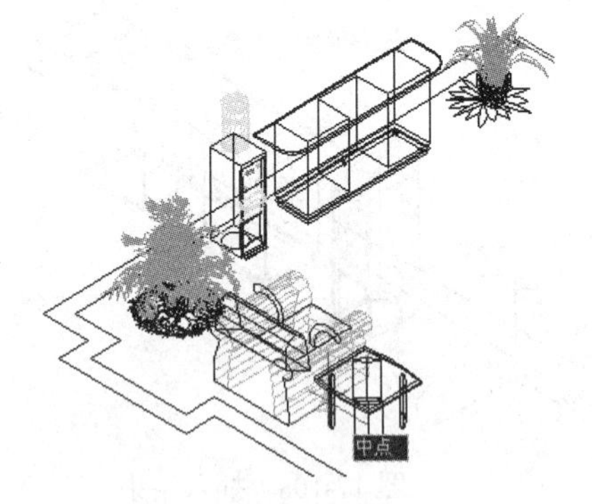

图 17-113　捕捉中点

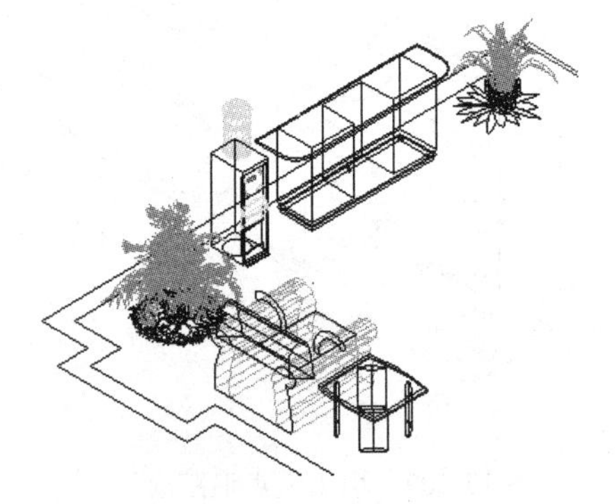

图 17-114　插入结果

步骤 08　单击菜单“修改”/“三维操作”/“三维镜像”命令，对沙发造型进行镜像。命令行操作如下：

```
命令: _mirror3d
选择对象:        //选择沙发造型
```

```
选择对象:                                   // Enter
指定镜像平面 (三点) 的第一个点或 [对象(O)/最近的(L)/Z 轴(Z)/视图(V)/XY 平面(XY)/YZ 平面(YZ)/ZX 平面(ZX)/三点(3)] <三点>:   // ZX Enter
指定 ZX 平面上的点 <0,0,0>:                   //捕捉如图 17-115 所示的中点
是否删除源对象? [是(Y)/否(N)] <否>:          // Enter，镜像结果如图 17-116 所示
```

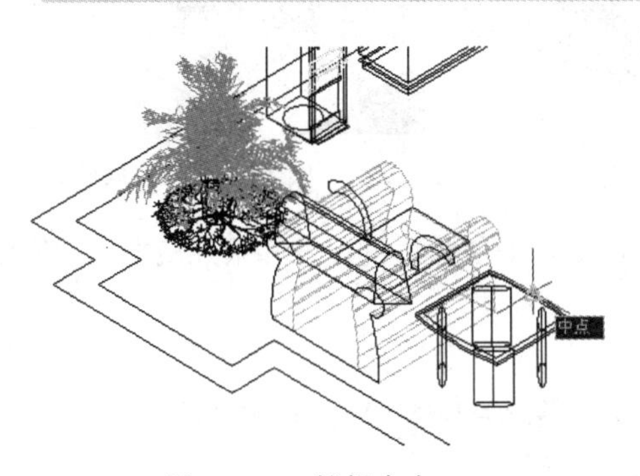

图 17-115　捕捉中点

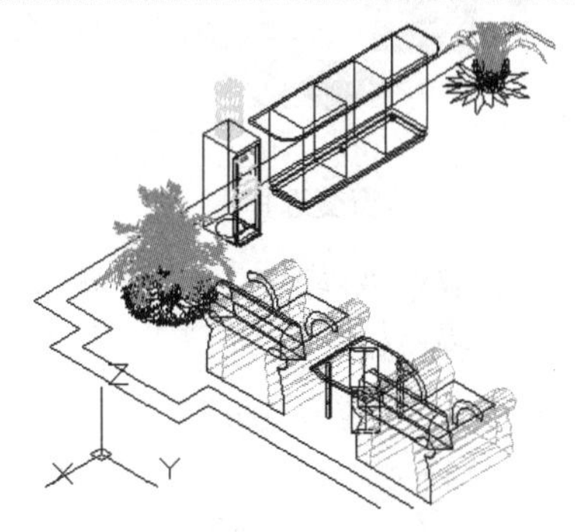

图 17-116　镜像结果

步骤 09 使用快捷键 L 执行“直线”命令，配合中点捕捉和交点捕捉功能绘制如图 17-117 所示的辅助线。

步骤 10 单击菜单“修改”/“三维操作”/“三维镜像”命令，对沙发和茶几造型进行镜像。命令行操作如下：

```
命令: _mirror3d
选择对象:                                   //选择沙发与茶几造型
选择对象:                                   // Enter
指定镜像平面 (三点) 的第一个点或 [对象(O)/最近的(L)/Z 轴(Z)/视图(V)/XY 平面(XY)/YZ 平面(YZ)/ZX 平面(ZX)/三点(3)] <三点>:   //YZ Enter
指定 YZ 平面上的点 <0,0,0>:                   //捕捉辅助线的中点
是否删除源对象? [是(Y)/否(N)] <否>:          // Enter，镜像结果如图 17-118 所示
```

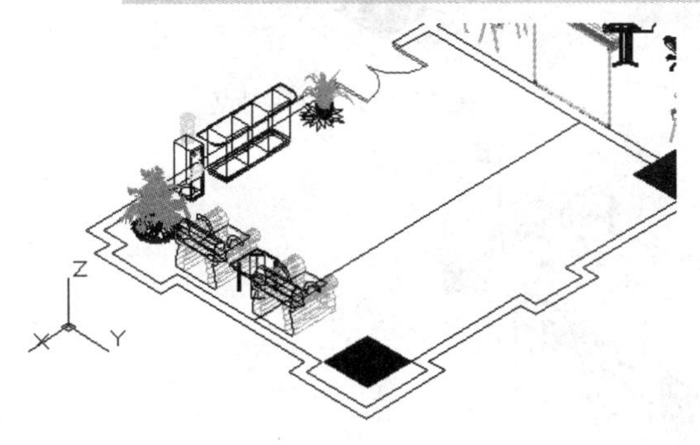

图 17-117　绘制结果

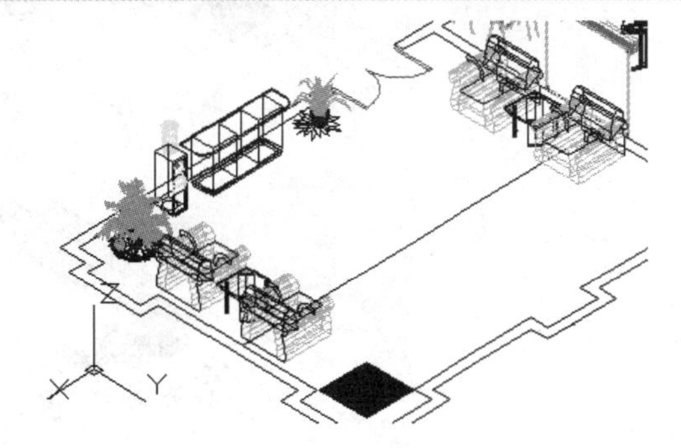

图 17-118　镜像结果

步骤 11 使用快捷键 RO 执行“旋转”命令，选择如图 17-119 所示的沙发与茶几进行旋转并复制，结果如图 17-120 所示。

步骤 12 使用快捷键 M 执行“移动”命令，配合捕捉追踪功能对旋转复制的沙发和茶几进行位移，位移结果如图 17-121 所示。

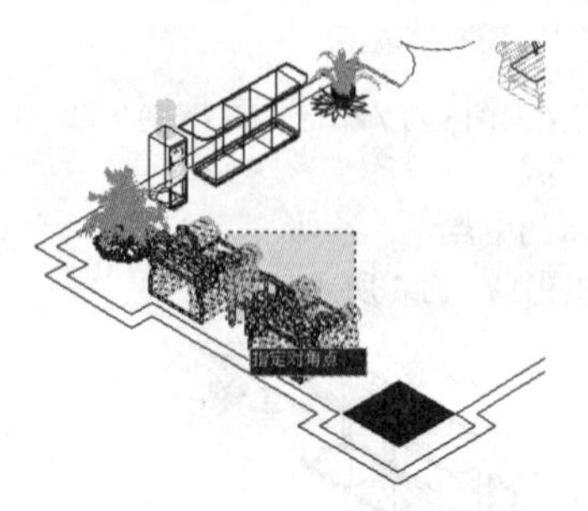

图 17-119　窗交选择

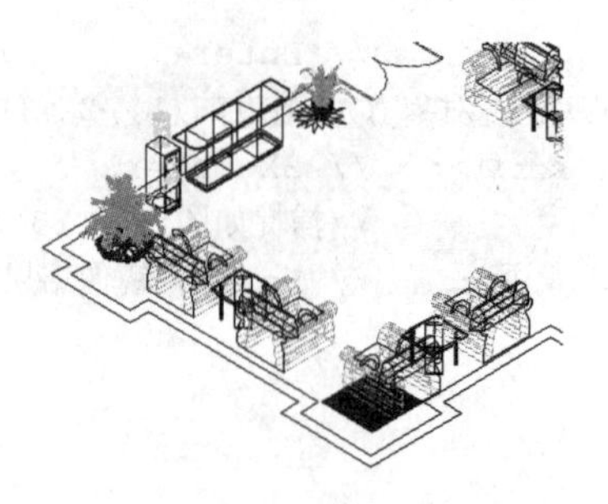

图 17-120　旋转并复制

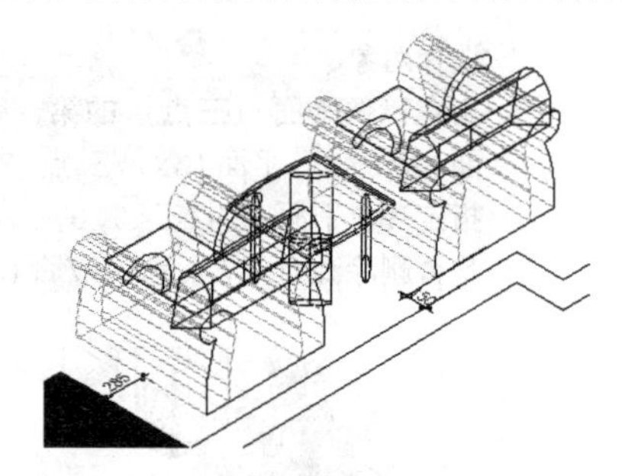

图 17-121　位移结果

步骤 13　单击菜单“修改”/“三维操作”/“三维镜像”命令，对位移后的沙发和茶几造型进行镜像。命令行操作如下：

```
命令: _mirror3d
选择对象:                                        //窗交选择如图 17-122 所示的沙发与茶几造型
选择对象:                                        // Enter
指定镜像平面 (三点) 的第一个点或 [对象(O)/最近的(L)/Z 轴(Z)/视图(V)/XY 平面(XY)/YZ 平
面(YZ)/ZX 平面(ZX)/三点(3)] <三点>:               // YZ Enter
指定 YZ 平面上的点 <0,0,0>:                       //捕捉如图 17-123 所示的中点
是否删除源对象? [是(Y)/否(N)] <否>:               // Enter，镜像结果如图 17-124 所示
```

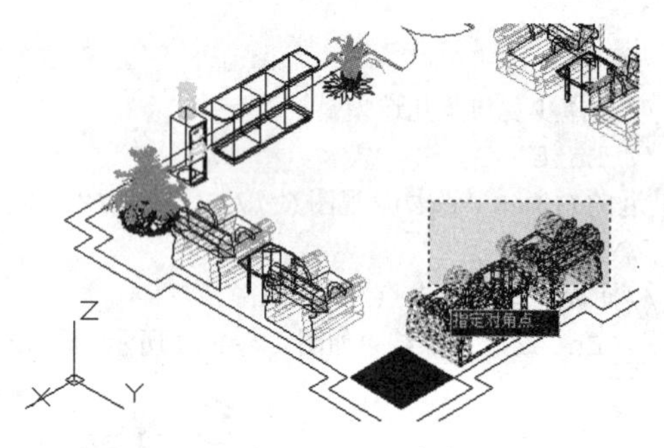

图 17-122　窗交选择

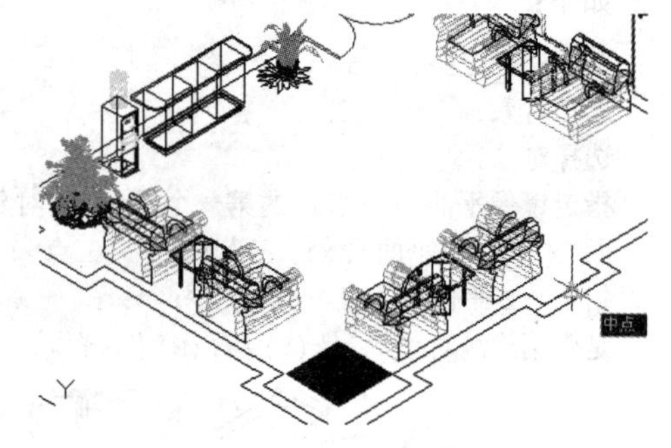

图 17-123　捕捉中点

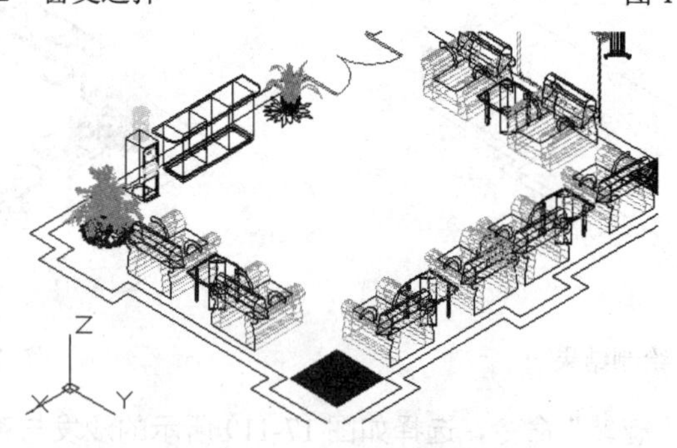

图 17-124　镜像结果

步骤 14　单击菜单“视图”/“视口”/“新建视口”命令，选择如图 17-125 所示的视口方式，将当前视口分割为三个视口，如图 17-126 所示。

步骤 15　激活上侧的矩形视口，然后将视口内的视图切换为俯视图，并调整其他视口内的视图及着色样式，最终操作结果如图 17-106 所示。

步骤 16　最后执行“另存为”命令，将图形命名存储为“综合范例六.dwg”。

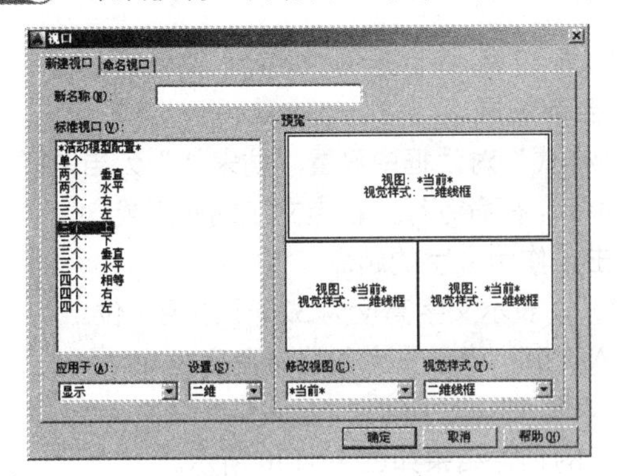

图 17-125　选择视口

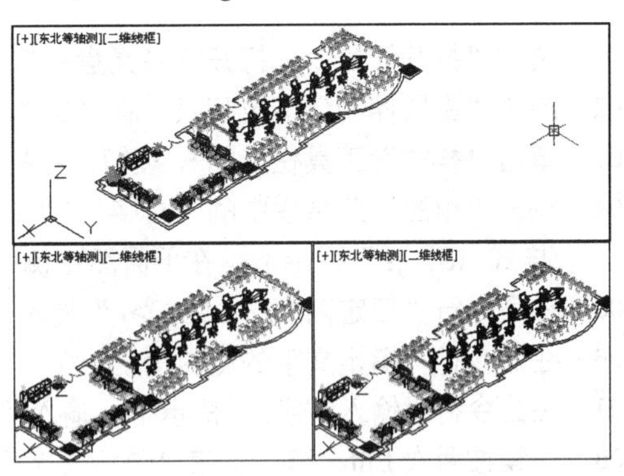

图 17-126　分割视口

17.9　综合范例七——标注办公家具布置图文字与尺寸

本例主要学习办公家具布置图空间功能注解和尺寸的具体标注过程。办公家具布置图的最终标注效果如图 17-127 所示，其立体效果如图 17-128 所示。

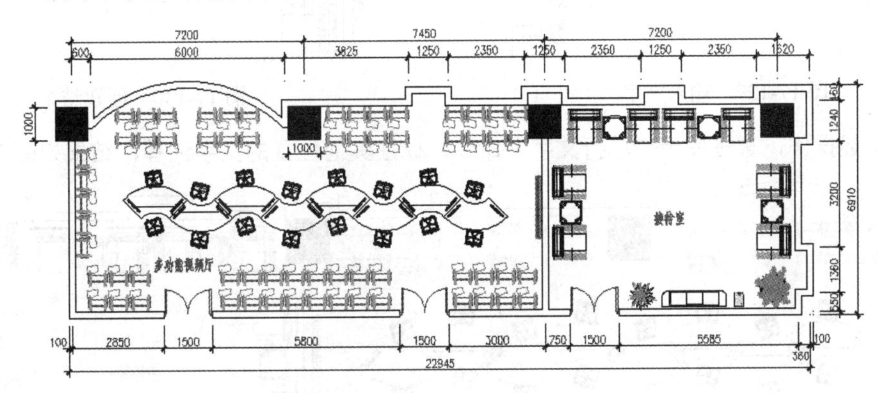

图 17-127　实例效果

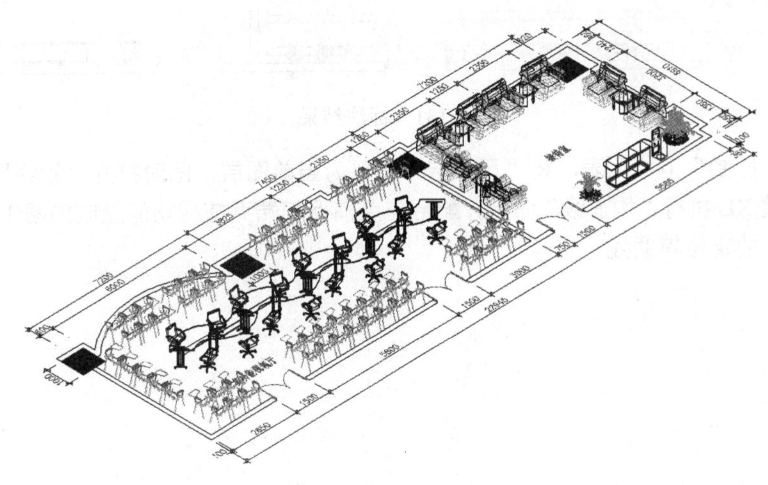

图 17-128　立体效果

操作步骤：

步骤 01　执行“打开”命令，打开随书光盘中的“\效果文件\第 17 章\综合范例六.dwg”文件。

步骤 02　展开“图层控制”下拉列表，将“文本层”设置为当前图层。

步骤 03　单击“样式”工具栏上的 A 按钮，在打开的“文字样式”对话框中设置“仿宋体”为当前样式。

步骤 04　单击“绘图”菜单栏中的“文字”/“单行文字”命令，在命令行“指定文字的起点或[对正（J）/样式（S）]:”提示下，在平面图左侧办公区域单击，作为文字的起点。

步骤 05　在命令行“指定高度 <2.5000>:”提示下输入“320”，表示文字高度为 320 个绘图单位。

步骤 06　在命令行“指定文字的旋转角度 <0>:”提示下输入“0”，表示文字的旋转角度为 0。

步骤 07　在命令行“输入文字:”提示下，输入“接待室”，如图 17-129 所示。

步骤 08　连续按两次 Enter 键，结束“单行文字”命令，文字的创建结果如图 17-130 所示。

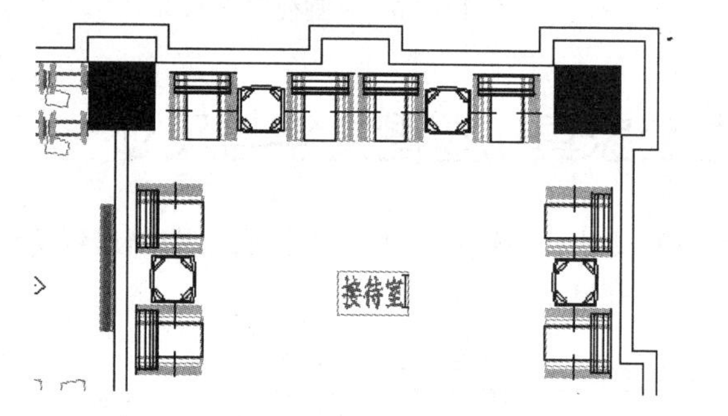

图 17-129　输入文字

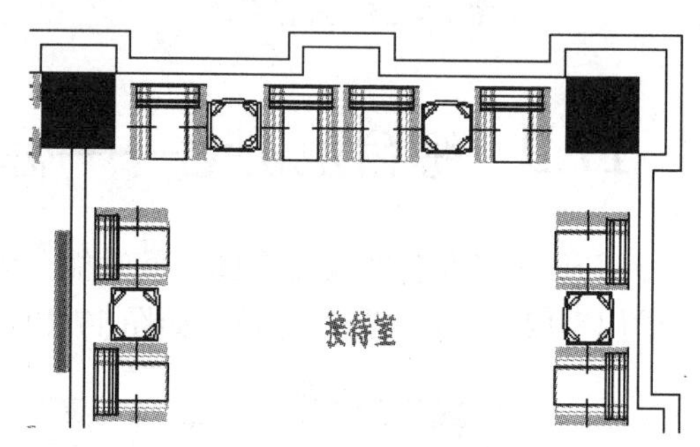

图 17-130　创建结果

步骤 09　参照上述操作，重复使用“单行文字”命令，标注其他位置的文字注释，结果如图 17-131 所示。

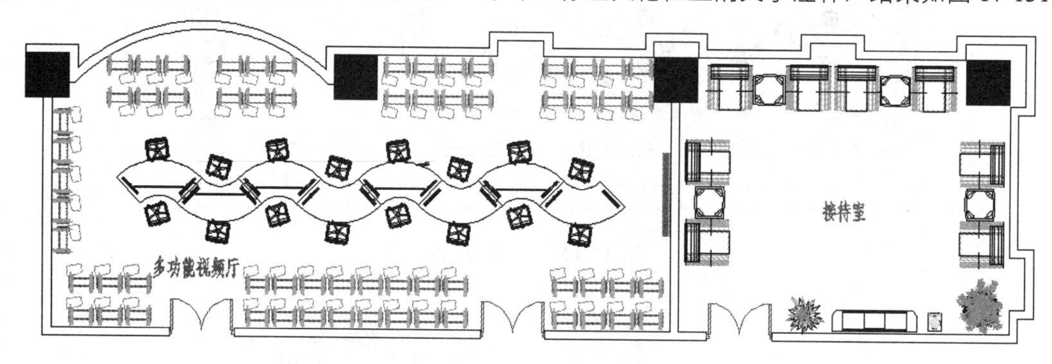

图 17-131　标注结果

步骤 10　展开“图层控制”下拉列表，将“尺寸层”设置为当前图层，同时打开“轴线层”。

步骤 11　使用快捷键 XL 执行“构造线”命令，配合中点捕捉和端点捕捉功能绘制如图 17-132 所示的构造线作为尺寸的定位辅助线。

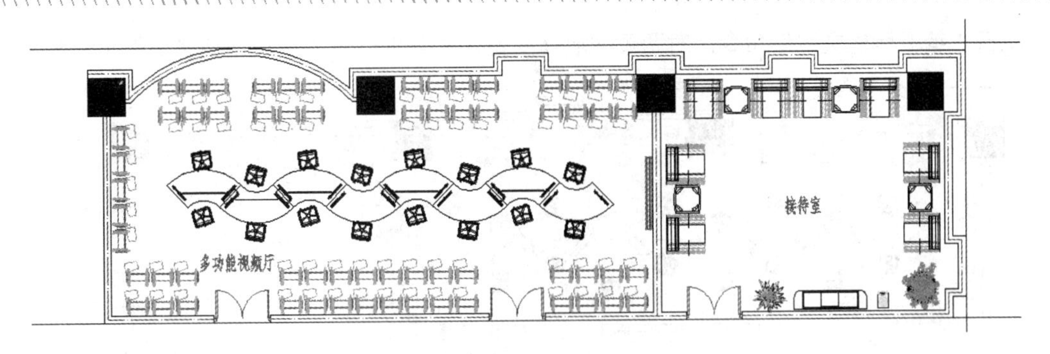

图 17-132　绘制结果

步骤12　绘制结果使用快捷键 D 执行“标注样式”命令，将“建筑标注”设置为当前标注样式，同时修改标注比例为 80。

步骤13　单击菜单“标注”/“线性”命令，在命令行“指定第一条尺寸界线起点或<选择对象>：”提示下捕捉如图 17-133 所示的交点作为第一条标注界线的起点。

步骤14　在命令行“指定第二条尺寸界线的起点：”提示下捕捉如图 17-134 所示的交点作为第二条标注界线的起点。

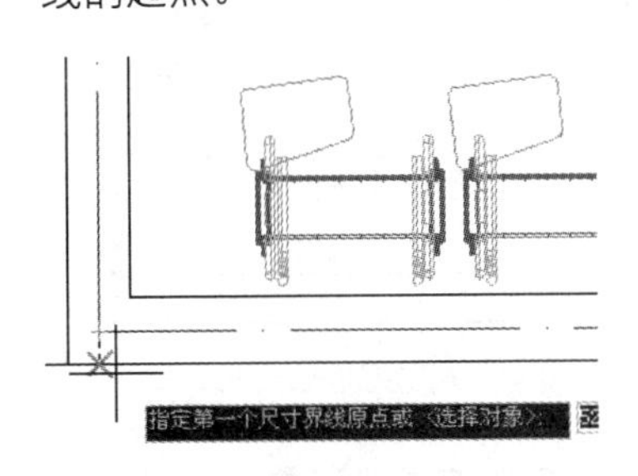

图 17-133　捕捉交点

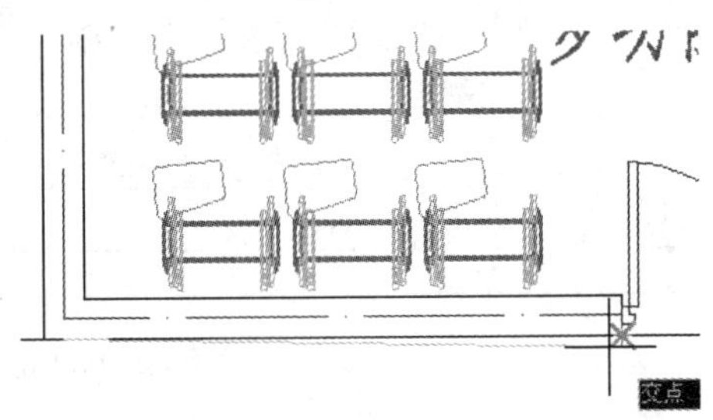

图 17-134　捕捉交点

步骤15　在命令行“指定尺寸线位置或 [多行文字(M)/文字(T)/角度(A)/水平(H)/垂直(V)/旋转(R)]：”提示下，向下移动光标指定尺寸线位置，结果如图 17-135 所示。

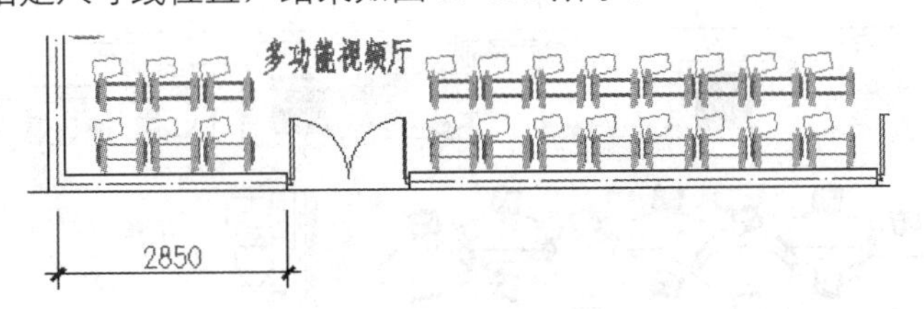

图 17-135　标注结果

步骤16　单击菜单“标注”/“连续”命令，配合捕捉或追踪功能标注如图 17-136 所示的连续尺寸。

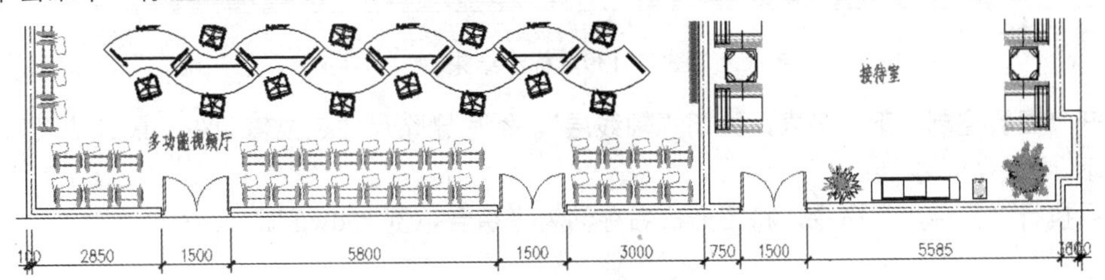

图 17-136　标注连续尺寸

步骤 17 执行“编辑标注文字”命令，对两侧的墙体半宽尺寸等进行协调位置，结果如图 17-137 所示。

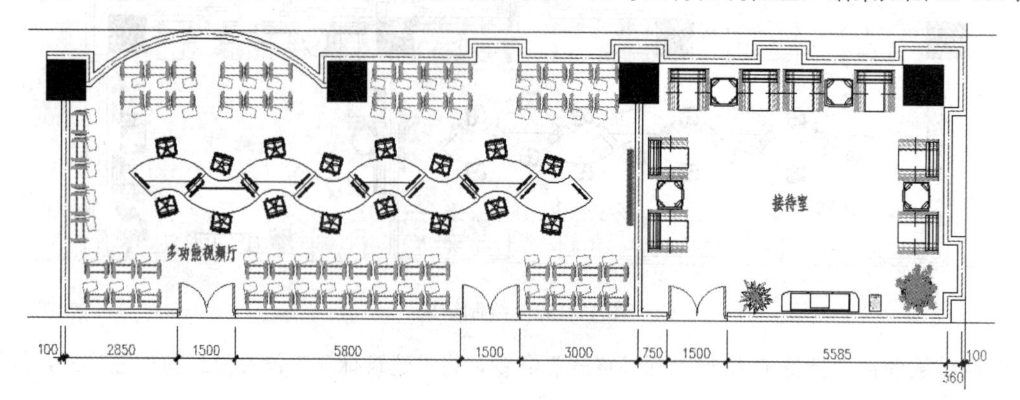

图 17-137 协调结果

步骤 18 单击菜单“标注”/“线性”命令，标注平面图下侧的总尺寸，结果如图 17-138 所示。

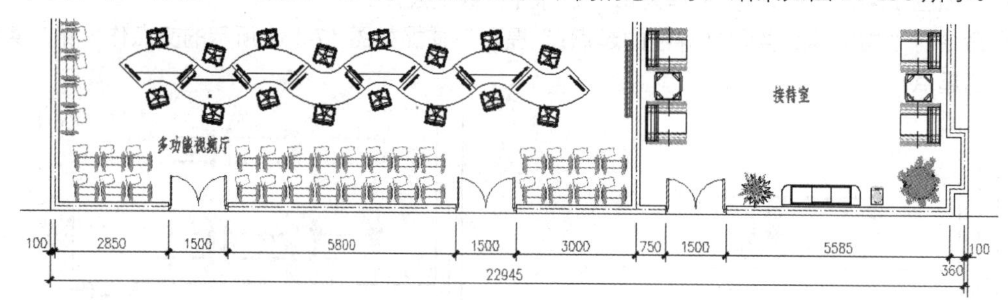

图 17-138 标注总尺寸

步骤 19 参照上述操作步骤，综合使用“线性”、“连续”等命令，配合端点捕捉和中点捕捉功能，分别标注平面图其他侧尺寸，结果如图 17-139 所示。

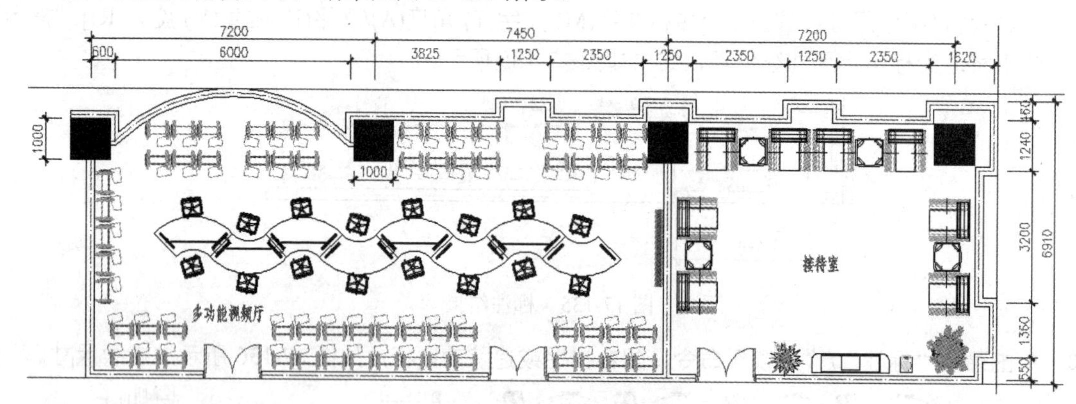

图 17-139 标注结果

步骤 20 展开“图层控制”下拉列表，关闭“轴线层”，然后删除尺寸定位辅助线，最终结果如图 17-127 所示。

步骤 21 最后执行“另存为”命令，将图形命名存储为“综合范例七.dwg”。

第 18 章　室内设计图纸的后期输出与数据转换

打印输出是施工图设计的最后一个操作环节，只有将设计成果打印输出到图纸上，才算完成了整个绘图的流程。本章主要针对这一环节，通过模型打印、布局打印、多视口并列打印等典型操作实例，学习了 AutoCAD 的后期打印技能，使打印出的图纸能够完整准确地表达出设计结果，让设计与生产实践紧密结合起来。

本章具体学习内容如下：

- 了解 AutoCAD 输出空间
- 配置打印设备和图纸尺寸
- AutoCAD 与其他软件的数据转换
- 综合范例一——模型空间内的快速出图
- 综合范例二——布局空间内的精确出图
- 综合范例三——多比例打印装修施工图
- 综合范例四——多视图打印办公家具图

18.1　了解 AutoCAD 输出空间

AutoCAD 为用户提供了两种操作空间，即模型空间和布局空间。模型空间是图形设计的主要操作空间，它与绘图输出不直接相关，仅属于一个辅助的出图空间，可以打印一些要求比较低的图形。

布局空间则是图形打印的主要操作空间，它与打印输出密切相关，用户不仅可以在此空间内打印单个或多个图形，还可以使用单一比例打印、多种比例打印，在调整出图比例和协调图形位置方面比较方便。

18.2　配置打印设备和图纸尺寸

本节主要学习绘图仪、打印样式表等打印设备的配置技能以及图纸尺寸的自定义技能。

18.2.1　配置绘图仪打印设备

在打印图形之前，首先需要配置打印设备，使用“绘图仪管理器”命令，则可以配置绘图仪设备、定义和修改图纸尺寸等。下面将学习绘图仪打印设备和图纸尺寸的配置技能，具体操作步骤如下：

步骤 01　单击菜单“文件”/“绘图仪管理器”命令或单击“输出”选项卡/“打印”面板上的按钮，执行“绘图仪管理器”命令，打开如图 18-1 所示的 Plotters 窗口。

步骤 02　双击“添加绘图仪向导”图标，打开如图 18-2 所示的“添加绘图仪-简介”对话框。

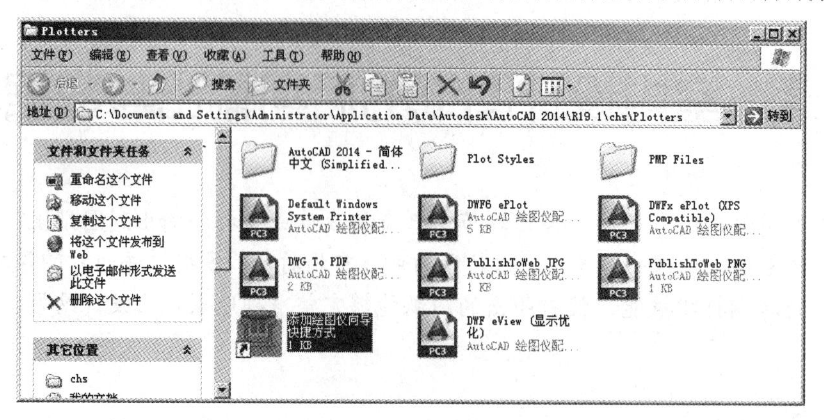

图 18-1　Plotters 窗口

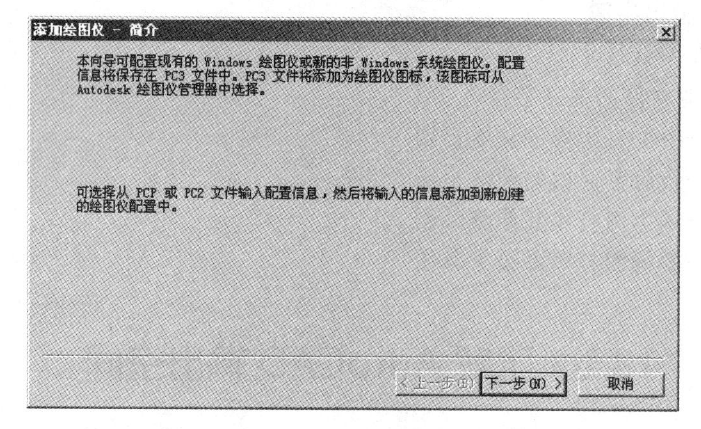

图 18-2　“添加绘图仪-简介”对话框

步骤 03　单击下一步(N) >按钮，打开“添加绘图仪 – 绘图仪型号”对话框，设置绘图仪型号及其生产商，如图 18-3 所示。

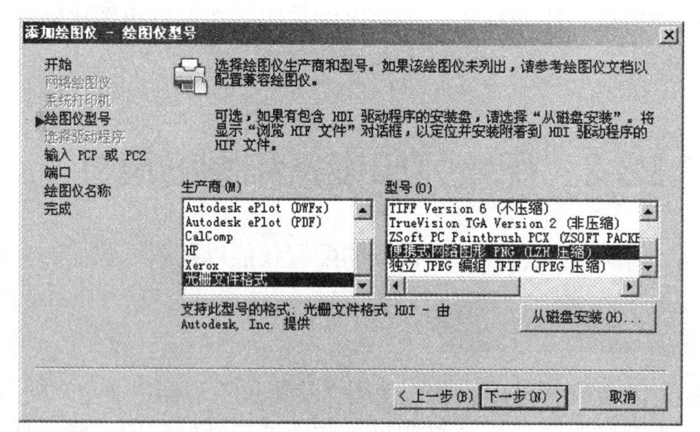

图 18-3　绘图仪型号

步骤 04　单击下一步(N) >按钮，打开如图 18-4 所示的“添加绘图仪 – 绘图仪名称”对话框，用于为添加的绘图仪命名，在此采用默认设置。

步骤 05　在“添加绘图仪 – 绘图仪名称”对话框中单击下一步(N) >按钮，打开如图 18-5 所示的“添加绘图仪 – 完成”对话框。

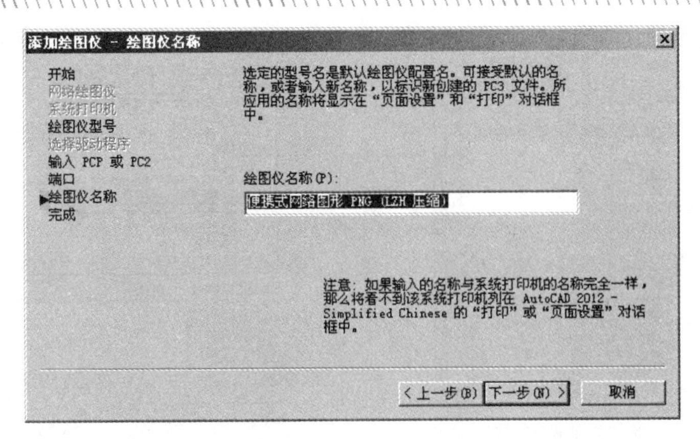

图 18-4　“添加绘图仪 – 绘图仪名称”对话框

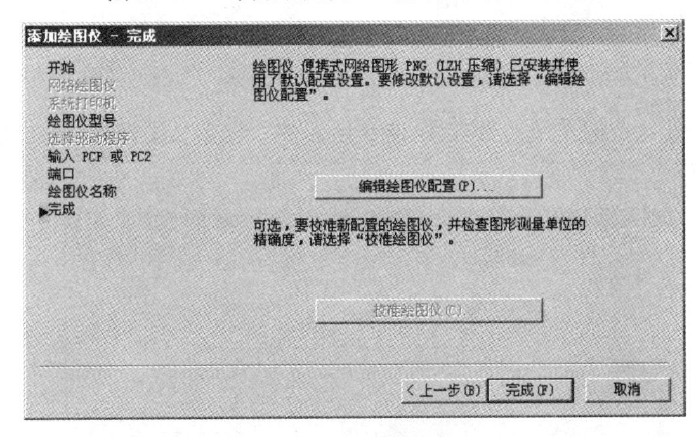

图 18-5　完成绘图仪的添加

步骤 06　单击 完成(F) 按钮，添加的绘图仪会自动出现在 Plotters 窗口内，如图 18-6 所示。

步骤 07　在 Plotters 对话框中，双击如图 18-6 所示的打印机，打开“绘图仪配置编辑器”对话框。

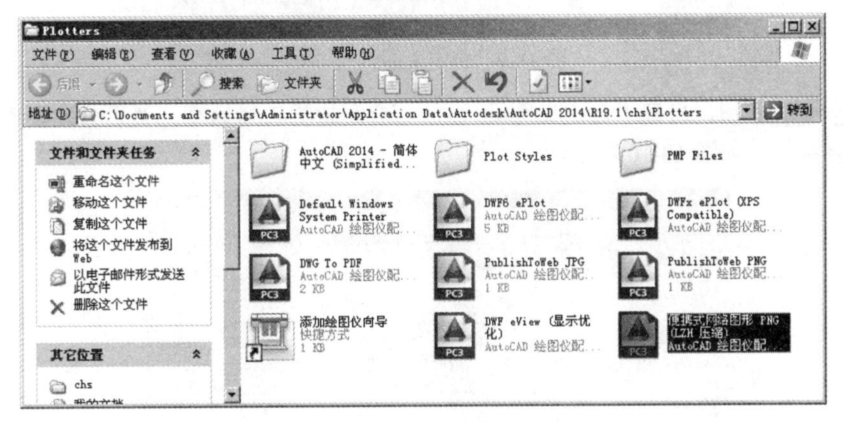

图 18-6　添加绘图仪

步骤 08　在“绘图仪配置编辑器”对话框中展开“设备和文档设置”选项卡，如图 18-7 所示。

步骤 09　单击“自定义图纸尺寸”选项，打开“自定义图纸尺寸”选项组，如图 18-8 所示。

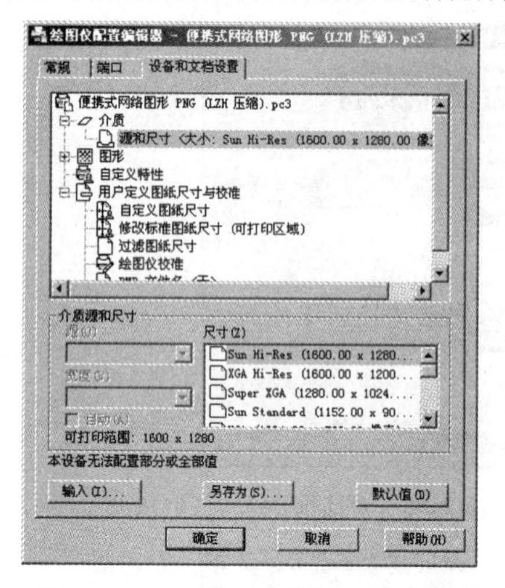

图 18-7　“设备和文档设置”选项卡

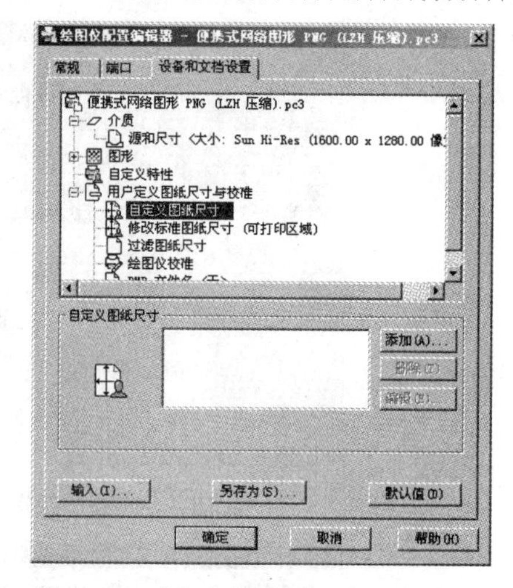

图 18-8　“自定义图纸尺寸”选项组

步骤 10　单击添加(A)...按钮，此时系统打开如图 18-9 所示的“自定义图纸尺寸 – 开始”对话框，开始自定义图纸的尺寸。

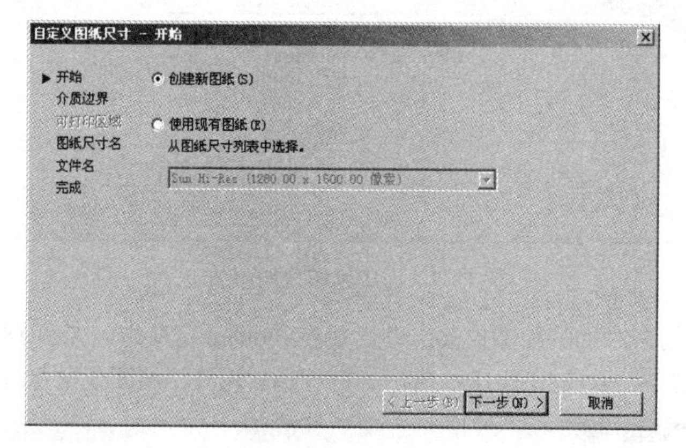

图 18-9　自定义图纸尺寸

步骤 11　单击下一步(N) >按钮，打开“自定义图纸尺寸 – 介质边界”对话框，然后分别设置图纸的宽度、高度以及单位，如图 18-10 所示。

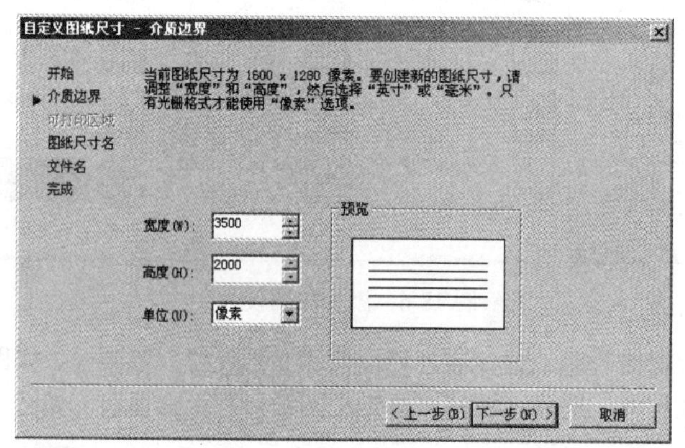

图 18-10　设置图纸尺寸

步骤 12　单击 下一步(N) > 按钮，直至打开如图 18-11 所示的“自定义图纸尺寸–完成”对话框，完成图纸尺寸的自定义过程。

步骤 13　单击 完成(F) 按钮，结果新定义的图纸尺寸自动出现在“自定义图纸尺寸”选项组中，如图 18-12 所示。

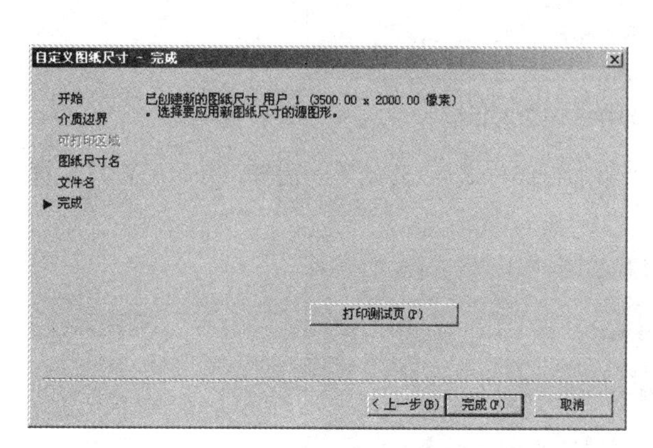

图 18-11　“自定义图纸尺寸–完成”对话框

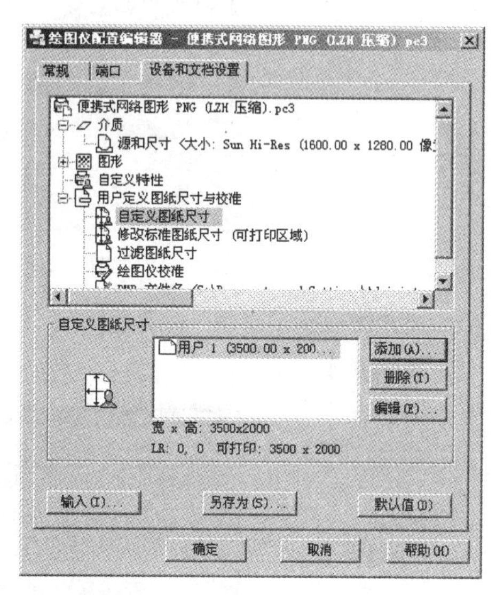

图 18-12　图纸尺寸的定义结果

如果用户需要将此图纸尺寸进行保存，可以单击 另存为(S)... 按钮；如果用户仅在当前使用一次，可以单击 确定 按钮即可。

18.2.2　配置打印样式管理器

打印样式主要用于控制图形的打印效果，修改打印图形的外观。下面通过添加名为“stb01”颜色相关打印样式表，学习打印样式表的配置技能。具体操作步骤如下：

步骤 01　单击菜单“文件”/“打印样式管理器”命令，打开如图 18-13 所示的 Plotte 窗口。

图 18-13　Plotte 窗口

步骤 02　双击窗口中的“添加打印样式表向导”图标，打开如图 18-14 所示的“添加打印样式表”对话框。

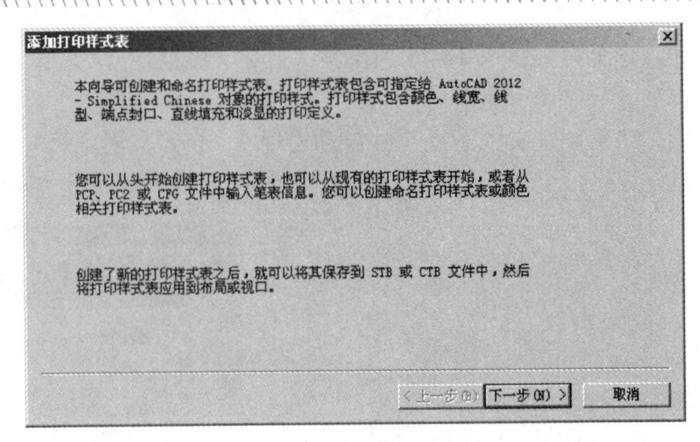

图 18-14　“添加打印样式表”对话框

步骤 03　单击下一步(N) >按钮，打开如图 18-15 所示的“添加打印样式表-开始”对话框，开始配置打印样式表的操作。

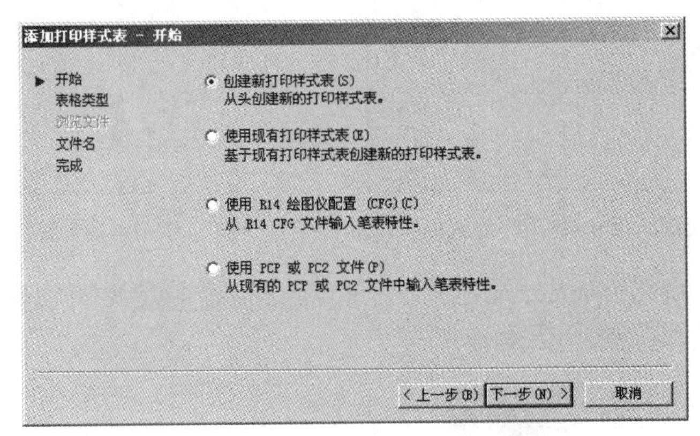

图 18-15　“添加打印样式表－开始”对话框

步骤 04　单击下一步(N) >按钮，打开“添加打印样式表－选择打印样式表”对话框，选择打印样表的类型，如图 18-16 所示。

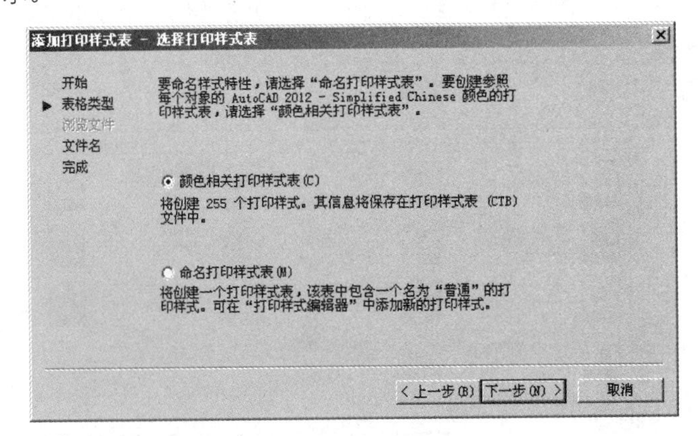

图 18-16　“添加打印样式表－选择打印样式表”对话框

步骤 05　单击下一步(N) >按钮，打开“添加打印样式表-文件名”对话框，为打印样式表命名，如图 18-17 所示。

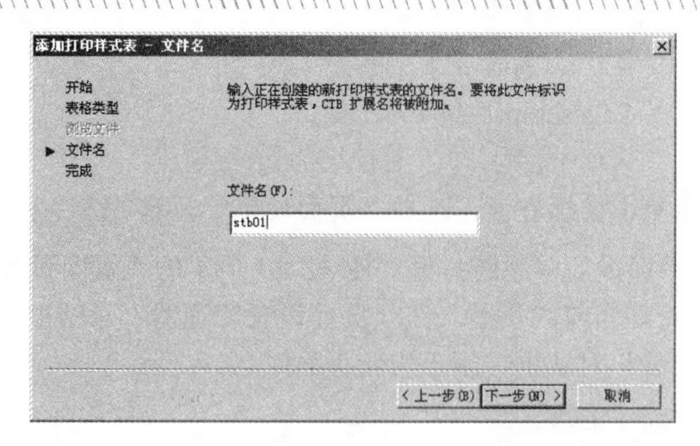

图 18-17　“添加打印样式表－文件名”对话框

步骤 06　单击下一步(N) >按钮，打开如图 18-18 所示的“添加打印样式表-完成”对话框，完成打印样式表各参数的设置。

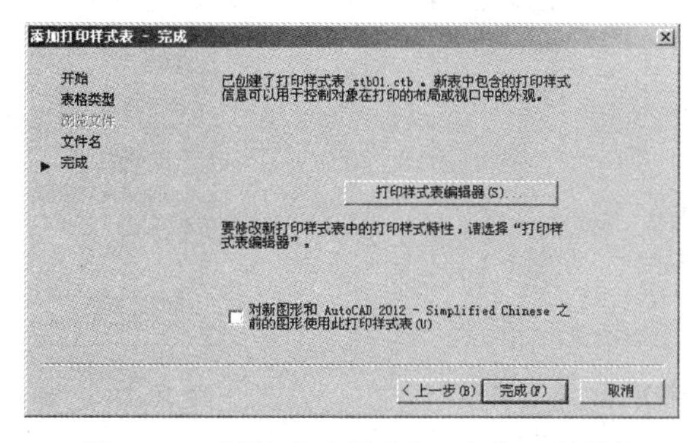

图 18-18　“添加打印样式表－完成”对话框

步骤 07　单击完成按钮，即可添加设置的打印样式表，新建的打印样式表文件图标显示在 Plot Styles 窗口中，如图 18-19 所示。

图 18-19　Plot Styles 窗口

18.2.3　设置打印页面及相关元素

在配置好打印设备后，下一步就是设置图形的打印页面。使用“页面设置管理器”命令可以非常方便地设置和管理图形的打印页面参数。执行“页面设置管理器”命令主要有以下几种方法：

- 菜单栏：单击菜单“文件”/“页面设置管理器”命令。
- 命令行：在命令行输入 Pagesetup 后按 Enter 键。
- 功能区：单击“输出”选项卡/“打印”面板上的按钮。
- 在模型或布局标签上单击鼠标右键，选择“页面设置管理器”命令。

执行“页面设置管理器”命令后，系统打开如图 18-20 所示的“页面设置管理器”对话框，此对话框主要用于设置、修改和管理当前的页面。在“页面设置管理器”对话框中单击 新建(N)... 按钮，可弹出如图 18-21“新建页面设置”对话框，用于为新页面赋名。

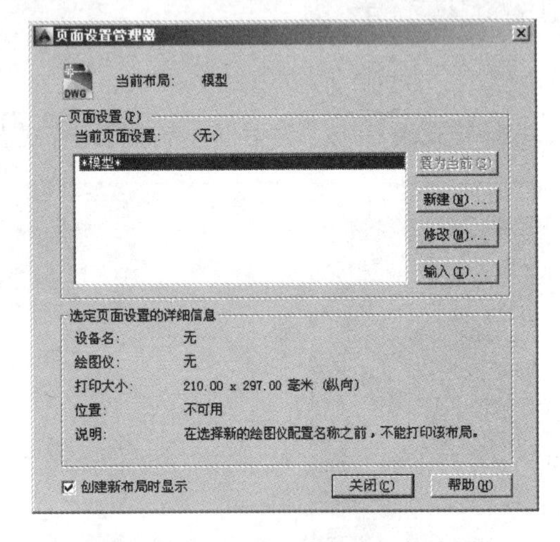

图 18-20　“页面设置管理器”对话框

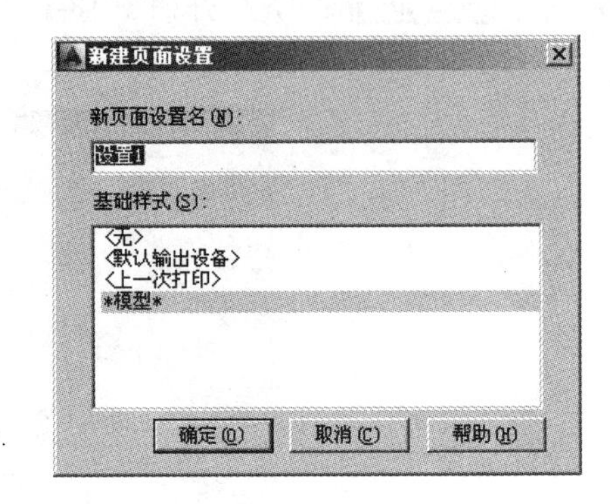

图 18-21　“新建页面设置”对话框

单击 确定(O) 按钮，打开如图 18-22 所示“页面设置-模型”对话框，在此对话框内可以进行打印设备的配置、图纸尺寸的匹配、打印区域的选择以及打印比例的调整等操作。

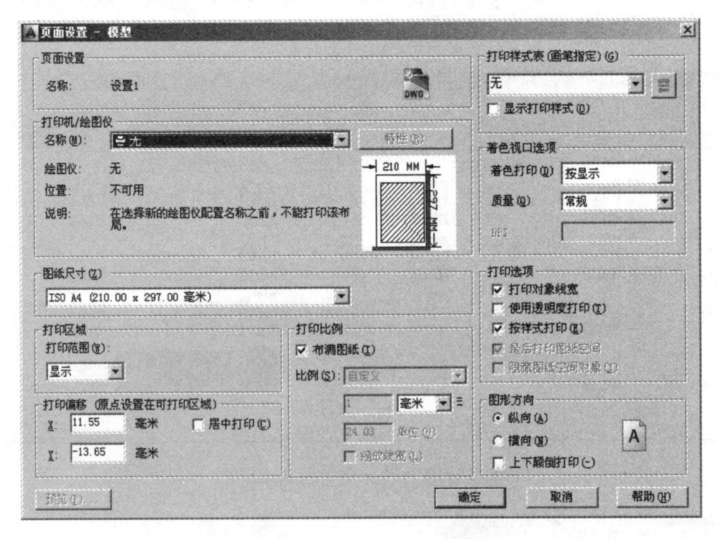

图 18-22　“页面设置”对话框

1. 选择打印设备

在“打印机/绘图仪”选项组中，主要用于配置绘图仪设备，在“名称”下拉列表框中选择 Windows

系统打印机或 AutoCAD 内部打印机（“.pc3”文件）作为输出设备，如图 18-23 所示。

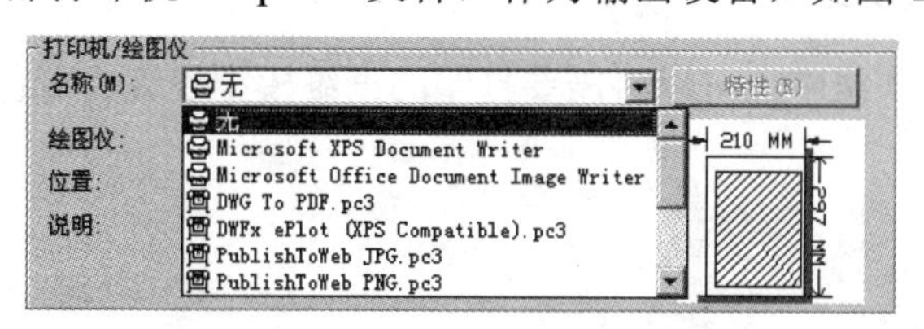

图 18-23　“打印机/绘图仪”选项组

如果用户在此选择了“.pc3”文件打印设备，AutoCAD 则会创建出电子图纸，即将图形输出并存储为 Web 上可用的“.dwf”格式的文件。AutoCAD 提供了两类用于创建“.dwf”文件的“.pc3”文件，分别是“ePlot.pc3”和“eView.pc3”。前者生成的“.dwf”文件较适合于打印，后者生成的文件则适合于观察。

2. 选择图纸幅面

“图纸尺寸”下拉列表用于配置图纸幅面，展开如图 18-24 所示的下拉列表，在此下拉列表内包含了选定打印设备可用的标准图纸尺寸。

当选择了某种幅面的图纸时，该列表右上角则出现所选图纸及实际打印范围的预览图像，将光标移到预览区中，光标位置处会显示出精确的图纸尺寸以及图纸的可打印区域的尺寸。

3. 设置打印区域

在“打印区域”选项组中，可以进行设置需要输出的图形范围。展开“打印范围”下拉列表框，如图 18-25 所示，其中包含三种打印区域的设置方式，具体有显示、窗口、图形界限等。

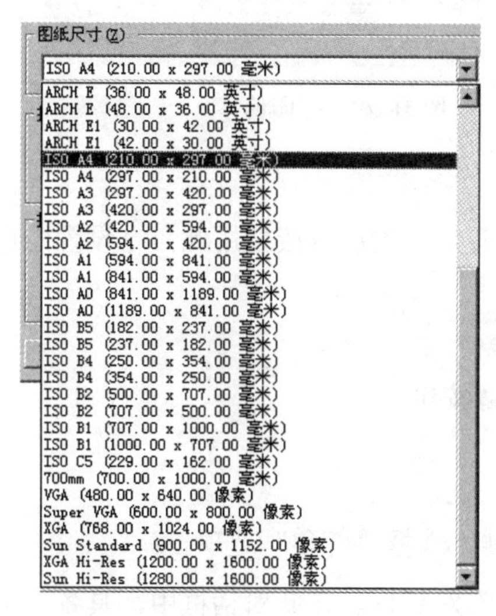

图 18-24　“图纸尺寸”下拉列表

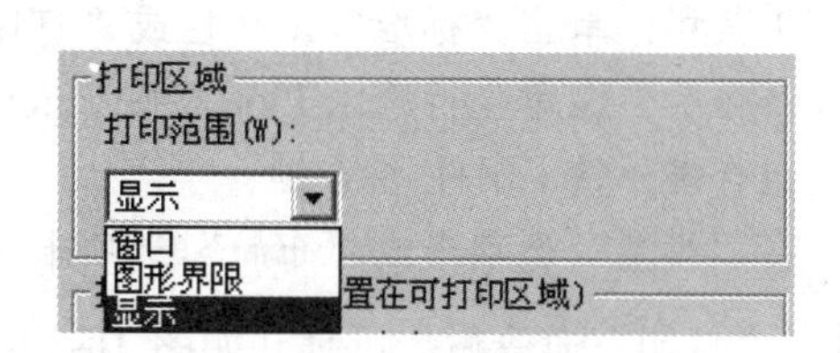

图 18-25　打印范围

4. 设置打印比例

在如图 18-26 所示的“打印比例”选项组中，可以设置图形的打印比例。其中，“布满图纸”复选框仅能适用于模型空间中的打印，当勾选该复选框后，AutoCAD 将缩放自动调整图形，与打印区域和选定的图纸等相匹配，使图形取得最佳位置和比例。

5. “着色视口选项”选项组

在“着色视口选项”选项组中，可以将需要打印的三维模型设置为着色、线框或以渲染图的方式进行输出，如图 18-27 所示。

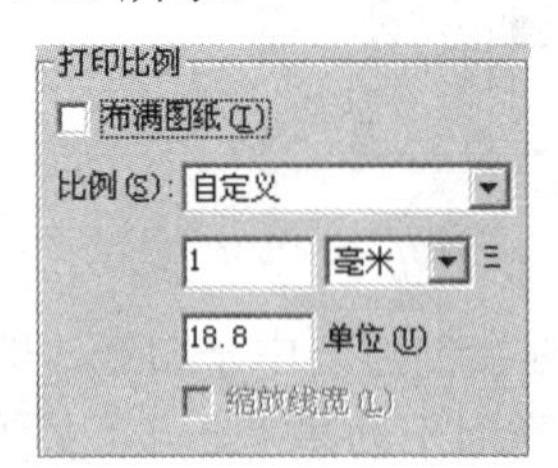

图 18-26　“打印比例”选项组

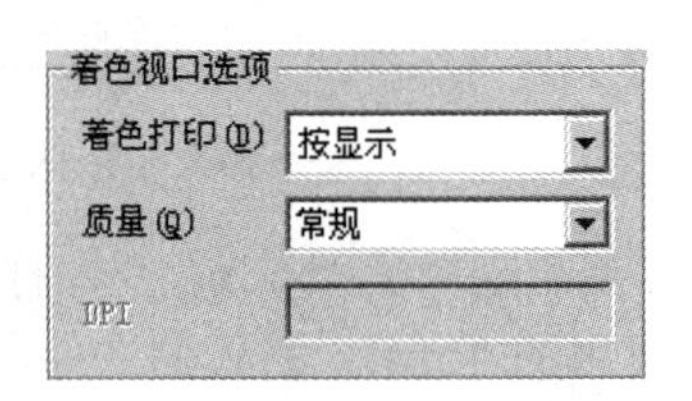

图 18-27　着色视口选项

6. 调整出图方向与位置

在如图 18-28 所示的“图形方向”选项组中，可以调整图形在图纸上的打印方向。在右侧的图纸图标中，图标代表图纸的放置方向，图标中的字母 A 代表图形在图纸上的打印方向。共有“纵向、横向和上下颠倒打印”三种打印方向。

在如图 18-29 所示的“打印偏移”选项组中，可以设置图形在图纸上的打印位置。默认设置下，AutoCAD 从图纸左下角打印图形。打印原点在图纸左下角，坐标是（0,0），用户可以在此选项组中，重新设定新的打印原点，这样图形在图纸上将沿 X 轴和 Y 轴移动。

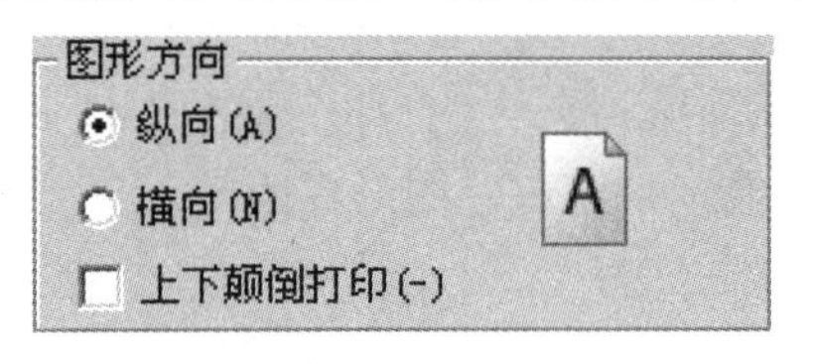

图 18-28　调整出图方向

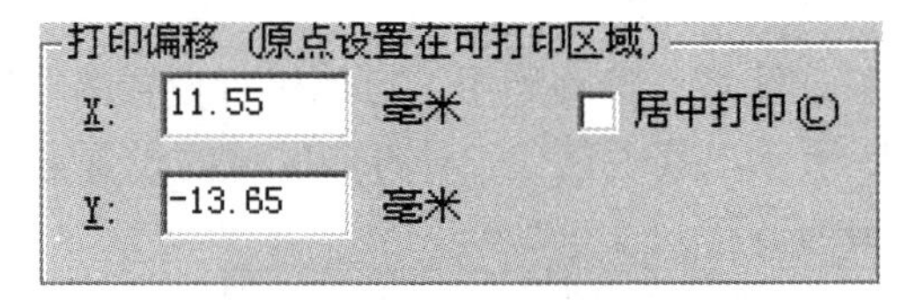

图 18-29　打印偏移

7. 预览与打印图形

“打印”命令主要用于打印或预览当前已设置好的页面布局，也可直接使用此命令设置图形的打印布局。执行“打印”命令主要有以下几种方式：

- 菜单栏：单击菜单“文件”/“打印”命令。
- 工具栏：单击“标准”工具栏或“打印”面板上的按钮。
- 命令行：在命令行输入 Plot 后按 Enter 键。
- 组合键：按 Ctrl+P 组合键。
- 在“模型”选项卡或“布局”选项卡上单击鼠标右键，选择“打印”选项。

执行“打印”命令后，可打开如图 18-30 所示的“打印”对话框。在此对话框中，具备“页面设置管理器”对话框中的参数设置功能，用户不仅可以按照已设置好的打印页面进行预览和打印图形，还可以在对话框中重新设置、修改图形的打印参数。

单击 预览(P)... 按钮，可以提前预览图形的打印结果，单击 确定 按钮，即可对当前的页面设置进行打印。

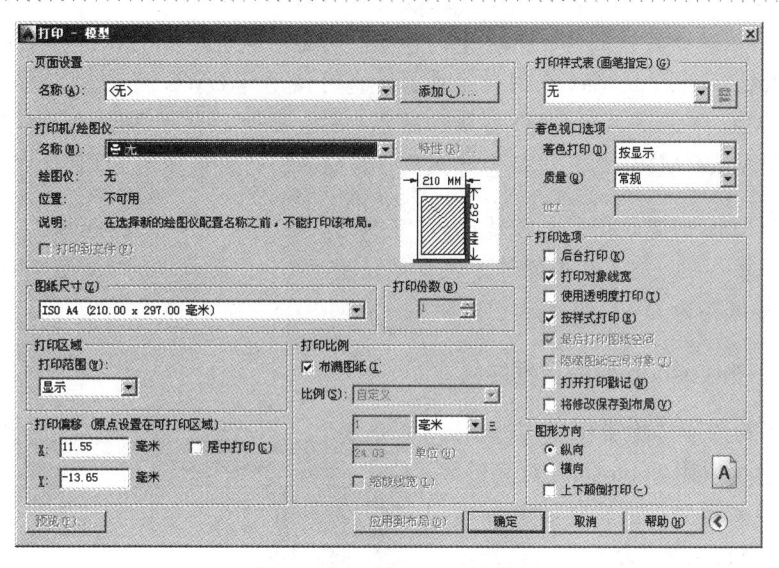

图 18-30　“打印”对话框

单击菜单“文件”/“打印预览”命令，或单击“标准”工具栏或“打印”面板上的按钮，执行“打印预览”命令，也可以对设置好的页面进行预览和打印。

18.3　AutoCAD 与其他软件的数据转换

本节主要概述 AutoCAD 与 3ds Max 和 Photoshop 两种软件间的数据转换技能。具体内容如下。

1. AutoCAD 与 3ds Max 间的数据转换

AutoCAD 精确强大的绘图和建模功能，加上 3ds Max 无与伦比的特效处理及动画制作功能，既克服了 AutoCAD 的动画及材质方面的不足，又弥补了 3ds Max 建模的繁琐与不精确。在这两种软件之间存在有一条数据互换的通道，用户完全可以综合两者的优点来构造模型。AutoCAD 与 3ds Max 都支持多种图形文件格式，下面学习这两种软件之间，进行数据转换时，使用到的三种文件格式。

- DWG 格式。此种格式是一种常用的数据交换格式，即在 3ds Max 中可以直接读入该格式的 AutoCAD 图形，而不需要经过第三种文件格式。使用此种格式进行数据交换，可能为用户提供图形的组织方式（如图层、图块）上的转换，但是此种格式不能转换材质和贴图信息。
- DXF 格式。使用“Dxfout”命令将 CAD 图形输保存为“dxf”格式的文件，然后 3ds Max 中也可以读入该格式的 CAD 图形。不过此种格式属于一种文本格式，它是在众多的 CAD 建模程序之间，进行一般数据交换的标准格式。使用此种格式，可以氢 AutoCAD 模型转化为 3ds Max 中的网格对象。
- DOS 格式。这是 DOS 环境下的 3D Studio 的基本文本格式，使用这种格式可以使 3ds Max 转化为 AutoCAD 的材质和贴图信息，并且它是从 AutoCAD 向 3ds Max 输出 ARX 对象的最好办法。

另外，用户可以根据自己的实际情况，选择相应的数据交换格式，具体情况如下：

- 如果使从 AutoCAD 转换到 3ds Max 中的模型尽可能参数化，则可以选择 DWG 格式；
- 如果在 AutoCAD 和 3ds Max 来回交换数据，也可使用择 DWG 格式；
- 如果在 3ds Max 中保留 AutoCAD 材质和贴图坐标，则可以使用 3ds Max 格式；
- 如果只需将 AutoCAD 中的三维模型导入到 3ds Max，则可以使用 DXF 格式。

使用 3ds Max 创建的模型也可转化为“DWG”格式的文件，在 Auto CAD 应用软件中打开，进一步细化处理。具体操作方法就是使用“文件”菜单中的“输出”命令，将 3ds Max 模型直接保存为 DWG 格式的图形。

2. AutoCAD 与 Photoshop 间的数据转换

AutoCAD 绘制的图形，除了可以用 3ds Max 处理外，同样也可以用 Photoshop 对其进行更细腻的光影、色彩等处理。具体如下。

第一：使用“打印到文件”方式输出位图，使用此种方式时，需要事先添加一个位图格式的光栅打印机，然后再进行打印输出位图。

虽然 AutoCAD 可以输出 BMP 格式图片，但 Photoshop 却不能输出 AutoCAD 格式图片，不过在 AutoCAD 中可以通过“光栅图像参照”命令插入 BMP、JPG、GIF 等格式的图形文件。单击菜单“插入”/“光栅图像参照”命令，打开“选择参照文件”对话框，然后选择图像文件，如图 18-31 所示。

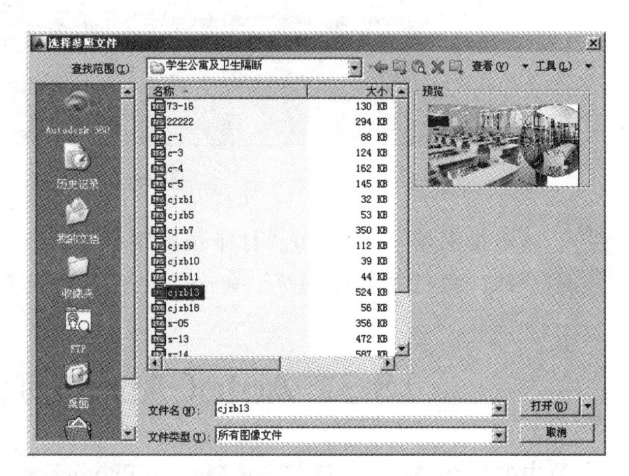

图 18-31　“选择图像文件”对话框

单击 打开(O) 按钮，打开如图 18-32 所示的“附着图像”对话框中，根据需要设置图片文件的插入点、缩放比例和旋转角度。单击 确定 按钮，指定图片文件的插入点等，按提示完成操作。

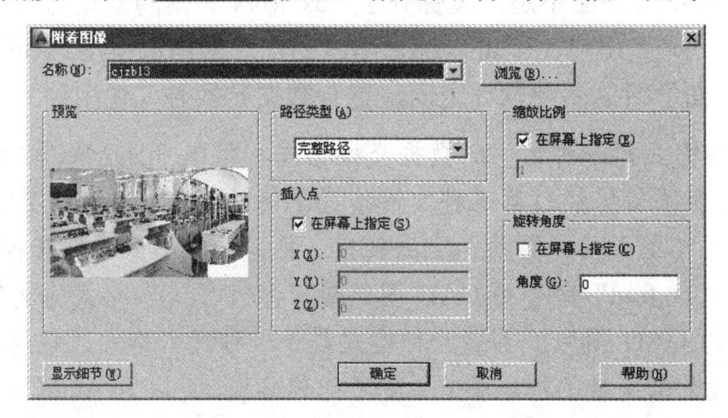

图 18-32　“随着图像”对话框

第二：使用“输出”命令。单击菜单“文件”/“输出”命令，打开“输出数据”对话框中，将“文件类型”设置为“Bitmap（*.bmp）”，再确定一个合适的路径和文件名，即可将当前 CAD 图形文件输出为位图文件。

18.4 综合范例一——模型空间内的快速出图

本例将在模型空间内将多居室户型吊顶装修图打印输出到 4 号图纸上，主要学习模型操作空间图纸的快速打印技巧。本例打印效果如图 18-33 所示。

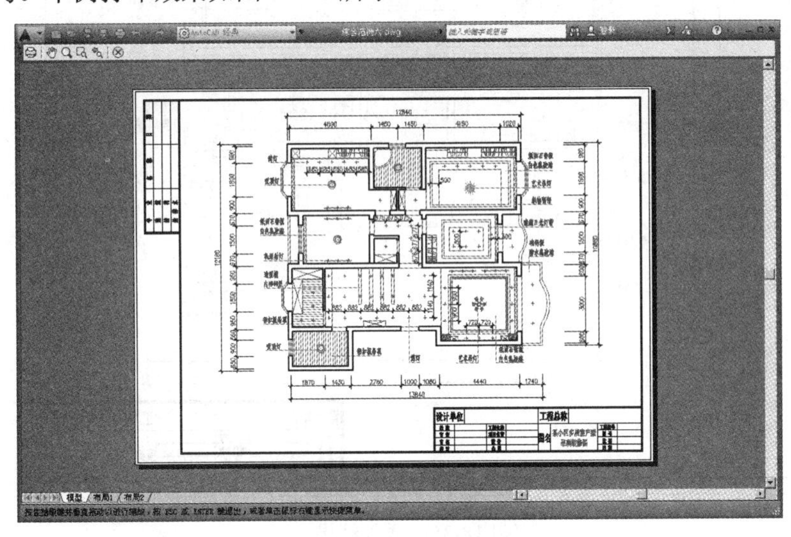

图 18-33 打印效果

操作步骤：

步骤 01 执行“打开”命令，打开随书光盘中的“\效果文件\第 13 章\综合范例六.dwg”文件。

步骤 02 展开“图层”工具栏上的“图层控制”下拉列表，将“0 图层”设置为当前图层。

步骤 03 使用快捷键 I 执行“插入块”命令，插入随书光盘中的“\图块文件\A4-H.dwg”，其参数设置如图 18-34 所示。

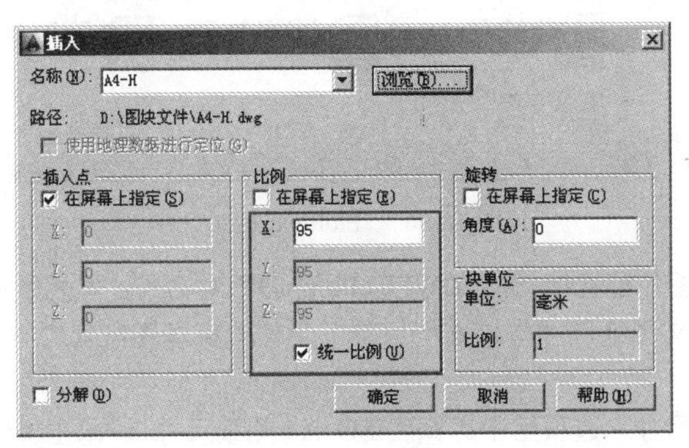

图 18-34 设置插入参数

步骤 04 返回绘图区，在命令行“指定插入点或 [基点(B)/比例(S)/旋转(R)]:”提示下在适当位置定位插入点，插入结果如图 18-35 所示。

步骤 05 单击菜单栏“文件”/“绘图仪管理器”命令，在打开的对话框中双击 “DWF6 ePlot”图标，如图 18-36 所示。

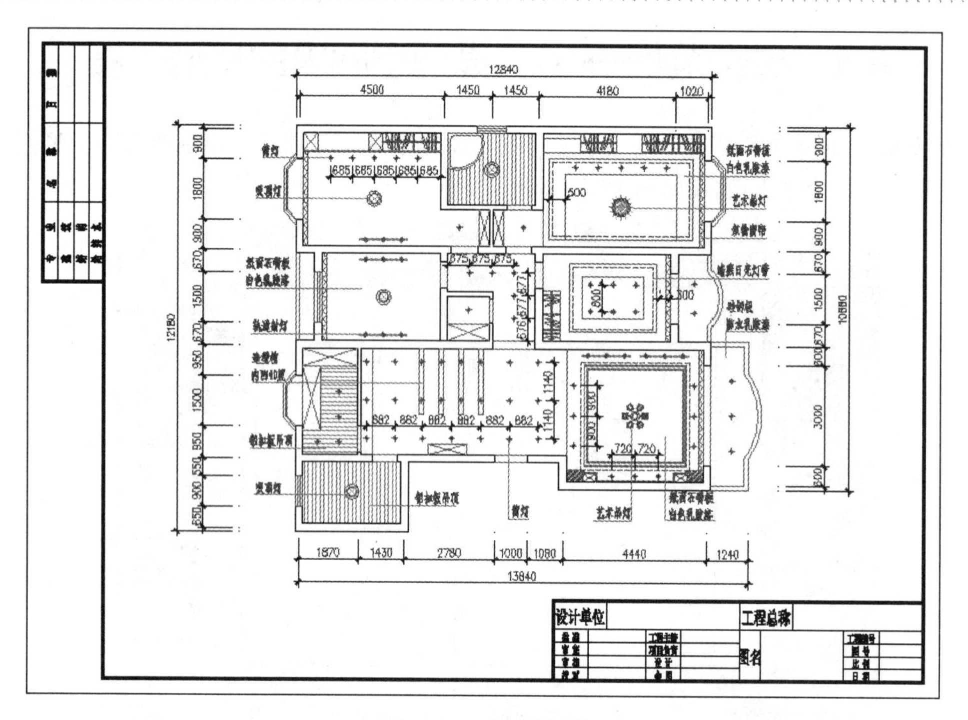

图 18-35 插入结果

图 18-36 Plotters 窗口

步骤 06 此时系统打开“绘图仪配置编辑器-DWF6 ePlot.pc3”对话框，然后展开“设备和文档设置”选项卡，选择“用户定义图纸尺寸与校准”目录下“修改标准图纸尺寸（可打印区域）”选项，如图 18-37 所示。

步骤 07 在“修改标准图纸尺寸”选项组中选择“ISO A4 图纸尺寸”，单击 修改(M)... 按钮，在打开的“自定义图纸尺寸-可打印区域”对话框中设置参数如图 18-38 所示。

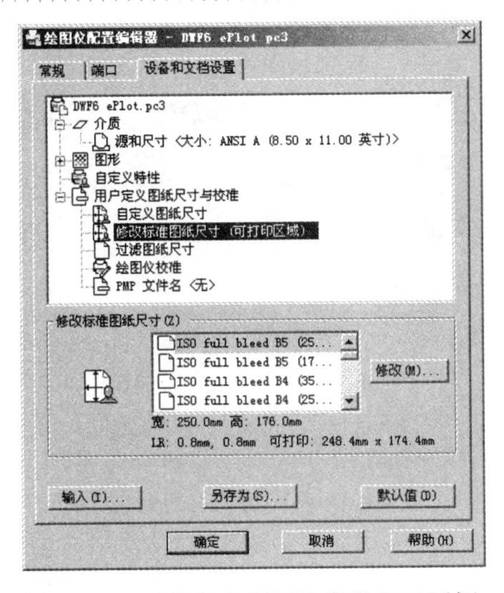

图 18-37　“绘图仪配置编辑器”对话框

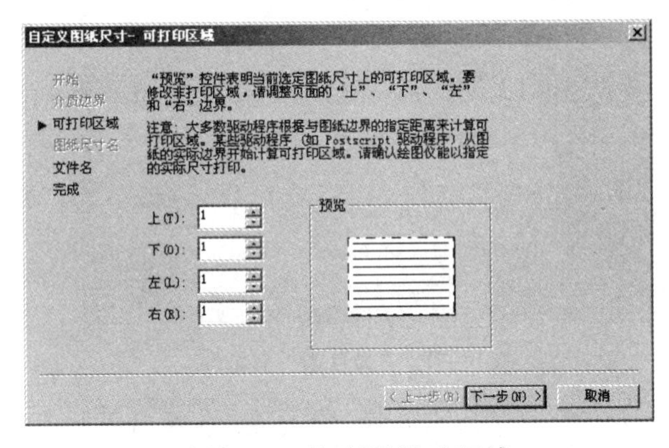

图 18-38　修改图纸打印区域

步骤 08　单击[下一步(N) >]按钮，在打开的“自定义图纸尺寸-完成”对话框中，列出了所修改后的标准图纸的尺寸，如图 18-39 所示。

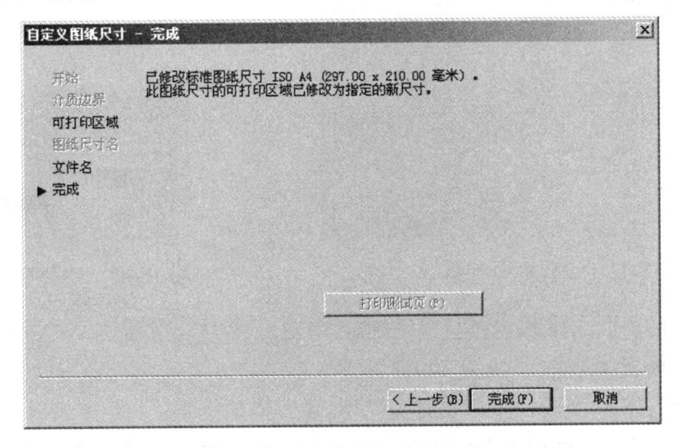

图 18-39　“自定义图纸尺寸一完成”对话框

步骤 09　单击[完成]按钮系统返回“绘图仪配置编辑器-DWF6 ePlot.pc3”对话框，然后单击[另存为(S)...]按钮，将当前配置进行保存，如图 18-40 所示。

步骤 10　单击[保存(S)]按钮，返回“绘图仪配置编辑器-DWF6 ePlot.pc3”对话框，然后单击[确定]按钮，结束命令。

步骤 11　单击菜单栏“文件”/“页面设置管理器”命令，在打开的对话框中单击[新建(N)...]按钮，为新页面设置赋名，如图 18-41 所示。

步骤 12　单击[确定]按钮，打开“页面设置-模型”对话框，设置打印机的名称、图纸尺寸、打印偏移、打印比例和图形方向等页面参数如图 18-42 所示。

步骤 13　在“打印范围”下拉列表框选择“窗口”选项，如图 18-43 所示。

步骤 14　返回绘图区根据命令行的操作提示，分别捕捉 4 号外图框的两个对角点，指定打印区域。

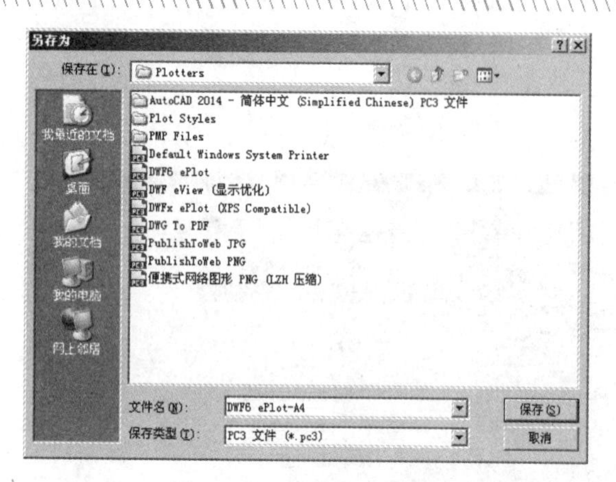

图 18-40　“另存为”对话框

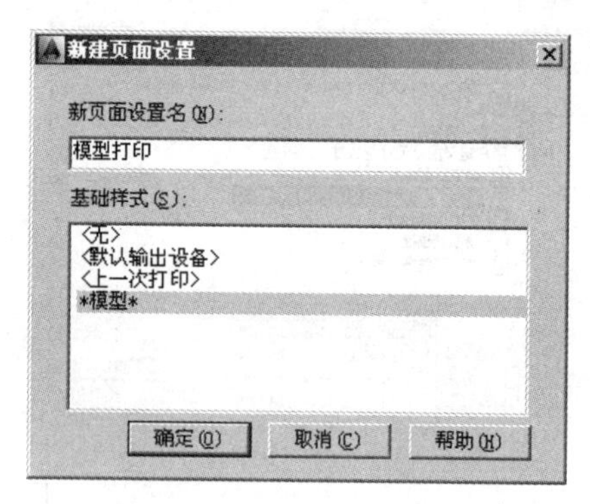

图 18-41　为新页面命名

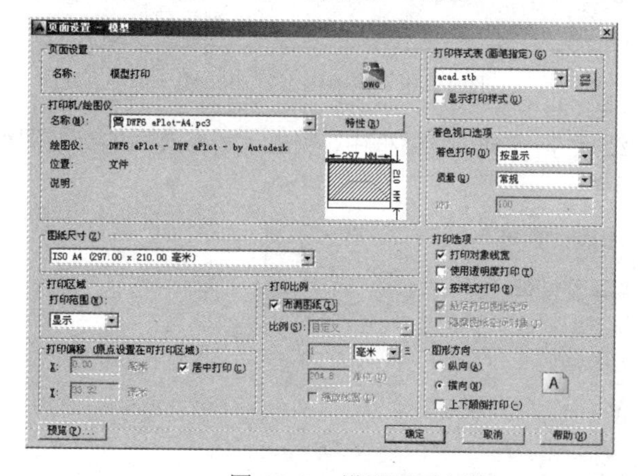

图 18-42　设置页面参数

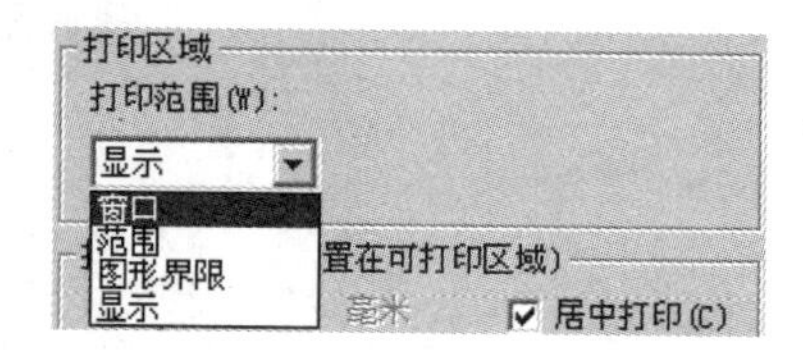

图 18-43　“打印范围”下拉列表框

步骤 15 此时系统自动返回“页面设置-模型”对话框，单击 确定 按钮返回“页面设置管理器”对话框，将刚创建的新页面置为当前，如图 18-44 所示。

步骤 16 展开“图层控制”下拉列表，将“文本层”设置为当前图层。

步骤 17 使用快捷键 ST 执行“文字样式”命令，将“宋体”设置为当前样式，修改字体高度如图 18-45 所示。

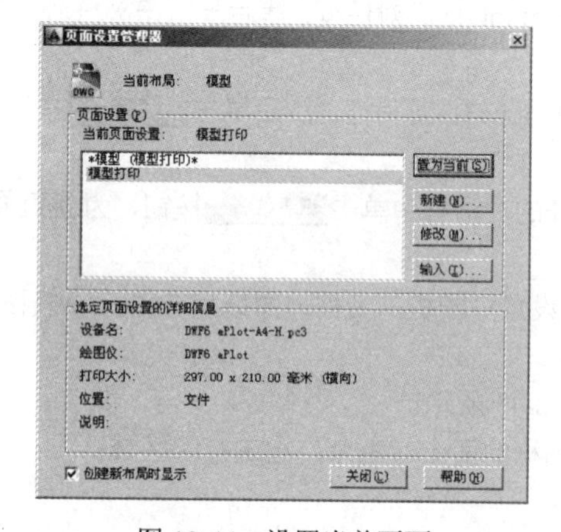

图 18-44　设置当前页面

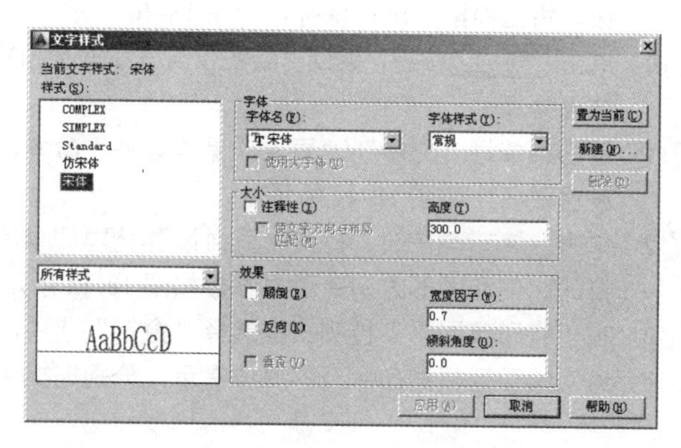

图 18-45　“文字样式”对话框

步骤18 单击“视图”菜单中的“缩放”/“窗口缩放”功能调整视图，结果如图 18-46 所示。

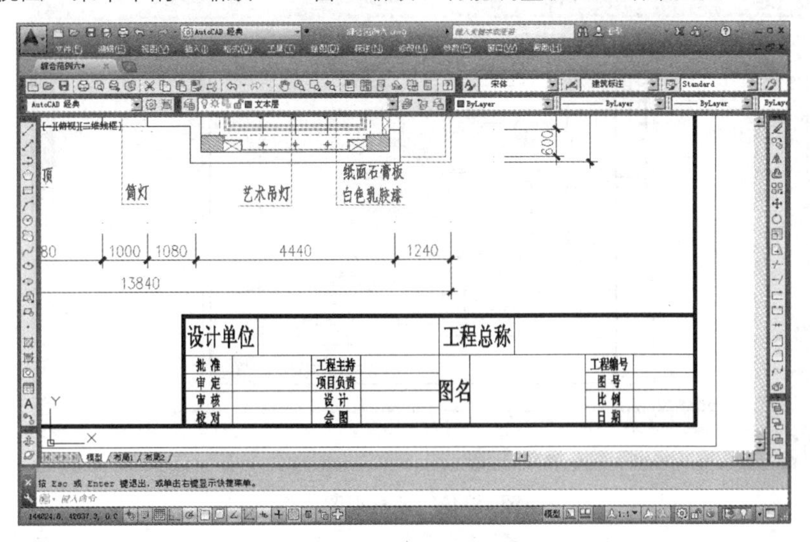

图 18-46　调整视图

步骤19 使用快捷键 T 执行“多行文字”命令，设置对正方式为“正中”，为标题栏填充图名，如图 18-47 所示。

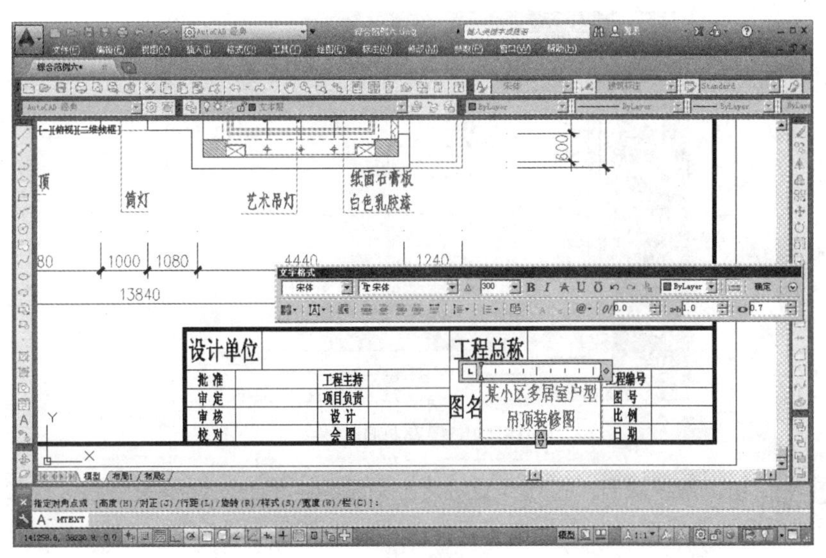

图 18-47　填充图名

步骤20 使用“范围缩放”命令调整视图，使立面图全部显示，结果如图 18-48 所示。

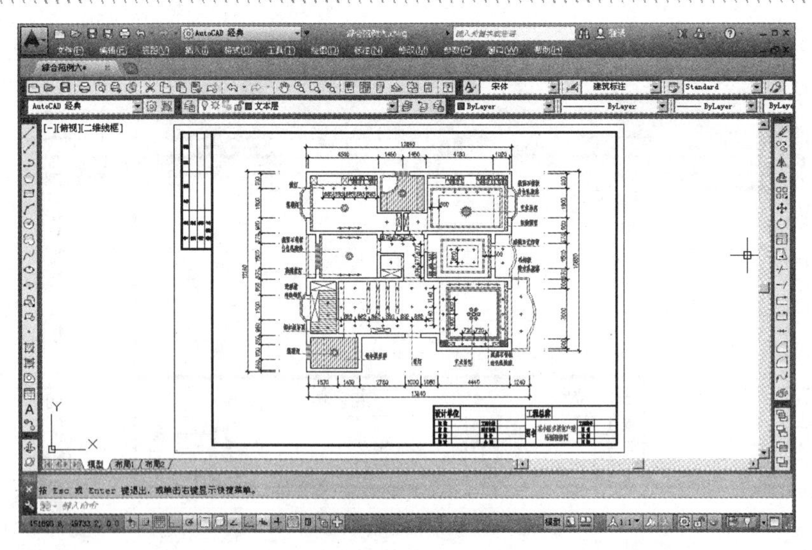

图 18-48　调整视图

步骤 21　单击菜单"文件"/"打印预览"命令，对图形进行打印预览，预览结果如图 18-33 所示。

步骤 22　单击鼠标右键，选择"打印"选项，此时系统打开如图 18-49 所示的"浏览打印文件"对话框，设置打印文件的保存路径及文件名。

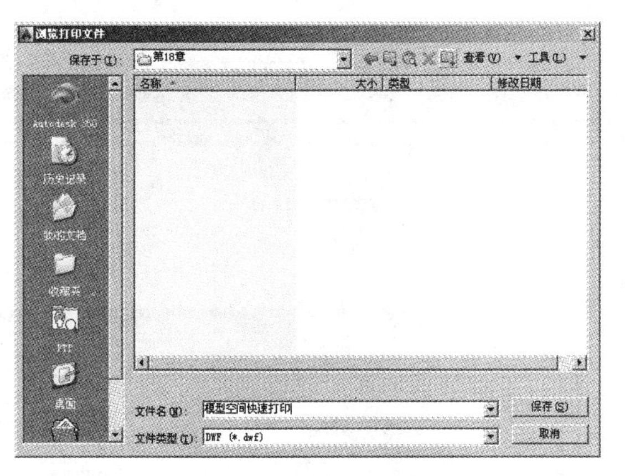

图 18-49　保存打印文件

步骤 23　单击 保存... 按钮，系统弹出"打印作业进度"对话框，等此对话框关闭后，打印过程即可结束。

步骤 24　最后执行"另存为"命令，将图形命名存储为"综合范例一.dwg"。

18.5　综合范例二——布局空间内的精确出图

本例将在布局空间内按照 1:40 的精确出图比例，将多功能厅装修布置图打印输出到 2 号图纸上，学习布局空间的精确打印技能。本例最终打印效果如图 18-50 所示。

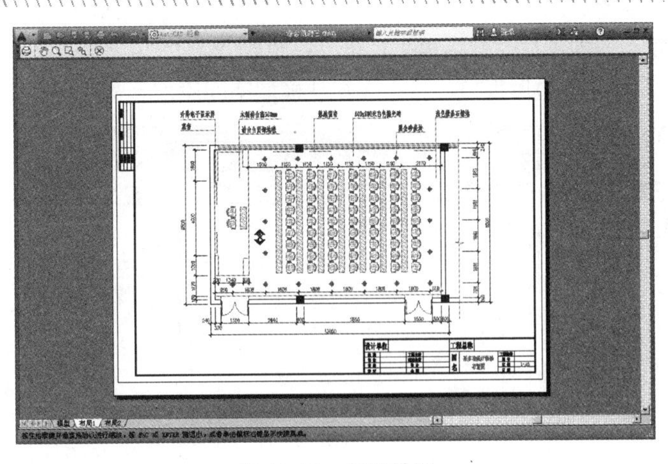

图 18-50　打印效果

操作步骤：

步骤 01　执行“打开”命令，打开随书光盘中的“\效果文件\第 15 章\综合范例三.dwg”文件，如图 18-51 所示。

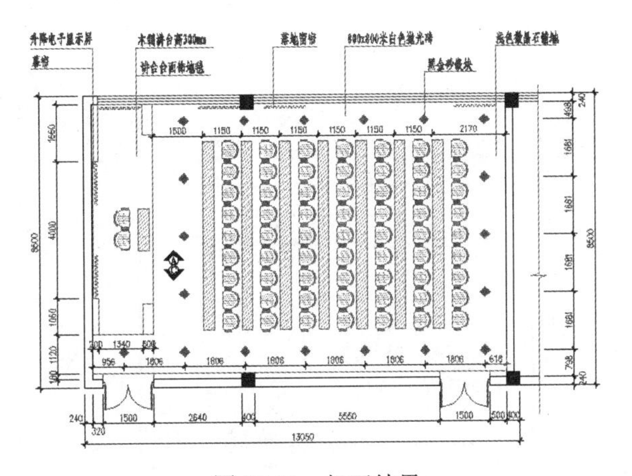

图 18-51　打开结果

步骤 02　单击绘图区下方的“布局1”标签，进入“布局 1”空间，如图 18-52 所示。

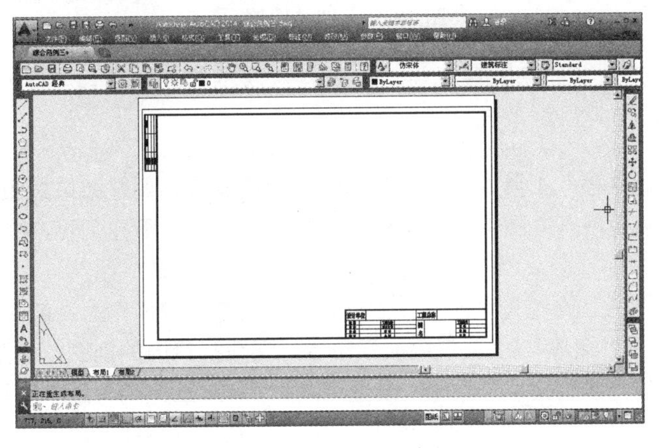

图 18-52　进入布局空间

步骤03　将“0 图层”设置为当前图层，然后单击菜单“视图”/“视口”/“多边形视口”命令，分别捕捉图框内边框的角点，创建多边形视口，将平面图从模型空间添加到布局空间，结果如图 18-53 所示。

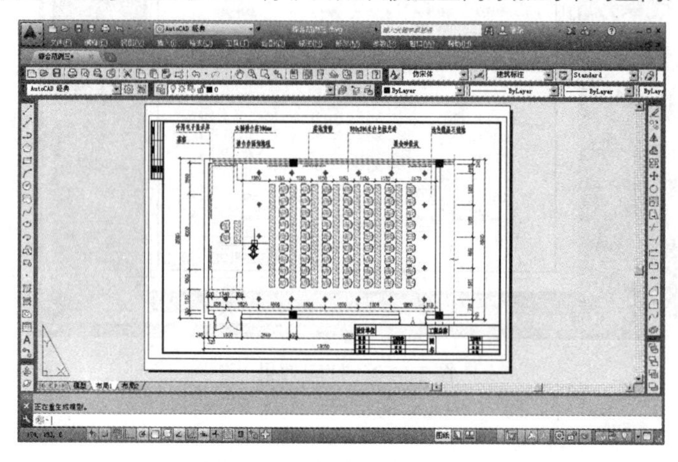

图 18-53　创建多边形视口

步骤04　单击状态栏上的图纸按钮，激活刚创建的视口，然后打开“视口”工具栏，调整比例如图 18-54 所示。

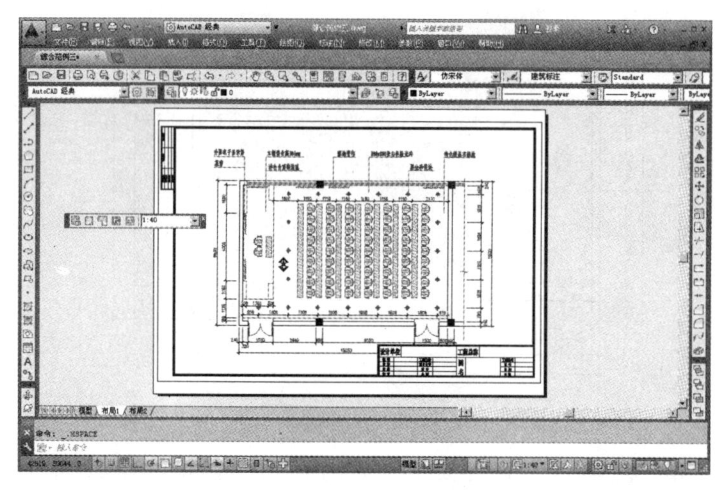

图 18-54　调整比例

技巧提示　如果状态栏上没有显示出图纸按钮，可以在从状态栏上的右键菜单中选择“图纸/模型”选项即可。

步骤05　接下来使用“实时平移”工具调整视口内图形的出图位置，调整结果如图 18-55 所示。

步骤06　返回图纸空间，然后展开“图层”工具栏上的“图层控制”下拉列表，将“文本层”设置为当前图层。

步骤07　展开“样式”工具栏上的“文字样式”下拉列表，设置“宋体”为当前文字样式。

步骤08　单击菜单“视图”/“缩放”/“窗口缩放”命令，调整视口内的视图，调整结果如图 18-56 所示。

步骤09　使用快捷键 T 执行“多行文字”命令，设置字高为 6、对正方式为正中对正，为标题栏填充图名，如图 18-57 所示。

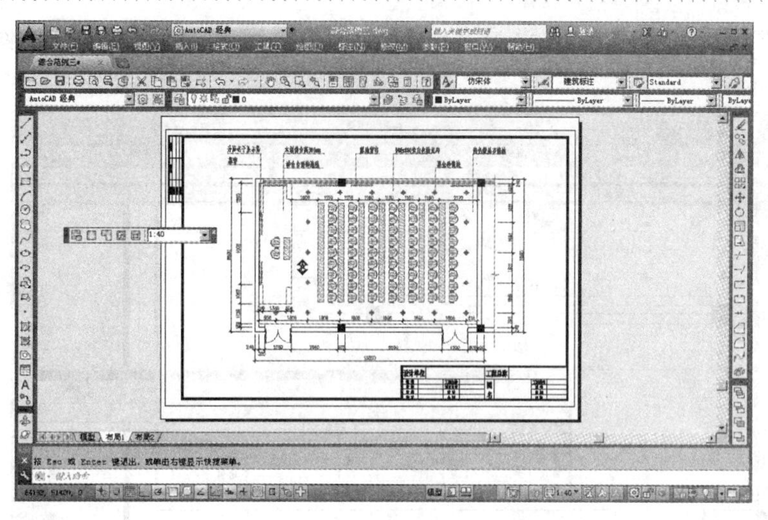

图 18-55　调整出图位置

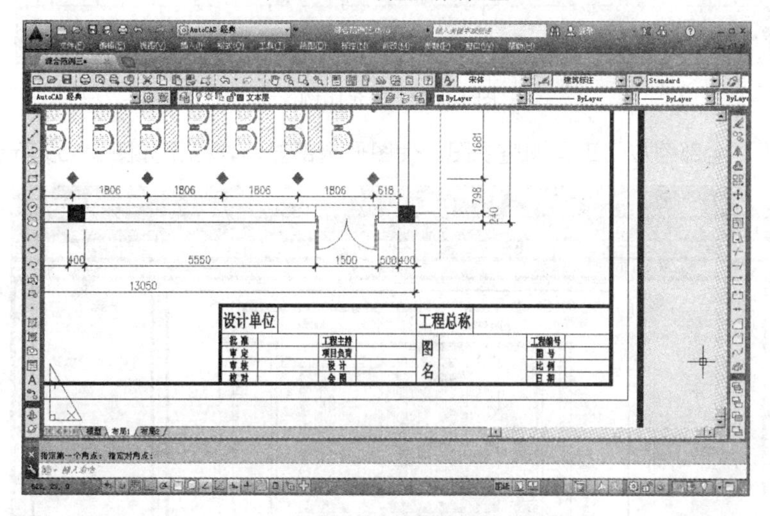

图 18-56　调整视图

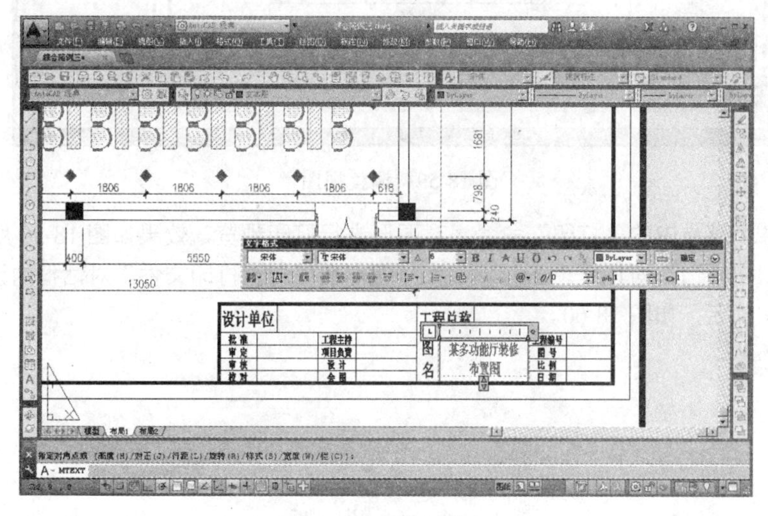

图 18-57　填充图名

步骤10 重复执行“多行文字”命令，设置文字样式和对正方式不变，为标题栏填充出图比例，如图 18-58 所示。

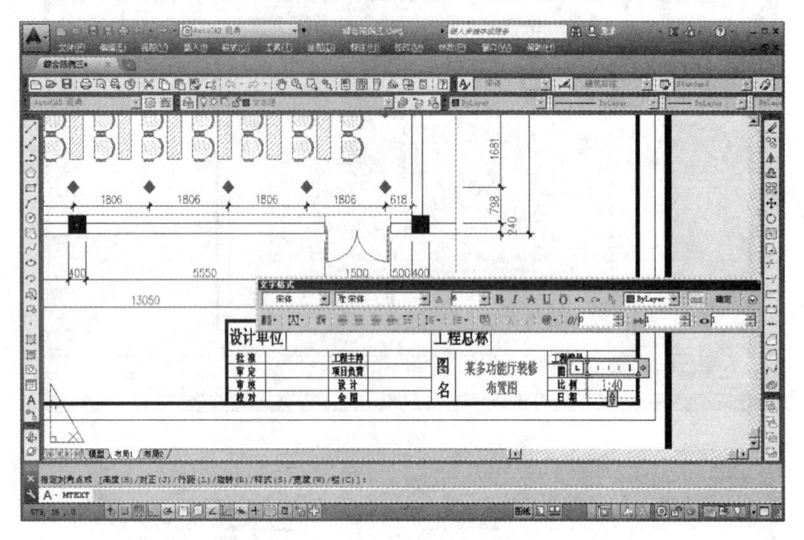

图 18-58　填充比例

步骤11 接下来使用“全部缩放”工具调整视图，使图形全部显示，结果如图 18-59 所示。

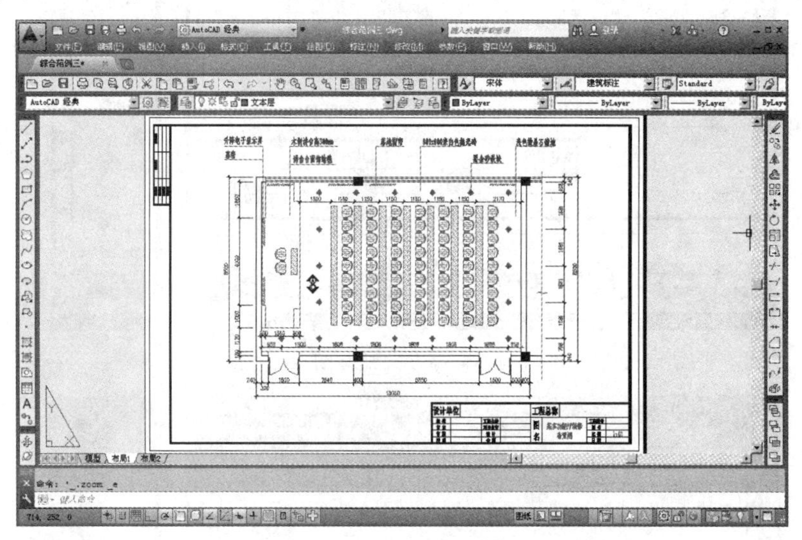

图 18-59　调整视图

步骤12 单击“文件”菜单中的“打印”命令，对图形进行打印预览，效果如图 18-50 所示。

步骤13 返回“打印-布局 1”对话框单击 确定 按钮，在“浏览打印文件”对话框内设置打印文件的保存路径及文件名，如图 18-60。

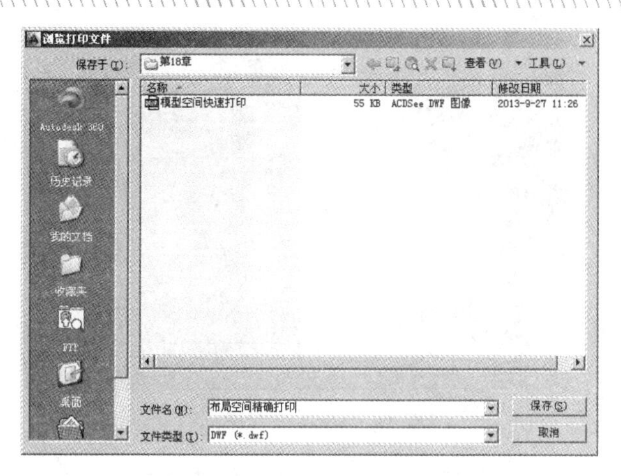

图 18-60　设置文件名及路径

步骤 14　单击 保存... 按钮，可将此平面图输出到相应图纸上。

步骤 15　最后执行“另存为”命令，将图形命名存储为“综合范例二.dwg”。

18.6　综合范例三——多比例打印装修施工图

本例通过将小区多居室户型客厅、卧室、儿童房、卫生间等装修立面图，以不同的打印比例输出到同一张图纸上，主要学习多种比例同时打印的操作方法和操作技巧。本例打印预览效果如图 18-61 所示。

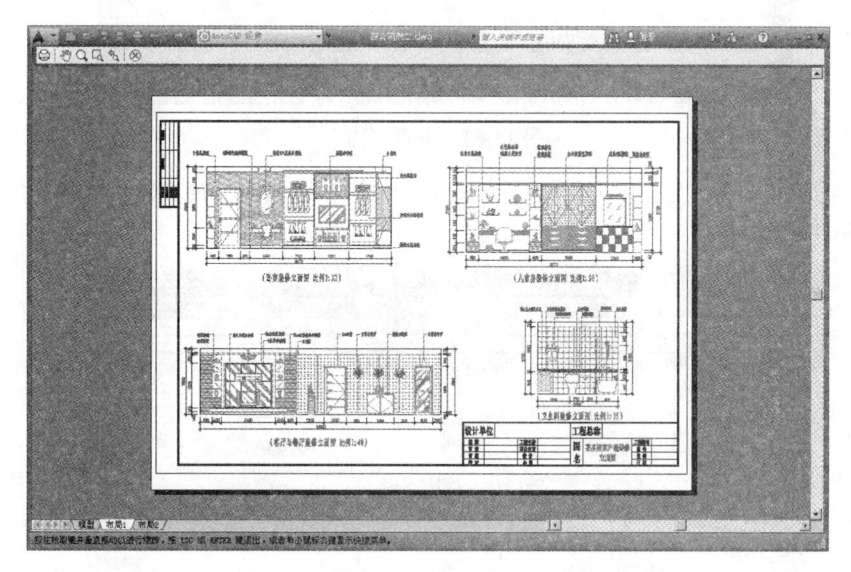

图 18-61　打印效果

操作过程：

步骤 01　打开随书光盘“\效果文件\第 14 章\”目录下的 4 个文件，如图 18-62 所示。

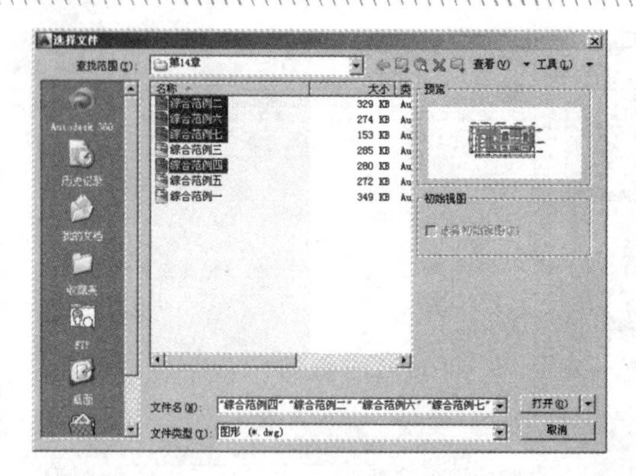

图 18-62　选择文件

步骤 02　单击“窗口”菜单中的“垂直平铺”命令，将各文件进行垂直平铺，结果如图 18-63 所示。

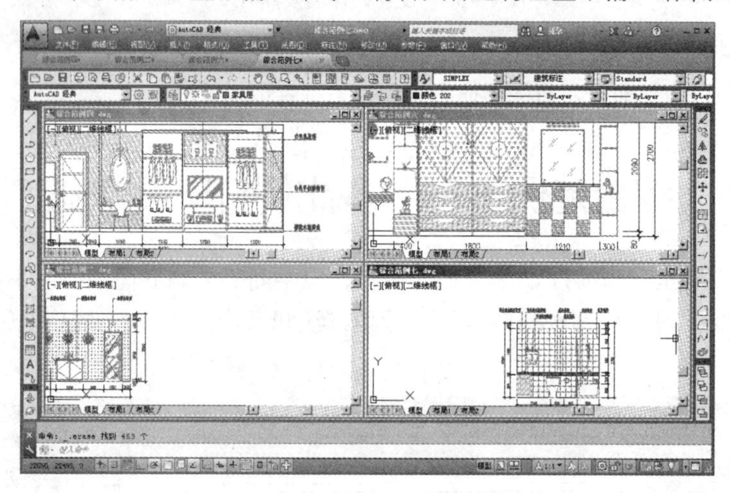

图 18-63　垂直平铺

步骤 03　执行“范围缩放”和“实时缩放”命令调整每个文件内的视图，使文件内的图形完全显示，结果如图 18-64 所示。

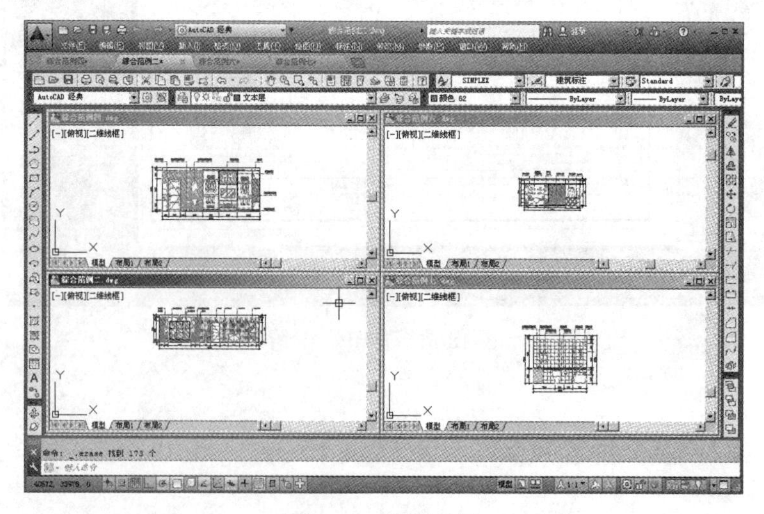

图 18-64　调整结果

步骤 04　使用多文档间的数据共享功能，分别将其他两个文件中的立面图以块的方式共享到另一个文件中，并将其最大化显示，结果如图 18-65 所示。

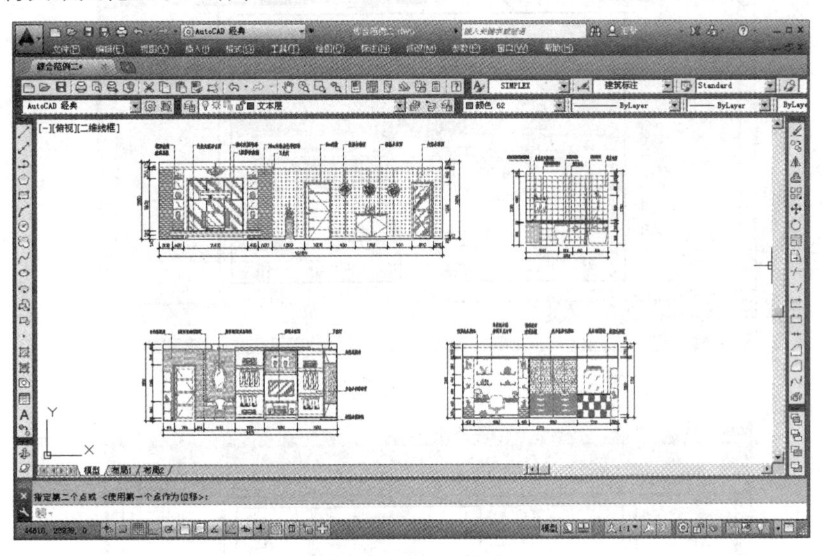

图 18-65　共享结果

步骤 05　进入布局 1 空间，然后展开“图层控制”下拉列表，将“0 图层”设置为当前图层。

步骤 06　使用快捷键 REC 执行“矩形”命令，配合端点捕捉和中点捕捉功能，绘制如图 18-66 所示的 4 个矩形。

步骤 07　单击菜单“视图”/“视口”/“对象”命令，分别选择四个矩形，将其转化为四个矩形视口，如图 18-67 所示。

步骤 08　单击状态栏中的图纸按钮，激活左上侧的视口，然后在“视口”工具栏内调整比例为 1:32，如图 18-68 所示。

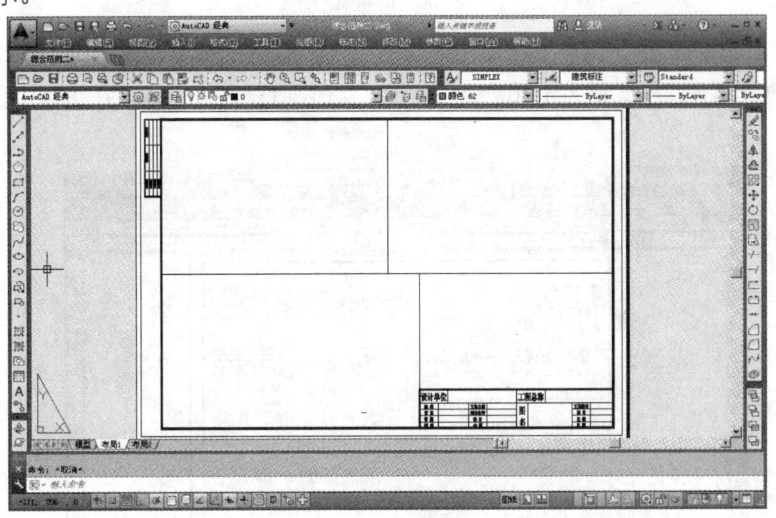

图 18-66　绘制矩形

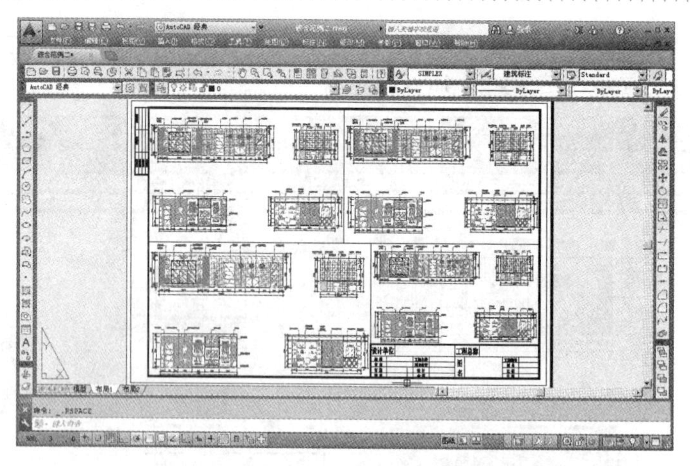

图 18-67　创建矩形视口

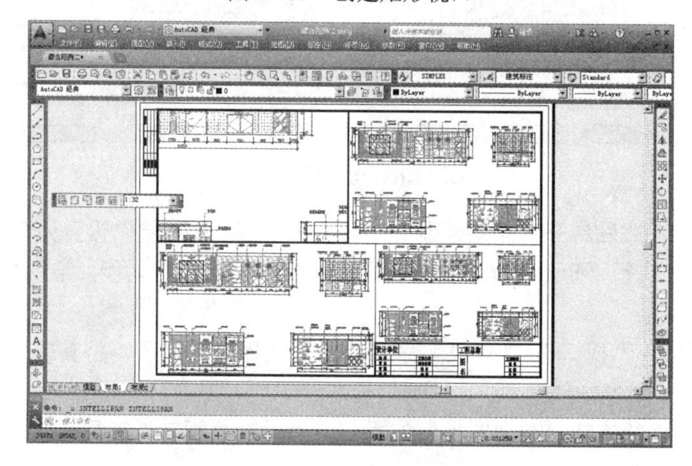

图 18-68　调整比例

步骤 09　接下来使用“实时平移”命令，调整图形在视口内的位置，结果如图 18-69 所示。

步骤 10　激活右上侧视口，调整比例为 1:30，然后使用“实时平移”工具调整图形的出图位置，如图 18-70 所示。

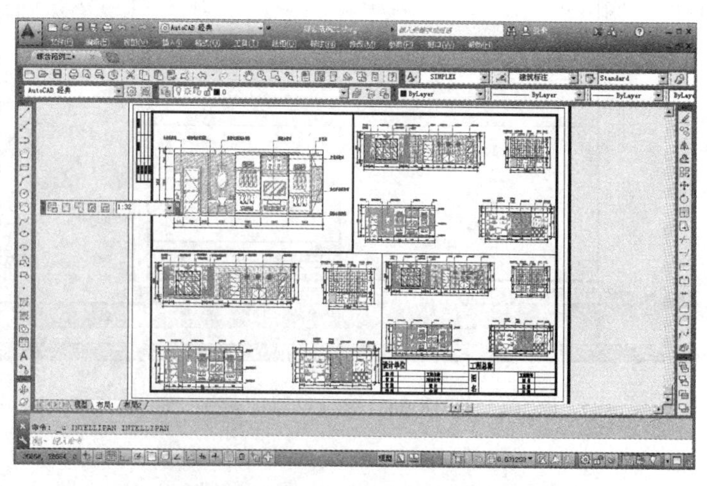

图 18-69　调整出图位置

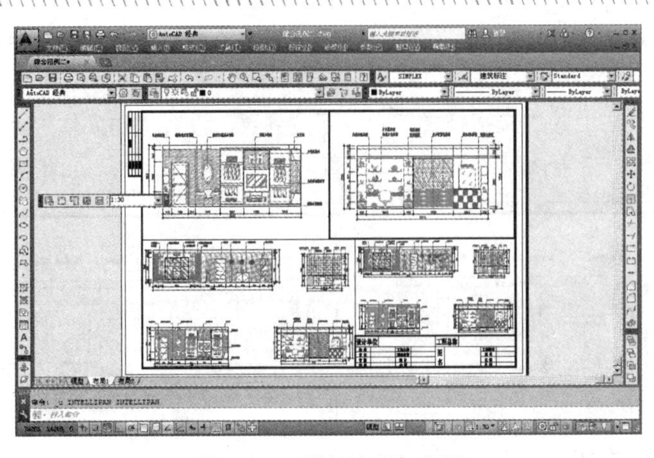

图 18-70　调整比例与位置

步骤 11 激活左下侧视口，调整比例为 1:40，然后使用“实时平移”工具调整图形的出图位置，如图 18-71 所示。

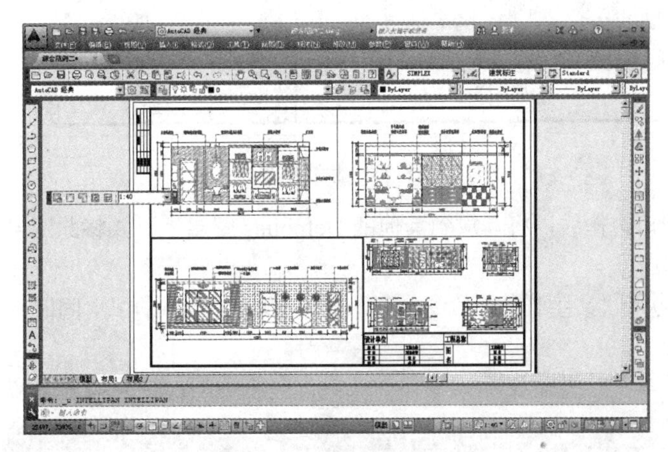

图 18-71　调整比例与位置

步骤 12 激活右下侧视口，调整比例为 1:35，然后使用“实时平移”工具调整图形的出图位置，如图 18-72 所示。

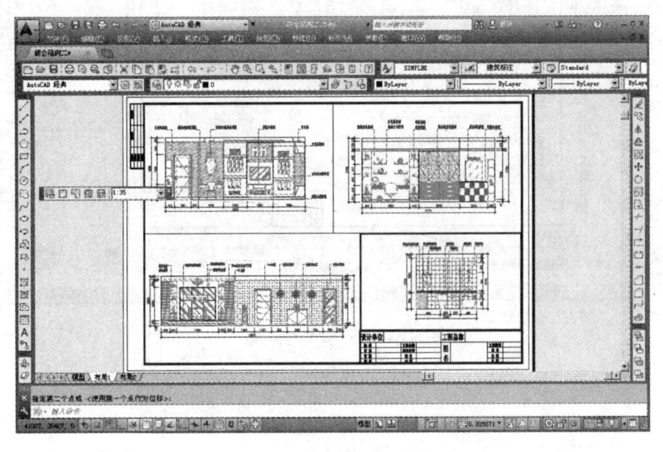

图 18-72　调整比例与位置

步骤 13　返回图纸空间，然后展开“图层”工具栏上的“图层控制”下拉列表，将“文本层”设置为当前图层。

步骤 14　展开“样式”工具栏上的“文字样式控制”下拉列表，设置“仿宋体”为当前样式。

步骤 15　使用快捷键 DT 执行“单行文字”命令，设置文字高度为 7，标注如图 18-73 所示的图名与比例。

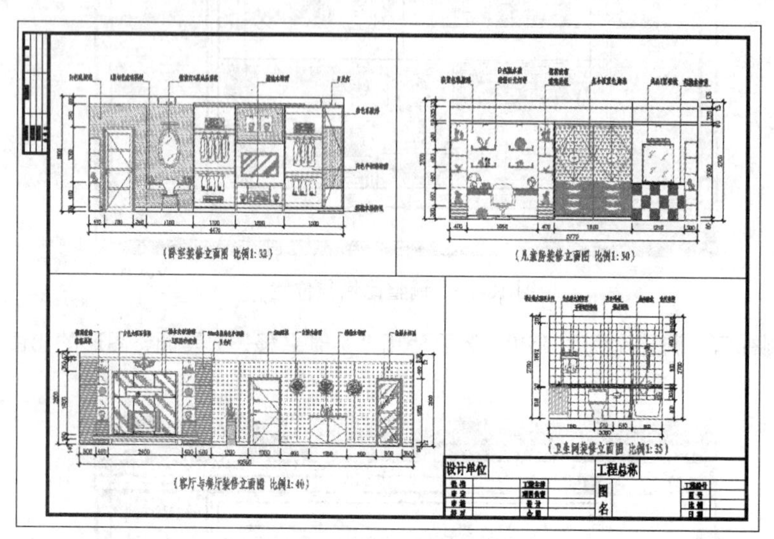

图 18-73　标注结果

步骤 16　选择三个矩形视口边框线，将其放到其他的 Defpoints 图层上，并将此图层关闭，结果如图 18-74 所示。

步骤 17　使用快捷键 ST 执行“文字样式”命令，将“宋体”设置为当前样式，同时修改文字高度如图 18-75 所示。

步骤 18　单击“视图”菜单中的“缩放”/“窗口”工具，调整视图，结果如图 18-76 所示。

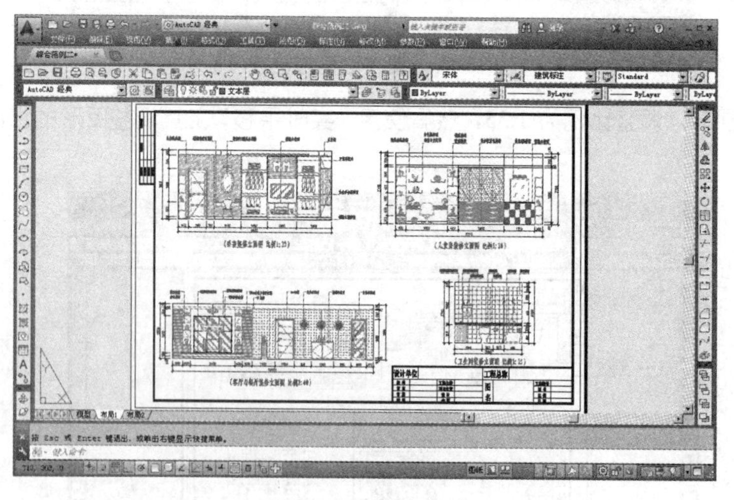

图 18-74　操作结果

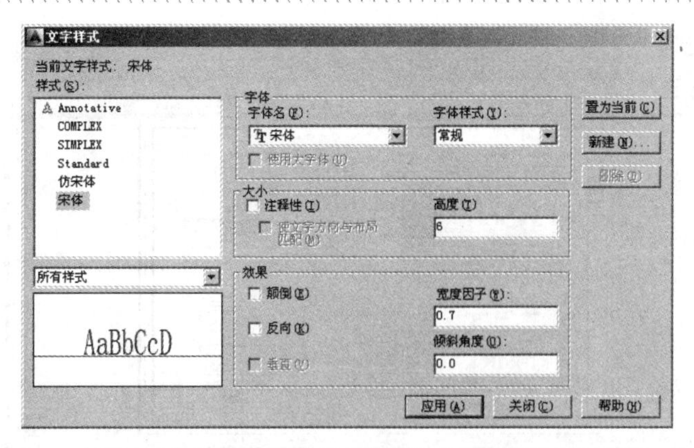

图 18-75　设置当前样式与高度

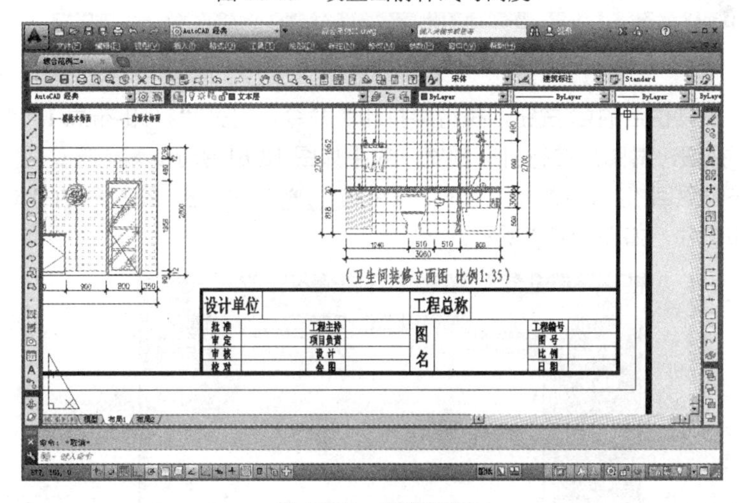

图 18-76　调整视图

步骤 19　使用快捷键 T 执行“多行文字”命令，为标题栏填充图名，如图 18-77 所示。

步骤 20　关闭“文字格式”编辑器，然后使用“范围缩放”命令调整视图，结果如图 18-78 所示。

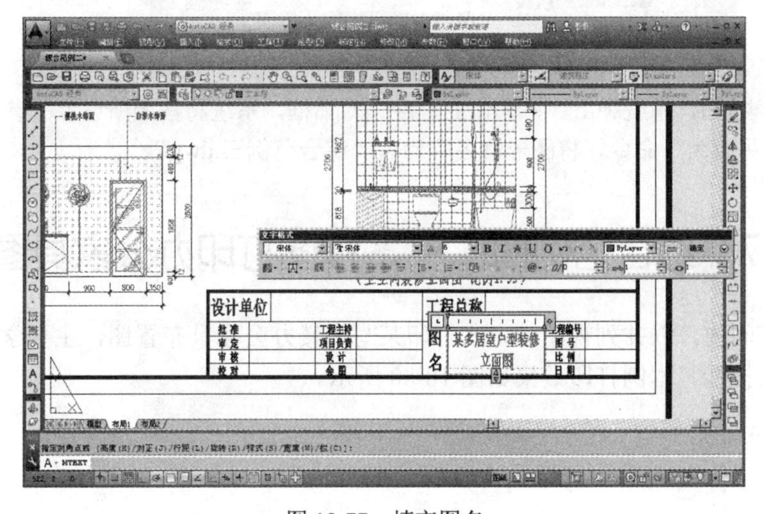

图 18-77　填充图名

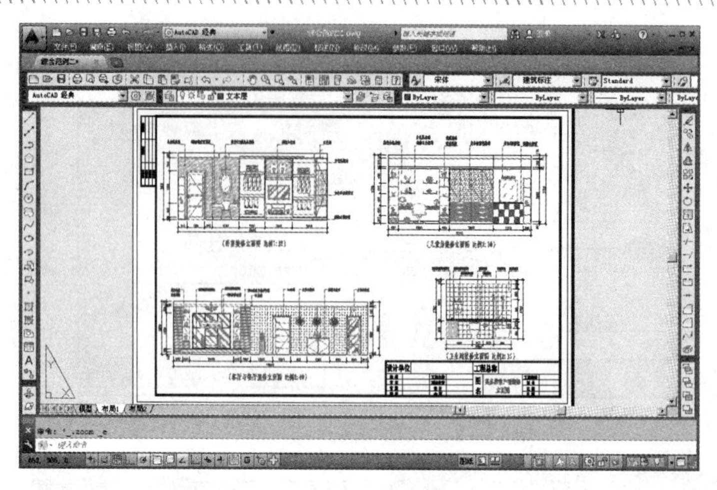

图 18-78　调整视图

步骤 21　单击“标准”工具栏上的按钮，执行“打印”命令，打开“打印-布局 1”对话框。

步骤 22　单击 预览(P)... 按钮，对图形进行打印预览，效果如图 18-61 所示。

步骤 23　退出预览状态，返回“打印-布局 1”对话框单击 确定 按钮，在打开的“浏览打印文件”对话框中保存打印文件，如图 18-79 所示。

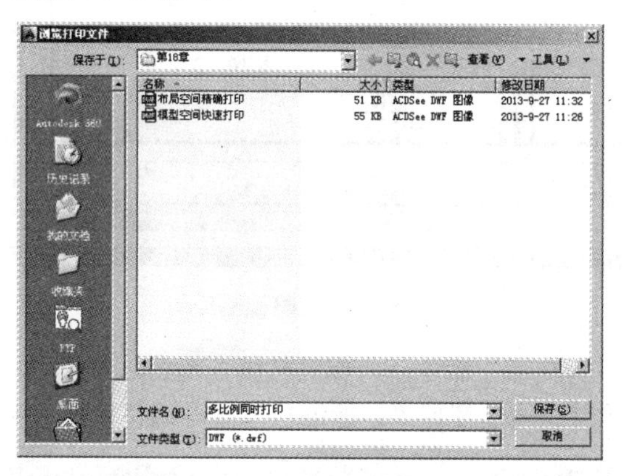

图 18-79　保存打印文件

步骤 24　单击 保存... 按钮，系统弹出“打印作业进度”对话框，系统将按照所设置的参数进行打印。

步骤 25　最后执行“另存为”命令，将图形命名存储为“综合范例三.dwg”。

18.7　综合范例四——多视图打印办公家具图

本例将在布局空间内，以并列视图的方式打印某写字楼办公家具布置图，主要学习立体造型多视图的打印方法和相关技能。本例打印效果如图 18-80 所示。

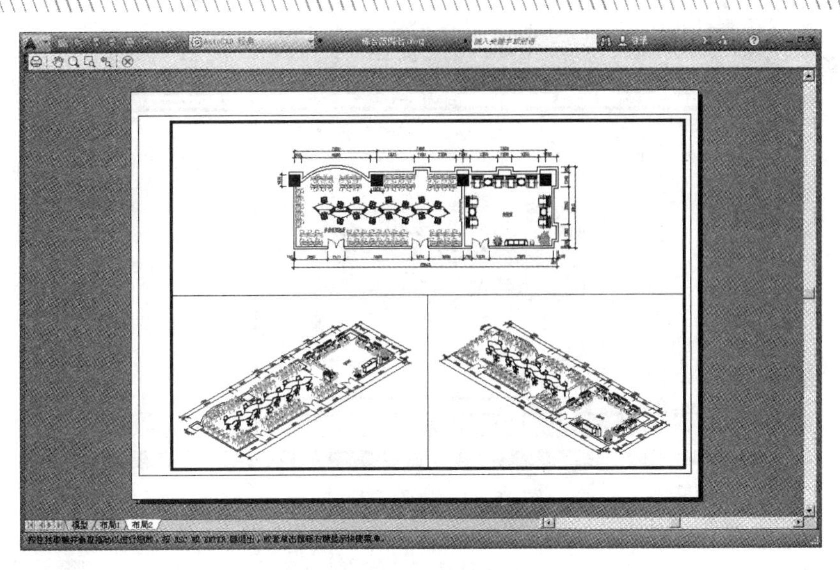

图 18-80　打印效果

操作步骤：

步骤 01　打开随书光盘中的“\效果文件\第 17 章\综合范例七.dwg”文件，如图 18-81 所示。

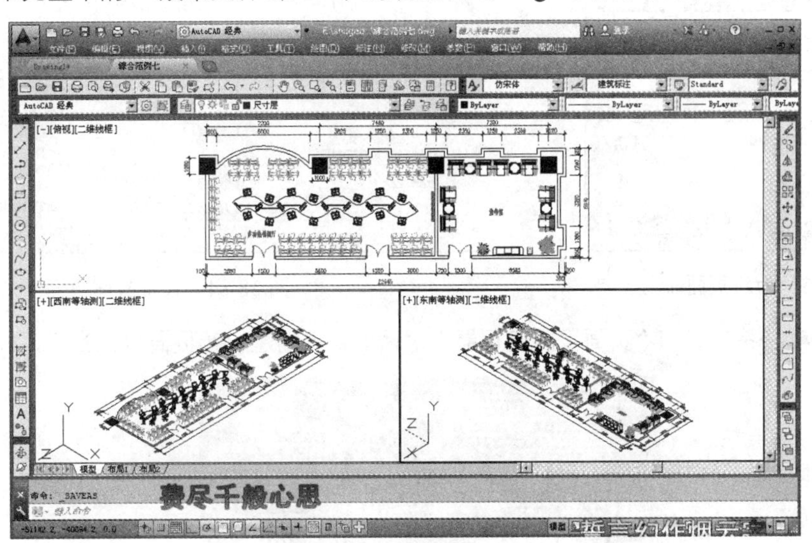

图 18-81　打开结果

步骤 02　单击 布局2 标签，进入布局 2 操作空间，如图 18-82 所示。

步骤 03　单击菜单“文件”/“页面设置管理器”命令，在打开的“页面设置管理器”对话框中单击 新建(N)... 按钮，为新页面赋名，如图 18-83 所示。

步骤 04　单击 确定 按钮，打开“页面设置-布局 2”对话框，设置打印机名称、图纸尺寸、打印比例和图形方向等页面参数，如图 18-84 所示。

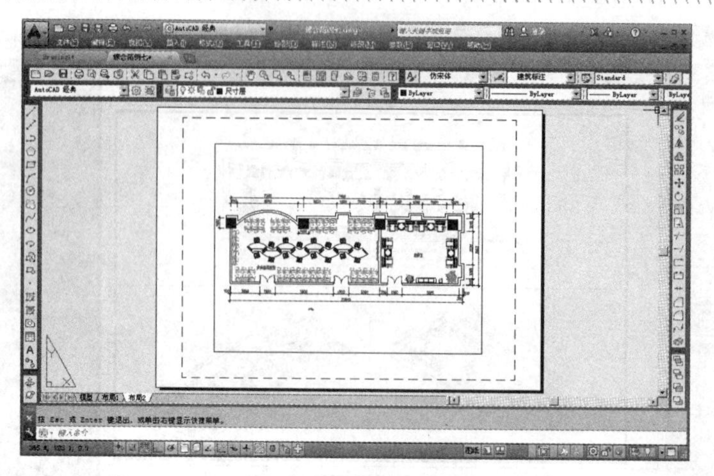

图 18-82　进入布局

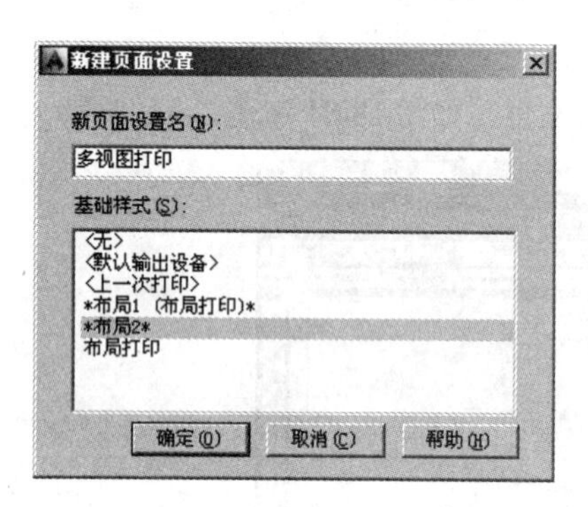

图 18-83　为新页面命名

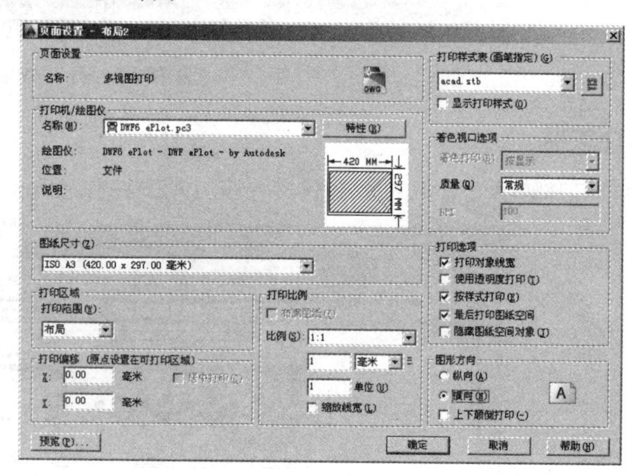

图 18-84　设置打印页面

步骤 05　单击 确定 按钮返回“页面设置管理器”对话框，将创建的新页面置为当前，如图 18-85 所示。

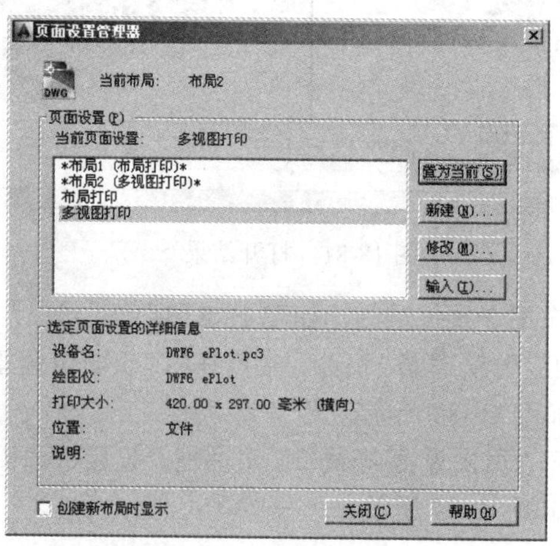

图 18-85　设置当前页面

步骤 06　关闭“页面设置管理器”对话框，返回布局空间，页面设置后的布局显示如图 18-86 所示。

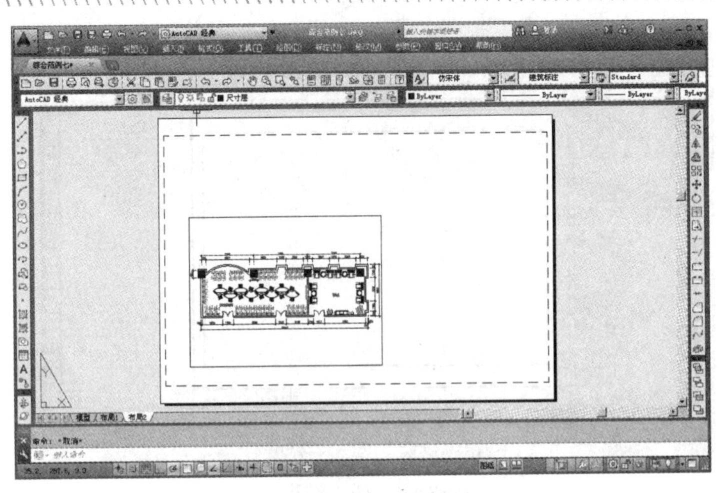

图 18-86　布局显示

步骤 07　使用快捷键 E 执行“删除”命令，删除系统自动产生的矩形视口，并将“0 图层”设置为当前图层，结果如图 18-87 所示。

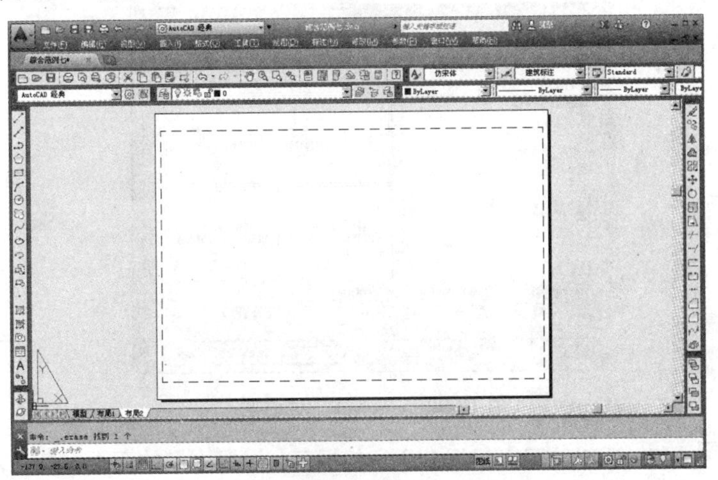

图 18-87　删除结果

步骤 08　使用快捷键 I 执行“插入块”命令，插入随书光盘中的“\图块文件\A3.dwg”图，参数设置如图 18-88 所示，插入结果如图 18-89 所示。

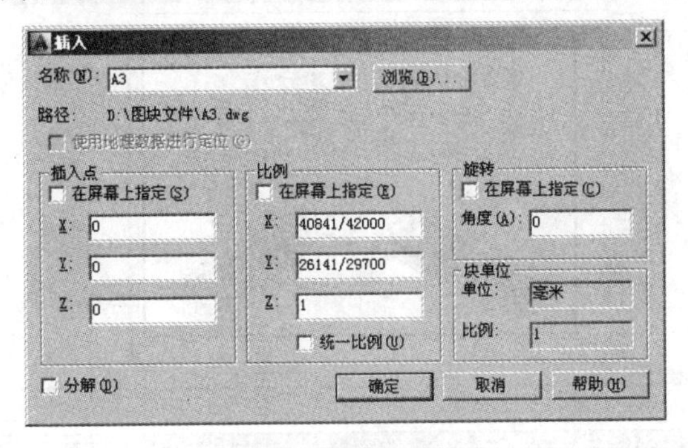

图 18-88　设置参数

图 18-89　插入结果

步骤 09　单击“视图”菜单中的“视图”/“视口”/“新建视口”命令，在打开的“视口”对话框中选择如图 18-90 所示的视口模式。

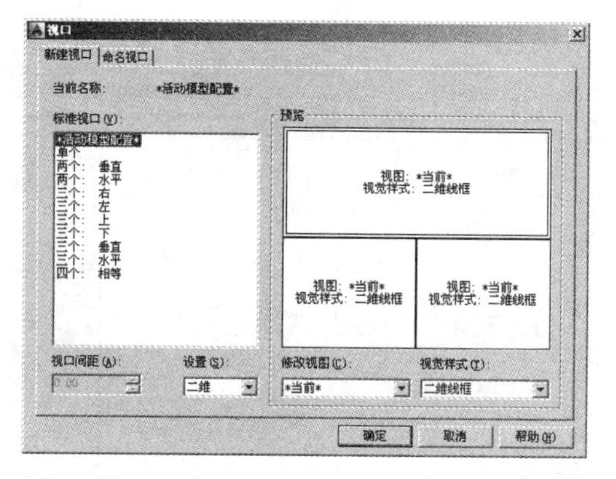

图 18-90　“视口”对话框

步骤 10　单击 确定 按钮，返回绘图区根据命令行的提示，捕捉内框的两个对角点，将内框区域分割为三个视口，结果如图 18-91 所示。

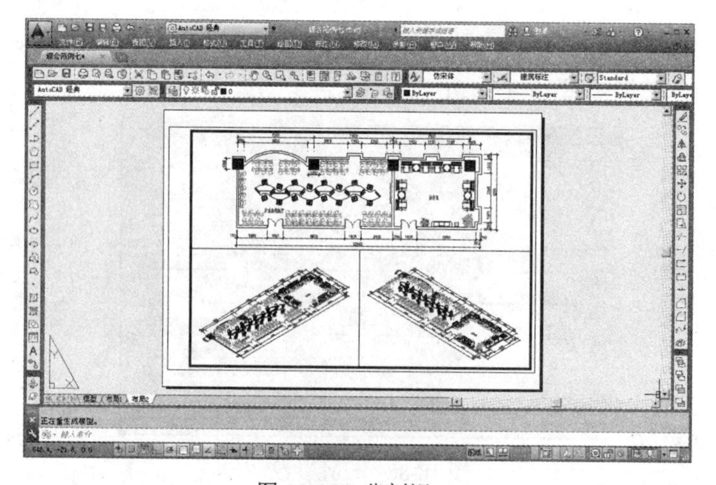

图 18-91　分割视口

步骤 11　单击状态栏上的 图纸 按钮，进入浮动式的模型空间。

步骤 12　激活上侧的矩形视口，然后使用“实时缩放”工具适当调整视图。

步骤 13　分别激活下侧的两个视口，执行“消隐”命令，对视图进行消隐显示，然后关闭视口内的视图控件及坐标系等，结果如图 18-92 所示。

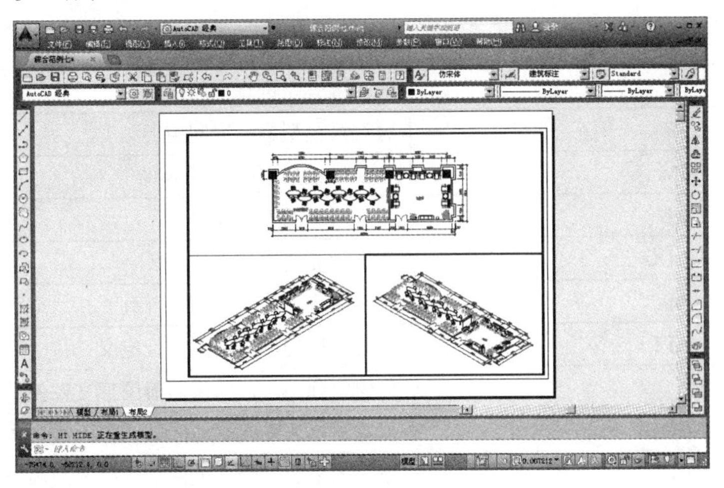

图 18-92　调整结果

步骤 14　返回图纸空间，单击菜单“文件”/“打印预览”命令，对图形进行打印预览，预览效果如图 18-80 所示。

步骤 15　单击鼠标右键，选择“打印”选项，在打开的“浏览打印文件”对话框内设置打印文件的保存路径及文件名，如图 18-93 所示。

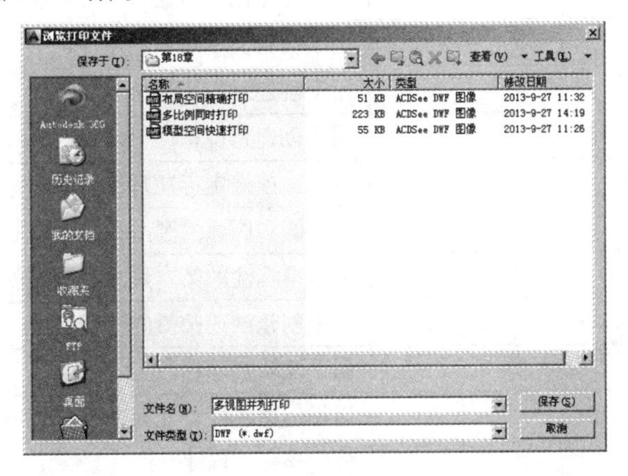

图 18-93　保存打印文件

步骤 16　单击 保存... 按钮，即可进行打印图形。

步骤 17　最后执行“另存为”命令，将图形命名存储为“综合范例四.dwg”。

附录1 快捷键

命令	快捷键（命令简写）	功能
三维阵列	3A	将三维模型进行空间阵列
三维旋转	3R	将三维模型进行空间旋转
三维移动	3M	将三维模型进行空间位移
对齐	AL	用于对齐图形对象
设计中心	ADC	设计中心资源管理器
阵列	AR	将对象矩形阵列或环形阵列
定义属性	ATT	以对话框的形式创建属性定义
创建块	B	创建内部图块，以供当前图形文件使用
边界	BO	以对话框的形式创建面域或多段线
打断	BR	删除图形一部分或把图形打断为两部分
倒角	CHA	给图形对象的边进行倒角
特性	CH	特性管理窗口
圆	C	用于绘制圆
颜色	COL	定义图形对象的颜色
复制	CO、CP	用于复制图形对象
编辑文字	ED	用于编辑文本对象和属性定义
对齐标注	DAL	用于创建对齐标注
角度标注	DAN	用于创建角度标注
基线标注	DBA	从上一或选定标注基线处创建基线标注
圆心标注	DCE	创建圆和圆弧的圆心标记或中心线
连续标注	DCO	从基准标注的第二尺寸界线处创建标注
直径标注	DDI	用于创建圆或圆弧的直径标注
编辑标注	DED	用于编辑尺寸标注
线性标注	Dli	用于创建线性尺寸标注
坐标标注	DOR	创建坐标点标注
半径标注	Dra	创建圆和圆弧的半径标注
标注样式	D	创建或修改标注样式
单行文字	DT	创建单行文字
距离	DI	用于测量两点之间的距离和角度
定数等分	DIV	按照指定的等分数目等分对象
圆环	DO	绘制填充圆或圆环
绘图顺序	DR	修改图像和其他对象的显示顺序

（续表）

命令	快捷键（命令简写）	功能
草图设置	DS	用于设置或修改状态栏上的辅助绘图功能
鸟瞰视图	AV	打开“鸟瞰视图”窗口
椭圆	EL	创建椭圆或椭圆弧
删除	E	用于删除图形对象
分解	X	将组合对象分解为独立对象
输出	EXP	以其他文件格式保存对象
延伸	EX	用于根据指定的边界延伸或修剪对象
拉伸	EXT	用于拉伸或放样二维对象以创建三维模型
圆角	F	用于为两对象进行圆角
编组	G	用于为对象进行编组，以创建选择集
图案填充	H、BH	以对话框的形式为封闭区域填充图案
编辑图案填充	HE	修改现有的图案填充对象
消隐	HI	用于对三维模型进行消隐显示
导入	IMP	向 AutoCAD 输入多种文件格式
插入	I	用于插入已定义的图块或外部文件
交集	IN	用于创建交两对象的公共部分
图层	LA	用于设置或管理图层及图层特性
拉长	LEN	用于拉长或缩短图形对象
直线	L	创建直线
线型	LT	用于创建、加载或设置线型
列表	LI、LS	显示选定对象的数据库信息
线型比例	LTS	用于设置或修改线型的比例
线宽	LW	用于设置线宽的类型、显示及单位
特性匹配	MA	把某一对象的特性复制给其他对象
定距等分	ME	按照指定的间距等分对象
镜像	MI	根据指定的镜像轴对图形进行对称复制
多线	ML	用于绘制多线
移动	M	将图形对象从原位置移动到所指定的位置
多行文字	T、MT	创建多行文字
表格	TB	创建表格
表格样式	TS	设置和修改表格样式
偏移	O	按照指定的偏移间距对图形进行偏移复制
选项	OP	自定义 AutoCAD 设置
对象捕捉	OS	设置对象捕捉模式
实时平移	P	用于调整图形在当前视口内的显示位置

（续表）

命令	快捷键（命令简写）	功能
编辑多段线	PE	编辑多段线和三维多边形网格
多段线	PL	创建二维多段线
点	PO	创建点对象
正多边形	POL	用于绘制正多边形
特性	CH、PR	控制现有对象的特性
快速引线	LE	快速创建引线和引线注释
矩形	REC	绘制矩形
重画	R	刷新显示当前视口
全部重画	RA	刷新显示所有视口
重生成	RE	重生成图形并刷新显示当前视口
全部重生成	REA	重新生成图形并刷新所有视口
面域	REG	创建面域
重命名	REN	对象重新命名
渲染	RR	创建具有真实感的着色渲染
旋转实体	REV	绕轴旋转二维对象以创建对象
旋转	RO	绕基点移动对象
比例	SC	在 X、Y 和 Z 方向等比例放大或缩小对象
切割	SEC	用剖切平面和对象的交集创建面域
剖切	SL	用平面剖切一组实体对象
捕捉	SN	用于设置捕捉模式
二维填充	SO	用于创建二维填充多边形
样条曲线	SPL	创建二次或三次（NURBS）样条曲线
编辑样条曲线	SPE	用于对样条曲线进行编辑
拉伸	S	用于移动或拉伸图形对象
样式	ST	用于设置或修改文字样式
差集	SU	用差集创建组合面域或实体对象
公差	TOL	创建形位公差标注
圆环	TOR	创建圆环形对象
修剪	TR	用其他对象定义的剪切边修剪对象
并集	UNI	用于创建并集对象
单位	UN	用于设置图形的单位及精度
视图	V	保存和恢复或修改视图
写块	W	创建外部块或将内部块转变为外部块
楔体	WE	用于创建三维楔体模型
分解	X	将组合对象分解为组建对象

（续表）

命令	快捷键（命令简写）	功能
外部参照管理	XR	控制图形中的外部参照
外部参照	XA	用于向当前图形中附着外部参照
外部参照绑定	XB	将外部参照依赖符号绑定到图形中
构造线	XL	创建无限长的直线（即参照线）
缩放	Z	放大或缩小当前视口对象的显示

附录2　系统变量

变量	注解
ANGDIR	设置正角度的方向初始值为 0，从相对于当前 UCS 的 0 角度测量角度值。0 逆时针；1 顺时针
ATTDIA	控制 INSERT 命令是否使用对话框用于属性值的输入。0 给出命令行提示；1 使用对话框
ATTMODE	控制属性的显示。0 关，使所有属性不可见；1 普通，保持每个属性当前的可见性；2 开，使全部属性可见
ATTREQ	确定 INSERT 命令在插入块时默认属性设置。0 所有属性均采用各自的默认值；1 使用对话框获取属性值
AUNITS	设置角度单位。0 十进制度数；1 度/分/秒；2 百分度；3 弧度；4 勘测单位
APBOX	打开或关闭 AutoSnap 靶框。当捕捉对象时，靶框显示在十字光标的中心。0 不显示靶框；1 显示靶框
APERTURE	以像素为单位设置靶框显示尺寸。靶框是绘图命令中使用的选择工具。初始值为 10
AREA	AREA 既是命令又是系统变量。存储由 AREA 计算的最后一个面积值
AUPREC	设置所有只读角度单位（显示在状态行上）和可编辑角度单位（其精度小于或等于当前 AUPREC 的值）的小数位数
AUTOSNAP	0 关（自动捕捉）；1 开；2 开提示；4 开磁吸；8 开极轴追踪；16 开捕捉追踪；32 开极轴追踪和捕捉追踪提示
BACKZ	以绘图单位存储当前视口后向剪裁平面到目标平面的偏移值。VIEWMODE 系统变量中的后向剪裁位打开时才有效
BINDTYPE	控制绑定或在位编辑外部参照时外部参照名称的处理方式。0 传统的绑定方式；1 类似“插入”方式
BLIPMODE	控制点标记是否可见。BLIPMODE 既是命令又是系统变量。使用 SETVAR 命令访问此变量。0 关闭；1 打开
CELWEIGHT	设置新对象的线宽。1 线宽为“BYLAYER”；2 线宽为“BYBLOCK”；3 线宽为“DEFAULT”
CHAMFERA	设置第一个倒角距离。初始值为 0.0000
CHAMFERB	设置第二个倒角距离。初始值为 0.0000
CHAMFERC	设置倒角长度。初始值为 0.0000
CHAMFERD	设置倒角角度。初始值为 0.0000
CHAMMODE	设置 AutoCAD 创建倒角的输入方法。0 需要两个倒角距离；1 需要一个倒角距离和一个角度
CIRCLERAD	设置默认的圆半径。0 表示无默认半径。初始值为 0.0000
CLAYER	设置当前图层。初始值为 0

（续表）

变量	注解
CMDDIA	输入方式的切换。0 命令行输入；1 对话框输入
CMDNAMES	显示当前活动命令和透明命令的名称。例如，LINE'ZOOM 指示 ZOOM 命令在 LINE 命令执行期间被透明使用
CMLJUST	指定多线对正方式。0 上；1 中间；2 下。初始值为 0
CDATE	设置日历的日期和时间，不被保存
CECOLOR	设置新对象的颜色。有效值包括 BYLAYER、BYBLOCK 以及从 1~255 的整数
CELTSCALE	设置当前对象的线型比例因子
CELTYPE	设置新对象的线型。初始值为“BYLAYER”
COORDS	0 用定点设备指定点时更新坐标显示；1 不断地更新绝对坐标的显示；2 不断地更新绝对坐标的显示，当需要距离和角度时，显示到上一点的距离和角度
CPLOTSTYLE	控制新对象的当前打印样式
CPROFILE	显示当前配置的名称
CTAB	返回图形中当前（模型或布局）选项卡的名称。通过本系统变量，用户可以确定当前的活动选项卡
CURSORSIZE	按屏幕大小的百分比确定十字光标的大小。初始值为 5
CVPORT	设置当前视口的标识码
DATE	存储当前日期和时间
DIMAPOST	为所有标注类型（角度标注除外）的换算标注测量值指定文字前缀或后缀（或两者都指定）
DIMASO	控制标注对象的关联性
DIMASSOC	控制标注对象的关联性
DIMASZ	控制尺寸线、引线箭头的大小，并控制钩线的大小
DIMATFIT	当尺寸界线的空间不足以同时放下标注文字和箭头时，本系统变量将确定这两者的排列方式
DIMAUNIT	设置角度标注的单位格式。0 十进制度数；1 度/分/秒；2 百分度；3 弧度
DIMAZIN	对角度标注作消零处理
DIMBLK	设置尺寸线或引线末端显示的箭头块
DIMBLK1	当 DIMSAH 系统变量打开时，设置尺寸线第一个端点的箭头
DIMBLK2	当 DIMSAH 系统变量打开时，设置尺寸线第二个端点的箭头
DIMCEN	控制由 DIMCENTER、DIMDIAMETER 和 DIMRADIUS 命令绘制的圆或圆弧的圆心标记和中心线图形
DIMCLRD	为尺寸线、箭头和标注引线指定颜色，同时控制由 LEADER 命令创建的引线颜色
DIMCLRE	为尺寸界线指定颜色
DIMCLRT	为标注文字指定颜色
DIMDEC	设置标注主单位显示的小数位位数，精度基于选定的单位或角度格式

（续表）

变量	注解
DIMDLE	当使用小斜线代替箭头进行标注时，设置尺寸线超出尺寸界线的距离
DIMDLI	控制基线标注中尺寸线的间距
DIMEXE	指定尺寸界线超出尺寸线的距离
DEFLPLSTYLE	指定图层 0 的默认打印样式
DEFPLSTYLE	为新对象指定默认打印样式
DELOBJ	控制创建其他对象的对象将从图形数据库中删除还是保留在图形数据库中。0 保留对象；1 删除对象
DIMADEC	1 使用 DIMADEC 设置的小数位数绘制角度标注；0~8 使用 DIMADEC 设置的小数位数绘制角度标注
DIMLFAC	设置线性标注测量值的比例因子
DIMLIM	将极限尺寸生成为默认文字
DIMLUNIT	为所有标注类型（除角度标注外）设置单位制
DIMLWD	指定尺寸线的线宽。其值是标准线宽，-3 BYLAYER；-2 BYBLOCK；整数代表百分之一毫米的倍数
DIMLWE	指定尺寸界线的线宽。其值是标准线宽，-3 BYLAYER；-2 BYBLOCK ；整数代表百分之一毫米的倍数
DIMPOST	指定标注测量值的文字前缀或后缀（或者两者都指定）
DIMRND	将所有标注距离舍入到指定值
DIMSAH	控制尺寸线箭头块的显示
DIMSCALE	为标注变量（指定尺寸、距离或偏移量）设置全局比例因子。同时还影响 LEADER 命令创建的引线对象的比例
DIMSD1	控制是否禁止显示第一条尺寸线
DIMSD2	控制是否禁止显示第二条尺寸线
DIMTFAC	按照 DIMTXT 系统变量的设置，相对于标注文字高度给分数值和公差值的文字高度指定比例因子
DIMTIH	控制所有标注类型（坐标标注除外）的标注文字在尺寸界线内的位置
DIMTIX	在尺寸界线之间绘制文字
DIMTOFL	控制是否将尺寸线绘制在尺寸界线之间（即使文字放置在尺寸界线之外）
DIMTOH	控制标注文字在尺寸界线外的位置。0 或关：将文字与尺寸线对齐；1 或开：水平绘制文字
DIMTOL	将公差附在标注文字之后。将 DIMTOL 设置为“开”，将关闭 DIMLIM 系统变量
DIMTOLJ	设置公差值相对名词性标注文字的垂直对正方式。0 下；1 中间；2 上
DIMTP	在 DIMTOL 或 DIMLIM 系统变量设置为开的情况下，为标注文字设置最大(上)偏差。DIMTP 接受带符号的值
DIMTSZ	指定线性标注、半径标注以及直径标注中替代箭头的小斜线尺寸

（续表）

变量	注解
DIMTVP	控制尺寸线上方或下方标注文字的垂直位置。当 DIMTAD 设置为关时，AutoCAD 将使用 DIMTVP 的值
DIMTXSTY	指定标注的文字样式
DIMTXT	指定标注文字的高度，除非当前文字样式具有固定的高度
DIMSE1	控制是否禁止显示第一条尺寸界线。关为不禁止显示尺寸界线；开为禁止显示尺寸界线
DIMSE2	控制是否禁止显示第二条尺寸界线。关为不禁止显示尺寸界线；开为禁止显示尺寸界线
DIMSOXD	控制是否允许尺寸线绘制到尺寸界线之外：关为不消除尺寸线；开为消除尺寸线
DIMSTYLE	DIMSTYLE 既是命令又是系统变量。作为系统变量，DIMSTYLE 将显示当前标注样式
DIMTAD	控制文字相对尺寸线的垂直位置
ELEVATION	存储当前空间当前视口中相对当前 UCS 的当前标高值
EXPERT	控制是否显示某些特定提示
EXPLMODE	控制 EXPLODE 命令是否支持比例不一致（NUS）的块
EXTMAX	存储图形范围右上角点的值
EXTMIN	存储图形范围左下角点的值
FILLETRAD	存储当前的圆角半径
FILLMODE	指定图案填充（包括实体填充和渐变填充）、二维实体和宽多段线是否被填充
FONTALT	在找不到指定的字体文件时指定替换字体
FONTMAP	指定要用到的字体映射文件
FRONTZ	按图形单位存储当前视口中前向剪裁平面到目标平面的偏移量
FULLOPEN	指示当前图形是否被局部打开
GFANG	指定渐变填充的角度。有效值为 0~360°
GFCLR1	为单色渐变填充或双色渐变填充的第一种颜色指定颜色。有效值为 RGB（000, 000, 000）~RGB（255, 255, 255）
GFCLR2	为双色渐变填充的第二种颜色指定颜色。有效值为 RGB（000, 000, 000）~RGB（255, 255, 255）
GFCLRLUM	在单色渐变填充中使颜色变淡（与白色混合）或变深（与黑色混合）。有效值为 0.0（最暗）~1.0（最亮）
GFCLRSTATE	指定是否在渐变填充中使用单色或双色。0 双色渐变填充；1 单色渐变填充
GRIPCOLOR	控制未选定夹点的颜色。有效取值范围为 1~255
GRIPHOT	控制选定夹点的颜色。有效取值范围为 1~255
GRIPHOVER	控制当光标停在夹点上时其夹点的填充颜色。有效取值范围为 1~255
GRIPOBJLIMIT	抑制当初始选择集包含的对象超过特定的数量时夹点的显示
GRIPS	控制“拉伸”、“移动”、“旋转”、“缩放”和“镜像夹点”模式中选择集夹点的使用
GRIPSIZE	以像素为单位设置夹点方框的大小。有效取值范围为 1~255

（续表）

变量	注解
GFNAME	指定一个渐变填充图案。有效值为 1~9
GFSHIFT	指指定在渐变填充中的图案是否居中或向左变换移位。0 居中；1 向左上方移动
GRIDMODE	指定打开或关闭栅格。0 关闭栅格；1 打开栅格
GRIDUNIT	指定当前视口的栅格间距（X 和 Y 方向）
GRIPBLOCK	控制块中夹点的指定。0 只为块的插入点指定夹点；1 为块中的对象指定夹点
HPASSOC	控制图案填充和渐变填充是否关联
HPBOUND	控制 BHATCH 和 BOUNDARY 命令创建的对象类型
HPDOUBLE	指定用户定义图案的双向填充图案。双向将指定与原始直线成 90º 角绘制的第二组直线
HPNAME	设置默认填充图案，其名称最多可包含 34 个字符，其中不能有空格
HPSCALE	指定填充图案的比例因子，其值不能为零
HPSPACE	为用户定义的简单图案指定填充图案的线间隔，其值不能为零
INSUNITS	为从设计中心拖动并插入到图形中的块或图像的自动缩放指定图形单位值
INSUNITSDEFSOURCE	设置源内容的单位值。有效范围是从 0~20
INSUNITSDEFTARGET	设置目标图形的单位值。有效范围是从 0~20
INTERSECTIONCOLOR	指定相交多段线的颜色
INTERSECTIONDISPLA	指定相交多段线的显示
LTSCALE	设置全局线型比例因子。线型比例因子不能为零
LUNITS	设置线性单位。1 科学；2 小数；3 工程；4 建筑；5 分数
LUPREC	设置所有只读线性单位和可编辑线性单位（其精度小于或等于当前 LUPREC 的值）的小数位位数
LWDEFAULT	设置默认线宽的值。默认线宽可以以毫米的百分之一为单位设置为任何有效线宽
LWDISPLAY	控制是否显示线宽。设置随每个选项卡保存在图形中。0 不显示线宽；1 显示线宽
LWUNITS	控制线宽单位以英寸还是毫米显示。0 英寸；1 毫米
MAXACTVP	设置布局中一次最多可以激活多少视口。MAXACTVP 不影响打印视口的数目
MAXSORT	设置列表命令可以排序的符号名或块名的最大数目。如果项目总数超过了本系统变量的值，将不进行排序
MBUTTONPAN	控制定点设备第三按钮或滑轮的动作响应
MEASUREINIT	设置初始图形单位（英制或公制）
MEASUREMENT	仅设置当前图形的图形单位（英制或公制）
MENUCTL	控制屏幕菜单中的页切换
MENUECHO	设置菜单回显和提示控制位
MENUNAME	存储菜单文件名，包括文件名路径
MIRRTEXT	控制 MIRROR 命令影响文字的方式。0 保持文字方向；1 镜像显示文字
MTEXTFIXED	控制多行文字编辑器的外观

（续表）

变量	注解
MTJIGSTRING	设置当 MTEXT 命令使用后，在光标位置处显示样例文字的内容
OFFSETDIST	设置默认的偏移距离
OFFSETGAPTYPE	当偏移多段线时，控制如何处理线段之间的潜在间隙
OSNAPCOORD	控制是否从命令行输入坐标替代对象捕捉
PALETTEOPAQUE	控制窗口透明性
PAPERUPDATE	控制当尝试以不同于为绘图仪配置文件默认指定的图纸尺寸打印布局时，警告对话框的显示
PDMODE	控制如何显示点对象
PDSIZE	设置显示的点对象大小
PEDITACCEPT	抑制在使用 PEDIT 时，显示选取的对象不是多段线的提示
PICKDRAG	控制绘制选择窗口的方式
PICKFIRST	控制在发出命令之前（先选择后执行）还是之后选择对象
PICKSTYLE	控制编组选择和关联填充选择的使用
PLATFORM	指示 AutoCAD 工作的操作系统平台
PLINEGEN	设置如何围绕二维多段线的顶点生成线型图案
PLINETYPE	指定 AutoCAD 是否使用优化的二维多段线
PLINEWID	存储多段线的默认宽度
PLOTROTMODE	控制打印方向
PLQUIET	控制显示可选对话框以及脚本和批处理打印的非致命错误
POLARADDANG	包含用户定义的极轴角
POLARANG	设置极轴角增量。值可设置为 90、45、30、22.5、18、15、10 和 5
POLARDIST	当 SNAPTYPE 系统变量设置为 1（极轴捕捉）时，设置捕捉增量
POLARMODE	控制极轴和对象捕捉追踪设置
PELLIPSE	控制由 ELLIPSE 命令创建的椭圆类型
PERIMETER	存储由 AREA、DBLIST 或 LIST 命令计算的最后一个周长值
PFACEVMAX	设置每个面顶点的最大数目
PICKADD	控制后续选定对象是替换还是添加到当前选择集
PICKAUTO	控制选择对象提示下是否自动显示选择窗口
PICKBOX	以像素为单位设置对象选择目标的高度
RTDISPLAY	控制实时 ZOOM 或 PAN 时光栅图像的显示。存储当前用于自动保存的文件名
SAVEFILEPATH	指定 AutoCAD 任务的所有自动保存文件目录的路径
SAVENAME	在保存当前图形之后存储图形的文件名和目录路径
SNAPMODE	打开或关闭捕捉模式
SNAPSTYL	设置当前视口的捕捉样式

（续表）

变量	注解
SNAPTYPE	设置当前视口的捕捉类型
SNAPUNIT	设置当前视口的捕捉间距
SPLINESEGS	设置每条样条拟合多段线（此多段线通过 PEDIT 命令的样条曲线选项生成）的线段数目
SPLINETYPE	设置 PEDIT 命令的样条曲线选项生成的曲线类型
TEXTEVAL	控制处理使用 TEXT 或-TEXT 命令输入的字符串的方法
TEXTFILL	控制打印和渲染时 TrueType 字体的填充方式
TEXTQLTY	设置打印和渲染时 TrueType 字体文字轮廓的镶嵌精度
TEXTSIZE	设置以当前文本样式绘制的新文字对象的默认高度（当前文本样式具有固定高度时此设置无效）
TEXTSTYLE	设置当前文本样式的名称
TILEMODE	将模型选项卡或最后一个布局选项卡置为当前
TSPACETYPE	控制多行文字中使用的行间距类型
TSTACKALIGN	控制堆叠文字的垂直对齐方式
TSTACKSIZE	控制堆叠文字分数的高度相对于选定文字的当前高度的百分比。有效值为 25~125
TOOLTIPS	控制工具栏提示的显示与否。0 不显示工具栏提示；1 显示工具栏提示
TRACEWID	设置线的默认宽度
TRACKPATH	控制显示极轴和对象捕捉追踪的对齐路径
TRIMMODE	控制 AutoCAD 是否修剪倒角和圆角的选定边
TSPACEFAC	控制多行文字的行间距（按文字高度的比例因子测量）。有效值为 0.25~4.0
XLOADCTL	打开/关闭外部参照的按需加载，并控制是打开参照图形文件还是打开参照图形文件的副本
XLOADPATH	创建一个路径用于存储按需加载的外部参照文件临时副本

附录 3　思考题答案

第 1 章

思考题一

AutoCAD 2014 共为用户提供了“AutoCAD 经典”、“草图与注释”、“三维基础”和“三维建模”4种工作空间。工作空间的切换主要有以下 4 种方法：

方法一，单击菜单“工具”/“工作空间”下一级菜单；

方法二，展开“工作空间控制”下拉列表；

方法三，单击状态栏上的 AutoCAD 经典 按钮；

方法四，单击标题栏上的 AutoCAD 经典 按钮。

思考题二

AutoCAD 共为用户提供了“模型空间”和“布局空间”两种，其中“模型空间”是图形设计的主要空间，它与绘图输出不直接相关，仅属于一个辅助的出图空间，可以打印一些要求比较低的图形；而“布局空间”则是图形输出的主要空间，它与打印输出密切相关，用户不仅可以在此空间内打印单个或多个图形，还可以使用单一比例打印、多种比例打印，在调整出图比例和协调图形位置方面比较方便。

单击绘图区底部的“模型”标签或“布局”标签，即可在这两种绘图空间中进行切换。

思考题三

AutoCAD 的命令调用方法，主要有以下几种：

方法一，单击“菜单栏与右键菜单”中的命令选项；

方法二，单击“工具栏与功能区”中的命令按钮；

方法三，在命令行输入“命令表达式”；

方法四，使用“功能键”或“快捷键”。

第 2 章

思考题一

如果一次选择多个图形对象，比较常用的方法主要有以下几种：

方法一，使用“窗口选择”方式。选择框为实线，完全位于框内的图形都可被选中。与之相似的还有“圈围选择”；

方法二，使用“窗交选择”方式。选择框为虚线，所有与选择框相交的或完全处在选择框内的图形，都可被选中。与其相似的还有“圈交选择”；

方法三，使用“快速选择”命令。可以根据图层、线型、颜色等特性进行过滤选择。

思考二

AutoCAD 绘图的精确性主要体现在“点的坐标输入”和“点的捕捉追踪”两大类功能上，其中“点的坐标输入”又细分为“绝对”和“相对”两种；“点的捕捉追踪”细分为“步长捕捉、对象捕捉和精确追踪”三种。

思考三

如果想将视图的高度调整为 500 个单位，可以使用以下几种方法：

方法一，使用“中心缩放”功能，直接设置视图的高度，比较方便；

方法二，事先将图形界限的 Y 坐标设置为 500，然后再使用“全部缩放”功能；

方法三，事先绘制高度为 500 的垂直线，然后对其进行范围缩放。

第 3 章

思考题一

将图形事先定制为内部图块，然后使用等分点命令中的“块”选项，即可将图块有规则地排列在等分对象上。

思考题二

使用“多线样式”命令设置不同线型、不同颜色的多线样式，然后再使用“多线”命令即可快速绘制所需的平行线组；巧妙使用“多段线”命令中的“画弧”功能可以绘制一些连续的相切弧；使用“构造线”命令可以快速对某角进行单次等分，使用“等分点”命令可以对角进行多次等分。

思考题三

有两种解决办法，其一就是使用 layiso 命令让欲填充的范围线所在的层进行孤立，然后再执行填充命令，就可以迅速找到填充范围。

另一种方式就是使用命令中的“边界集”功能，即可快速地分析出填充范围。由于在默认填充时，系统是从整个当前视口中进行分析边界，这样就会大大影响填充的速度，此时可以巧妙使用命令中的“边界集”功能，新建一个边界集，让系统在这个范围内来找边界就会快好多。

第 4 章

思考题一

“修剪对象”和“延伸对象”都必需首先指定一个边界，系统根据边界进行控制对象的修剪部分和延伸部分；而“打断对象”和“拉长对象”比较灵活自由，没有边界的限制，只需要定位出打断距离或拉长长度，即可编辑对象。

思考题二

如果需要精确地控制对象的第一个断点，可以使用命令中的“第一点”功能；如果将打断后的对象进行合并，则可以使用“合并”命令。

思考题三

用户可以更改“倒角”或“圆角”命令中的修剪模式为“不修剪”，然后再对图线进行倒角和圆角。

思考题四

在具体参数不明确的前提下旋转对象或缩放对象时，可以充分调用命令中的“参照”功能；如果在旋转对象或缩放对象后，源对象保持不变时，可以使用命令中的“复制”功能。

第 5 章

思考题一

AutoCAD 共为用户提供了“复制”、“偏移”、“镜像”和“阵列”4 种复合工具，其中，“复制”命令用于将图形进行基点复制，复制出的图形尺寸、形状等保持不变；“偏移”命令则是根据指定的距离或点进行复制图形，复制出的图形尺寸可能会发生变化；“镜像”命令则是根据指定的镜像线将原图形作对称复制，通常使用此工具创建一些结构对称的图形；而“阵列”命令则是一种大规模的多重复制工具，它不但可以将图形按照指定的行数、列数等因素作矩形排列阵列出多个图形；还可以将图形按照指定的中心点和填充角度作圆形排列阵列出多个图形。

思考题二

在无命令执行的前提下选择图形，图形上会显示出一些蓝色实心的小方框，这些蓝色小方框即为图形的夹点；“夹点编辑”指的是将“移动”、“旋转”、“比例”、“镜像”、“拉伸”等命令组合在一起，通过调整图形上的夹点，进行快速编辑图形；执行夹点编辑功能主要有以下两种方法：

方法一，使用夹点菜单执行相关夹点编辑工具；

方法二，通过命令行执行夹点编辑工具。

第 6 章

思考题一

“图层”主要是用于对图形内部资源进行组织、规划和控制等，我们可以将它看作是透明的电子纸，在每张透明电子纸上都可以绘制不同线型、线宽、颜色等特性的图形，最后将这些透明电子纸叠加起来，即可得到完整的图样。另外，用户还可以非常方便地控制每张电子纸的线型、颜色等特性，控制每张电子纸的显示状态等。

而“图块”则是多个图形对象的集合，是一个单一图元，用户可以多次灵活应用此单一图元，不仅可以很大程度地提高绘图速度、节省存储空间，还可以使绘制的图形更标准化和规范化。

思考题二

图形资源的快速共享，主要有以下几种方式：

方法一，使用“设计中心”命令中的“插入为块”、“复制”等功能，不但可以在文件间进行资源共享，还可以共享文件内部的资源，比如文件内部的图层、线型、作图样式等；

方法二，使用“插入块”命令；

方法三，使用“工具选项板”命令；

方法四，在各文档间进行拖曳图形，也可实现图形资源的共享。

思考题三

“内部块”指的是仅供当前图形文件所使用，仅随当前文件存储的图块；

“外部块”指的是可供所有文件重复引用，以独立的图形文件进行存储的图块；

“属性块”则是包含有文字属性和几何图形的图块，在应用此类图块后，可以随意设置和修改块的文字属性值。

第 7 章

思考题一

“单行文字”是由“单行文字”工具创建的文字，之所以称其为“单行文字”，是因为使用此工具创建出的每一行文字，都被系统看作是一个独立的对象；而“多行文字”是由“多行文字”工具创建的，使用此工具创建出的所有文字内容，都被看作是一个单独的对象，此命令通常适合于创建段落性文字或者是一些复杂的文字对象。

思考题二

在 AutoCAD 中不能直接输入“直径符号、正负号、度数、上下划线”等特殊字符，需要通过输入各种字符的转换代码，具体如下：

- 直径符号的转换代码为“%%c”
- 正负号的转换代码为“%%p”
- 度数的转换代码为“%%d”
- 下划线的转换代码为“%%u”
- 上划线的转换代码为“%%O”

第 8 章

思考题一

一般情况下，完整的尺寸包括尺寸文字、尺寸线、尺寸界线以及尺寸箭头 4 个部分，这些部分可以通过“标注样式”命令进行设置和协调。

思考题二

AutoCAD 的众多尺寸标注功能，可以分为直线型尺寸、曲线型尺寸、复合型尺寸以及公差与圆心标注 4 类。

第 9 章

思考题一

AutoCAD 为用户提供了旋转网格、平移网格、直纹网格、边界网格以及三维网格 5 种复杂网格的建模工具，其中：

- “旋转网格”是通过一条轨迹线绕一根指定的轴进行空间旋转，从而生成回转体空间曲面；
- “平移网格”是轨迹线沿着指定方向矢量平移延伸而形成的三维曲面；
- “直纹网格”命令主要用于在指定的两个对象之间生创建直纹曲面；
- “边界网格”命令用于将四条首尾相连的空间直线或曲线作为边界，创建成的空间曲面模型；
- “三维网格”命令用于在三维操作空间内创建三维多边形网格。

思考题二

AutoCAD 为用户提供了 3 种动态观察功能，具体有受约束的动态观察、自由动态观察和连续动态观察。

思考题三

“拉伸”、“旋转”和“扫掠”3 种工具的相同点：用于操作的对象都是二维图形，操作的结果都可以生成相应的三维造型。

不同点：“拉伸”命令主要通过将闭合或非闭合的二维图线，拉伸、放样为物体的三维模型；“扫掠”命令用于将闭合或非闭合的二维图线，按照指定的路径进行扫掠为三维模型；“旋转”命令则用于将闭合的单个图线边界，按照指定的旋转轴进行旋转成三维模型。

第 10 章

思考题一

常用的三维基本操作工具有三维阵列、三维镜像、三维对齐、三维旋转和三维移动等。

思考题二

相同点：两种拉伸功能都可以按照指定的高度、角度进行拉伸；也可以按照指定的路径进行拉伸。

不同点：“建模”工具栏上的“拉伸”命令用于对二维图形进行拉伸；而“实体编辑”工具栏上的“拉伸面”命令，则是对三维实体的表面进行拉伸。